AutoCAD 2020 中文版 园林设计从入门到精通

贾燕 著

人民邮电出版社
北京

图书在版编目（CIP）数据

AutoCAD 2020中文版园林设计从入门到精通 / 贾燕著. -- 北京 : 人民邮电出版社, 2024.4
ISBN 978-7-115-52735-6

Ⅰ. ①A… Ⅱ. ①贾… Ⅲ. ①园林设计－计算机辅助设计－AutoCAD软件 Ⅳ. ①TU986.2-39

中国版本图书馆CIP数据核字(2019)第270730号

内 容 提 要

本书用大量实例讲述 AutoCAD 2020 园林设计的应用方法和技巧，全书共 4 篇，分别为 AutoCAD 基础知识、园林设计基础知识、园林设计综合实例和校园园林设计。AutoCAD 基础知识全面介绍二维绘图相关知识，包括 AutoCAD 2020 入门、二维绘图命令、基本绘图工具、编辑命令、辅助工具等。园林设计基础知识详细介绍园林及其各组成部分的绘制方法，包括园林设计基本概念、地形设计、园林建筑设计、园林小品设计、园林水景设计、园林绿化设计等。园林设计综合实例介绍不同特性园林的设计过程和方法，包括街旁绿地设计、综合公园绿地设计和生态采摘园园林设计 3 个综合实例。校园园林设计综合介绍园林设计实践应用的实施方法。

本书可作为园林设计初学者的入门教程，也可作为园林工程技术人员的参考书。

◆ 著　　　贾　燕
责任编辑　颜景燕
责任印制　王　郁

◆ 人民邮电出版社出版发行　　北京市丰台区成寿寺路 11 号
邮编　100164　　电子邮件　315@ptpress.com.cn
网址　https://www.ptpress.com.cn
固安县铭成印刷有限公司印刷

◆ 开本：787×1092　1/16
印张：26.75　　2024 年 4 月第 1 版
字数：809 千字　　2024 年 4 月河北第 1 次印刷

定价：129.90 元

读者服务热线：(010)81055410　印装质量热线：(010)81055316
反盗版热线：(010)81055315
广告经营许可证：京东市监广登字 20170147 号

弹出“选项”对话框。

（2）选择“显示”选项卡，如图1-11所示。

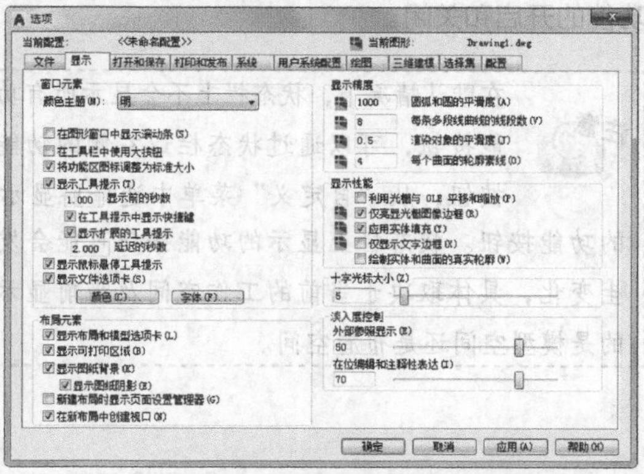

图1-11 “选项”对话框中的“显示”选项卡

（3）单击“窗口元素”选项组中的“颜色”按钮，弹出图1-12所示的“图形窗口颜色”对话框。

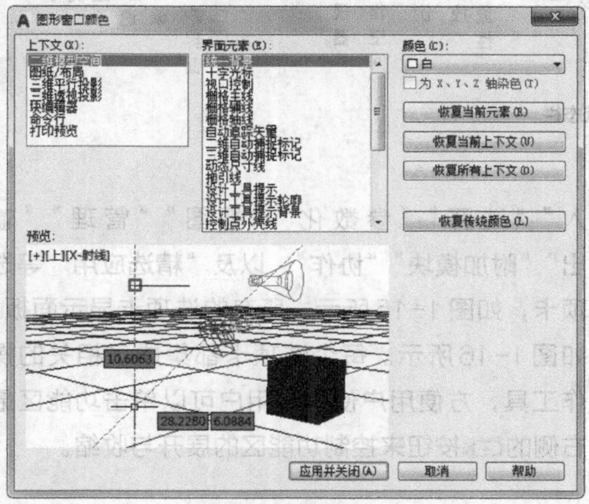

图1-12 “图形窗口颜色”对话框

（4）在“颜色”下拉列表中选择某种颜色，如白色，单击“应用并关闭”按钮，即可将图形窗口的颜色改为白色。

2. 改变十字光标的大小

在图1-11所示的“显示”选项卡中拖曳“十字光标大小”选项组中的滑块，或者直接在文本框中输入数值，即可对十字光标的大小进行调整。

3. 设置自动保存时间和位置

（1）选择菜单栏中的“工具”/“选项”命令，弹出“选项”对话框。

（2）选择“打开和保存”选项卡，如图1-13所示。

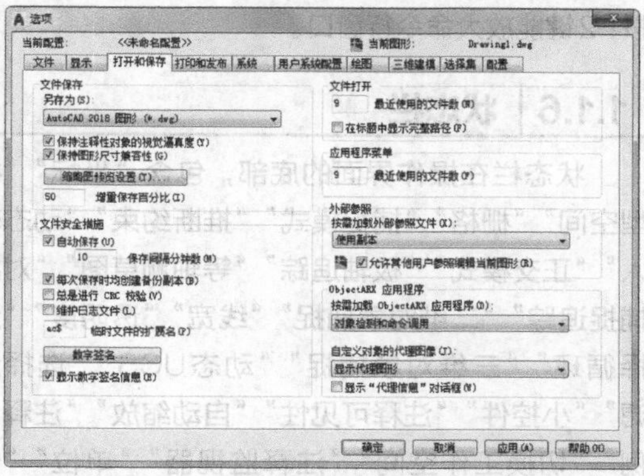

图1-13 “选项”对话框中的“打开和保存”选项卡

（3）选中“文件安全措施”选项组中的“自动保存”复选框，在其下方的文本框中输入保存间隔分钟数。建议设置为10～30min。

（4）在“文件安全措施”选项组的“临时文件的扩展名”文本框中，可以改变临时文件的扩展名，默认为“ac$”。

（5）选择“文件”选项卡，在“自动保存文件”中设置自动保存文件的路径，单击“浏览”按钮修改自动保存文件的存储位置。单击“确定”按钮即可完成设置。

4. 模型与布局标签

绘图窗口左下角的“模型”标签和“布局”标签用来实现模型空间与布局空间之间的转换。模型空间提供设计模型（绘图）的环境。布局空间用于显示可访问的图纸，专用于打印。AutoCAD 2020 可以在一个布局上建立多个视图，同时在一张图纸上可以建立多个布局且每一个布局都有相对独立的打印设置。

1.1.5 命令行窗口

命令行窗口位于操作界面的底部，是用户与AutoCAD 进行交互的窗口。AutoCAD 接收用户使用各种方式输入的命令，然后显示出相应的提示，如命令选项、提示信息和错误信息等。

命令行窗口中文本的行数可以改变，将十字光标移至命令行窗口上边框处，十字光标变为双箭头后，按住鼠标左键拖曳即可。命令行窗口可以在操作界面的上方或下方，也可以浮动在绘图窗口内。将十字光标移至命令行窗口左边框处，十字光标变为十字箭头，单击并拖曳即可调整命令行窗口位置。

按F2键能放大命令行窗口。

1.1.6 状态栏

状态栏在操作界面的底部，包含“坐标”“模型空间”“栅格”“捕捉模式”“推断约束”“动态输入”“正交模式”“极轴追踪”“等轴测草图”“对象捕捉追踪”“二维对象捕捉”“线宽”“透明度”“选择循环”“三维对象捕捉”“动态UCS”“选择过滤”“小控件”“注释可见性”“自动缩放”“注释比例”“切换工作空间”“注释监视器”“单位”“快捷特性”“锁定用户界面”“隔离对象”“硬件加速”“全屏显示”“自定义”等功能按钮，如图1-14所示。单击这些功能按钮，可以实现相应功能的开启和关闭。

> 注意
>
> 在默认情况下，状态栏上不会显示所有功能按钮，可以通过状态栏最右侧的功能按钮，从“自定义”菜单中选择要显示的功能按钮。状态栏上显示的功能按钮可能会发生变化，具体取决于当前的工作空间及当前显示的是模型空间还是布局空间。

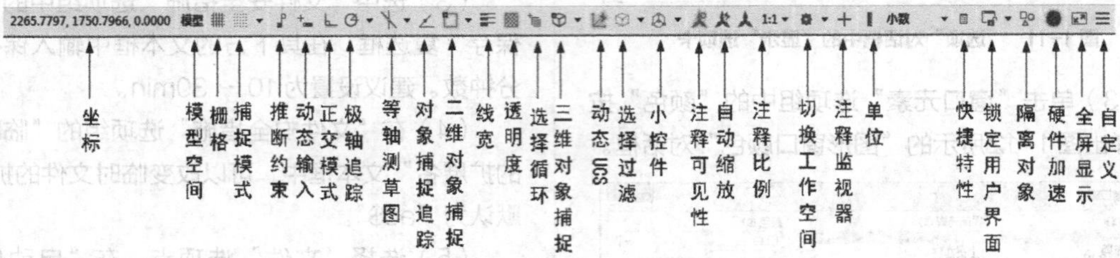

图1-14 状态栏

1.1.7 快速访问工具栏

快速访问工具栏包括“新建”“打开”“保存”“另存为”“打印”“放弃”“重做”“工作空间”等常用的工具。用户可以单击该工具栏最右侧的下拉按钮设置常用工具。

1.1.8 功能区

在默认情况下，功能区包括“默认”“插入”“注释”“参数化”“视图”“管理”“输出”“附加模块”“协作”，以及“精选应用”等选项卡，如图1-15所示。所有的选项卡显示面板，如图1-16所示。每个选项卡都集成了相关的操作工具，方便用户使用。用户可以单击功能区最右侧的□按钮来控制功能区的展开与收缩。

图1-15 默认情况下的功能区选项卡

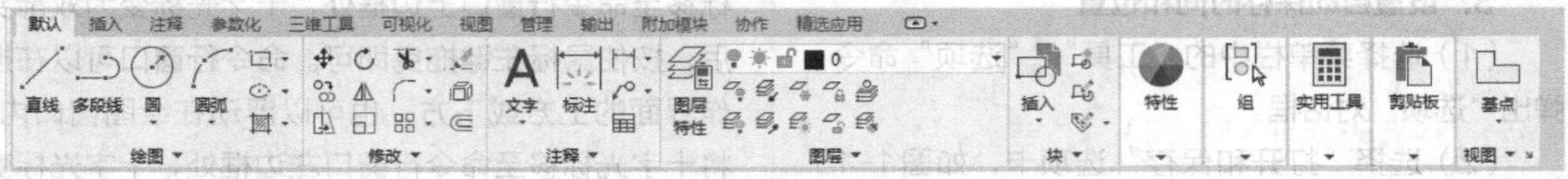

图1-16 所有的选项卡显示面板

前 言

园林是指在一定地域内运用工程技术和艺术手段，因地制宜，采用改造地形、整治水系、栽种植物、营造建筑和布置园路等方法创建的优美的游憩境域。

园林学是指综合运用生物科学技术、工程技术和美学理论来保护和合理利用自然环境资源，协调环境与人类经济和社会发展，创造生态健全、景观优美、具有文化内涵和可持续发展的人居环境的科学和艺术。

AutoCAD 是用户群最庞大的计算机辅助设计（Computer Aided Design，CAD）软件之一。经过多年的发展，其功能不断完善，现已覆盖机械、建筑、服装、电子、气象、地理等多个学科，在全球建立了牢固的用户网络。目前，在计算机辅助园林设计领域，AutoCAD 是应用非常广泛的软件之一。

一、本书特色

本书不求事无巨细地将 AutoCAD 知识点全面讲解清楚，而是针对相关行业需求，以AutoCAD大体知识脉络为线索，以实例为“抓手”，帮助读者掌握利用 AutoCAD进行行业工程设计的基本技能和技巧。

在 CAD 园林设计方面，本书具有一些相对明显的特色。

① 实例丰富，本书通过讲解大量实例达到使读者高效学习的目标。

本书引用的实例都来自园林设计工程实践，典型且实用，经过笔者精心提炼和改编之后，确保读者在明确知识点的基础上，更好地掌握操作技能。

② 经验、技巧、注意事项较多，注重图书的实用性，可让读者少走弯路。

本书是笔者总结多年的设计经验以及教学心得体会精心编著而成的，力求全面、细致地展现 AutoCAD 2020 在园林设计领域的功能和使用方法。

③ 精选综合实例，为读者成为园林 设计工程师打下坚实基础。

本书从全面提升读者园林设计与 AutoCAD 应用能力的角度出发，结合具体的实例来讲解如何利用 AutoCAD 2020 进行园林设计，帮助读者在学习过程中掌握 AutoCAD 2020 软件操作技巧，提升工程设计实践能力，进而可以独立地完成各种园林设计。

二、本书的组织结构和主要内容

本书以 AutoCAD 2020 为演示平台，全面介绍 AutoCAD 在园林设计领域从基础到应用的知识，帮助读者实现从入门到精通的跨越。全书共 4 篇，分为 19 章，各部分内容如下。

1．AutoCAD基础知识——全面介绍二维绘图相关知识

第 1 章主要介绍 AutoCAD 2020 入门。

第 2 章主要介绍二维绘图命令。

第 3 章主要介绍基本绘图工具。

第 4 章主要介绍编辑命令。

第 5 章主要介绍辅助工具。

2．园林设计基础知识——详细介绍园林及其各组成部分的绘制方法

第 6 章主要介绍园林设计基本概念。

第 7 章主要介绍地形设计。

第 8 章主要介绍园林建筑设计。

第 9 章主要介绍园林小品设计。

第 10 章主要介绍园林水景设计。

第 11 章主要介绍园林绿化设计。

3．园林设计综合实例——介绍不同特性园林的设计过程和方法

第 12 章主要介绍街旁绿地设计。

第 13 章主要介绍综合公园绿地设计。

第 14 章主要讲解生态采摘园园林设计。

4. 校园园林设计——综合介绍园林设计实践应用的实施方法

第 15 章主要介绍某学院园林建筑。

第 16 章主要介绍某学院园林小品。

第 17 章主要介绍某学院景观绿化平面图。

第 18 章主要介绍某学院景观绿化种植图。

第 19 章主要介绍某学院景观绿化施工图。

三、本书资源

本书除采用传统的书面讲解方式外，还配套丰富的学习资源。

另外，为了拓展读者的学习广度，进一步丰富电子资源的知识含量，本书还赠送 AutoCAD 官方认证考试大纲和考试样题、AutoCAD 应用技巧大全、实用 AutoCAD 图样 100 套，以及长达 1000 分钟的相应操作过程的同步讲解视频。

提示：资源获取方式详见封底。

四、致谢

本书由河北传媒学院的贾燕副教授编著，胡仁喜、刘昌丽、杨雪静、卢园、孟培、闫聪聪等为本书的编写提供了大量帮助，在此向他们表示感谢！

由于笔者水平有限，书中不足之处在所难免，望广大读者联系 liyongtao@ ptpress.com.cn 批评指正，笔者将不胜感激。

贾　燕

2024 年 3 月

目 录

第1篇 AutoCAD基础知识

第2篇 园林设计基础知识

第3篇 园林设计综合实例

第4篇 校园园林设计

第1篇 AutoCAD 基础知识

本篇导读

本篇主要介绍 AutoCAD 2020 的基础知识。读者通过学习本篇内容，可以打下应用 AutoCAD 进行园林设计的基础，为后面的具体园林设计进行必要的知识准备。

内容要点

第1章

AutoCAD 2020 入门

本章将循序渐进地讲解使用 AutoCAD 2020 绘图的基本知识，帮助读者了解如何设置图形的系统参数，掌握建立新的图形文件、打开已有文件的方法等。

知识点

- 操作界面
- 配置绘图系统
- 设置绘图环境
- 图形显示控制命令
- 命令的基本操作

1.1 操作界面

AutoCAD 的操作界面是AutoCAD显示、编辑图形的区域。启动 AutoCAD 2020 后的默认操作界面如图 1-1 所示。

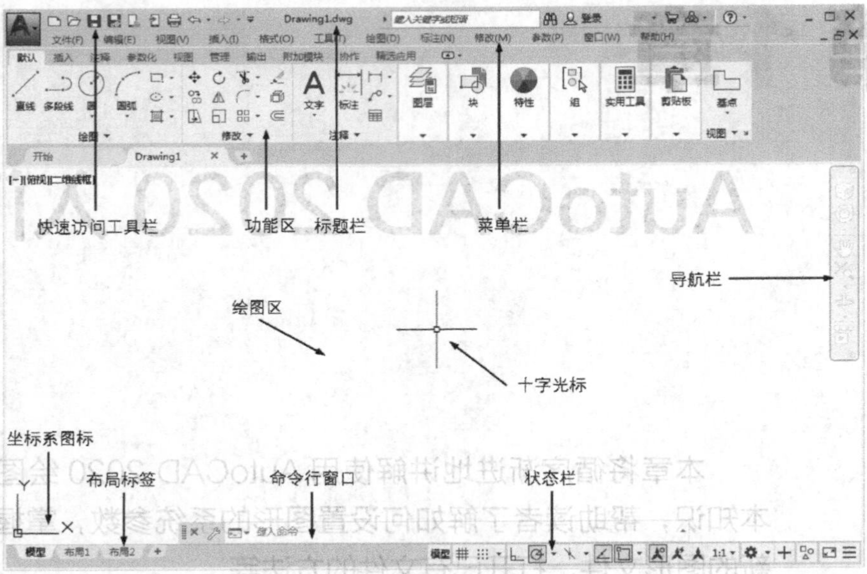

图 1-1　AutoCAD 2020 默认操作界面

不同风格操作界面的切换方法：单击界面右下角的“切换工作空间”按钮，在弹出的菜单中选择“草图与注释”选项，如图 1-2 所示，系统即切换到“草图与注释”操作界面。

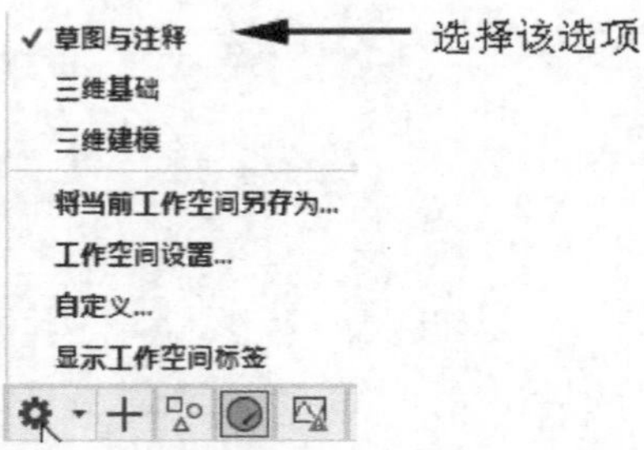

图 1-2　切换工作空间

完整的“草图与注释”操作界面如图 1-1 所示，包括标题栏、功能区、绘图区、十字光标、坐标系图标、命令行窗口、状态栏、布局标签、菜单栏、导航栏和快速访问工具栏等。

安装 AutoCAD 2020 后，在绘图区中单击鼠标右键，打开快捷菜单，如图 1-3 所示。选择“选项”命令，弹出“选项”对话框，选择“显示”选项卡，将“窗口元素”选项组中的“颜色主题”设置为“明”，如图 1-4 所示，单击“确定”按钮，退出对话框。

图 1-3　快捷菜单

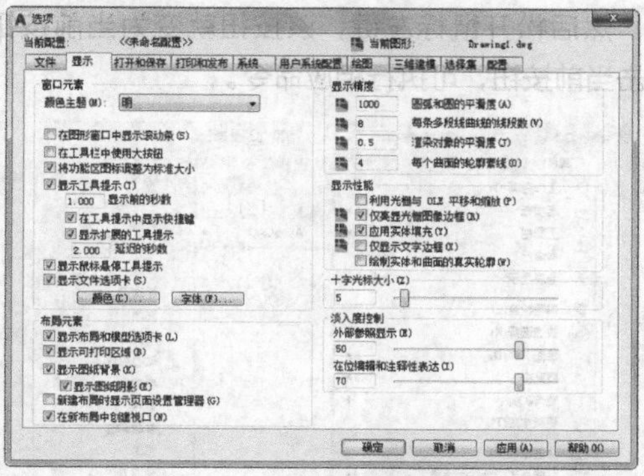

图 1-4 设置颜色主题

1.1.1 标题栏

标题栏在AutoCAD 2020 操作界面的最上端，显示当前用户正在使用的图形文件名，“Drawing*N*.dwg”（*N*表示数字）是 AutoCAD 默认的图形文件名。

1.1.2 菜单栏

在 AutoCAD 快速访问工具栏处可以调出菜单栏，如图1-5所示。调出的菜单栏如图1-6所示。

与Windows 操作系统的其他程序一样，AutoCAD的菜单也是下拉形式的，并且菜单中包含子菜单，它是执行各种操作的途径之一，如图1-7所示。

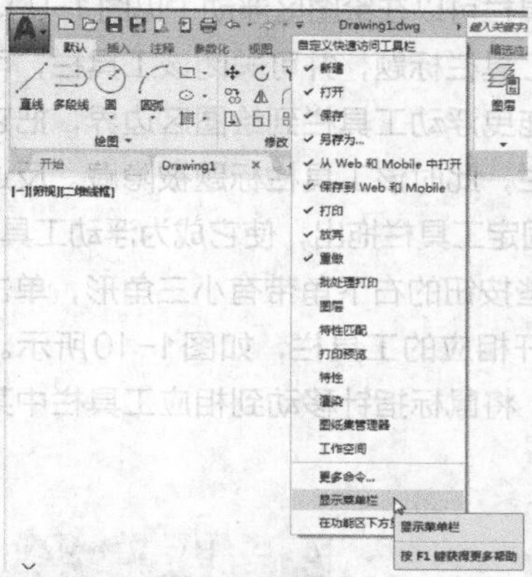

图 1-5 调出菜单栏

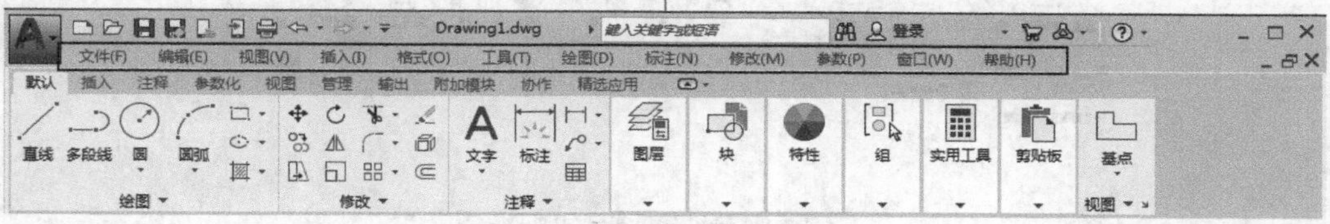

图 1-6 调出的菜单栏

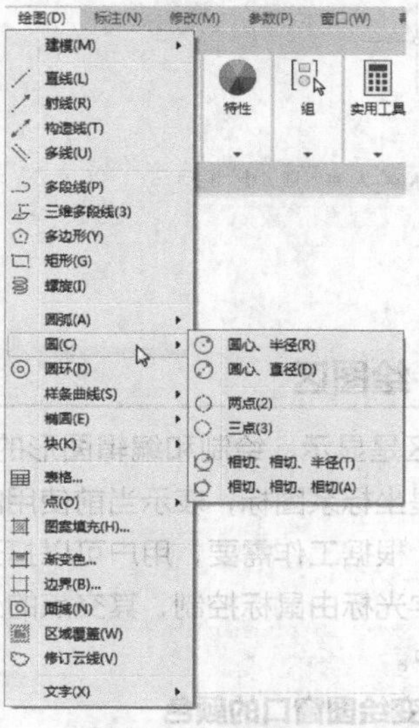

图 1-7 下拉菜单

一般来讲，AutoCAD 2020 的下拉菜单中有以下3种类型的选项。

（1）右边带有小三角形的选项，表示子菜单，将鼠标指针放在上面会弹出子菜单。

（2）右边带有省略号的选项，表示选择该选项后会弹出对话框。

（3）右边没有任何内容的选项，表示选择它后可以直接执行相应的 AutoCAD 命令，命令行窗口中会显示相应的提示。

1.1.3 工具栏

工具栏是执行各种操作最方便的途径之一。工具栏是一组图标型按钮的集合，单击这些图标型按钮就可调用相应的AutoCAD 命令。AutoCAD 2020 的标准菜单提供了几十种工具栏，每一种工具栏都有一个名称，我们可以对工具栏进行如下操作。

1. 设置工具栏

选择菜单栏中的“工具”/“工具栏”/“AutoCAD”命令，调出相应子菜单，如图1-8所示。单击某一个未在界面显示的工具栏名称，系统会自动在界面打开该工具栏。

2. 工具栏的“固定”“浮动”“打开”

工具栏可以在绘图区浮动（见图1-9），此时会显示该工具栏标题，并可关闭该工具栏，可以用鼠标指针拖曳浮动工具栏到绘图区边界，把它变为固定工具栏，此时该工具栏标题被隐藏。反过来，也可以把固定工具栏拖出，使它成为浮动工具栏。

有些按钮的右下角带有小三角形，单击这种按钮会打开相应的工具栏，如图1-10所示。按住鼠标左键，将鼠标指针移动到相应工具栏中某一按钮上，然后松开鼠标左键，该按钮就变为当前按钮。单击当前按钮，可执行相应命令。

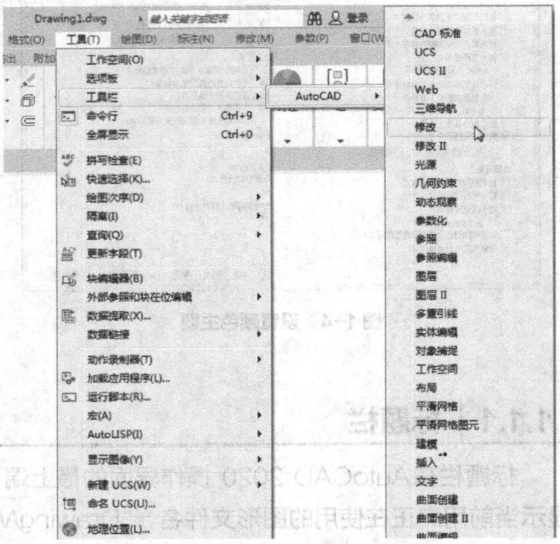

图 1-8　工具栏子菜单

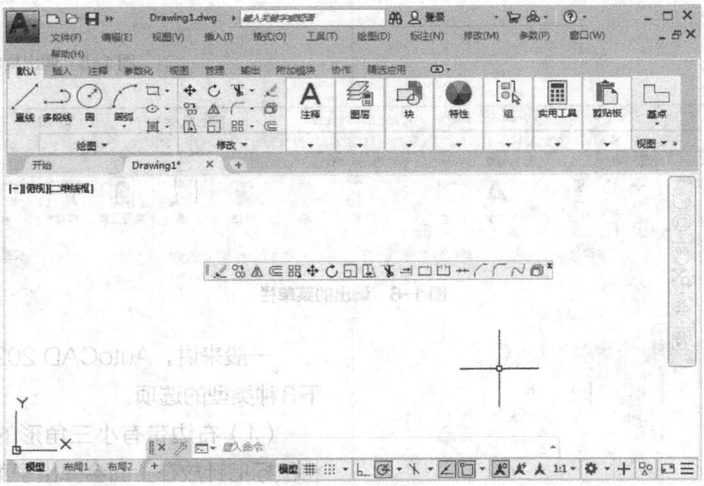

图 1-9　浮动工具栏

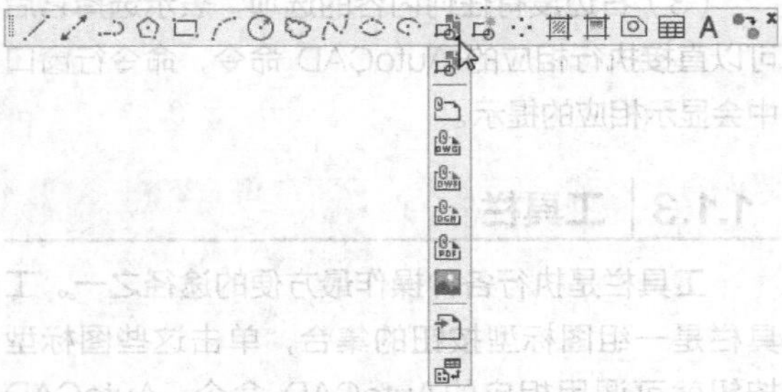

图 1-10　打开工具栏

1.1.4 绘图区

绘图区是显示、绘制和编辑图形的矩形区域。其左下角是坐标系图标，表示当前使用的坐标系和坐标方向，根据工作需要，用户可以打开或关闭该图标。十字光标由鼠标控制，其交点的坐标值显示在状态栏中。

1. 改变绘图窗口的颜色

（1）选择菜单栏中的“工具”/“选项”命令，

（1）设置选项卡。使十字光标悬停在面板中任意位置，单击鼠标右键，打开图1-17所示的快捷菜单。单击某一个未在功能区显示的选项卡名称，系统会自动在功能区打开该选项卡；反之，关闭该选项卡。

图 1-17　快捷菜单（1）

（2）选项卡中面板的固定与浮动。面板可以在绘图区浮动（见图1-18），将鼠标指针放到浮动面板的右上角，显示“将面板返回到功能区”，如图1-19所示。单击此处，可使浮动面板变为固定面板；也可以把固定面板拖出，使它成为浮动面板。

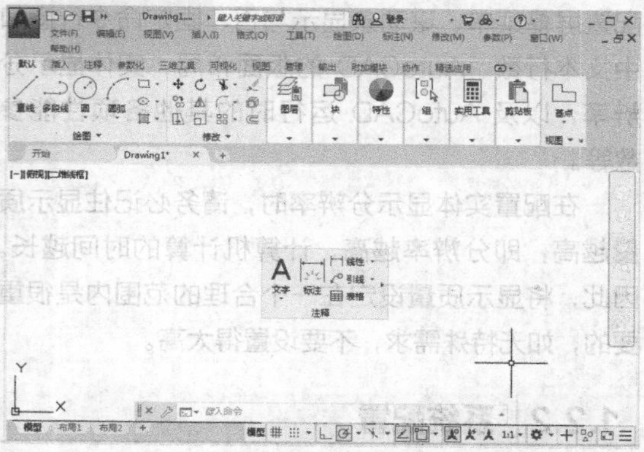

图 1-18　浮动面板

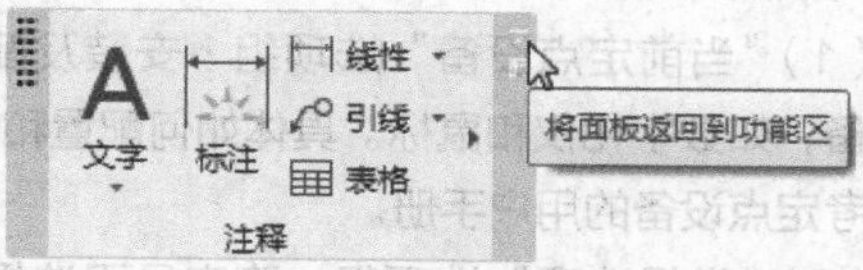

图 1-19　“将面板返回到功能区”

执行“功能区”命令主要有如下两种方法。

① 在命令行中输入“PREFERENCES”并执行。

② 选择菜单栏中的“工具”/“选项板”/“功能区”命令。

1.2 配置绘图系统

由于每台计算机所使用的显示器、输入设备和输出设备的类型不同，用户喜好的风格及计算机的目录设置也不同，所以每台计算机都是独特的。一般来讲，使用 AutoCAD 2020 的默认配置即可，但为了更好地兼容用户的定点设备或打印机，提高绘图的效率，AutoCAD 推荐用户在开始作图前进行必要的配置。

执行“选项”命令主要有如下3种方法。

（1）在命令行中输入“PREFERENCES”并执行。

（2）选择菜单栏中的“工具”/“选项”命令。

（3）在图1-20所示的快捷菜单中选择“选项”命令。

图 1-20　快捷菜单（2）

执行上述命令后，系统自动弹出“选项”对话框。用户可以在该对话框中选择有关选项，对系统进行配置。下面只对其中主要的选项进行说明，其他配置选项在后面用到时再做具体说明。

1.2.1 显示配置

“选项”对话框中的“显示”选项卡（见图1-11）用于配置 AutoCAD 操作界面的外观，如配置屏幕菜单、滚动条显示与否、固定命令行窗口中文本行数、AutoCAD 的版面布局、实体显示分辨率，以及 AutoCAD 运行时的其他各项性能参数等。

在配置实体显示分辨率时，请务必记住显示质量越高，即分辨率越高，计算机计算的时间越长。因此，将显示质量设定在一个合理的范围内是很重要的，如无特殊需求，不要设置得太高。

1.2.2 系统配置

“选项”对话框中的“系统”选项卡（见图 1-21）用来配置 AutoCAD 系统的有关特性。

（1）“当前定点设备”选项组：安装及配置定点设备，如数字化仪和鼠标。具体如何配置和安装，请参考定点设备的用户手册。

（2）“常规选项”选项组：确定是否选择系统配置的有关基本选项。

（3）“布局重生成选项”选项组：确定切换布局时是否重生成或缓存模型选项卡和布局。

（4）“数据库连接选项”选项组：确定数据库连接的方式。

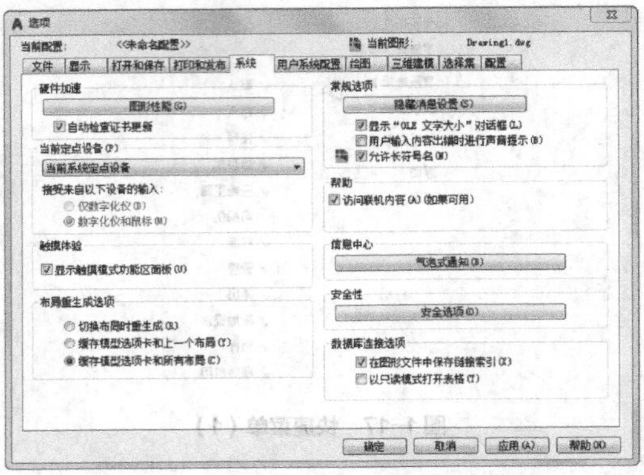

图 1-21 “选项”对话框中的“系统”选项卡

1.3 设置绘图环境

1.3.1 设置图形单位

执行“单位”命令主要有如下两种方法。

（1）在命令行中输入“DDUNITS”或“UNITS”并执行。

（2）选择菜单栏中的“格式”/“单位”命令。

执行上述命令后，弹出“图形单位”对话框（见图1-22）。对话框中的参数设置如下。

- “长度”选项组：指定测量长度的当前单位及当前单位的精度。
- “角度”选项组：指定测量角度的当前单位、精度及旋转方向，默认为逆时针方向。
- “用于缩放插入内容的单位”下拉列表框：控制使用工具选项板（如DesignCenter或i-drop）拖入当前块或图形的测量单位。如果块或图形创建时使用的单位与该下拉列表框指定的单位不同，则在插入这些块或图形时，对其按比例进行缩放。插入比例是源块或图形使用的单位与目标块或图形使用的单位之比。如果插入块或图形时不需要按指定单位缩放，则选择“无单位”选项。
- “输出样例”选项组：显示当前输出的样例值。
- “光源”选项组：用于指定光源强度的单位。
- “方向”按钮：单击该按钮，在弹出的“方向控制”对话框中进行方向控制的设置，如图 1-23 所示。

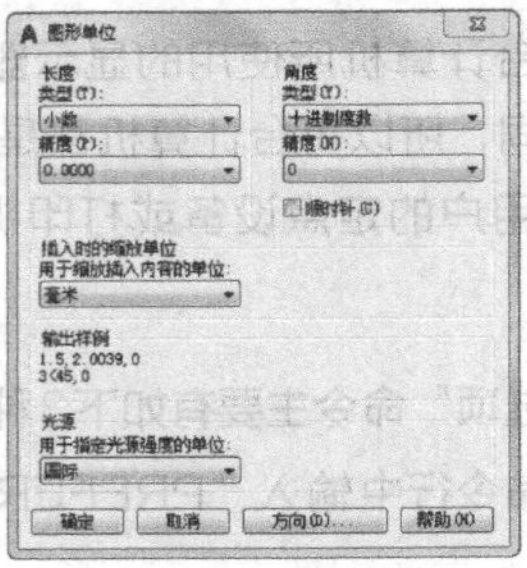

图 1-22 “图形单位”对话框

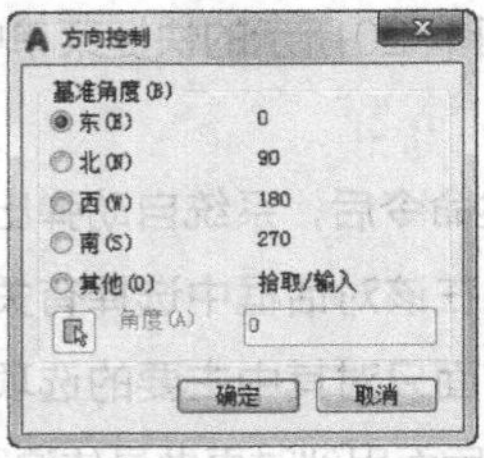

图 1-23 “方向控制”对话框

1.3.2 设置图形界限

执行“图形界限”命令主要有如下两种方法。

（1）在命令行中输入“LIMITS”命令。

（2）选择菜单栏中的“格式”/“图形界限”命令。

执行上述命令后，根据系统提示输入图形界限左下角的坐标后按Enter键，输入图形界限右上角的坐标后按Enter键。执行该命令时，命令行提示各选项的含义如下。

- 开（ON）：使图形界限有效。系统在图形界限以外拾取的点视为无效。
- 关（OFF）：使图形界限无效。用户可以在图形界限以外拾取点或实体。
- 动态输入角点坐标：可以直接在屏幕上输入角点坐标，输入横坐标值后用“,”分隔，接着输入纵坐标值，如图1-24所示；也可以在十字光标位置处直接按鼠标左键来确定角点坐标位置。

图1-24 动态输入角点坐标

1.4 图形显示控制命令

对较复杂的图形来说，我们在观察整幅图形时往往无法对其局部细节进行查看和操作，而当屏幕上显示某一处局部细节时又看不到其他部分。为解决这类问题，AutoCAD 提供了缩放、平移、视图、鸟瞰视图和视口等图形显示控制命令，可以用来任意地放大、缩小或移动屏幕上的图形，还可以同时从不同的角度、部位显示图形。AutoCAD 还提供了重画和重新生成命令，用来刷新屏幕、重新生成图形等。

1.4.1 缩放

缩放命令类似于照相机的镜头，可以放大或缩小屏幕所显示的范围，只改变视图的比例，但是对象的实际尺寸并不发生变化。当放大图形一部分区域的显示尺寸时，可以更清楚地查看这个区域的细节；相反，如果缩小图形的显示尺寸，则可以查看更大的区域，如整体浏览。

缩放在绘制大幅面机械图，尤其是装配图时非常有用，是使用频率最高的命令之一。这个命令可以透明地使用，也就是说，该命令可以在其他命令执行时使用。用户完成涉及透明命令的过程后，AutoCAD 会自动返回用户调用透明命令前正在执行的命令。执行缩放命令主要有以下4种方法。

（1）在命令行中输入“ZOOM”并执行。

（2）选择菜单栏中的“视图”/“缩放”/“实时”命令。

（3）单击“标准”工具栏中的“实时缩放”按钮。

（4）单击“视图”选项卡“导航”面板“范围”下拉菜单中的“实时”按钮。按住鼠标左键垂直向上或向下移动，可以放大或缩小图形。

- 实时：这是缩放命令的默认操作，即在命令行输入“ZOOM”后，直接按Enter键，自动执行实时缩放操作。实时缩放就是可以通过上下滚动鼠标滚轮交替进行图形放大和缩小。在实时缩放时，系统会显示一个“+”或“-”。当缩放比例接近极限时，AutoCAD 将不再与十字光标一起显示“+”或“-”。需要从实时缩放中退出时，可按Enter键或Esc键，或者从菜单中选择“退出”命令。
- 全部（A）：执行“ZOOM”命令后，在提示文字后输入“A”，即可执行“全部（A）”缩放操作。不论图形有多大，执行该操作后都将显示图形的边界或范围，即使是不包括在边界以内的对象也将被显示。因此，执行“全部（A）”缩放操作，可查看当前视口中的整个图形。
- 中心点（C）：通过确定一个中心点，该选项可以定义一个新的显示窗口。在操作过程中需要指定中心点，以及输入比例或高度。默认新的中心点就是视图的中心点，默认高度就是当前视图的高度，直接按Enter键后，图形不会被放大。输入比例系数越大，图形放大倍数越大。也可以在数值后面紧跟一个“X”，如“3X”，表示在放大时不是按照绝对值变化，而是按照相对于当前视图的缩放值变化。

- 动态（D）：通过操作一个表示视口的视图框，可以确定需要显示的区域。选择该选项后，绘图窗口中会出现一个小的视图框，按住鼠标左键左右移动可以改变该视图框的大小，确定后松开鼠标左键，再按住鼠标左键移动视图框，确定图形的放置位置。然后系统将清除当前视口并显示一个特定的视图选择屏幕，这个特定屏幕由当前视图及有关且有效的视图信息构成。
- 范围（E）：可以使图形缩放至整个显示范围。图形的显示范围由图形所在的区域构成，剩余的空白区域将被忽略。选择这个选项后，图形中所有的对象都会尽可能地被放大。
- 上一个（P）：绘制一幅复杂的图形，有时需要放大图形的一部分以进行细节的刻画。完成后，如果需要回到前一个视图，则可以通过使用“上一个（P）”选项来实现，每一个视口最多可以保存10个视图，连续使用“上一个（P）”选项可以恢复前10个视图。
- 比例（S）：该选项有3种使用方法。一是，在提示信息下直接输入比例系数，AutoCAD将按照此比例系数放大或缩小图形的尺寸；二是，在比例系数后面加“X”，表示该比例系数是相对于当前视图计算的；三是，相对于图纸空间而言，如可以在图纸空间阵列布局或打印出模型的不同视图。为了使每一张视图都与图纸空间单位成比例，可以使用“比例（S）”选项，使每一个视图有单独的比例。
- 窗口（W）：最常使用的选项之一。通过确定一个矩形窗口的两个对角点来指定需要缩放的区域，对角点可以由鼠标指针指定，也可以通过输入坐标确定。指定窗口的中心点为新的显示屏幕的中心点，窗口中的区域将被放大或缩小。调用“ZOOM”命令时，可以在没有选择任何选项的情况下，利用鼠标指针在绘图窗口中直接指定缩放窗口的两个对角点。
- 对象（O）：缩放以便尽可能大地显示一个或多个选定的对象，并使其位于视图的中心。可以在执行“ZOOM”命令前后选择对象。

> **提示** 这里提到的诸如放大、缩小或移动的操作，仅对图形在屏幕上的显示进行控制，图形本身并没有任何改变。

1.4.2 平移

当图形幅面大于当前视口时，如使用缩放命令将图形放大后，需要在当前视口之外观察或绘制一个特定区域，可以使用平移命令来实现。平移命令能将在当前视口以外的图形的一部分移动进来查看或编辑，但不会改变图形的缩放比例。执行平移命令主要有以下4种方法。

（1）在命令行中输入“PAN”并执行。

（2）选择菜单栏中的“视图”/“平移”/“实时”命令。

（3）单击“标准”工具栏中的“实时平移”按钮。

（4）单击“视图”选项卡“导航”面板中的“平移”按钮。

执行上述操作，激活平移命令之后，十字光标将变成一只“小手”，可以在绘图窗口中任意移动，以显示当前正处于平移模式。按住鼠标左键将“小手”锁定在当前位置，即用“小手”抓住图形，然后拖曳图形，使其移动到所需位置上，松开鼠标左键将停止平移图形。可以反复按住鼠标左键，拖曳图形，松开鼠标左键以将图形平移到其他位置上。平移命令预先定义了一些不同的菜单选项与按钮，它们可用于在特定方向上平移图形，在激活平移命令后，这些选项可以从菜单“视图”/“平移”/“*”中调用。

- 实时：平移命令中最常用的选项之一，也是默认选项。前面提到的平移操作都指实时平移，通过拖曳鼠标指针来实现任意方向上的平移。

- 点：这个选项要求确定位移量，因此需要确定图形移动的方向和距离。可以通过输入点的坐标或用鼠标指针指定点的坐标来确定位移量。
- 左：通过该选项移动图形，可使屏幕左部的图形进入显示窗口。
- 右：通过该选项移动图形，可使屏幕右部的图形进入显示窗口。
- 上：通过该选项向底部平移图形后，可使屏幕顶部的图形进入显示窗口。
- 下：通过该选项向顶部平移图形后，可使屏幕底部的图形进入显示窗口。

1.5 命令的基本操作

在 AutoCAD 中有一些基本的命令操作，这些操作是进行 AutoCAD 绘图的必备知识，也是深入学习 AutoCAD 的前提。

1.5.1 命令输入方式

应用AutoCAD交互绘图必须输入必要的命令和参数，有多种 AutoCAD 命令输入方式（以绘制直线为例）。

1. 在命令行窗口输入命令名

命令名可不区分大小写，如：“命令：LINE↙”。执行命令时，命令行提示中经常会出现命令选项。例如，输入绘制直线命令“LINE”后，在命令行提示下指定一点或输入一个点的坐标，当命令行提示“指定下一点或［放弃（U）］：”时，选项中不带括号的提示为默认选项，因此可以直接输入直线段的起点坐标或在屏幕上指定一点。如果要选择其他选项，则应该首先输入该选项的标识字符，如“放弃”选项的标识字符“U”，然后按系统提示输入数据即可。在命令选项的后面有时还带有角括号，角括号内的数值为默认数值。

2. 在命令行窗口输入命令缩写字

命令缩写字包括L（LINE）、C（CIRCLE）、A（ARC）、Z（ZOOM）、R（REDRAW）、M（MORE）、CO（COPY）、PL（PLINE）、E（ERASE）等。

3. 选择“绘图”菜单“直线”命令

选择菜单栏中的“绘图”/“直线”命令后，在状态栏中可以看到对应的命令说明及命令名。

4. 选择工具栏中的对应按钮

选择该按钮后，在状态栏中也可以看到对应的命令说明及命令名。

5. 在绘图区单击鼠标右键并打开快捷菜单

如果在前面刚使用过要输入的命令，可以在绘图区单击鼠标右键并打开快捷菜单，在“最近的输入”子菜单中选择需要使用的命令，如图1-25所示。“最近的输入”子菜单中存储最近使用的一些命令，如果经常重复使用某个命令，采用这种命令输入方式就比较简便。

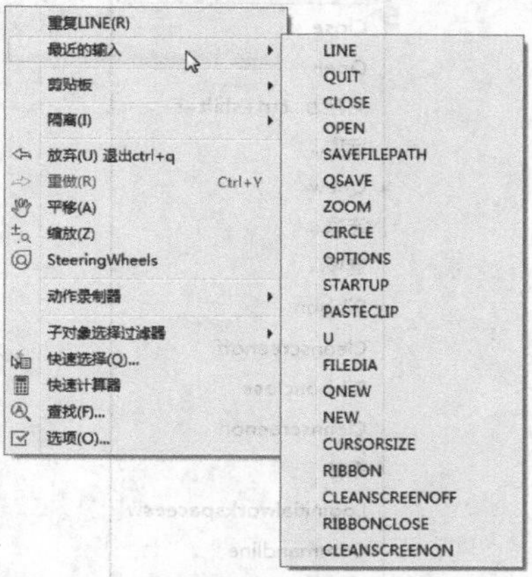

图 1-25 快捷菜单

6. 在命令行中按Enter键

如果用户要重复使用上次使用的命令，可以直接在命令行中按Enter键，系统立即重复执行上次使用 的命令，这种命令输入方式适用于重复执行某个命令。

1.5.2 命令的重复、撤销、重做

1. 命令的重复

在命令行窗口中按Enter键可重复调用上一个命令，不管上一个命令是完成了还是被取消了。

2. 命令的撤销

在命令执行的任何时刻都可以取消和终止命令的执行。执行撤销命令有如下4种方法。

（1）在命令行中输入“UNDO”并执行。

（2）选择菜单栏中的“编辑”/“放弃”命令。

（3）单击“标准”工具栏中的“放弃”按钮。

（4）使用Esc键。

3. 命令的重做

已被撤销的命令可以重做，执行重做命令有以下3种方法。

（1）在命令行中输入“REDO”并执行。

（2）选择菜单栏中的“编辑”/“重做”命令。

（3）单击“标准”工具栏中的“重做”按钮。单击“UNDO”或“REDO”列表箭头，可以选择要放弃或重做的操作，如图1-26所示，该方法可以一次执行多重放弃或重做操作。

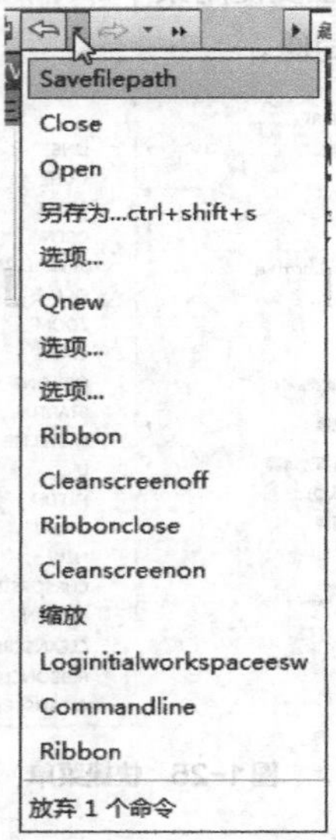

图1-26　多重放弃或重做

1.5.3 透明命令

在AutoCAD 2020中有些命令不仅可以直接在命令行中使用，还可以在其他命令执行的过程中插入并执行，待该命令执行完毕后，系统继续执行原命令，这种命令称为透明命令。透明命令一般为修改图形设置或打开辅助绘图工具的命令。

命令重复、撤销、重做的执行方式同样适用于透明命令。例如，执行“圆弧”命令，在命令行提示“指定圆弧的起点或[圆心(C)]：”时输入“ZOOM”并执行，则“透明”地使用缩放命令，按Esc键退出该命令，恢复执行“圆弧”命令。

1.5.4 按键定义

在AutoCAD 2020中，除可以通过命令行窗口执行命令、单击工具栏按钮或选择菜单命令来执行某种操作外，还可以使用键盘上的功能键或快捷键，如按F1键，系统会调用“AutoCAD帮助”对话框。

系统使用AutoCAD传统标准（Windows出现之前）或Microsoft Windows标准解释快捷键。有些功能键或快捷键在AutoCAD的菜单中已有提示，如“粘贴”的快捷键为Ctrl+V，只要用户在使用的过程中多加留意，就能熟练掌握。

1.5.5 命令执行方式

有的命令有两种执行方式：通过对话框或命令行。指定使用命令行窗口方式，可以在命令名前加下划线来表示，如“_LAYER”表示用命令行方式执行“图层”命令。而如果在命令行中输入“LAYER”，系统会自动打开“图层”对话框。

另外，有些命令同时存在命令行、菜单栏、工具栏和功能区4种执行方式，这时如果选择菜单栏、工具栏或功能区方式，命令行会显示该命令，并在前面加下划线。如通过菜单栏、工具栏或功能区方式执行“直线”命令时，命令行会显示“_line”，命令的执行过程和结果与命令行方式相同。

1.5.6 坐标系

AutoCAD采用两种坐标系：世界坐标系（World Coordinate System，WCS）与用户坐标系（User Coordinate System，UCS）。用户刚进入AutoCAD时的坐标系统就是WCS，WCS是固定的坐标系统，也是坐标系统中的基准，多数情况下我们在这个坐标系统下绘制图形。

执行UCS命令有以下3种方法。

（1）在命令行中输入“UCS”并执行。

（2）选择菜单栏中的“工具”/“新建UCS”命令。

（3）单击UCS工具栏中的“UCS”按钮 。AutoCAD 有两种视图显示方式：模型空间和图纸空间。模型空间是指单一视图显示法，我们通常使用这种显示方式；图纸空间是指在绘图区内创建图形的多视图，用户可以对每一个视图进行单独操作。在默认情况下，当前UCS与WCS重合。图1-27（a）所示为模型空间下的UCS坐标系图标，通常位于绘图区左下角；也可以将它放在当前UCS的实际坐标原点位置上，如图1-27（b）所示；图1-27（c）所示为布局空间下的坐标系图标。

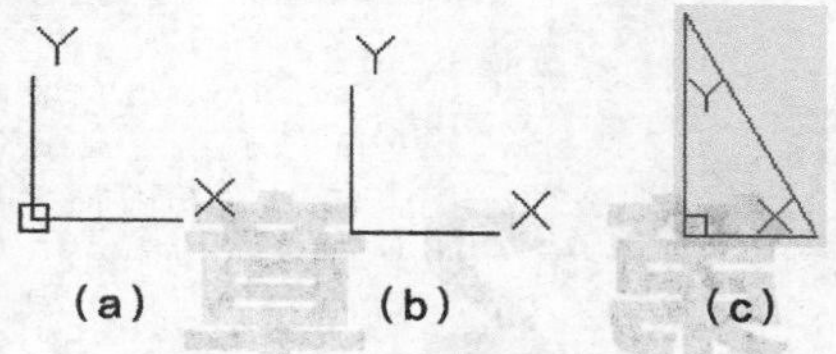

图 1-27　坐标系图标

1.6 上机实验

通过前面的学习，相信读者对本章知识已有了大体的了解。本节通过两个实验帮助读者进一步掌握本章知识要点。

【实验 1】熟悉 AutoCAD 2020 的操作界面。

（1）运行AutoCAD 2020，进入AutoCAD 2020 操作界面。

（2）调整操作界面的大小。

（3）移动、打开、关闭工具栏。

（4）设置绘图窗口的颜色和十字光标的大小。

（5）利用下拉菜单和工具栏按钮随意绘制图形。

（6）切换到 Auto CAD 2020的各种界面。

【实验 2】显示图形文件。

1. 目的要求

显示图形文件包括各种形式的放大、缩小和平移等操作。要求读者通过本实验熟练掌握.dwg文件的各种显示方法。

2. 操作提示

（1）选择菜单栏中的“文件”/“打开”命令，弹出“选择文件”对话框。

（2）打开一个图形文件。

（3）对其进行实时缩放、局部放大等显示操作。

第 2 章

二维绘图命令

二维图形是指在二维平面空间绘制的图形， AutoCAD 提供了大量的绘图工具，可以帮助用户完成二维图形的绘制。

知识点

- 直线类
- 圆类
- 平面图形
- 点
- 多段线
- 样条曲线
- 多线

2.1 直线类

直线类命令包括“直线”“射线”“构造线”等，这几个命令是 AutoCAD 中十分简单的绘图命令。

2.1.1 绘制直线

执行“直线”命令主要有如下4种方法。

（1）在命令行中输入“LINE”或“L”命令。

（2）选择菜单栏中的“绘图”/“直线”命令。

（3）单击“绘图”工具栏中的“直线”按钮。

（4）单击“默认”选项卡“绘图”面板中的“直线”按钮。

执行上述命令后，根据系统提示输入直线的起点，可以用鼠标指针指定点或给定点的坐标，再输入直线段的端点；也可以用鼠标指针指定一定角度后，直接输入直线段的长度。在命令行提示下输入直线段的端点。输入“U”选项表示放弃前面的输入；单击鼠标右键或按Enter键，表示结束命令。在命令行提示下输入下一个直线段的端点，或者输入“C”选项使图形闭合，结束命令。使用“直线”命令绘制直线段时，命令行提示中各选项的含义如下。

- 若按Enter键出现“指定第一个点”提示，系统会把上次画线的终点作为本次画线的起点。若上次操作为绘制圆弧，按Enter键后，绘制出通过圆弧终点并与该圆弧相切的直线段，该直线的长度为十字光标在绘图区指定的一点与切点之间的直线距离。
- 在“指定下一点”提示下，用户可以指定多个端点，从而绘制出多条直线段。但每一段直线都是一个独立的对象，可以单独对其进行编辑操作。
- 绘制两条以上的直线段后，若输入“C”选项出现“指定下一点”提示，系统会自动连接起点和最后一个端点，从而绘制出封闭的图形。
- 若输入“U”选项响应提示，则删除最近一次绘制的直线段。
- 若设置动态数据输入方式（单击状态栏中的“动态输入”按钮），则可以动态输入坐标或长度值，效果与非动态数据输入方式类似。除了特别需要，以后不再强调，只按非动态数据输入方式输入相关数据。

2.1.2 绘制构造线

构造线是指在两个方向上无限延长的直线，构造线主要用作绘图时的辅助线。当绘制多视图时，为了保持投影联系，可先画出若干条构造线，再以构造线为基准画图。构造线的绘制方法有“指定点”“水平”“垂直”“角度”“二等分”“偏移”6种。

执行“构造线”命令主要有如下4种方法。

（1）在命令行中输入“XLINE”或“XL”命令。

（2）选择菜单栏中的“绘图”/“构造线”命令。

（3）单击“绘图”工具栏中的“构造线”按钮。

（4）单击“默认”选项卡“绘图”面板中的“构造线”按钮。

执行上述命令后，根据系统提示指定起点和通过点，绘制一条双向无限延长的直线。在命令行提示“指定通过点：”后继续指定点来绘制直线，按Enter键可结束命令。

2.1.3 实例——标高符号

绘制标高符号的流程如图2-1所示。

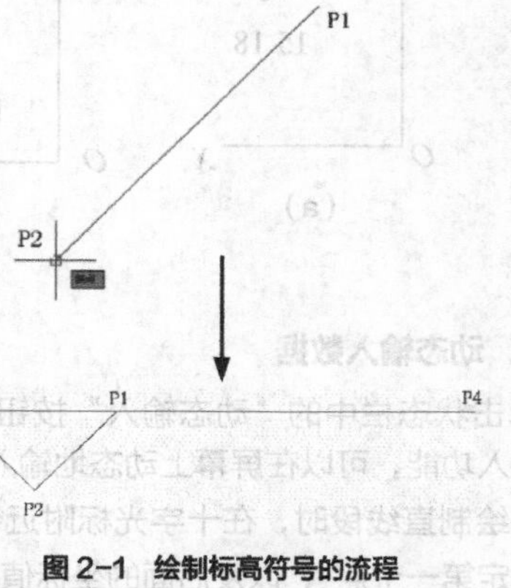

图 2-1 绘制标高符号的流程

STEP 绘制步骤

单击状态栏中的“动态输入”按钮，关闭动态输入。单击“默认”选项卡“绘图”面板中的“直线”按钮，绘制标高符号。

在命令行提示“指定第一个点：”后输入坐标“100,100”，然后按Enter键，确定P1点。
在命令行提示“指定下一点或［放弃（U）］：”后输入坐标“@40<-135”，然后按Enter键，确定P2点，如图2-2所示。
在命令行提示“指定下一点或［放弃（U）］：”后输入坐标“@40<135”，然后按Enter键，确定P3点。
在命令行提示“指定下一点或［闭合（C）/放弃（U）］：”后输入坐标“@180,0”，然后按Enter键，确定P4点。
在命令行提示“指定下一点或［闭合（C）/放弃（U）］：”后按Enter键，结束“直线”命令。

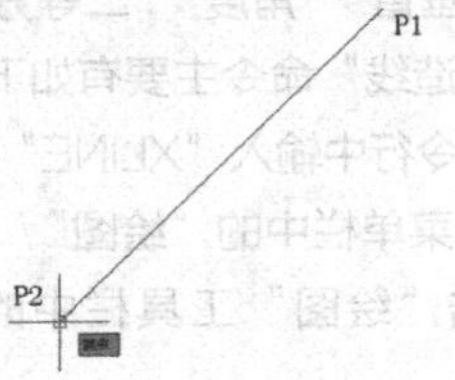

图2-2 确定P2点

> 提示　一般每个命令有4种执行方式，这里只给出了命令行执行方式，其他3种执行方式的操作方法与命令行执行方式的相同。

2.1.4 数据输入

在 AutoCAD 2020中，点的坐标可以用直角坐标、极坐标、球面坐标和柱面坐标表示，每一种坐标分别具有两种坐标输入方式，即绝对坐标和相对坐标。其中，直角坐标和极坐标十分常用，下面主要介绍数据输入相关知识。

1. 坐标输入方式

（1）直角坐标。用点的X、Y坐标值表示的坐标。

例如，在命令行提示下输入点的坐标“15,18”，则表示输入了一个X、Y的坐标值分别为15、18的点，这是绝对坐标输入方式，表示该点的坐标是相对于当前坐标原点的，如图2-3（a）所示。如果输入“@10,20”，则为相对坐标输入方式，表示该点的坐标是相对于前一点的，如图2-3（b）所示。

（2）极坐标。用长度和角度表示的坐标，只能用来表示二维点的坐标。

在绝对坐标输入方式下，表示为“长度<角度”，如“25<50”，其中长度为该点到坐标原点的距离，角度为该点至原点的连线与X轴正向的夹角，如图2-3（c）所示。

在相对坐标输入方式下，表示为“@长度<角度”，如“@25<45”，其中长度为该点到前一点的距离，角度为该点至前一点的连线与X轴正向的夹角，如图2-3（d）所示。

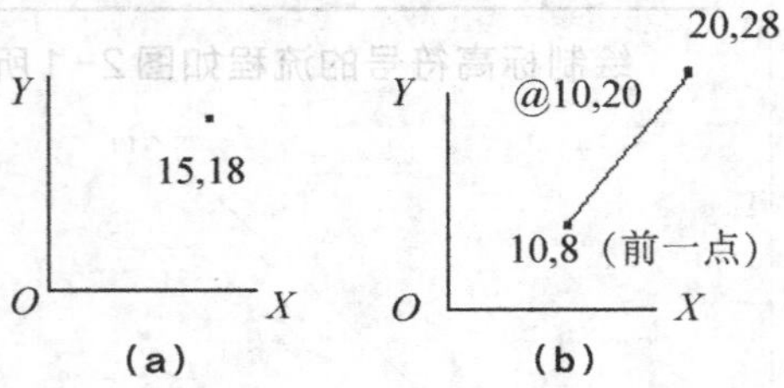

图2-3 坐标输入方式

2. 动态输入数据

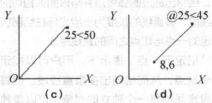

单击状态栏中的“动态输入”按钮，打开动态输入功能，可以在屏幕上动态地输入某些数据。例如，绘制直线段时，在十字光标附近会动态地显示“指定第一个点”，以及后面的坐标值文本框，当前显示的是十字光标所在位置，可以输入数据，两个数据之间以逗号隔开，如图2-4所示。指定第一个点后，系统动态显示直线段的角度，同时要求输入直线段长度值，如图2-5所示，其输入效果与“@长度<角度”输入方式相同。

图2-4 动态输入坐标值

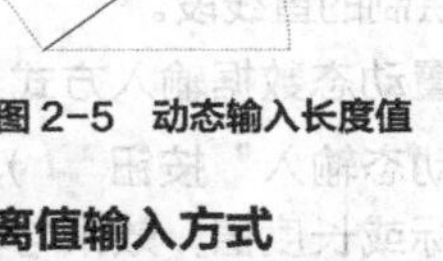

图2-5 动态输入长度值

3. 点与距离值输入方式

下面分别讲述点与距离值输入方式。

（1）点的输入。在绘图过程中，常需要输入点的坐标，AutoCAD 提供如下几种输入点的方式。

①用键盘直接在命令行中输入点的坐标。直角坐标有两种输入方式，即“X,Y”（点的绝对坐标值，如“100,50”）和“@X,Y”（点的相对坐标值，如“@50,-30”）。

②极坐标的输入方式：“长度<角度”（其中，长度为点到坐标原点的距离，角度为原点至该点连线与X轴的正向夹角，如“20<45”）或“@长度<角度”（点相对于前一点的极坐标，如“@50<-30”）。

③用鼠标等定点设备移动十字光标并单击鼠标左键在屏幕上直接取点。

④用目标捕捉模式捕捉屏幕上已有图形的特殊点（如端点、中点、中心点、插入点、交点、切点、垂足等）。

⑤直接输入距离：先用十字光标拖曳出方向线确定方向，然后用键盘输入距离，这样有利于准确控制对象的长度等参数。如要绘制一条10mm长的直线，单击“默认”选项卡“绘图”面板中的“直线”按钮。

在命令行提示“指定第一个点：”后在绘图区指定一点，然后按 Enter 键。

在命令行提示“指定下一点或[放弃（U）]：”后输入10，指定直线段的长度，然后按Enter键，结束“直线”命令。

这时在屏幕上移动鼠标指针指明直线的方向（但不要单击鼠标左键确认），如图2-6所示。然后在命令行中输入“10”，这样就在指定方向上准确地绘制出了长度为10mm的直线。

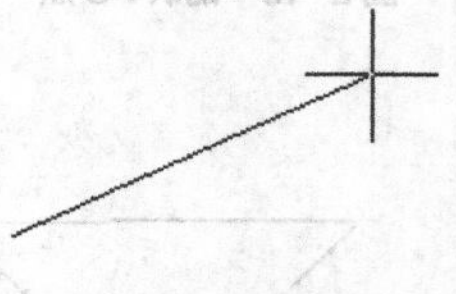

图 2-6 绘制直线

（2）距离值的输入。在 AutoCAD 2020中，有时需要提供高度、宽度、半径、长度等距离值。AutoCAD 2020提供了两种输入距离值的方式：一种是用键盘在命令行中直接输入距离值；另一种是在屏幕上拾取两点，以两点的距离值定出所需数值。

2.1.5 实例——利用动态输入绘制标高符号

本实例主要介绍执行“直线”命令后，动态输入功能下的绘制标高符号流程，如图2-7所示。

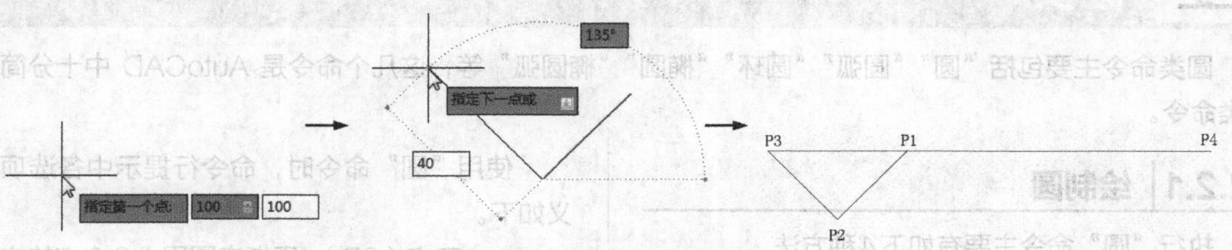

图 2-7 绘制标高符号流程

STEP 绘制步骤

（1）系统默认打开动态输入，如果动态输入没有打开，则单击状态栏中的“动态输入”按钮来打开。单击“默认”选项卡“绘图”面板中的“直线”按钮，在动态文本框中文本第一个点坐标“100,100”，如图2-8所示，按Enter键确认P1点。

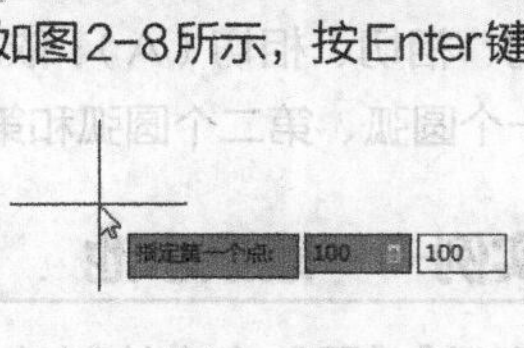

图 2-8 确认 P1 点

（2）移动鼠标指针，然后在动态文本框中输入长度“40”，按Tab键切换到角度文件框，输入角度“135°”，如图2-9所示，按Enter键确认P2点。

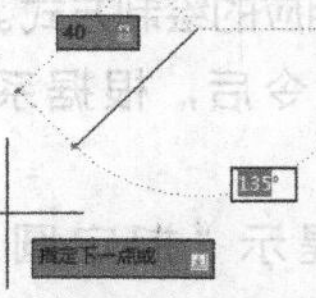

图 2-9 确认 P2 点

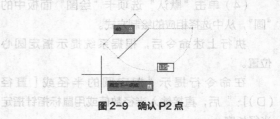

（3）移动鼠标指针到P1点的左下方，在鼠标指针位置为135°时，动态输入“40”，如图2-10所示，按Enter键确认P3点。

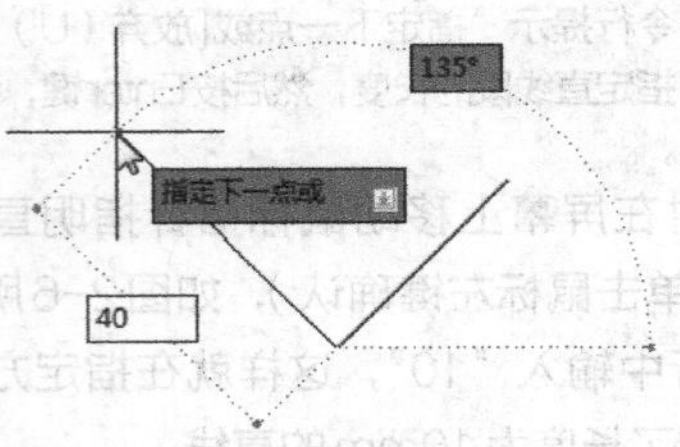

图 2-10　确认 P3 点

（4）移动鼠标指针到P1点的右侧，然后在动态文本框中输入相对直角坐标“@180，0”，按Enter键确认P4点，如图2-11所示。也可以移动鼠标指针，在鼠标指针位置为0°时，动态输入“180”，如图2-12所示，按Enter键确认P4点，完成绘制。

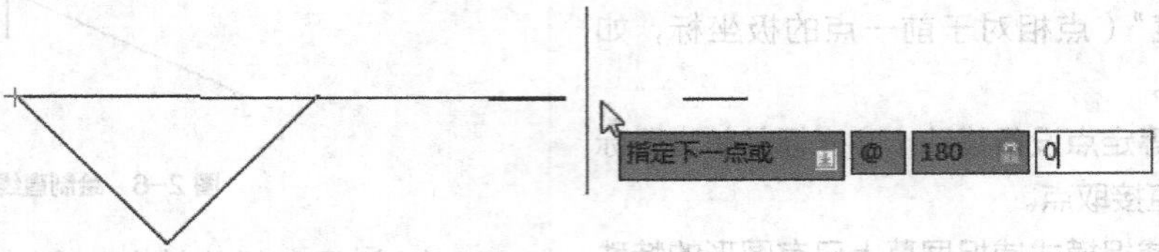

图 2-11　确认 P4 点（相对坐标输入方式）

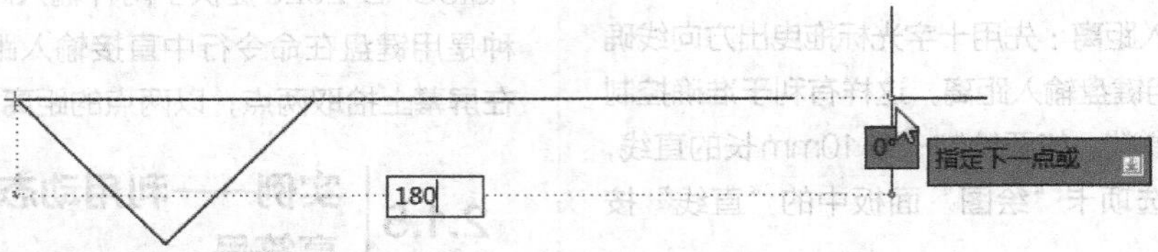

图 2-12　确认 P4 点

2.2 圆类

圆类命令主要包括“圆”“圆弧”“圆环”“椭圆”“椭圆弧”等，这几个命令是 AutoCAD 中十分简单的圆类命令。

2.2.1 绘制圆

执行“圆”命令主要有如下4种方法。

（1）在命令行中输入“CIRCLE”或“C”命令。

（2）选择菜单栏中的“绘图”/“圆”命令。

（3）单击“绘图”工具栏中的“圆”按钮 ⊙。

（4）单击“默认”选项卡“绘图”面板中的“圆”，从中选择相应的绘制方式。

执行上述命令后，根据系统提示指定圆心位置。

在命令行提示“指定圆的半径或[直径(D)]:”后，直接输入半径数值或用鼠标指针指定半径长度。

在命令行提示“指定圆的直径<默认值>”后，输入直径数值或用鼠标指针指定直径长度。

使用“圆”命令时，命令行提示中各选项的含义如下。

- 三点（3P）：用指定圆周上3个点的方法画圆。依次输入3个点，即可绘制出一个圆。
- 两点（2P）：根据直径的两端点画圆。依次输入两个点，即可绘制出一个圆，两点间的距离为圆的直径。
- 相切、相切、半径（T）：先指定两个相切对象，然后给出半径的方法画圆。
- 相切、相切、相切（A）：依次拾取相切的第一个圆弧、第二个圆弧和第三个圆弧。

2.2.2 实例——喷泉水池

使用“直线”“圆”命令绘制喷泉水池流程，如图2-13所示。

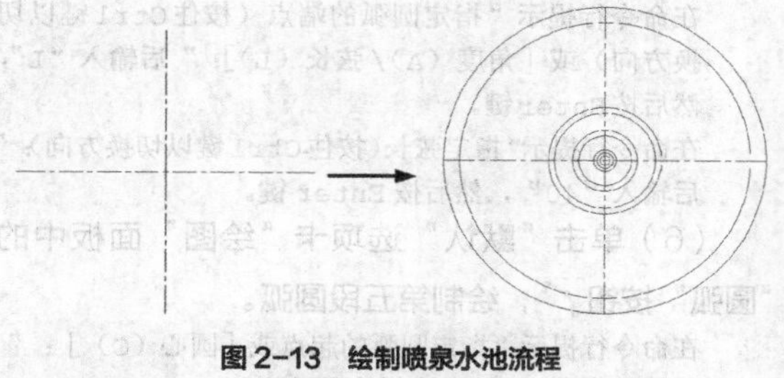

图 2-13 绘制喷泉水池流程

STEP 绘制步骤

（1）单击“默认”选项卡“绘图”面板中的“直线”按钮，绘制一条长为“8000”的水平直线段。重复“直线”命令，以水平直线中点位置为起点向上绘制一条长为“4000”的竖直直线段；重复“直线”命令，以水平直线中点为起点向下绘制一条长为“4000”的竖直直线段，并设置线型为“CENTER”，线型比例为“20”，如图2-14所示。

（2）单击“默认”选项卡“绘图”面板中的“圆”按钮，绘制圆。

在命令行提示“指定圆的圆心或［三点（3P）/两点（2P）/切点、切点、半径（T）］：”后指定中心线交点。
在命令行提示“指定圆的半径或［直径（D）］：”后输入“120”，然后按 Enter 键。

（3）重复“圆”命令，绘制同心圆，圆的半径值分别为200、280、650、800、1250、1400、3600、4000。

绘制喷泉水池的结果如图2-15所示。

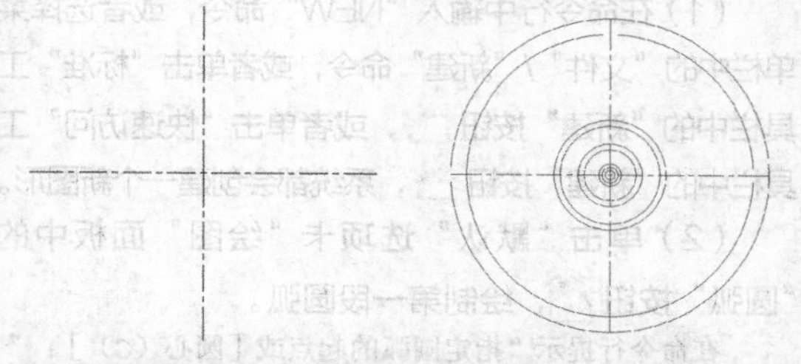

图 2-14 绘制喷泉水池定位中心线 图 2-15 喷泉水池

2.2.3 绘制圆弧

执行“圆弧”命令主要有如下4种方法。

（1）在命令行中输入“ARC”或“A”命令。

（2）选择菜单栏中的“绘图”/“圆弧”命令。

（3）单击“绘图”工具栏中的“圆弧”按钮。

（4）单击“默认”选项卡“绘图”面板中的“圆弧”下拉菜单，从中选择相应的绘制方法。

下面以“三点”法为例讲述圆弧的绘制方法。

执行上述命令后，根据系统提示指定起点和第二个点，在命令行提示时指定第三个点。

需要强调的是“继续”方式，以该方式绘制的圆弧与上一线段或圆弧相切。继续绘制圆弧，只提供端点即可。图2-16所示为11种圆弧绘制方法。

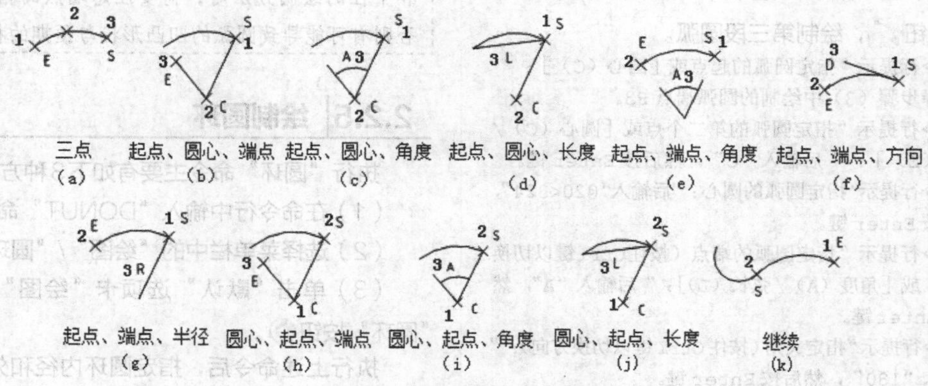

图 2-16 11 种圆弧绘制方法

2.2.4 实例——五瓣梅

使用“圆弧”命令绘制五瓣梅，其流程如图2-17所示。

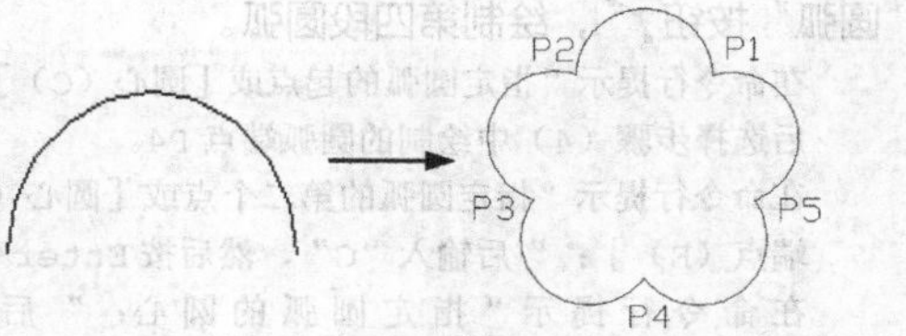

图 2-17 绘制五瓣梅流程

STEP 绘制步骤

（1）在命令行中输入“NEW”命令，或者选择菜单栏中的“文件”/“新建”命令，或者单击“标准”工具栏中的“新建”按钮，或者单击“快速访问”工具栏中的“新建”按钮，系统都会创建一个新图形。

（2）单击“默认”选项卡“绘图”面板中的“圆弧”按钮，绘制第一段圆弧。

在命令行提示“指定圆弧的起点或［圆心（C）］：”后输入“140，110”，然后按Enter键。
在命令行提示“指定圆弧的第二个点或［圆心（C）/端点（E）］：”后输入“E”，然后按Enter键。
在命令行提示“指定圆弧的端点：”后输入“@40<180”。
在命令行提示“指定圆弧的中心点（按住Ctrl键以切换方向）或［角度（A）/方向（D）/半径（R）］：”后输入“R”，然后按Enter键。
⑤在命令行提示“指定圆弧的半径（按住Ctrl键以切换方向）：”后输入“20”，然后按Enter键。

结果如图2-18所示。

（3）单击“默认”选项卡“绘图”面板中的“圆弧”按钮，绘制第二段圆弧。

在命令行提示“指定圆弧的起点或［圆心（C）］：”后选择步骤（2）中绘制的圆弧端点P2。
在命令行提示“指定圆弧的第二个点或［圆心（C）/端点（E）］：”后输入“E”，然后按Enter键。
在命令行提示“指定圆弧的端点：”后输入“@40<252”。
在命令行提示“指定夹角（按住Ctrl键以切换方向）：”后输入“180”，然后按Enter键。

（4）单击“默认”选项卡“绘图”面板中的“圆弧”按钮，绘制第三段圆弧。

在命令行提示“指定圆弧的起点或［圆心（C）］：”后选择步骤（3）中绘制的圆弧端点P3。
在命令行提示“指定圆弧的第二个点或［圆心（C）/端点（E）］：”后输入“C”，然后按Enter键。
在命令行提示“指定圆弧的圆心：”后输入“@20<324”，然后按Enter键。
在命令行提示“指定圆弧的端点（按住Ctrl键以切换方向）或［角度（A）/弦长（L）］：”后输入“A”，然后按Enter键。
在命令行提示“指定夹角（按住Ctrl键以切换方向）：”后输入“180”，然后按Enter键。

（5）单击“默认”选项卡“绘图”面板中的“圆弧”按钮，绘制第四段圆弧。

在命令行提示“指定圆弧的起点或［圆心（C）］：”后选择步骤（4）中绘制的圆弧端点P4。
在命令行提示“指定圆弧的第二个点或［圆心（C）/端点（E）］：”后输入“C”，然后按Enter键。
在命令行提示“指定圆弧的圆心：”后输入“@20<36”，然后按Enter键。
在命令行提示“指定圆弧的端点（按住Ctrl键以切换方向）或［角度（A）/弦长（L）］：”后输入“L”，然后按Enter键。
在命令行提示“指定弦长（按住Ctrl键以切换方向）：”后输入“40”，然后按Enter键。

（6）单击“默认”选项卡“绘图”面板中的“圆弧”按钮，绘制第五段圆弧。

在命令行提示“指定圆弧的起点或［圆心（C）］：”后选择步骤（5）中绘制的圆弧端点P5。
在命令行提示“指定圆弧的第二个点或［圆心（C）/端点（E）］：”后输入“E”，然后按Enter键。
在命令行提示“指定圆弧的端点：”后选择圆弧起点P1。
在命令行提示“指定圆弧的中心点（按住Ctrl键以切换方向）或［角度（A）/方向（D）/半径（R）］：”后输入“D”，然后按Enter键。
在命令行提示“指定圆弧的相切方向（按住Ctrl键以切换方向）：”后输入“@20<20”，然后按Enter键。

最终绘制的五瓣梅如图2-19所示。

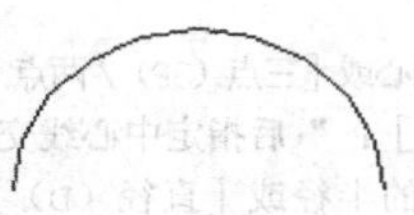

图2-18 绘制第一段圆弧

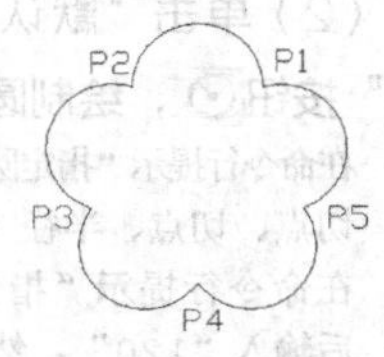

图2-19 五瓣梅

注意 绘制圆弧时，注意圆弧的曲率是遵循逆时针方向的，所以在选择指定圆弧两个端点和半径的绘制方法时，需要注意端点的指定顺序，否则有可能导致圆弧的凹凸形状与预期的相反。

2.2.5 绘制圆环

执行“圆环”命令主要有如下3种方法。

（1）在命令行中输入“DONUT”命令。

（2）选择菜单栏中的“绘图”/“圆环”命令。

（3）单击“默认”选项卡“绘图”面板中的“圆环”按钮◎。

执行上述命令后，指定圆环内径和外径，再指定圆环的中心点。

①若指定内径为0，则画出实心填充圆。

②用“FILL”命令可以控制是否填充圆环，根据系统提示选择“开”表示填充，选择“关”表示不填充。

2.2.6 绘制椭圆与椭圆弧

执行“椭圆”与“椭圆弧”命令主要有如下4

种方法。

（1）在命令行中输入“ELLIPSE”或“EL”命令。

（2）选择菜单栏中的“绘图”/“椭圆”命令下的子命令。

（3）单击“绘图”工具栏中的“椭圆”按钮或“椭圆弧”按钮。

（4）单击“默认”选项卡“绘图”面板中的“椭圆”下拉菜单。

执行上述命令后，根据系统提示指定轴端点和另一个轴端点。

在命令行提示“指定另一条半轴长度或[旋转(R)]：”后按 Enter 键。

使用“椭圆”命令时，命令行提示中各选项的含义如下。

- 指定椭圆的轴端点：根据两个端点定义椭圆的第一条轴，第一条轴的角度确定整个椭圆的角度。第一条轴既可定义椭圆的长轴，也可定义其短轴。
- 中心点（C）：通过指定的中心点创建椭圆。
- 圆弧（A）：用于创建一段椭圆弧，与单击“绘图”工具栏中的“椭圆弧”按钮的效果相同。第一条轴的角度确定椭圆弧的角度。第一条轴既可定义椭圆弧长轴，也可定义其短轴。

执行该命令后，根据系统提示输入“A”。之后指定端点或输入“C”并指定另一个端点。

在命令行提示下指定另一条半轴长度或输入“R”并指定起点角度、指定适当点或输入“P”，然后按 Enter 键。在命令行提示“指定端点角度或［参数（P）/ 夹角（I）］：”后指定适当点。

其中各选项的含义如下。

- 起点角度：指定椭圆弧端点的两种方式之一，十字光标与椭圆中心点连线的夹角为椭圆端点位置的角度。
- 参数（P）：指定椭圆弧端点的另一种方式，该方式同样是指定椭圆弧端点的角度，但通过以下矢量参数方程式创建椭圆弧：$p(u)=c+a\times\cos(u)+b\times\sin(u)$。其中，$c$ 表示椭圆的中心点；a 和 b 分别表示椭圆的长轴和短轴；u 表示十字光标与椭圆中心点连线的夹角。
- 夹角（I）：定义从起点角度开始的包含角度。

2.2.7 实例——马桶

本实例主要介绍椭圆弧绘制方法的具体应用。首先使用“椭圆弧”命令绘制马桶外沿，然后使用“直线”命令绘制马桶后沿和水箱，绘制马桶流程如图 2-20 所示。

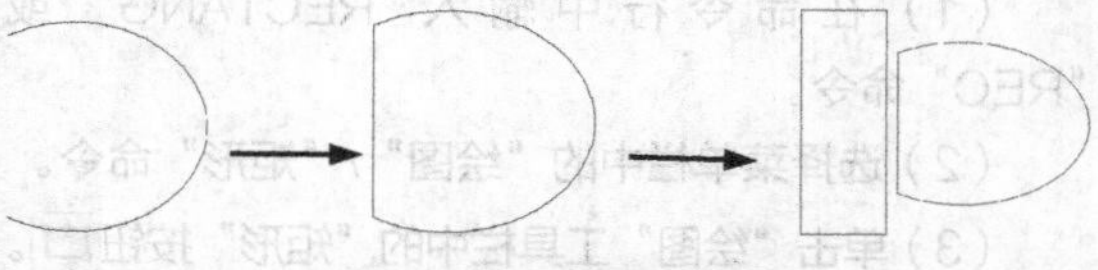

图 2-20　绘制马桶流程

STEP 绘制步骤

（1）单击“默认”选项卡“绘图”面板中的“椭圆弧”按钮，绘制马桶外沿。

在命令行提示“指定椭圆弧的轴端点或[中心点(C)]：”后输入“C”，然后按 Enter 键。
在命令行提示“指定椭圆弧的中心点：”后指定一点。
在命令行提示“指定轴的端点：”后适当指定一点。
在命令行提示“指定另一条半轴长度或[旋转(R)]：”后适当指定一点。
在命令行提示“指定起点角度或［参数（P）］：”后指定下面适当位置一点。
在命令行提示“指定端点角度或［参数（P）/ 夹角（I）］：”后指定正上方适当位置一点。

绘制马桶外沿如图 2-21 所示。

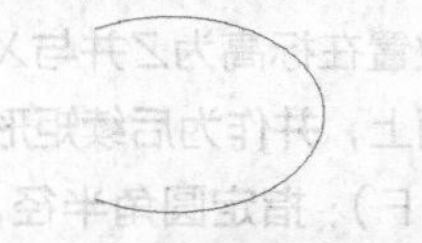

图 2-21　绘制马桶外沿

（2）单击“默认”选项卡“绘图”面板中的“直线”按钮，连接椭圆弧的两个端点，绘制马桶后沿，如图 2-22 所示。

（3）单击“默认”选项卡“绘图”面板中的“直线”按钮，取适当的尺寸，在马桶左边绘制一个矩形作为水箱，如图 2-23 所示。

提示　指定起点角度和端点角度的点时不要将两个点的顺序指定反了，因为系统默认的旋转方向是逆时针，如果指定反了，得出的结果可能和预期的刚好相反。

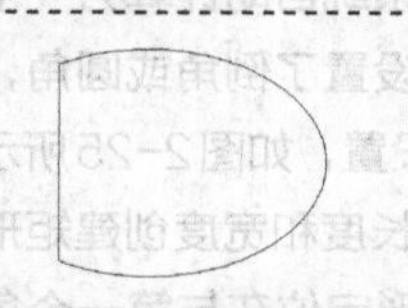

图 2-22　绘制马桶后沿

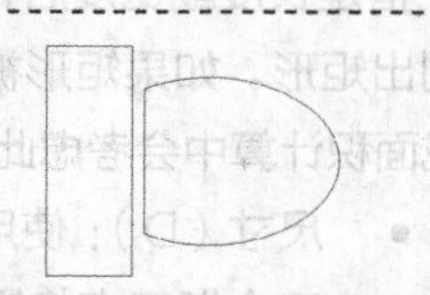

图 2-23　绘制水箱

2.3 平面图形

2.3.1 绘制矩形

执行“矩形”命令主要有如下4种方法。

（1）在命令行中输入“RECTANG”或“REC”命令。

（2）选择菜单栏中的“绘图”/“矩形”命令。

（3）单击“绘图”工具栏中的“矩形”按钮。

（4）单击“默认”选项卡“绘图”面板中的“矩形”按钮。执行上述命令后，根据系统提示指定角点，再指定另一个角点，绘制矩形。在执行“矩形”命令时，命令行提示中各选项的含义如下。

- 第一个角点：通过指定两个角点确定矩形，如图2-24（a）所示。
- 倒角（C）：指定倒角距离，绘制带倒角的矩形，如图2-24（b）所示。每一个角点的逆时针方向和顺时针方向的倒角可以相同，也可以不同。其中第一个倒角距离是指角点逆时针方向倒角距离，第二个倒角距离是指角点顺时针方向倒角距离。
- 标高（E）：指定矩形标高（*Z*坐标），即把矩形放置在标高为*Z*并与*XOY*坐标面平行的平面上，并作为后续矩形的标高。
- 圆角（F）：指定圆角半径，绘制带圆角的矩形，如图2-24（c）所示。
- 厚度（T）：指定矩形的厚度，如图2-24（d）所示。
- 宽度（W）：指定线宽，如图2-24（e）所示。
- 面积（A）：指定面积和长度或宽度来创建矩形。选择该选项，操作如下。

> 在命令行提示“输入以当前单位计算的矩形面积 <20.0000>：”后输入面积值，然后按 Enter 键。
> 在命令行提示“计算矩形标注时依据 [长度（L）/宽度（W）] <长度>：”后按 Enter 键或输入“W”。
> 在命令行提示“输入矩形长度 <4.0000>：”后指定长度或宽度，然后按 Enter 键。

指定长度或宽度后，系统自动计算另一个维度绘制出矩形。如果矩形被设置了倒角或圆角，则长度或面积计算中会考虑此设置，如图2-25所示。

- 尺寸（D）：使用长度和宽度创建矩形，第二个指定点将矩形定位在与第一个角点相关的4个位置之一内。
- 旋转（R）：使所绘制的矩形旋转一定角度。选择该选项，操作如下。

> 在命令行提示“指定旋转角度或 [拾取点（P）] <135>：”后指定角度，然后按 Enter 键。
> 在命令行提示“指定另一个角点或[面积(A)/尺寸(D)/旋转（R）]：”后指定另一个角点或选择其他选项。

指定旋转角度后，系统按指定旋转角度绘制矩形，如图2-26所示。

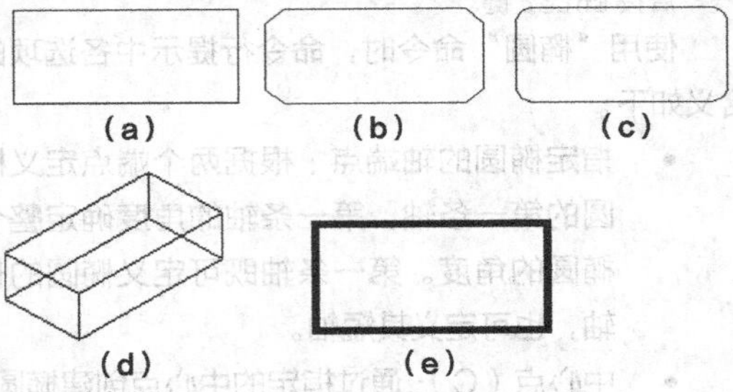

图2-24 绘制矩形

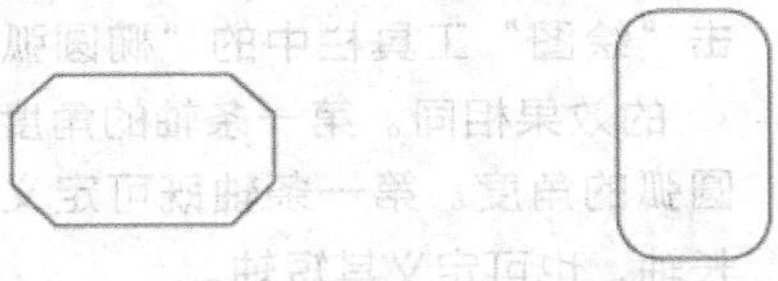

（a）倒角距离：（1，1）　（b）圆角半径：1.0，面积：20，长度：6

图2-25 按指定面积绘制矩形

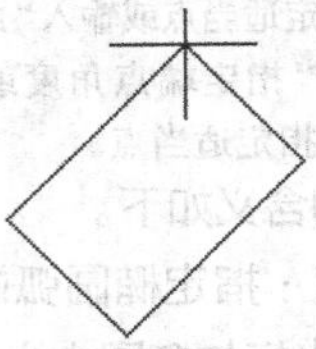

图2-26 按指定旋转角度绘制矩形

2.3.2 实例——方形园凳

使用“矩形”命令绘制方形园凳，绘制方形园凳流程如图2-27所示。

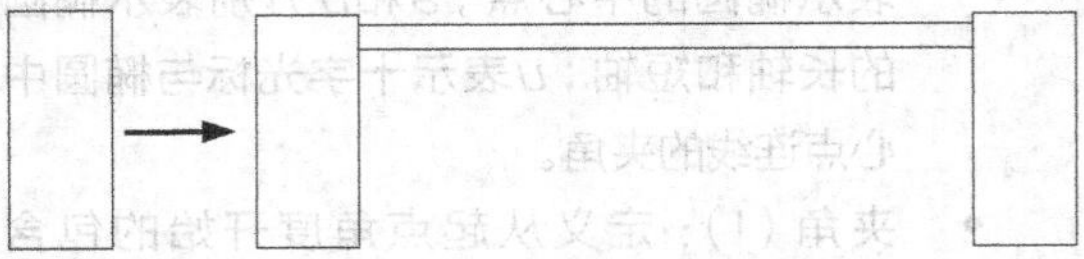

图2-27 绘制方形园凳流程

STEP 绘制步骤

（1）单击“默认”选项卡“绘图”面板中的“矩形”按钮▭，绘制矩形。

在命令行提示“指定第一个角点或 [倒角（C）/ 标高（E）/ 圆角（F）/ 厚度（T）/ 宽度（W）]：”后输入“100，100”，然后按Enter键。

在命令行提示“指定另一个角点或 [面积（A）/ 尺寸（D）/ 旋转（R）]：”后输入“300，570”，然后按Enter键。

级别矩形如图2-28所示。

（2）重复“矩形”命令，继续绘制另一个矩形。

在命令行提示“指定第一个角点或 [倒角（C）/ 标高（E）/ 圆角（F）/ 厚度（T）/ 宽度（W）]：”后输入“1500，100”，然后按Enter键。

在命令行提示“指定另一个角点或[面积(A)/ 尺寸(D) / 旋转（R）]：”后输入“D”，然后按Enter键。

在命令行提示“指定矩形的长度 <10.0000>：”后输入“200”，然后按Enter键。

在命令行提示“指定矩形的宽度 <10.0000>：”后输入“470”，然后按Enter键。

绘制另一个矩形如图2-29所示。

图 2-28　绘制矩形

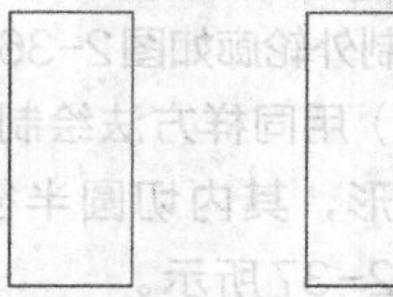

图 2-29　绘制另一个矩形

（3）单击状态栏上“对象捕捉”右侧的小三角形按钮▾，在打开的菜单中选择“对象捕捉设置”命令，如图2-30所示。弹出“草图设置”对话框，如图2-31所示，单击“全部选择”按钮，选择所有的对象捕捉模式，再单击“确定”按钮，关闭该对话框。

图 2-30　快捷菜单

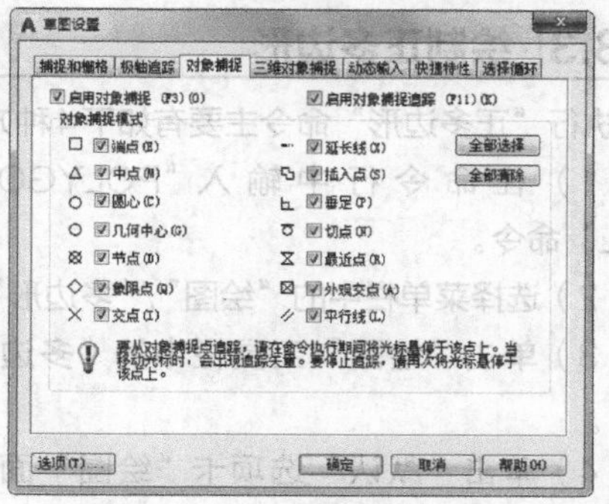

图 2-31　“草图设置”对话框

（4）单击“默认”选项卡“绘图”面板中的“直线”按钮⟋，绘制直线。

在命令行提示“指定第一个点：”后输入“300，500”，然后按Enter键。

在命令行提示“指定下一点或 [放弃（U）]：”后水平向右捕捉另一个矩形上的垂足，如图2-32所示。

在命令行提示“指定下一点或 [放弃（U）]：”后按Enter键。

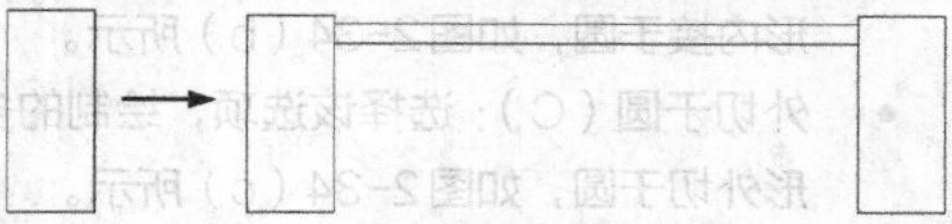

图 2-32　捕捉垂足

（5）重复“直线”命令，继续绘制直线。

在命令行提示“指定第一个点：”后输入“from”，然后按Enter键。

在命令行提示“基点：”后捕捉刚才绘制的直线的起点。

在命令行提示“<偏移>：”后输入“@0，50”，然后按Enter键。

在命令行提示“指定下一点或 [放弃（U）]：”后水平向右捕捉另一个矩形上的垂足。

在命令行提示“指定下一点或 [放弃（U）]：”后按Enter键。

最终绘制出的方形园凳如图2-33所示。

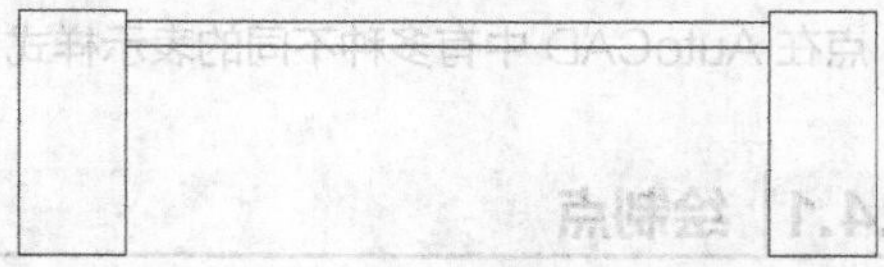

图 2-33　方形园凳

> **提示**　从本实例中可以看出，想要提高绘图速度，可以采取以下两种方式。
> （1）当要重复执行命令时，直接按Enter键。
> （2）采用命令的快捷方式。

2.3.3 绘制正多边形

执行“正多边形”命令主要有如下4种方法。

（1）在命令行中输入“POLYGON”或“POL”命令。

（2）选择菜单栏中的“绘图”/“多边形”命令。

（3）单击“绘图”工具栏中的“多边形”按钮。

（4）单击“默认”选项卡“绘图”面板中的“多边形”按钮。

执行上述命令后，根据系统提示指定多边形的边数和中心点，之后指定内接于圆或外切于圆，并输入内接圆或外切圆的半径。在执行“正多边形”命令时，命令行提示中各选项的含义如下。

- 边（E）：选择该选项，则只要指定多边形的一条边，系统就会按逆时针方向创建该正多边形，如图2-34（a）所示。
- 内接于圆（I）：选择该选项，绘制的多边形内接于圆，如图2-34（b）所示。
- 外切于圆（C）：选择该选项，绘制的多边形外切于圆，如图2-34（c）所示。

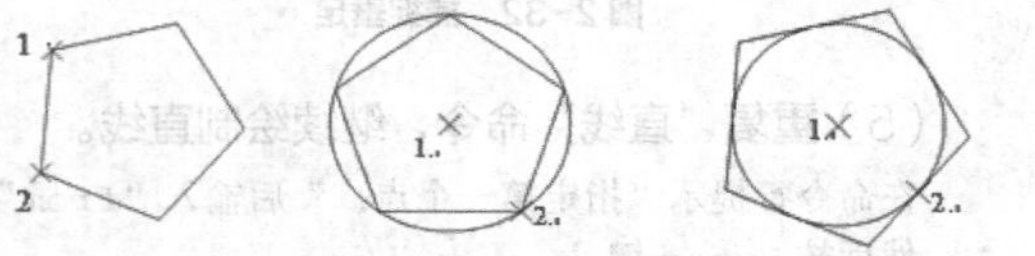

（a）　（b）　（c）

图2-34　绘制正多边形

2.3.4 实例——八角凳

本实例主要使用“正多边形”命令绘制八角凳外轮廓线和内轮廓线，绘制八角凳流程如图2-35所示。

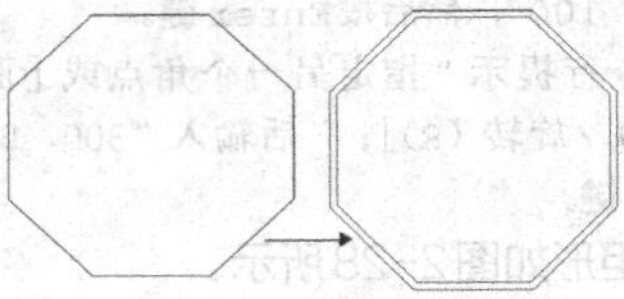

图2-35　绘制八角凳流程

STEP 绘制步骤

（1）单击“默认”选项卡“绘图”面板中的“多边形”按钮，绘制外轮廓。

> 在命令行提示“输入侧面数 <8>：”后输入“8”，然后按 Enter 键。
> 在命令行提示“指定正多边形的中心点或[边(E)]：”后输入“0，0”，然后按 Enter 键。
> 在命令行提示“输入选项 [内接于圆 (I) / 外切于圆 (C)] <I>：”后输入“C”，然后按 Enter 键。
> 在命令行提示“指定圆的半径：”后输入“100”，然后按 Enter 键。

绘制外轮廓如图2-36所示。

（2）用同样方法绘制另一个中心点为(0,0)的正八边形，其内切圆半径为95。绘制出的八角凳如图2-37所示。

图2-36　绘制外轮廓

图2-37　八角凳

2.4 点

点在 AutoCAD 中有多种不同的表示样式，用户可以根据需求进行设置，也可以设置等分点和测量点。

2.4.1 绘制点

执行“点”命令主要有以下4种方法。

（1）在命令行中输入“POINT”或“PO”命令。

（2）选择菜单栏中的“绘图”/“点”命令。

（3）单击“绘图”工具栏中的“多点”按钮。

（4）单击“默认”选项卡“绘图”面板中的“多点”按钮。

执行“点”命令，在命令行提示后输入点的坐标或使用鼠标在屏幕上单击，即可完成点的绘制。

通过菜单进行操作时（见图2-38），“单点”命令表示只输入一个点，“多点”命令表示可输入多个点。

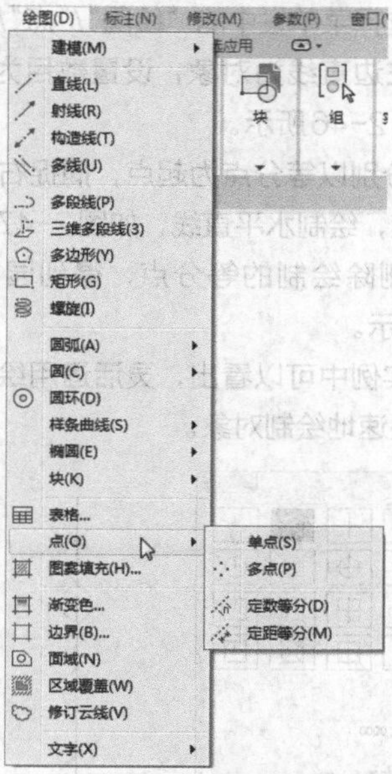

图 2-38 “点”子菜单

可以单击状态栏中的“对象捕捉”按钮，设置点的捕捉模式，帮助用户拾取点。

点在图形中的表示样式共有20种。可通过在命令行中输入“DDPTYPE”命令或选择菜单栏中的“格式”/“点样式”命令，在弹出的“点样式”对话框中设置点样式，如图2-39所示。

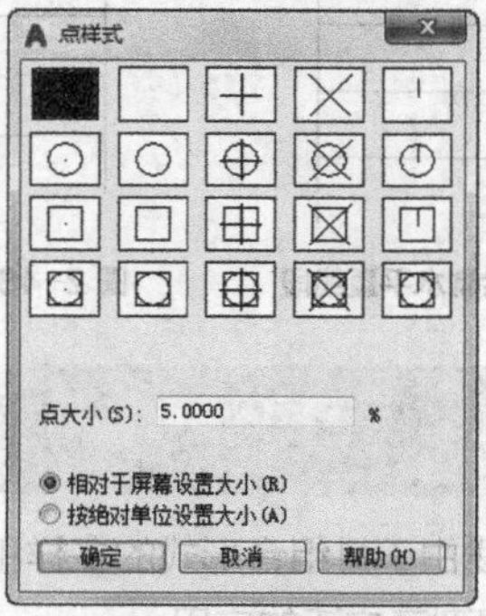

图 2-39 “点样式”对话框

2.4.2 定数等分点

执行“定数等分”命令主要有如下3种方法。

（1）在命令行中输入“DIVIDE”命令。

（2）选择菜单栏中的“绘图”/“点”/“定数等分”命令。

（3）单击“默认”选项卡“绘图”面板中的“定数等分”按钮。

2.4.3 定距等分点

执行“定距等分”命令主要有如下3种方法。

（1）在命令行中输入“MEASURE”命令。

（2）选择菜单栏中的“绘图”/“点”/“定距等分”命令。

（3）单击“默认”选项卡“绘图”面板中的“定距等分”按钮。

执行上述命令后，根据系统提示选择要设置测量点的实体，并指定分段长度。执行该命令时，各参数的含义如下。

- 设置的起点一般是线段的绘制起点。
- 在第二提示行选择“块（B）”选项时，表示在测量点处插入指定的块。
- 在等分点处，按当前点样式绘制测量点。
- 最后一条测量线段的长度不一定等于指定的分段长度。

2.4.4 实例——园桥阶梯

本实例有助于读者熟练掌握“定数等分”命令的运用，绘制园桥阶梯流程如图2-40所示。

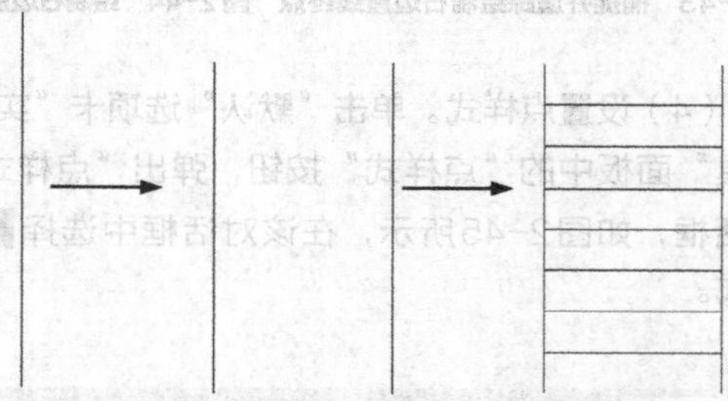

图 2-40 绘制园桥阶梯流程

STEP 绘制步骤

（1）单击状态栏上的“对象捕捉”按钮和“极轴追踪”按钮。

（2）单击“默认”选项卡“绘图”面板中的“直线”按钮，绘制一条适当长度的竖直直线，如图2-41所示。

（3）单击“默认”选项卡的“绘图”面板中的“直线”按钮，将鼠标指针指向刚才绘制的竖直直线的起点，显示捕捉点标记，向右移动鼠标指针，拉出一条追踪标记虚线，如图2-42所示，在适当位置按鼠标左键，确定右边直线的起点位置。再将鼠标指针指向刚绘制的竖直直线的终点，同样显示捕捉点标记，向右移动鼠标指针，拉出一条追踪标记虚线，如图2-43所示，在适当位置按鼠标左键，确定右边直线的终点位置，如图2-44所示。

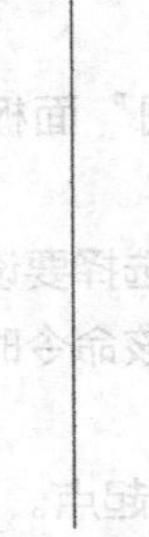

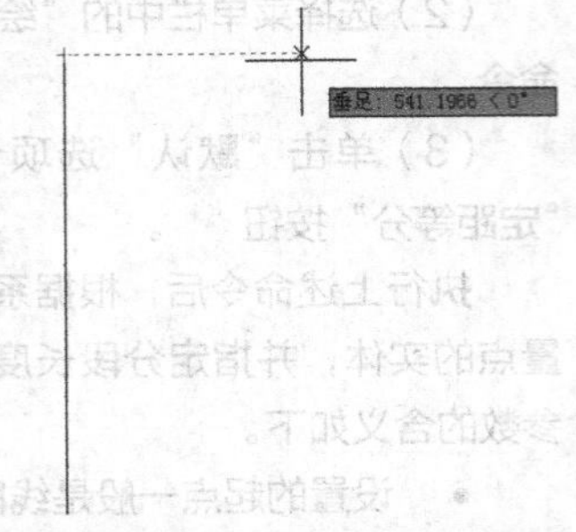

图2-41　绘制竖直直线段　图2-42　捕捉并追踪绘制右边直线起点

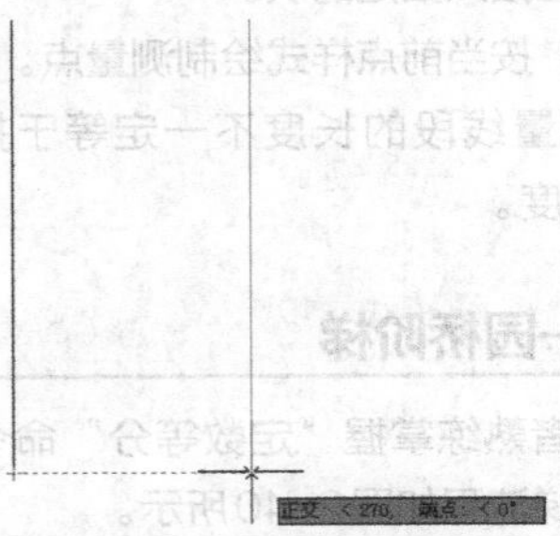

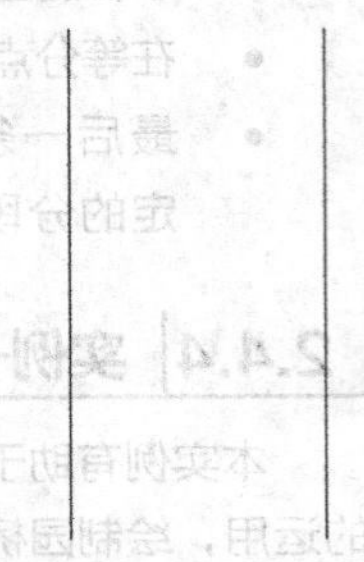

图2-43　捕捉并追踪绘制右边直线终点　图2-44　绘制右边直线

（4）设置点样式。单击“默认”选项卡“实用工具”面板中的“点样式”按钮，弹出“点样式”对话框，如图2-45所示，在该对话框中选择▆样式。

（5）选择菜单栏中的“绘图”/“点”/“定数等分”命令，以左边直线为对象，设置数目为8，绘制等分点，如图2-46所示。

（6）分别以等分点为起点，捕捉右边直线上的垂足为终点，绘制水平直线，如图2-47所示。

（7）删除绘制的等分点，得到园桥阶梯，如图2-48所示。

从本实例中可以看出，灵活运用绘图工具，可以准确、快速地绘制对象。

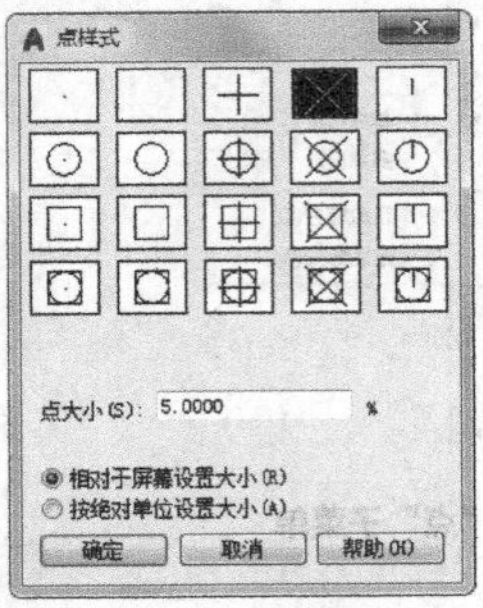

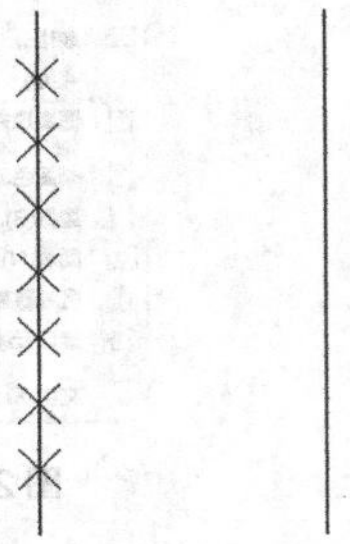

图2-45　“点样式”对话框　图2-46　绘制等分点

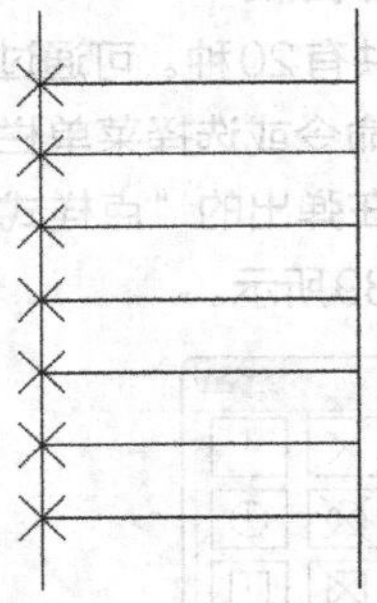

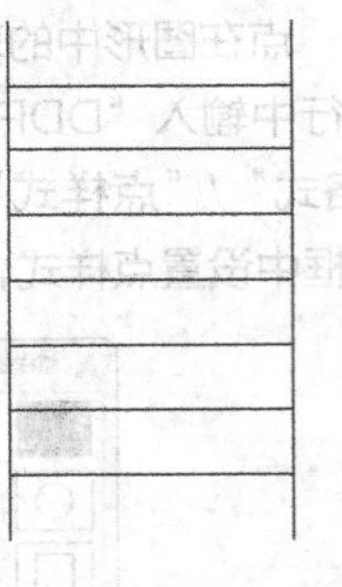

图2-47　绘制水平直线段　图2-48　园桥阶梯

2.5 多段线

多段线是一种由线段和圆弧组合而成的、不同线宽的多线，这种线由于其组合形式的多样和线宽的不同，弥补了直线或圆弧功能的不足。因其适用于绘制复杂的图形轮廓，而得到了广泛的应用。

2.5.1 绘制多段线

执行“多段线”命令主要有如下4种方法。

（1）在命令行中输入“PLINE”或“PL”命令。

（2）选择菜单栏中的“绘图”/“多段线”命令。

（3）单击“绘图”工具栏中的“多段线”按钮。

（4）单击“默认”选项卡“绘图”面板中的“多段线”按钮。执行上述命令后，根据系统提示指定多段线的起点和下一个点。此时，命令行提示中各选项的含义如下。

- 圆弧（A）：将绘制直线的方式转变为绘制圆弧的方式，这种绘制圆弧的方式与用“ARC”命令绘制圆弧的方式类似。
- 半宽（H）：指定多段线的半宽值，AutoCAD将提示输入多段线的起点半宽值与终点半宽值。

- 长度（L）：定义下一条多段线的长度，AutoCAD 将按照上一条直线的方向绘制这一条多段线。如果上次绘制的是圆弧，则将绘制与此圆弧相切的直线。
- 宽度（W）：设置多段线的宽度值。

2.5.2 编辑多段线

执行“编辑多段线”命令主要有如下5种方法。

（1）在命令行中输入“PEDIT”或“PE”命令。

（2）选择菜单栏中的“修改”/“对象”/“多段线”命令。

（3）单击“修改II”工具栏中的“编辑多段线”按钮。

（4）单击“默认”选项卡“修改”面板中的“编辑多段线”按钮。

（5）选择要编辑的多段线，在绘图区使用鼠标右键单击，在打开的快捷菜单中选择“多段线编辑”命令。

执行上述命令后，根据系统提示选择一条要编辑的多段线，并根据需求输入其中的选项。此时，命令行提示中各选项的含义如下。

- 合并（J）：以选中的多段线为主体，合并其他直线段、圆弧或多段线，使其成为一条多段线。能合并的条件是各段线的端点首尾相连，如图2-49所示。

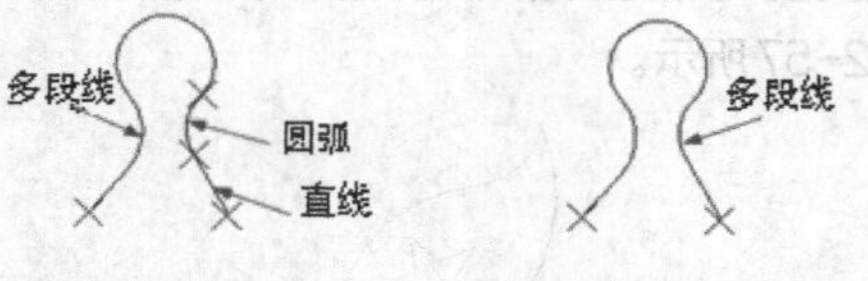

（a）合并前　（b）合并后

图 2-49　合并多段线

- 宽度（W）：修改整条多段线的线宽，使其线宽相同，如图2-50所示。

（a）修改前　（b）修改后

图 2-50　修改整条多段线的线宽

- 编辑顶点（E）：选择该选项后，在多段线起点处出现一个斜的十字叉“×”，作为当前顶点的标记，并在命令行出现后续操作提示时选择任意选项，这些选项允许用户进行移动、插入顶点和修改任意两点间的线的线宽等操作。
- 拟合（F）：指定多段线生成由光滑圆弧连接而成的圆弧拟合曲线，该曲线经过多段线的各顶点，如图2-51所示。

（a）修改前　（b）修改后

图 2-51　生成圆弧拟合曲线

- 样条曲线（S）：以指定多段线的各顶点作为控制点，生成样条曲线，如图2-52所示。

（a）修改前　（b）修改后

图 2-52　生成样条曲线

- 非曲线化（D）：用直线代替指定的多段线中的圆弧。对于选择“拟合（F）”或“样条曲线（S）”选项后生成的圆弧拟合曲线或样条曲线，删去其生成曲线时新插入的顶点，则可恢复成由直线段组成的多段线。
- 线型生成（L）：当多段线的线型为点画线时，控制多段线的线型生成方式开关。选择ON（开）时，将在每个顶点处允许以短画线开始或结束生成线型；选择OFF（关）时，将在每个顶点处允许以长画线开始或结束生成线型，如图2-53所示。“线型生成”不能用于包含变宽线段的多段线。
- 反转（R）：反转多段线顶点的顺序。选择此选项可反转使用包含文字线型的对象的方向。例如，根据多段线的创建方向，线型中的文字可能会倒置显示。

（a）关　（b）开

图 2-53　控制多段线的线型（线型为点画线时）

2.5.3 实例——紫荆花瓣

应用“多段线”命令绘制紫荆花瓣，绘制紫荆花瓣流程如图2-54所示。

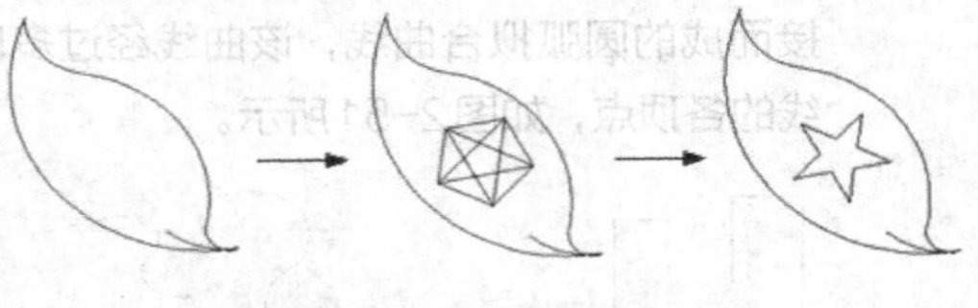

图 2-54 绘制紫荆花瓣流程

STEP 绘制步骤

（1）单击“默认”选项卡“绘图”面板中的“多段线”按钮，绘制花瓣轮廓。

在命令行提示“指定起点：”后指定一点。
在命令行提示“指定下一个点或［圆弧（A）/半宽（H）/长度（L）/放弃（U）/宽度（W）]：”后输入“A”，然后按Enter键。
在命令行提示“指定圆弧的端点（按住Ctrl键以切换方向）或［角度（A）/圆心（CE）/方向（D）/半宽（H）/直线（L）/半径（R）/第二个点（S）/放弃（U）/宽度（W）]：”后输入“S”，然后按Enter键。
在命令行提示“指定圆弧上的第二个点：”后指定第二个点。
在命令行提示“指定圆弧的端点：”后指定端点。
在命令行提示“指定圆弧的端点（按住Ctrl键以切换方向）或［角度（A）/圆心（CE）/闭合（CL）/方向（D）/半宽（H）/直线（L）/半径（R）/第二个点（S）/放弃（U）/宽度（W）]：”后输入“S”，然后按Enter键。
在命令行提示“指定圆弧上的第二个点：”后指定第二个点。
在命令行提示“指定圆弧的端点：”后指定端点。
在命令行提示“指定圆弧的端点（按住Ctrl键以切换方向）或［角度（A）/圆心（CE）/闭合（CL）/方向（D）/半宽（H）/直线（L）/半径（R）/第二个点（S）/放弃（U）/宽度（W）]：”后输入“D”，然后按Enter键。
在命令行提示“指定圆弧的起点切向：”后指定起点切向。
在命令行提示“指定圆弧的端点（按住 Ctrl 键以切换方向）：”后指定端点。
在命令行提示“指定圆弧的端点（按住Ctrl键以切换方向）或［角度（A）/圆心（CE）/闭合（CL）/方向（D）/半宽（H）/直线（L）/半径（R）/第二个点（S）/放弃（U）/宽度（W）]：”后指定端点。
在命令行提示“指定圆弧的端点（按住Ctrl键以切换方向）或［角度（A）/圆心（CE）/闭合（CL）/方向（D）/半宽（H）/直线（L）/半径（R）/第二个点（S）/放弃（U）/宽度（W）]：”后按Enter键。

（2）单击“默认”选项卡“绘图”面板中的“圆弧”按钮，绘制一段圆弧。

在命令行提示“指定圆弧的起点或［圆心（C）]：”后指定刚绘制的多段线下端点。
在命令行提示“指定圆弧的第二个点或［圆心（C）/端点（E）]：”后指定第二个点。
在命令行提示“指定圆弧的端点：”后指定端点。

花瓣轮廓如图2-55所示。

（3）单击“默认”选项卡“绘图”面板中的“多边形”按钮，在花瓣轮廓内绘制一个正五边形。

（4）单击“默认”选项卡“绘图”面板中的“直线”按钮，连接正五边形内的端点，绘制一个五角星，如图2-56所示。

图 2-55 花瓣外框

图 2-56 绘制五角星

（5）单击“默认”选项卡“修改”面板中的“删除”按钮和“修剪”按钮，将正五边形删除并修剪多余的直线段，最终完成紫荆花瓣的绘制，如图2-57所示。

图 2-57 紫荆花瓣

2.6 样条曲线

AutoCAD 提供了一种被称为非均匀有理B样条（Non-Uniform Rational B-Spline, NURBS）曲线的特殊样条曲线类型。NURBS曲线是在控制点之间产生的一条光滑的样条曲线，如图2-58所示。样条曲线可用于创建形状不规则的曲线，在地理信息系统（Geographical Information System, GIS）或汽车轮廓线设计环节中都有应用。

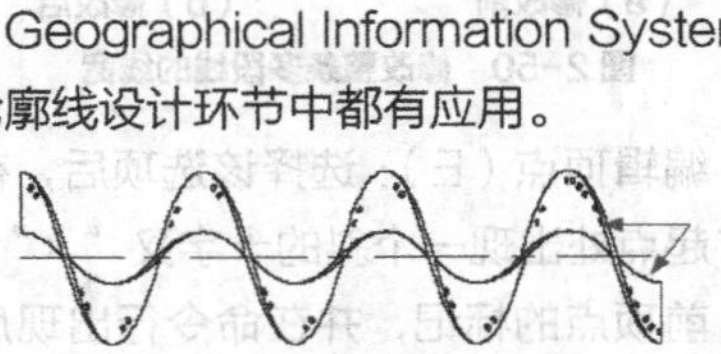

图 2-58 样条曲线

2.6.1 绘制样条曲线

执行“样条曲线”命令主要有如下4种方法。

（1）在命令行中输入“SPLINE”或“SPL”命令。

（2）选择菜单栏中的“绘图”/“样条曲线”命令。

（3）单击“绘图”工具栏中的“样条曲线”按钮。

（4）单击“默认”选项卡“绘图”面板中的“样条曲线拟合”按钮或“样条曲线控制点”按钮。

执行上述命令后，根据系统提示指定一点或选择“对象（O）”选项，在命令行提示下指定一点。执行“样条曲线”命令后，系统将提示指定样条曲线的点，在绘图区依次指定所需点的位置即可创建样条曲线。在绘制样条曲线的过程中，命令行提示的各选项的含义如下。

- 对象（O）：将二维或三维的二次或三次样条曲线的拟合多段线转换为等价的样条曲线，然后（根据DELOBJ系统变量的设置）删除该拟合多段线。
- 闭合（C）：将最后一点定义为与第一点一致，并使其在连接处相切，以闭合样条曲线。选择该选项，在命令行提示下指定点或按Enter键，用户可以指定一点来定义切向矢量，或者单击状态栏中的“对象捕捉”按钮，使用“切点”“垂足”对象捕捉模式使样条曲线与现有对象相切或垂直。
- 公差（F）：修改当前样条曲线的拟合公差。根据新的拟合公差，以现有点重新定义样条曲线。拟合公差表示样条曲线拟合时所指定的拟合点集的拟合精度。拟合公差越小，样条曲线与拟合点集越接近。拟合公差为0时，样条曲线将通过该拟合点集；拟合公差大于0时，样条曲线将在指定的公差范围内通过该拟合点集。在绘制样条曲线时，可以通过改变样条曲线的拟合公差查看效果。
- 起点切向（T）：定义样条曲线的第一个点和最后一个点的切向。如果在样条曲线的两端都指定切向，可以输入一个点或使用“切点”“垂足”对象捕捉模式，使样条曲线与已有的对象相切或垂直。如果按Enter键，系统将计算默认切向。

2.6.2 编辑样条曲线

执行“编辑样条曲线”命令主要有如下4种方法。

（1）在命令行中输入“SPLINEDIT”命令。

（2）选择菜单栏中的“修改”/“对象”/“样条曲线”命令。

（3）选择要编辑的样条曲线，在绘图区单击鼠标右键，在打开的快捷菜单中选择“编辑样条曲线”命令。

（4）单击“修改II”工具栏中的“编辑样条曲线”按钮。

执行上述命令后，根据系统提示选择要编辑的样条曲线。若选择的样条曲线是用“SPLINE”命令创建的，其近似点以夹点的颜色显示出来；若选择的样条曲线是用“PLINE”命令创建的，其控制点以夹点的颜色显示出来。此时，命令行提示中各选项的含义如下。

- 拟合数据（F）：编辑近似数据。选择该选项后，创建该样条曲线时指定的各点将以小方格的形式显示出来。
- 移动顶点（M）：移动样条曲线上的当前点。
- 精度（R）：调整样条曲线的定义精度。
- 反转（E）：反转样条曲线的方向，主要用于应用程序。

2.6.3 实例——碧桃花瓣

本实例绘制碧桃花瓣，主要介绍样条曲线的具体应用，如图2-59所示。

图 2-59 绘制碧桃花瓣

STEP 绘制步骤

单击“默认”选项卡的“绘图”面板中的“样条曲线拟合”按钮，绘制碧桃花瓣。

在命令行提示“指定第一个点或[方式（M）/节点（K）/对象（O）]：”后指定一个点。

在命令行提示“输入下一个点或［起点切向（T）/公差（L）］：”后适当指定下一个点。
在命令行提示“输入下一个点或［端点相切（T）/公差（L）/放弃（U）］：”后适当指定下一个点。
在命令行提示“输入下一个点或［端点相切（T）/公差（L）/放弃（U）/闭合（C）］：”后适当指定下一个点。
在命令行提示“输入下一个点或［端点相切（T）/公差（L）/放弃（U）/闭合（C）］：”后按Enter键。

结果如图2-59所示。

2.7 多线

多线是一种复合线，由连续的直线段复合组成。多线的突出优点是能够提高绘图效率，保证图线的统一性。

2.7.1 绘制多线

执行“多线”命令主要有以下两种方法。

（1）在命令行中输入“MLINE”或“ML”命令。

（2）选择菜单栏中的“绘图”/“多线”命令。执行此命令后，根据系统提示指定起点和下一个点。

在命令行提示下继续指定下一个点绘制线段；输入“U”，则放弃前一段多线的绘制；单击鼠标右键或按Enter键，结束命令。
在命令行提示下继续指定下一点绘制线段：输入“C”，则闭合线段，结束命令。

在执行“多线”命令时，命令行提示中各主要选项的含义如下。

- 对正（J）：该选项用于指定绘制多线的基准。共有“上”“无”“下”3种对正类型。其中，“上”表示以多线上侧的线为基准，其他两项依此类推。
- 比例（S）：选择该选项，要求用户设置平行线的间距。输入值为0时，平行线重合；输入值为负时，多线的排列倒置。
- 样式（ST）：用于设置当前使用的多线样式。

2.7.2 定义多线样式

执行“多线样式”命令主要有如下两种方法。

（1）在命令行中输入“MLSTYLE”命令。

（2）选择菜单栏中的“格式”/“多线样式”命令。

执行上述命令后，弹出图2-60所示的“多线样式”对话框。在该对话框中，用户可以对多线样式进行定义、保存和加载等操作。

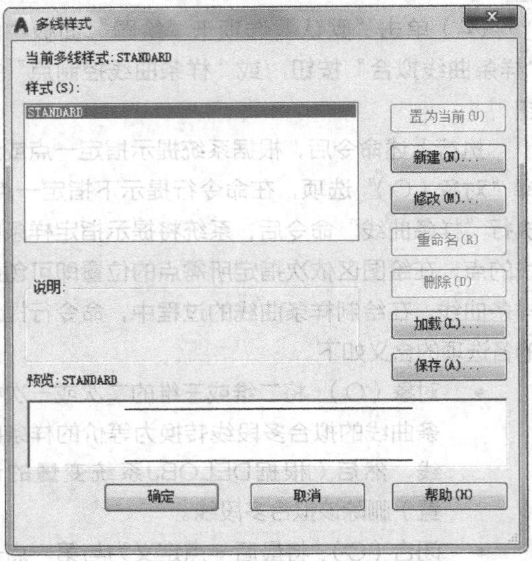

图2-60 “多线样式”对话框

2.7.3 编辑多线

应用“编辑多线”命令，可以创建和修改多线样式。执行该命令主要有如下两种方法。

（1）选择菜单栏中的“修改”/“对象”/“多线”命令。

（2）在命令行中输入“MLEDIT”命令。执行上述命令后，弹出“多线编辑工具”对话框，如图2-61所示。

利用“多线编辑工具”对话框，可以创建或修改多线样式。其中分4列显示了示例图形：第1列管理十字交叉形式的多线；第2列管理T形多线；第3列管理拐角接合点和顶点形式的多线；第4列管理多线被剪切或接合的形式。

单击某个示例图形，然后单击“关闭”按钮，就可以应用该项编辑功能。

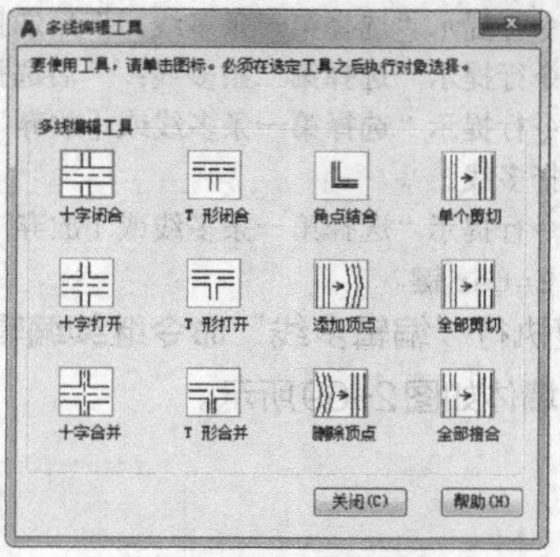

图 2-61　“多线编辑工具”对话框

2.7.4　实例——墙体

本实例应用“多线”命令绘制墙体，绘制墙体流程如图2-62所示。

STEP 绘制步骤

（1）单击“默认”选项卡“绘图”面板中的“构造线”按钮，绘制出一条水平构造线和一条竖直构造线，组成“十”字形辅助线，如图2-63所示。

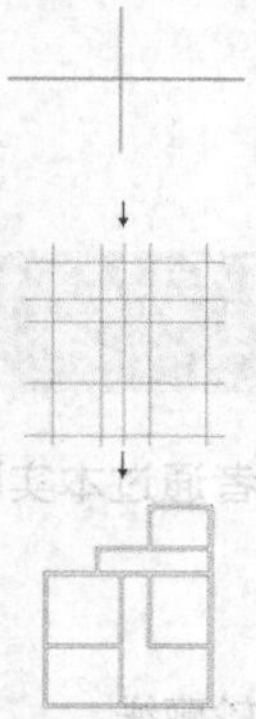

图 2-62　绘制墙体流程　　图 2-63　“十”字形辅助线

（2）偏移辅助线。按Enter键，重复构造线命令。

> 在命令行提示“指定点或 [水平（H）/ 垂直（V）/ 角度（A）/ 二等分（B）/ 偏移（O）]：”后输入“O”，然后按Enter键。
> 在命令行提示“指定偏移距离或[通过(T)]<通过>：”后输入“4200”，然后按 Enter 键。
> 在命令行提示“选择直线对象：”后选择水平构造线。
> 在命令行提示“指定向哪侧偏移：”后指定上边一点。
> 在命令行提示“选择直线对象：”后按 Enter 键退出绘制辅助线。

（3）用相同方法，每次偏移均以偏移后的线段作为要偏移的对象，将绘制得到的水平构造线依次向上偏移，偏移距离值为4200、5100、1800和3000，偏移得到的水平构造线如图2-64所示。重复执行“偏移”命令，将竖直构造线依次向右偏移，偏移距离值为3900、1800、2100和4500，完成后辅助线网格如图2-65所示。

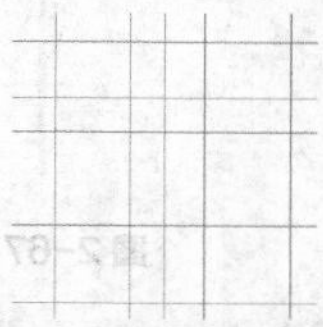

图 2-64　水平构造线　　图 2-65　辅助线网格

（4）选择菜单栏中的“格式”/“多线样式”命令，弹出“多线样式”对话框。单击“新建”按钮，弹出“创建新的多线样式”对话框。在“新样式名”文本框中输入“墙体线”，单击“继续”按钮。

（5）弹出“新建多线样式:墙体线”对话框，按图2-66所示设置多线样式。单击“确定”按钮，返回“多线样式”对话框，单击“置为当前”按钮，将“墙体线”设置为当前样式。

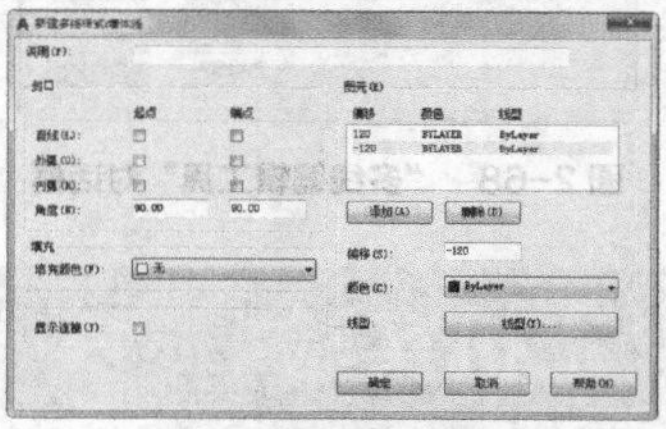

图 2-66　设置多线样式

（6）选择菜单栏中的“绘图”/“多线”命令，绘制墙体。

> 在命令行提示“指定起点或 [对正（J）/ 比例（S）/ 样式（ST）]：”后输入“S”，然后按 Enter 键。
> 在命令行提示“输入多线比例 <20.00>：”后输入“1”，然后按 Enter 键。
> 在命令行提示“指定起点或 [对正（J）/ 比例（S）/ 样式（ST）]：”后输入“J”，然后按 Enter 键。
> 在命令行提示“输入对正类型[上(T)/无(Z)/下(B)]<上>：”后输入“Z”，然后按 Enter 键。
> 在命令行提示“指定起点或 [对正（J）/ 比例（S）/ 样式（ST）]：”后在绘制的辅助线交点上指定一个点。
> 在命令行提示“指定下一点：”后在绘制的辅助线交点上指定下一个点。
> 在命令行提示“指定下一点或 [放弃（U）]：”后在绘制的辅助线交点上指定下一个点。
> 在命令行提示“指定下一点或 [闭合（C）/ 放弃（U）]：”后在绘制的辅助线交点上指定下一个点。
> 在命令行提示“指定下一点或 [闭合（C）/ 放弃（U）]：”后输入“C”，然后按Enter键。

根据辅助线网格，用相同方法绘制多线，全部多线绘制结果如图2-67所示。

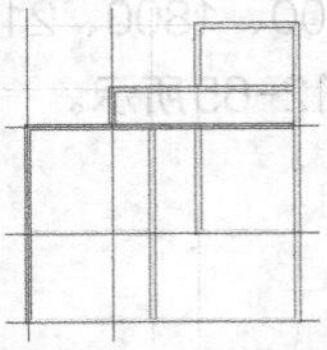

图2-67 全部多线绘制结果

（7）编辑多线。选择菜单栏中的“修改”/“对象”/“多线”命令，弹出“多线编辑工具”对话框，如图2-68所示。选择其中的“T形打开”工具。

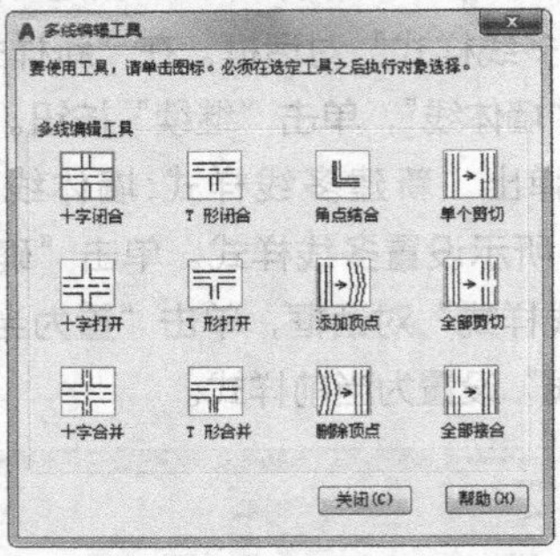

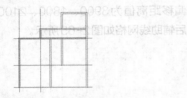

图2-68 “多线编辑工具”对话框

在命令行提示“选择第一条多线：”后选择多线。
在命令行提示“选择第二条多线：”后选择多线。
在命令行提示“选择第一条多线或［放弃（U）］：”后选择多线。
在命令行提示“选择第一条多线或［放弃（U）］：”后按 Enter 键。

重复执行“编辑多线”命令继续编辑多线，最终绘制的墙体如图2-69所示。

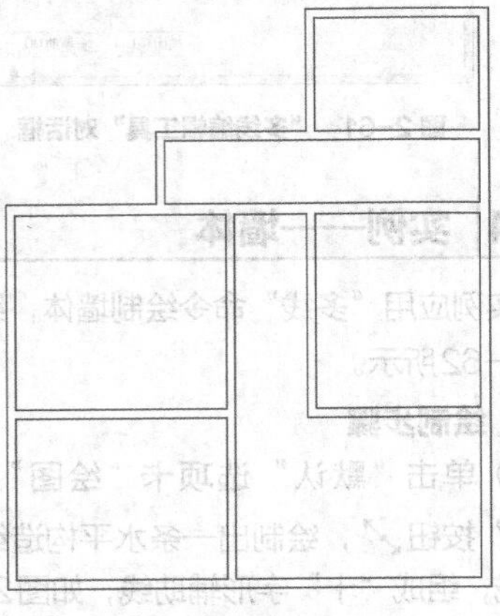

图2-69 墙体

2.8 上机实验

通过前面的学习，相信读者对本章知识已有了大体的了解。本节通过两个实验帮助读者进一步掌握本章知识要点。

【实验1】绘制壁灯。

1. 目的要求

本实验中的壁灯使用“矩形”命令绘制底座，然后应用“直线”“圆弧”命令绘制灯罩，最后使用“样条曲线”命令绘制装饰物，如图2-70所示。希望读者通过本实验的学习熟练掌握“样条曲线”命令的运用。

2. 操作提示

（1）绘制底座。

（2）绘制灯罩。

（3）绘制装饰物。

【实验2】绘制圆桌。

1. 目的要求

本实验中的圆桌绘制涉及的命令主要是“圆”命令，如图2-71所示。希望读者通过本实验的学习灵活掌握“圆”命令的运用。

2. 操作提示

（1）利用“圆”命令绘制外轮廓线。

（2）利用“圆”命令结合对象捕捉模式，绘制同心内圆。

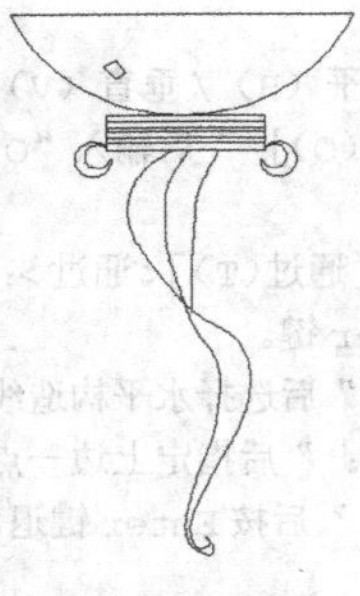

图2-70 壁灯

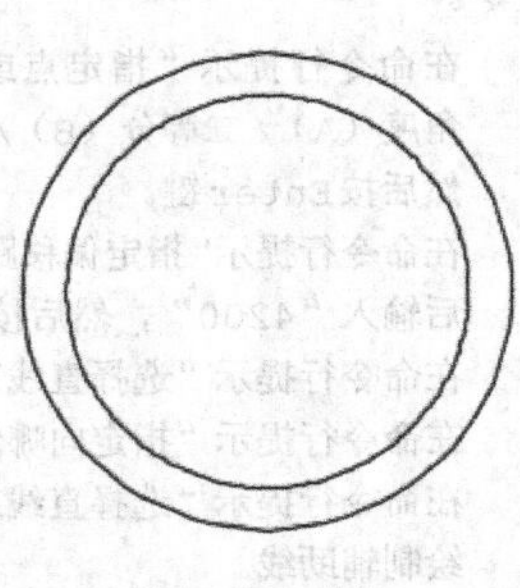

图2-71 圆桌

第3章

基本绘图工具

为了快捷、准确地绘制图形和方便、高效地管理图形，AutoCAD 提供了多种必要的辅助绘图工具，如对象捕捉工具、图层特性管理器及精确定位工具等。本章循序渐进地讲解 AutoCAD 2020 的尺寸和文字等知识。表格在 AutoCAD 中有大量的应用，如明细表、参数表和标题栏等，熟练应用表格功能将使表格绘制变得方便。

知识点

- 图层设置
- 辅助绘图工具
- 对象约束
- 文字
- 表格
- 尺寸

3.1 图层设置

AutoCAD 中的图层如同在手工绘图中使用的重叠透明图纸，如图3-1所示，可以使用图层来组织不同类型的信息。在 AutoCAD 中，每个图形对象都位于一个图层，所有图形对象都具有图层、颜色、线型和线宽这4个基本属性。在绘图时，图形对象将创建在当前图层上。每个图形文件中图层的数量都是不受限制的，每个图层都有自己的名称。

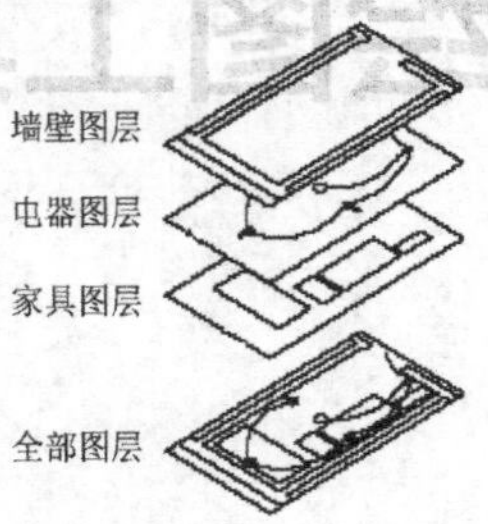

图3-1　图层

3.1.1 建立新图层

新建的图形文件中只能自动创建一个名为“0”的特殊图层。在默认情况下，图层0将被指定使用7号颜色、Continuous线型、默认线宽及 NORMAL 打印样式，并且不能被删除或重命名。通过创建新的图层，可以将类型相似的对象指定给同一个图层，使其相关联。例如，可以将构造线、文字、标注和标题栏置于不同的图层，并为这些图层指定通用特性。通过将对象分类放到各自的图层中，可以快速、有效地控制对象的显示，以及对其进行更改。执行“图层”命令主要有如下4种方法。

（1）在命令行中输入“LAYER”或“LA”命令。

（2）选择菜单栏中的“格式”/“图层”命令。

（3）单击“图层”工具栏中的“图层特性管理器”按钮，如图3-2所示。

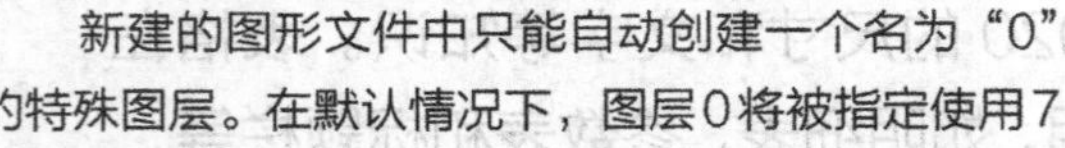

图3-2　“图层”工具栏

（4）单击“默认”选项卡“图层”面板中的“图层特性”按钮。

执行上述命令后，弹出“图层特性管理器”对话框，如图3-3所示。单击“图层特性管理器”对话框中的“新建图层”按钮，建立新图层，默认的图层名为“图层1”。可以根据绘图需要，更改图层名。在一个图形文件中可以创建的图层数及在每个图层中可以创建的对象数实际上是无限的，图层最多可使用255个字符的字母或数字命名。图层特性管理器按图层名的字母顺序排列图层。

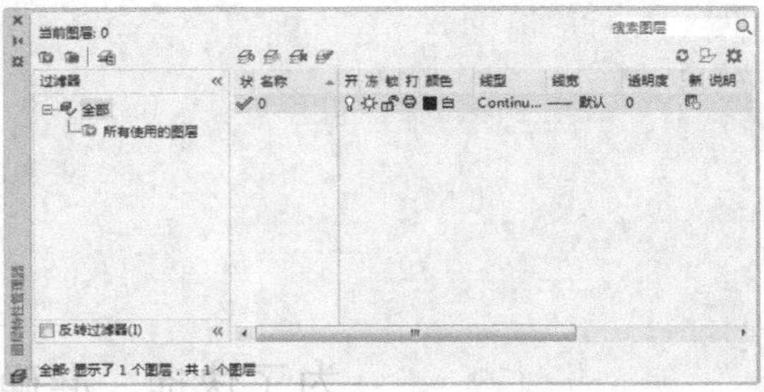

图3-3　“图层特性管理器”对话框

> 提示　如果要建立不止一个图层，无须重复单击“新建”按钮。更有效的方法是在建立一个新的图层“图层1”后，改变图层名，在其后输入逗号“，”，这样系统会自动建立一个新图层，再改变图层名，然后输入一个逗号，又建立了一个新的图层，从而依次建立各个图层。也可以通过按两次Enter键，建立新的图层。

图层包括图层名、关闭/打开图层、冻结/解冻图层、锁定/解锁图层、图层线条颜色、图层线条线型、图层线条宽度、图层打印样式，以及图层是否打印9个参数。下面将分别讲述如何设置其中部分参数。

1. 设置图层线条颜色

在工程图中，整个图形包含多种不同功能的图形对象，如实体、剖面线与尺寸标注等。为了直观地区分它们，有必要针对不同的图形对象使用不同的颜色，如实体图层使用白色、剖面线图层使用青色等。

要改变图层的颜色时，单击图层所对应的颜色图标，弹出“选择颜色”对话框，如图3-4所示。

它是一个标准的颜色设置对话框，可以通过“索引颜色”“真彩色”“配色系统”3个选项卡中的参数来设置颜色。

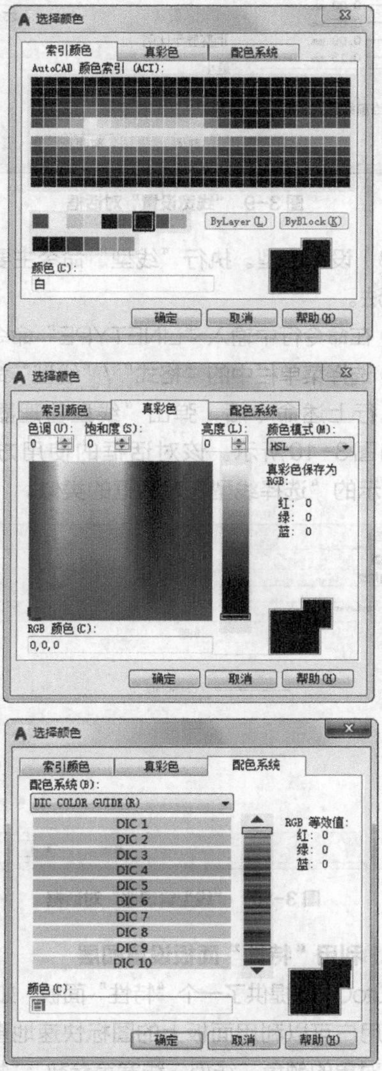

图 3-4 “选择颜色”对话框

2. 设置图层线条线型

线型是指作为图形基本元素的线条的组成和显示方式，如实线、点画线等。在许多绘图工作中，常常以线型划分图层，并为图层设置适合的线型。在绘图时，只需将该图层设为当前工作层，即可绘制出符合线型要求的图形对象，极大地提高绘图效率。

单击图层所对应的线型图标，弹出“选择线型”对话框，如图3-5所示。默认情况下，在“已加载的线型”列表框中，系统只添加了Continuous线型。单击“加载”按钮，弹出“加载或重载线型”对话框，如图3-6所示，可以看到AutoCAD提供了许多线型，用鼠标指针选择所需的线型，单击“确定”按钮，即可把该线型加载到“已加载的线型”列表框中，按住Ctrl键可以同时选择几种线型进行加载。

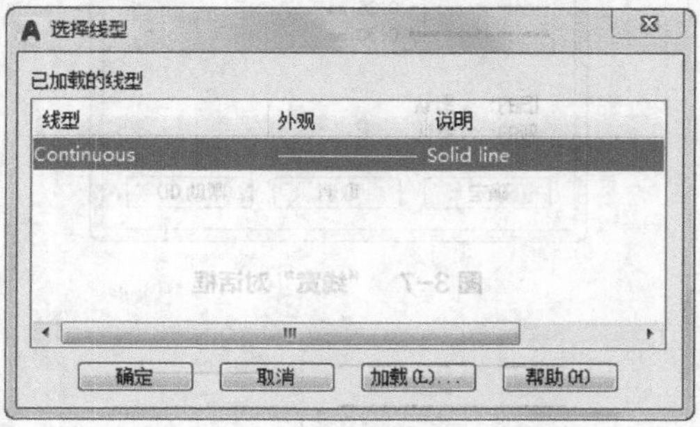

图 3-5 “选择线型”对话框

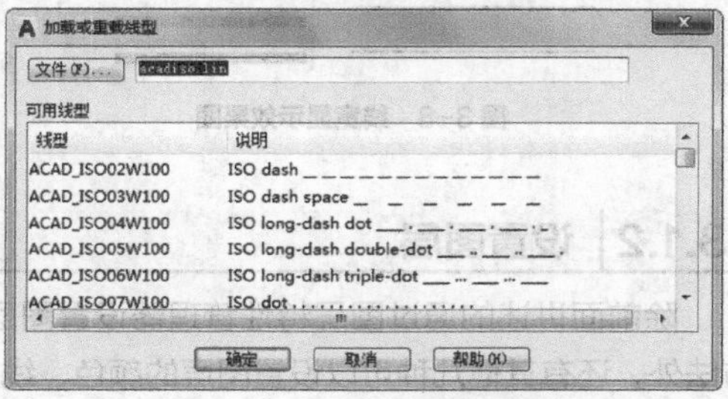

图 3-6 “加载或重载线型”对话框

3. 设置图层线条宽度

设置图层线条宽度，顾名思义就是改变线条宽度（简称线宽）。用不同宽度的线条表现图形对象的类型，可以提高图形的表达能力和可读性。例如，绘制外螺纹时，大径使用粗实线表示，小径使用细实线表示。

单击“图层特性管理器”对话框中图层所对应的线宽图标，弹出“线宽”对话框，如图3-7所示。选择线宽，单击“确定”按钮完成对线宽的设置。

线宽的默认值为0.25mm。在状态栏为“模型”状态时，显示的线宽与计算机的像素有关。线宽为0.00mm时，显示为一个像素的线宽。单击状态栏中的“显示/隐藏线宽”按钮☰，能看出图形的线宽与实际线宽成比例，如图3-8所示，但线宽不随着图形的放大和缩小而变化。线宽功能关闭后，不显示设置图形的线宽，图形的线宽均以默认值显示。可以在“线宽”对话框中选择所需的线宽。

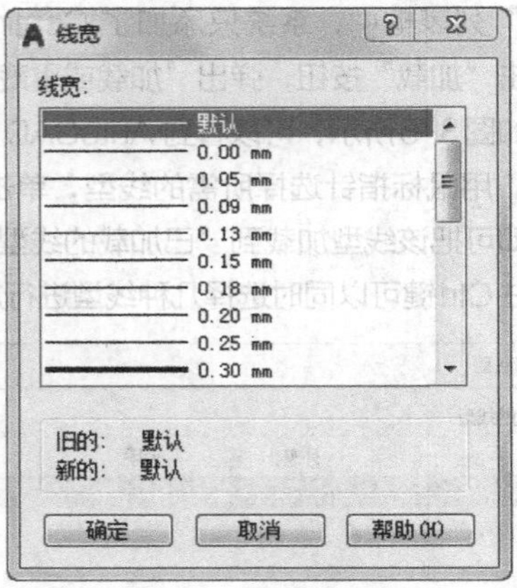

图3-7 “线宽”对话框

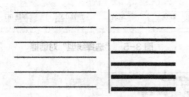

图3-8 线宽显示效果图

3.1.2 设置图层

除前面讲述的通过图层特性管理器设置图层的方法外，还有其他几种可以设置图层的颜色、线宽、线型等参数的简便方法。

1. 直接设置图层

可以直接通过命令行或菜单设置图层的颜色、线宽、线型等参数。

（1）设置颜色。执行“颜色”命令主要有如下两种方法。

① 在命令行中输入“COLOR”命令。

② 选择菜单栏中的“格式”/“颜色”命令。执行上述命令后，AutoCAD 打开图3-4所示的“选择颜色”对话框。该对话框相关知识与前面讲述的相同，不赘述。

（2）设置线宽。执行“线宽”命令主要有如下两种方法。

① 在命令行中输入“LINEWEIGHT”命令。

② 选择菜单栏中的“格式”/“线宽”命令。执行上述命令后，弹出“线宽设置”对话框，如图3-9所示。该对话框的使用方法与图3-7所示的“线宽”对话框的类似。

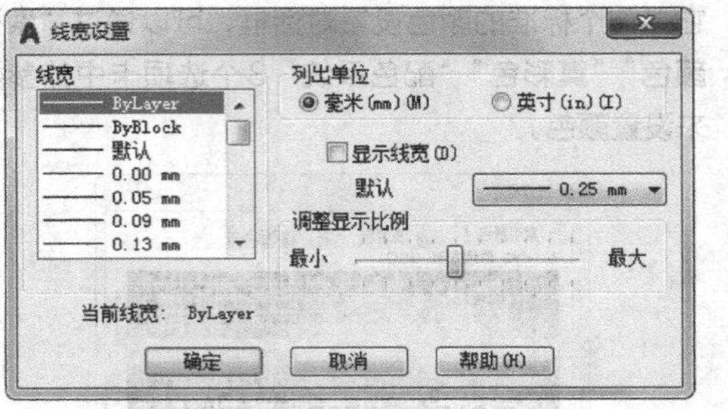

图3-9 “线宽设置”对话框

（3）设置线型。执行“线型”命令主要有如下两种方法。

① 在命令行中输入“LINETYPE”命令。

② 选择菜单栏中的“格式”/“线型”命令。

执行上述命令后，弹出“线型管理器”对话框，如图3-10所示。该对话框的使用方法与图3-5所示的“选择线型”对话框的类似。

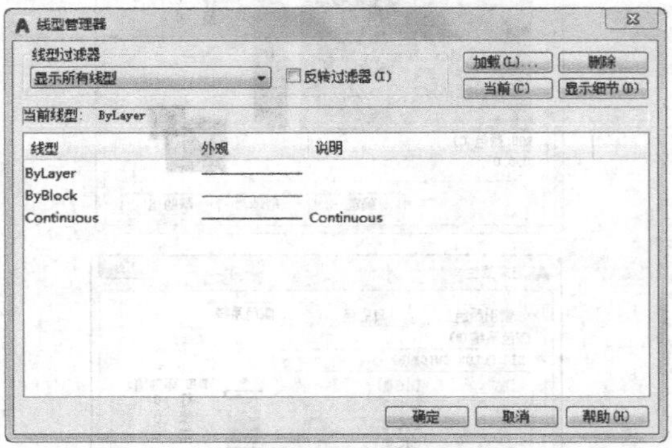

图3-10 “线型管理器”对话框

2. 利用“特性”面板设置图层

AutoCAD 提供了一个“特性”面板，如图3-11所示。用户可以利用面板上的图标快速地查看和改变所选对象的颜色、线型、线宽等参数。“特性”面板增强了查看和编辑对象参数的功能，在绘图区选择任意对象，“特性”面板都会自动显示该对象所在的图层、颜色、线型等参数。

用户也可以在“特性”面板的“颜色”“线型”“线宽”“打印样式”下拉列表框中选择需要的参数。如果在“颜色”下拉列表框中选择“更多颜色”选项，如图3-12所示，就会弹出“选择颜色”对话框。同样，如果在“线型”下拉列表框中选择“其他”选项，如图3-13所示，就会弹出“线型管理器”对话框。

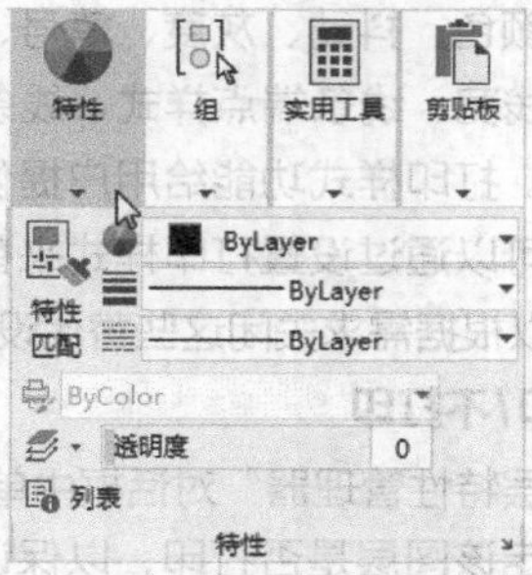

图 3-11　“特性”面板

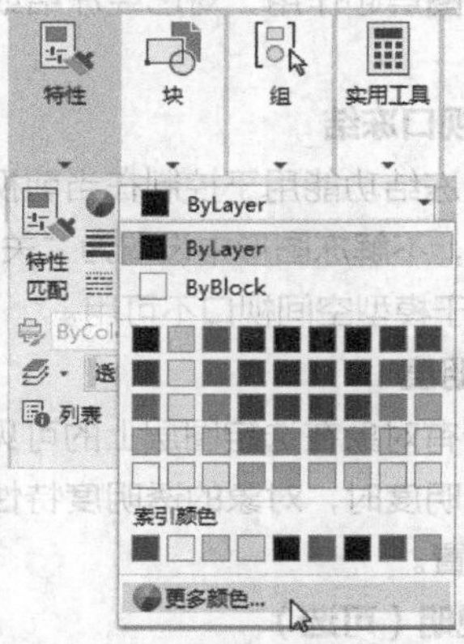

图 3-12　“更多颜色”选项

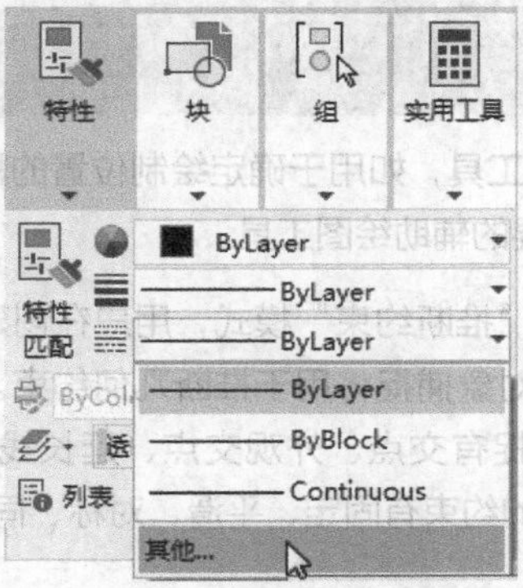

图 3-13　“其他”选项

3. 利用“特性”选项板设置图层

执行“特性”命令主要有以下4种方法。

（1）在命令行中输入“DDMODIFY”或“PROPERTIES”命令。

（2）选择菜单栏中的“修改”/“特性”命令。

（3）单击“标准”工具栏中的“特性”按钮。

（4）单击“默认”选项卡“特性”面板中的“对话框启动器”按钮。

执行上述命令后，打开“特性”选项板，如图3-14所示。我们可以在其中方便地设置或修改图层、颜色、线型、线宽等参数。

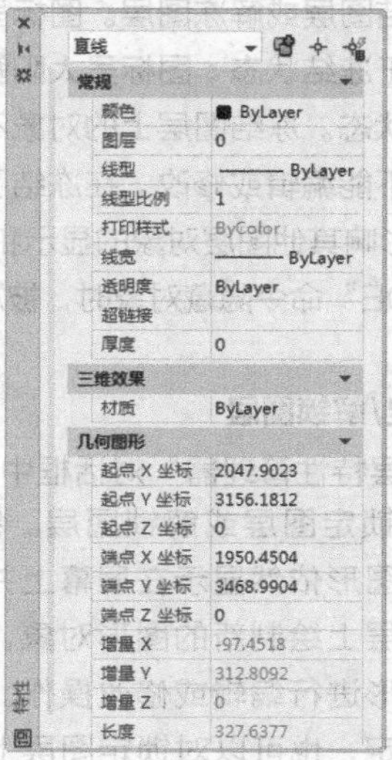

图 3-14　“特性”选项板

3.1.3　控制图层

1. 切换当前图层

不同的图形对象需要绘制在不同的图层中，在绘制前，需要将工作图层切换到所需的图层。单击“默认”选项卡“图层”面板中的“图层特性”按钮，弹出“图层特性管理器”对话框，选择图层，单击“置为当前”按钮即可完成设置。

2. 删除图层

在“图层特性管理器”对话框的图层列表框中选择要删除的图层，单击“删除图层”按钮即可删除该图层。从图形文件定义中删除选定的图层时，只能删除未参照的图层。未参照的图层包括不包含对象（包括块定义中的对象）的图层、非当前图层和不依赖外部参照的图层。参照图层包括图层0及DEFPOINTS、包含对象（包括块定义中的对象）的图层、当前图层和依赖外部参照的图层。

3. 关闭/打开图层

在“图层特性管理器”对话框中单击图标，可以控制图层的可见性。图层打开时，小灯泡图标呈鲜艳的颜色，该图层上的图形可以显示在屏幕上或绘制在绘图仪上。单击呈鲜艳颜色的小灯泡图标后，小灯泡图标呈灰暗色，该图层上的图形不显示在屏幕上，而且不能被打印，但仍然作为图形的一部分保留在文件中。

4. 冻结/解冻图层

在“图层特性管理器”对话框中单击☼或❄图标，可以冻结图层或解冻图层。图标呈雪花灰暗色时，图层处于冻结状态；图标呈太阳鲜艳色时，图层处于解冻状态。冻结图层上的对象不能显示，不能打印，也不能编辑或修改。在冻结了图层后，该图层对象不影响其他图层对象的显示和打印。例如，在使用“HIDE”命令隐藏对象时，被冻结图层上的对象不隐藏。

5. 锁定/解锁图层

在“图层特性管理器”对话框中单击🔓或🔒图标，可以锁定图层或解锁图层。锁定图层后，该图层上的图形依然显示在屏幕上并可打印，也可以在该图层上绘制新的图形对象，但不能对该图层上的图形进行编辑或修改操作。可以对当前图层进行锁定，也可以对锁定图层上的图形对象进行查询或捕捉。锁定图层可以防止对图形对象的意外修改。

6. 打印样式

在AutoCAD 2020中，可以使用一个名为“打印样式”的对象特性。打印样式控制对象的打印特性，包括颜色、抖动、灰度、笔号、虚拟笔、淡显、线型、线宽、线条端点样式、线条连接样式和填充样式等。打印样式功能给用户提供了很大的灵活性，用户可以通过设置打印样式来替代其他对象特性，也可以根据需求关闭这些替代设置。

7. 打印/不打印

在“图层特性管理器”对话框中单击🖨或🖨图标，可以设定该图层是否打印，以保证在图形可见性不变的条件下，控制图形的打印特征。打印功能只对可见的图层起作用，对已经冻结或关闭的图层不起作用。

8. 新视口冻结

新视口冻结功能用于控制在当前视口中图层的冻结或解冻，不解冻图形中设置为“关”或“冻结”的图层，对于模型空间视口不可用。

9. 透明度

控制所有对象在选定图层上的可见性。对单个对象应用透明度时，对象的透明度特性将替代图层的透明度设置。

10. 说明（可选）

描述图层或图层过滤器。

3.2 辅助绘图工具

想快速、准确地完成图形绘制工作，有时要借助一些辅助绘图工具，如用于确定绘制位置的精确定位工具和选择图形对象的对象捕捉工具等。下面简要介绍这两种非常重要的辅助绘图工具。

3.2.1 精确定位工具

在绘制图形时，可以使用直角坐标和极坐标精确定位点，但是有些点（如端点、中心点等）的坐标用户是不知道的，想精确地指定这些点是很困难的，有时甚至是不可能的。AutoCAD 提供了精确定位工具，使用这类工具，用户可以很容易地在屏幕中捕捉这些点，进行精确绘图。

1. 推断约束

用户可以在创建和编辑几何对象时自动应用几何约束。启用“推断约束”模式后，系统会在正在创建或编辑的对象与对象捕捉的关联对象或点之间自动应用约束。

与“AUTOCONSTRAIN”命令相似，约束也只在对象符合约束条件时才会应用。使用推断约束后不会重新定位对象。

启用“推断约束”模式，用户在创建几何图形时指定的对象捕捉将用于推断几何约束。但不支持的对象捕捉有交点、外观交点、延长线和象限点，无法推断的约束有固定、平滑、对称、同心、等于、共线。

2. 捕捉模式

捕捉是指AutoCAD 可以生成隐含分布于屏幕上的栅格，这种栅格能够捕捉十字光标，使十字光标只能落到其中的某一个栅格点上。捕捉可分为矩形捕捉和等轴测捕捉两种类型，默认设置为矩形捕捉，即捕捉点的阵列类似于栅格，如图3-15所示。用户可以指定捕捉模式在*X*轴方向和*Y*轴方向上的间距，也可改变捕捉模式与图形界限的相对位置。捕捉模式与栅格模式的不同之处在于，捕捉间距的值必须为正实数，且捕捉模式不受图形界限的约束。

等轴测捕捉表示捕捉模式为等轴测捕捉模式，此模式是绘制正等轴测图时的工作环境，如图3-16所示。在等轴测捕捉模式下，栅格和十字光标呈绘制等轴测图时的特定角度。

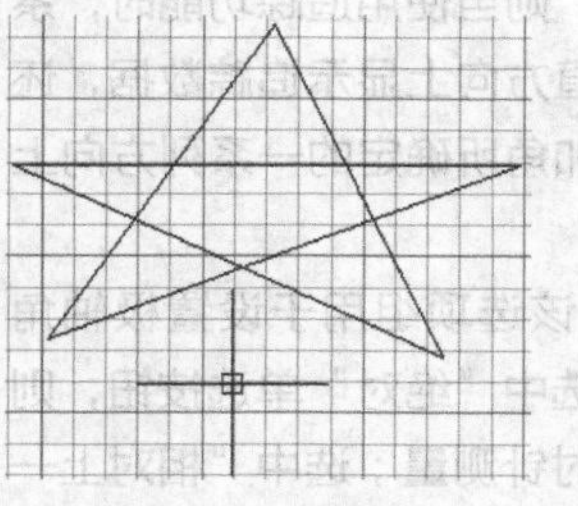

图 3-15　矩形捕捉

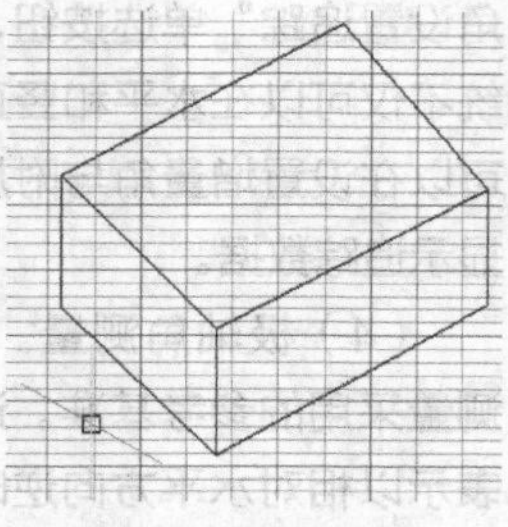

图 3-16　等轴测捕捉

在绘制图3-15和图3-16所示的图形输入参数点时，十字光标只能落在栅格点上。两种捕捉模式的切换方法：打开“草图设置”对话框，选择“捕捉和栅格”选项卡，在“捕捉类型”选项组中选中“矩形捕捉”或“等轴测捕捉”单选按钮。

3．栅格显示

AutoCAD 中的栅格由有规则的点的阵列组成，延伸到指定为图形界限的整个区域。在栅格上绘图与在坐标纸上绘图是十分相似的，利用栅格可以对齐对象并直观显示对象之间的距离。如果要放大或缩小图形，可能需调整栅格间距，使其适合新的比例。虽然栅格在屏幕上是可见的，但它并不是图形对象，因此不会被打印成图形中的一部分，也不会影响在何处绘图。

可以单击状态栏中的“栅格显示”按钮#或按F7键打开或关闭栅格。打开栅格并设置栅格在X轴方向和Y轴方向上间距的方法如下。

（1）在命令行中输入“DSETTINGS”或“DS”，“SE”或“DDRMODES”命令。

（2）选择菜单栏中的“工具”/“绘图设置”命令。

（3）使用鼠标右键单击“栅格”按钮，在打开的快捷菜单中选择“设置”命令。

执行上述命令，弹出“草图设置”对话框，如图3-17所示。

如果要显示栅格，需选中“启用栅格”复选框。在“栅格X轴间距”文本框中输入栅格点之间的水平距离，单位为mm。如果使用相同的间距设置垂直分布的栅格点，则按Tab键；否则，在“栅格Y轴间距”文本框中输入栅格点之间的垂直距离。

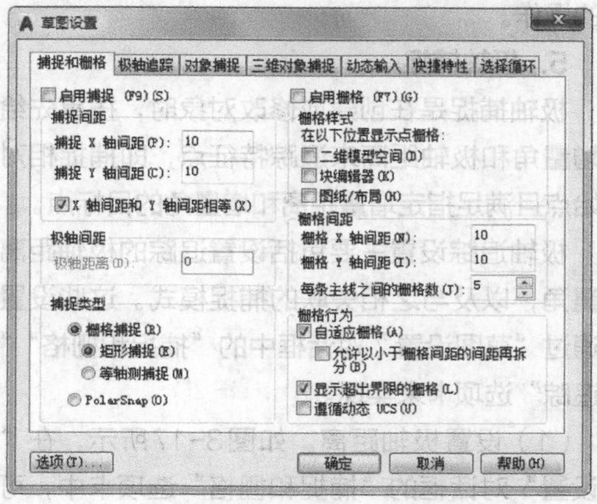

图 3-17　“草图设置”对话框

用户可改变栅格与图形界限的相对位置。在默认情况下，栅格以图形界限的左下角为起点，沿着与坐标轴平行的方向填充整个由图形界限所确定的区域。

> **提示**　如果栅格间距设置得太小，当进行打开栅格操作时，AutoCAD 将在命令行中显示“栅格太密，无法显示”的提示信息，而不在屏幕上显示栅格点。使用缩放功能将图形缩放得很小时，也会出现同样的提示，且不显示栅格。

捕捉模式可以使用户直接使用鼠标指针快速地定位目标点。捕捉模式有几种不同的形式，即栅格捕捉、对象捕捉、极轴捕捉和自动捕捉，下文将详细讲解。另外，还可以使用“GRID”命令通过命令行方式设置栅格，功能与“草图设置”对话框类似，不赘述。

4．正交绘图模式

正交绘图模式，即在命令的执行过程中，十字光标只能沿X轴或Y轴移动。所有绘制的线段和构造线都平行于X轴或Y轴，因此它们相互垂直（呈90°相交），即正交。使用正交绘图模式，对于绘制水平直线和竖直直线非常有用，特别是绘制构造线时经常使用该模式，而且当捕捉模式为等轴测捕捉模式时，它会迫使直线平行于3个坐标轴中的一个。

设置正交绘图模式，可以直接单击状态栏中的“正交模式”按钮∟，或者按F8键，相应地会在文本窗口中显示开/关提示信息；也可以在命令行中输入“ORTHO”命令，执行开启或关闭正交绘图模式的操作。

5. 极轴捕捉

极轴捕捉是在创建或修改对象时，按事先给定的增量角和极轴距离来追踪特征点，即捕捉相对于初始点且满足指定增量距离和增量角的目标点。

极轴追踪设置主要包括设置追踪的极轴距离和增量角，以及与之相关联的捕捉模式。这些设置可以通过“草图设置”对话框中的“捕捉和栅格”“极轴追踪”选项卡来实现。

（1）设置极轴距离。如图3-17所示，在“草图设置”对话框的“捕捉和栅格”选项卡中，可以设置极轴距离，单位为mm。绘图时，十字光标将按指定的极轴距离进行移动。

（2）设置增量角。在“草图设置”对话框的“极轴追踪”选项卡中，可以设置增量角，如图3-18所示。设置时，可以在“增量角”下拉列表框中选择预设的角度，也可以直接输入任意角度。十字光标移动时，如果接近增量角，将显示对齐路径和工具栏提示。例如，图3-19所示是当增量角设置为30°，十字光标移动时显示的对齐路径。

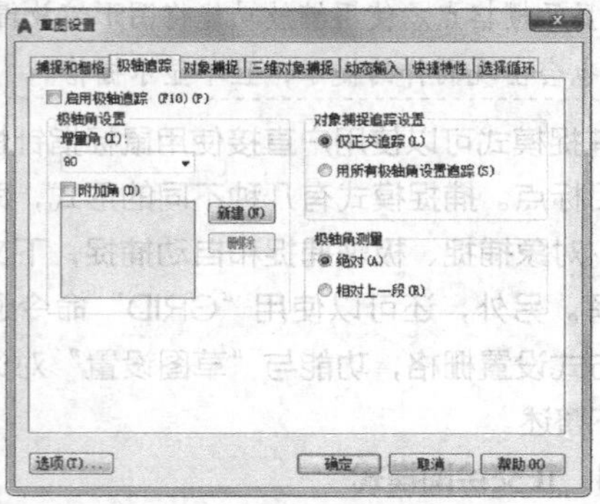

图 3-18 “极轴追踪”选项卡

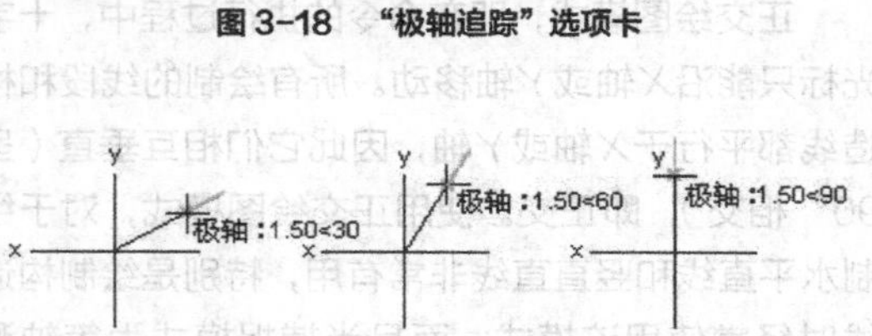

图 3-19 极轴捕捉

“附加角”复选框用于设置极轴追踪时是否采用附加角追踪。选中“附加角”复选框，通过“新建”或“删除”按钮来增加、删除附加角。

（3）对象捕捉追踪设置。该选项组用于设置对象捕捉追踪的模式。如果在“极轴追踪”选项卡的“对象捕捉追踪设置”选项组中选中“仅正交追踪”单选按钮，则当使用追踪功能时，系统仅在水平和竖直方向上显示追踪数据；如果选中“用所有极轴角设置追踪”单选按钮，则当使用追踪功能时，系统不仅可以在水平和竖直方向上显示追踪数据，还可以在设置增量角与附加角所确定的一系列方向上显示追踪数据。

（4）极轴角测量。该选项组用于设置极轴角测量采用的参考基准。选中“绝对”单选按钮，则表示以相对水平方向逆时针测量；选中“相对上一段”单选按钮，则表示以上一段对象为基准进行测量。

6. 允许/禁止动态UCS

使用动态UCS，可以在创建对象时使UCS的*XOY*平面自动与实体模型上的平面临时对齐。使用绘图命令时，可以通过在面的一条边上移动鼠标指针对齐UCS，而无须使用“UCS”命令。结束该命令后，UCS将恢复到其上一个位置和方向。

7. 动态输入

“动态输入”在十字光标附近提供了一个命令界面，以帮助用户专注于绘图区。打开动态输入时，工具提示将在十字光标旁边显示信息，该信息会随十字光标移动而动态更新。当某命令处于活动状态时，工具提示将为用户提供输入的位置。

8. 显示/隐藏线宽

可以在图形中显示和隐藏线宽，并在模型空间中以不同于图纸空间布局中的方式显示。

9. 快捷特性

对于选定的对象，可以通过“快捷特性”选项卡访问。用户可以自定义显示在“快捷特性”选项卡中的特性。选定对象后所显示的特性是所有对象类型的共通特性，也是选定对象的专用特性。可用特性与“特性”选项卡中的特性和用于鼠标指针悬停工具提示的特性相同。

3.2.2 对象捕捉工具

1. 对象捕捉

AutoCAD 给所有的图形对象都定义了特征点，对象捕捉则指在绘图过程中，通过捕捉这些特征点，迅速、准确地将新的图形对象定位在现有对象的确切位置上，如圆心、线段中点或两个对象的交点等。在AutoCAD 2020中，可以通过单击状态栏中的“对象捕捉追踪”按钮，或者在“草图设置”对话框的“对象捕捉”选项卡中选中“启用对象捕捉”复选框，来启用对象捕捉模式。在绘图过程中，对象捕捉模式可以通过以下方式调用。

（1）使用“对象捕捉”工具栏。在绘图过程中，当系统提示需要指定点的位置时，可以单击“对象捕捉”工具栏中相应的特征点按钮，如图3-20所示，再把十字光标移动到要捕捉对象的特征点附近，AutoCAD 会自动提示并捕捉这些特征点。例如，如果需要用直线连接一系列圆的圆心，可以将圆心设置为捕捉对象。如果有多个可能的捕捉点落在选择区域内，AutoCAD 将捕捉离十字光标中心最近的符合条件的点。在指定位置有多个符合捕捉条件的对象时，需要检查哪一个对象捕捉有效，在捕捉点之前，按Tab键可以遍历所有可能的点。

图 3-20 “对象捕捉”工具栏

（2）使用“对象捕捉”快捷菜单。在需要指定点的位置时，还可以在按Ctrl键或Shift键的同时单击鼠标右键，打开“对象捕捉”快捷菜单，如图3-21所示。在该菜单上选择某一种特征点执行对象捕捉，把十字光标移动到要捕捉对象的特征点附近，即可捕捉这些特征点。

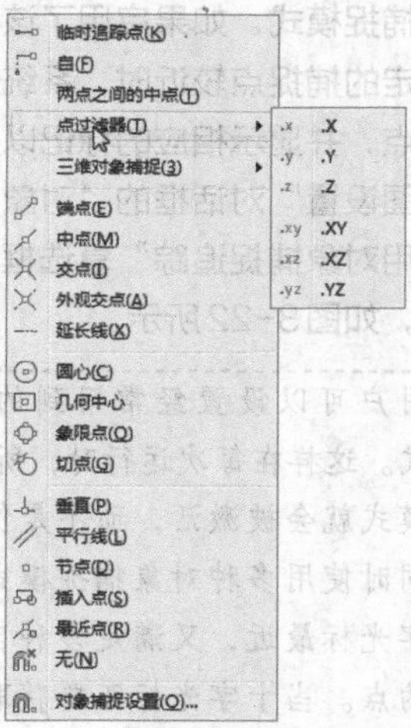

图 3-21 “对象捕捉”快捷菜单

（3）使用命令行。当需要指定点的位置时，在命令行中输入相应特征点的关键字，然后把十字光标移动到要捕捉对象的特征点附近，即可捕捉这些特征点。对象捕捉特征点的关键字如表3-1所示。

表3-1 对象捕捉特征点的关键字

模式	关键字	模式	关键字	模式	关键字
临时追踪点	TT	捕捉自	FROM	端点	END
中点	MID	交点	INT	外观交点	APP
延长线	EXT	圆心	CEN	象限点	QUA
切点	TAN	垂足	PER	平行线	PAR
节点	NOD	最近点	NEA	无捕捉	NON

提示 （1）对象捕捉不可单独使用，必须配合其他绘图命令一起使用。仅当AutoCAD 提示输入点时，对象捕捉才生效。如果试图在命令行提示下使用对象捕捉，AutoCAD 将显示错误信息。

（2）对象捕捉只捕捉屏幕上可见的对象，包括锁定图层上的对象、布局视口边界和多段线上的对象，不能捕捉不可见的对象，如未显示的对象、关闭或冻结图层上的对象或虚线的空白部分。

2. 三维对象捕捉

三维对象捕捉用于控制三维对象的执行对象捕捉设置。使用执行对象捕捉设置（也称为对象捕捉）时，可以在对象的精确位置上指定捕捉点。选择多个选项后，将启用选定的捕捉模式，以返回距离靶框中心最近的点，按Tab键可以在这些选项之间循环切换。当三维对象捕捉打开时，在“三维对象捕捉模式”下选定的各个三维对象捕捉选项处于活动状态。

3. 对象捕捉追踪

在绘制图形的过程中，使用对象捕捉的频率非常高，如果每次捕捉都要先选择捕捉模式，工作效率将大大降低。出于此种考虑，AutoCAD 提供了自动对象捕捉模式。如果启用了该模式，则当十字光标距指定的捕捉点较近时，系统会自动、精确地捕捉这些点，并显示相应的标记以及该捕捉的提示。在“草图设置”对话框的“对象捕捉”选项卡中选中“启用对象捕捉追踪”复选框，可以调用自动捕捉功能，如图3-22所示。

> **提示** 用户可以设置经常用到的对象捕捉模式。这样在每次运行时，所设定的目标对象捕捉模式就会被激活，而不是仅对一次选择有效。当同时使用多种对象捕捉模式时，系统将捕捉距十字光标最近，又满足多种目标对象捕捉模式之一的点。当十字光标距要获取的点非常近时，按Shift键将暂时不获取对象。

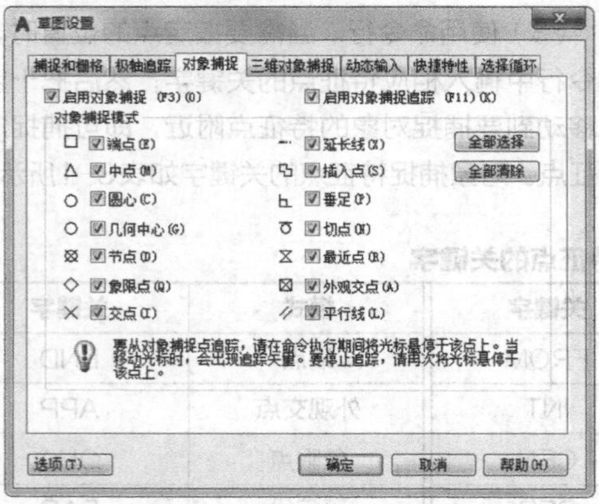

图3-22 “对象捕捉”选项卡

3.2.3 实例——路灯杆

本实例路灯杆（见图3-23）的绘制将帮助读者掌握对象捕捉的技巧，绘制路灯杆流程如图3-24所示。

STEP 绘制步骤

（1）单击“默认”选项卡“绘图”面板中的“多段线”按钮，绘制路灯杆。指定A点为起点，输入“W”设置多段线的宽为0.05，然后垂直向上并输入“1.4”、垂直向上输入“2.6”、垂直向上输入“1”、垂直向上并输入“4”、垂直向上并输入“2”。其中，垂直向上长为4的多段线的中点为C点。完成的图形如图3-24（a）所示。

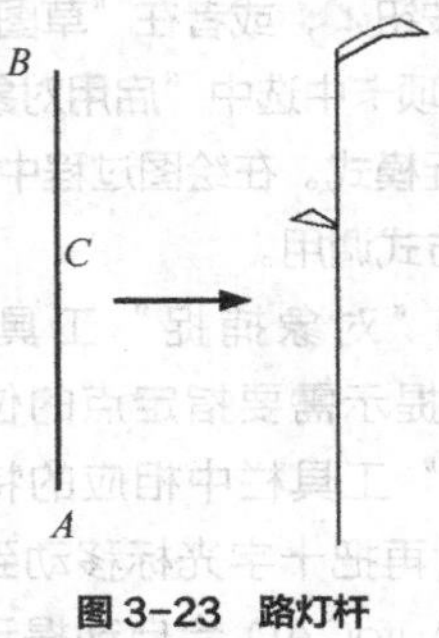

图3-23 路灯杆

（2）单击“默认”选项卡“绘图”面板中的“直线”按钮，指定B点为起点，水平向右绘制一条长为1的直线段，然后绘制一条垂直向上长为0.3的直线段，指定端点为D点。

（3）单击“默认”选项卡“绘图”面板中的“直线”按钮，以刚刚绘制好的水平直线的端点为起点，水平向右绘制一条长为0.5的直线段。然后绘制一条垂直向上长为0.6的直线段，指定端点为I点。

（4）单击“默认”选项卡“绘图”面板中的“直线”按钮，以刚刚绘制好的0.5长的水平直线段的右端点为起点，水平向右绘制一条长为0.5的直线段。然后绘制一条垂直向上长为0.35的直线段，指定端点为E点。

（5）单击“默认”选项卡“绘图”面板中的“多段线”按钮，绘制灯罩。指定F点（B点垂直向下0.3）为起点，输入“W”设置多段线的宽为0.05，指定D点为第二个点，指定E点为第三个点。完成的图形如图3-24（b）所示。

（6）单击“默认”选项卡“绘图”面板中的“多段线”按钮，绘制灯罩。指定B点为起点，输入“W”设置多段线的宽为0.03，输入“A”来绘制圆弧。在状态栏中单击“对象捕捉”按钮，打开“对象捕捉”，指定G点为圆弧第二个点，指定H点为圆弧第三个点，指定I点为圆弧第四个点，指定E点为圆弧第五个点，如图3-24（c）所示。

（7）单击“默认”选项卡“修改”面板中的“删除”按钮，删除多余的直线段，然后单击“默认”选项卡“绘图”面板中的“多段线”按钮，绘制剩余图形，结果如图3-25所示。

图 3-24　绘制路灯杆流程

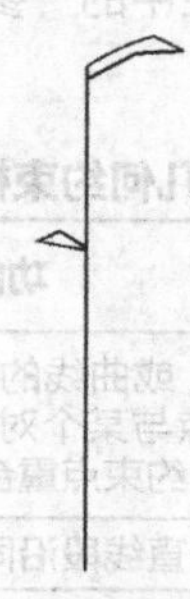

图 3-25　路灯杆绘制结果

3.3 对象约束

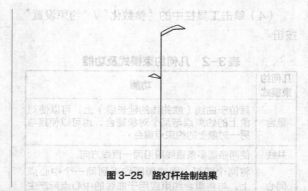

对象约束用于精确地控制草图中的对象。对象约束有两种类型：几何约束和尺寸约束。几何约束用于建立草图对象的几何特性（如要求某一直线段具有固定长度）以及两个或多个草图对象的关系类型（如要求两条直线段垂直或平行，或者要求几个圆弧具有相同的半径）。在二维草图与注释环境下，可以单击“参数化”选项卡中的“全部显示”“全部隐藏”或“显示”按钮来显示有关信息，并显示代表这些约束的直观标记（如图3-26所示的水平标记▭和共线标记▭等）。

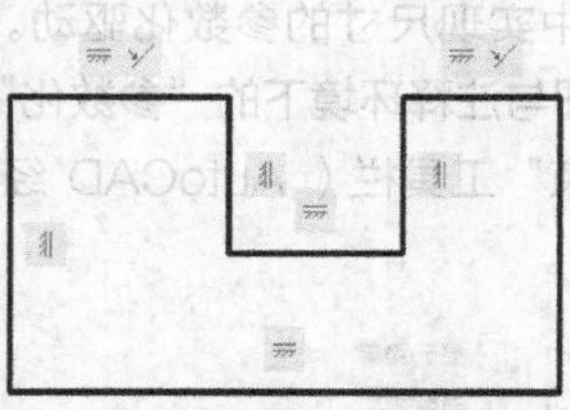

图 3-26　几何约束示例

尺寸约束用于建立草图对象的大小（如直线段的长度、圆弧的半径等）以及两个对象之间的关系（如两点之间的距离）。图3-27所示为尺寸约束示例。

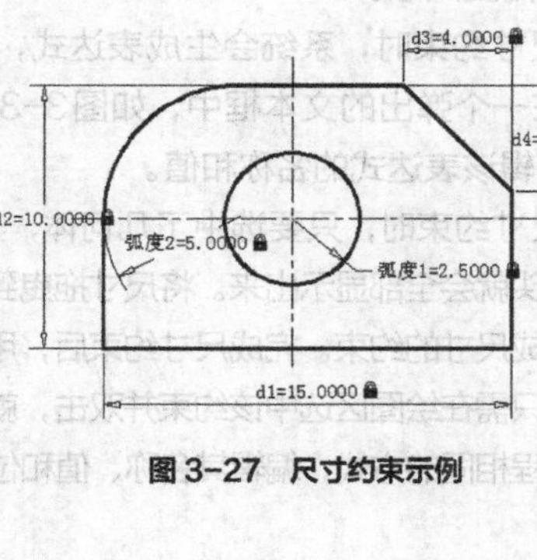

图 3-27　尺寸约束示例

3.3.1 建立几何约束

使用几何约束，可以指定草图对象必须遵守的条件，或者指定草图对象之间必须维持的关系。“几何”面板（二维草图与注释环境下的“参数化”选项卡中）及“几何约束”工具栏（AutoCAD 经典环境）如图3-28所示。几何约束模式及功能如表3-2所示。

图 3-28　“几何”面板及“几何约束”工具栏

绘图中可指定二维对象或对象上点之间的几何约束，之后编辑受约束的几何图形时，将保留约束。因此，通过几何约束可以在图形中包含设计要求。

3.3.2 设置几何约束

在使用 AutoCAD 绘图时，使用“约束设置”对话框可以控制显示或隐藏的几何约束类型。执行该命令主要有如下4种方法。

（1）在命令行中输入“CONSTRAINTSETTINGS”命令。

（2）选择菜单栏中的“参数”/“约束设置”命令。

（3）单击功能区中的“参数化”/“几何”/“对话框启动器”按钮▭。

（4）单击工具栏中的“参数化”/“约束设置”按钮。

表3-2　几何约束模式及功能

几何约束模式	功能
重合	其位于曲线（或曲线的延长线）上，可以使对象上的约束点与某个对象重合，也可以使其与另一对象上的约束点重合
共线	使两条或多条直线段沿同一直线方向
同心	将两个圆弧、圆或椭圆约束到同一个中心点上，与将重合约束应用于曲线的中心点所产生的结果相同
固定	将固定约束应用于对象时，选择对象的顺序以及选择每个对象的点都可能影响对象的放置方式
平行	使选定的直线位于彼此平行的位置。平行约束应用于两个对象
垂直	使选定的直线位于彼此垂直的位置。垂直约束应用于两个对象
水平	使直线或点位于与当前坐标系X轴平行的位置。默认选择类型为对象
竖直	使直线或点位于与当前坐标系Y轴平行的位置
相切	将两条曲线约束为保持彼此相切或其延长线保持彼此相切。相切约束应用于两个对象
平滑	将样条曲线约束为连续，并与其他样条曲线、直线、圆弧或多段线保持连续性
对称	使选定对象受对称约束，相对于选定直线对称
相等	将选定的圆弧和圆重新调整为相同的半径，或者将选定的直线重新调整为相同的长度

执行上述命令后，弹出“约束设置”对话框，如图3-29所示，利用其中的“几何”选项卡可以控制约束栏上显示的约束类型。该对话框中各参数的含义如下。

- “约束栏显示设置”选项组：此选项组控制图形编辑器中是否为对象显示约束栏或约束点标记。例如，可以为水平约束和竖直约束隐藏约束栏的显示。
- “全部选择”按钮：选择几何约束类型。
- “全部清除”按钮：清除选定的几何约束类型。
- “仅为处于当前平面中的对象显示约束栏”复选框：仅为当前平面上受几何约束的对象显示约束栏。
- “约束栏透明度”选项组：设置图形中约束栏的透明度。
- “将约束应用于选定对象后显示约束栏”复选框：手动应用约束后或使用“AUTOCONSTRAIN”命令时显示相关约束栏。
- “选定对象时显示约束栏”复选框：临时显示选定对象的约束栏。

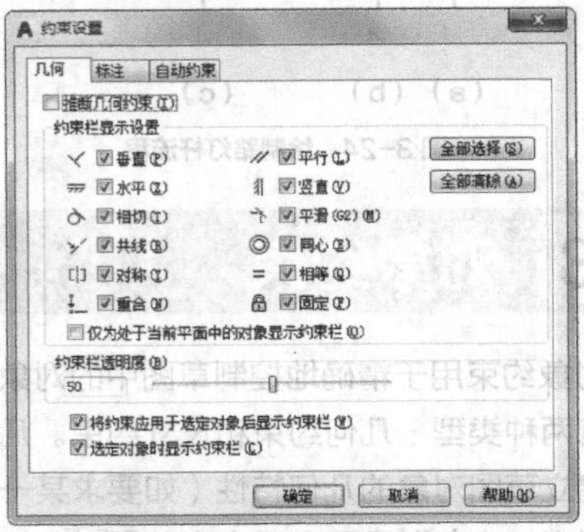

图3-29　“约束设置”对话框

3.3.3　建立尺寸约束

建立尺寸约束就是限制图形对象的大小，与在草图上标注尺寸相似，同样设置尺寸标注线，与此同时建立相应的表达式，不同的是可以在后续的编辑工作中实现尺寸的参数化驱动。“标注”面板（二维草图与注释环境下的“参数化”选项卡中）及“标注约束”工具栏（AutoCAD 经典环境）如图3-30所示。

图3-30　“标注”面板及“标注约束”工具栏

生成尺寸约束时，用户可以选择草图曲线、边、基准平面或基准轴上的点，以生成水平、竖直、平行、垂直或角度尺寸。

生成尺寸约束时，系统会生成表达式，其名称和值显示在一个弹出的文本框中，如图3-31所示，用户可以编辑该表达式的名称和值。

生成尺寸约束时，只要选中了几何体，其尺寸、延伸线和箭头就会全部显示出来。将尺寸拖曳到位后单击，即可完成尺寸的约束。完成尺寸约束后，用户可以随时更改。只需在绘图区选中该约束并双击，就可以使用和生成过程相同的方式，编辑其名称、值和位置。

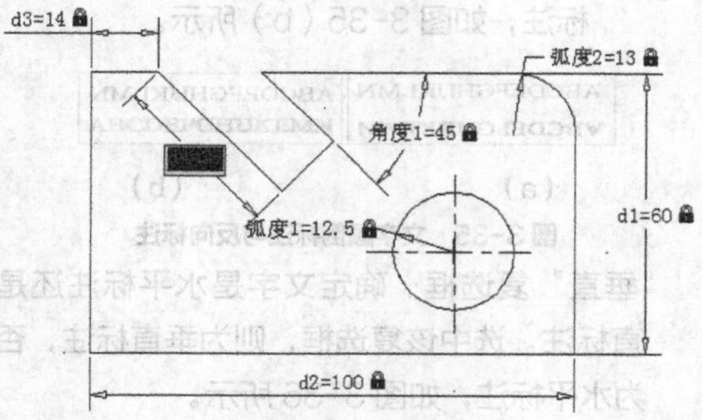

图 3-31 尺寸约束编辑

3.3.4 设置尺寸约束

在使用 AutoCAD 绘图时，通过“约束设置”对话框内的“标注”选项卡，可以控制显示标注约束时的系统配置，如图3-32所示。尺寸约束可以约束以下内容。

（1）对象之间或对象上点之间的距离。

（2）对象之间或对象上点之间的角度。

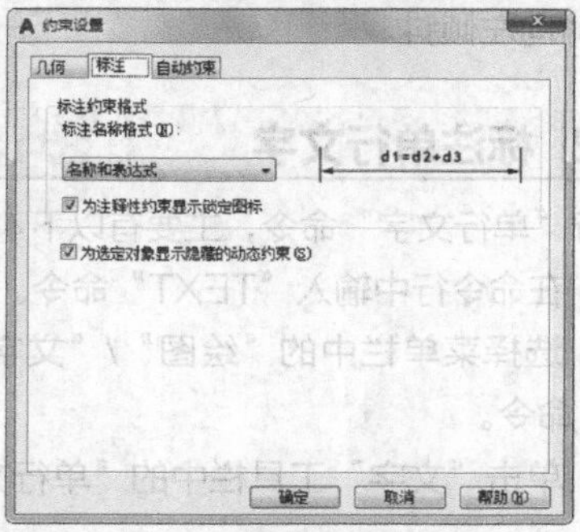

图 3-32 “标注”选项卡

“标注”选项卡中各参数的含义如下。

- “标注约束格式”选项组：在该选项组中可以设置标注名称格式及锁定图标的显示。
- “名称和表达式”下拉列表框：选择应用标注约束时显示的文字指定格式。
- “为注释性约束显示锁定图标”复选框：针对已应用注释性约束的对象显示锁定图标。
- “为选定对象显示隐藏的动态约束”复选框：显示选定时已设置为隐藏的动态约束。

3.3.5 自动约束

通过“约束设置”对话框中的“自动约束”选项卡可以控制自动约束相关参数，如图3-33所示。对话框中各参数的含义如下。

- “约束类型”列表框：显示自动约束类型以及优先级。可以通过“上移”“下移”按钮调整优先级的顺序。可以单击✔图标设置某约束类型作为自动约束类型。
- “相切对象必须共用同一交点”复选框：指定两条曲线必须共用一个点（在距离公差范围内指定），以便应用相切约束。
- “垂直对象必须共用同一交点”复选框：指定直线必须相交，或者一条直线的端点必须与另一条直线或直线的端点重合（在距离公差范围内指定）。
- “公差”选项组：设置可接受的“距离”“角度”公差值以确定是否可以应用约束。

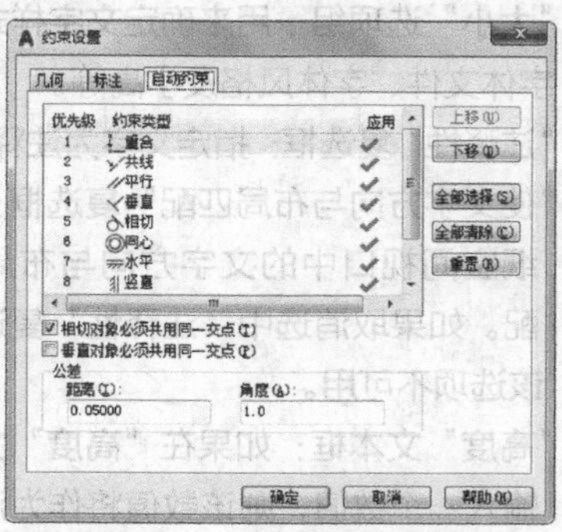

图 3-33 “自动约束”选项卡

3.4 文字

在工程制图中，文字标注是必不可少的。AutoCAD 2020提供了相应命令来进行文字的输入与标注。

3.4.1 文字样式

通过 AutoCAD 2020提供的“文字样式”对话框，可方便、直观地设置需要的文字样式，或者对已有的文字样式进行修改。执行“文字样式”命令主要有以下4种方法。

（1）在命令行中输入“STYLE”或“DDSTYLE”命令。

（2）选择菜单栏中的“格式”/“文字样式”命令。

（3）单击“文字”工具栏中的“文字样式”按钮A。

（4）单击“默认”选项卡“注释”面板中的“文字样式”按钮A，或者单击“注释”选项卡“文字”面板上“文字样式”下拉菜单中的“管理文字样式”命令，或者单击“注释”选项卡“文字”面板中“对话框启动器”按钮↘。

执行上述命令，弹出“文字样式”对话框，如图3-34所示。

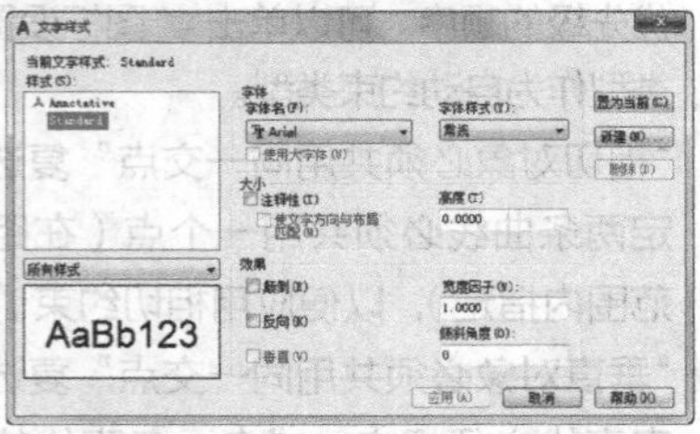

图 3-34 “文字样式”对话框

- “字体”选项组：确定字体样式。在AutoCAD中，除固有的SHX字体外，还可以使用TrueType字体（如宋体、楷体、italic等）。一种字体还可以设置成不同的效果。
- “大小”选项组：用来确定文字样式使用的字体文件、字体风格及字高等。

  “注释性”复选框：指定文字为注释性文字。

  “使文字方向与布局匹配”复选框：指定图纸空间视口中的文字方向与布局方向匹配。如果取消选中“注释性”复选框，则该选项不可用。

  “高度”文本框：如果在“高度”文本框中输入一个数值，则该数值将作为添加文字时的固定字高，在用“TEXT”命令输入文字时，AutoCAD将不再提示输入字高参数。如果在该文本框中设置字高为0，则文字高度默认值为0.2，AutoCAD会在每一次创建文字时提示输入字高。
- “效果”选项组：用于设置字体的特殊效果。

  “颠倒”复选框：选中该复选框，表示将文字颠倒标注，如图3-35（a）所示。

  “反向”复选框：确定是否将文字反向标注，如图3-35（b）所示。

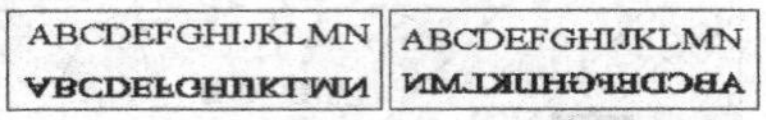

（a）　　（b）

图 3-35 文字颠倒标注与反向标注

“垂直”复选框：确定文字是水平标注还是垂直标注。选中该复选框，则为垂直标注，否则为水平标注，如图3-36所示。

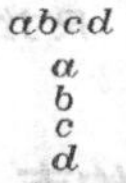

图 3-36 文字垂直标注

“宽度因子”文本框：用于设置宽度系数，确定文字的宽高比。当宽度因子为1时，表示按字体文件中定义的宽高比标注文字；小于1时文字会变窄，反之变宽。

“倾斜角度”文本框：用于确定文字的倾斜角度。倾斜角度为0时不倾斜，为正时向右倾斜，为负时向左倾斜。

3.4.2 标注单行文字

执行“单行文字”命令，主要有以下4种方法。

（1）在命令行中输入“TEXT”命令。

（2）选择菜单栏中的“绘图”/“文字”/“单行文字”命令。

（3）单击“文字”工具栏中的“单行文字”按钮A。

（4）单击“默认”选项卡“注释”面板中的“单行文字”按钮A，或者单击“注释”选项卡“文字”面板中的“单行文字”按钮A。

执行上述命令后，根据系统提示指定文字的起点或选择选项。执行该命令时，命令行提示主要选项的含义如下。

- 指定文字的起点：在此提示下直接在作图屏幕上取一点作为文字的起点并输入一行文字后按Enter键，AutoCAD继续显示“输入文字：”提示，可继续输入文字，待全部输入完成后直接按Enter键，则退出“TEXT”命令。可见，通过“TEXT”命令也可创建多行文字，只是这种多行文字的每一行是一个对象，不能对多行文字的各行同时进行操作。

- 对正（J）：在上面的提示下输入“J”，用于确定文字的对齐方式，对齐方式决定文字的哪一部分与所选的插入点对齐。执行此选项，根据系统提示选择文字的对齐方式。当文字水平排列时，AutoCAD 为标注文字定义了顶线、中线、基线和底线，以及各种对齐方式，大写字母对应上述提示中的各命令。
- 样式（S）：指定文字样式，文字样式决定文字的外观。创建的文字使用当前文字样式。

实际绘图时，有时需要标注一些特殊符号，如直径符号、上划线或下划线、温度符号等，由于这些符号不能直接从键盘上输入，AutoCAD 提供了一些控制码来满足需求。控制码用两个百分号（%%）加一个字符构成以及用“/uf”加四个数字或加四个数字与字母的组合构成。常用控制码如表3-3所示。

表3-3　常用控制码

控制码	符号名称	控制码	符号名称
%%O	上划线	\u+0278	电相位角
%%U	下划线	\u+E101	流线
%%D	度	\u+2261	恒等于
%%P	正负	\u+E102	界碑线
%%C	直径	\u+2260	不相等
%%%	百分号	\u+2126	欧姆
\u+2248	几乎相等	\u+03A9	奥米伽
\u+2220	角度	\u+214A	地界线
\u+E100	边界线	\u+2082	下标2
\u+2104	中心线	\u+00B2	平方
\u+0394	差值	\u+00B3	立方

其中，%%O和%%U分别是上划线和下划线的“开关”，第一次出现此控制码表示开始画上划线和下划线，第二次出现此控制码表示上划线和下划线终止。例如，在“输入文字：”提示后输入“Iwantto%%UgotoBeijing%%U”，则得到图3-37（a）所示的文本行；输入“50%%D+%%C75%%P12”，则得到图3-37（b）所示的文本行。

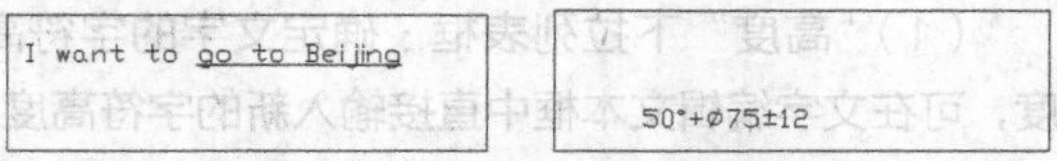

（a）　（b）

图3-37　文本行

用“TEXT”命令可以创建一个或若干个单行文字，也就是说此命令可用于标注多行文字。在“输入文字：”提示下输入一行文字后按Enter键，用户可输入第二行文字，依此类推，直到输入完全部文字，再在此提示下按Enter键，结束“TEXT”命令。每按一次Enter键就结束一个单行文字的输入。

用“TEXT”命令创建文字时，在命令行中输入的文字同时显示在屏幕上，而且在创建过程中可以随时改变文字的位置，只要将十字光标移到新的位置并单击，则当前行结束，随后输入的文字出现在新的位置上。用这种方法可以把多行文字标注到屏幕的任何地方。

3.4.3 标注多行文字

执行“多行文字”命令主要有以下4种方法。

（1）在命令行中输入“MTEXT”命令。

（2）选择菜单栏中的“绘图”/“文字”/“多行文字”命令。

（3）单击“绘图”工具栏中的“多行文字”按钮A，或者单击“文字”工具栏中的“多行文字”按钮A。

（4）单击“默认”选项卡“注释”面板中的“多行文字”按钮A，或者单击“注释”选项卡“文字”面板中的“多行文字”按钮A。

执行上述命令后，根据系统提示指定矩形窗口的范围，创建多行文字。命令行提示中各选项的含义如下。

- 指定对角点：直接在屏幕上拾取一个点作为矩形窗口的第二个角点，AutoCAD 以这两个点为对角点形成矩形区域，其宽度作为标注的多行文字的宽度，而且第一个点作为第一行文字顶线的起点。响应后弹出图3-38所示的“文字编辑器”选项卡和多行文字编辑器，可利用这两个编辑器输入多行文字并对其格式进行设置。“文字编辑器”选项卡中各选项的含义与编辑器功能，稍后详细介绍。

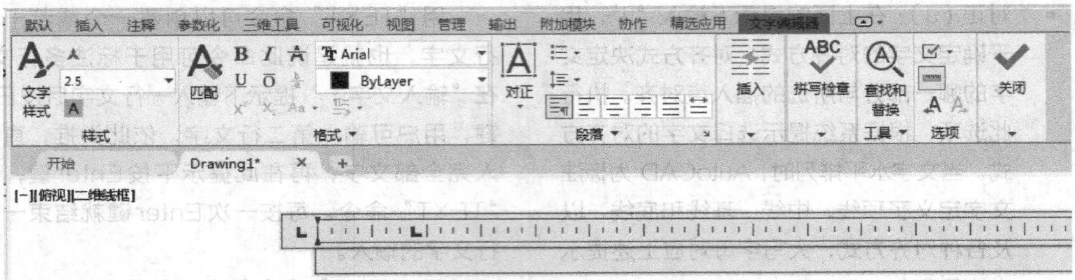

图 3-38 “文字编辑器”选项卡和多行文字编辑器

- 对正（J）：确定所标注文字的对齐方式。选择此选项，根据系统提示选择对齐方式，这些对齐方式与“TEXT”命令中的对齐方式相同，不重述。选择一种对齐方式后按Enter键，AutoCAD回到上一级提示。
- 行距（L）：确定多行文字的行距，这里所说的行距是指相邻两行文字的基线之间的垂直距离。根据系统提示输入行距类型，在此提示下有两种方式确定行距，即“至少”方式和“精确”方式。“至少”方式下AutoCAD根据每行文字中最大的文字自动调整行距。“精确”方式下AutoCAD给多行文字赋予固定的行距。可以直接输入一个确切的行距值，也可以输入“*nx*”的形式，其中*n*是一个具体数，表示行距设置为单行文字高度的*n*倍，*x*是单行文字高度，而单行文字高度是本行文字高度的1.66倍。
- 旋转（R）：确定文本行的倾斜角度。根据系统提示输入倾斜角度。
- 样式（S）：确定当前的文字样式。
- 宽度（W）：指定多行文字的宽度。可在屏幕上拾取一点，将其与前面确定的第一个角点组成的矩形窗口宽度作为多行文字的宽度；也可以输入一个数值，精确设置多行文字的宽度。
- 栏（C）：根据栏宽、栏间距宽度和栏高组成矩形窗口，打开图3-38所示的“文字编辑器”选项卡和多行文字编辑器。

在多行文字绘制区域，单击鼠标右键，打开快捷菜单，如图3-39所示。该快捷菜单提供基本编辑命令和多行文字编辑特有的命令。菜单顶部的命令是基本编辑命令，如剪切、复制和粘贴等，底部的命令则是多行文字编辑器的特有命令。

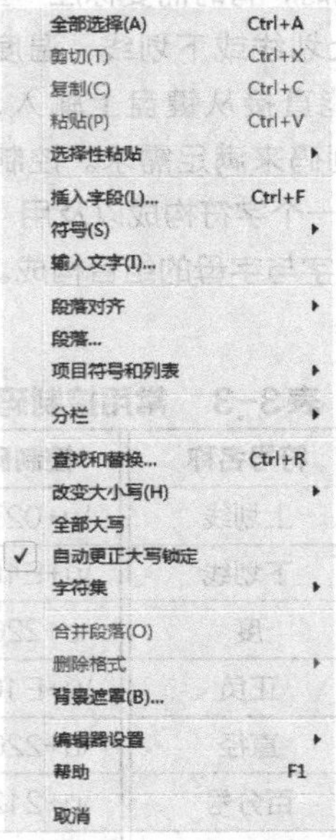

图 3-39 快捷菜单

“文字编辑器”选项卡：用来控制文字的显示特性。可以在输入文字前设置文字的特性，也可以改变已输入的文字特性。要改变已有文字显示特性，首先应选择要修改的文字，选择文字的方式有以下3种。

（1）将十字光标定位到文字开始处，按住鼠标左键，拖到文字末尾。

（2）双击某个文字，则该文字被选中。

（3）按鼠标左键3次，则选中全部内容。下面介绍该选项卡中部分选项的功能。

1.“格式”面板

（1）“高度”下拉列表框：确定文字的字符高度，可在文字编辑文本框中直接输入新的字符高度，也可从下拉列表中选择已设定过的高度。

（2）“粗体”按钮**B**和“斜体”按钮*I*：设置粗体或斜体效果，只对TrueType字体有效。

（3）“删除线”按钮A：用于在文字上添加水平删除线。

（4）“下划线”按钮U与“上划线”按钮Ō：设置或取消下（上）划线。

（5）“层叠”按钮$\frac{b}{a}$：即层叠/非层叠文字按钮，用于层叠所选的文字，也就是创建分数形式。当文字中某处出现“/”“^”“#”这3种层叠符号之一时可层叠文字，方法是选中需层叠的文字，然后单击此按钮，则符号左边的文字作为分子，右边的文字作为分母。AutoCAD提供了3种分数形式，如果选中“abcd/efgh”后单击此按钮，则得到图3-40（a）所示的分数形式；如果选中“abcd^efgh”后单击此按钮，则得到图3-40（b）所示的形式，此形式多用于标注极限偏差；如果选中“abcd#efgh”后单击此按钮，则创建斜排的分数形式，如图3-40（c）所示。如果选中已经层叠的文字后单击此按钮，则恢复为非层叠形式。

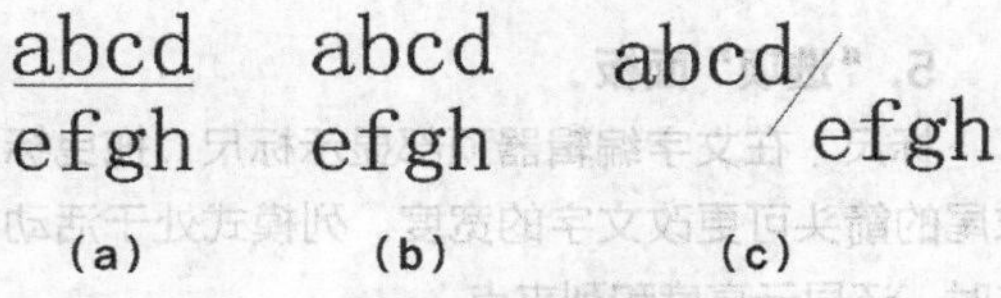

图3-40 文字层叠

（6）“倾斜角度”下拉列表框0/：设置文字的倾斜角度，如图3-41所示。

园林设计

园林设计

园林设计

图3-41 倾斜角度与其效果

（7）“符号”按钮@：用于输入各种符号。单击该按钮，系统打开符号列表，如图3-42所示，可以从中选择符号输入文本中。

（8）“插入字段”按钮：插入一些常用或预设字段。单击该按钮，弹出“字段”对话框，如图3-43所示，用户可以从中选择字段插入文本中。

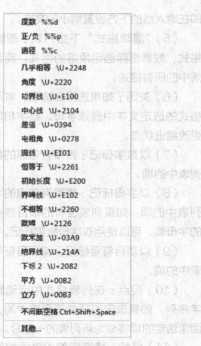

度数 %%d
正/负 %%p
直径 %%c
几乎相等 \U+2248
角度 \U+2220
边界线 \U+E100
中心线 \U+2104
差值 \U+0394
电相角 \U+0278
流线 \U+E101
恒等于 \U+2261
初始长度 \U+E200
界碑线 \U+E102
不相等 \U+2260
欧姆 \U+2126
欧米加 \U+03A9
地界线 \U+214A
下标 2 \U+2082
平方 \U+00B2
立方 \U+00B3
不间断空格 Ctrl+Shift+Space
其他...

图3-42 符号列表

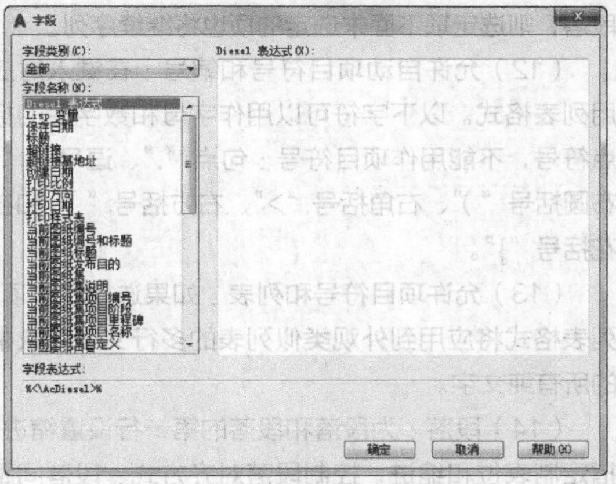

图3-43 “字段”对话框

（9）“追踪”按钮ab：增大或减小选定字符之间的空隙。

2.“段落”面板

（1）“多行文字对正”按钮：显示“多行文字对正”菜单，并且有9个对齐选项可用。

（2）“宽度因子”按钮O：扩展或收缩选定字符。

（3）“上标”按钮x^2：将选定文字转换为上标，即在键入线的上方设置稍小的文字。

（4）“下标”按钮x_2：将选定文字转换为下标，

即在键入线的下方设置稍小的文字。

（5）“清除格式”下拉列表：删除选定字符的格式，或者删除选定段落的格式，或者删除选定段落中的所有格式。

（6）关闭：如果选择此选项，将从应用了列表格式的选定文字中删除字母、数字和项目符号。不更改缩进状态。

（7）以数字标记：将带有句点的数字用于标记列表中的项。

（8）以字母标记：将带有句点的字母用于标记列表中的项。如果列表含有的项目数多于字母表中的字母数，可以使用双字母继续标记。

（9）以项目符号标记：将项目符号用于标记列表中的项。

（10）起点：在列表格式中启动新的字母或数字序列。如果选定的项位于列表中间，则选定项下面未选定的项将成为新列表的一部分。

（11）继续：将选定的段落添加到上面最后一个列表中，然后继续序列。如果选定了列表项而非段落，则选定项下面未选定的项也将继续序列。

（12）允许自动项目符号和编号：在键入时应用列表格式。以下字符可以用作字母和数字后的标点符号，不能用作项目符号：句点“.”、逗号“,”、右圆括号“)”、右角括号“>”、右方括号“]”和右花括号“}”。

（13）允许项目符号和列表：如果选择此选项，列表格式将应用到外观类似列表的多行文字对象中的所有纯文字。

（14）段落：为段落和段落的第一行设置缩进。指定制表位和缩进，控制段落对齐方式、段落间距和段落行距，“段落”对话框如图3-44所示。

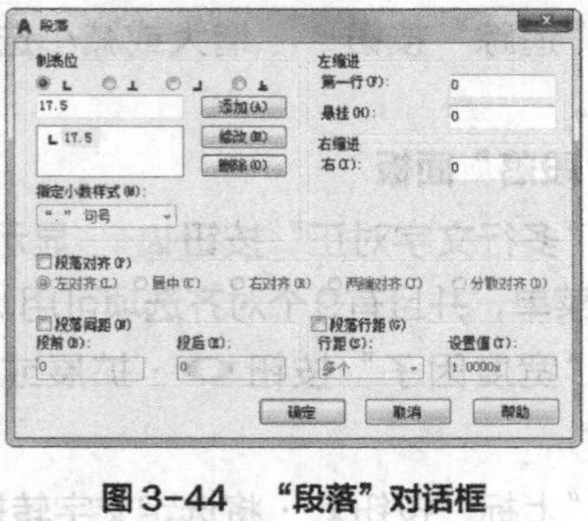

图 3-44　“段落”对话框

3.“拼写检查”面板

拼写检查：确定键入时拼写检查功能处于打开还是关闭状态。

编辑词典：弹出“词典”对话框，从中可添加或删除在拼写检查过程中使用的自定义词典。

4.“工具”面板

输入文字：选择此选项，弹出“选择文件”对话框，如图3-45所示。选择任意ASCII或RTF文件作为要输入的文件。该文件可以替换选定的文字或全部文字，或者在文字边界内将插入的文字附加到选定的文字中。输入的文字保留原始字符格式和样式特性，但可以在多行文字编辑器中编辑和格式化输入的文字。输入文字的文件必须小于32KB。

图 3-45　“选择文件”对话框

5.“选项”面板

标尺：在文字编辑器顶部显示标尺。拖曳标尺末尾的箭头可更改文字的宽度。列模式处于活动状态时，还显示高度和列夹点。

3.4.4 编辑文字

执行该命令主要有以下4种方法。

（1）在命令行中输入“DDEDIT”命令。

（2）选择菜单栏中的“修改”/“对象”/“文字”/“编辑”命令。

（3）单击“文字”工具栏中的“编辑”按钮。

（4）在右键快捷菜单中选择“修改多行文字”或“编辑文字”命令。

执行上述命令后，根据系统提示选择想要修改的文字，同时十字光标变为拾取框。用拾取框单击对象，如果选择的文字是用“TEXT”命令创建的单行文字，则深显该文字，可对其进行修改。如果选择的文字是用“MTEXT”命令创建的多行文字，则选择后打开多行文字编辑器，可根据前面的介绍对各项设置或内容进行修改。

3.4.5 实例——标注道路断面图说明文字

使用“多行文字”命令标注道路断面图说明文字，其流程如图3-46所示。

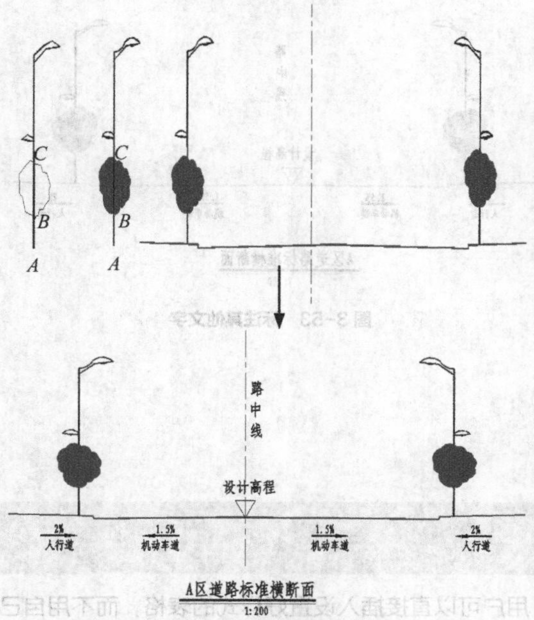

图 3-46 标注道路断面图说明文字流程

打开源文件中的“园林道路断面图”，如图3-47所示。

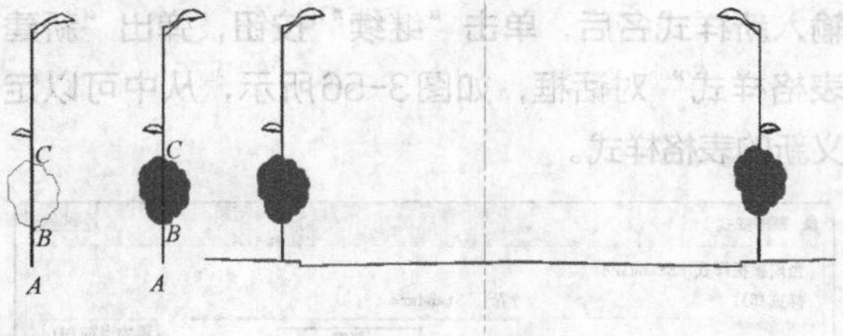

图 3-47 园林道路断面图

STEP 绘制步骤

1. 设置图层

单击“默认”选项卡“图层”面板中的“图层特性”按钮，新建“文字”图层，其设置如图3-48所示。

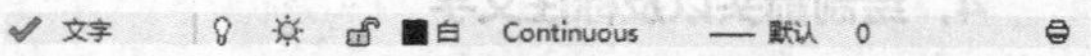

图 3-48 “文字”图层设置

2. 文字样式的设置

单击“默认”选项卡“注释”面板中的“文字样式”按钮A，弹出“文字样式”对话框，设置“字体名”为“仿宋”，“宽度因子”为“0.8”，其他设置如图3-49所示。

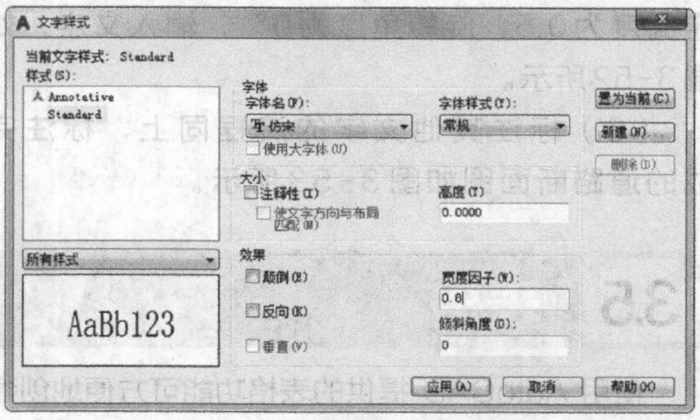

图 3-49 “文字样式”对话框

3. 绘制高程符号

（1）把“尺寸线”图层设置为当前图层。单击“默认”选项卡“绘图”面板中的“多边形”按钮，在平面上绘制一个封闭的倒立正三角形*ABC*。

（2）把“文字”图层设置为当前图层。单击“默认”选项卡“注释”面板中的“多行文字”按钮A，打开“文字编辑器”选项卡和多行文字编辑器，如图3-50所示。标注标高文字“设计高程”，指定高度为0.7，旋转角度为0°。绘制高程符号流程如图3-51所示。

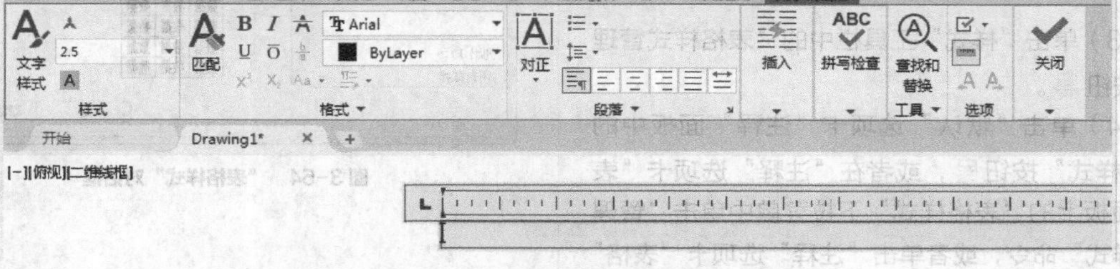

图 3-50 “文字编辑器”选项卡和多行文字编辑器

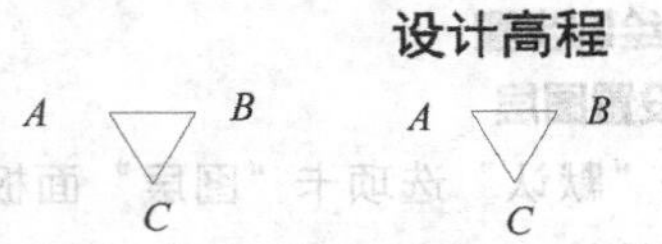

图3-51　绘制高程符号流程

4. 绘制箭头以及标注文字

（1）单击“默认”选项卡“绘图”面板中的“多段线”按钮，绘制箭头。指定*A*点为起点，输入“W”设置多段线的宽度为0.05，指定*B*点为第二个点，输入“W”指定起点宽度为0.15，指定端点宽度为0，指定*C*点为第三个点，如图3-52所示。

（2）单击“默认”选项卡“注释”面板中的“多行文字”按钮A，标注标高“1.5%”，指定高度为0.5，旋转角度为0°，输入文字，如图3-52所示。

（3）标注其他文字的流程同上，标注完成的道路断面图如图3-53所示。

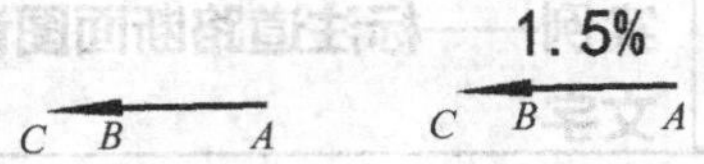

图3-52　绘制箭头并标注

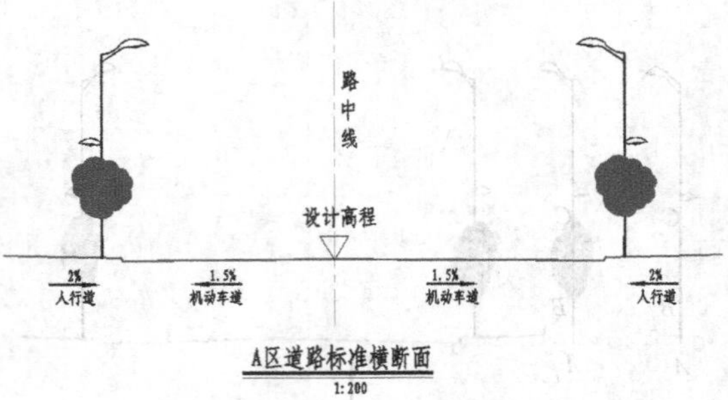

图3-53　标注其他文字

3.5 表格

使用AutoCAD提供的表格功能可方便地创建表格，用户可以直接插入设置好样式的表格，而不用自己绘制。

3.5.1 定义表格样式

表格样式用来控制表格基本形状和间距。和文字样式一样，所有AutoCAD图形中的表格都有相对应的表格样式。当插入表格对象时，AutoCAD使用当前设置的表格样式。模板文件“acad.dwt”“acadiso.dwt”中定义了名为Standard的默认表格样式。执行“表格样式”命令主要有以下4种方法。

（1）在命令行中输入“TABLESTYLE”命令。

（2）选择菜单栏中的“格式”/“表格样式”命令。

（3）单击“样式”工具栏中的“表格样式管理器”按钮。

（4）单击“默认”选项卡“注释”面板中的“表格样式”按钮，或者在“注释”选项卡“表格”面板上的“表格样式”下拉菜单中单击“管理表格样式”命令，或者单击“注释”选项卡“表格”面板中的“对话框启动器”按钮。

执行上述命令后，AutoCAD弹出“表格样式”对话框，如图3-54所示。单击“新建”按钮，弹出“创建新的表格样式”对话框，如图3-55所示。输入新样式名后，单击“继续”按钮，弹出“新建表格样式”对话框，如图3-56所示，从中可以定义新的表格样式。

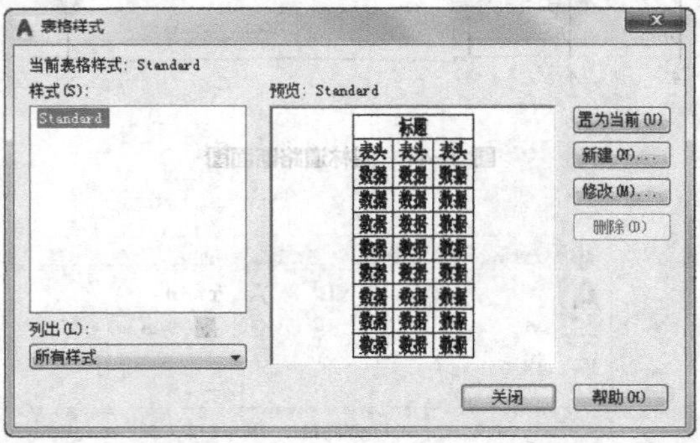

图3-54　“表格样式”对话框

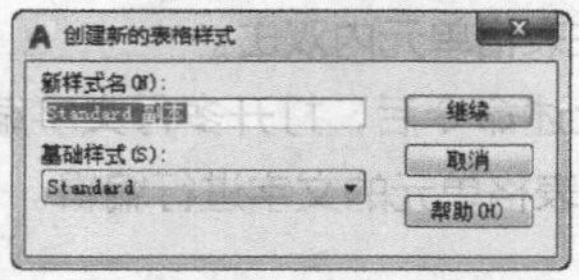

图 3-55 “创建新的表格样式”对话框

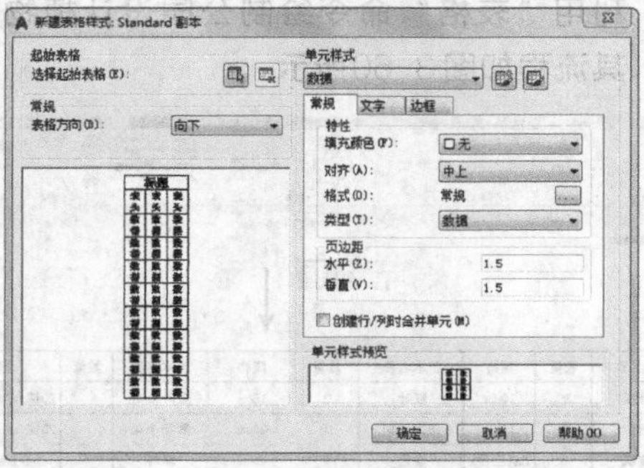

图 3-56 “新建表格样式”对话框

“新建表格样式”对话框中的单元样式有3个选项卡，即“常规”“文字”“边框”，分别用于控制表格中数据、表头和标题的有关参数，表格样式如图3-57所示。

标题		
表头	表头	表头
数据	数据	数据
数据	数据	数据
数据	数据	数据
数据	数据	数据
数据	数据	数据
数据	数据	数据
数据	数据	数据
数据	数据	数据

图 3-57 表格样式

1.“常规”选项卡

（1）“特性”选项组。

- “填充颜色”下拉列表框：用于指定填充颜色。
- “对齐”下拉列表框：用于为单元内容指定一种对齐方式。
- “格式”选项框：用于设置表格中各行的数据类型或格式。
- “类型”下拉列表框：将单元样式指定为标签或数据，在包含起始表格的表格样式中插入默认文字时使用，也用于在工具选项板上创建表格工具的情况。

（2）“页边距”选项组。

- “水平”文本框：设置单元中的文字或块与左右单元边界之间的距离。
- “垂直”文本框：设置单元中的文字或块与上下单元边界之间的距离。
- “创建行/列时合并单元”复选框：将使用当前单元样式创建的所有新行或列合并到一个单元中。

2.“文字”选项卡

（1）“文字样式”下拉列表框：用于指定文字样式。

（2）“文字高度”文本框：用于指定文字高度。

（3）“文字颜色”下拉列表框：用于指定文字颜色。

（4）“文字角度”文本框：用于设置文字角度。

3.“边框”选项卡

（1）“线宽”下拉列表框：用于设置边界的线宽。

（2）“线型”下拉列表框：通过单击“边框”按钮，设置线型以应用于指定的边框。

（3）“颜色”下拉列表框：指定颜色以应用于显示的边界。

（4）“双线”复选框：选中该复选框，指定选定的边框为双线。

3.5.2 创建表格

设置好表格样式后，用户可以使用“TABLE”命令创建表格。执行“表格”命令主要有以下4种方法。

（1）在命令行中输入“TABLE”命令。

（2）选择菜单栏中的“绘图”/“表格”命令。

（3）单击“绘图”工具栏中的“表格”按钮▦。

（4）单击“默认”选项卡“注释”面板中的“表格”按钮▦，或者单击“注释”选项卡“表格”面板中的“表格”按钮▦。

执行上述命令后，AutoCAD 弹出“插入表格”对话框，如图3-58所示。对话框中各选项组的含义如下。

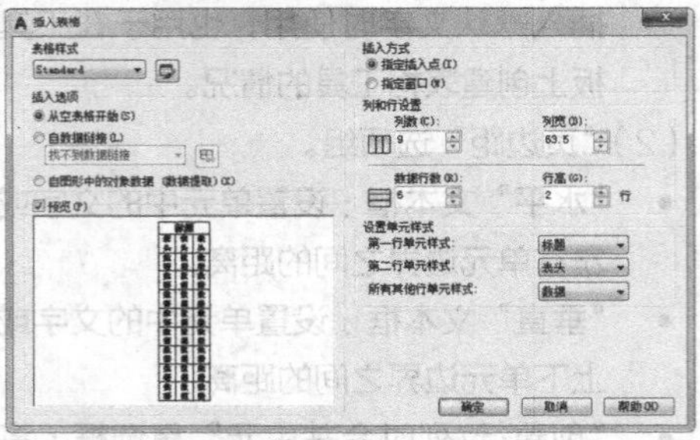

图3-58 “插入表格”对话框

- “表格样式”选项组：可以在“表格样式”下拉列表框中选择一种表格样式，也可以单击右侧的按钮新建或修改表格样式。
- “插入方式”选项组：“指定插入点”单选按钮用于指定表格左上角的位置。可以使用定点设备，也可以在命令行中输入坐标值来实现。如果将表格的方向设置为由下而上读取，则插入点位于表格的左下角。“指定窗口”单选按钮用于指定表格的大小和位置。可以使用定点设备，也可以在命令行中输入坐标值来实现。选中此单选按钮时，行数、列数、列宽和行高取决于窗口的大小以及列和行的设置。
- “列和行设置”选项组：指定列和行数量以及列宽与行高。

在“插入表格”对话框中进行相应设置后，单击“确定”按钮，系统在指定的插入点或窗口中自动插入一个空表格，并显示多行文字编辑器，用户可以逐行、逐列输入相应的文字或数据，如图3-59所示。

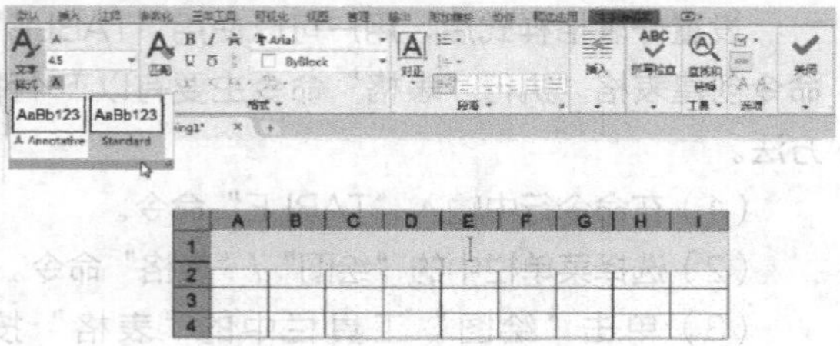

图3-59 多行文字编辑器

3.5.3 编辑表格文字

执行“编辑文字”命令主要有以下3种方法。

（1）在命令行中输入“TABLEDIT”命令。

（2）在快捷菜单中选择“编辑文字”命令。

（3）在表格单元内双击。

执行上述命令后，打开多行文字编辑器，用户可以对指定表格单元的文字进行编辑。

3.5.4 实例——公园设计植物明细表

利用“表格”命令绘制公园设计植物明细表，其流程如图3-60所示。

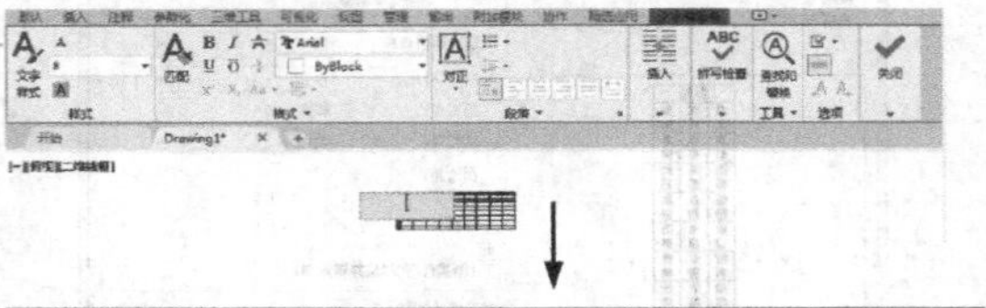

苗木名称	数量	规格	苗木名称	数量	规格	苗木名称	数量	规格
落叶松	32	10cm	红叶	3	15cm	金叶女贞		20棵/m² 丛植H=500
银杏	44	15cm	法国梧桐	10	20cm	紫叶小檗		20棵/m² 丛植H=500
元宝枫	5	6m(冠径)	油松	4	8cm	草坪		2~3个品种混播
樱花	3	10cm	三角枫	26	10cm			
合欢	8	12cm	睡莲	20				
玉兰	27	15cm						
龙爪槐	30	8cm						

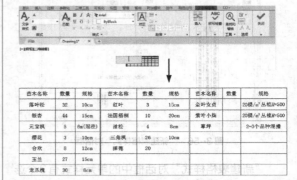

图3-60 绘制公园设计植物明细表流程

STEP 绘制步骤

（1）单击“默认”选项卡“注释”面板中的“表格样式”按钮，弹出“表格样式”对话框，如图3-61所示。

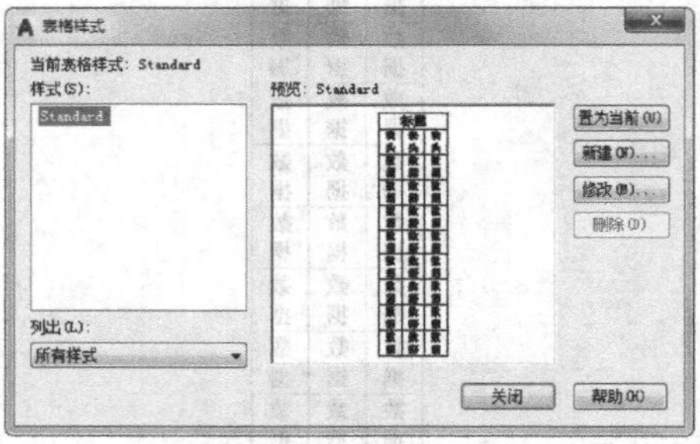

图3-61 “表格样式”对话框

（2）单击“新建”按钮，弹出“创建新的表格样式”对话框，如图3-62所示。输入新样式名后，单击“继续”按钮，弹出“新建表格样式”对话框，在“单元样式”对应的下拉列表框中选择“数据”选项。其对应的“常规”选项卡设置如图3-63所示，“文字”选项卡设置如图3-64所示。同理，在“单元样式”对应的下拉列表框中选择“标题”“表头”选项，设置对齐为正中，文字高度为6。设置好表格样式后，单击“确定”按钮退出“新建表格样式”对话框。

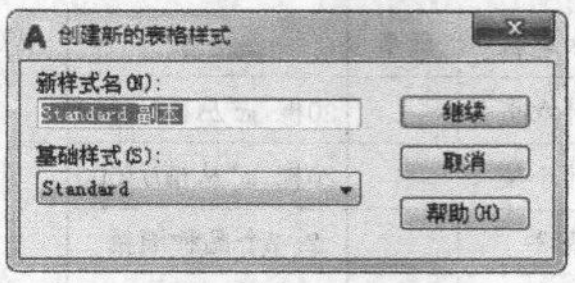

图 3-62 “创建新的表格样式”对话框

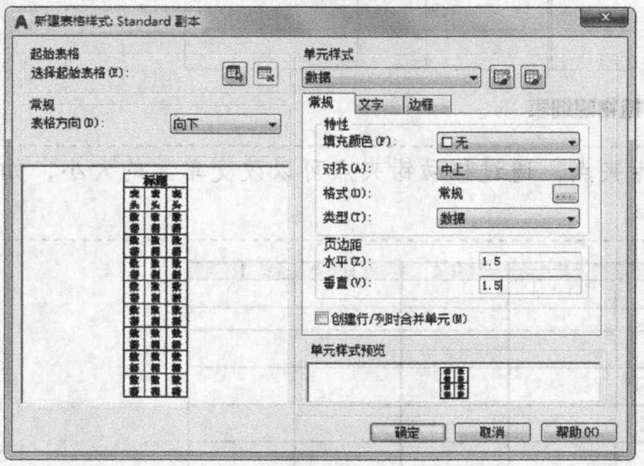

图 3-63 “常规”选项卡设置

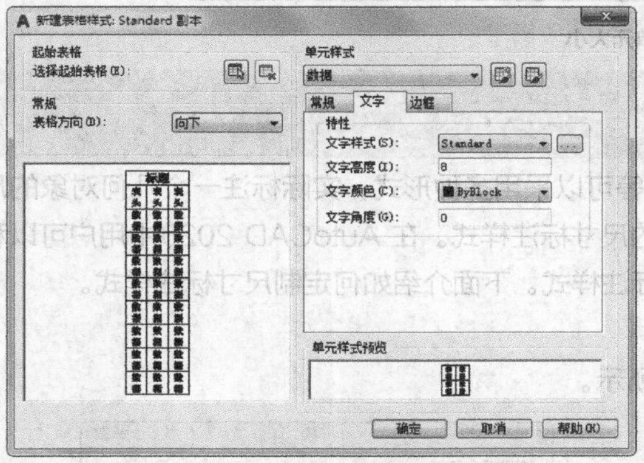

图 3-64 “文字”选项卡设置

（3）选择菜单栏中的“绘图”/“表格”命令，弹出“插入表格”对话框，设置如图3-65所示。

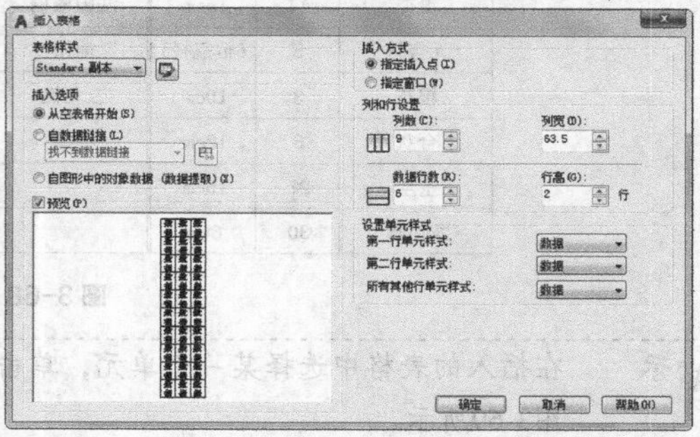

图 3-65 “插入表格”对话框

（4）单击“确定”按钮，系统在指定的插入点或窗口中自动插入一个空表格，并显示“多行文字编辑器”，用户可以逐行、逐列输入相应的文字或数据，如图3-66所示。

（5）若编辑完成的表格有需要修改的地方，可用“TABLEDIT”命令来修改（也可在要修改的表格上单击鼠标右键，在打开的快捷菜单中选择“编辑文字”命令，见图3-67）。在命令行提示“拾取表格单元：”后用鼠标左键单击需要修改文字的表格单元，多行文字编辑器会再次出现，用户此时可以进行修改，公园设计植物明细表如图3-68所示。

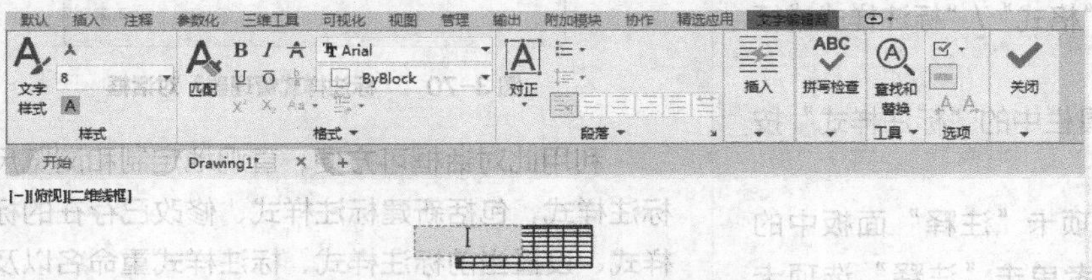

图 3-66 多行文字编辑器

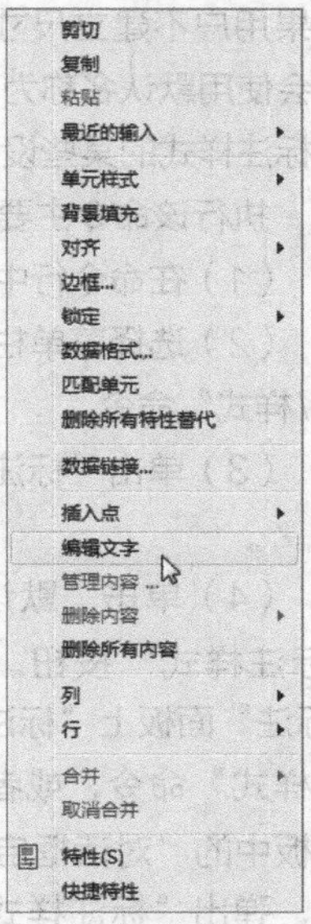

图 3-67 快捷菜单

苗木名称	数量	规格	苗木名称	数量	规格	苗木名称	数量	规格
落叶松	32	10cm	红叶	3	15cm	金叶女贞		20棵/m²丛植H=500
银杏	44	15cm	法国梧桐	10	20cm	紫叶小檗		20棵/m²丛植H=500
元宝枫	5	6m(冠径)	油松	4	8cm	草坪		2~3个品种混播
樱花	3	10cm	三角枫	26	10cm			
合欢	8	12cm	睡莲	20				
玉兰	27	15cm						
龙爪槐	30	8cm						

图 3-68　公园设计植物明细表

提示　在插入的表格中选择某一个单元，单击后出现钳夹点，通过移动钳夹点可以改变单元的大小，如图3-69所示。

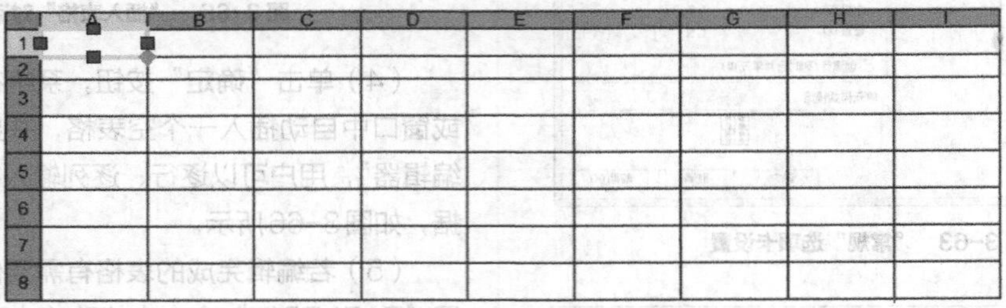

图 3-69　改变单元大小

3.6 尺寸

组成尺寸标注的尺寸界线、尺寸线、尺寸文字及箭头等可以采用多种形式，实际标注一个几何对象的尺寸时，它的尺寸标注以什么形式出现，取决于当前所采用的尺寸标注样式。在 AutoCAD 2020中用户可以利用“标注样式管理器”对话框方便地设置自己需要的尺寸标注样式。下面介绍如何定制尺寸标注样式。

3.6.1 尺寸标注样式

在进行尺寸标注之前，要建立尺寸标注样式。如果用户不建立尺寸标注样式而直接进行标注，系统会使用默认名称为Standard的样式。用户如果认为标注样式的某些设置不合适，可以进行修改。

执行该命令主要有如下4种方法。

（1）在命令行中输入“DIMSTYLE”命令。

（2）选择菜单栏中的“格式”/“标注样式或标注/样式”命令。

（3）单击“标注”工具栏中的“标注样式”按钮。

（4）单击“默认”选项卡“注释”面板中的“标注样式”按钮，或者单击“注释”选项卡“标注”面板上“标注样式”下拉菜单中的“管理标注样式”命令，或者单击“注释”选项卡“标注”面板中的“对话框启动器”按钮。执行上述命令后，弹出“标注样式管理器”对话框，如图3-70所示。

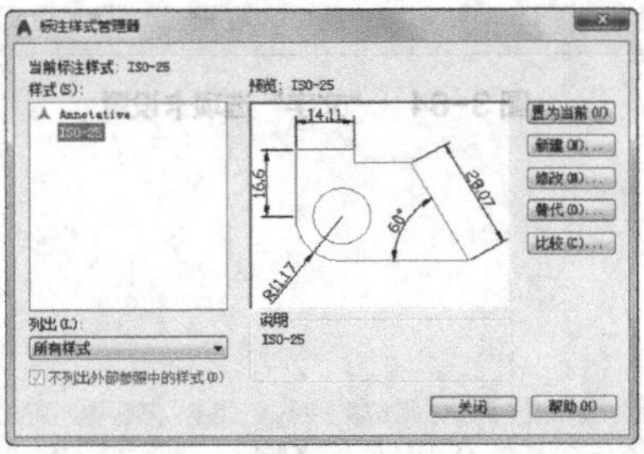

图 3-70　“标注样式管理器”对话框

利用此对话框可方便、直观地定制和浏览尺寸标注样式，包括新建标注样式、修改已存在的标注样式、设置当前标注样式、标注样式重命名以及删除已有标注样式等。该对话框中各按钮的含义如下。

- “置为当前”按钮：单击该按钮，把在“样式”列表框中选中的样式设置为当前样式。
- “新建”按钮：定义新的尺寸标注样式。单击该按钮，弹出“创建新标注样式”对话框，如图3-71所示，可利用此对话框创建新的尺寸标注样式。

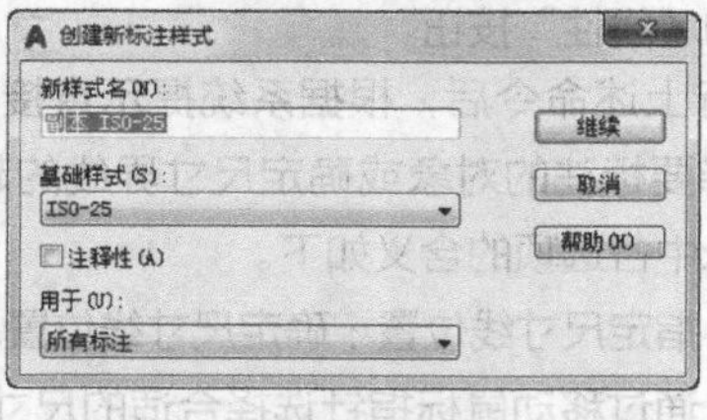

图 3-71 “创建新标注样式”对话框

- “修改”按钮：修改已存在的尺寸标注样式。单击该按钮，弹出“修改标注样式”对话框。该对话框中的各选项与“创建新标注样式”对话框中的完全相同，用户可以通过它对已有标注样式进行修改。
- “替代”按钮：设置临时覆盖尺寸标注样式。单击该按钮，弹出“新建标注样式”对话框，如图3-72所示。用户可改变选项的设置覆盖原来的设置，但这种修改只对指定的尺寸标注起作用，而不影响当前尺寸变量的设置。

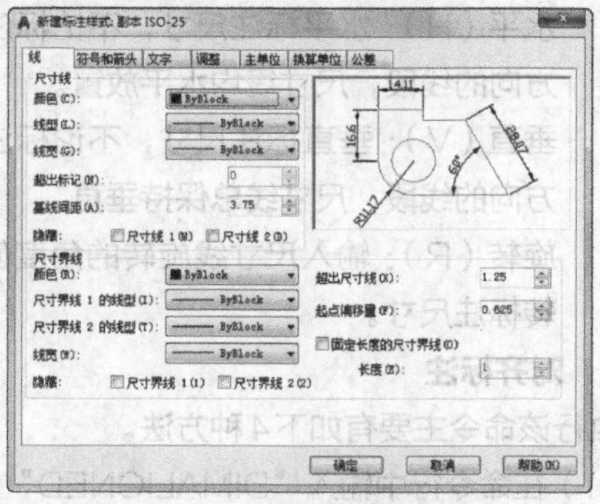

图 3-72 “新建标注样式”对话框

- “比较”按钮：比较两个尺寸标注样式在参数上的区别，或者浏览尺寸标注样式的参数设置。单击该按钮，弹出“比较标注样式”对话框，如图3-73所示。可以把比较结果复制到剪贴板上，然后粘贴到Windows操作系统的其他应用软件上。

下面对“新建标注样式”对话框中的主要选项卡进行简要说明。

- “线”选项卡：该选项卡可对尺寸线、尺寸界线的形式和特性等参数进行设置，包括尺寸线的颜色、线宽、超出标记、基线间距、隐藏等参数，尺寸界线的颜色、线宽、超出尺寸线、起点偏移量、隐藏等参数。

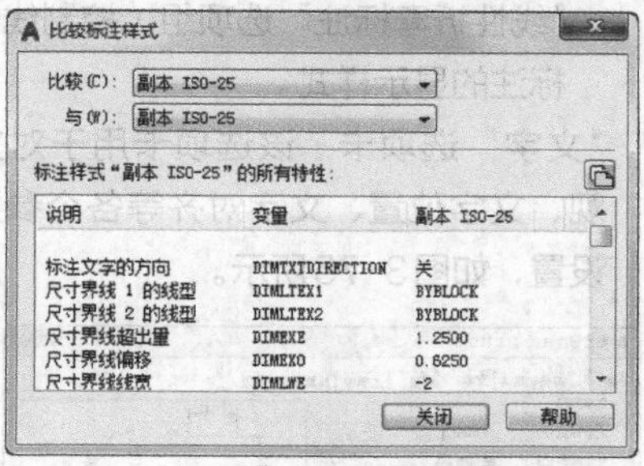

图 3-73 “比较标注样式”对话框

- “符号和箭头”选项卡：该选项卡主要用于对箭头、圆心标记、弧长符号和半径折弯标注等的形式和特性等参数进行设置，如图3-74所示，包括箭头大小、引线、形状等参数，以及圆心标记的类型和大小等参数。

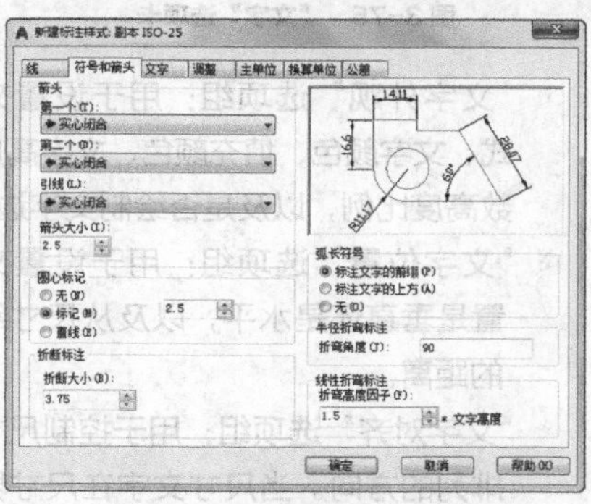

图 3-74 “符号和箭头”选项卡

- “箭头”选项组：用于设置尺寸箭头的形式。系统提供了多种箭头形状，列在“第一个”“第二个”下拉列表框中。另外，还允许用户采用自定义的箭头形状。两个尺寸箭头可以采用相同的形式，也可以采用不同的形式。一般建筑制图中的箭头采用建筑标注样式。
- “圆心标记”选项组：用于设置半径标注、直径标注和中心标注中的中心标记和中心线的形式。相应的尺寸变量是DIMCEN。
- “弧长符号”选项组：用于设置弧长标注中圆弧符号的显示样式。
- “折断标注”选项组：控制折断标注的间

隙宽度。

- “半径折弯标注”选项组：控制半径折弯（Z字型）标注的显示样式。
- “线性折弯标注”选项组：控制线性折弯标注的显示样式。

- “文字”选项卡：该选项卡用于对文字外观、文字位置、文字对齐等各个参数进行设置，如图3-75所示。

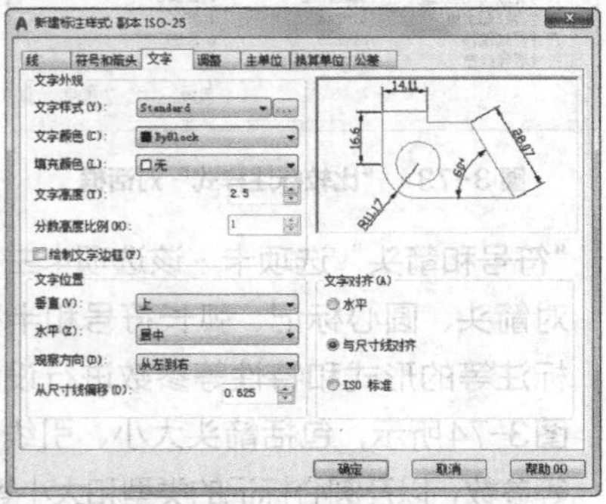

图3-75 “文字”选项卡

- “文字外观”选项组：用于设置文字样式、文字颜色、填充颜色、文字高度、分数高度比例，以及是否绘制文字边框。
- “文字位置”选项组：用于设置文字位置是垂直还是水平，以及从尺寸线偏移的距离。
- “文字对齐”选项组：用于控制尺寸文字排列的方向。当尺寸文字在尺寸界线之内时，与其对应的尺寸变量是DIMTIH；当尺寸文字在尺寸界线之外时，与其对应的尺寸变量是DIMTOH。

3.6.2 尺寸标注

正确地进行尺寸标注是设计绘图工作中非常重要的一个环节，AutoCAD 2020提供了方便又快捷的尺寸标注方法，可通过执行命令实现，也可利用菜单或工具按钮实现。下面重点介绍如何对各种类型的尺寸进行标注。

1. 线性标注

执行该命令主要有如下4种方法。

（1）在命令行中输入“DIMLINEAR”或“DIMLIN”命令。

（2）选择菜单栏中的“标注”/“线性”命令。

（3）单击“标注”工具栏中的“线性”按钮。

（4）单击“默认”选项卡“注释”面板中的“线性”按钮，或者单击“注释”选项卡“标注”面板中的“线性”按钮。

执行上述命令后，根据系统提示直接按Enter键，选择要标注的对象或确定尺寸界线的起点，命令行提示中各选项的含义如下。

- 指定尺寸线位置：确定尺寸线位置。用户可通过移动鼠标指针选择合适的尺寸线位置，然后按Enter键或单击鼠标左键，AutoCAD则自动测量所标注线段的长度并标注出相应的尺寸。
- 多行文字（M）：用多行文字编辑器确定尺寸文字。
- 文字（T）：在命令行提示下输入或编辑尺寸文字。选择此选项后，根据系统提示输入标注线段的长度值，直接按Enter键即可采用此长度值，也可输入其他数值来代替默认值。当尺寸文字包含默认值时，可使用角括号“<>”表示默认值。
- 角度（A）：确定尺寸文字的倾斜角度。
- 水平（H）：水平标注尺寸，不论标注什么方向的线段，尺寸线均水平放置。
- 垂直（V）：垂直标注尺寸，不论标注什么方向的线段，尺寸线总保持垂直。
- 旋转（R）：输入尺寸线旋转的角度值，旋转标注尺寸。

2. 对齐标注

执行该命令主要有如下4种方法。

（1）在命令行中输入“DIMALIGNED”命令。

（2）选择菜单栏中的“标注”/“对齐”命令。

（3）单击“标注”工具栏中的“对齐”按钮。

（4）单击“默认”选项卡“注释”面板中的“对齐”按钮，或者单击“注释”选项卡“标注”面板中的“对齐”按钮。

执行上述命令后，使用“对齐标注”命令标注的尺寸线与所标注的轮廓线平行，标注的是起点到终点之间的距离尺寸。

3. 基线标注

基线标注用于产生一系列基于同一条尺寸界线的尺寸标注，适用于长度标注、角度标注和坐标标注等。在使用基线标注方式之前，应该先标注出一个相关的尺寸。执行“基线”命令的方法主要有如下4种。

（1）在命令行中输入“DIMBASELINE”命令。

（2）选择菜单栏中的“标注”/“基线”命令。

（3）单击“标注”工具栏中的“基线”按钮。

（4）单击“注释”选项卡“标注”面板中的“基线”按钮。

执行上述命令后，根据命令行提示指定第二条尺寸界线原点或选择其他选项。

4．连续标注

连续标注又叫尺寸链标注，用于标注一系列连续的尺寸，后一个尺寸标注均把前一个尺寸标注的第二条尺寸界线作为第一条尺寸界线，适用于长度标注、角度标注和坐标标注等。在使用连续标注方式之前，应该先标注出一个相关的尺寸。

执行“连续”命令的方法主要有如下4种。

（1）在命令行中输入“DIMCONTINUE”命令。

（2）选择菜单栏中的“标注”/“连续”命令。

（3）单击“标注”工具栏中的“连续”按钮。

（4）单击“注释”选项卡“标注”面板中的“连续”按钮。

执行上述命令后，各选项与基线标注中的选项完全相同，在此不赘述。

5．引线标注

AutoCAD 提供了引线标注功能，利用该功能不仅可以标注特定的尺寸，如圆角、倒角等，还可以在图中添加多行旁注、说明。引线标注功能中的指引线可以是折线，也可以是曲线；指引线端部可以有箭头，也可以没有箭头。

利用“QLEADER”命令可快速生成指引线及注释，而且可以通过命令行优化对话框进行用户自定义，由此消除不必要的命令行提示，提高工作效率。执行该命令的方法如下。

在命令行中输入“QLEADER”命令。执行上述命令后，根据系统提示指定第一个引线点或选择其他选项。若在上面的操作过程中选择“设置（S）”选项，系统会弹出“引线设置”对话框，可以在其中进行相关参数设置。该对话框中包含“注释”“引线和箭头”“附着”3个选项卡，下面分别进行介绍。

- “注释”选项卡：用于设置引线标注中注释文本的类型、多行文字的格式并确定注释文本是否多次使用，如图3-76所示。

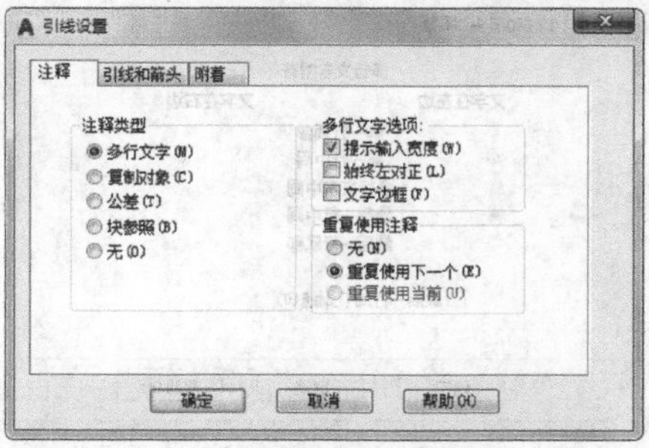

图3-76 “注释”选项卡

- “引线和箭头”选项卡：用于设置引线标注中引线和箭头的形式，如图3-77所示。其中，“点数”选项组用于设置执行“QLEADER”命令时，提示用户输入点数。例如，执行“QLEADER”命令时，当用户在命令行提示下指定3个点后，AutoCAD 会自动提示用户输入注释文本。

需要注意的是，设置的输入点数比用户希望的指引线数多1。如果选中“无限制”复选框，AutoCAD 会一直提示用户输入点数直到连续两次按Enter键为止。“角度约束”选项组用于设置第一段和第二段指引线的角度约束。

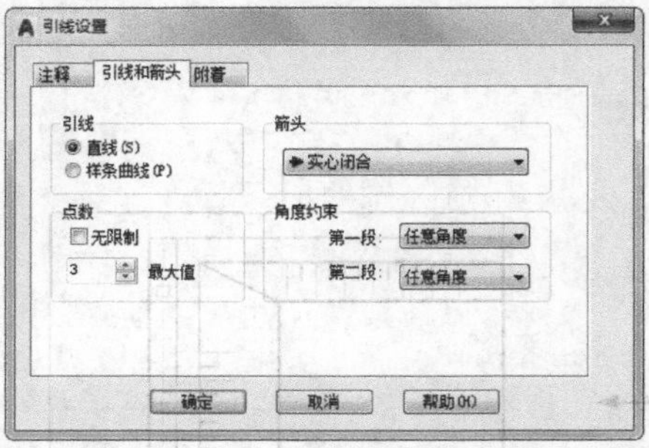

图3-77 “引线和箭头”选项卡

- “附着”选项卡：用于设置注释文本和指引线的相对位置，如图3-78所示。如果最后一段指引线指向右边，系统会自动把注释文本放在右侧；如果最后一段指引线指向左边，系统会自动把注释文本放在左侧。利用该选项卡中的“文字在左边”“文字在右边”单选按钮，可以分别设置位于左侧和右侧的注释文本与最后一段指引线的相对位置，二者可相同也可不同。

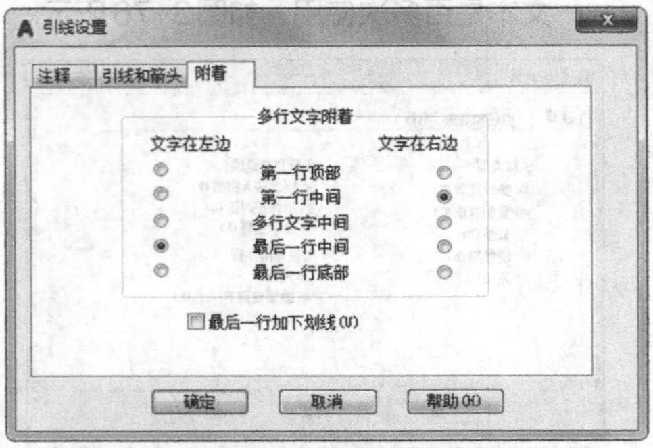

图 3-78 “附着”选项卡

3.6.3 实例——桥边墩平面图

使用“直线”命令绘制桥边墩轮廓定位中心线，使用“直线”“多段线”命令绘制桥边墩轮廓线，使用“线性”“连续”命令标注尺寸，使用“多行文字”命令标注文字，以绘制桥边墩平面图，其流程如图3-79所示。

STEP 绘制步骤

1. 前期准备以及绘图设置

（1）根据图形决定绘图的比例，建议采用1:1的比例绘制，1：100的比例出图。

（2）建立新文件。打开 AutoCAD 2020应用程序，建立新文件，将新文件命名为“桥边墩平面图”并保存为.dwg文件。

（3）设置图层。设置“尺寸”“轮廓线”“文字”“中心线”4个图层，并把这些图层设置成不同的颜色，使其在图纸上的表示更加清晰，将“中心线”图层设置为当前图层。桥边墩平面图图层设置如图3-80所示。

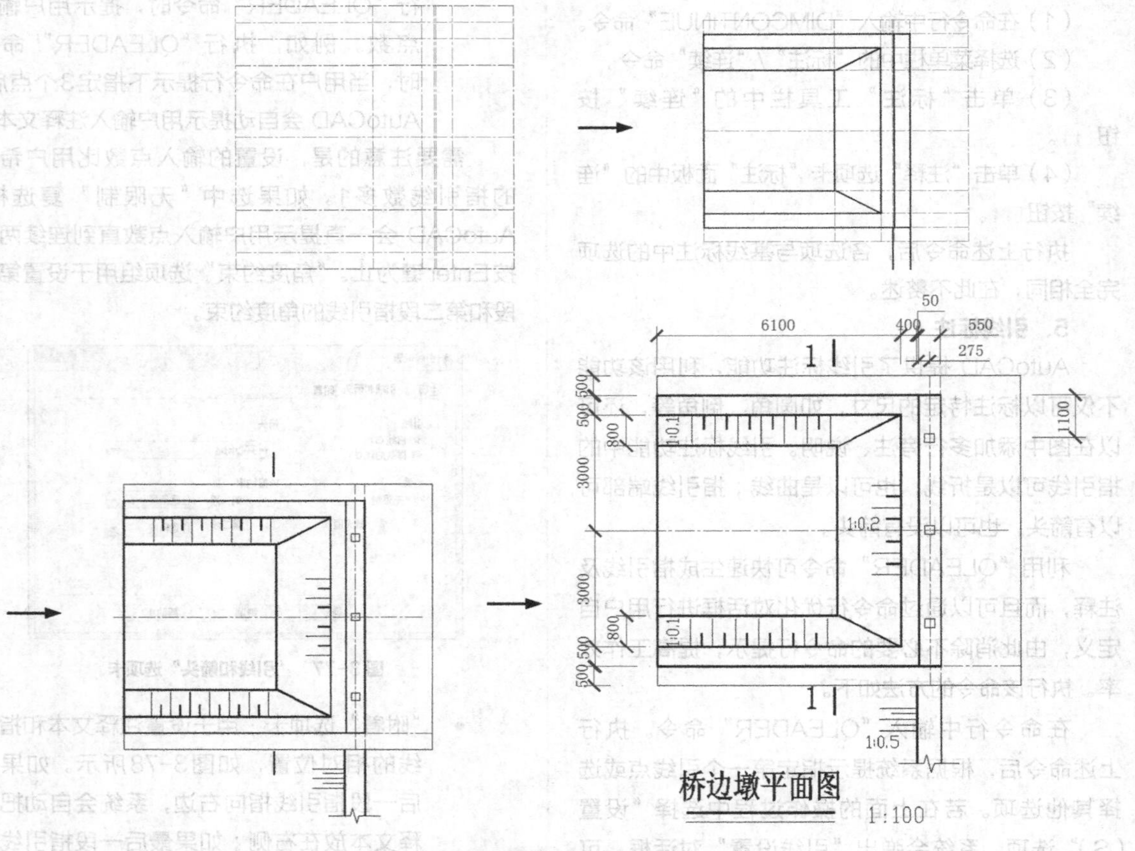

图 3-79 绘制桥边墩平面图流程

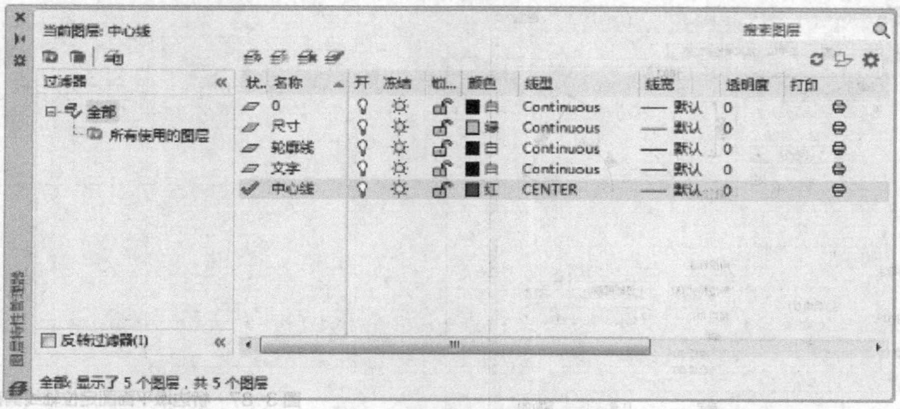

图 3-80　桥边墩平面图图层设置

（4）文字样式的设置。单击“默认”选项卡“注释”面板中的“文字样式”按钮A，弹出“文字样式”对话框，选择宋体，宽度因子设置为0.8。

（5）标注样式的设置。单击“默认”选项卡“注释”面板中的“标注样式”按钮，弹出“标注样式管理器”对话框，如图3-81所示。单击“修改”按钮，弹出“修改标注样式：ISO-25”对话框，然后分别对线、符号和箭头、文字、主单位进行设置，如图3-82～图3-85所示。

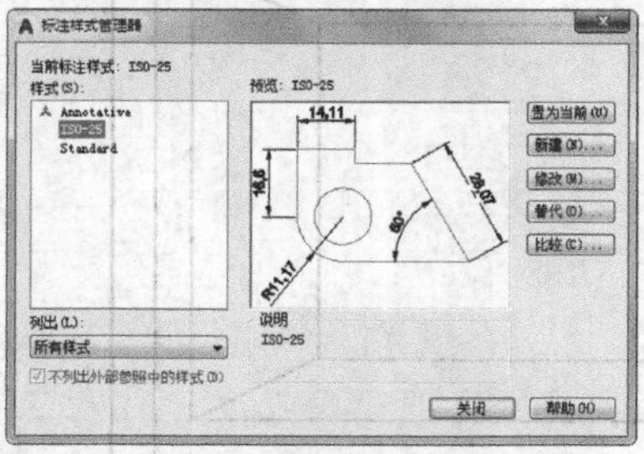

图 3-81　“标注样式管理器”对话框

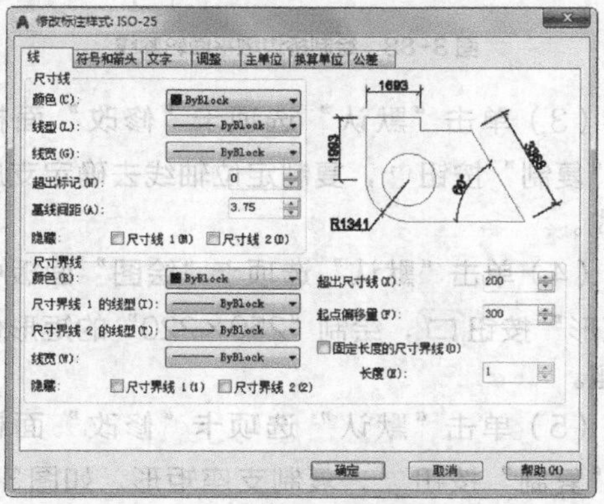

图 3-82　设置“线”选项卡

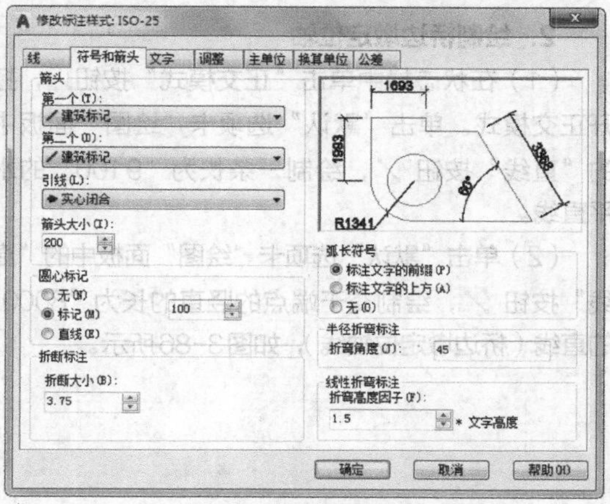

图 3-83　设置“符号和箭头”选项卡

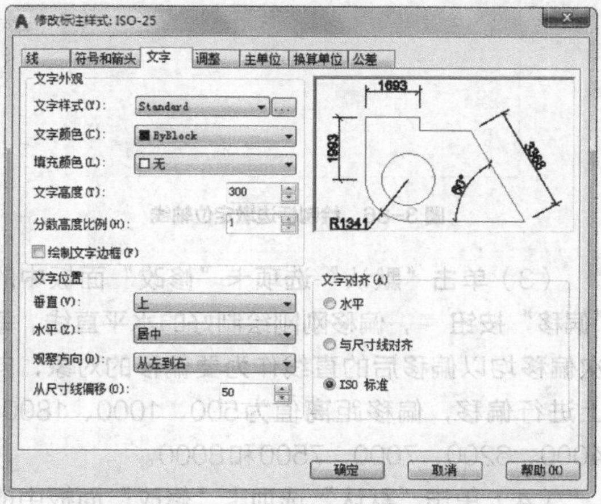

图 3-84　设置“文字”选项卡

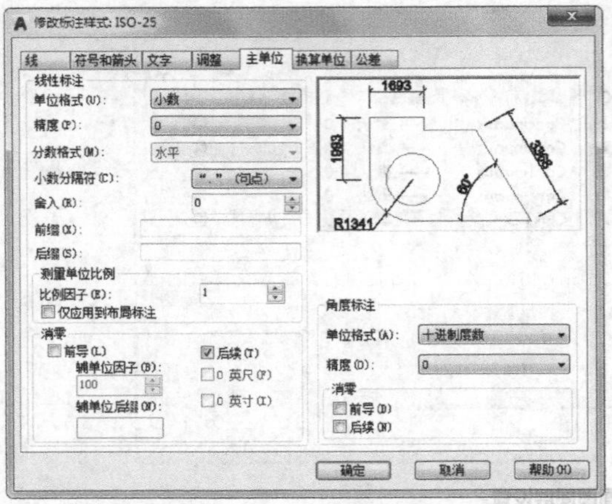

图 3-85 设置"主单位"选项卡

2. 绘制桥边墩定位轴

(1)在状态栏中单击"正交模式"按钮，打开正交模式。单击"默认"选项卡"绘图"面板中的"直线"按钮，绘制一条长为"9100"的水平直线。

(2)单击"默认"选项卡"绘图"面板中的"直线"按钮，绘制交于端点的竖直的长为"8000"的直线(桥边墩定位轴线)，如图3-86所示。

图 3-86 绘制桥边墩定位轴线

(3)单击"默认"选项卡"修改"面板中的"偏移"按钮，偏移刚刚绘制好的水平直线。每次偏移均以偏移后的直线作为要偏移的对象，向上进行偏移，偏移距离值为500、1000、1800、4000、6200、7000、7500和8000。

(4)单击"默认"选项卡"修改"面板中的"偏移"按钮，偏移刚刚绘制好的竖直直线，每次偏移均以偏移后的直线作为要偏移的对象，向右进行偏移，偏移距离值为4500、6100、6500、6550、7100和9100，如图3-87所示。

图 3-87 桥边墩平面图定位轴线偏移

3. 绘制桥边墩平面轮廓线

(1)将"轮廓线"图层设置为当前图层，单击"默认"选项卡"绘图"面板中的"多段线"按钮，绘制桥边墩平面轮廓线。输入"W"，设置起点和端点的宽度值为30。

(2)单击"默认"选项卡"绘图"面板中的"多段线"按钮，完成其他线的绘制，如图3-88所示。

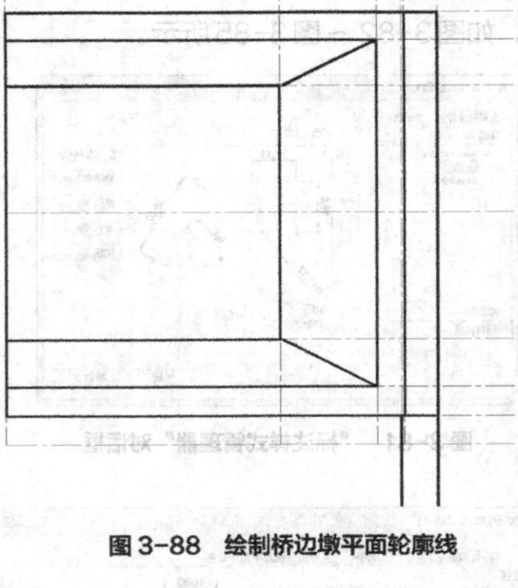

图 3-88 绘制桥边墩平面轮廓线

(3)单击"默认"选项卡"修改"面板中的"复制"按钮，复制定位轴线去确定支座定位线。

(4)单击"默认"选项卡"绘图"面板中的"矩形"按钮，绘制"250×220"的矩形作为支座。

(5)单击"默认"选项卡"修改"面板中的"复制"按钮，复制支座矩形，如图3-89所示。

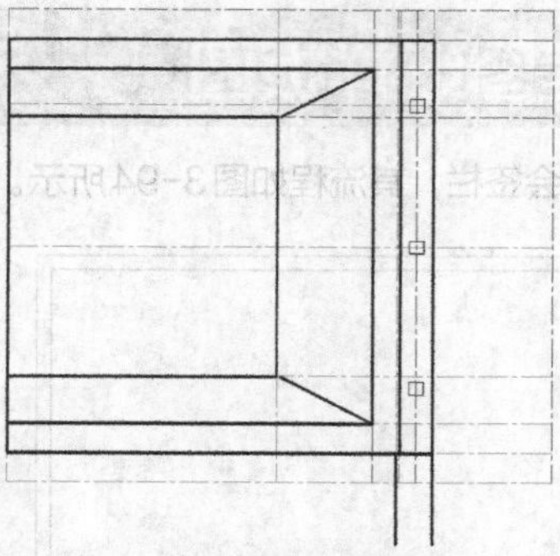

图 3-89 绘制桥边墩平面轮廓线（1）

（6）单击“默认”选项卡“绘图”面板中的“直线”按钮和“多段线”按钮，绘制坡度和水位线。

（7）单击“默认”选项卡“绘图”面板中的“多段线”按钮，绘制剖切线。然后单击“默认”选项卡“绘图”面板中的“直线”按钮，绘制折断线，如图3-90所示。

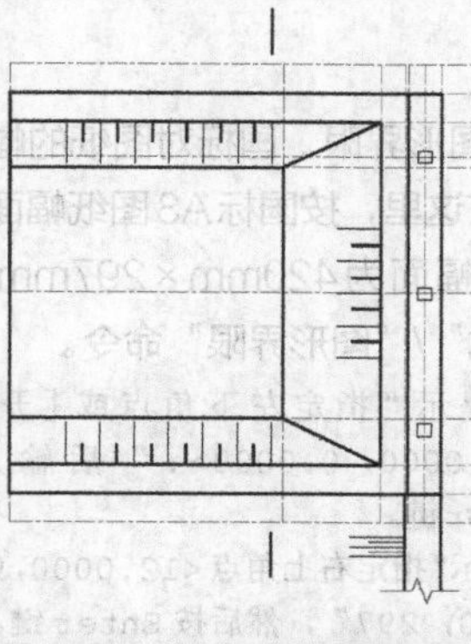

图 3-90 绘制桥边墩平面轮廓线（2）

（8）单击“默认”选项卡“修改”面板中的“删除”按钮，删除多余定位线，并整理图形，如图3-91所示。

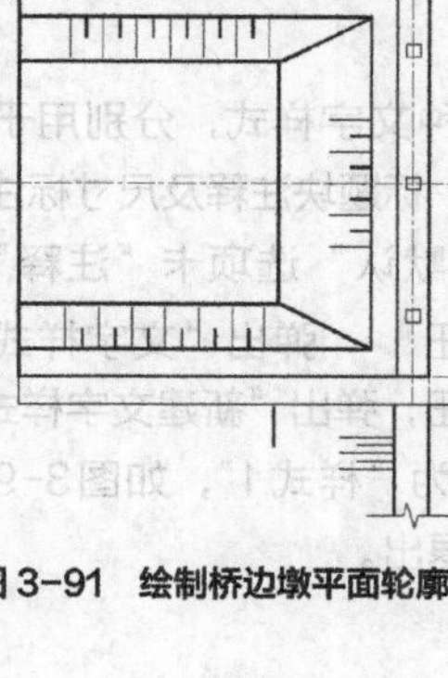

图 3-91 绘制桥边墩平面轮廓线（3）

4. 标注尺寸

将“尺寸”图层设置为当前图层，单击“标注”工具栏中的“线性”按钮和“连续”按钮，标注尺寸，如图3-92所示。

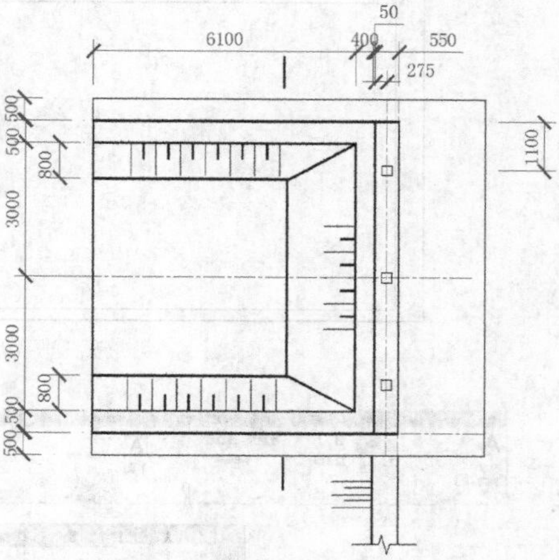

图 3-92 标注尺寸

5. 标注文字

（1）将“文字”图层设置为当前图层，单击“默认”选项卡“注释”面板中的“多行文字”按钮A，标注剖切数值。单击“默认”选项卡“注释”面板中的“文字样式”按钮，新建“样式1”，设置字体为txt.shx，高度值为300，宽度因子为1。然后单击“默认”选项卡“注释”面板中的“多行文字”按钮A，标注比例。

（2）单击“默认”选项卡“绘图”面板中的“直线”按钮、“多段线”按钮和“多行文字”按钮A，标注图名，如图3-93所示。

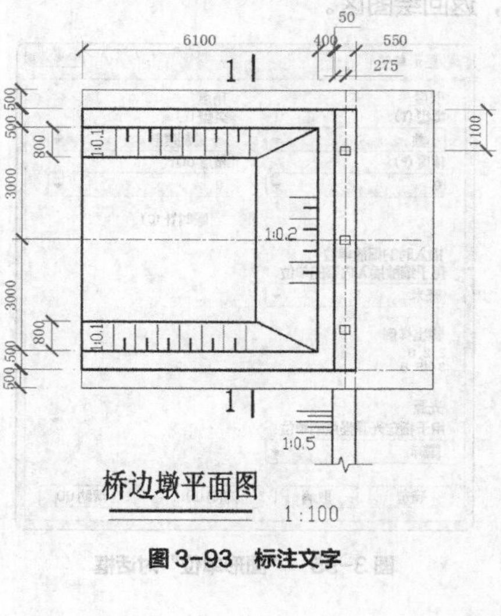

图 3-93 标注文字

3.7 综合演练——绘制 A3 市政工程图纸样板图

下面绘制一个A3市政工程图纸样板图，包含图框线、标题栏和会签栏，其流程如图3-94所示。

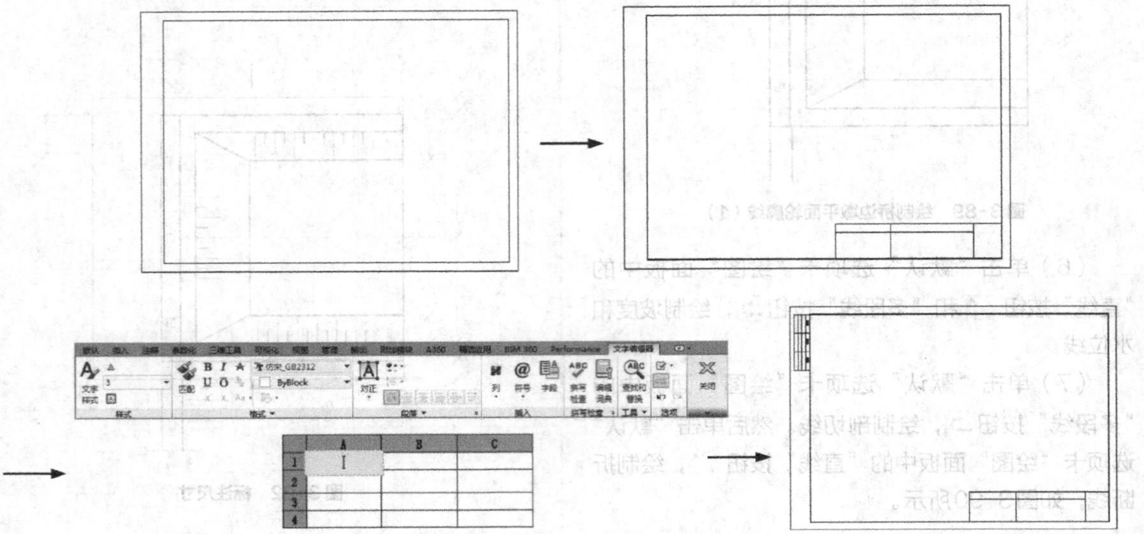

图 3-94 绘制 A3 市政工程图纸样板图流程

STEP 绘制步骤

1. 设置单位和图形界限

（1）打开 AutoCAD 2020应用程序，系统自动建立新的图形文件。

（2）设置单位。选择菜单栏中的“格式”/“单位”命令，弹出“图形单位”对话框，如图3-95所示。设置长度的“类型”为“小数”，“精度”为“0”；角度的“类型”为“十进制度数”，“精度”为“0”，系统默认逆时针方向为正方向，单击“确定”按钮，返回绘图区。

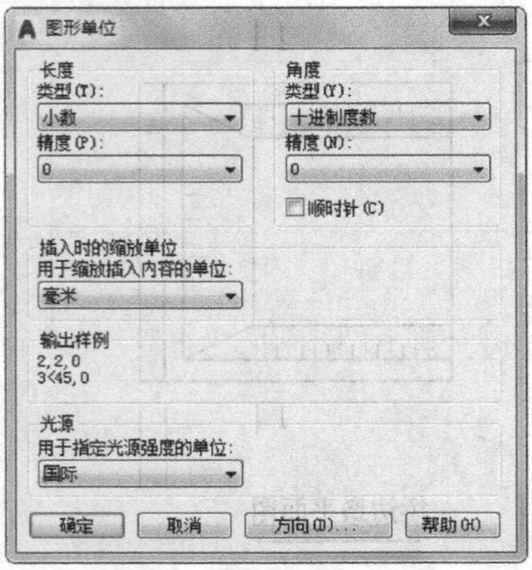

图 3-95 “图形单位”对话框

（3）设置图形界限。国标对图纸的幅面大小做了严格规定，在这里，按国标A3图纸幅面设置图形界限。A3图纸幅面为420mm×297mm，选择菜单栏中的“格式”/“图形界限”命令。

> 在命令行提示“指定左下角点或［开（ON）/关（OFF）］<0.0000，0.0000>：”后输入“0，0”，然后按Enter键。
> 在命令行提示“指定右上角点<12.0000,9.0000>：”后输入“420，297”，然后按Enter键。

2. 设置文字样式

下面列出一些本演练中的样式，请按如下约定进行设置。文字高度一般注释为7mm，零件名称为10mm，标题栏和会签栏中的其他文字为5mm，尺寸文字为5mm；线型比例为1，图纸空间线型比例为1；单位为十进制，尺寸小数点后0位，角度小数点后0位。

可以生成4种文字样式，分别用于一般注释、标题块中零件名、标题块注释及尺寸标注。

（1）单击“默认”选项卡“注释”面板中的“文字样式”按钮，弹出“文字样式”对话框。单击“新建”按钮，弹出“新建文字样式”对话框，设置“样式名”为“样式1”，如图3-96所示，单击“确定”按钮退出。

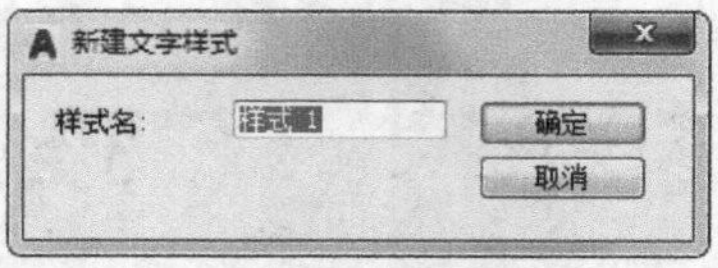

图 3-96 “新建文字样式”对话框

（2）系统返回“文字样式”对话框，在“字体名”下拉列表框中选择“宋体”选项，设置高度为“5”，宽度因子为“0.7”，如图3-97所示。单击“应用”按钮，再单击“关闭”按钮。其他文字样式设置与其类似。

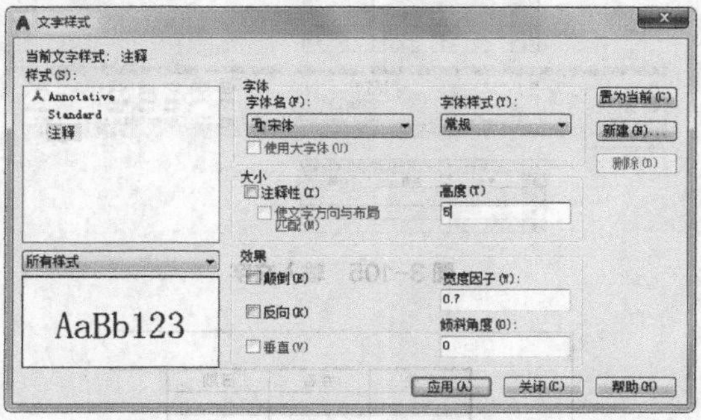

图 3-97 “文字样式”对话框

3. 绘制图框线和标题栏

（1）单击“默认”选项卡“绘图”面板中的“矩形”按钮，两个角点的坐标分别为（25，10）和（410，287），作为内框，继续绘制一个420mm×297mm（A3图纸大小）的矩形作为图形界限，如图3-98所示（外框表示设置的图形界限）。

图 3-98 绘制图框线

（2）单击“默认”选项卡“绘图”面板中的“直线”按钮，绘制标题栏。坐标分别为{（230，10）、（230，50）、（410，50）}，{（280，10）、（280，50）}，{（360，10）、（360，50）}，{（230，40）、（360，40）}，如图3-99所示（大括号中的数值表示一条独立连续线段的端点坐标值）。

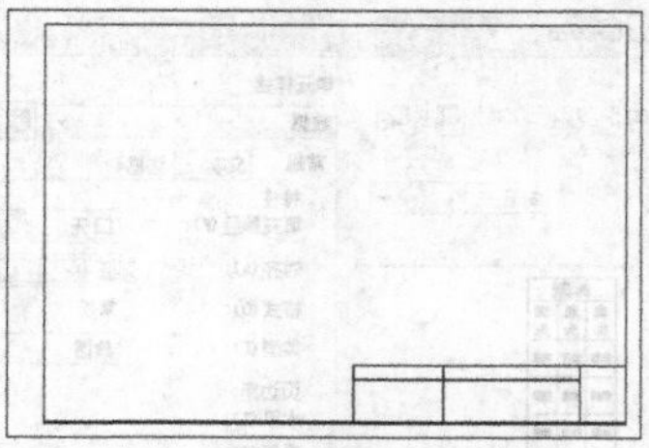

图 3-99 绘制标题栏

4. 绘制会签栏

（1）单击“默认”选项卡“注释”面板中的“表格样式”按钮，弹出“表格样式”对话框，如图3-100所示。

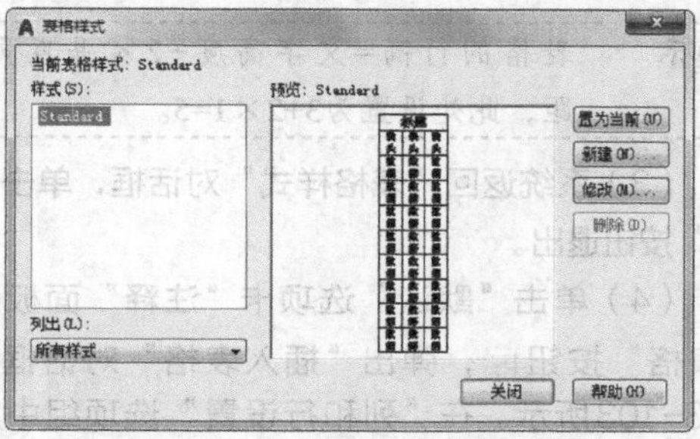

图 3-100 “表格样式”对话框

（2）单击“修改”按钮，弹出“修改表格样式”对话框，在“单元样式”下拉列表框中选择“数据”选项，在下面的“文字”选项卡中设置文字高度为“3”，如图3-101所示。再选择“常规”选项卡，将“页边距”选项组中的“水平”“垂直”都设置成“1”，对齐为“正中”，如图3-102所示。同理，在“单元样式”下拉列表框中分别选择“标题”“表头”选项，设置对齐为“正中”，文字高度为“3”，单击“确定”按钮。

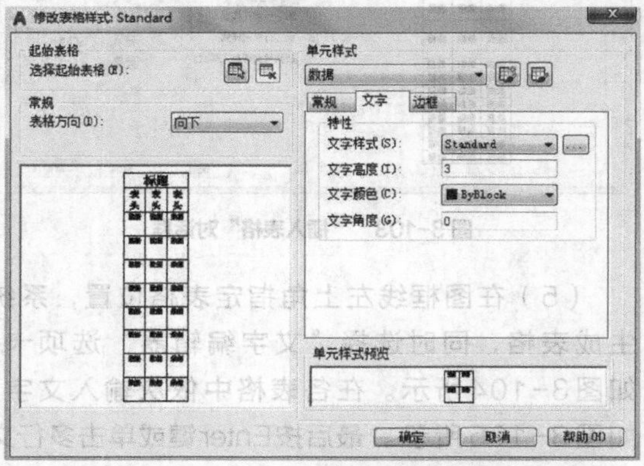

图 3-101 “修改表格样式”对话框

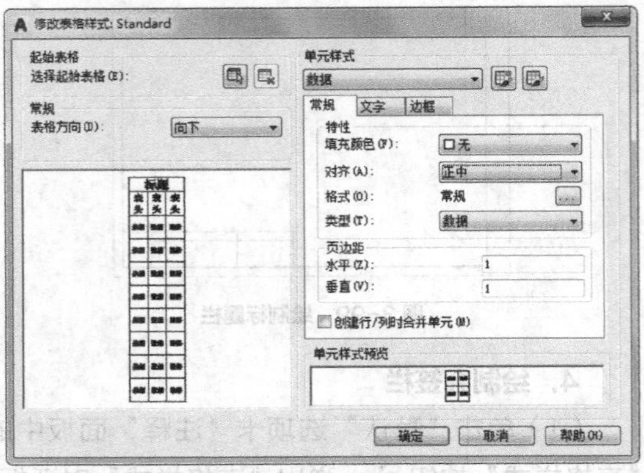

图 3-102　设置“常规”选项卡

> **提示**　表格的行高=文字高度+2×垂直页边距，此处设置为3+2×1=5。

（3）系统返回“表格样式”对话框，单击“关闭”按钮退出。

（4）单击“默认”选项卡“注释”面板中的“表格”按钮▦，弹出“插入表格”对话框，如图3-103所示。在“列和行设置”选项组中将列数设置为“3”，列宽设置为“25”，数据行数设置为“2”（加上标题行和表头行共4行），行高设置为“1”行（即5）。在“设置单元样式”选项组中将“第一行单元样式”“第二行单元样式”“所有其他行单元样式”都设置为“数据”，单击“确定”按钮，返回绘图区。

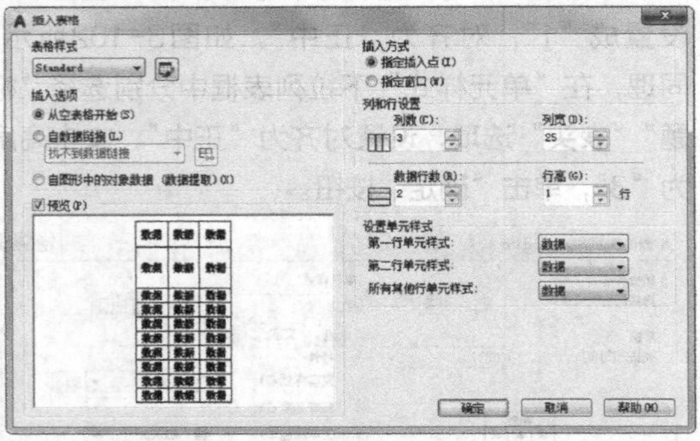

图 3-103　“插入表格”对话框

（5）在图框线左上角指定表格位置，系统生成表格，同时选择“文字编辑器”选项卡，如图3-104所示。在各表格中依次输入文字，如图3-105所示。最后按Enter键或单击多行文字编辑器上的“关闭”按钮，完成表格如图3-106所示。

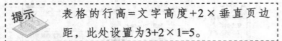

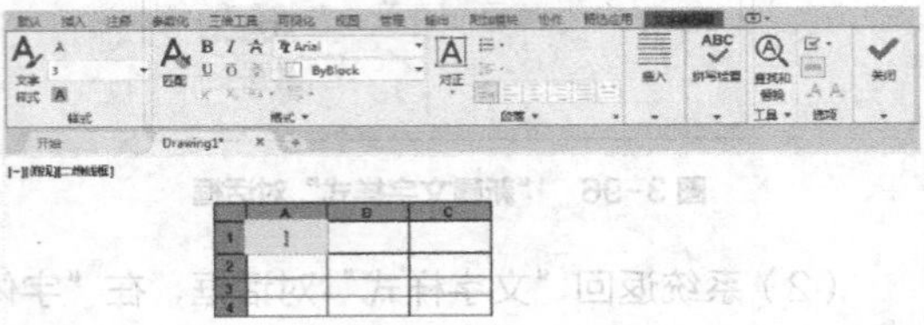

图 3-104　生成表格

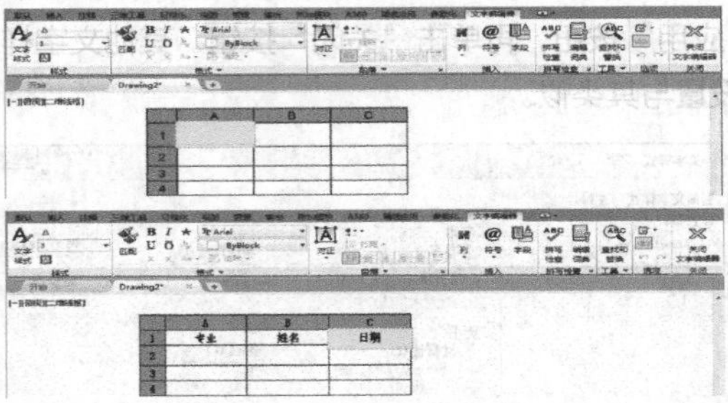

图 3-105　输入文字

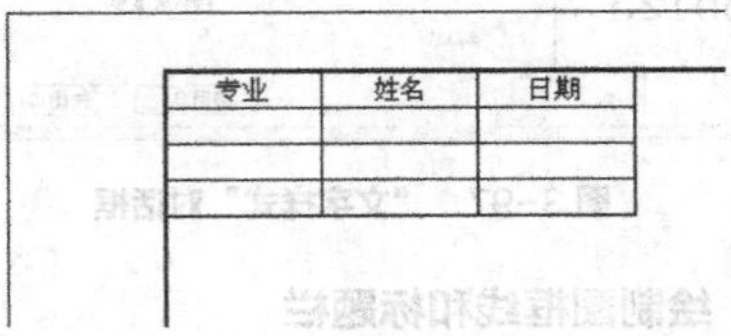

图 3-106　完成表格

（6）单击“默认”选项卡“修改”面板中的“旋转”按钮↻，把会签栏旋转-90°，如图3-107所示。这就得到了一个带有标题栏和会签栏的样板图。

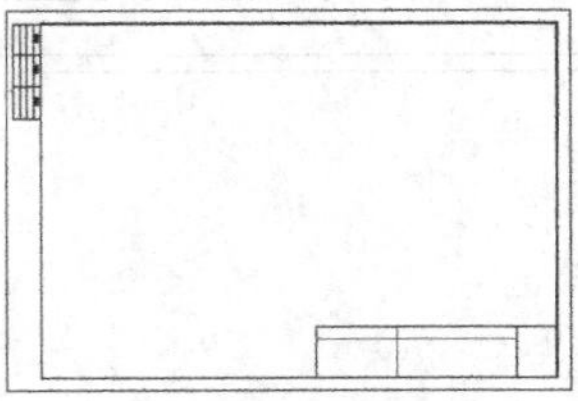

图 3-107　旋转会签栏

5. 保存成样板图文件

样板图及其环境设置完成后，可以将其保存成样板图文件。单击“快速访问”工具栏中的“保存”按钮💾或选择“另存为”命令，弹出“保存”或“图形另存为”对话框。在“文件类型”下拉列表框中选择“AutoCAD 图形样板（*.dwt）”选项，输入文件名为“A3”，单击“保存”按钮保存文件。下次绘图时，可以打开该样板图文件，在此基础上绘图。

3.8 上机实验

通过前面的学习，读者对本章知识已有了大体的了解。本节通过两个实验帮助读者进一步掌握本章知识要点。

【实验 1】绘制喷泉立面图。

1. 目的要求

本实验中我们使用二维绘图和修改命令绘制喷泉立面图，然后使用“直线”“多行文字”命令绘制标高符号，最后使用“线性”标注命令标注尺寸，如图 3-108 所示。希望读者通过本实验的学习熟练掌握标注尺寸和文字的运用。

2. 操作提示

（1）绘制轴线。

（2）绘制喷泉轮廓图。

（3）绘制水。

（4）标注标高符号、尺寸和文字。

【实验 2】在标注文字时插入“±”号。

1. 目的要求

本实验中我们使用“多行文字”命令，在“文字编辑器”选项卡中选择插入面板处的“符号”/“其他”，在弹出的“字符映射表”对话框中找到要插入的“±”号进行复制、粘贴，如图 3-109 所示。希望读者通过本实验的学习熟练掌握“多行文字”命令的运用。

2. 操作提示

（1）执行“多行文字”命令。

（2）插入“±”号。

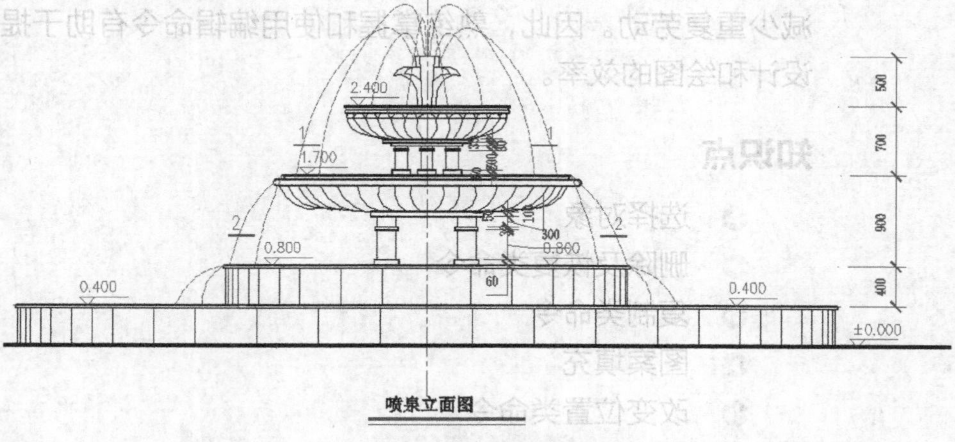

图 3-108 喷泉立面图

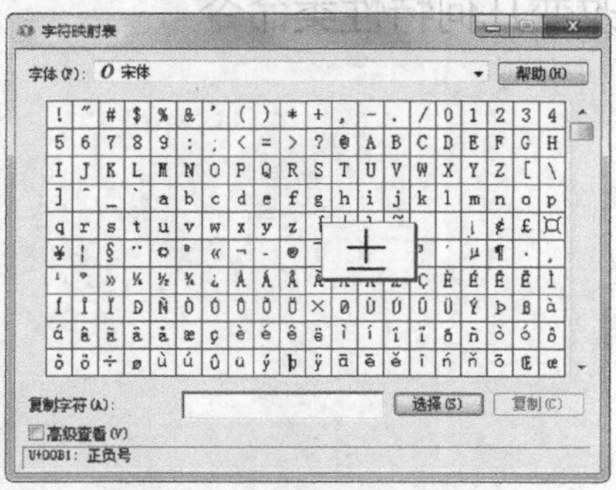

图 3-109 “字符映射表”对话框

第4章 编辑命令

配合使用编辑命令和绘图命令可以进一步完成复杂图形对象的绘制工作，便于合理安排和组织图形，保证绘图质量，减少重复劳动。因此，熟练掌握和使用编辑命令有助于提高设计和绘图的效率。

知识点

- 选择对象
- 删除及恢复类命令
- 复制类命令
- 图案填充
- 改变位置类命令
- 对象编辑
- 改变几何特性类命令

4.1 选择对象

AutoCAD 2020提供了两种编辑图形的途径。

(1)先执行编辑命令，然后选择要编辑的对象。

(2)先选择要编辑的对象，然后执行编辑命令。

这两种途径的执行效果是相同的，但选择对象是进行编辑的前提。AutoCAD 2020提供了多种选择对象的方式，如点取对象、用选择窗口选择对象、用选择线选择对象、用对话框选择对象等。AutoCAD 可以把选择的多个对象组成整体，如选择集和对象组，进行整体编辑与修改。

4.1.1 构造选择集

选择集可以仅由一个图形对象构成，也可以是一个复杂的对象组，如位于某一特定层上的具有某种特定颜色的一组对象。构造选择集可以在调用编辑命令之前或之后进行。

AutoCAD 提供了以下4种方法来构造选择集。

(1)选择一个编辑命令，然后选择对象，再按Enter键结束操作。

(2)使用“SELECT”命令。

(3)用点取设备选择对象，然后调用编辑命令。

(4)定义对象组。无论使用哪种方法，AutoCAD 2020 都将提示用户选择对象，并且十字光标变为拾取框。

下面结合“SELECT”命令说明选择对象的方式。“SELECT”命令可以单独使用，即在命令行中输入“SELECT”命令后按Enter键，也可以在执行其他编辑命令时被自动调用。此时，屏幕出现提示“选择对象：”，等待用户以某种方式选择对象作为回答。AutoCAD 提供了多种选择方式，可以输入“？”查看这些选择方式。输入“？”后，出现如下提示。

“需要点或窗口（W）/上一个（L）/窗交（C）/框选（BOX）/全部（ALL）/栏选（F）/圈围（WP）/圈交（CP）/编组（G）/添加（A）/删除（R）/多个（M）/上一个（P）/放弃（U）/自动（AU）/单选（SI）/子对象（SU）/对象（O）”选择对象。

主要选项的含义如下（用加粗的方式代替选择后图形颜色的变化）。

- 点：该选项表示直接通过点取的方式选择对象。用鼠标指针或键盘移动拾取框，使其框住要选择的对象，然后单击，就会选中该对象并以高亮度显示。
- 窗口（W）：用由两个对角顶点确定的矩形窗口选择位于其范围内的所有图形，与边界相交的对象不会被选中。在指定对角顶点时，应该按照从左向右的顺序，如图4-1所示。

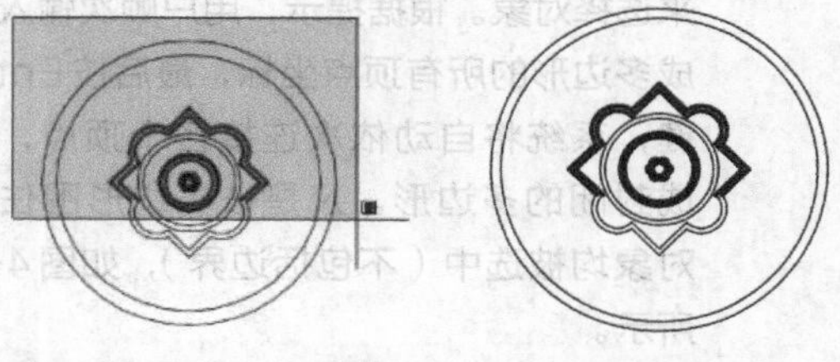

（a）深色覆盖部分为选择窗口　　（b）选择后的图形

图 4-1 “窗口”选择对象方式

- 上一个（L）：在“选择对象：”提示下输入“L”后按Enter键，系统会自动选择最后绘制的对象。
- 窗交（C）：该方式与上述“窗口”选择对象方式类似，区别在于它不但会选中矩形窗口内的对象，也会选中与矩形窗口边界相交的对象，如图4-2所示。

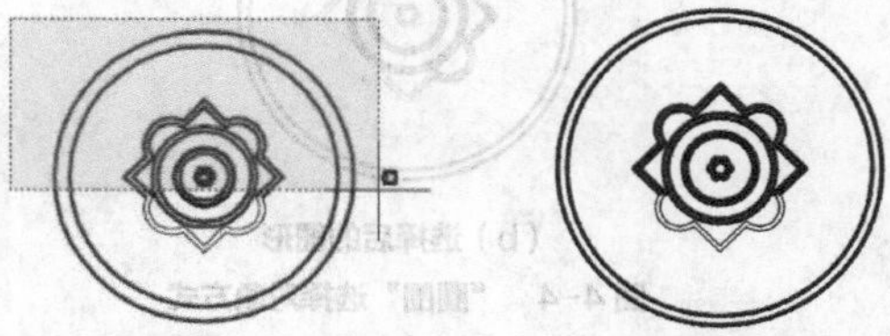

（a）深色覆盖部分为选择窗口　　（b）选择后的图形

图 4-2 “窗交”选择对象方式

- 框选（BOX）：选择该选项时，系统根据用户在屏幕上给出的两个对角点的位置而自动引用“窗口”或“窗交”选择对象方式。若从左向右指定对角点，则为“窗口”

选择对象方式；反之，则为“窗交”选择对象方式。

- 全部（ALL）：选择图面上的所有对象。
- 栏选（F）：用户临时绘制一些直线，这些直线不必构成封闭图形，凡是与这些直线相交的对象均被选中，如图4-3所示。

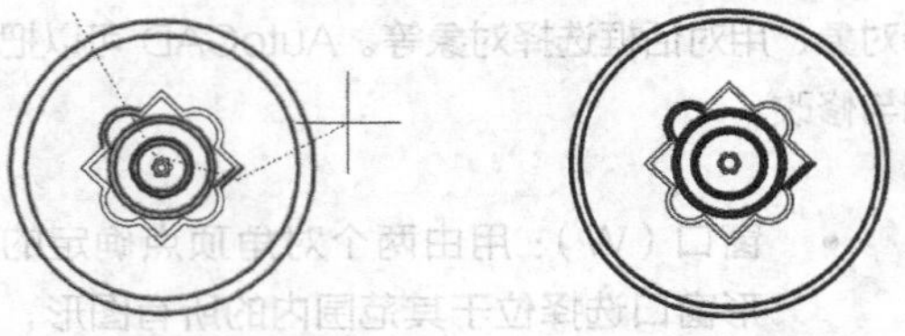

（a）虚线为选择栏　　（b）选择后的图形

图 4-3 “栏选”选择对象方式

- 圈围（WP）：使用一个不规则的多边形来选择对象。根据提示，用户顺次输入构成多边形的所有顶点坐标，最后按Enter键，系统将自动依次连接各个顶点，形成封闭的多边形。凡是被多边形围住的对象均被选中（不包括边界），如图4-4所示。

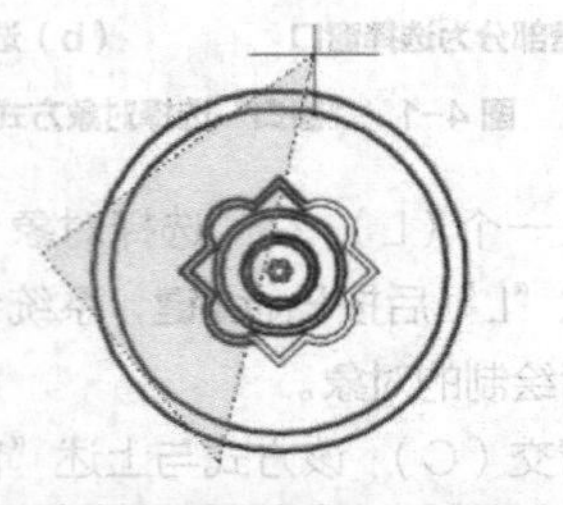

（a）十字线所拉出深色多边形为选择窗口

（b）选择后的图形

图 4-4 “圈围”选择对象方式

- 圈交（CP）：类似于“圈围”选择对象方式，在“选择对象：”提示后输入“CP”，后续操作与“圈围”选择对象方式相同。区别在于，该方式下与多边形边界相交的对象也被选中。
- 编组（G）：使用预先定义的对象组作为选择集。事先将若干个对象组成对象组，通过组名引用。
- 添加（A）：添加下一个对象到选择集。也可用于移走模式到选择模式的切换。
- 删除（R）：按Shift键选择对象，可以从当前选择集中移走该对象。对象由高亮度显示状态变为正常显示状态。
- 多个（M）：指定多个点，不高亮度显示对象。这种方式可以加快在复杂图形上选择对象的进度。若两个对象交叉，两次指定交点，则可以选中这两个对象。
- 上一个（P）：用关键字“P”回应“选择对象：”提示，则可以把上次编辑命令中最后一次构造的选择集或最后一次使用“SELECT（DDSELECT）”命令预置的选择集作为当前选择集。这种方式适用于对同一选择集进行多种编辑操作的情况。
- 放弃（U）：用于取消加入选择集的对象。
- 自动（AU）：选择结果视用户在屏幕上的选择操作而定。如果选中单个对象，则该对象即自动选择的结果；如果选择点落在对象内部或外部的空白处，系统会提示“指定对角点”，此时系统会采取一种窗口的选择方式。对象被选中后，变为虚线形式，并以高亮度显示。
- 单选（SI）：选择指定的第一个对象或对象集，而不继续提示进行下一步的选择。

> **提示** 若矩形窗口从左向右定义，即第一个选择的对角点为左侧的对角点，矩形窗口内部的对象被选中，矩形窗口外部及与其边界相交的对象不会被选中。若矩形窗口从右向左定义，则矩形窗口内部及与其边界相交的对象都会被选中。

4.1.2 快速选择

用户有时需要选择具有某些共同属性的对象来构造选择集，如选择具有相同颜色、线型或线宽的对象。当然，我们可以使用前面介绍的方法来选择这些对象，但如果要选择的对象数量较多且分布在较复杂的图形中，则工作量太大。AutoCAD 2020 提供了“QSELECT”命令来解决这个问题。调用“QSELECT”命令后，弹出“快速选择”对话框（见图4-5），用户可以利用该对话框指定过滤标准来快速创建选择集。

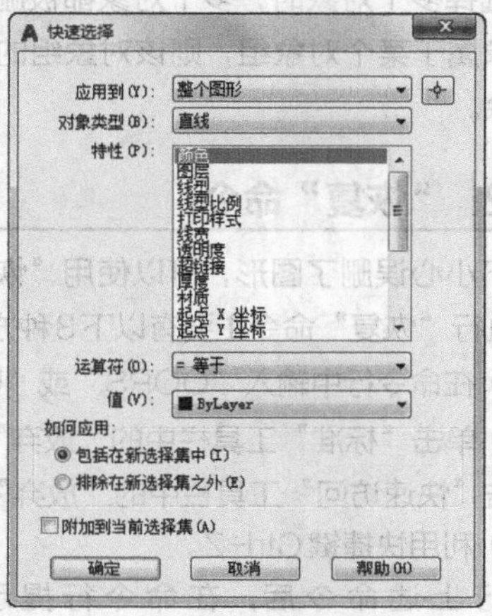

图 4-5 “快速选择”对话框

执行“快速选择”命令，主要有以下3种方法。

（1）在命令行中输入“QSELECT”命令。

（2）选择菜单栏中的“工具”/“快速选择”命令。

（3）在快捷菜单中选择“快速选择”命令（见图4-6），或者单击“特性”选项板中的“快速选择”按钮（见图4-7）。

图 4-6 “快速选择”命令

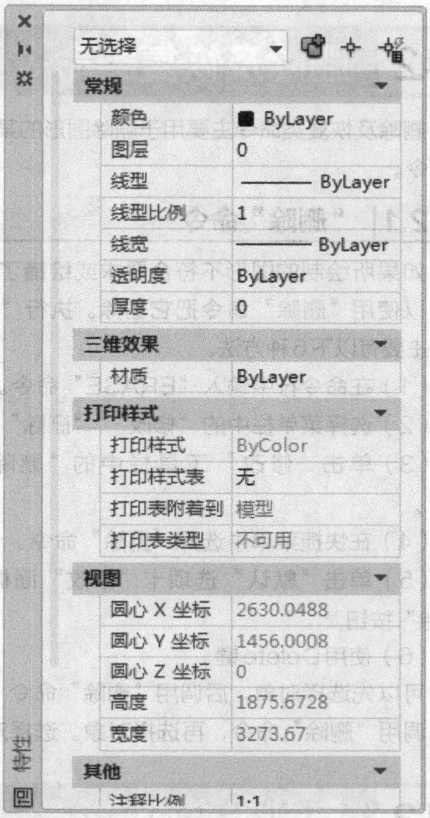

图 4-7 “特性”选项板中的“快速选择”按钮

执行上述命令后，可以在弹出的“快速选择”对话框中选择符合条件的对象或对象组。

4.1.3 构造对象组

对象组与选择集并没有本质的区别，当把若干个对象定义为选择集并想让它们在以后的操作中始终作为整体时，为了简便、快捷，可以对这个选择集命名并保存起来。这个命名了的选择集就是对象组，它的名字称为组名。

如果对象组可以被选择（位于锁定层上的对象组不能被选择），那么可以通过它的组名引用该对象组，并且一旦对象组中任何一个对象被选中，对象组中的全部对象都被选中。执行该命令的方法主要是在命令行中输入“GROUP”命令。

执行上述命令后，弹出“对象编组”对话框。我们可以利用该对话框查看或修改已存在的对象组的属性，也可以创建新的对象组。

4.2 删除及恢复类命令

删除及恢复类命令主要用于删除图形的某部分或对已删除的部分进行恢复，包括“删除”“恢复”“清除”等命令。

4.2.1 “删除”命令

如果所绘制的图形不符合要求或绘错了图形，则可以使用“删除”命令把它删除。执行“删除”命令主要有以下6种方法。

（1）在命令行中输入“ERASE”命令。

（2）选择菜单栏中的“修改”/“删除”命令。

（3）单击“修改”工具栏中的“删除”按钮。

（4）在快捷菜单中选择“删除”命令。

（5）单击“默认”选项卡“修改”面板中的“删除”按钮。

（6）使用Delete键。

可以先选择对象，后调用“删除”命令；也可以先调用“删除”命令，再选择对象。选择对象时可以使用前面介绍的选择对象的方法。

当选择多个对象时，多个对象都被删除；若选择的对象属于某个对象组，则该对象组的所有对象都被删除。

4.2.2 “恢复”命令

若不小心误删了图形，可以使用“恢复”命令恢复。执行“恢复”命令主要有以下3种方法。

（1）在命令行中输入“OOPS”或“U”命令。

（2）单击“标准”工具栏中的“放弃”按钮，或者单击“快速访问”工具栏中的“放弃”按钮。

（3）利用快捷键Ctrl+Z。

执行上述命令后，在命令行提示下输入“OOPS”命令，然后按Enter键。

4.3 复制类命令

应用复制类命令，可以方便地编辑和绘制图形。

4.3.1 “镜像”命令

镜像对象是指把选择的对象以一条镜像线为对称轴进行镜像后得到的对象。镜像操作完成后，可以保留源对象，也可以将其删除。执行“镜像”命令主要有如下4种方法。

（1）在命令行中输入“MIRROR”命令。

（2）选择菜单栏中的“修改”/“镜像”命令。

（3）单击“修改”工具栏中的“镜像”按钮。

（4）单击“默认”选项卡“修改”面板中的“镜像”按钮。

执行上述命令后，系统提示选择要镜像的对象，并指定镜像线的第一个点和第二个点，确定是否删除源对象。这两点确定出一条镜像线，被选择的对象以该线为对称轴进行镜像。包含该线的镜像平面与用户坐标系统的*XOY*平面垂直，即镜像操作工作在与用户坐标系统的*XOY*平面平行的平面上。

4.3.2 实例——庭院灯灯头

本实例绘制庭院灯灯头，首先绘制左侧图形，然后通过“镜像”命令对左侧的图形进行镜像，其流程如图4-8所示。

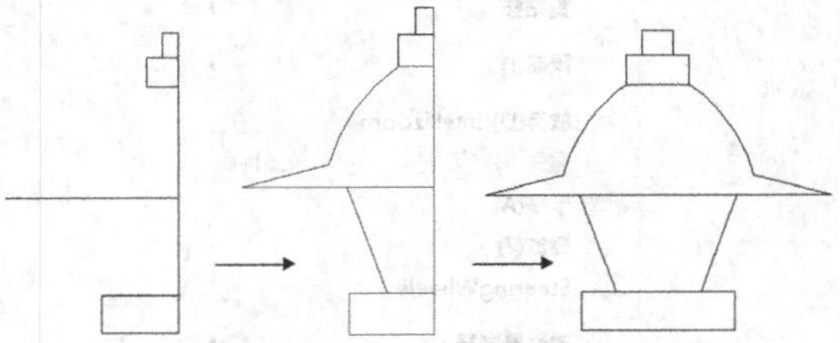

图4-8 绘制庭院灯灯头流程

STEP 绘制步骤

（1）单击“默认”选项卡“绘图”面板中的“直线”按钮，绘制一系列直线，尺寸适当选取，如图4-9所示。

（2）单击“默认”选项卡“绘图”面板中的

“直线”按钮╱和“圆弧”按钮⌒，补全图形，如图4-10所示。

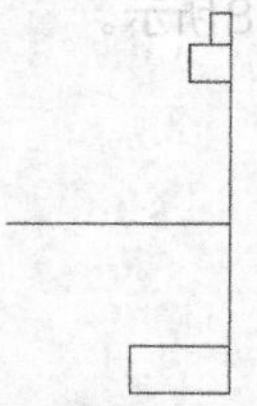

图 4-9 绘制直线

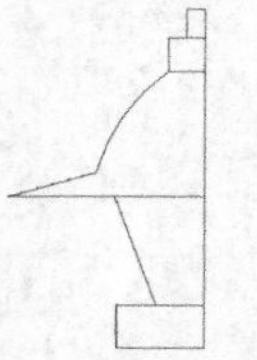

图 4-10 绘制圆弧和直线

（3）单击“默认”选项卡“修改”面板中的“镜像”按钮⚠，镜像图形。

> 在命令行提示“选择对象：”后选择除最右边直线外的所有图形。
> 在命令行提示“选择对象：”后按 Enter 键。
> 在命令行提示“指定镜像线的第一点：”后捕捉最右边直线上的点。
> 在命令行提示“指定镜像线的第二点：”后捕捉最右边直线上的另一点。
> 在命令行提示“要删除源对象吗？[是（Y）/ 否（N）]<否>：”后按 Enter 键。

镜像结果如图4-11所示。

（4）把中间的竖直直线删除，最终绘制的庭院灯灯头如图4-12所示。

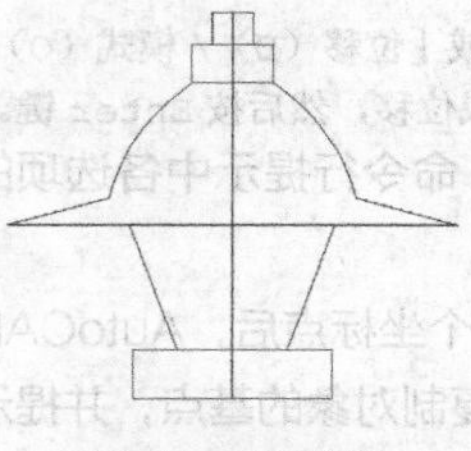

图 4-11 镜像结果

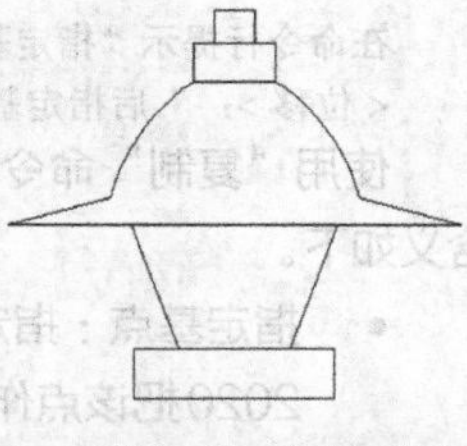

图 4-12 庭院灯灯头

4.3.3 “偏移”命令

偏移对象是指保持选择对象的形状，在不同的位置以不同的尺寸新建的对象。执行“偏移”命令主要有如下4种方法。

（1）在命令行中输入“OFFSET”命令。

（2）选择菜单栏中的“修改”/“偏移”命令。

（3）单击“修改”工具栏中的“偏移”按钮⊆。

（4）单击“默认”选项卡“修改”面板中的“偏移”按钮⊆。

执行上述命令后，将提示指定偏移距离或选择选项，选择要偏移的对象并指定偏移方向。使用“偏移”命令绘制构造线时，命令行提示中各选项的含义如下。

- 指定偏移距离：输入距离值，或者按Enter键使用当前的距离值，系统把该距离值作为偏移距离，如图4-13所示。

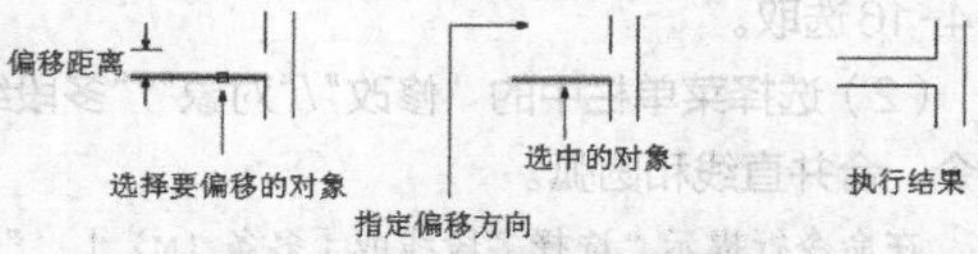

图 4-13 指定偏移距离来偏移对象

- 通过（T）：指定偏移的通过点。选择该选项后，选择要偏移的对象，然后按Enter键，并指定偏移对象的通过点。操作完毕后，系统根据指定的通过点绘制出偏移对象，如图4-14所示。

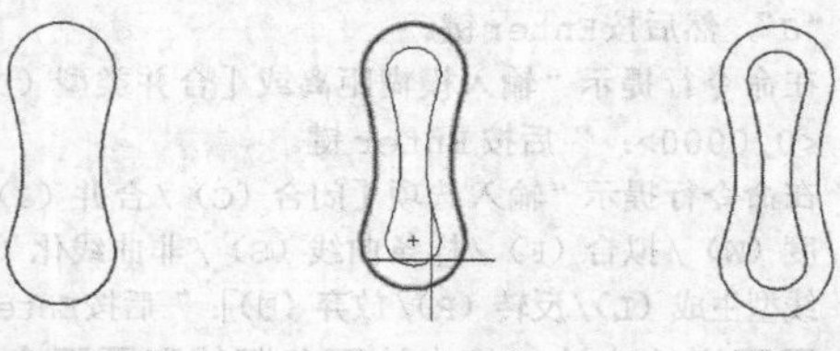

（a）要偏移的对象 （b）指定通过点 （c）执行结果

图 4-14 指定通过点来偏移对象

- 删除（E）：偏移后，将源对象删除。
- 图层：确定将偏移对象创建在当前图层上还是源对象所在的图层上。选择该选项后，输入偏移对象的图层选项，操作完毕后，系统根据指定的图层绘制出偏移对象。

4.3.4 实例——庭院灯灯杆

希望通过本实例绘制庭院灯灯杆，读者能熟练掌握“偏移”命令的使用方法，其流程如图4-15所示。

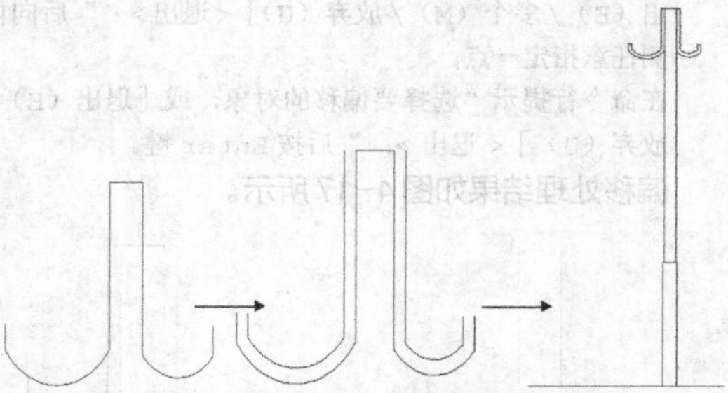

图 4-15 绘制庭院灯灯杆流程

STEP 绘制步骤

（1）单击“默认”选项卡“绘图”面板中的“直线”按钮和“圆弧”按钮，绘制初步图形。最上面的水平直线长度值为50，其他尺寸大体参照图4-16选取。

（2）选择菜单栏中的“修改”/“对象”/“多段线”命令，合并直线和圆弧。

在命令行提示“选择多段线或［多条（M）］：”后输入“M”，然后按Enter键。
在命令行提示“选择对象：”后依次选择左边两条竖线和圆弧。
在命令行提示“是否将直线、圆弧和样条曲线转换为多段线？［是（Y）/否（N）］？<Y>”后按Enter键。
在命令行提示“输入选项［闭合（C）/合并（J）/宽度（W）/拟合（F）/样条曲线（S）/非曲线化（D）/线型生成（L）/反转（R）/放弃（U）］：”后输入“J”，然后按Enter键。
在命令行提示“输入模糊距离或［合并类型（J）］<0.0000>：”后按Enter键。
在命令行提示“输入选项［闭合（C）/合并（J）/宽度（W）/拟合（F）/样条曲线（S）/非曲线化（D）/线型生成（L）/反转（R）/放弃（U）］：”后按Enter键。

用同样的方法，将右边两条竖线和圆弧合并成多段线。

（3）单击“默认”选项卡“修改”面板中的“偏移”按钮，对步骤（2）中合成的多段线执行偏移操作。

在命令行提示“指定偏移距离或［通过（T）/删除（E）/图层（L）］<通过>：”后输入“15”，然后按Enter键。
在命令行提示“选择要偏移的对象，或［退出（E）/放弃（U）］<退出>：”后指定刚合并的多段线。
在命令行提示“指定要偏移的那一侧上的点，或［退出（E）/多个（M）/放弃（U）］<退出>：”后向内侧任意指定一点。
在命令行提示“选择要偏移的对象，或［退出（E）/放弃（U）］<退出>：”后指定刚合并的另一条多段线。
在命令行提示“指定要偏移的那一侧上的点，或［退出（E）/多个（M）/放弃（U）］<退出>：”后向内侧任意指定一点。
在命令行提示“选择要偏移的对象，或［退出（E）/放弃（U）］<退出>：”后按Enter键。

偏移处理结果如图4-17所示。

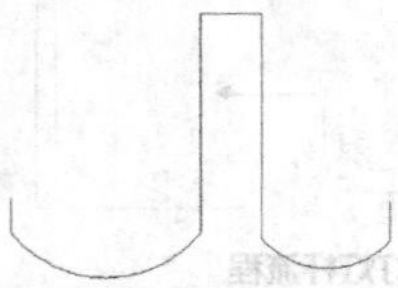

图4-16 绘制圆弧和直线

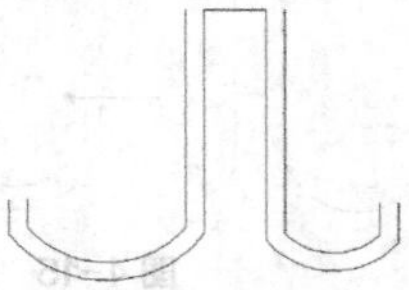

图4-17 偏移处理结果

（4）单击“默认”选项卡“绘图”面板中的“直线”按钮，将图线补充完整，尺寸适当选取，最终绘制的庭院灯灯杆如图4-18所示。

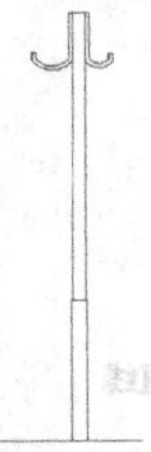

图4-18 庭院灯灯杆

4.3.5 “复制”命令

执行“复制”命令主要有以下5种方法。

（1）在命令行中输入“COPY”命令。

（2）选择菜单栏中的“修改”/“复制”命令。

（3）单击“修改”工具栏中的“复制”按钮。

（4）选择快捷菜单中的“复制选择”命令。

（5）单击“默认”选项卡“修改”面板中的“复制”按钮。

执行上述命令，将提示选择要复制的对象，按Enter键结束选择操作。

在命令行提示“指定基点或［位移（D）/模式（O）］<位移>：”后指定基点或位移，然后按Enter键。

使用“复制”命令时，命令行提示中各选项的含义如下。

- 指定基点：指定一个坐标点后，AutoCAD 2020把该点作为复制对象的基点，并提示指定第二个点。指定第二个点后，系统根据这两点确定的位移矢量把选择的对象复制到第二点处。如果此时直接按Enter键，即选择默认的“用第一点作位移”，则第一个点被当作相对于*X*、*Y*、*Z*的位移。例如，如果指定基点为（2，3）并在下一个提示下按Enter键，则该对象从它当前的位置开始在*X*轴方向上移动2个单位，*Y*轴方向上移动3个单位。复制完成后，根据提示指定第二个点或输入选项，这时可以不断指定新的第二个点，从而实现多重复制。
- 位移（D）：直接输入位移值，表示以选择对象时的拾取点为基准，以拾取点坐标为移动方向纵横比，以移动指定位移后确定的点为基点。例如，选择对象时拾取点坐标为（2，3），输入位移为5，则表示以（2，3）点为基准，沿纵横比为3：2的方向移动5个单位所确定的点为基点。

- 模式（O）：控制是否自动重复该命令，确定复制模式是单个还是多个。

4.3.6 实例——两个喇叭形庭院灯

本实例首先打开前面绘制的庭院灯灯头和灯杆图形文件，然后使用“移动”“复制”命令绘制两个喇叭形庭院灯，其流程如图4-19所示。

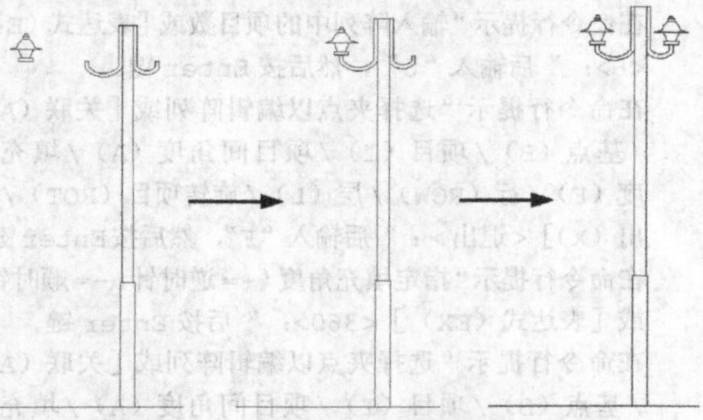

图 4-19 绘制两个喇叭形庭院灯流程

STEP 绘制步骤

（1）打开 AutoCAD 2020 应用程序，建立新文件，将新文件命名为“两个喇叭形庭院灯”并保存为.dwg文件。

（2）打开前面绘制的庭院灯灯头和灯杆图形文件，将其复制到“两个喇叭形庭院灯”实例中，如图4-20所示。

（3）单击“默认”选项卡“修改”面板中的“移动”按钮✣，将庭院灯灯头移动到庭院灯灯杆处，如图4-21所示。

图 4-20 庭院灯灯头和灯杆

图 4-21 移动庭院灯灯头

（4）单击“默认”选项卡“修改”面板中的“复制”按钮，将庭院灯灯头复制到庭院灯灯杆的另一侧。

> 在命令行提示“选择对象：”后选择庭院灯灯头。
> 在命令行提示“选择对象：”后按 Enter 键。
> 在命令行提示“指定基点或［位移（D）/ 模式（O）］<位移>：”后捕捉灯头下边矩形的底边中点。
> 在命令行提示“指定第二个点或［阵列（A）］<使用第一个点作为位移>：”后水平向右捕捉灯杆右侧水平直线的中点。
> 在命令行提示“指定第二个点或［阵列（A）/ 退出（E）/ 放弃（U）］<退出>：”后按Enter键。

绘制的两个喇叭形庭院灯如图4-22所示。

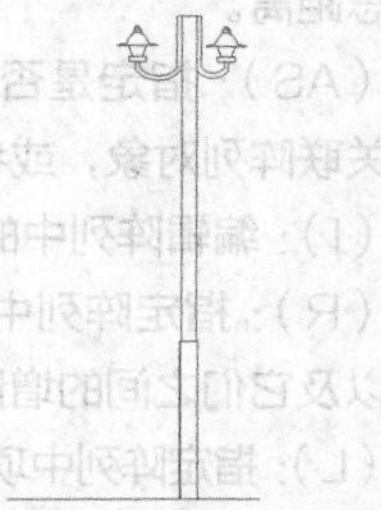

图 4-22 两个喇叭形庭院灯

4.3.7 “阵列”命令

建立阵列是指多次复制对象并把这些副本按矩形、路径或环形排列。把副本按矩形排列称为建立矩形阵列，把副本按路径排列称为建立路径阵列，把副本按环形排列称为建立极阵列。建立极阵列时，应该控制复制对象的次数和是否旋转对象；建立矩形阵列时，应该控制行和列的数量以及副本之间的距离。

执行“阵列”命令主要有如下4种方法。

（1）在命令行中输入“ARRAY”命令。

（2）选择菜单栏中的“修改”/“阵列”命令。

（3）单击“修改”工具栏中的“阵列”按钮。

（4）单击“默认”选项卡“修改”面板中的“矩形阵列”按钮/“路径阵列”按钮/“环形阵列”按钮。

执行以上命令后，根据系统提示选择对象，按Enter键结束选择后输入阵列类型。在命令行提示下选择路径曲线或输入行列数。执行“阵列”命令时，命令行提示中各主要选项的含义如下。

- 方向（O）：控制选定对象是否相对于路径的起始方向重定向（旋转），再移动到路径的起点。

- 表达式（E）：使用数学公式或方程获取值。
- 基点（B）：指定阵列的基点。
- 关键点（K）：对于关联阵列，在源对象上指定有效的约束点（或关键点）以用作基点。如果编辑生成阵列的源对象，阵列的基点保持与源对象的关键点重合。
- 定数等分（D）：沿整个路径长度平均定数等分项目。
- 全部（T）：指定第一个和最后一个项目之间的总距离。
- 关联（AS）：指定是否在阵列中创建项目作为关联阵列对象，或者作为独立对象。
- 项目（I）：编辑阵列中的项目数。
- 行数（R）：指定阵列中项目的行数和行间距，以及它们之间的增量标高。
- 层级（L）：指定阵列中项目的层数和层间距。
- 对齐项目（A）：指定是否对齐每个项目以与路径的方向相切。对齐相对于第一个项目的方向。
- Z方向（Z）：控制是否保持项目的原始Z轴方向或沿三维路径自然倾斜项目。
- 退出（X）：退出命令。

4.3.8 实例——碧桃

本实例使用“环形阵列”命令绘制碧桃，其流程如图4-23所示。

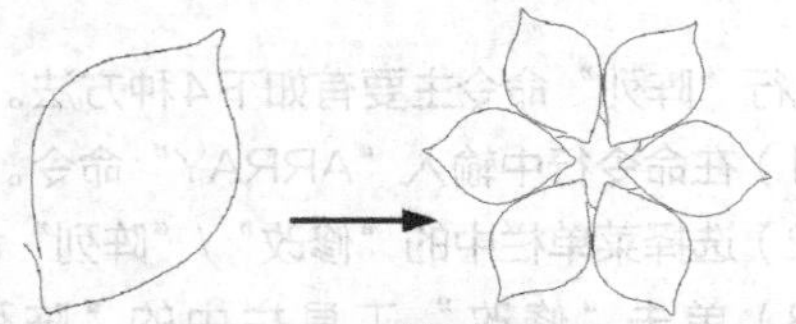

图4-23 绘制碧桃流程

STEP 绘制步骤

（1）打开源文件中的“碧桃花瓣”，如图4-24所示，将其另存为“碧桃.dwg”文件。

（2）单击“默认”选项卡“修改”面板中的“环形阵列”按钮，对碧桃花瓣进行阵列操作。

在命令行提示“选择对象：”后选择碧桃花瓣。
在命令行提示“选择对象：”后按Enter键。
在命令行提示“指定阵列的中心点或［基点（B）/旋转轴（A）］：”后适当指定一点。
在命令行提示“选择夹点以编辑阵列或［关联（AS）/基点（B）/项目（I）/项目间角度（A）/填充角度（F）/行（ROW）/层（L）/旋转项目（ROT）/退出（X）］<退出>：”后输入“I”，然后按Enter键。
在命令行提示“输入阵列中的项目数或［表达式（E）］<6>：”后输入“6”，然后按Enter键。
在命令行提示“选择夹点以编辑阵列或［关联（AS）/基点（B）/项目（I）/项目间角度（A）/填充角度（F）/行（ROW）/层（L）/旋转项目（ROT）/退出（X）］<退出>：”后输入“F”，然后按Enter键。
在命令行提示“指定填充角度（+=逆时针、-=顺时针）或［表达式（EX）］<360>：”后按Enter键。
在命令行提示“选择夹点以编辑阵列或［关联（AS）/基点（B）/项目（I）/项目间角度（A）/填充角度（F）/行（ROW）/层（L）/旋转项目（ROT）/退出（X）］<退出>：”后按Enter键。

最终绘制的碧桃如图4-25所示。

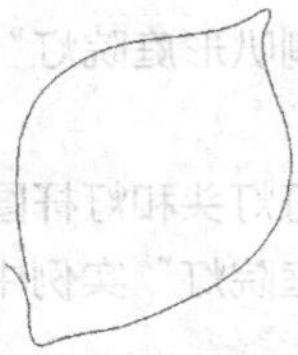

图4-24 碧桃花瓣

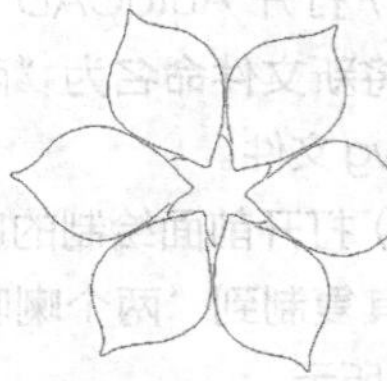

图4-25 碧桃

4.4 图案填充

当用户需要用一个重复的图案（pattern）填充某个区域时，可以使用“BHATCH”命令建立相关联的填充阴影对象，即所谓的图案填充。

4.4.1 基本概念

1. 填充边界

当进行图案填充时，首先要确定图案的填充边界。定义边界的对象只能是直线、双向射线、单向射线、多段线、样条曲线、圆弧、圆、椭圆、椭圆弧、面域等或用这些对象定义的块，而且作为定义边界的对象，必须在当前屏幕上全部可见。

2. 孤岛

在进行图案填充时，我们把位于总填充域内

的封闭区域称为“孤岛”，如图4-26所示。在用“BHATCH”命令进行图案填充时，AutoCAD 允许用户以拾取点的方式确定填充边界，即在希望填充的区域内任意拾取一点，AutoCAD 会自动确定出填充边界，同时确定该边界内的孤岛。如果用户是以点取对象的方式确定填充边界的，则必须确切地点取这些孤岛，有关知识将在4.4.2节中介绍。

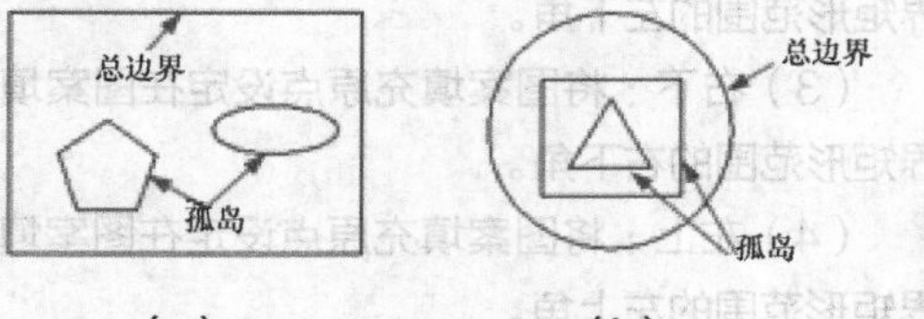

（a）　　　　　　　（b）

图 4-26　孤岛

3. 填充方式

在进行图案填充时，需要控制填充范围，AutoCAD 为用户设置了以下3种填充方式来实现对填充范围的控制。

（1）普通方式：如图4-27（a）所示，该方式从边界开始，从每条填充线或每个剖面符号的两端向里画，遇到内部对象与之相交时，填充线或剖面符号断开，直到下一次相交时再继续画。采用这种方式时，要避免填充线或剖面符号与内部对象的相交次数为奇数，该方式为系统的默认方式。

（2）最外层方式：如图4-27（b）所示，该方式从边界开始，向里画剖面符号，只要在边界内部与对象相交，则剖面符号由此断开，不再继续画。

（3）忽略方式：如图4-27（c）所示，该方式忽略边界内部的对象，所有内部结构都被剖面符号覆盖。

（a）　　　　（b）　　　　（c）

图 4-27　填充方式

4.4.2 图案填充操作

在 AutoCAD 2020 中，可以对图形进行图案填充，图案填充是在“图案填充创建”选项卡中进行的。选择“图案填充创建”选项卡主要有如下4种方法。

（1）在命令行中输入“BHATCH”命令。

（2）选择菜单栏中的“绘图”/“图案填充”命令。

（3）单击“绘图”工具栏中的“图案填充”按钮或“渐变色”按钮。

（4）单击“默认”选项卡“绘图”面板中的“图案填充”按钮。执行上述命令后，选择图4-28所示的“图案填充创建”选项卡。

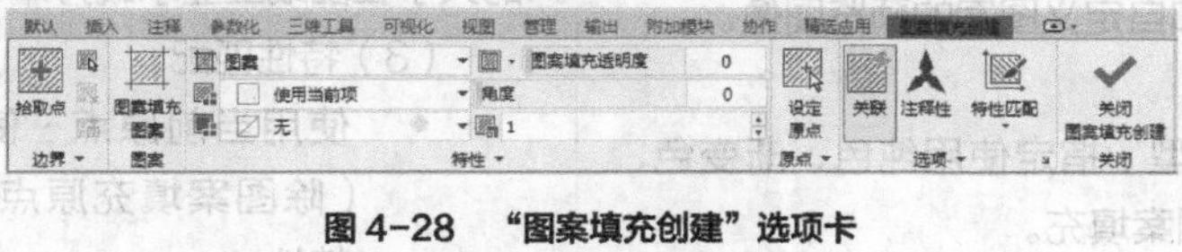

图 4-28　“图案填充创建”选项卡

各面板的含义如下。

1.“边界”面板

（1）拾取点：通过选择由一个或多个对象形成的封闭区域内的点，确定填充边界，如图4-29所示。指定内部点时，可以随时在绘图区中单击鼠标右键，以显示包含多个选项的快捷菜单。

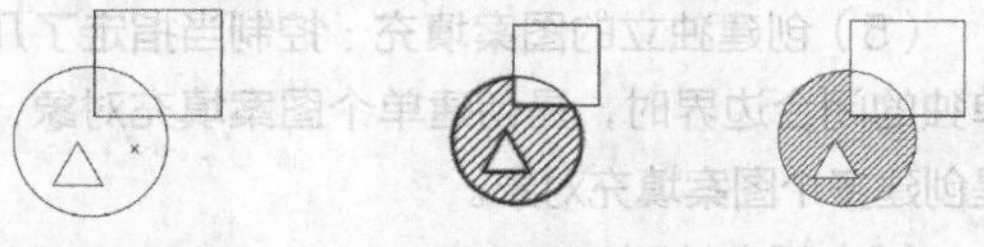

（a）选择一点　　（b）填充区域　　（c）填充结果

图 4-29　确定填充边界

（2）选择边界对象：指定基于选定对象的填充边界。使用该选项时，不会自动检测内部对象，必须选择选定填充边界内的对象，以按照当前孤岛检测样式填充这些对象，如图4-30所示。

（a）原始图形　（b）选择边界　（c）填充结果

图 4-30　选择边界对象

（3）删除边界对象：从边界定义中删除之前添

加的任何对象，如图4-31所示。

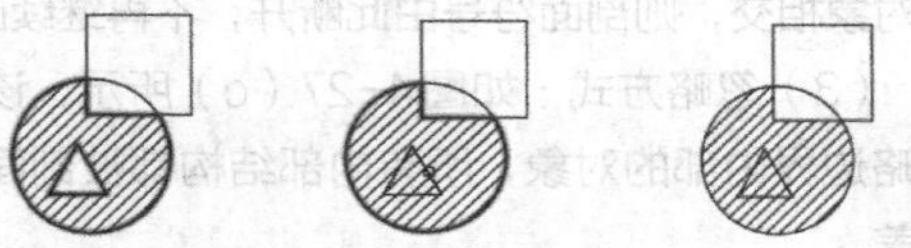

（a）选择边界对象　（b）删除边界　（c）填充结果

图 4-31　删除边界对象

（4）重新创建边界：围绕选定的图案填充或填充对象创建多段线或面域，并使其与图案填充对象相关联（可选）。

（5）显示边界对象：选择构成选定关联图案填充对象的边界对象，使用显示的夹点可修改填充边界。

（6）保留边界对象：指定如何处理图案填充边界对象，包括如下选项。

- 不保留边界：不创建独立的图案填充边界对象（仅在图案填充创建期间可用）。
- 保留边界——多段线：创建封闭图案填充对象的多段线（仅在图案填充创建期间可用）。
- 保留边界——面域：创建封闭图案填充对象的面域（仅在图案填充创建期间可用）。
- 选择新边界集：指定对象的有限集（称为边界集），以便通过创建图案填充时的拾取点进行计算。

2.“图案”面板

显示所有预定义和自定义图案的预览图像。

3.“特性”面板

（1）图案填充类型：指定使用纯色、渐变色、图案还是用户定义的图案填充。

（2）图案填充颜色：替代实体填充和填充图案的当前颜色。

（3）背景色：指定填充图案背景的颜色。

（4）图案填充透明度：设定新图案填充或填充的透明度，替代当前对象的透明度。

（5）图案填充角度：指定图案填充或填充的角度。

（6）填充图案比例：放大或缩小预定义或自定义填充图案。

（7）相对图纸空间：相对于图纸空间单位缩放填充图案（仅在布局中可用）。使用此选项，可以很容易地做到以适合布局的比例显示填充图案。

（8）双向：绘制第二组直线（仅当“图案填充类型”设定为“用户定义”时可用），与原始直线呈90°，从而构成交叉线。

（9）ISO笔宽：基于选定的笔宽缩放ISO图案（仅对预定义的ISO图案可用）。

4.“原点”面板

（1）设定原点：直接指定新的图案填充原点。

（2）左下：将图案填充原点设定在图案填充边界矩形范围的左下角。

（3）右下：将图案填充原点设定在图案填充边界矩形范围的右下角。

（4）左上：将图案填充原点设定在图案填充边界矩形范围的左上角。

（5）右上：将图案填充原点设定在图案填充边界矩形范围的右上角。

（6）中心：将图案填充原点设定在图案填充边界矩形范围的中心。

（7）使用当前原点：将图案填充原点设定在HPORIGIN系统变量存储的默认位置。

（8）存储为默认原点：将新图案填充原点的值存储在HPORIGIN系统变量中。

5.“选项”面板

（1）关联：指定图案填充为关联图案填充。关联图案填充在用户修改其边界对象时会更新。

（2）注释性：指定图案填充为注释性。此特性会自动完成缩放注释过程，从而使注释能够以合适的大小在图纸上显示或打印。

（3）特性匹配。

- 使用当前原点：使用选定图案填充对象（除图案填充原点外），设定图案填充的特性。
- 使用源图案填充的原点：使用选定图案填充对象（包括图案填充原点），设定图案填充的特性。

（4）允许的间隙：设定将对象用作图案填充边界时可以忽略的最大间隙。默认值为0，此值指定对象必须为封闭区域且没有间隙。

（5）创建独立的图案填充：控制当指定了几个单独的闭合边界时，是创建单个图案填充对象，还是创建多个图案填充对象。

（6）孤岛检测。

- 普通孤岛检测：从外部边界向内填充。如果遇到内部孤岛，填充将关闭，直到遇到孤岛中的另一个孤岛。

- 外部孤岛检测：从外部边界向内填充。此选项仅填充指定的区域，不会影响内部孤岛。
- 忽略孤岛检测：忽略所有内部的孤岛，填充图案时将通过这些孤岛。

（7）绘图次序：为图案填充指定绘图次序。选项包括不更改、后置、前置、置于边界之后和置于边界之前。

6.“关闭”面板

关闭图案填充创建：单击此按钮退出HATCH并关闭“图案填充创建”选项卡，也可以按Enter键或Esc键退出HATCH。

4.4.3 编辑填充图案

在对图形对象进行图案填充后，还可以对填充图案进行编辑，如更改填充图案的类型、比例等。编辑填充图案主要有以下5种方法。

（1）在命令行中输入“HATCHEDIT”命令。

（2）选择菜单栏中的“修改”/“对象”/“图案填充”命令。

（3）单击“修改II”工具栏中的“编辑图案填充”按钮。

（4）选中填充图案并单击鼠标右键，在打开的快捷菜单中选择“图案填充编辑”命令。

（5）直接选择填充图案，选择“图案填充编辑器”选项卡。

执行上述命令后，根据系统提示选择关联填充对象后，显示图4-32中的“图案填充编辑器”选项卡。

在图4-32中，只有正常显示的选项，才可以对其进行操作。该选项卡中各项的含义与“图案填充创建”选项卡中各项的含义相同。利用该选项卡，可以对填充图案进行一系列的编辑。

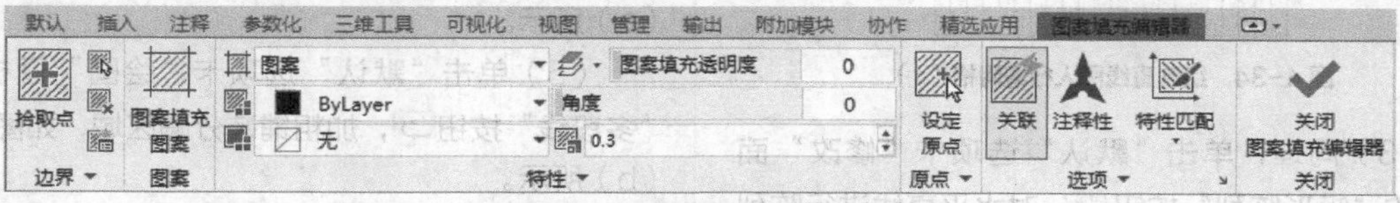

图 4-32 “图案填充编辑器”选项卡

4.4.4 实例——铺装大样

本实例使用“矩形阵列”命令绘制网格，使用“图案填充”命令填充铺装区域，绘制铺装大样流程如图4-33所示。

STEP 绘制步骤

（1）单击“默认”选项卡“绘图”面板中的“直线”按钮，绘制一条长度值为6600的水平直线。重复“直线”命令，绘制一条长度值为4500的竖直直线。

（2）单击“默认”选项卡“修改”面板中的“矩形阵列”按钮，对竖直直线进行阵列操作。

> 在命令行提示“选择对象：”后选择竖直直线。
> 在命令行提示“选择对象：”后按Enter键。

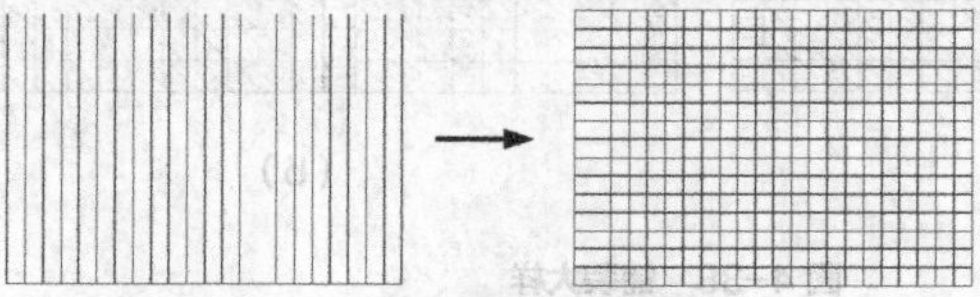

图 4-33 绘制铺装大样流程

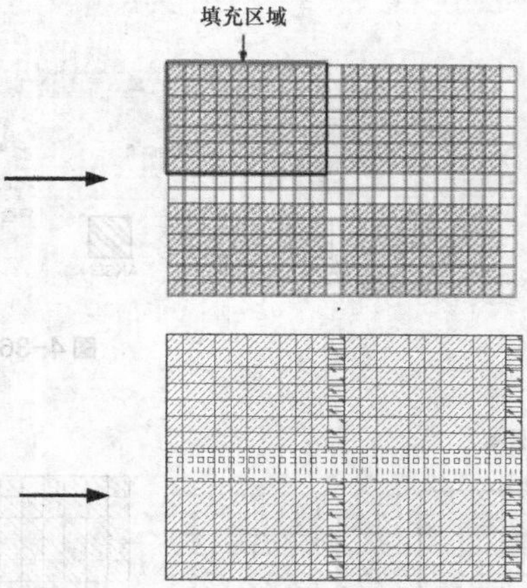

图 4-33 绘制铺装大样流程（续）

> 在命令行提示“选择夹点以编辑阵列或［关联（AS）/基点（B）/计数（COU）/间距（S）/列数（COL）/行数（R）/层数（L）/退出（X）］<退出>：”后输入“COL”，然后按Enter键。
> 在命令行提示“输入列数或［表达式（E）］<4>：”后输入“23”，然后按Enter键。

在命令行提示“指定列数之间的距离或［总计（T）/表达式（E）］<1>：”后输入“300”，然后按Enter键。
在命令行提示“选择夹点以编辑阵列或［关联（AS）/基点（B）/计数（COU）/间距（S）/列数（COL）/行数（R）/层数（L）/退出（X）］<退出>：”后输入“R”，然后按Enter键。
在命令行提示“输入行数或［表达式（E）］<3>：”后输入“1”，然后按Enter键。
在命令行提示“指定行数之间的距离或［总计（T）/表达式（E）］<4785>：”后按Enter键。
在命令行提示“指定行数之间的标高增量或［表达式（E）］<0>：”后按Enter键。
在命令行提示“选择夹点以编辑阵列或［关联（AS）/基点（B）/计数（COU）/间距（S）/列数（COL）/行数（R）/层数（L）/退出（X）］<退出>：”后按Enter键。

结果如图4-34所示。

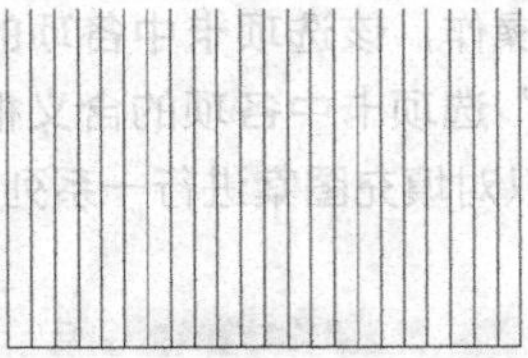

图4-34　绘制直线段人行道网格（1）

（3）同理，单击“默认”选项卡“修改”面板中的“矩形阵列”按钮，对水平直线进行阵列操作，设置行数为“16”，列数为“1”，行间距为“300”，结果如图4-35所示。

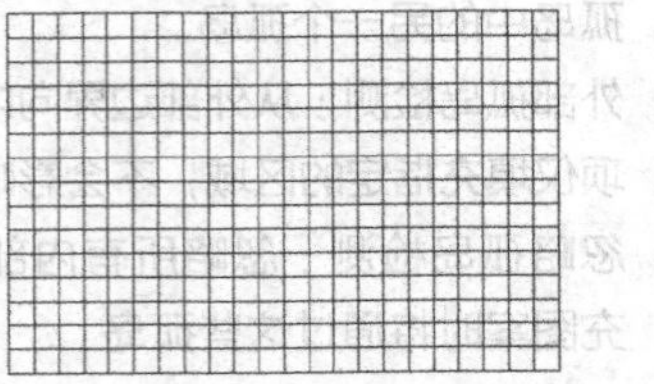

图4-35　绘制直线段人行道网格（2）

（4）单击“默认”选项卡“绘图”面板中的“图案填充”按钮，选择“图案填充创建”选项卡，如图4-36所示。设置填充图案为“ANSI33”，比例为“30”，角度为“0”，选择直线段人行道网格从左端第1列起至第10列，从左端第1行起至第7行为填充区域，同样依次拾取其他填充区域，如图4-37所示。

同上述步骤，填充“CORK”图例，填充比例和角度分别为“30”“0”；填充“SQUARE”图例，填充比例和角度分别为“30”“0”，如图4-38（a）所示。

（5）单击“默认”选项卡“绘图”面板中的“多段线”按钮，加粗铺装分隔区域，如图4-38（b）所示。

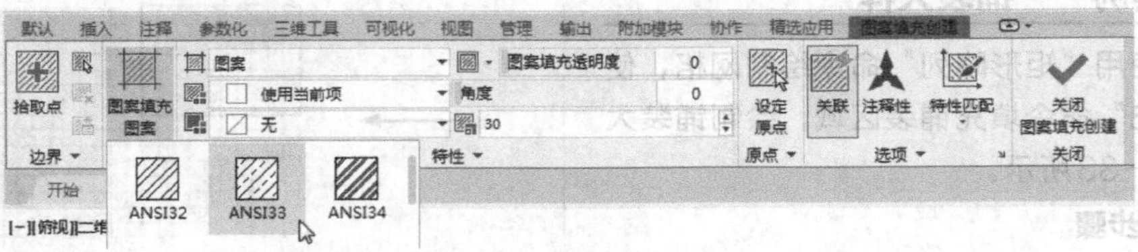

图4-36　“图案填充创建”选项卡

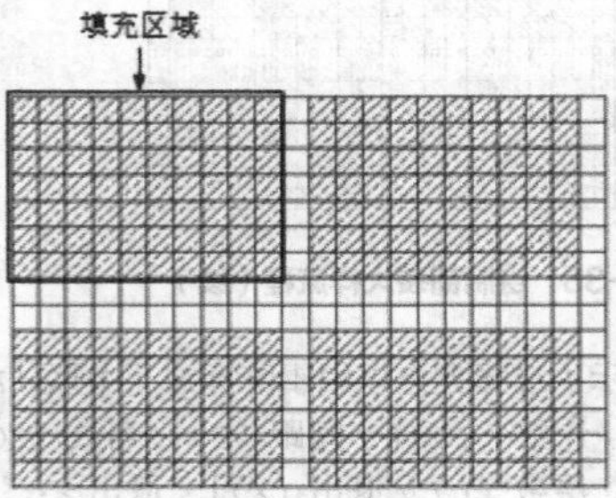

图4-37　拾取填充区域

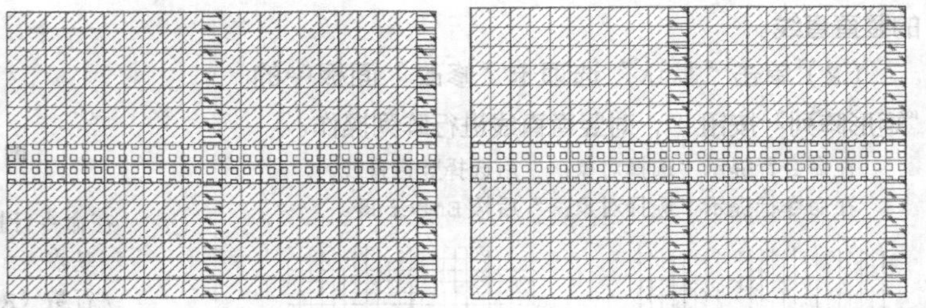

（a）　（b）

图4-38　铺装大样

4.5 改变位置类命令

改变位置类命令的功能是按照指定要求改变当前图形或图形某部分的位置，主要包括移动、旋转和缩放等命令。

4.5.1 “移动”命令

执行“移动”命令主要有以下5种方法。

（1）在命令行中输入“MOVE”命令。

（2）选择菜单栏中的“修改”/“移动”命令。

（3）选择快捷菜单中的“移动”命令。

（4）单击“修改”工具栏中的“移动”按钮✣。

（5）单击“默认”选项卡“修改”面板中的“移动”按钮✣。

执行上述命令后，根据系统提示选择对象，按Enter键结束选择。在命令行提示下指定基点或移至点，并指定第二个点或位移量。各选项功能与“复制”命令相关选项功能相同，所不同的是对象移动后源对象消失。

4.5.2 “旋转”命令

“旋转命令的功能”是将所选对象绕指定点（即基点）旋转至指定的角度，以调整对象的位置。执行该命令主要有如下5种方法。

（1）在命令行中输入“ROTATE”命令。

（2）选择菜单栏中的“修改”/“旋转”命令。

（3）在快捷菜单中选择“旋转”命令。

（4）单击“修改”工具栏中的“旋转”按钮↻。

（5）单击“默认”选项卡“修改”面板中的“旋转”按钮↻。

执行上述命令后，根据系统提示选择要旋转的对象，并指定旋转的基点和旋转角度。执行“旋转”命令时，命令行提示中各主要选项的含义如下。

- 复制（C）：选择该选项，旋转对象时保留源对象，如图4-39所示。

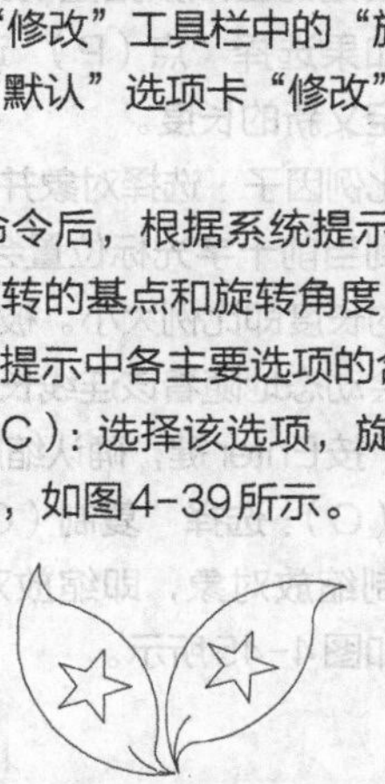

旋转前　旋转后

图 4-39　复制旋转

- 参照（R）：采用参照方式旋转对象时，根据系统提示指定要参照的角度和旋转后的角度值，操作完毕后对象被旋转至指定的角度位置。

> 提示　可以用拖曳鼠标指针的方式旋转对象。选择对象并指定基点后，从基点到当前鼠标指针位置会出现一条连线，用鼠标指针选择的对象会动态地随着该连线与水平方向夹角的变化而旋转，按Enter键，确认旋转操作，如图4-40所示。

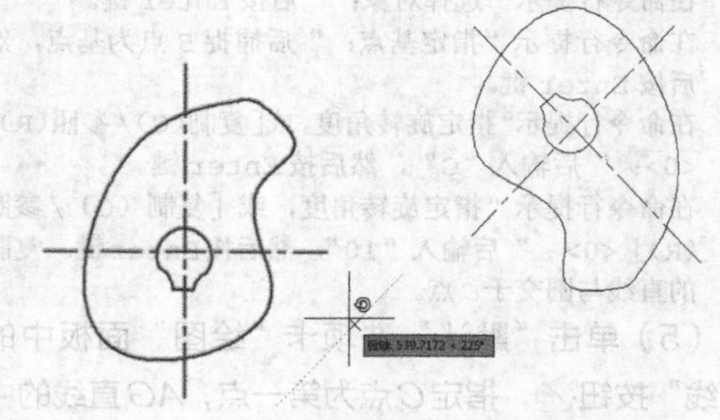

图 4-40　拖曳鼠标指针以旋转对象

4.5.3 实例——指北针

使用“直线”“圆”“图案填充”“多行文字”命令绘制指北针，然后结合“旋转”命令将指北针旋转到合适的角度，其流程如图4-41所示。

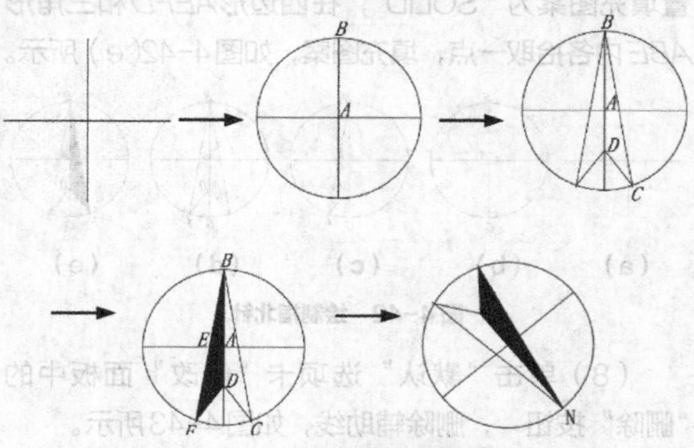

图 4-41　绘制指北针流程

STEP 绘制步骤

（1）单击“默认”选项卡“绘图”面板中的“直线”按钮，任意选择一点，沿水平方向绘制长度为30的直线。

（2）单击“默认”选项卡“绘图”面板中的“直线”按钮，选择刚刚绘制好的直线中点为起点，沿竖直方向向下绘制长度为15的直线，然后沿竖直方向向上绘制长度为30的直线，如图4-42（a）所示。

（3）单击“默认”选项卡“绘图”面板中的“圆”按钮，以*A*点为圆心，绘制半径值为15的圆，如图4-42（b）所示。

（4）单击“默认”选项卡“修改”面板中的“旋转”按钮，将竖直直线复制旋转。

> 在命令行提示“选择对象：”后选择线段*AB*。
> 在命令行提示“选择对象：”后按 Enter 键。
> 在命令行提示“指定基点：”后捕捉*B*点为基点，然后按 Enter 键。
> 在命令行提示“指定旋转角度，或[复制(C)/参照(R)] <0>：”后输入“C”，然后按 Enter 键。
> 在命令行提示“指定旋转角度，或［复制（C）/参照（R）] <0>：”后输入“10”，然后按Enter键。复制的直线与圆交于*C*点。

（5）单击“默认”选项卡“绘图”面板中的“直线”按钮，指定*C*点为第一点，*AG*直线的中点*D*点为第二点来绘制直线，如图4-42（c）所示。

（6）单击“默认”选项卡“修改”面板中的“镜像”按钮，镜像*BC*和*CD*直线，如图4-42（d）所示。

（7）单击“默认”选项卡“绘图”面板中的“图案填充”按钮，选择“图案填充创建”选项卡，设置填充图案为“SOLID”，在四边形*AEFD*和三角形*ABE*内各拾取一点，填充图案，如图4-42(e）所示。

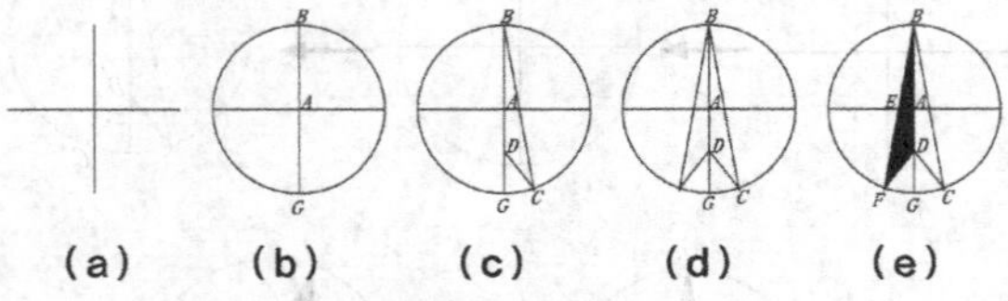

图4-42 绘制指北针

（8）单击“默认”选项卡“修改”面板中的“删除”按钮，删除辅助线，如图4-43所示。

（9）单击“默认”选项卡“修改”面板中的“旋转”按钮，旋转指北针，以圆心作为基点，旋转的角度为220°。

（10）单击“默认”选项卡“注释”面板中的“多行文字”按钮**A**，标注指北针方向，指北针如图4-44所示。

图4-43 删除辅助线

图4-44 指北针

4.5.4 “缩放”命令

“缩放”命令的功能是使对象整体放大或缩小，通过指定一个基点和比例因子来缩放对象。执行“缩放”命令主要有以下5种方法。

（1）在命令行中输入“SCALE”命令。

（2）选择菜单栏中的“修改”/“缩放”命令。

（3）在快捷菜单中选择“缩放”命令。

（4）单击“修改”工具栏中的“缩放”按钮。

（5）单击“默认”选项卡“修改”面板中的“缩放”按钮。

执行上述命令后，根据系统提示选择要缩放的对象，指定执行缩放操作的基点，指定比例因子或选项。执行“缩放”命令时，命令行提示中主要选项的含义如下。

- 参照（R）：采用参照方式缩放对象时，根据系统提示输入参照长度值并指定新长度值。若新长度值大于参照长度值，则放大对象；否则，缩小对象。操作完毕后，系统以指定的基点按指定的比例因子缩放对象。如果选择“点（P）”选项，则指定两点来定义新的长度。
- 指定比例因子：选择对象并指定基点后，从基点到当前十字光标位置会出现一条连线，连线的长度即比例大小。被十字光标选择的对象会动态地随着该连线长度的变化而进行缩放，按Enter键，确认缩放操作。
- 复制（C）：选择“复制（C）”选项时，可以复制缩放对象，即缩放对象时保留源对象，如图4-45所示。

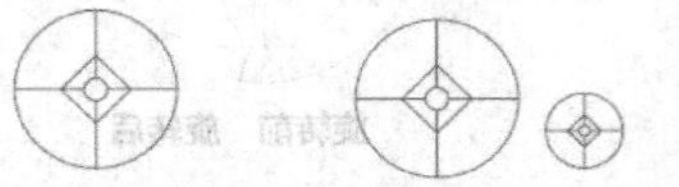

（a）缩放前 （b）缩放后

图4-45 复制缩放

4.6 对象编辑

在对图形进行编辑时，还可以对图形对象本身的某些特性进行编辑，从而方便我们绘制图形。

4.6.1 钳夹功能

利用钳夹功能可以快速、方便地编辑对象。AutoCAD 在图形对象上定义了一些特殊点，称为夹点，利用夹点可以灵活地控制对象，如图4-46所示。

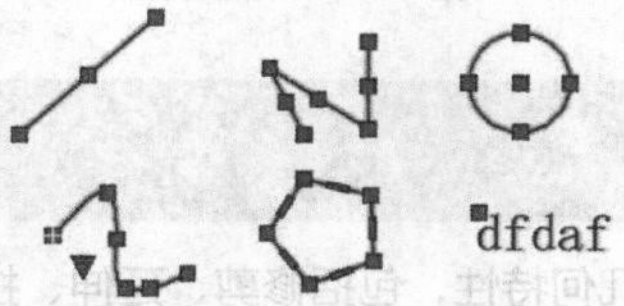

图 4-46 夹点

要使用钳夹功能编辑对象，必须先打开钳夹功能，打开方法：选择“工具”/“选项”命令，弹出“选项”对话框，选择“选择集”选项卡，选中“启用夹点”复选框。在该选项卡中，还可以设置代表夹点的小方格的尺寸和颜色。

用户也可以通过GRIPS系统变量来控制是否打开钳夹功能，1代表打开，0代表关闭。

打开钳夹功能后，应该在编辑对象之前选择对象，夹点表示对象的控制位置。

利用夹点编辑对象时，要选择一个夹点作为基点，该夹点称为基准夹点。然后选择一种编辑操作，如拉伸、移动、复制选择、旋转和缩放等，可以用空格键、Enter键或键盘上的快捷键循环选择这些操作。

下面仅就其中的拉伸操作进行讲述，其他操作与之类似。

在图形上拾取一个夹点，该夹点改变颜色，为夹点编辑的基准夹点。这时系统提示如下。

```
** 拉伸 **
指定拉伸点或 [基点 (B) / 复制 (C) / 放弃 (U) / 退出 (X)]：
```

在上述命令行提示下，输入“缩放”命令或单击鼠标右键，在打开的快捷菜单中选择“缩放”命令，系统就会转换为缩放操作，其他操作与之类似。

4.6.2 修改对象属性

执行该命令主要有以下4种方法。

（1）在命令行中输入“DDMODIFY”或“PROPERTIES”命令。

（2）选择菜单栏中的“修改”/“特性”命令。

（3）单击“标准”工具栏中的“特性”按钮。

（4）单击“视图”选项卡“选项板”面板中的“特性”按钮。

执行上述命令后，打开“特性”选项板，如图4-47所示。利用它可以方便地设置或修改对象的各种属性。不同的对象属性种类和值不同，修改属性值，对象的属性即可改变。

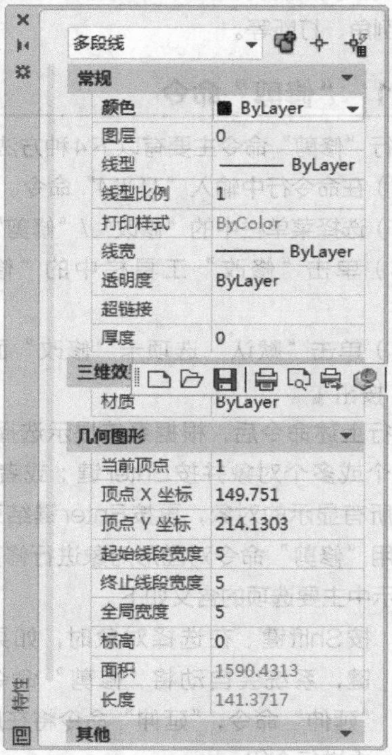

图 4-47 “特性”选项板

4.6.3 特性匹配功能

利用特性匹配功能可以将目标对象的属性与源对象的属性进行匹配，使目标对象的属性与源对象的属性相同；利用特性匹配功能可以方便、快捷地修改对象属性，并保持不同对象的属性相同。执行该命令主要有如下3种方法。

（1）在命令行中输入“MATCHPROP”命令。

（2）选择菜单栏中的“修改”/“特性匹配”命令。

（3）单击“默认”选项卡“特性”面板中的“特性匹配”按钮。执行上述命令后，根据系统提示选择源对象和目标对象。

图4-48（a）所示为两个不同属性的对象，以左边的圆为源对象，对右边的矩形进行属性匹配，结果如图4-48（b）所示。

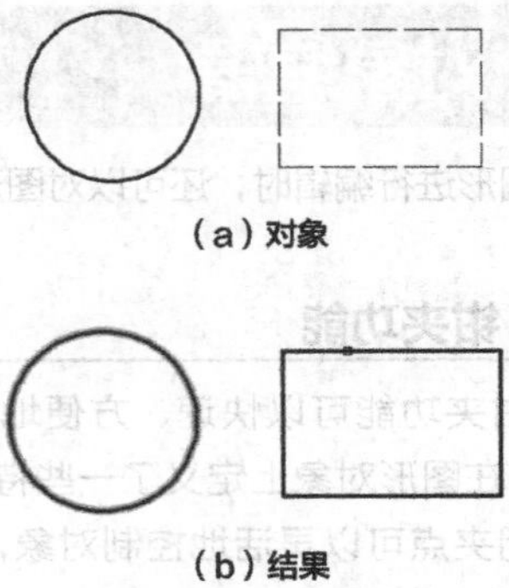
（a）对象

（b）结果

图4-48　特性匹配

4.7 改变几何特性类命令

使用改变几何特性类命令对指定对象进行编辑，可改变对象的几何特性，包括修剪、延伸、拉伸、拉长、圆角、倒角、打断等。

4.7.1 “修剪”命令

执行“修剪”命令主要有以下4种方法。

（1）在命令行中输入“TRIM”命令。

（2）选择菜单栏中的“修改”/“修剪”命令。

（3）单击“修改”工具栏中的“修剪”按钮。

（4）单击“默认”选项卡“修改”面板中的“修剪”按钮。

执行上述命令后，根据系统提示选择剪切边，选择一个或多个对象并按Enter键；或者按Enter键选择所有显示的对象，再按Enter键结束选择对象。使用“修剪”命令对图形对象进行修剪时，命令行提示中主要选项的含义如下。

- 按Shift键：在选择对象时，如果按Shift键，系统会自动将“修剪”命令转换成“延伸”命令，“延伸”命令将在后面章节中进行介绍。
- 边（E）：选择此选项时，可以选择对象的修剪方式，即延伸和不延伸。

  延伸（E）：延伸边界进行修剪。采用此方式，如果剪切边没有与要修剪的对象相交，系统会延伸剪切边直至与要修剪的对象相交，然后修剪，如图4-49所示。

  不延伸（N）：不延伸边界进行修剪，只修剪与剪切边相交的对象。

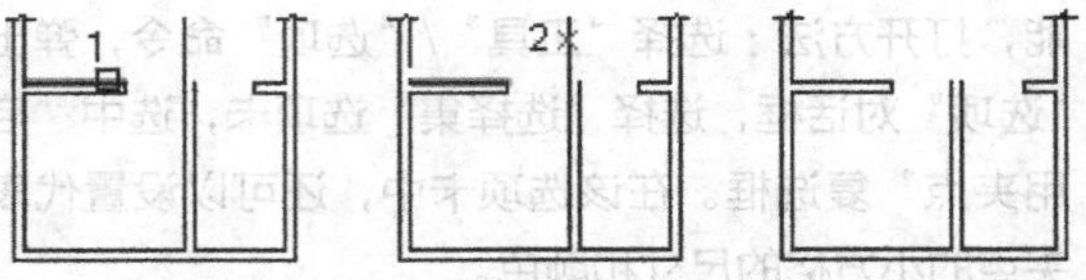

（a）选择剪切边　（b）选择要修剪的对象　（c）修剪后的结果

图4-49　采用延伸方式修剪对象

- 栏选（F）：选择此选项时，系统在栏选方式下选择修剪对象，如图4-50所示。

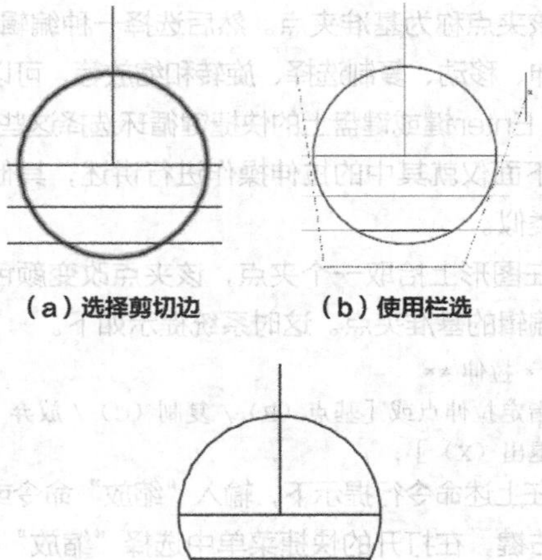
（a）选择剪切边　（b）使用栏选

（c）修剪后的结果

图4-50　采用栏选方式修剪对象

- 窗交（C）：选择此选项时，系统在窗交方式下修剪对象，如图4-51所示。选择的对象可以和要修剪的对象互为边界，此时系统会在选择的对象中自动判断边界。

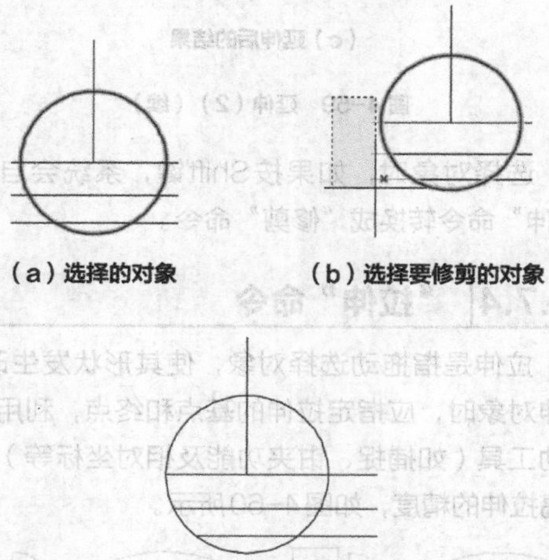
（a）选择的对象　（b）选择要修剪的对象

（c）修剪后的结果

图 4-51　采用窗交方式修剪对象

4.7.2 实例——榆叶梅

希望通过本实例绘制榆叶梅，读者能熟练掌握“修剪”命令的运用，其流程如图4-52所示。

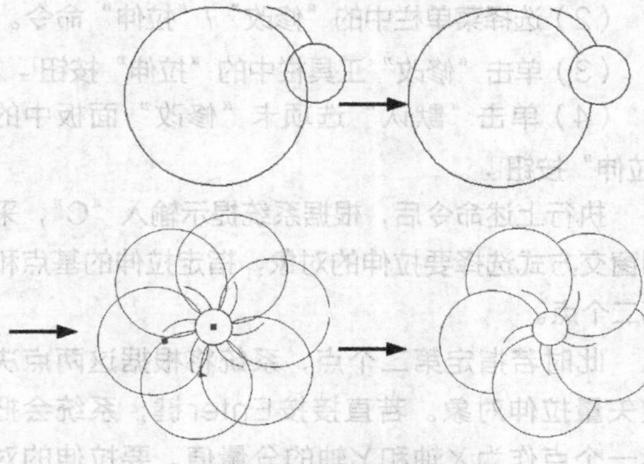

图 4-52　绘制榆叶梅流程

STEP 绘制步骤

（1）单击“默认”选项卡“绘图”面板中的“圆”按钮和“圆弧”按钮，绘制圆和圆弧，适当选取尺寸，如图4-53所示。

（2）单击“默认”选项卡“修改”面板中的“修剪”按钮，修剪大圆。

在命令行提示“选择对象或 <全部选择>：”后选择小圆。
在命令行提示“选择对象：”后按 Enter 键。
在命令行提示“选择要修剪的对象，或按住Shift键选择要延伸的对象，或［栏选（F）/窗交（C）/投影（P）/边（E）/删除（R）/放弃（U）］：”后选择大圆在小圆里面的部分。
在命令行提示“选择要修剪的对象，或按住Shift键选择要延伸的对象，或［栏选（F）/窗交（C）/投影（P）/边（E）/删除（R）/放弃（U）］：”后按Enter键。

修剪大圆结果如图4-54所示。

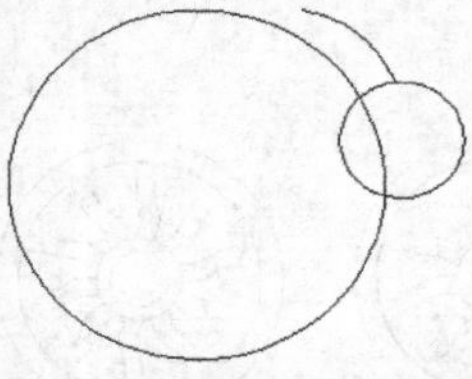
图 4-53　绘制圆和圆弧

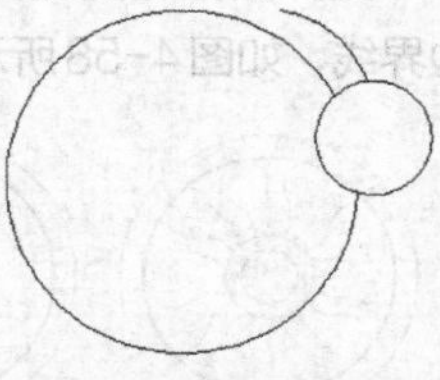
图 4-54　修剪大圆结果

（3）单击“默认”选项卡“修改”面板中的“环形阵列”按钮，对修剪后的图形进行阵列操作，如图4-55所示。

在命令行提示“选择对象：”后选择两段圆弧。
在命令行提示“选择对象：”后按 Enter 键。
在命令行提示“指定阵列的中心点或［基点（B）/旋转轴（A）］：”后捕捉小圆圆心，如图4-55所示。
在命令行提示“选择夹点以编辑阵列或［关联（AS）/基点（B）/项目（I）/项目间角度（A）/填充角度（F）/行（ROW）/层（L）/旋转项目（ROT）/退出（X）］<退出>：”后输入“I”，然后按Enter键。
在命令行提示“输入阵列中的项目数或［表达式（E）］<6>：”后输入“5”，然后按 Enter 键。
在命令行提示“选择夹点以编辑阵列或［关联（AS）/基点（B）/项目（I）/项目间角度（A）/填充角度（F）/行（ROW）/层（L）/旋转项目（ROT）/退出（X）］<退出>：”后按Enter键。

阵列操作结果如图4-56所示。

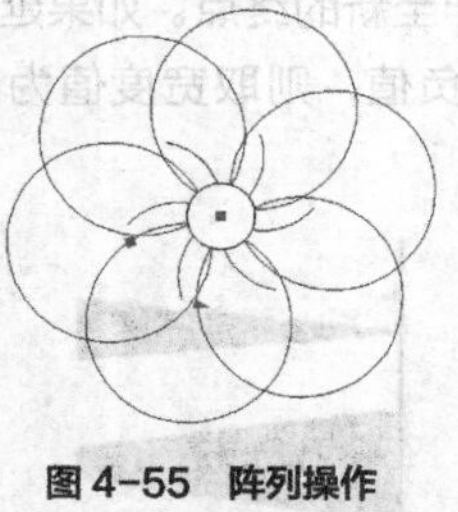
图 4-55　阵列操作

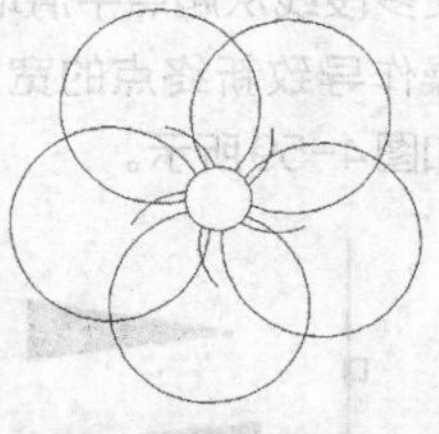
图 4-56　阵列操作结果

（4）单击“默认”选项卡“修改”面板中的“修剪”按钮，修剪多余的圆弧，最终绘制的榆叶梅如图4-57所示。

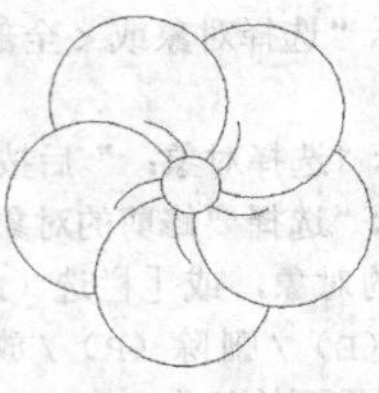

图 4-57 榆叶梅

4.7.3 “延伸”命令

延伸是指将要延伸的对象延伸至另一个对象的边界线，如图4-58所示。

（a）选择边界线 （b）选择要延伸的对象 （c）延伸后的结果

图 4-58 延伸（1）

执行“延伸”命令主要有以下4种方法。

（1）在命令行中输入“EXTEND”命令。

（2）选择菜单栏中的“修改”/“延伸”命令。

（3）单击“修改”工具栏中的“延伸”按钮⟶|。

（4）单击“默认”选项卡“修改”面板中的“延伸”按钮⟶|。

执行上述命令后，根据系统提示选择边界线对象。此时可以选择对象来定义边界线。若直接按Enter键，则选择所有对象作为可能的边界对象。

如果要延伸的对象是适配样条多段线，则延伸后会在多段线的控制框上增加新节点。如果要延伸的对象是锥形的多段线，系统会修正延伸端的宽度，使多段线从起点平滑地延伸至新的终点。如果延伸操作导致新终点的宽度为负值，则取宽度值为0，如图4-59所示。

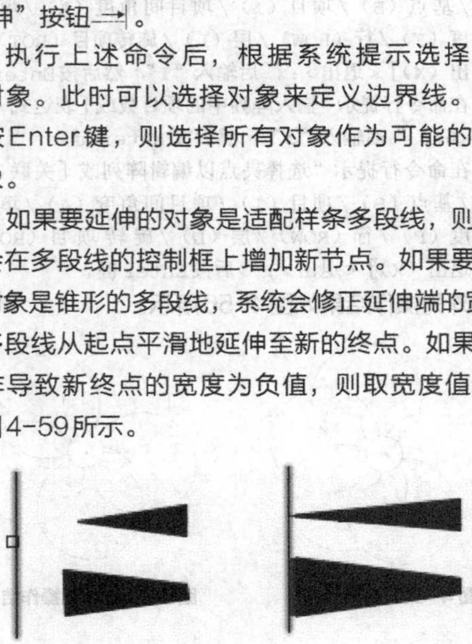

（a）选择边界线 （b）选择要延伸的对象

图 4-59 延伸（2）

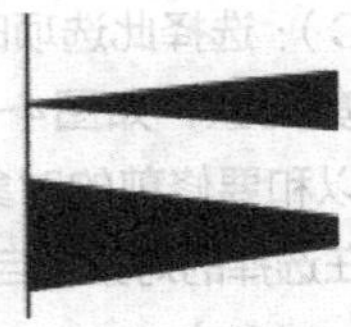

（c）延伸后的结果

图 4-59 延伸（2）（续）

选择对象时，如果按Shift键，系统会自动将“延伸”命令转换成“修剪”命令。

4.7.4 “拉伸”命令

拉伸是指拖动选择对象，使其形状发生改变。拉伸对象时，应指定拉伸的基点和终点，利用一些辅助工具（如捕捉、钳夹功能及相对坐标等）可以提高拉伸的精度，如图4-60所示。

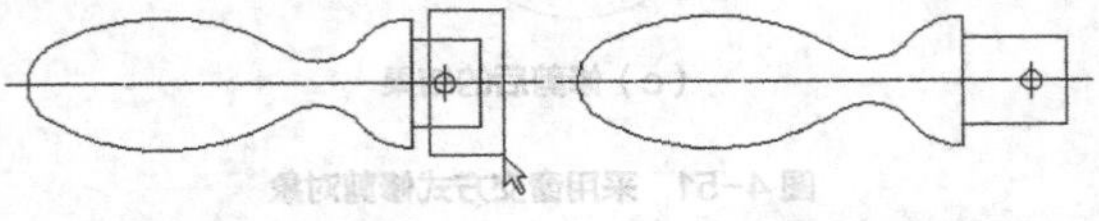

（a）选择对象 （b）拉伸后的结果

图 4-60 拉伸

执行“拉伸”命令主要有以下4种方法。

（1）在命令行中输入“STRETCH”命令。

（2）选择菜单栏中的“修改”/“拉伸”命令。

（3）单击“修改”工具栏中的“拉伸”按钮🄳。

（4）单击“默认”选项卡“修改”面板中的“拉伸”按钮🄳。

执行上述命令后，根据系统提示输入“C”，采用窗交方式选择要拉伸的对象，指定拉伸的基点和第二个点。

此时若指定第二个点，系统将根据这两点决定矢量拉伸对象。若直接按Enter键，系统会把第一个点作为*X*轴和*Y*轴的分量值。要拉伸的对象至少有一个顶点或端点被包含在窗交选择内部。完全在窗交选择内部的对象会被移动，但不会被拉伸。

提示 执行“STRETCH”命令时，必须采用窗交（C）或圈交（CP）方式选择对象。用窗交方式选择拉伸的对象时，落在窗交选择内部的端点被拉伸，外部的端点保持不动。

4.7.5 “拉长”命令

执行“拉长”命令主要有以下3种方法。

（1）在命令行中输入“LENGTHEN”命令。

（2）选择菜单栏中的“修改”/“拉长”命令。

（3）单击“默认”选项卡“修改”面板中的“拉长”按钮⁄。

执行上述命令后，根据命令行提示选择对象。使用“拉长”命令对图形对象进行拉长时，命令行提示中主要选项的含义如下。

- 增量（DE）：用指定增量的方法改变对象的长度或角度。
- 百分比（P）：用指定占总长度百分比的方法改变圆弧或直线段的长度。
- 总计（T）：用指定新的总长度或总角度的方法来改变对象的长度或角度。
- 动态（DY）：打开动态拖拉模式。在这种模式下，可以使用拖曳鼠标指针的方法来动态地改变对象的长度或角度。

4.7.6 “圆角”命令

圆角是指用指定半径的一段平滑圆弧连接两个对象。系统规定可以用圆角连接一对直线段、非圆弧的多段线、样条曲线、双向无限长线、射线、圆、圆弧和椭圆，还可以用圆角连接非圆弧多段线的每个节点。

执行“圆角”命令主要有以下4种方法。

（1）在命令行中输入“FILLET”命令。

（2）选择菜单栏中的“修改”/“圆角”命令。

（3）单击“修改”工具栏中的“圆角”按钮⌒。

（4）单击“默认”选项卡“修改”面板中的“圆角”按钮⌒。

执行上述命令后，根据命令行提示选择第一个对象或其他选项，再选择第二个对象。对图形对象使用“圆角”命令时，命令行提示中主要选项的含义如下。

- 多段线（P）：在一条二维多段线的两段直线段的节点处插入圆弧。选择多段线后，系统会根据指定圆弧的半径把多段线各顶点用圆弧连接起来。
- 修剪（T）：决定在用圆角连接两条边时，是否剪切这两条边，如图4-61所示。
- 多个（M）：可以同时对多个对象进行圆角编辑，而不必重新启用命令。

按住Shift键并选择两条直线，可以快速创建零距离倒角或零半径圆角。

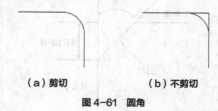

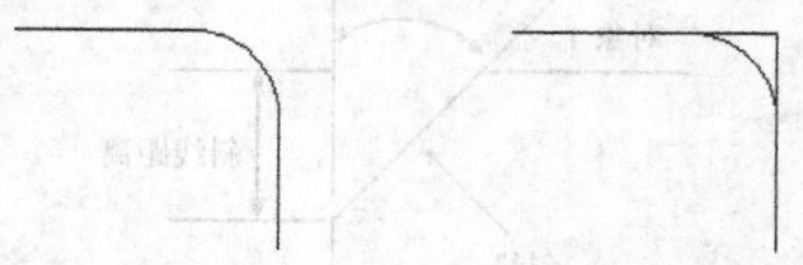

（a）剪切　（b）不剪切

图 4-61　圆角

4.7.7 “倒角”命令

倒角是指用斜线连接两个不平行的线型对象。可以用斜线连接直线段、双向无限长线、射线和多段线等。执行“倒角”命令主要有以下4种方法。

（1）在命令行中输入“CHAMFER”命令。

（2）选择菜单栏中的“修改”/“倒角”命令。

（3）单击“修改”工具栏中的“倒角”按钮⌒。

（4）单击“默认”选项卡“修改”面板中的“倒角”按钮⌒。

执行上述命令后，根据命令行提示选择第一条直线或其他选项，再选择第二条直线。执行“倒角”命令对图形进行倒角处理时，命令行提示中主要选项的含义如下。

- 距离（D）：选择倒角的两个斜线距离。斜线距离是指从被连接的对象与斜线的交点到被连接的两对象可能的交点之间的距离，如图4-62所示。这两个斜线距离可以相同也可以不相同，若二者均为0，则系统不绘制连接的斜线，而是把两个对象延伸至相交，并修剪超出的部分。

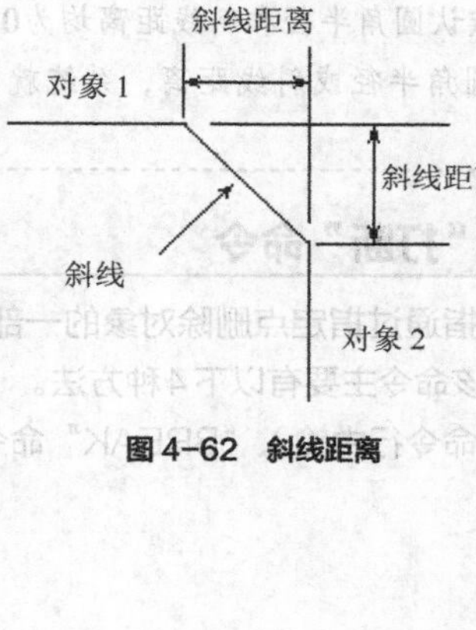

图 4-62　斜线距离

- 角度（A）：选择第一条直线的斜线距离和角度。采用这种方法进行倒角处理时，需要输入两个参数，即斜线与一个对象的斜线距离和斜线与该对象的夹角，如图4-63所示。

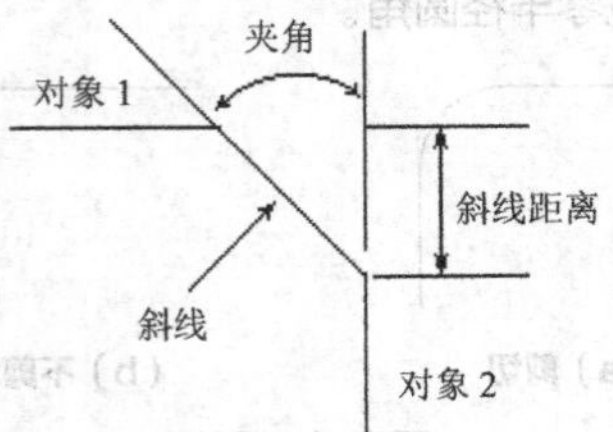

图 4-63 斜线距离与夹角

- 多段线（P）：对多段线的各个交点进行倒角。为了得到更好的连接效果，一般设置斜线为相等的值。系统根据指定的斜线距离把多段线的每个交点都通过斜线连接，斜线成为多段线新的构成部分，如图4-64所示。

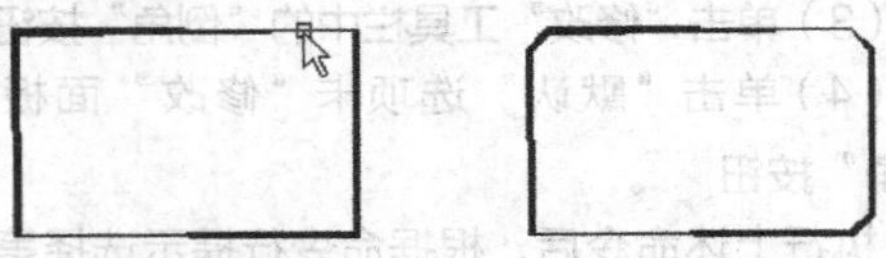

（a）选择多段线　　（b）倒角结果

图 4-64 斜线连接多段线

- 修剪（T）：与“圆角”命令相同，该选项决定连接对象后，是否剪切源对象。
- 方式（E）：决定采用“距离”方式还是“角度”方式来倒角。
- 多个（M）：同时对多个对象进行倒角处理。

> 提示　用户有时在执行“圆角”“倒角”命令时，发现命令不执行或执行后没什么变化，这是因为系统默认圆角半径和斜线距离均为0。如果不事先设定圆角半径或斜线距离，系统就以默认值执行命令。

4.7.8 “打断”命令

打断是指通过指定点删除对象的一部分或打断对象。执行该命令主要有以下4种方法。

（1）在命令行中输入“BREAK”命令。

（2）选择菜单栏中的“修改”/“打断”命令。

（3）单击“修改”工具栏中的“打断”按钮⎍。

（4）单击“默认”选项卡“修改”面板中的“打断”按钮⎍。

执行上述命令后，根据命令行提示选择要打断的对象，并指定第二个打断点或输入“F”，对图形对象进行打断。

4.7.9 “打断于点”命令

打断于点是指在对象上指定一点从而把对象在此点拆分成两部分，此命令与“打断”命令类似。执行该命令主要有如下3种方法。

（1）选择菜单栏中的“修改”/“打断”命令。

（2）单击“修改”工具栏中的“打断于点”按钮⎍。

（3）单击“默认”选项卡“修改”面板中的“打断于点”按钮⎍。执行上述命令后，根据系统提示选择要打断的对象，并选择打断点，图形在打断点处被打断。

4.7.10 实例——天目琼花

本实例使用“圆”命令绘制初步轮廓，再使用“打断”命令进行修剪，最后使用“阵列”命令完善图形，绘制天目琼花流程如图4-65所示。

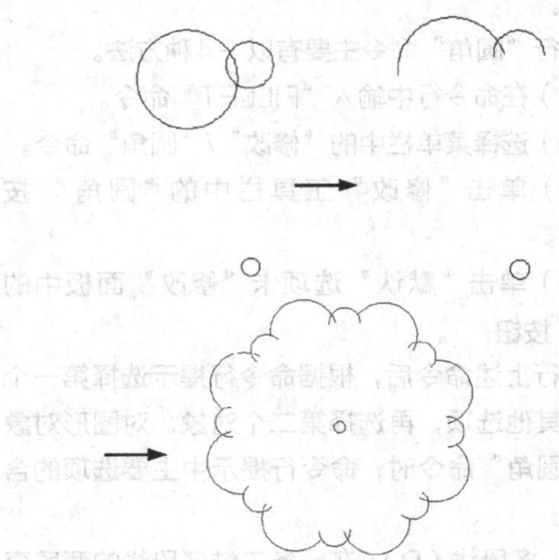

图 4-65 绘制天目琼花流程

STEP 绘制步骤

（1）单击“默认”选项卡“绘图”面板中的

“圆”按钮，绘制3个适当大小的圆，相对位置大致如图4-66所示。

（2）单击“默认”选项卡“修改”面板中的“打断”按钮，对其中的两个圆进行打断处理。

在命令行提示“选择对象：”后选择最大圆上适当的一点。
在命令行提示“指定第二个打断点或[第一点(F)]：”后选择此圆上适当的另一点。

用相同方法打断上面的小圆，如图4-67所示。

提示　系统默认的打断方向是逆时针方向，所以在确定打断点的先后顺序时，要注意顺序和方向。

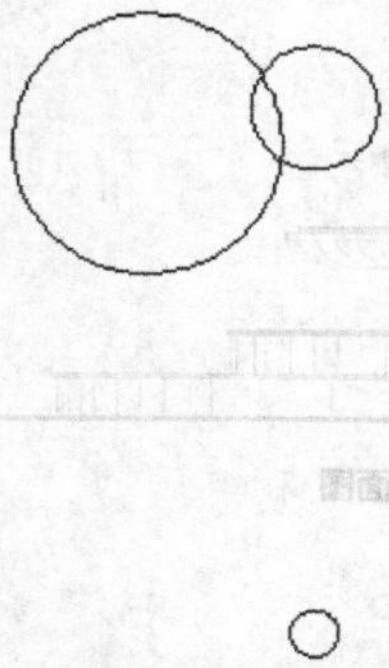

图4-66　绘制圆

图4-67　打断圆

（3）单击“默认”选项卡“修改”面板中的“环形阵列”按钮，对打断后的图形进行阵列。

在命令行提示“选择对象：”后选择刚打断形成的两段圆弧。
在命令行提示“选择对象：”后按Enter键。
在命令行提示“指定阵列的中心点或［基点（B）/旋转轴（A）］：”后捕捉下面圆的圆心。
在命令行提示“选择夹点以编辑阵列或［关联（AS）/基点（B）/项目（I）/项目间角度（A）/填充角度（F）/行（ROW）/层（L）/旋转项目（ROT）/退出（X）］<退出>：”后输入“I”，然后按Enter键。
在命令行提示“输入阵列中的项目数或［表达式（E）］<6>：”后输入“8”，然后按Enter键，得到环形阵列，如图4-68所示。
在命令行提示“选择夹点以编辑阵列或［关联（AS）/基点（B）/项目（I）/项目间角度（A）/填充角度（F）/行（ROW）/层（L）/旋转项目（ROT）/退出（X）］<退出>：”后选择图形上面蓝色方形编辑夹点。
在命令行提示“指定半径”后往下拖曳夹点，如图4-69所示，拖到合适的位置，单击鼠标左键，编辑结果如图4-70所示。

在命令行提示“选择夹点以编辑阵列或［关联（AS）/基点（B）/项目（I）/项目间角度（A）/填充角度（F）/行（ROW）/层（L）/旋转项目（ROT）/退出（X）］<退出>：”后按Enter键。

最终绘制的天目琼花如图4-71所示。

图4-68　环形阵列

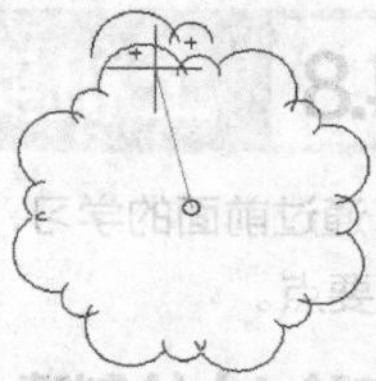

图4-69　夹点编辑

图4-70　编辑结果

图4-71　天目琼花

4.7.11　“分解”命令

执行“分解”命令主要有以下4种方法。

（1）在命令行中输入“EXPLODE”命令。

（2）选择菜单栏中的“修改”/“分解”命令。

（3）单击“修改”工具栏中的“分解”按钮。

（4）单击“默认”选项卡“修改”面板中的“分解”按钮。

执行上述命令后，根据系统提示选择要分解的对象。选择一个对象后，该对象会被分解。系统允许同时分解多个对象。选择的对象不同，分解的结果就不同。

4.7.12　“合并”命令

使用“合并”命令可以将直线、圆弧、椭圆弧和样条曲线等独立的对象合并为一个对象，如图4-72所示。

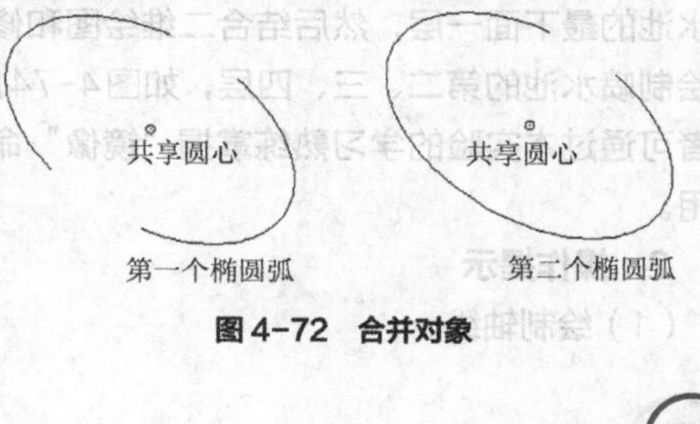

图4-72　合并对象

执行“合并”命令主要有以下4种方法。

（1）在命令行中输入“JOIN”命令。

（2）选择菜单栏中的“修改”/“合并”命令。

（3）单击“修改”工具栏中的“合并”按钮 ⁺⁺ 。

（4）单击“默认”选项卡“修改”面板中的“合并”按钮 ⁺⁺ 。

执行上述命令后，根据系统提示选择一个源对象，选择要合并到源对象的另一个对象，完成合并。

4.8 上机实验

通过前面的学习，相信读者对本章知识已有了大体的了解。本节通过两个实验帮助读者进一步掌握本章知识要点。

【实验1】绘制喷水池顶视图。

1. 目的要求

本实验中我们使用“圆”命令绘制同心圆，然后使用“圆弧”“直线”命令细化图形，并结合“编辑多段线”命令将圆弧和直线合并为多段线，最后使用“偏移”命令对合并的多段线进行偏移，得到喷水池顶视图，如图4-73所示。读者可通过本实验的学习熟练掌握“偏移”命令的运用。

2. 操作提示

（1）绘制同心圆。

（2）细化图形。

（3）合并多段线。

（4）偏移多段线。

图4-73 喷水池顶视图

【实验2】绘制喷水池立面图。

1. 目的要求

本实验中我们使用“矩形”“直线”命令绘制喷水池的最下面一层，然后结合二维绘图和修改命令绘制喷水池的第二、三、四层，如图4-74所示。读者可通过本实验的学习熟练掌握“镜像”命令的运用。

2. 操作提示

（1）绘制轴线。

（2）绘制喷水池最下面一层。

（3）绘制喷水池第二层。

（4）绘制喷水池第三层。

（5）绘制喷水池第四层。

（6）细化图形。

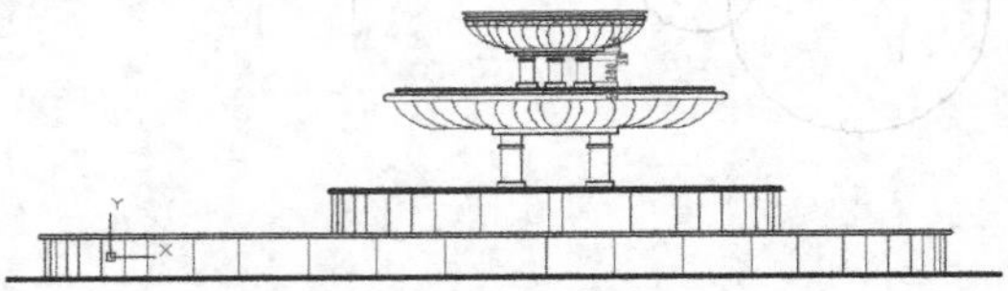

图4-74 喷水池立面图

【实验3】绘制花园一角。

1. 目的要求

本实验花园一角的绘制涉及多种命令，如图4-75所示。希望读者灵活掌握各种命令的绘制方法，准确绘制图形。

2. 操作提示

（1）分别使用“矩形”“样条曲线”命令绘制花园外形。

（2）选用不同的填充类型和图案类型进行填充。

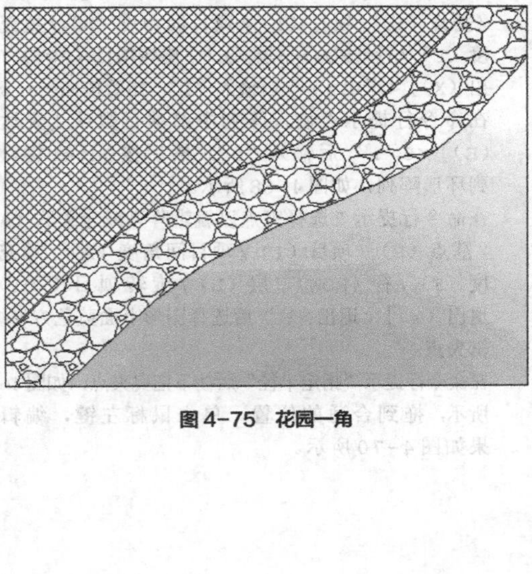

图4-75 花园一角

第5章

辅助工具

在设计绘图过程中，经常会遇到一些重复出现的图形（如园林设计中的桌椅、植物等）。如果每次都重新绘制这些图形，不仅将进行大量的重复工作，存储这些图形及其信息还要耗费相当大的磁盘空间。AutoCAD 提供了图块和设计中心等辅助工具来解决这些问题。

知识点

- 查询工具
- 图块
- 设计中心与工具选项板

5.1 查询工具

为方便用户及时了解图形信息，AutoCAD提供了很多查询工具，这里对其进行简要说明。

5.1.1 距离查询

执行“距离”命令主要有如下3种方法。

（1）在命令行中输入“DIST”命令。

（2）选择菜单栏中的“工具”/“查询”/“距离”命令。

（3）单击“查询”工具栏中的“距离”按钮。执行上述命令后，根据系统提示指定要查询的第一个点和第二个点。

此时，命令行提示中各选项的含义如下。

- 多点：如果使用此选项，将基于现有直线段和当前方向线即时计算总距离。

5.1.2 面积查询

执行“面积”命令主要有如下3种方法。

（1）在命令行中输入“MEASUREGEOM”命令。

（2）选择菜单栏中的“工具”/“查询”/“面积”命令。

（3）单击“查询”工具栏中的“面积”按钮。执行上述命令后，根据系统提示选择查询区域。

此时，命令行提示中各选项的含义如下。

- 指定角点：计算由指定角点定义的面积和周长。
- 增加面积：打开“加”模式，并在定义区域时刻保持总面积。
- 减少面积：从总面积中减去指定的面积。

5.2 图块

我们可以把一组图形对象组合成图块加以保存，需要时把图块作为整体，以任意比例和旋转角度插入图中任意位置。这样不仅能避免大量的重复工作，提高绘图速度和工作效率，还能大大节省磁盘空间。

5.2.1 图块操作

1. 图块定义

在使用图块时，首先要定义图块。图块定义有如下4种方法。

（1）在命令行中输入“BLOCK”命令。

（2）选择菜单栏中的“绘图”/“块”/“创建”命令。

（3）单击“绘图”工具栏中的“创建块”按钮。

（4）单击“默认”选项卡“块”面板中的“创建”按钮，或者单击“插入”选项卡“块定义”面板中的“创建块”按钮。

执行上述命令后，弹出图5-1所示的“块定义”对话框。我们可以利用该对话框指定对象和基点以及其他参数，可定义图块并命名。

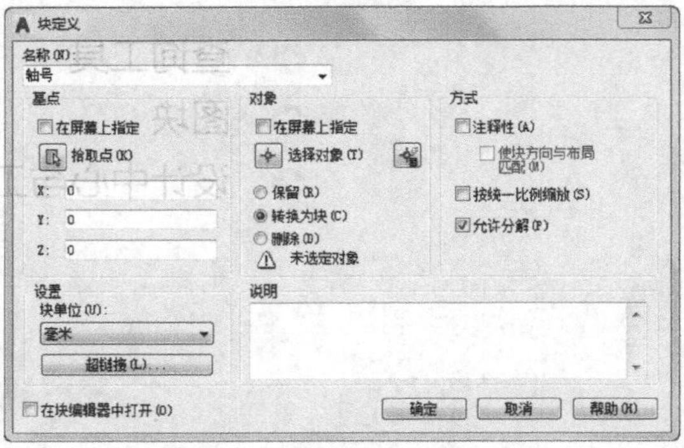

图 5-1 “块定义”对话框

2. 图块保存

图块保存的方法是在命令行中输入“WBLOCK”命令，然后弹出图5-2所示的“写块”对话框。我们可以利用该对话框把图形对象保存为图块或把图块转换成图形文件。

图 5-2 “写块”对话框

3. 图块插入

执行“插入块”命令主要有以下4种方法。

（1）在命令行中输入“INSERT”命令。

（2）选择菜单栏中的“插入”/“块选项板”命令。

（3）单击“插入”工具栏中的“插入块”按钮，或“绘图”工具栏中的“插入块”按钮。

（4）单击“默认”选项卡“块”面板中的“插入”下拉菜单，或者单击“插入”选项卡“块”面板中的“插入”下拉菜单。

执行上述命令后，在下拉菜单中选择“其他图形中的块”选项，打开“块”选项板，如图5-3所示。利用该选项板可设置插入点位置、插入比例以及旋转角度，指定要插入的图块及插入位置。

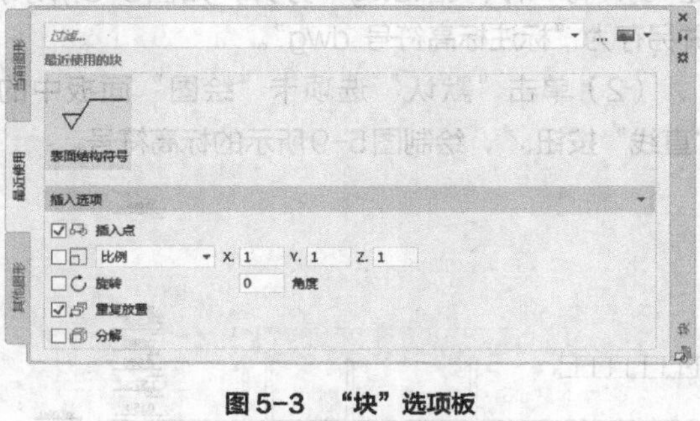

图 5-3 “块”选项板

5.2.2 图块属性

1. 属性定义

在使用图块属性前，要对其属性进行定义。属性定义有以下3种方法。

（1）在命令行中输入“ATTDEF”命令。

（2）选择菜单栏中的“绘图”/“块”/“定义属性”命令。

（3）单击“默认”选项卡“块”面板中的“定义属性”按钮。

执行上述命令后，弹出“属性定义”对话框，如图5-4所示。对话框中主要选项组的含义如下。

（1）“模式”选项组。

- “不可见”复选框：选中此复选框，属性值为不可见显示方式，即插入图块并输入属性值后，属性值并不在图中显示出来。
- “固定”复选框：选中此复选框，属性值为常量，即属性值在属性定义时给定，在插入图块时，AutoCAD 2020不再提示输入属性值。
- “验证”复选框：选中此复选框，当插入图块时，AutoCAD 2020重新显示属性值并让用户验证该值是否正确。
- “预设”复选框：选中此复选框，当插入图块时，AutoCAD 2020自动把事先设置好的默认值赋予属性，而不再提示输入属性值。
- “锁定位置”复选框：选中此复选框，当插入图块时，AutoCAD 2020锁定块参照中属性的位置。解锁后，属性可以相对于使用夹点编辑的块的其他部分移动，并且可以调整多行属性的大小。
- “多行”复选框：指定属性值可以包含多行文字。

（2）“属性”选项组。

- “标记”文本框：输入属性标签。属性标签可由除空格和感叹号以外的所有字符组成。AutoCAD 2020会自动把小写字母改为大写字母。
- “提示”文本框：输入属性提示。属性提示是插入图块时AutoCAD 2020要求输入属性值的提示。如果不在此文本框内输入文本，则以属性标签作为提示。如果在“模式”选项组中选中“固定”复选框，即设置属性值为常量，则不需要设置属性提示。
- “默认”文本框：设置默认的属性值。可把使用次数较多的属性值作为默认值，也可不设置默认值。

其他选项组比较简单，不赘述。

命令。

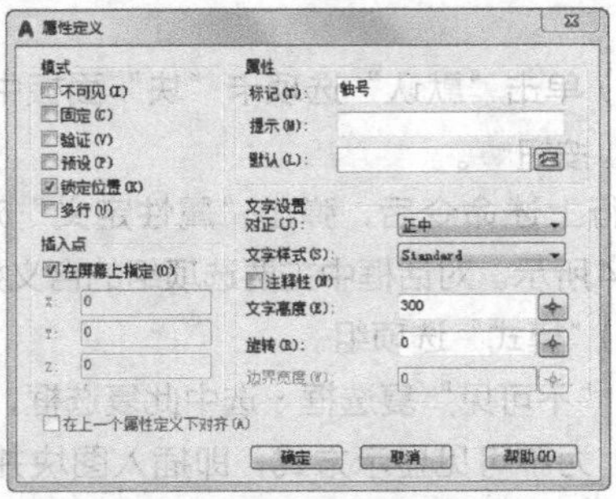

图5-4 “属性定义”对话框

2. 修改属性定义

在定义图块之前，可以对属性的定义加以修改，不仅可以修改属性标签，还可以修改属性提示和属性默认值。执行“编辑”命令有以下两种方法。

（1）在命令行中输入“DDEDIT”命令。

（2）选择菜单栏中的“修改”/“对象”/“文字”/“编辑”命令。

执行上述命令后，根据系统提示选择要修改的属性定义。AutoCAD 2020弹出“编辑属性定义”对话框，如图5-5所示，可以在该对话框中修改属性定义。

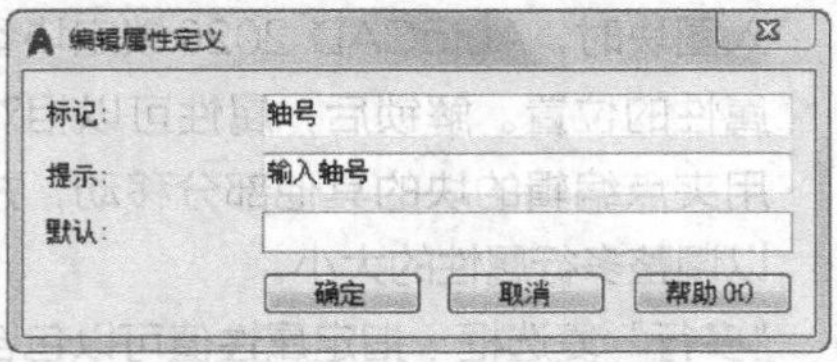

图5-5 “编辑属性定义”对话框

3. 编辑属性

执行“编辑属性”命令有以下3种方法。

（1）在命令行中输入“EATTEDIT”命令。

（2）选择菜单栏中的“修改”/“对象”/“属性”/“单个”命令。

（3）单击“修改II”工具栏中的“编辑属性”按钮。

（4）单击“默认”选项卡“块”面板中的“编辑属性”按钮。

执行上述命令，在系统提示下选择块后，弹出“增强属性编辑器”对话框，如图5-6所示。在该对话框中我们不仅可以编辑属性值，还可以编辑属性的文字选项，以及图层、线型、颜色等特性值。

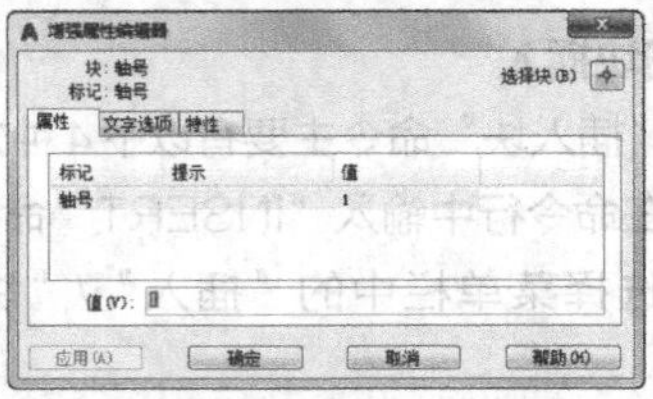

图5-6 “增强属性编辑器”对话框

5.2.3 实例——标注标高符号

使用“直线”命令绘制标注标高符号，然后将其创建为图块插入图中合适的位置，绘制标注标高符号流程如图5-7所示。

STEP 绘制步骤

（1）单击“快速访问”工具栏中的“打开”按钮，将“体育馆.dwg”打开，如图5-8所示，并另存为“标注标高符号.dwg”。

（2）单击“默认”选项卡“绘图”面板中的“直线”按钮，绘制图5-9所示的标高符号。

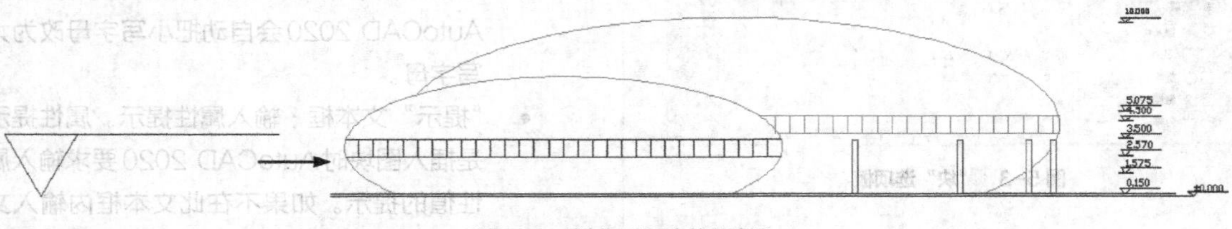

图5-7 绘制标注标高符号流程

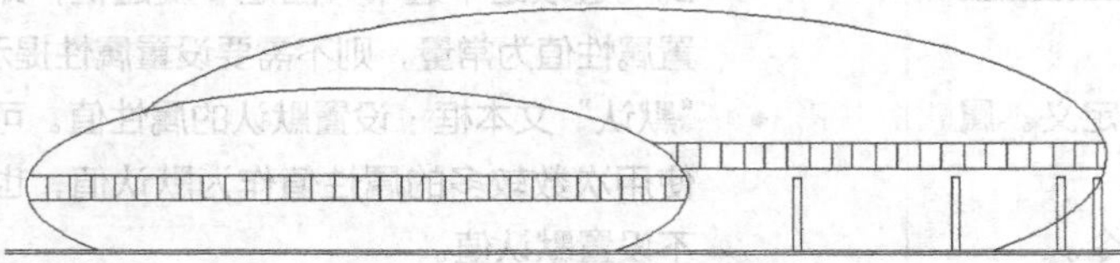

图5-8 体育馆

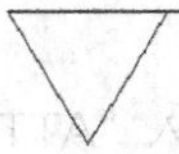

图5-9 标高符号

（3）单击“默认”选项卡“块”面板中的“定义属性”按钮，弹出“属性定义”对话框，如图5-10所示。其中“模式”为“锁定位置”，“插入点”为“在屏幕上指定”，单击“确定”按钮退出。

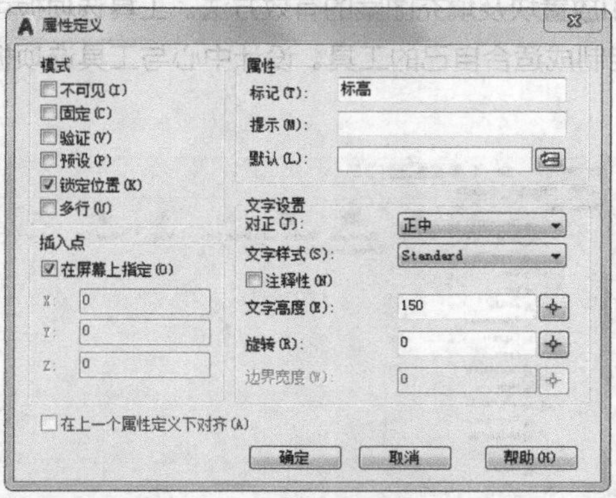

图 5-10 “属性定义”对话框

（4）在命令行中输入“WBLOCK”命令，打开“写块”对话框，如图5-11所示。

① 拾取点。单击“拾取点”按钮切换到绘图区，选择标高符号为基点，按Enter键返回“写块”对话框。

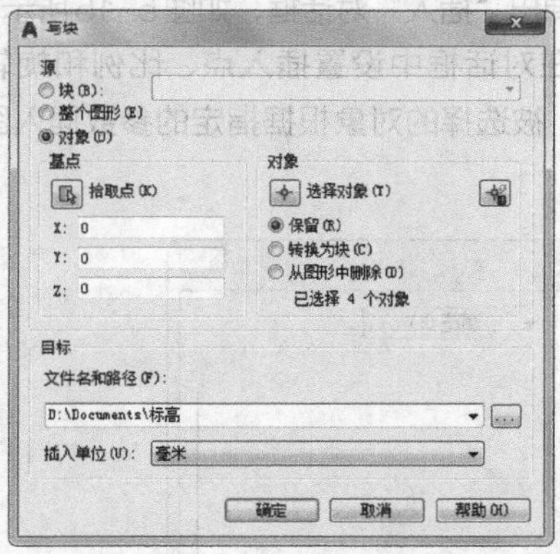

图 5-11 “写块”对话框

② 选择对象。单击“选择对象”按钮切换到绘图区，拾取整个标高符号为对象，按Enter键返回“写块”对话框。

③ 保存图块。单击“目标”选项组中的按钮，弹出“浏览图形文件”对话框，在“保存于”下拉列表框中选择图块的存放位置，在“文件名”文本框中输入“标高”，单击“保存”按钮，返回“写块”对话框。

④ 关闭对话框。单击“确定”按钮，关闭“写块”对话框。

（5）单击“默认”选项卡“块”面板中的“插入”按钮，选择下拉菜单中“最近使用的块”选项，弹出“块”选项板，如图5-12所示。单击“...”按钮找到刚才保存的图块，在屏幕上指定插入点和旋转角度，将该图块插入图5-13所示的图形中。这时命令行会提示输入属性值，并要求验证属性值，此时输入标高数值0.150，就完成了标高符号的标注。

（6）继续插入标高符号图块，并输入不同的属性值作为标高数值，直到完成所有标高符号的标注，如图5-13所示。

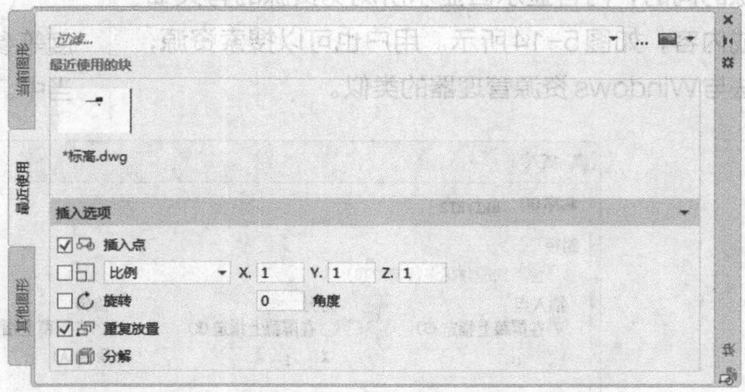

图 5-12 “块”选项板

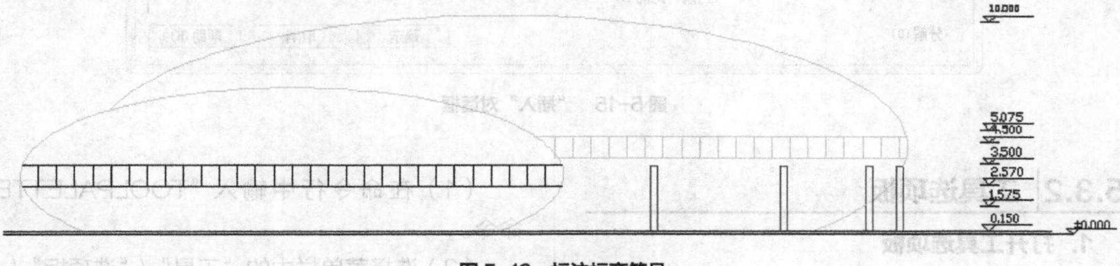

图 5-13 标注标高符号

5.3 设计中心与工具选项板

使用AutoCAD 2020设计中心可以很容易地组织设计内容，并把它们拖曳到当前图形中。工具选项板是“工具选项板”窗口中选项卡形式的区域，提供组织、共享和放置块及填充图案的有效方法。工具选项板可以包含由第三方开发人员提供的自定义工具，也可以被用户定制成适合自己的工具。设计中心与工具选项板的应用可大大方便绘图，加快绘图的效率。

5.3.1 设计中心

1. 启动设计中心

执行“设计中心”命令有如下5种方法。

（1）在命令行中输入“ADCENTER”命令。

（2）选择菜单栏中的“工具”/“选项板”/“设计中心”命令。

（3）单击“标准”工具栏中的“设计中心”按钮▦。

（4）按快捷键Ctrl+2。

（5）单击“视图”选项卡“选项板”面板中的“设计中心”按钮▦。

执行上述命令后，启动设计中心。第一次启动设计中心时，它默认打开的选项卡为“文件夹”。内容显示区采用大图标显示，左边的资源管理器采用TreeView显示方式来显示系统的树形结构，浏览资源的同时，内容显示区显示所浏览资源的有关细目或内容，如图5-14所示。用户也可以搜索资源，方法与Windows资源管理器的类似。

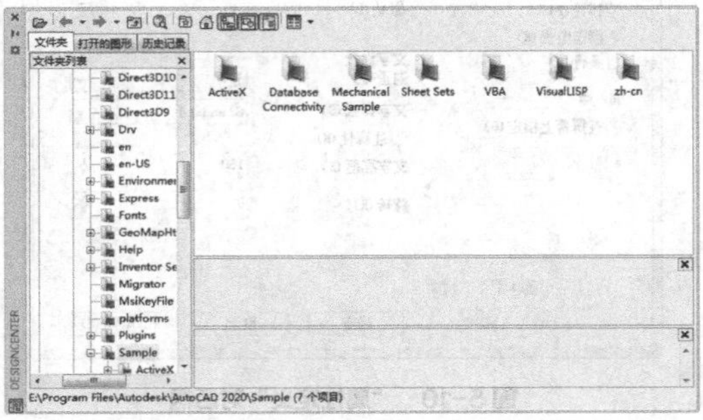

图 5-14 设计中心的资源管理器和内容显示区

2. 利用设计中心插入图形

设计中心最大的优点之一是可以将系统文件夹中的图形当成图块插入当前图形中。

（1）从查找结果列表框中选择要插入的对象，双击对象。

（2）弹出“插入”对话框，如图5-15所示。

（3）在对话框中设置插入点、比例和旋转角度等参数。被选择的对象根据指定的参数插入图形当中。

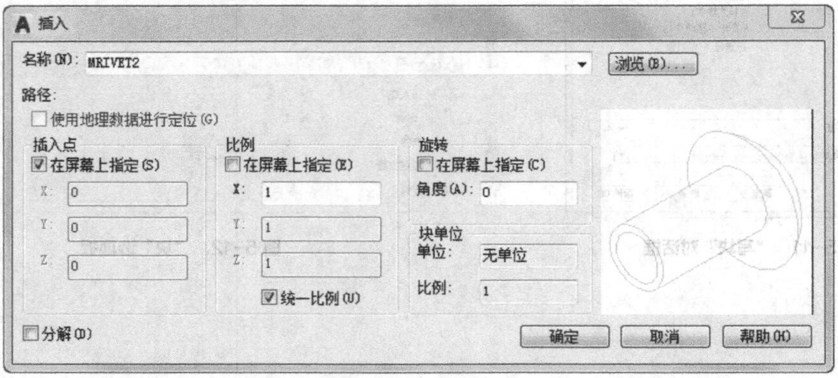

图 5-15 “插入”对话框

5.3.2 工具选项板

1. 打开工具选项板

打开工具选项板有以下5种方法。

（1）在命令行中输入“TOOLPALETTES”命令。

（2）选择菜单栏中的“工具”/“选项板”/“工

具选项板窗口”命令。

（3）单击“标准”工具栏中的“工具选项板窗口”按钮。

（4）按快捷键Ctrl+3。

（5）单击“视图”选项卡“选项板”面板中的“工具选项板”按钮。

执行上述命令后，系统自动弹出“工具选项板”窗口，如图5-16所示。单击鼠标右键，在打开的快捷菜单中选择“新建选项板”命令，如图5-17所示。系统新建一个空白选项板，可以命名该选项板，如图5-18所示。

2. 将设计中心内容添加到工具选项板

在DesignCenter文件夹上单击鼠标右键，在打开的快捷菜单中选择“创建块的工具选项板”命令，如图5-19所示。设计中心中存储的图形单元就出现在工具选项板新建的DesignCenter选项卡上，如图5-20所示。这样就可以将设计中心与工具选项板结合起来，建立一个快捷、方便的工具选项板。

3. 利用工具选项板绘图

只需要将工具选项板中的图形单元拖曳到当前图形，该图形单元就会以图块的形式插入当前图形中。图5-21所示为将工具选项板“建筑”选项卡中的“树—公制”图形单元拖曳到当前图形。

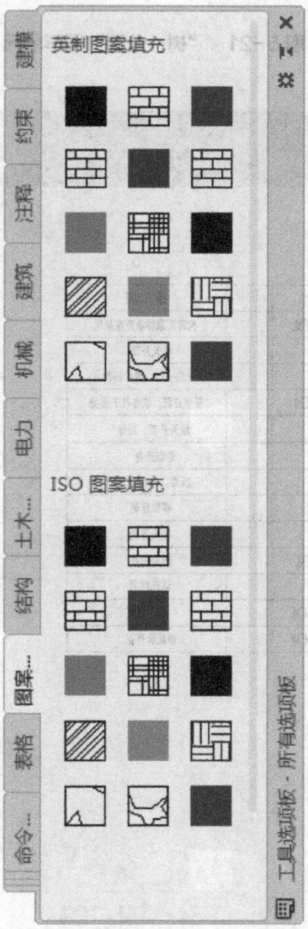

图 5-16 “工具选项板”窗口

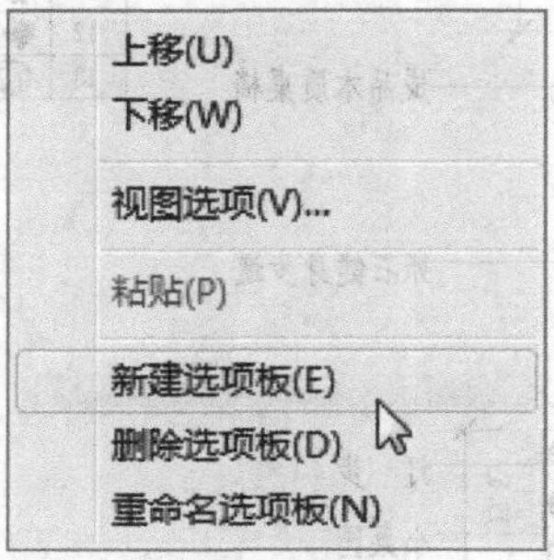

图 5-17 快捷菜单

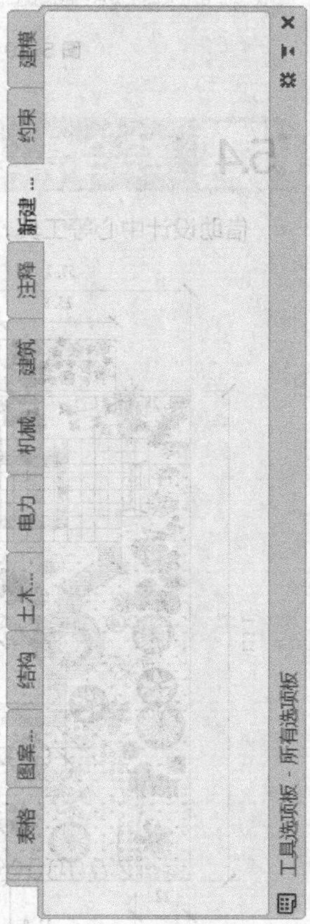

图 5-18 新建选项板

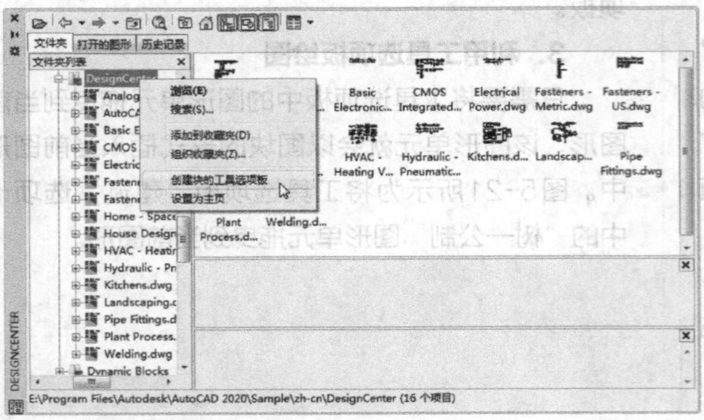

图 5-19 快捷菜单

图 5-20 创建工具选项板

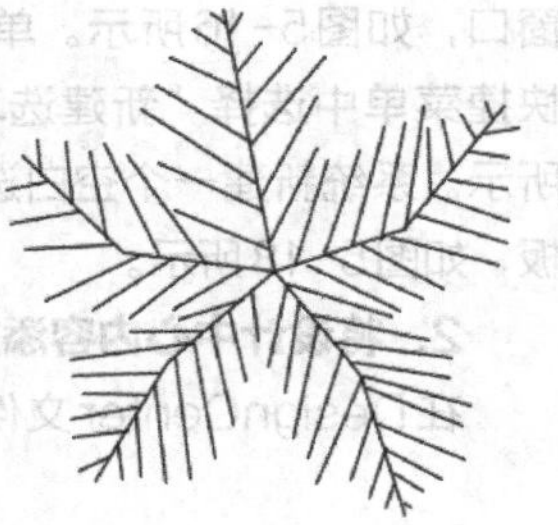

图 5-21 "树—公制"图形单元

5.4 综合演练——绘制屋顶花园平面图

借助设计中心等工具，绘制屋顶花园平面图，如图5-22所示。

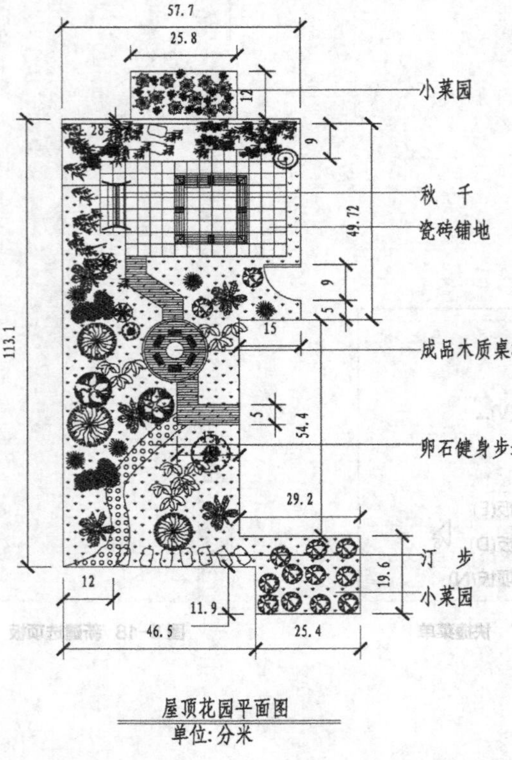

序号	图例	名 称	规 格		备 注
1		花石榴	H0.6M,50X50CM		寓意旺家春秋开花观果
2		腊 梅	H0.4-0.6M		冬天开花
3		红 枫	H1.2-1.8M		叶色火红，观叶树种
4		紫 薇	H0.5M,35X35CM		夏秋开花，秋冬枝干秀美
5		桂 花	H0.6-0.8M		秋天开花，花香
6		牡 丹	H0.3M		冬春开花
7		四季竹	H0.4-0.5M		观姿，叶色丰富
8		鸢 尾	H0.2-0.25M		春秋开花
9		海 棠	H0.3-0.45M		春天开花
10		苏 铁	H0.6M,60X60CM		观姿树种
11		葱 兰	H0.1M		烘托作用
12		芭 蕉	H0.35M,25X25CM		
13		月 季	H0.35M,25X25CM		春夏秋开花

图 5-22 屋顶花园平面图

5.4.1 绘图设置

设置图层、标注样式和文字样式，以便在绘制过程中快速完成图形的绘制。

（1）设置图层。设置“轮廓线”“园路”“铺地”“花卉”4个图层。把“轮廓线”图层设置为当前图层，设置好的各图层属性如图5-23所示。

（2）设置标注样式。根据绘图比例设置标注样式，对“线”“符号和箭头”“文字”“主单位”选项卡进行设置，具体如下。

①“线”选项卡：超出尺寸线为2.5，起点偏移量为3。

②“符号和箭头”选项卡：第一个为建筑标记，箭头大小为2，圆心标记为标记1.5。

③“文字”选项卡：文字高度为3，文字位置为垂直上，从尺寸线偏移为3，文字对齐为ISO标准。

④“主单位”选项卡：精度为0.00，比例因子为1。

（3）设置文字样式。单击“默认”选项卡“注释”面板中的“文字样式”按钮，弹出“文字样式”对话框，字体选择仿宋，宽度因子设置为0.8。

5.4.2 绘制屋顶花园平面图轮廓线

使用“直线”“复制”“线型”命令，绘制屋顶花园平面图轮廓线，如图5-24所示。

（1）在状态栏中单击“正交模式”按钮，打开正交模式；在状态栏中单击“对象捕捉”按钮，打开对象捕捉模式。

（2）单击“默认”选项卡“绘图”面板中的“直线”按钮，绘制轮廓线。

（3）单击“默认”选项卡“修改”面板中的“复制”按钮，复制之前绘制好的水平直线，向下复制的距离值为1.28。

（4）把“标注尺寸”图层设置为当前图层，单击“默认”选项卡“注释”面板中的“线性”按钮，标注轮廓线尺寸。

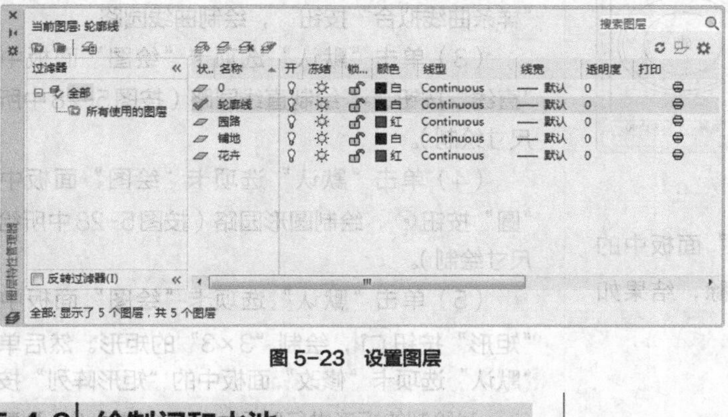

图 5-23 设置图层

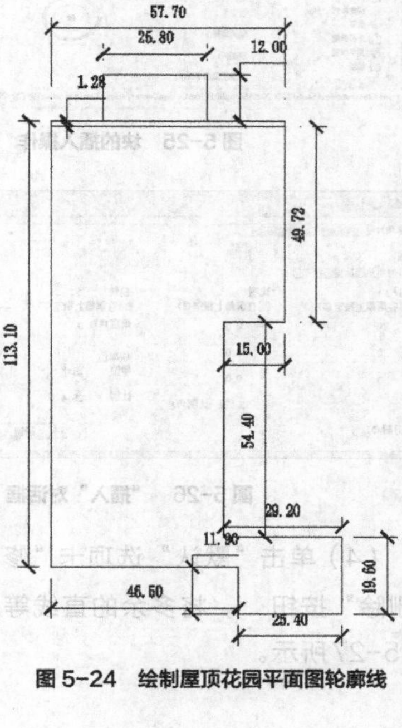

图 5-24 绘制屋顶花园平面图轮廓线

5.4.3 绘制门和水池

首先使用“矩形”“圆弧”命令绘制门，然后确定辅助线，最后使用“设计中心”命令将洗脸池作为水池图例插入图中。

（1）单击“默认”选项卡“绘图”面板中的“矩形”按钮，绘制“9×0.6”的矩形。单击“默认”选项卡“绘图”面板中的“圆弧”按钮，绘制门，门的半径为9。

（2）单击“默认”选项卡“修改”面板中的“复制”按钮，复制5.4.2小节中步骤（3）得到的水平直线，向下复制的距离值为9。

（3）通过设计中心插入水池图例。单击“视图”选项卡“选项板”面板中的“设计中心”按钮，弹出“设计中心”对话框，选择“文件夹”选项卡，在文件夹列表中单击“House Designer.dwg”，然后单击“House Designer.dwg”下的块，选择洗脸池作为水池图例。用鼠标右键单击洗脸池图例后，在打开的快捷菜单中选择“插入块”命令，如图5-25所示。在弹出的“插入”对话框中设置参数，如图5-26所示，单击“确定”按钮进行插入，指定X、Y、Z轴的比例为0.01。

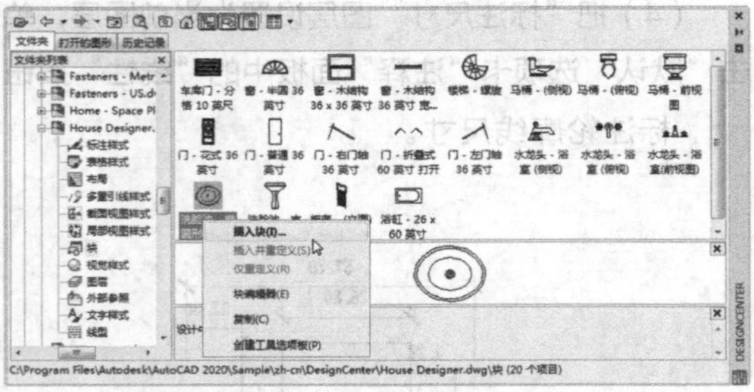

图5-25　块的插入操作

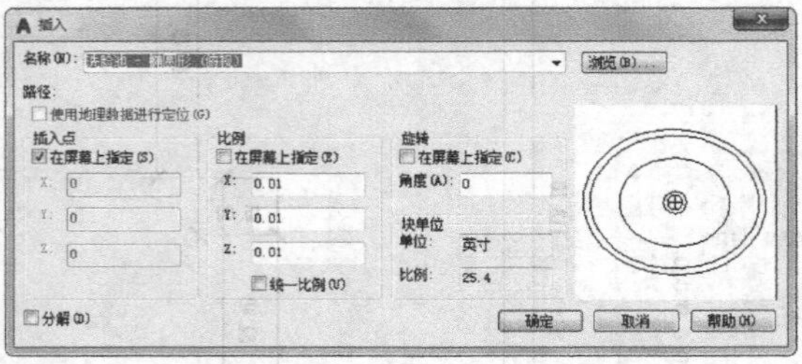

图5-26　“插入”对话框

（4）单击“默认”选项卡“修改”面板中的“删除”按钮，将多余的直线等删除，结果如图5-27所示。

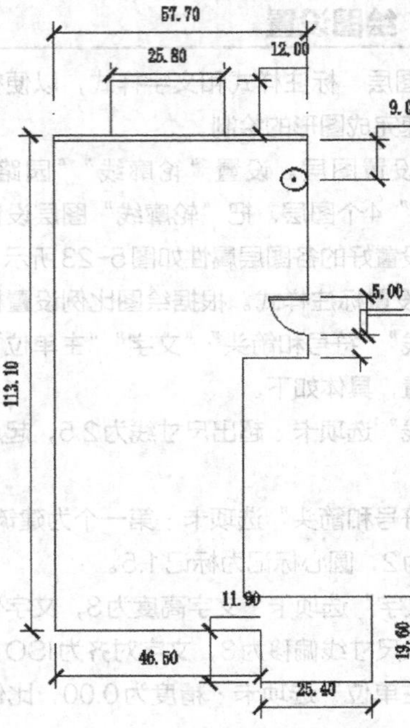

图5-27　绘制门和水池

5.4.4 绘制园路和铺装

使用二维绘图命令绘制园路，然后结合二维修改命令完成铺装的绘制。

（1）把“园路”图层设置为当前图层，单击“默认”选项卡“绘图”面板中的“直线”按钮，绘制定位轴线。

（2）单击“默认”选项卡“绘图”面板中的“样条曲线拟合”按钮，绘制曲线园路。

（3）单击“默认”选项卡“绘图”面板中的“直线”按钮，绘制直线园路（按图5-28中所给尺寸绘制）。

（4）单击“默认”选项卡“绘图”面板中的“圆”按钮，绘制圆形园路（按图5-28中所给的尺寸绘制）。

（5）单击“默认”选项卡“绘图”面板中的“矩形”按钮，绘制“3×3”的矩形。然后单击“默认”选项卡“修改”面板中的“矩形阵列”按钮，对绘制的矩形进行阵列，设置行数为9，列数为9，行偏移值为3，列偏移值为3，如图5-29所示。

（6）单击“默认”选项卡“修改”面板中的“复制”按钮，复制绘制好的矩形，完成其他区域铺装的绘制，如图5-30所示。

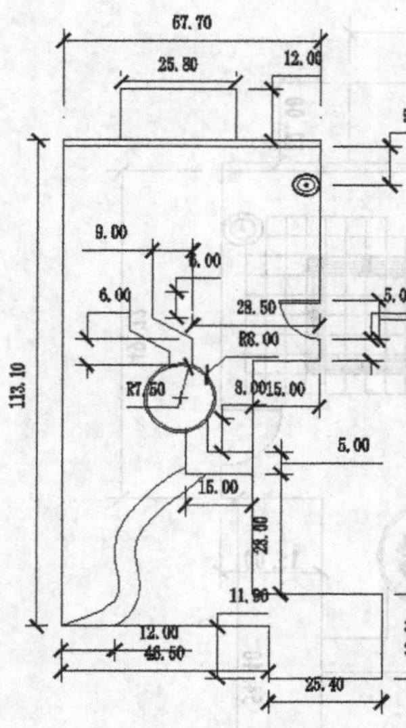

图 5-28 园路的绘制

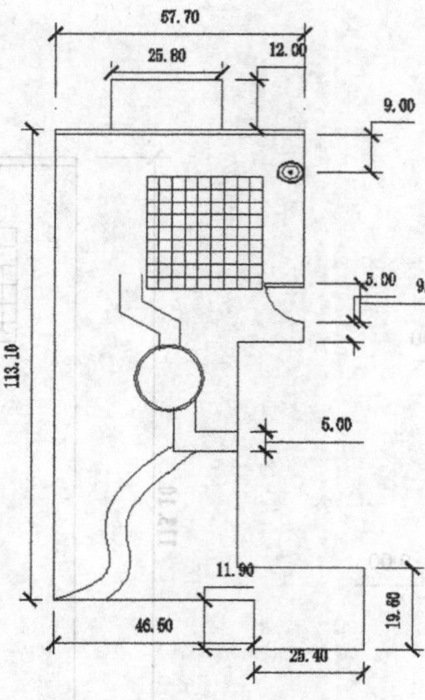

图 5-29 铺装阵列

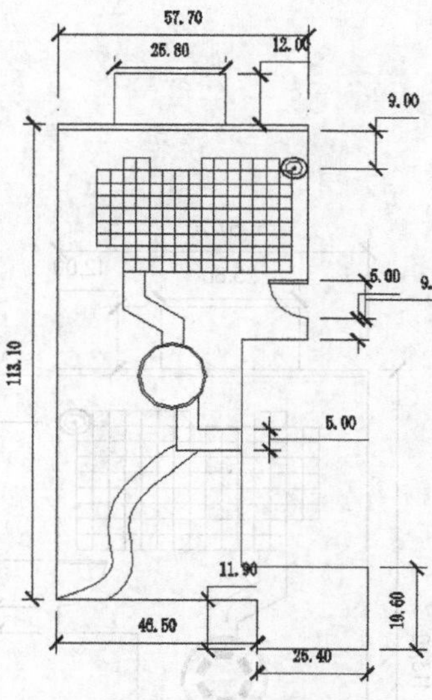

图 5-30 铺装的绘制

5.4.5 绘制园林小品

以下操作充分体现了“设计中心”命令在绘图过程中为用户带来的便捷。

（1）单击“视图”选项卡“选项板”面板中的“设计中心”按钮，弹出“设计中心”对话框，选择“文件夹”选项卡，在文件夹列表中用鼠标左键单击“Home-SpacePlanner.dwg”，然后单击“Home-SpacePlanner.dwg”下的块，选择“桌子-长方形”图例。用鼠标右键单击“桌子-长方形”图例后，在打开的快捷菜单中选择“插入块”命令，在弹出的“插入”对话框中设置参数，单击“确定”按钮进行插入。通过设计中心插入，图例的位置如图 5-31 所示。

（2）单击“默认”选项卡“修改”面板中的“环形阵列”按钮，阵列桌子图形，指定阵列中心点为圆的圆心，阵列项目为6，填充角度为360°，如图5-32 所示。

（3）单击“默认”选项卡“块”面板中的“插入”按钮，将“源文件\图库”中的木质环形坐凳插入“屋顶花园.dwg”文件中。

（4）单击“快速访问”工具栏中的“打开”按钮，将“源文件\图库”中的“秋千”打开，然后按Ctrl+C快捷键复制，按Ctrl+V快捷键将其粘贴到“屋顶花园.dwg”中。

（5）单击“默认”选项卡“绘图”面板中的“圆”按钮，以前面绘制的圆心为圆心，分别绘制半径值为2.11和2.16的圆，园林小品的绘制如图5-33所示。

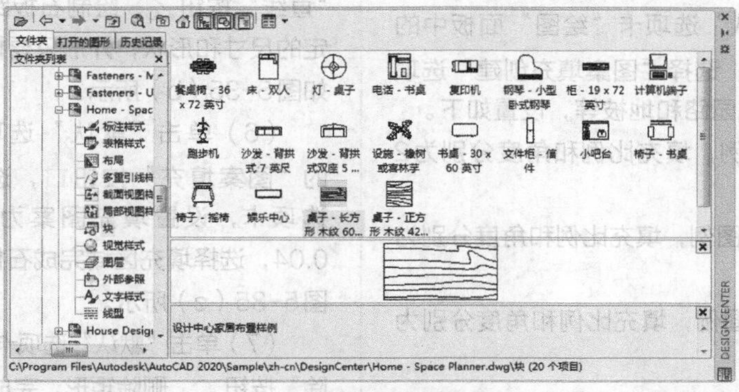

图 5-31 图例的位置

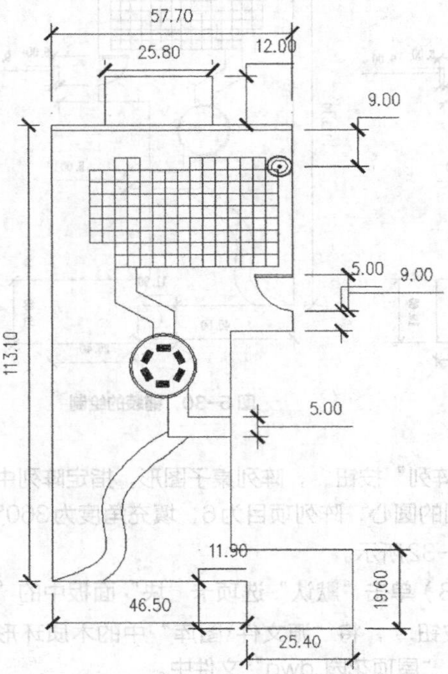

图 5-32　阵列桌子图形

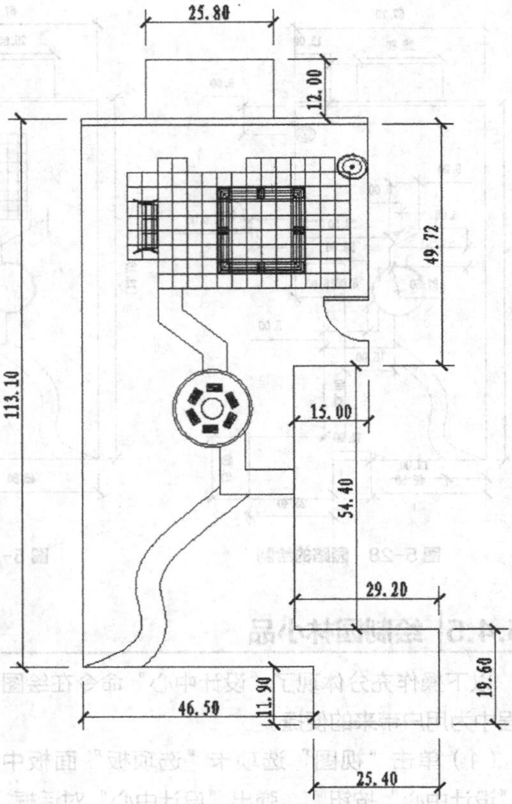

图 5-33　园林小品的绘制

5.4.6 填充园路和地被

本节中"图案填充"命令得到了充分的应用，此命令与AutoCAD 2014以前的版本区别较大，读者在绘制过程中需要注意。

（1）将"铺地"图层设置为当前图层，单击"默认"选项卡"绘图"面板中的"直线"按钮和"多段线"按钮，绘制园路分隔区域。

（2）单击"默认"选项卡"绘图"面板中的"图案填充"按钮，选择"图案填充创建"选项卡，设置属性，填充园路和地被等，设置如下。

①"卵石6"图例，填充比例和角度分别为2和0。

②"DOLMIT"图例，填充比例和角度分别为0.1和0。

③"GRASS"图例，填充比例和角度分别为0.1和0。

（3）图5-34（b）所示是在图5-34（a）所示的基础上，单击"默认"选项卡"修改"面板中的"删除"按钮，用其删除多余分隔区域形成的。

（4）单击"默认"选项卡"绘图"面板中的"矩形"按钮，绘制"4×5"的矩形，完成的图形如图5-35（a）所示。

（5）单击"默认"选项卡"绘图"面板中的"直线"按钮，绘制石板路石。石板路石没有固定的尺寸和形状，外形只要相似即可，完成的图形如图5-35（b）所示。

（6）单击"默认"选项卡"绘图"面板中的"图案填充"按钮，选择"图案填充创建"选项卡，设置填充图案为"GRASS"，比例为0.04，选择填充区域完成石板路石的填充，结果如图5-35（c）所示。

（7）单击"默认"选项卡"修改"面板中的"删除"按钮，删除矩形，完成的图形如图5-35（d）所示。

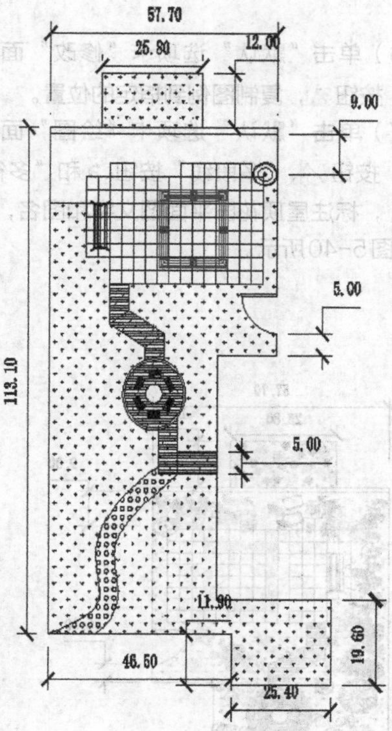

(a)

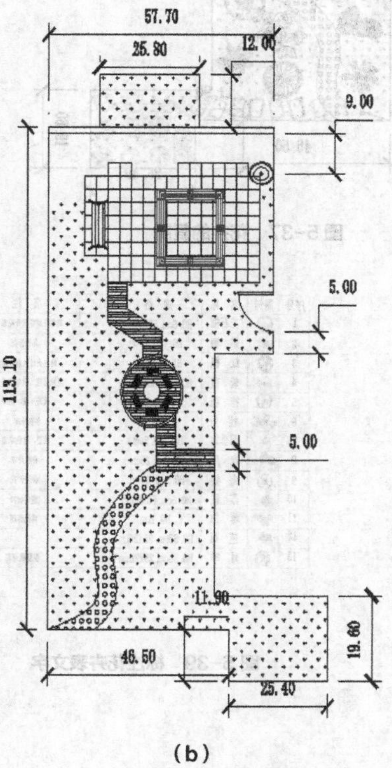

(b)

图 5-34 填充完的图形

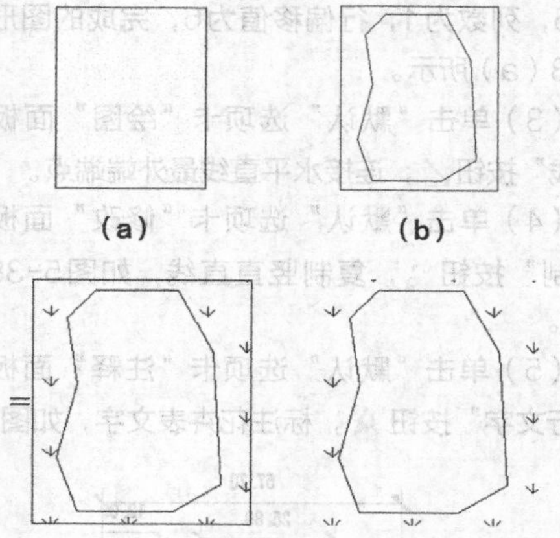

(a) (b) (c) (d)

图 5-35 绘制石板路石流程

（8）单击“默认”选项卡“修改”面板中的“旋转”按钮，旋转刚刚绘制好的图形，旋转角度为-15°。

（9）单击“默认”选项卡“块”面板中的“创建”按钮，弹出“块定义”对话框，创建块并输入块的名称。

（10）单击“默认”选项卡“修改”面板中的“复制”按钮和“旋转”按钮，使石板路石分布到图中合适的位置处，结果如图5-36所示。

5.4.7 复制花卉

使用“复制”命令将源文件中的花卉分别布置到图中。

（1）分别按Ctrl+C和Ctrl+V快捷键从“源文件\图库\风景区规划图例.dwg”文件中复制、粘贴图例。

（2）单击“默认”选项卡“修改”面板中的“复制”按钮，复制花卉图例到指定的位置，完成的图形如图5-37所示。

5.4.8 绘制花卉表

本节中我们使用“直线”“矩形阵列”“复制”“多行文字”命令绘制花卉表，也可以使用“表格”命令直接绘制花卉表，读者自行体会。

（1）单击“默认”选项卡“绘图”面板中的“直线”按钮，绘制一条长度值为110的水平直线。

（2）单击“默认”选项卡“修改”面板中的“矩形阵列”按钮，阵列为水平直线，设置行数为15，列数为1，行偏移值为6，完成的图形如图5-38（a）所示。

（3）单击“默认”选项卡“绘图”面板中的“直线”按钮，连接水平直线最外端端点。

（4）单击“默认”选项卡“修改”面板中的“复制”按钮，复制竖直直线，如图5-38（b）所示。

（5）单击“默认”选项卡“注释”面板中的“多行文字”按钮A，标注花卉表文字，如图5-39所示。

（6）单击“默认”选项卡“修改”面板中的“复制”按钮，复制图例到指定的位置。

（7）单击“默认”选项卡“绘图”面板中的“直线”按钮、“多段线”按钮和“多行文字”按钮A，标注屋顶花园平面图文字和图名，完成的图形如图5-40所示。

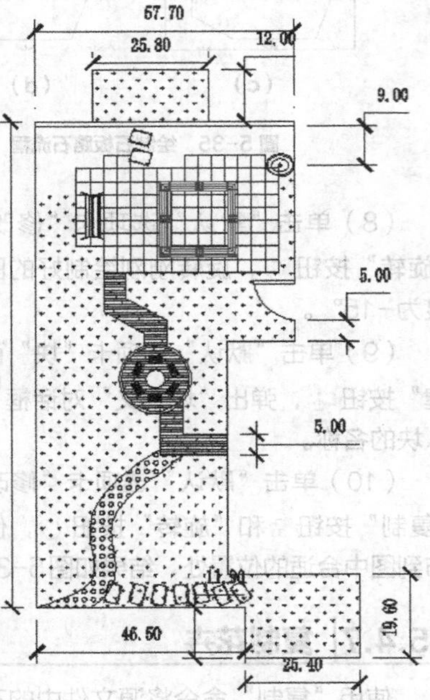

图5-36　分布石板路石

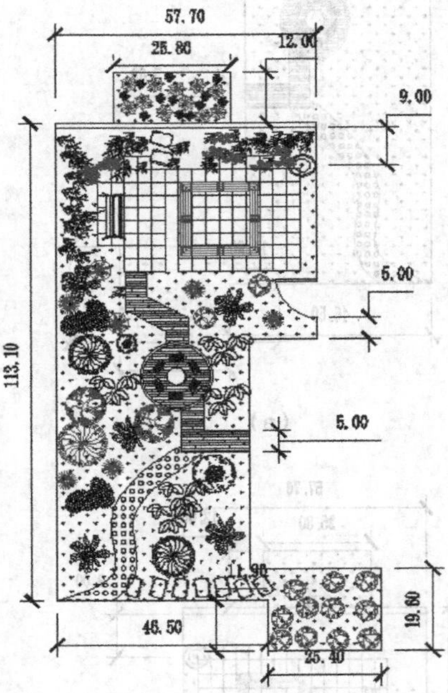

图5-37　花卉的复制

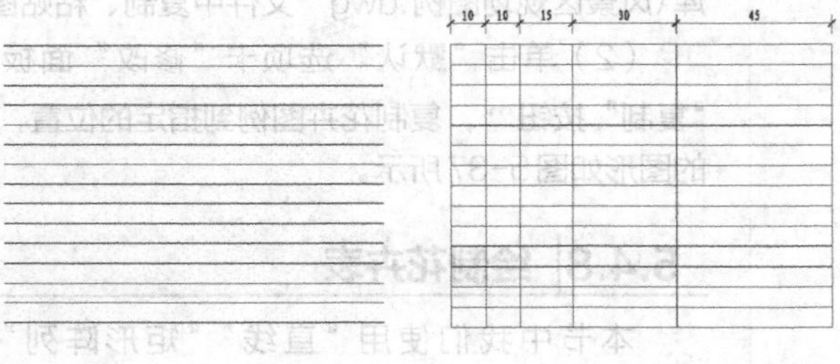

（a）　（b）

图5-38　绘制花卉表流程

序号	图例	名称	规格		备注
1		花石榴	H0.6cm, 50X50cm		寓意旺家春秋开花观果
2		腊梅	H0.4-0.6cm		冬天开花
3		红枫	H1.2-1.8cm		叶色火红，观叶树种
4		紫薇	H0.5cm, 35X35cm		夏秋开花，秋冬枝干秀美
5		桂花	H0.6-0.8cm		秋天开花，花香
6		牡丹	H0.3cm		冬春开花
7		四季竹	H0.4-0.5cm		观姿，叶色丰富
8		鸢尾	H0.2-0.25cm		春秋开花
9		海棠	H0.3-0.45cm		春天开花
10		苏铁	H0.6cm, 60X60cm		观姿树种
11		葱兰	H0.1cm		烘托作用
12		芭蕉	H0.35cm, 25X25cm		
13		月季	H0.35cm, 25X25cm		春夏秋开花

图5-39　标注花卉表文字

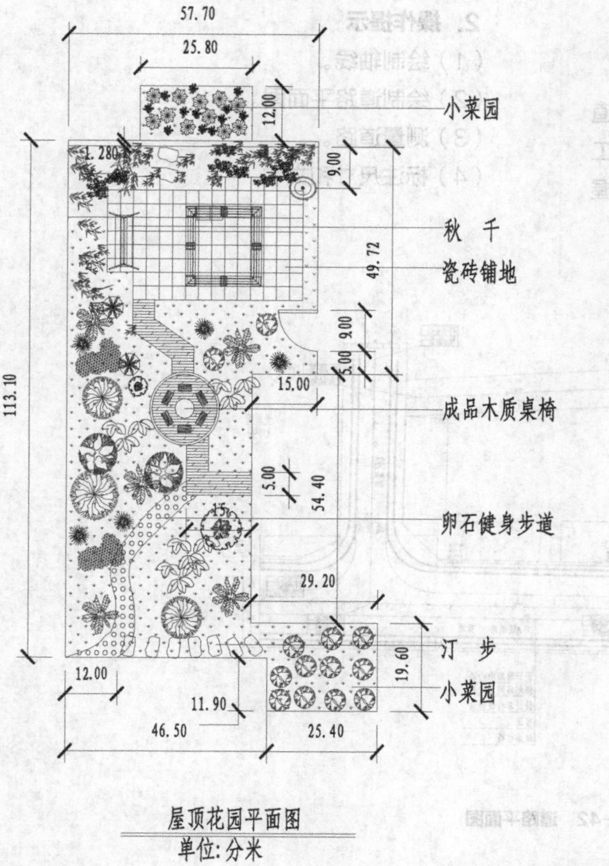

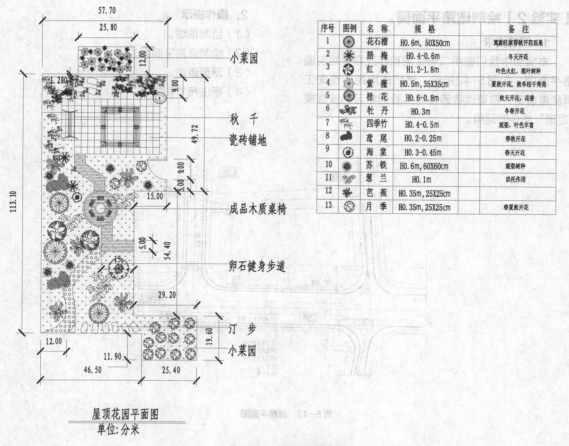

序号	图例	名 称	规 格		备 注
1		花石榴	H0.6m, 50X50cm		寓意旺家春秋开花观果
2		腊 梅	H0.4-0.6m		冬天开花
3		红 枫	H1.2-1.8m		叶色火红，观叶树种
4		紫 薇	H0.5m,35X35cm		夏秋开花，秋冬枝干秀美
5		桂 花	H0.6-0.8m		秋天开花，花香
6		牡 丹	H0.3m		冬春开花
7		四季竹	H0.4-0.5m		观姿，叶色丰富
8		鸢 尾	H0.2-0.25m		春秋开花
9		海 棠	H0.3-0.45m		春天开花
10		苏 铁	H0.6m,60X60cm		观姿树种
11		葱 兰	H0.1m		烘托作用
12		芭 蕉	H0.35m,25X25cm		
13		月 季	H0.35m,25X25cm		春夏秋开花

图 5-40 屋顶花园平面图

5.5 上机实验

通过前面的学习，相信读者对本章知识已有了大体的了解。本节通过两个实验帮助读者进一步掌握本章知识要点。

【实验 1】将枸杞创建为块。

1. 目的要求

本实验中我们使用“圆”“圆弧”命令绘制枸杞，如图5-41所示，然后应用“创建块”命令将其创建为块。希望读者通过本实验的学习熟练掌握“创建块”命令的运用。

2. 操作提示

（1）绘制圆。

（2）细化枸杞图形。

（3）将枸杞创建为块。

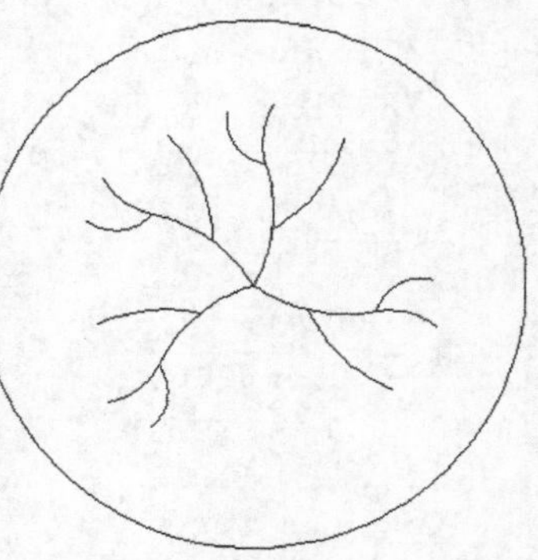

图 5-41 枸杞

【实验 2】绘制道路平面图。

1. 目的要求

本实验中我们使用二维绘图和修改命令绘制道路平面图，如图5-42所示，然后使用距离查询工具测量道路。希望读者通过本实验的学习熟练掌握“距离”命令的运用。

2. 操作提示

（1）绘制轴线。

（2）绘制道路平面图。

（3）测量道路。

（4）标注尺寸和文字。

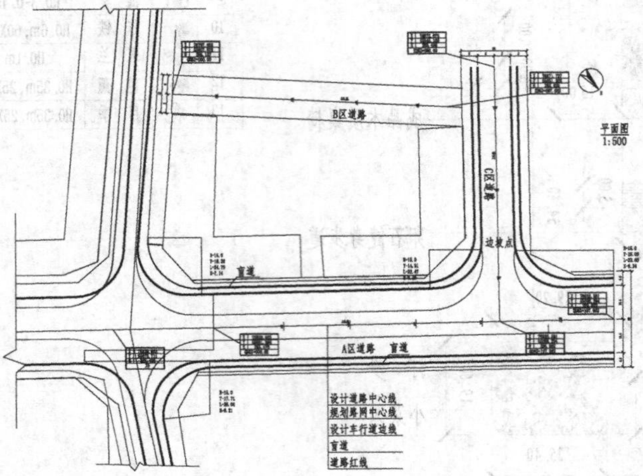

图 5-42　道路平面图

第2篇　园林设计基础知识

本篇导读

本篇主要讲解园林设计基础知识，包括地形、园林建筑、园林小品、园林水景图和园林绿化等设计。本篇通过实例加深读者对 AutoCAD 功能及园林设计图绘制方法的理解和掌握。

内容要点

第6章 园林设计基本概念

园林是指在一定地域内，运用工程技术和艺术手段，通过因地制宜地改造地形、整治水系、栽种植物、营造建筑和布置园路等方法，创建的优美游憩境域。

知识点

- 概述
- 园林设计的原则
- 园林布局
- 园林设计的步骤
- 园林设计图的绘制

6.1 概述

6.1.1 园林设计的意义

园林设计的意义是为人类提供美好的生活环境。纵观古今中外，从《楚辞》中记载的“悬圃”、《山海经》中记载的“归墟”和西方《圣经》中记载的“伊甸园”，到太液池、颐和园、凡尔赛宫，再到现在各国多样的城市公园和绿地，人类历史实现了从理想自然到现实自然的转变。

6.1.2 当前我国园林设计状况

近年来，随着人们生活水平的不断提高，园林行业受到了很多的关注，发展也更为迅速，在科技队伍建设和设计水平等方面都取得了巨大的成就。

在科研进展上，建设部早在20世纪80年代初就制定了“园林绿化”科研课题，进行系统研究并逐步落实，风景名胜和大地景观的科研项目也有所进展。经过多年不懈的努力，园林行业的发展取得了很好的成绩。建设部在1992年颁布的《城市园林绿化当前产业政策实施办法》中明确了风景园林在社会经济建设中的作用，是国家重点扶持的产业。园林科技队伍建设步伐加快，在各省市都有相关的科研单位和高等院校。

当然，园林设计行业在发展中也存在一些不足，如盲目模仿、一味追求经济效益和迎合领导的意图等情况时有发生。面对我国园林行业存在的一些现象，我们应该采取一些具体的措施：首先，需要制定长久的目标和基本的规划，按照既定的框架和结构对相关的技术手段进行提升；其次，需要重视人才队伍的培养与建设，为相关工作的改进提供更多具有专业知识和专业技能的人才，使得每一个部门细小的工作环节中，都有充足的人才。这样才能够更好地改进当前人才短缺的情况，为新的发展和进步提供更多动力和保障。

6.1.3 我国园林发展方向

1. 生态园林的建设

随着人们环境保护意识的提高，以生态学原理与实践为依据建设生态园林将是园林行业发展的趋势。其理念是“创造具有多样性的自然生态环境，追求人与自然共生的乐趣，提高人们的自然志向，使人们在观察自然、学习自然的过程中，认识到生态环境保护的重要性”。

2. 园林城市的建设

现在，园林城市的建设已成为我国城市发展的重要内容。

6.2 园林设计的原则

园林设计的最终目的是创造出景色如画、环境舒适、健康文明的游憩境域。一方面要满足人们精神文明的需要；另一方面要满足人们能够享受高质量的休息与娱乐的物质文明需要。在园林设计中，我们必须遵循“适用、经济、美观”的原则。“适用”包含两层意思：一层意思是正确选址，因地制宜，巧于因借；另一层意思是园林的功能要适用于服务对象。在考虑“适用”的前提下，还要考虑经济问题，尽量在投资少的情况下建设出高质量的园林。最后在“适用”“经济”的前提下，尽可能做到“美观”，满足园林布局、造景的艺术要求。

在园林设计过程中，“适用、经济、美观”三者不是孤立的，而是紧密联系、不可分割的整体。具体而言，园林设计应遵循以下基本原则。

1. 主景与配景

无论进行何种艺术创作，首先均应确定主题、副题，重点、非重点，主角、配角，主景、配景等关系。园林设计也不例外，应在确定主题思想的前提下，考虑主要的艺术形象，也就是考虑园林主景。主景能通过配景的陪衬、烘托得到加强。

为了表现主题，在园林和建筑艺术中，通常采用下列手法突出主景。

（1）中轴对称。在布局中，首先确定某一方向作为轴线，轴线上方通常安排主景。在主景前方两侧，常常配置一对或若干对配景，以陪衬主景，如凡尔赛宫。

（2）主景升高。主景升高犹如鹤立鸡群，这是普通、常用的艺术手段。主景升高往往与中轴对称手法共用，如华盛顿纪念碑、人民英雄纪念碑等。

（3）环拱四合空间的交汇点。在园林中，环拱四合空间主要出现在宽阔的水平面景观或群山环抱的盆地类型园林空间中，如杭州西湖的三潭印月等。在自然式园林中，四周由土山和树林环抱的林中草地，也是环拱四合空间。四周配高杆林带，在视觉交汇点上布置主景，即可起到突出主景的作用。

（4）构图重心位能。三角形、圆形等图案的重心为几何构图中心，往往是突出主景的最佳位置，能起到较好的位能效应。自然山水园的视觉重心忌居正中。

（5）渐变法。渐变法即园林景物采用渐变的手法布局，从低到高，逐步升级，由配景到主景，逐级引入。

2. 对比与调和

对比与调和是在布局中运用统一与变化的基本规律，创作景物形象的具体表现。对比指采用骤变的景象，给人生动、鲜明的印象，从而增强作品的艺术感染力。调和指事物和现象各方面之间的联系和配合达到完美的境界，也就是多样化中的统一。

在园林设计中，对比手法主要包括空间对比、虚实对比、疏密对比、大小对比、方向对比、色彩对比、布局对比、质感对比等。

3. 节奏与韵律

在园林布局中，有一种手法是使同样的景物重复出现，这就是节奏与韵律在园林设计中的应用。韵律可分为连续韵律、渐变韵律、交错韵律、起伏韵律等。

4. 均衡与稳定

在园林布局中，均衡可以分为对称均衡、不对称均衡和质感均衡。一般在主轴两边以相等距离、体量、形态组成的均衡称为对称均衡；不对称均衡是主轴不在中线上，两边景物的形体、大小、与主轴的距离都不相等，但两边景物处于动态的均衡；质感均衡是体型差异较大，但是在质量上感觉处于均衡。在园林设计中，稳定性是指园林建筑、山石以及园林植物等方面所展现的上下、大小之间的轻重关系。为实现园林布局的稳定，常采用以下措施：在体量上，自下而上逐渐缩小；在园林建筑和山石处理方面，利用材料和质地所产生的不同重量感来营造稳定感。例如，建筑基部墙面多采用粗石和深色表面，而上层部分则使用较光滑或色彩较浅的材料；在土山带石的土丘上，将山石设置在山麓部分，以增强稳定性。

5. 比例与尺度

任何物体不论任何形状，必有3个方向，即长、宽、高。比例就是研究三者的关系。任何园林景观都要研究双重的“3个关系”：一是景物本身的三维空间，二是整体与局部。园林中的尺度，指园林空间中各个组成部分与具有一定自然尺度的物体比较。功能、审美和环境特点决定园林设计的尺度。尺度分为不可变尺度和可变尺度两种：不可变尺度是按一般人体的常规尺寸确定的尺度；可变尺度，如建筑形体、雕像的大小、桥景的幅度等都要依具体情况而定。园林设计中常应用的是夸张尺度，其往往将景物放大或缩小，以满足造园、造景效果的需要。

6.3 园林布局

园林布局，就是在选定园址（相地）的基础上，根据园林的性质、规模、地形条件等因素进行全园的总布局，通常称为总体设计。总体设计是园林艺术的构思过程，也是园林内容与形式统一的创作过程。

6.3.1 立意

立意是指园林设计的总意图，即设计思想，要做到“神仪在心，意在笔先”“情因景生，景为情造”。在园林创作过程中，选定园址、依据现状确定园林主题思想、创造园景这几个方面是不可分割的有机整体。

6.3.2 布局

布局是指在选定园址、构思的基础上，设计者在孕育园林作品的过程中所进行的思维活动。其主要包括选择、提炼题材，酝酿并确定主景、配景，功能分区，景点、游赏线分布，探索可用的园林形式等。

园林形式需要根据园林的性质、当地的文化传统和意识形态等来决定。构成园林的五大要素分别为地形、植物、建筑、广场与道路，以及园林小品，这些在后面的相关章节中会详细讲述。园林的布局形式可以分为3类：规则式园林、自然式园林和混合式园林。

1. 规则式园林

规则式园林又称为整形式园林、建筑式园林、图案式园林或几何式园林。在18世纪英国风景式园林产生以前，西方园林基本上以规则式园林为主，其中以文艺复兴时期意大利台地建筑式园林和17世纪法国勒诺特尔平面图案式园林为代表。这一类园林以建筑和建筑式空间布局为园林风景表现的主要题材。规则式园林的特点如下。

（1）中轴线。园林在平面规划上有明显的中轴线，基本上依中轴线进行对称式布置，园林的划分大多呈几何形。

（2）地形。在平原地区，由不同标高的水平面及缓倾斜的平面组成；在山地及丘陵，由阶梯式的大小不同的水平台地、倾斜平面及石级组成。

（3）水体设计。外轮廓均为几何形，多采用整齐式驳岸，园林水景的类型以整形水池、壁泉、整形瀑布及运河等为主，其中常以喷泉为水景主题。

（4）建筑布局。不仅个体建筑采用中轴对称均衡的设计，建筑群和大规模建筑组群的布局也采取中轴对称均衡的手法，以主要建筑群和次要建筑群形式的主轴和副轴控制全园。

（5）道路广场。园林的空旷地和广场外轮廓均为几何形。封闭的草坪、广场空间，以对称建筑群或规则式林带、树墙包围。道路均为直线、折线或几何曲线形式，构成方格形或环状放射形、中轴对称或不对称的几何布局。

（6）种植设计。园林花卉布置以图案为主题的模纹花坛和花境为主，有时布置成大规模的花坛群。树木配置以行列式和对称式为主，并运用大量的绿篱、绿墙以区划和组织空间。树木整形修剪以模拟建筑体形和动物形态为主，如绿柱、绿塔、绿门、绿亭和用常绿树修剪而成的鸟兽等。

（7）园林小品。常以盆树、盆花、瓶饰、雕像为主要景物，雕像的基座为规则式，雕像多配置于轴线的起点、终点或交点上。

2. 自然式园林

自然式园林又称为风景式园林、不规则式园林、山水派园林等。我国园林无论是大型的帝皇苑囿还是小型的私家园林，多以自然式园林为主，古典园林以北京颐和园、三海园林，承德避暑山庄，苏州拙政园、留园为代表。这种布局形式从唐代开始影响日本的园林设计，18世纪后期传入英国，从而引起欧洲园林对古典形式主义的革新运动。自然式园林的特点如下。

（1）地形。在平原地带，自然起伏的和缓地形与人工堆置的若干起伏的土丘相结合，其断面为和缓的曲线。在山地和丘陵，则利用自然地形、地貌，除建筑和广场地基以外，不做人工阶梯形的地形改造，仅对原有破碎、割切的地形地貌加以人工整理，使其自然。

（2）水体。其轮廓为自然的曲线，岸为各种自然曲线的倾斜坡度，如有驳岸则是自然山石驳岸。园林水景的类型以溪涧、河流、自然式瀑布、池沼、湖泊等为主，常以瀑布为水景主题。

（3）建筑。园林内个体建筑为对称或不对称均衡的布局，其建筑群和大规模建筑组群多采取不对称均衡的布局。全园不以轴线控制，而以主要导游线构成的连续构图控制。

（4）道路广场。园林空旷地和广场的轮廓为自然形的封闭空旷草地和广场，以不对称的建筑群、土山、自然式的树丛和林带包围。道路平面和剖面由自然起伏、曲折的平面线和竖曲线组成。

（5）种植设计。园林内种植不成行列式，以反映自然界植物群落自然之美，花卉布置以花丛、花群为主，不用模纹花坛。树木配置以孤立树、树丛、树林为主，不用规则修剪的绿篱，以自然的树丛、树群、树带来区划和组织园林空间。树木整形不模拟成建筑、鸟兽等形态，而模拟成自然苍老的大树。

（6）园林其他景物。除建筑、自然山水、植物群落以外，其余多采用山石、假石、桩景、盆景、雕刻为主要景物。其中雕像的基座为自然式，雕像位置多配置于透视线集中的焦点。

自然式园林在我国历史悠长，绝大多数古典园林都是自然式园林。游人如置身于大自然之中，足不出户就能游遍名山名水。

3. 混合式园林

混合式园林主要指规则式、自然式交错组合，全园没有或不形成控制全园的轴线，只有局部景区、建筑采用中轴对称布局，或者全园没有明显的自然山水骨架，形不成自然布局。

在园林规则中，原有地形平坦的可规划成规则式；原有地形起伏不平，丘陵、水面多的可规划成自然式。大面积园林以自然式为宜，小面积园林采用规则式较经济。四周环境为规则式的宜规划成规则式，四周环境为自然式的则宜规划成自然式。

相应地，园林的设计方法也有3种：轴线法、山水法、综合法。

6.3.3 园林布局基本原则

1. 功能明确，组景有方

园林布局是园林综合艺术的最终体现，所以园林必须有合理的功能分区。以颐和园为例，有宫廷区、生活区、苑林区3个分区，苑林区又可分为前湖区、后湖区。现代园林的功能分区更为明确，如花港观鱼公园共有6个分区。

在合理的功能分区基础上，组织游赏路线，布局构图空间，安排景区、景点，营造意境、情景，是园林布局的核心内容。游赏路线就是园路，园路的职能之一便是组织交通、引导游览路线。

2. 因地制宜，景以境出

因地制宜是造园最重要的原则之一，我们应在园址现状基础上进行布景设点，最大限度地发挥现有地形地貌的特点，以达到"虽由人作，宛如天开"的境界。要注意根据不同的基地条件进行布局安排，"高方欲就亭台，低凹可开池沼"，稍高的地形则堆土使其成假山，在低洼地上挖深使其变成池湖。颐和园即在原来的"翁山""翁山泊"上建成，圆明园则在"丹棱沜"上设计和建造，承德避暑山庄则是在原来的山水基础上建造出来的风景式自然山水园林。

3. 掇山理水，理及精微

人们常用"挖湖堆山"来概括中国园林创作的特征。

理水，首先要沟通水系，即"疏水之去由，察源之来历"，忌水出无源或死水一潭。

掇山，挖湖后的土方可用来堆山。在堆山的过程中，可根据工程的技术要求，将其设计成土山、石山、土石混合山等不同类型。

4. 建筑经营，时景为精

园林建筑既有使用价值，又能与环境组成景致，供人们游览和休憩。其设计方法概括起来主要有6个方面：立意、选址、布局、借景、尺度与比例、色彩与质感。中国园林的布局手法讲究以下几点。

（1）山水为主，建筑配合。建筑有机地与周围结合，创造出别具特色的景象。

（2）统一中求变化，对称中有异象。对建筑的布局来讲，除主从关系外，还要在统一中求变化，在对称中求灵活。如佛香阁东西两侧的湖山碑和铜亭，位置对称，但湖山碑和铜亭的高度、造型、性质、功能等截然不同，然而正是这样的景物在园林中得到了完美的统一。

（3）对景顾盼，借景有方。在园林中，观景点和在具有透景线的条件下所面对的景物形成对景。一般透景线穿过水面、草坪，或仰视、俯视空间，两景物互为对景。如拙政园内的远香堂对雪香云蔚亭，留园的涵碧山房对可亭，退思园的退思草堂对闹红一舸等。借景始见于《园冶》一书，可见借景的重要性，它是丰富园景的重要手法之一。如从颐和园借景园外的玉泉塔，从拙政园绣绮亭和梧竹幽居一带西望北寺塔。

5. 道路系统，顺势通畅

在园林中，道路系统的设计是十分重要的，道路的设计形式决定园林的形式，表现不同的园林内涵。道路既是园林划分不同区域的界线，又是连接园林不同区域活动内容的纽带。在园林设计过程中，除考虑上述内容外，还要使道路与山体、水系、建筑、花木构成有机的整体。

6. 植物造景，四时烂漫

植物造景是园林建设的现代手法，设计者通过运用乔灌木、藤本和草木来创造园林景观，利用植物本身的形体和柔软线条来达到装饰景观的效果，并通过设计花草树木配置造就相应景观，借以表达自己的思想感情。园林植物按季节分为多种，如春天的迎春花、碧桃等，夏天的紫薇、木槿等，秋天的红枫、银杏等，冬天的油松、龙柏等。园林植物总的配置一般采用三季有花、四季有绿，即“春意早临花争艳，夏有浓荫好乘凉，秋色多变看叶果，冬季苍翠不萧条”的设计原则。

6.4 园林设计的步骤

园林设计主要包括以下几个步骤。

6.4.1 园林设计的前提工作

（1）掌握自然条件、环境状况及历史沿革等。

（2）准备图纸资料，如地形图、局部放大图、现状图、地下管线图等。

（3）现场勘查。

（4）编制总体设计任务文件。

6.4.2 总体设计方案阶段

（1）主要设计图内容，包括位置图、现状图、分区图、总体设计方案图、地形图、道路总体设计图、种植设计图、管线总体设计图、电气规划图和园林建筑布局图。

（2）鸟瞰图。直接表达园林设计的意图，可通过钢笔画、铅笔画、水彩画、水粉画等绘画形式表现。

（3）总体设计文字说明。总体设计方案除了图纸，还包括一份文字说明，用来全面地介绍设计者的构思、设计要点等内容。

6.5 园林设计图的绘制

6.5.1 园林设计总平面图

1. 园林设计总平面图的内容

园林设计总平面图是设计范围内所有造园要素的水平投影图，它能表明在设计范围内的所有内容。园林设计总平面图是园林设计的基本图纸，能够反映园林设计的总体思想和设计意图，是绘制其他设计图及施工、管理的主要依据，主要包括以下内容。

（1）规划用地区域现状及范围。

（2）对原有地形地貌等自然状况的改造和新的规划设计意图。

（3）竖向设计情况。

（4）景区景点的设置、景区出入口的位置，各种造园素材的种类和位置。

（5）比例尺、指北针、风玫瑰图。

2. 园林设计总平面图的绘制

首先选择合适的比例，常用的比例有1：200、1：500、1：1000等。

绘制设计图中的各种造园要素的水平投影。其中地形用等高线表示，并在等高线的断开处标注设计的高程。设计地形的等高线用实线绘制，原地形的等高线用虚线绘制；道路和广场的轮廓用中实线绘制；建筑的外轮廓用粗实线绘制；园林植物用图例表示；水体驳岸用粗线绘制，并用细实线绘制水底的坡度等高线；山石用粗线绘制其外轮廓。

用标注定位尺寸和坐标网格进行定位。标注定位尺寸是指以图中某一原有景物为参照物，标注新设计的主景和该参照物之间的相对距离；坐标网格以直角坐标的形式进行定位，形式有建筑坐标网格和测量坐标网格两种。园林设计中常用建筑坐标网格，即以某一点为“零点”，并以水平方向为B轴，竖直方向为A轴，按一定距离绘制出方格。坐标网格用细实线绘制。

编制图例表。图中应用的图例，都应在图上编制图例表说明其含义。

绘制指北针、风玫瑰图，注写图名、标题栏、比例尺等。

编写设计说明。设计说明用文字的形式进一步表达设计思想，或作为图纸内容的补充。

6.5.2 园林建筑初步设计图

1. 园林建筑初步设计图的内容

园林建筑是指在园林中与园林造景有直接关系的建筑，园林建筑初步设计图需包括出平、立、剖面图，并标注出主要控制尺寸。图纸要能反映建筑的形状、大小、周围环境等内容，一般包括建筑总平面图、建筑平面图、建筑立面图、建筑剖面图等。

2. 园林建筑初步设计图的绘制

（1）建筑总平面图。要反映新建建筑的形状、所在位置、朝向及室外道路、地形、绿化等情况，以及该建筑与周围环境的关系和相对位置。绘制时首先选择合适的比例，其次绘制图例。建筑总平面图是用建筑总平面图例来表达内容的，其中的新建建筑、保留建筑、拆除建筑等都有对应的图例。接着标注标高，即新建建筑首层平面的绝对标高、室外地面和周围道路的绝对标高，以及地形等高线的高程数字。最后绘制比例尺、指北针、风玫瑰图、图名、标题栏等。

（2）建筑平面图。用来表示建筑的平面形状、大小、内部的分隔和使用功能，以及墙、柱、门窗、楼梯等的位置。绘制时首先确定比例，然后绘制定位轴线，接着绘制墙、柱的轮廓线、门窗细部，然后进行尺寸标注、标高注写，最后绘制指北针、剖切符号、图名、比例等。

（3）建筑立面图。主要用于表示建筑的外部造型和各部分的形状及相互关系等，如门窗的位置和形状，阳台、雨篷、台阶、花坛、栏杆等的位置和形状。绘图顺序依次为选择比例、绘制外轮廓、绘制主要部位的轮廓线、绘制细部投影线、标注尺寸和标高、绘制配景、注写比例和图名等。

（4）建筑剖面图。表示房屋的内部结构及各部位标高，剖切位置应选择在建筑的主要部位或构造较特殊的部位。绘图顺序依次为选择比例、绘制主要控制线、绘制主要结构的轮廓线、绘制细部结构、标注尺寸和标高、注写比例和图名等。

6.5.3 园林施工图绘制的具体要求

园林制图是表达园林设计意图最直接的方法之一，是每个园林设计师必须掌握的技能。园林AutoCAD制图是风景园林景观设计的基本语言，在园林图纸中，制图的基本内容都有规定。这些内容包括图纸幅面、标题栏及会签栏、线宽及线型、汉字、字符、数字、符号和标注等。

一套完整的园林施工图一般包括封皮、目录、设计说明、总平面图、施工放线图、竖向设计图、植物配置图、照明电气图、喷灌施工图、给排水施工图、园林小品施工详图、铺装剖切断面等。

1. 文字部分

文字部分应包括封面、目录、设计说明、材料表等。

（1）封面包括工程名称、建设单位、施工单位、时间、工程项目编号等内容。

（2）目录包括图纸的名称、图别、图号、图幅、张数等内容。图号以专业为单位，各专业各自编排图号。对于大、中型项目，应按照以下专业进行图号编排：园林、建筑、结构、给排水、电气、材料附图等。对于小型项目，可以按照以下专业进行图号编排：园林、建筑及结构、给排水、电气等。所有专业图纸应该对图号统一标示，以方便查找，如建筑结构施工图可以缩写为“建施（JS）”，给排水施工图可以缩写为“水施（SS）”，种植施工图可以缩写为“绿施（LS）”。

（3）设计说明主要针对整个工程需要说明的问题，如设计依据、施工工艺、材料数量、规格及其他要求等。其具体内容主要包括以下方面。

① 设计依据及设计要求：应注明采用的标准图集及依据的法律规范。

② 设计范围。

③ 标高及标注单位：应说明图纸文件中采用的标注单位，是相对坐标还是绝对坐标，如为相对坐标，需说明采用的依据以及其与绝对坐标的关系。

④ 材料选择及要求：对各部分材料的材质要求及建议，一般应说明的材料包括饰面材料、木材、钢材、防水疏水材料、种植土及铺装材料等。

⑤ 施工要求：强调需注意工种配合及有气候要求的施工部分。

⑥ 经济技术指标：施工区域的总占地面积，绿地、水体、道路、铺地等的面积及占地百分比，以及绿化率和工程总造价等。

除设计说明之外，各个专业图纸还应该配备专门的说明，有时施工图中还应该配有适当的文字说明。

2. 施工放线

施工放线应该包括施工总平面图、施工放线图、局部放线详图等。

（1）施工总平面图。

① 施工总平面图的主要内容。

- 指北针（或风玫瑰图），绘图比例（比例尺），文字说明，景点、建筑物或构筑物的名称和标注，图例表。
- 道路和铺装的位置、尺度、主要点的坐标、标高以及定位尺寸。
- 小品的主要控制点坐标及小品的定位、定形尺寸。
- 地形、水体的主要控制点坐标、标高及控制尺寸。
- 植物种植区域轮廓。
- 无法用标注尺寸准确定位的自由曲线园路、广场、水体等，应给出其局部放线详图，用放线网表示，并标注控制点坐标。

② 施工总平面图绘制的要求。

- 布局与比例：图纸应按上北下南的方向绘制，根据场地形状或布局，可向左或向右偏转，但不宜超过45°。施工总平面图一般采用1：500、1：1000、1：2000的比例进行绘制。
- 图例：《总图制图标准》（GB/T 50103—2010）中列出了建筑物、构筑物、道路、铁路以及植物等的图例，具体内容见相应的制图标准。如果由于某些原因必须另行设定图例，应该在总图上绘制专门的图例表进行说明。
- 图线：在绘制总图时应该根据具体内容采用不同的图线，具体内容参照《总图制图标准》（GB/T 50103—2010）。
- 单位：施工总平面图中的坐标、标高、距离宜以m为单位，并应至少取至小数点后两位，不足时以0补齐。局部放线详图宜以mm为单位，如不以mm为单位，应另加说明。

建筑物、构筑物、铁路、道路方位角（或方向角）、道路转向角的度数，宜注写到"，特殊情况应另加说明。

道路纵坡度、场地平整坡度、排水沟沟底纵坡度宜以百分计，并应取至小数点后一位，不足时以0补齐。

- 坐标网格：坐标分为测量坐标和施工坐标。测量坐标为绝对坐标，测量坐标网格应画成交叉十字线，坐标代号宜用“*X*、*Y*”表示。施工坐标为相对坐标，相对零点宜选用已有建筑物的交点或道路的交点，为区别于绝对坐标，施工坐标用大写英文字母*A*、*B*表示。
- 施工坐标网格应以细实线绘制，一般画成100m×100m或者50m×50m的方格网，当然也可以根据需要调整。对于面积较小的场地，可以采用5m×5m或10m×10m的施工坐标网格。
- 坐标标注：坐标宜直接标注在图上，如图面无足够位置，也可列表标注。如果坐标数字的位数太多，可将前面相同的位数省略，省略位数应在附注中加以说明。

建筑物、构筑物、铁路、道路等下列部位的坐标应标注出：建筑物、构筑物的定位轴线（或外墙线）或其交点；圆形建筑物、构筑物的中心；挡土墙墙顶外边缘线或转折点。表示建筑物、构筑物位置的坐标，宜注其3个角的坐标，如果建筑物、构筑物与坐标轴线平行，可标注对角坐标。

平面图上有测量和施工两种坐标系统时，应在附注中注明这两种坐标系统的换算公式。

标高标注：施工图中标注的标高应为绝对标高，如标注相对标高，则应注明相对标高与绝对标高的关系。

建筑物、构筑物、铁路、道路等应按以下规定标注标高：建筑物室内地坪标注图中±0.00处的标高，对不同高度的地坪，分别标注其标高；建筑物室外散水标注建筑物四周转角或两对角的散水坡脚处的标高；构筑物标注其有代表性的标高，并用文字注明标高所指的位置；道路标注路面中心交点及变坡点的标高；挡土墙标注墙顶和墙脚标高，路堤、边坡标注坡顶和坡脚标高，排水沟标注沟顶和沟底标高，场地平整标注其控制位置标高；铺砌场地标注其铺砌面标高。

③ 施工总平面图绘制步骤。

- 绘制设计平面图：根据需要确定坐标原点及坐标网格的精度，绘制测量坐标网格和施工坐标网格。
- 标注尺寸、标高：绘制图框、比例尺、指北针，填写标题、标题栏、会签栏，编写说明及图例表。

（2）施工放线图。施工放线图主要包括道路、广场铺装、园林建筑小品、放线网格（间距1m、5m或10m不等）、坐标原点、坐标轴、主要点的相对坐标、标高（等高线、铺装等）内容。水体施工放线图如图6-1所示。

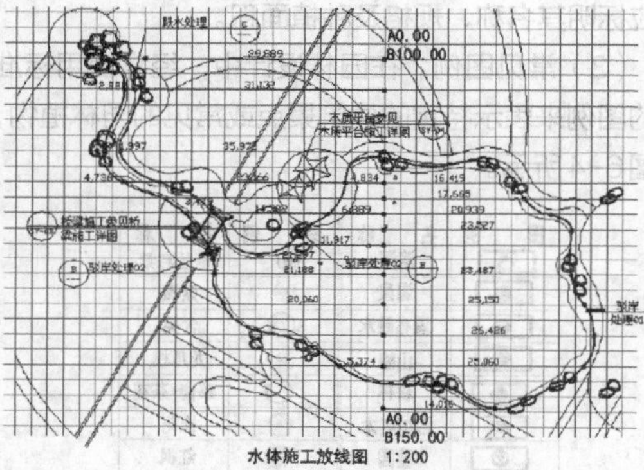

图6-1 水体施工放线图

3. 土方工程

土方工程应该包括竖向设计图和土方调配图。

（1）竖向设计图。竖向设计是指在一块场地中进行垂直于水平方向的布置和处理，也就是地形高程设计。

① 竖向设计图的内容。

指北针、图例、比例、文字说明和图名。文字说明应该包括标注单位、绘图比例、高程系统的名称、补充图例等。

现状与原地形标高、地形等高线、设计等高线的等高距一般取0.25 ~ 0.5m，当地形较为复杂时，需要绘制地形等高线放样网格。

最高点或某些特殊点的坐标及该点的标高。例如，道路的起点、变坡点、转折点和终点等的设计标高（道路在路面中、阴沟在沟顶和沟底）、纵坡度、纵坡距、纵坡向、平曲线要素、竖曲线半径、关键点坐标；建筑物、构筑物室内外设计标高；挡土墙、护坡或土坡等构筑物坡顶和坡脚的设计标高；水体驳岸、岸顶、岸底标高，池底标高，水面最低、最高及常水位。

地形的汇水线和分水线，或用坡向箭头标明设计地面坡向，指明地表排水的方向、排水的坡度等。

绘制重点地区、坡度变化复杂地段的地形断面图，并标注标高、比例尺等。

当工程比较简单时，竖向设计图可与施工放线图合并。

② 竖向设计图的具体要求。

计量单位：通常标高的标注单位为m，如果有特殊要求，应该在设计说明中注明。

线型：竖向设计图中比较重要的是地形等高线，用细实线绘制设计等高线，用细虚线绘制原有地形等高线，用细单点长画线绘制汇水线和分水线。

坐标网格及其标注：坐标网格采用细实线绘制，网格间距取决于施工的需求以及图形的复杂程度，一般采用与施工放线图相同的坐标网格体系。对于局部的不规则等高线，可以单独作出施工放线图，或者在竖向设计图中局部缩小网格间距，提高放线精度。竖向设计图的标注方法与施工放线图的相同，针对地形中最高点、建筑物角点或特殊点进行标注。

地表排水方向和排水坡度：利用箭头表示排水方向，并在箭头上标注排水坡度。对于道路或铺装等区域，除要标注排水方向和排水坡度之外，还要标注坡长，一般排水坡度标注在坡度线的上方，坡长标注在坡度线的下方。

其他方面的绘制要求与施工总平面图相同。

（2）土方调配图。在土方调配图上要注明挖填调配区、调配方向、土方数量和每对挖填之间的平均运距。图6-2所示的土方调配图，仅考虑场内挖方、填方平衡（A为挖方，B为填方）。

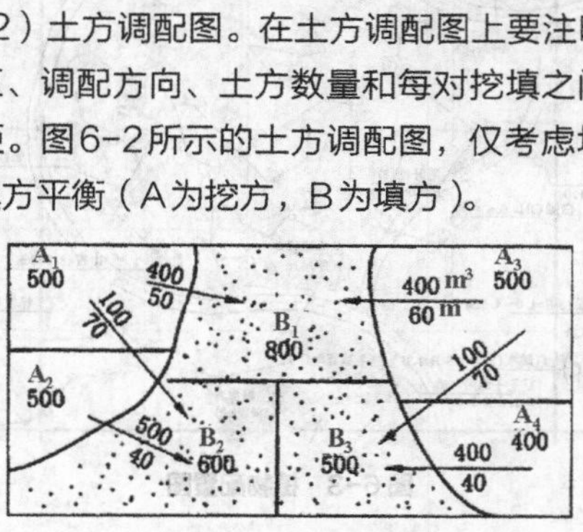

图6-2 土方调配图

① 建筑工程应该包括建筑设计说明，建筑构造做法一览表，建筑平面图、立面图、剖面图，建筑施工详图等。

② 结构工程应该包括结构设计说明，基础图、基础详图，梁、柱详图，结构构件详图等。

③ 电气工程应该包括电气设计说明，主要设备材料表，电气施工平面图、施工详图、系统图、控制线路图等。大型工程应按强电、弱电、火灾报警及其智能系统分别设置目录。

④ 照明电气施工图主要包括灯具形式、类型、规格、布置位置、配电图（电缆电线型号规格，连接方式，配电箱数量、形式规格）等内容。

电位走线只需标明开关与灯位的控制关系，线型宜用细圆弧线（也可适当用中圆弧线），各种强、弱电的插座走线不需要标明。

给排水工程应该包括给排水设计说明，给排水系统总平面图、详图，给水、消防、排水、雨水系统图，喷灌系统施工图等。

喷灌、给排水施工图主要包括给水、排水管的布设、管径、材料，喷头、检查井、阀门井、排水井、泵房等内容。

园林绿化工程应该包括植物种植设计说明、植物材料表、种植施工图、局部施工放线图、剖面图等。如果采用乔、灌、草多层组合，分层种植设计较为复杂，应该绘制分层种植施工图。

植物配置图主要包括植物种类、规格、配置形式以及其他特殊要求等内容，其主要作用是为苗木购买、苗木栽植提供准确的工程量，如图6-3所示。

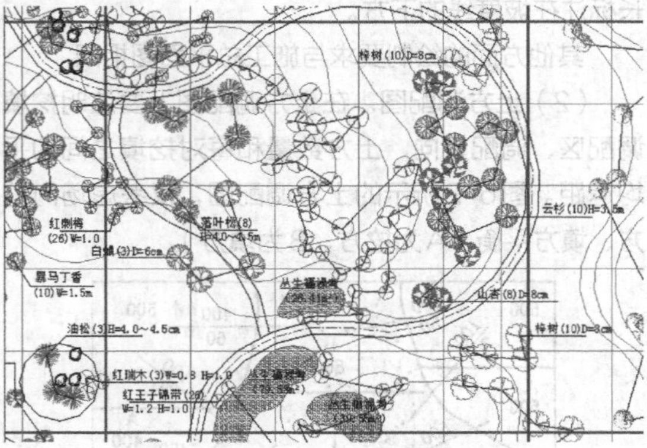

图6-3　植物配置图

4. 植物的栽植

（1）行列式栽植。对于行列式栽植形式（如行道树、树阵等），可用尺寸标注株行距，以及始末树种植点与参照物之间的距离。

（2）自然式栽植。对于自然式栽植形式（如孤植树），可用坐标标注种植点的位置，或者采用三角形标注法进行标注。孤植树往往对植物造型、规格的要求较严格，应在施工图中表达清楚，除利用立面图、剖面图表示以外，还可与苗木表相结合，用文字来加以标注。

5. 图例及尺寸标注

（1）片植、丛植。施工图应绘出清晰的种植范围边界线，标明植物名称、规格、密度等。对于边缘线呈规则几何形状的片植，可用尺寸标注方法标注，为施工放线提供依据；而对于边缘线呈不规则自由线的片植，应绘制坐标网格，并结合文字标注。

（2）草皮种植。草皮用打点的方法表示，标注时应标明其名称、规格及种植面积。

（3）常见图例。在园林设计中，经常使用标准化的图例来表示特定的建筑景点或常见的园林植物，如图6-4所示。

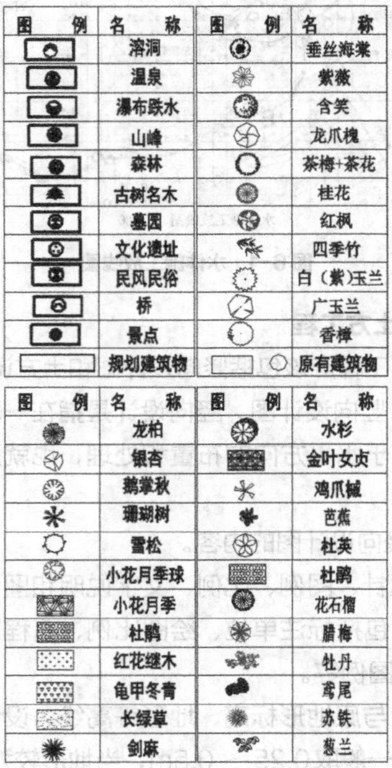
图例 名称 图例 名称
溶洞 垂丝海棠
温泉 紫薇
瀑布跌水 含笑
山峰 龙爪槐
森林 茶梅+茶花
古树名木 桂花
墓园 红枫
文化遗址 四季竹
民风民俗 白（紫）玉兰
桥 广玉兰
景点 香樟
规划建筑物 原有建筑物
图例 名称 图例 名称
龙柏 水杉
银杏 金叶女贞
鹅掌秋 鸡爪槭
珊瑚树 芭蕉
雪松 杜英
小花月季球 杜鹃
小花月季 花石榴
杜鹃 腊梅
红花继木 牡丹
龟甲冬青 鸢尾
长绿草 苏铁
剑麻 葱兰

图6-4　常见图例

第7章 地形设计

地形是园林的“骨架”，地形设计是园林设计平面图绘制中十分基本的一步，涉及园林空间的围合和竖向设计的丰富性。地形主要包括平地、土丘、丘陵、山峦、山峰、凹地、谷地、坞、河流、湖泊、瀑布等，它们的相对位置、高低、大小、比例、尺度、外观形态、坡度的控制和高程关系等都要通过地形设计来确定。地形要素的利用与改造，将影响到园林形式、建筑布局、植物配置、景观效果、给排水工程、小气候等诸多方面。在制图中，地形单独作为一个图层，便于修改、管理，并统一设置图线的颜色、线型、线宽等参数，使得图纸规范、统一、美观。

知识点

- 概述
- 地形图的处理及应用
- 地形图的绘制

7.1 概述

地形是构成园林的“骨架”，包括陆地和水体两部分。人们经常用“挖湖堆山”来概括中国园林创作的特征。

挖湖即理水，理水首先要沟通水系，忌水出无源或死水一潭。水体设计讲究“知白守黑”，虚实相间，景致万变，可以利用岛、桥、堤来巧妙地增加层次、组织空间，水岸和溪流的设计要曲折有致。要注意山水之间的整体关系，山的走势、水的脉络相互穿插、渗透、融汇。

挖湖后得到的土方即可用来堆山。在堆山的过程中，可根据工程的技术要求，设计成土山、石山、土石混合山等不同类型。设计时注意主山、次山要分明，搭配和谐，山形追求“左急右缓”，避免呆板、对称。在较大规模的园林中，要考虑达到山体的“三远效果”。山体设计要变化多端，四面而异，游览时步移景变。并且，要注意山水之间的整体关系。另外，微地形的利用与处理在园林设计中越来越受到重视。

7.1.1 陆地

陆地主要包括平地、土丘、丘陵、山峦、山峰、凹地、谷地、坞、坪等，大体可以分为以下几类。

（1）平地。按地面的材料可分为绿地种植地面、硬质铺装地面、土草地面、砂石地面。为了利于排水，坡度范围一般保持为0.55%～40%。

（2）坡地。即倾斜的地面，按坡度不同，可分为缓坡（8%～10%）、中坡（10%～20%）、陡坡（20%～40%）。

（3）山地。坡度一般在50%以上，包括自然山地和假山置石等。山地按功能可以分为观赏山和登临山。山又有主山、次山、客山之分，山可在园林中作为主景、前景、障景等。按山的主要构成，其可分为土山、石山、土石混合山。

① 土山。可以利用园内挖湖得到的土方堆置，其上栽种植物。

②石山。石山有天然山石（北方为主）、人工塑石（南方为主）两种。天然山石有南北太湖石、黄石、灵壁石、卵石、石笋等，可以堆置出各种各样的景观。人工塑石能够创造出理想的艺术形象，如气势磅礴、雄伟且富有力量感的山石景观，尤其是对于那些采运和堆叠难度极大的巨型奇石的塑造。这种艺术造型与现代建筑具有较强的协调性。

③土石混合山。通常，土山点石与石山包土为两种主要营造方法。以颐和园的万寿山和苏州的沧浪亭为例，它们均为土山点石的典范之作；而苏州的环秀山庄假山则采用了石山包土的技艺。

7.1.2 水体

水体是地形组成中不可缺少的部分。水是园林的“灵魂”，被称为“园林的生命”，是园林的重要组成因素。

（1）按水流的状态可以分为静水和动水两种类型。静水包括湖泊、池塘、潭、沼等形态，给人明洁、安静、开朗或幽深的感受；动水常见的形态有河流、溪水、喷泉、瀑布等，给人欢快、活泼的感受。

（2）按水体的形式可分为自然式、规则式和混合式3类。自然式水体多见于自然式园林区域，水体形状保持或模仿天然形态的河流、湖泊、山涧、泉水、瀑布等；规则式水体多见于规则式园林区域，包括几何形状的喷泉、水池、瀑布及运河、水渠等；混合式水体多见于自然式园林区域和规划式园林区域相交界的地方，为两种形式交替穿插或协调使用。

（3）按水体的使用功能可分为观赏水体和开展水上运动的水体。观赏水体面积一般较小，可以设岛、堤、桥等，并且可以种植水生植物，注意植物不要太过拥挤，应留出足够的空间以形成倒影。驳岸可以做成各种形式，如土基草坪驳岸、自然山石驳岸、砂砾卵石护坡、条石驳岸、钢筋混凝土驳岸等。开展水上运动的水体面积一般比较大，应有适当的水深，水质好，运动与观赏相结合。

7.2 地形图的处理及应用

建筑设计的展开与建筑基地状况息息相关。建筑师一般通过两个方面来了解基地状况：一方面是参考地形图（或称地段图）及相关文献资料；另一方面是实地考察。地形图是总平面图设计的主要依据之一，是总平面图绘制的基础，科学、合理、熟练地应用地形图是建筑师必备的技能。本节将首先介绍地形图识读的知识，然后介绍在AutoCAD 2020中应用和处理地形图的方法和技巧。

7.2.1 地形图识读

建筑师要能够熟练地识读反映基地状况的地形图，并在脑海里建立起基地状况的空间形象。地形图识读内容大致分为3个方面：一是各种注记，二是地物和地貌，三是用地范围。下面对其进行简要介绍。

1. 各种注记

注记包括测绘单位、测绘时间、坐标系、高程系、等高距、比例、图名、图号等信息，如图7-1和图7-2所示。

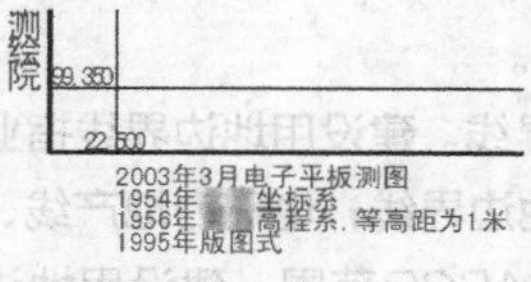

图7-1 注记（1）

图7-2 注记（2）

在一般情况下，地形图的纵坐标为X轴，指向正北方向；横坐标为Y轴，指向正东方向。地形图上的坐标称为测量坐标，常以50m×50m或100m×100m的方格网表示。地形图中标有测量控制点，如图7-3所示，施工图中需要借助测量控制点来定位房屋的坐标及高程。

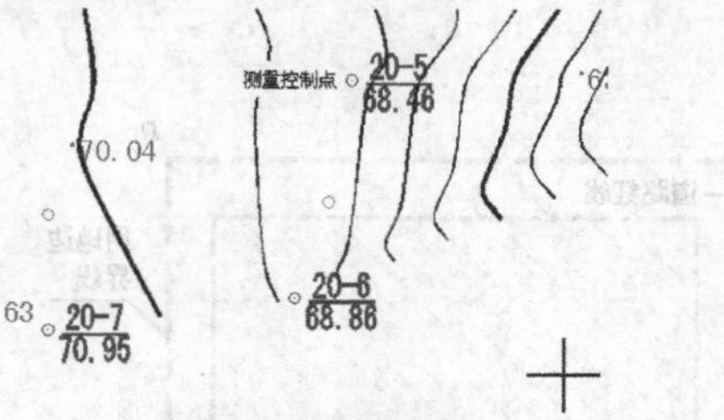

图7-3 测量控制点

2. 地物和地貌

（1）地物。地物是指地面上人工建造或自然形成的固定性物体，如房屋、道路、水库、水塔、湖泊、河流、林木、文物古迹等。在地形图上，地物通过各种符号来表示，这些符号有比例符号、半比例符号和非比例符号之分。比例符号是将地物轮廓按地形图比例缩小绘制而成的，如房屋、湖泊轮廓等。半比例符号是指对电线、管线、围墙等线状地物，忽略其横向尺寸，而纵向按比例绘制。非比例符号是指较小地物，无法按比例绘制，而用符号在相应位置标注，如单棵树木、烟囱、水塔等，如图7-4所示。认识这些地物，便于我们在进行总图设计时，综合考虑这些因素，合理处理新建房屋与地物的关系。

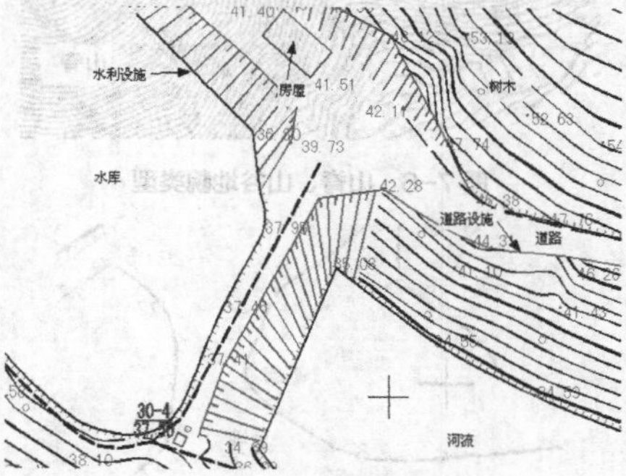

图7-4 各种地物

（2）地貌。地貌是指地面上的高低起伏的自然形态。地形图上用等高线来表示地貌特征，因此识读等高线是重点。对于等高线，以下概念需要明确。

① 等高距：指相邻两条等高线之间的高差。

② 等高线平距：指相邻两条等高线之间的水平距离。距离越大，则坡度越平缓；距离越小，则越陡峭。

③ 等高线种类：等高线在地形图中一般可细分为首曲线、计曲线、间曲线和助曲线4种类型。首曲线为基本等高线，每两条首曲线之间相差一个等高距，用细线表示。计曲线是指每隔4条首曲线加粗的一条首曲线。间曲线是指两条首曲线之间的半距等高线。助曲线是指1/4等高距的等高线，如图7-5所示。

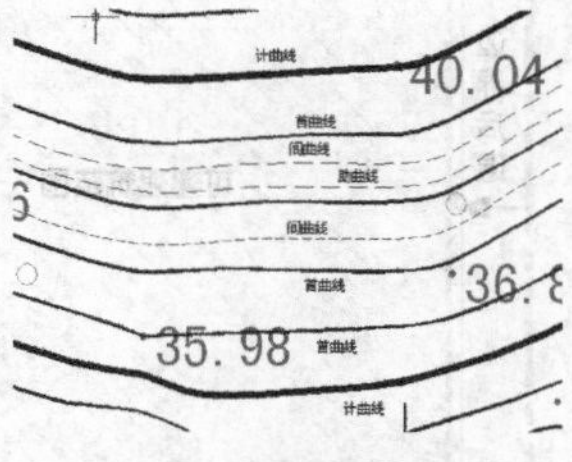

图7-5 等高线种类

常见地貌类型有山谷、山脊、山丘、盆地、台地、边坡、悬崖、峭壁等，如图7-6～图7-9所示。山谷与山脊的区别是，山脊处等高线向低处凸出，山谷处等高线向高处凸出。山丘与盆地的区别是，山丘处逐渐缩小的闭合等高线的海拔越来越高，而盆地处逐渐缩小的闭合等高线的海拔越来越低。

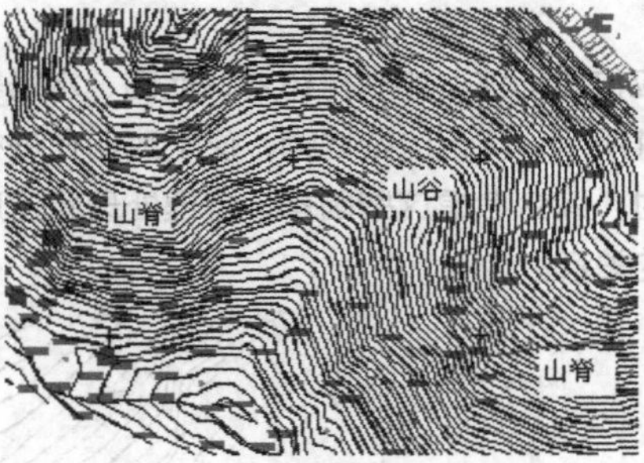

图 7-6 山脊、山谷地貌类型

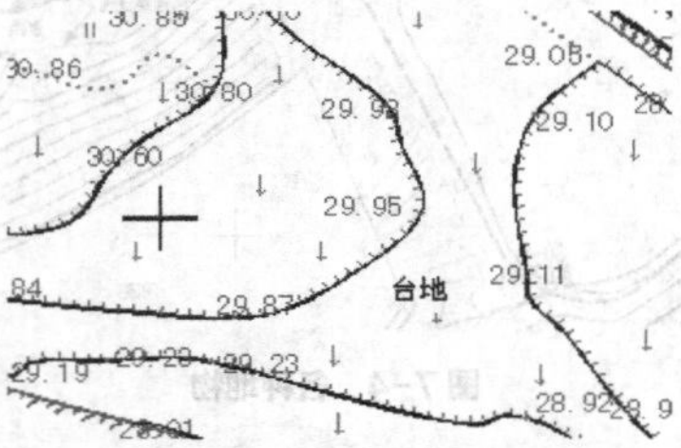

图 7-7 台地地貌类型

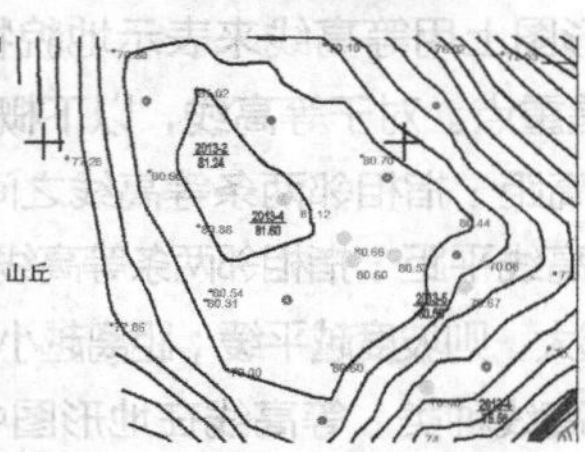

图 7-8 山丘地貌类型

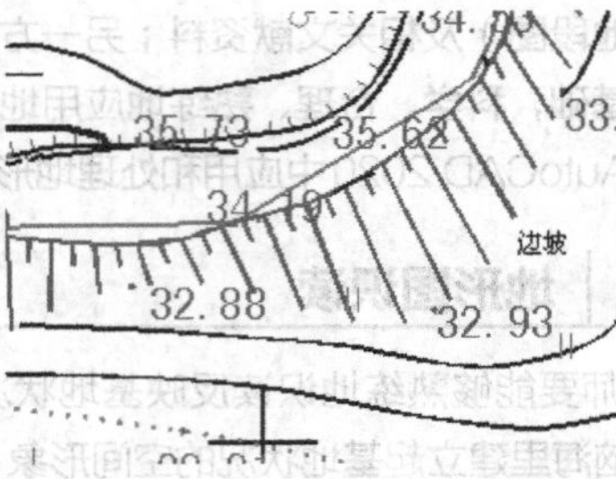

图 7-9 边坡地貌类型

3. 用地范围

建筑师手中的地形图（或基地图）中一般标明了本建设项目的用地范围。实际上，并不是在所有用地范围内都可以布置建筑物。在这里，关于用地边界线的几个概念及其关系需要明确，也就是常说的红线及红线后退问题。

（1）建设用地边界线。建设用地边界线指业主获得土地使用权的土地边界线，也称为地产线、征地线，如图7-10中的*ABCD*范围。建设用地边界线范围表明地产权所属，是法律上权利和义务关系界定的范围，但并不是所有用地面积都可以用来开发和建设。如果其中包括城市道路或其他公共设施，则要保证它们的正常使用（图7-10中的用地边界线内就包括城市道路）。

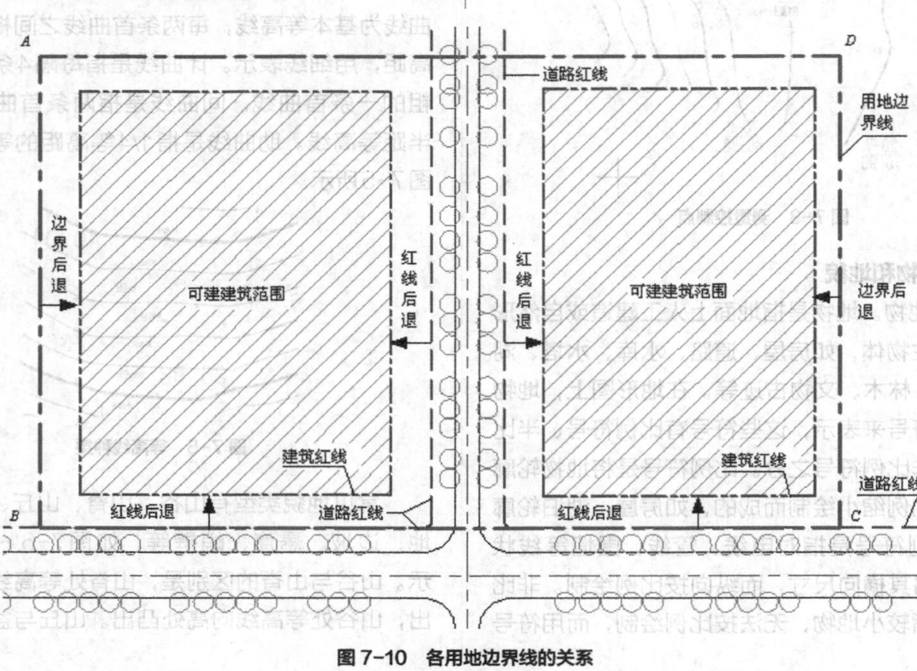

图 7-10 各用地边界线的关系

（2）道路红线。道路红线是指规划的城市道路路幅的边界线。也就是说，两条平行的道路红线之间为城市道路（包括居住区级道路）用地。建筑物及其附属设施的地下、地表部分（如基础、地下室、台阶等）不允许突出道路红线；地上部分主体结构不允许突入道路红线，在满足当地城市规划部门的要求下，允许窗罩、遮阳、雨篷等构件突入，具体规定详见《民用建筑设计统一标准》（GB 50352—2019）。

（3）建筑红线。建筑红线是指城市道路两侧控制沿街建筑物或构筑物（如外墙、台阶等）靠临街面的界线，又称建筑控制线。建筑控制线用于划定可建建筑范围。由于城市规划要求，在用地边界线内，需要由道路红线后退一定距离确定建筑控制线，这就叫作红线后退。如果考虑到在相邻建筑之间按规定留出防火间距、消防通道和日照间距，也需要用地边界线后退一定的距离，这叫作边界后退。在后退的范围内，可以修建广场、停车场、绿化设施、道路等，不可以修建建筑物。至于建筑突出物的相关规定，与道路红线的相同。

在拿到基地图时，除明确地物、地貌外，还要搞清楚其中对用地范围的具体限定，为建筑设计做准备。

7.2.2 地形图的插入及处理

1. 地形图的格式

建筑师得到的地形图有可能是纸质地形图、光栅图像或AutoCAD的矢量图形电子文件。对于不同格式的地形图，计算机操作有所不同。

（1）纸质地形图。纸质地形图是指测绘形成的图纸，首先需要将它扫描到计算机里形成图像文件（TIF、JPG、BMP等光栅图像文件）。扫描时注意分辨率的设置，如果分辨率太小，那么在图纸放大打印时不能满足精度要求，会出现“马赛克现象”。一般来说，如果仅在计算机屏幕上显示，图像分辨率在72像素/厘米以上就能清晰显示，但如果用于打印，分辨率则需要在100像素/厘米以上，才能满足打印清晰度要求。在满足这个最低要求的基础上，则根据具体情况设置分辨率。如果分辨率设置得太高，图像文件太大，也不便于操作。扫描前后图像分辨率和图纸尺寸存在如下计算关系。

扫描分辨率（像素/厘米或像素/英寸）× 扫描区域图纸尺寸（厘米或英寸）= 图像分辨率（像素/厘米或像素/英寸）× 图像尺寸（厘米或英寸）

事先搞清楚扫描到计算机里的图像尺寸有多大，相应的分辨率有多高，就可以反过来求出扫描分辨率。

> **提示** 操作中需注意分辨率单位“像素/厘米”与“像素/英寸”的区别，换算关系是“1厘米=0.3937英寸”。

（2）电子文件。如果得到的地形图是电子文件，不论是光栅图像还是DWG文件，在AutoCAD中使用起来都比较方便。通过其他程序可以将光栅图像转换为DWG文件，可视实际情况确定是否转换。

2. 地形图的插入

AutoCAD中使用的地形图有光栅图像和DWG文件两种，下面分别介绍其操作要点。

（1）建立一个新图层来专门放置地形图。

（2）插入光栅图像可通过“插入”菜单中的“光栅图像参照”命令来实现，如图7-11所示。

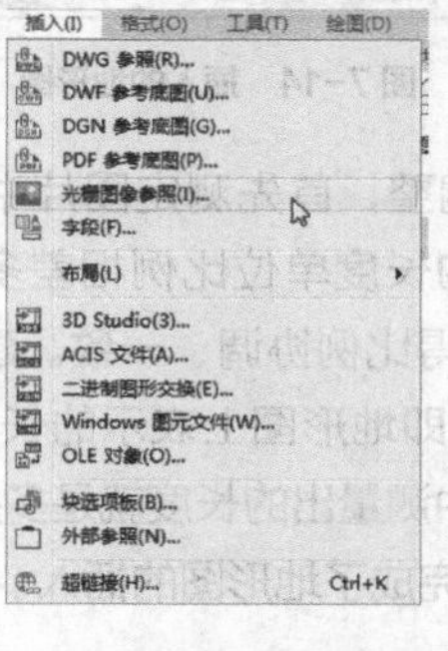

图7-11 “插入”菜单

① 选择菜单栏中的“插入”/“光栅图像参照”命令，在弹出的“选择参照文件”对话框中找到需要插入的图像文件，单击“打开”按钮，如图7-12所示。注意留意可以插入的文件类型。

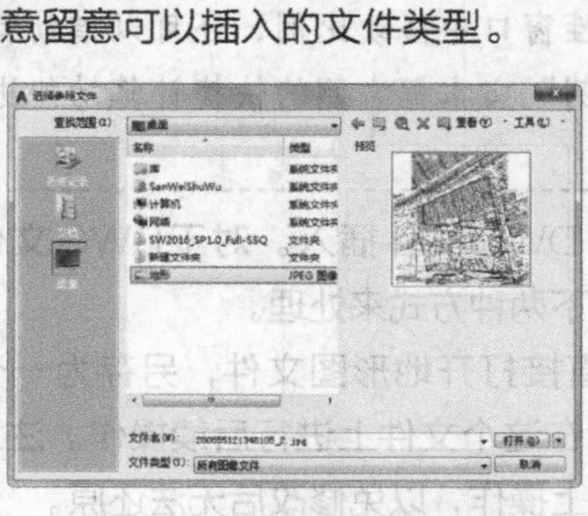

图7-12 “选择参照文件”对话框

② 在弹出的“附着图像”对话框中，设置相应的插入点、缩放比例和旋转角度等参数，单击“确定”按钮后插入图像，如图7-13所示。

图 7-13 “附着图像”对话框

③ 选择在屏幕上指定插入点，如果缩放比例暂时无法确定，可以先以原有大小插入，最后调整比例，插入的地形图如图7-14所示。

图 7-14 插入的地形图

④ 比例调整，首先测定图片中的尺寸比例与AutoCAD中的长度单位比例相差多少，然后进行比例缩放，使得比例协调、一致。建议将图片的比例调为1：1，即地形图上表示的长度为多少毫米，在AutoCAD中测量出的长度就是多少毫米。

这样，就完成了地形图的插入。

> 提示　可以借助“距离”命令来测定图片的尺寸大小。菜单栏中的“距离”命令调用方法为选择“工具”/“查询”/“距离”命令，命令别名为“DI”。可以选中图片，按Ctrl+1快捷键在特性窗口中修改比例，还可以借助特性窗口中“比例”文本框右侧的快捷计算功能进行辅助计算。

（3）DWG文件插入。对于DWG文件，一般可采用以下两种方式来处理。

① 直接打开地形图文件，另存为一个新的文件，然后在这个文件上进行后续操作。注意不要直接在原图上操作，以免修改后无法还原。

② 以“外部参照”的方式插入。这种方式的优点是占用空间小，缺点是不能对插入的“参照”进行修改。“外部参照”命令位于菜单栏“插入”菜单下，执行该命令操作类似“光栅图像参照”命令，在此不赘述，请读者自行尝试。

3. 地形图的处理

插入地形图后，在正式进行总平面图布置之前，往往需要对地形图做适当的处理，以适应下一步工作。根据地形图文件格式和工程地段复杂程度的不同，具体的处理操作存在一些差异。下面介绍一般的处理方法，供读者参考。

（1）地形图为光栅图像。综合使用“直线”“样条曲线”或“多段线”等绘图命令，以地形图为底图，将以下内容准确描绘出来。

① 地段周边主要的地貌、地物（如道路、房屋、河流、等高线等），与工程相关性较小的部分可以省略。

② 用地红线范围，以及有关规划控制要求。

③ 用地内需要保留的文物、古建筑、房屋、古树等地物，以及需保留的一些地貌特征。

接下来可以将地形图所在图层关闭，留下简洁明了的地段图（见图7-15），需要参看时再打开。如果地形图用途不大，可以将它删除。

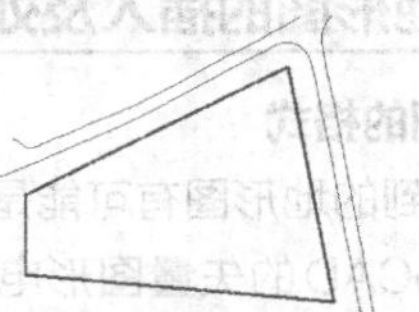

图 7-15 处理后的地段图

（2）地形图为DWG文件。可以直接将不必要的地物、地貌图形等综合应用“删除”“修剪”等命令删除，留下简洁明了的地段图。如果地形特征比较复杂，修改工作量较大，可以将红线和必要的地物、地貌特征提取出来，如同前文光栅图像处理结果一样，完成总图布置后再考虑重合到原来位置上。

> 提示　插入光栅图像后，不能将原来的图像文件删除或移动位置，否则下次打开图像文件时，将无法加载图片，如图7-16所示。这点在复制文件到其他地方时要特别注意，需要将图像文件一同复制。

图 7-16　无法加载图片

7.2.3　地形图应用操作

在总图设计时，有可能进行利用地形图求出某点的坐标、高程、两点距离、用地面积、坡度，绘制地形断面图和选择路线等操作。这些操作在图纸上进行较为麻烦，但在AutoCAD里面变得比较简单。

1. 求坐标和高程

（1）坐标。为了便于坐标查询，在插入地形图后，将地形图中的坐标原点或地段附近具有确定坐标的控制点移动到原点位置。这样，将图上任意点在AutoCAD图形中的坐标加上地形图原点或控制点的测量坐标，就是该点在地形图上的测量坐标，具体操作如下。

① 移动地形图。单击“默认”选项卡“修改”面板中的“移动”按钮✥，选中整个地形图，以地形图坐标原点或控制点为移动的“基点”，在命令行中输入“0，0”，按Enter键实现地形图的移动，如图7-17所示。

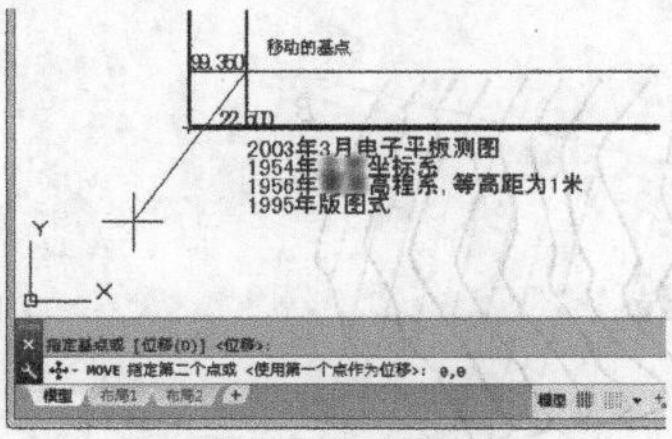

图 7-17　移动地形图

② 查询坐标。首先单击“默认”选项卡“绘图”面板中的“多点”按钮⁘，在打算求取坐标的点上绘制一个点。然后选中该点，按Ctrl+1快捷键，弹出“特性”对话框，从中查到点坐标（见图7-18）。最后将该坐标加上原点的初始坐标便是待求点的测量坐标。

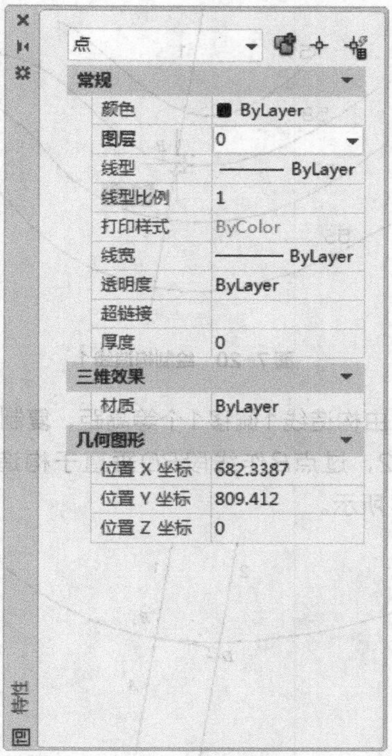

图 7-18　查询点坐标

（2）高程。等高线上的高程可以直接读出，而不在等高线上的点则需通过内插法求得高程。在AutoCAD中可以根据内插法原理，通过作图方法求高程。例如，求图7-19中点A的高程（等高距为1m），操作如下。

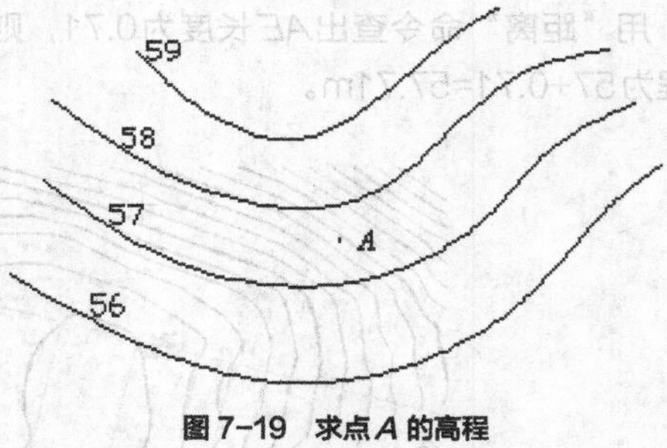

图 7-19　求点 A 的高程

① 单击“默认”选项卡“绘图”面板中的“多点”按钮⁘，在A点处绘制一个点。

② 单击“默认”选项卡“绘图”面板中的“构造线”按钮⤢，捕捉A点为第一点，然后拖曳鼠标指针捕捉相邻等高线上的“垂足”点B为通过点。绘制出一条过点A并垂直于相邻等高线的构造线1，交另一侧等高线于点C，如图7-20所示。

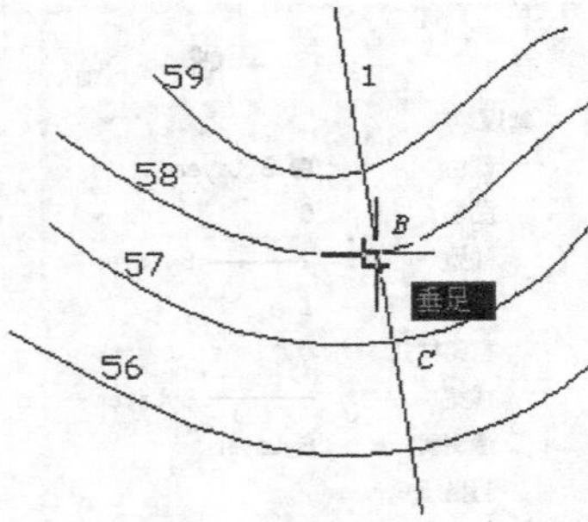

图 7-20　绘制构造线 1

③ 由构造线1偏移1个等高距，复制出另一条构造线2，过点*B*作线段*BD*垂直于构造线2，如图7-21所示。

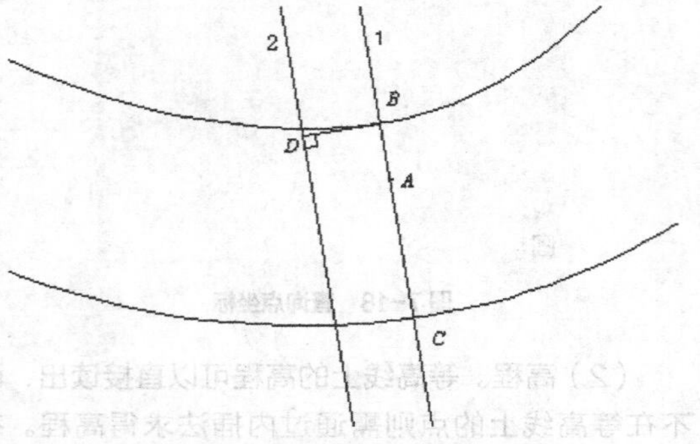

图 7-21　绘制构造线 2 及线段 *BD*

④ 连接*CD*，以点*B*为基点复制*BD*到点*A*，交*CD*于点*E*，绘制线段*AE*，如图7-22所示。

用“距离”命令查出*AE*长度为0.71，则点*A*高程为57+0.71=57.71m。

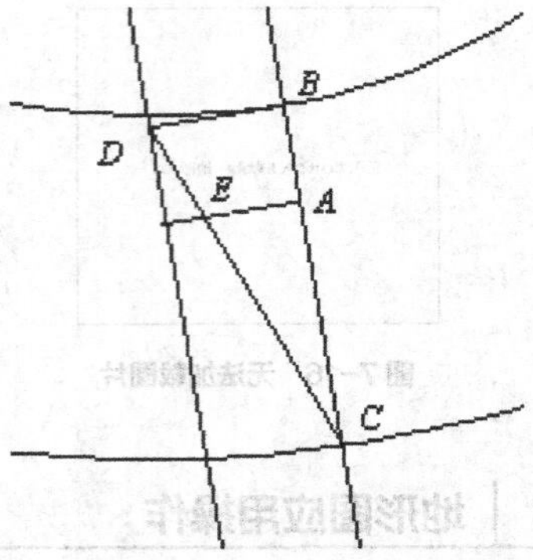

图 7-22　绘制线段 *AE*

2．求距离和面积

（1）求距离。用“距离”命令“DIST”（DI）查询。

（2）求面积。用“面积”命令“AREA”（AA）查询。

3．绘制地形断面图

地形断面图可用于建筑剖面设计及分析。在AutoCAD中借助等高线来绘制地形断面图的方法：确定剖切线*AB*；由*AB*复制出*CD*；由*CD*依次偏移1个等高距，复制出一系列平行线；依次由剖切线*AB*与等高线的交点向平行线上作垂线；用样条曲线依次连接每个垂足，形成一条光滑曲线，即为所求断面，如图7-23所示。

总之，只要明白等高线的原理和AutoCAD的相关功能，就可以活学活用，不拘一格。其他方面的应用不赘述，读者可自行尝试。

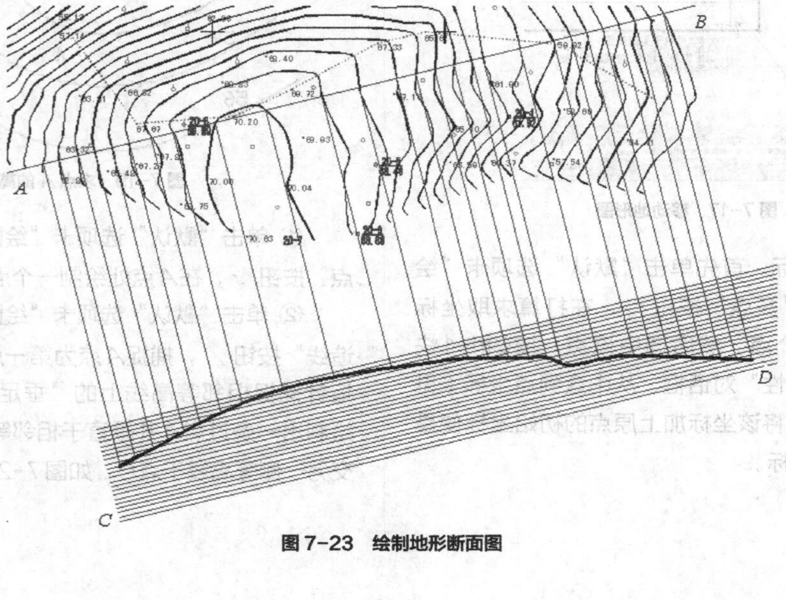

图 7-23　绘制地形断面图

7.3 地形图的绘制

地形图是园林设计平面图中必不可少的一部分，下面讲解地形图的绘制方法，如图7-24所示。

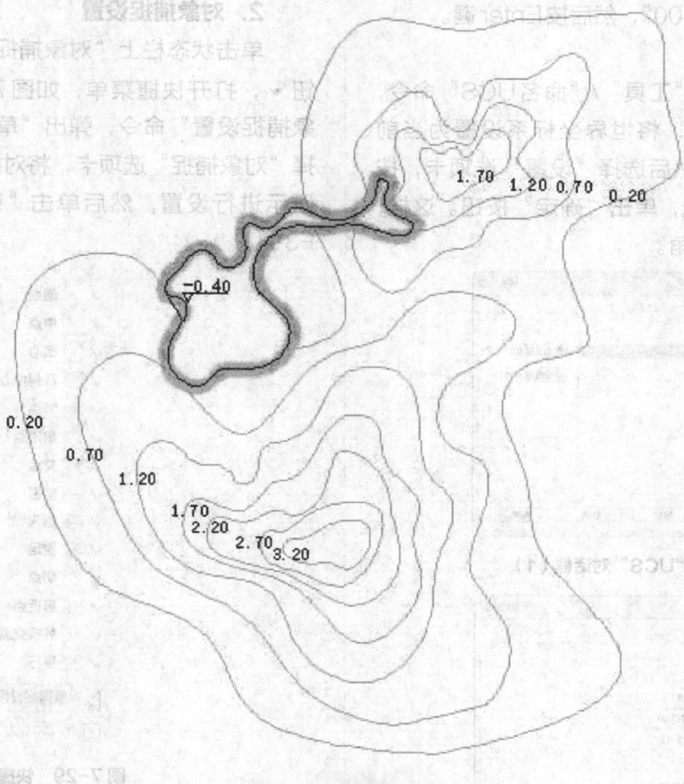

图 7-24　地形图的绘制

7.3.1 系统参数设置

系统参数设置是绘制任何一幅园林设计图都要进行的预备工作，这里主要设置单位、图形界限、坐标系。有些具体设置可以在绘制过程中根据需要进行。

1. 单位设置

在AutoCAD 2020中，一般以1：1的比例绘制，到出图时再根据需要按合适的比例输出。例如，实际尺寸为3m，在绘图时输入的距离值为3000，因此将系统单位设为mm；也可设为m，在绘图时直接输入距离值3，以1：1的比例绘制，输入尺寸时不需要换算，比较方便。

具体操作是选择菜单栏中的“格式”/“单位”命令，弹出“图形单位”对话框，按图7-25所示进行设置，然后单击“确定”按钮。

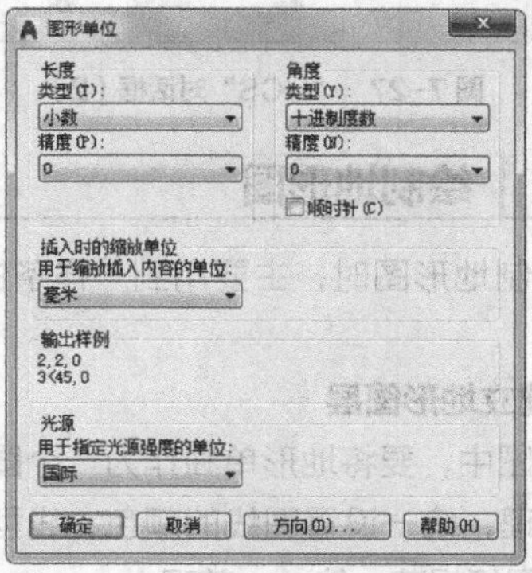

图 7-25　“图形单位”对话框

2. 图形界限设置

AutoCAD 2020默认的图形界限为420×297，是A3图幅。重新设置的具体操作是，选择菜单栏中的“格式”/“图形界限”命令。

在命令行提示“指定左下角点或［开（ON）/关（OFF）］<0，0>：”后输入“0，0”，然后按Enter键。

在命令行提示“指定右上角点<420，297>：”后输入“42000，29700”，然后按Enter键。

3．坐标系设置

选择菜单栏中的“工具”/“命名UCS”命令，弹出“UCS”对话框，将世界坐标系设置为当前坐标（见图7-26）。然后选择“设置”选项卡，按图7-27所示进行设置，单击“确定”按钮。这样，UCS图标总位于左下角。

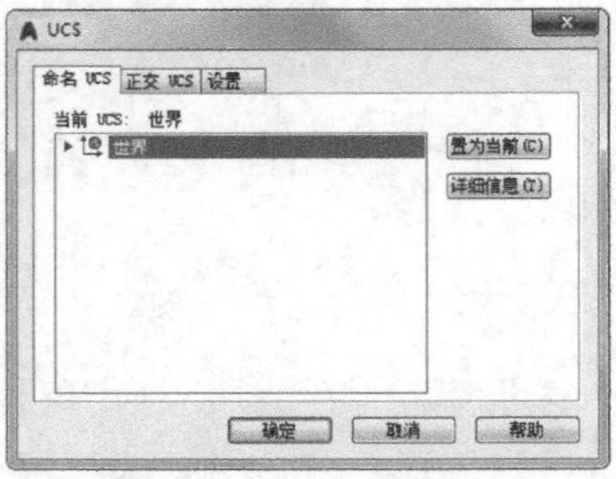

图7-26　“UCS”对话框（1）

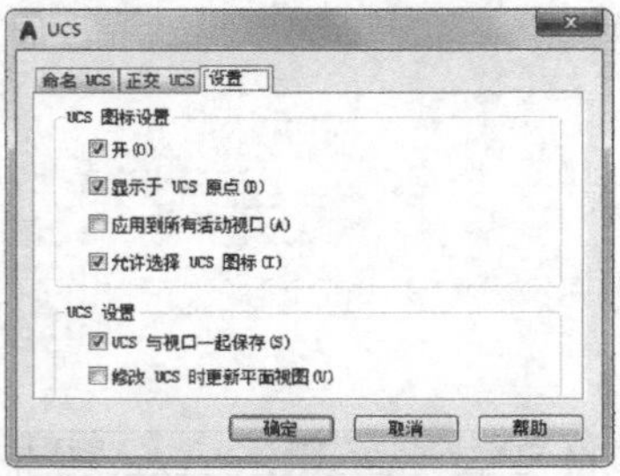

图7-27　“UCS”对话框（2）

7.3.2　绘制地形图

在绘制地形图时，主要用到“样条曲线拟合”命令。

1．建立地形图层

在制图中，要将地形单独作为一个图层，便于修改、管理，统一设置图线的颜色、线型、线宽等参数，使图纸规范、统一、美观。

单击“默认”选项卡“图层”面板中的“图层特性”按钮，弹出“图层特性管理器”对话框，建立一个新图层，命名为“山体”，颜色选择9号灰，线型为Continuous，线宽为0.15；再建立一个新图层，命名为“水体”，颜色选择青色，线型为Continuous，线宽为0.7，如图7-28所示。设置完成后返回绘图状态。

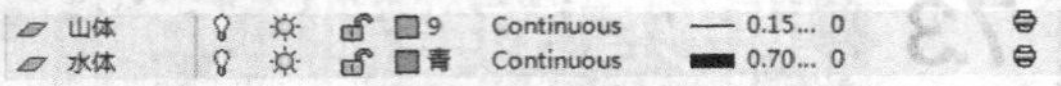

图7-28　地形图层参数设置

2．对象捕捉设置

单击状态栏上“对象捕捉”右侧的小三角形按钮，打开快捷菜单，如图7-29所示。选择“对象捕捉设置”命令，弹出“草图设置”对话框，选择“对象捕捉”选项卡，将对象捕捉模式按图7-30所示进行设置，然后单击“确定”按钮，或者按F3键。

图7-29　快捷菜单

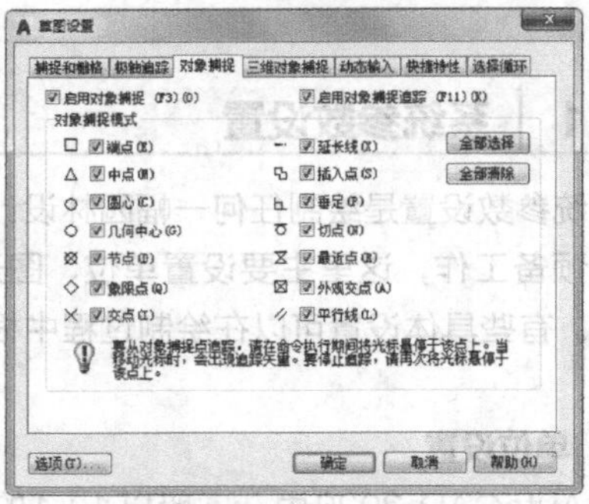

图7-30　“对象捕捉”选项卡

3．绘制地形

地形是用等高线来表示的，在绘制地形之前，首先要明白等高线的概念，以及等高线的性质。

（1）等高线的概念。等高线是一组垂直间距相等、平行于水平面的假想面，与自然地貌相交所得到的交线在平面上的投影线。给这组投影线标注上数值，便可用它在图纸上表示地形的高低陡缓、峰峦位置、坡谷走向及溪池的深度等内容。

（2）等高线的性质。

- 在同一条等高线上的所有点，其高程都相等。
- 每一条等高线都是闭合的。由于图形界限或图框的限制，在图纸上不一定每条等高线都能闭合，但实际上它们是闭合的。
- 等高线水平间距的大小，表示地形的缓或陡，疏则缓，密则陡。等高线的间距相等，表示该坡面的角度相同，如果该组等高线平直，则表示这是一处平整过的同一坡度的斜坡。
- 等高线一般不相交或重合，只有在悬崖处，等高线才可能出现相交。在某些垂直于地平面的峭壁、地坎或挡土墙驳岸处，等高线才会重合。
- 等高线在图纸上不能直穿或横过河谷、堤岸和道路等，由于以上地形单元或构筑物在高程上高出或低陷于周围地面，所以等高线在接近低于地面的河谷时转向上游延伸，而后穿越河床，向下游走出河谷；如遇高于地面的堤岸或路堤时，等高线则转向下方，横过堤顶再转向上方，而后走向另一侧。

对等高线有了一定的了解之后，下面分别以山体、山涧、山道、水体为例说明怎样绘制地形。

① 山体。将“山体”图层设置为当前图层，单击“默认”选项卡“绘图”面板中的“样条曲线拟合”按钮。在绘图区左下角适当位置拾取样条曲线的初始点，然后指向需要的第二个点，再依次画出第三、四……个点，直至曲线闭合，或者按C键闭合，这样就画出第一条等高线，如图7-31所示。进行“范围缩放”，然后向内依次画出其他几条等高线，等高线水平间距按照设计需求设定，全部等高线如图7-32所示。

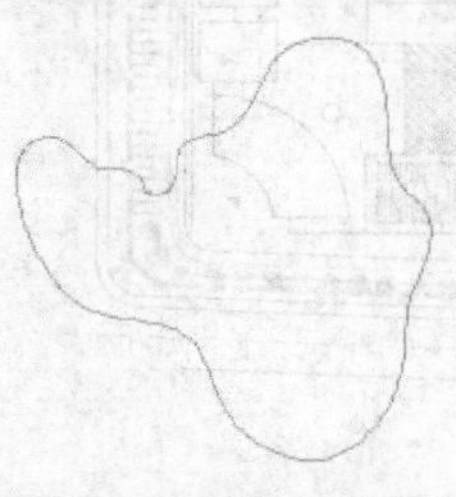

图 7-31　第一条等高线

图 7-32　全部等高线

② 山涧。绘制方法同山体，如图7-33所示。

③ 山道。采用山体的绘制方法，绘制图7-34所示的山道。

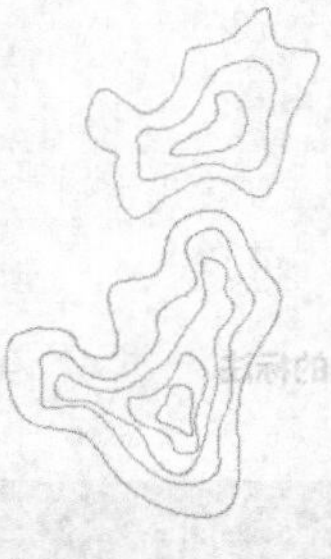

图 7-33　山涧

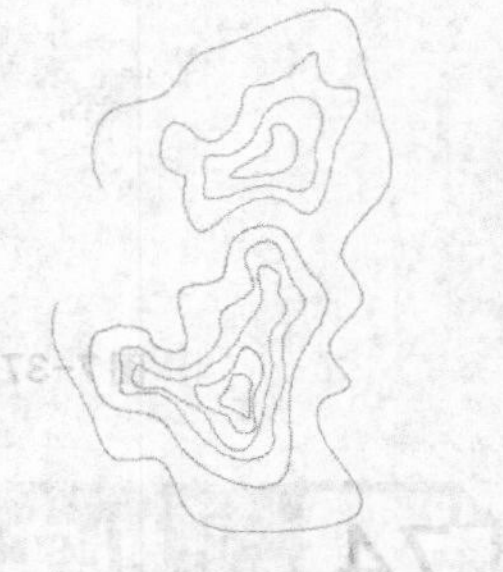

图 7-34　山道

④ 水体。将“水体”图层设置为当前图层，单击“默认”选项卡“绘图”面板中的“样条曲线拟合”按钮。在绘图区左下角适当位置拾取样条曲线的初始点，然后指向需要的第二个点，再依次画出第三、四……个点，直至曲线闭合，这样就画出水体驳岸轮廓线。向内偏移一条等深线，颜色调整为蓝色，线型为Continuous，线宽为0.15，水体如图7-35所示，整个地形如图7-36所示。

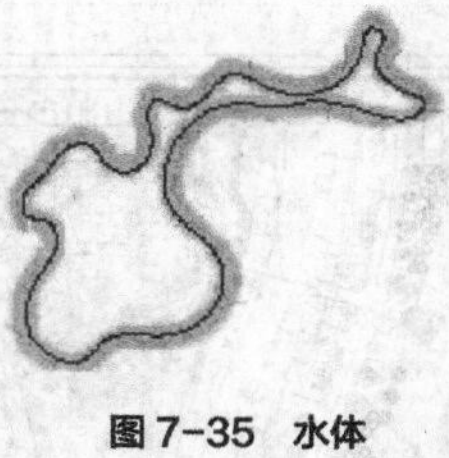

图 7-35　水体

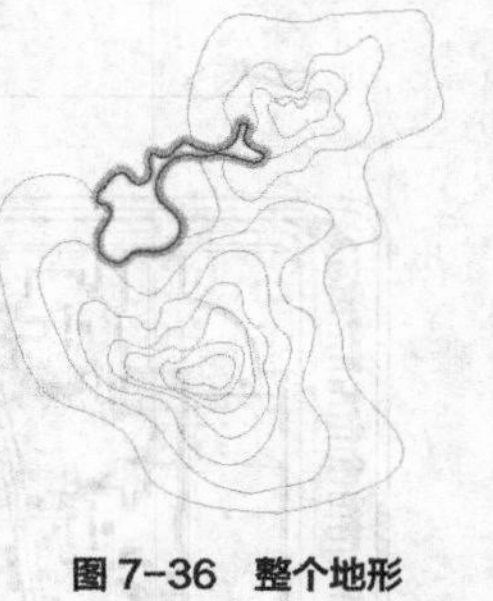

图 7-36　整个地形

7.3.3 高程的标注

建立一个新图层，命名为“标高”，颜色选择白色，线型为Continuous，线宽为0.15，并将其设置为当前图层。在标注时要注意等高线的间距多采用0.25、0.50、0.75、1.00等，一张图纸上只能出现一种间距。高程的标注如图7-37所示，图中标注的高程表示常水位的高程。

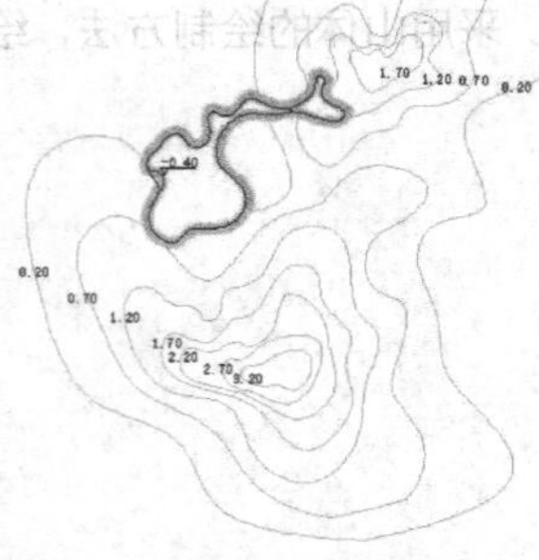

图 7-37 高程的标注

> **提示** 我们可用“多段线”命令绘制等高线，用这种命令画出的曲线有一定的弧度，图面效果比较美观。具体操作为在命令行中输入“PI”，确定后输入“A”（代表圆弧），然后按命令行提示依次指向下一点。

7.4 上机实验

通过前面的学习，相信读者对本章知识已有了大体的了解。本节通过一个实验帮助读者进一步掌握本章知识要点。

【实验】绘制小区花园种植设计方案图。

1. 目的要求

希望读者通过本实验熟悉和掌握小区花园种植设计方案图（见图7-38）的绘制方法。

2. 操作提示

（1）绘图前准备及绘图设置。

（2）绘制小区户型图。

（3）绘制周边轮廓线。

（4）绘制道路。

（5）绘制花园设施。

（6）植物配置。

（7）标注文字。

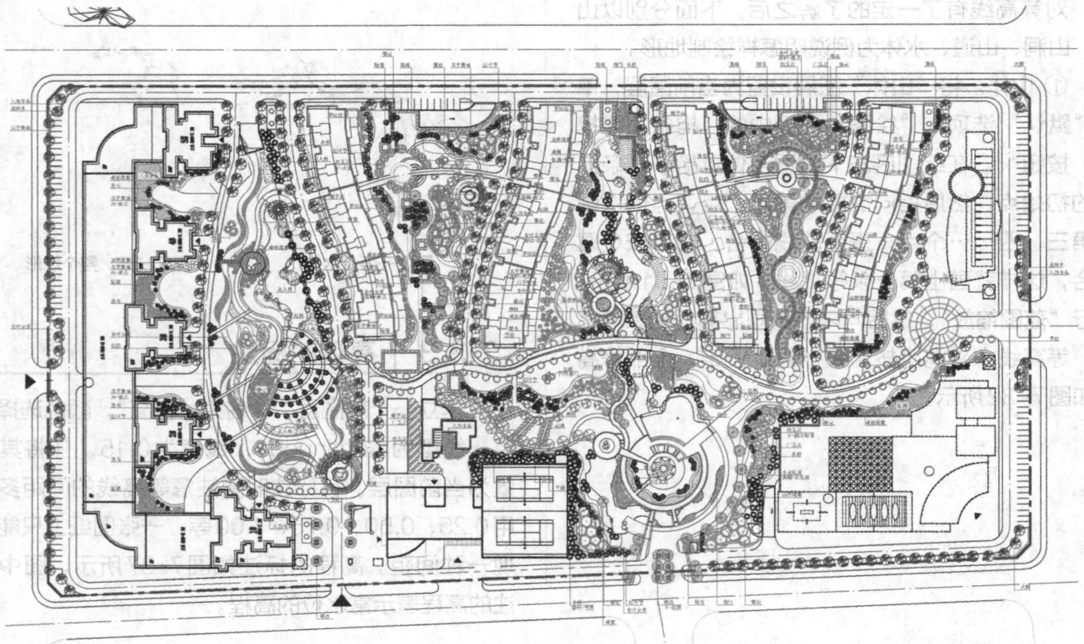

图 7-38 小区花园种植设计方案图

第8章

园林建筑设计

建筑是园林的五大要素之一，且形式多样，既有使用价值，又能与环境组成景致，供人们游览和休憩。本章首先对各种类型的园林建筑进行简单介绍，然后结合实例进行讲解。

知识点

- 概述
- 园林建筑的设计程序
- 绘制古典四角亭
- 绘制景墙

8.1 概述

园林建筑独具特色，既满足使用功能要求，又满足园林景观要求，并与园林环境密切结合，与自然融为一体。

1. 功能

（1）满足使用功能要求。园林是改善、美化人们生活环境的设施，也是人们休息、游览、文化娱乐的场所。随着园林活动的日益增多，园林建筑类型也日益丰富起来，如茶室、餐厅、展览馆、体育场所等，以满足人们的需要。

（2）满足园林景观要求。

- 点景：点景要与自然风景融合，园林建筑常作为园林景观构图中心的主体，或者构建成易于近观的局部小景，或者构建成主景，以控制全园布局。园林建筑在园林景观构图中常起画龙点睛的作用。
- 赏景：一栋建筑可独立成趣，一组建筑物与游廊相连可成为纵观全景的观赏线。因此，建筑朝向、门窗位置大小都要考虑赏景的要求。
- 引导游览路线：园林建筑常常具有起承转合的作用，当人们的视线触及某处优美的园林建筑时，游览路线就会自然而然地延伸。建筑常成为视线引导的主要目标，人们常说的“步移景异”就是这个意思。
- 组织园林空间：园林常用一系列的空间变化和巧妙安排给人以艺术享受，构建各种形式的庭院及游廊、花墙、圆洞门等恰是组织空间、划分空间的最好手段。

2. 特点

（1）布局。园林建筑布局上要因地制宜、巧于因借，建筑规划选址除考虑使用功能要求外，还要善于利用地形，结合自然环境，与之融为一体。

（2）情景交融。园林建筑应结合情景，抒发情趣，尤其在古典园林建筑中常与诗画结合，加强感染力，达到情景交融的境界。

（3）空间处理。在园林建筑的空间处理上，尽量避免轴线对称。整形布局，力求曲折变化，参差错落，空间布置要灵活，通过空间划分形成大小空间的对比，增加层次感，扩大空间感。

（4）造型。园林建筑在造型上更重视美观的要求，建筑体型、轮廓要有表现力，增加园林画面美，建筑体量、体态都应与园林景观协调、统一，造型要表现园林特色、环境特色、地方特色。一般而言，在造型上，体量宜轻盈，形式宜活泼，力求简洁、明快，通透有度，达到功能与景观的有机统一。

（5）装修。在细节装饰上，应有精巧的装饰，增加本身的美观度，又用其来组织空间画面，如常用的挂落、栏杆、漏窗、花格等。

3. 园林建筑的分类

按使用功能可以分为以下几类。

- 游憩性建筑：具有休息、游赏使用功能，兼优美造型，如亭、廊、花架、榭、舫、园桥等。
- 园林建筑小品：以装饰园林环境为主，注重外观形象的艺术效果，兼一定的使用功能，如园灯、园椅、展览牌、景墙、栏杆等。
- 服务性建筑：为游人在旅途中提供生活服务的设施，如小卖部、茶室、小吃部、餐厅、小型旅馆、厕所等。
- 文化娱乐设施：如游船码头、游艺室、俱乐部、演出厅、露天剧场、展览厅等。
- 办公管理用设施：主要有公园大门、办公室、实验室、栽培温室、动物园等。

4. 园林建筑构成要素

（1）亭。亭在我国园林中是运用得最多的一种建筑形式。无论是在传统的古典园林中，还是如今新建的公园及风景游览区中，都可以看到各种各样的亭，其或屹立于山冈之上，或依附在建筑之旁，或漂浮在水池之畔，以玲珑美丽、丰富多样的形象与园林中的其他建筑、山水、绿化等相结合，构成一幅幅生动的画面。在造型上，亭要结合具体地形、自然景观和传统来设计。

亭的构造大致可分为亭顶、亭身、亭基3部分。体量宁小勿大，形制也较细巧，竹、木、石、砖瓦等地方性传统材料均可用于修建。现在更多用的是钢筋混凝土或兼以轻钢、铝合金、玻璃钢、镜面玻璃、充气塑料等材料组建而成的。

亭四面多开放，空间流动，内外交融，榭、廊亦如此。解析了亭就能举一反三其他园林建筑。亭、榭等体量不大，但在园林造景中作用不小，是室内的室外，而在庭院中则是室外的室内。亭的选择要有分寸，大小要得体，即要有恰到好处的比例与尺度，不可只注重某一方面。任何作品只有在一定的环境下，才具有艺术性和科学性。生搬硬套学流行，会失去神韵和灵性，更谈不上艺术性与科学性。

园亭，是指园林绿地中精致、细巧的小型建筑物。其可分为两类：一是供人休憩、观赏的亭；二是具有实用功能的票亭、售货亭等。

① 园亭的位置选择。建亭地点要从两方面考虑：一是由内向外好看，二是由外向内也好看。园亭要建在风景好的地方，使入内休息的人有景可赏，留得住人，园亭在整个园林中往往起到画龙点睛的作用。

② 园亭的设计构思。园亭虽小巧，却必须深思才能出类拔萃。

首先应确定园亭的形式，是传统或是现代，是中式或是西式，是自然野趣或是奢华富贵。

其次，要斟酌园亭的平面、立面、装修的大小、形样、繁简。例如，同样是植物园内的中国古典园亭，牡丹园和槭树园则不同。牡丹亭重檐起翘，大红的柱子；槭树亭白墙灰瓦足矣，这是因它们所在的环境、气质不同而异。同样是欧式古典园顶亭，高尔夫球场的和私宅庭园的则在大小上有很大不同，这是因它们所在环境的开阔、郁闭不同而异。同是自然野趣，水际竹筏嬉鱼和树上杈窝观鸟不同，这是因环境的功能要求不同而异。

最后，所有的形式、功能、建材都是在演变进步的，可取长补短，结合创新。例如，在中国古典园亭的梁架上，以卡普隆阳光板作顶代替传统的瓦，古中有今，洋为中用，可以取得很好的效果。又如，以四片实墙，边框采用中国古典园亭的外轮廓，组成虚拟的亭，也是一种创造。只有深入考虑这些细节，才能标新立异，不落俗套。

③ 园亭的平面。园亭体量小，平面严谨。自点状伞亭起，三角、正方、长方、六角、八角以至圆形、海棠形、扇形，由简单到复杂，基本上都是规则几何形状，或者加以组合变形。根据这个道理，可构思其他形状，也可以和其他园林建筑，如花架、长廊、水榭等组合成一组建筑群。

园亭的平面组成比较单纯，除柱子、坐凳（椅）、栏杆外，有时还有一段墙体、桌、碑、井、镜、匾等。

园亭的平面布置，一种是一个出入口，终点式的，还有一种是两个出入口，穿过式的，视亭大小采用。

④ 园亭的立面。因款式的不同而有很大的差异。但有一点是共同的，即内外空间相互渗透，立面显得开畅、通透。园亭的立面可以分成几种类型，这是决定园亭风格款式的主要因素，如中国古典和西洋古典传统式样。这些类型都有程式可依，困难之处在于施工十分繁复。中国传统园亭柱子有木和石两种，可用真材或混凝土仿制，但屋盖变化多，如以混凝土代替木，则所费工、料均不合算，效果也不甚理想。西洋古典传统式样，现在市面上有各种规格的玻璃钢、GRC柱式、檐口，可在结构外套用。

园亭平面和组成均十分简洁，为增强观赏性，屋面变化可以多一些。如做成折板、弧形、波浪形，或者用新型建材、瓦、板材，或者强调某一部分构件和装修，来丰富园亭外立面。

园亭立面可做成仿自然、充满野趣的式样，如用竹、松木、棕榈等植物或石材构建立面。另外，用茅草作顶，有时也有不俗的效果。

⑤ 有关亭的设计，归纳起来有以下几个要点。

- 必须选择好位置，按照总的规划意图选择。
- 亭的体量与造型的选择，主要应看它周围环境的大小、性质等，要因地制宜。
- 亭的材料及色彩，应力求就地选材，既加工便利，又易于和自然融合。

（2）廊。廊本来是作为建筑物之间的联系而出现的，我国的建筑物属木构架体系，一般液体建筑的平面形状都比较简单，经常通过廊、墙等把一幢幢的单体建筑组织起来，体现空间层次丰富多变的中国传统建筑特色。

廊的设置是空间联系和空间分化的一种重要手段。廊不仅具有遮风避雨、联系交通的实际功能，还对园林中风景的展开和观赏程序起着重要的组织作用。

廊还有一个特点，它一般是一种“虚”的建筑元素。在廊的一边可透过柱子之间的空间观赏廊另一边的景色，此时廊像一层“帘子”一样，似隔非隔、若隐若现，把两边的空间有分又有合地联系起来，起到一般建筑元素达不到的效果。

在中国园林中，常用的廊结构有木结构、砖石结构、钢筋混凝土结构、竹结构等。廊顶有坡顶、平顶和拱顶等。

在中国园林中，廊的形式和设计手法丰富多样。其基本类型按结构形式，可分为双面空廊、单面空廊、复廊、双层廊和单支柱廊5种；按总体造型及其与地形、环境的关系，可分为直廊、曲廊、回廊、抄手廊、爬山廊、叠落廊、水廊、桥廊等。

① 双面空廊。两侧均为列柱，没有实墙，在廊中可以观赏两面景色。直廊、曲廊、回廊、抄手廊等都可采用双面空廊。不论在风景层次深远的大空间中，还是在曲折、灵巧的小空间中都可应用双面室廊。北京颐和园内的长廊就是双面空廊，全长728m，北依万寿山，南临昆明湖，穿花透树，把万寿山前十几组建筑群联系起来，对丰富园林景色起着突出的作用。

② 单面空廊。一种是在双面空廊的一侧列柱间砌上实墙或半实墙而成；另一种是一侧完全贴在墙或建筑物边沿上。单面空廊的廊顶有时做成单坡顶，以利于排水。

③ 复廊。在双面空廊的中间夹一道墙，就成了复廊，又称为“里外廊”。因为廊内分成两条走道，所以廊的跨度大一些。中间墙上开有各种式样的漏窗，从廊的一边透过漏窗可以看到廊另一边的景色，一般设置成两边景物各不相同的园林空间。苏州沧浪亭的复廊就是一例，它妙在借景，把园内的山和园外的水通过复廊互相引借，使山、水、建筑构成整体。

④ 双层廊。上、下两层的廊，又称为“楼廊”。它为游人提供了在上、下两层不同高程的廊中观赏景色的条件，也便于联系不同标高的建筑物或风景点以组织人流，丰富园林建筑的空间构图。

（3）水榭。水榭作为一种临水园林建筑，在设计上除满足功能要求外，还要与水面、池岸自然融合，并在体量、风格、装饰等方面与所处园林环境相协调。其设计要点如下。

① 在可能范围内，水榭应三面或四面临水。如果不宜突出于池（湖）岸，也应以平台作为建筑物与水面的过渡，以便使用者置身水面之上更好地欣赏景物。

② 水榭应尽可能贴近水面。当池岸地平距离水面较远时，水榭地平应根据实际情况降低高度。此外，不能将水榭地平与池岸地平齐平，这样会将支撑水榭下部的混凝土骨架暴露出来，影响整体景观效果。

③ 全面考虑水榭与水面的高差关系。水榭与水面的高差关系，在水位无显著变化的情况下容易掌握。如果水位涨落变化较大，设计师应在设计前详细了解水位涨落的原因与规律，特别是最高水位的标高，应以稍高于最高水位的标高作为水榭的设计地平，以免水淹。

④ 巧妙遮挡支撑水榭下部的骨架。当水榭与水面高差较大，支撑体暴露得过于明显时，不要将水榭的驳岸设计成整齐的石砌岸边，而应将支撑的柱墩尽量向后设置，在浅色平台下部形成一条深色的阴影，在光影的对比中增加平台外挑的轻快感。

⑤ 在造型上，水榭应与水景、池岸风格相协调，强调水平直线。有时可通过设置水廊、白墙、漏窗等，营造平缓而舒朗的景观效果。若在水榭四周栽种一些树木或翠竹等植物，效果会更好。

（4）围墙。

① 围墙设计的原则。

- 能不设围墙的地方尽量不设，给人自然感。
- 尽量利用空间和自然材料达到隔离的目的。高差的地面、水体的两侧、绿篱树丛等，都可以达到隔而不分的目的。
- 围墙能低尽量低，能透尽量透，仅在需掩饰隐私之处用封闭的围墙。
- 围墙处于绿地之中，成为园景的一部分，减少与人的接触，使围墙向景墙转化。善于把空间的分隔与景色的渗透联系统一起来，有而似无，有而生情，才是高超的设计。

② 围墙的构造。围墙的构造有竹木围墙、砖墙、混凝土围墙、金属围墙几种。

- 竹木围墙：这种围墙是过去十分常见的围墙，也是十分符合生态学要求的围墙。
- 砖墙：墙柱间距3～4m，中开各式漏花窗。这种围墙便于施工和管养，缺点是较为闭塞。

- 混凝土围墙：一是以预制花格砖砌墙，花型富有变化但易爬越；二是混凝土预制成片状，可透绿也易管养。混凝土围墙的优点是一劳永逸，缺点是不够通透。
- 金属围墙。
  - ◎ 型钢材料，断面形式多样，表面光洁，性韧、易弯、不易折断，缺点是每2～3年要使用油漆一次。
  - ◎ 铸铁材料，可做各种花型，优点是不易锈蚀且造价不高，缺点是性脆且光滑度不够。订货时要注意其所含成分。
  - ◎ 锻铁、铸铝材料，质优而价高，可作为局部花饰或在室内使用。
  - ◎ 各种金属网材，如镀锌、镀塑铅丝网，铝板网，不锈钢网等。

现在往往把几种材料结合起来，取长补短。如用混凝土制作墙柱、勒脚墙；用型钢制作透空部分框架；用铸铁制作花饰构件；局部、细微处用锻铁、铸铝制作。

围墙是长型构造物。长度方向按要求设置伸缩缝，按转折和门位布置柱位，调整因地面标高变化的立面；横向则涉及围墙的强度，影响用料的大小。合理利用砖、混凝土围墙的平面凹凸部分，金属围墙构件的前后交错位置，以加大围墙横向断面的尺寸，可以免去墙柱，使围墙更自然、通透。

（5）花架。花架是攀缘植物的棚架，也是人们消夏避暑之所。花架在造园设计中往往具有亭、廊的作用，做长线布置时，就像游廊一样发挥建筑空间的脉络作用，形成导游路线，也可以用来划分空间，增加风景的深度。做点状布置时，就像亭一般，形成观赏点。花架不同于亭、廊，其空间更为通透，特别地，由于绿色植物及花果自由地攀绕和悬挂，更添一番生气。用其点缀园林建筑的某些墙段或檐头，可使之更加活泼且具有园林的气息。

花架造型比较灵活且富于变化，常见的形式是梁架式，另外还有半边列柱、半边墙垣，并在上边叠架小坊的形式，在划分封闭或敞开的空间时更为自如。其造园趣味类似半边廊，在墙上亦可开设景窗，使意境更为含蓄。此外，还有单排柱花架或单柱式花架。

花架往往同其他小品相结合，形成一组内容丰富的小品建筑，如布置坐凳，墙面开设景窗、漏花窗，柱间嵌以花墙，周围点缀叠石、小池等。

花架在庭院中的布局可以采取附件式，也可以采取独立式。附件式花架属于建筑的一部分，是建筑空间的延续，如在墙垣的上部、垂直墙面的上部水平搁置横墙向两侧挑出。应注意保持建筑自身统一的比例与尺度，除在功能上可供植物攀缘或设桌凳供游人休憩外，还可起装饰作用。独立式花架应在庭院总体设计中加以确定，它可以在花丛中，也可以在草坪边，使庭院空间有起有伏，增加平坦空间的层次，有时亦可傍山临池、随势弯曲。

花架如同廊道，可以起到组织游览路线和组织观赏点的作用。布置花架时，一方面要格调清新；另一方面要注意与周围建筑和绿化栽培在风格上的统一。我国传统园林中较少采用花架，因其与山水园林格调不尽相同。但现代园林融合了传统园林和西洋园林的诸多技法，因此花架这一小品形式在造园艺术中日益被造园设计者所乐用。

① 花架设计要点。

- 要把花架作为一件艺术品，而不单作为构筑物来设计，应注意比例、尺寸、选材和必要的装修。
- 花架体型不宜太大。太大了不易做得轻巧，太高了不易荫蔽而显空旷，应尽量接近自然。
- 花架的四周一般较为通透，除了作为支撑的墙、柱，还起空间限定的作用。花架的上、下（铺地和檐口）两个平面，并不一定要对称和相似，可以自由伸缩、交叉，相互引申，使花架融汇于自然之中，不受阻隔。
- 十分重要的一点是要根据攀缘植物的特点、环境来构思花架的形体；根据攀缘植物的生物学特性，来设计花架的构造、材料等。

在一般情况下，一个花架配置一种或两三种相互搭配的攀缘植物。各种攀缘植物的观赏价值和生长要求不尽相同，设计花架前要有所了解，如紫藤花架，紫藤枝粗叶茂，尤宜观赏。因此，设计紫藤花架时，要采用能负荷的永久性材料，显古朴、简练的造型。葡萄架、葡萄浆果有许多耐人深思的童话，设计该花架时可作为参考。种植葡萄，要满足充分的通风、光照条件，还要翻藤修剪，因此要考虑合理的种植间距。猕猴桃属有30余种，为野生藤本果树，广泛生长于长江流域以南林中、灌丛、路边，枝叶左旋攀缘而上。猕猴桃棚架的花架板最好采用双向设计，或者在单向花架板上放临时“石竹”，以适应猕猴桃只旋而无吸盘的特点。整体造型纤细、现代不如粗犷、古朴。对于茎干草质的攀缘植物，如葫芦、茑萝、牵牛花等，往往要借助于牵绳而上，因此种植池要近，在花架柱梁板之间要有支撑、固定，植物方可爬满全棚。

② 几种常见花架类型。

- 双柱花架：以攀缘植物作顶的休憩廊。值得注意的是，供植物攀缘的花架板，其平面排列可等距（一般为50cm左右），也可不等距，板间嵌入花架砧，取得光影和虚实变化。其立面不一定是直线的，可设计为曲线、折线，甚至由顶面延伸至两侧地面，如“滚地龙”一般。
- 单柱花架：当花架宽度缩小，两柱接近而成一柱时，花架板变成中部支承两端外悬。为了整体的稳定和美观，单柱花架在平面上宜做成曲线、折线型。
- 各种供攀缘用的花墙、花瓶、花钵、花柱。

③ 花架常用的建材。

- 混凝土材料。是十分常见的材料。基础、柱、梁皆可按设计要求，而花架板因量多距近，且受木构断面影响，宜用光模、高标号混凝土一次捣制成型，以求轻巧、挺薄。
- 金属材料。常用于独立的花柱、花瓶等。造型活泼、通透、多变、现代、美观，但需经常养护和喷刷油漆，且阳光直晒下温度较高。
- 玻璃钢、CRC等。常用于花钵、花盆等。

花架高度范围应控制在2.5～2.8m，便于人们近距离观赏。花架开间一般控制在3～4m，太大了则构件显得笨拙、臃肿。进深跨度常用2.7m、3m、3.3m。

8.2 园林建筑的设计程序

园林建筑的设计程序一般分为初步设计和施工图设计两个阶段，对于较复杂的工程项目还要进行技术设计。

初步设计主要提出方案，说明建筑的平面布置、立面造型、结构选型等内容，绘制初步设计图，送有关部门审批。

技术设计主要确定建筑的各项具体尺寸和构造方法，进行结构计算，确定承重构件的截面尺寸和配筋情况。

施工图设计主要根据已批准的初步设计图，绘制出符合施工要求的图纸。园林建筑景观施工图一般包括平面图、施工图、剖面图和建筑详图等内容，与建筑施工图的绘制基本类似。

1. 初步设计图的绘制

（1）初步设计图的内容。包括总平面图、建筑平、立、剖面图、有关技术和构造说明、主要技术经济指标等。通常要做一幅透视图，表示园林建筑竣工后的外貌。

（2）初步设计图的表达方法。初步设计图尽量画在同一张图纸上，画面布置可以灵活些，表达方法可以多样，如画上阴影和配景，或者用色彩渲染，以加强画面效果。

（3）初步设计图的尺寸。初步设计图上要画出比例尺并标注主要设计尺寸，如总体尺寸、主要建筑的外形尺寸、轴线定位尺寸和功能尺寸等。

2. 施工图的绘制

初步设计图审批后，按施工要求绘制出完整的建施、结施图样及有关技术资料，步骤如下。

（1）确定绘制图样的数量。根据建筑的外形、平面布置、构造和结构的复杂程度决定绘制哪些图样。在保证顺利完成施工的前提下，图样的数量应尽量少。

（2）在保证图样清晰地表达其内容的情况下，根据各类图样的不同要求，选用合适的比例，平、立、剖面图尽量采用同一比例。

（3）进行合理的图面布置。尽量保持各图样的投影关系，或者将同类型的、内容关系密切的图样集中绘制。

（4）通常先画建筑施工图，一般按总平面图→平面图→立面图→剖面图→建筑详图的顺序进行绘制。再画结构施工图，一般先画基础图、结构平面图，然后分别画出各构件的结构详图。图8-1所示为座椅施工图，单位为mm，其中各图，不一一说明。

① 视图包括平、立、剖面图，表达座椅的外形和各部分的装配关系。

② 在标有建施的图样中，主要标注与装配有关的尺寸、功能尺寸、总体尺寸等。

③ 园林建筑施工图常附一个单体建筑物的透视图，特别是在没有设计图的情况下更是如此。透视图应按比例用绘图工具画出。

④ 编写施工总说明。施工总说明包括的内容有放样和设计标高、基础防潮层、楼面、楼地面、屋面、楼梯和墙身的材料和做法，室内外粉刷、装修的要求、材料和做法等。

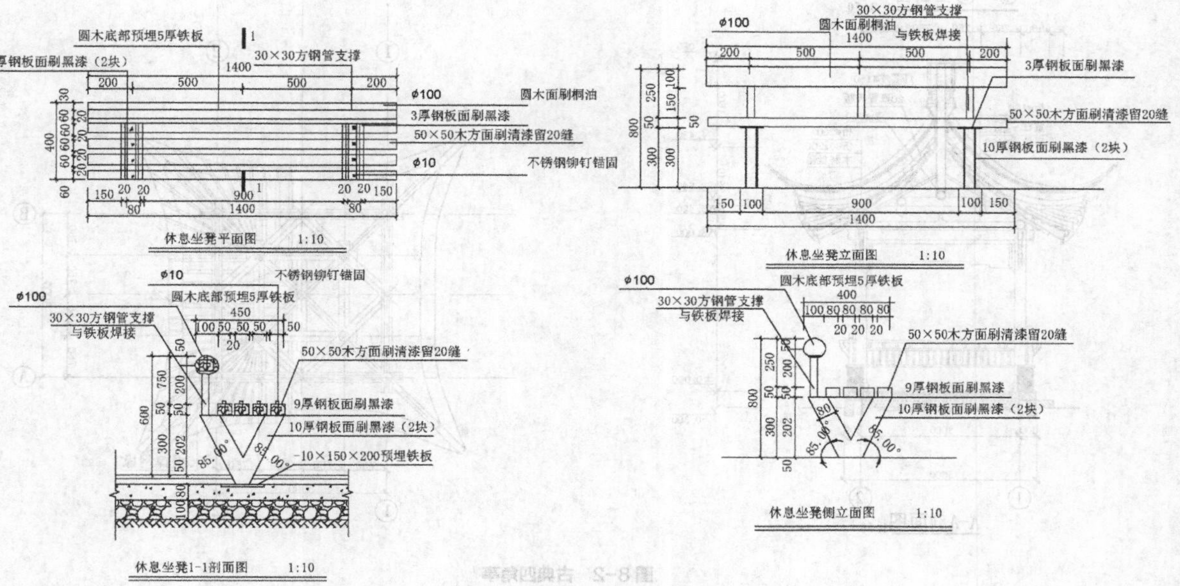

图 8-1 座椅施工图

8.3 绘制古典四角亭

《园冶》中说“亭者，停也。所以停憩游行也。”亭的形式很多，从平面上可以分为三角亭、四角亭、六角亭、八角亭、圆形亭、扇形亭等；从屋顶形式上可分为单檐、重檐、三重檐、攒尖顶、平顶、悬山顶、硬山顶、歇山顶、单坡顶、卷棚顶、褶板顶等；从材质上可分为木亭、石亭、钢筋混凝土亭、金属亭等；从风格上可以分为中式、日式、欧式等。它们或屹立于山岗之上，或依附在建筑之旁，或漂浮在水池之畔。其作为园中“点睛”之物，多设在视线交接处，亭位置的选择，一方面是为了观景，即供游人驻足休息，眺望景色；另一方面是为了点景，即点缀风景。山上建亭可以丰富山形轮廓，临水建亭可以通过动静对比增加园林景物的层次和变幻效果，平地建亭可以休息、纳凉。总之，亭的造型千姿百态，亭的基址类型丰富，两者搭配协调，就可以造就丰富多彩的园林景观。

下面以古典四角亭为例说明亭的绘制，如图8-2所示。

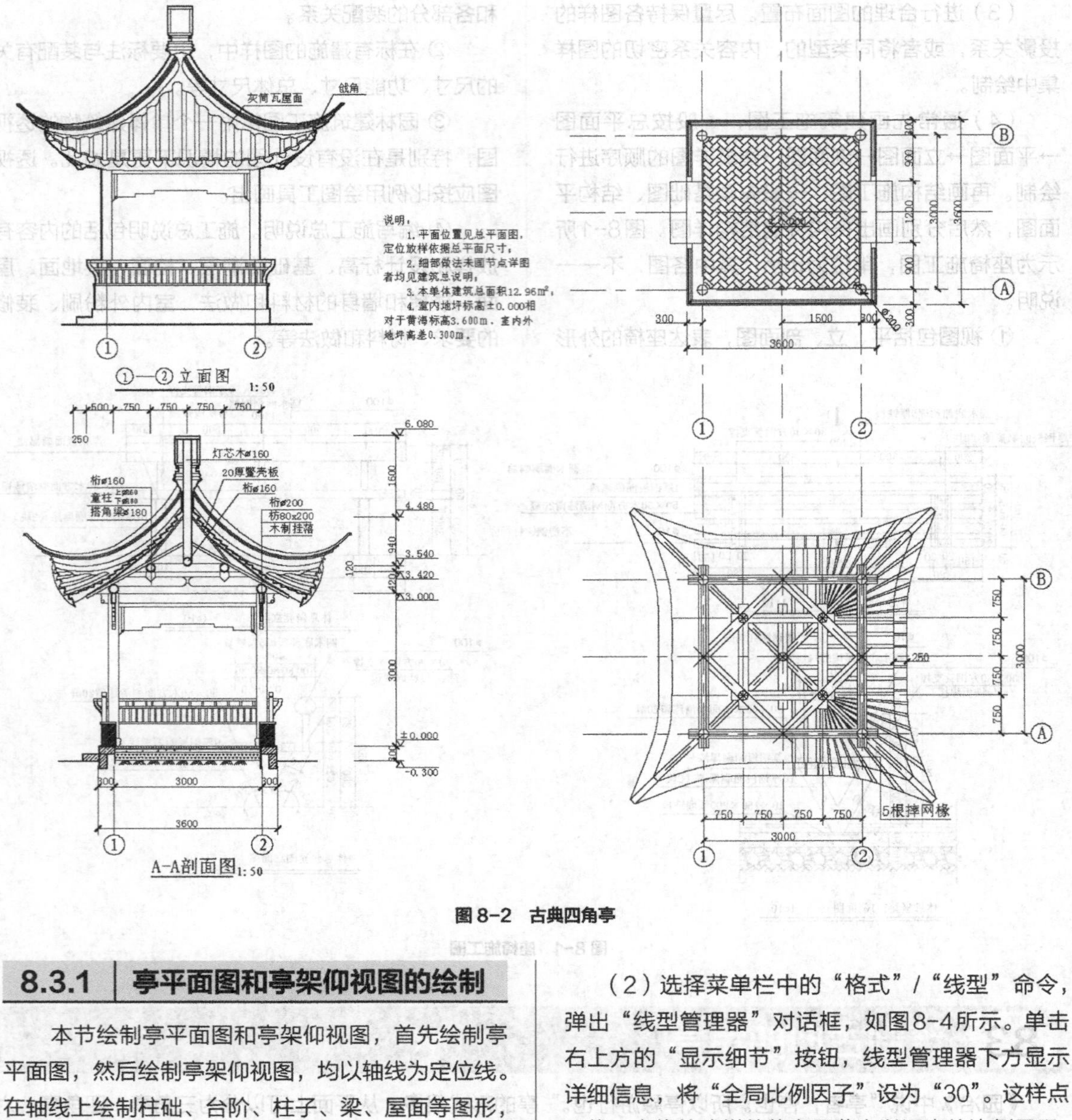

图 8-2　古典四角亭

8.3.1　亭平面图和亭架仰视图的绘制

本节绘制亭平面图和亭架仰视图，首先绘制亭平面图，然后绘制亭架仰视图，均以轴线为定位线。在轴线上绘制柱础、台阶、柱子、梁、屋面等图形，最后进行尺寸的标注和文字说明。

1. 建立“轴线”图层

（1）单击“默认”选项卡“图层”面板中的“图层特性”按钮，弹出“图层特性管理器”对话框。建立一个新图层，命名为“轴线”，颜色选择红色，线型为CENTER，线宽为默认，并设置为当前图层，如图8-3所示。确定后返回绘图状态。

图 8-3　“轴线”图层参数

（2）选择菜单栏中的“格式”/“线型”命令，弹出“线型管理器”对话框，如图8-4所示。单击右上方的“显示细节”按钮，线型管理器下方显示详细信息，将“全局比例因子”设为“30”。这样点画线、虚线的式样就能在屏幕上以适当的比例显示，如果仍不能正常显示，可以调整这个值。

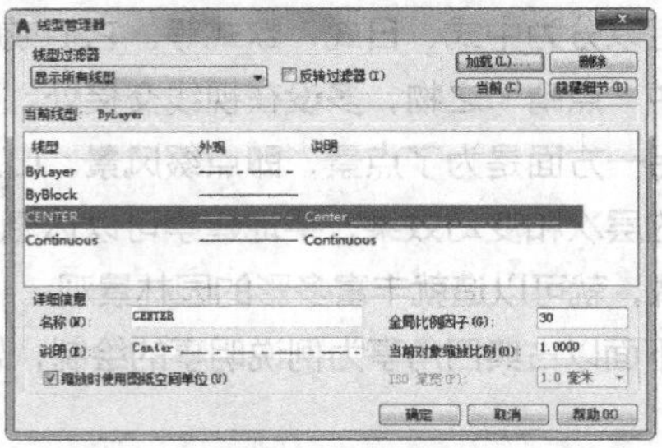

图 8-4　“线型管理器”对话框

2. 正交设置

将鼠标指针移到状态栏的“正交”按钮上，单击鼠标左键，打开正交按钮，如图8-5所示。

图 8-5 打开正交按钮

3. 轴线的绘制

（1）单击“默认”选项卡“绘图”面板中的“直线”按钮，绘制竖向轴线，命令行提示与操作如下。

命令：_line
指定第一个点：（在绘图区适当位置选择直线的初始点）
指定下一点或[放弃(U)]:@0,8000↙（如无特殊说明，本书命令行操作中↙代表按Enter键）
指定下一点或[放弃(U)]:↙

（2）重复“直线”命令，在绘图区适当位置选择直线的初始点，输入第二点的相对坐标“@8000,0”，轴线的绘制如图8-6所示。

图 8-6 轴线的绘制

4. 建立“亭”图层

（1）单击“默认”选项卡“图层”面板中的“图层特性”按钮，弹出“图层特性管理器”对话框，建立一个新图层，命名为“亭”，颜色选择洋红，线型为Continuous，线宽为0.70（或选择默认，最终出图时调整线宽，以后皆同，不重述），并设置为当前图层，如图8-7所示。确定后返回绘图状态（可以在最初绘图时将所有图层建立完毕，也可以随绘随建，但目的都是便于后期的修改和管理）。

图 8-7 “亭”图层参数

（2）将“轴线”图层设置为当前图层，单击“默认”选项卡“修改”面板中的“偏移”按钮，命令行提示与操作如下。

命令：_offset
当前设置：删除源=否 图层=源 OFFSETGAPTYPE=0
指定偏移距离或[通过(T)/删除(E)/图层(L)]<通过>:1500↙
选择要偏移的对象，或[退出(E)/放弃(U)]<退出>:（用鼠标指针拾取水平中心线）
指定要偏移的那一侧上的点，或[退出(E)/多个(M)/放弃(U)]<退出>:↙（用鼠标指针拾取水平中心线上方任一点）
选择要偏移的对象，或[退出(E)/放弃(U)]<退出>:↙

（3）重复“偏移”命令，将水平中心线向下偏移，将竖直中心线分别向左、右偏移，偏移量均为1500，此距离与设计的亭平面图尺寸（见图8-8）有关，轴线的绘制结果如图8-9所示。

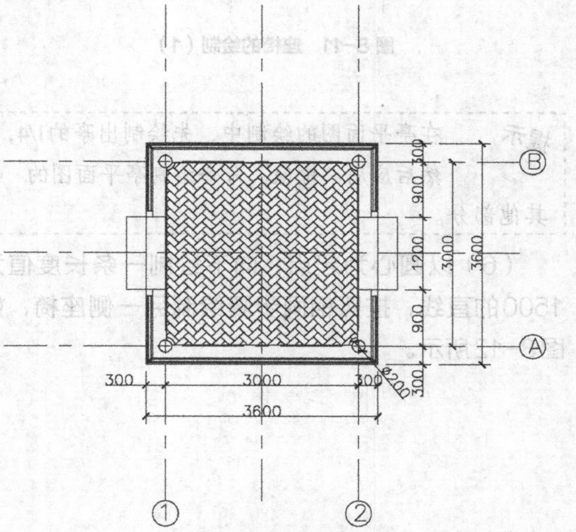

图 8-8 亭平面图尺寸

（4）将“亭”图层设置为当前图层，单击“默认”选项卡“绘图”面板中的“圆”按钮，绘制亭的柱子，命令行提示与操作如下。

命令：_circle
指定圆的圆心或[三点(3P)/两点(2P)/切点、切点、半径(T)]:（用鼠标指针拾取右上角两中心线的交点）
指定圆的半径或[直径(D)]<1500.0000>:100↙

（5）打开正交按钮，单击“默认”选项卡“绘图”面板中的“直线”按钮，以圆心为起点，向左绘制一条长度值为1500的直线作为辅助线，如图8-10所示。将辅助线向下偏移距离值20，作为座椅边缘，删除辅助线，以座椅边缘为基准，分别向上偏移距离值220、240、280、300、320，即座椅的宽度值为220，靠背的宽度值为100（包括靠背的装饰格子），如图8-11所示。

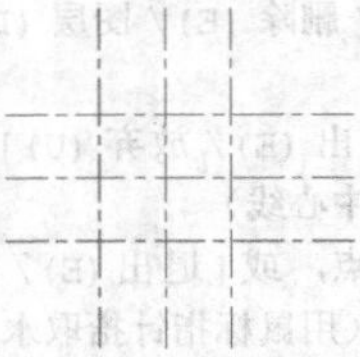

图 8-9　轴线的绘制结果

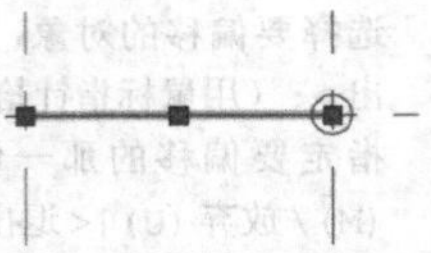

图 8-10　辅助线的绘制

图 8-11　座椅的绘制（1）

> 提示　在亭平面图的绘制中，先绘制出亭的1/4，然后应用“镜像”命令绘制亭平面图的其他部分。

（6）以圆心为起点，向下绘制一条长度值为1500的直线，按照相同步骤绘制另一侧座椅，如图8-12所示。

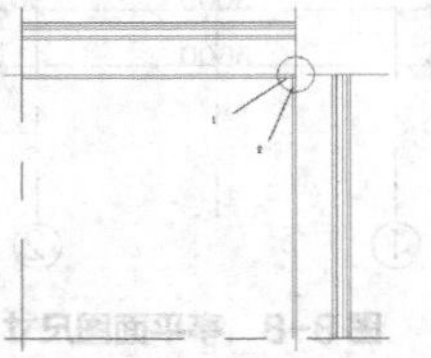

图 8-12　座椅的绘制（2）

（7）修剪图形。单击“默认”选项卡“修改”面板中的“修剪”按钮，命令行提示与操作如下。

```
命令：_trim
当前设置：投影 =UCS，边 = 无
选择剪切边 ...
选择对象或 < 全部选择 >：（选择圆）
选择对象：↙
选择要修剪的对象，或按住Shift键选择要延伸的对象，或 [ 栏选 (F) / 窗交 (C) / 投影 (P) / 边 (E) / 删除 (R) / 放弃 (U)]：↙（用鼠标指针点取图8-12中的1处）
选择要修剪的对象，或按住Shift键选择要延伸的对象，或 [ 栏选 (F) / 窗交 (C) / 投影 (P) / 边 (E) / 删除 (R) / 放弃 (U)]：↙（用鼠标指针点取图8-12中的2处）
```

结果如图8-13所示。

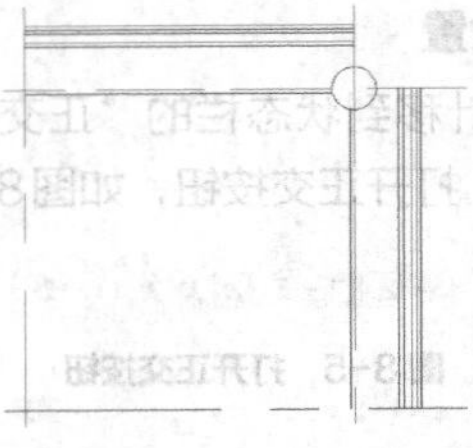

图 8-13　座椅的绘制（3）

（8）延伸直线。当直线被选中时，会显示蓝色点，当鼠标指针移动到蓝色点上时，点变成红色，单击点向右延伸直线，如图8-14所示。然后对竖向直线采用“延伸”命令，如图8-15所示。最后修剪直线，如图8-16所示。

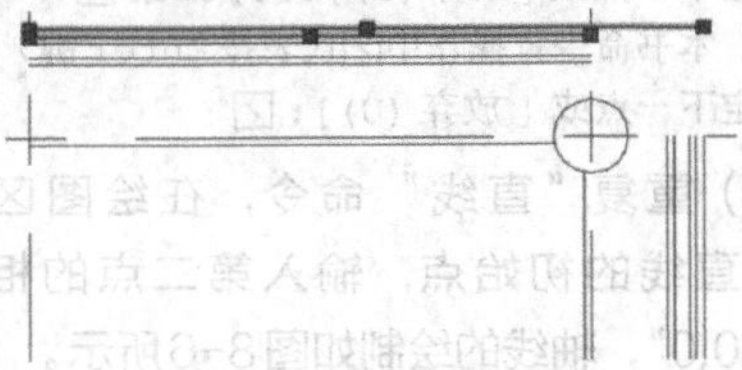

图 8-14　延伸直线（1）

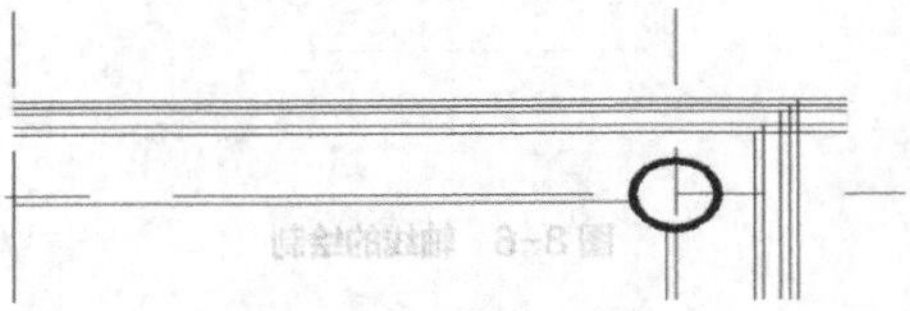

图 8-15　延伸直线（2）

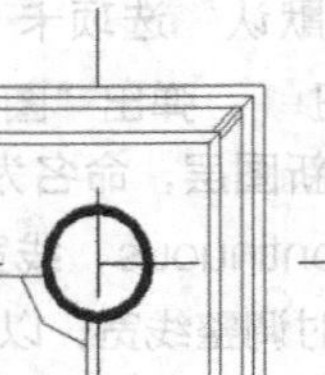

图 8-16　修剪直线

5. 柱础的绘制

（1）单击“默认”选项卡“绘图”面板中的“圆”按钮，以柱的圆心为圆心，“150”为半径值画圆，并对其进行修剪。

（2）对座椅转折处进行修改。单击“默认”选项卡“绘图”面板中的“直线”按钮，在座椅转折处画直线，如图8-17所示。单击“默认”选项卡“修改”面板中的“偏移”按钮，将刚绘制的直线向左、右各偏移距离值10，然后进行修剪，如图8-18所示。

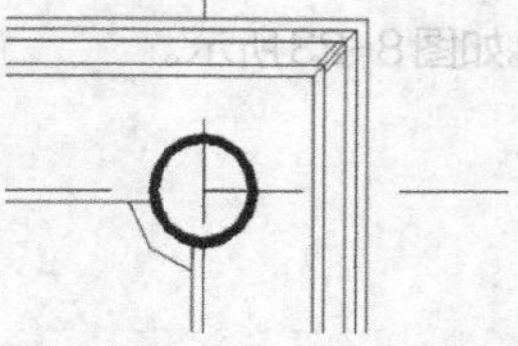

图 8-17 绘制座椅转折处

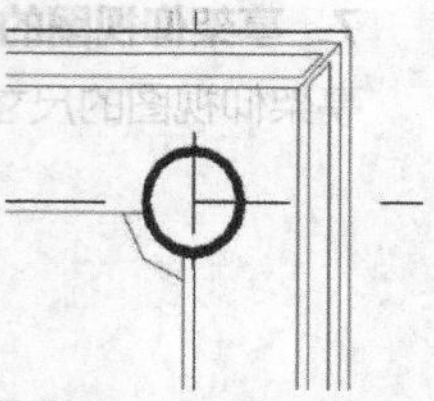

图 8-18 修剪座椅转折处

6. 台阶的绘制

（1）园林中用方柱作为座椅与台阶的交接处理。台阶长度值1200、宽度值300，这里绘制半个台阶的长度，单击“默认”选项卡“绘图”面板中的“矩形”按钮，命令行提示与操作如下。

```
命令：_rectang
指定第一个角点或[倒角(C)/标高(E)/圆角(F)/厚度(T)/宽度(W)]：(用鼠标指针拾取右侧中间两条轴线的交点)
指定另一个角点或[面积(A)/尺寸(D)/旋转(R)]:@300,600↙
```

（2）向右复制矩形作为第二级台阶，单击“默认”选项卡“修改”面板中的“复制”按钮，命令行提示与操作如下。

```
命令：_copy
选择对象：(选择刚绘制的矩形)
选择对象：↙
当前设置：复制模式＝多个
指定基点或[位移(D)/模式(O)]<位移>：(用鼠标指针拾取矩形的左下角)
指定第二个点或[阵列(A)]<使用第一个点作为位移>：(用鼠标指针拾取矩形的右下角)
指定第二个点或[阵列(A)/退出(E)/放弃(U)]<退出>:↙
```

（3）绘制方柱。单击“默认”选项卡“绘图”面板中的“矩形”按钮，以座椅与台阶的交点为第一角点，“@100,100”为第二角点坐标，绘制正方形来表示方柱，如图8-19所示。

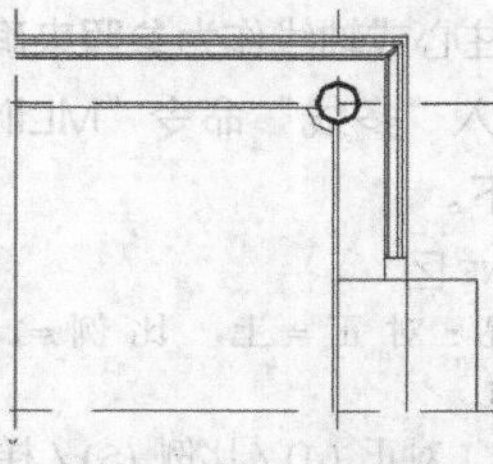

图 8-19 台阶与方柱的绘制

（4）单击“默认”选项卡“修改”面板中的“镜像”按钮，命令行提示与操作如下。

```
命令：_mirror
选择对象：(框选绘制的所有图形)
选择对象：↙
指定镜像线的第一点：(用鼠标指针在轴线上拾取一点)
指定镜像线的第二点：(用鼠标指针在轴线上拾取另一点)
要删除源对象吗？[是(Y)/否(N)]<否>:↙
```

重复“镜像”命令，继续镜像图形，镜像结果如图8-20所示。

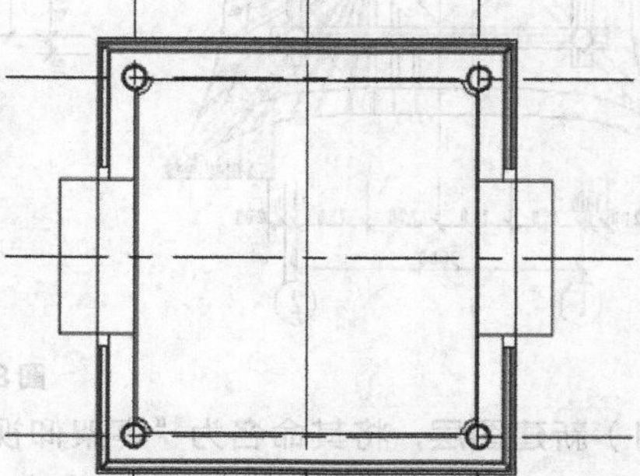

图 8-20 镜像结果

（5）对平面图内部进行图案填充，新建图层命名为“填充”，并将此图层设置为当前图层。单击“默认”选项卡“绘图”面板中的“图案填充”按钮，选择“图案填充创建”选项卡，按照图8-21所示进行设置。选择要填充对象的内部，按空格键或Enter键完成图案填充，如图8-22所示。

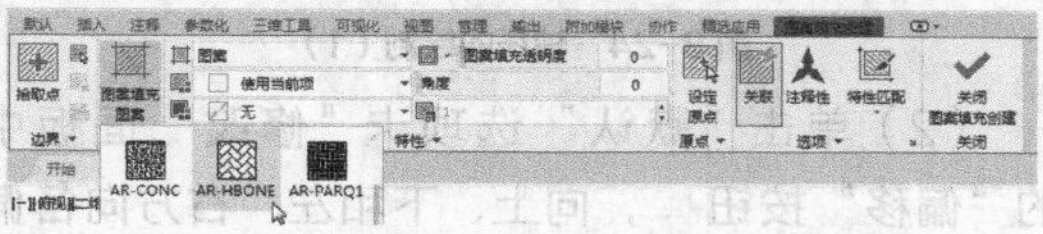

图 8-21 “图案填充创建”选项卡

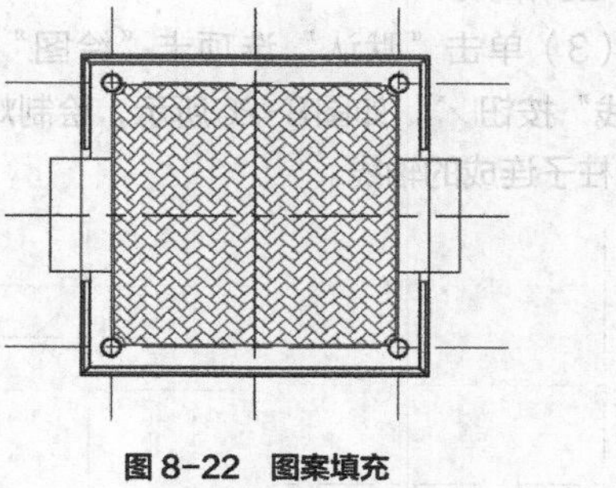

图 8-22 图案填充

> 提示：依据设计选择样例，如果预览后显示不合适，就需要调整比例。

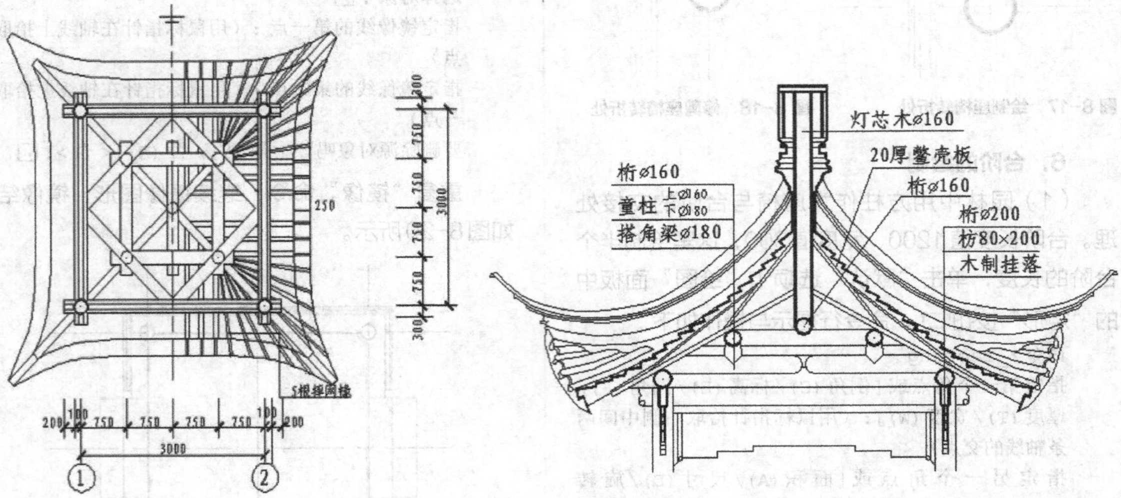

图 8-23　亭架仰视图的尺寸

7. 亭架仰视图的绘制

亭架仰视图的尺寸，如图8-23所示。

（1）新建图层，将其命名为“亭架仰视图”，将“轴线”图层设置为当前图层。单击“默认”选项卡“绘图”面板中的“直线”按钮，在绘图区适当位置画出轴线，步骤同亭平面图轴线的绘制，如图8-24所示。

图 8-24　轴线的绘制（1）

（2）单击“默认”选项卡“修改”面板中的“偏移”按钮⊆，向上、下和左、右方向各偏移两条横向轴线和竖向轴线，偏移量为1500，如图8-25所示。

（3）单击“默认”选项卡“绘图”面板中的“直线”按钮，如图8-26所示，绘制灯芯木、童柱和柱子连成的轴线。

图 8-25　轴线的绘制（2）

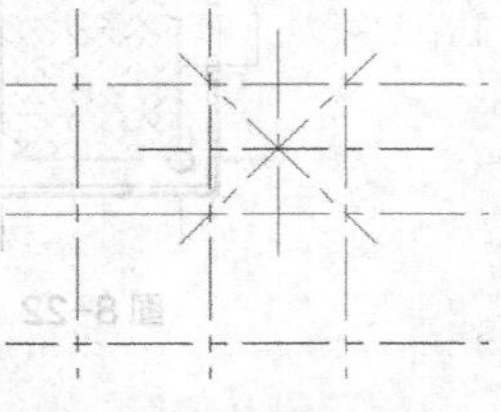

图 8-26　轴线的绘制（3）

8. 柱子的绘制

将“亭架仰视图”图层设置为当前图层，在平面上，根据设计尺寸，灯芯木为直径“160”的圆，童柱为直径“180”的圆，柱子为直径“200”的圆。由此单击“默认”选项卡“绘图”面板中的“圆”按钮，在图8-27所示位置绘制柱子。

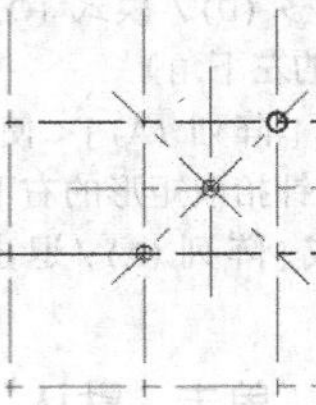

图 8-27　柱子的绘制

9. 梁的绘制

以临近的柱心或轴线作为参照来确定梁的尺寸。在命令行中输入“多线”命令“MLINE”，命令行提示与操作如下。

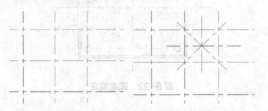

```
命令：MLINE↙
当前设置：对正 = 上，比例 =180.00，样式 =STANDARD
指定起点或 [ 对正 (J) / 比例 (S) / 样式 (ST)]:j↙
输入对正类型 [ 上 (T) / 无 (Z) / 下 (B)]<上>:z↙
当前设置：对正 = 无，比例 =180.00，样式 =STANDARD
```

```
指定起点或 [ 对正 (J) / 比例 (S) / 样式 (ST)]:s↙
输入多线比例 <180.00>: ↙
当前设置：对正 = 无， 比例 =180.00， 样式 =STANDARD
指定起点或 [ 对正 (J) / 比例 (S) / 样式 (ST)]:
指定下一点：
指定下一点或 [ 放弃 (U)]:
指定下一点或 [ 闭合 (C) / 放弃 (U)]: ↙
```

其中对正类型的起点为轴线的交汇处或柱心，“Z”表示中心对齐，比例表示双线的宽度。

根据图8-28所示的尺寸绘制梁，单击“默认”选项卡“绘图”面板中的“直线”按钮，把双线的端口连接上，如图8-29所示。然后单击“默认”选项卡“修改”面板中的“修剪”按钮，对交叉的直线进行修剪，如图8-30所示。

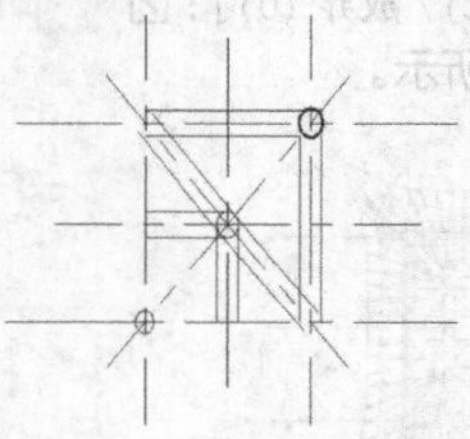
图 8-28　梁的绘制（1）

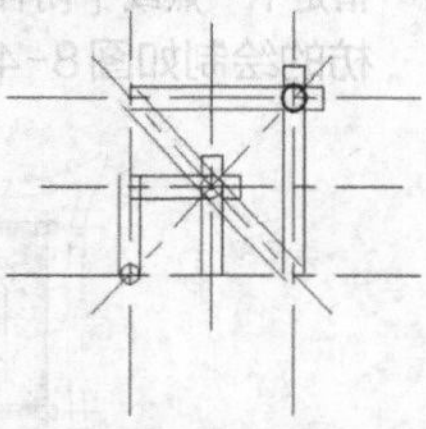
图 8-29　梁的绘制（2）

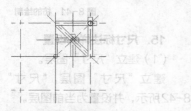

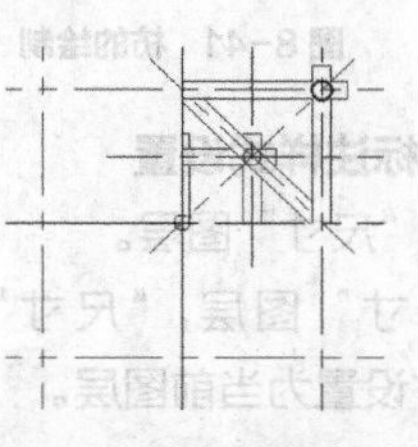
图 8-30　梁的绘制（3）

> **提示** 单击“默认”选项卡“修改”面板中的“分解”按钮，可以把双线分解成两条直线，然后对其进行编辑、修改等操作。

10. 屋面的绘制

单击“默认”选项卡“绘图”面板中的“样条曲线拟合”按钮，根据尺寸绘制屋面，如图8-31所示。然后单击“默认”选项卡“修改”面板中的“镜像”按钮，把绘制的屋面曲线沿45° 轴线进行镜像，如图8-32所示。

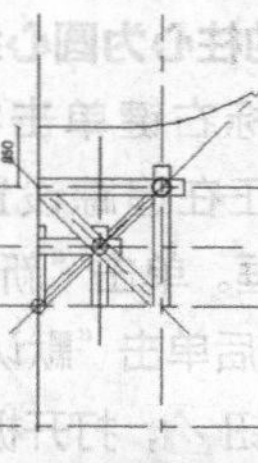
图 8-31　屋面的绘制（1）

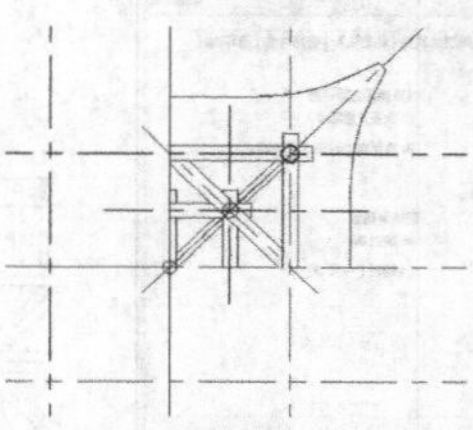
图 8-32　屋面的绘制（2）

11. 戗的绘制

在命令行中输入“多线”命令“MLINE”，“比例”设为120，起点为柱子的圆心。然后对屋面曲线进行偏移，单击“默认”选项卡“修改”面板中的“偏移”按钮，偏移量为75，戗的绘制如图8-33所示。单击“默认”选项卡“修改”面板中的“镜像”按钮，镜像后绘制出半个屋面，如图8-34所示。

图 8-33　戗的绘制

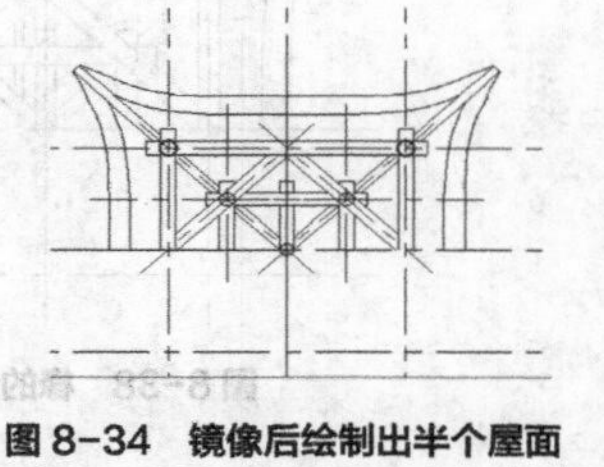
图 8-34　镜像后绘制出半个屋面

12. 椽的绘制

椽根据图8-35所示的设计尺寸绘制，单击“默认”选项卡“绘图”面板中的“直线”按钮，绘制直径为“30”“70”的椽，绘制时以临近的90° 轴线为距离参照来确定尺寸。然后剩余椽的绘制可借助环形阵列来实现。

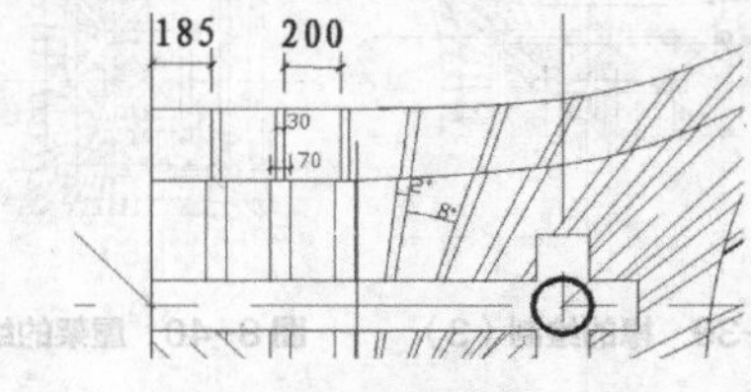

图 8-35　椽的设计尺寸

13. 以童柱的柱心为圆心绘制有角度的椽

（1）使用鼠标右键单击状态栏中的“极轴”按钮，选择“正在追踪设置…”选项，弹出图8-36所示的对话框。单击“新建”按钮，输入角度“51.5”“53.5”，然后单击“默认”选项卡“绘图”面板中的“直线”按钮，打开极轴设置，绘制出两条角度相差为2°的直线，作为一条椽，如图8-37所示。

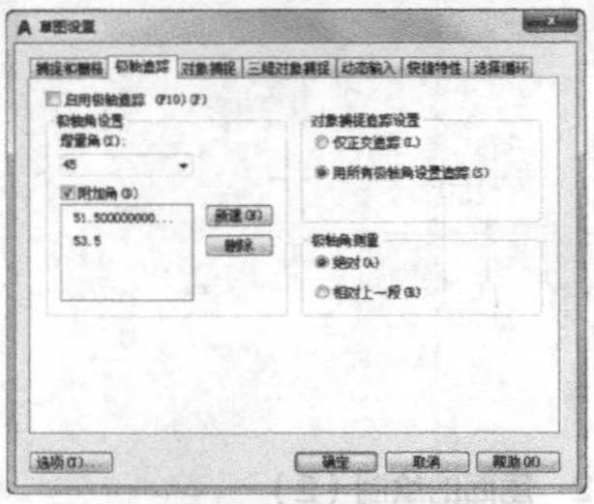

图 8-36 极轴角度设置

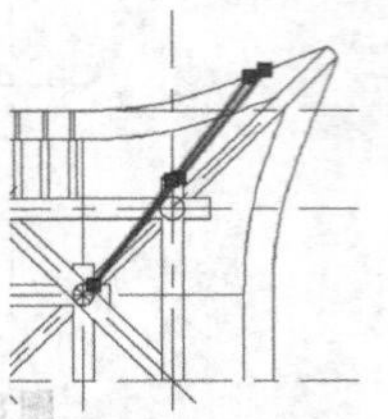

图 8-37 椽的绘制（1）

（2）单击“默认”选项卡“修改”面板中的“环形阵列”按钮，选择对象为角度相差2°的直线，中心点为童柱的柱心，设置项目数为5，项目间角度为8°，填充角度为30°，单击“确定”按钮，如图8-38所示。

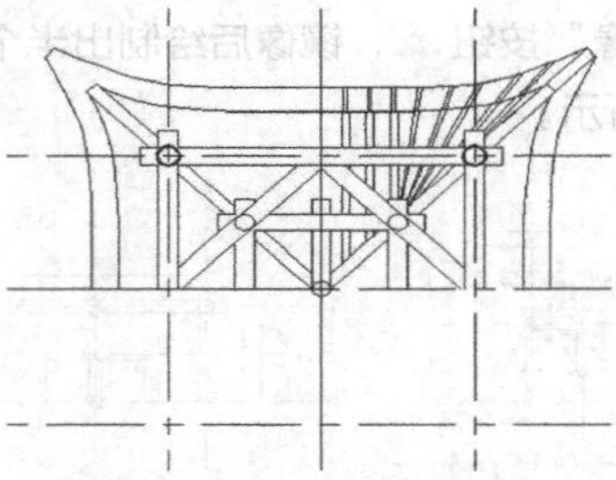

图 8-38 椽的绘制（2）

（3）单击“默认”选项卡“修改”面板中的“镜像”按钮，选中所绘制的椽，镜像轴线为45°轴线，如图8-39所示。重复“镜像”命令，选中所绘制的半个屋架，镜像轴线为水平中轴线，如图8-40所示。

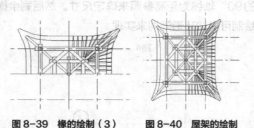

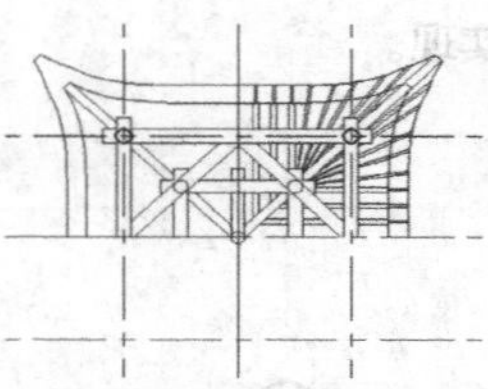

图 8-39 椽的绘制（3）

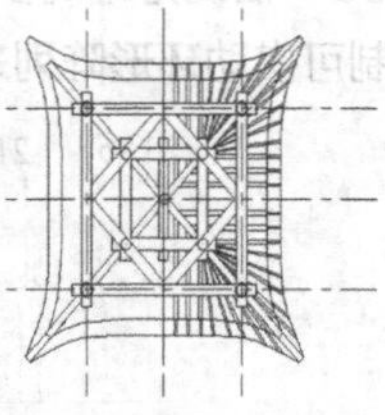

图 8-40 屋架的绘制

14. 枋的绘制

在命令行中输入“多线”命令“MLINE”，沿着梁的轴线绘制双线，命令行提示与操作如下。

```
命令：MLINE ↙
当前设置：对正 = 上，比例 =20.00，样式 =STANDARD
指定起点或 [ 对正 (J) / 比例 (S) / 样式 (ST)]：j ↙
输入对正类型 [ 上 (T) / 无 (Z) / 下 (B)]<上>：z ↙
当前设置：对正 = 无，比例 =20.00，样式 =STANDARD
指定起点或 [ 对正 (J) / 比例 (S) / 样式 (ST)]：s ↙
输入多线比例 <20.00>：80 ↙
当前设置：对正 = 无，比例 =80.00，样式 =STANDARD
指定起点或 [ 对正 (J) / 比例 (S) / 样式 (ST)]：
指定下一点：
指定下一点或 [ 放弃 (U)]：
指定下一点或 [ 闭合 (C) / 放弃 (U)]：↙
```

枋的绘制如图8-41所示。

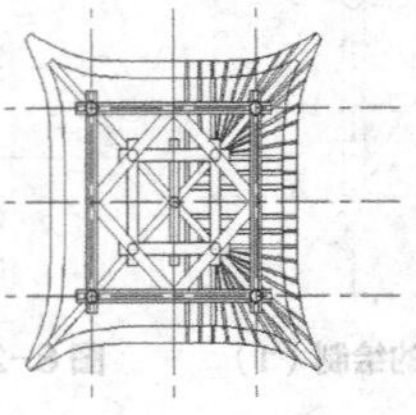

图 8-41 枋的绘制

15. 尺寸标注样式设置

（1）建立“尺寸”图层。

建立“尺寸”图层，“尺寸”图层参数如图8-42所示，并设置为当前图层。

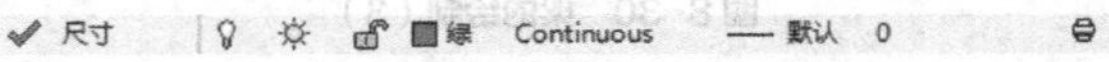

图 8-42 “尺寸”图层参数

（2）标注样式设置。

标注样式的设置应该和绘图比例相匹配。

① 单击“默认”选项卡“注释”面板中的“标注样式”按钮，弹出“创建新标注样式”对话框，新建一个标注样式，命名为“建筑”，单击“继续”按钮，如图8-43所示。

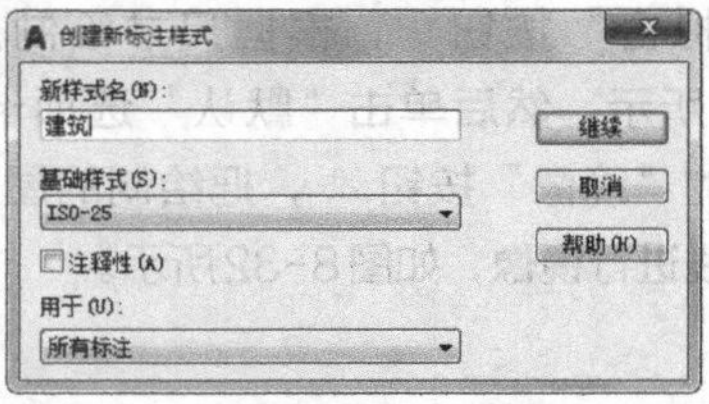

图 8-43 “创建新标注样式”对话框

② 将“建筑”样式中的参数按图8-44～图8-48所示逐项进行设置。单击“确定”按钮后弹出“标注样式管理器”对话框，将“建筑”样式设置为当前样式，如图8-49所示。

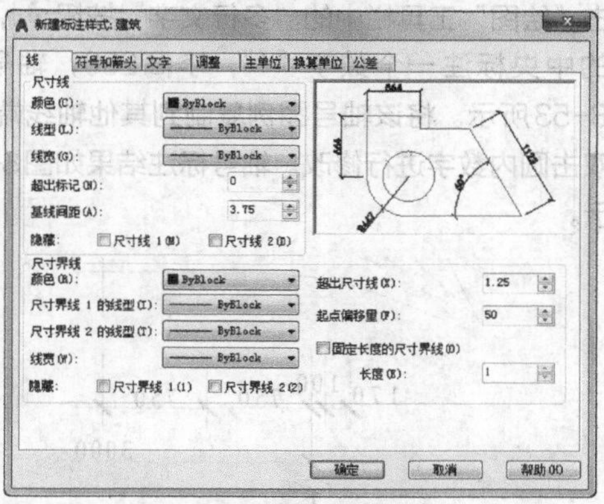

图 8-44 设置参数（1）

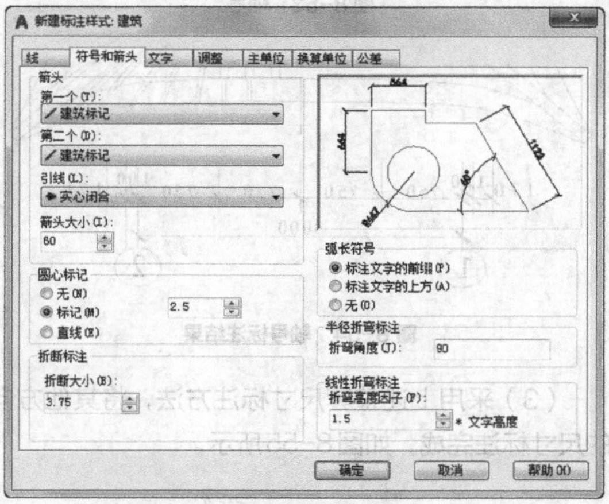

图 8-45 设置参数（2）

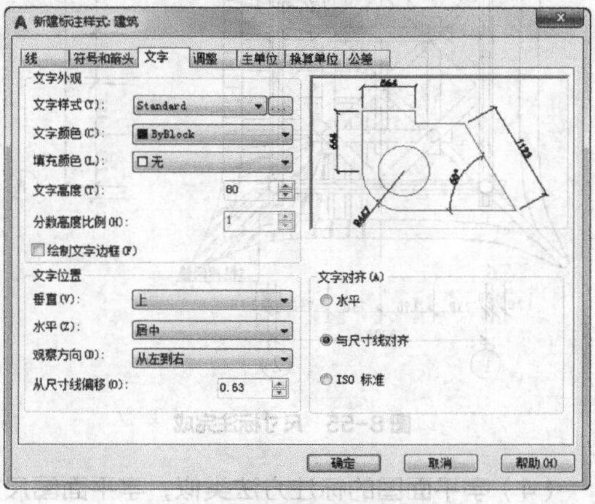

图 8-46 设置参数（3）

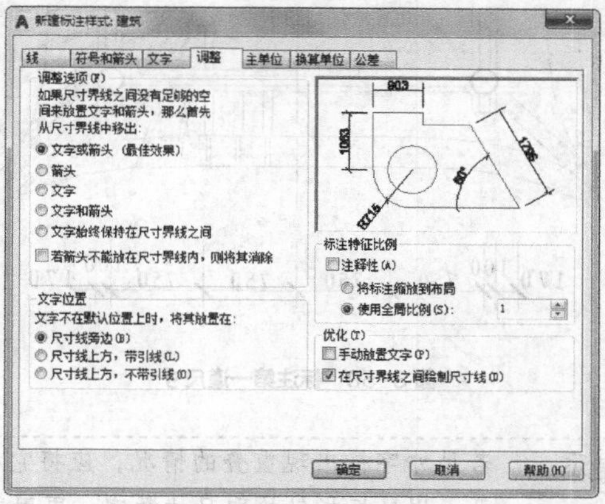

图 8-47 设置参数（4）

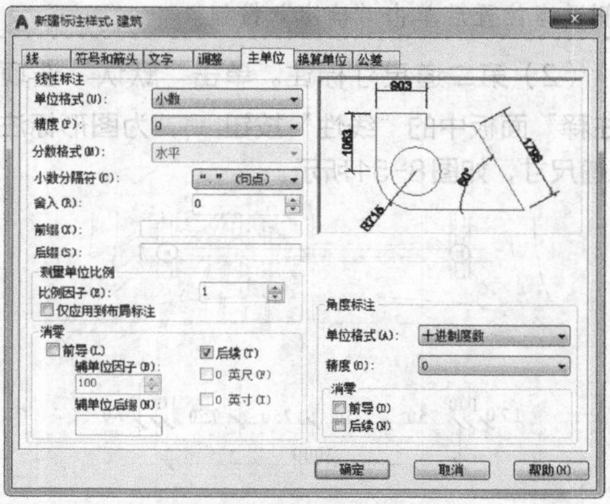

图 8-48 设置参数（5）

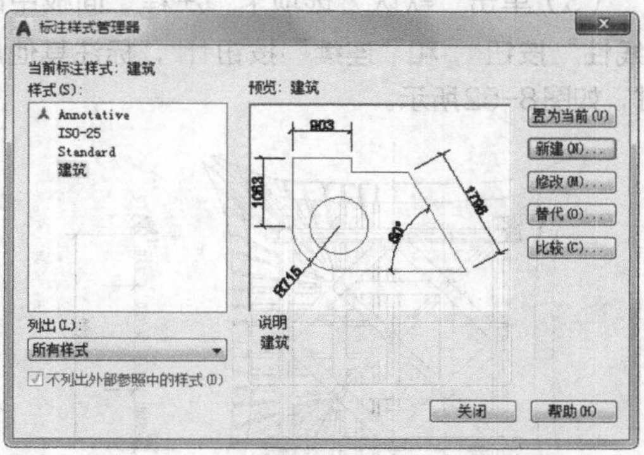

图 8-49 将“建筑”样式设置为当前样式

16. 尺寸标注

该部分尺寸标注分为两道：第一道为局部尺寸的标注；第二道为总尺寸的标注。

（1）第一道尺寸标注。单击“默认”选项卡“注释”面板中的“线性”按钮和“连续”按钮，为图形标注第一道尺寸，如图8-50所示。

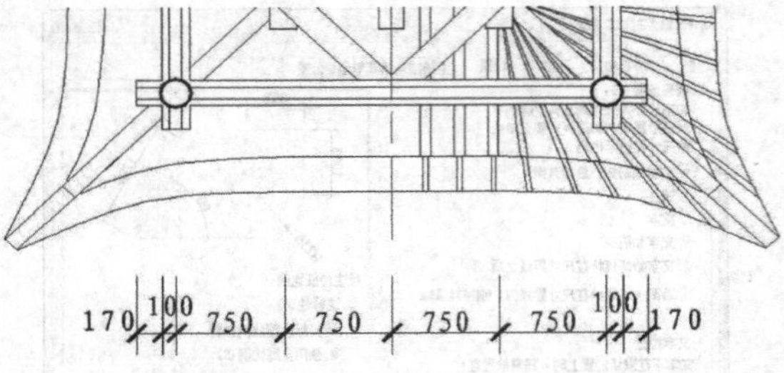

图 8-50 标注第一道尺寸

> **提示** 若尺寸字样出现重叠的情况，应将它移开。用鼠标指针拾取尺寸数字，再用鼠标指针选中中间的蓝色方块标记，将字样移至外侧适当位置后单击“确定”按钮。

（2）第二道尺寸标注。单击“默认”选项卡“注释”面板中的“线性”按钮⊢⊣，为图形标注第二道尺寸，如图8-51所示。

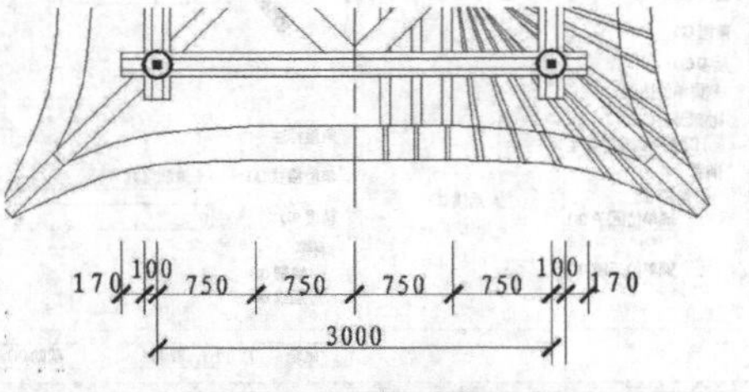

图 8-51 标注第二道尺寸

（3）单击“默认”选项卡“注释”面板中的“线性”按钮⊢⊣和“连续”按钮⊢⊢⊣，标注其他尺寸，如图8-52所示。

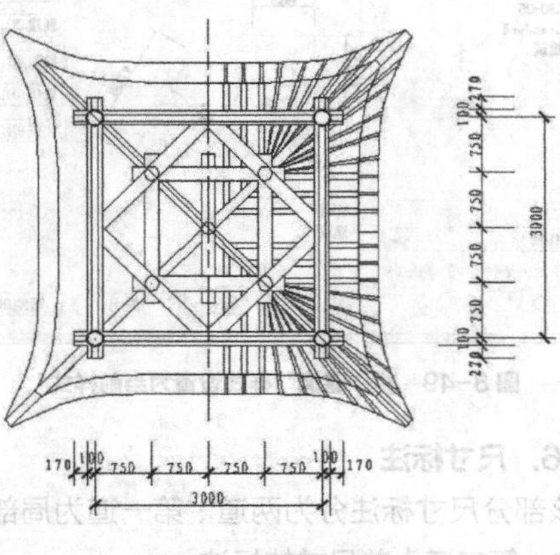

图 8-52 标注其他尺寸

17. 轴号标注

（1）根据规范要求，横向轴号一般用阿拉伯数字1、2、3……标注，纵向轴号用字母A、B、C……标注。

（2）单击“默认”选项卡“绘图”面板中的“圆”按钮⊙，在轴线端绘制一个直径为400的圆。单击“绘图”工具栏中的“多行文字”按钮**A**，在圆的中央标注一个数字“1”，字高250，轴号如图8-53所示。将该轴号图例复制到其他轴线端头，并双击圆内数字进行修改。轴号标注结果如图8-54所示。

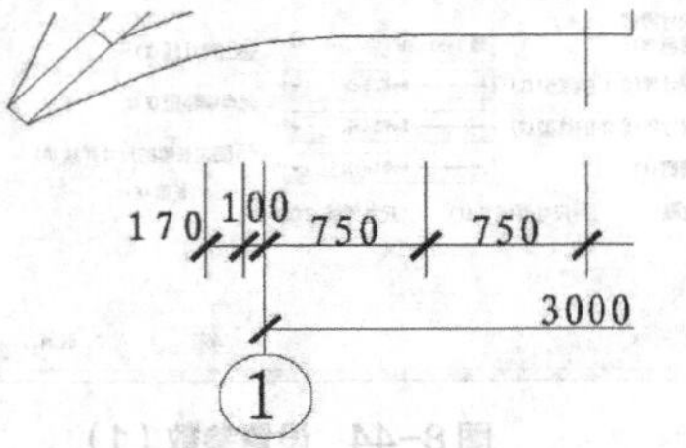

图 8-53 轴号

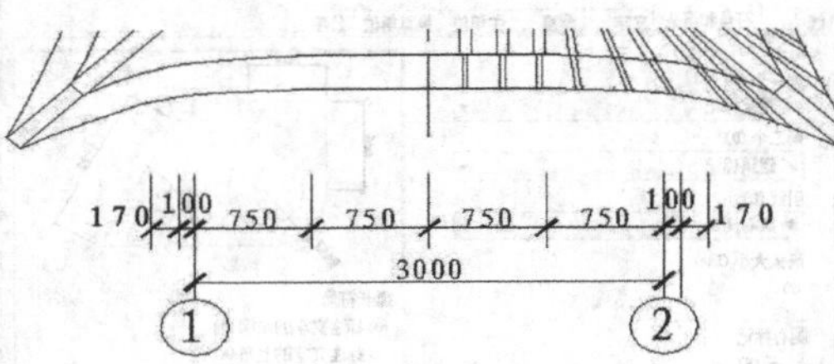

图 8-54 轴号标注结果

（3）采用上述整套尺寸标注方法，将其他方向的尺寸标注完成，如图8-55所示。

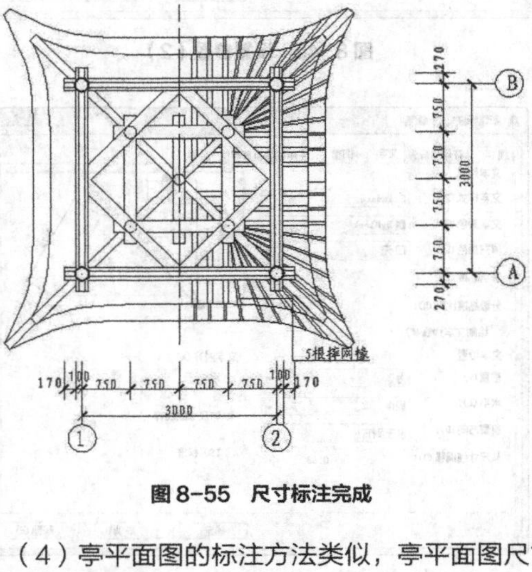

图 8-55 尺寸标注完成

（4）亭平面图的标注方法类似，亭平面图尺寸标注如图8-56所示。

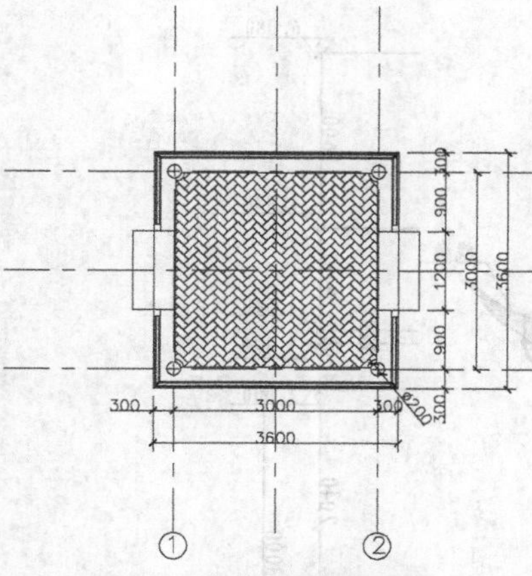

图 8-56 亭平面图尺寸标注

18. 建立“文字”图层

建立“文字”图层，“文字”图层参数如图8-57所示，将其设置为当前图层。

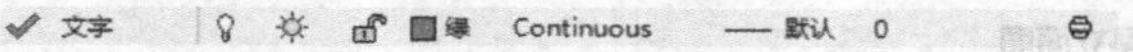

图 8-57 “文字”图层参数

19. 标注文字

单击“默认”选项卡“注释”面板中的“多行文字”按钮 A，选择“文字编辑器”选项卡和多行文字编辑器，如图8-58所示。首先设置字体及字高，其次在文本区输入要标注的文字，单击绘图区空白处完成文字的输入。

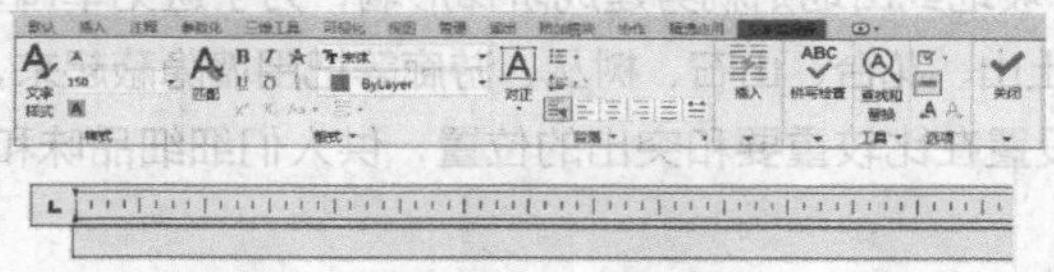

图 8-58 “文字编辑器”选项卡和多行文字编辑器

重复“多行文字”命令，依次标注出亭平面图构件名称。至此，亭平面图的绘制就完成了。

> **提示** 在园林平面图设计中，不涉及建筑立面的绘制，但在施工的详图设计中会涉及建筑立面、剖面图等的绘制，所以在此仅做简单介绍，不做详细说明。

8.3.2 亭立面图的绘制

亭立面图的尺寸要和亭平面图的尺寸相符，如图8-59所示，延长轴线，再绘制几条辅助轴线，根据亭立面图尺寸，绘制出辅助线，再按照绘图步骤，对其进行详细绘制。用“修剪”命令对多余的线段进行修剪，然后沿竖向中轴线进行“镜像”操作，亭立面图的绘制如图8-60～图8-64所示。最后进行尺寸标注，标注后的亭立面图如图8-65所示。

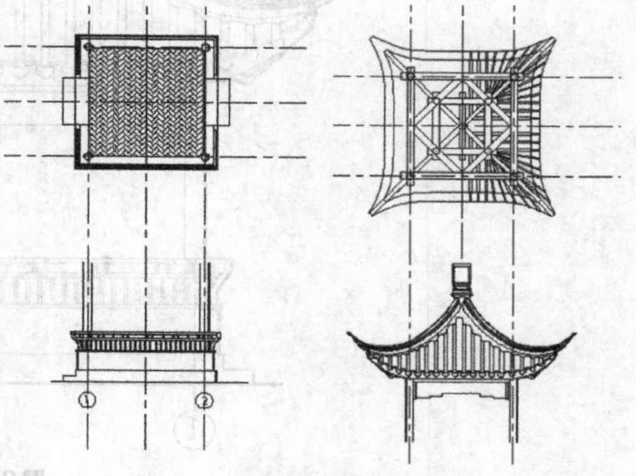

图 8-59 亭立面图的绘制（1）

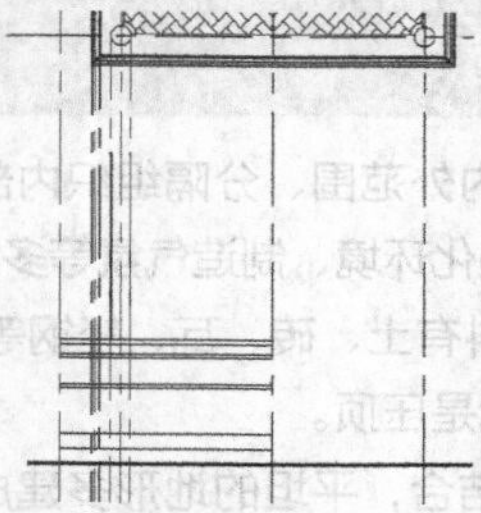

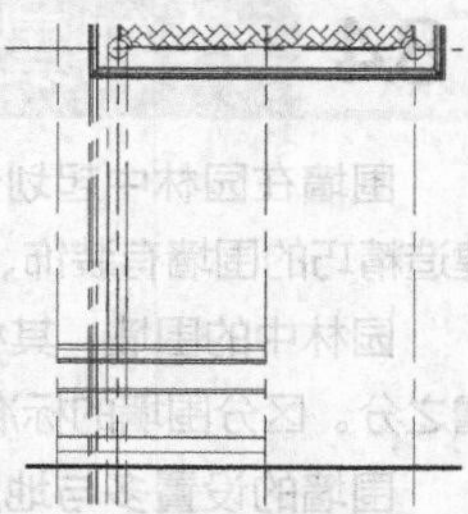

图 8-60 亭立面图的绘制（2） 图 8-61 亭立面图的绘制（3）

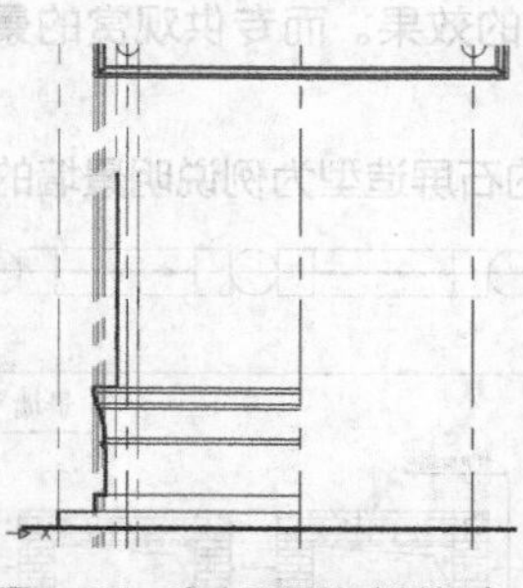

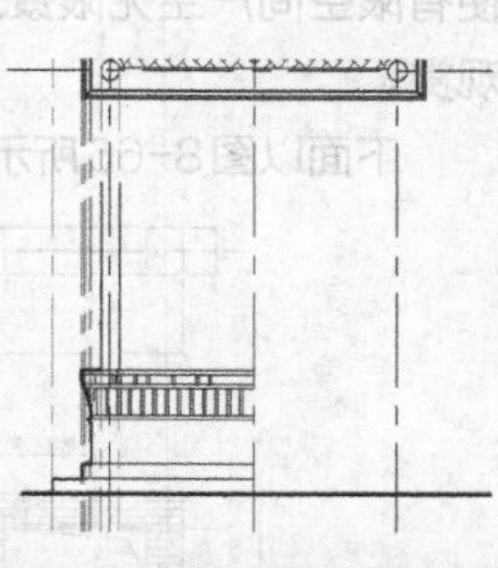

图 8-62 亭立面图的绘制（4） 图 8-63 亭立面图的绘制（5）

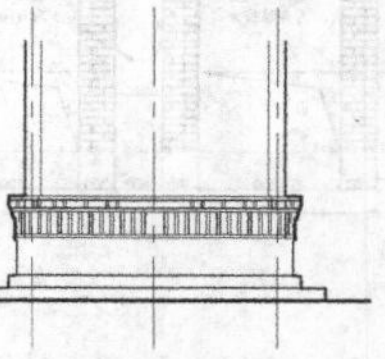

图 8-64 亭立面图的绘制（6）

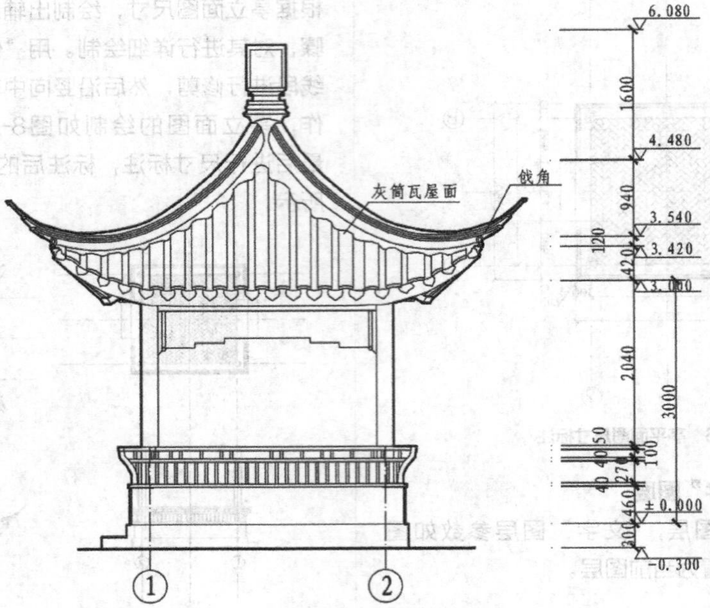

图 8-65　亭立面图

8.4 绘制景墙

围墙在园林中起划分内外范围、分隔组织内部空间和遮挡劣景的作用，也有围合、标识、衬景的功能。建造精巧的围墙有装饰、美化环境、制造气氛等多种功能和作用，围墙高度一般控制在2m以下。

园林中的围墙，其材料有土、砖、瓦、轻钢等，从外观上有高矮、曲直、虚实、光洁与粗糙、有檐与无檐之分。区分围墙的标准就是压顶。

围墙的设置多与地形结合，平坦的地形多建成平墙，坡地或山地则就势建成阶梯形墙，为了避免单调，有的建成波浪形的云墙。划分内外范围的围墙内侧，常用土山、花台、山石、树丛、游廊等把围墙隐蔽起来，使有限空间产生无限景观的效果。而专供观赏的景墙则设置在比较重要和突出的位置，供人们细细品味和观赏。

下面以图 8-66 所示的石屏造型为例说明景墙的绘制。

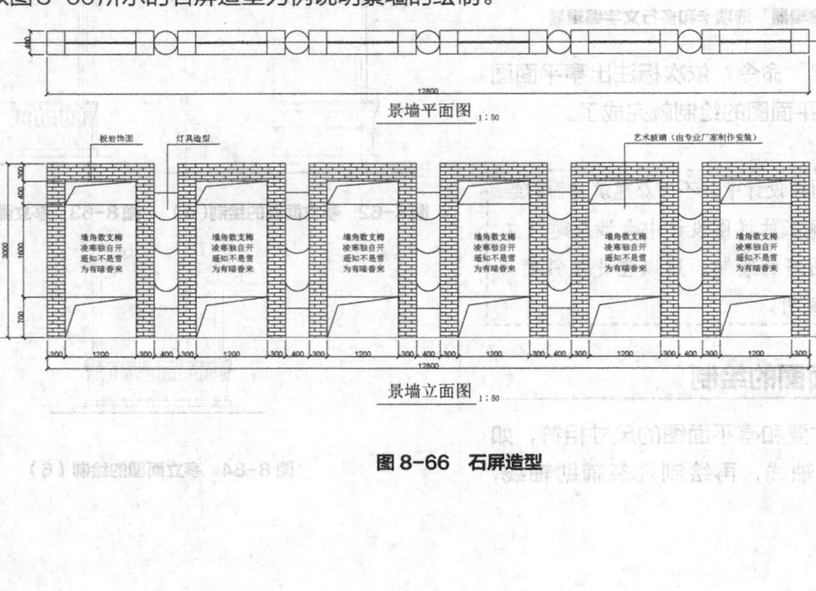

图 8-66　石屏造型

8.4.1 景墙平面图的绘制

1. 轴线设置

（1）建立“轴线”图层，进行相应设置，开始绘制轴线。

（2）单击“默认”选项卡“绘图”面板中的“直线”按钮，在绘图区适当位置选择直线的初始点，输入第二点的相对坐标“@2400,0”，按Enter键后绘制横向轴线。

2. 墙体绘制

（1）在命令行中输入“多线”命令“MLINE”，命令行提示与操作如下。

命令：MLINE☑
当前设置：对正 = 上，比例 =20.00，样式 =STANDARD
指定起点或 [对正 (J) / 比例 (S) / 样式 (ST)]:j☑
输入对正类型 [上 (T) / 无 (Z) / 下 (B)]< 上 >:z☑
当前设置：对正 = 无，比例 =20.00，样式 =STANDARD
指定起点或 [对正 (J) / 比例 (S) / 样式 (ST)]:s☑
输入多线比例 <20.00>:400☑
当前设置：对正 = 无，比例 =400.00，样式 =STANDARD
指定起点或 [对正 (J) / 比例 (S) / 样式 (ST)]：（用鼠标指针拾取轴线的左端点）
指定下一点 :1800☑（方向为水平向右）

结果如图8-67所示。

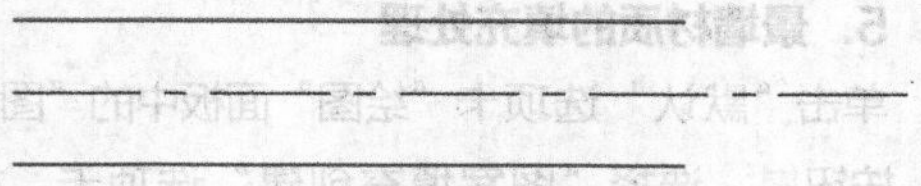

图 8-67 墙体的绘制（1）

（2）单击“默认”选项卡“绘图”面板中的“直线”按钮，将其端口封闭，结果如图8-68所示。

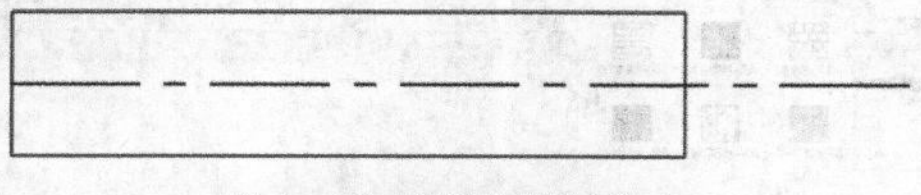

图 8-68 墙体的绘制（2）

（3）单击“默认”选项卡“修改”面板中的“偏移”按钮，使对端口封闭直线段向内侧偏移，偏移量为300，结果如图8-69所示。

图 8-69 墙体的绘制（3）

（4）在命令行中输入“多线”命令“MLINE”，命令行提示与操作如下。

命令 :MLINE☑
当前设置：对正 = 上，比例 =400.00，样式 =STANDARD
指定起点或 [对正 (J) / 比例 (S) / 样式 (ST)]:j☑
输入对正类型 [上 (T) / 无 (Z) / 下 (B)]< 上 >:z☑
当前设置：对正 = 无，比例 =400.00，样式 =STANDARD
指定起点或 [对正 (J) / 比例 (S) / 样式 (ST)]:s☑
输入多线比例 <400.00>:16☑
当前设置：对正 = 无，比例 =16.00，样式 =STANDARD
指定起点或 [对正 (J) / 比例 (S) / 样式 (ST)]：（轴线与内侧偏移线的交点）
指定下一点：（方向为水平向右，终点为轴线与内侧偏移线的交点）

内置玻璃如图8-70所示。

图 8-70 内置玻璃

（5）单击“默认”选项卡“修改”面板中的“偏移”按钮，将左端封闭直线段向左偏移，偏移量为200，作为“景墙”中绘制灯柱的辅助线，如图8-71所示。然后单击“默认”选项卡“绘图”面板中的“圆”按钮，以偏移后的线与轴线的交点为圆心，绘制半径值为200的圆，作为灯柱，如图8-72所示。

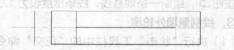

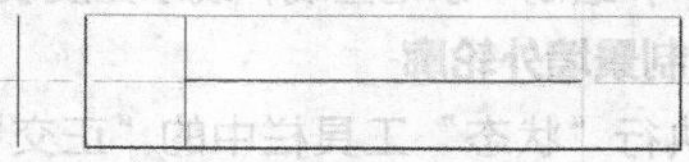

图 8-71 灯柱的绘制（1）

图 8-72 灯柱的绘制（2）

（6）单击“默认”选项卡“修改”面板中的“复制”按钮，命令行提示与操作如下。

命令：_copy
选择对象：（选择图 8-72 所有对象）☑
选择对象：☑
当前设置：复制模式 = 多个

指定基点或 [位移 (D) / 模式 (O)] < 位移 >:(图 8-73 所示基点)
指定第二个点或 [阵列 (A)] < 使用第一个点作为位移 >:(图 8-74 所示基点)
指定第二个点或 [阵列 (A) / 退出 (E) / 放弃 (U)] < 退出 >:☑

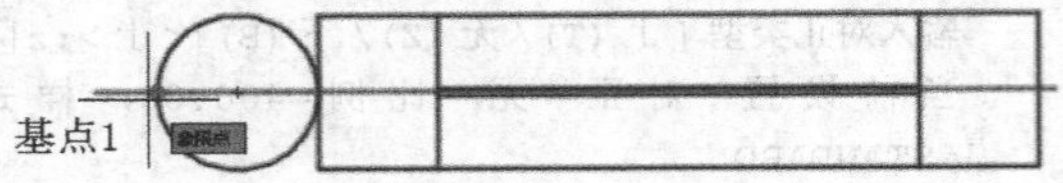

图 8-73　基点 1

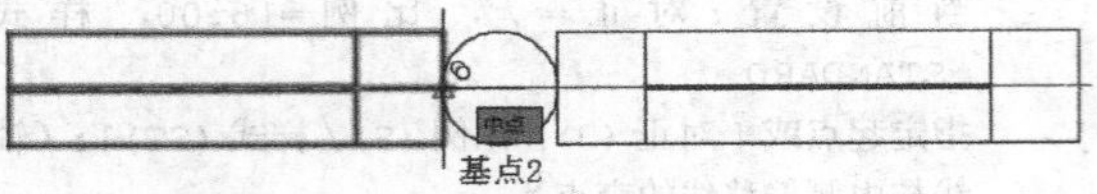

图 8-74　基点 2

墙体如图 8-75 所示。

图 8-75　墙体

8.4.2　景墙立面图的绘制

1. 建立新图层

建立一个新图层，命名为“景墙立面图”，其参数如图 8-76 所示。确定后返回绘图状态。

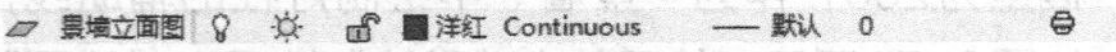

图 8-76　“景墙立面图”图层参数

2. 绘制地基线

单击“默认”选项卡“绘图”面板中的“多段线”按钮，绘制一条地基线，线条宽度设为 1.0。

3. 绘制景墙外轮廓

（1）执行“状态”工具栏中的“正交”命令。单击“默认”选项卡“绘图”面板中的“多段线”按钮，命令行提示与操作如下。

命令：_pline
指定起点：(用鼠标指针拾取地基线上一点) ☑
当前线宽为 0.0000
指定下一个点或 [圆弧 (A) / 半宽 (H) / 长度 (L) / 放弃 (U) / 宽度 (W)]:3000 ☑ (方向垂直向上)
指定下一点或 [圆弧 (A) / 闭合 (C) / 半宽 (H) / 长度 (L) / 放弃 (U) / 宽度 (W)]:1800 ☑ (方向水平向右)
指定下一点或 [圆弧 (A) / 闭合 (C) / 半宽 (H) / 长度 (L) / 放弃 (U) / 宽度 (W)]:3000 ☑ (方向垂直向下)

（2）单击“默认”选项卡“修改”工具栏中的“偏移”按钮，向内侧偏移，偏移量为 300，如图 8-77 所示。

图 8-77　墙体

4. 内置玻璃的绘制

（1）执行“正交”命令，单击“默认”选项卡“绘图”面板中的“直线”按钮，以内侧偏移线左上角点为基点，垂直向下绘制长度值为 400 的直线段，重复“直线”命令，水平向右绘制长度值为 1200 的直线段。然后单击“默认”选项卡“修改”面板中的“偏移”按钮，将长度值为 1200 的直线段向下偏移，偏移量为 1600。

（2）玻璃上下方做镂空处理，用折断线表示。单击“默认”选项卡“绘图”面板中的“多段线”按钮，按图 8-78 所示绘制折断线。

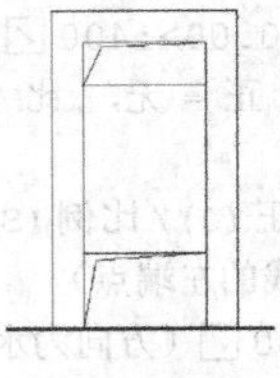

图 8-78　内置玻璃

5. 景墙材质的填充处理

单击“默认”选项卡“绘图”面板中的“图案填充”按钮，选择“图案填充创建”选项卡，如图 8-79 所示。其中拾取点为要填充的区域，其他设置按照选项卡中的设置即可，填充后的效果如图 8-80 所示。

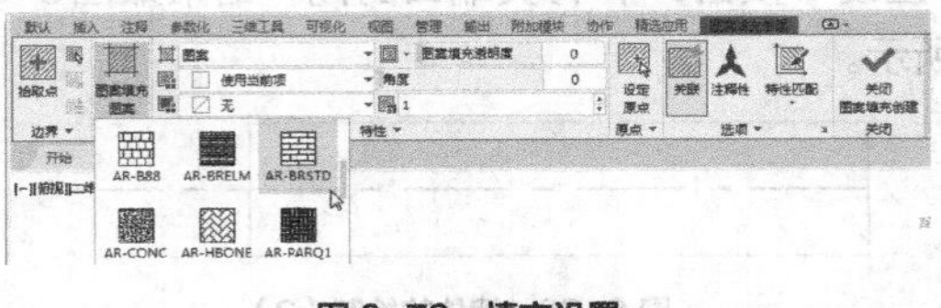

图 8-79　填充设置

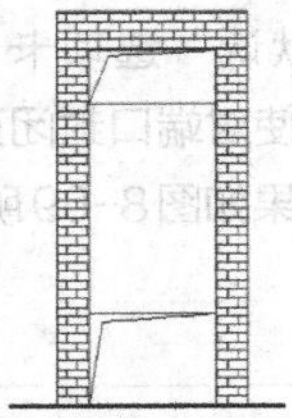

图 8-80　填充后的效果

6. 灯柱的绘制

（1）单击“默认”选项卡“绘图”面板中的“矩形”按钮 ，在适当位置绘制尺寸为“400×2000”的矩形。

（2）单击“默认”选项卡“绘图”面板中的“圆弧”按钮，按照图8-81所示绘制灯柱上的装饰纹理。

图 8-81 灯柱

（3）单击“默认”选项卡“绘图”面板中的“直线”按钮，在景墙左上角垂直向下绘制长度值为“500”的直线，然后水平向左绘制一条直线，作为灯柱的插入位置。单击“默认”选项卡“修改”面板中的“移动”按钮，命令行提示与操作如下。

```
命令：_move
选择对象：(用鼠标指针框选灯柱)
选择对象：✓
指定基点或 [ 位移 (D)] < 位移 >：(用鼠标指针拾取灯柱的左上角点)
指定第二个点或 < 使用第一个点作为位移 >：(用鼠标指针拾取一点)
```

将灯柱移到相应位置如图8-82所示。

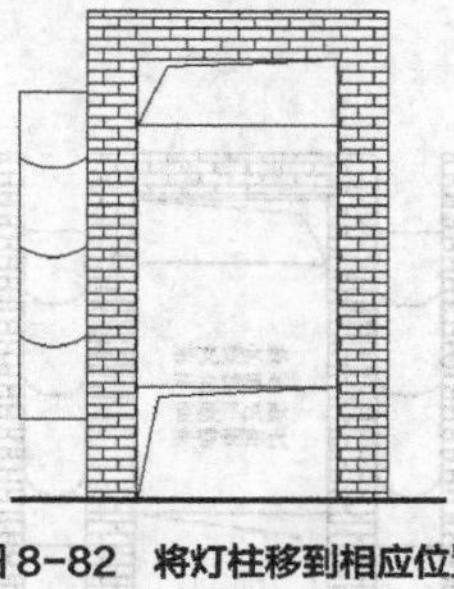

图 8-82 将灯柱移到相应位置

7. 文字的装饰

（1）单击“默认”选项卡“注释”面板中的“多行文字”按钮 A，输入图8-83所示的文字。

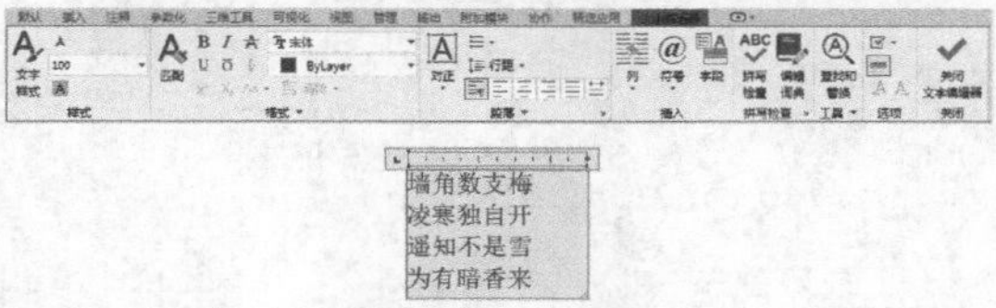
墙角数支梅
凌寒独自开
遥知不是雪
为有暗香来

图 8-83 输入文字

（2）单击“默认”选项卡“修改”面板中的“复制”按钮，将图8-84所示图形全部选中，选中端点并进行复制，如图8-85所示。

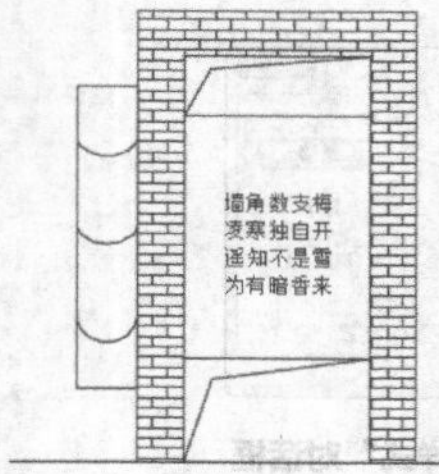
墙角数支梅
凌寒独自开
遥知不是雪
为有暗香来

图 8-84 文字的装饰

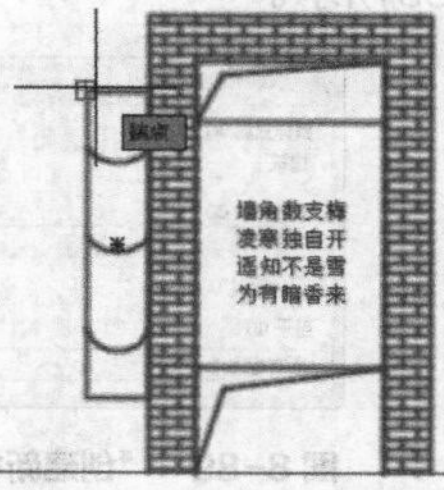
端点
墙角数支梅
凌寒独自开
遥知不是雪
为有暗香来

图 8-85 选中端点并进行复制

> **注意** 端点为灯柱水平方向的延长线与景墙外轮廓的交点，如图8-86所示。

双击其他玻璃中的文字，进行编辑，最终结果如图8-87所示。

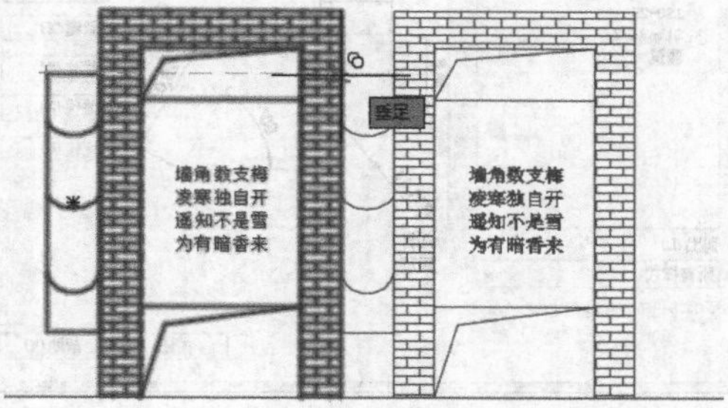
垂足
墙角数支梅
凌寒独自开
遥知不是雪
为有暗香来
墙角数支梅
凌寒独自开
遥知不是雪
为有暗香来

图 8-86 复制

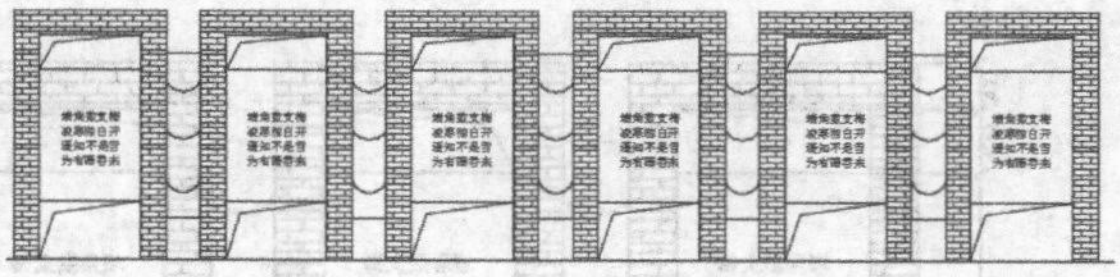

图 8-87 最终结果

8.4.3 标注尺寸

1. 建立“尺寸”图层

建立“尺寸”图层，其参数如图8-88所示，并将其设置为当前图层。

尺寸
绿
Continuous
默认
0

图 8-88 “尺寸”图层参数

2. 标注样式设置

标注样式设置应该与绘图比例相匹配。

（1）选择菜单栏中的“格式”/“标注样式”命令，弹出“创建新标注样式”对话框，新建一个标注样式，命名为“建筑”，单击“继续”按钮，如图8-89所示。

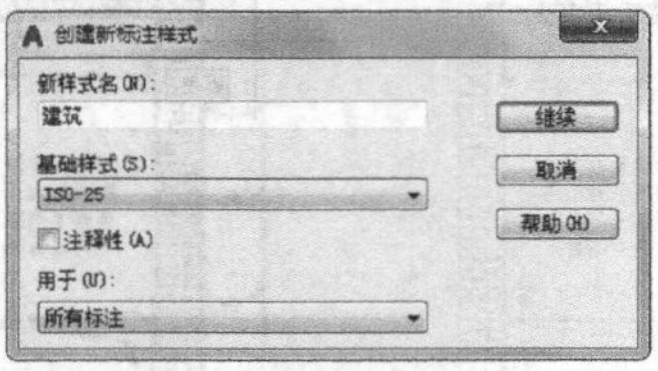

图 8-89　“创建新标注样式”对话框

（2）将“建筑”样式中的参数按8.3.1小节所示逐项进行设置。单击“确定”按钮后弹出“标注样式管理器”对话框，将“建筑”样式设置为当前样式，如图8-90所示。

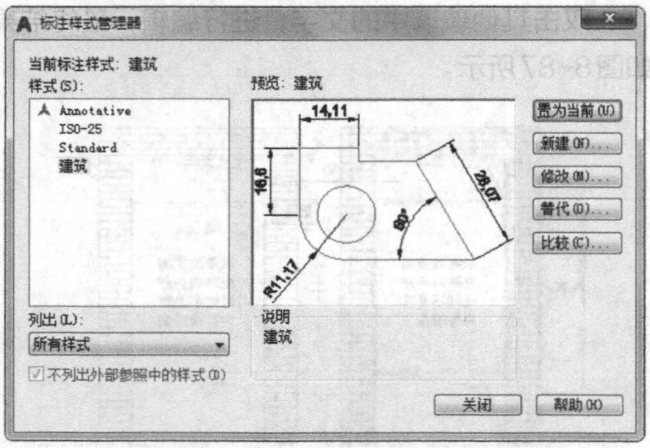

图 8-90　将“建筑”样式设置为当前样式

（3）第一道尺寸标注。单击“默认”选项卡“注释”面板中的“线性”按钮⊢⊣。命令行提示与操作如下。

命令：_dimlinear
指定第一条尺寸界线原点或＜选择对象＞：（利用“对象捕捉”拾取图中的景墙的角点）如图 8-91 所示。
指定第二条尺寸界线原点：（捕捉第二角点（水平方向））如图 8-92 所示。
指定尺寸线位置或［多行文字（M）/ 文字（T）/ 角度（A）/ 水平（H）/ 垂直（V）/ 旋转（R）］：

用同样方法标注竖向尺寸，如图8-93所示。

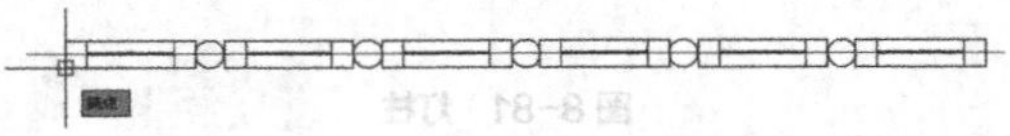

图 8-91　拾取角点

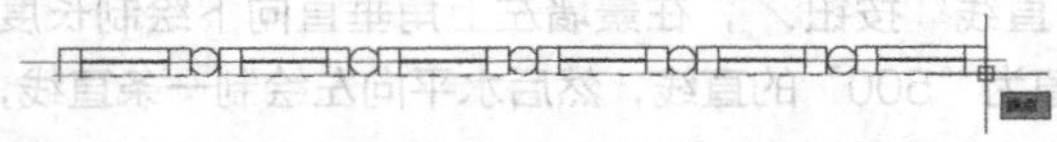

图 8-92　捕捉第二角点

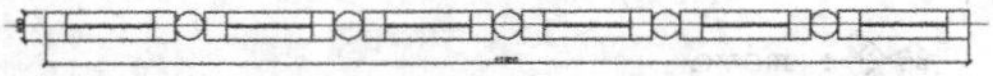

图 8-93　标注竖向尺寸

3. 景墙立面图的尺寸标注

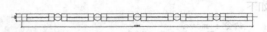

景墙立面图的第一道尺寸标注，如图8-94所示。

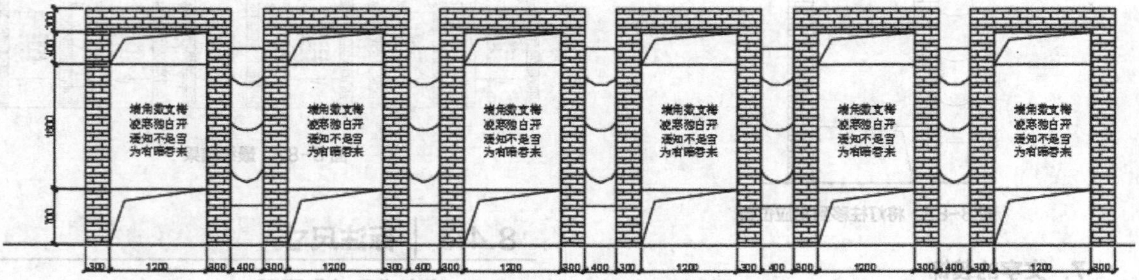

图 8-94　景墙立面图的第一道尺寸标注

用同样方法进行景墙立面图的第二道尺寸标注，如图8-95所示。

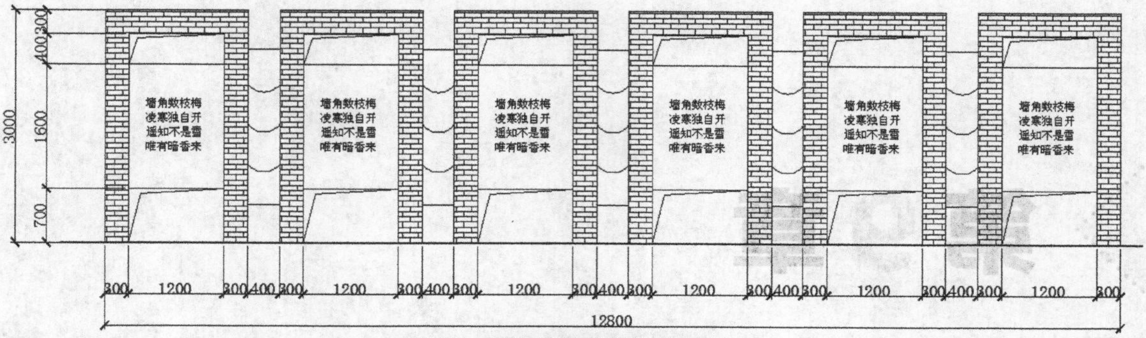

图 8-95 景墙立面图的第二道尺寸标注

8.4.4 标注文字

1. 建立"文字"图层

建立"文字"图层，其参数如图8-96所示，将其设置为当前图层。

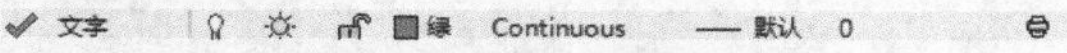

图 8-96 "文字"图层参数

2. 标注文字

单击"默认"选项卡"注释"面板中的"多行文字"按钮 A，在标注文字的区域拉出一个矩形，弹出"文字样式"对话框，如图8-97所示。首先设置字体及字高，其次在文本区输入要标注的文字，单击"关闭文字编辑器"按钮后完成。

采用相同的方法，依次标注出景墙其他部位名称。至此，景墙的绘制就完成了，如图8-66所示。

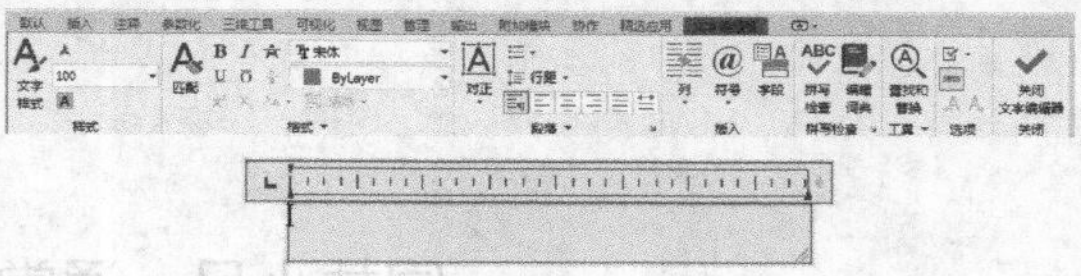

图 8-97 多行文字标注

第9章 园林小品设计

园林小品，通常具备简洁实用的特点，同时兼具装饰品的造型艺术特质。因其体量较小，既需遵循园林建筑技术的规定，又需兼顾造型艺术及空间组合的美感需求。在园林中，园林小品既起到实用设施的作用，又具有点缀景观的装饰价值。园林小品的类别包括园林建筑小品、园林雕塑小品以及园林孤赏石小品等。本章将主要介绍园林建筑小品。

知识点

- 概述
- 绘制茶室
- 绘制垃圾箱

9.1 概述

园林小品是园林环境中不可缺少的因素之一，它虽不像园林建筑那样具有举足轻重的作用，却是园林中的奇观，闪烁着别致的光彩。园林小品通常体量小巧、造型新颖，既有简单的使用功能，又有装饰品的造型艺术特点，可以说它既满足了园林建筑技术的要求，又具有造型艺术和空间组合上的美感。常见的园林小品有花池、园桌、园凳、标志牌、升旗台、茶室、栏杆、果皮箱等。园林小品的设计首先要巧于立意，表达出一定的意境和乐趣，才能成为耐人寻味的作品；其次要独具特色，切忌生搬硬套；另外，要追求自然，达到“虽由人作，宛如天开”；再者，作为园林的陪衬，体量要合宜，不可喧宾夺主；最后由于绝大多数具有实用意义，因此除了追求造型上的美观，还要符合实用功能及技术上的要求。本章主要介绍茶室、垃圾箱的绘制。

9.1.1 园林建筑小品的基本特点

1. 园林建筑小品的分类

园林建筑小品按其功能可分为5类。

（1）休息性小品。包括各种造型的靠背园椅、凳、桌和遮阳的伞、罩等。常结合环境，用自然块石或混凝土做成仿石、仿树墩的凳、桌；或将花坛、花台边缘的矮墙和地下通气孔道当作椅、凳等；或围绕大树基部设椅、凳，既可休息，又可纳荫。

（2）装饰性小品。各种固定的和可移动的花钵、饰瓶，可以经常更换花卉。装饰性日晷、香炉、水缸，各种景墙（如九龙壁）、景窗等，在园林中起点缀作用。

（3）照明性小品。园灯的基座、灯柱、灯头、灯具等都有很强的装饰作用。

（4）展示性小品。各种布告板、导游图板、指路标牌，以及动物园、植物园和文物、古建筑的说明牌、阅报栏、图片画廊等，都对游人有宣传、教育的作用。

（5）服务性小品。如方便游人的饮水泉、洗手池、公用电话亭、时钟塔等；为保护园林设施设置的栏杆、格子垣、花坛绿地的边缘装饰等；为保持环境卫生设置的废物箱等。

2. 园林建筑小品的主要构成要素

园景规划设计应该包括围墙、门洞（又称墙洞）、空窗（又称月洞）、漏窗（又称漏墙或花墙窗洞）、室外家具、出入口标志等小品。这些小品的设置有利于园林意境的营造，可起到分隔空间、增加景深的作用，使方寸之地小中见大。同时，又可作为取景框，达到“景随步移”的效果，作为造园障景，增加游园乐趣。

（1）景墙。景墙有分隔空间、组织导游、衬托景物、装饰美化或遮蔽视线的作用，是园林空间构图的一个重要因素。按构造方式可分为实心墙、烧结空心砖墙、空斗墙、复合墙等。

（2）装饰隔断。其作用在于加强建筑线条、质地、阴阳、繁简及色彩上的对比。按式样可分为博古式、栅栏式、组合式和主题式等。

（3）门洞。门洞的形式有曲线型、直线型、混合型等，现代园林建筑中还出现了一些新的不对称的门洞形式，可以称为自由型。由于游人进出频繁，门洞、门框等易受碰挤磨损，需要选用坚硬、耐磨的材料，特别是门槛材料更应如此。若有车辆出入，门洞宽度应该考虑车辆的净空要求。

（4）园凳、椅。园凳、椅的首要功能是供游人休息，欣赏周围景物。其次是以优美、精巧的造型，点缀园林环境，成为园林景色之一。

（5）引水台、烧烤场及路标等。为了满足游人日常之需和野营等特殊需要，在风景区可设置引水台和烧烤场，并配置野餐桌、路标、厕所、废物箱、垃圾桶等。

（6）铺地。铺地其实是一种地面装饰。铺地形式多样，有乱石铺地、冰裂纹地面，以及各式各样的砖花地等。砖花地形式多样，若做得巧妙，则价廉形美。

有的铺地是砖、瓦等与卵石混用拼出美丽的图案，这种形式是以立砖为界，中间填卵石；也有的铺地用瓦片，以瓦的曲线做出“双钱”及其他带有曲线的图形，是园林中的庭院常用的铺地形式。另外，还可利用不同大小或色泽的卵石，拼填出各种图案。例如，以深色（或较大的）卵石为界线，以浅色（或较小的）卵石填入其间，拼填出鹿、鹤、麒麟等图案，或者拼填出“平升三级”等具有吉祥如意含义的图形。总之，可以用这种材料铺出各种形象的地面。

用碎的、大小不等的青板石，可以铺出冰裂纹地面。冰裂纹地面除具有形式美之外，还有文化上的内涵，具有“寒窗苦读”或“玉洁冰清”之意，寓意坚毅、高尚、纯朴等。

（7）花色景梯。在园林规划中结合造景和功能之需，可采用不同的花色景梯，有的依楼倚山，有的凌空展翅，既满足交通功能之需，又以本身姿态丰富建筑空间。

（8）栏杆。园林中的栏杆除起防护作用外，还可用于分隔不同活动空间、划分活动范围，以及组织人流等。造型美观的栏杆还可用于装饰园林环境。

（9）园灯。园灯光源及其特征如下。

- 汞灯：使用寿命长，是目前园林中最适用的光源之一。
- 金属卤化物灯：发光效率高，显色性好，可用于照射游人多的地方，但使用范围受限制。
- 高压钠灯：效率高、节能，多用于照度要求高的场所，如道路、广场、游乐场等，但不能真实地反映绿色。
- 荧光灯：照明效果好，寿命长，适用于范围较小的庭院，但不适用于广场和低温场所。
- 白炽灯：能使红色、黄色更美丽、显眼，但寿命短，维修麻烦。
- 水下照明彩灯：能够表现出鲜艳的色彩，但造价一般比较昂贵。

园林中使用的照明器及其特征如下。

- 投光器：用在白炽灯和高强度放电处，能营造节日快乐的氛围，还可从反方向照射树木、草坪、纪念碑等，以达到特殊的照明效果。
- 杆头式照明器：布置在院落一角或庭院一隅，适用于全面照射铺地、树木、草坪等，可营造静谧、浪漫的气氛。
- 低照明器：有固定式、直立移动式、柱式照明器。低照明器主要用于园路两旁、墙垣之侧或假山岩洞等处，能渲染出特别的灯光效果。

绿化照明的要点如下。

- 照明方法：可用自下而上的照明方法，以消除叶子间的阴影。尤其当照度为周围环境照度的倍数时，被照射的树木便具有构景中心感。在一般的绿化环境中，需要的照度为50～1001ix。
- 光源：汞灯、金属卤化物灯都适用于绿化照明，但要看清树或花瓣的颜色，可使用白炽灯照明。同时应该尽可能地不安排直接出现的光源，以免产生色的偏差。
- 照明器：一般使用投光器，调整投光的范围和灯具的高度，以达到预期效果。对于低矮植物，多半使用仅产生向下配光的照明器。

灯具选择与设计原则如下。

- 外观舒适并符合使用要求与设计意图。
- 艺术性要强，有助于丰富空间的层次和立体感，阴影的大小和明暗要有分寸。
- 与环境和气氛相协调。用“光”与“影”来衬托自然的美，营造一定的场面气氛、分隔与变化空间。
- 保证安全。灯具线路开关至灯杆设置都要采取安全措施。
- 形美价廉，具有充分发挥照明功效的构造。

园林照明器构造如下。

- 灯柱：多为支柱形，构成材料有钢筋混凝土、钢管、竹木及仿竹木，柱截面多为圆形和多边形两种。
- 灯具：形状有球形、半球形、半圆筒形、角形、纺锤形、角锥形、组合形等。所用材料有铁、镀金金属铝、钢化玻璃、塑胶、搪瓷、陶瓷、有机玻璃等。
- 灯泡、灯管：普通灯、荧光灯、水银灯、钠灯及其附件。

园林照明标准如下。

- 照度：目前国内尚无统一标准，一般可采用0.3～1.51x作为照度保证。

- 光悬挂高度：一般取4.5m高度。花坛和要求设置低照明度的园路，光源设置高度小于或等于1.0m为宜。

（10）雕塑小品。园林建筑的雕塑小品主要是指具有观赏性的小品，取材应与园林建筑环境相协调，要有统一的构思。

（11）游戏设施。较为多见的游戏设施有秋千、滑梯、沙场、爬杆、爬梯、绳具、转盘等。

9.1.2 园林建筑小品的设计原则

园林建筑小品在园林中不仅可作为实用设施，还可作为点缀风景的景观小品，因此它既满足园林建筑技术的要求，又满足造型艺术和空间组合的美感要求。一般在设计和应用时应遵循以下原则。

1. 巧于立意

园林建筑装饰小品作为园林中的局部主景，具有相对独立的意境，应具有一定的思想内涵，才能产生感染力。如我国园林中庭院的白粉墙前常置玲珑山石、几竿修竹，粉墙花影恰似一幅花鸟国画，很有感染力。

2. 突出特色

园林建筑装饰小品应突出地方特色、园林特色及单体的工艺特色，使其有独特的格调，切忌生搬硬套、产生雷同。如广州某园林草地一侧，花竹之畔，设一水罐形灯具，造型简洁，色彩鲜明，灯具紧靠地面与花卉、绿草融成一体，独具环境特色。

3. 融于自然

园林建筑小品要将人工与自然融为一体，追求自然又精于人工。如在老榕树下，塑以树根造型的园凳，似在一片林木中自然形成的断根树桩，可达到以假乱真的效果。

4. 注重体量

园林装饰小品作为园林景观的陪衬，一般在体量上力求与环境相适宜。如在大广场中，设巨型灯具，有明灯高照的效果；而在小林荫曲径旁，只宜设小型园灯，体量小且造型更精致。又如喷泉、花池的体量等，都应根据所处的空间大小确定。

5. 因需设计

园林装饰小品，绝大多数有实用意义。如园林栏杆，根据使用目的对高度有不同的要求；又如园林坐凳，应符合游人休息的尺度要求；又如围墙，应从围护角度来确定其高度及其他技术上的要求。

6. 地域民族风格浓郁

园林小品的设计应充分考虑地域特征和社会文化特征，应与当地自然景观和人文景观相协调。尤其在旅游城市建设园林景观时，更应充分注意到这一点。

园林小品设计需考虑的问题是多方面的，不能局限于几条原则，应学会举一反三，融会贯通。

9.2 绘制茶室

公园里的茶室可供游人饮茶、休憩、观景，是公园里很重要的建筑。设计茶室要注意以下两点。

（1）茶室外形要与周围环境协调，并且优美，使之不仅是商业建筑，更是公园里的艺术品。

（2）茶室的空间要考虑到客流量，空间太大会增加成本且显得空荡、冷清；空间过小则不能实现其相应的服务功能。空间内部的布局基本要求是敞亮、整洁、美观、和谐、舒适，满足人们的生理和心理需求，同时灵活、多样地划分空间，造就好的观景点，创造优美的休闲空间。

下面以某公园茶室为例讲解其绘制方法，茶室平面图如图9-1所示。

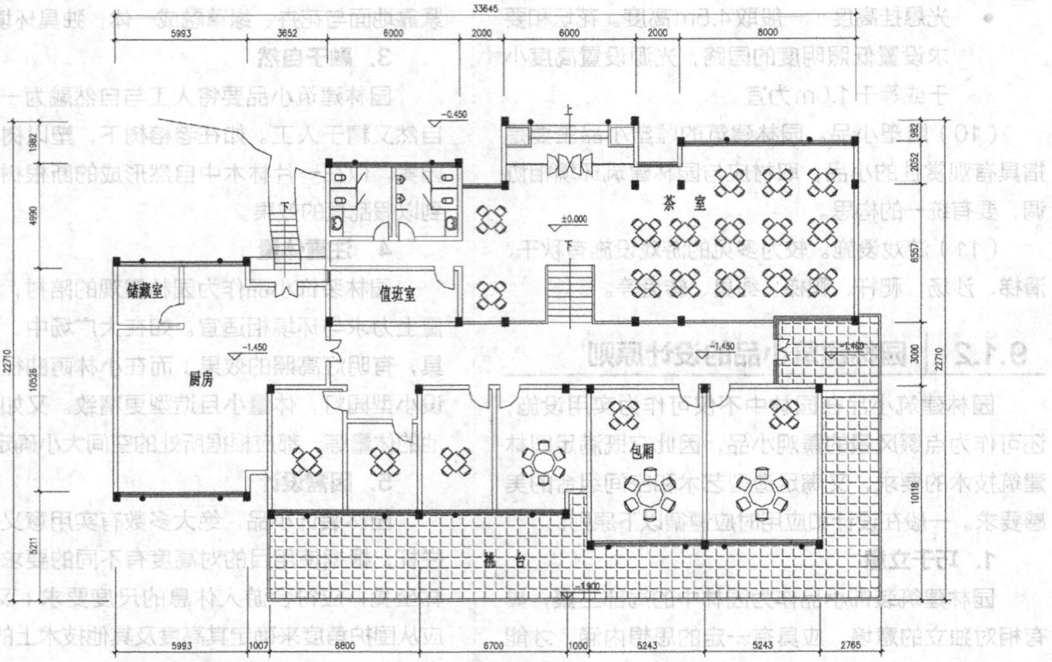

图 9-1　茶室平面图

9.2.1 绘制茶室平面图

首先绘制轴线、柱和墙体等，然后绘制门窗、楼梯和阳台，最后添加室内设备。绘制墙线通常有以下3种方法。

（1）单击"默认"选项卡"修改"面板中的"偏移"按钮⊆，直接偏移轴线，将轴线向两侧偏移一定距离，得到双线。然后将所得双线转移至墙线图层。

（2）选择菜单栏中的"绘图"/"多线"命令，直接绘制墙线。

（3）当墙体要求填充成实体颜色时，也可以单击"默认"选项卡"绘图"面板中的"多段线"按钮进行绘制，将线宽设置为墙厚即可。

本实例选用第二种方法。

1. 轴线绘制

（1）建立一个新图层，命名为"轴线"，颜色为红色，线型为"CENTER"，线宽为默认，并将其设置为当前图层，如图9-2所示。确定后返回绘图状态。

图 9-2　"轴线"图层参数

（2）根据设计尺寸，在绘图区适当位置选择直线的初始点。单击"默认"选项卡"绘图"面板中的"直线"按钮，在绘图区适当位置选择直线的初始点，绘制长度值为37128的水平轴线，重复"直线"命令，绘制长值为23268的竖直轴线，如图9-3所示。

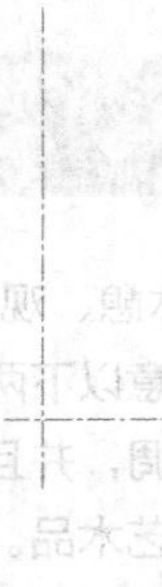

图 9-3　绘制轴线

（3）单击"默认"选项卡"修改"面板中的"偏移"按钮⊆，每次偏移均以偏移后的直线作为偏移对象，将竖直轴线依次向右进行偏移，偏移量分别为3000、2993、1007、2645、755、2245、1155、1845、1555、445、2855、1000、2145、2000、1098、5243和1659；采用相同的方法将水平轴线依次向上偏移，偏移量分别为892、2412、1603、2850、150、1850、769、1400、

2538、1052、1000和982，并设置线型为40。然后单击“默认”选项卡“修改”面板中的“移动”按钮✥，通过上下浮动各个轴线来进行调整，并保持偏移距离不变，轴线绘制结果如图9-4所示。

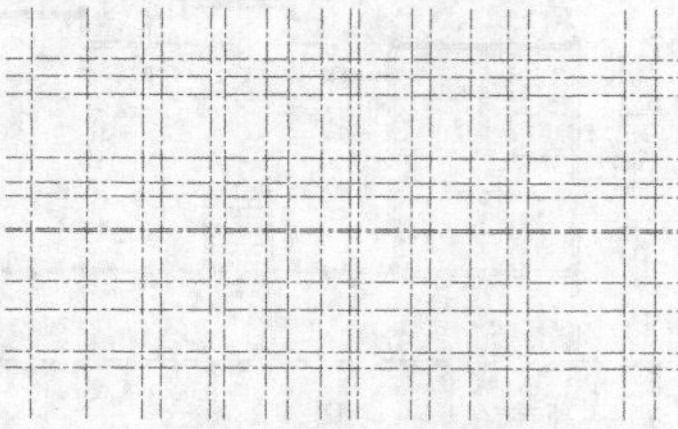

图 9-4　轴线绘制结果

2. 建立“茶室”图层

单击“默认”选项卡“图层”面板中的“图层特性”按钮，弹出“图层特性管理器”对话框。建立一个新图层，命名为“茶室”，颜色为洋红，线型为“Continuous”，线宽为0.7，并将其设置为当前图层，如图9-5所示。确定后返回绘图状态。

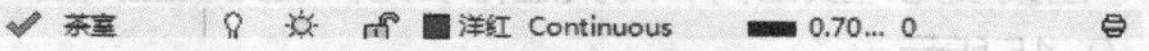

图 9-5　“茶室”图层参数

3. 绘制茶室平面图

（1）柱的绘制。单击“默认”选项卡“绘图”面板中的“矩形”按钮，绘制“300×400”的矩形。然后单击“默认”选项卡“绘图”面板中的“图案填充”按钮，选择“图案填充创建”选项卡，如图9-6所示。设置图案为“ANSI31”，角度为0，比例为5，填充矩形。最后单击“默认”选项卡“修改”面板中的“移动”按钮✥和“复制”按钮，将柱移动到指定位置，并复制到其他位置，最终完成柱的绘制，如图9-7所示。

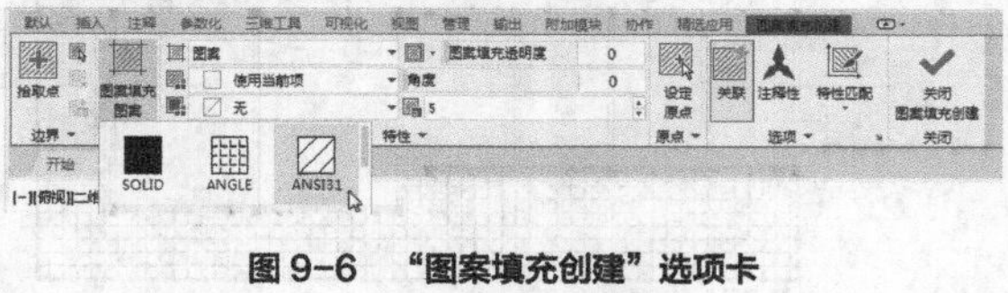

图 9-6　“图案填充创建”选项卡

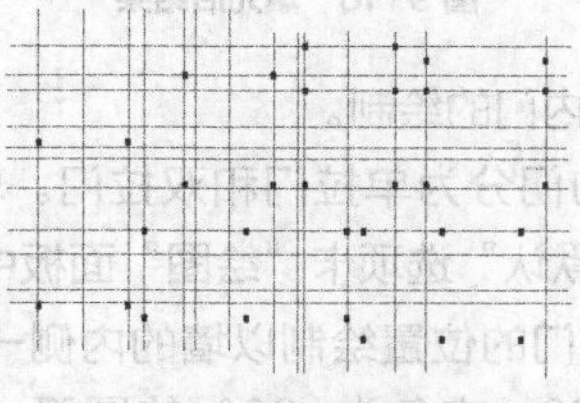

图 9-7　柱的绘制

（2）墙体的绘制。选择菜单栏中的“绘图”/“多线”命令，绘制墙体。

在命令行提示“指定起点或［对正（J）/比例（S）/样式（ST）］：”后输入“J”，然后按Enter键。

在命令行提示“输入对正类型[上(T)/无(Z)/下(B)]<下>：”后输入“B”，然后按Enter键。

在命令行提示“指定起点或［对正（J）/比例（S）/样式（ST）］：”后输入“S”，然后按Enter键。

在命令行提示“输入多线比例<1.00>：”后输入“200”，然后按Enter键。

在命令行提示“指定起点或［对正（J）/比例（S）/样式（ST）］：”后选择柱的左侧边缘。

在命令行提示“指定下一点：”后选择柱的左侧边缘。

墙体绘制结果如图9-8所示。

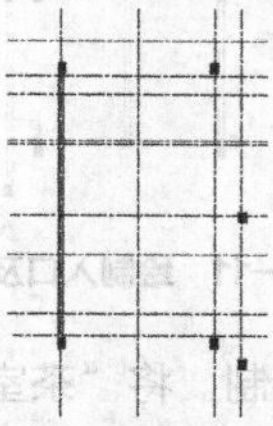

图 9-8　墙体绘制结果

依照上述方法绘制剩余墙体，修剪多余的线条，将墙体的端口用直线连接。绘制墙洞时，常以临近的墙线或轴线为距离参照来帮助确定墙洞位置，如图9-9所示。然后隐藏轴线图层，如图9-10所示。

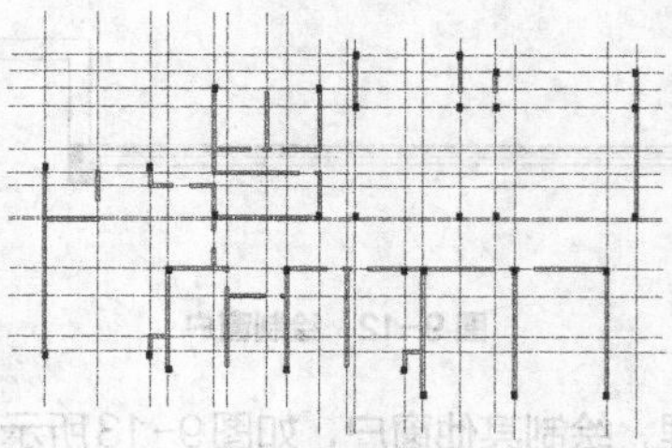

图 9-9　绘制剩余墙体

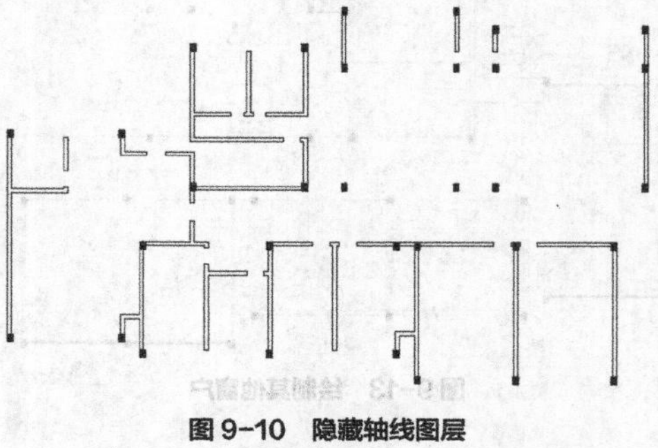

图 9-10　隐藏轴线图层

（3）入口及隔挡的绘制。单击“默认”选项卡

“绘图”面板中的“直线”按钮和“多段线”按钮，以最近的柱为基准，确定入口的准确位置，绘制相应的入口台阶和楼梯。单击“默认”选项卡“绘图”面板中的“直线”按钮和“修改”面板中的“偏移”按钮，绘制入口大门处的隔挡。新建图层，命名为“文字”，并将其设置为当前图层，在合适的位置标出台阶的上下关系，如图9-11所示。

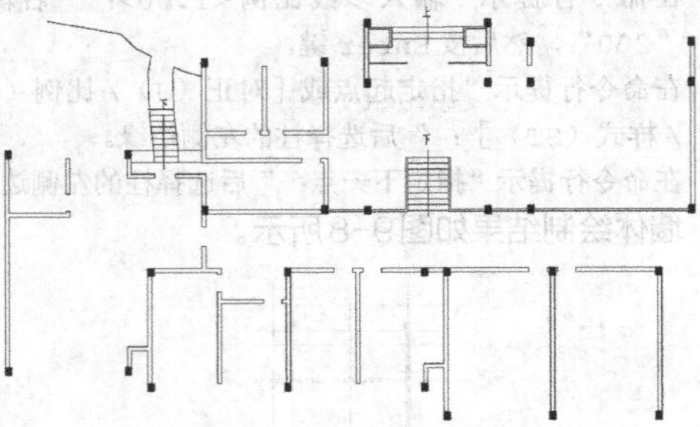

图 9-11 绘制入口及隔挡

（4）窗户的绘制。将“茶室”图层设置为当前图层，单击“默认”选项卡“绘图”面板中的“直线”按钮，找一个基准点，绘制一条直线。然后单击“默认”选项卡“修改”面板中的“偏移”按钮，将直线依次向下偏移，偏移量为50、100和50，绘制窗户，如图9-12所示。

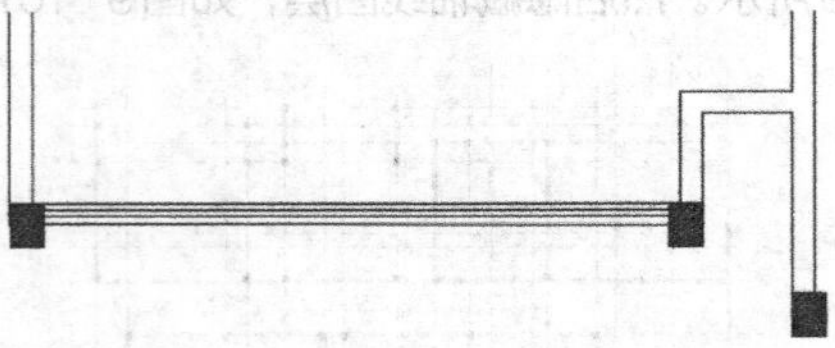

图 9-12 绘制窗户

同理，绘制其他窗户，如图9-13所示。

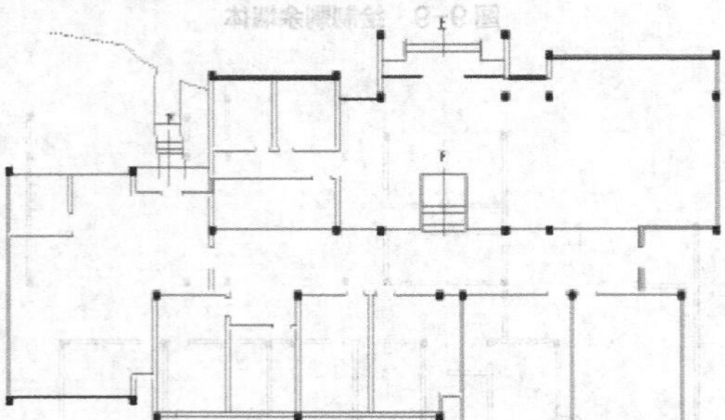

图 9-13 绘制其他窗户

（5）窗柱的绘制。单击“默认”选项卡“绘图”面板中的“圆”按钮，绘制半径值为110的圆，对其进行填充，填充方法同方柱的填充方法。绘制好后，复制到准确位置，绘制窗柱如图9-14所示。

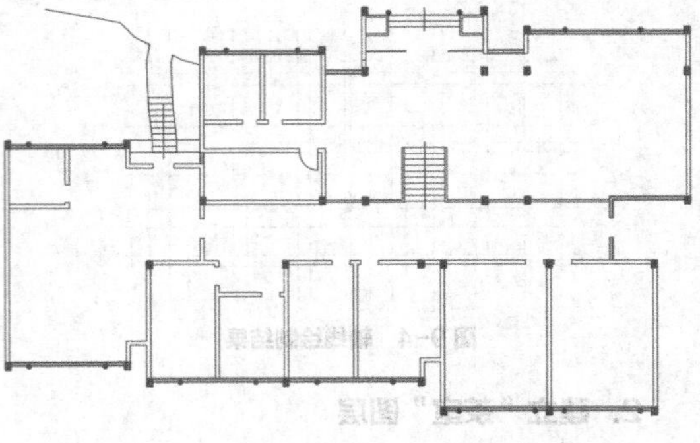

图 9-14 绘制窗柱

（6）阳台的绘制。单击“默认”选项卡“绘图”面板中的“多段线”按钮，绘制阳台的轮廓。然后单击“默认”选项卡“绘图”面板中的“图案填充”按钮，对其进行填充，填充设置如图9-15所示。

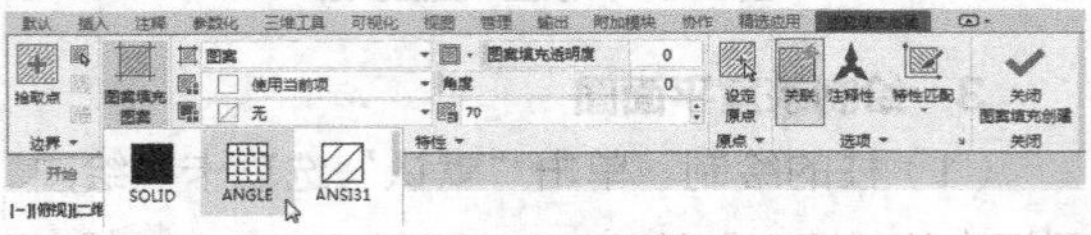

图 9-15 填充设置

填充后结果如图9-16所示。

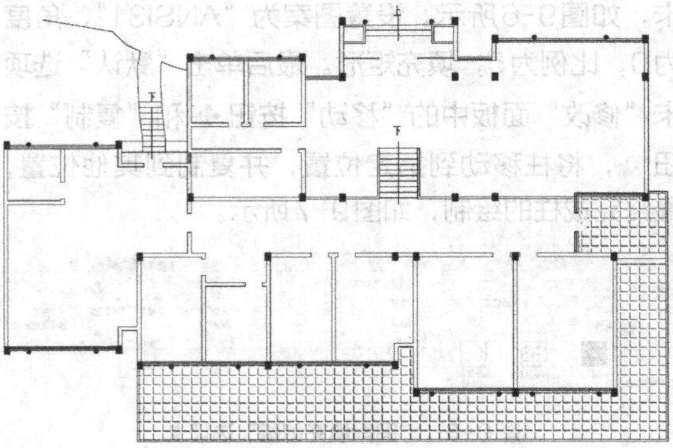

图 9-16 填充后结果

（7）室内门的绘制。

① 室内门分为单拉门和双拉门。单拉门的绘制：单击“默认”选项卡“绘图”面板中的“圆弧”按钮，在门的位置绘制以墙的内侧一点为起点、半径值为900、夹角为-90°的圆弧，如图9-17

所示。

② 单击“默认”选项卡“绘图”面板中的“直线”按钮，以圆弧的末端点为第一角点，水平向右绘制一条直线段，与墙体相交，如图9-18所示。

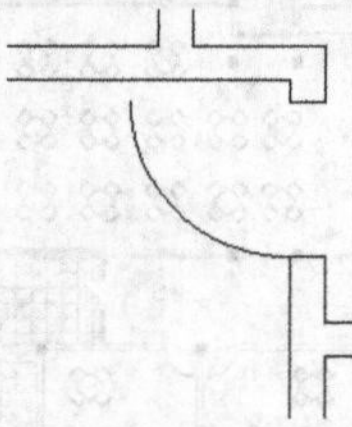

图 9-17 单拉门的绘制（1）

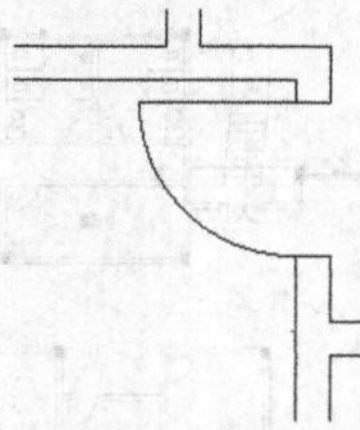

图 9-18 单拉门的绘制（2）

③ 双拉门的绘制：单击“默认”选项卡“绘图”面板中的“直线”按钮，以墙体右端点为起点，水平向右绘制长度值为500的水平直线，然后单击“默认”选项卡“绘图”面板中的“圆弧”按钮，绘制半径值为500的圆弧。最后单击“默认”选项卡“修改”面板中的“镜像”按钮，对绘制好的门的一侧进行镜像，如图9-19所示。

④ 多扇门的绘制：单击“默认”选项卡“绘图”面板中的“圆弧”按钮，以直线的端点为圆心，绘制半径值为500，夹角为-180°的圆弧，如图9-20所示。

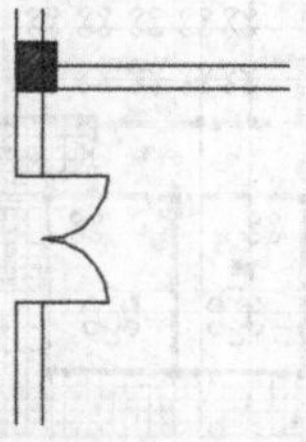

图 9-19 双拉门的绘制

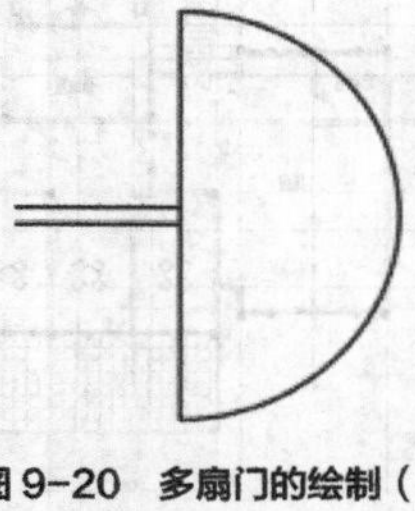

图 9-20 多扇门的绘制（1）

⑤ 单击“默认”选项卡“绘图”面板中的“直线”按钮，将步骤④中绘制的半圆的直径用直线封闭起来，这样一扇门就绘制好了。单击“默认”选项卡“修改”面板中的“复制”按钮，将绘制的一扇门全部选中，以圆心为指定基点，以圆弧的顶点为指定的第二点进行复制。然后单击“默认”选项卡“修改”面板中的“镜像”按钮，对绘制好的两扇门进行镜像操作，如图9-21所示。

图 9-21 多扇门的绘制（2）

同理，绘制茶室其他位置的门时，对于相同的门，可以使用“复制”“旋转”命令进行绘制，如图9-22所示。

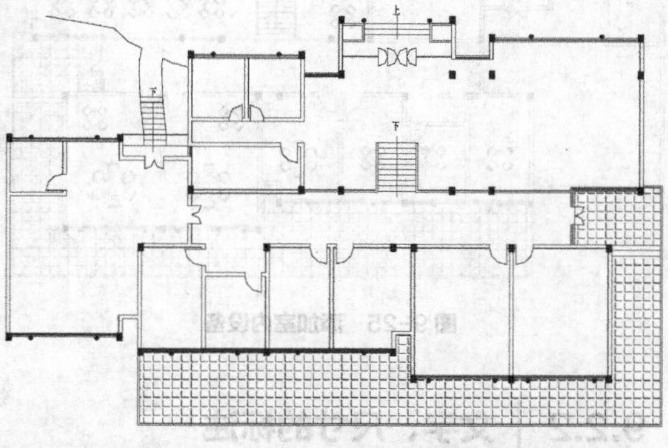

图 9-22 将绘制好的门复制到茶室的相应位置

（8）室内设备的添加。

① 建立一个“家具”图层，其参数按图9-23所示进行设置，将其设置为当前图层。

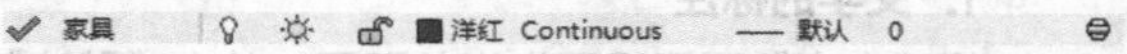

图 9-23 “家具”图层参数

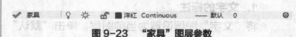

下面的操作需要利用附带配套资源中的素材。

② 室内设备包括卫生间的设备、大厅的桌椅等，单击“默认”选项卡“绘图”面板中的“直线”按钮，绘制卫生间墙体。然后单击“默认”选项卡“块”面板中的“插入”按钮，将源文件中的马桶、小便池和洗脸盆插入图中，如图9-24所示。

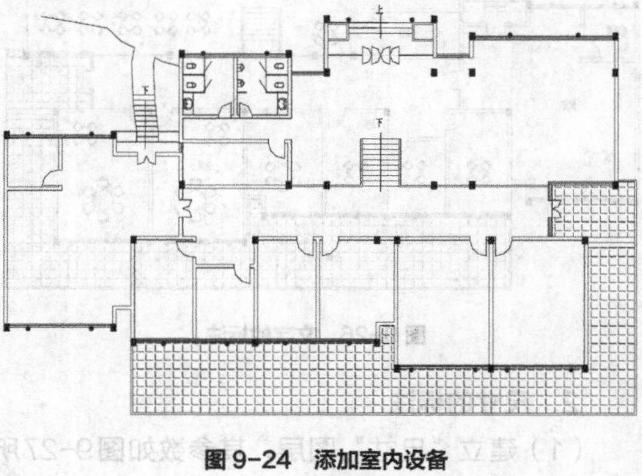

图 9-24 添加室内设备

③ 单击“默认”选项卡“块”面板中的“插入”按钮，将源文件中的方形桌椅和圆形桌椅插入图中，如图9-25所示。

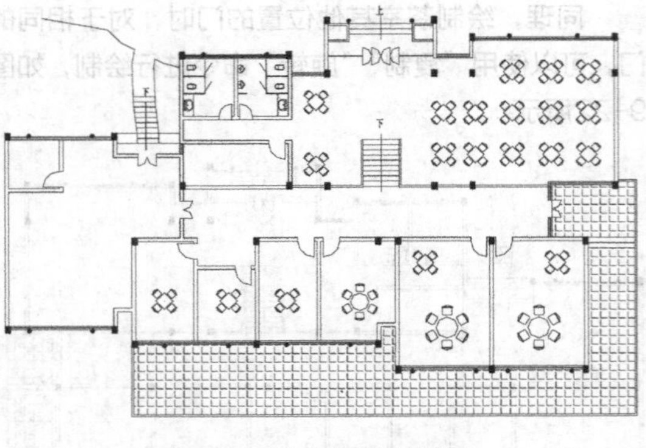

图9-25 添加室内设备

9.2.2 文字、尺寸的标注

为图形标注文字时，可以直接使用“多行文字”命令进行标注，也可以结合“复制”命令，复制输入的第一个文字，然后双击文字，修改对应的文字内容，以便文字样式的统一。

1. 文字的标注

将“文字”图层设置为当前图层，单击“默认”选项卡“注释”面板中的“多行文字”按钮A，在待标注文字的区域拉出一个矩形，选择“文字编辑器”选项卡。设置好字体及字高后，在文本区输入要标注的文字即可，如图9-26所示。

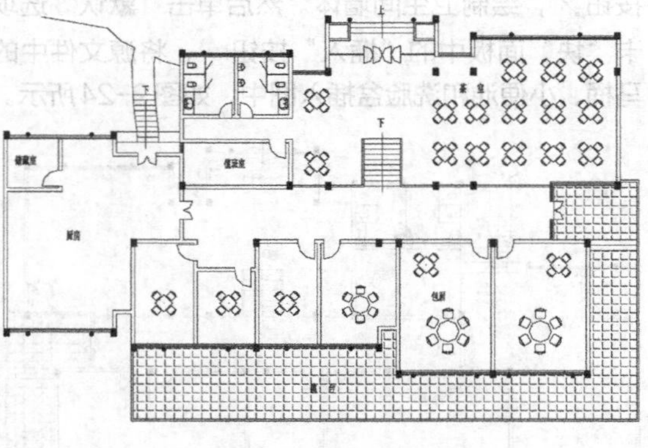

图9-26 文字的标注

2. 尺寸的标注

（1）建立“尺寸”图层，其参数如图9-27所示，并将其设置为当前图层。

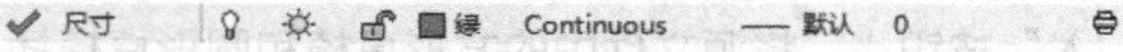

图9-27 “尺寸”图层参数

（2）单击“默认”选项卡“绘图”面板中的“直线”按钮和“多行文字”按钮A，标注标高，如图9-28所示。

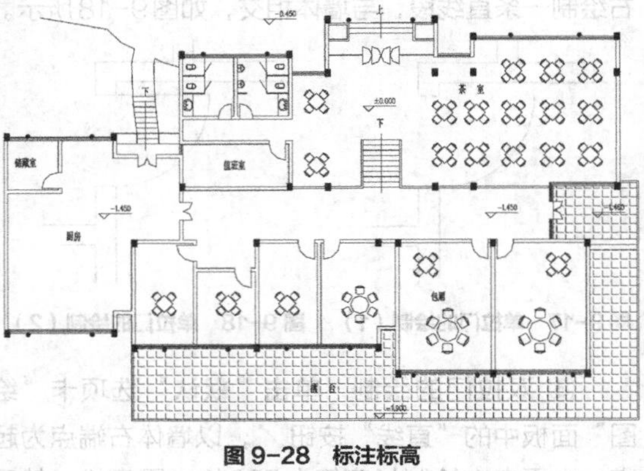

图9-28 标注标高

（3）将“轴线”图层打开，单击“默认”选项卡“注释”面板中的“线性”按钮和“连续”按钮，进行尺寸的标注，并整理图形，如图9-29所示。然后将“轴线”图层关闭，结果如图9-1所示。

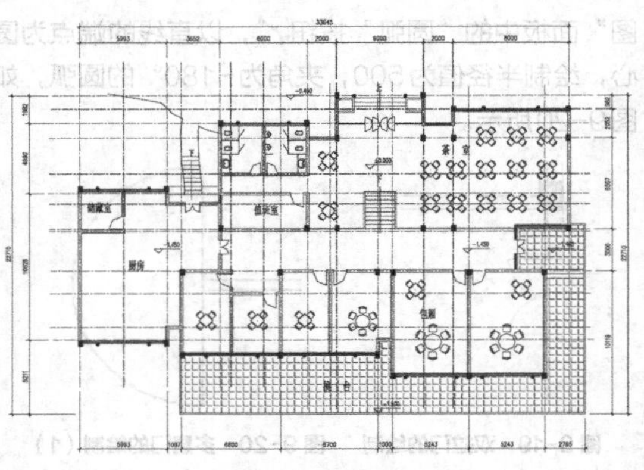

图9-29 尺寸的标注

9.2.3 绘制茶室顶视平面图

图9-30所示为茶室顶视平面图。

（1）单击“快速访问”工具栏中的“打开”按钮，打开“茶室平面图”文件，将其另存为“茶室顶视平面图”。然后单击“默认”选项卡“修改”面板中的“删除”按钮，删除部分图形并整理图形，如图9-31所示。

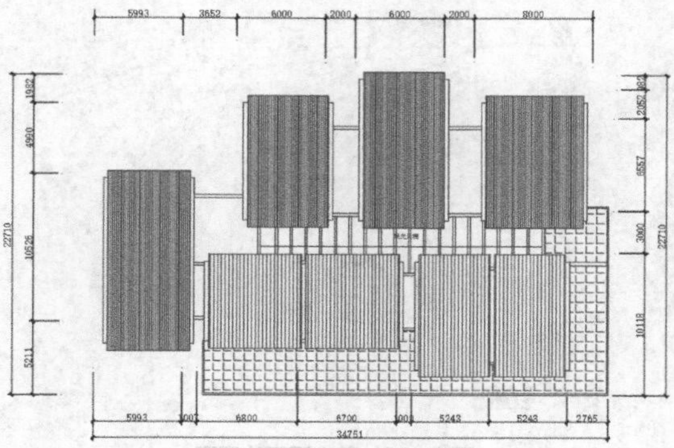

图 9-30　茶室顶视平面图

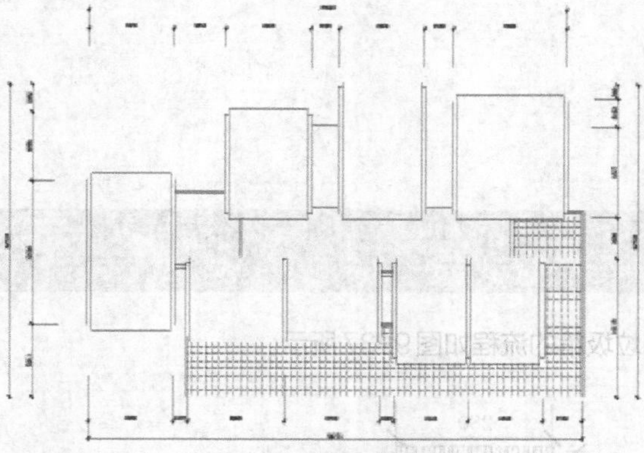

图 9-31　整理图形

（2）单击“默认”选项卡“绘图”面板中的“图案填充”按钮▨，选择“图案填充创建”选项卡。选择“ANSI31”图案，设置角度为45°，比例分别为40和80，填充图形，如图9-32所示。

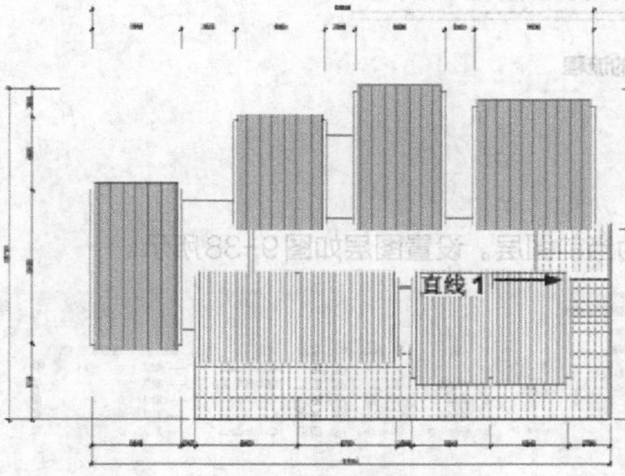

图 9-32　填充图形

（3）单击“默认”选项卡“修改”面板中的“偏移”按钮⊆，将图9-32所示的直线1向左偏移，偏移量为847，然后以刚刚偏移的直线为基准线，向左偏移153。采用相同的方法，每次偏移均以偏移后的直线为要偏移的对象，向左偏移，偏移距离为847、153、847、153、847、153、847、153、847、153、847、153、847、153、847、153、847、153、847、153、847、153、847、153、847、153、847、153、847、153、847、153、847、153、847和153。然后单击“默认”选项卡“绘图”面板中的“直线”按钮⟋，绘制水平方向的直线，最后整理图形，完成天棚绘制，如图9-33所示。

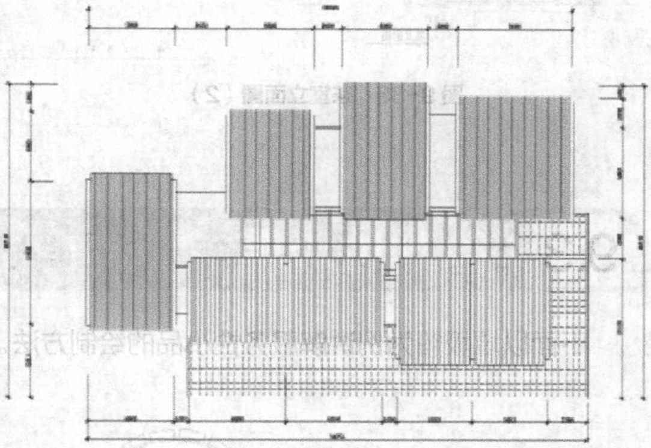

图 9-33　天棚绘制

（4）文字标注。将“文字”图层设置为当前图层，然后进行文字标注。单击“默认”选项卡“注释”面板中的“多行文字”按钮 A，在待标注文字的区域拉出一个矩形，选择“文字编辑器”选项卡。设置好字体及字高后，在文本区输入要标注的文字即可，如图9-30所示。

以下为附带的茶室立面图，在此不详述，如图9-34和图9-35所示。

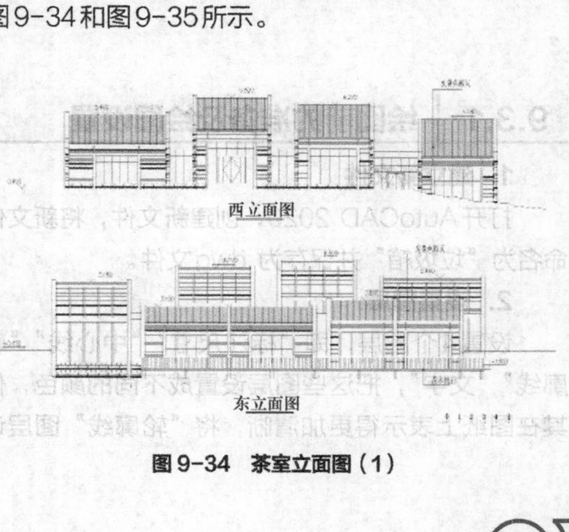

图 9-34　茶室立面图（1）

图9-36所示为茶室平面位置图，该茶室依山而建，别具特色。

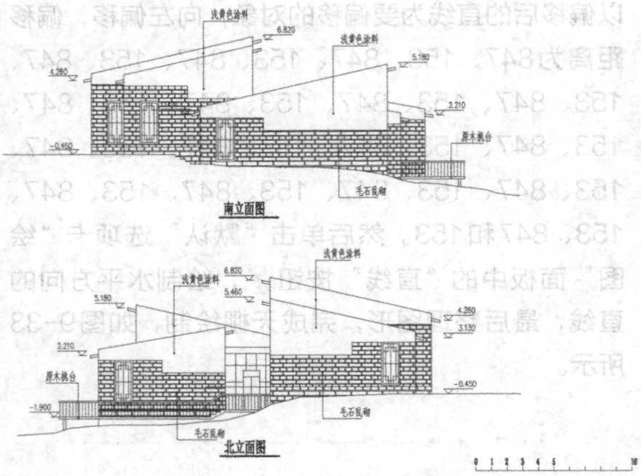

图 9-35　茶室立面图（2）

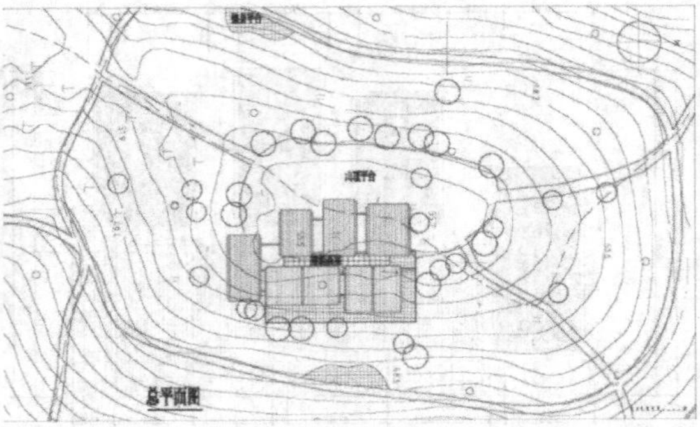

图 9-36　茶室平面位置图

9.3 绘制垃圾箱

下面以垃圾箱为例讲解服务性小品的绘制方法。绘制垃圾箱的流程如图9-37所示。

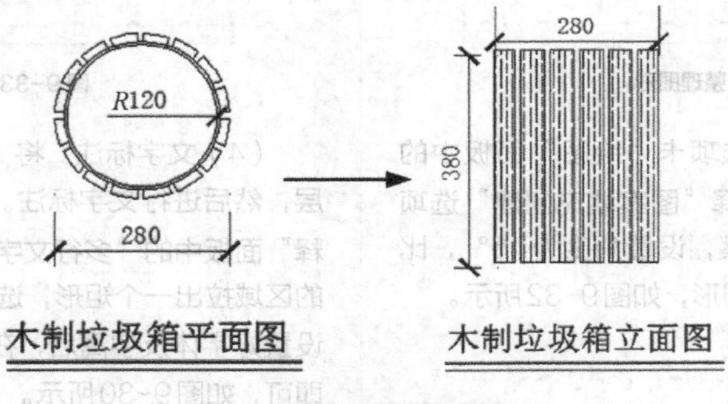

图 9-37　绘制垃圾箱的流程

9.3.1 绘图前的准备及绘图设置

1. 建立新文件

打开AutoCAD 2020，创建新文件，将新文件命名为“垃圾箱”并保存为.dwg文件。

2. 设置图层

设置4个图层，即“标注尺寸”“中心线”“轮廓线”“文字”，把这些图层设置成不同的颜色，使其在图纸上表示得更加清晰，将“轮廓线”图层设置为当前图层。设置图层如图9-38所示。

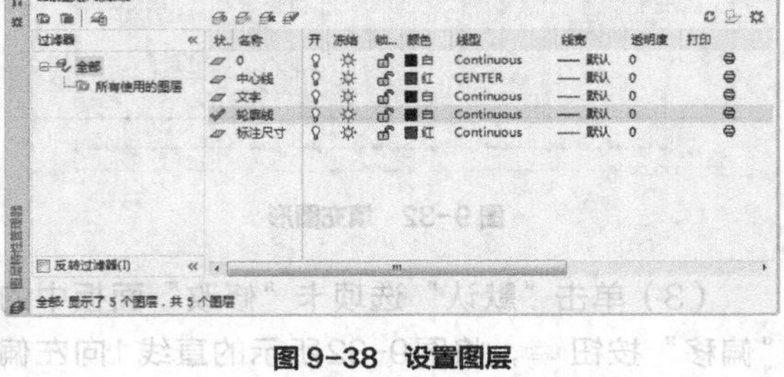

图 9-38　设置图层

3. 标注样式的设置

根据绘图比例设置标注样式，单击“默认”选项卡“注释”面板中的“标注样式”按钮，对“线”“符号和箭头”“文字”“主单位”选项卡进行设置。

（1）“线”选项卡：超出尺寸线为25，起点偏移量为30。

（2）“符号和箭头”选项卡：第一个为建筑标记，箭头大小为30，圆心标记为15。

（3）“文字”选项卡：文字高度为30，文字位置为垂直上，从尺寸线偏移为15，文字对齐为ISO标准。

（4）“主单位”选项卡：精度为0，比例因子为1。

4. 文字样式的设置

单击“默认”选项卡“注释”面板中的“文字样式”按钮，弹出“文字样式”对话框，选择“仿宋”字体，“宽度因子”设置为0.8。

9.3.2 绘制垃圾箱平面图

（1）在状态栏中单击“正交”按钮，打开正交模式；单击“对象捕捉”按钮，打开对象捕捉模式。

（2）单击“默认”选项卡“绘图”面板中的“圆”按钮，绘制同心圆，圆的半径分别为“140”“125”“120”。

（3）将“标注尺寸”图层设置为当前图层，单击“默认”选项卡“注释”面板中的“半径”按钮，标注外形尺寸，完成的图形如图9-39（a）所示。

（4）单击“默认”选项卡“绘图”面板中的“直线”按钮，在半径值125 ~ 140使用“直线”按钮绘制两条直线段，完成的图形如图9-39（b）所示。

（5）单击“默认”选项卡“修改”面板中的“修剪”按钮，删除最外部圆的多余部分，完成的图形如图9-39（c）所示。

（6）单击“默认”选项卡“修改”面板中的“环形阵列”按钮，设置中心点为同心圆的圆心，项目总数为16，填充角度为360°，选择外围装饰部分为阵列对象，完成的图形如图9-39（d）所示。

（7）将“文字”图层设置为当前图层，单击“默认”选项卡“注释”面板中的“多行文字”按钮A，标注文字，如图9-39（e）所示。

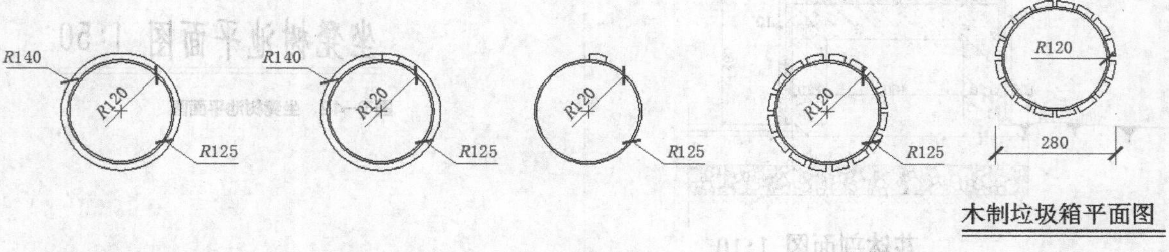

（a） （b） （c） （d） （e）

图 9-39 绘制垃圾箱平面图的流程

9.3.3 绘制垃圾箱立面图

采用9.3.2节的方法，绘制垃圾箱立面图，其流程如图9-40所示。

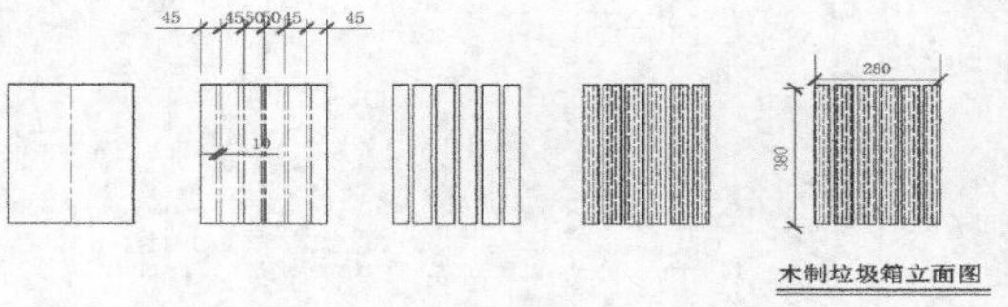

（a） （b） （c） （d） （e）

图 9-40 绘制垃圾箱立面图的流程

9.4 上机实验

通过前面的学习，相信读者对本章知识已有了大体的了解。本节通过两个实验帮助读者进一步掌握本章知识要点。

【实验1】绘制花钵剖面图。

1. 目的要求

希望读者通过本实验熟悉和掌握花钵剖面图的绘制方法，如图9-41所示。

2. 操作提示

（1）绘图前准备。

（2）绘制轮廓线。

（3）细化图形。

（4）插入花钵装饰。

（5）填充图形。

（6）标注尺寸和文字。

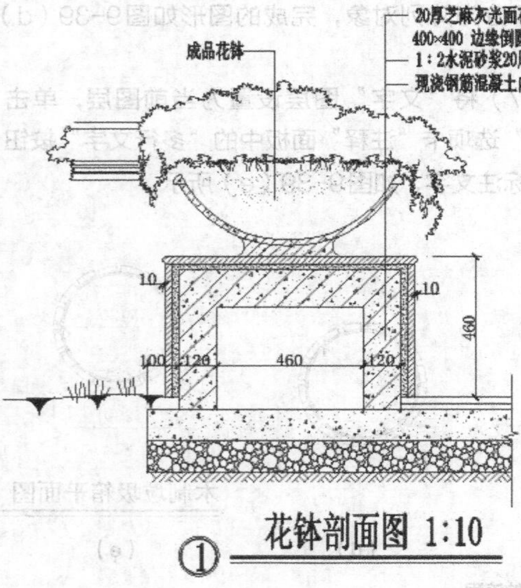

图 9-41 花钵剖面图

【实验2】绘制坐凳树池平面图。

1. 目的要求

希望读者通过本实验熟悉和掌握坐凳树池平面图的绘制方法，如图9-42所示。

2. 操作提示

（1）绘图前准备。

（2）绘制坐凳树池平面图。

（3）标注尺寸和剖切符号。

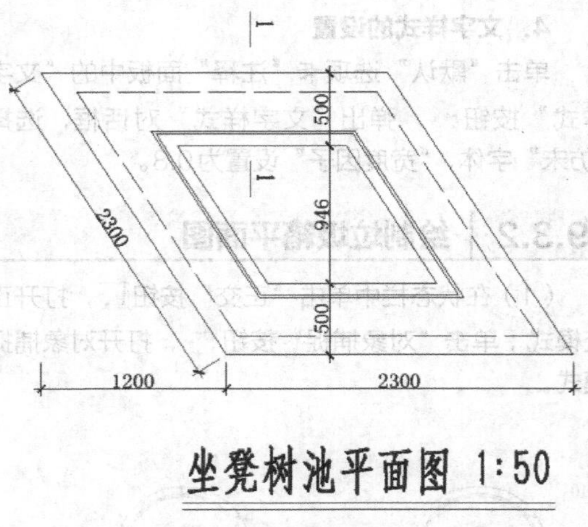

图 9-42 坐凳树池平面图

第10章

园林水景设计

本章主要讲解园林水景设计。水景作为园林中别样的风景，以它特有的气息与神韵感染着每一个游园的人。它是园林景观和给水、排水的有机结合。

知识点

- 概述
- 绘制园林水景工程图
- 绘制水池
- 绘制驳岸详图

10.1 概述

1. 园林水景的作用

园林水景的作用主要归纳为以下5个方面。

（1）园林水体景观。如喷泉、瀑布、池塘等，都以水体为题材，无论是从艺术还是实用的角度，水都是园林的重要构成要素。冰灯、冰雕是水在非常温状态下的表现形式。

（2）改善环境，调节空气，控制噪声。喷泉、瀑布等能增加空气湿度，提高空气中负离子的含量。

（3）提供娱乐活动场所。如划船、溜冰、水上活动等的场所。

（4）汇集、排泄天然雨水。若设计得当，会节省不少地下管线的成本，为植物生长创造良好的条件。

（5）防护、隔离、防灾用水。如护城河、隔离河，以水面作为空间隔离，是十分自然、节约的办法。引申来说，水面创造了园林迂回曲折的线路，“隔岸相视，可望不可即也”。城市园林水体可作为救火备用水，郊区园林水体、沟渠是抗旱天然管网。

2. 园林水景的形态

园林水景的形态是丰富多彩的。下面以水体存在的4种形态来划分园林水景。

（1）水体因压力而向上喷，形成各种各样的喷泉、涌泉、喷雾等，总称“喷水”。

（2）水体因重力而下跌，高程突变，形成各种各样的瀑布、水帘等，总称“跌水”。

（3）水体因重力而流动，形成各种各样的溪流、漩涡等，总称“流水”。

（4）水面自然，不受重力及压力影响，总称“池水”。

3. 喷水的景观类型

人工造就的喷水主要有以下7种景观类型。

（1）水池喷水。这是最常见的形式之一，通过在水池中安装喷头、灯光等设备来实现。停喷时，则是静水池。

（2）旱池喷水。喷头等隐于地下，喷水时人可与水互动，如广场、游乐场等的旱池。停喷时是场中一块微凹地坪，缺点是水易被污染。

（3）浅池喷水。喷头置于山石、盆栽之间，可以把喷水的全范围做成浅水盆，也可以仅在射流落点之处设几个水钵。美国迪士尼乐园有座间歇喷泉，由点A定时喷一股水流至点B，再由点B喷一股水流至点C，如此循环喷水。

（4）舞台喷水。设置于影剧院、舞厅、游乐场等场所，有时作为舞台前景、背景，有时作为表演位置和活动内容。限于场所面积，水池往往是活动的。

（5）盆景喷水。作为家庭、公共场所的摆设，大小不一，往往与盆景成套出售。此种以水为主要景观的摆设，不限于“喷水”的姿态，常依靠高科技做出让人意想不到的景观，很有启发意义。

（6）自然喷水。喷头置于自然水体之中。

（7）水幕影像。如上海城隍庙的水幕电影，由喷水组成的宽大扇形水幕，与夜晚天际连成一片，电影放映时人物驰聘万里、来去无影。

4. 水景的类型

水景是园林景观的重要组成部分，水的形态不同，则构成的景观也不同。水景一般可分为以下几种类型。

（1）水池。园林中常用天然湖泊作水池，尤其在皇家园林中，宏旷的水景有一望千顷、海阔天空之气派。而私家园林或小型园林的水池面积较小，其形状可方、可圆、可直、可曲，常以近观为主，不可过分分隔，故给人的感觉是古朴、野趣。

（2）瀑布。瀑布在园林中虽用得不多，但它特点鲜明，充分利用了高差变化，使水产生动态之势。如把石山叠高，下挖成潭，水自高往下倾泻，击石四溅，飞珠若帘，俨如千尺飞流，震撼人心，令人流连忘返。

（3）溪涧。溪涧的特点是水面狭窄且细长，水因势而流，不受拘束。水口的处理应使水声悦耳动听，使人犹如置身于山水之间。

（4）泉源。泉源之水通常是溢满的，一直不停地往外流出。古有天泉、地泉、甘泉之分。泉的地势一般比较低，与山石融为一体，光线幽暗，别有一番情趣。

（5）濠濮。濠濮是山水相依的一种景象，其水位较低，水面狭长，往往给人两山夹岸之感。而护坡置石，植物探水，可营造出幽深的气氛。

（6）潭。潭一般与峭壁相连，水面不大，深浅不一。大自然之潭周围峭壁嶙峋，俯瞰气势险峻，若万丈深渊。庭园中潭之创作，岸边宜叠石，不宜披土；光线处理宜荫蔽浓郁，不宜阳光灿烂；水位标高宜低下，不宜涨满。水面集中而空间狭隘是潭的设计要点。

（7）滩。滩的特点是水浅而与岸高差很小。滩景宜结合洲、矶、岸等，潇洒自如，极富自然感。

（8）水景缸。水景缸是用容器盛水作景。其位置不定，可随意摆放，内可养鱼、种花以用作庭园点景。

除上述类型外，随着现代园林艺术的发展，水景的表现手法越来越多，如喷泉造景、叠水造景等，均活跃了园林空间，丰富了园林内涵，美化了园林景致。

5. 喷水的设计原则

（1）要尽量考虑向生态方向发展，如空调冷却水的利用、水帘幕降温、鱼塘增氧、兼作消防水池、喷雾增加空气湿度和负离子，以及作为水系循环的水源等。科学研究证明，水滴分裂有带电现象，水滴从加有高压电的喷嘴中以雾状喷出，可吸附微小烟尘乃至有害气体，大大提高除尘效率。

（2）要与其他景观设施结合。喷水等水景工程是综合性工程，需要与园林、建筑、结构、雕塑、自控、电气、给排水、机械等方面相结合来设计，才能做到美观、实用。

（3）水是园林绿化景观中的一部分，配以雕塑、花坛、亭廊、花架、坐椅、地坪铺装、儿童游戏场、露天舞池等内容才能成景。注重喷水效果大于规模，要考虑到喷射时好看，停喷时也好看。

（4）要有新意，不落窠臼。例如，日本的喷水，有由声音、风向、光线来控制开关的，还有设计成“急流勇进”的形式，一股股激浪冲向一艘艘舟，激起”千堆雪“。美国有一座喷泉，上喷的水正对着下泻的瀑，水花在空中爆炸，蔚为壮观。

（5）要因地制宜选择合适的喷水。例如，适于参与、有管理条件的地方采用旱地喷水；而只适于观赏的采用水池喷水；园林环境中可考虑采用自然式浅池喷水。

6. 各种喷头的选择

现有各种喷头的使用条件是不同的，应根据具体情况选用。

（1）声音。有的喷头噪声很大，如充气喷头；而有的很安静，如喇叭喷头。

（2）风力的干扰。有的喷头受外界风力影响很大，如半圆形喷头，此类喷头形成的水膜很薄，强风下几乎不能成形；有的则不受影响，如树冰喷头。

（3）水质的影响。有的喷头受水质的影响很大，水质不佳则动辄堵塞，如蒲公英喷头，堵塞局部便会破坏整体造型；但有的受水质的影响很小，如涌泉。

（4）高度和压力。各种喷头都有其合理的喷射高度。例如，要喷得高，用中空喷头比用直流喷头好，因为环形水流的中部空气稀薄，四周空气裹紧水柱使之不易分散。而为了安全，儿童游戏场要选用低压喷头。

（5）水姿的动态。多数喷头是安装后或调整后按固定方向喷射的，如直流喷头。还有一些喷头是动态的，如摇摆喷头和旋转喷头，在机械和水力的作用下，喷射时喷头是移动的，经过特殊设计，有的喷头还可以按预定的轨迹前进。同一种喷头，由于设计的不同，可喷射出各种高度、此起彼伏的水流。无级变速喷头的喷射轨迹呈曲线形状，甚至时断时续，射流呈现出点、滴、串的水姿，如间歇喷头。多数喷头是安装在水面之上的，但是鼓泡（泡沫）喷头是安装在水面之下的，因水面的波动，喷射的水姿呈现起伏动荡的变化。使用此类喷头时要注意水池会有较大的波浪出现。

（6）射流和水色。多数喷头喷射时，射流是透明无色的。鼓泡（泡沫）喷头、充气喷头等由于空气和水混合，射流是白色的，而雾状喷头在阳光照射下喷射时会产生瑰丽的彩虹。水盆景、摆设一类水景中，水往往被染色，在灯光下更显浪漫。

10.2 绘制园林水景工程图

表达园林水景工程构筑物（如驳岸、码头、喷水池等）的图样称为园林水景工程图。在园林水景工程图中，除表达园林工程设施的土建部分外，一般还要表达机电、管道、水文地质等专业内容。本节主要介绍园林水景工程图的表示方法、尺寸标注、内容和喷水池工程图等。

1. 园林水景工程图的表示方法

（1）视图的配置。园林水景工程图的基本图样仍然是平面图、立面图和剖面图。园林水景工程构筑物，如基础、驳岸、水闸、水池等许多部分被土层覆盖，所以剖面图和断面图应用较多。人站在上游（下游），面向建筑物进行投射，所得的视图称为上游（下游）立面图，如图 10-1 所示。

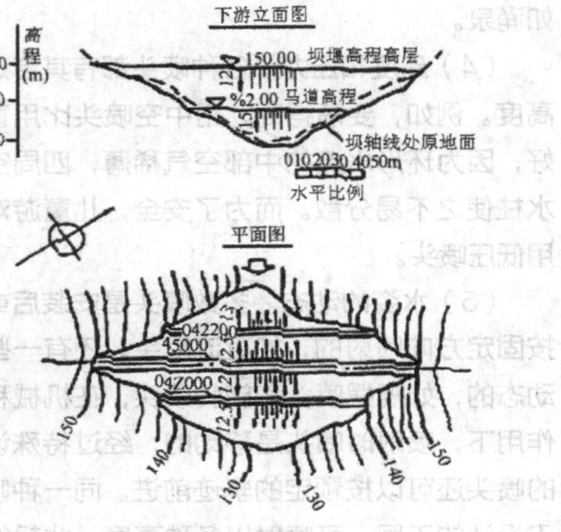

图 10-1　上游立面图

为了看图方便，每个视图都应在图形下方标出名称，各视图应尽量按投影关系配置。布置图形时，习惯使水流方向由左向右或自上而下。

（2）其他表示方法。

- 局部放大图：物体的局部结构用较大比例画出的图样称为局部放大图或详图。局部放大图必须标注索引标志和详图标志。
- 展开剖面图：当构筑物的轴线是曲线或折线时，可沿轴线剖开物体并向剖切面投影。然后将所得剖面图展开在一个平面上，这种剖面图称为展开剖面图，在图名后应标注“展开”二字。
- 分层表示法：当构筑物有几层结构时，在同一视图内可按其结构层次分层绘制。相邻层次用波浪线分界，并用文字在图形下方标注各层名称。
- 掀土表示法：被土层覆盖的结构，在平面图中不可见。为表示这部分结构，可假想将土层掀开后的视图并画出。
- 规定画法：除可采用规定画法和简化画法外，还有以下规定。

构筑物中的各种缝线，如沉陷缝、伸缩缝和材料分界线，两边的表面虽然在同一平面内，但画图时一般按轮廓线处理，用一条粗实线表示。

园林水景工程构筑物配筋图的规定画法与园林建筑图相同。如钢筋网片的布置对称可以只画一半，另一半表达构件外形。对于规格、直径、长度和间距相同的钢筋，可用粗实线画出其中一根来表示，同时用横穿的细实线表示其余的钢筋。

如图形的比例较小，或者某些设备另有专门的图纸来表达，可以在图中相应的部位用图例来表示园林水景工程构筑物的位置。常见图例，如图 10-2 所示。

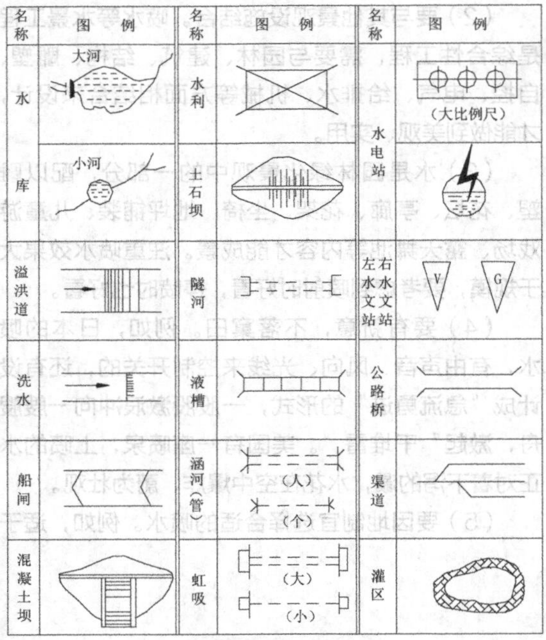

图 10-2　常见图例

2. 园林水景工程图的尺寸标注

投影制图有关尺寸标注的要求，在标注园林水景工程图的尺寸时也必须遵守。但园林水景工程图有它自己的特点，主要如下。

（1）基准点和基准线。要确定园林水景工程构筑物在地面的位置，必须先定好基准点和基准线在地面上的位置，各构筑物的位置均以基准点进行放样定位。基准点的平面位置是根据测量坐标确定的，两个基准点的连线可以定出基准线的平面位置。基准点用交叉十字线表示，引出标注测量坐标。

（2）常水位、最高水位和最低水位。设计和建造驳岸、码头、水池等构筑物时，应根据当地的水情和一年四季的水位变化来确定驳岸和水池的形式和高度。应使常水位时景观最佳，最高水位时不至于溢出，最低水位时岸壁的景观可入画。因此在园林水景工程图上，应标注常水位、最高水位和最低水位的标高，并将常水位作为相对标高的零点，驳岸剖面图尺寸标注如图10-3所示。为便于施工测量，图中除标注各部分的高度尺寸外，还须标注必要的高程。

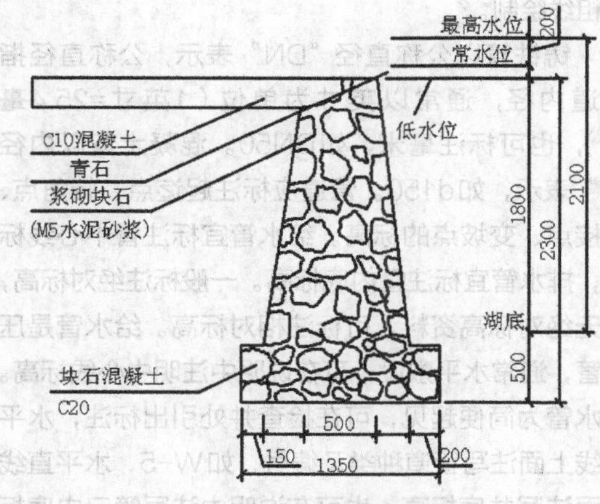

图 10-3 驳岸剖面图尺寸标注

（3）里程桩。对于堤坝、渠道、驳岸、隧洞等较长的园林水景工程构筑物，沿轴线的长度尺寸通常采用里程桩的标注方法。标注形式为“*k*+*m*”，*k*为千米数，*m*为米数。如起点桩号标注成“0+000”，起点桩号之后，*k*、*m*为正值；起点桩号之前，*k*、*m*为负值。桩号数字一般沿垂直于轴线的方向标注，且标注在同一侧，如图10-4所示。当同一图中几种构筑物均采用桩号标注时，可在桩号数字之前加注文字以示区别，如“坝0+021.00”“洞0+018.30”等。

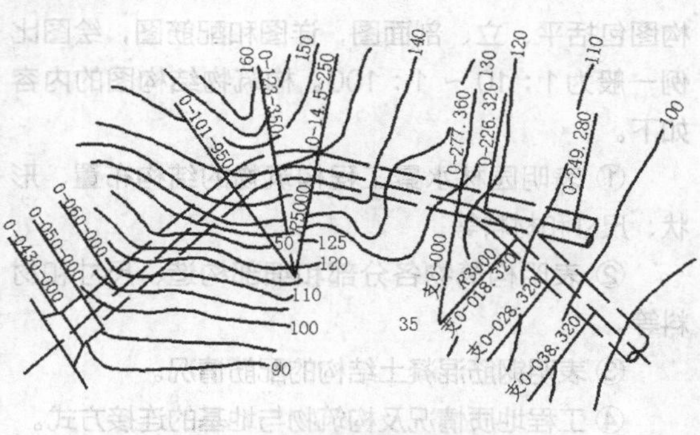

图 10-4 里程桩尺寸标注

3. 园林水景工程图的内容

开池理水是园林设计的重要内容。园林水景工程类型：一类是利用天然水源（河流、湖泊）和现状地形修建的较大型水面工程，如驳岸、码头、桥梁、引水渠道和水闸等；更多的是在街头、游园内修建的小型水面工程，如喷水池、种植池、盆景池、观鱼池等人工水池。园林水景工程设计一般要经过规划、初步设计、技术设计和施工设计几个阶段。每个阶段都要绘制相应的图样。园林水景工程图主要包括总体布置图和构筑物结构图。

（1）总体布置图。总体布置图主要表示整个园林水景工程构筑物在平面和立面的布置情况。总体布置图以平面布置图为主，必要时配置立面图。平面布置图一般画在地形图上，为了使图形主次分明，结构图的次要轮廓线和细部构造均省略不画，或者用图例或示意图表示这些构造的位置和作用。图中一般只标注构筑物的外轮廓尺寸和主要定位尺寸，以及主要部位的高程和填挖方坡度。总体布置图的绘图比例一般为1：200～1：500。总体布置图的内容如下。

① 工程设施所在地区的地形现状、河流及流向、水面、地理方位（指北针）等。

② 各园林水景工程构筑物的相互位置、主要外形尺寸、主要构成等。

③ 园林水景工程构筑物与地面交线、填挖方的边坡线。

（2）构筑物结构图。结构图是以某一园林水景工程构筑物为对象的工程图，包括结构布置图、分部和细部构造图、钢筋混凝土结构图。构筑物结构图必须把构筑物的结构形状、尺寸大小、材料、内部配筋及相邻结构的连接方式等都表达清楚。结构图包括平、立、剖面图，详图和配筋图，绘图比例一般为1：10～1：100。构筑物结构图的内容如下。

① 表明园林水景工程构筑物的结构布置、形状、尺寸和材料等。

② 表明构筑物各分部和细部构造、尺寸和材料等。

③ 表明钢筋混凝土结构的配筋情况。

④ 工程地质情况及构筑物与地基的连接方式。

⑤ 相邻构筑物之间的连接方式。

⑥ 附属设备的安装位置。

⑦ 构筑物的工作条件，如常水位和最高水位等。

4．喷水池工程图

喷水池的面积和深度较小，一般深度仅几十厘米至一米，可根据需要建成地面上、地面下或者半地上半地下的形式。人工水池与天然湖池的区别：一是采用各种材料修建池壁和池底，并有较高的防水要求；二是采用管道给排水，修建闸门井、检查井、排放口和地下泵站等附属设备。

常见的喷水池结构有两种：一种是砖、石池壁水池，池壁用砖墙砌筑，池底材料采用素混凝土或钢筋混凝土；另一种是钢筋混凝土水池，池底和池壁材料都采用钢筋混凝土。喷水池的防水做法多在池底上表面和池壁内、外墙面抹20mm厚防水砂浆。北方水池还有防冻要求，可以在池壁外侧回填时，采用排水性能较好的轻骨料，如矿渣、焦渣或级配砂石等。喷水池土建部分用喷水池结构图表达，以下主要说明喷水池管道的画法。

喷水的基本形式有直射形、集射形、放射形、散剔形、混合形等。喷水又可与山石、雕塑、灯光等相互配合，共同组合以形成景观。喷水造型主要取决于喷头的形式，可根据不同的喷水造型设计喷头。

（1）管道的连接方式。喷水池采用管道给排水，管道是工业产品，有一定的规格和尺寸。在安装时加以连接组成管路，其连接方式因管道的材料和系统而不同。常用的管道连接方式有4种。

- 法兰连接：在管道两端各焊一个圆形的法兰盘，在法兰盘中间垫橡皮，四周钻成组的圆孔，在圆孔中用螺栓连接。
- 承插连接：管道的一端做成钟形承口，另一端是直管，直管插入承口内，在空隙处填石棉水泥。
- 螺纹连接：管端加工有外螺纹，用有内螺纹的套管将两根管道连接起来。
- 焊接：将两管道焊接成整体，这在园林给排水管路中应用得不多。

在喷水池给排水管路中，给水管一般采用螺纹连接，排水管大多采用承插连接。

（2）管道平面图。管道平面图主要用于显示区域内管道的布置。一般游园的管道综合平面图常用比例为1：2000～1：200。喷水池管道平面图能显示清楚范围内的管道即可，通常选用1：300～1：50的比例。管道均用单线绘制，称为单线管道图，但用不同的宽度和不同的线型加以区别。新建的各种给排水管用粗线，原有的给排水管用中粗线。给水管用实线，排水管用虚线。

管道平面图中的房屋、道路、广场、围墙、草地、花坛等原有建筑物和构筑物按建筑总平面图的图例用细实线绘制，水池等新建建筑物和构筑物用中粗线绘制。

铸铁管以公称直径“DN”表示，公称直径指管道内径，通常以英寸为单位（1英寸=25.4毫米），也可标注毫米，如DN50。混凝土管以内径“d”表示，如d150。管道应标注起迄点、转角点、连接点、变坡点的标高。给水管宜标注管中心线标高，排水管宜标注管内底标高。一般标注绝对标高，如无绝对标高资料，可标注相对标高。给水管是压力管，通常水平敷设，可在说明中注明中心线标高。排水管为简便起见，可在检查井处引出标注，水平直线上面注写管道种类及编号，如W-5，水平直线下面注写井底标高。也可在说明中注写管口内底标高和坡度。管道平面图中还应标注闸门井的外形尺寸和定位尺寸、指北针或风玫瑰图。为便于对照阅读，应附给排水专业图例和施工说明。施工说明一般包括设计标高、管径及标高、管道材料和连接方式、检查井和闸门井尺寸、质量要求和验收标准等。

（3）安装详图。安装详图主要用于表达管道及附属设备安装情况，又称工艺图。安装详图以平面图为基本视图，然后根据管道布置情况选择合适的剖面图，剖切位置通过管道中心，但管道按不剖绘制。局部构造，如闸门井、泄水口、喷泉等用管道节点图表达。在一般情况下管道安装详图与水池结构图应分别绘制。

一般安装详图的画图比例比较大，各种管道的位置、直径、长度及连接情况必须表达清楚。在安装详图中，管径大小按比例用双粗实线绘制，称为双线管道图。

为便于阅读和施工备料，应在每个管配件旁边，以指引线引出直径为6mm的小圆圈并加以编号，相同的管配件可编同一号码。在每种管道旁边注明其名称，并画箭头以表示其流向。

池体等土建部分另用构筑物结构图详细表达其构造、厚度、钢筋配置等内容。在管道安装工艺图中，一般只画水池的主要轮廓，细部结构可省略不画。池体等土建构筑物的外轮廓线（非剖切）用细实线绘制，闸门井、池壁等剖面轮廓线用中粗线绘制，并画出材料图例。管道安装详图的尺寸包括构筑尺寸、管径及定位尺寸、主要部位标高等。构筑尺寸指水池、闸门井、地下泵站等内部长、宽和深度尺寸，沉淀池、泄水口、出水槽的尺寸等。在每段管道旁边注写管径和代号“DN”等，管道通常以池壁或池角定位。构筑物的主要部位（池顶、池底、泄水口等）及水面、管道中心、地坪应标注标高。

喷头是经机械加工的零部件，连接管道时采用螺纹连接或法兰连接。自行设计的喷头应按机械制图标准画出部件装配图和零件图。

为便于施工备料、预算，应汇总各种主要设备和管配件并列出材料表。材料表内容包括件号、名称、规格、材料、数量等。

（4）喷水池结构图。喷水池池体等土建构筑物的布置、结构、形状大小和细节构造等用喷水池结构图来表示。喷水池结构图通常包括表达喷水池各组成部分的位置、形状和周围环境的平面布置图，表达喷泉造型的外观立面图，表达结构、布置的剖面图和池壁、池底结构详图或配筋图。图10-5所示为池壁和池底详图。其钢筋混凝土结构的表达方法应符合建筑结构制图标准的规定。

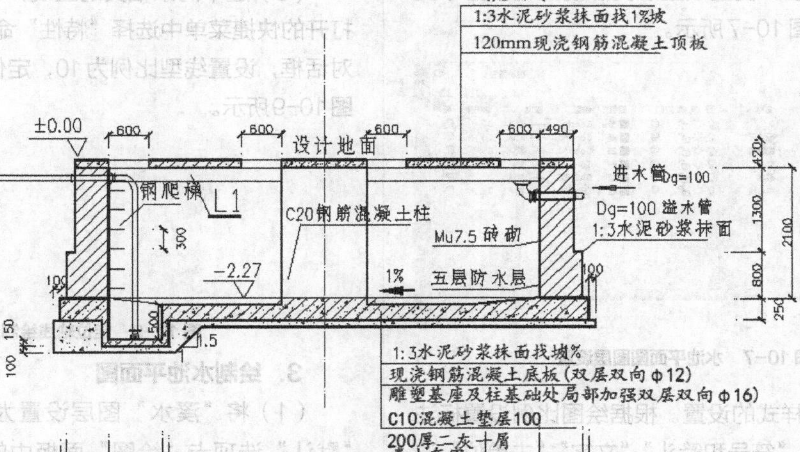

图10-5 池壁和池底详图

10.3 绘制水池

10.3.1 绘制水池平面图

使用“直线”命令绘制定位轴线；使用“圆”“正多边形”“延伸”命令绘制水池平面图；使用“半径”“线性”“连续”命令标注尺寸；使用“引线”“多行文字”命令标注文字，完成后保存为水池平面图，如图10-6所示。

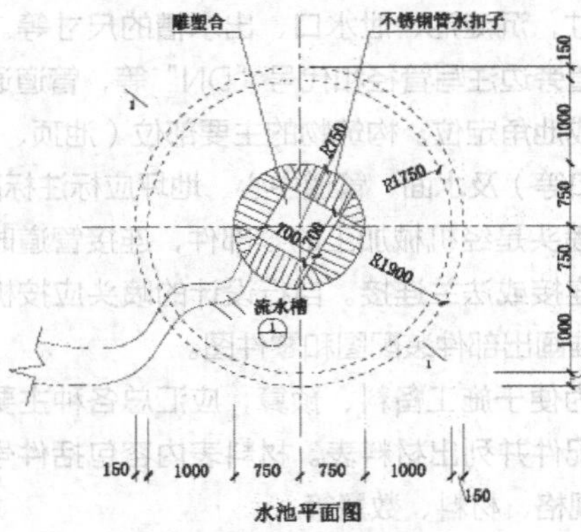

图 10-6　水池平面图

1. 绘图前的准备与设置

（1）根据要绘制的图形决定绘图的比例，建议采用1 : 1的比例绘制。

（2）建立新文件。打开AutoCAD 2020应用程序，建立新文件，将新文件命名为“水池平面图”并保存为.dwg文件。

（3）设置图层。设置5个图层“标注尺寸”“中心线”“轮廓线”“文字”“溪水”，并将这些图层设置成不同的颜色，使图纸显示更加清晰。水池平面图图层设置如图10-7所示。

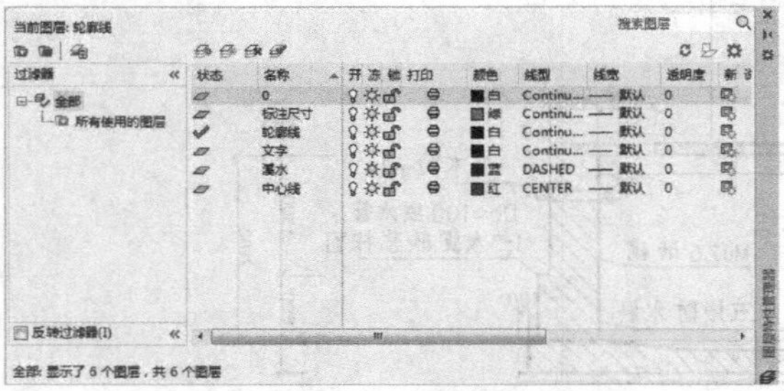

图 10-7　水池平面图图层设置

（4）标注样式的设置。根据绘图比例设置标注样式，对“线”“符号和箭头”“文字”“主单位”选项卡进行设置，具体如下。

- “线”选项卡：超出尺寸线为80，起点偏移量为120。
- “符号和箭头”选项卡：第一个为建筑标记，箭头大小为80。
- “文字”选项卡：文字高度为100，文字位置为垂直上，文字对齐为与尺寸线对齐。
- “主单位”选项卡：精度为0，比例因子为1。

（5）文字样式的设置。单击“默认”选项卡“注释”面板中的“文字样式”按钮，弹出“文字样式”对话框，选择仿宋_GB2312字体，如图10-8所示。

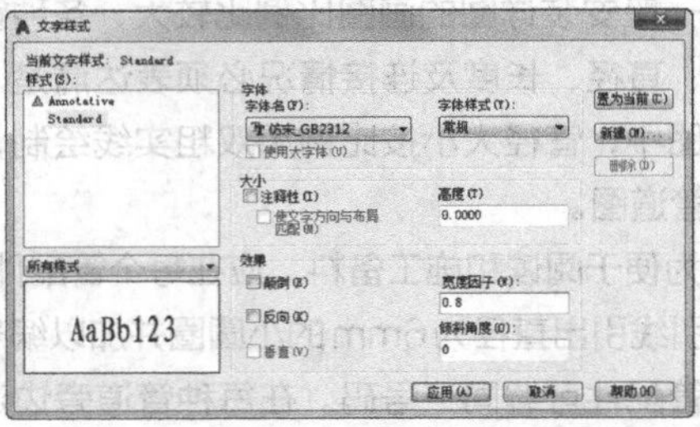

图 10-8　文字样式的设置

2. 绘制定位轴线

（1）在状态栏中单击“正交模式”按钮，打开正交模式；在状态栏中单击“对象捕捉”按钮，打开对象捕捉模式。

（2）将“中心线”图层设置为当前图层。单击“默认”选项卡“绘图”面板中的“直线”按钮，分别绘制两条长度值均为5000的竖直中心线和水平中心线。

（3）选中两条相交的直线，单击鼠标右键，在打开的快捷菜单中选择“特性”命令，弹出“特性”对话框，设置线型比例为10，定位轴线绘制结果如图10-9所示。

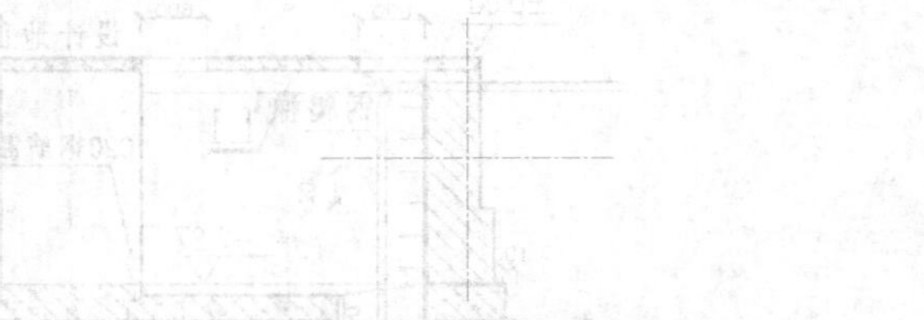

图 10-9　定位轴线绘制结果

3. 绘制水池平面图

（1）将“溪水”图层设置为当前图层。单击“默认”选项卡“绘图”面板中的“圆”按钮，分别绘制半径值为1900和1750的同心圆。将“轮廓线”图层设置为当前图层，重复“圆”命令，绘制半径值为750的同心圆，如图10-10所示。

图 10-10　绘制圆

（2）单击“默认”选项卡“绘图”面板中的“多边形”按钮，以定位轴线的交点为正多边形的中心，绘制外切圆半径值为350的正方形。

（3）单击“默认”选项卡“修改”面板中的“旋转”按钮，将步骤（2）中绘制的正方形绕中心点旋转-30°，如图10-11所示。

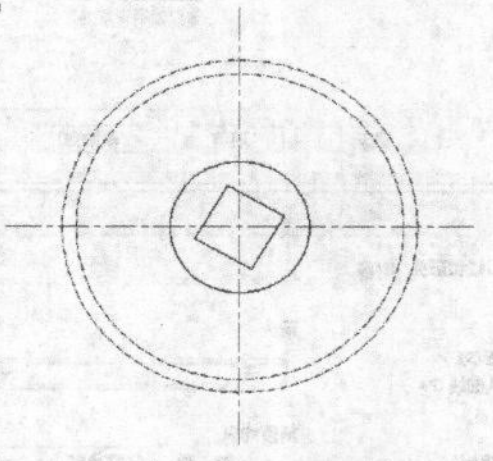

图10-11　旋转正方形

（4）单击“默认”选项卡“修改”面板中的“分解”按钮，对步骤（3）绘制的正方形进行分解。

（5）单击“默认”选项卡“修改”面板中的“延伸”按钮，将分解后的4条边延伸至小圆，如图10-12所示。

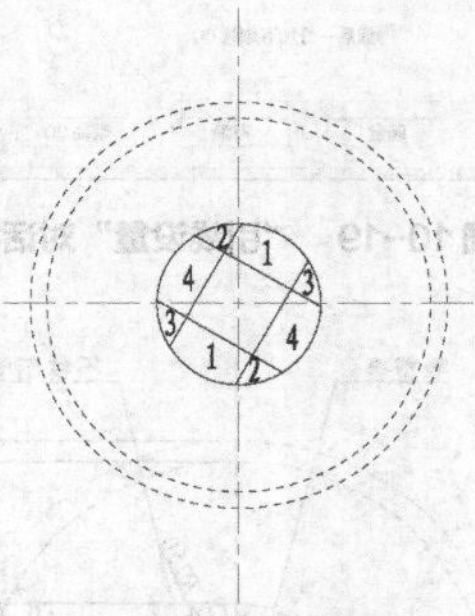

图10-12　延伸边

（6）单击“默认”选项卡“绘图”面板中的“图案填充”按钮，选择“图案填充创建”选项卡。分别设置图10-12中区域的参数。

区域1的参数：图案为“ANSI31”，角度为20°，比例为30。

区域2的参数：图案为“ANSI31”，角度为74°，比例为30。

区域3的参数：图案为“ANSI31”，角度为334°，比例为30。

区域4的参数：图案为“ANSI31”，角度为110°，比例为30。

填充图案如图10-13所示。

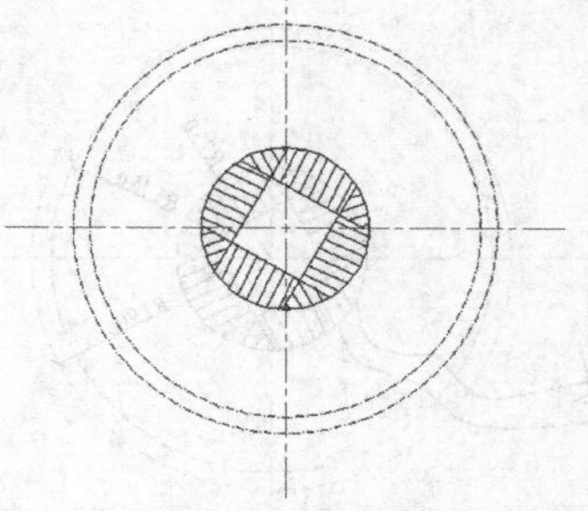

图10-13　填充图案

（7）将“溪水”图层设置为当前图层。单击“默认”选项卡“绘图”面板中的“样条曲线拟合”按钮，在适当位置绘制流水槽，如图10-14所示。

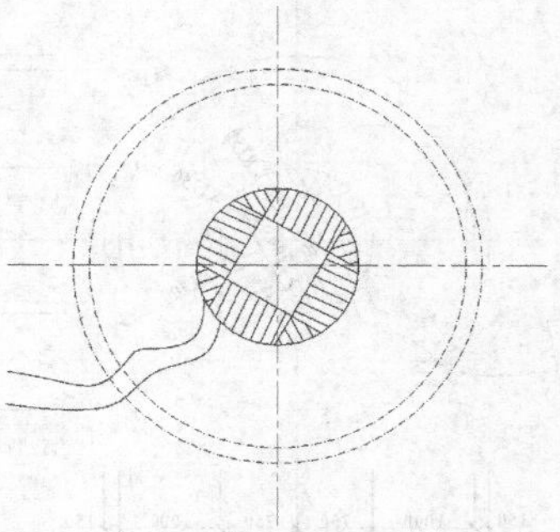

图10-14　绘制流水槽

（8）将“轮廓线”图层设置为当前图层。单击“默认”选项卡“绘图”面板中的“多段线”按钮，绘制折线，如图10-15所示。

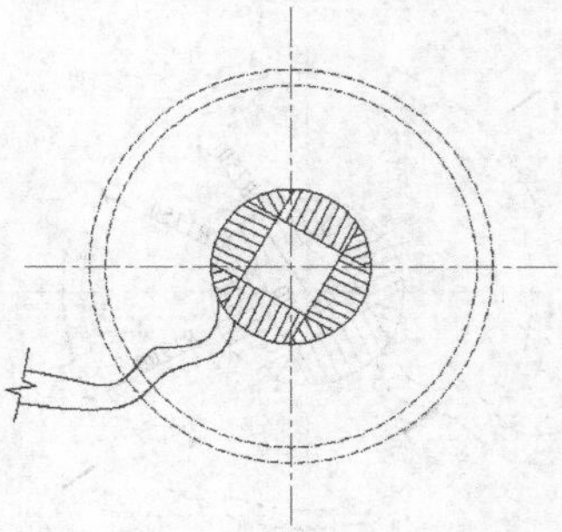

图10-15　绘制折线

4．标注尺寸和文字

（1）将“标注尺寸”图层设置为当前图层，单击“默认”选项卡“注释”面板中的“半径”按钮，标注半径尺寸，如图10-16所示。

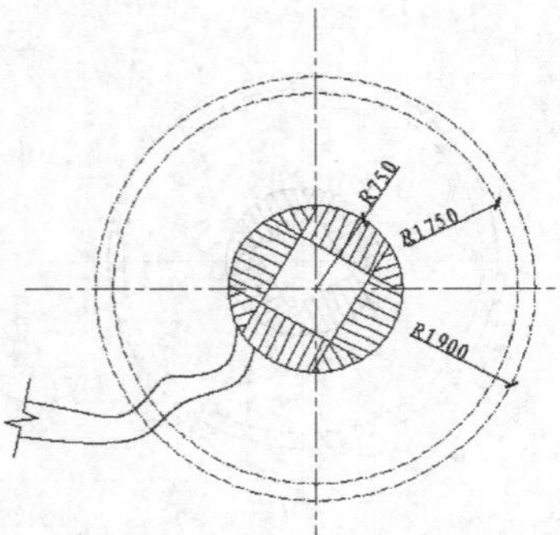

图10-16 标注半径尺寸

（2）单击“默认”选项卡“注释”面板中的“线性”按钮、“对齐”按钮和“连续”按钮，标注线性尺寸，如图10-17所示。

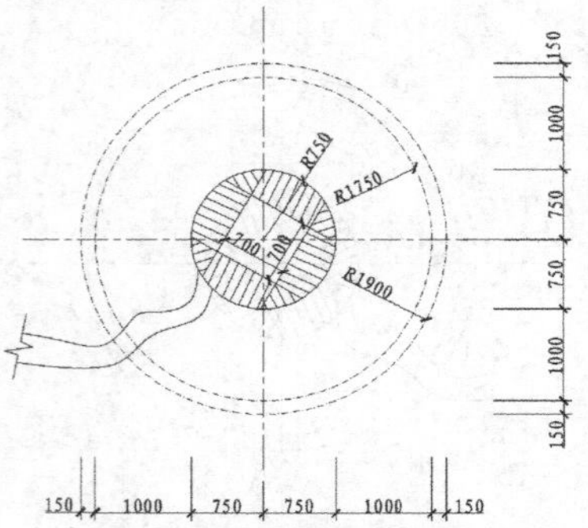

图10-17 标注线性尺寸

（3）单击“默认”选项卡“绘图”面板中的“多段线”按钮，绘制剖切符号，并修改线宽为0.4，如图10-18所示。

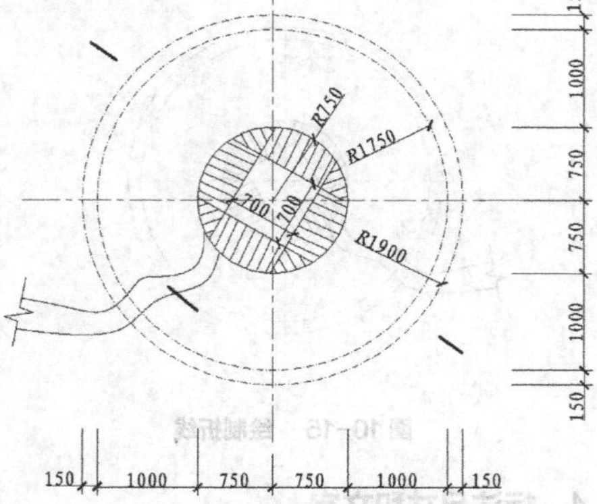

图10-18 绘制剖切符号

（4）将“文字”图层设置为当前图层，在命令行中输入“QLEADER”命令，然后输入“S”，弹出“引线设置”对话框，如图10-19所示，然后标注引线和文字等，如图10-20所示。

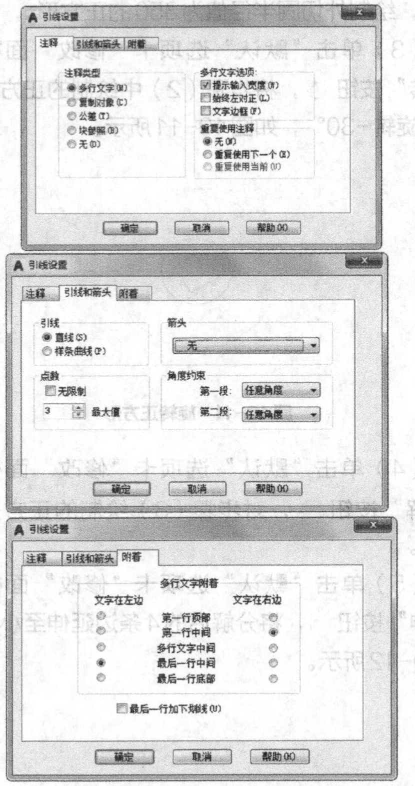

图10-19 “引线设置”对话框

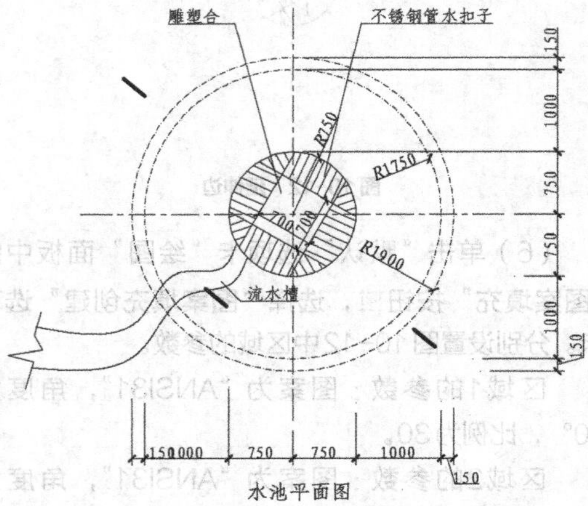

图10-20 标注引线和文字等

（5）单击“默认”选项卡“绘图”面板中的“圆”按钮和“直线”按钮，在适当的位置插入标号。

（6）单击“默认”选项卡“注释”面板中的“多

行文字”按钮A，标注文字，结果如图10-6所示。

10.3.2 绘制 1—1 剖面图

使用“直线”“偏移”等命令绘制水池剖面轮廓；使用“直线”“圆弧”“复制”等命令绘制栈道、路沿和角铁；使用“直线”“圆”“圆弧”“偏移”等命令绘制水池和水管；填充图案；标注尺寸、使用“多行文字”命令标注文字，完成1—1剖面图的绘制，如图10-21所示。

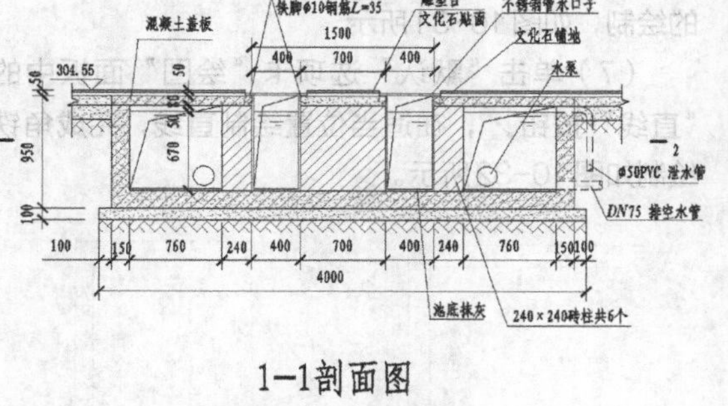

图 10-21 1—1 剖面图

1. 前期准备以及绘图设置

（1）根据要绘制的图形决定绘图的比例，在此建议采用1：1的比例绘制。

（2）设置图层。设置“标注尺寸”“中心线”“轮廓线”“填充”“水管”“栈道”“路沿”等图层，将“轮廓线”图层设置为当前图层。1—1剖面图图层设置如图10-22所示。

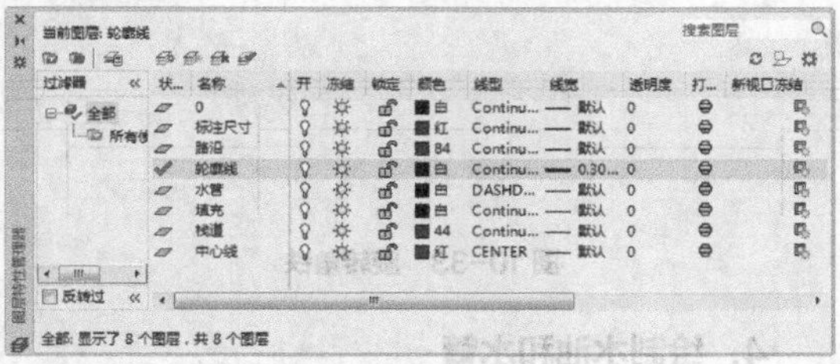

图 10-22 1—1 剖面图图层设置

（3）标注样式设置。

“线”选项卡：超出尺寸线为80，起点偏移量为120。

“符号和箭头”选项卡：第一个为建筑标记，箭头大小为80，圆心标记为60。

“文字”选项卡：文字高度为100，文字位置为垂直上，从尺寸线偏移为75，文字对齐为与尺寸线对齐。

“主单位”选项卡：精度为0，比例因子为1。

（4）文字样式的设置。单击“默认”选项卡“注释”面板中的“文字样式”按钮A，弹出“文字样式”对话框，选择仿宋字体，宽度因子设置为0.8。

2. 绘制剖面轮廓

（1）在状态栏中单击“正交模式”按钮，打开正交模式；在状态栏中单击“对象捕捉”按钮，打开对象捕捉模式。

（2）单击“默认”选项卡“绘图”面板中的“直线”按钮，绘制一条长度值为4000的水平直线。重复“直线”命令，以水平直线的端点为起点，绘制一条长度值为1100的竖直直线，如图10-23所示。

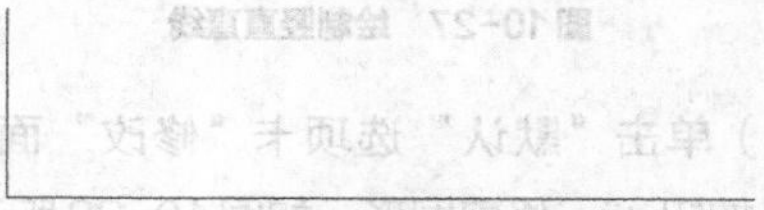

图 10-23 绘制直线

（3）单击“默认”选项卡“修改”面板中的“偏移”按钮⊆，把水平直线向上偏移，以绘制的第一条水平直线为基准线，偏移量分别为100、250、920、970和1050。重复“偏移”命令，将竖直直线向右偏移，以绘制的第一条竖直直线为基准线，偏移量分别为100、250、1010、1250、1650、2350、2750、2990、3750、3900和4000，如图10-24所示。

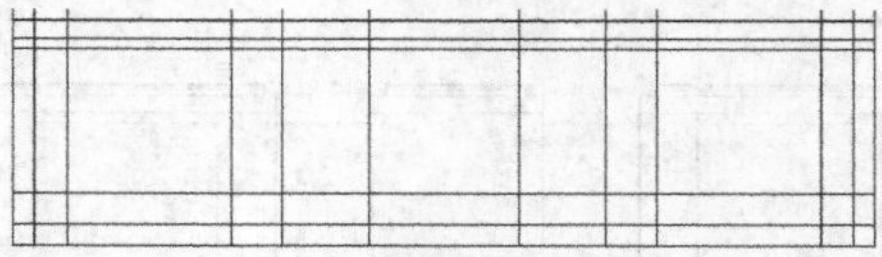

图 10-24 偏移直线

（4）单击“默认”选项卡“修改”面板中的“修剪”按钮，修剪图形，如图10-25所示。

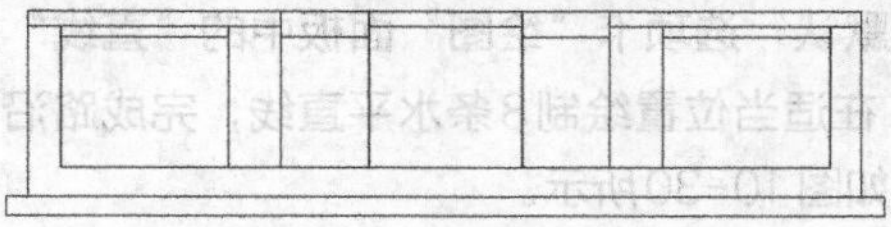

图 10-25 修剪图形

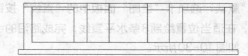

（5）单击“默认”选项卡“修改”面板中的“拉长”按钮／，拉伸最上端的水平直线。

（6）单击“默认”选项卡“修改”面板中的

“偏移”按钮⊆，将步骤（5）中拉伸的直线向上偏移，偏移量分别为5、25、30、50，如图10-26所示。

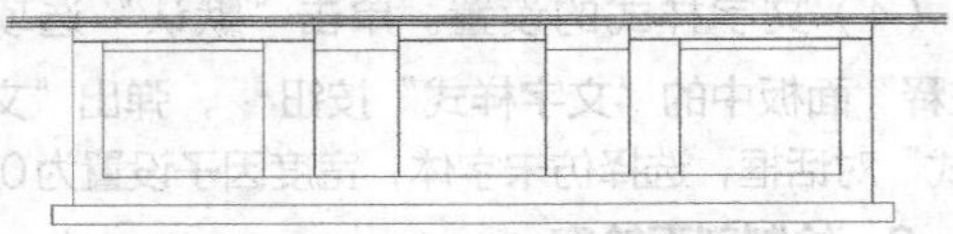

图10-26　偏移直线

（7）单击“默认”选项卡“绘图”面板中的“直线”按钮，绘制4条竖直直线，其间距如图10-27所示。

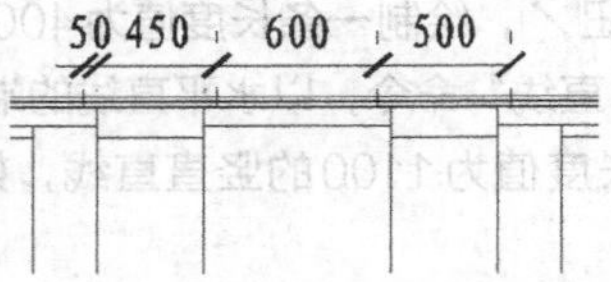

图10-27　绘制竖直直线

（8）单击“默认”选项卡“修改”面板中的“修剪”按钮，修剪图形，如图10-28所示。

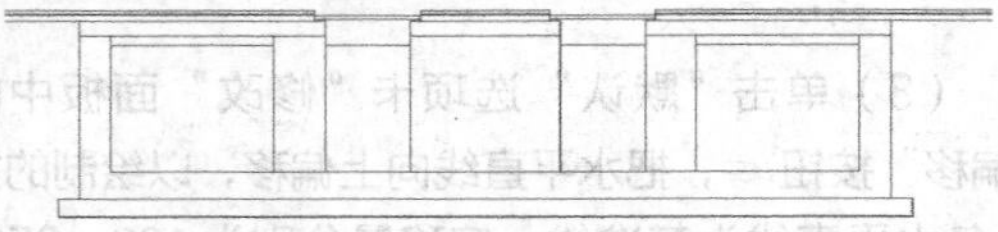

图10-28　修剪图形

3. 绘制栈道、路沿和角铁

（1）将“栈道”图层设置为当前图层，单击“默认”选项卡“绘图”面板中的“直线”按钮，绘制竖直直线，完成栈道的绘制，如图10-29所示。

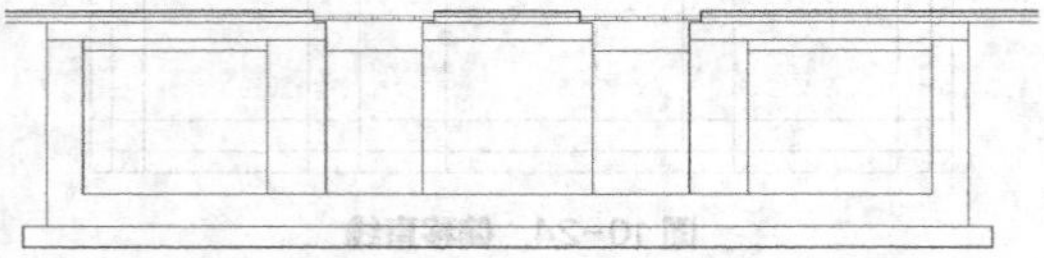

图10-29　绘制栈道

（2）将“路沿”图层设置为当前图层，单击“默认”选项卡“绘图”面板中的“直线”按钮，在适当位置绘制3条水平直线，完成路沿的绘制，如图10-30所示。

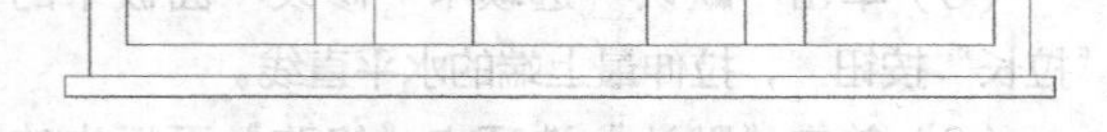

图10-30　绘制路沿

（3）单击“默认”选项卡“绘图”面板中的“直线”按钮，绘制一条长度值为50的竖直直线和长度值为50的水平直线。

（4）单击“默认”选项卡“修改”面板中的“偏移”按钮⊆，将步骤（3）中绘制的直线向内偏移，偏移距离为5。

（5）单击“默认”选项卡“绘图”面板中的“圆弧”按钮，在偏移后的直线两端绘制圆弧。

（6）单击“默认”选项卡“修改”面板中的“修剪”按钮，修剪多余的线段，完成角铁轮廓的绘制，如图10-31所示。

（7）单击“默认”选项卡“绘图”面板中的“直线”按钮，在适当位置绘制直线，完成角铁绘制如图10-32所示。

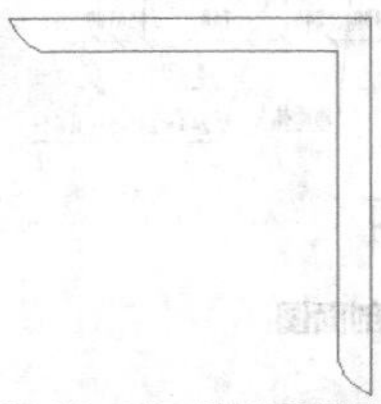

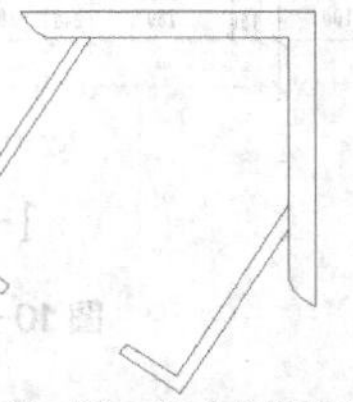

图10-31　绘制角铁轮廓　　图10-32　完成角铁绘制

（8）单击“默认”选项卡“修改”面板中的“复制”按钮，将绘制的角铁复制到适当位置并进行调整。

（9）单击“默认”选项卡“修改”面板中的“旋转”按钮，旋转角度不对的角铁，旋转角度为-90°，如图10-33所示。

图10-33　旋转角铁

4. 绘制水池和水管

（1）单击“默认”选项卡“绘图”面板中的“直线”按钮，在适当位置绘制直线。

（2）单击“默认”选项卡“绘图”面板中的“圆”按钮，在适当位置绘制圆，即水池，如图10-34所示。

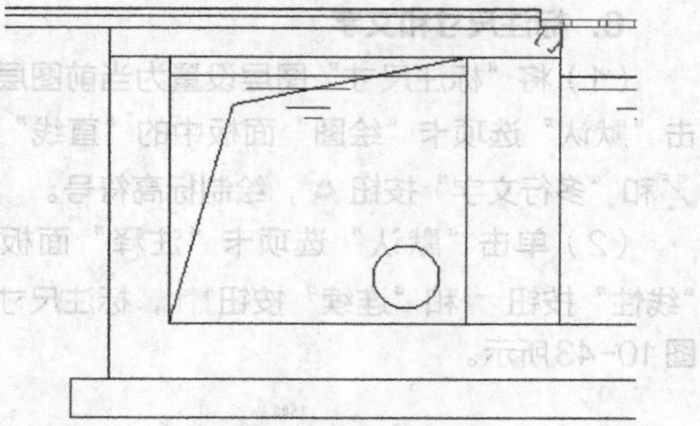

图10-34 绘制水池

（3）单击“默认”选项卡“修改”面板中的“复制”按钮，将步骤（1）和步骤（2）中绘制的直线和圆复制到适当位置，如图10-35所示。

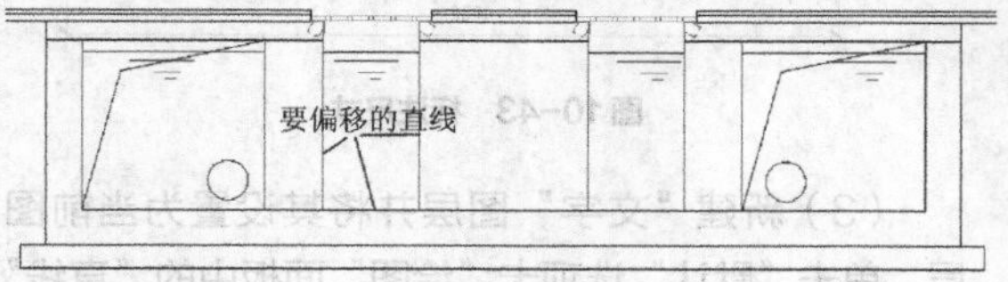

图10-35 复制图形

（4）单击“默认”选项卡“修改”面板中的“偏移”按钮，将图10-35中要偏移的直线向内偏移，偏移量为13。

（5）单击“默认”选项卡“绘图”面板中的“直线”按钮，在适当位置绘制直线。

（6）单击“默认”选项卡“修改”面板中的“修剪”按钮，修剪图形，结果如图10-36所示。

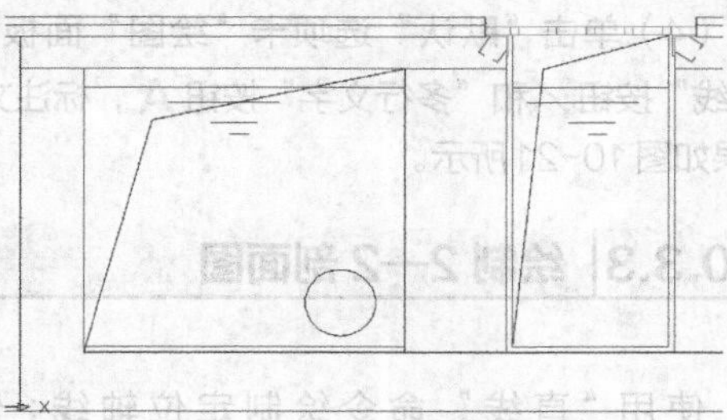

图10-36 修剪图形

（7）单击“默认”选项卡“修改”面板中的“复制”按钮，将直线复制到适当位置。然后单击“默认”选项卡“修改”面板中的“修剪”按钮，修剪多余的直线，完成水池绘制，如图10-37所示。

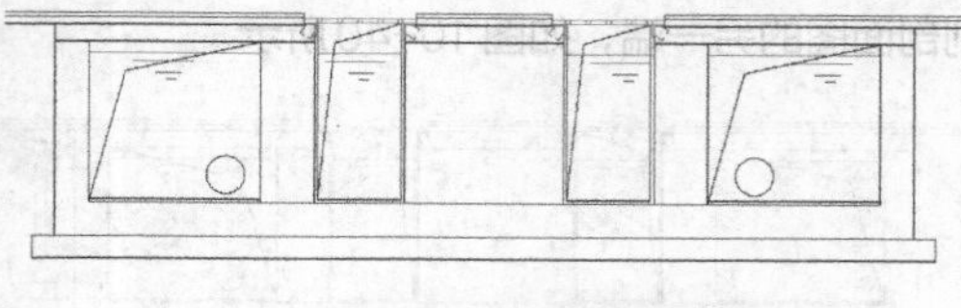

图10-37 完成水池绘制

（8）将“水管”图层设置为当前图层，并修改线型为“ACAD_IS002W100”。单击“默认”选项卡“绘图”面板中的“直线”按钮，绘制一条水平直线，设置线型比例为8。

（9）单击“默认”选项卡“修改”面板中的“偏移”按钮，将步骤（8）中绘制的直线向上偏移，偏移量为75。

（10）单击“默认”选项卡“绘图”面板中的“圆弧”按钮，在直线端绘制3段圆弧，即排空水管，如图10-38所示。

（11）单击“默认”选项卡“绘图”面板中的“直线”按钮，绘制一条水平直线和一条竖直直线。

（12）单击“默认”选项卡“修改”面板中的“偏移”按钮，将步骤（11）中绘制的直线向外偏移，偏移量为50。

（13）单击“默认”选项卡“修改”面板中的“圆角”按钮，对步骤（11）和步骤（12）中绘制的直线进行圆角，圆角半径值分别为50和100。

（14）单击“默认”选项卡“绘图”面板中的“圆弧”按钮，在直线端绘制3段圆弧，即泄水管，如图10-39所示。

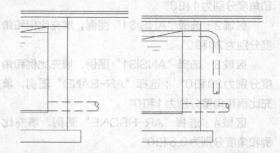

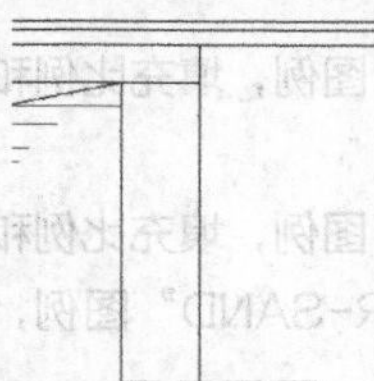

图10-38 绘制排空水管

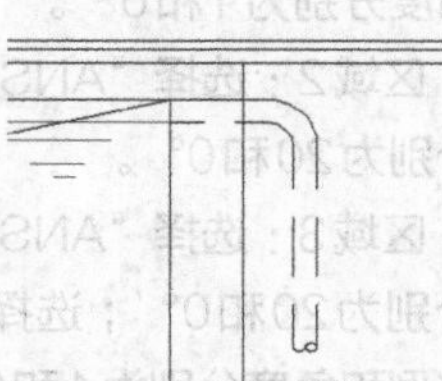

图10-39 绘制泄水管

（15）单击“默认”选项卡“绘图”面板中的“多段线”按钮，在剖面图一端的适当位置绘制折断线。

（16）单击“默认”选项卡“修改”面板中的“复制”按钮，将步骤（15）中绘制的折断线复制到剖面图的另一端，如图10-40所示。

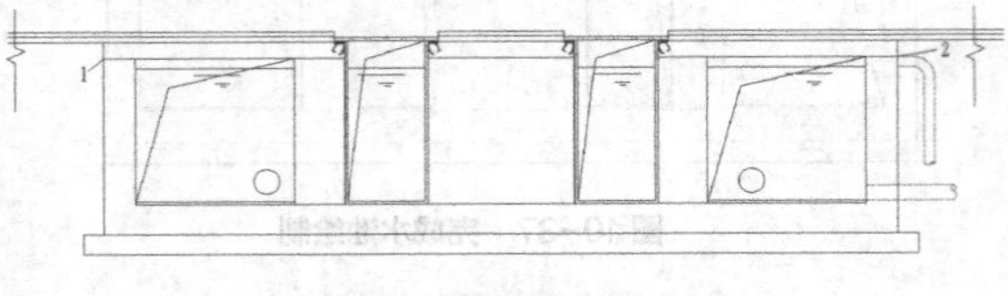

图 10-40 复制折断线

（17）单击“默认”选项卡“绘图”面板中的“直线”按钮，以图10-40所示的端点1和端点2为起点，绘制直线至折断线。

（18）单击“默认”选项卡“修改”面板中的“偏移”按钮，将步骤（17）中绘制的两条直线向下偏移，偏移量为120。

（19）单击“默认”选项卡“修改”面板中的“修剪”按钮，修剪图形，如图10-41所示。

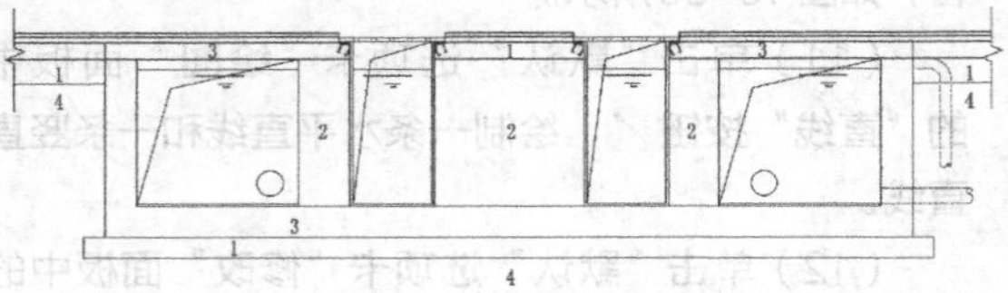

图 10-41 修剪图形

5. 填充图案

将“填充”图层设置为当前图层，单击“默认”选项卡“绘图”面板中的“图案填充”按钮，选择“图案填充创建”选项卡，填充基础和喷水池。各区域设置如下。

区域1：选择“AR-SAND”图例，填充比例和角度分别为1和0°。

区域2：选择“ANSI31”图例，填充比例和角度分别为20和0°。

区域3：选择“ANSI31”图例，填充比例和角度分别为20和0°；选择“AR-SAND”图例，填充比例和角度分别为1和0°。

区域4：选择“AR-HBONE”图例，填充比例和角度分别为0.6和0°。

填充图案如图10-42所示。

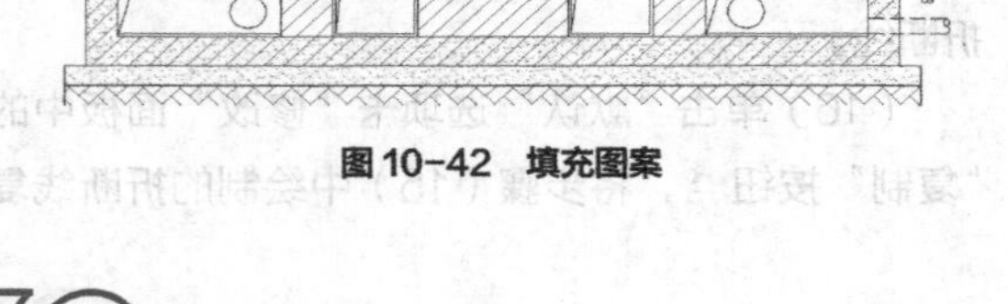

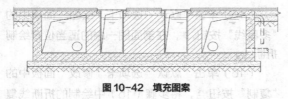

图 10-42 填充图案

6. 标注尺寸和文字

（1）将“标注尺寸”图层设置为当前图层，单击“默认”选项卡“绘图”面板中的“直线”按钮和“多行文字”按钮 A，绘制标高符号。

（2）单击“默认”选项卡“注释”面板中的“线性”按钮和“连续”按钮，标注尺寸，如图10-43所示。

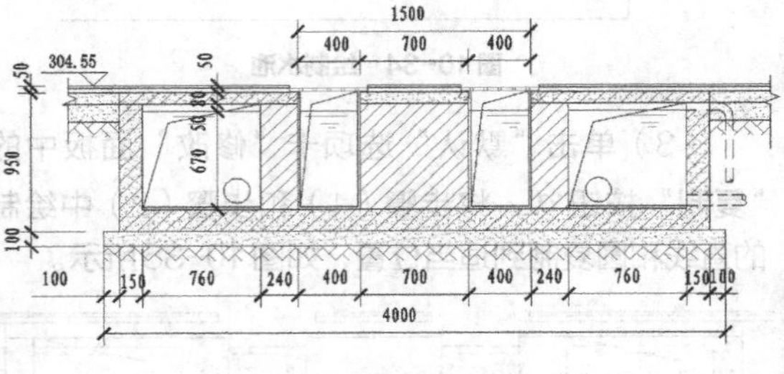

图 10-43 标注尺寸

（3）新建“文字”图层并将其设置为当前图层，单击“默认”选项卡“绘图”面板中的“直线”按钮，绘制剖切符号，并修改线宽为0.4，如图10-44所示。

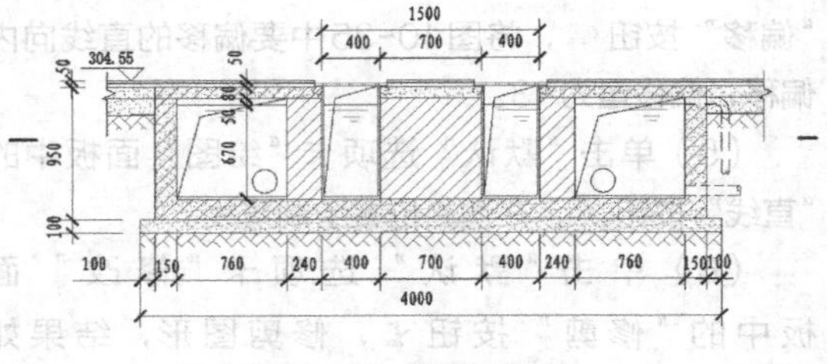

图 10-44 绘制剖切符号

（4）单击“默认”选项卡“绘图”面板中的“直线”按钮和“多行文字”按钮 A，标注文字，结果如图10-21所示。

10.3.3 绘制 2—2 剖面图

使用“直线”命令绘制定位轴线；使用“圆”“多边形”“环形阵列”等命令绘制水池剖面图；使用“对齐标注”命令标注剖面图的细部尺寸；使用“多行文字”命令标注文字，完成后保存为2—2剖面图，如图10-45所示。

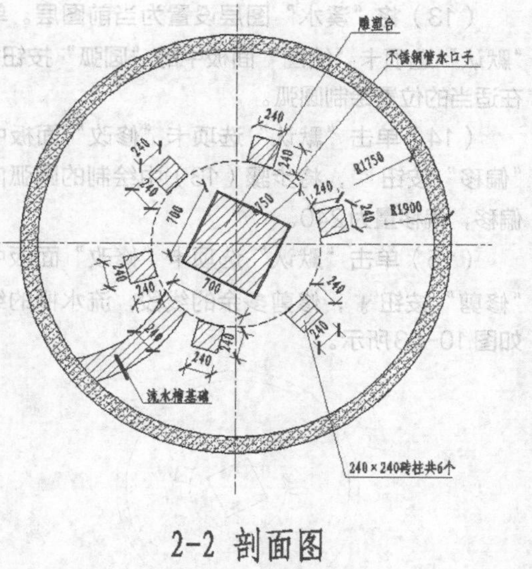

图10-45 2—2剖面图

1. 前期准备以及绘图设置

（1）根据要绘制的图形决定绘图的比例，在此建议采用1：1的比例绘制。

（2）设置图层。设置“标注尺寸”“中心线”“轮廓线”“溪水”“填充”“文字”等图层，将“轮廓线”图层设置为当前图层。2—2剖面图图层设置如图10-46所示。

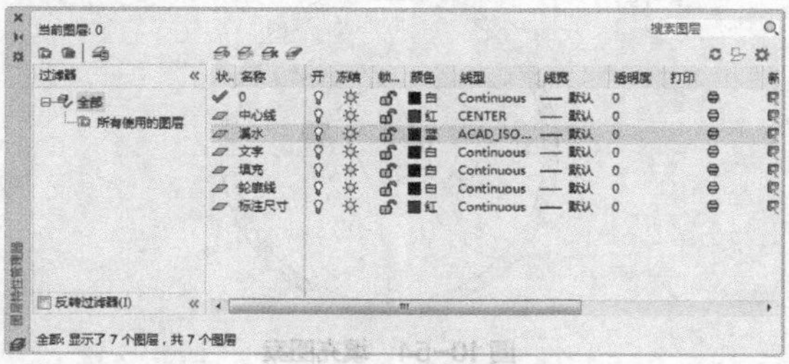

图10-46 2—2剖面图图层设置

（3）标注样式设置。

“线”选项卡：超出尺寸线为50，起点偏移量为120。

“符号和箭头”选项卡：第一个为建筑标记，箭头大小为50，圆心标记为60。

“文字”选项卡：文字高度为100，文字位置为垂直上，从尺寸线偏移为2，文字对齐为与尺寸线对齐。

“主单位”选项卡：精度为0，比例因子为1。

（4）文字样式的设置。单击“默认”选项卡“注释”面板中的“文字样式”按钮A，弹出“文字样式”对话框，选择仿宋字体，宽度因子设置为0.8。

2. 绘制剖面图

（1）在状态栏中单击“正交模式”按钮，打开正交模式；在状态栏中单击“对象捕捉”按钮，打开对象捕捉模式。

（2）将“中心线”图层设置为当前图层。单击“默认”选项卡“绘图”面板中的“直线”按钮，绘制一条竖直中心线和水平中心线，并设置线型比例为10，如图10-47所示。

（3）将“轮廓线”图层设置为当前图层。单击“默认”选项卡“绘图”面板中的“圆”按钮，分别绘制半径值为1900和1750的同心圆。将“溪水”图层设置为当前图层。重复“圆”命令，绘制半径值为750的同心圆，如图10-48所示。

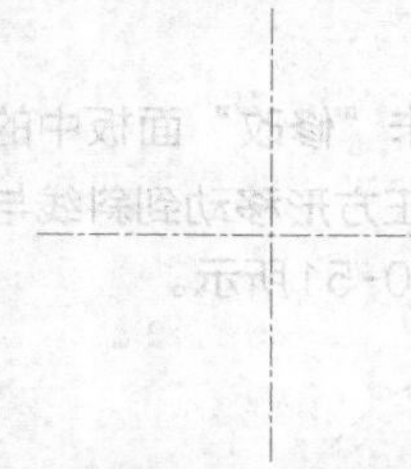

图10-47 绘制定位轴线

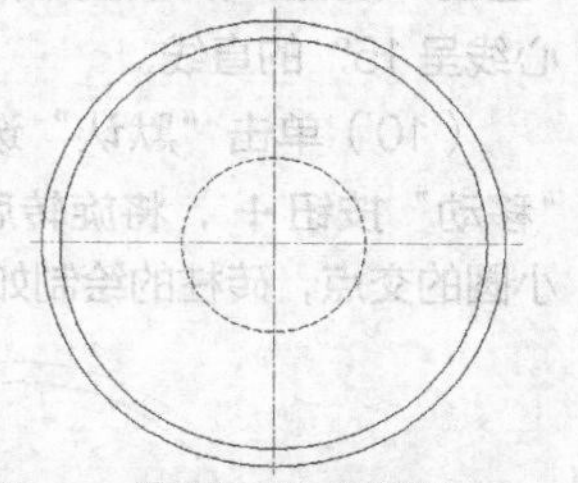

图10-48 绘制圆

（4）单击“默认”选项卡“绘图”面板中的“多边形”按钮，以定位轴线的交点为正方形的中心，绘制内切圆半径值为350的正方形。

（5）单击“默认”选项卡“修改”面板中的“旋转”按钮，将步骤（4）中绘制的正方形绕中心点旋转-30°，如图10-49所示。

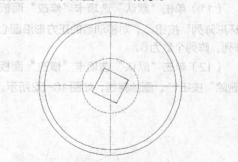

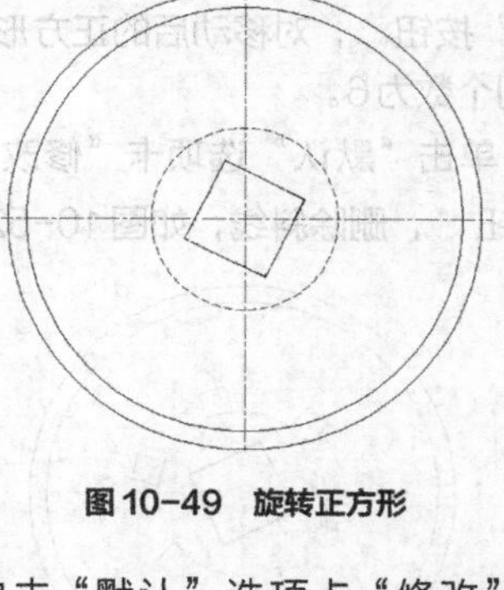

图10-49 旋转正方形

（6）单击“默认”选项卡“修改”面板中的“偏移”按钮，将正方形向外偏移，偏移量为10，如图10-50所示。

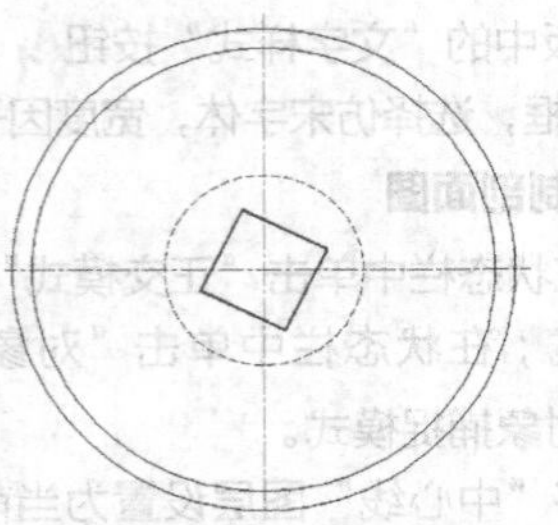

图 10-50 偏移正方形

（7）单击“默认”选项卡“绘图”面板中的“多边形”按钮⬠，绘制边长值为240的正方形。

（8）单击“默认”选项卡“修改”面板中的“旋转”按钮↻，将步骤（7）中绘制的正方形绕中心点旋转14°。

（9）单击“默认”选项卡“绘图”面板中的“直线”按钮╱，以圆心为起点绘制一条与水平中心线呈15°的直线。

（10）单击“默认”选项卡“修改”面板中的“移动”按钮✥，将旋转后的正方形移动到斜线与小圆的交点，砖柱的绘制如图10-51所示。

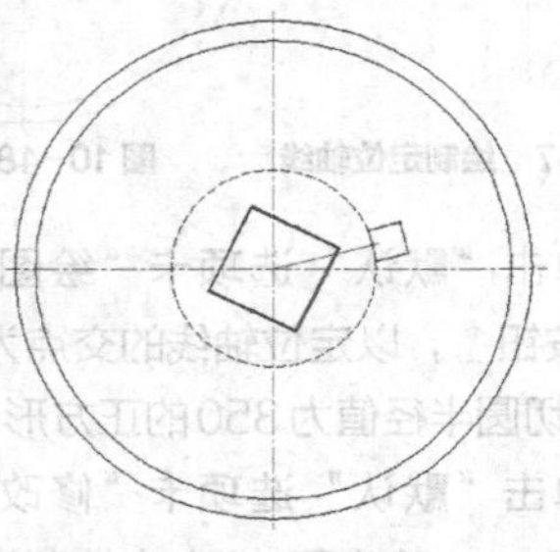

图 10-51 绘制砖柱

（11）单击“默认”选项卡“修改”面板中的“环形阵列”按钮，对移动后的正方形沿圆心进行阵列，阵列个数为6。

（12）单击“默认”选项卡“修改”面板中的“删除”按钮，删除斜线，如图10-52所示。

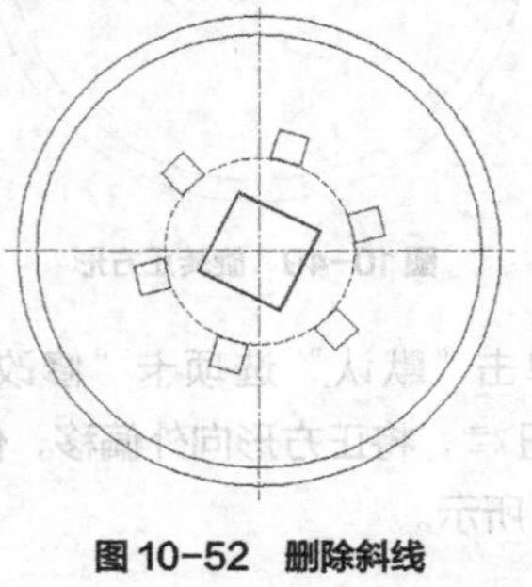

图 10-52 删除斜线

（13）将“溪水”图层设置为当前图层。单击“默认”选项卡“绘图”面板中的“圆弧”按钮╱，在适当的位置绘制圆弧。

（14）单击“默认”选项卡“修改”面板中的“偏移”按钮⋐，将步骤（13）中绘制的圆弧向下偏移，偏移量为240。

（15）单击“默认”选项卡“修改”面板中的“修剪”按钮，修剪多余的线段，流水槽的绘制如图10-53所示。

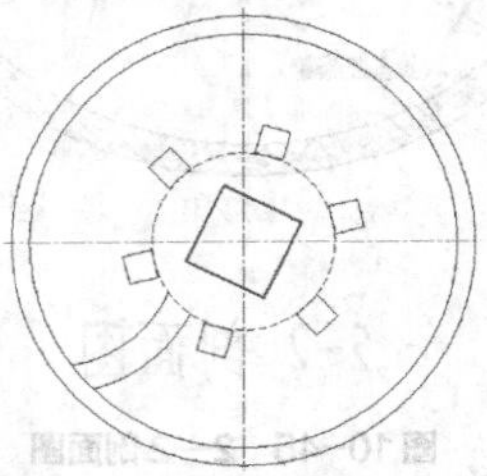

图 10-53 绘制流水槽

（16）将“填充”图层设置为当前图层。单击“默认”选项卡“绘图”面板中的“图案填充”按钮▦，选择“图案填充创建”选项卡，分别设置填充参数：图案为“ANSI31”，角度为0°，比例为20；图案为“AR-SAND”，角度为0°，比例为1，如图10-54所示。

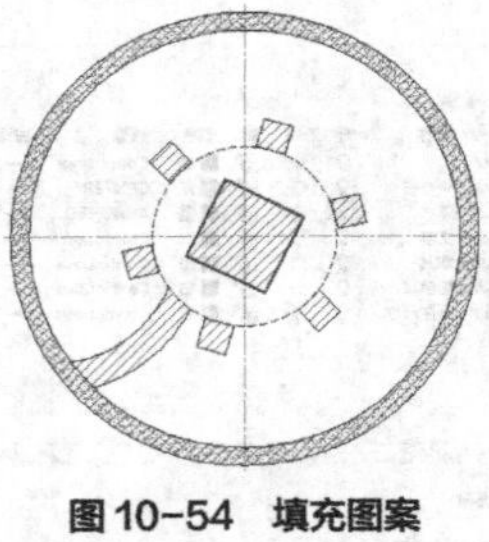

图 10-54 填充图案

3. 标注尺寸和文字

（1）将“标注尺寸”图层设置为当前图层，单击“默认”选项卡“注释”面板中的“半径”按钮，标注半径尺寸，如图10-55所示。

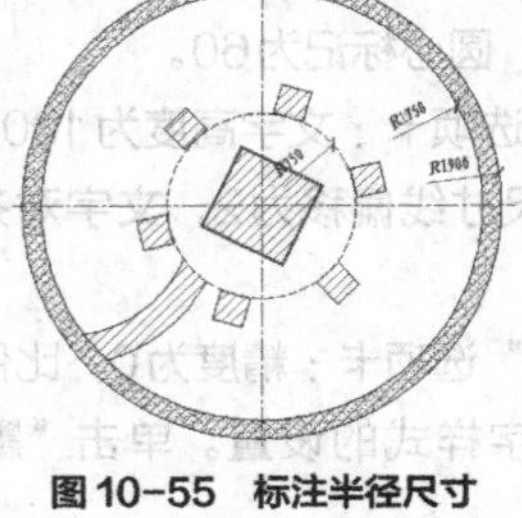

图 10-55 标注半径尺寸

（2）单击“默认”选项卡“注释”面板中的“对齐”按钮，标注线性尺寸，如图10-56所示。

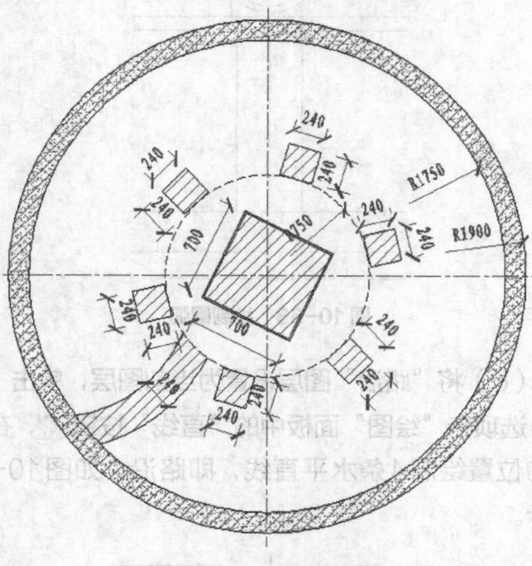

图10-56 标注线性尺寸

（3）单击“默认”选项卡“绘图”面板中的“直线”按钮，绘制剖切符号，并修改线宽为0.4，如图10-57所示。

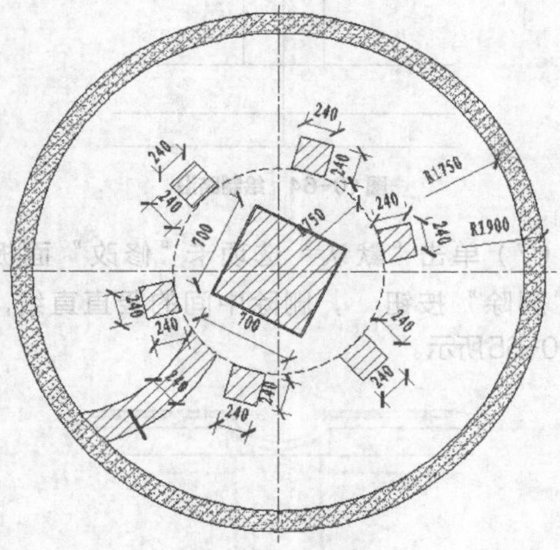

图10-57 绘制剖切符号

（4）将“文字”图层设置为当前图层，单击“默认”选项卡“绘图”面板中的“直线”按钮和“多行文字”按钮A，标注文字，结果如图10-45所示。

10.3.4 绘制流水槽①详图

使用“直线”“圆弧”“偏移”“修剪”命令绘制流水槽轮廓；使用“线性标注”“连续标注”命令标注尺寸；使用“文字”命令标注文字，完成后保存为流水槽①详图，如图10-58所示。

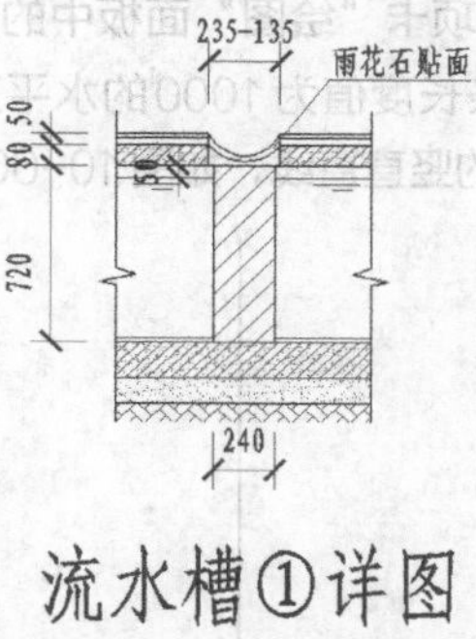

图10-58 流水槽①详图

1. 前期准备以及绘图设置

（1）根据要绘制的图形决定绘图的比例，在此建议采用1：1的比例绘制。

（2）设置图层。设置“标注尺寸”“轮廓线”“文字”“填充”“路沿”等图层，流水槽①详图图层设置如图10-59所示。

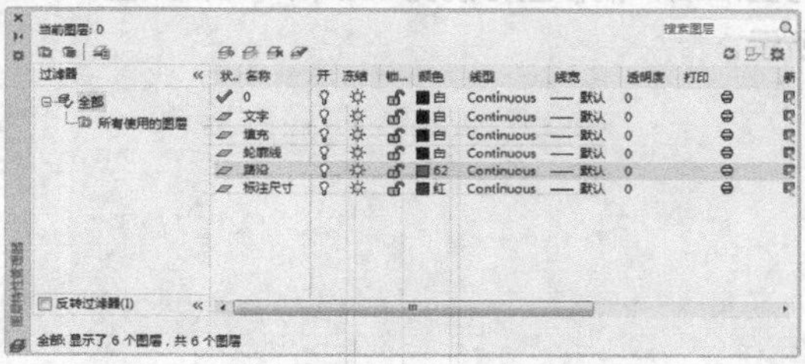

图10-59 流水槽①详图图层设置

（3）标注样式设置。

“线”选项卡：超出尺寸线为50，起点偏移量为120。

“符号和箭头”选项卡：第一个为建筑标记，箭头大小为50，圆心标记为60。

“文字”选项卡：文字高度为100，文字位置为垂直上，从尺寸线偏移量为2，文字对齐为与尺寸线对齐。

“主单位”选项卡：精度为0，比例因子为1。

（4）文字样式的设置。单击“默认”选项卡“注释”面板中的“文字样式”按钮，弹出“文字样式”对话框，选择仿宋字体，宽度因子设置为0.8。

2. 绘制流水槽轮廓

（1）在状态栏中单击“正交模式”按钮，打开正交模式；在状态栏中单击“对象捕捉”按钮，打开对象捕捉模式。

（2）将“轮廓线”图层设置为当前图层。单击“默认”选项卡“绘图”面板中的“直线”按钮，绘制一条长度值为1000的水平直线和一条长度值为1200的竖直直线，如图10-60所示。

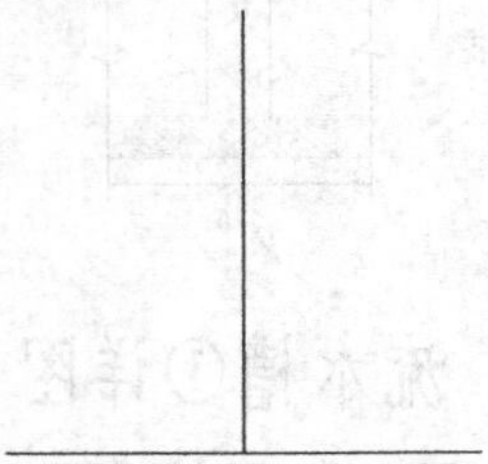

图10-60　绘制直线

（3）单击“默认”选项卡“修改”面板中的“偏移”按钮，把水平直线向上偏移，每次均以最下侧的水平直线为基准线，偏移量分别为100、250、920、970、1050、1080和1100。重复“偏移”命令，将竖直直线向两边偏移，以中间的竖直直线为基准线，偏移量分别为120和140，如图10-61所示。

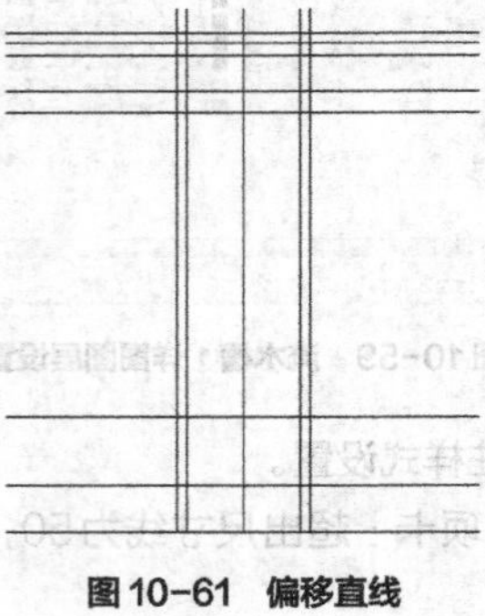

图10-61　偏移直线

（4）单击“默认”选项卡“修改”面板中的“修剪”按钮，修剪图形，如图10-62所示。

图10-62　修剪图形

（5）单击“默认”选项卡“绘图”面板中的“圆弧”按钮，绘制两条圆弧，如图10-63所示。

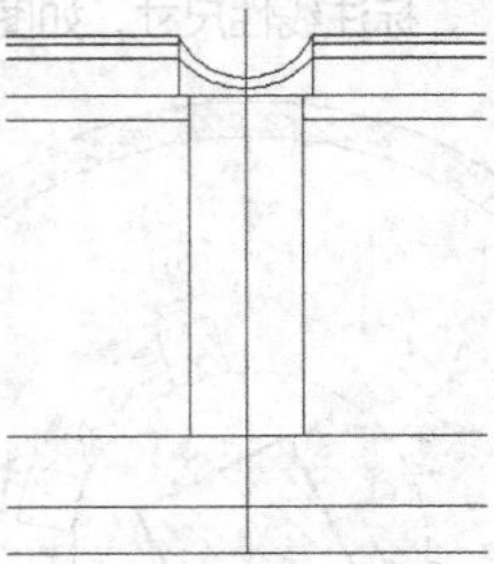

图10-63　绘制圆弧

（6）将“路沿”图层设置为当前图层，单击“默认”选项卡“绘图”面板中的“直线”按钮，在适当的位置绘制4条水平直线，即路沿，如图10-64所示。

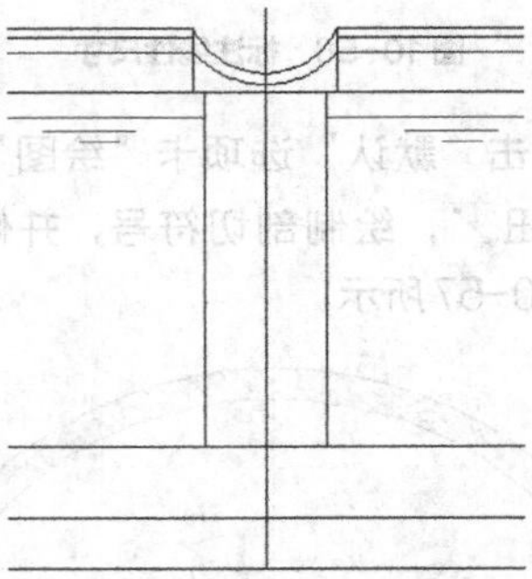

图10-64　绘制路沿

（7）单击“默认”选项卡“修改”面板中的“删除”按钮，删除中间的竖直直线，如图10-65所示。

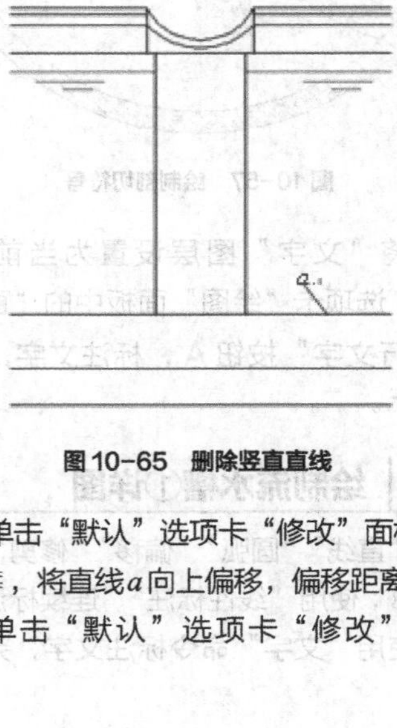

图10-65　删除竖直直线

（8）单击“默认”选项卡“修改”面板中的“偏移”按钮，将直线a向上偏移，偏移距离为15。

（9）单击“默认”选项卡“修改”面板中的

“修剪”按钮，修剪图形，如图10-66所示。

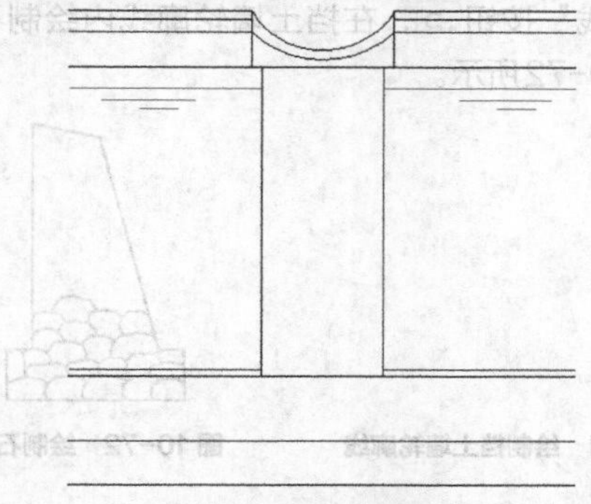

图10-66 修剪图形

（10）单击“默认”选项卡“绘图”面板中的“多段线”按钮，在适当位置绘制折断线，如图10-67所示。

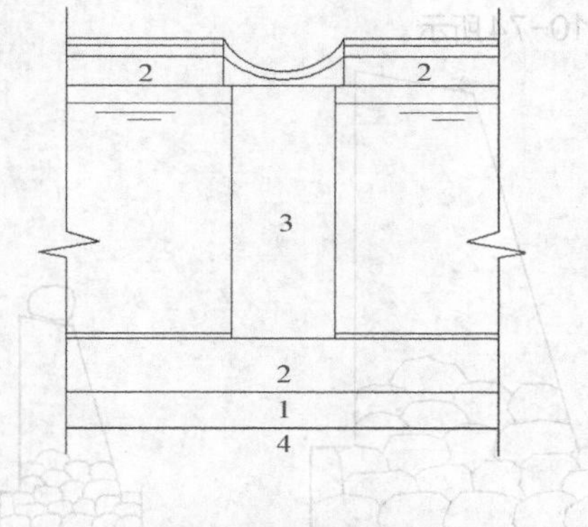

图10-67 绘制折断线

3. 填充基础和喷水池

将“填充”图层设置为当前图层，单击“默认”选项卡“绘图”面板中的“图案填充”按钮，选择“图案填充创建”选项卡，填充基础和喷水池。各区域填充位置如图10-67所示，设置如下。

（1）区域1：选择“AR-SAND”图例，填充比例和角度分别为1和0°。

（2）区域2：选择“ANSI31”图例，填充比例和角度分别为10和0°；选择“AR-SAND”图例，填充比例和角度分别为1和0°。

（3）区域3：选择“ANSI31”图例，填充比例和角度分别为10和0°。

（4）区域4：选择“AR-HBONE”图例，填充比例和角度分别为0.6和0°。

填充图案如图10-68所示。

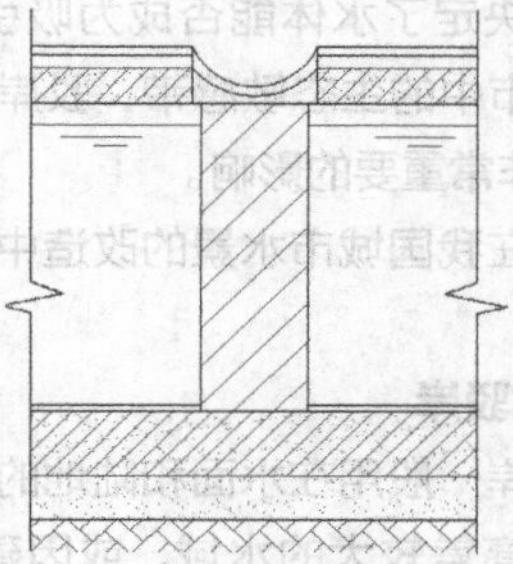

图10-68 填充图案

4. 标注尺寸和文字

（1）将“标注尺寸”图层设置为当前图层。单击“默认”选项卡“注释”面板中的“线性”按钮和“连续”按钮，标注尺寸，如图10-69所示。

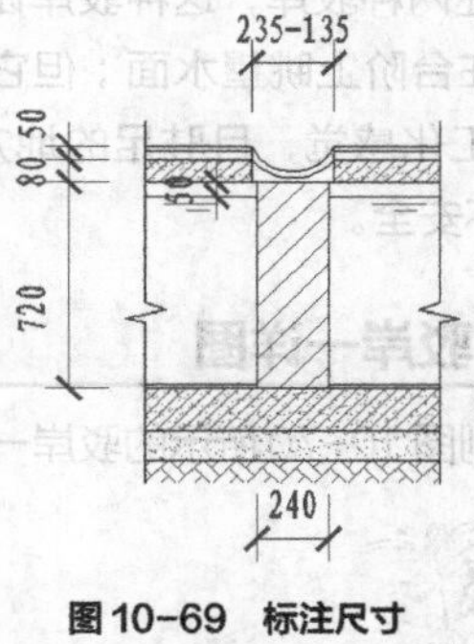

图10-69 标注尺寸

（2）将“文字”图层设置为当前图层，单击“默认”选项卡“绘图”面板中的“直线”按钮和“多行文字”按钮A，标注文字，结果如图10-58所示。

10.4 绘制驳岸详图

园林驳岸是在园林水体边缘与陆地交界处，为稳定岸壁、保护湖岸不被冲刷或不被水淹所设置的构筑物。园林驳岸也是园景的组成部分。在古典园林中，驳岸往往用自然山石砌筑，与假山、置石、花木相结合，共同组成园景。设计时必须结合驳岸所在具体环境的艺术风格、地形地貌、地质条件、材料特性、种植特色及施工方法、技术经济要求来选择其建筑结构形式，在实用、经济的前提下，注意外形的美观，使其与周围景色相协调。水体驳岸是水域和陆域的交接部分，相对水而言，是陆域的前沿。人们在观水时，驳岸会自然而然地进入视野；接触水时必须通过驳岸，驳岸作为到达水边的最终阶段。因此，驳岸设计的好坏，决定了水体能否成为吸引游人，而且，驳岸作为城市中的生态敏感带，驳岸的处理对滨水区的生态有非常重要的影响。

目前，在我国城市水景的改造中，驳岸主要采取以下模式。

1. 立式驳岸

这种驳岸一般用在水面和陆地的平面差距很大或水面涨落高差较大的水域，或因建筑面积受限、没有充分的空间而建。

2. 斜式驳岸

这种驳岸相对于立式驳岸，容易使人接触到水，从安全方面来讲比较理想；但适于这种驳岸设计的地方必须有足够的空间。

3. 阶式驳岸

对比上述两种驳岸，这种驳岸让人很容易接触到水，可坐在台阶上眺望水面；但它很容易给人一种单调的人工化感觉，且驻足的地方是平面式的，容易积水，不安全。

10.4.1 驳岸一详图

本节绘制图10-70所示的驳岸一详图。

图10-70 驳岸一详图

（1）单击“默认”选项卡“绘图”面板中的“直线”按钮，绘制挡土墙轮廓线，如图10-71所示。

（2）单击“默认”选项卡“绘图”面板中的“多段线”按钮，在挡土墙轮廓线内绘制石头，如图10-72所示。

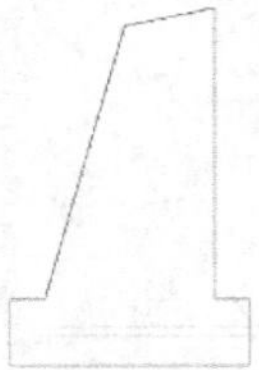

图10-71 绘制挡土墙轮廓线

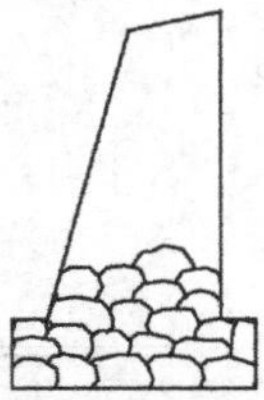

图10-72 绘制石头

（3）单击“默认”选项卡“绘图”面板中的“圆弧”按钮，在顶部绘制两段圆弧，如图10-73所示。

（4）单击“默认”选项卡“绘图”面板中的“多段线”按钮，在圆弧上侧绘制不规则图形，如图10-74所示。

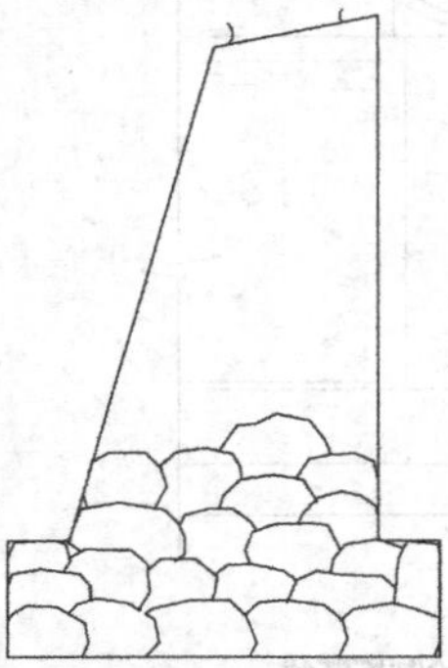

图10-73 绘制圆弧

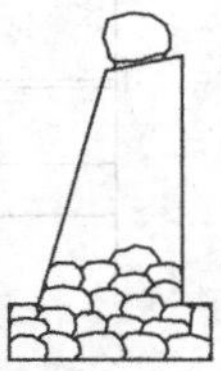

图10-74 绘制不规则图形

（5）单击“默认”选项卡“绘图”面板中的“直线”按钮，在图形右侧绘制一条斜线，如图10-75所示。

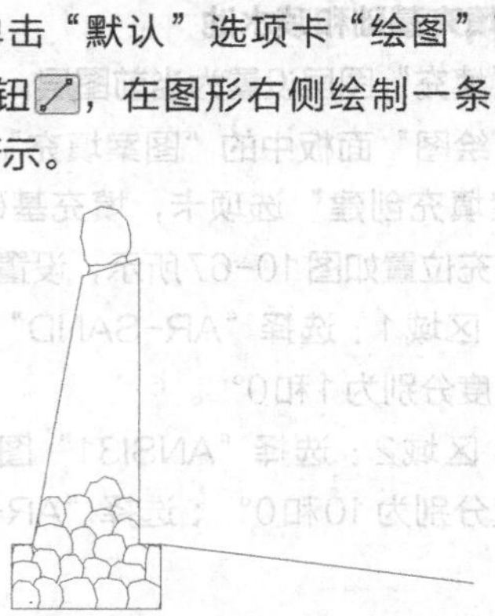

图10-75 绘制一条斜线

（6）单击“默认”选项卡“块”面板中的“插入”按钮，在下拉菜单中选择“其他图形中的块”，打开“块”选项板，如图10-76所示。

将块石插入图中合适的位置，如图10-77所示。

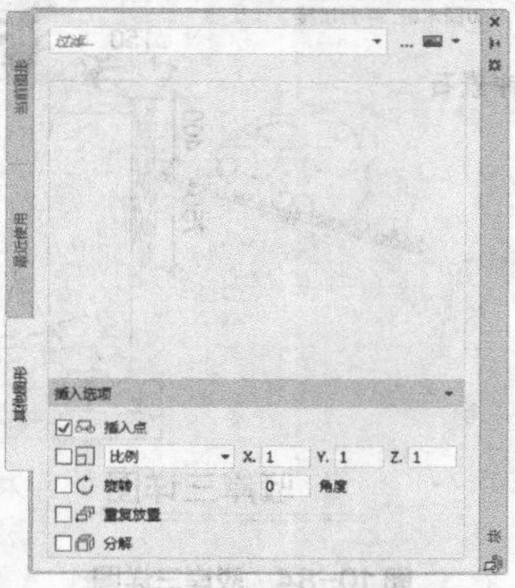

图10-76 “块”选项板

图10-77 插入块石

（7）单击“默认”选项卡“绘图”面板中的“圆弧”按钮，绘制一段圆弧，如图10-78所示。

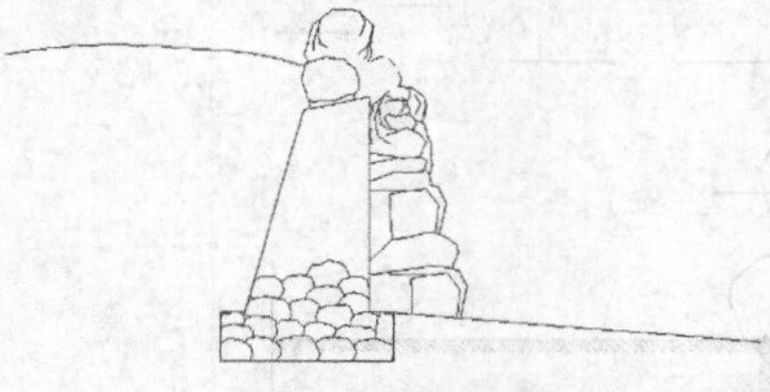

图10-78 绘制圆弧

（8）单击“默认”选项卡“块”面板中的“插入”按钮，将植物图块插入图中，如图10-79所示。

图10-79 插入植物图块

（9）单击“默认”选项卡“绘图”面板中的“直线”按钮，绘制湖面常水位线，如图10-80所示。然后在直线上方绘制倒三角形，如图10-81所示。

图10-80 绘制湖面常水位线

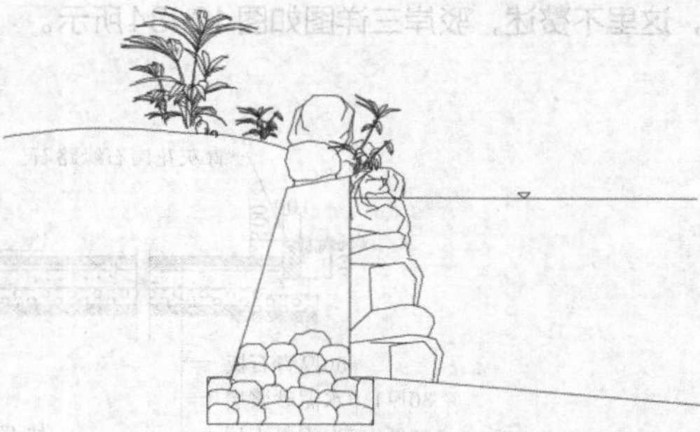

图10-81 绘制倒三角形

（10）单击“默认”选项卡“绘图”面板中的“直线”按钮，绘制填充界线。然后单击“默认”选项卡“绘图”面板中的“图案填充”按钮，填充图形，最后删除多余的直线，如图10-82所示。

图10-82 填充图形

（11）单击“默认”选项卡“绘图”面板中的“直线”按钮和“注释”面板中的“多行文字”按钮 A，为图形标注文字，如图10-83所示。

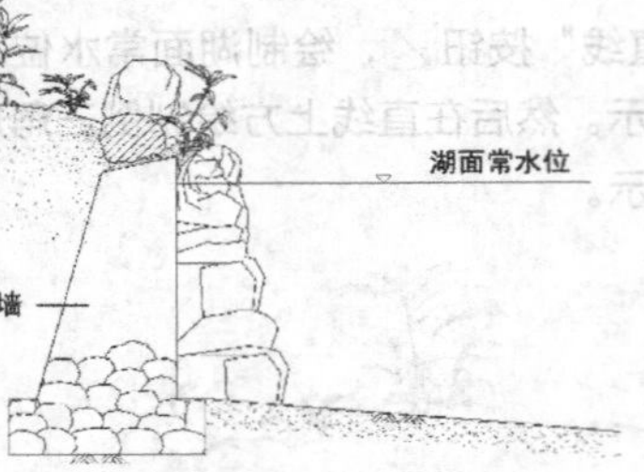

图10-83　标注文字

（12）同理，单击“默认”选项卡“绘图”面板中的“直线”按钮和“注释”面板中的“多行文字”按钮A，为图形标注图名，如图10-70所示。

（13）驳岸三详图的绘制方法与驳岸一详图类似，这里不赘述，驳岸三详图如图10-84所示。

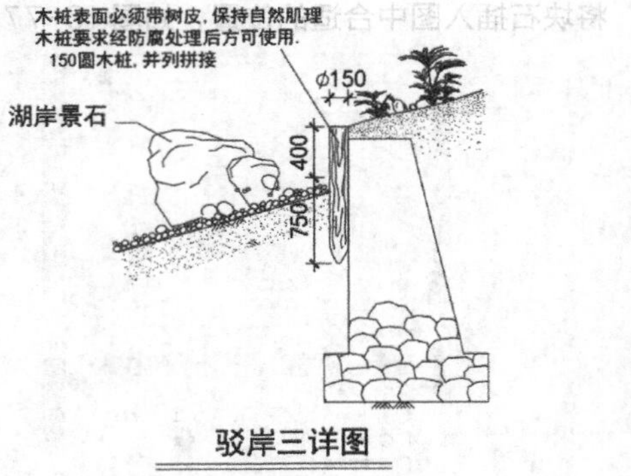

图10-84　驳岸三详图

10.4.2 驳岸二详图

本节绘制图10-85所示的驳岸二详图。

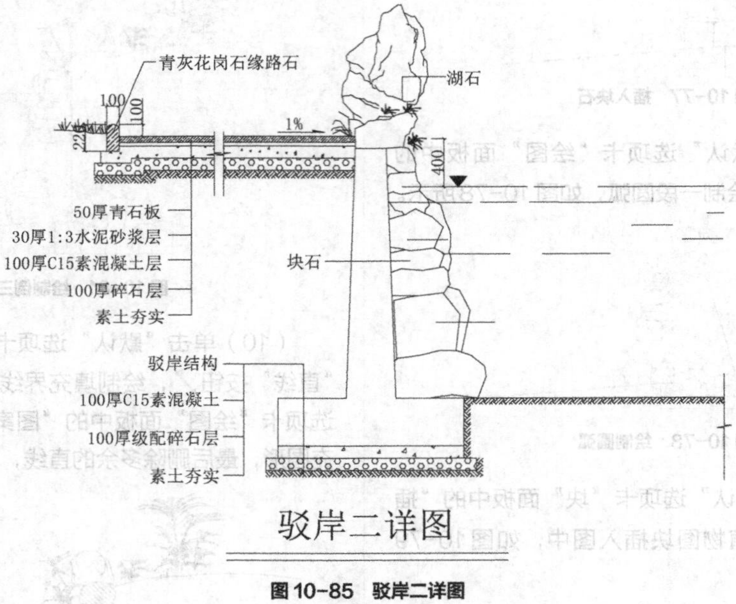

图10-85　驳岸二详图

1. 绘制图形

（1）单击“默认”选项卡“绘图”面板中的“矩形”按钮，在图中绘制一个“1699.5×100”的矩形，如图10-86所示。

图10-86　绘制矩形（1）

（2）同理，在步骤（1）绘制的矩形上侧绘制一个“1499×100”的小矩形，使小矩形的下边中点和大矩形的上边中点重合，如图10-87所示。

图10-87　绘制矩形（2）

（3）单击“默认”选项卡“绘图”面板中的“直线”按钮，在小矩形上侧绘制轮廓线，如图10-88所示。

（4）单击“默认”选项卡“块”面板中的“插入”按钮，将块石插入图中合适的位置，如图10-89所示。

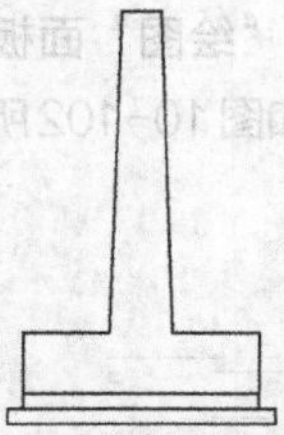

图10-88 绘制轮廓线

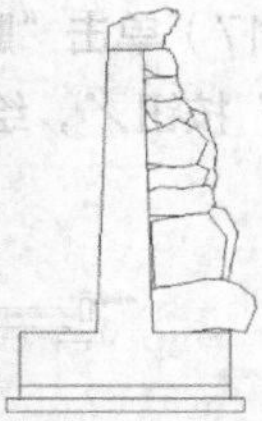

图10-89 插入块石

（5）单击“默认”选项卡“绘图”面板中的“直线”按钮，在图中合适的位置绘制一条水平直线，如图10-90所示。

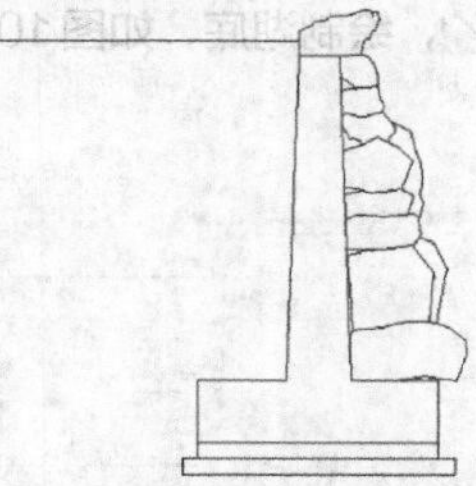

图10-90 绘制水平直线

（6）单击“默认”选项卡“修改”面板中的“复制”按钮和“修剪”按钮，将步骤（5）中绘制的水平直线依次向下进行复制并修剪掉多余的直线，如图10-91所示。

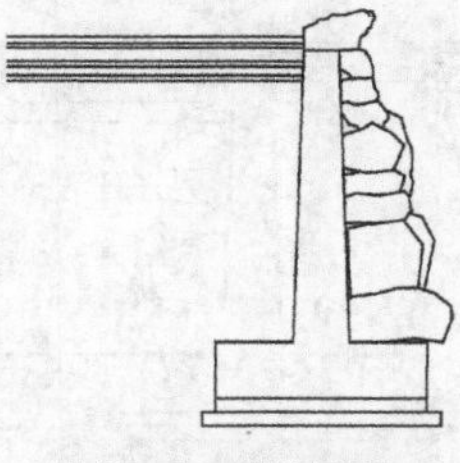

图10-91 复制直线

（7）单击“默认”选项卡“绘图”面板中的“直线”按钮，在图中左侧绘制一条竖直直线，如图10-92所示。

图10-92 绘制竖直直线

（8）单击“默认”选项卡“修改”面板中的“偏移”按钮，每次偏移均以偏移后的竖直直线作为要偏移的对象，将竖直直线依次向右偏移50、150、100和100，如图10-93所示。

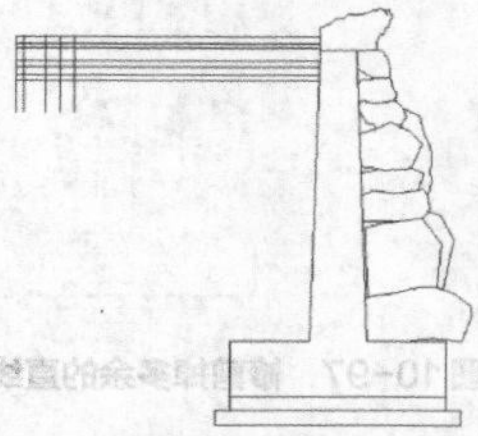

图10-93 偏移竖直直线

（9）单击“默认”选项卡“修改”面板中的“修剪”按钮，修剪掉多余的直线，如图10-94所示。

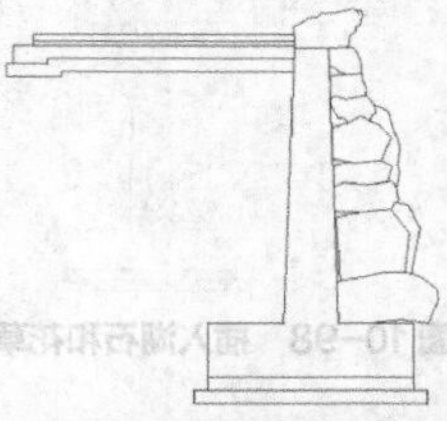

图10-94 修剪掉多余的直线

（10）单击“默认”选项卡“绘图”面板中的“直线”按钮，绘制折断线，如图10-95所示。

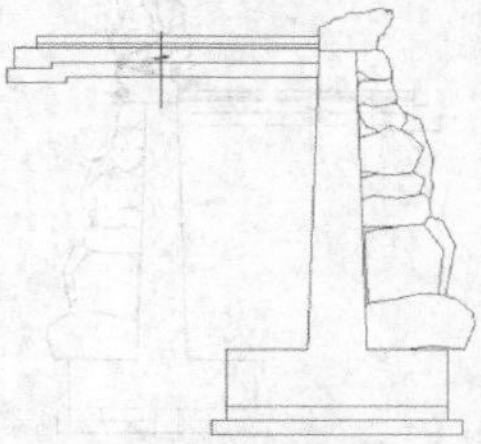

图10-95 绘制折断线

（11）单击“默认”选项卡“修改”面板中的“复制”按钮，复制折断线，如图10-96所示。

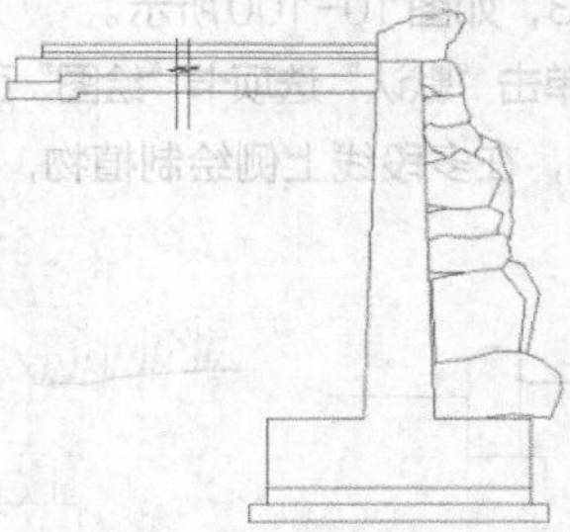

图10-96 复制折断线

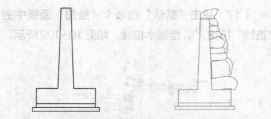

（12）单击“默认”选项卡“修改”面板中的“修剪”按钮，修剪掉多余的直线，如图10-97所示。

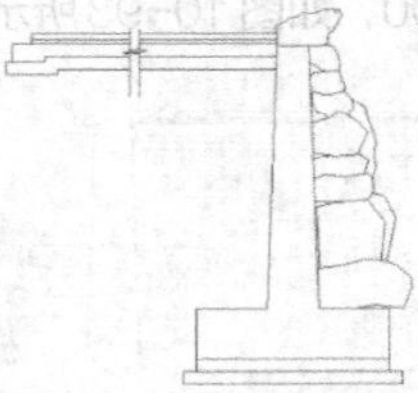

图10-97 修剪掉多余的直线

（13）单击“默认”选项卡“块”面板中的“插入”按钮，将湖石和花草插入图中合适的位置，如图10-98所示。

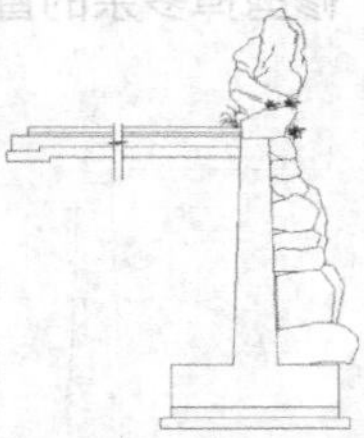

图10-98 插入湖石和花草

（14）单击“默认”选项卡“绘图”面板中的“直线”按钮和“圆弧”按钮，绘制青灰花岗石缘路石，如图10-99所示。

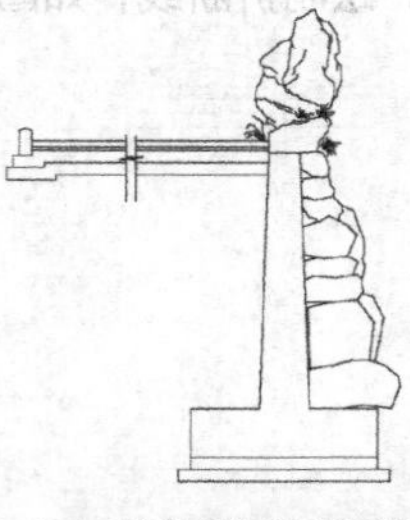

图10-99 绘制青灰花岗石缘路石

（15）单击“默认”选项卡“绘图”面板中的“多段线”按钮，在图中左上角绘制一条多段线，设置宽度为3，如图10-100所示。

（16）单击“默认”选项卡“绘图”面板中的“直线”按钮，在多段线上侧绘制植物，如图10-101所示。

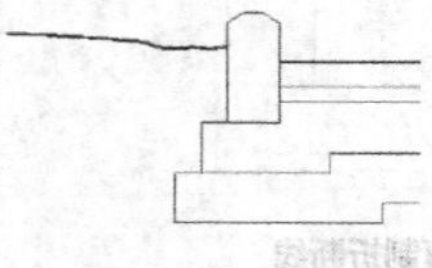

图10-100 绘制多段线

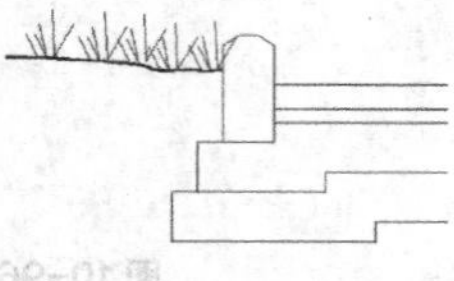

图10-101 绘制植物

（17）单击“默认”选项卡“绘图”面板中的“直线”按钮，绘制水位线，如图10-102所示。

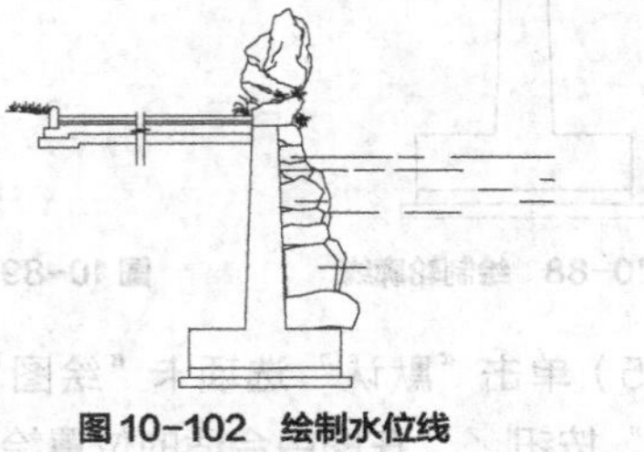

图10-102 绘制水位线

（18）单击“默认”选项卡“绘图”面板中的“直线”按钮，绘制湖底，如图10-103所示。

图10-103 绘制湖底

（19）单击“默认”选项卡“绘图”面板中的“直线”按钮，绘制折断线，如图10-104所示。

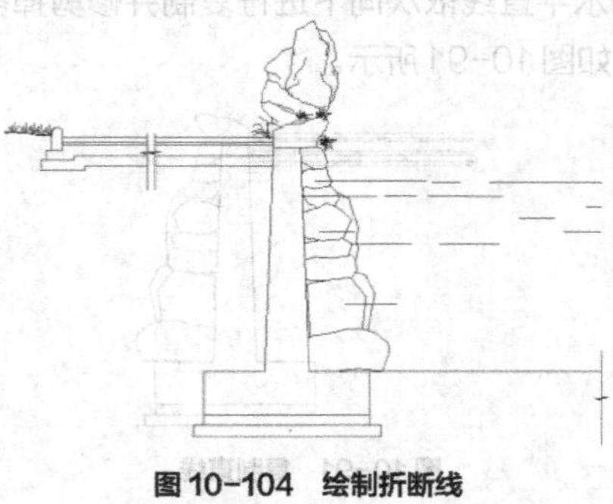

图10-104 绘制折断线

（20）单击“默认”选项卡“绘图”面板中的“直线”按钮，在水位线处绘制倒三角形，如图10-105所示。

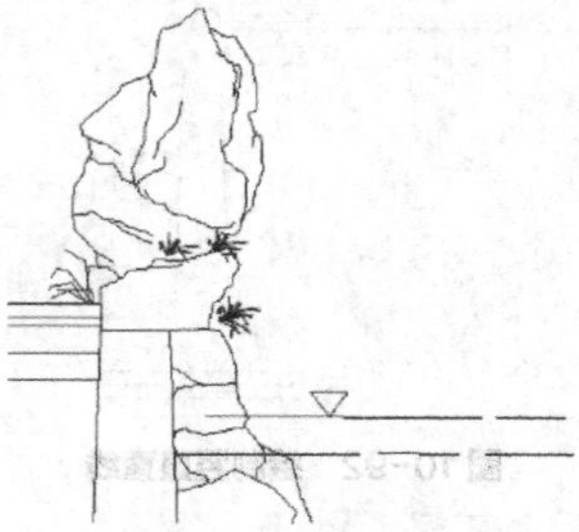

图10-105 绘制倒三角形

（21）单击“默认”选项卡“绘图”面板中的“图案填充”按钮，选择“图案填充创建”选项卡，选择“SOLID”图案，填充倒三角形，如图10-106所示。

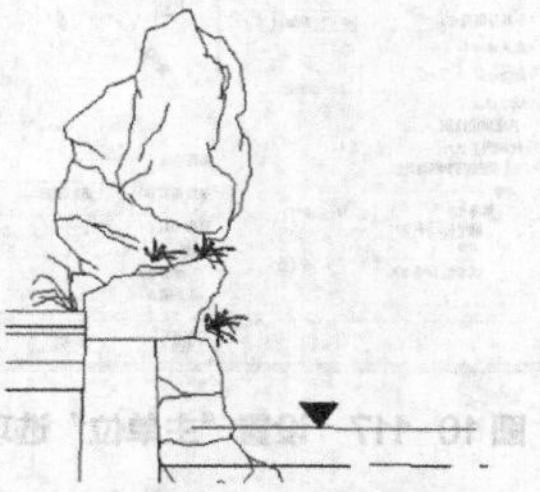

图10-106 填充倒三角形

（22）同理，单击“默认”选项卡“绘图”面板中的“图案填充”按钮，分别选择“ANSI35”“AR-SAND”“AR-CONC”“HEX”图案，填充其他图形，如图10-107所示。

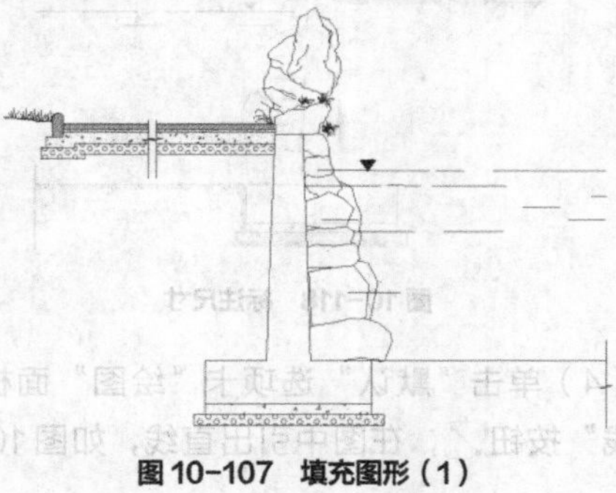

图10-107 填充图形（1）

（23）单击“默认”选项卡“绘图”面板中的“直线”按钮，绘制填充界限，如图10-108所示。

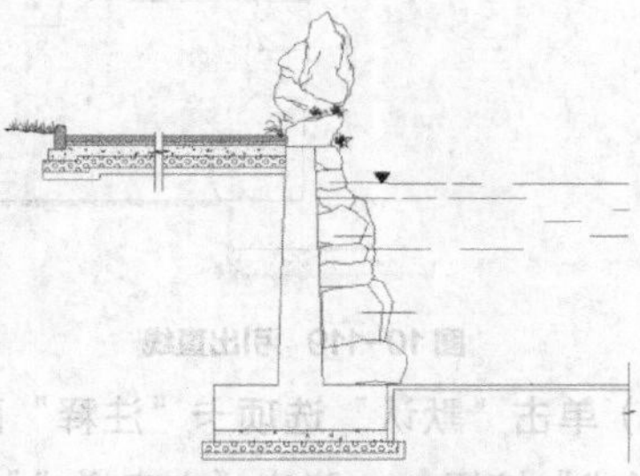

图10-108 绘制填充界限

（24）单击“默认”选项卡“绘图”面板中的“图案填充”按钮，选择“EARTH”图案，设置填充角度为45°，填充图形，如图10-109所示。然后删除多余的直线，如图10-110所示。

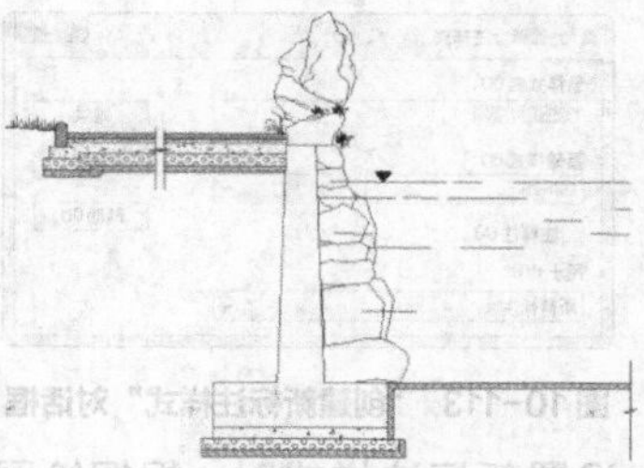

图10-109 填充图形（2）

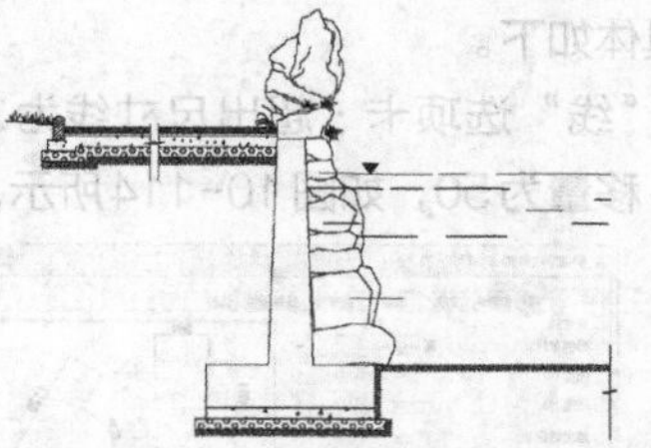

图10-110 删除多余的直线

（25）在命令行中输入“WBLOCK”命令，弹出“写块”对话框，如图10-111所示。将填充的倒三角形创建为块，以便以后使用。

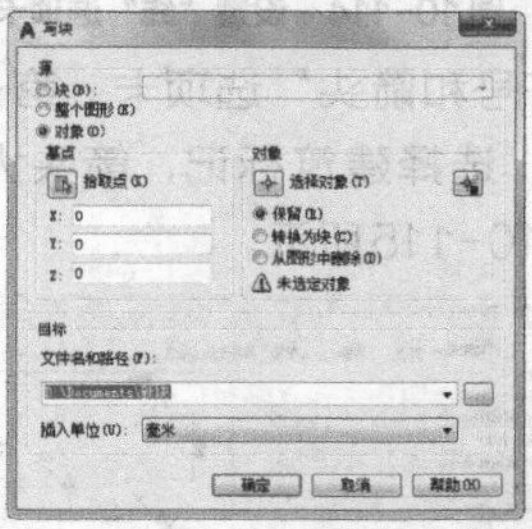

图10-111 “写块”对话框

2. 进行尺寸标注和文字说明

（1）单击“默认”选项卡“注释”面板中的“标注样式”按钮，弹出“标注样式管理器”对话框，如图10-112所示。单击“新建”按钮，弹出“创建新标注样式”对话框，如图10-113所示。输入新样式名，然后单击“继续”按钮，进行标注样式的设置。

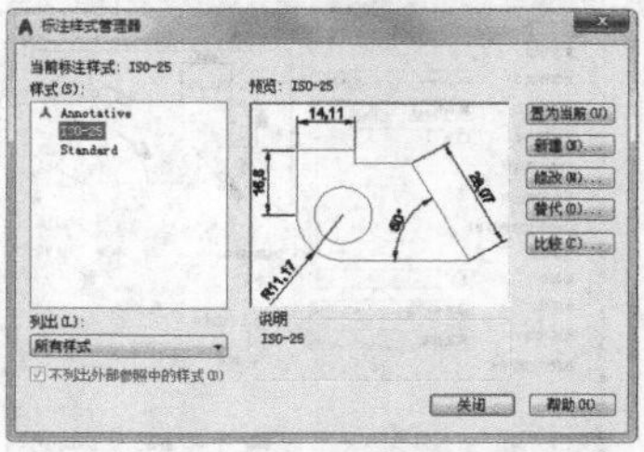

图10-112 “标注样式管理器”对话框

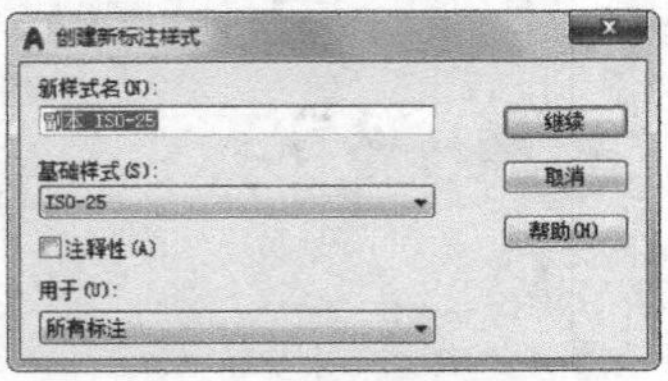

图 10-113 “创建新标注样式”对话框

（2）设置新标注样式时，根据绘图比例，对“线”“符号和箭头”“文字”“主单位”选项卡进行设置，具体如下。

- “线”选项卡：超出尺寸线为20，起点偏移量为50，如图10-114所示。

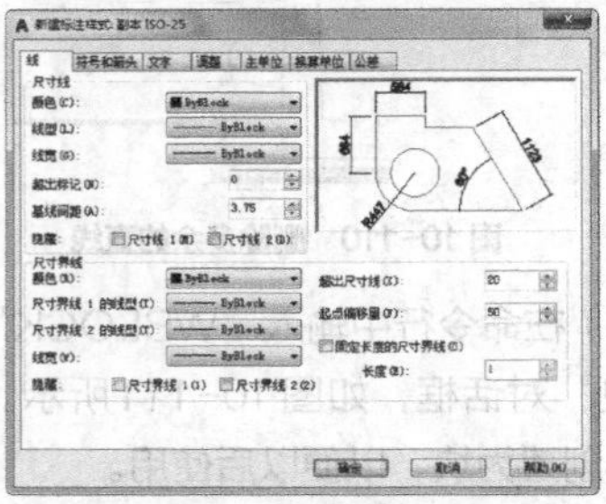

图 10-114 设置“线”选项卡

- “符号和箭头”选项卡：第一个为用户箭头，选择建筑标记，箭头大小为20，如图10-115所示。

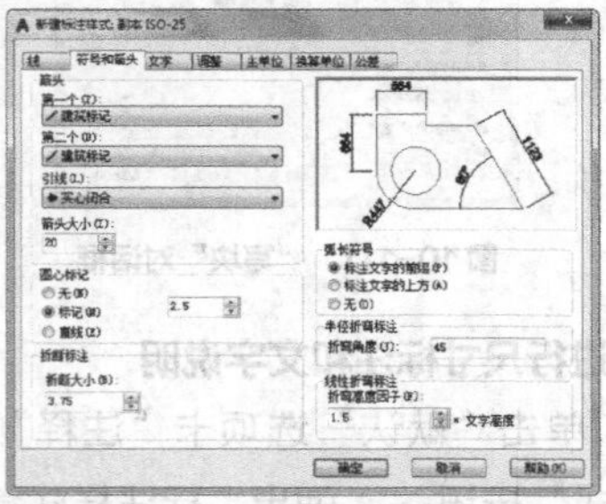

图 10-115 设置“符号和箭头”选项卡

- “文字”选项卡：文字高度为100，文字位置为垂直上，文字对齐为与尺寸线对齐，如图10-116所示。

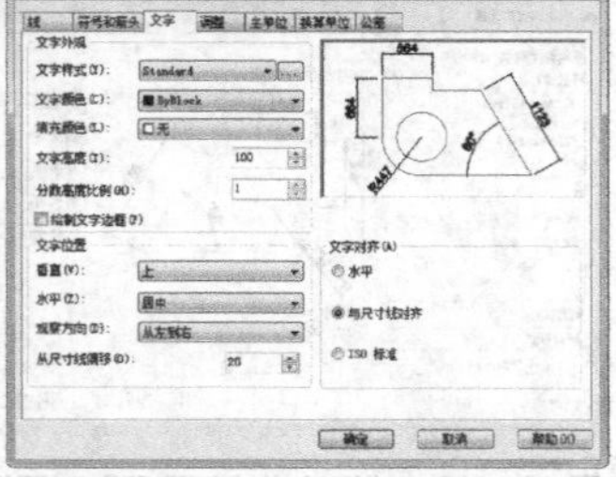

图 10-116 设置“文字”选项卡

- “主单位”选项卡：精度为0，如图10-117所示。

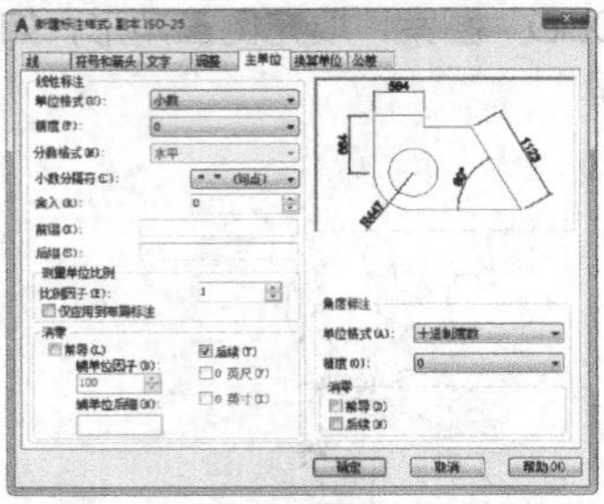

图 10-117 设置“主单位”选项卡

（3）单击“默认”选项卡“注释”面板中的“线性”按钮，为图形标注尺寸，如图10-118所示。

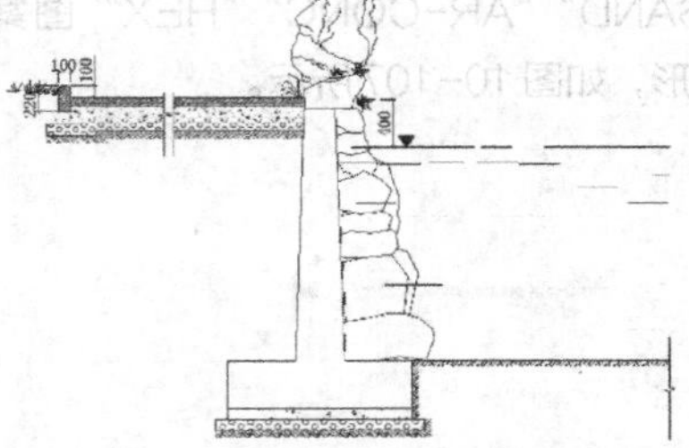

图 10-118 标注尺寸

（4）单击“默认”选项卡“绘图”面板中的“直线”按钮，在图中引出直线，如图10-119所示。

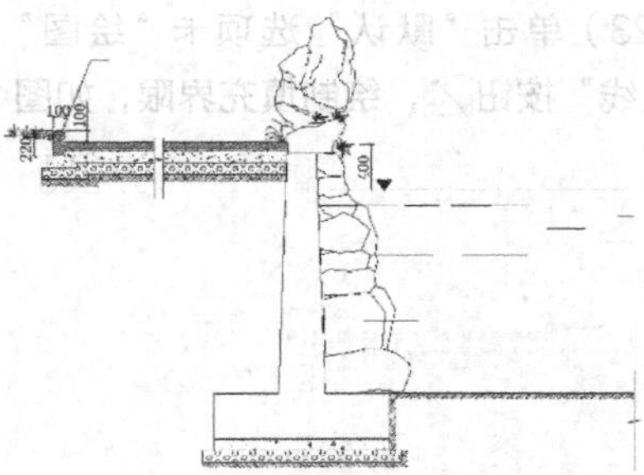

图 10-119 引出直线

（5）单击“默认”选项卡“注释”面板中的“文字样式”按钮，弹出“文字样式”对话框，如图10-120所示。单击“新建”按钮，弹出“新建文字样式”对话框，在“样式名”文本框中输入“样式 1”，如图10-121所示。单击“确定”按钮，返回“文字样式”对话框，设置字体为宋体，调整高度为100，并单击“置为当前”按钮。

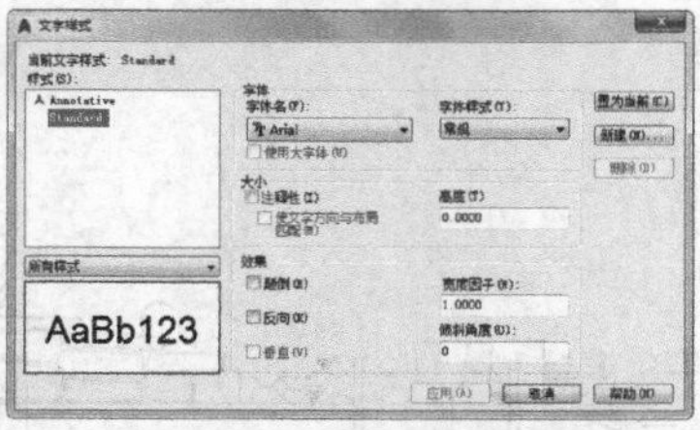

图10-120 “文字样式”对话框

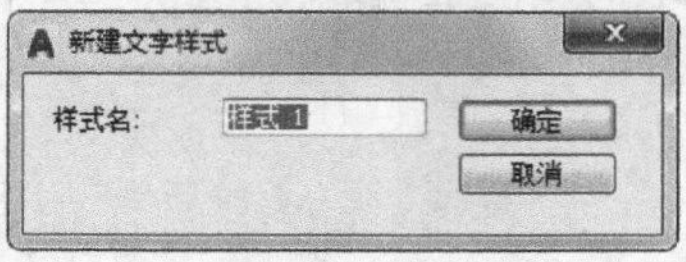

图10-121 输入“样式1”

（6）单击“默认”选项卡“注释”面板中的“多行文字”按钮A，在直线右侧标注文字，如图10-122所示。

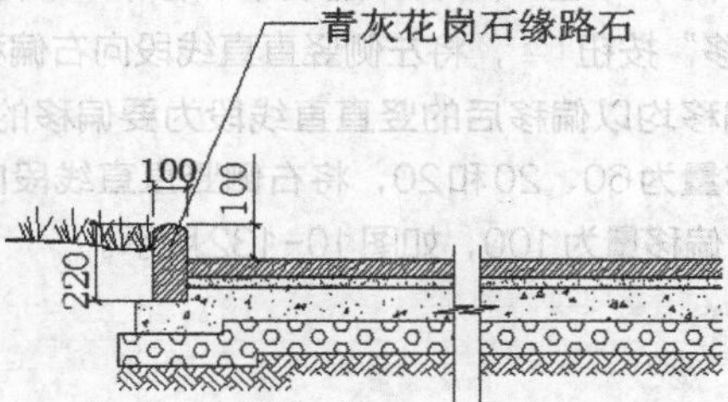

图10-122 标注文字（1）

（7）同理，单击“默认”选项卡“绘图”面板中的“直线”按钮和“注释”面板中的“多行文字”按钮A，标注其他位置的文字，如图10-123所示。

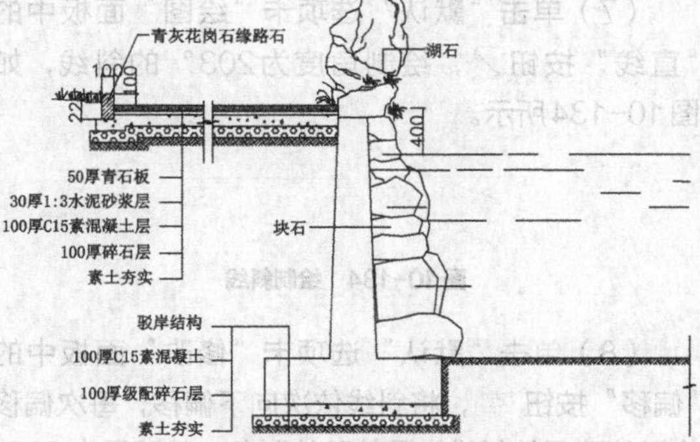

图10-123 标注文字（2）

（8）单击“默认”选项卡“块”面板中的“插入”按钮，在图库中选择箭头图块，将箭头图块插入图中，如图10-124所示。

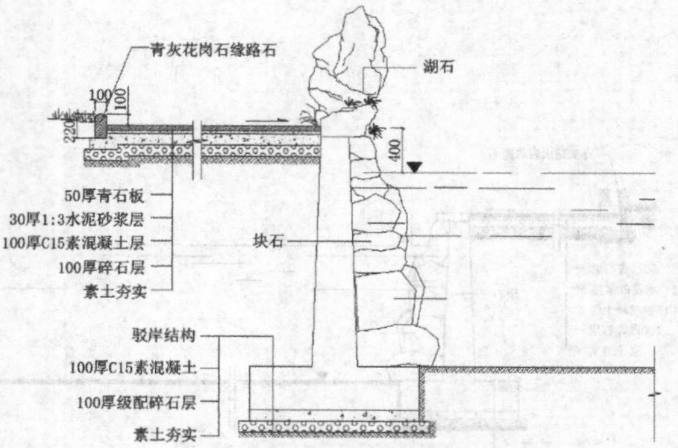

图10-124 插入箭头图块

（9）单击“默认”选项卡“注释”面板中的“多行文字”按钮A，在箭头上标注文字，如图10-125所示。

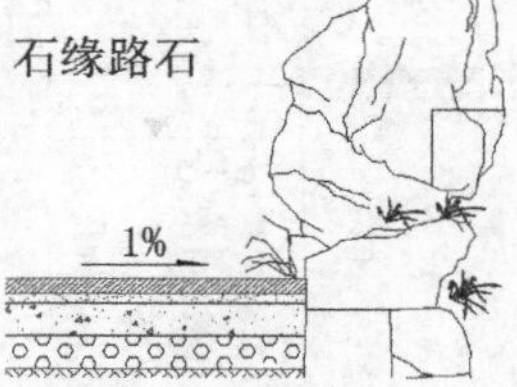

图10-125 标注文字（3）

（10）单击“默认”选项卡“绘图”面板中的“直线”按钮和“注释”面板中的“多行文字”按钮A，为图形标注图名，如图10-85所示。

（11）驳岸五详图的绘制方法与驳岸二详图的类似，这里不赘述，驳岸五详图如图10-126所示。

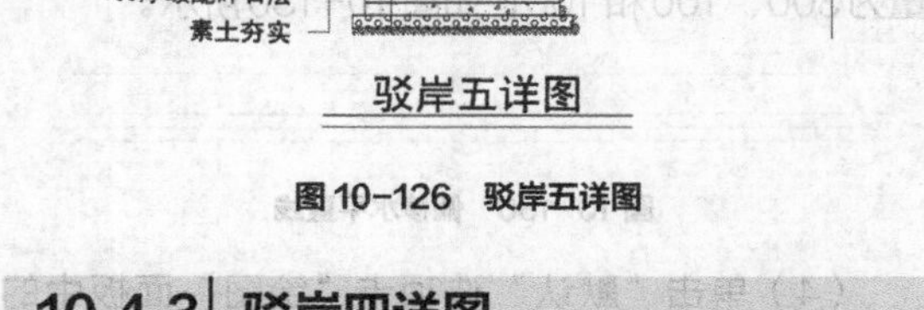

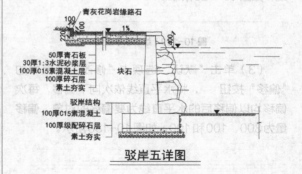

图10-126 驳岸五详图

10.4.3 驳岸四详图

本节绘制图10-127所示的驳岸四详图。

（1）打开“源文件\第10章\驳岸五详图”，删除图中多余的图形并进行整理，最后另存为“驳岸四详图”，如图10-128所示。

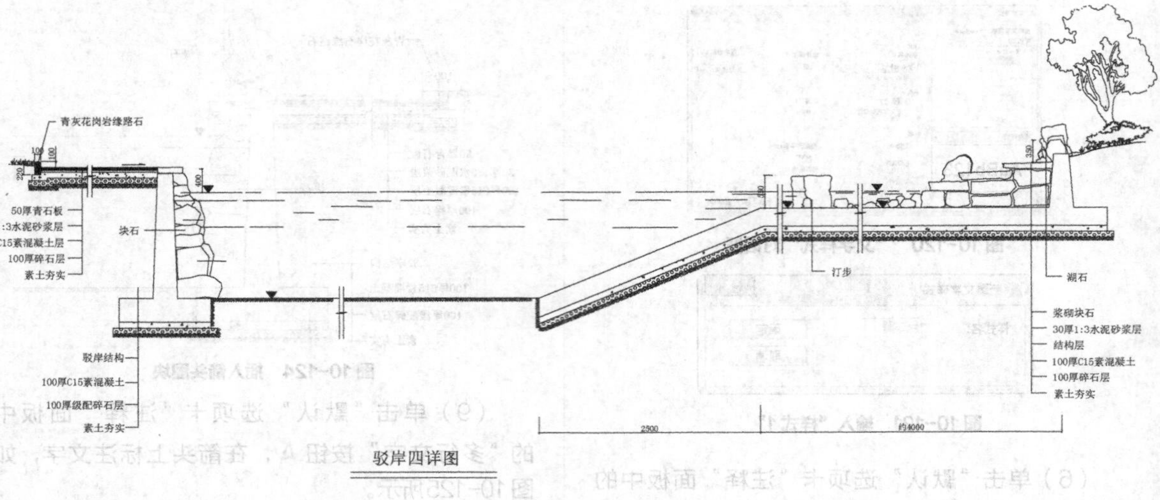

图 10-127　驳岸四详图

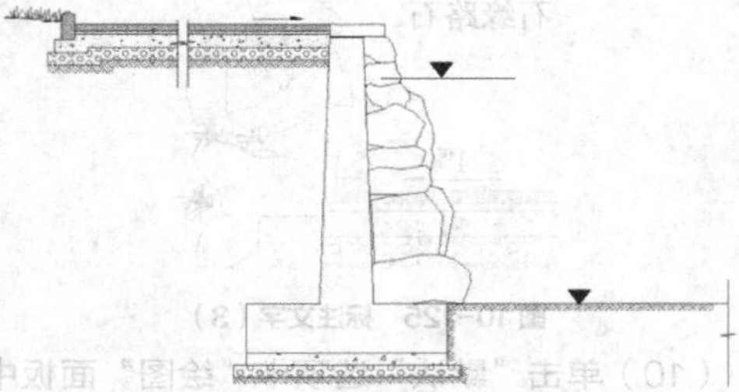

图 10-128　整理驳岸五详图

（2）单击“默认”选项卡“绘图”面板中的“直线”按钮，绘制一条长度为5668的水平直线，如图10-129所示。

图 10-129　绘制水平直线

（3）单击“默认”选项卡“修改”面板中的“偏移”按钮⊆，将水平直线依次向下偏移，每次偏移均以偏移后的水平直线为要偏移的对象，偏移量为300、100和100，如图10-130所示。

图 10-130　偏移水平直线

（4）单击“默认”选项卡“绘图”面板中的“直线”按钮，在水平直线两侧绘制竖直直线段，如图10-131所示。

图 10-131　绘制竖直直线段

（5）单击“默认”选项卡“修改”面板中的“偏移”按钮⊆，将左侧竖直直线段向右偏移，每次偏移均以偏移后的竖直直线段为要偏移的对象，偏移量为60、20和20，将右侧竖直直线段向右偏移，偏移量为100，如图10-132所示。

图 10-132　偏移竖直直线段

（6）单击“默认”选项卡“修改”面板中的“修剪”按钮，修剪掉多余的直线，如图10-133所示。

图 10-133　修剪掉多余的直线

（7）单击“默认”选项卡“绘图”面板中的“直线”按钮，绘制角度为203°的斜线，如图10-134所示。

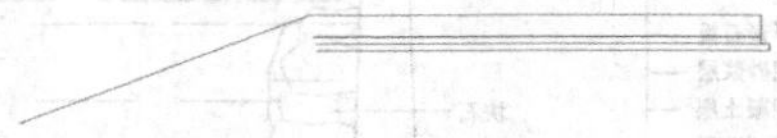

图 10-134　绘制斜线

（8）单击“默认”选项卡“修改”面板中的“偏移”按钮⊆，将斜线依次向下偏移，每次偏移均以偏移后的斜线为要偏移的对象，偏移量为300、100和100，如图10-135所示。

（9）单击“默认”选项卡“绘图”面板中的“直线”按钮，绘制左侧图形。然后单击“默认”选项卡“修改”面板中的“修剪”按钮，修剪掉多余的直线，如图10-136所示。

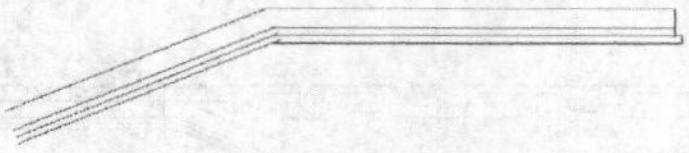

图10-135 偏移斜线

图10-136 修剪掉多余的直线（1）

（10）单击“默认”选项卡“绘图”面板中的“直线”按钮，绘制右侧图形，如图10-137所示。

图10-137 绘制右侧图形

（11）单击“默认”选项卡“修改”面板中的“修剪”按钮，修剪掉多余的直线，如图10-138所示。

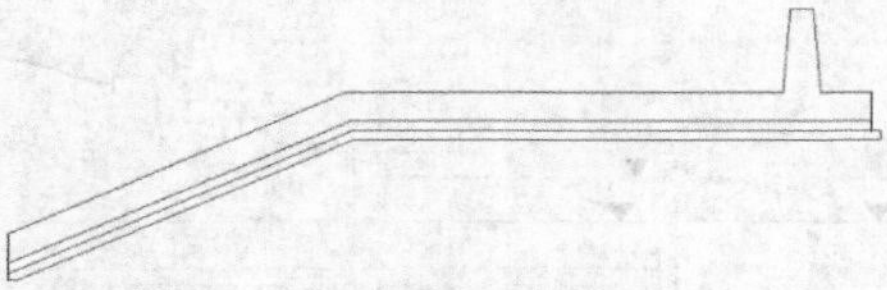

图10-138 修剪掉多余的直线（2）

（12）单击“默认”选项卡“绘图”面板中的“直线”按钮，绘制折断线，如图10-139所示。

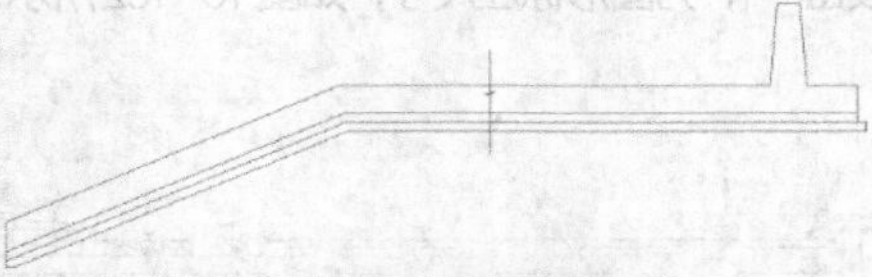

图10-139 绘制折断线

（13）单击“默认”选项卡“修改”面板中的“复制”按钮，复制折断线，如图10-140所示。

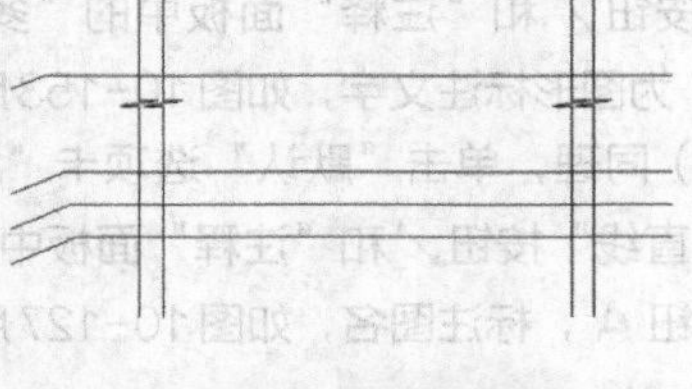

图10-140 复制折断线

（14）单击“默认”选项卡“修改”面板中的“修剪”按钮，修剪掉多余的直线，如图10-141所示。

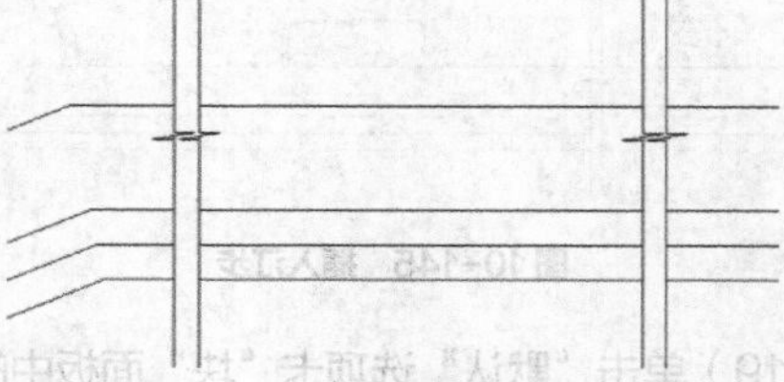

图10-141 修剪掉多余的直线（3）

（15）单击“默认”选项卡“绘图”面板中的“多段线”按钮，在图中右侧绘制一条多段线，设置宽度为10，如图10-142所示。

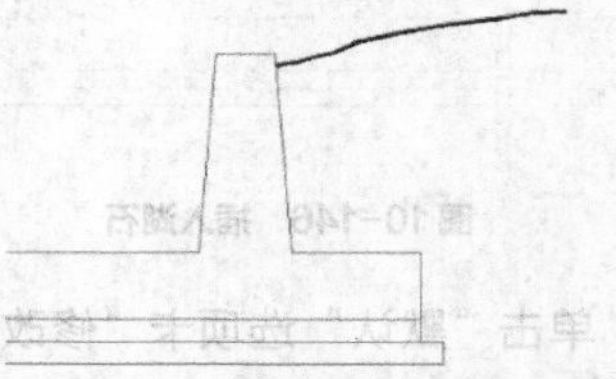

图10-142 绘制多段线

（16）单击“默认”选项卡“绘图”面板中的“直线”按钮，绘制植物，如图10-143所示。

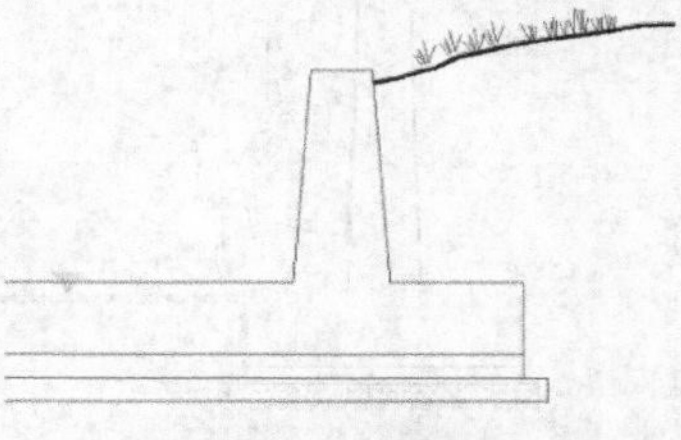

图10-143 绘制植物

（17）单击“默认”选项卡“块”面板中的“插入”按钮，将“植物4”插入图中合适的位置，如图10-144所示。

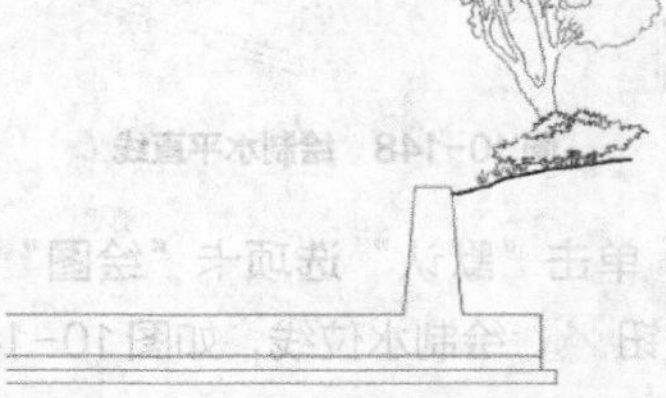

图10-144 插入“植物4”

（18）单击“默认”选项卡“块”面板中的“插入”按钮，将汀步插入图中，如图10-145所示。

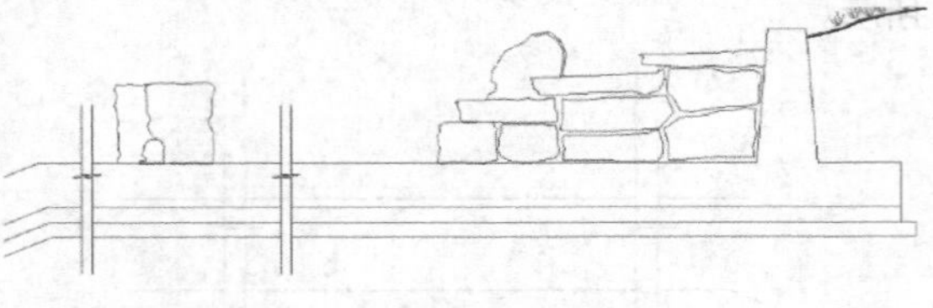

图10-145 插入汀步

（19）单击“默认”选项卡“块”面板中的“插入”按钮，将湖石插入图中，如图10-146所示。

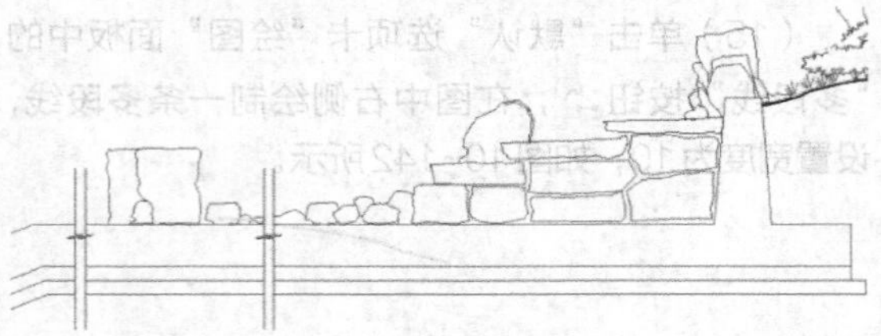

图10-146 插入湖石

（20）单击“默认”选项卡“修改”面板中的“复制”按钮，将整理的驳岸五详图中的折断线向右进行复制，如图10-147所示。

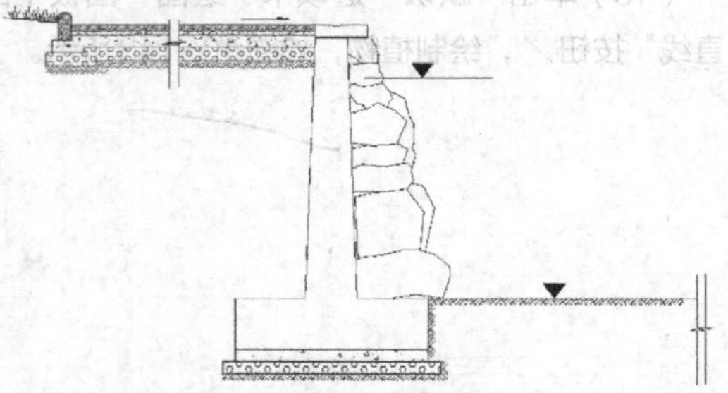

图10-147 复制折断线

（21）单击“默认”选项卡“绘图”面板中的“直线”按钮，绘制水平直线，如图10-148所示。

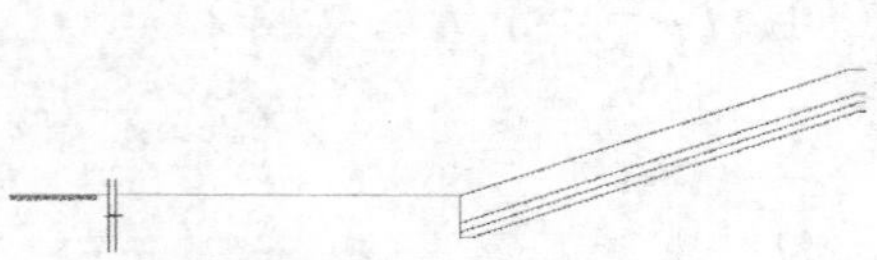

图10-148 绘制水平直线

（22）单击“默认”选项卡“绘图”面板中的“直线”按钮，绘制水位线，如图10-149所示。

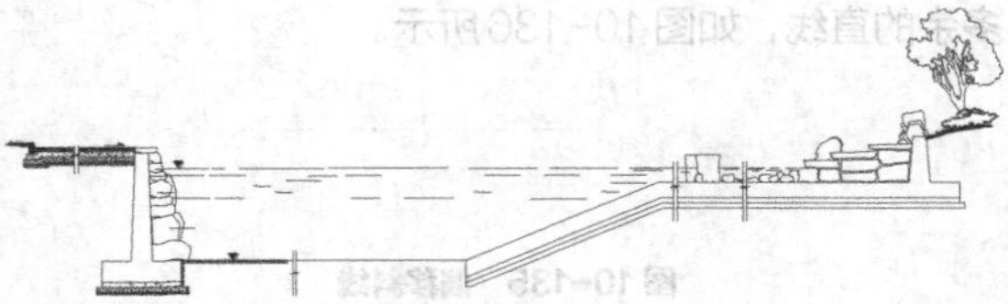

图10-149 绘制水位线

（23）单击“默认”选项卡“绘图”面板中的“图案填充”按钮，填充图形，如图10-150所示。

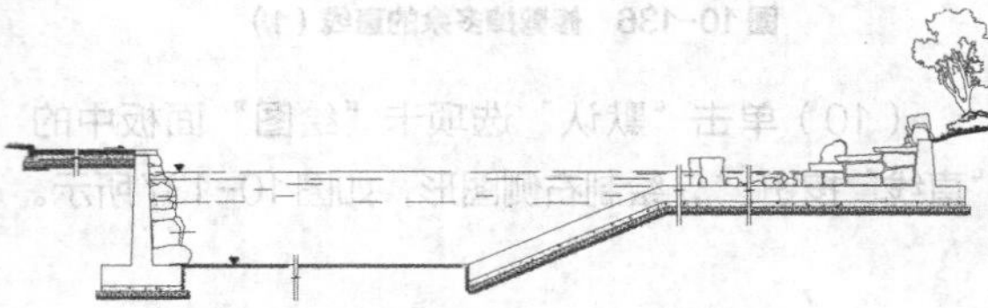

图10-150 填充图形

（24）单击“默认”选项卡“块”面板中的“插入”按钮，插入倒三角形，或者单击“默认”选项卡“修改”面板中的“复制”按钮，将倒三角形复制到图中其他位置，如图10-151所示。

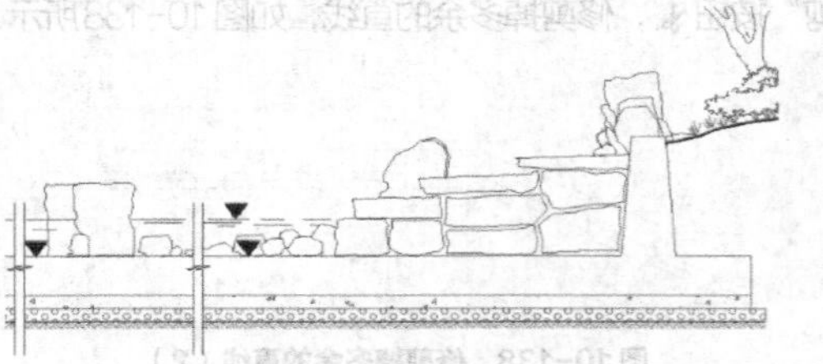

图10-151 复制倒三角形

（25）单击“默认”选项卡“注释”面板中的“线性”按钮，为图形标注尺寸，如图10-152所示。

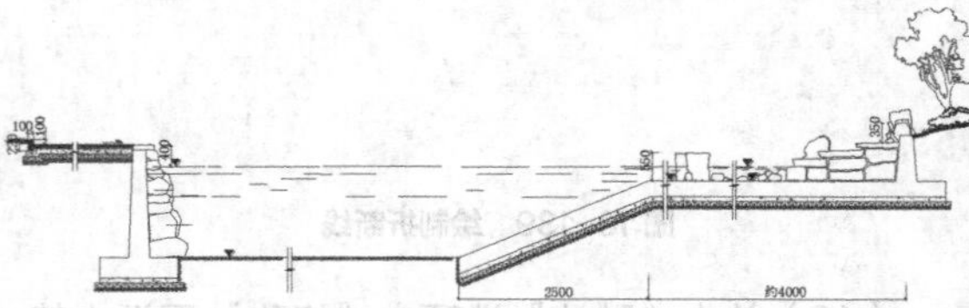

图10-152 标注尺寸

（26）单击“默认”选项卡“绘图”面板中的“直线”按钮和“注释”面板中的“多行文字”按钮A，为图形标注文字，如图10-153所示。

（27）同理，单击“默认”选项卡“绘图”面板中的“直线”按钮和“注释”面板中的“多行文字”按钮A，标注图名，如图10-127所示。

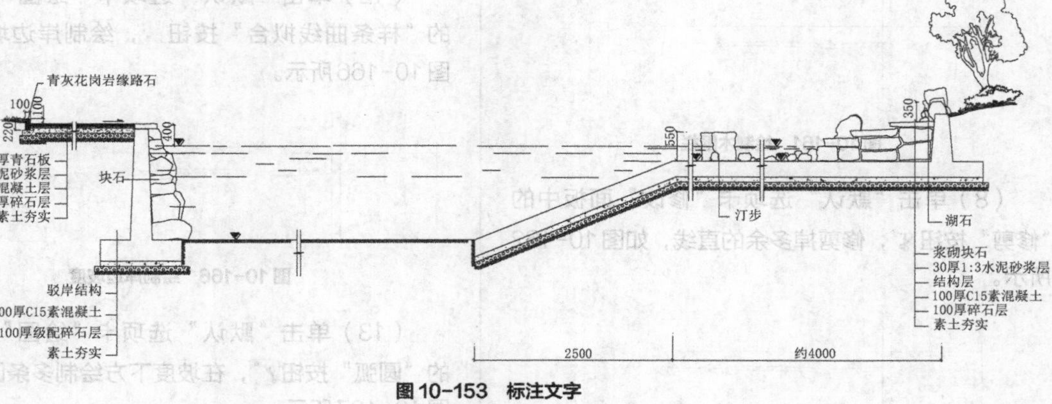

图10-153 标注文字

10.4.4 驳岸六详图

本节绘制图10-154所示的驳岸六详图。

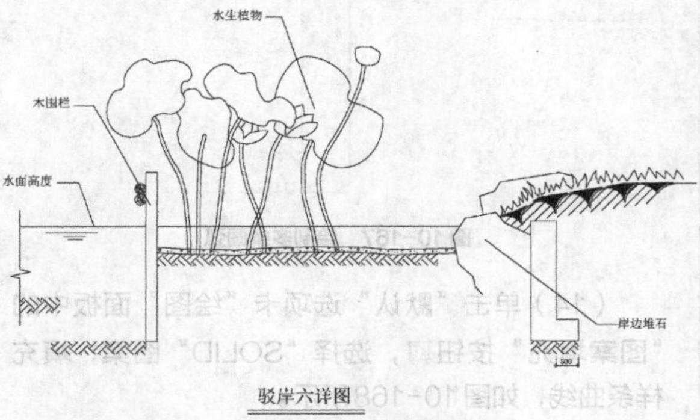

图10-154 驳岸六详图

（1）单击“默认”选项卡“绘图”面板中的“直线”按钮，绘制连续直线段，如图10-155所示。

（2）单击“默认”选项卡“绘图”面板中的“多段线”按钮，绘制岸边堆石，如图10-156所示。

图10-155 绘制连续直线

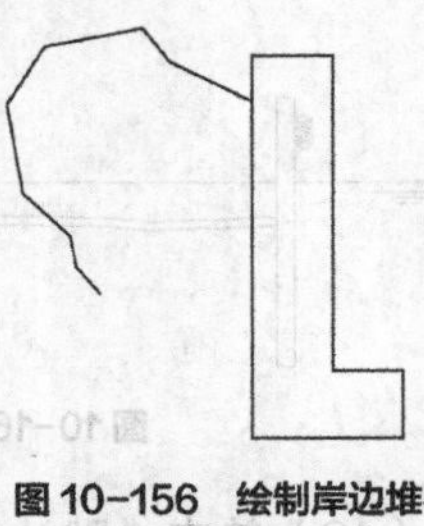

图10-156 绘制岸边堆石

（3）单击“默认”选项卡“绘图”面板中的“直线”按钮，绘制湖面，如图10-157所示。

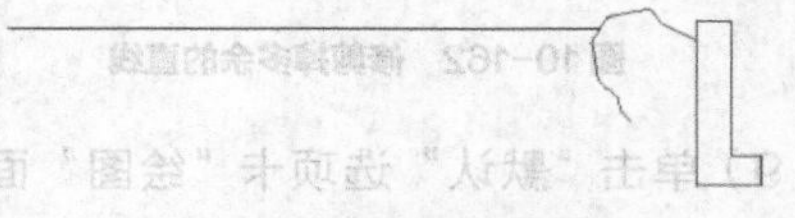

图10-157 绘制湖面

（4）单击“默认”选项卡“绘图”面板中的“多段线”按钮，绘制一条多段线，如图10-158所示。

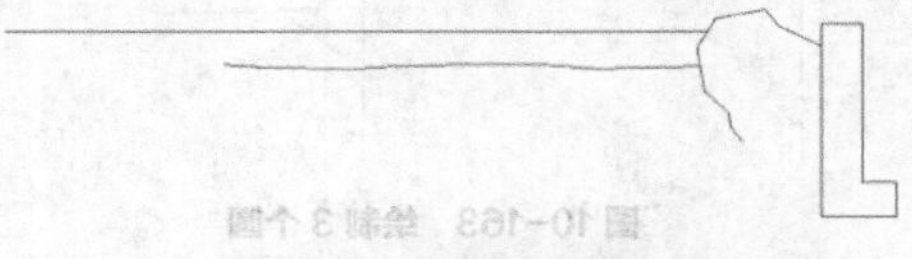

图10-158 绘制多段线

（5）单击“默认”选项卡“修改”面板中的“偏移”按钮，偏移多段线，完成湖底的绘制，如图10-159所示。

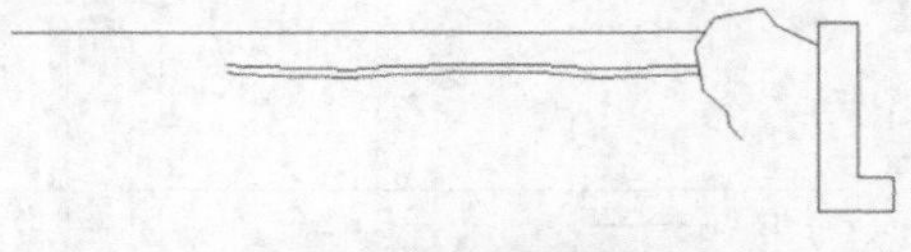

图10-159 偏移多段线

（6）单击“默认”选项卡“绘图”面板中的“直线”按钮，绘制折断线和湖面波纹，如图10-160所示。

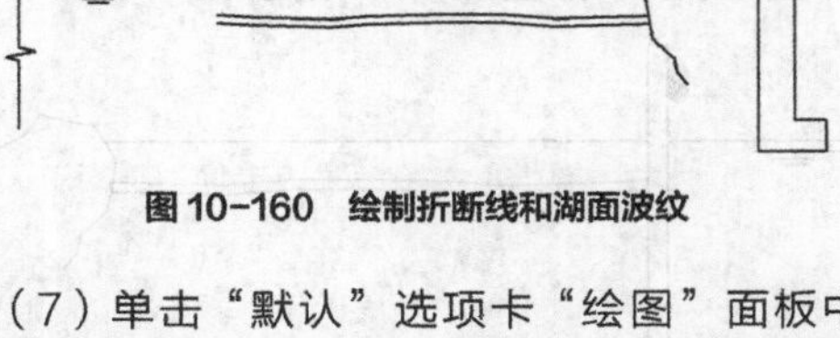

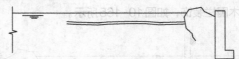

图10-160 绘制折断线和湖面波纹

（7）单击“默认”选项卡“绘图”面板中的“矩形”按钮，绘制木围栏，如图10-161所示。

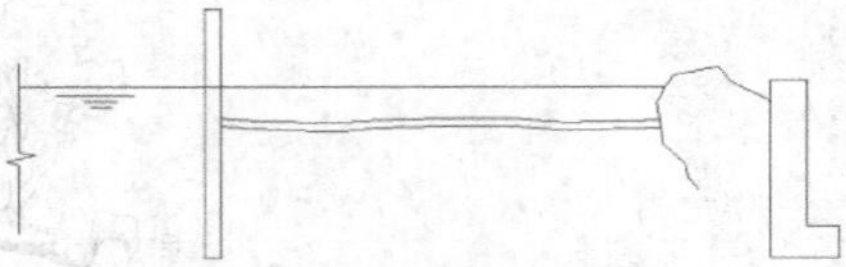

图10-161　绘制木围栏

（8）单击“默认”选项卡“修改”面板中的“修剪”按钮，修剪掉多余的直线，如图10-162所示。

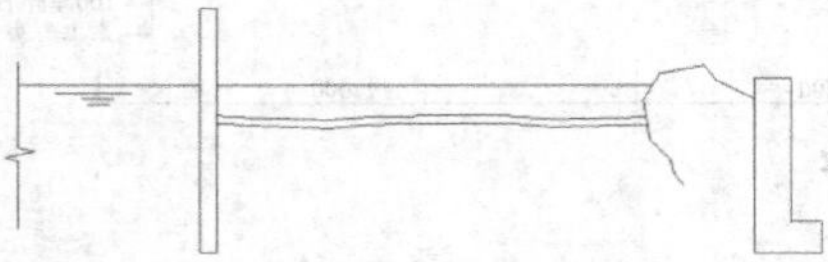

图10-162　修剪掉多余的直线

（9）单击“默认”选项卡“绘图”面板中的“圆”按钮，绘制3个圆，如图10-163所示。

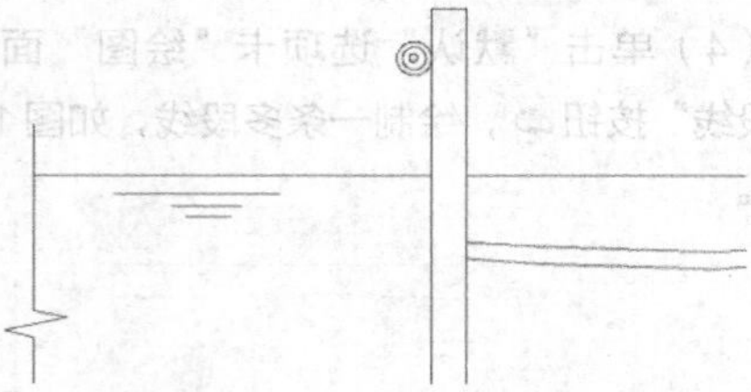

图10-163　绘制3个圆

（10）单击“默认”选项卡“绘图”面板中的“直线”按钮，绘制多条短直线，如图10-164所示。

图10-164　绘制多条短直线

（11）同理，单击“默认”选项卡“绘图”面板中的“直线”按钮和“圆”按钮，绘制另一个木围栏装饰，如图10-165所示。

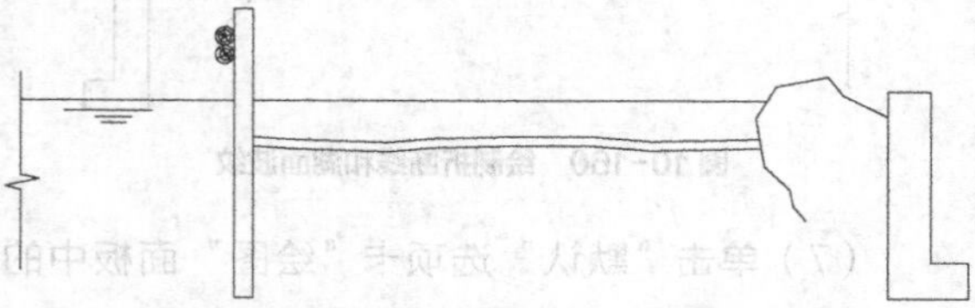

图10-165　绘制另一个木围栏装饰

（12）单击“默认”选项卡“绘图”面板中的“样条曲线拟合”按钮，绘制岸边坡度，如图10-166所示。

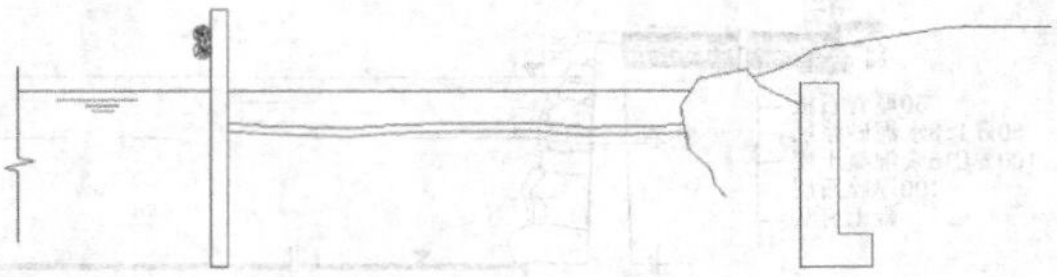

图10-166　绘制岸边坡度

（13）单击“默认”选项卡“绘图”面板中的“圆弧”按钮，在坡度下方绘制多条圆弧，如图10-167所示。

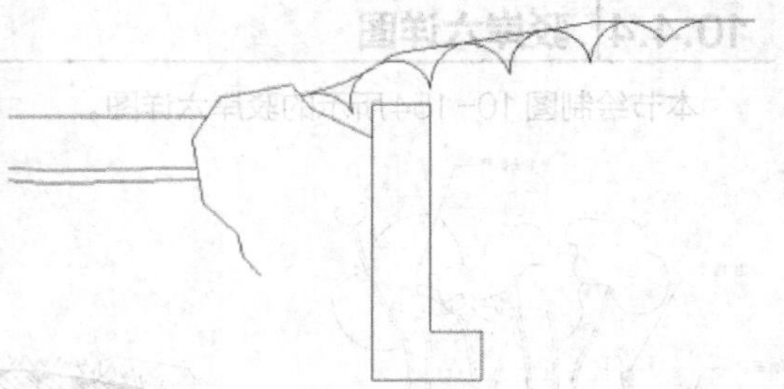

图10-167　绘制多条圆弧

（14）单击“默认”选项卡“绘图”面板中的“图案填充”按钮，选择“SOLID”图案，填充样条曲线，如图10-168所示。

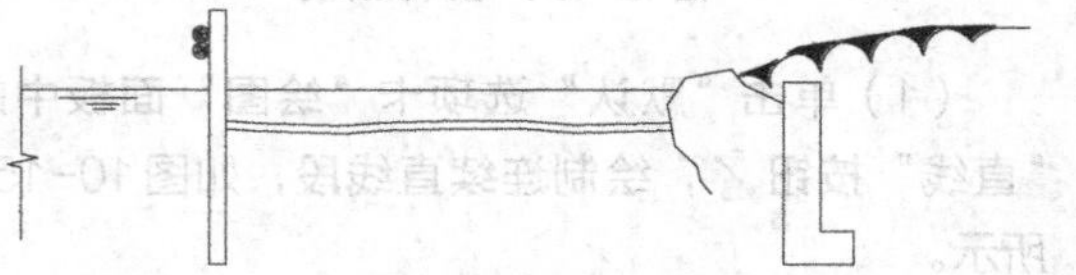

图10-168　填充样条曲线

（15）单击“默认”选项卡“绘图”面板中的“多段线”按钮，绘制植物，如图10-169所示。

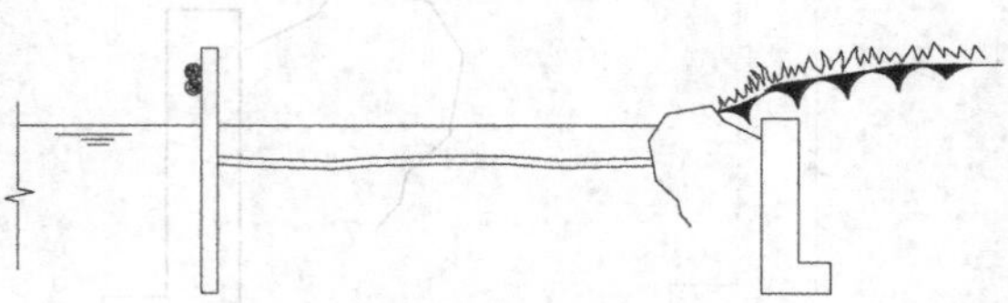

图10-169　绘制植物

（16）单击“默认”选项卡“绘图”面板中的“多段线”按钮，在植物处绘制岸边堆石，如图10-170所示。

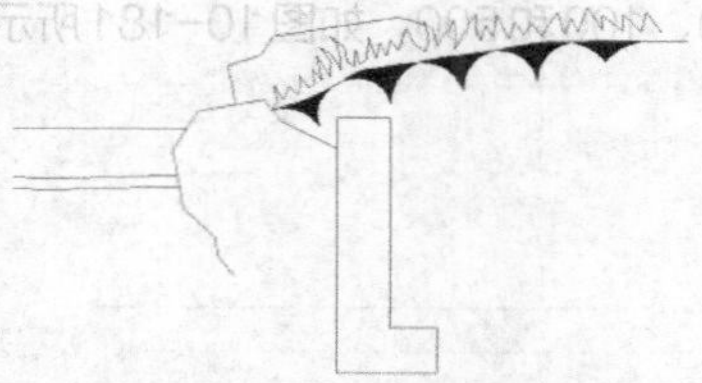

图 10-170 绘制岸边堆石

（17）单击“默认”选项卡“块”面板中的“插入”按钮，在源文件的图库中找到水生植物图块，将其插入图中合适的位置，如图10-171所示。

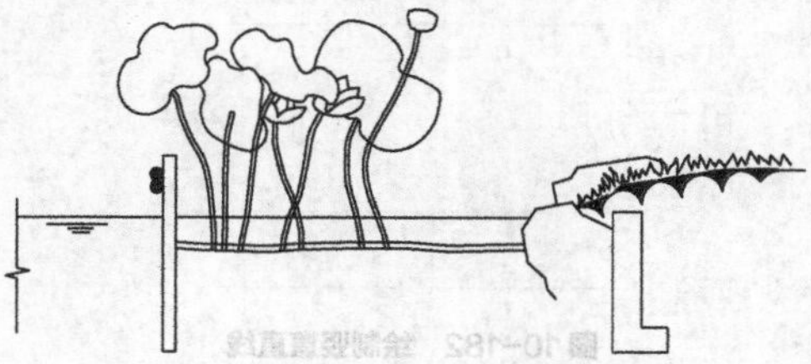

图 10-171 插入水生植物图块

（18）单击“默认”选项卡“绘图”面板中的“直线”按钮，绘制填充界限，如图10-172所示。

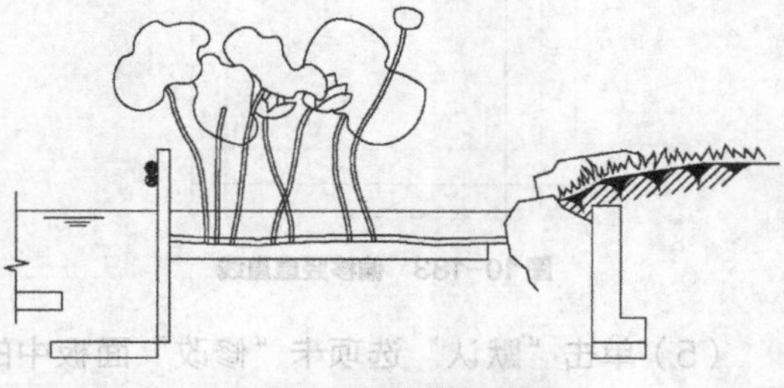

图 10-172 绘制填充界限

（19）单击“默认”选项卡“绘图”面板中的“图案填充”按钮，选择“ANSI31”“EARTH”图案，填充图形，如图10-173所示。

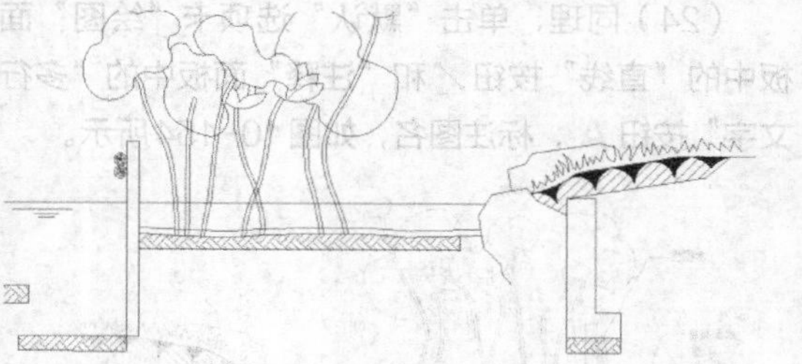

图 10-173 填充图形

（20）单击“默认”选项卡“修改”面板中的“删除”按钮，删除多余的填充界限，如图10-174所示。

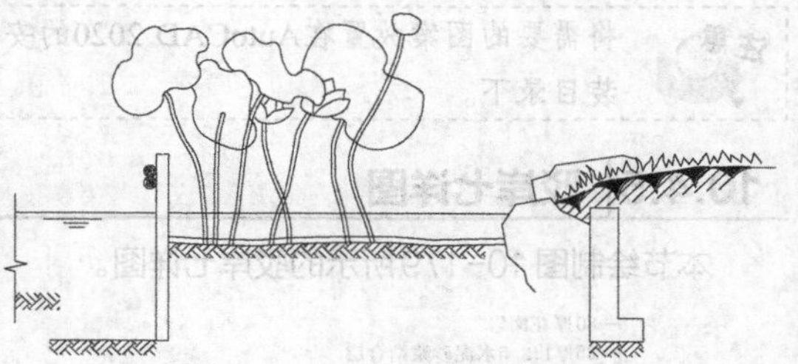

图 10-174 删除多余的填充界限

（21）单击“默认”选项卡“绘图”面板中的“图案填充”按钮，选择“图案填充创建”选项卡，如图10-175所示。选择“级配砂石”图案，设置填充比例为500，填充湖底，如图10-176所示。

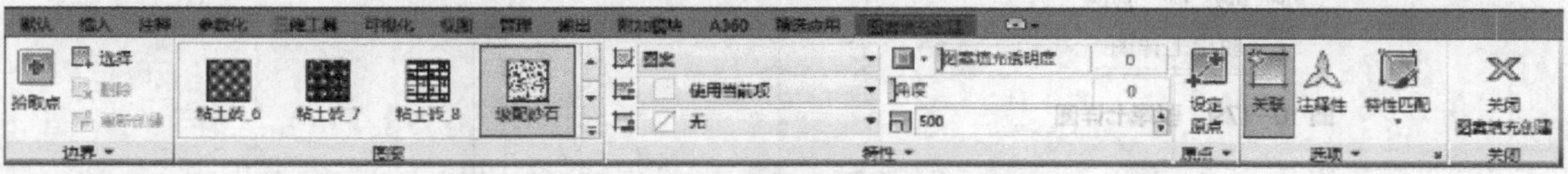

图 10-175 “图案填充创建”选项卡

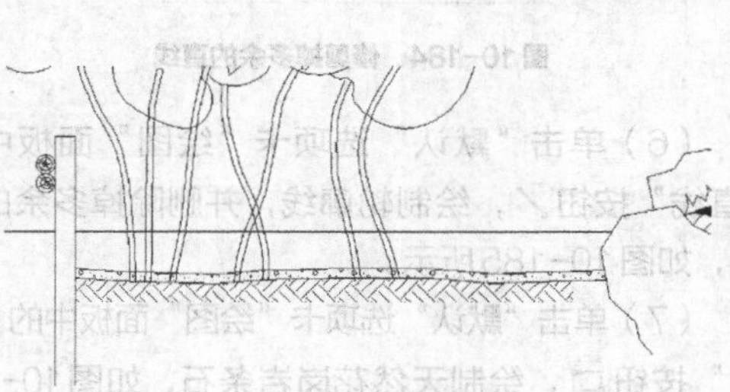

图 10-176 填充湖底

（22）单击“默认”选项卡“注释”面板中的“线性”按钮，标注尺寸，如图10-177所示。

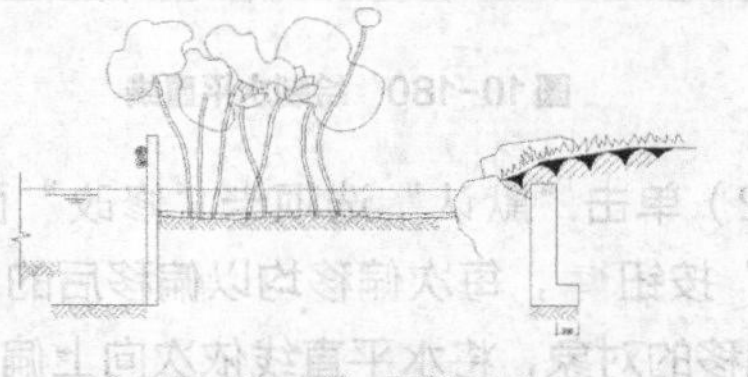

图 10-177 标注尺寸

（23）单击“默认”选项卡“绘图”面板中的“直线”按钮 和“注释”面板中的“多行文字”按钮 A，标注文字，如图10-178所示。

（24）同理，单击“默认”选项卡“绘图”面板中的“直线”按钮 和“注释”面板中的“多行文字”按钮 A，标注图名，如图10-154所示。

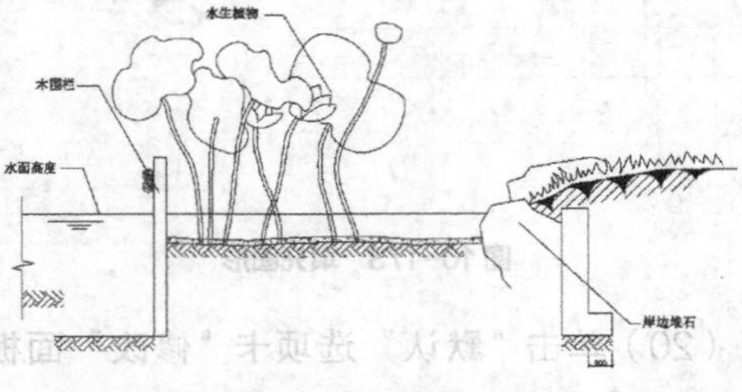

图10-178 标注文字

> **注意** 将需要的图案放置在AutoCAD 2020的安装目录下。

10.4.5 驳岸七详图

本节绘制图10-179所示的驳岸七详图。

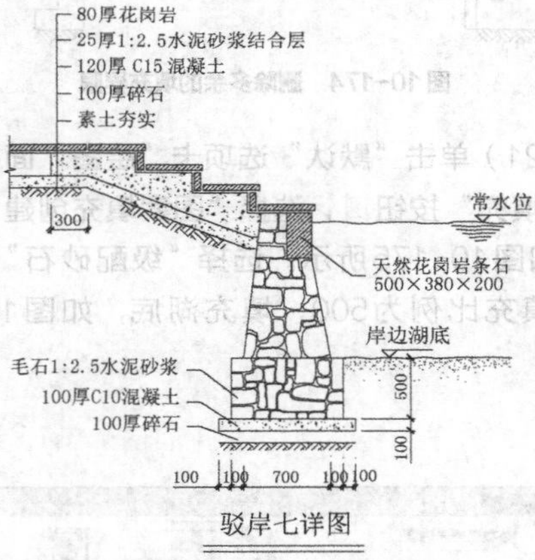

图10-179 驳岸七详图

（1）单击“默认”选项卡“绘图”面板中的“直线”按钮，绘制长为1100的水平直线，如图10-180所示。

图10-180 绘制水平直线

（2）单击“默认”选项卡“修改”面板中的“偏移”按钮，每次偏移均以偏移后的水平直线为要偏移的对象，将水平直线依次向上偏移，偏移量为100、100和500，如图10-181所示。

图10-181 偏移直线

（3）单击“默认”选项卡“绘图”面板中的“直线”按钮，在左侧绘制一条竖直直线，如图10-182所示。

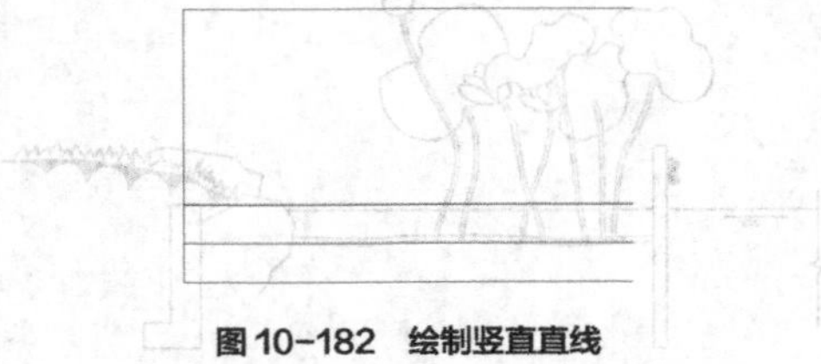

图10-182 绘制竖直直线

（4）单击“默认”选项卡“修改”面板中的“偏移”按钮，每次偏移均以偏移后的竖直直线为要偏移的对象，将竖直直线依次向右偏移100、100、700、100和100，如图10-183所示。

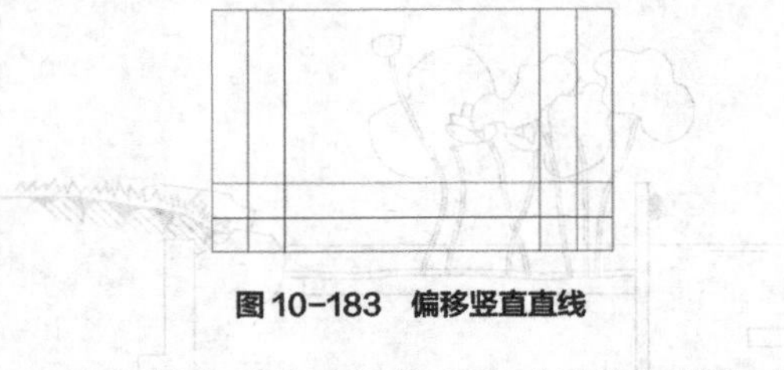

图10-183 偏移竖直直线

（5）单击“默认”选项卡“修改”面板中的“修剪”按钮，修剪掉多余的直线，如图10-184所示。

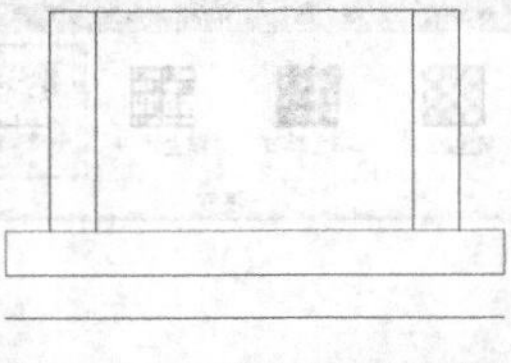

图10-184 修剪掉多余的直线

（6）单击“默认”选项卡“绘图”面板中的“直线”按钮，绘制轮廓线，并删除掉多余的直线，如图10-185所示。

（7）单击“默认”选项卡“绘图”面板中的“矩形”按钮，绘制天然花岗岩条石，如图10-186所示。

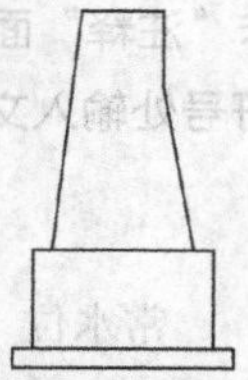
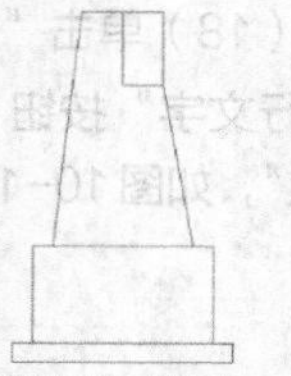

图 10-185 绘制轮廓线 图 10-186 绘制天然花岗岩条石

（8）单击“默认”选项卡“绘图”面板中的“直线”按钮，绘制台阶，如图 10-187 所示。

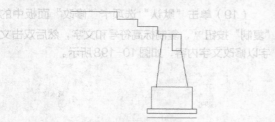

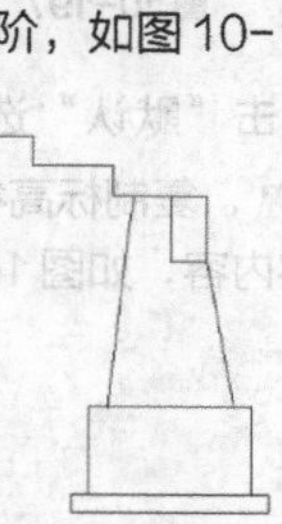

图 10-187 绘制台阶

（9）单击“默认”选项卡“绘图”面板中的“矩形”按钮，绘制其他位置的天然花岗岩条石，如图 10-188 所示。

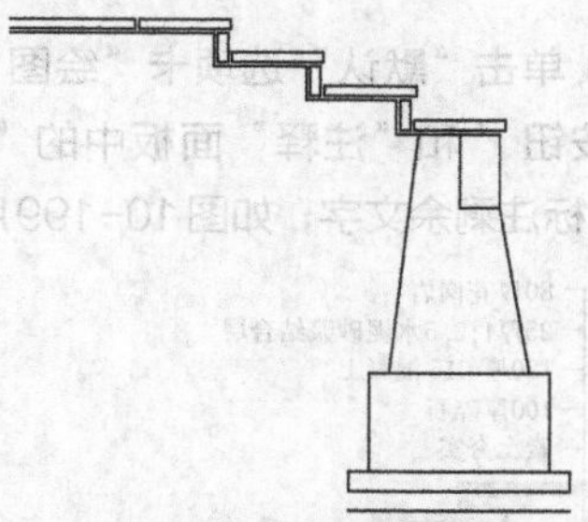

图 10-188 绘制其他位置的天然花岗岩条石

（10）单击“默认”选项卡“绘图”面板中的“直线”按钮，绘制连续线段，如图 10-189 所示。

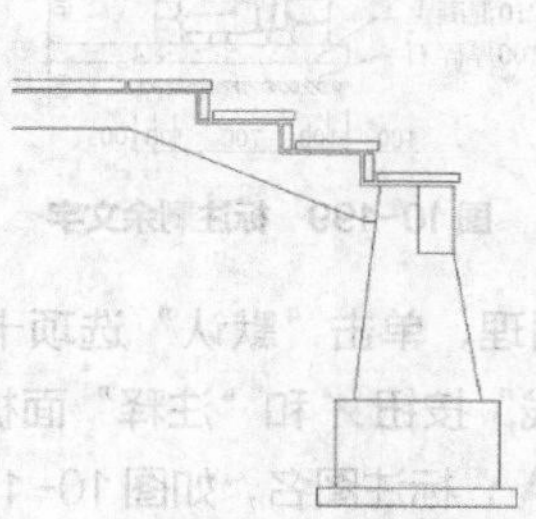

图 10-189 绘制连续线段

（11）单击“默认”选项卡“修改”面板中的“偏移”按钮，将连续线段向下偏移 100，然后单击“默认”选项卡“修改”面板中的“修剪”按钮，修剪掉多余的直线，如图 10-190 所示。

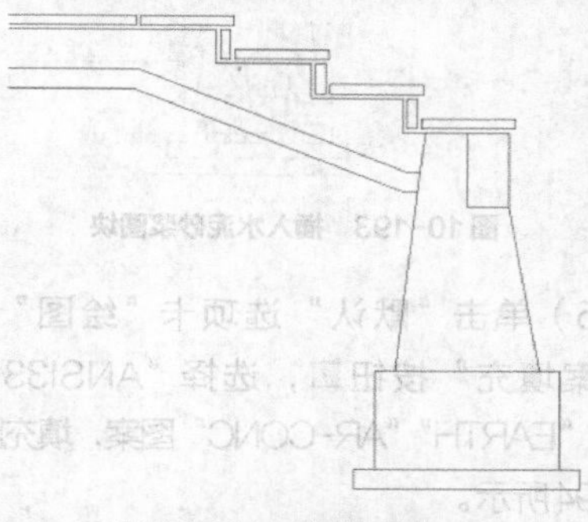

图 10-190 偏移连续线段

（12）单击“默认”选项卡“绘图”面板中的“直线”按钮，在图中左侧绘制折断线和竖直直线，如图 10-191 所示。

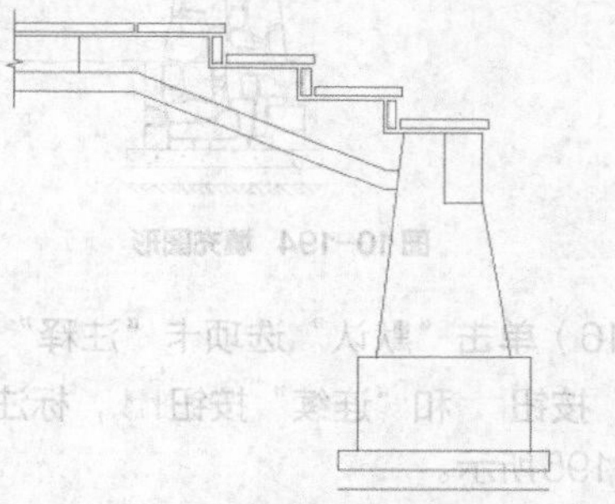

图 10-191 绘制折断线和竖直直线

（13）单击“默认”选项卡“绘图”面板中的“直线”按钮和“样条曲线拟合”按钮，绘制常水位线和岸边湖底，如图 10-192 所示。

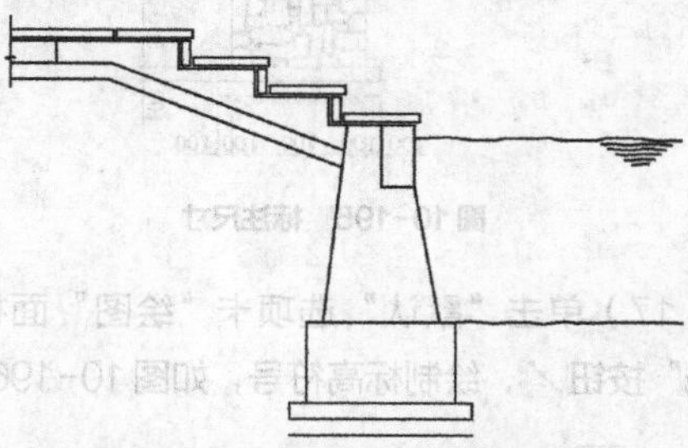

图 10-192 绘制常水位线和岸边湖底

（14）单击“默认”选项卡“块”面板中的“插入”按钮，将水泥砂浆图块插入图中合适的位置，如图 10-193 所示。

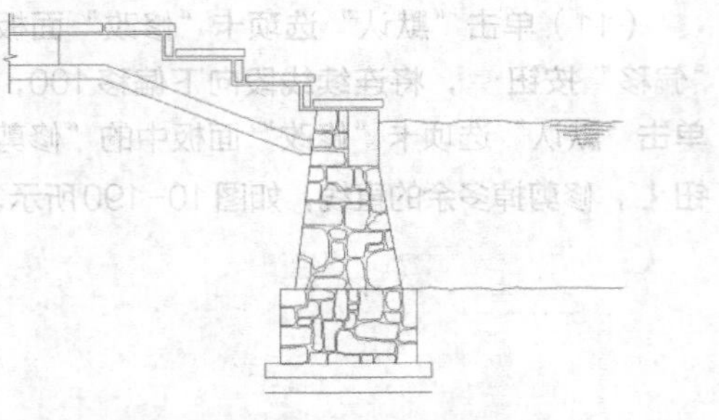

图10-193　插入水泥砂浆图块

（15）单击“默认”选项卡“绘图”面板中的“图案填充”按钮，选择“ANSI33”“AR-SAND”“EARTH”“AR-CONC”图案，填充图形，如图10-194所示。

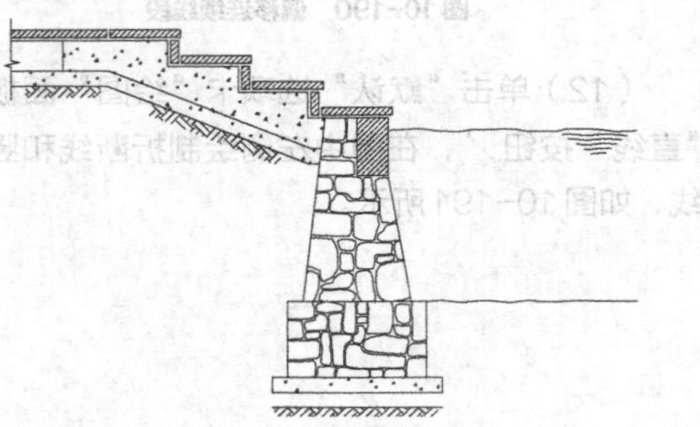

图10-194　填充图形

（16）单击“默认”选项卡“注释”面板中的“线性”按钮和“连续”按钮，标注尺寸，如图10-195所示。

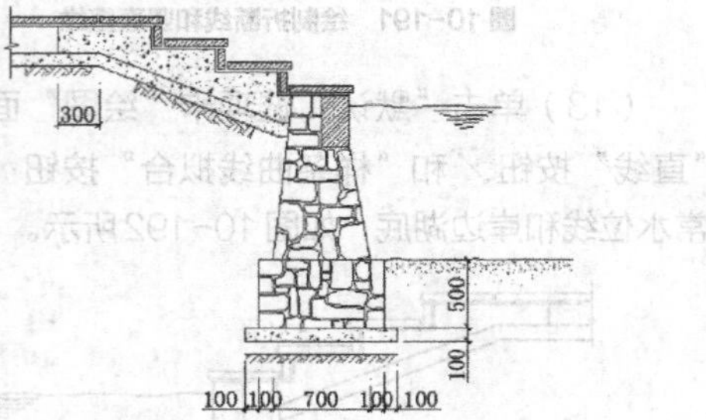

图10-195　标注尺寸

（17）单击“默认”选项卡“绘图”面板中的“直线”按钮，绘制标高符号，如图10-196所示。

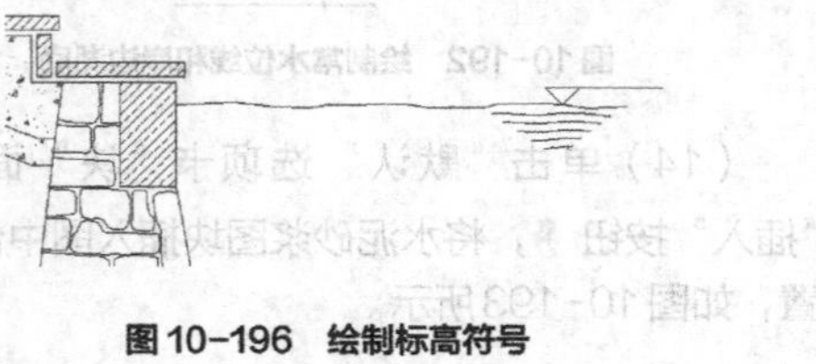

图10-196　绘制标高符号

（18）单击“默认”选项卡“注释”面板中的“多行文字”按钮A，在标高符号处输入文字“常水位”，如图10-197所示。

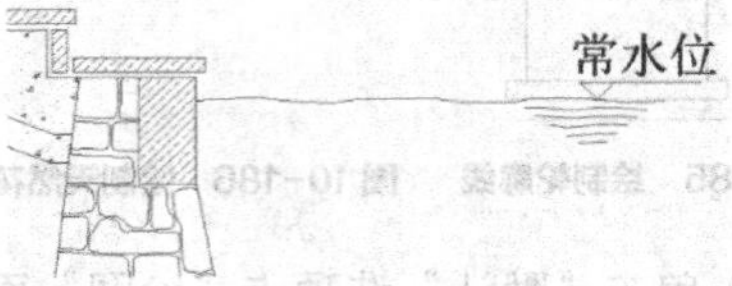

图10-197　输入文字

（19）单击“默认”选项卡“修改”面板中的“复制”按钮，复制标高符号和文字，然后双击文字以修改文字内容，如图10-198所示。

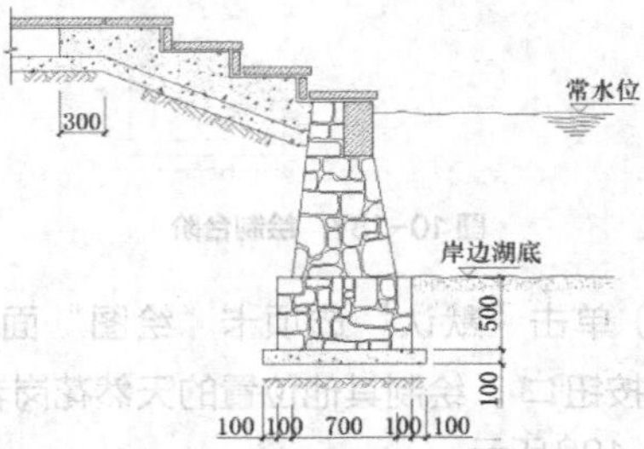

图10-198　修改文字内容

（20）单击“默认”选项卡“绘图”面板中的“直线”按钮和“注释”面板中的“多行文字”按钮A，标注剩余文字，如图10-199所示。

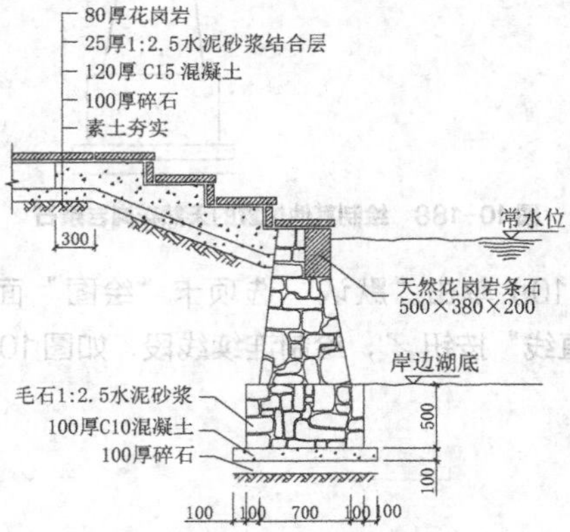

图10-199　标注剩余文字

（21）同理，单击“默认”选项卡“绘图”面板中的“直线”按钮和“注释”面板中的“多行文字”按钮A，标注图名，如图10-179所示。

（22）浅水区驳岸详图的绘制方法与其他详图的绘制方法类似，这里不赘述，浅水区驳岸详图如图10-200所示。

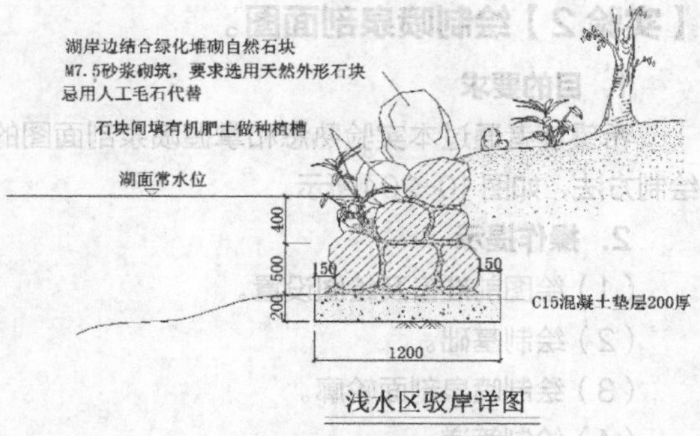

图 10-200 浅水区驳岸详图

（23）单击“默认”选项卡“注释”面板中的“多行文字”按钮 A，在图中空白处标注文字，如图10-201所示。

备注：卵石滩散铺150厚浅色φ30～60白色60%，浅黄色20%，青灰色20%，并在其上布置少许φ150～200白色大卵石。

图 10-201 标注文字说明

（24）单击“默认”选项卡“块”面板中的“插入”按钮，将图框插入图中，并调整布局大小，然后输入图名，结果如图10-202所示。

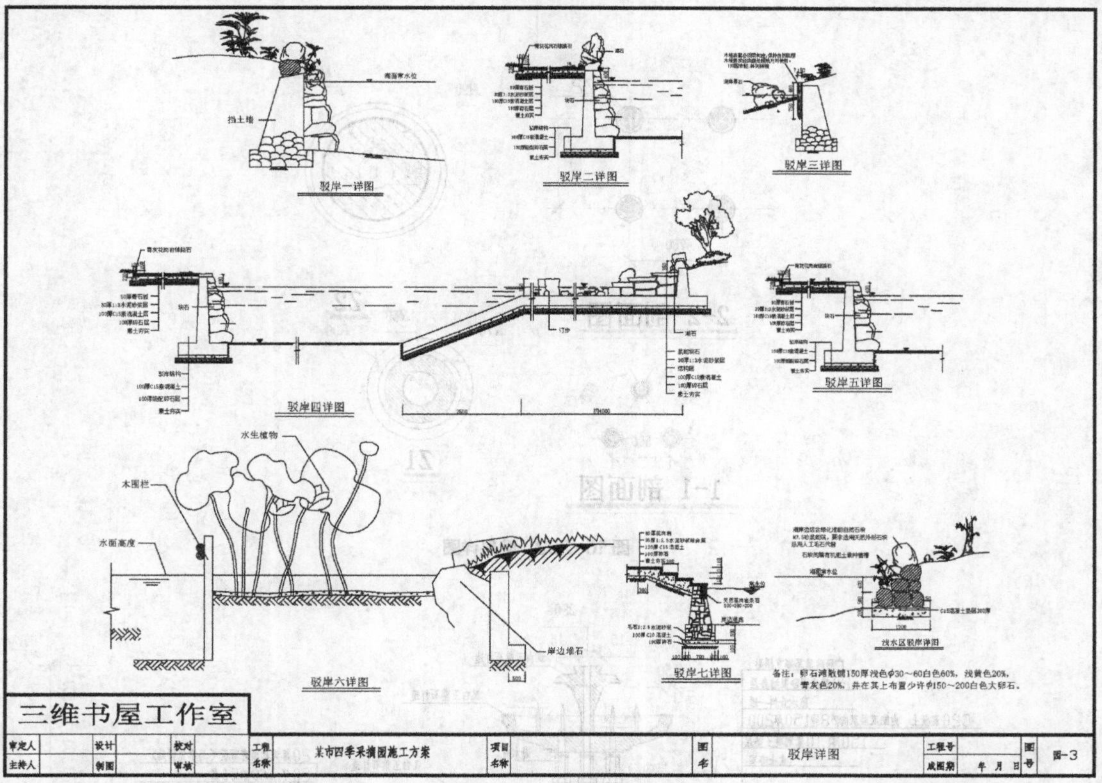

图 10-202 某市四季采摘园施工方案

10.5 上机实验

通过前面的学习，相信读者对本章知识已有了大体的了解。本节通过两个实验帮助读者进一步掌握本章知识要点。

【实验 1】绘制喷泉详图。

1. 目的要求

希望读者通过本实验熟悉和掌握喷泉详图的绘制方法，如图 10-203 所示。

2. 操作提示

（1）绘图前准备及绘图设置。

（2）绘制定位线（以Z2为例）。

（3）绘制汉白玉石柱。

（4）标注文字。

【实验 2】绘制喷泉剖面图。

1. 目的要求

希望读者通过本实验熟悉和掌握喷泉剖面图的绘制方法，如图 10-204 所示。

2. 操作提示

（1）绘图前准备及绘图设置。

（2）绘制基础。

（3）绘制喷泉剖面轮廓。

（4）绘制管道。

（5）填充基础和喷水池。

（6）标注文字。

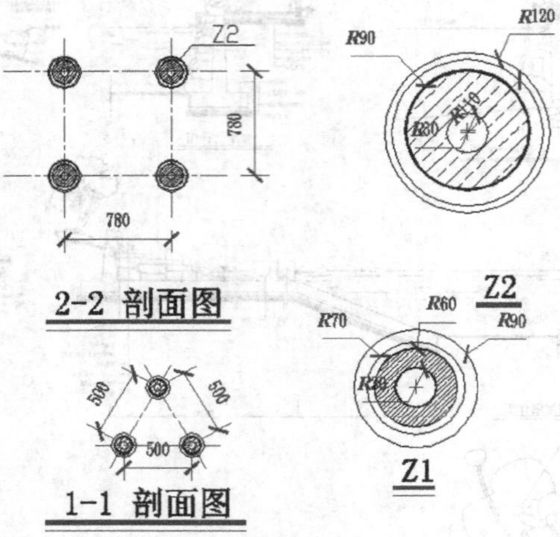

图 10-203　喷泉详图

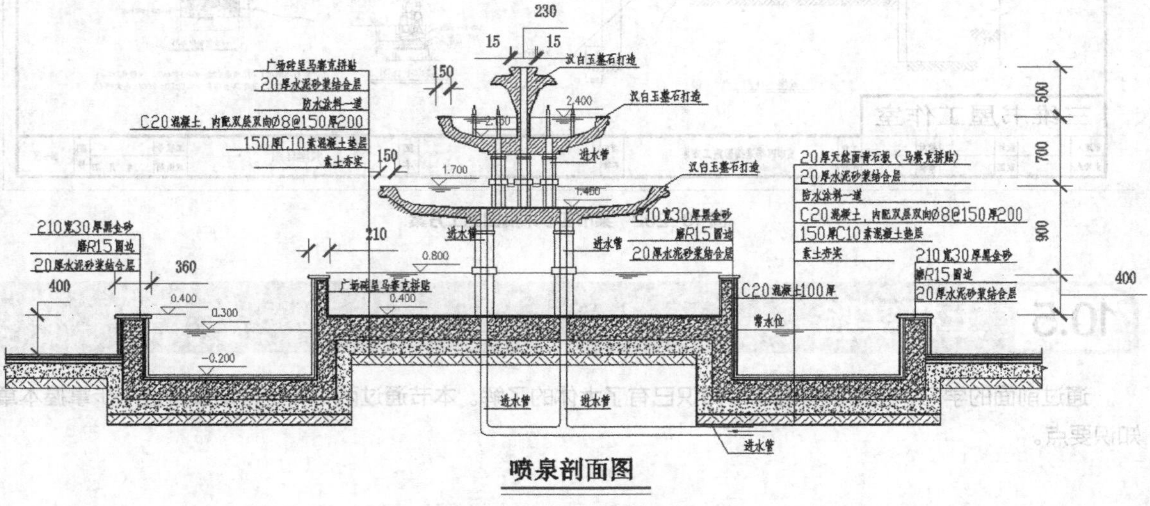

图 10-204　喷泉剖面图

第11章

园林绿化设计

园林绿化设计在园林设计中占有十分重要的地位，植物景观配置成功与否，将直接影响环境景观的质量及艺术水平。本章首先对园林绿化设计进行概述，然后讲解如何应用 AutoCAD 2020 绘制庭园绿化规划设计平面图。

知识点

- 概述
- 绘制庭园绿化规划设计平面图

11.1 概述

植物是园林设计中有生命的题材。园林植物作为园林空间构成的要素之一，其重要性和不可替代性在现代园林中日益明显地表现出来。园林生态效益的体现主要依靠以植物群落景观为主体的自然生态系统和人工植物群落。园林植物有着多变的形体和丰富的季相变化，其他的构景要素无不需要借助园林植物来丰富和完善，园林植物与地形、水体、建筑、山石、雕塑等有机配置，展现优美、雅静的环境和艺术效果。

植物要素包括乔木、灌木、攀缘植物、花卉、草坪地被、水生植物等。各种植物在各自适宜的位置上发挥着作用。植物的四季景观，本身的形态、色彩、芳香、习性等都可作为园林造景的题材。

11.1.1 园林植物配置原则

1. 整体优先原则

城市园林植物配置要遵循自然规律，利用城市所处的环境、地形地貌特征、自然景观、性质等进行科学建设或改建。我们要高度重视保护自然景观、历史文化景观，以及物种的多样性，把握好它们与城市园林的关系，使城市建设与自然和谐，在城市建设中可以回味历史，保障历史文脉的延续。充分研究和借鉴城市所处地带的自然植被类型、景观格局和特征特色，在科学、合理的基础上，适当增加植物配置的艺术性、趣味性，使之人性化和具有亲近感。

2. 生态优先原则

在植物的选择、树种的搭配、草本花卉的点缀、草坪的衬托等方面必须最大限度地以改善生态环境、提高生态质量为出发点，应该尽量多地选择和使用乡土树种，创造出稳定的植物群落；充分应用生态位原理和植物他感作用，合理配置植物，只有适合的才是最好的，才能创造最大的生态效益。

3. 可持续发展原则

以自然环境为出发点，按照生态学原理，在充分了解各植物种类的生物学、生态学特性的基础上，合理布局、科学搭配，使各植物和谐共存，群落稳定发展，达到调节自然环境与城市环境关系的目的。在城市中实现社会、经济和环境效益的协调发展。

4. 文化原则

在植物配置中坚持文化原则，可以使城市园林向充满人文内涵的高品位方向发展，使不断演进、起伏的城市历史文化脉络在城市园林中得到体现。在城市园林中把反映某种人文内涵、象征某种精神品格、代表某个历史时期的植物科学、合理地进行配置，形成具有特色的城市园林景观。

11.1.2 配置方法

1. 近自然式配置

所谓近自然式配置，一方面是指植物本身为近自然状态，尽量避免人工重度修剪和造型；另一方面是指在配置中要避免植物种类的单一、株行距的整齐划一以及苗木规格的一致。在配置中尽可能自然，通过不同物种、密度、规格的搭配，实现群落的共生与稳定。目前，城市森林在我国还处于起步阶段，森林绿地的近自然式配置应该大力提倡。首先以地带性植被为样板进行模拟，选择合适的建群种，同时减少对树木个体、群落的过度人工干扰。如上海在城市森林建设和改造中采用宫胁造林法来模拟地带性森林植被，便是一种有益的尝试。

2. 融合传统园林中植物配置方法

融合传统园林中植物配置方法，师法自然，通过艺术加工来提升植物景观的观赏价值。在充分发挥群落生态功能的同时，尽可能创造社会效益。

11.1.3 树种选择

树木是森林十分基本的组成要素，科学地选择城市森林树种是保证城市森林发挥多种功能的基础，也会直接影响城市森林的经营和管理成本。

1. 选择各种高大的乔木树种

在我国城市绿化用地十分有限的情况下，要达到以较少的城市绿化建设用地获得较高生态效益的目的，必须发挥乔木树种占有空间大、寿命长、生态效益高的优势。例如，德国城市森林树木达到12m，修剪6m以下的侧枝，林冠下种植栎类植物、山毛榉等阔叶树种。我国的高大树种资源丰富，30 ~ 40m的高大乔木树种很多，应该广泛加以利用。在选择高大乔木树种的过程中，除要重视一些长寿命的基调树种以外，还要重视一些速生树种的使用，特别是在我国城市森林还比较落后的现实情况下，通过种植速生树种可以尽快形成森林环境。

2. 选择常绿与落叶、阔叶树种

乔木树种的主要作用之一是为城市居民提供遮荫环境。我国大部分地区都有酷热、漫长的夏季，冬季虽然比较冷，但阳光比较充足。因此，我国的城市森林建设方向应是夏季能够遮荫、降温，冬季能够透光、增温。而现在许多城市森林建设并没有考虑该方向，偏爱使用常绿树种。有些常绿树种引种进来之后由于水土不服等原因，处在濒死的边缘，几乎没有产生生态效益。一些具有鲜明地方特色的落叶、阔叶树种，不仅能够在夏季旺盛生长并产生降温增湿、净化空气等生态效益，还能够在冬季增加光照，起到增温作用。因此，要根据城市所处地区的气候特点和具体城市绿地的环境需求选择常绿与落叶、阔叶树种。

3. 选择本地区野生或栽培的建群种

追求城市绿化的个性与特色是城市园林建设的重要目标。地区之间因气候条件、土壤条件的差异而造成植物种类上的不同，乡土树种是表现城市园林特色的主要载体之一。乡土树种更为可靠、廉价、安全，它能够适应本地区的自然环境条件，抵抗病虫害、环境污染等干扰的能力强，能尽快形成相对稳定的森林结构和发挥多种生态功能，有利于减少养护成本。因此，乡土树种和地带性植被应该成为城市园林的主体。建群种是森林植物群落中在群落外貌、土地利用、空间占用、数量等方面占主导地位的树种。建群种可以是乡土树种，也可以是在引入地经过长期栽培，已适应引入地自然条件的外来树种。建群种无论是在对当地气候条件的适应性、增建群落的稳定性，还是在展现当地森林植物群落外貌特征等方面都有不可替代的作用。

11.2 绘制庭园绿化规划设计平面图

图11-1所示为庭园规划现状图和总平面图，此庭园长85m、宽65m，西北方和西南方有一些不规则的区域，不过基本上呈规则矩形，面积将近5500m²。此庭园东面为一幢3层办公楼，中心有一个2000m²的水池。

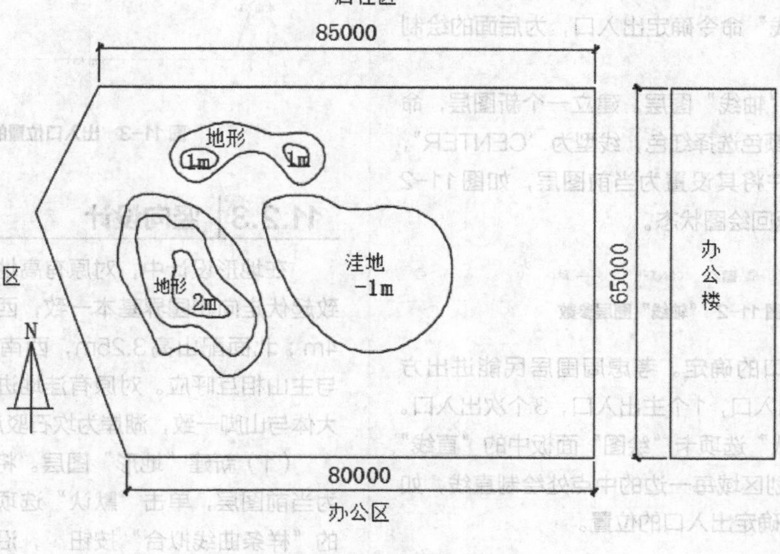

规划现状图

图 11-1 庭园规划现状图和总平面图

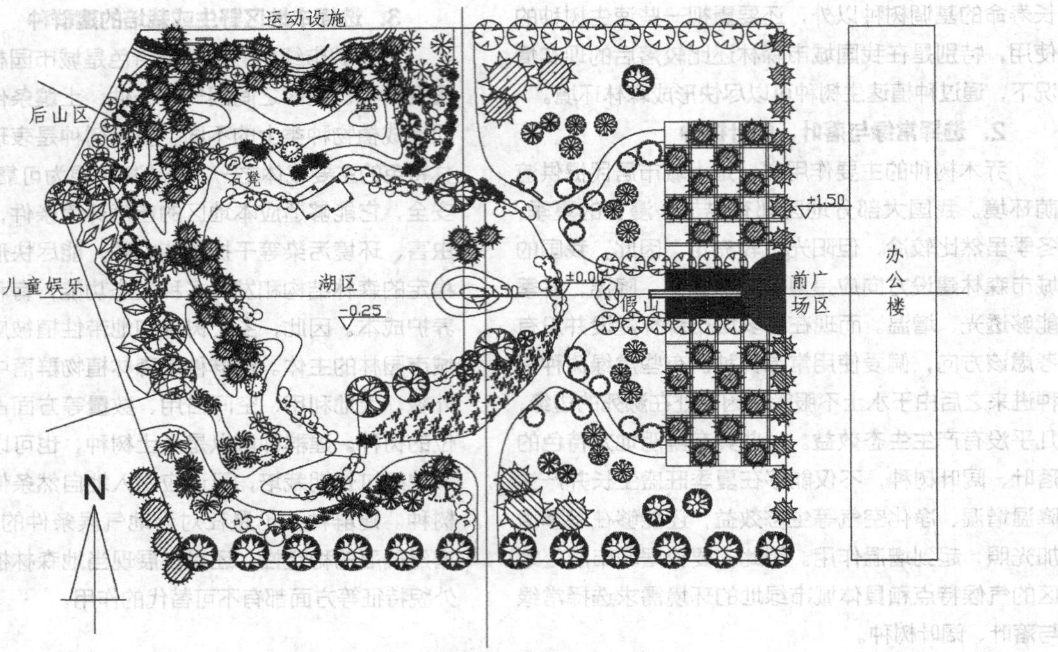

图 11-1　庭园规划现状图和总平面图（续）

11.2.1　必要的设置

打开源文件中的“规划现状图”，对其进行整理，然后对单位和图形界限进行逐一设置。

11.2.2　确定出入口

使用“直线”命令确定出入口，为后面的绘制打下基础。

（1）建立“轴线”图层。建立一个新图层，命名为“轴线”，颜色选择红色，线型为“CENTER”，线宽为默认，并将其设置为当前图层，如图 11-2 所示。确定后返回绘图状态。

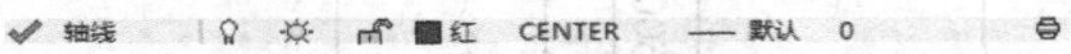

图 11-2　“轴线”图层参数

（2）出入口的确定。考虑周围居民能进出方便，设计 4 个出入口，1 个主出入口，3 个次出入口。

单击“默认”选项卡“绘图”面板中的“直线”按钮，在规划区域每一边的中点处绘制直线，如图 11-3 所示，确定出入口的位置。

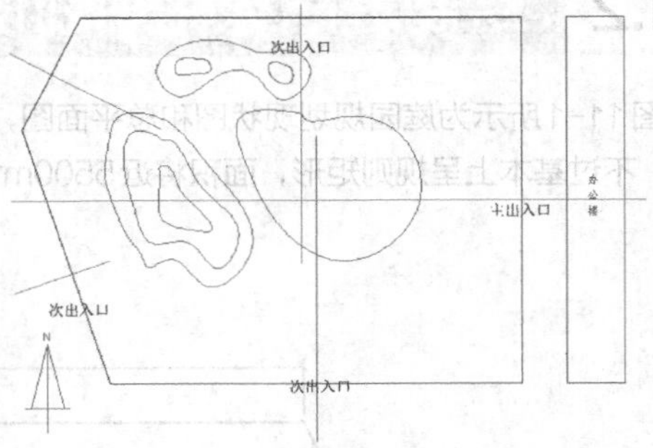

图 11-3　出入口位置的确定

11.2.3　竖向设计

在地形设计中，对原有高地进行整理，山体大致起伏走向和园界基本一致，西北方向为主山，高 4m；北面配山高 3.25m，西南方向配山高 2.5m，与主山相互呼应。对原有洼地进行修整，湖岸走向大体与山脚一致，湖岸为坎石驳岸。

（1）新建“地形”图层。将“地形”图层设置为当前图层，单击“默认”选项卡“绘图”面板中的“样条曲线拟合”按钮，沿园界方向绘制地形坡脚线，如图 11-4 所示。

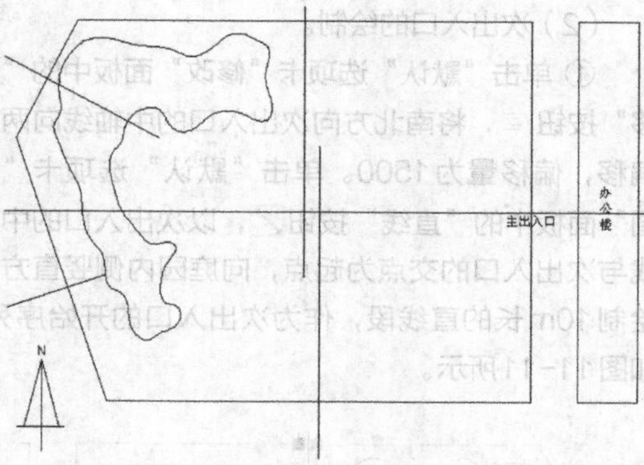

图 11-4 绘制地形坡脚线

（2）新建“水系”图层。将“水系”图层设置为当前图层，单击“默认”选项卡“绘图”面板中的“样条曲线拟合”按钮，沿地形坡脚线方向在庭园的中心位置绘制水系驳岸线，采用“高程”的标注方法标注“湖底”的高程，如图11-5所示。

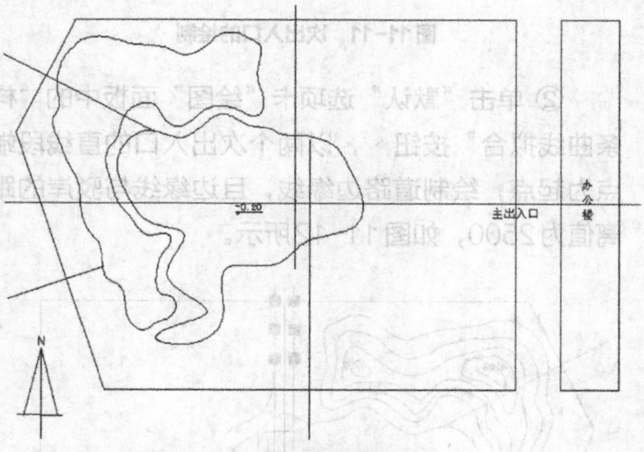

图 11-5 绘制水系驳岸线

（3）绘制地形内部的等高线。将“地形”图层设置为当前图层，单击“默认”选项卡“绘图”面板中的“样条曲线拟合”按钮，沿地形坡脚线方向绘制地形内部的等高线，西北方向为主山，高4m；北面配山高3.25m，西南方向配山高2.5m，如图11-6所示。

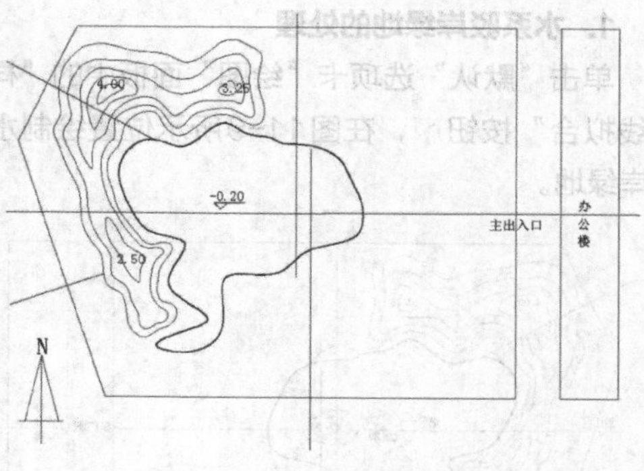

图 11-6 绘制地形内部的等高线

（4）湖心岛的设计。考虑到整个庭园构图的均衡，将岛置于出入口的中心线上，如图11-7所示。绘制湖心岛等高线，将其最高点设计为1.5m，如图11-8所示。

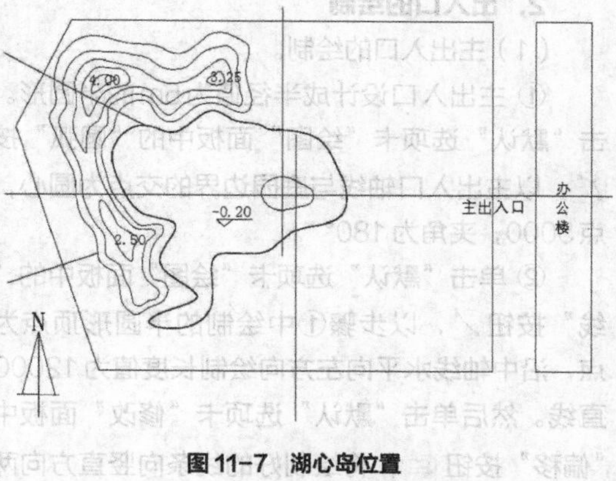

图 11-7 湖心岛位置

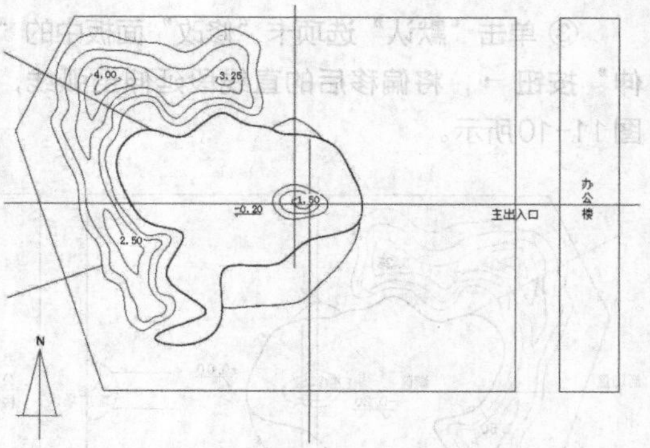

图 11-8 绘制湖心岛等高线

11.2.4 道路系统

道路设计分为主、次两级道路系统，主路宽2.5m，贯穿全园，次路宽1.5m。

1. 水系驳岸绿地的处理

单击“默认”选项卡“绘图”面板中的“样条曲线拟合”按钮，在图11-9所示位置绘制水系驳岸绿地。

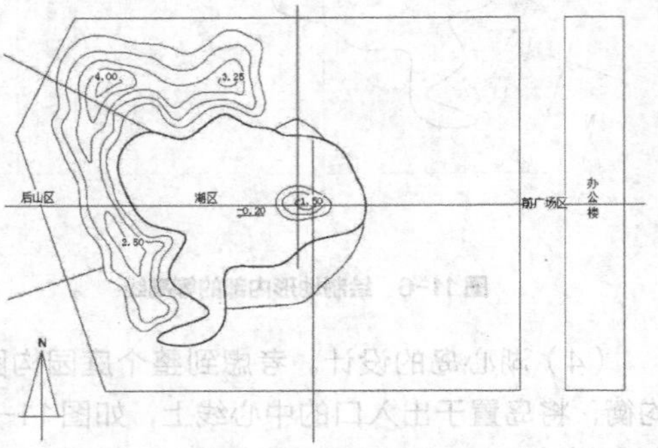

图11-9 绘制水系驳岸绿地

2. 出入口的绘制

（1）主出入口的绘制。

① 主出入口设计成半径值为5m的半圆形。单击“默认”选项卡“绘图”面板中的“圆弧”按钮，以主出入口轴线与庭园边界的交点为圆心，起点5000，夹角为180°。

② 单击“默认”选项卡“绘图”面板中的“直线”按钮，以步骤①中绘制的半圆形顶点为起点，沿中轴线水平向左方向绘制长度值为12000的直线。然后单击“默认”选项卡“修改”面板中的“偏移”按钮，将绘制好的线条向竖直方向两侧进行偏移，偏移距离为3500。

③ 单击“默认”选项卡“修改”面板中的“延伸”按钮，将偏移后的直线段延伸至弧线，如图11-10所示。

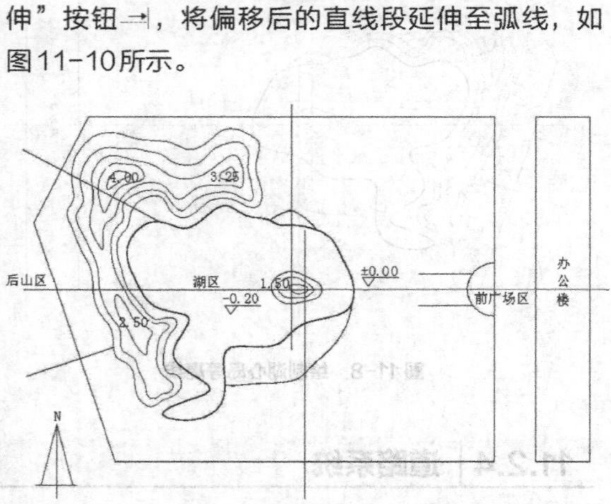

图11-10 主出入口的绘制

（2）次出入口的绘制。

① 单击“默认”选项卡“修改”面板中的“偏移”按钮，将南北方向次出入口的中轴线向两侧偏移，偏移量为1500。单击“默认”选项卡“绘图”面板中的“直线”按钮，以次出入口的中轴线与次出入口的交点为起点，向庭园内侧竖直方向绘制10m长的直线段，作为次出入口的开始序列，如图11-11所示。

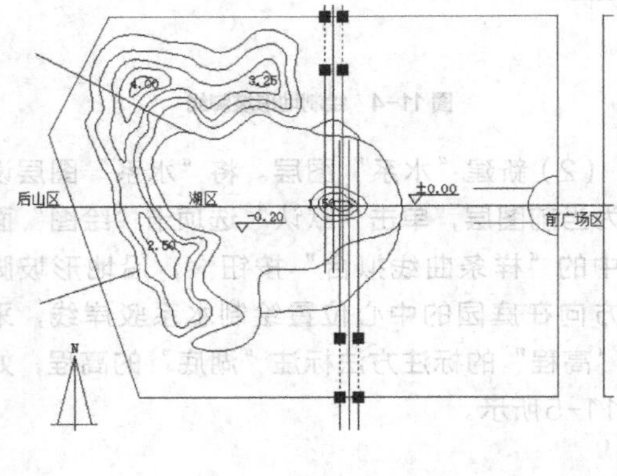

图11-11 次出入口的绘制

② 单击“默认”选项卡“绘图”面板中的“样条曲线拟合”按钮，以两个次出入口的直线段端点为起点，绘制道路边缘线，且边缘线与驳岸的距离值为2500，如图11-12所示。

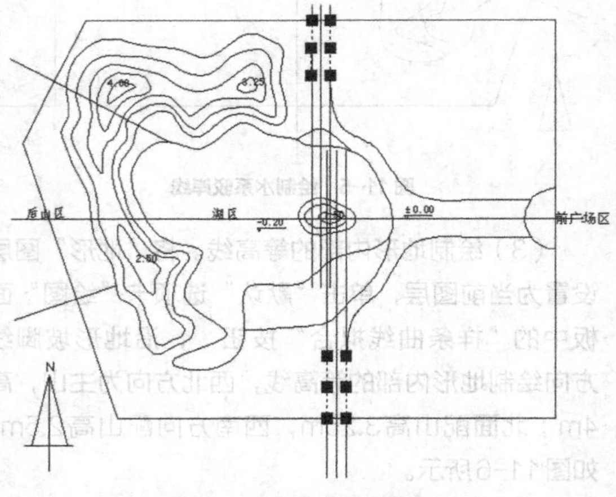

图11-12 绘制道路边缘线

③ 绘制西次出入口与南次出入口的道路连接，西次出入口的道路南侧边缘线与中轴线的距离值为2500。

（3）水系最窄处——平桥设置。

① 单击“默认”选项卡“绘图”面板中的“矩形”按钮 ▭，绘制“3000×1500”的矩形。

② 单击“默认”选项卡“修改”面板中的“旋转”按钮 ↻，将矩形绕左下角旋转-5°，去掉中轴线的偏移线，道路系统绘制完毕，如图11-13所示。

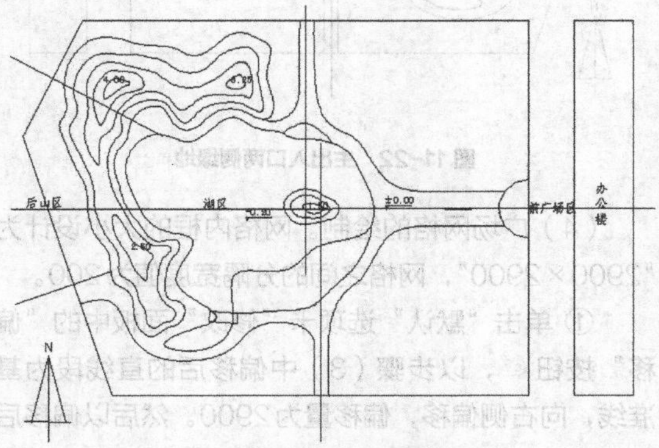

图 11-13　道路系统绘制完毕

11.2.5 景点的分区

景点按功能分为前广场区、湖区、儿童娱乐区、后山区和运动设施区 4 个区。

1. 标注区名

（1）建立“文字”图层，其参数如图11-14所示，并将其设置为当前图层。

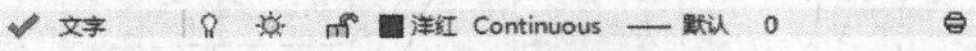

图 11-14　“文字”图层参数

（2）单击“默认”选项卡“注释”面板中的“多行文字”按钮 A，在图11-15所示位置标注相应的区名。

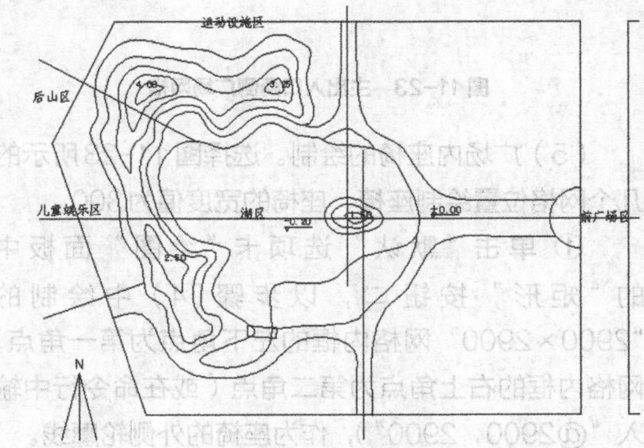

图 11-15　标注区名

2. 前广场区景点设计

主出入口设小型广场用来集散人流，往西一段设计小型涌泉。位于办公楼前的两侧绿地设计为简洁、开阔的风格。

（1）假山设计。单击“默认”选项卡“绘图”面板中的“多段线”按钮 ⊃，绘制假山平面图，将其放置在图11-16所示位置。

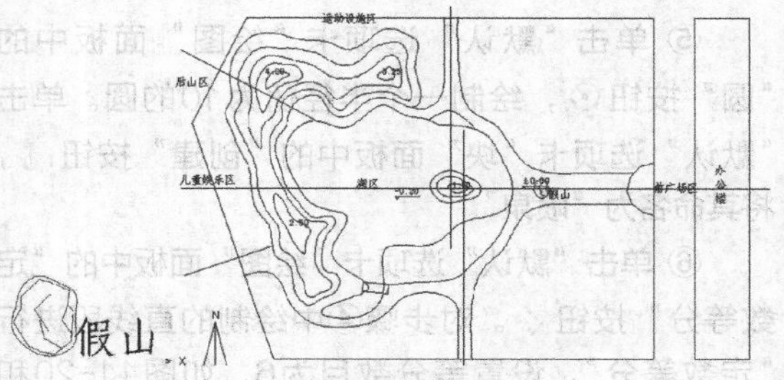

图 11-16　假山设计

（2）喷泉设计。

① 单击“默认”选项卡“修改”面板中的“偏移”按钮 ⋐，将主出入口的中轴线分别向两侧偏移，偏移量为1000。然后单击“默认”选项卡“修改”面板中的“修剪”按钮 ✂，以圆弧为剪切边，对偏移后的直线进行修剪，喷泉的绘制如图11-17所示。

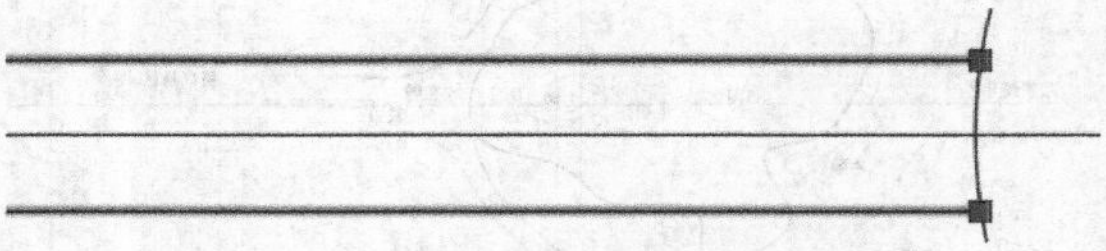
图 11-17　喷泉的绘制（1）

② 单击“默认”选项卡“绘图”面板中的“直线”按钮 ⁄，将修剪后的直线段右侧的两端点连接起来。

③ 单击“默认”选项卡“绘图”面板中的“矩形”按钮 ▭，以向上偏移的直线段右侧端点为第一角点，在命令行中输入“@-12000，-2000”。然后单击“默认”选项卡“修改”面板中的“偏移”按钮 ⋐，将其向内侧进行偏移，偏移量为250，如图11-18所示。

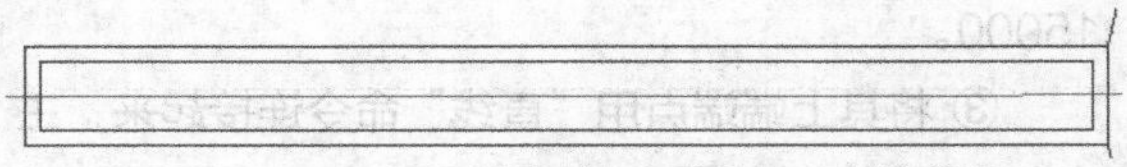
图 11-18　喷泉的绘制（2）

④ 单击“默认”选项卡“绘图”面板中的

“直线”按钮，沿中轴线绘制直线段，起点和终点均选择步骤③中偏移后的矩形两侧的中点，如图11-19所示。

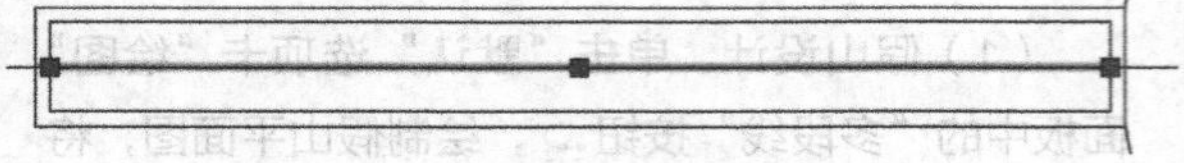

图11-19　喷泉的绘制（3）

⑤ 单击“默认”选项卡“绘图”面板中的“圆”按钮，绘制一个半径值为10的圆。单击“默认”选项卡“块”面板中的“创建”按钮，将其命名为“喷泉”。

⑥ 单击“默认”选项卡“绘图”面板中的“定数等分”按钮。对步骤④中绘制的直线段进行“定数等分”，设置等分数目为6，如图11-20和图11-21所示。

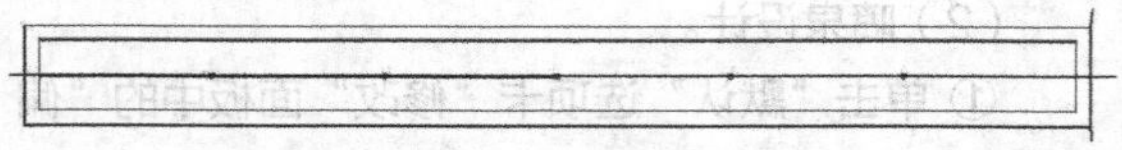

图11-20　喷泉的绘制（4）

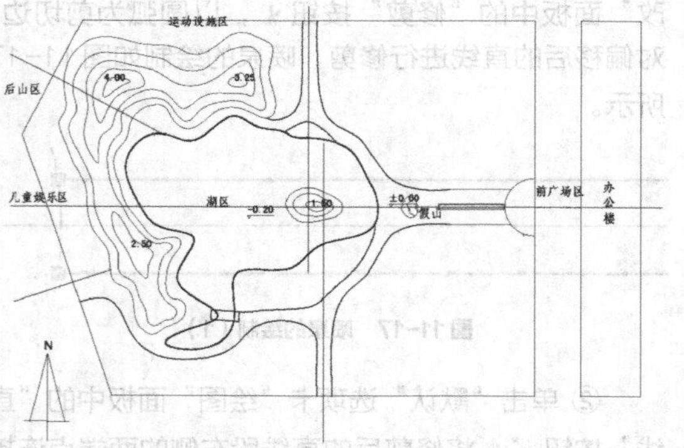

图11-21　喷泉的绘制（5）

（3）主出入口两侧绿地、广场设计。

① 单击“默认”选项卡“绘图”面板中的“直线”按钮，以主出入口处半圆广场的圆心为起点，方向竖直向上，直线长度值为25000。

② 单击“默认”选项卡“修改”面板中的“偏移”按钮，将其水平向左偏移，偏移量为15000。

③ 将其上端端点用“直线”命令连接起来，主出入口两侧绿地如图11-22所示。

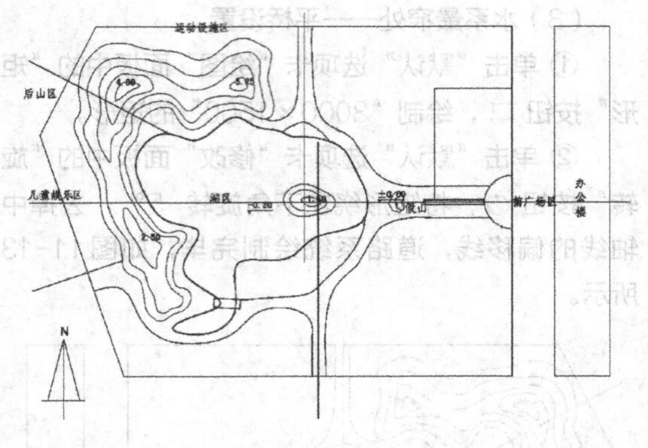

图11-22　主出入口两侧绿地

（4）广场网格的绘制。网格内框的大小设计为“2900×2900”，网格之间的分隔宽度值为200。

① 单击“默认”选项卡“修改”面板中的“偏移”按钮，以步骤（3）中偏移后的直线段为基准线，向右侧偏移，偏移量为2900。然后以偏移后的直线段为基准线，水平向右偏移，偏移量为200。再以偏移后的直线段为基准线，水平向右偏移，偏移量为2900。用同样方法偏移其他直线。

② 用同样方法偏移水平方向的直线段，修剪后的主出入口两侧广场网格，如图11-23所示。

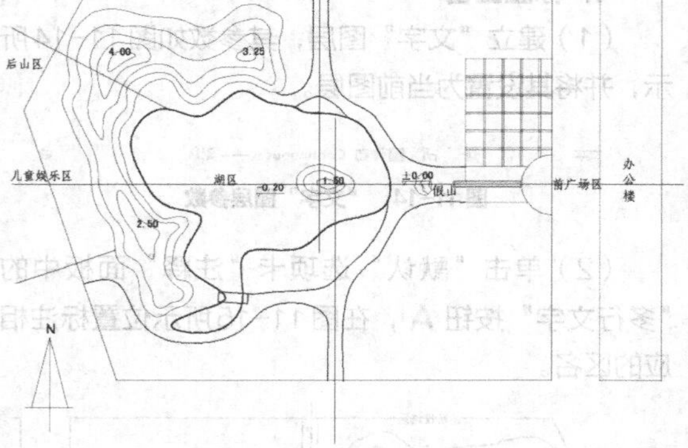

图11-23　主出入口两侧广场网格

（5）广场内座椅的绘制。选择图11-23所示的几个网格位置绘制座椅，座椅的宽度值为300。

① 单击“默认”选项卡“绘图”面板中的“矩形”按钮，以步骤（4）中绘制的“2900×2900”网格内框的左下角点为第一角点，网格内框的右上角点为第二角点（或在命令行中输入“@2900，2900”），作为座椅的外侧轮廓线。

② 单击“默认”选项卡“修改”面板中的“偏移”按钮 ⋐，将外侧轮廓线向内侧偏移，偏移量为300，作为座椅的宽度。

③ 单击“默认”选项卡“块”面板中的“创建”按钮，将其命名为“座椅”。

④ 单击“默认”选项卡“修改”面板中的“复制”按钮，将绘制好的座椅复制到其他位置，基点选择为座椅的左下角点，如图 11-24 所示。

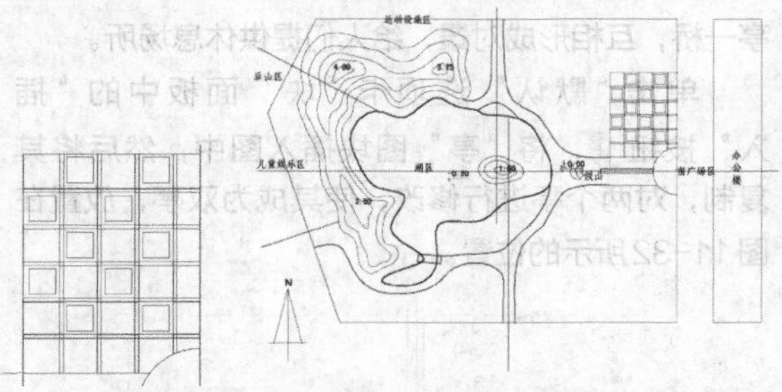

图 11-24 主出入口两侧广场座椅绘制

⑤ 单击“默认”选项卡“修改”面板中的“镜像”按钮，对绘制好的上侧绿地广场进行镜像。然后标注广场的高程，如图 11-25 所示。

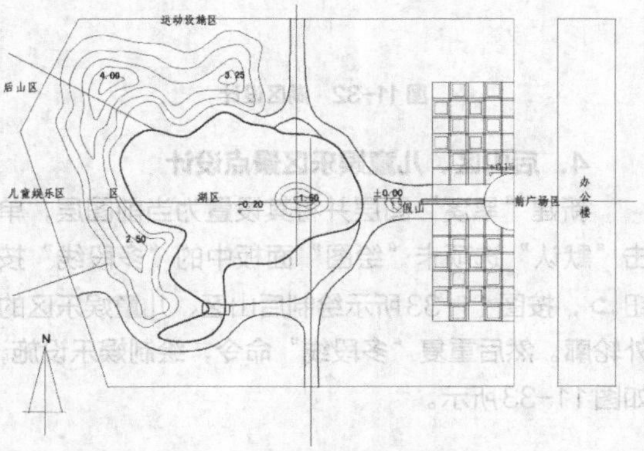

图 11-25 主出入口两侧广场绘制完毕

（6）广场与主路之间的道路绘制。

① 单击“默认”选项卡“绘图”面板中的“样条曲线拟合”按钮，在广场外适当的位置绘制道路，如图 11-26 所示。

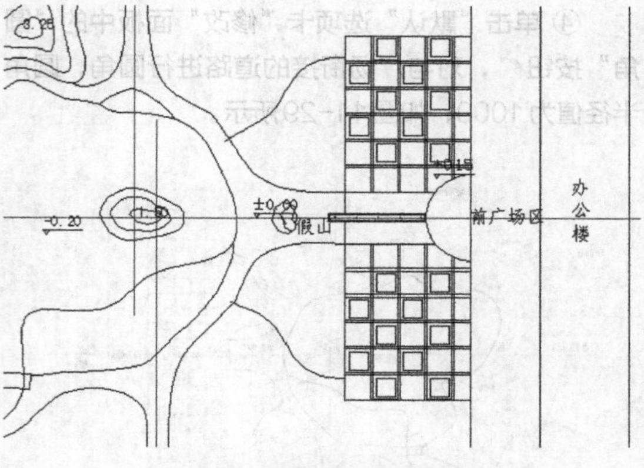

图 11-26 道路的绘制（1）

② 单击“默认”选项卡“修改”面板中的“偏移”按钮 ⋐，对道路进行偏移，偏移量为2000，如图 11-27 所示。

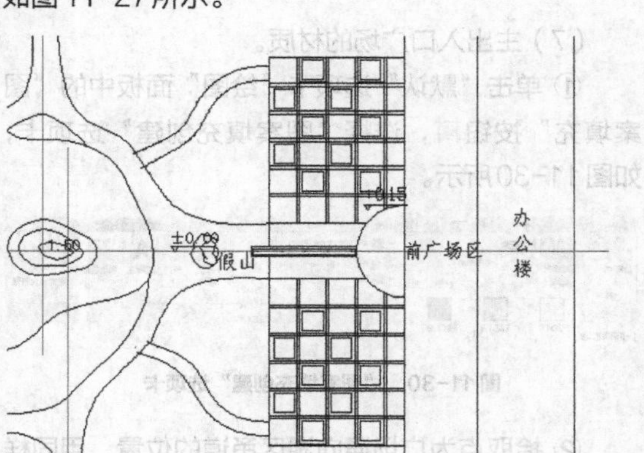

图 11-27 道路的绘制（2）

③ 单击“默认”选项卡“修改”面板中的“修剪”按钮，对道路中间的线段进行修剪，如图 11-28 所示。

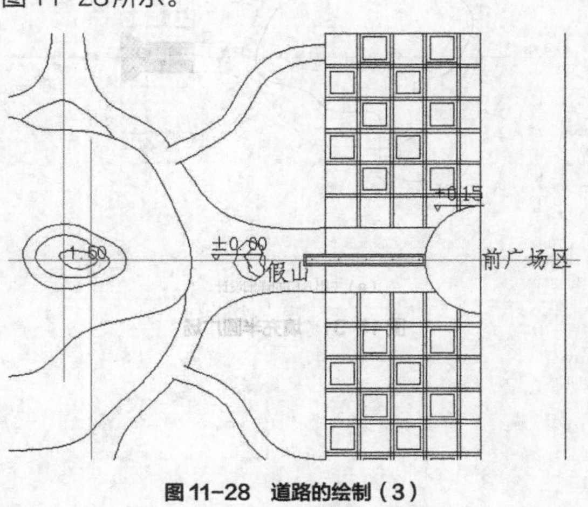

图 11-28 道路的绘制（3）

④ 单击“默认”选项卡“修改”面板中的“圆角”按钮⌒，对与广场衔接的道路进行圆角，圆角半径值为1000，如图11-29所示。

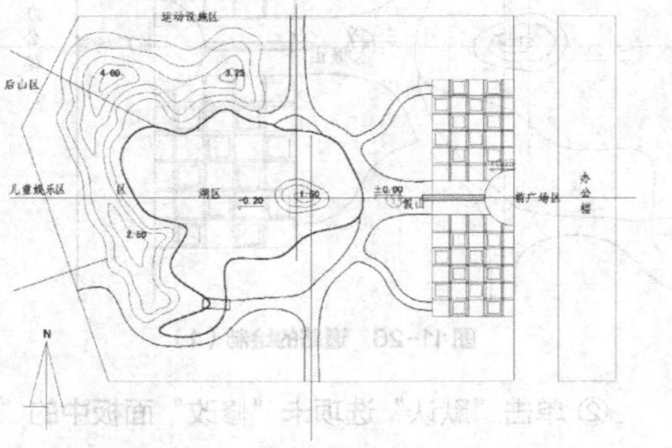

图11-29　道路的绘制（4）

（7）主出入口广场的材质。

① 单击“默认”选项卡“绘图”面板中的“图案填充”按钮▦，选择“图案填充创建”选项卡，如图11-30所示。

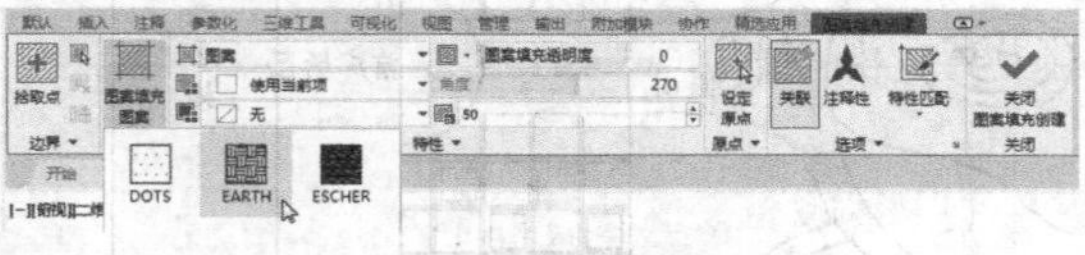

图11-30　“图案填充创建”选项卡

② 拾取点为广场通向湖区甬道的位置，用同样的方法对半圆广场进行填充，如图11-31所示。

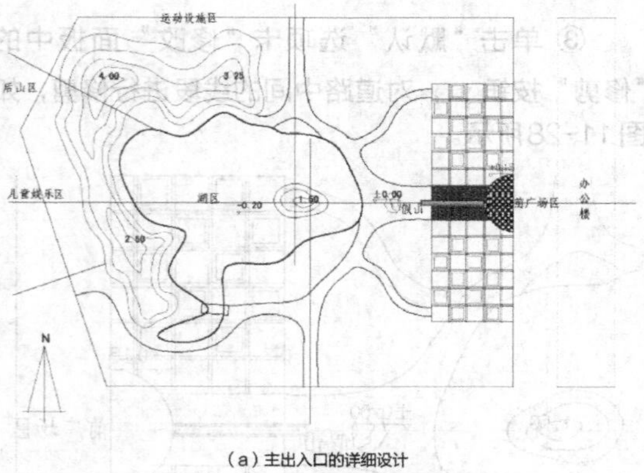

（a）主出入口的详细设计

图11-31　填充半圆广场

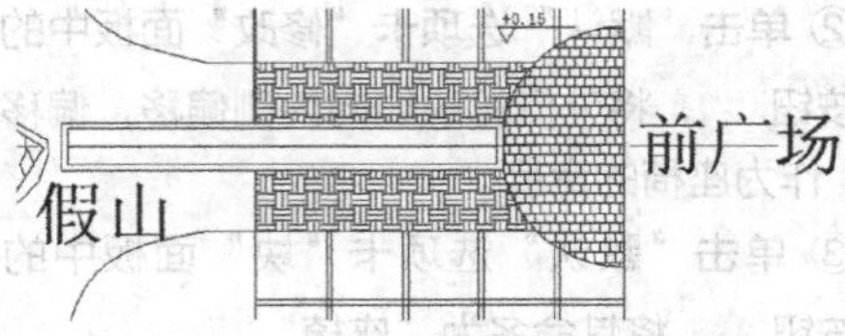

（b）主出入口的局部放大

图11-31　填充半圆广场（续）

3. 湖区景点设计

在建筑设计中，主出入口轴线两侧分别设有一亭一桥，互相形成对景，给人们提供休息场所。

单击“默认”选项卡“块”面板中的“插入”按钮，将“亭”图块插入图中，然后将其复制，对两个亭进行修改，使其成为双亭，放置在图11-32所示的位置。

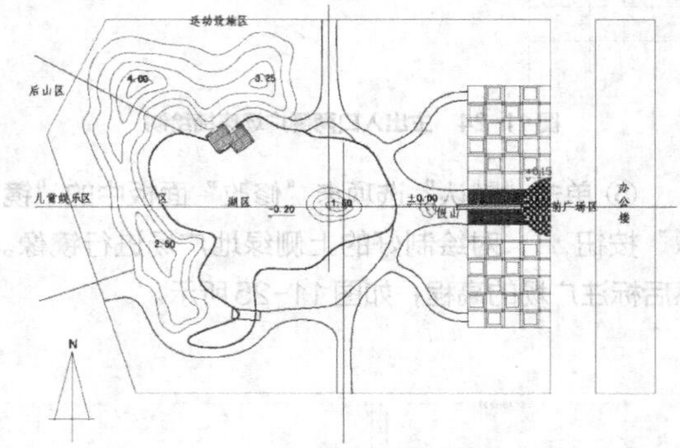

图11-32　湖区设计

4. 后山区、儿童娱乐区景点设计

新建“旱溪”图层并将其设置为当前图层，单击“默认”选项卡“绘图”面板中的“多段线”按钮，按图11-33所示绘制后山区、儿童娱乐区的外轮廓。然后重复“多段线”命令，绘制娱乐设施，如图11-33所示。

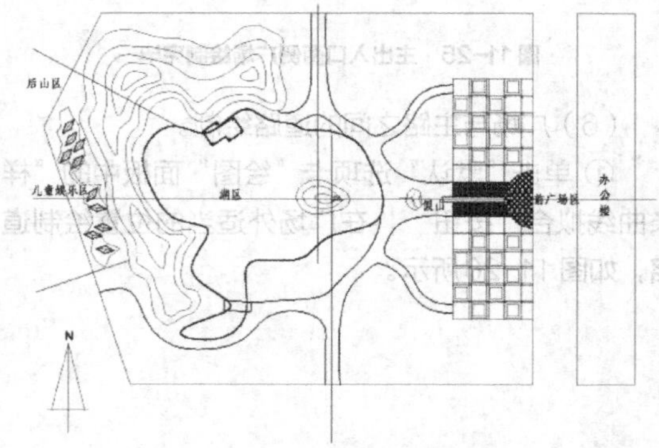

图11-33　后山儿童娱乐区设计

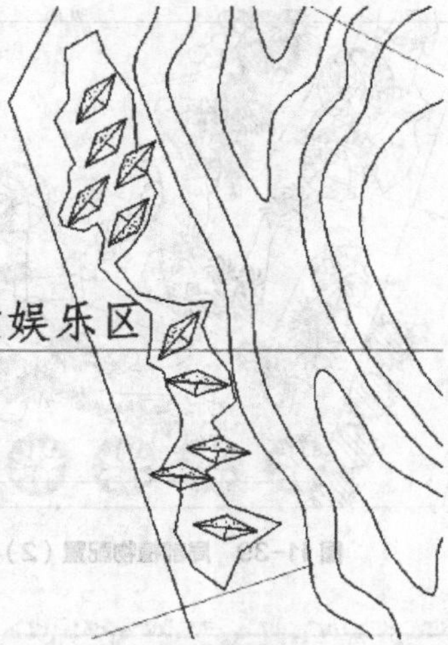

图 11-33 后山儿童娱乐区设计（续）

5. 运动设施区景点设计

（1）单击“默认”选项卡“绘图”面板中的“多段线”按钮，这样画出的曲线有一定的弧度，图面表现比较美观。

（2）在命令行提示“指定起点：”后指定一点。

（3）在命令行提示“指定下一个点或 [圆弧（A）/半宽（H）/长度（L）/放弃（U）/宽度（W）]：”后输入“A”。

（4）在命令行提示“指定圆弧的端点（按住Ctrl键以切换方向）或 [角度（A）/圆心（CE）/方向（D）/半宽（H）/直线（L）/半径（R）/第二个点（S）/放弃（U）/宽度（W）]：”后弧线的趋势如图 11-34 所示，绘制后对绘制的圆弧顶点进行调整。

（5）在命令行提示“指定圆弧的端点（按住Ctrl键以切换方向）或 [角度（A）/圆心（CE）/闭合（CL）/方向（D）/半宽（H）/直线（L）/半径（R）/第二个点（S）/放弃（U）/宽度（W）]：”后弧线的趋势如图 11-34 所示，绘制后对绘制的圆弧顶点进行调整。

弧线绘制好后，对其进行偏移，靠近地形的大弧线为彩色坐凳，偏移量为400（坐凳的宽度）。新建“设施”图层并将其设置为当前图层，小弧线和直线段用于绘制运动设施造型，宽度值为100，最左端与坐凳交接的弧线为花池，如图 11-34 所示。

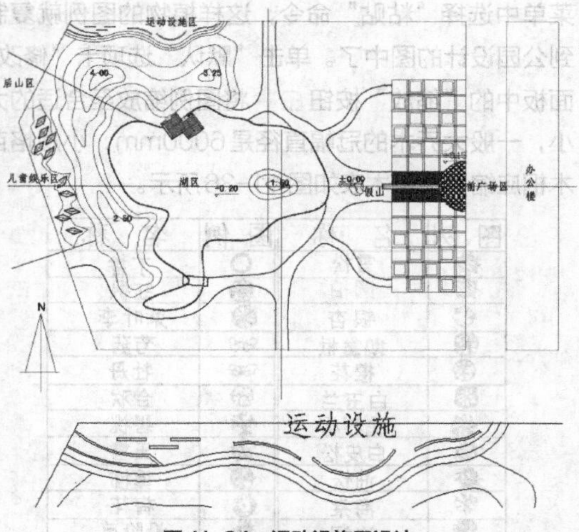

图 11-34 运动设施区设计

6. 小品设置

将前面绘制的假山复制后缩小，置于图 11-35 所示位置。单击“默认”选项卡“绘图”面板中的“矩形”按钮，绘制“1800×400”的矩形，然后对其进行旋转，移动至图 11-35 所示的合适位置。

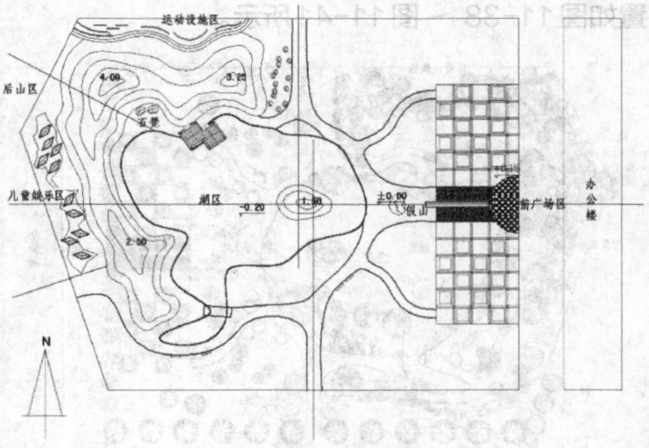

图 11-35 小品设置

11.2.6 植物配置

在植物设计方面，采用33种植物资源，均为常见园林植物种类，能确保三季有花，四季常绿。在配置方面，根据不同环境，多考虑采用常绿树种，山体北面因其阴性环境，选择喜阴的树种，如荚蒾、棣棠等。

打开“源文件\图库\苗木表”文件，选择合适的图例，在窗口中单击鼠标右键，在打开的快捷菜单中选择“复制”命令，然后将窗口切换至庭园设计的窗口。在窗口中单击鼠标右键，在弹出的快捷菜单中选择“粘贴”命令，这样植物的图例就复制到公园设计的图中了。单击“默认”选项卡“修改”面板中的“缩放”按钮▢，将图例缩放至合适的大小，一般大乔木的冠幅直径是6000mm，小规格苗木相应缩小。苗木表如图11-36所示。

图例	名称	图例	名称
	雪松		丁香
	圆柏		红枫
	银杏		紫叶李
	鹅掌楸		芍药
	樱花		牡丹
	白玉兰		合欢
	花石榴		碧桃
	白皮松		玉簪
	油松		垂柳
	海棠		梅花
	连翘		沿阶草
	棣棠		月季
	迎春		槐树
	木槿		竹
	栾树		紫薇
	黄刺玫		南天竹
	荚蒾		

图11-36 苗木表

根据植物的生长特性，采用艺术手法将其布置于公园合适的位置，如图11-37所示。局部植物配置如图11-38～图11-41所示。

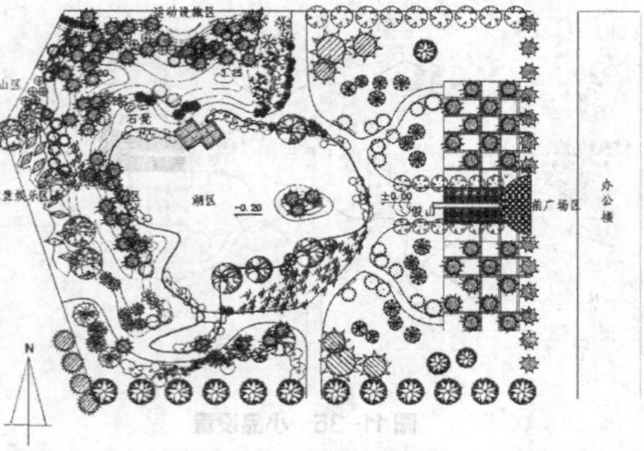

图11-37 总平面图

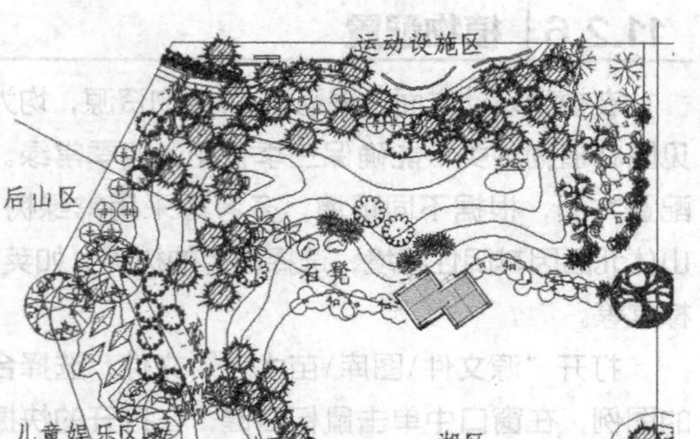

图11-38 局部植物配置（1）

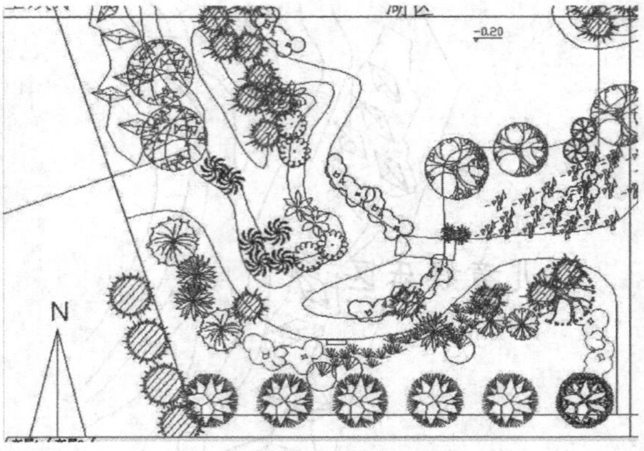

图11-39 局部植物配置（2）

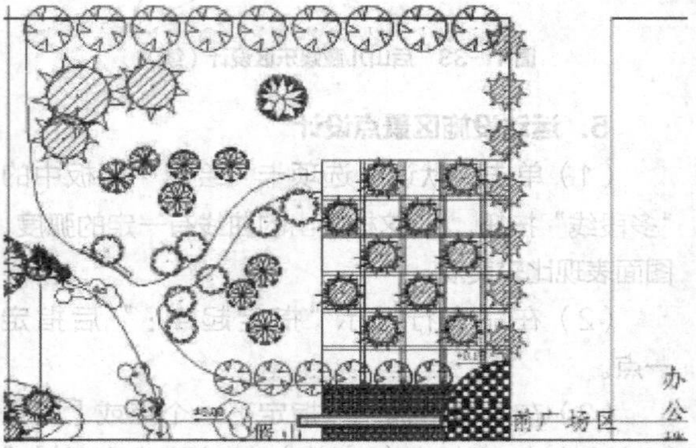

图11-40 局部植物配置（3）

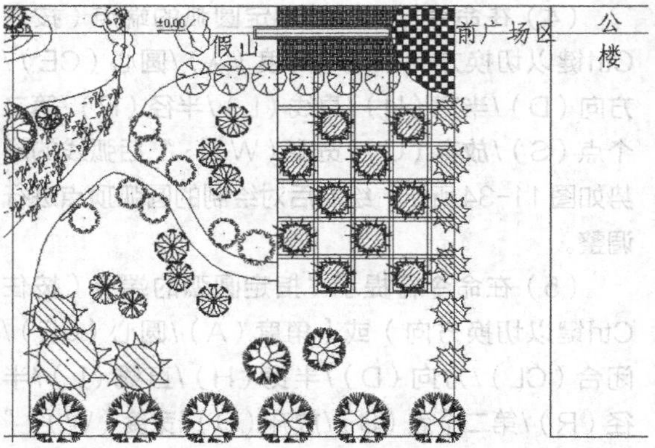

图11-41 局部植物配置（4）

11.3 上机实验

通过前面的学习，相信读者对本章知识已有了大体的了解。本节通过两个实验帮助读者进一步掌握本章知识要点。

【实验 1】绘制某学院景观绿化 A 区种植图。

1．目的要求

希望读者通过本实验熟悉和掌握某学院景观绿化A区种植图的绘制方法，如图11-42所示。

2．操作提示

（1）绘图前准备及绘图设置。

（2）绘制辅助线和道路。

（3）绘制园林设施和广场。

（4）植物配置。

（5）标注文字。

【实验 2】绘制某学院景观绿化 B 区种植图。

1．目的要求

希望读者通过本实验熟悉和掌握某学院景观绿化B区种植图的绘制方法，如图11-43所示。

2．操作提示

（1）绘图前准备及绘图设置。

（2）绘制辅助线和道路。

（3）绘制园林设施。

（4）植物配置。

（5）标注文字。

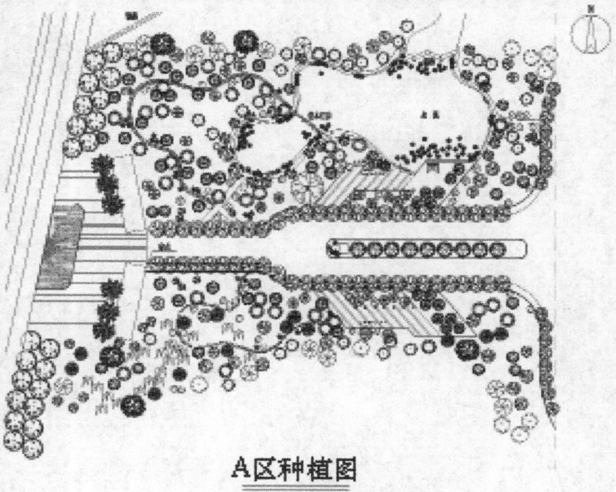

图 11-42 A 区种植图

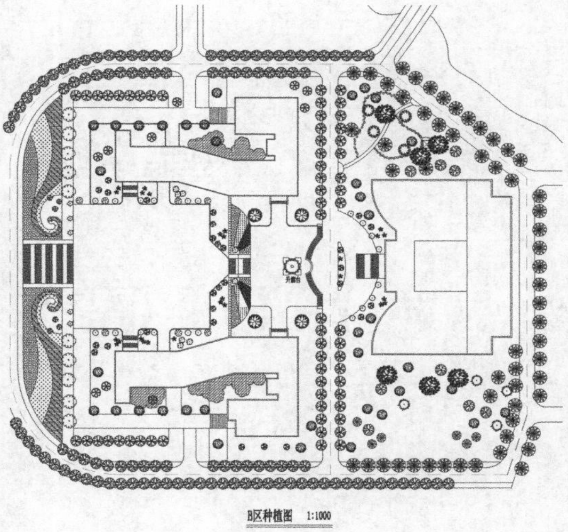

图 11-43 B 区种植图

第3篇 园林设计综合实例

本篇导读

本篇主要结合实例讲解利用 AutoCAD 2020 进行不同类型园林设计的步骤、方法与技巧等，包括街旁绿地设计、综合公园绿地设计和生态采摘园园林设计。

本篇通过实例加深读者对 AutoCAD 功能的理解和掌握，更主要的是向读者传授一种系统的园林设计思路。

内容要点

第12章

街旁绿地设计

街旁绿地是指位于城市道路用地之外、相对独立成片的绿地，是散布于城市中的中小型开放式绿地，具备提供游憩场所和美化城市景观的功能，是城市中量大面广的一种公园绿地类型。本章首先概述街旁绿地及其规划和设计，然后结合实例详细讲解街旁绿地平面图的绘制方法。

知识点

- 概述
- 街旁绿地的规划和设计
- 绘制街旁绿地平面图

12.1 概述

街旁绿地可灵活分布在城市的各个角落，比城市公园更接近人们的生活，成为人们茶余饭后散步、运动、交流的主要场所，为居民提供大量的户外游憩空间，改善人们的生活品质。对于绿化面积少的旧城区，街旁绿地的效用尤其明显。

街旁绿地也具有一定的生态功能。在一定范围内，街旁绿地中的植物对某些气体有一定的吸收和净化作用，对烟尘和粉尘也有明显的阻挡、过滤和吸附作用。街旁绿地中植物的地下根系能吸收大量有害物质，从而净化土壤。此外，街旁绿地还具有改善城市街道局部小气候、减少噪声污染等生态功能。

12.2 街旁绿地的规划和设计

12.2.1 街旁绿地的规划

首先街旁绿地的规划要符合城市总体规划要求。另外，城市街旁绿地作为与城市居民生活密切相关的活动场所，应尽量满足不同人群的需求，特别是要方便儿童、老年人、残疾人活动，因为他们比起青壮年人更不易到达城市公园等绿地。所以，街旁绿地的规划要均衡配置、灵活多样、方便群众。

12.2.2 街旁绿地的设计

1. 以人为本

在街旁绿地的设计中，设计人员必须充分考虑居民的生活特点、游憩需求以及大众心理等因素，使街旁绿地从形式到内容真正贴近居民，既满足居民游憩活动的需要和美化街景的要求，又实现自然、协调的艺术效果。

在具体设计时，可设置多样的步道系统、晨练场地和丰富的游线场所；采用耐践踏的草坪创造聚会空间；利用湿地和水滨步道设置亲水空间；利用多样的生态物种，帮助游人进行生态认知。

2. 完善的游憩服务及设施

街旁绿地是城市绿地中最贴近居民、利用率最高的绿地类型之一，所以，在绿地建设中必须充分满足居民的游憩需求，设置数量充足、布置合理的休息、服务设施，真正做到居民在绿地中各得其所、各享其乐，得到较为全面的游憩服务和享受。

3. 做好树种选择，提高植物配置水平

街旁绿地一般面积较小，需要种植的植物数量不多，植物配置水平对绿地效果的影响很大。因此，要求设计人员在选择树种之前，认真考察气候条件和土壤条件，然后根据植物的生态习性和生物学特性，选择适应当地条件的树种。

4. 因地制宜，形成多样性景观

街旁绿地具有数量大、规模小、分布散等特点。因此，每块街旁绿地应结合所处地段的环境特点，从形式、布局、内容、风格等方面突出体现各自的特色，从而形成城市街旁绿地的多样性景观。

12.3 绘制街旁绿地平面图

图12-1所示为某三角形街道广场绿地现状图，长为250m，宽为180m，面积为45000m^2。规划区域东西两侧皆为道路用地，北侧为一梯形绿地。其中心有两块高地，高3m有余。绘制图12-2所示的街旁绿地平面图。

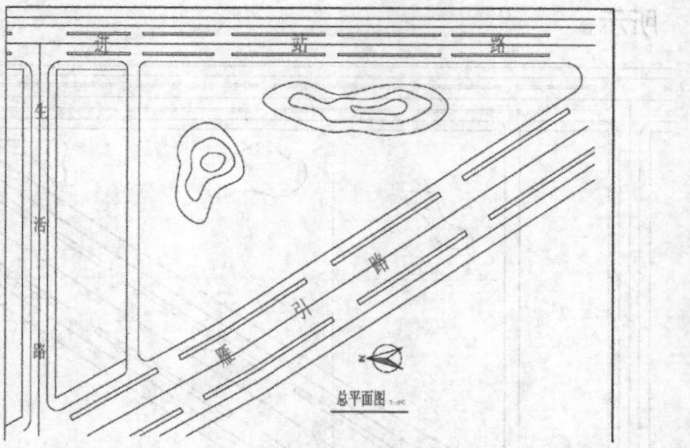

图 12-1 某三角形街道广场绿地现状图

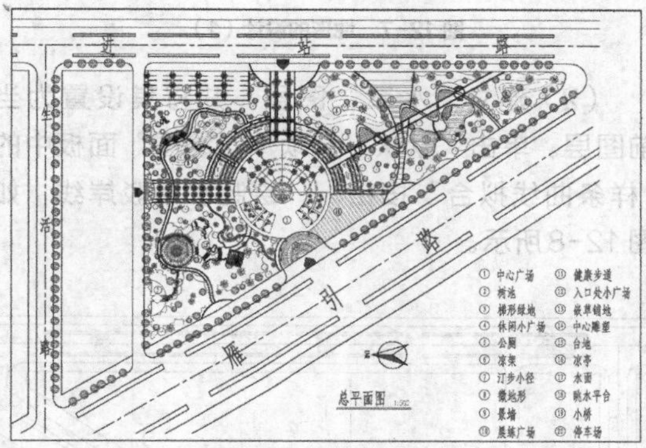

图 12-2 街旁绿地平面图

12.3.1 必要的设置

参数设置是绘制任何一幅园林图形都要进行的预备工作，这里主要设置单位和图形界限。

（1）单位设置。将系统单位设为mm，以1:1的比例绘制，选择菜单栏中的“格式”/“单位”命令，弹出“图形单位”对话框，如图12-3所示。

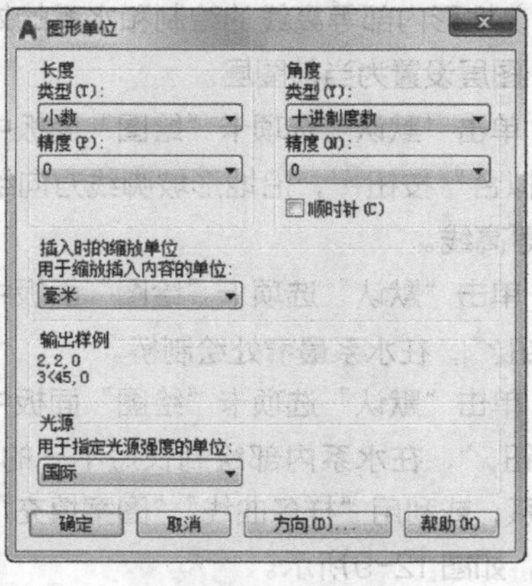

图 12-3 单位设置

（2）图形界限设置。AutoCAD 2020默认的图形界限为“420×297”，是A3图幅，但是我们以1:1的比例绘图，将图形界限设为“420000×297000”。

12.3.2 出入口确定

使用“多段线”“延伸”“偏移”“圆角”命令确定出入口，为后面的绘制打下基础。

（1）建立一个新图层，命名为“轴线”，颜色选择红色，线型为“CENTER”，线宽为默认，并设置为当前图层，如图12-4所示。确定后返回绘图状态。

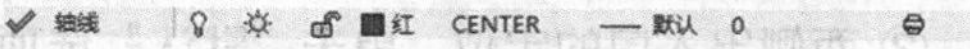

图 12-4 “轴线”图层参数

（2）将鼠标指针移到状态栏的“对象捕捉”按钮 上，单击鼠标右键打开快捷菜单，进行设置，然后单击“确定”按钮。

（3）在现状图的基础上，依照北侧人行道的位置，绘制园区东、西两侧人行道。绘制方法如下。

① 单击“默认”选项卡“图层”面板中的“图层特性”按钮，新建“道路”图层。

② 单击“默认”选项卡“修改”面板中的“延伸”按钮，以园区南侧边缘线为延伸的边，以北侧人行道直线段为要延伸的对象，延伸后对多余的直线段进行修剪。

③ 单击“默认”选项卡“修改”面板中的“圆角”按钮，对绿地东南方向的锐角进行圆角，圆角半径值为5000，如图12-5所示。

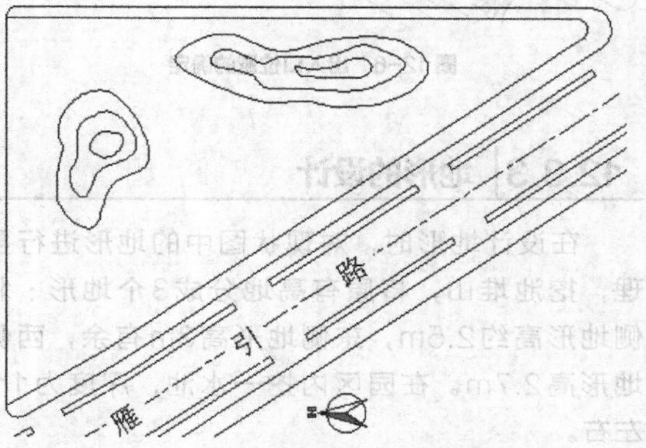

图 12-5 绘制人行道

（4）出入口设计应考虑周围居民进出方便，设计3个出入口，东侧为主出入口，其他为次出入口。

① 确定出入口的位置。将“轴线”图层设置为当前图层，单击“默认”选项卡“修改”面板中的“偏移”按钮，将园区的北侧边缘线向右侧偏移，偏移量为83000，作为东侧出入口的中轴线。选中偏移后的直线，单击“默认”选项卡“图层”面板的“图层特性”下拉列表框中的“轴线”图层，作为园区东侧出入口的中轴线。同理，将园区东边内侧人行道线向园区内侧偏移，偏移量为75000，作为北侧出入口的中轴线。选中偏移后的直线，单击“默认”选项卡“图层”面板的“图层特性”下拉列表框的“轴线”图层，作为园区北侧出入口的中轴线。

② 西侧出入口的定位。单击“默认”选项卡“绘图”面板中的“多段线”按钮，以园区西南角的内侧人行道角点为第一角点，使用“极轴”命令，沿人行道方向输入直线段长度值115000，作为南侧出入口的中心点，将“轴线”图层设置为当前图层，通过此点垂直于斜边方向绘制轴线，如图12-6所示。

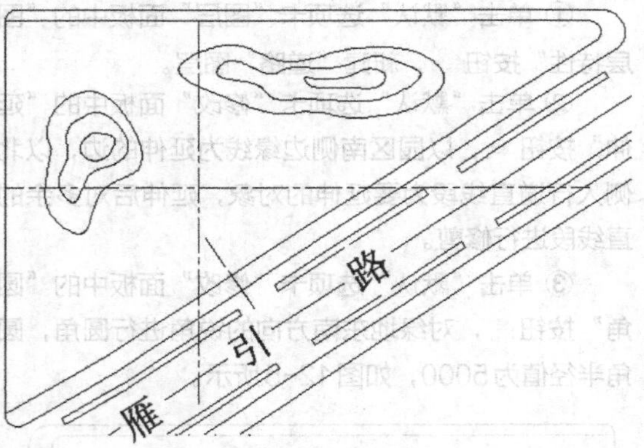

图12-6 出入口位置的确定

12.3.3 地形的设计

在设计地形时，对现状图中的地形进行整理，挖池堆山，将原有高地分成3个地形：北侧地形高约2.5m，东侧地形高3m有余，西侧地形高2.7m。在园区内挖一水池，深度为1m左右。

（1）建立“地形”图层，并将其设置为当前图层。单击“默认”选项卡“绘图”面板中的“样条曲线拟合”按钮，绘制地形坡脚线，如图12-7所示。

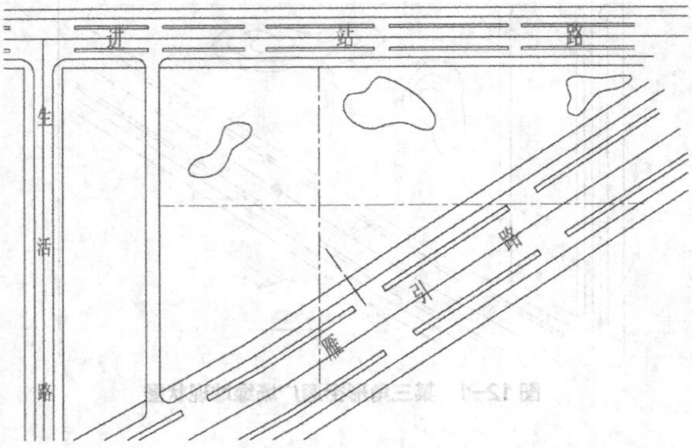

图12-7 地形的设计（1）

（2）建立“水系”图层，并将其设置为当前图层。单击“默认”选项卡“绘图”面板中的“样条曲线拟合”按钮，绘制水系驳岸线，如图12-8所示。

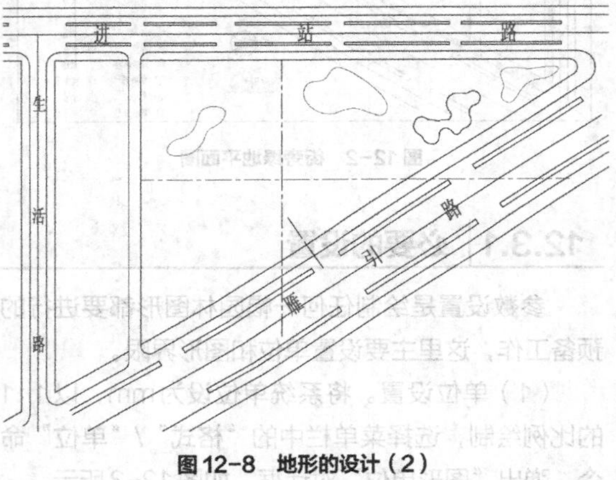

图12-8 地形的设计（2）

（3）地形内部等高线的绘制和水系的处理。将“地形”图层设置为当前图层。

① 单击“默认”选项卡“绘图”面板中的“样条曲线拟合”按钮，沿地形坡脚线方向绘制地形内部的等高线。

② 单击“默认”选项卡“绘图”面板中的“圆弧”按钮，在水系最窄处绘制桥。

③ 单击“默认”选项卡“绘图”面板中的“直线”按钮，在水系内部绘制长短不一的直线段，表示水系，或利用“样条曲线”“图案填充”命令绘制水系，如图12-9所示。

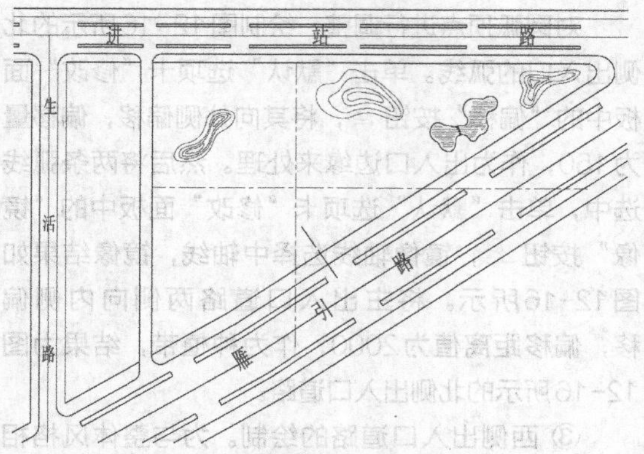

图 12-9 地形的设计（3）

12.3.4 道路系统

使用“偏移”命令确定出入口道路的边缘线，然后使用“圆”“修剪”命令确定中心广场，最后使用“圆”“多段线”“矩形”“圆弧”“偏移”“镜像”等命令绘制多个出入口道路。

（1）将“道路”图层设置为当前图层，将绘制好的轴线向两侧偏移，作为出入口道路的边缘线。单击“默认”选项卡“修改”面板中的“偏移”按钮，将东侧中轴线向两侧偏移，偏移量为7500。选中偏移后的直线段，单击“默认”选项卡“图层”面板的“图层特性”下拉列表框中的“道路”图层，这样该直线就成为“道路”图层中的直线。同理，绘制北侧出入口道路，其偏移量为7000，将偏移后的直线段切换到“道路”图层中，修改线型后结果如图12-10所示。

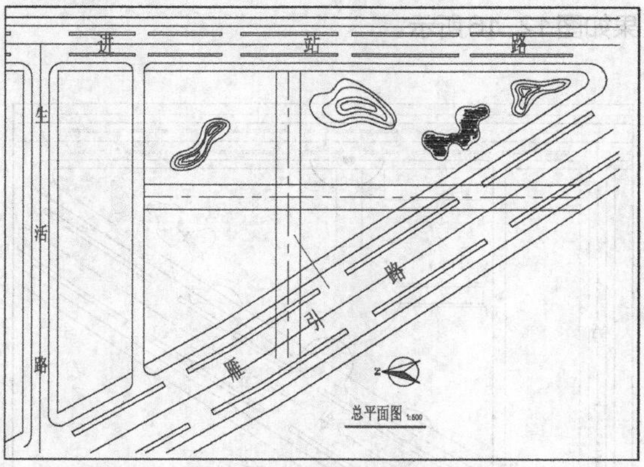

图 12-10 修改线型后结果

（2）中心广场的确定。单击“默认”选项卡“绘图”面板中的“圆”按钮，以东、北方向主出入口两条中轴线的交点为圆心，绘制半径值为30000的圆，作为中心广场，如图12-11所示。

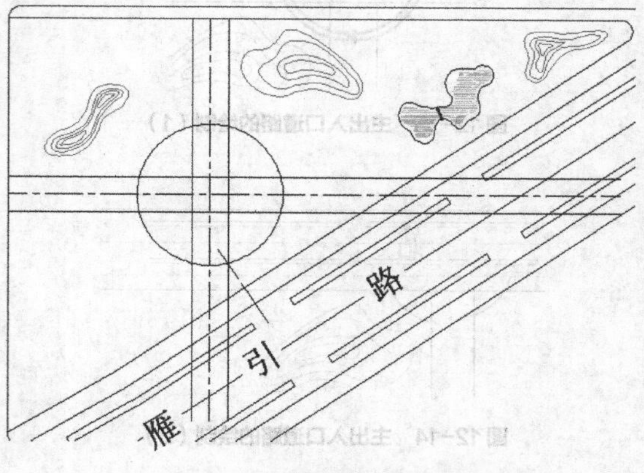

图 12-11 中心广场的确定（1）

（3）单击“默认”选项卡“修改”面板中的“修剪”按钮，对多余的线段进行修剪。然后将“轴线”图层隐藏（将该图层的小灯泡关掉），如图12-12所示。

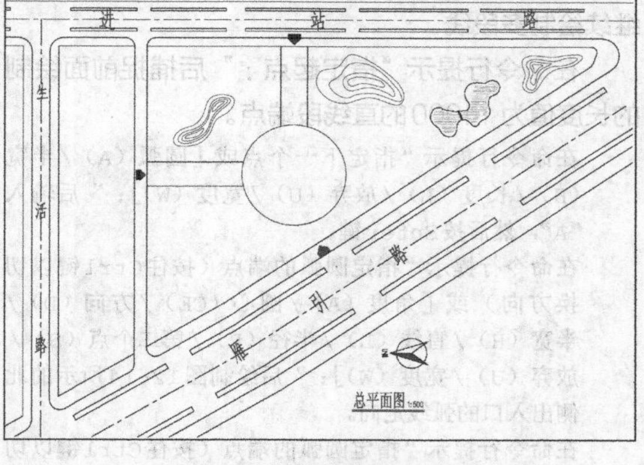

图 12-12 中心广场的确定（2）

（4）出入口道路的绘制。建立“入口”图层，并将其设置为当前图层。

① 主出入口道路的绘制。主出入口道路前面已经绘制，宽度值为15000，主出入口与道路采用半圆形衔接。单击“默认”选项卡“绘图”面板中的“圆”按钮，以图12-13所示的点（即隔离带边的中点）为圆心，分别绘制半径值为20000、20300、22000、22300的圆。然后对其进行修剪，将主出入口道路两侧向内侧偏移，偏移量为200，作为路缘，结果如图12-14所示。

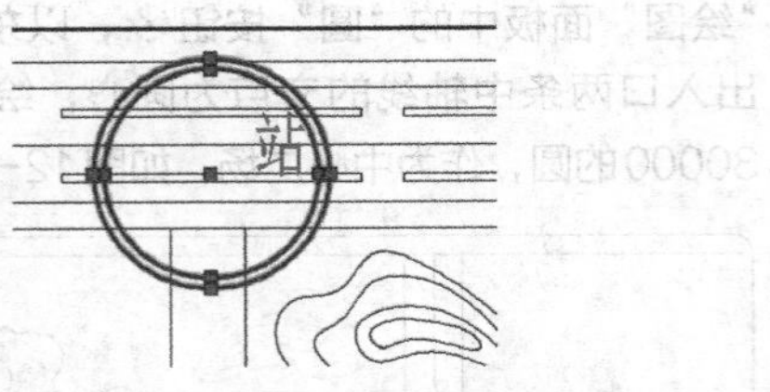

图 12-13　主出入口道路的绘制（1）

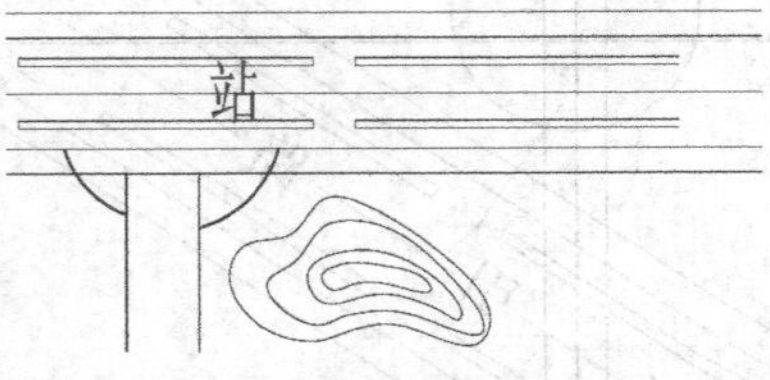

图 12-14　主出入口道路的绘制（2）

② 北侧出入口道路的绘制。出入口道路宽度值为14000，出入口与道路采用“梅花形”衔接，出入口宽度值为28000。单击“默认”选项卡“绘图”面板中的“多段线”按钮，以出入口道路中轴线与园区北侧边缘的交点为第一角点，竖直向上绘制长度值为14000的直线段，重复“多段线”命令，继续绘制多段线。

在命令行提示“指定起点：”后捕捉前面绘制的长度值为14000的直线段端点。

在命令行提示“指定下一个点或［圆弧（A）/半宽（H）/长度（L）/放弃（U）/宽度（W）］：”后输入“A”，然后按Enter键。

在命令行提示“指定圆弧的端点（按住Ctrl键以切换方向）或［角度（A）/圆心（CE）/方向（D）/半宽（H）/直线（L）/半径（R）/第二个点（S）/放弃（U）/宽度（W）］：”后绘制图12-14所示的北侧出入口的弧线走向。

在命令行提示“指定圆弧的端点（按住Ctrl键以切换方向）或［角度（A）/圆心（CE）/闭合（CL）/方向（D）/半宽（H）/直线（L）/半径（R）/第二个点（S）/放弃（U）/宽度（W）］：”后绘制图12-15所示的北侧出入口的弧线走向，与中轴线相交于一点。

绘制结果如图12-15所示。

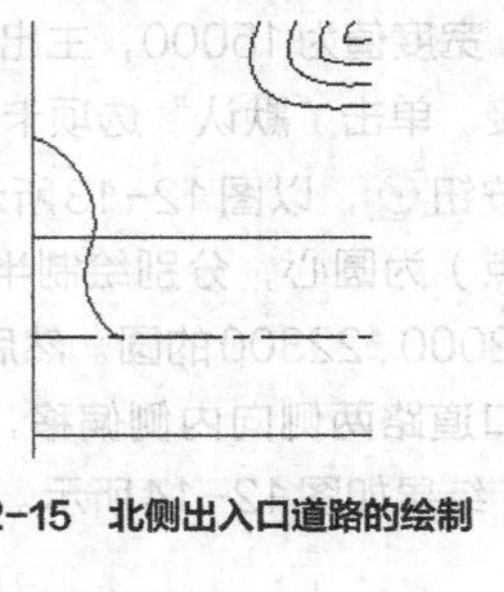

图 12-15　北侧出入口道路的绘制

对圆弧顶点进行调整，绘制图12-16所示的北侧出入口的弧线。单击“默认”选项卡“修改”面板中的“偏移”按钮，将其向外侧偏移，偏移量为150，作为出入口边缘来处理。然后将两条弧线选中，单击“默认”选项卡“修改”面板中的“镜像”按钮，镜像轴线选择中轴线，镜像结果如图12-16所示。将主出入口道路两侧向内侧偏移，偏移距离值为2000，作为种植带，结果为图12-16所示的北侧出入口道路。

③ 西侧出入口道路的绘制。为与整体风格相一致，西侧出入口处理成半圆形。单击“默认”选项卡“绘图”面板中的“圆”按钮，以中轴线与南侧园区内侧人行道的交点为圆心，绘制半径值为15000的圆，然后对其进行修剪，结果为图12-16所示的南侧出入口。出入口与园区市政道路的衔接用“圆弧”命令来处理，结果如图12-16所示。

④ 停车场的绘制。建立一个新图层，命名为“停车场”，并将其设置为当前图层，确定后返回绘图状态。单击“默认”选项卡“绘图”面板中的“矩形”按钮，以园区东北角人行道内侧的交点为第一角点，在命令行中输入“@62500，-18000”，结果为图12-16所示的停车场外轮廓。

（5）其他出入口道路的绘制。考虑园区西侧人流比较分散，因此再增设两个次出入口。单击“默认”选项卡“绘图”面板中的“圆弧”按钮，绘制西侧的弧形出入口。单击“默认”选项卡“修改”面板中的“偏移”按钮，将绘制好的圆弧向外侧偏移，偏移量为300，作为广场的边缘来处理，结果如图12-16所示。

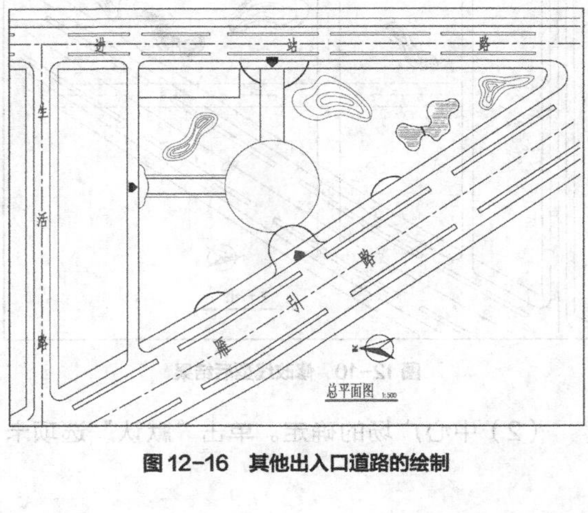

图 12-16　其他出入口道路的绘制

12.3.5 详细设计

使用二维绘图和修改命令详细绘制道路、中心广场和水系。

1. 道路、中心广场的详细绘制

（1）中心广场的处理：将“道路”图层设置为当前图层。

① 单击“默认”选项卡“修改”面板中的“偏移”按钮⊆，将广场圆向外侧偏移，偏移量为2000。再以偏移后的圆为偏移对象，向外侧偏移300，然后对其进行修剪，只留上半圆，作为中心广场的边缘来处理。

② 将前面绘制的半圆向外侧偏移，偏移量为16000，作为种植池。再将偏移后的圆弧向外侧偏移，偏移量为300，对其进行修剪，作为种植池的边缘来处理，结果为图12-17所示的中心广场。

（2）中心广场通向东南角的斜向道路的宽度设计为4m。

① 单击“默认”选项卡“绘图”面板中的“直线”按钮，以中心广场的心为第一角点，使用“极轴”命令（单击“状态栏”上的“极轴追踪”右侧的“小三角形”按钮，在打开的菜单中选择“正在追踪设置”命令，弹出“草图设置”对话框，在“极轴追踪”选项卡中设置“增量角”为30°），沿园区斜边30°方向绘制直线与园区东侧内侧人行道相交。

② 单击“默认”选项卡“修改”面板中的“偏移”按钮⊆，分别将其向上侧和下侧偏移，偏移量为2000。然后将偏移后的直线向内侧偏移，偏移量为300，作为路缘。

③ 单击“默认”选项卡“修改”面板中的“修剪”按钮，对多余的线段进行修剪，结果如图12-17所示。

（3）中心广场通往南侧靠南的圆弧形入口的道路宽度值设计为2500。

① 单击“默认”选项卡“绘图”面板中的“直线”按钮，以中心广场的圆心为第一角点，沿水平方向绘制直线与入口弧线相交。

② 单击“默认”选项卡“修改”面板中的“偏移”按钮⊆，将其向上侧和下侧偏移，偏移量为1250。然后将偏移后的直线段分别向内侧偏移，偏移量为300，作为路缘。

③ 单击“默认”选项卡“修改”面板中的“修剪”按钮，对多余的线段进行修剪，结果如图12-17所示。

2. 水系的详细绘制

水系的边缘在整理地形水系时已经绘制。单击“默认”选项卡“绘图”面板中的“样条曲线拟合”按钮，大致沿水系走向绘制水系的形状。此样条曲线与水系界限之间的区域作为人们行走的区域。将绘制好的样条曲线向内侧偏移，偏移量为250，作为常水位线。然后以偏移后的样条曲线为要偏移的对象，向内侧偏移，偏移距离值为80，作为装饰线，结果图12-17所示。

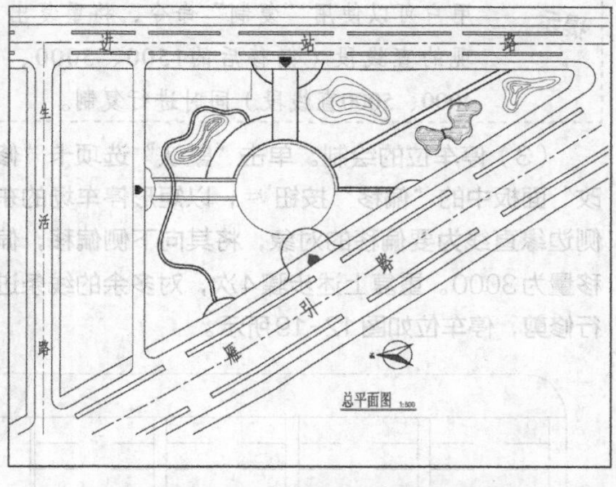

图12-17 道路、中心广场和水系的详细绘制

12.3.6 景点设计

使用二维绘图和修改命令，对停车场、树池、道路、广场、公厕、凉亭、步道、假石山等建筑图形进行绘制。

1. 停车场的绘制

（1）单击“默认”选项卡“修改”面板中的“分解”按钮，将前面绘制的矩形停车场边框分解。然后单击“默认”选项卡“修改”面板中的“偏移”按钮⊆，将停车场南侧的边和西侧的边向外侧偏移，偏移量为500，作为停车场的边缘来处理。最后整理图形，进行内部停车位的详细绘制。

（2）单击“默认”选项卡“修改”面板中的“偏移”按钮⊆，将矩形停车场最北侧的边依次向右侧偏移，每次偏移均以偏移后的直线段为要偏移的对象，偏移量为2000、5000、4000、5000。然后重复“偏移”命令，偏移量为1500、5000、4000、5000。重复上述步骤3次，停车场轮廓如图12-18所示。

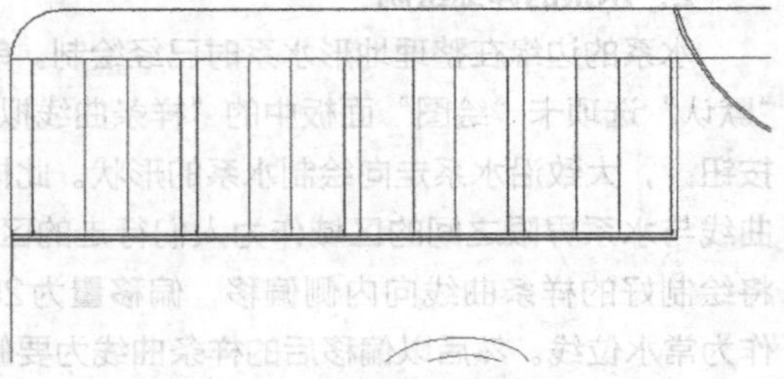

图12-18　停车场轮廓

> 提示　用户可以使用“复制”命令，将重复出现的直线段（偏移后的1500、5000、4000、5000直线段）同时进行复制。

（3）停车位的绘制。单击“默认”选项卡“修改”面板中的“偏移”按钮，以矩形停车场的东侧边缘直线为要偏移的对象，将其向下侧偏移，偏移量为3000。重复上述步骤4次，对多余的线条进行修剪，停车位如图12-19所示。

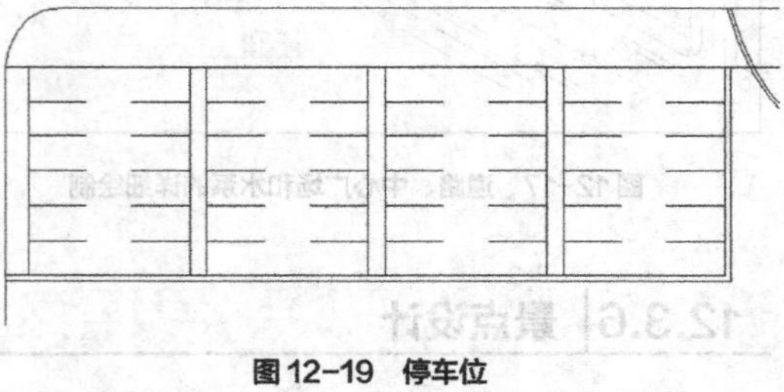

图12-19　停车位

2. 树池的绘制

（1）单击“默认”选项卡“绘图”面板中的“矩形”按钮，绘制“1500×1500”的矩形，作为树池的大小。然后将其向内侧偏移，偏移量为240，作为树池的宽度。

（2）单击“默认”选项卡“块”面板中的“创建”按钮，将其全部选中，命名为“树池”，拾取点为矩形树池右侧边的中点。

（3）单击“默认”选项卡“块”面板中的“插入”按钮，选择停车位之间分界线的左端点，将树池插入合适的位置，如图12-20所示。

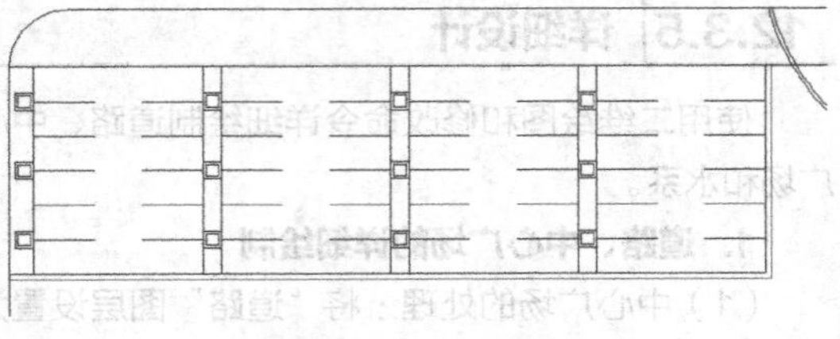

图12-20　插入树池

3. 园区内曲线道路的绘制

考虑园区内道路应通畅，设计一条园区内曲线道路，道路宽度值设计为2000。单击“默认”选项卡“绘图”面板中的“样条曲线拟合”按钮，沿图12-21所示方向绘制道路的一侧边缘，再将其向另一侧偏移，偏移量为2000。然后将道路的两侧边缘分别向内侧偏移，偏移量为250，修剪多余的线条，曲线道路如图12-21所示。

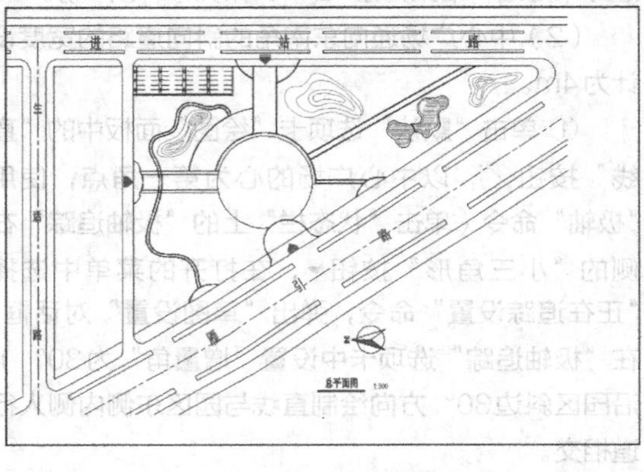

图12-21　曲线道路

4. 西北角圆形广场的绘制

（1）单击“默认”选项卡“绘图”面板中的“圆”按钮，绘制半径值为11162的圆。然后将其向内侧偏移，每次偏移均以偏移后的圆为要偏移的对象，偏移量分别为272、1126和167，作为圆形广场的边缘来处理。

（2）单击“默认”选项卡“修改”面板中的“移动”按钮，将其移动到合适的位置并整理。弧形花架的画法在此不做过多介绍。

（3）单击“默认”选项卡“块”面板中的“插入”按钮，将花架插入圆形广场中的相应位置，如图12-22所示。

5. 中心广场西北方向的建筑——公厕的绘制

（1）建立一个新图层，命名为“建筑”，并将其设置为当前图层，确定后返回绘图状态。

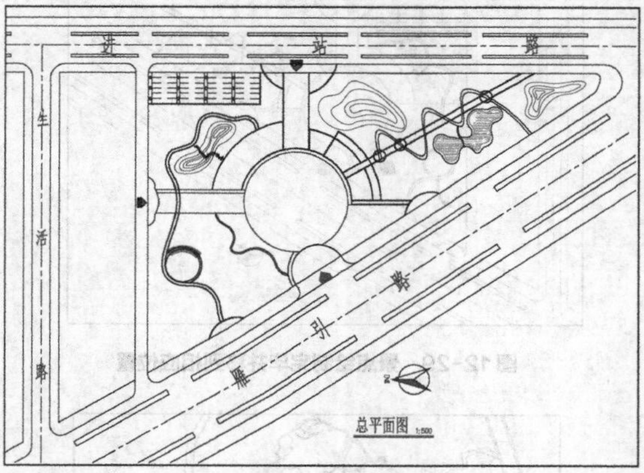

图 12-22 插入花架

（2）单击“默认”选项卡“绘图”面板中的“矩形”按钮，绘制公厕，其画法在此不做过多介绍。

（3）单击“默认”选项卡“块”面板中的“插入”按钮，将此建筑插入图中合适的位置。

（4）将“道路”图层设置为当前图层，然后单击“默认”选项卡“绘图”面板中的“圆”按钮和“矩形”按钮，绘制大小合适的圆和矩形（即道路的铺装）。

（5）单击“默认”选项卡“修改”面板中的“移动”按钮，移动圆和矩形到合适位置，使厕所和园区道路相连接，如图 12-23 所示。

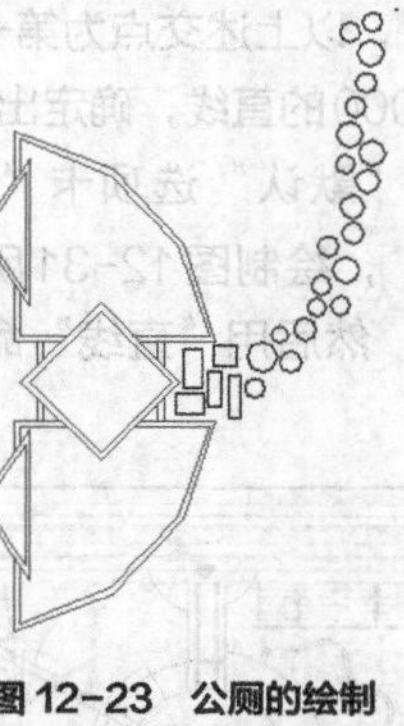

图 12-23 公厕的绘制

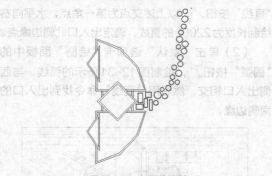

6. 中心广场西北方向的平台及凉亭的绘制

（1）建立一个新图层，命名为“广场”，并将其设置为当前图层。单击“默认”选项卡“绘图”面板中的“矩形”按钮，绘制“9000×9000”的矩形，作为平台的轮廓线。

（2）单击“默认”选项卡“修改”面板中的“偏移”按钮，将其向内侧偏移，偏移量为160。然后以偏移后的矩形为要偏移的对象，向内侧偏移，偏移量为660，作为平台的边缘来处理。

（3）在偏移后的矩形内部绘制一条直线段，如图 12-24 所示。

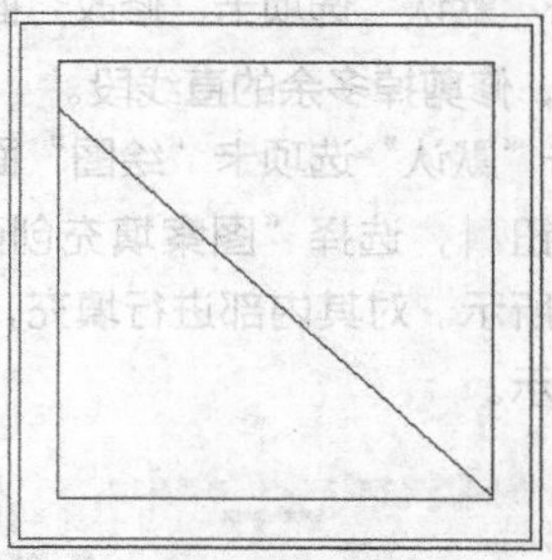

图 12-24 平台的绘制（1）

（4）单击“默认”选项卡“修改”面板中的“环形阵列”按钮，对步骤（3）中绘制的直线进行阵列。中心点为直线的 1/4 处，阵列项目数为 30，阵列结果如图 12-25 所示。

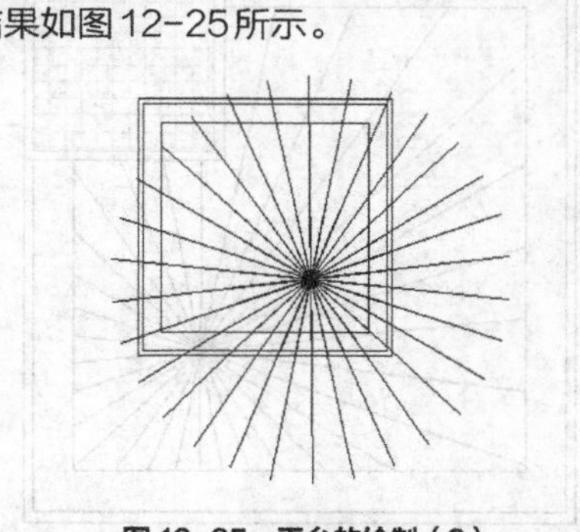

图 12-25 平台的绘制（2）

（5）单击“默认”选项卡“修改”面板中的“修剪”按钮，对多余的线段进行修剪，修剪后的结果如图 12-26 所示，这样平台就绘制好了。

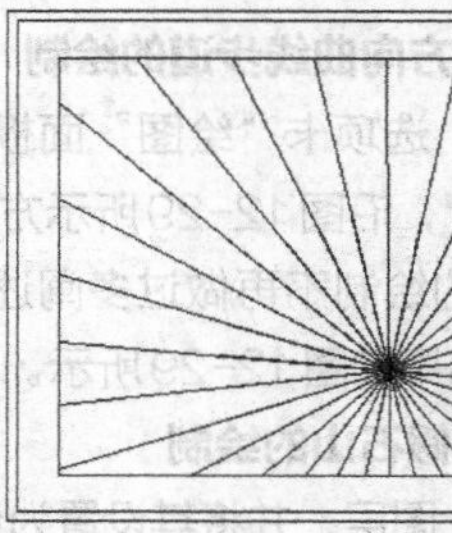

图 12-26 平台的绘制（3）

（6）凉亭的绘制。将“建筑”图层设置为当前图层。

① 单击“默认”选项卡“绘图”面板中的“矩形”按钮▭，以矩形平台最外侧的右上角点为第一角点，在命令行中输入“@-3400，-3400”。

② 单击“默认”选项卡“修改”面板中的“偏移”按钮⊆，将其向内侧偏移，偏移距离为160。

③ 单击“默认”选项卡“修改”面板中的“修剪”按钮✂，修剪掉多余的直线段。

④ 单击“默认”选项卡“绘图”面板中的“图案填充”按钮▦，选择“图案填充创建”选项卡，如图12-27所示。对其内部进行填充，填充结果如图12-28所示。

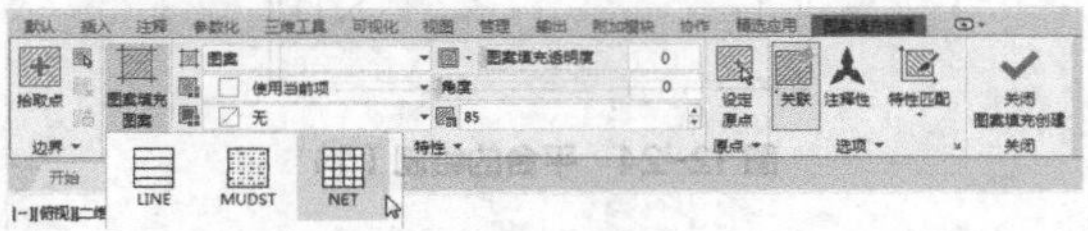

图12-27 “图案填充创建”选项卡

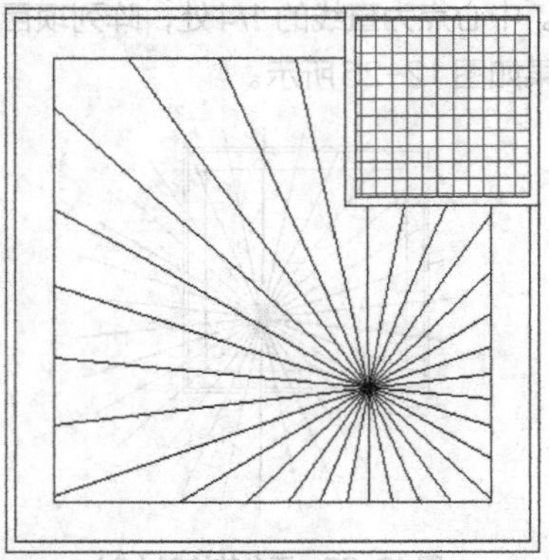

图12-28 填充结果

（7）绘制好后，单击“默认”选项卡“修改”面板中的“旋转”按钮↻，将其旋转至图12-29所示的方向。

7. 广场东南方向曲线步道的绘制

单击“默认”选项卡“绘图”面板中的“样条曲线拟合”按钮〜，沿图12-29所示方向绘制。

对其他景点的绘制不再做过多阐述，方法参照前面几章。最后结果如图12-29所示。

8. 凉亭周边假石山的绘制

建立“石山”图层，并将其设置为当前图层。

单击“默认”选项卡“绘图”面板中的“多段线”按钮⊃，绘制图12-30所示的假石山边缘与石。

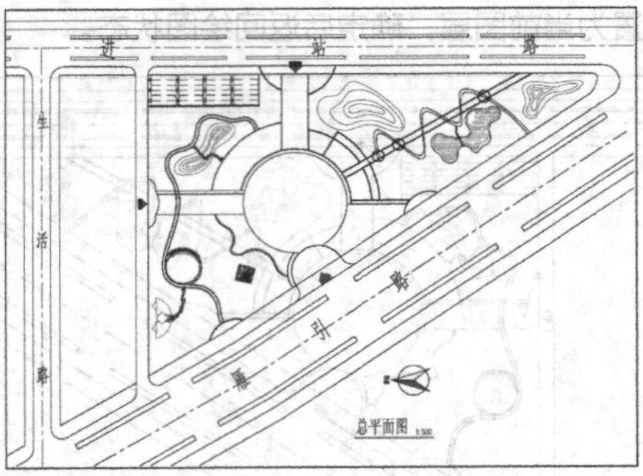

图12-29 景点绘制完毕并移到相应位置

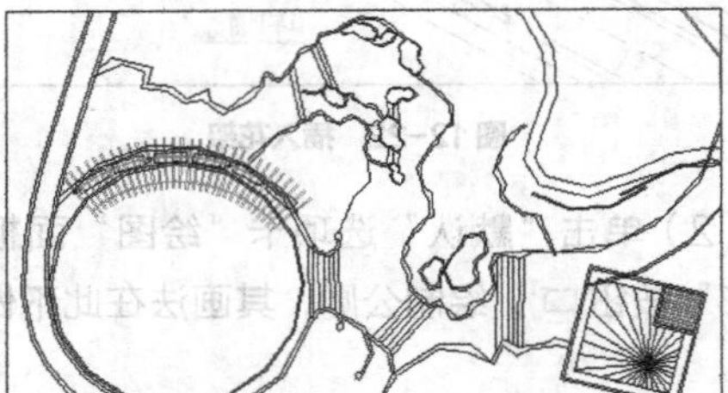

图12-30 假石山

其他如台阶等的绘制方法，不再做详细介绍。

9. 园区南侧新增道路的绘制

园区南侧新增一条东西方向的道路，东侧出入口宽度为36000，西侧为5000。东侧出入口的北侧边缘与主出入口南侧边缘和内侧人行道的交点之间的距离为22000。

（1）单击“默认”选项卡“绘图”面板中的“直线”按钮╱，以上述交点为第一角点，水平向右绘制长度为22000的直线，确定出入口北侧边缘点。

（2）单击“默认”选项卡“绘图”面板中的“圆弧”按钮⌒，绘制图12-31所示的弧线，与西侧出入口相交，然后用“直线”命令找到出入口的南侧边缘。

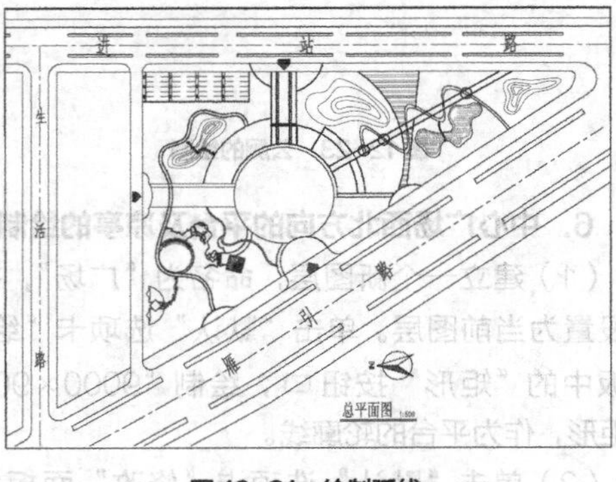

图12-31 绘制弧线

（3）单击“默认”选项卡“绘图”面板中的“直线”按钮，绘制一条直线段，并将弧线和直线段分别向内侧偏移200，作为路缘。然后对其内部进行填充，结果如图12-31所示。

12.3.7 景点细部的绘制

使用“直线”“圆弧”“样条曲线拟合”“圆”“图案填充”“修剪”“偏移”“延伸”“镜像”“圆角”“矩形阵列”等命令细化出入口道路、广场、中心广场及周围花池、中心广场西北方向花架广场、水系和凉亭等景点。

1. 主出入口道路、广场的详细绘制

（1）单击“默认”选项卡“修改”面板中的“偏移”按钮，将主出入口左边的内侧路缘线（见图12-32）向右侧偏移，偏移量依次为2800、400、700、400，每次偏移总是以偏移后的直线段为要偏移的对象。同理，将主出入口右边的内侧路缘线向左侧偏移，偏移量依次为2800、400、700、400，结果如图12-33所示。

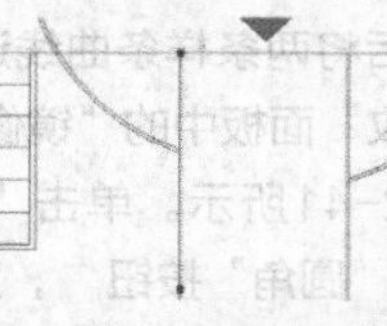

图12-32 主出入口道路的绘制（1）

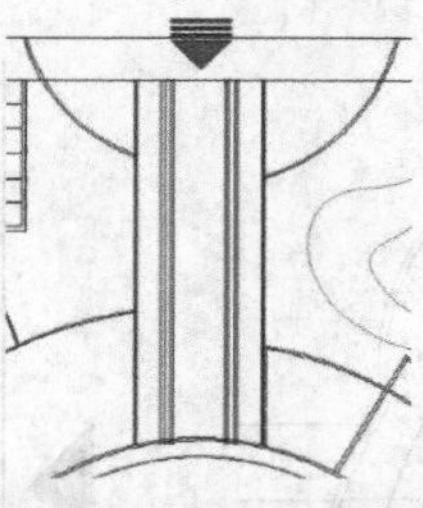

图12-33 主出入口道路的绘制（2）

（2）树池位置的确定。由于前面创建过“树池”块，因此直接使用“插入块”命令即可插入树池。首先确定树池位置，还要考虑“树池”块的拾取点为树池右侧边的中点。单击“默认”选项卡“绘图”面板中的“直线”按钮，以图12-34所示的直线段上端点为第一角点，竖直向下绘制长度值为6900的直线段。然后以直线段的末端点为插入点，插入“树池”块，如图12-35所示。

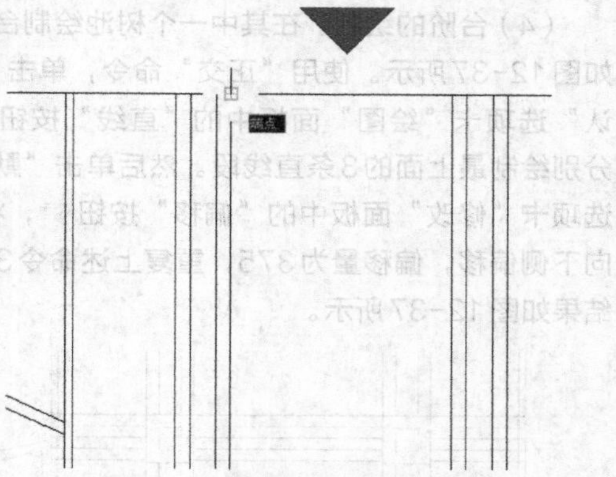

图12-34 绘制直线以确定树池位置

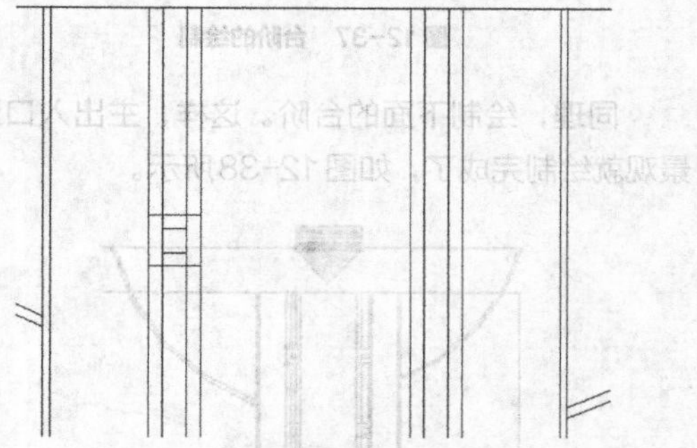

图12-35 插入“树池”块

（3）单击“默认”选项卡“修改”面板中的“矩形阵列”按钮，对树池进行阵列，设置行数为5，列数为2，行偏移距离值为-8000，列偏移距离值为7500。然后对多余的线段进行修剪，树池阵列结果如图12-36所示。

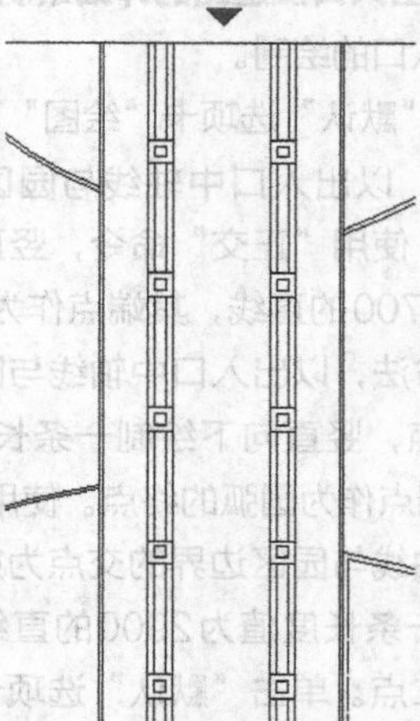

图12-36 树池阵列结果

（4）台阶的绘制。在其中一个树池绘制台阶，如图12-37所示。使用“正交”命令，单击“默认”选项卡“绘图”面板中的“直线”按钮，分别绘制最上面的3条直线段。然后单击“默认”选项卡“修改”面板中的“偏移”按钮，将其向下侧偏移，偏移量为375，重复上述命令3次，结果如图12-37所示。

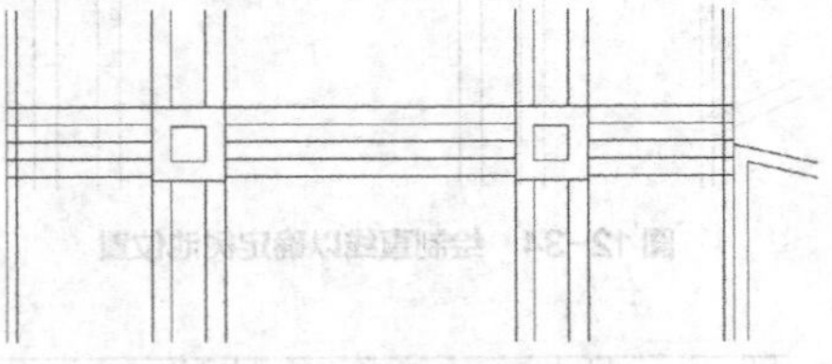

图12-37　台阶的绘制

同理，绘制下面的台阶。这样，主出入口道路景观就绘制完成了，如图12-38所示。

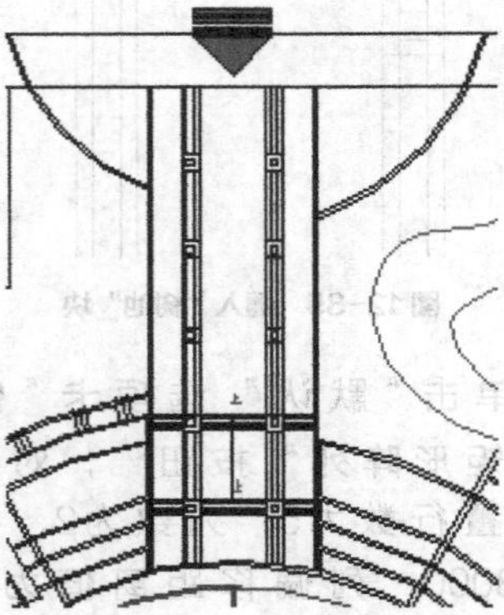

图12-38　主出入口道路景观

2. 北侧出入口及道路的详细绘制

（1）出入口的绘制。

① 单击“默认”选项卡“绘图”面板中的“直线”按钮，以出入口中轴线与园区边界的交点为第一角点，使用“正交”命令，竖直向上绘制一条长度值为8700的直线，其端点作为圆弧的起点。使用同样的方法，以出入口中轴线与园区边界的交点为第一角点，竖直向下绘制一条长度值为8700的直线，其端点作为圆弧的终点。使用同样的方法，以出入口中轴线与园区边界的交点为第一角点，水平向右绘制一条长度值为2900的直线，其端点作为圆弧的第二点。单击“默认”选项卡“绘图”面板中的“圆弧”按钮，以上述端点为起点、第二点和终点绘制圆弧，如图12-39所示。

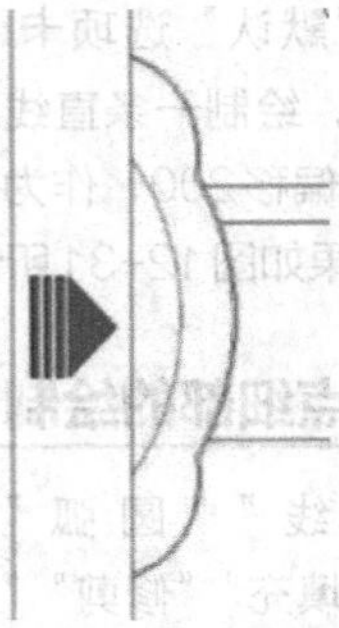

图12-39　北侧出入口图案轮廓

② 单击“默认”选项卡“修改”面板中的“偏移”按钮，将圆弧向右侧偏移，偏移距离值为1700，单击“默认”选项卡“修改”面板中的“延伸”按钮，将偏移后的圆弧延伸至园区边界。然后调整出入口最外侧轮廓线的圆弧顶点，使其美观。单击“默认”选项卡“绘图”面板中的“样条曲线拟合”按钮，按图12-40所示绘制弧之间的波浪式纹理，绘制一半。

③ 单击“默认”选项卡“修改”面板中的“偏移”按钮，将绘制好的样条曲线向右侧偏移，偏移量为160。然后将两条样条曲线选中，单击“默认”选项卡“修改”面板中的“镜像”按钮，进行镜像，如图12-41所示。单击“默认”选项卡“修改”面板中的“圆角”按钮，对镜像后的波浪式样条曲线交界处进行圆角，圆角半径值分别设为200和35，如图12-41所示。

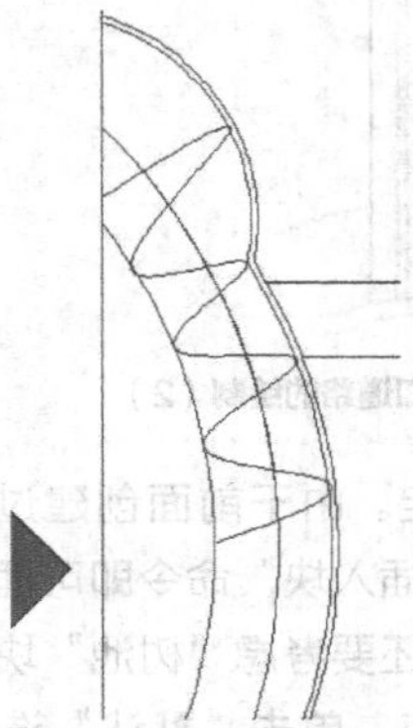

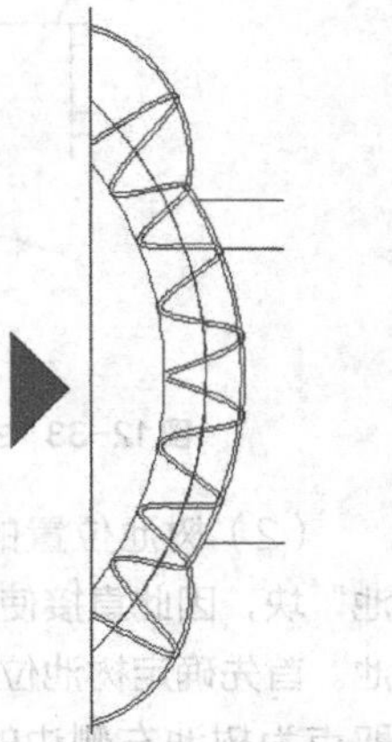

图12-40　北侧出入口图案（1）　图12-41　北侧出入口图案（2）

④ 单击“默认”选项卡“绘图”面板中的“图案填充”按钮，选择“图案填充创建”选项卡，对最内侧圆弧进行填充，设置如图12-42所示。

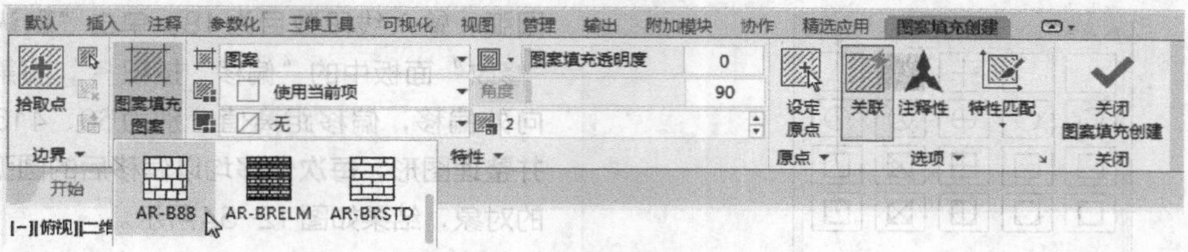

图12-42 “图案填充创建”选项卡

（2）出入口道路的详细绘制。

① 单击“默认”选项卡“修改”面板中的“偏移”按钮⊆，将出入口道路上边的外侧路缘线按图12-43所示向下侧偏移，偏移量为300。重复“偏移”命令，将出入口下边的外侧路缘线向上侧偏移，偏移量为300，作为路缘线。

② 考虑前面创建过的“树池”块的拾取点为树池右侧边的中点。单击“默认”选项卡“修改”面板中的“偏移”按钮⊆，将出入口道路上边的外侧路缘线按图12-43所示向下侧偏移，偏移距离为1000。然后单击“默认”选项卡“修改”面板中的“延伸”按钮→，将其延伸至园区北边界，如图12-44所示。

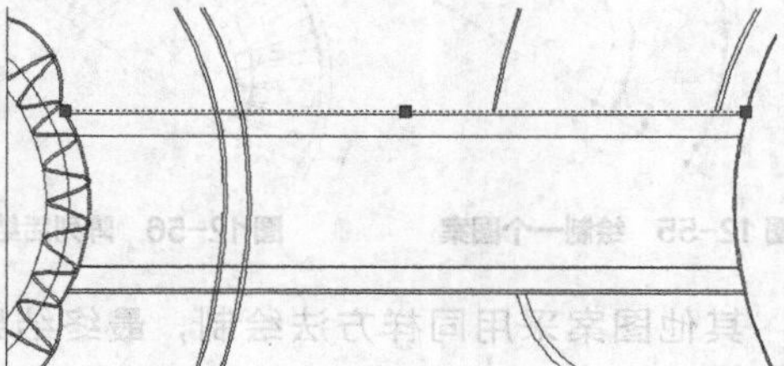

图12-43 出入口道路的详细绘制

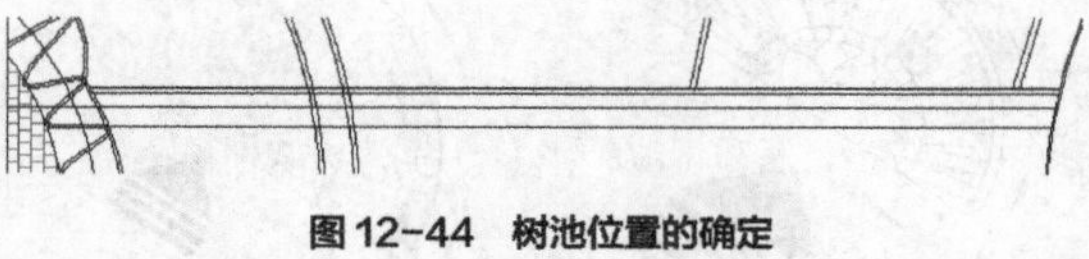

图12-44 树池位置的确定

③ 单击“默认”选项卡“绘图”面板中的“直线”按钮╱，以偏移后的直线段的左端点为第一角点，水平向右绘制长度值为10270的直线段。然后以直线段的末端点为插入点，插入“树池”块并调整缩放比例，如图12-45所示。

图12-45 插入“树池”块

④ 单击“默认”选项卡“修改”面板中的“矩形阵列”按钮▦，对树池进行阵列，设置行数为4，列数为9，行偏移距离值为-4000，列偏移距离值为5000。然后对多余的线段进行修剪、删除，北侧出入口道路景观如图12-46所示。

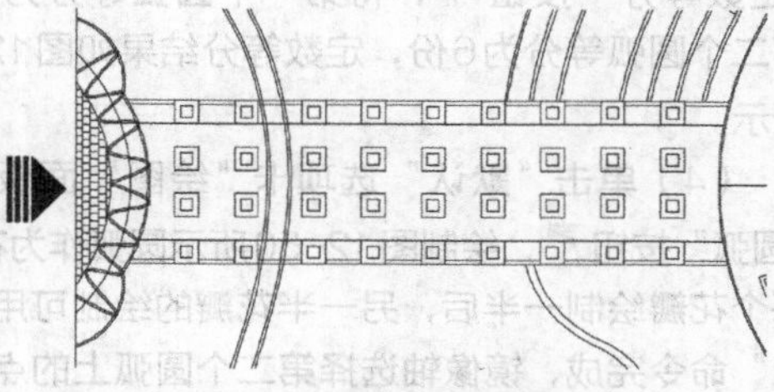

图12-46 北侧出入口道路景观

3．西侧主出入口的详细绘制

（1）单击“默认”选项卡“绘图”面板中的“圆”按钮⊙，以中轴线与园区边界的交点为圆心，绘制半径值为1700的圆。然后单击“默认”选项卡“修改”面板中的“修剪”按钮✂，将其修剪成半圆形。单击“默认”选项卡“修改”面板中的“偏移”按钮⊆，每次偏移均以偏移后的圆为要偏移的对象，偏移量分别为1735、570、80、2740、1150、60、1640、120、780、80、1500、40，作为绘制图案的辅助圆弧，如图12-47所示。

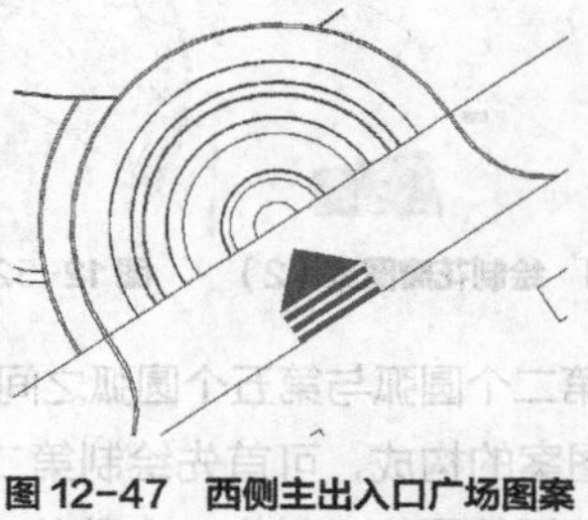

图12-47 西侧主出入口广场图案

（2）绘制从内侧到外侧的第一个圆弧和第二个圆弧之间的图案。单击“默认”选项卡“实用工具”面板中的“点样式”按钮⁘，弹出“点样式”对话框，如图12-48所示。

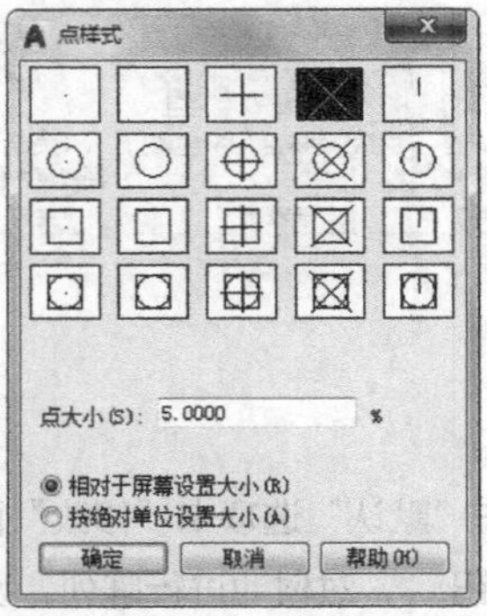

图12-48 “点样式”对话框

（3）单击“默认”选项卡“绘图”面板中的“定数等分”按钮，将第一个圆弧等分为3份，第二个圆弧等分为6份，定数等分结果如图12-49所示。

（4）单击“默认”选项卡“绘图”面板中的“圆弧”按钮，绘制图12-50所示圆弧作为花瓣。每个花瓣绘制一半后，另一半花瓣的绘制可用“镜像”命令完成，镜像轴选择第二个圆弧上的点与圆心的连线，如图12-50所示。

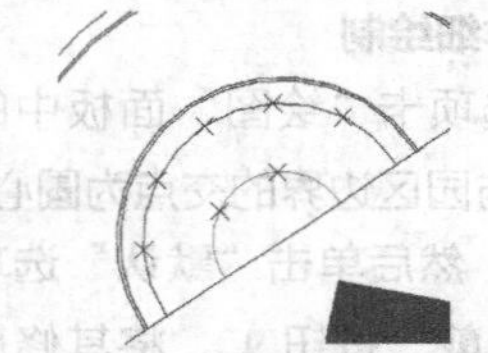

图12-49 定数等分结果

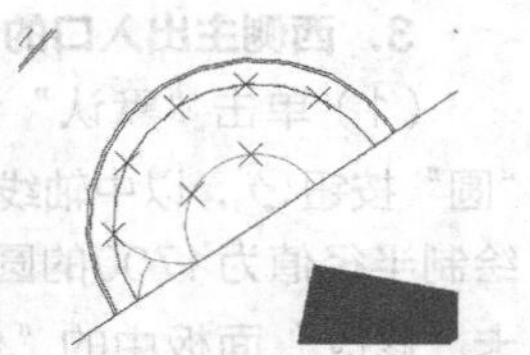

图12-50 绘制花瓣图案（1）

（5）将左侧一半花瓣绘制好后，将其全部选中，如图12-51所示，镜像结果如图12-52所示。

图12-51 绘制花瓣图案（2）

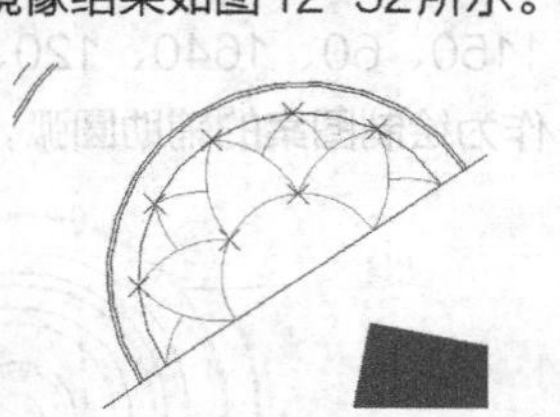

图12-52 镜像结果

（6）第二个圆弧与第五个圆弧之间图案的绘制。分析整个图案的构成，可首先绘制第二个圆弧与第五个圆弧之间的图案，其为一个整体，如图12-53所示。

（7）单击“默认”选项卡“绘图”面板中的“定数等分”按钮，选择第五个圆弧，输入线段数目为36。重复“定数等分”命令，选择第二个圆弧，输入线段数目为18。单击“默认”选项卡“修改”面板中的“偏移”按钮，将第五个圆弧向外偏移，偏移距离值分别为60、416和1129，并整理图形，每次偏移均以偏移后的圆弧为要偏移的对象，结果如图12-54所示。

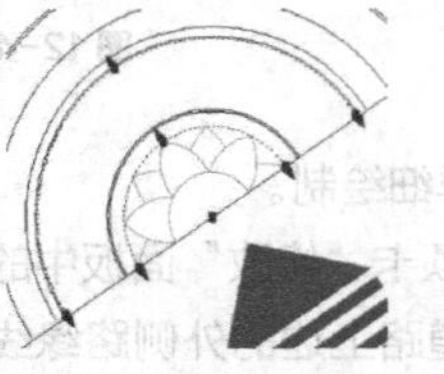

图12-53 选择两个圆弧

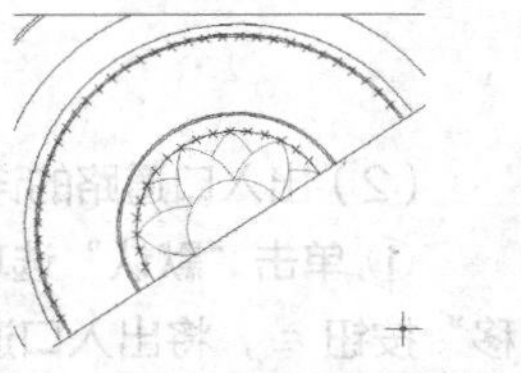

图12-54 将两个圆弧定数等分

（8）绘制一个图案，如图12-55所示。

（9）单击“默认”选项卡“修改”面板中的“环形阵列”按钮，对图12-55所示的选中图形进行阵列，选择圆弧的圆心为阵列中心点，设置阵列项目数为19，如图12-56所示。单击“默认”选项卡“修改”面板中的“修剪”按钮，修剪后结果如图12-57所示。

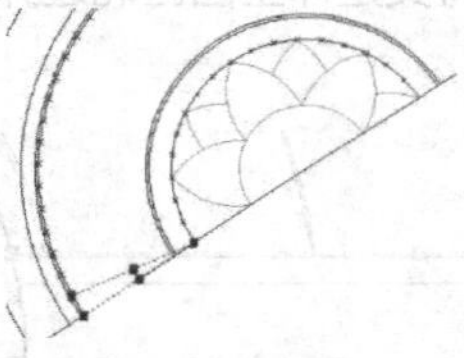

图12-55 绘制一个图案

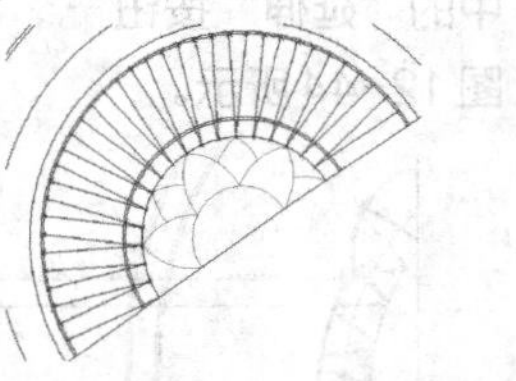

图12-56 阵列后结果

其他图案采用同样方法绘制，最终结果如图12-58所示。

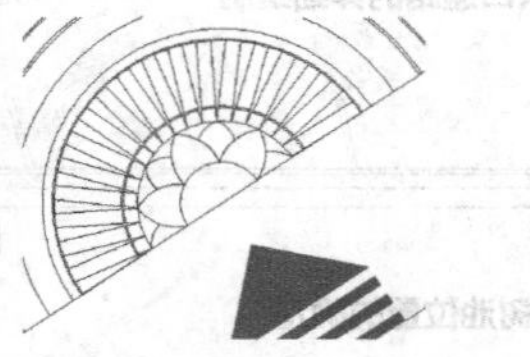

图12-57 修剪后结果

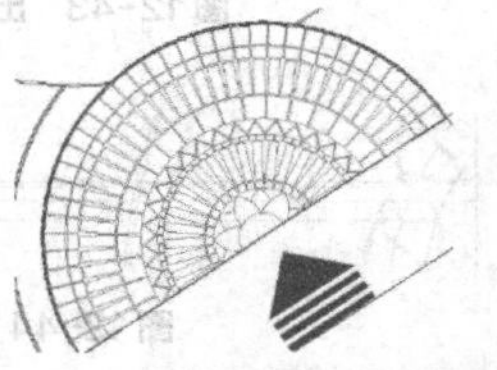

图12-58 绘制的最终结果

（10）广场上灯柱的绘制。

① 单击“默认”选项卡“绘图”面板中的“圆”按钮，绘制半径值为280的圆。

② 单击“默认”选项卡“修改”面板中的“偏移”按钮，将其向外侧偏移，偏移量为320。再将偏移后的圆向外侧偏移，偏移量为100。

③ 单击“默认”选项卡“绘图”面板中的“直线”按钮，使用“极轴”命令，单击鼠标右键，

设置附加角为45°，然后在最内侧圆内绘制45°小叉号。

④ 单击"默认"选项卡"块"面板中的"创建"按钮，将其全部选中，命名为"灯"。将广场图案的最外侧圆弧向内侧偏移，偏移距离值为1100，作为绘制灯柱的辅助线。

⑤ 单击"默认"选项卡"绘图"面板中的"定数等分"按钮，将"灯"块分布到图中。

在命令行提示"选择要定数等分的对象："后选择偏移后的圆弧辅助线。

在命令行提示"输入线段数目或［块（B）］："后输入"B"。
在命令行提示"输入要插入的块名："后输入"灯"。
在命令行提示"是否对齐块和对象？［是(Y)/否(N)］<Y>："后按 Enter 键。
在命令行提示"输入线段数目："后输入"7"。

整理图形，灯柱如图 12-59 所示。

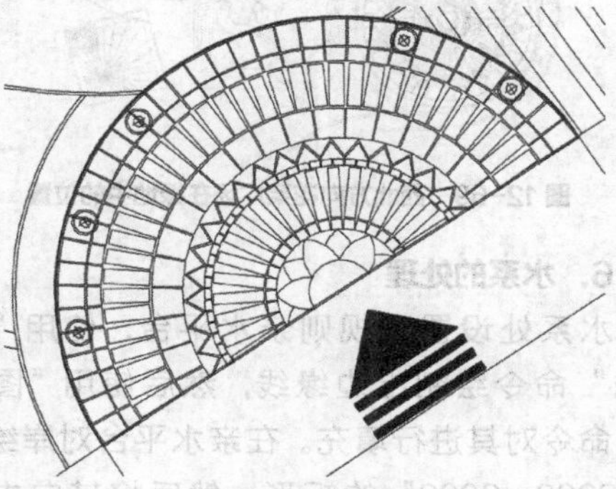

图 12-59 灯柱

4．中心广场及周围花池的详细绘制

（1）绘制上半个广场的图。

① 单击"默认"选项卡"绘图"面板中的"圆"按钮，以圆形广场的圆心为圆心，分别绘制半径值为335、690、1590、4200、5000、5400、5800、6200、13800、14600、17300、17900、20500、21200的圆。接着绘制第三个圆和第四个圆之间的图案。

② 单击"默认"选项卡"绘图"面板中的"直线"按钮，绘制一条经过圆心的竖直向上的直线段，与圆弧相交，如图 12-60 所示。

③ 单击"默认"选项卡"修改"面板中的"环形阵列"按钮，对步骤①中绘制的竖直向上的直线段进行环形阵列，设置阵列中心点为圆的中心，角度为18°，结果如图 12-61 所示。

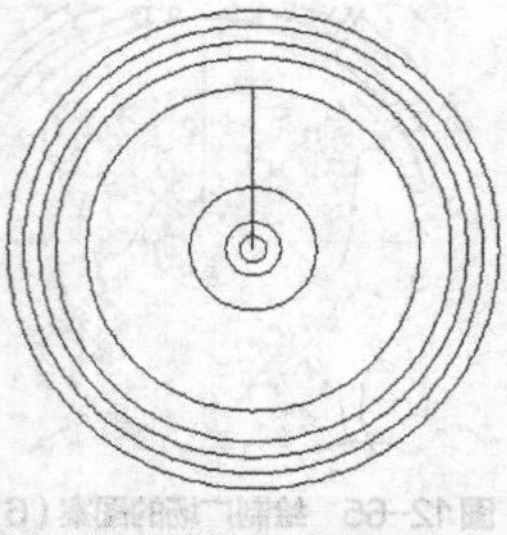

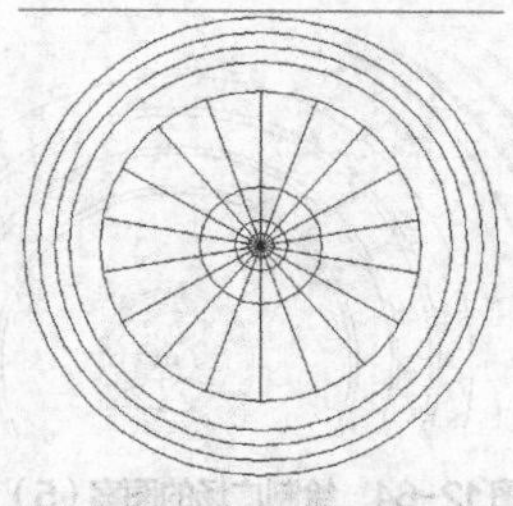

图 12-60 绘制广场的图案（1）　图 12-61 绘制广场的图案（2）

④ 单击"默认"选项卡"绘图"面板中的"多段线"按钮，按图 12-62 所示将圆弧上的点连接起来（也可采用"环形阵列"）。

⑤ 删掉多余的直线后得到图 12-63 所示的第三个圆和第四个圆之间的图案。

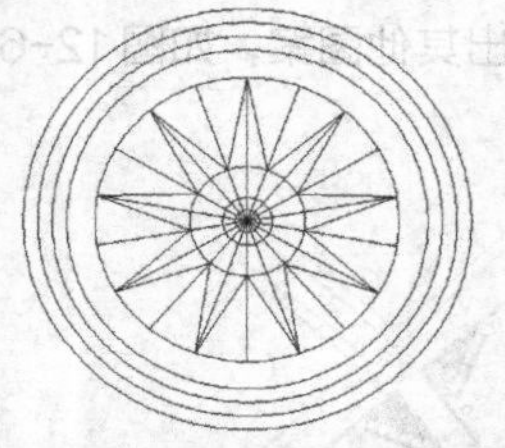

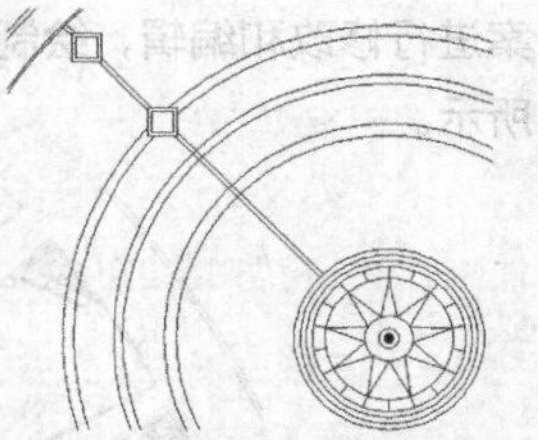

图 12-62 绘制广场的图案（3）　图 12-63 绘制广场的图案（4）

⑥ 第四个圆与第五个圆之间的图案采用同样的方法绘制。

⑦ 斜向直线图案的绘制。首先绘制左侧图案，右侧的图案通过使用"镜像"命令即可得到。

●单击"默认"选项卡"绘图"面板中的"直线"按钮，以圆心为第一角点，沿135°方向绘制一条直线段与圆形广场外轮廓相交于一点。为左半边中间那条斜线，选择这条直线是因为此直线上的方形为正方形，没有偏移角度。

●单击"默认"选项卡"修改"面板中的"偏移"按钮，向两侧偏移，偏移距离为150，修剪多余的线条，再按图示位置绘制矩形，在命令行中输入"1900，1900"。然后对其进行修剪，结果如图 12-63 所示。

●单击"默认"选项卡"修改"面板中的"旋转"按钮，将斜向直线图案以圆心为基点复制旋转15°。然后对旋转后的两个图形添加矩形并修剪，结果如图 12-64 所示。

●将所有的图案选中，单击"默认"选项卡"修改"面板中的"镜像"按钮，沿竖向中轴线镜像，结果如图 12-65 所示。

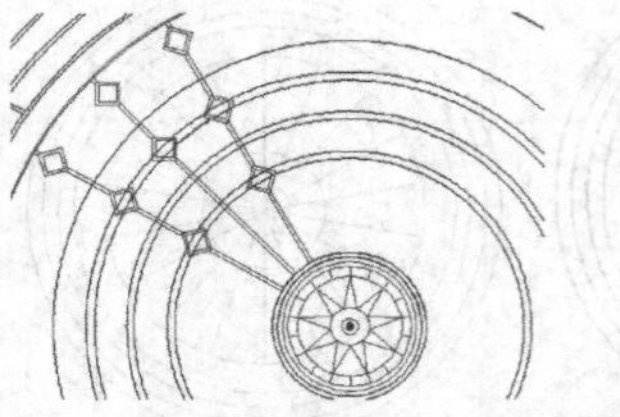

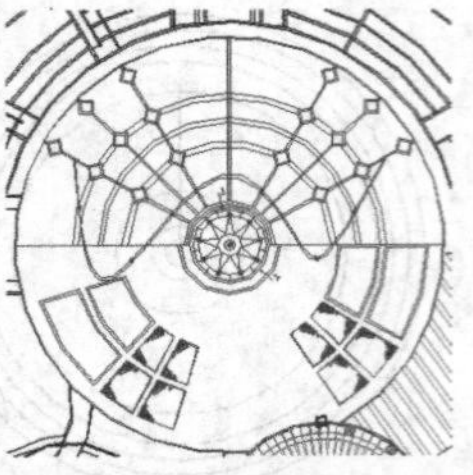

图 12-64 绘制广场的图案（5） 图 12-65 绘制广场的图案（6）

下半部分图案相对比较简单，两组图案为镜像的关系。首先绘制一组图案，然后根据具体角度，找好镜像轴，进行镜像即可，这里不再做详细介绍。

（2）广场内休息场地的绘制。整体轮廓绘制好后，这几组图案形式相同，处理好旋转和缩放比例的关系即可。首先绘制一组图案，然后对这组图案进行修改和编辑，绘制出其他图案，如图 12-66 所示。

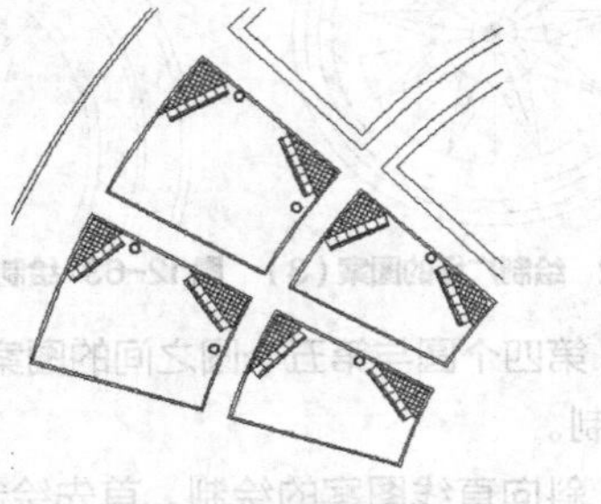

图 12-66 休息场地

（3）广场周围花池的绘制。首先根据具体尺寸绘制圆，然后根据斜线的角度以圆心为第一角点绘制直线段，最后修剪多余的线条。相同的图案可采用上述方法进行复制旋转，最终绘制的花池如图 12-67 所示，这里不做详细介绍。

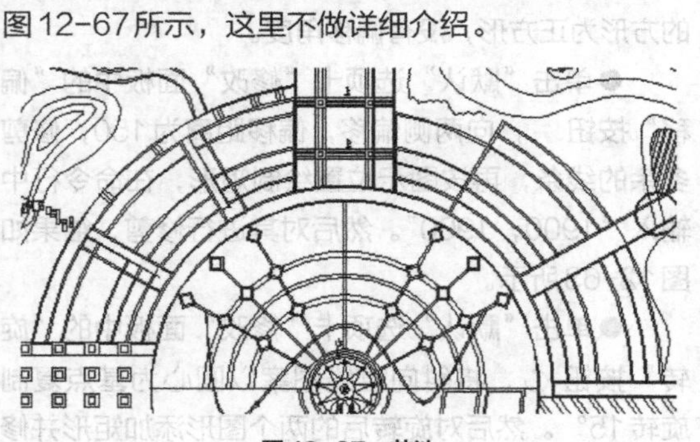

图 12-67 花池

5. 中心广场西北方向花架广场的详细绘制

此图案的绘制方法与西侧主出入口广场的绘制方法相同，这里不赘述，可以使用“插入块”命令将“源文件\图库\花架图案”直接插入，结果如图 12-68 和图 12-69 所示。

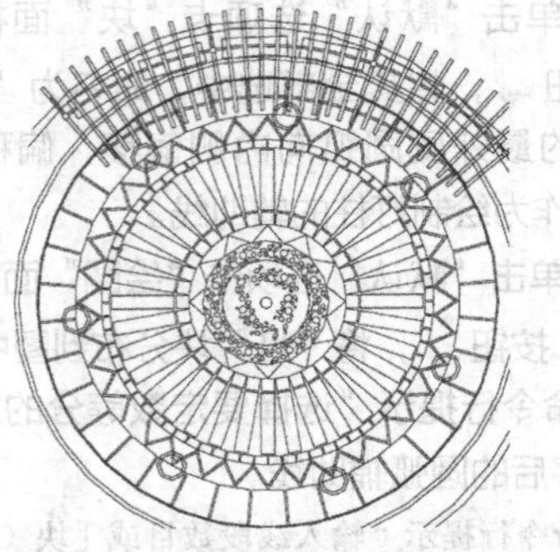

图 12-68 西北方向花架广场详图

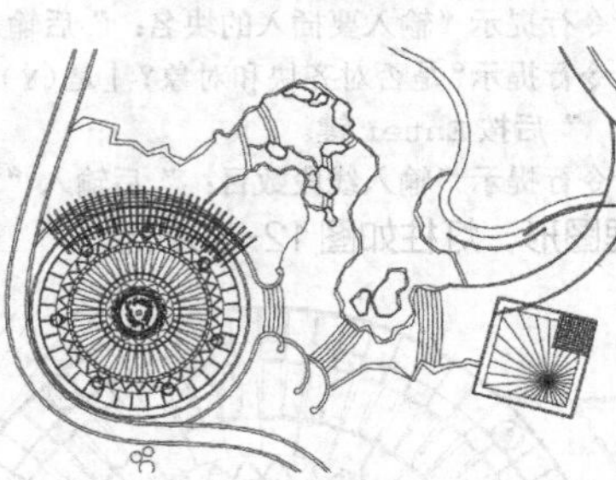

图 12-69 西北方向花架广场在绿地中的位置

6. 水系的处理

水系处设置不规则亲水平台，使用“样条曲线”命令绘制出边缘线，然后使用“图案填充”命令对其进行填充。在亲水平台对岸绘制一个“2000×2000”的矩形，然后将其向内侧偏移，偏移距离值为300，作为树池的宽度，水系如图 12-70 所示。

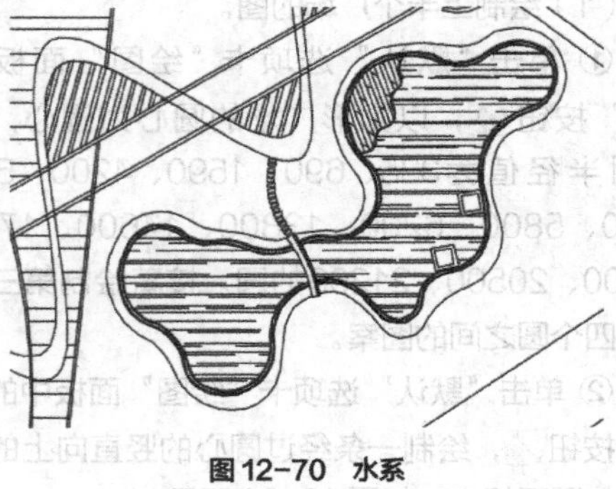

图 12-70 水系

7. 凉亭的绘制

平台用“样条曲线”命令绘制，然后对内侧进行填充。凉亭的绘制不再详述，如图 12-71 所示。

街旁绿地详图如图 12-72 所示。

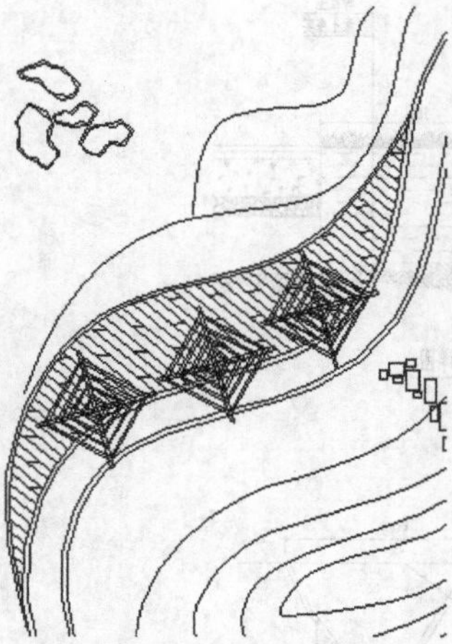

图 12-71 凉亭的绘制

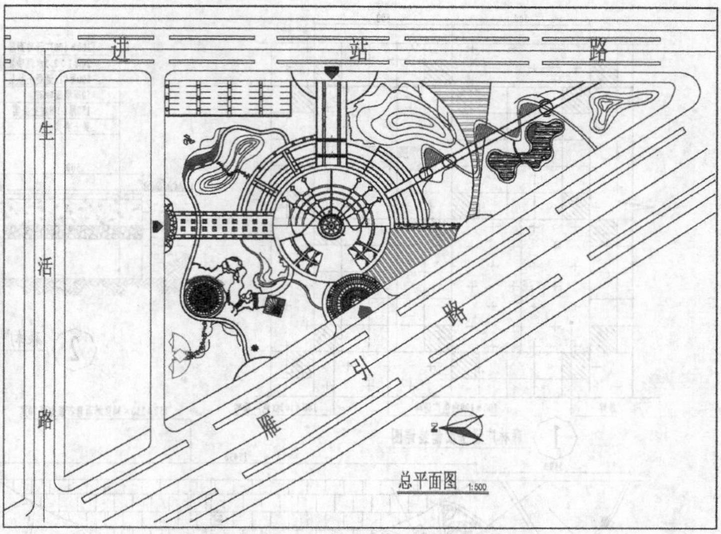

图 12-72 街旁绿地详图

12.3.8 植物的配置

根据植物的生长特性，通过艺术手法将其种植在公园合适的位置。本节打开源文件中的植物图例，将其复制并粘贴到平面图中合适的位置即可。

（1）建立一个新图层，命名为“植物”，并将其设置为当前图层，确定后返回绘图状态。

（2）将配套资源所附带的植物图例打开，选中合适的图例，在窗口中单击鼠标右键，在打开的快捷菜单中选择“复制”命令。然后将窗口切换至公园设计的窗口，在窗口中单击鼠标右键，在打开的快捷菜单中选择“粘贴”命令，这样植物图例就复制到公园设计的图中。单击“默认”选项卡“修改”面板中的“缩放”按钮 ，将图例缩放至合适的大小，一般大乔木的冠幅直径为6000，其他相应缩小，植物配置如图12-73所示。

（3）景点的说明。建立一个新图层，命名为“文字”，并将其设置为当前图层。单击“默认”选项卡“注释”面板中的“多行文字”按钮 A，将景点标号并用文字说明，如图12-2所示。附带详图如图12-74～图12-78所示，灯光平面布置图如图12-79所示。

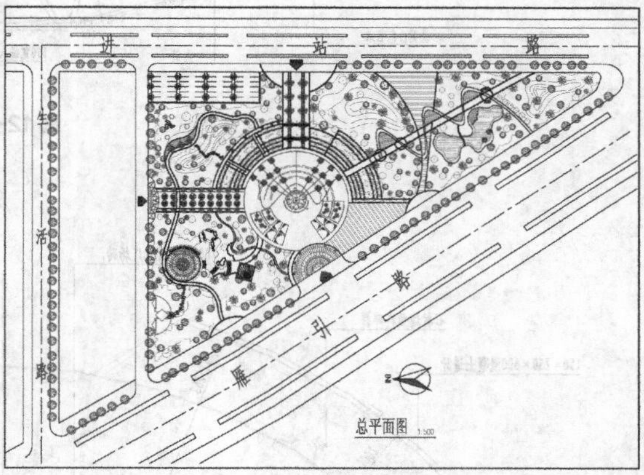

图 12-73 植物配置

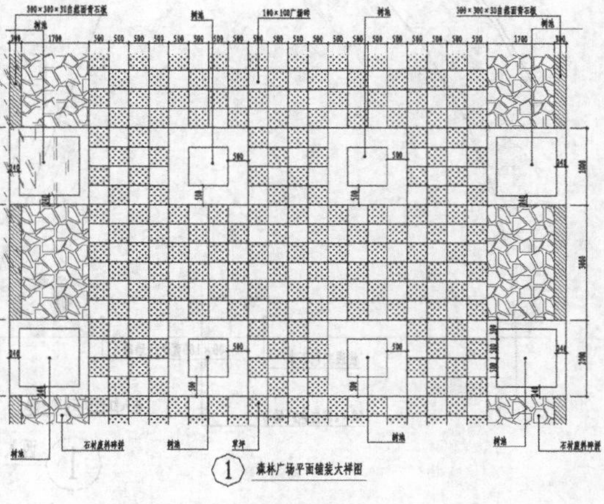

图 12-74 详图 1

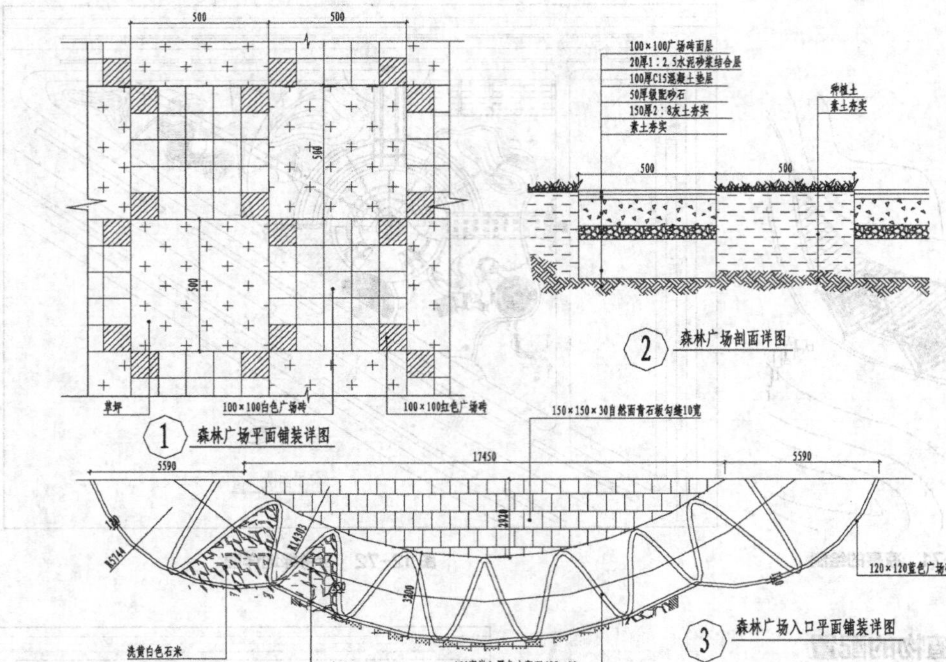

图 12-75　详图 2

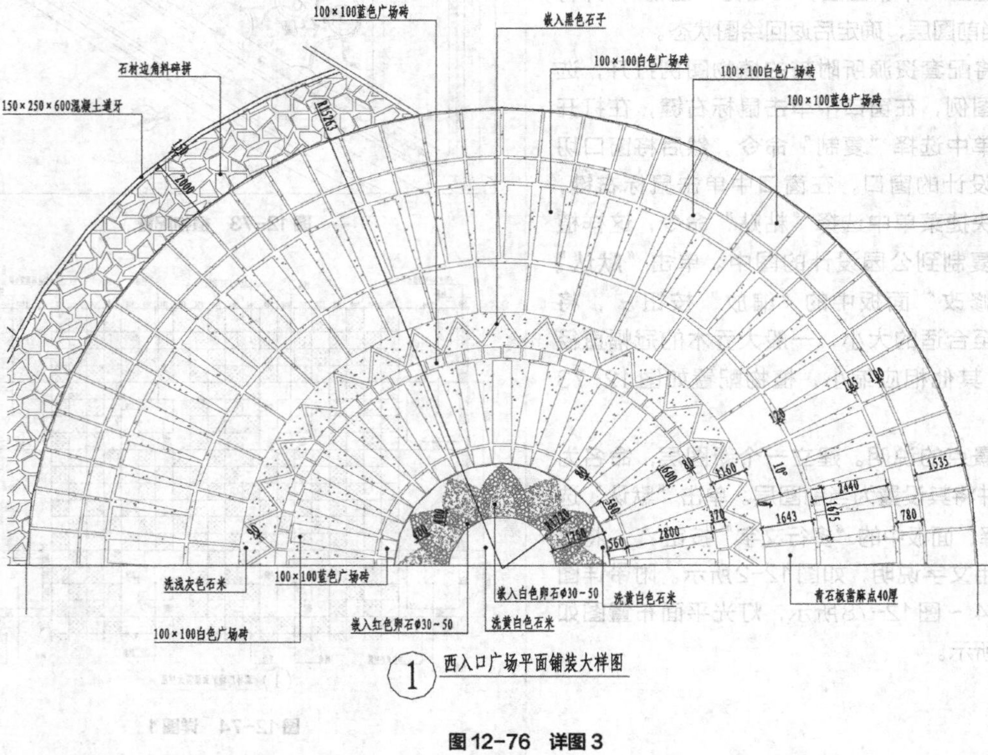

图 12-76　详图 3

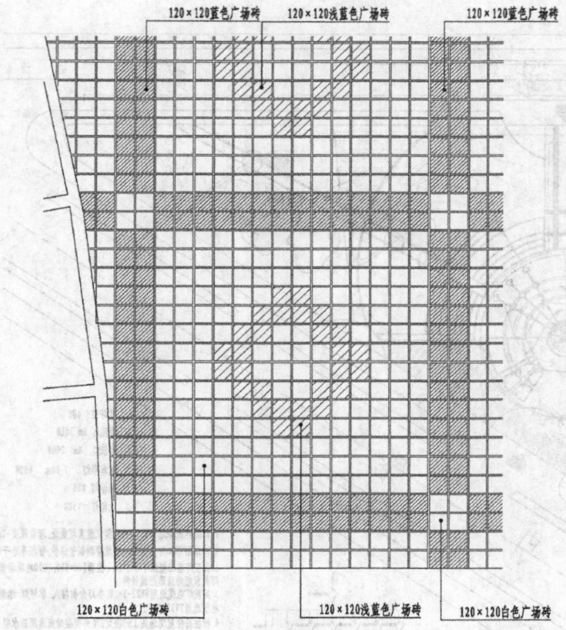

① 健身广场平面铺装大样图

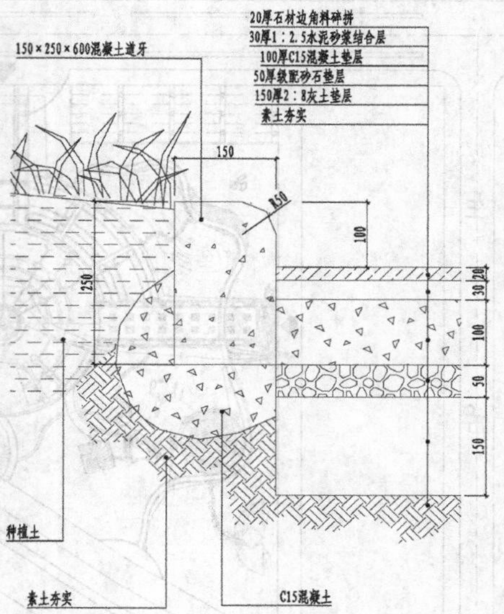

① 道路剖面大样图

图12-77 详图4

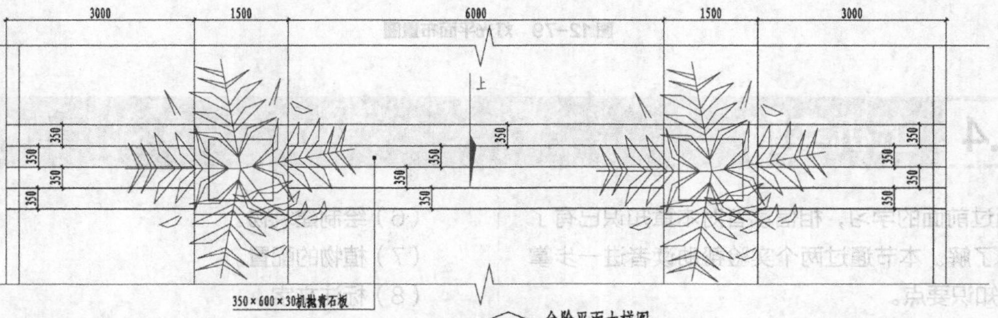

① 台阶平面大样图

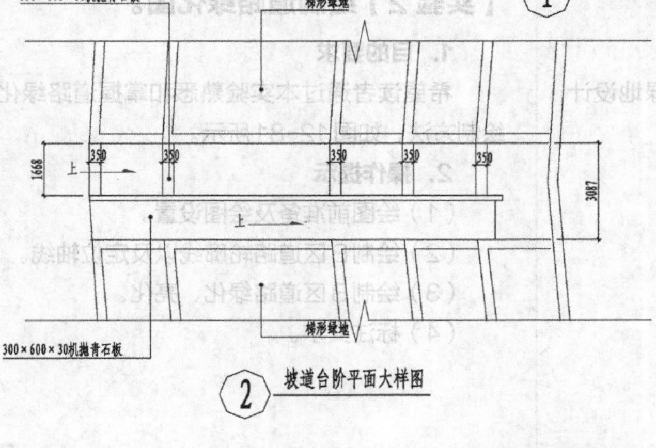

② 坡道台阶平面大样图

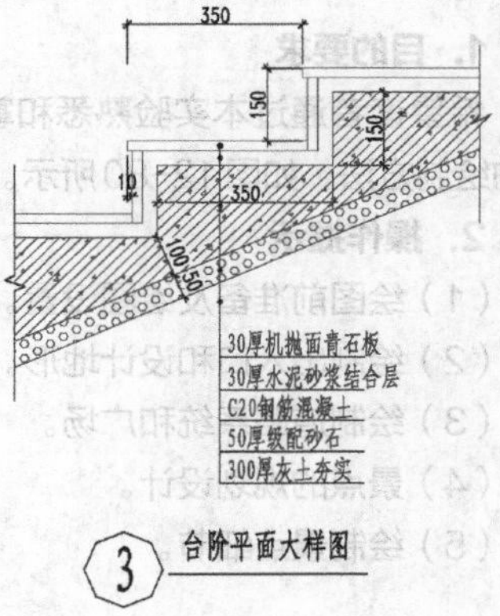

③ 台阶平面大样图

图12-78 详图5

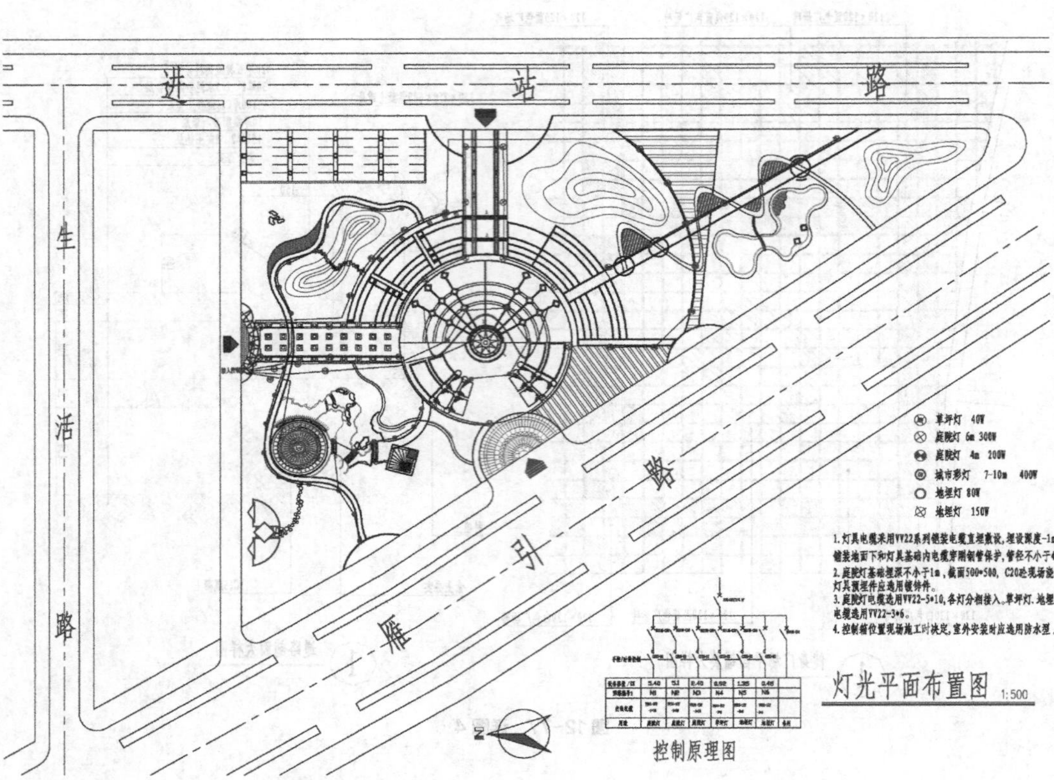

图 12-79 灯光平面布置图

12.4 上机实验

通过前面的学习，相信读者对本章知识已有了大体的了解。本节通过两个实验帮助读者进一步掌握本章知识要点。

【实验1】绘制花园绿地设计图。

1. 目的要求

希望读者通过本实验熟悉和掌握花园绿地设计图的绘制方法，如图12-80所示。

2. 操作提示

（1）绘图前准备及绘图设置。

（2）绘制出入口和设计地形。

（3）绘制道路系统和广场。

（4）景点的规划设计。

（5）绘制景点细节。

（6）绘制建筑物。

（7）植物的配置。

（8）标注文字。

【实验2】绘制道路绿化图。

1. 目的要求

希望读者通过本实验熟悉和掌握道路绿化图的绘制方法，如图12-81所示。

2. 操作提示

（1）绘图前准备及绘图设置。

（2）绘制B区道路轮廓线以及定位轴线。

（3）绘制B区道路绿化、亮化。

（4）标注文字。

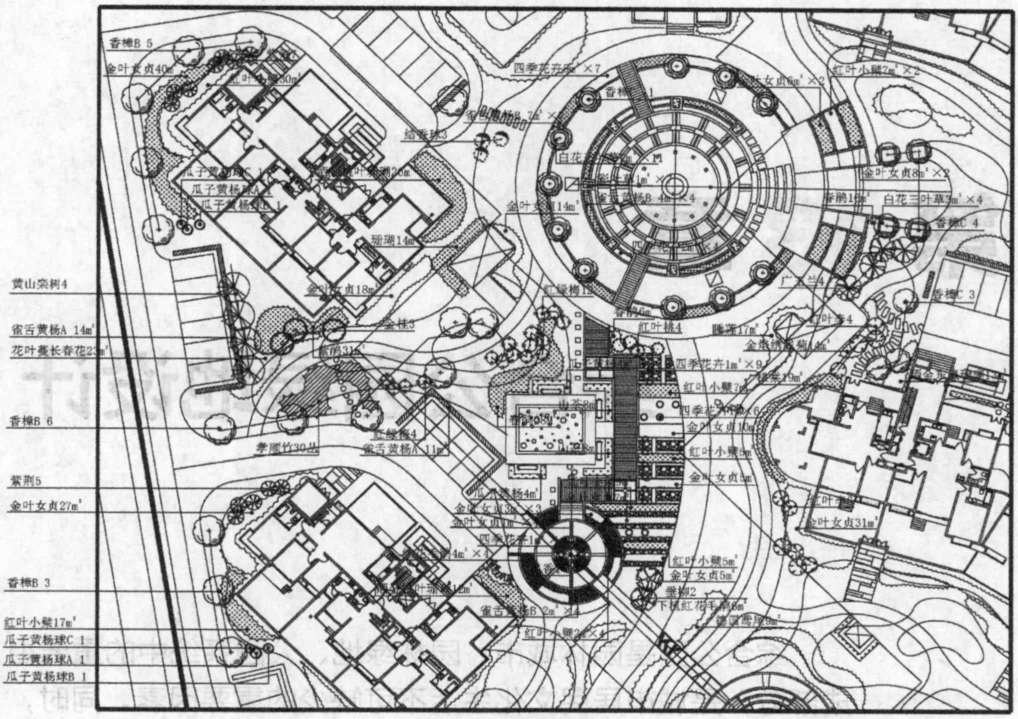

图 12-80　花园绿地设计图

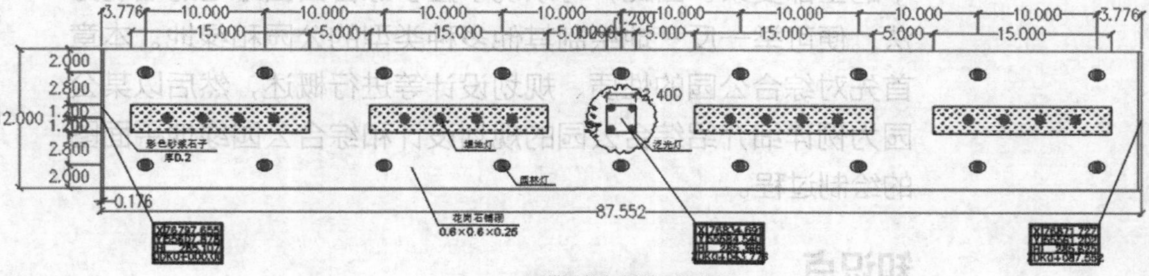

B区道路绿化及亮化布置平面图

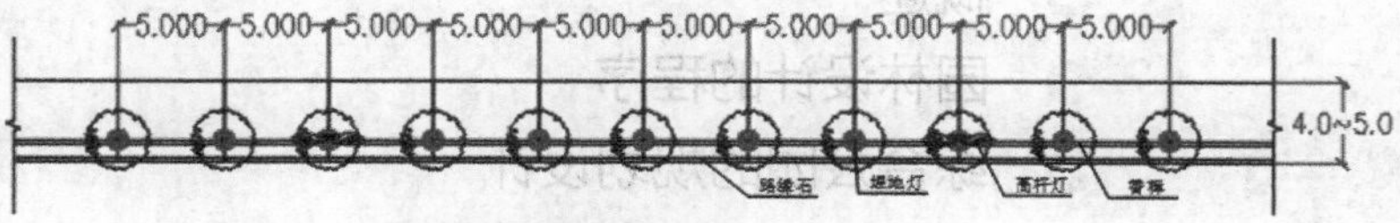

人行道绿化及亮化布置平面图

附注：

1. 本图尺寸均以m计；
2. B区道路两侧花池规格15×2.4×0.4，中间花池规格2.4×2.4×0.4；
3. B区道路两侧花池以灌木为主，用花卉点缀，每个花池等间距布置4盏埋地灯；
4. B区道路中间花池种植乔木，在花池4个角各布置一盏泛光灯；
5. 园林灯高3.6m，每隔10m在步行街两侧布置；
6. 高杆灯高10m，每隔30m在人行道两侧布置；
7. 人行道每隔5m种植一棵行道树，行道树种植胸径为0.1~0.12m的香樟。每棵树下设置1盏埋地灯。

图 12-81　道路绿化图

第 13 章

综合公园绿地设计

综合公园是园林城市、园林绿地、公园系统中的重要组成部分，是城市居民文化生活不可缺少的重要因素。同时，综合公园绿地设计也是园林设计中的典型，它几乎包含园林中的全部要素。因此，可以说掌握了综合公园绿地的绘制方法，便可举一反三地绘制其他多种类型的公园和绿地。本章首先对综合公园的性质、规划设计等进行概述，然后以某公园为例详细介绍综合公园的规划设计和综合公园绿地平面图的绘制过程。

知识点

- 概述
- 园林设计的程序
- 综合公园的规划设计
- 绘制综合公园绿地平面图

13.1 概述

根据《城市绿地分类标准》（CJJ/T 85—2017）规定，区域性公园属于综合公园。综合公园的内容与国家现行标准《公园设计规范》（GB 51192—2016）的内容保持一致。

综合公园不仅为城镇提供了大片绿地，还为市民提供了开展文化、娱乐、体育、游憩活动的公共场所。综合公园对城镇的精神文明、环境保护、社会生活起着重要作用。

综合公园包括全市性公园和区域性公园，其设计内容与国家现行标准《公园设计规范》的内容保持一致。因各城市的性质、规模、用地条件、历史沿革等具体情况不同，综合公园的规模和分布差异较大，故此标准对综合公园的最小规模和服务半径没有做具体规定。

综合公园的内容应包括多种文化娱乐设施，如剧场、音乐厅、俱乐部、陈列馆、游泳场、溜冰场、餐馆等。园内有明确的功能分区，如文化娱乐区、体育活动区、安静休憩区、儿童游戏场、动物展览区、园务管理区等。在已有动物园的城市，综合公园内不宜设大型或猛兽类动物展区。综合公园内还应有风景优美的自然环境、丰富的植物种类、开阔的草地和浓郁的林地，使得四季都有景可赏。市级和区级公园有一定的差异，市级公园由市政府统一管理，面积为10hm^2以上，居民乘车约30min可以到达，如广州的越秀公园、西安的兴庆宫公园、上海的长风公园、北京的陶然亭公园等；区级公园由区政府统一管理，面积为10hm^2左右，居民步行约20min可以到达，服务半径不超过1.5km，可供居民整天活动，如北京的朝阳公园。

13.2 园林设计的程序

我们进行综合公园的规划设计之前，有必要了解园林设计的程序。

13.2.1 园林设计的前提工作

（1）掌握自然条件、环境状况及历史沿革等内容。

（2）搜集图纸资料，如地形图、局部放大图、现状图、地下管线图等。

（3）现场踏查。

（4）编制总体设计任务文件。

13.2.2 总体设计方案阶段

1. 主要设计图内容

主要设计图包括位置图、现状图、分区图、总体设计方案图、地形图、道路总体设计图、种植设计图、管线总体设计图、电气规划图、园林建筑布局图等内容。

2. 鸟瞰图

直接表达园林设计的意图，通过钢笔、水粉等绘制均可。

3. 总体设计文字说明

总体设计方案除图纸外，还要求包括一份文字说明，用来全面介绍设计者的构思、设计要点等内容。

4. 工程总匡算

此阶段，可按面积（hm^2、m^2），根据设计内容、工程复杂程度，结合常规经验匡算。或者按工程项目、工程量，分项估算再汇总。

13.3 综合公园的规划设计

综合公园是园林设计中的典型。综合公园的规划设计主要包括以下几个阶段。

13.3.1 总体规划阶段

在总体规划阶段，需要确定出入口位置，进行分区规划、地形设计、道路布局、建筑布局、植物种植规划，制定建园程序及估算造价等。

1. 确定出入口位置

《公园设计规范》4.2.8指出，公园出入口布局应符合下列规定：①应根据城市规划和公园内部布局的要求，确定主、次和专用出入口的设置、位置和数量；②需要设置出入口内外集散广场、停车场、自行车存车处时，应确定其规模要求；③售票的公园游人出入口外应设集散场地，外集散场地的面积下限指标应以公园游人容量为依据，宜按500m^2/万人计算。另外，为方便游人，一般要在公园四周不同方位选定不同出入口，如在公园附近的小巷或胡同处可设立小门。

2. 分区规划

在公园规划工作中，分区规划的目的是满足不同年龄、不同爱好游人的游憩和娱乐要求，合理、有机地组织游人在公园内开展各项游乐活动。同时根据公园所在地的自然条件，如地形、土壤状况、水体、原有植物、已存在并要求保留的建筑物或历史古迹、文物情况等，因地制宜地进行分区规划。另外，还要依据公园规划中所要开展的活动项目的服务对象，即不同年龄的游人，如儿童、老人、年轻人等各自游园的目的和要求进行分区规划；不同类型游人的兴趣、爱好、习惯等游园活动规律进行分区规划。

公园主要设置内容有观赏游览、文化娱乐、儿童活动、老年人活动、安静休息、体育活动、公园管理等。但这些设施会占去较大的园林面积，因此一定要保证公园的规模。

3. 地形设计

公园总体规划在确定出入口位置、分区规划的基础上，必须进行整个公园的地形设计。规则式或自然式、混合式园林都存在地形设计问题。地形设计涉及公园的艺术形象、山水骨架、种植设计的合理性、土方工程等问题。规则式园林的地形设计，主要应用直线和折线创造不同高程平面的布局。规则式园林多为规则的几何形，底面为平面，在满足给水、排水的要求下，标高基本相等。近几年来，其在下沉式广场中的应用很普遍，有良好的景观和使用效果，如北京植物园的月季园。自然式园林的地形设计，首先要根据公园用地的地形特点，因地制宜地挖湖堆山，即《园冶》中所指出的“高方欲就亭台，低凹可开池沼”。

公园的地形设计还应与全园的植物种植规划紧密结合。密林和草坪应在地形设计中结合山地、缓坡；水面应考虑各种水生植物的不同生物学特性。山林地坡度要小于33%，草坪坡度不应大于25%。

地形设计还应结合各分区规划的要求，如安静的休息区、老人活动区等要求有一定山林和溪流蜿蜒的水面，或者利用山水组合空间打造局部幽静环境。而文娱活动区要求地形变化不宜过于剧烈，以便开展大量游人短期集散的活动。儿童活动区要求不宜选择过于陡峭、险峻的地形，以保证儿童的安全。

在地形设计中，竖向控制应包括下列内容：山顶标高，最高水位、常水位、最低水位标高，水底标高，驳岸顶部标高等。为保证游园安全，水体深度一般为1.5 ~ 1.8m。硬底人工水体近岸2.0m内的水体不得大于0.7m，超过则应设置护栏。无护栏的园桥，汀步附近2.0m以内的水深不得大于0.5m。

竖向控制还包括园路主要转折点、交点、变坡点，主要建筑的底层、室外地坪，各出入口内、外地面，地下工程管线及地下构筑物的埋深等。

4. 道路布局

在确定了各个出入口后，需要确定主要广场、主要环路和消防通道，同时规划主干道、次干道以及各种路面的宽度、排水纵坡。初步确定主要道路的路面材料和铺装。

5. 建筑布局

园林中的建筑具有使用和观赏双重作用，要可居、可游、可观。中国园林建筑的布局手法是山水为主，建筑配合；统一中求变化，对称中有异象。在平面上，要反映建筑在全园总体设计中的布局；主、次、专用出入口的售票房、管理处、造景等各类建筑的平面造型；大型建筑的平面位置及周围关系；游览性建筑，如亭、台、楼、阁的平面安排等。除了平面图，还要有主要建筑物的立面图。

6. 植物种植规划

植物种植规划是园林设计全过程中十分重要的组成部分。

西方园林的植物种植重在体现整理自然、征服自然、改造自然。种植设计按以人为本的理念出发，整形化、图案化。种植形式以建筑式的树墙、绿篱、修剪成各种造型的树木为主。我国园林着重于以花木表达思想感情，追求自然山水构图。混合式园林融东西方园林于一体，中西合璧。园林种植设计将传统的艺术手法与现代精神相结合，旨在创造出符合植物生态要求、环境优美、景色迷人、健康卫生的植物空间，满足游人的观赏要求。

在规划的过程中要注意以下几点。

（1）尊重自然，合理利用。尊重自然，保护生态环境，合理地开发、利用土地和自然资源，才能在真正意义上改善生存与生活环境。只有在保护和利用自然植被与地形环境的条件下进行植物种植，才能创造出自然、优美、和谐的园林空间。

（2）尊重科学，符合规律。植物种植必须尊重科学，尤其是生态学科学。要处理好植物与植物的关系，如将同一生活习性、可以互利共生的植物种植在一起；而生活习性相差很大以及偏害共生的植物不宜种植在一起。充分发挥每一种植物在园林环境中的作用，种植出持久、稳定、均衡的植物群落，造就和谐、优美、平衡发展的园林生态系统。这样不仅可以模仿自然界的优美环境，而且可以降低养护管理费用。

（3）因地制宜，适地适物。植物种植要根据不同的现状条件，设计相应的生长环境。并考虑植物的生态习性和生长规律，选择适宜的种类，使各种植物都能在良好的立地环境下生长，充分发挥植物个体、种群和群落的景观与生态效益，并为其他生物（如鸟类、小兽等）提供合适的环境。

（4）合理布局，满足功能。植物种植规划要从绿地的性质和功能出发，对不同的景观进行合理的规划和布局，满足相应的功能要求。如观赏区域要设置色彩鲜艳的花坛，株型优美、色彩美丽的乔木或灌木；活动区域要设置大草坪；安静的休息区要设置山水丛林、疏林草地。

（5）种类多样，季相变化。大多数的园林植物有不同的季相变化，春有百花夏有绿，秋有红叶冬有枝，即使是常绿的松柏，不同季节下其绿色也有深、浅、浓、淡之分。植物种植应顾及四季景色，应用较多的植物种类，使园林在每一个季节都有不同的美丽景观。

（6）密度适宜，远近结合。园林植物的种植密度直接影响到植物的生长发育、景观效果和绿地功能的发挥。密度过高会加剧竞争，影响植物个体的生长和发育，同时降低经济性，浪费苗木；密度过低会影响景观效果，难以发挥生态与使用价值。在实际生产实践中，常常结合近期功能与远期目标，进行动态设计：近期密植，等苗木长大后进行间伐；或速生树与慢生树相结合等。

13.3.2 技术（细部）设计阶段

根据总体规划的要求，进行每个局部的技术设计。主要工作内容有以下3个方面。

1. 平面图

（1）平面图（一般比例为1:500）包括如下图面：公园出入口设计（建筑、广场、服务小品、种植、管线、照明、停车场）。

（2）平面图包括如下设计分区。

① 主要道路（分布走向宽度、标高、材料、曲线转弯半径、行道树、透景线）。

② 主要广场的形式、标高。

③ 建筑及小品（平面大小、位置、标高、平立剖、主要尺寸、坐标、结构、形式、主设备材料）。

④ 植物的种植、花坛、花台面积大小、种类、标高。

⑤ 水池范围、驳岸形状、水底土质处理、标高、水面标高控制。

⑥ 假山位置面积造型、标高、等高线。

⑦ 地面排水设计（分水线、江水线、江水面积、明暗沟、进水口、出水口、窨井）。

（3）平面图包括如下工程序号：给水、排水、管线、电网尺寸（埋深、标高、坐标、长度、坡度、电杆或灯柱）。

2. 横纵剖面图

为了更好地表达设计意图，在局部艺术布局十分重要的部分，或局部地形变化的部分，作出横纵剖面图。一般比例为1:500～1:200。

3. 局部种植设计图

局部种植设计图比例一般为1:500，要能够准确地反映乔木的种植点、栽植数量、树种，要标明密林、疏林、树群、树丛、园路树、湖岸树的位置。另外，花坛、花境等的种植设计图的比例可放大到1:300～1:200。

13.3.3 施工设计阶段

在施工设计阶段要作出施工总图、竖向设计图、道路和广场设计图、种植设计图、水系设计图、园林建筑设计图、管线设计图、电气管线设计图、假山设计图、雕塑设计图、栏杆设计图、标牌设计图等；做出苗木表、工程量统计表、工程预算表等。

1. 施工总图

施工总图（又称放线图）用于表明各设计因素的平面关系和它们的准确位置。图纸包括要保留的现有地下管线（红线表示）、建筑物、构筑物、主要现场树木等；设计地形等高线（细黑虚线表示）高程数字、山石和水体（粗黑线加细线表示）；园林建筑物和构筑物的位置（粗黑线表示）；道路广场、园灯、园椅、垃圾桶等（中黑线表示）放线坐标网格，工程序号、透视线等。

2. 竖向设计图

竖向设计图（又称高程图）用于表明各设计因素的高差关系。图纸包括平面图和剖面图。平面图依竖向设计，在施工总图的基础上表示现状等高线、坡坎（细红线表示）、高程（红色数字表示）；设计等高线、坡坎（黑线表示）、高程（黑色数字表示）；设计的溪流河湖岸边、河底线及高程、排水方向（黑色箭头表示）；各景区园林建筑、休息广场的位置及高程；挖方、填方范围（注明挖方、填方量）等。剖面图包括主要部位的山形、丘陵和坡地的轮廓线（黑粗线表示）及高度、平面距离（黑细线表示）等。注明剖面图的起讫点、编号与平面图配套。

3. 道路和广场设计图

道路和广场设计图主要用于表明园内各种道路、广场的具体位置，宽度、高程、纵横坡度、排水方向；路面做法、结构、路牙的安装与绿地的关系；道路广场的交接、拐弯、交叉路口不同等级道路的交接、铺装大样、回车道、停车场等。

平面图要根据道路系统的总体设计，画出各种道路、广场、地坪、台阶、攀山道、山路、汀步、道桥等的位置，并注明每段的高程，纵坡、横坡的数字。一般园路分为主路、支路和小路3级。主路宽度范围一般为5～6m，支路为2～3m，小路为1.2～1.5m。注意坡度要符合《公园设计规范》。剖面图要表示出各种路面、山路、台阶的宽度及其材料、道路的结构层（面层、垫层、基层等）厚度做法。注意每个剖面图都要有编号，并与平面图配套。

4. 种植设计图

种植设计图主要用于表明树木花草的种植位置、种类、种植类型、种植距离，以及水生植物等。其包括常绿乔木、落叶乔木、常绿灌木、落叶灌木、开花灌木、绿篱、花篱、草地、花卉等的具体位置、品种、数量、种植方式等内容。在同一幅图中，树冠的表示不宜变化太多，花卉、绿篱的表示要统一。原有树木和新栽树木要区别表示。复层绿化时，可用细线表示大乔木树冠，但不要压下面的花卉、树丛、花台等，树冠尺寸以成年树木为标准。另外，重点树群、树丛、林缘、绿篱、专类园等可附大样图。

5. 水系设计图

水系设计图用于表明水体的平面位置，水体形状、大小、深浅及工程做法。首先要绘制进水口、溢水口、出水口大样图。平面图上要绘制出各种水体及水体附属物的平面位置，并分段标明岸边及池底的设计高程；还要绘制水池循环管道的平面图。剖面图上要表示出水体驳岸、池底、山石、汀步等的工程做法。

6. 园林建筑设计图

园林建筑设计图用于表现各景区园林建筑的位置及建筑本身的组合样式等。其包括建筑的平面设计（位置、朝向、与周围环境的关系）、建筑底层平面、建筑各方向的剖面、屋顶平面、必要的大样图、建筑结构图等。

7. 管线设计图

管线设计图在管线规划图的基础上，表现上水（造景、绿化、生活、消防等）、下水（雨水、污水）、暖气、煤气等各种管网的位置、埋深、规格等。平面图上要表示管线及各种井的具体位置、坐标，并注明每段管的长度、管径、高程，以及如何接头，每个井要有编号。原有管线用红线或黑细线表示，新设计的管线用相应规格的黑粗线表示。

8. 电气管线设计图

电气管线设计图在电气规划图的基础上，将各种电气设备及电缆走向位置表示清楚。用粗黑线表示各路电缆的位置、走向，各种灯的位置和编号、电源接口位置等。注明各路用电量和电缆型号敷设、灯具选择及颜色等。

9. 假山、雕塑、栏杆、标牌设计图

各种小品设计图参照施工总图做出小品平面图、立面图、剖面图，并注明高度、要求，必要时可制作模型，便于领会施工意图。

10. 苗木表及工程量统计表

苗木表包括编号、种类、数量、规格（胸径、冠幅）、来源、备注（灌木型、直立型）等；工程量统计表包括项目、数量、规格、预算等。

11. 工程预算表

工程预算表分为土建部分和绿化部分。土建部分可按项目估价，算出汇总价，或者按市政工程预算定额中的园林附属工程定额计算。绿化部分可按基本建设材料预算价格中的苗木单价表，以及建筑安装工程预算定额的园林绿化工程定额计算。

13.4 绘制综合公园绿地平面图

假设在某城市近郊设计一个综合公园，图13-1所示为该综合公园现状图和总平面图。此公园南北方向长238m，东西方向长边宽185m、短边宽113m，最宽处为208m。园区东侧不规则，面积将近42000m^2，园区四面皆为公路。园区中心有椭圆形水池，水池的四周有3座高地，水池中包含1处高地。

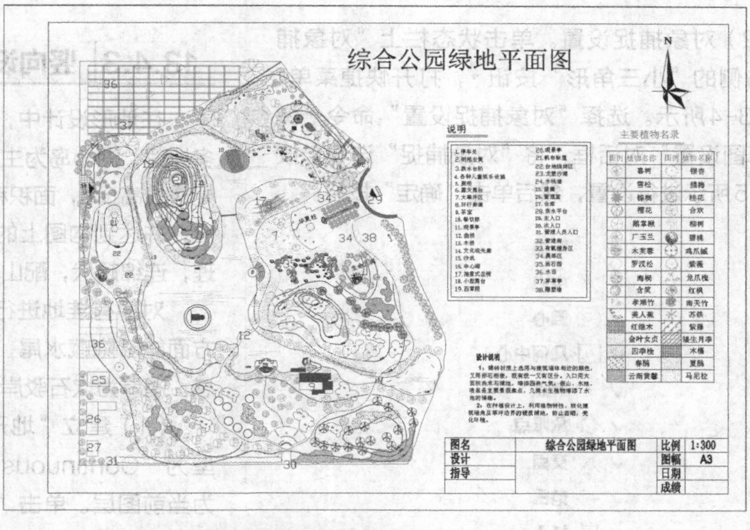

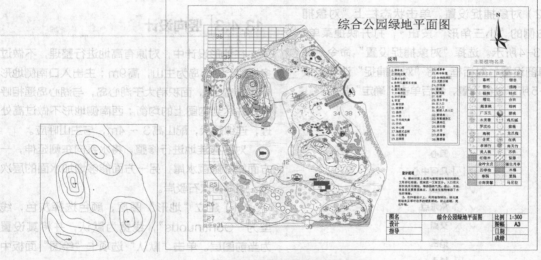

图13-1 综合公园现状图和总平面图

13.4.1 必要的设置

参数设置是绘制任何一幅园林图都要进行的预备工作，这里主要设置单位和图形界限。

（1）单位设置。将系统单位设为mm。以1:1的比例绘制。选择菜单栏中的“格式”/“单位”命令，弹出“图形单位”对话框，按图13-2所示进行设置，然后单击“确定”按钮。

（2）图形界限设置。AutoCAD 2020默认的图形界限为“420×297”，是A3图幅，但是我们以1:1的比例绘图，将图形界限设为“420000×297000”。

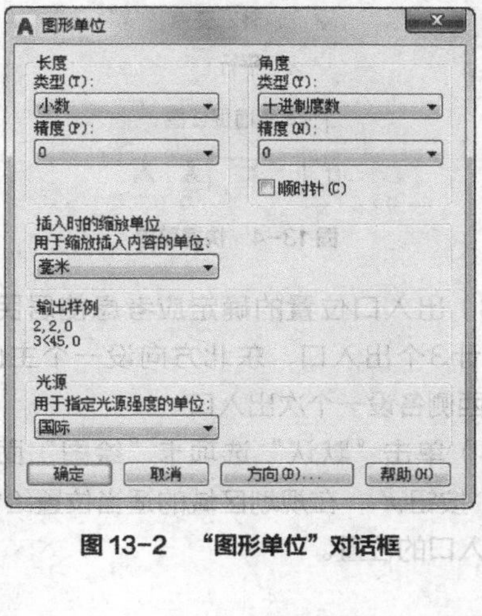

图13-2 “图形单位”对话框

13.4.2 出入口确定

使用“直线”命令确定出入口，为后面的绘制打下基础。

（1）建立“轴线”图层。单击“默认”选项卡“图层”面板中的“图层特性”按钮，弹出“图层特性管理器”对话框。建立一个新图层，命名为“轴线”，颜色选择红色，线型为“CENTER”，线宽为默认，并将其设置为当前图层，如图13-3所示。确定后返回绘图状态。

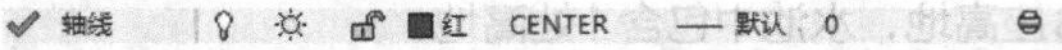

图13-3 “轴线”图层参数

（2）对象捕捉设置。单击状态栏上“对象捕捉”右侧的“小三角形”按钮，打开快捷菜单，如图13-4所示。选择“对象捕捉设置”命令，弹出“草图设置”对话框，将“对象捕捉”选项卡按图13-5所示进行设置，然后单击“确定”按钮。

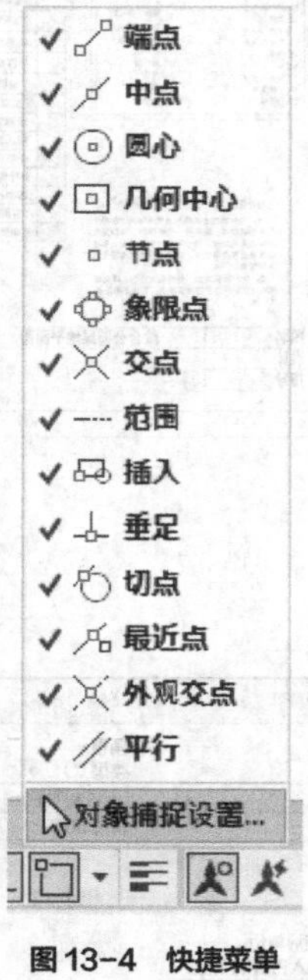

图13-4 快捷菜单

（3）出入口位置的确定应考虑使居民进出方便，设计3个出入口，东北方向设一个主出入口，南侧和西侧各设一个次出入口。

（4）单击“默认”选项卡“绘图”面板中的“直线”按钮，在规划区域的适当位置绘制直线，确定出入口的位置。

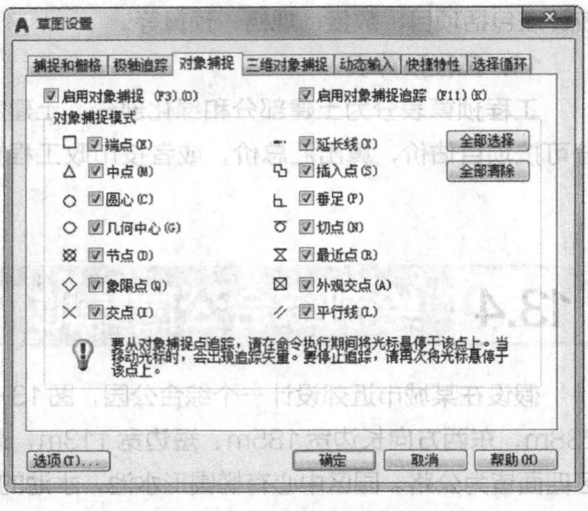

图13-5 设置对象捕捉

13.4.3 竖向设计

在地形设计中，对原有高地进行整理，不做过多处理，湖心岛为主山，高9m；主出入口南侧地形处理成高6m，面积稍大于湖心岛，与湖心岛遥相呼应，并达到构图上的均衡；西南侧地形不做过高处理，连绵起伏，配山高3～4m，与主山呼应。

对原有洼地进行修整，将水系向东侧延伸，一方面能够隐藏水尾，另一方面能够增加水面的层次感。湖岸为坎石驳岸。

（1）建立“地形”图层，颜色选择灰色，线型为“Continuous”，线宽为默认，并将其设置为当前图层。单击“默认”选项卡“绘图”面板中的“样条曲线拟合”按钮，绘制地形坡脚线，如图13-6所示。

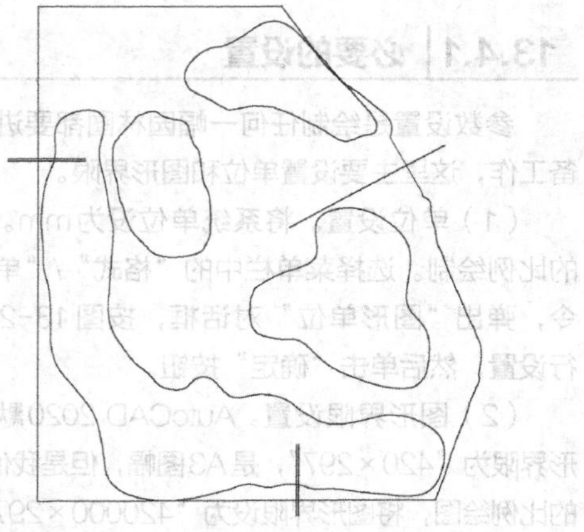

图13-6 地形坡脚线

（2）建立“水系”图层，颜色选择青色，线型为“Continuous”，线宽为默认，并将其设置为当前图层。单击“默认”选项卡“绘图”面板中的“样条曲线拟合”按钮，沿地形坡脚线方向在园区的中心位置绘制水系驳岸线，另外在园区的东南角水中置一浅滩，作为湿地植物种植区，如图13-7所示。

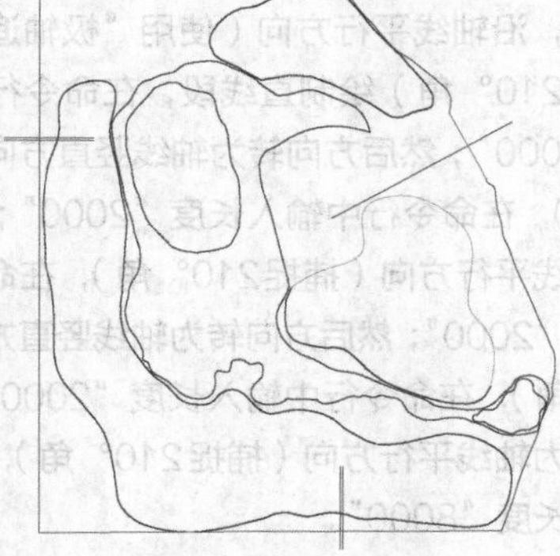

图13-7 水系驳岸线

（3）将“地形”图层设置为当前图层。单击“默认”选项卡“绘图”面板中的“样条曲线拟合”按钮，沿地形坡脚线方向绘制地形内部的等高线，如图13-8所示。湖心岛的最高点为9m，为主山；西侧和北侧为配山，高3～4m；东侧配山高3～6m。

（4）单击“默认”选项卡“绘图”面板中的“直线”按钮，在水系内部绘制图13-8所示的短直线，表示水系的区域。

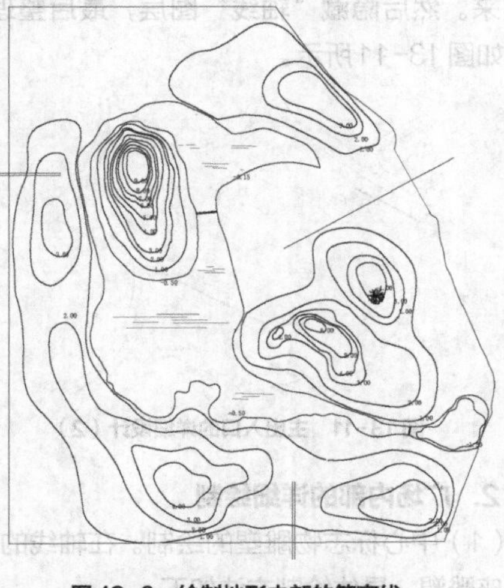

图13-8 绘制地形内部的等高线

13.4.4 道路系统

道路系统分为三级设计：一级道路宽3m，贯穿全园；二级道路宽2.0m；三级道路宽1.5m。

1．主出入口的绘制

（1）新建“入口”图层，颜色选择黄色，线型为“Continuous”，线宽为默认，并将其设置为当前图层。主出入口设计成半径值为16m的半圆形，单击“默认”选项卡“绘图”面板中的“圆弧”按钮，以主出入口轴线与园区边界的交点为圆心，绘制半径值为16000、夹角为180°的圆弧。

（2）单击“默认”选项卡“修改”面板中的“偏移”按钮，将绘制好的弧线向园区内侧偏移，偏移距离为1600，作为出入口铺装与园区内部铺装的过渡。

（3）单击“默认”选项卡“绘图”面板中的“直线”按钮，以圆弧顶点为起点，方向沿中轴线向左，在命令行中输入“8500”。然后单击“默认”选项卡“修改”面板中的“偏移”按钮，将绘制好的线条向轴线两侧偏移，偏移量为8000。

（4）单击“默认”选项卡“修改”面板中的“延伸”按钮，将偏移后的直线段延伸至弧线。

（5）关闭“轴线”图层，主出入口如图13-9所示。

2．南侧次出入口的绘制

（1）单击“默认”选项卡“绘图”面板中的“直线”按钮，以次出入口的中轴线与次出入口的交点为起点，方向沿中轴线向左，在命令行中输入“8000”。

（2）单击“默认”选项卡“修改”面板中的“偏移”按钮，将绘制好的线条向轴线两侧偏移，偏移量为2500，作为出入口的开始序列。南侧次出入口如图13-9所示。

3．西侧次出入口的绘制

西侧次出入口设计成半径值为8m的半圆形，单击“默认”选项卡“绘图”面板中的“圆弧”按钮，以出入口轴线与园区边界的交点为圆弧圆心，绘制半径值为8000、夹角为-180°的圆弧。西侧次出入口如图13-9所示。

4．道路的绘制

（1）新建“道路”图层，颜色选择黄色，线型为“Continuous”，线宽为默认，并将其设置为当前图层。单击“默认”选项卡“绘图”面板中的“样条曲线拟合”按钮，按照图13-9所示道路系统分别绘制一级道路、二级道路和三级道路。水系中折桥设计成2m宽，直桥设计成1.5m宽。单击“默认”选项卡“绘图”面板中的“多段线”按钮，绘制桥体的一侧，然后将其偏移，桥的栏杆偏移量设为120，桥体偏移量设为1500。

（2）南侧次出入口处理成扇形广场形式，单击状态栏上“极轴追踪”右侧的“小三角形”按钮，在打开的快捷菜单中选择“正在追踪设置”命令，弹出“草图设置”对话框，设置附加角为30°。

（3）单击“默认”选项卡“绘图”面板中的“圆弧”按钮，以道路中心线与南侧次出入口中心线的交点为圆心，绘制半径值为12000、夹角为120°的圆弧。

（4）单击“默认”选项卡“修改”面板中的“偏移”按钮，将绘制好的圆弧向内侧偏移，偏移量为9000。然后单击“默认”选项卡“绘图”面板中的“直线”按钮，将圆弧的端点封闭起来，与道路衔接。

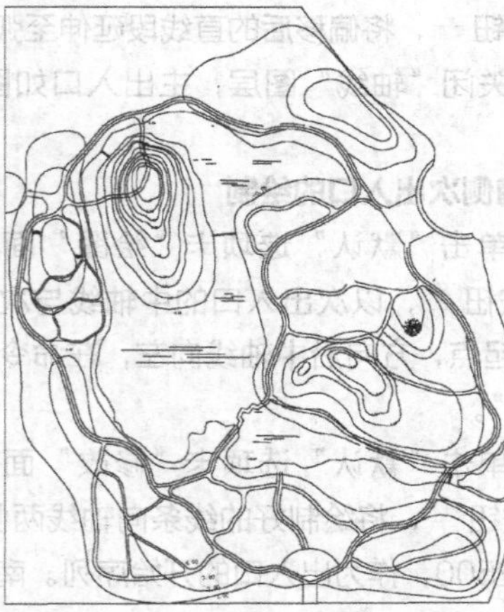

图13-9 道路系统的绘制

13.4.5 详细设计

首先使用“多段线”“镜像”命令绘制主出入口细节；再使用“多段线”“矩形”“直线”“偏移”“镜像”“复制”“修剪”“旋转”等命令绘制广场内部细节；然后使用“直线”“圆弧”“图案填充”“矩形”“偏移”“镜像”等命令绘制水池和文化柱；最后使用“直线”“偏移”“修剪”等命令细化次出入口以及广场中心标志物。

1. 主出入口的详细设计

将“入口”图层设置为当前图层，具体绘制方法如下。

（1）在“图层样式管理器”对话框中打开“轴线”图层上的小灯泡，单击“默认”选项卡“绘图”面板中的“多段线”按钮，以图13-10所示点为第一角点，沿轴线平行方向（使用“极轴追踪”命令，捕捉210°角）绘制直线段，在命令行中输入长度“15000”；然后方向转为轴线竖直方向（捕捉120°角），在命令行中输入长度“2000”；再将方向转为轴线平行方向（捕捉210°角），在命令行中输入长度“2000”；然后方向转为轴线竖直方向（捕捉120°角），在命令行中输入长度“2000”；最后将方向转为轴线平行方向（捕捉210°角），在命令行中输入长度“8000”。

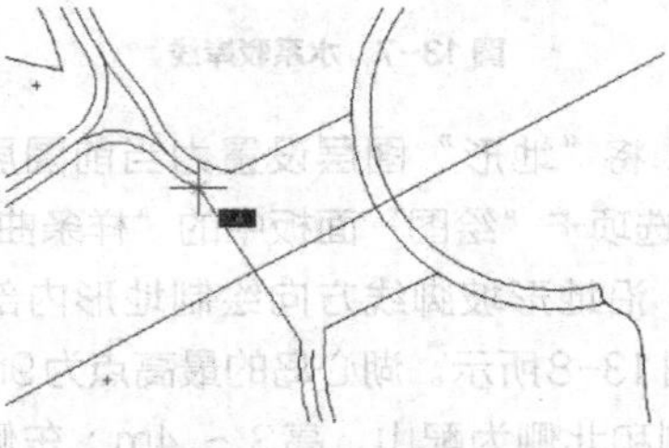

图13-10 主出入口的详细设计（1）

（2）单击“默认”选项卡“修改”面板中的“镜像”按钮，将前面绘制好的多段线沿轴线镜像，镜像后将两端的直线段端点用“圆弧”命令连接起来。然后隐藏“轴线”图层，最后整理图形，结果如图13-11所示。

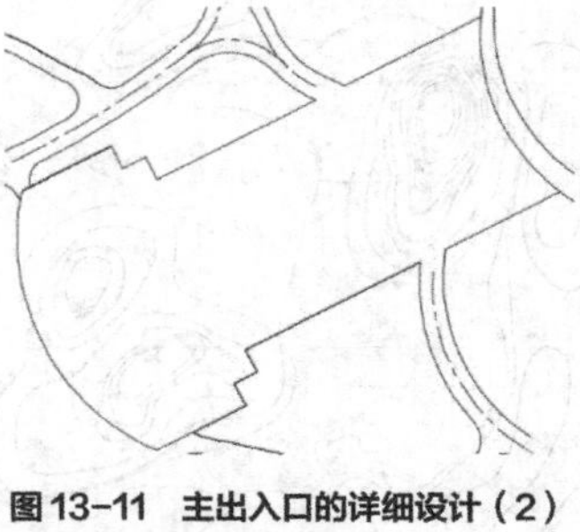

图13-11 主出入口的详细设计（2）

2. 广场内部的详细绘制

（1）中心标志物雕塑的绘制。在轴线的近端设计一座雕塑，具体绘制方法如下。

① 单击“默认”选项卡“绘图”面板中的“多段线”按钮，以出入口处外侧圆弧的顶点为第一角点（见图13-12），沿轴线向园区内侧方向绘制一条长度为30000的直线段，作为雕塑一侧与轴线的交点。

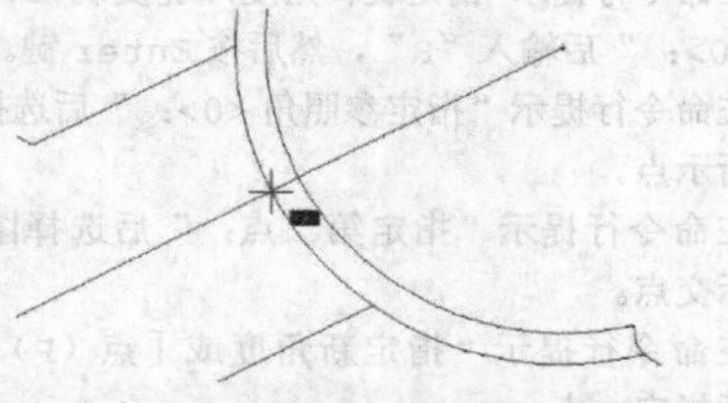

图 13-12 中心标志物雕塑的绘制（1）

② 重复“多段线”命令，以此点为起点，沿轴线垂直向上方向绘制一条长度值为1500的直线段；方向转为与轴线平行向左，绘制长度值为650的直线段；方向转为沿轴线垂直向上，绘制一条长度值为650的直线段；方向转为与轴线平行向左，绘制长度值为1500的直线段。

③ 单击“默认”选项卡“修改”面板中的“偏移”按钮，将前面绘制的多段线向内侧偏移，偏移量为180，这样雕塑的1/4就绘制好了。

④ 选中前面绘制的多段线，单击“默认”选项卡“修改”面板中的“镜像”按钮，沿轴线镜像。镜像后再将这1/2全部选中，以图13-13所示选中的直线段为镜像轴线进行镜像，结果如图13-14所示。

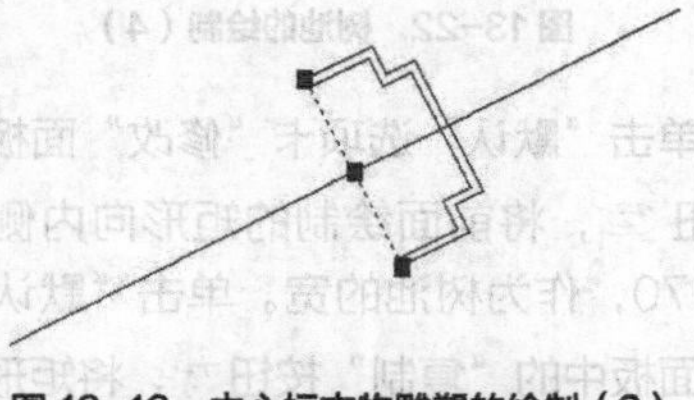

图 13-13 中心标志物雕塑的绘制（2）

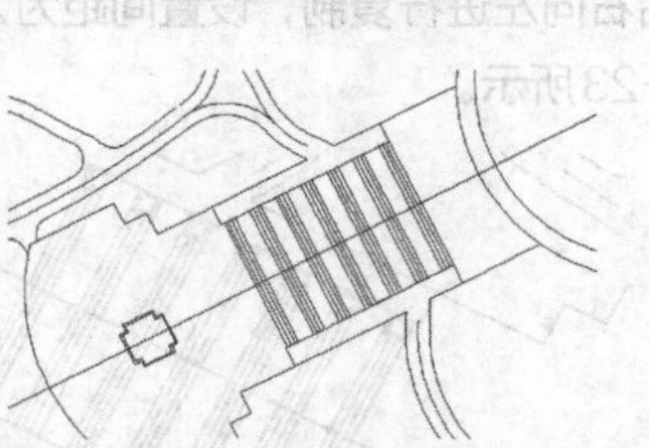

图 13-14 中心标志物雕塑的绘制（3）

（2）台阶的绘制。

① 单击“默认”选项卡“修改”面板中的“偏移”按钮，将轴线向两侧偏移，偏移距离为6300，作为台阶的边缘。

② 单击“默认”选项卡“绘图”面板中的“直线”按钮，同样以出入口圆弧与轴线的交点为起点，沿轴线向园区内侧方向绘制一条长度值为5600的直线段，作为台阶起始的基点。然后方向转为轴线垂直向上，绘制直线与轴线偏移线相交于一点。

③ 单击“默认”选项卡“修改”面板中的“偏移”按钮，将前面绘制的直线向左侧偏移，偏移量为350；重复“偏移”命令，以偏移后的直线段为要偏移的对象，继续向左侧偏移，偏移量为350；重复上述步骤，再次偏移，偏移距离值为350，结果如图13-15所示。

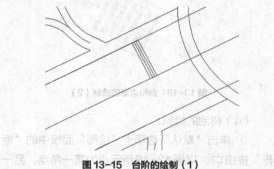

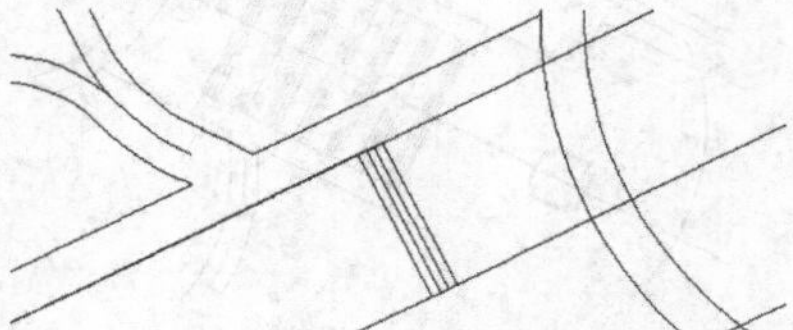

图 13-15 台阶的绘制（1）

④ 单击“默认”选项卡“修改”面板中的“复制”按钮，将前面绘制的4条直线全部选中后沿偏移的直线进行复制，将其复制6次，间距值为2550，结果如图13-16所示。

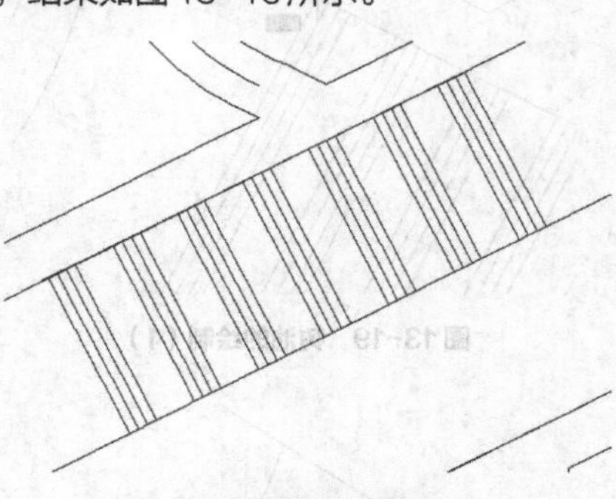

图 13-16 台阶的绘制（2）

（3）台阶边缘的绘制。

① 单击“默认”选项卡“绘图”面板中的“直线”按钮，绘制台阶边缘。然后单击“默认”选项卡“修改”面板中的“修剪”按钮，对多余的线段进行修剪，结果如图13-17所示。

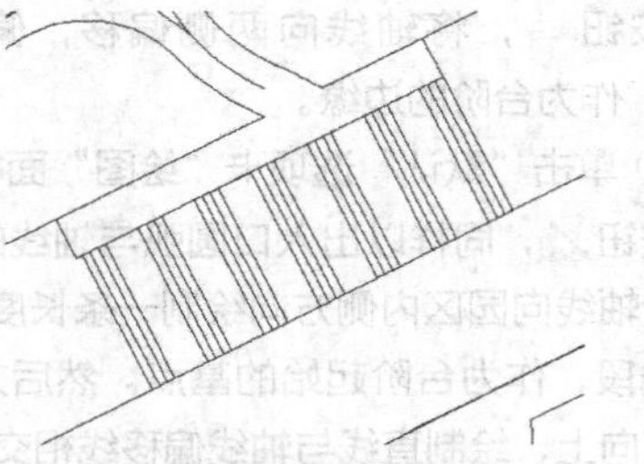

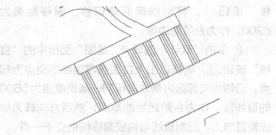

图13-17　台阶边缘的绘制（1）

② 单击“默认”选项卡“修改”面板中的“镜像”按钮⚠，将前面绘制的台阶和台阶边缘全部选中，镜像轴为中轴线，结果如图13-18所示。

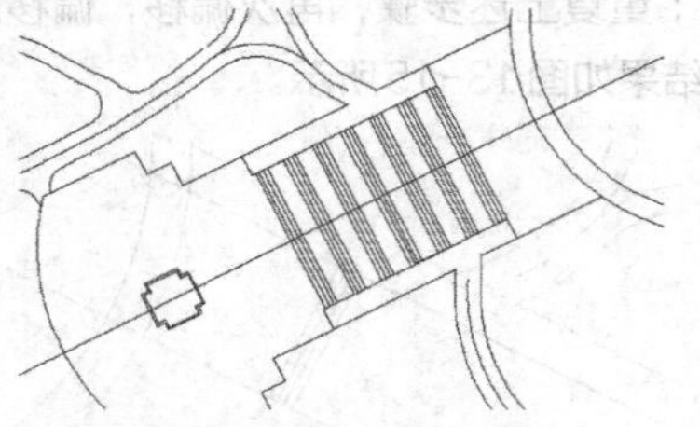

图13-18　台阶边缘的绘制（2）

（4）树池的绘制。

① 单击“默认”选项卡“绘图”面板中的“矩形”按钮□，以图13-19所示点为第一角点，另一角点坐标为“@-1050，-1050”来绘制矩形，结果如图13-20所示。

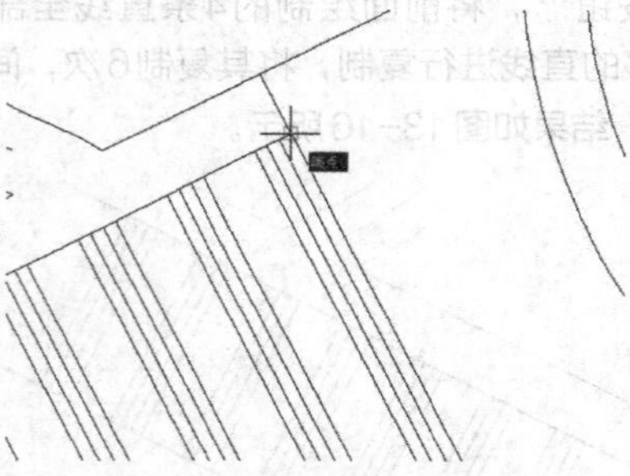

图13-19　树池的绘制（1）

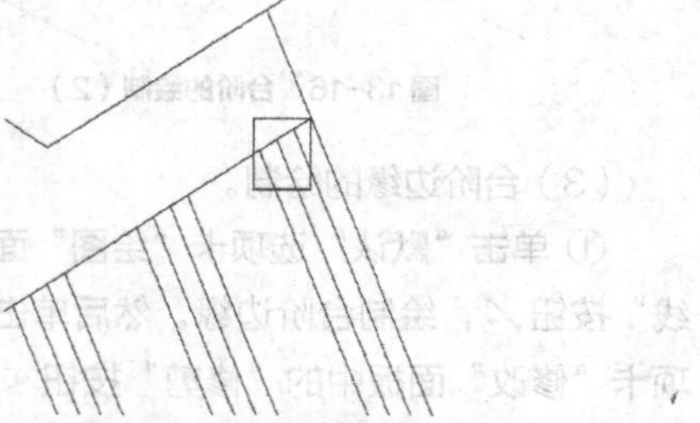

图13-20　树池的绘制（2）

② 单击“默认”选项卡“修改”面板中的“旋转”按钮↻，将矩形旋转到合适的角度，可参照图13-21和图13-22所示的基点。

在命令行提示“选择对象：”后选择矩形。
在命令行提示“指定基点：”后选择图13-19所示端点。
在命令行提示“指定旋转角度，或[复制(C)/参照(R)]<0>：”后输入“R”，然后按Enter键。
在命令行提示“指定参照角<0>：”后选择图13-21所示点。
在命令行提示“指定第二点：”后选择图13-22所示交点。
在命令行提示“指定新角度或［点（P）］<0>：”后指定一点。

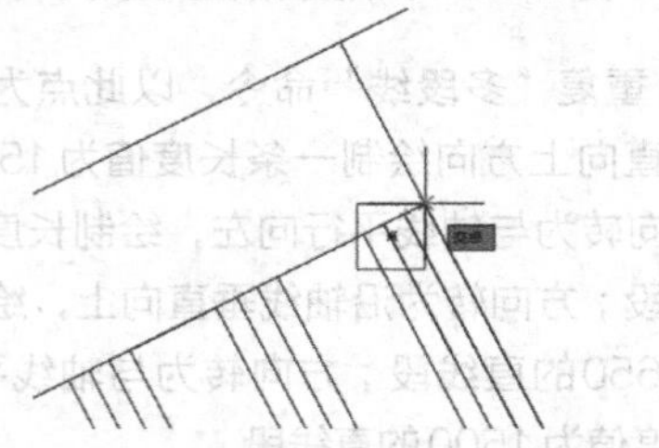

图13-21　树池的绘制（3）

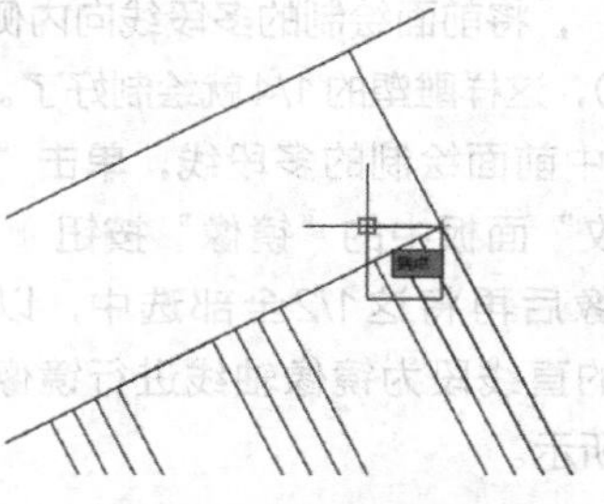

图13-22　树池的绘制（4）

③ 单击“默认”选项卡“修改”面板中的“偏移”按钮⊆，将前面绘制的矩形向内侧偏移，偏移量为170，作为树池的宽。单击“默认”选项卡“修改”面板中的“复制”按钮⚭，将矩形和偏移后的矩形沿右向左进行复制，设置间距为2550，结果如图13-23所示。

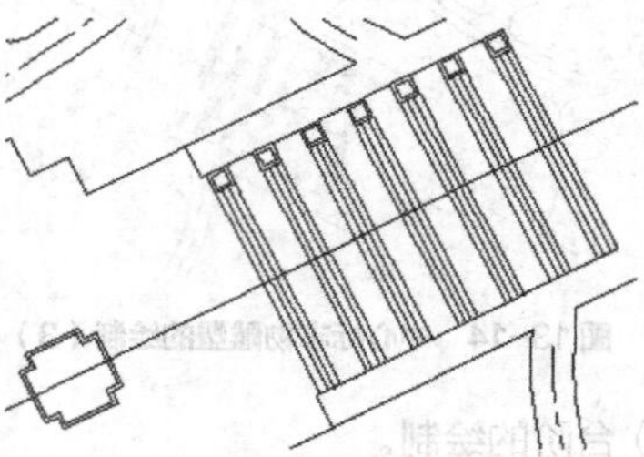

图13-23　树池的绘制（5）

④ 单击“默认”选项卡“修改”面板中的“复制”按钮，将前面绘制的树池全部选中，以图13-24所示的端点为指定基点进行复制，结果如图13-25所示。

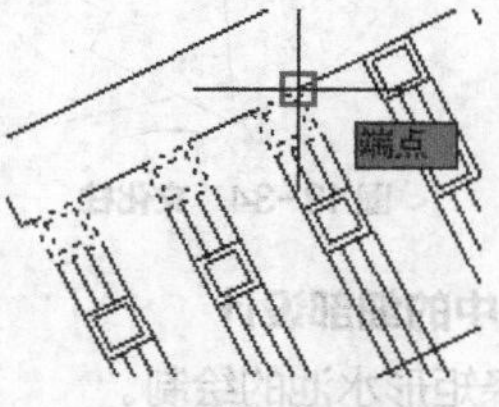

图 13-24　树池的绘制（6）

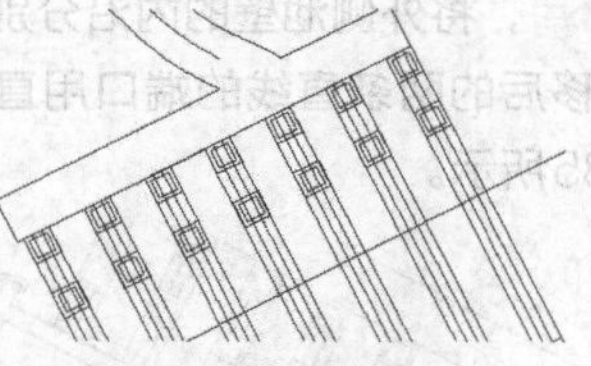

图 13-25　树池的绘制（7）

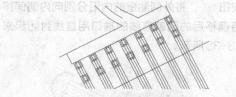

⑤ 单击“默认”选项卡“修改”面板中的“镜像”按钮，将步骤④中绘制的两排树池全部选中，镜像轴为中轴线，镜像后对树池内的直线段进行修剪，结果如图13-26所示。

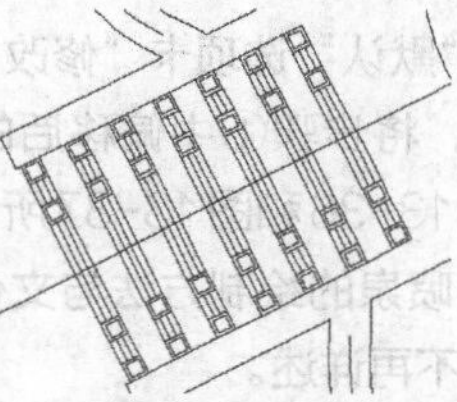

图 13-26　树池的绘制（8）

3. 水池的绘制

（1）单击“默认”选项卡“修改”面板中的“偏移”按钮，将轴线分别向上、下偏移，偏移量为1200、100。

（2）单击“默认”选项卡“绘图”面板中的“直线”按钮，确定直线段的位置，对多余的直线段进行修剪，如图13-27所示。

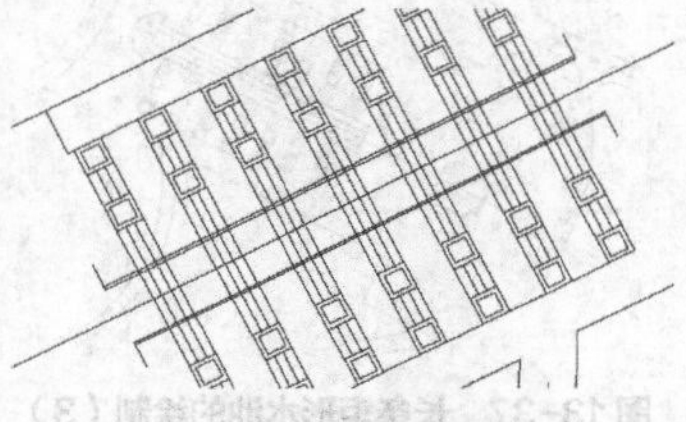

图 13-27　水池的绘制（1）

（3）单击“默认”选项卡“绘图”面板中的“圆弧”按钮，使用“极轴”“对象捕捉”命令（以便找到圆心），以图13-28所示的端点为圆心，图13-29所示的端点为圆弧的起点，图13-30所示的端点为圆弧的端点，绘制圆弧。

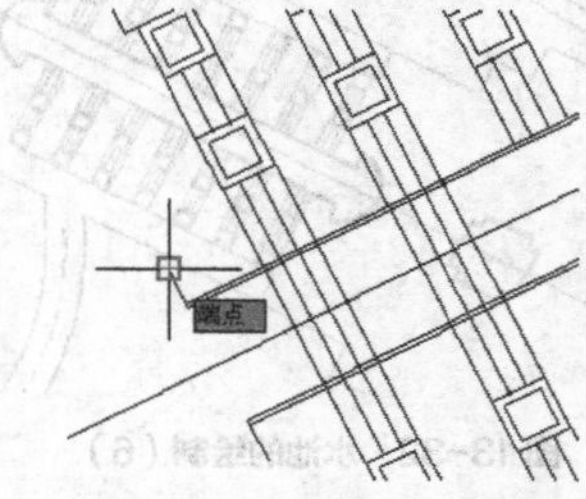

图 13-28　水池的绘制（2）

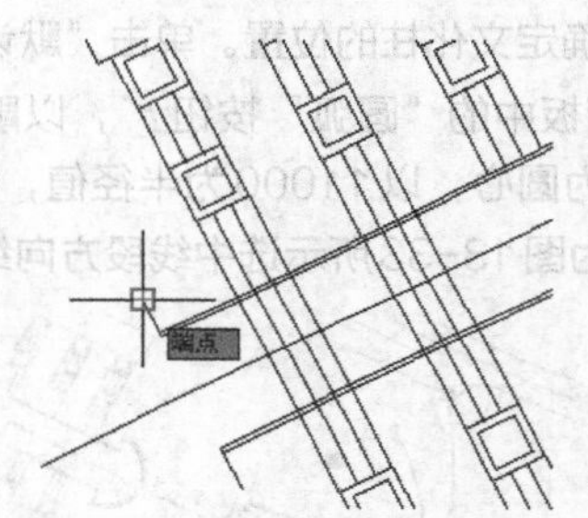

图 13-29　水池的绘制（3）

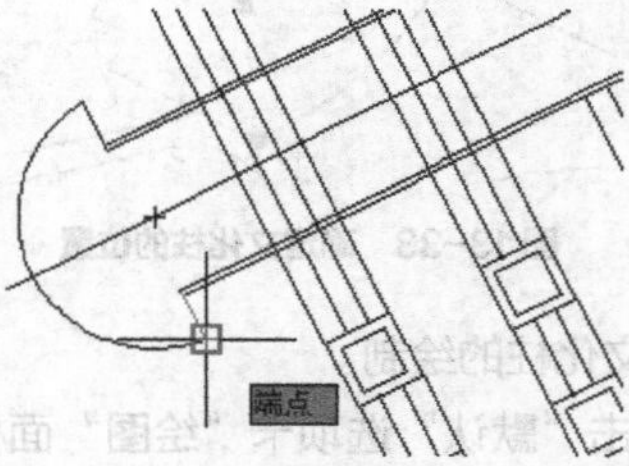

图 13-30　水池的绘制（4）

（4）单击“默认”选项卡“修改”面板中的“偏移”按钮，将步骤（3）中绘制的圆弧向内侧偏移，偏移量为180，将与圆弧相交的直线段向左侧偏移，偏移量为180，修剪多余的线段，结果如图13-31所示。

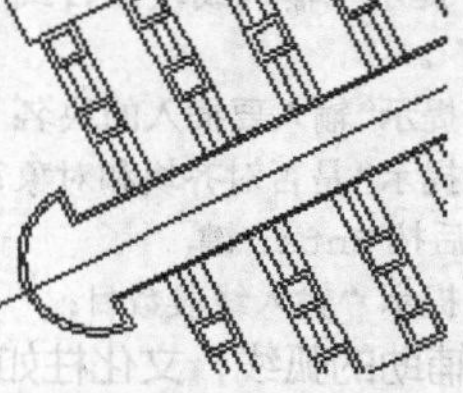

图 13-31　水池的绘制（5）

（5）用同样方法绘制台阶右侧的圆弧。或者单击“默认”选项卡“修改”面板中的“镜像”按钮，以轴线方向水池池壁的中点连线为镜像轴，删除多余的线段，结果如图13-32所示。

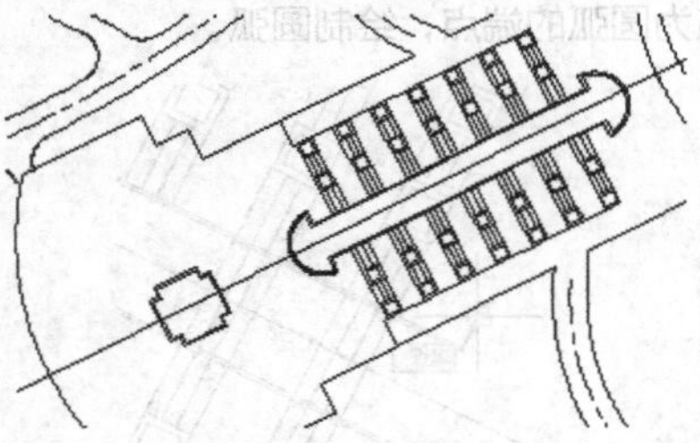

图13-32 水池的绘制（6）

4. 文化柱的绘制

（1）确定文化柱的位置。单击“默认”选项卡“绘图”面板中的“圆弧”按钮，以雕塑最右侧边的中点为圆心，以11000为半径值，圆弧的起、终点方向为图13-33所示选中线段方向绘制圆弧。

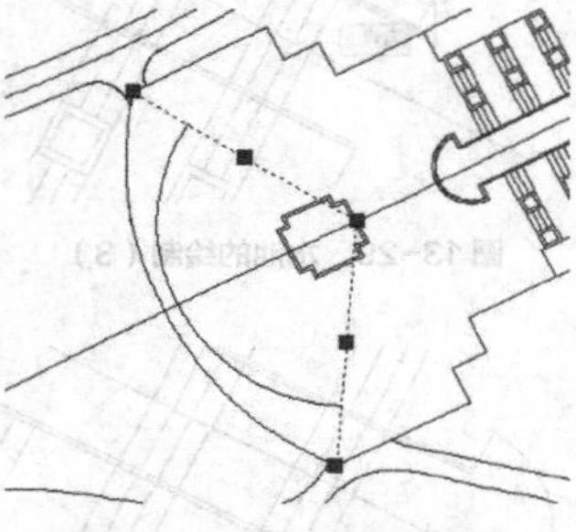

图13-33 确定文化柱的位置

（2）文化柱的绘制。

① 单击“默认”选项卡“绘图”面板中的“矩形”按钮，绘制“650×650”的矩形。

② 单击“默认”选项卡“块”面板中的“创建”按钮，将其命名为“文化柱”，拾取点为矩形右侧边的中点。

③ 单击“默认”选项卡“绘图”面板中的“定数等分”按钮，将文化柱分布到图中合适的位置。

在命令行提示“选择要定数等分的对象：”后选择圆弧。
在命令行提示“输入线段数目或［块（B）］：”后输入“B”。
在命令行提示“输入要插入的块名：”后输入“文化柱”。
在命令行提示“是否对齐块和对象？［是（Y）/否（N）］<Y>：”后按Enter键。
在命令行提示“输入线段数目：”后输入“7”。

④ 删除辅助的弧线，文化柱如图13-34所示。

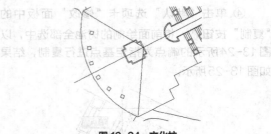

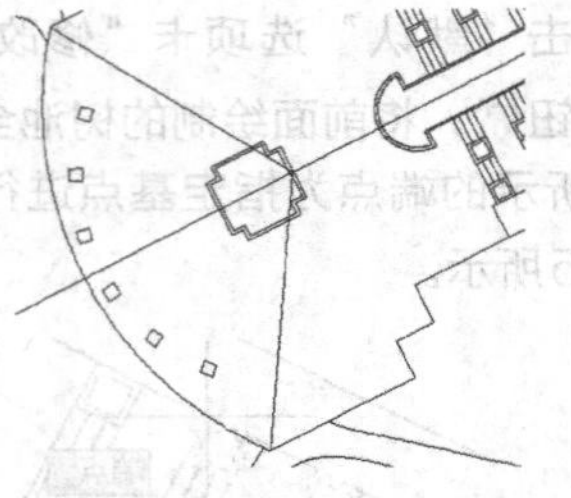

图13-34 文化柱

5. 水池中的细部设计

（1）长条矩形水池的绘制。

① 单击“默认”选项卡“修改”面板中的“偏移”按钮，将外侧池壁的内沿分别向内侧偏移。然后将偏移后的两条直线的端口用直线封闭起来，如图13-35所示。

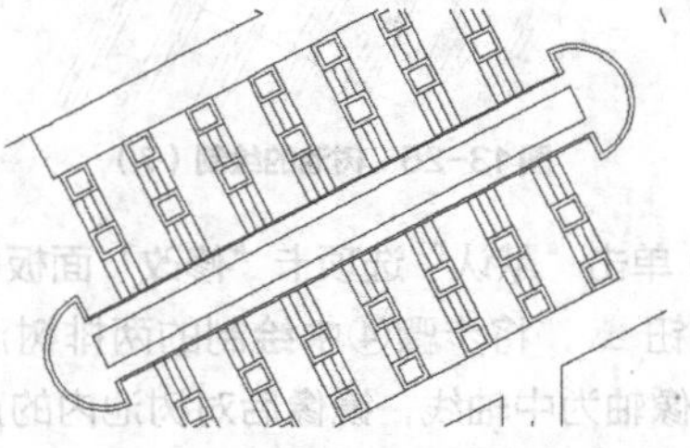

图13-35 长条矩形水池的绘制（1）

② 单击“默认”选项卡“修改”面板中的“偏移”按钮，将步骤①中偏移后的直线向内侧偏移，结果如图13-36和图13-37所示，在此不再详述。半圆池中喷泉的绘制方法与文化柱的绘制方法相同，在此也不再详述。

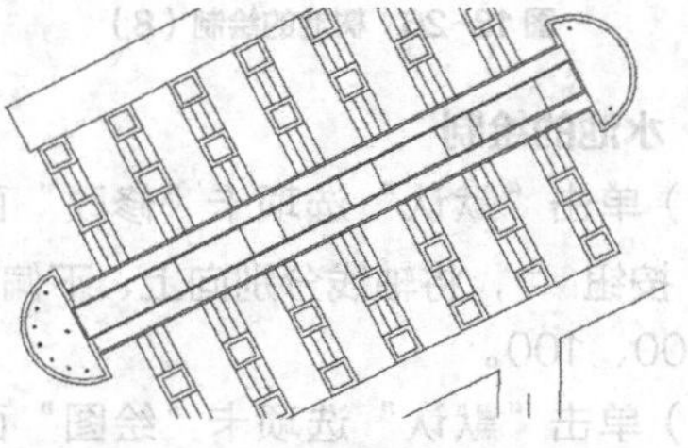

图13-36 长条矩形水池的绘制（2）

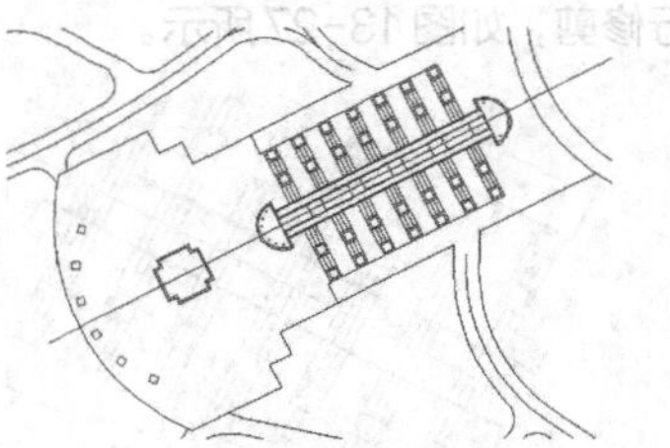

图13-37 长条矩形水池的绘制（3）

（2）水面的绘制。单击“默认”选项卡“绘图”面板中的“图案填充”按钮，选择“图案填充创建”选项卡，按图13-38所示进行设置。填充水面后结果如图13-39所示。

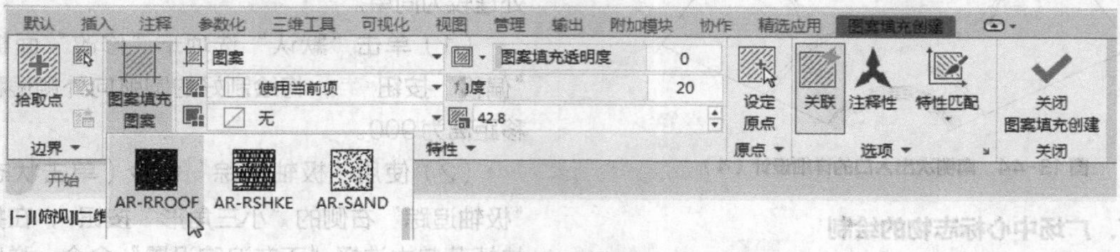

图13-38 “图案填充创建”选项卡

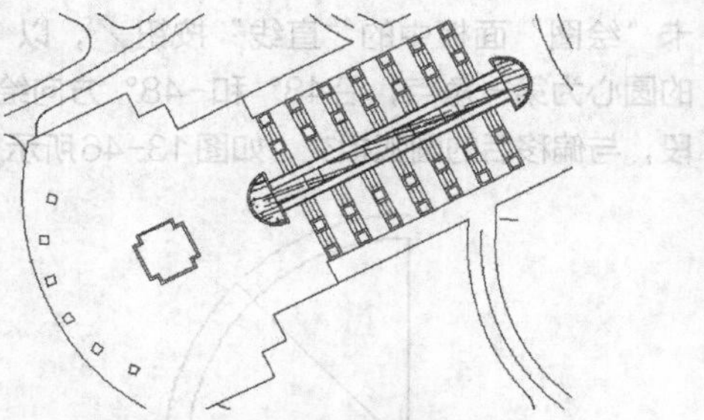

图13-39 填充水面后结果

6. 南侧次出入口的详细设计

（1）单击“默认”选项卡“修改”面板中的“偏移”按钮，以靠近出入口一侧圆弧为要偏移的对象，按图13-40所示向园区内侧偏移。偏移几条辅助弧线，偏移过程中每次都以偏移后的弧线为要偏移的对象，偏移量分别为150（竖直向下）、150（以后皆竖直向上）、150、150、150、1000、200、2000、200、1200、800、600、800、600、800，结果如图13-41所示。

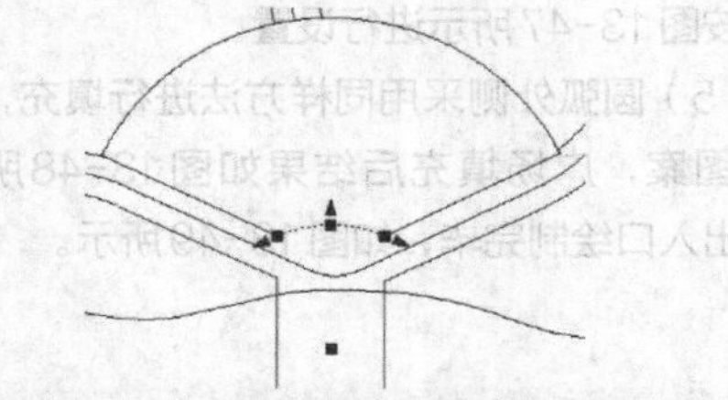

图13-40 南侧次出入口的详细设计（1）

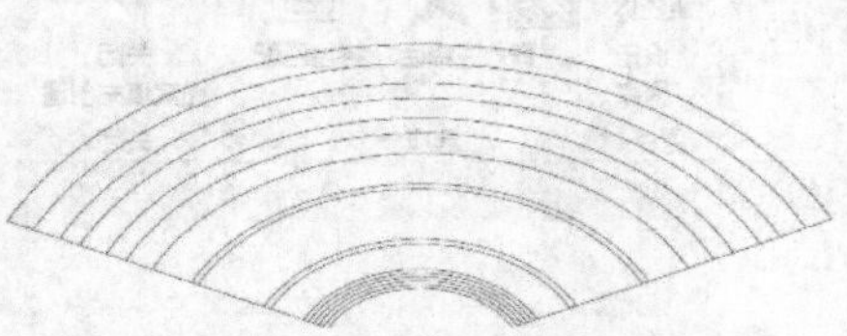

图13-41 南侧次出入口的详细设计（2）

（2）单击“默认”选项卡“绘图”面板中的“直线”按钮，以圆弧的圆心为第一角点，绘制直线段与圆弧相交，单击状态栏上“极轴追踪”右侧的“小三角形”按钮，在打开的快捷菜单中选择“正在追踪设置”命令，弹出“草图设置”对话框，如图13-42所示。在“增量角”文本框中分别输入角度“50”“58”“58.5”“59.5”“60”“110”“116”“120”“120.5”“121.5”“122”“130”，结果如图13-43所示。

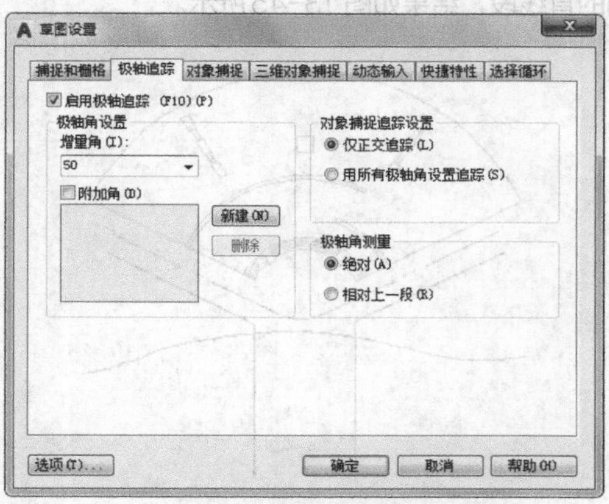

图13-42 “草图设置”对话框

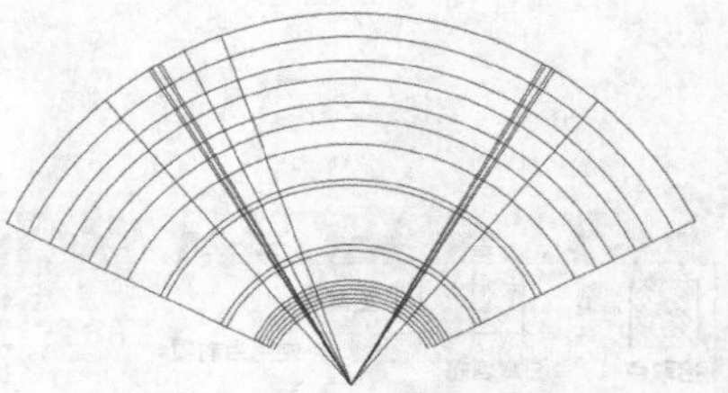

图13-43 南侧次出入口的详细设计（3）

（3）单击“默认”选项卡“修改”面板中的“修剪”按钮，对多余线段进行修剪，修剪结果如图13-44所示。

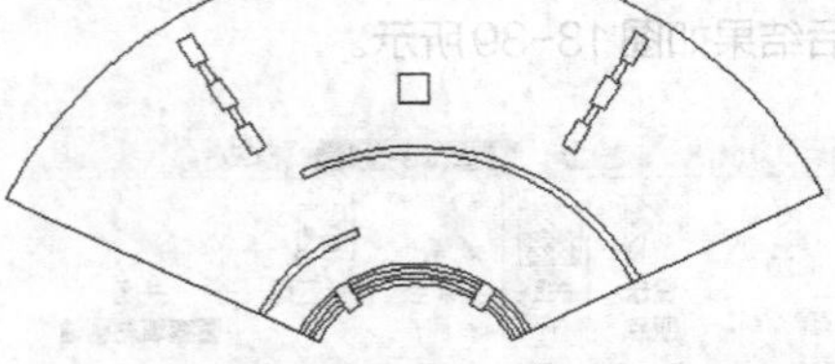

图13-44　南侧次出入口的详细设计（4）

7. 广场中心标志物的绘制

（1）新建“建筑”图层，颜色选择洋红，线型为“Continuous”，线宽为默认，并将其设置为当前图层。

（2）单击“默认”选项卡“绘图”面板中的“直线”按钮，以圆弧的圆心为第一角点，方向垂直向上绘制直线段，输入直线段长度“8000”。然后方向转为水平向左，输入直线段长度“400”。

（3）单击“默认”选项卡“绘图”面板中的“矩形”按钮，以前面绘制的直线段端点为第一角点，另一角点坐标为（800，800），删除前面绘制的直线段，结果如图13-45所示。

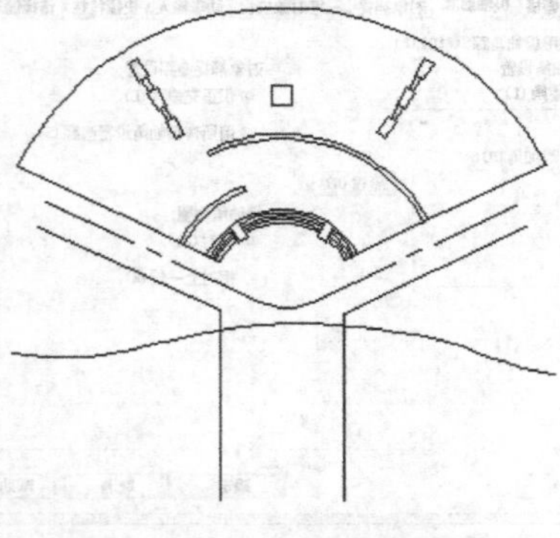

图13-45　广场中心标志物的绘制

8. 西侧次出入口的详细设计

此出入口作为次出入口，由于人流量不是很大，处理较为简单。

（1）单击“默认”选项卡“修改”面板中的“偏移”按钮，将绘制好的圆弧向外侧偏移，偏移距离为900。

（2）使用“极轴追踪”命令（单击状态栏上“极轴追踪”右侧的“小三角形”按钮，在打开的快捷菜单中选择“正在追踪设置”命令，弹出“草图设置”对话框，在“极轴追踪”选项卡中设置“增量角”为48°和-48°）。单击“默认”选项卡“绘图”面板中的“直线”按钮，以“圆弧”的圆心为第一角点，沿48°和-48°方向绘制直线段，与偏移后的圆弧相交，如图13-46所示。

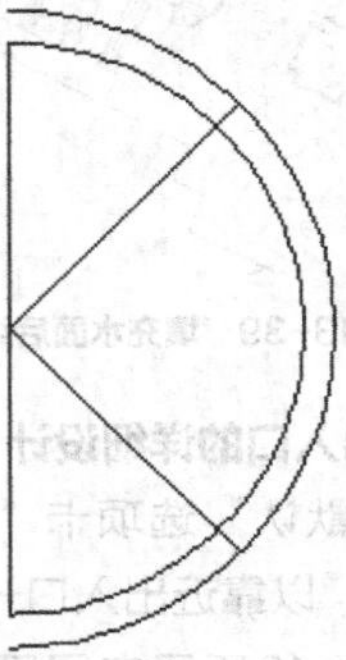

图13-46　西侧次出入口的详细设计

（3）单击“默认”选项卡“修改”面板中的“修剪”按钮，对多余的线段进行修剪。

（4）单击“默认”选项卡“绘图”面板中的“图案填充”按钮，选择“图案填充创建”选项卡，按图13-47所示进行设置。

（5）圆弧外侧采用同样方法进行填充，选择合适的图案，广场填充后结果如图13-48所示。这样，出入口绘制完毕，如图13-49所示。

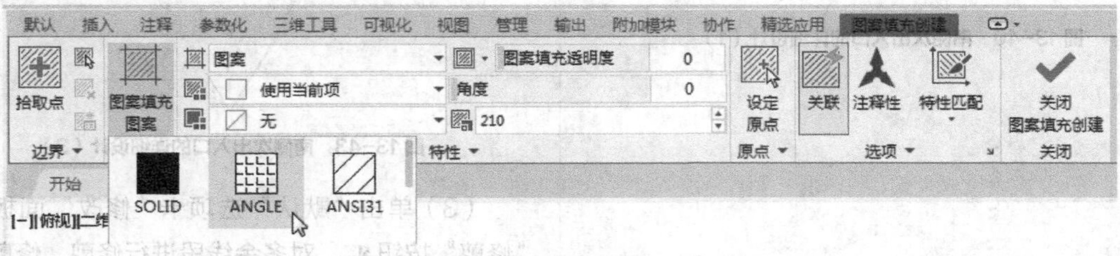

图13-47　“图案填充创建”选项卡

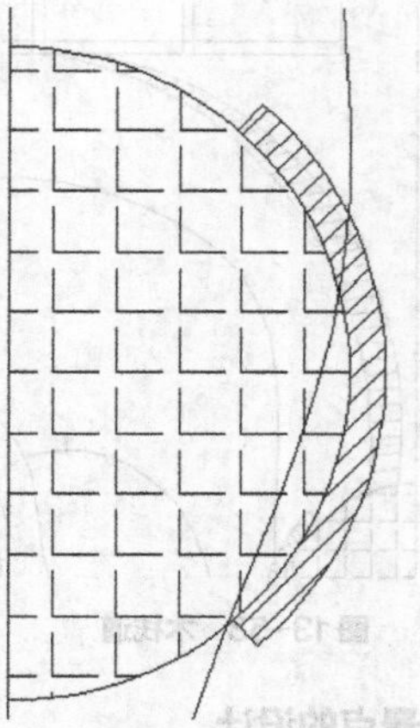

图 13-48 广场填充后结果

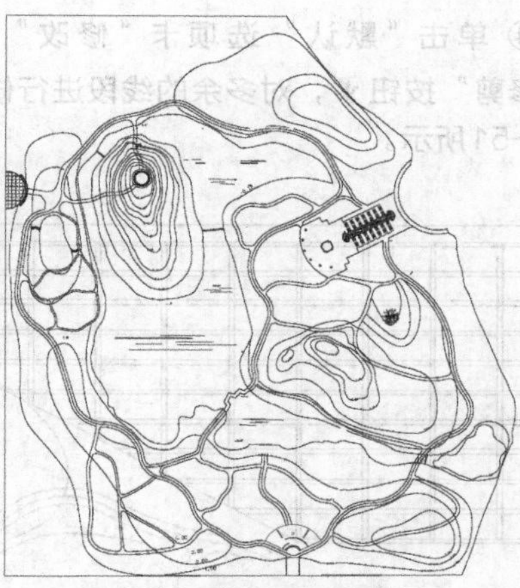

图 13-49 出入口绘制完毕

13.4.6 景点设计

根据公园所在地的自然条件，利用二维绘图和“修改”命令设计水田景点、湖心岛景点、儿童娱乐区、百草园景点、水边茶室、亲水平台以及其他小品。

1. 水田景点的设计

在园区西北角设计水田景点，水田中设置茅草亭，供人们休憩。

（1）水田外侧边缘的绘制。

① 新建“水田”图层，颜色选择黄色，线型为“Continuous”，线宽为默认，并将其设置为当前图层。

② 单击“默认”选项卡“绘图”面板中的“多段线”按钮，以园区的西北角点为第一角点，竖直向下绘制直线段，在命令行中输入直线段长度“2000”。然后方向转为水平向右，在命令行中输入直线段长度“4000”，此条多段线作为绘制水田景点位置的辅助线段。

③ 单击“默认”选项卡“绘图”面板中的“直线”按钮，以前面绘制的多段线末端点为第一角点，方向水平向右绘制一条直线段，与园区东侧边界相交。然后还是以多段线的末端点为第一角点，竖直向下绘制直线段，与西侧次出入口相交。

（2）水田方格的绘制。

① 单击“默认”选项卡“修改”面板中的“偏移”按钮，将前面绘制的水平方向的直线段向水田内侧偏移，偏移距离为600，每次偏移都以偏移后的直线段为要偏移的对象。选中偏移后的直线段，单击“默认”选项卡“修改”面板中的“偏移”按钮，偏移量为3400。然后以偏移后的直线段为要偏移的对象，重复以上两步命令，再偏移9次，以最后一步偏移的直线段为要偏移的对象，向水田内侧偏移，偏移量为600，作为水田最南侧的边缘。

② 用同样方法绘制竖直方向的网格，单击“默认”选项卡“修改”面板中的“偏移”按钮，将竖直方向的直线段向水田内侧偏移，偏移量为8600。选中偏移后的直线段，重复“偏移”命令，偏移量为400。再以偏移后的直线段为要偏移的对象，重复以上两步命令，再偏移9次（或采用“矩形阵列”命令）。

③ 单击“默认”选项卡“绘图”面板中的“直线”按钮，以竖直方向上最后一次偏移的直线段与最上端水平方向直线段的交点为第一角点，竖直向下绘制直线，在命令行中输入直线段长度“12600”。然后使用“极轴追踪”命令，单击鼠标右键并设置“增量角”为210°，沿210°方向绘制直线段，与水田最南侧的边缘线相交。水田方格如图13-50所示。

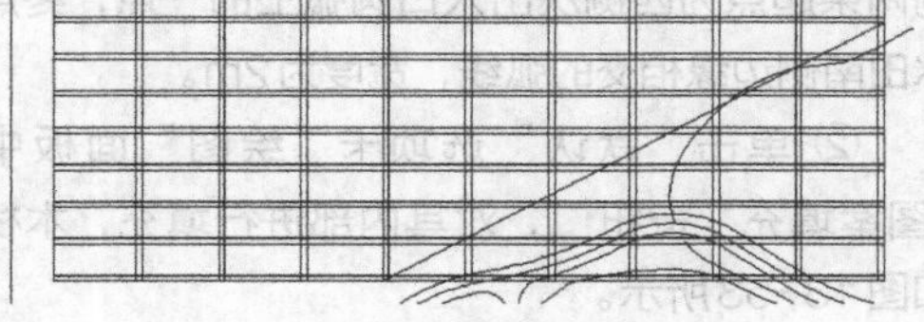

图 13-50 水田方格

④ 单击“默认”选项卡“修改”面板中的“修剪”按钮，对多余的线段进行修剪，如图13-51所示。

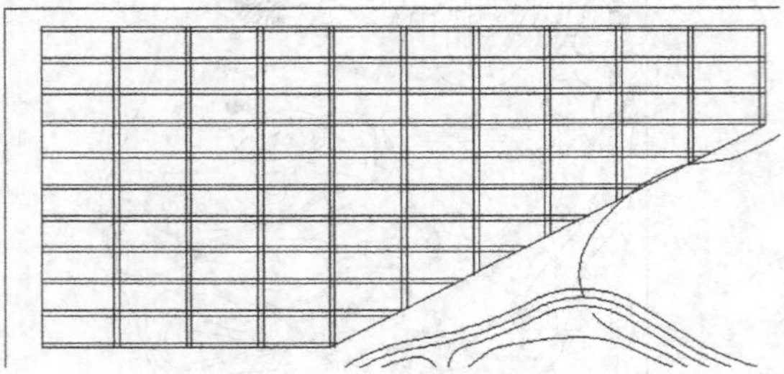

图13-51 修剪多余的线段

（3）水田中茅草亭的设计。

① 新建“茅草亭”图层，颜色选择红色，线型为“Continuous”，线宽为默认，并将其设置为当前图层。

② 单击“默认”选项卡“绘图”面板中的“多边形”按钮，绘制边长为5400的正三角形。

③ 单击“默认”选项卡“修改”面板中的“移动”按钮，将绘制好的茅草亭移动到水田中合适的位置。然后单击“默认”选项卡“修改”面板中的“复制”按钮，将茅草亭复制到合适的位置。这样水田景点就绘制好了，如图13-52所示。

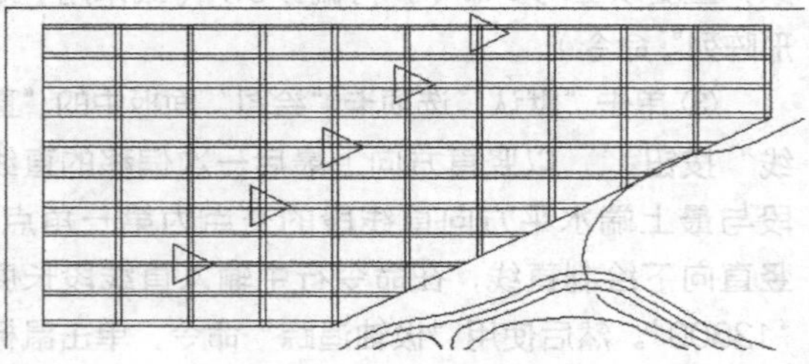

图13-52 水田景点

（4）通往水田景点的木栈道的绘制。

① 将“建筑”图层设置为当前图层。单击“默认”选项卡“绘图”面板中的“圆弧”按钮，绘制两条起点为西侧次出入口圆弧上的一点，终点与水田南侧边缘相交的弧线，宽度为2m。

② 单击“默认”选项卡“绘图”面板中的“图案填充”按钮，对其内部进行填充，木栈道如图13-53所示。

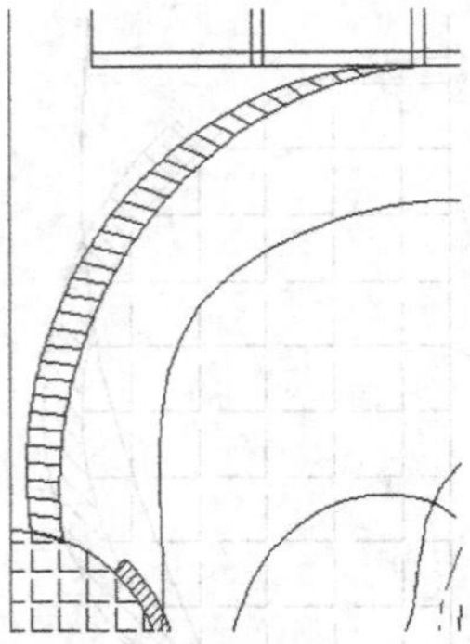

图13-53 木栈道

2. 湖心岛景点的设计

在湖心岛的最高点绘制观景亭，观景亭一方面作为观景点，另一方面作为景点。

（1）单击“默认”选项卡“绘图”面板中的“圆”按钮，在湖心岛上小路与最高点交汇的位置绘制半径值为2700的圆。

（2）单击“默认”选项卡“修改”面板中的“偏移”按钮，向外侧偏移，偏移距离为200。重复上述步骤两次，每次都以偏移后的圆为要偏移的对象。然后以最后一步绘制的圆为要偏移的对象，向外侧偏移，偏移距离为640。

（3）单击“默认”选项卡“修改”面板中的“修剪”按钮，对多余的道路线段进行修剪，湖心岛如图13-54所示。

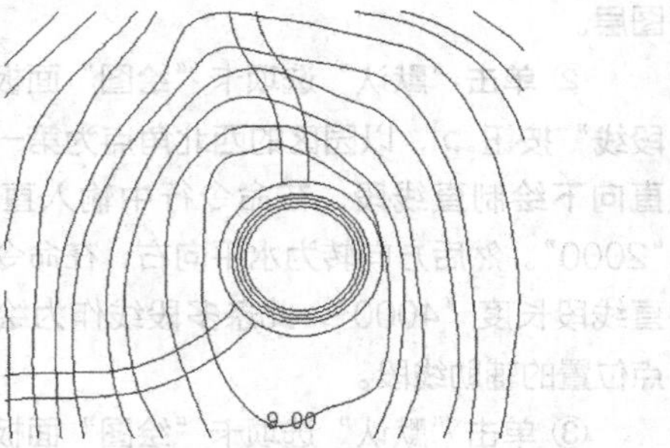

图13-54 湖心岛

3. 儿童娱乐区的设计

儿童娱乐区的设计应考虑到儿童出入方便，因此设在主出入口的右侧。儿童娱乐设施的绘制在此不做过多阐述，其平面图例有单独资料，选择合适的方法对其进行复制，放置在合适的位置。

4. 百草园景点的设计

单击“默认”选项卡“绘图”面板中的“样条

曲线拟合”按钮，绘制合适大小、形状的曲线。

5. 水边茶室、亲水平台以及其他小品的设计

在此不做详细阐述，景点设计结果如图13-55所示。

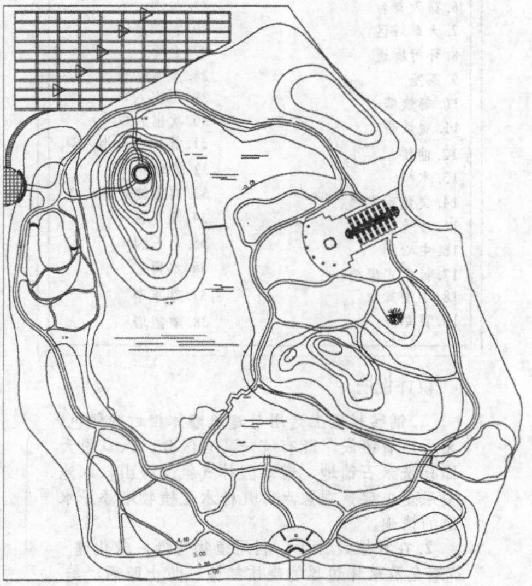

图13-55 景点设计结果

13.4.7 植物的配置

植物是园林设计中必不可少的一部分，要求设计人员首先认真考察气候条件和土壤条件。然后根据植物的生态习性和生物学特性，选择适应当地条件的植物品种进行配置。

（1）新建“乔木”“灌木”图层，其中“乔木”图层，颜色选择绿色，线型为“Continuous”，线宽为默认，“灌木”图层的设置与“乔木”图层的相同。打开配套资源所附带的植物表和植物图例，选中合适的图例，在窗口中单击鼠标右键，在打开的快捷菜单中选择“复制”命令。然后将窗口切换至公园设计的窗口，在窗口中单击鼠标右键，在打开的快捷菜单中选择“粘贴”命令，植物图例就粘贴到公园设计的图中。单击“默认”选项卡“修改”面板中的“缩放”按钮，将图例缩放至合适的大小，一般大乔木的冠幅直径为6000，其他的相应缩小。对不同植物图例命名，主要植物名录如图13-56所示。

图例	植物名称	图例	植物名称
	喜树		银杏
	雪松		广玉兰
	棕榈		桂花
	樱花		合欢
	鹅掌楸		柳树
	白玉兰		碧桃
	木芙蓉		鸡爪槭
	罗汉松		紫薇
	海桐		龙爪槐
	含笑		红枫
	孝顺竹		南天竹
	美人蕉		苏铁
	红继木		紫藤
	金叶女贞		矮生月季
	四季桂		木槿
	春鹃		夏鹃
	云南黄馨		马尼拉

图13-56 主要植物名录

（2）根据植物的生长特性，采用艺术手法将植物种植在公园合适的位置，植物配置如图13-57所示。

图13-57 植物配置

（3）新建“文字”图层，颜色选择绿红，线型为“Continuous”，线宽为默认，并将其设置为当前图层。

（4）单击“默认”选项卡“注释”面板中的“多行文字”按钮A，在图13-58所示相应位置标注景点标号。

图 13-58　标注景点标点

（5）景点的说明。将“文字”图层设置为当前图层，单击“默认”选项卡“注释”面板中的“多行文字”按钮 A，对景点标号进行文字说明，如图 13-59所示。

（6）设计说明。此处仅做简单介绍。

（7）单击“默认”选项卡“块”面板中的“插入”按钮，将指北针和图框插入图中，整理图形，最终结果如图 13-1所示。

说明

1. 停车处	20. 观景亭
2. 树池坐凳	21. 帆布帐篷
3. 跌水台阶	22. 台地烧烤区
4. 各种儿童娱乐设施	23. 戈壁沙滩
5. 厕所	24. 木栈道
6. 露天舞台	25. 苗圃
7. 大草坪区	26. 管理室
8. 环行廊道	27. 仓库
9. 茶室	28. 亲水平台
10. 餐饮部	29. 主出入口
11. 观景亭	30. 次出入口
12. 曲桥	31. 管理人员出入口
13. 木桥	32. 管理房
14. 文化观光廊	33. 有氧健身区
15. 沙坑	34. 晨练区
16. 中心湖	35. 岩石园
17. 抽象式坐椅	36. 水田
18. 小型舞台	37. 茅草亭
19. 百草院	38. 雕塑墙

设计说明

1. 铺砖材质上选用与建筑墙体相近的颜色，又用卵石镶嵌，既有统一又有区分。入口用大面积洗米石铺地，增添园林气氛。假山、水池、喷泉是主要景观焦点，几株水生植物增添了水池的情趣。

2. 在种植设计上，利用植物特性，软化建筑墙角及草坪边界的硬质铺地，防止西晒，美化环境。

图 13-59　文字说明

13.5 上机实验

通过前面的学习，相信读者对本章知识已有了大体的了解。本节通过实验帮助读者进一步掌握本章知识要点。

【实验】绘制公园绿地设计图。

公园绿地设计图，如图 13-60 所示。

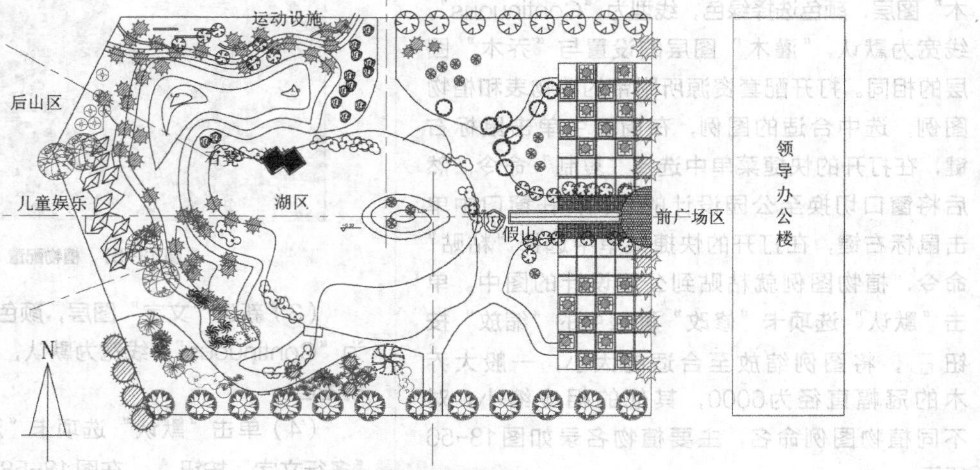

图 13-60　公园绿地设计图

第 14 章

生态采摘园园林设计

本章主要讲解生态采摘园园林设计的索引图、施工放线图和植物配置图的绘制方法，帮助读者进一步理清园林设计的绘制思路。

知识点

- 索引图
- 施工放线图
- 植物配置图

14.1 索引图

本节绘制图14-1所示的索引图。

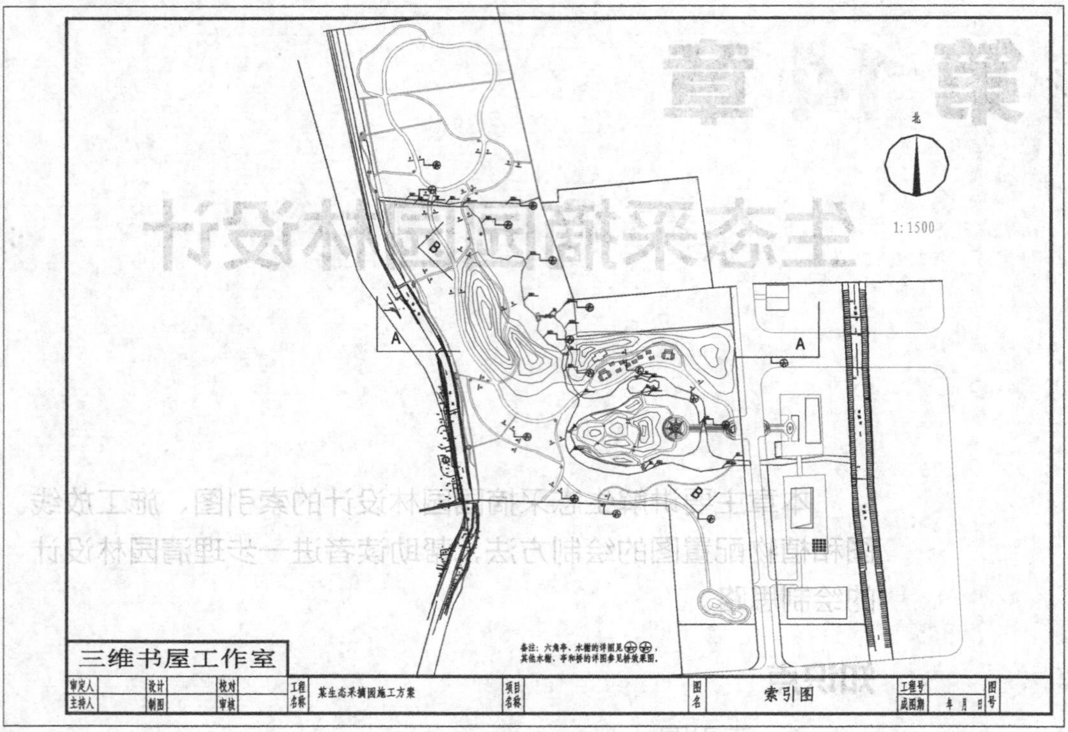

图14-1 索引图

14.1.1 必要的设置

参数设置是绘制任何一幅园林图都要进行的预备工作，这里主要设置单位、图形界限和图层。

（1）单位设置。将系统单位设为mm，以1:1的比例绘制。选择菜单栏中的“格式”/“单位”命令，弹出“图形单位”对话框，按图14-2所示进行设置，然后单击“确定”按钮。

（2）图形界限设置。AutoCAD 2020默认的图形界限为“420×297”，是A3图幅。但是我们以1:1的比例绘图，将图形界限设为“420000×297000”。

（3）图层设置。单击“默认”选项卡“图层”面板中的“图层特性”按钮，弹出“图层特性管理器”对话框，新建几个图层，如图14-3所示。

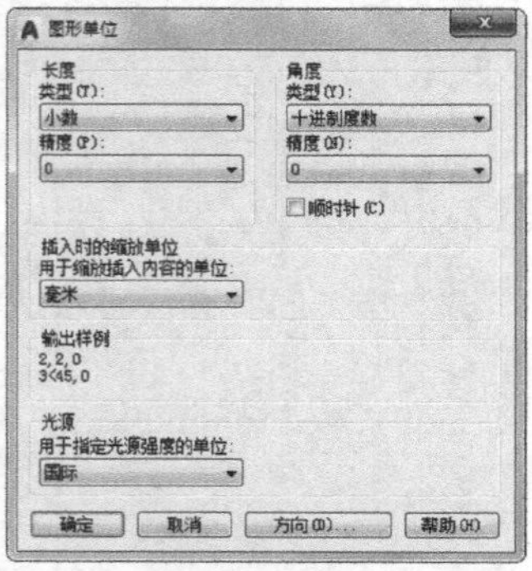

图14-2 “图形单位”对话框

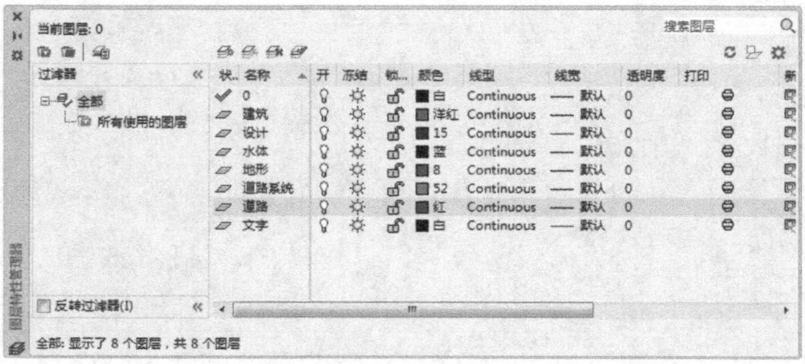

图14-3 新建图层

14.1.2 地形的设计

在地形的设计中，对现状图中的地形进行整理，本节使用“样条曲线拟合”命令绘制地形。

（1）单击“快速访问”工具栏中的“打开”按钮，打开“源文件\第14章”中的“建筑”图，如图14-4所示。按快捷键Ctrl+C对其进行复制，然后返回索引图，按快捷键Ctrl+V将其粘贴到索引图中。

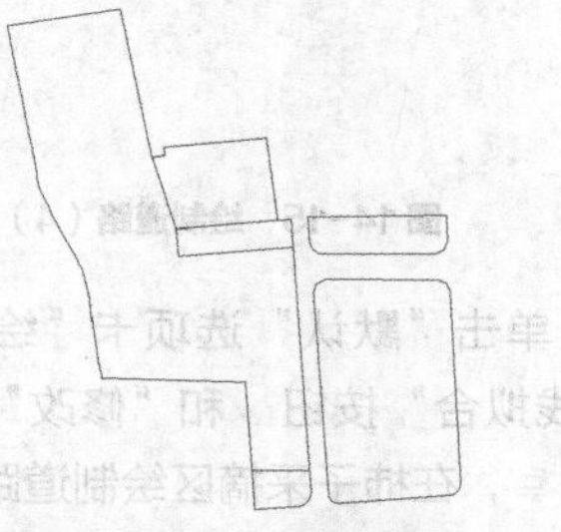

图14-4 打开“建筑”图

（2）将“地形”图层设置为当前图层，单击“默认”选项卡“绘图”面板中的“样条曲线拟合”按钮，绘制地形，如图14-5所示。

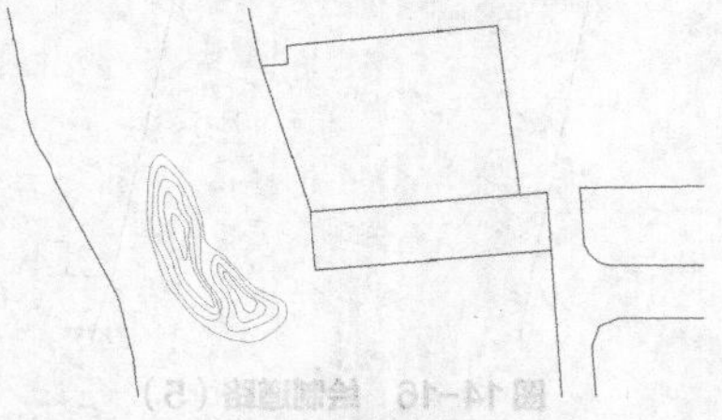

图14-5 绘制地形（1）

（3）单击“默认”选项卡“绘图”面板中的“样条曲线拟合”按钮，在生态会议中心绘制地形，如图14-6所示。

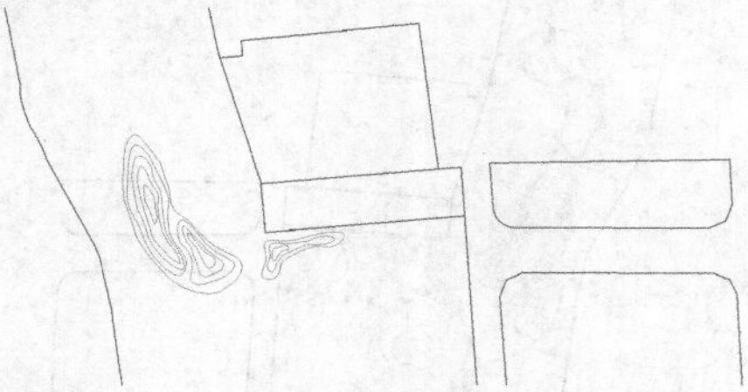

图14-6 绘制地形（2）

（4）单击“默认”选项卡“绘图”面板中的“样条曲线拟合”按钮，在养生苑绘制地形，如图14-7所示。

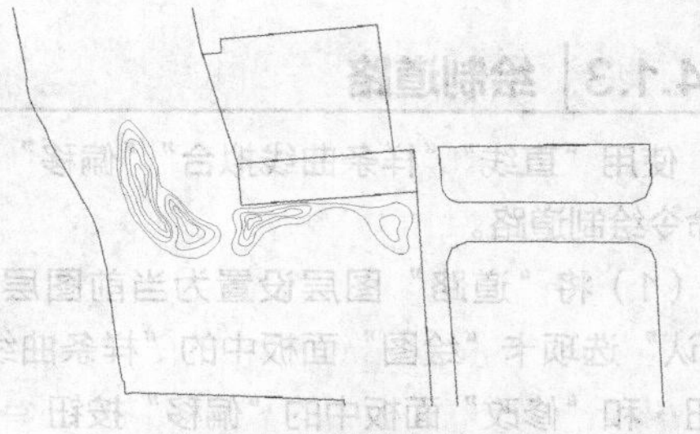

图14-7 绘制地形（3）

（5）单击“默认”选项卡“绘图”面板中的“样条曲线拟合”按钮，在步骤（2）~（4）绘制的地形处绘制地形，如图14-8所示。

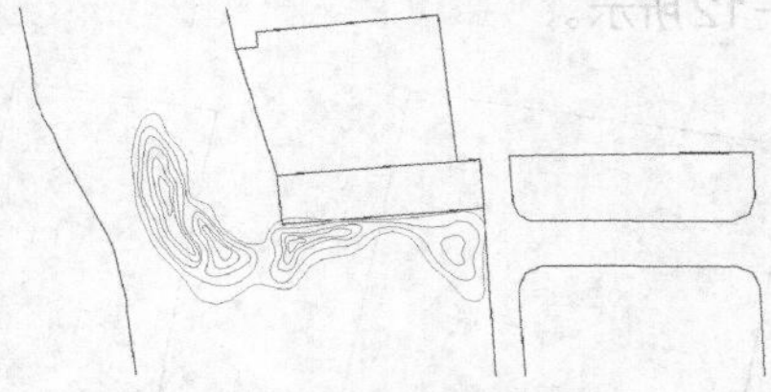

图14-8 绘制地形（4）

（6）单击“默认”选项卡“绘图”面板中的“样条曲线拟合”按钮，在中心区绘制地形，如图14-9所示。

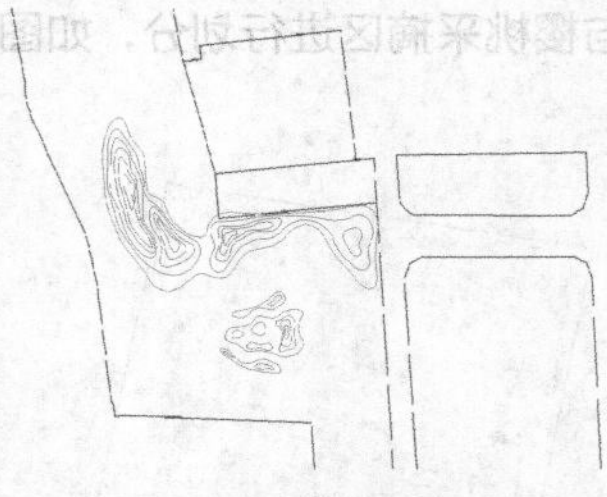

图14-9 绘制地形（5）

（7）单击“默认”选项卡“绘图”面板中的“样条曲线拟合”按钮，在百草园绘制地形，如图14-10所示。

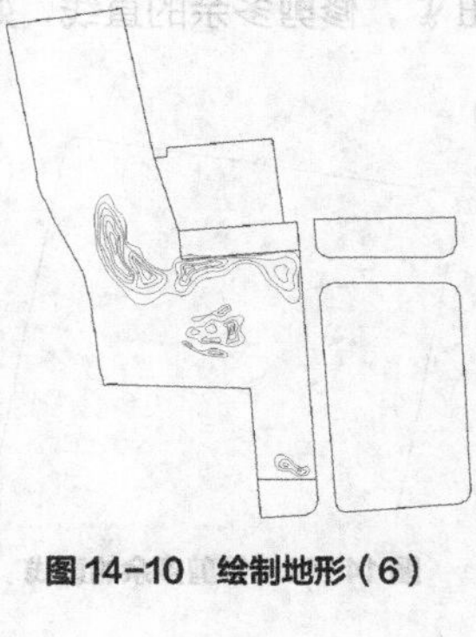

图14-10 绘制地形（6）

14.1.3 绘制道路

使用“直线”“样条曲线拟合”“偏移”“修剪”等命令绘制道路。

（1）将“道路”图层设置为当前图层，单击“默认”选项卡“绘图”面板中的“样条曲线拟合”按钮和“修改”面板中的“偏移”按钮，在采摘区绘制道路，如图14-11所示。

（2）单击“默认”选项卡“绘图”面板中的“样条曲线拟合”按钮和“修改”面板中的“偏移”按钮，在露地蔬菜采摘区绘制道路，如图14-12所示。

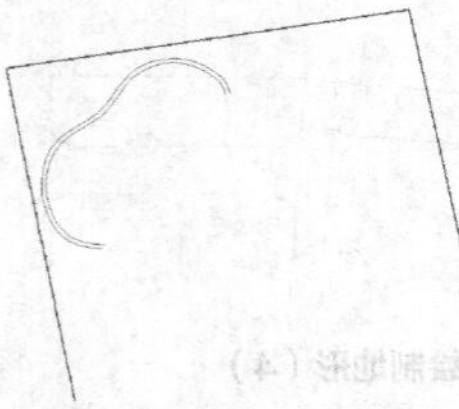

图14-11 绘制道路（1）

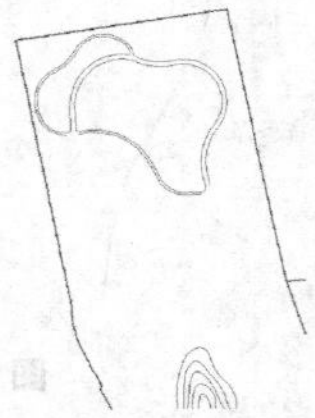

图14-12 绘制道路（2）

（3）单击“默认”选项卡“绘图”面板中的“直线”按钮，在合适的位置绘制道路，对露地蔬菜采摘区与樱桃采摘区进行划分，如图14-13所示。

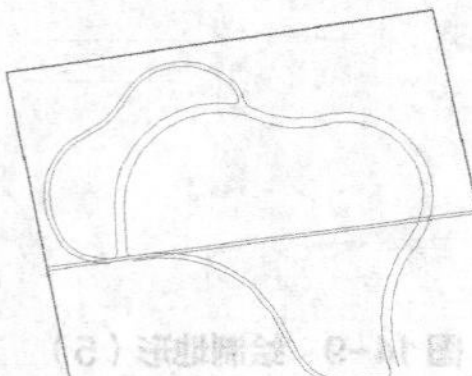

图14-13 绘制道路（3）

（4）单击“默认”选项卡“修改”面板中的“修剪”按钮，修剪多余的直线，如图14-14所示。

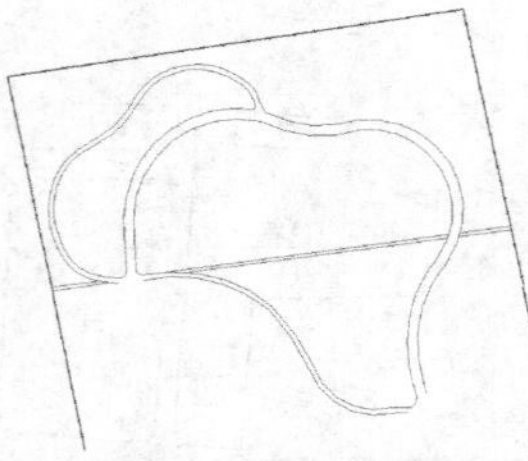

图14-14 修剪多余的直线

（5）单击“默认”选项卡“绘图”面板中的“样条曲线拟合”按钮和“修改”面板中的“偏移”按钮，在樱桃采摘区、葡萄采摘区和桃采摘区绘制道路，如图14-15所示。

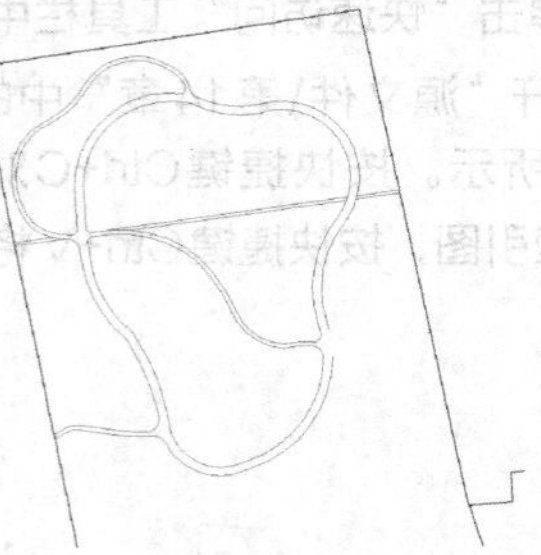

图14-15 绘制道路（4）

（6）单击“默认”选项卡“绘图”面板中的“样条曲线拟合”按钮和“修改”面板中的“偏移”按钮，在柿子采摘区绘制道路，如图14-16所示。

图14-16 绘制道路（5）

（7）使用同样的方法，在其他采摘区绘制道路，如图14-17所示。

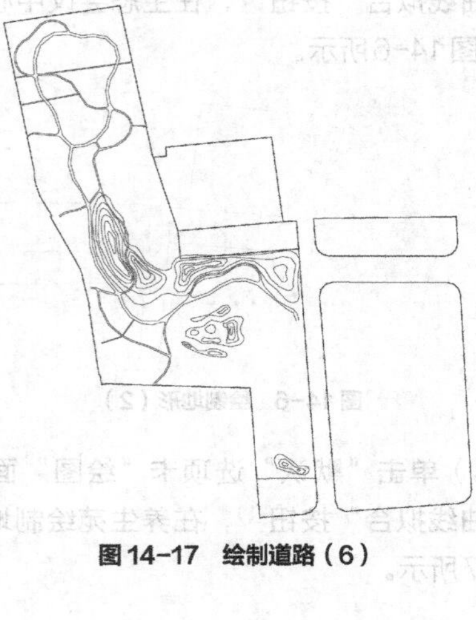

图14-17 绘制道路（6）

（8）单击“默认”选项卡“绘图”面板中的“样条曲线拟合”按钮，在百草园绘制道路，如图14-18所示。

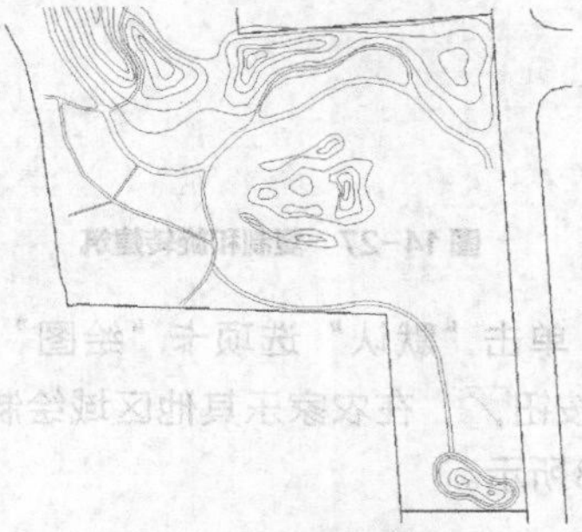

图14-18 绘制道路（7）

（9）单击“默认”选项卡“绘图”面板中的“样条曲线拟合”按钮，在群芳苑绘制道路，如图14-19所示。

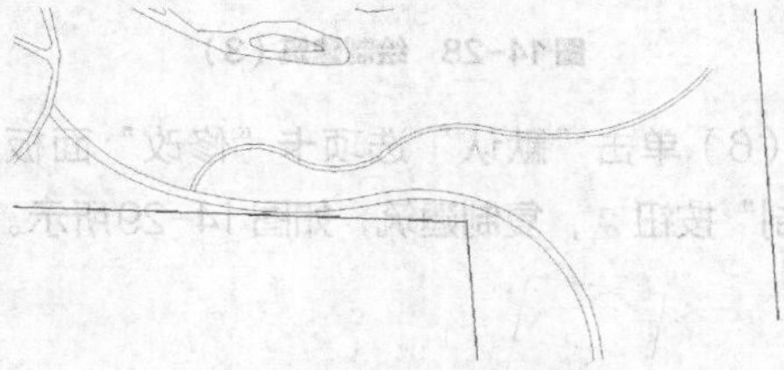

图14-19 绘制道路（8）

（10）将“道路系统”图层设置为当前图层，单击“默认”选项卡“绘图”面板中的“直线”按钮和“样条曲线拟合”按钮，绘制道路系统，如图14-20所示。

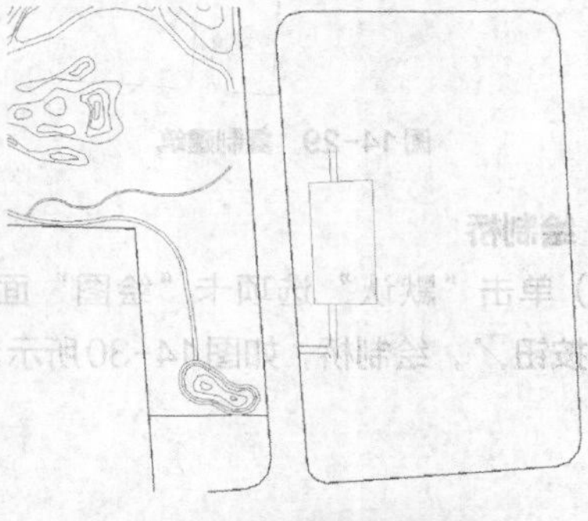

图14-20 绘制道路系统

14.1.4 绘制水体并补充绘制道路

水体是地形组成中不可缺少的部分，是园林的重要组成因素，本节根据地形设计绘制水体。

（1）将“水体”图层设置为当前图层，单击“默认”选项卡“绘图”面板中的“样条曲线拟合”按钮，绘制水体，如图14-21所示。

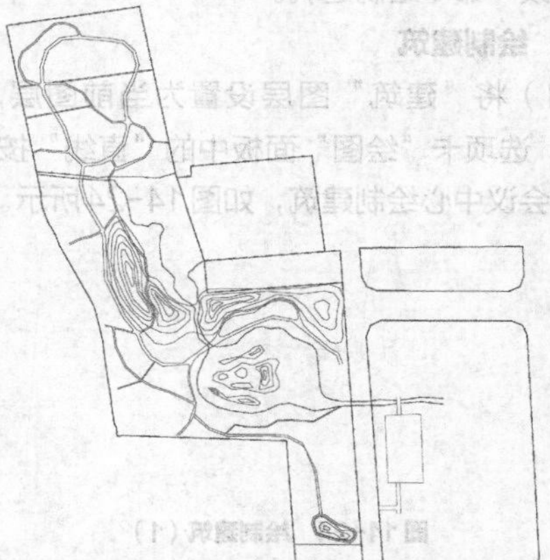

图14-21 绘制水体（1）

（2）单击“默认”选项卡“绘图”面板中的“样条曲线拟合”按钮，在中心区绘制水体，如图14-22所示。

图14-22 绘制水体（2）

（3）将“道路”图层设置为当前图层，单击“默认”选项卡“绘图”面板中的“样条曲线拟合”按钮，在中心区补充绘制道路，如图14-23所示。

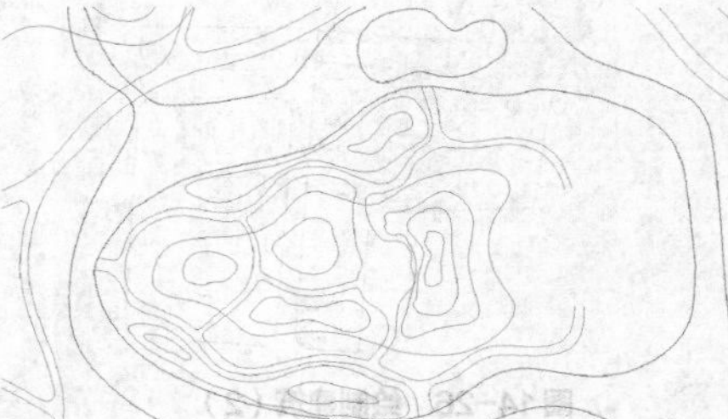

图14-23 补充绘制道路

14.1.5 绘制建筑

建筑是园林设计中的点缀，下面使用二维绘图和“修改”命令绘制建筑。

1. 绘制建筑

（1）将“建筑”图层设置为当前图层，单击“默认”选项卡“绘图”面板中的“直线”按钮，在生态会议中心绘制建筑，如图14-24所示。

图14-24 绘制建筑（1）

（2）单击“默认”选项卡“修改”面板中的“修剪”按钮，修剪多余的直线，如图14-25所示。

图14-25 修剪多余的直线

（3）单击“默认”选项卡“块”面板中的“插入”按钮，在农家乐插入“建筑物”块，如图14-26所示。

图14-26 绘制建筑（2）

（4）单击“默认”选项卡“修改”面板中的“复制”按钮和“旋转”按钮，将建筑复制到另一侧并旋转到合适的角度，如图14-27所示。

图14-27 复制和旋转建筑

（5）单击“默认”选项卡“绘图”面板中的“直线”按钮，在农家乐其他区域绘制建筑，如图14-28所示。

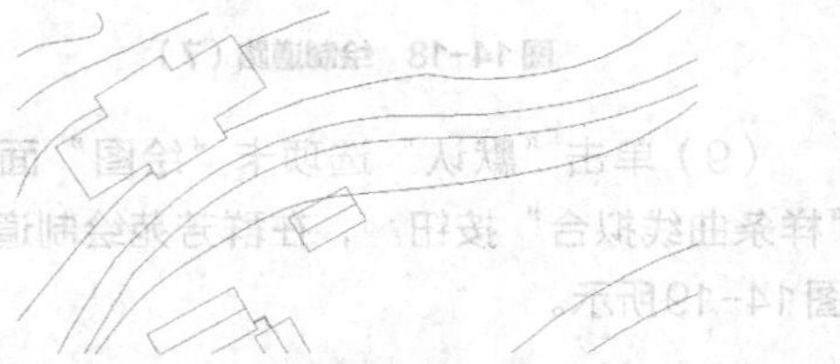

图14-28 绘制建筑（3）

（6）单击“默认”选项卡“修改”面板中的“复制”按钮，复制建筑，如图14-29所示。

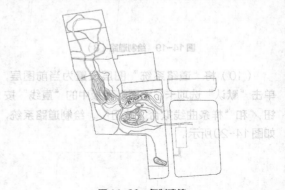

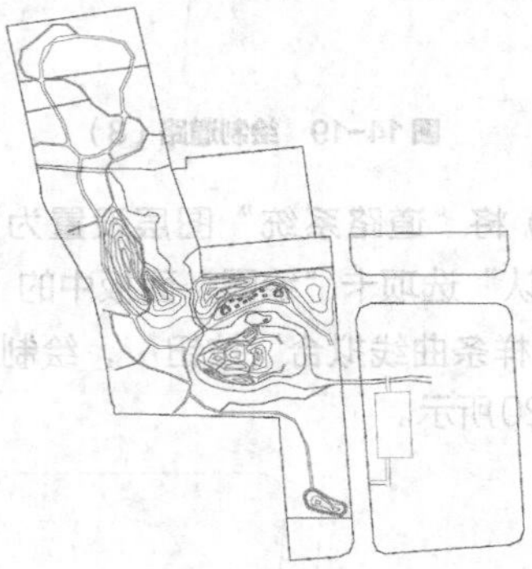

图14-29 复制建筑

2. 绘制桥

（1）单击“默认”选项卡“绘图”面板中的“直线”按钮，绘制桥，如图14-30所示。

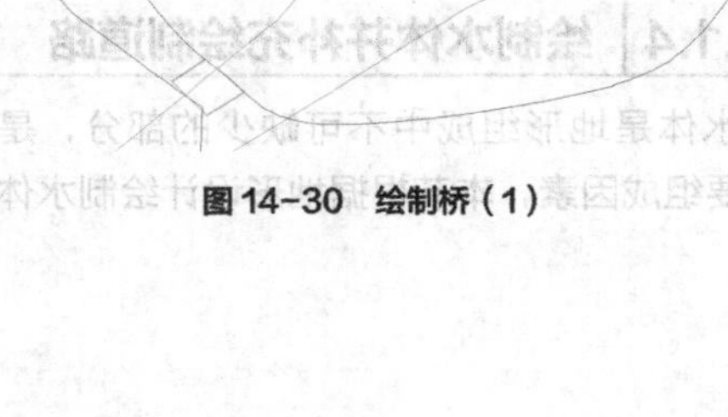

图14-30 绘制桥（1）

（2）单击“默认”选项卡“绘图”面板中的“多段线”按钮，在合适的位置绘制多段线，如图14-31所示。

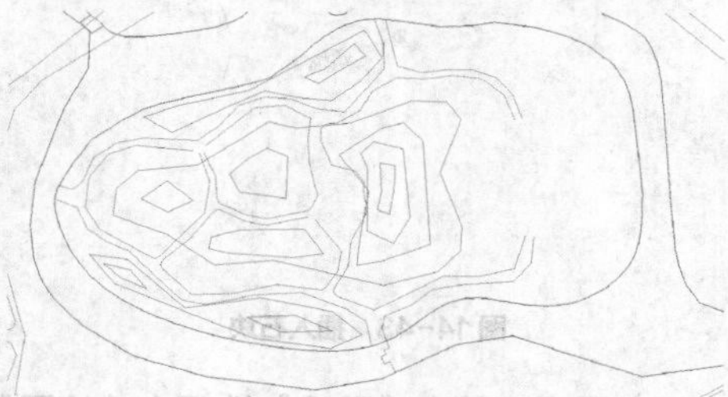

图 14-31 绘制多段线

（3）单击“默认”选项卡“修改”面板中的“偏移”按钮⊆，偏移多段线，如图14-32所示。

（4）同理，单击“默认”选项卡“绘图”面板中的“多段线”按钮和“修改”面板中的“偏移”按钮⊆，继续绘制多段线，进行桥的绘制，如图14-33所示。

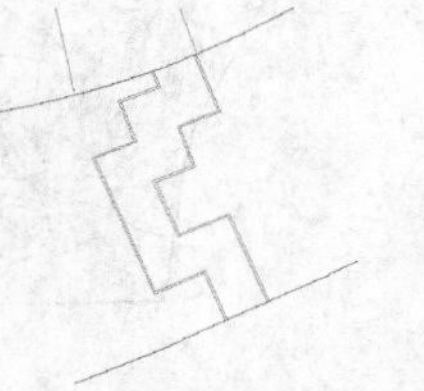

图 14-32 偏移多段线　　图 14-33 绘制桥（2）

（5）单击“默认”选项卡“绘图”面板中的“直线”按钮和“修改”面板中的“偏移”按钮⊆，绘制直线。然后单击“默认”选项卡“修改”面板中的“修剪”按钮，修剪多余的直线，继续绘制桥，如图14-34所示。

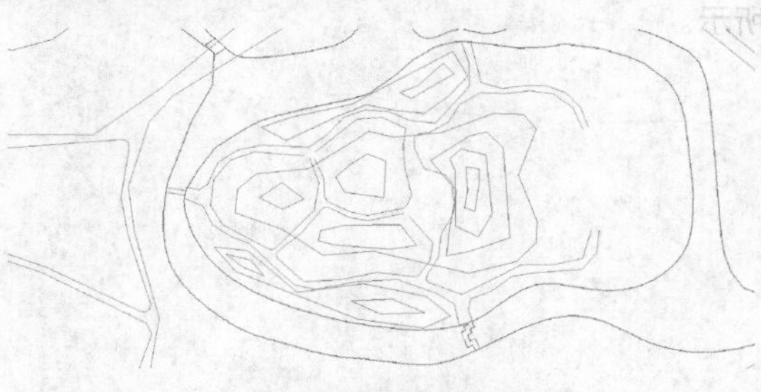

图 14-34 绘制桥（3）

（6）单击“默认”选项卡“绘图”面板中的“直线”按钮，绘制桥，如图14-35所示。

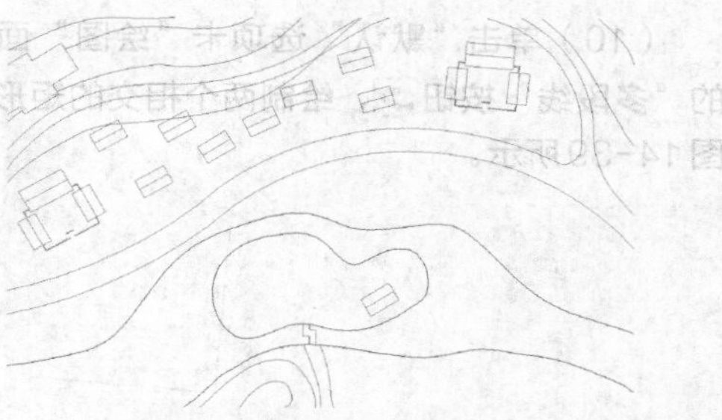

图 14-35 绘制桥（4）

（7）单击“默认”选项卡“修改”面板中的“偏移”按钮⊆，对桥进行偏移；然后单击“默认”选项卡“修改”面板中的“修剪”按钮，修剪多余的直线，如图14-36所示。

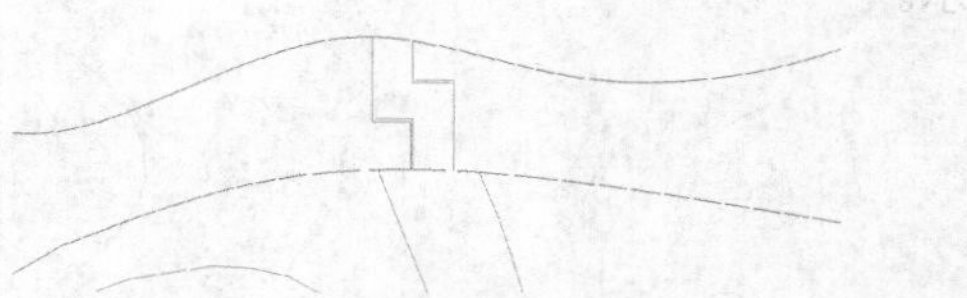

图 14-36 偏移和修剪直线

（8）单击“默认”选项卡“修改”面板中的“复制”按钮，将桥复制到中心区水体的另一侧；然后单击“默认”选项卡“修改”面板中的“旋转”按钮，将桥旋转到合适的角度，如图14-37所示。

图 14-37 复制和旋转桥

（9）单击“默认”选项卡“绘图”面板中的“多段线”按钮和“修改”面板中的“偏移”按钮⊆，绘制桥，如图14-38所示。

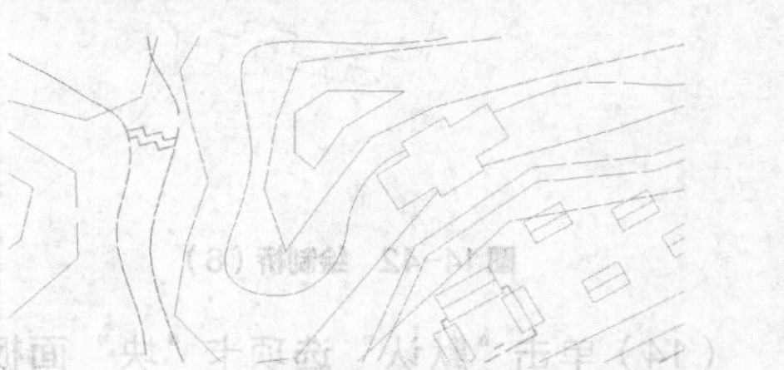

图 14-38 绘制桥（5）

（10）单击“默认”选项卡“绘图”面板中的“多段线”按钮，绘制两个相交的矩形，如图14-39所示。

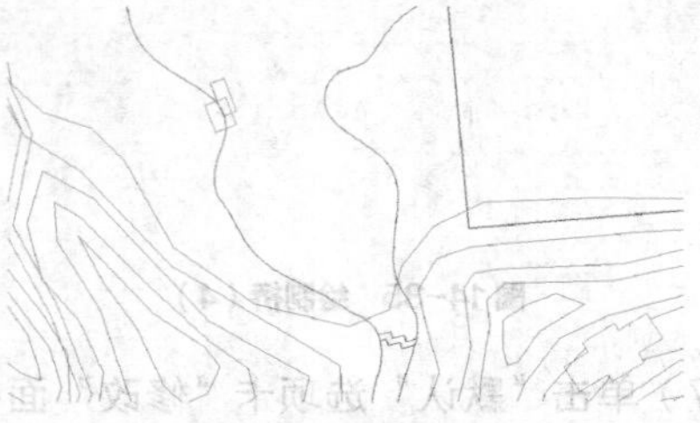

图 14-39 绘制矩形

（11）单击“默认”选项卡“修改”面板中的“修剪”按钮，修剪多余的直线，如图14-40所示。

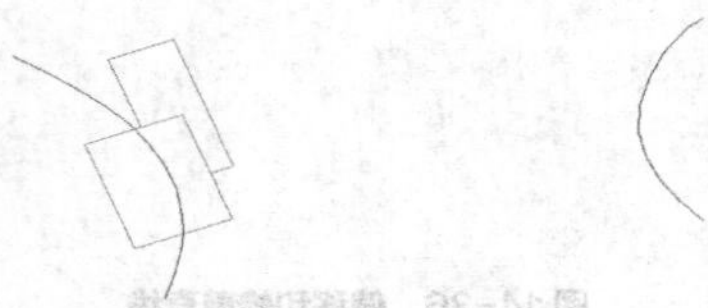

图 14-40 修剪多余的直线

（12）单击“默认”选项卡“绘图”面板中的“多段线”按钮，绘制两条多段线，如图14-41所示。

图 14-41 绘制两条多段线

（13）单击“默认”选项卡“修改”面板中的“偏移”按钮，偏移多段线，完成桥的绘制，如图14-42所示。

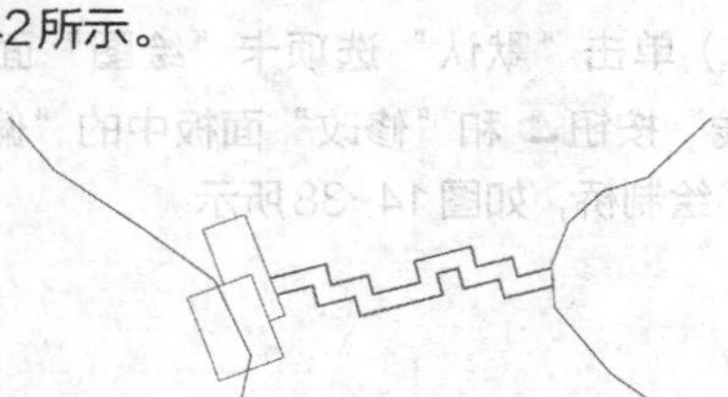

图 14-42 绘制桥（6）

（14）单击“默认”选项卡“块”面板中的“插入”按钮，在图库中找到石块并将其插入图中，如图14-43所示。

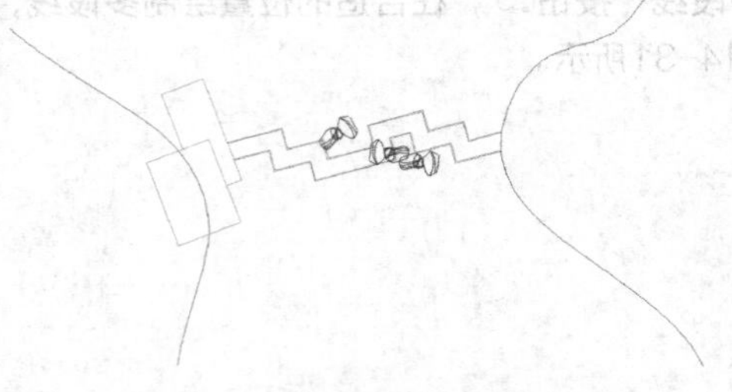

图 14-43 插入石块

（15）同理，单击“默认”选项卡“绘图”面板中的“直线”按钮、“多段线”按钮和“修改”面板中的“修剪”按钮，绘制其他桥，如图14-44所示。

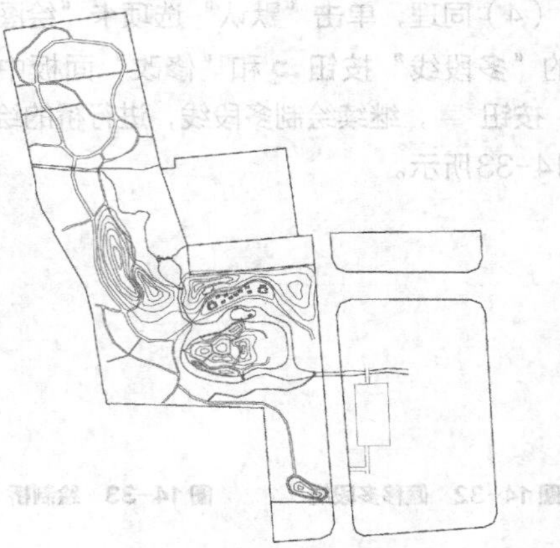

图 14-44 绘制其他桥

3. 绘制园林建筑

（1）单击“默认”选项卡“绘图”面板中的“直线”按钮，绘制两个四边形，如图14-45所示。

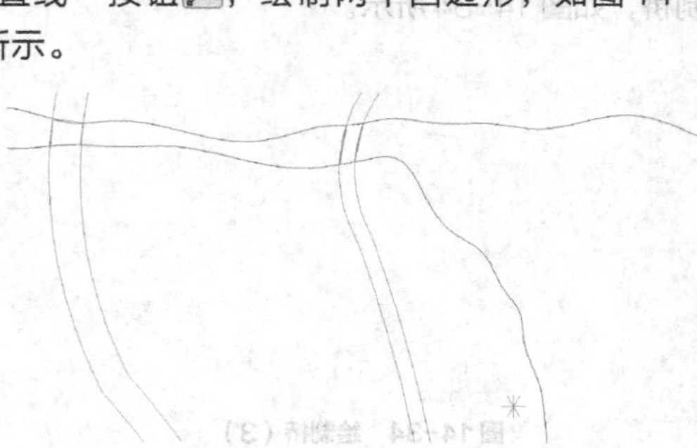

图 14-45 绘制两个四边形

（2）单击“默认”选项卡“绘图”面板中的“多边形”按钮，绘制六边形，如图14-46所示。

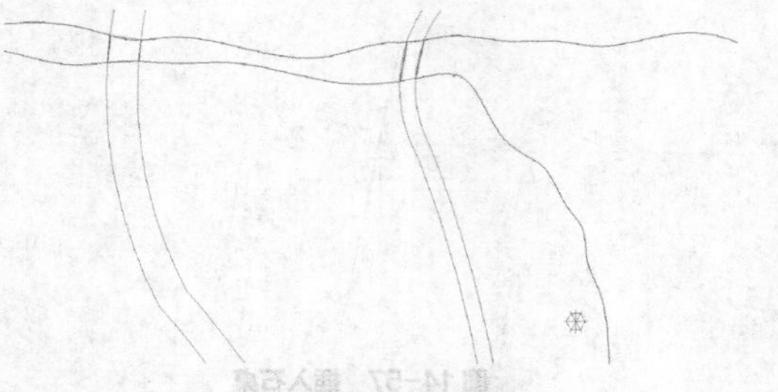

图14-46 绘制六边形

（3）单击“默认”选项卡“修改”面板中的“偏移”按钮，将六边形依次向内偏移，偏移4次，如图14-47所示。

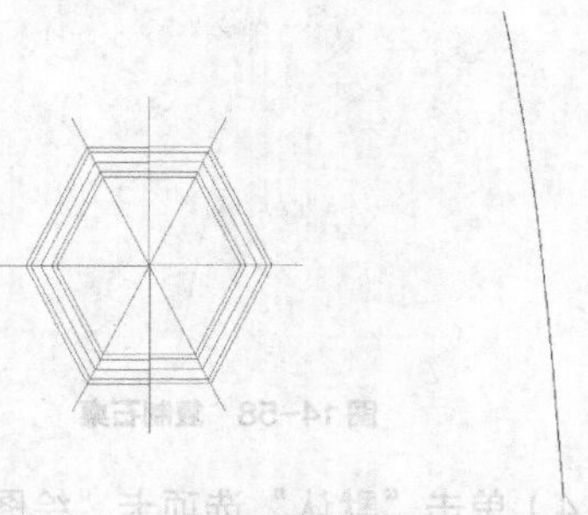

图14-47 偏移六边形

（4）单击“默认”选项卡“绘图”面板中的“直线”按钮和“修改”面板中的“修剪”按钮，绘制图形，如图14-48所示。

图14-48 绘制图形

（5）单击“默认”选项卡“绘图”面板中的“圆”按钮，在中心线与六边形相交处绘制6个圆，如图14-49所示。

图14-49 绘制圆

（6）单击“默认”选项卡“绘图”面板中的“图案填充”按钮，选择“图案填充创建”选项卡，将6个圆填充，最终完成园林建筑的绘制，如图14-50所示。

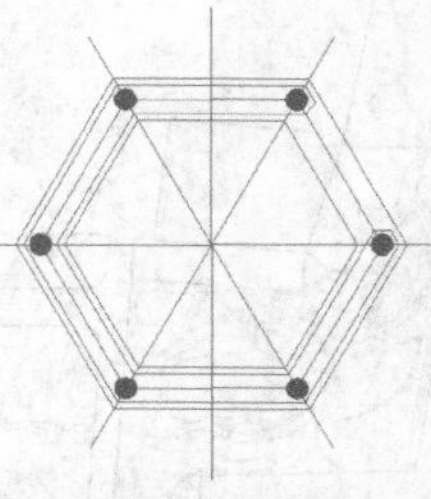

图14-50 绘制园林建筑

（7）单击“默认”选项卡“修改”面板中的“旋转”按钮，将园林建筑旋转到合适的角度，如图14-51所示。园林建筑放大图如图14-52所示。

图14-51 旋转园林建筑

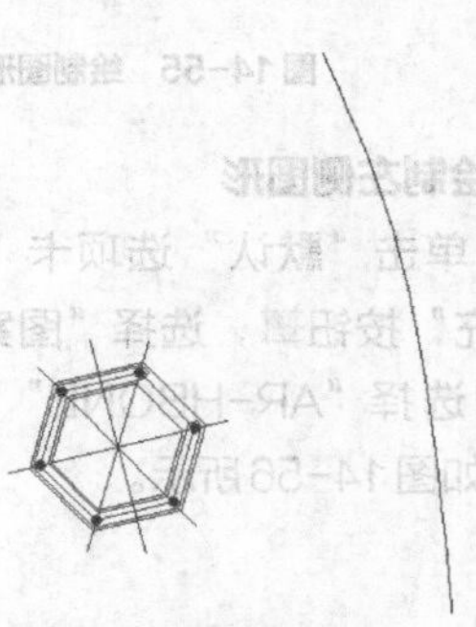

图14-52 园林建筑放大图

4. 绘制轮廓

（1）单击“默认”选项卡“图层”面板中的“图层特性”按钮，弹出“图层特性管理器”对话框。新建“轮廓”图层，设置颜色为红色，然后将其设置为当前图层，如图14-53所示。

图14-53 “轮廓”图层参数

（2）单击“默认”选项卡“绘图”面板中的“样条曲线拟合”按钮，在最左侧绘制轮廓线，如图14-54所示。

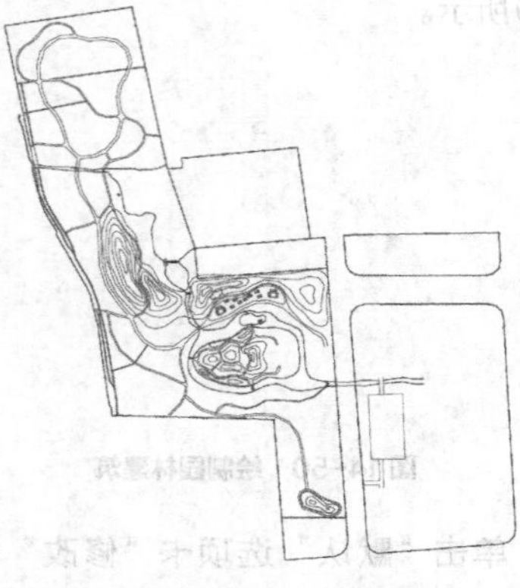

图14-54 绘制轮廓线

（3）单击“默认”选项卡“绘图”面板中的“圆弧”按钮和“圆”按钮，在合适的位置绘制图形，如图14-55所示。

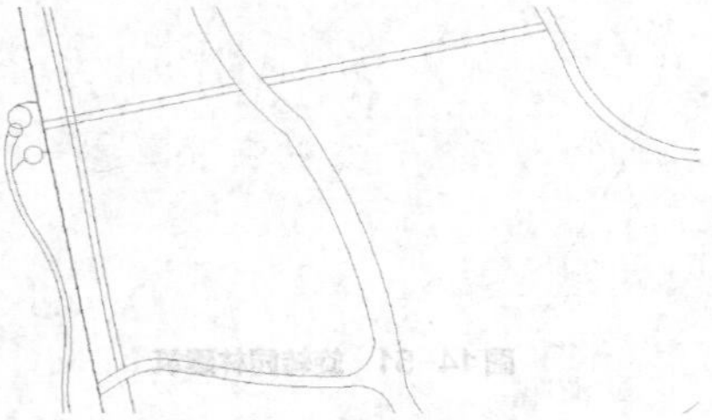

图14-55 绘制图形

5. 绘制左侧图形

（1）单击“默认”选项卡“绘图”面板中的“图案填充”按钮，选择“图案填充创建”选项卡，分别选择“AR-HBONE”“NET”图案，填充图形，如图14-56所示。

图14-56 填充图形（1）

（2）单击“默认”选项卡“块”面板中的“插入”按钮，将图库中的石桌插入图中，如图14-57所示。

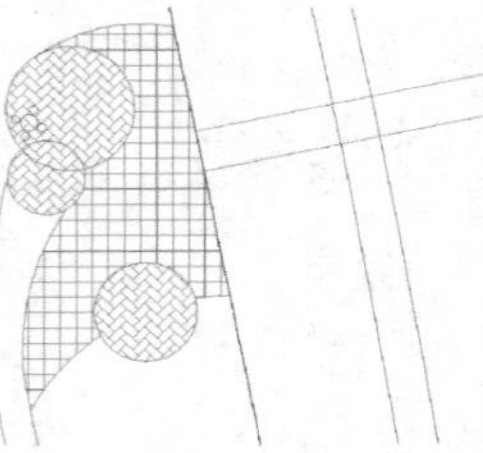

图14-57 插入石桌

（3）单击“默认”选项卡“修改”面板中的“复制”按钮，将石桌复制到其他位置，如图14-58所示。

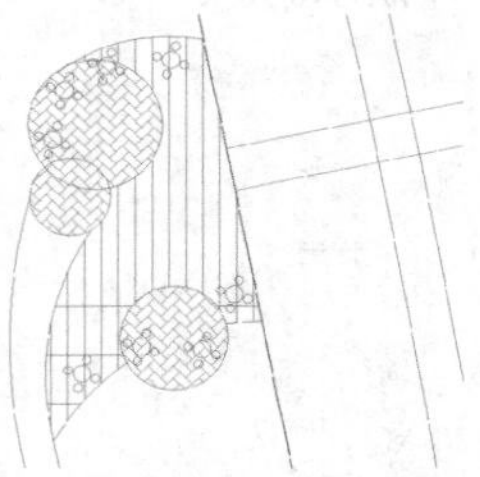

图14-58 复制石桌

（4）单击“默认”选项卡“绘图”面板中的“矩形”按钮，在合适的位置绘制两个相交的矩形，如图14-59所示。然后单击“默认”选项卡“修改”面板中的“旋转”按钮，将矩形旋转到合适的角度，如图14-60所示。

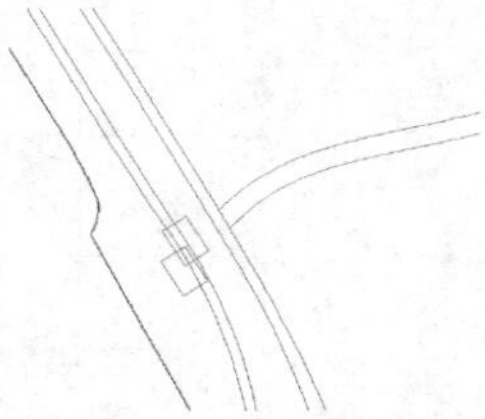

图14-59 绘制矩形　　图14-60 旋转矩形

（5）单击“默认”选项卡“绘图”面板中的“图案填充”按钮，选择“图案填充创建”选项卡，如图14-61所示。单击“图案填充图案”按钮，选择“双棱形”图案填充图形，如图14-62所示。

（6）单击“默认”选项卡“绘图”面板中的“直线”按钮，绘制长椅，如图14-63所示。

（7）单击“默认”选项卡“修改”面板中的“分解”按钮，将长椅的图案分解。然后单击“默认”选项卡“修改”面板中的“修剪”按钮，修剪多余的直线，如图14-64所示。

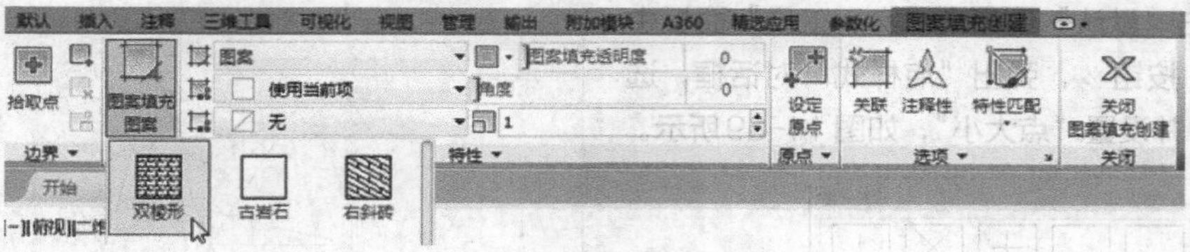

图 14-61 “图案填充创建”选项卡

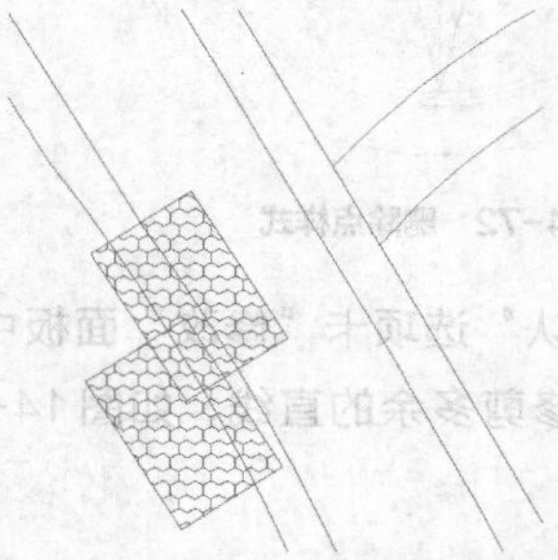

图 14-62 填充图形（2）

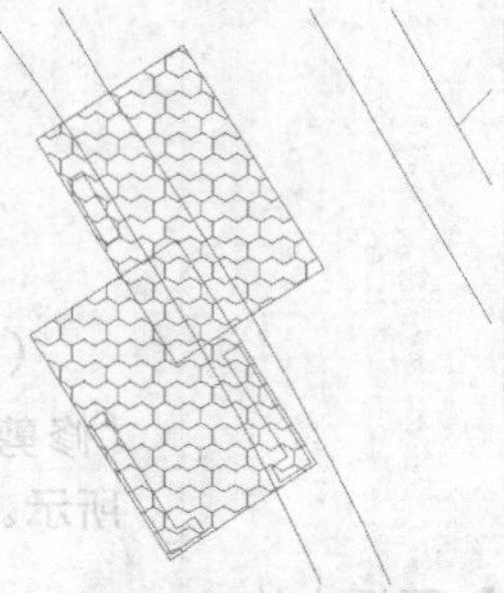

图 14-63 绘制长椅

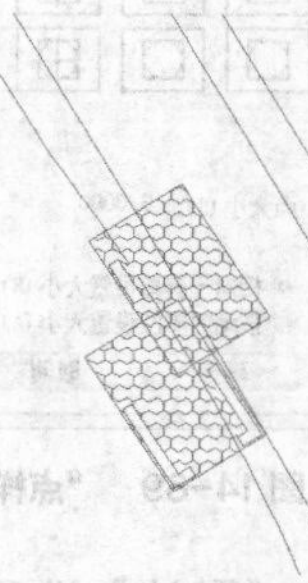

图 14-64 修剪多余的直线

（8）单击“默认”选项卡“块”面板中的“插入”按钮，将石桌插入图中并整理，结果如图 14-65 所示。

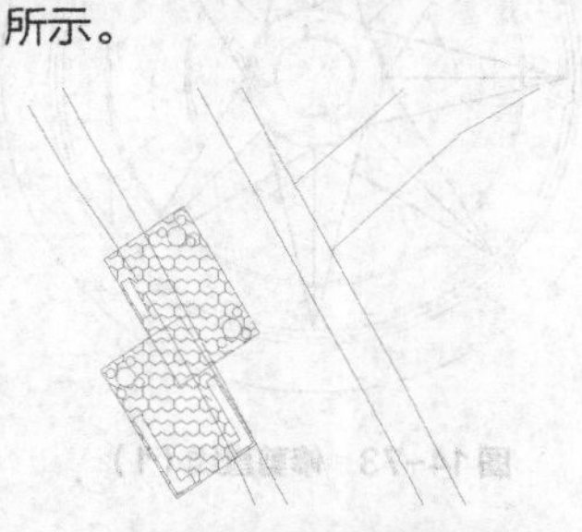

图 14-65 插入石桌并整理

（9）同理，单击“默认”选项卡“绘图”面板中的“直线”按钮、“圆”按钮、“图案填充”按钮和“插入块”按钮，绘制左侧剩余图形，如图 14-66 所示。

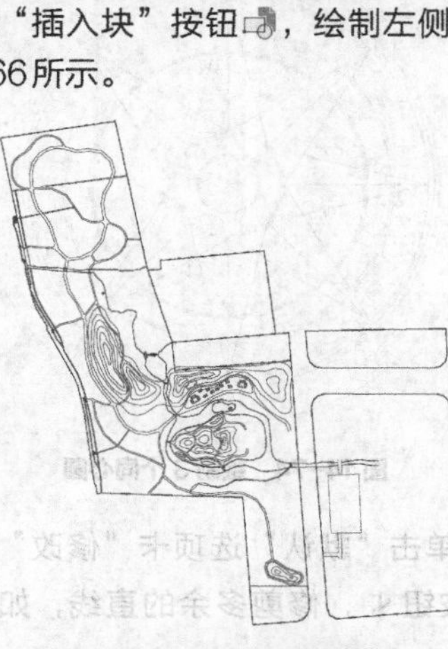

图 14-66 绘制左侧剩余图形

14.1.6 景区规划

在园林设计中，景区规划是园林设计的核心，下面根据地形、环境等因素细化园林景区的设计。

1. 绘制中心区

（1）将“设计”图层设置为当前图层，单击“默认”选项卡“绘图”面板中的“圆”按钮，在中心区绘制几个同心圆，如图 14-67 所示。同心圆放大图如图 14-68 所示。

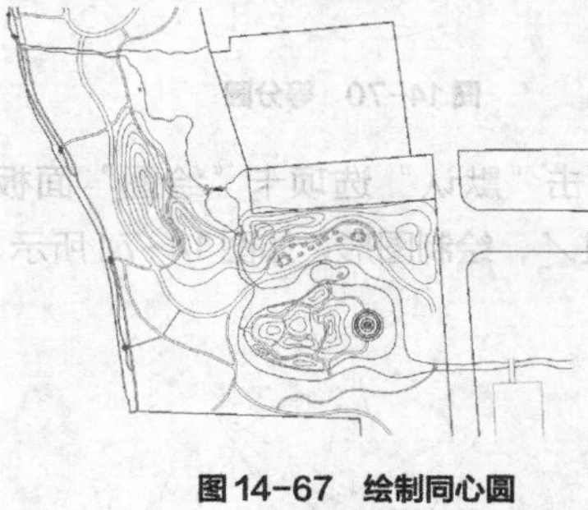

图 14-67 绘制同心圆

图 14-68 同心圆放大图

（2）单击“默认”选项卡“实用工具”面板中的“点样式”按钮，弹出“点样式”对话框，选择“点样式”并设置“点大小”，如图14-69所示。

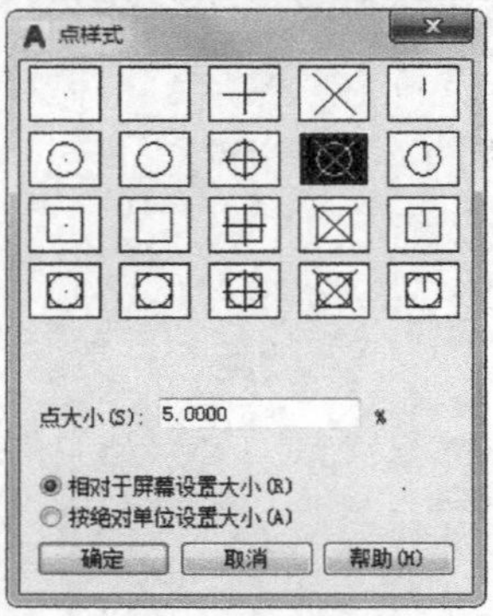

图14-69 “点样式”对话框

（3）单击“默认”选项卡“绘图”面板中的“定数等分”按钮，将图中的一个圆等分为8份，如图14-70所示。

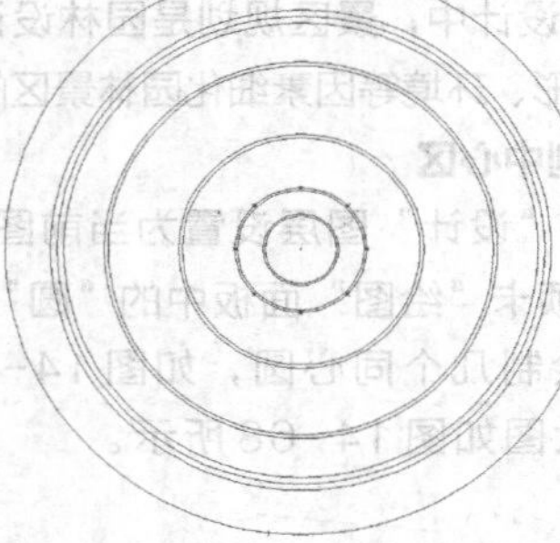

图14-70 等分圆

（4）单击“默认”选项卡“绘图”面板中的“直线”按钮，绘制图形，如图14-71所示。

图14-71 绘制图形

（5）单击“默认”选项卡“修改”面板中的“删除”按钮，删除点样式，如图14-72所示。

图14-72 删除点样式

（6）单击“默认”选项卡“修改”面板中的“修剪”按钮，修剪多余的直线，如图14-73所示。

图14-73 修剪直线（1）

（7）单击“默认”选项卡“绘图”面板中的“圆”按钮，绘制3个同心圆，如图14-74所示。

图14-74 绘制3个同心圆

（8）单击“默认”选项卡“修改”面板中的“修剪”按钮，修剪多余的直线，如图14-75所示。

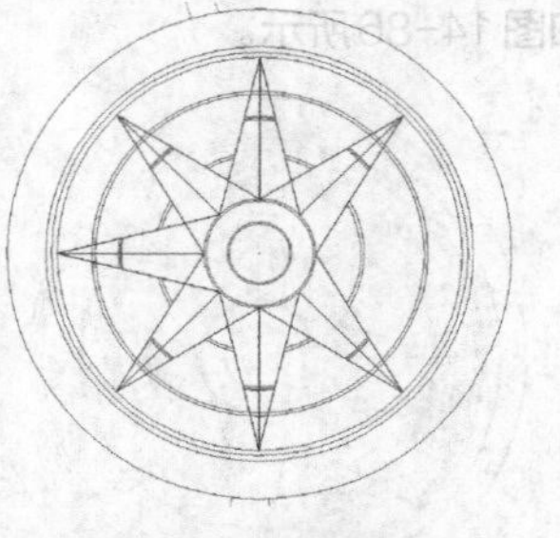

图 14-75 修剪直线（2）

（9）单击“默认”选项卡“绘图”面板中的“圆”按钮，绘制小圆，如图 14-76 所示。

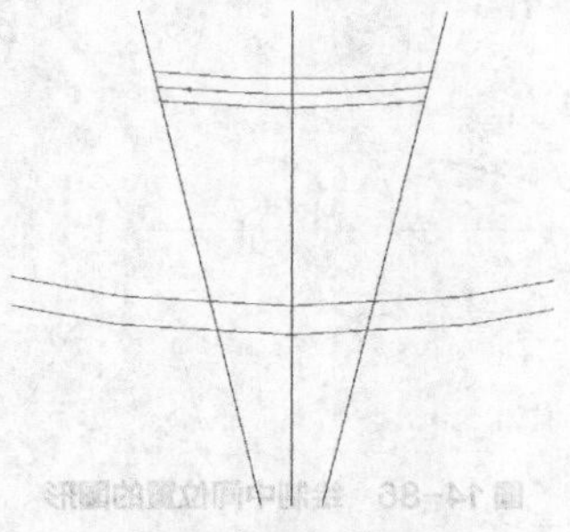

图 14-76 绘制小圆

（10）单击“默认”选项卡“修改”面板中的“复制”按钮，将小圆沿圆弧复制，如图 14-77 所示。

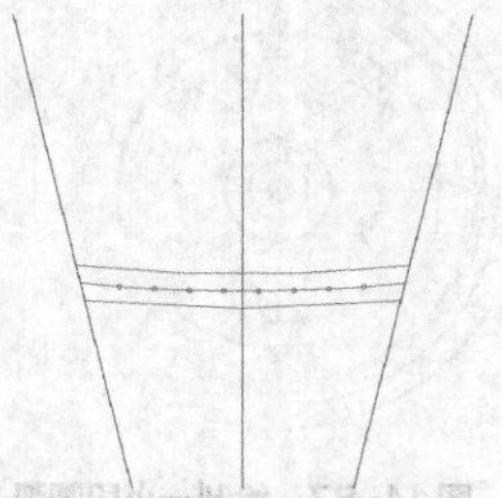

图 14-77 复制小圆

（11）单击“默认”选项卡“修改”面板中的“删除”按钮，删除路径圆弧，如图 14-78 所示。

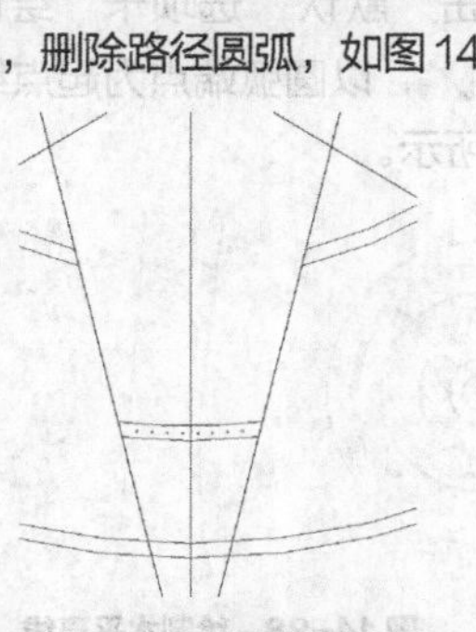

图 14-78 删除路径圆弧

（12）同理，绘制其他圆，如图 14-79 所示。

图 14-79 绘制其他圆

（13）单击“默认”选项卡“绘图”面板中的“直线”按钮，在合适的位置绘制短直线，如图 14-80 所示。

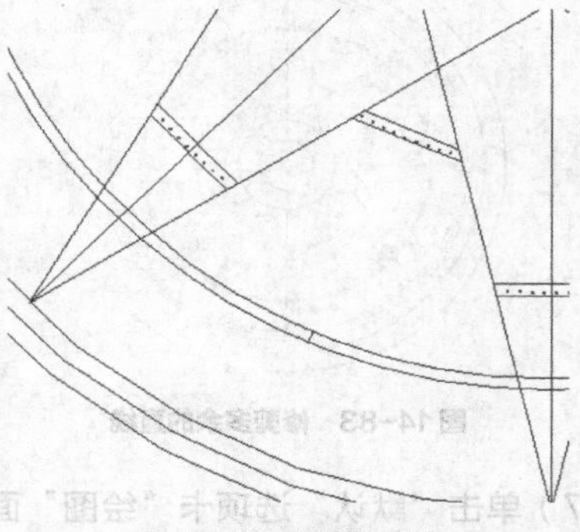

图 14-80 绘制短直线

（14）单击“默认”选项卡“修改”面板中的“环形阵列”按钮，阵列短直线，如图 14-81 所示。

图 14-81 阵列短直线

（15）单击“默认”选项卡“绘图”面板中的“圆”按钮，在外侧圆处绘制圆，如图 14-82 所示。

图14-82　绘制圆

（16）单击“默认”选项卡“绘图”面板中的“直线”按钮，在绘制的圆处绘制直线。然后单击“默认”选项卡“修改”面板中的“修剪”按钮，修剪多余的直线，如图14-83所示。

图14-83　修剪多余的直线

（17）单击“默认”选项卡“绘图”面板中的“直线”按钮、“圆”按钮和“修改”面板中的“修剪”按钮，绘制剩余图形，如图14-84所示。

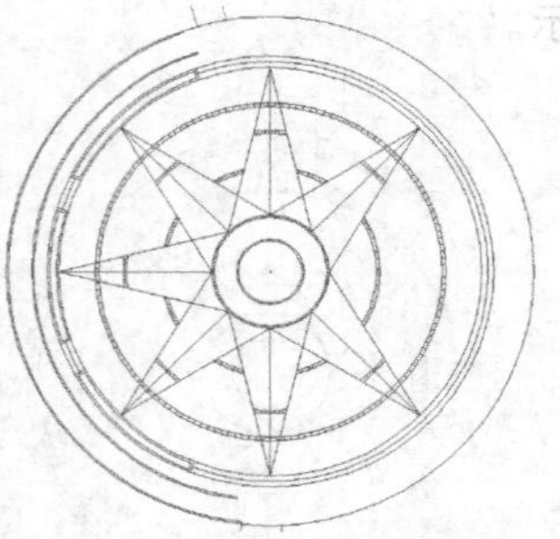

图14-84　绘制剩余图形

（18）单击“默认”选项卡“绘图”面板中的“图案填充”按钮，在“图案填充创建”选项卡中分别选择“ANGLE”“CROSS”“ANSI37”图案，填充图形，如图14-85所示。

（19）单击“默认”选项卡“绘图”面板中的“直线”按钮和“圆弧”按钮，绘制中间位置的图形，如图14-86所示。

图14-85　填充图形

图14-86　绘制中间位置的图形

（20）单击“默认”选项卡“绘图”面板中的“圆弧”按钮，在大圆右侧绘制一小段圆弧，如图14-87所示。

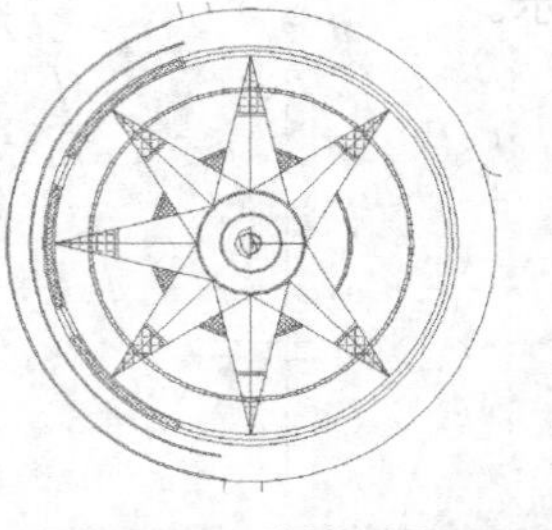

图14-87　绘制一小段圆弧

2. 绘制铺装路

（1）单击“默认”选项卡“绘图”面板中的“直线”按钮，以圆弧端点为起点绘制水平直线，如图14-88所示。

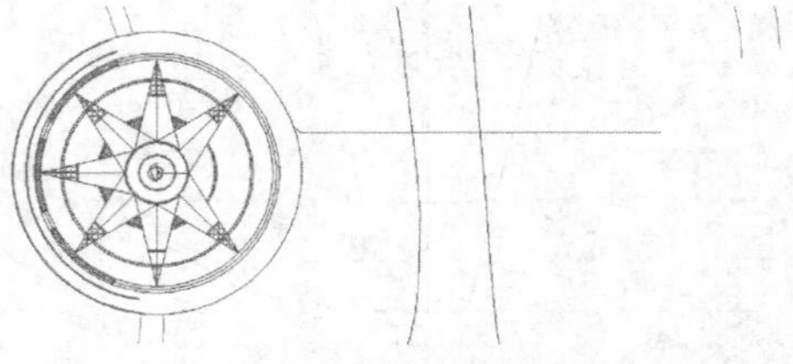

图14-88　绘制水平直线

（2）单击“默认”选项卡“修改”面板中的“镜像”按钮⚠，镜像图形；然后单击“默认”选项卡“修改”面板中的“修剪”按钮✂，修剪图形，如图14-89所示。

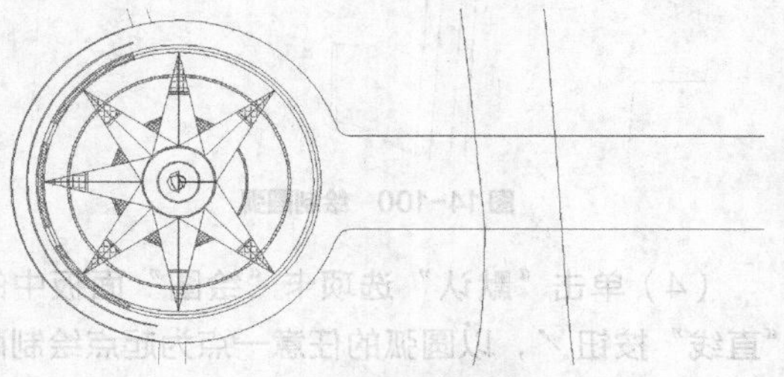

图14-89 镜像和修剪图形

（3）单击“默认”选项卡“绘图”面板中的“直线”按钮和“圆弧”按钮，在两条水平直线的内侧绘制图形，如图14-90所示。

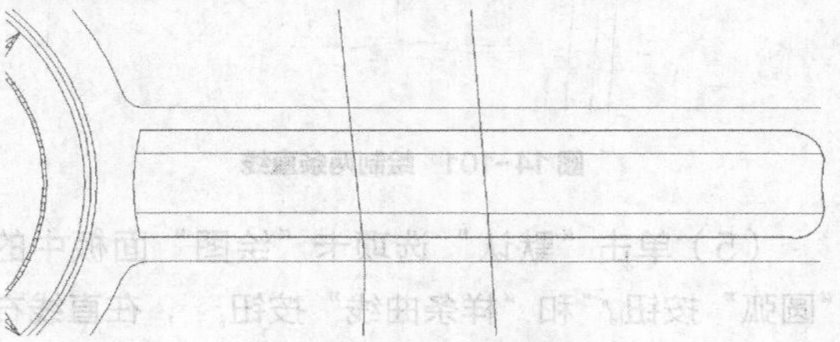

图14-90 绘制图形

（4）单击“默认”选项卡“绘图”面板中的“矩形”按钮，在合适的位置绘制一个矩形，如图14-91所示。

图14-91 绘制一个矩形

（5）单击“默认”选项卡“修改”面板中的“复制”按钮，依次向右复制矩形，如图14-92所示。

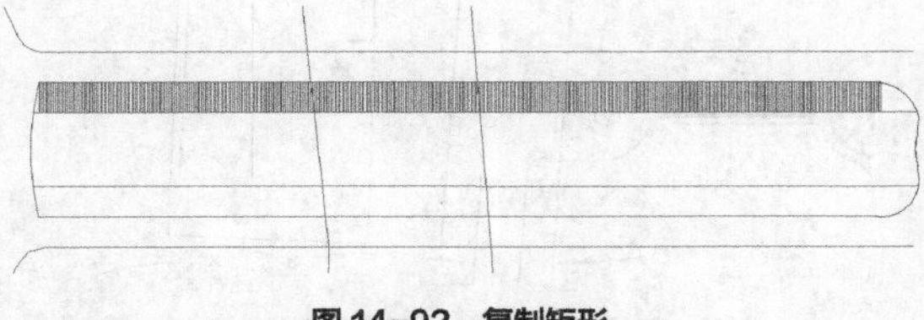

图14-92 复制矩形

（6）单击“默认”选项卡“修改”面板中的“镜像”按钮⚠，将上侧矩形镜像到下侧，如图14-93所示。

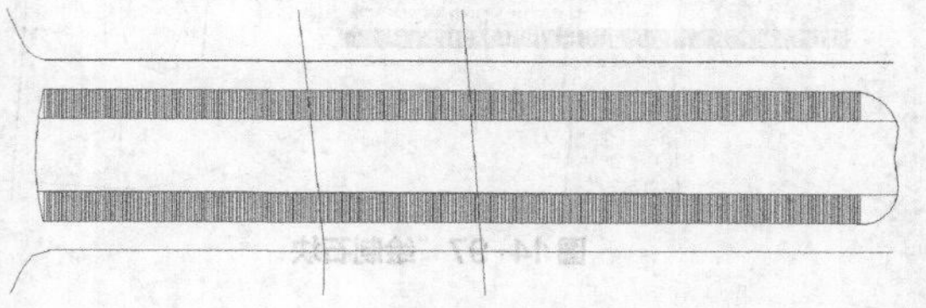

图14-93 镜像矩形

（7）单击“默认”选项卡“绘图”面板中的“图案填充”按钮，设置填充图案为“CROSS”，填充图形结果如图14-94所示。

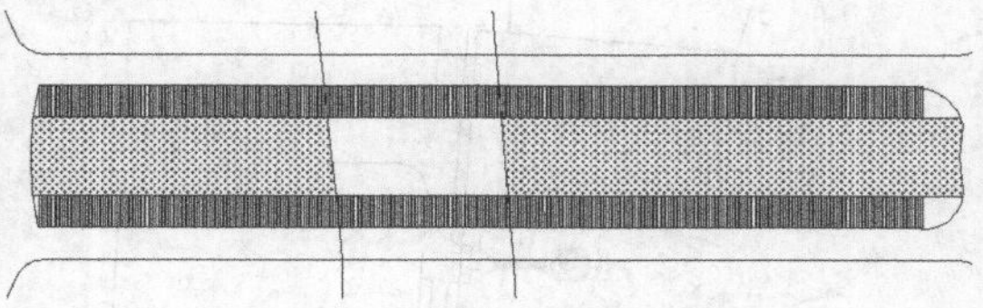

图14-94 填充图形

（8）单击“默认”选项卡“修改”面板中的“修剪”按钮✂，修剪并整理图形，如图14-95所示。

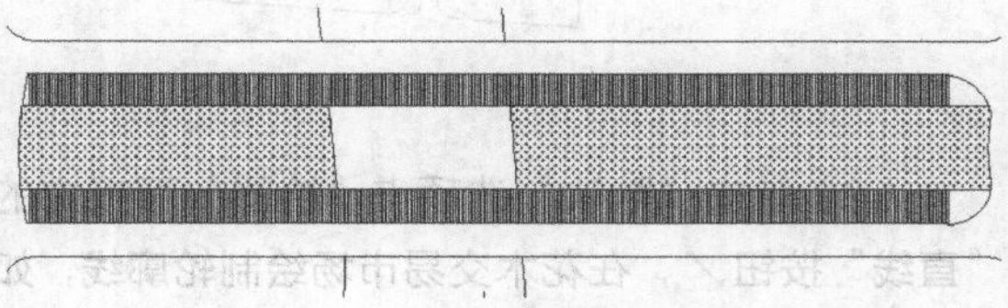

图14-95 修剪并整理图形

（9）单击“默认”选项卡“绘图”面板中的“直线”按钮和“圆弧”按钮，绘制右侧图形，如图14-96所示。

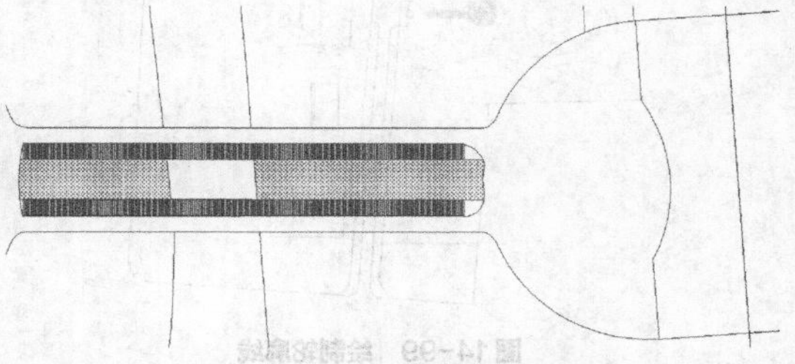

图14-96 绘制右侧图形

（10）单击“默认”选项卡“绘图”面板中的“直线”按钮，绘制石块，如图14-97所示。

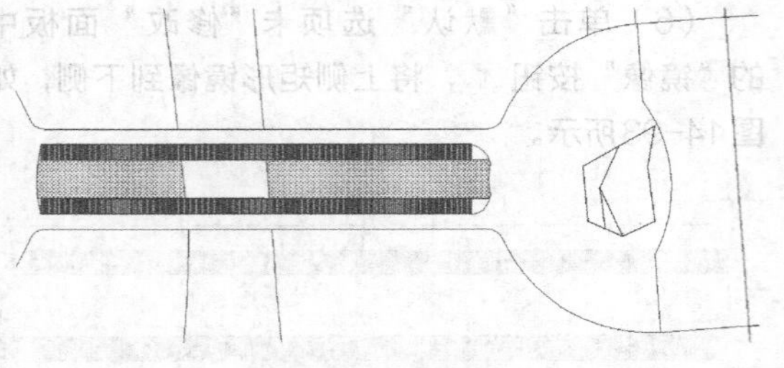

图 14-97　绘制石块

3. 绘制花木交易市场

（1）单击“默认”选项卡“绘图”面板中的“直线”按钮和“圆弧”按钮，绘制图形，如图14-98所示。

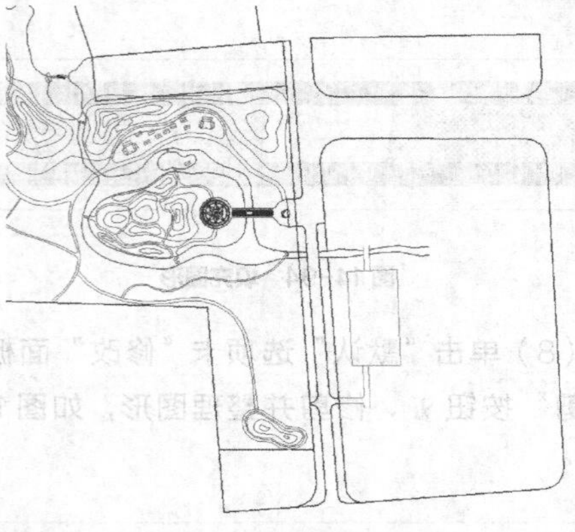

图 14-98　绘制图形

（2）单击“默认”选项卡“绘图”面板中的“直线”按钮，在花木交易市场绘制轮廓线，如图14-99所示。

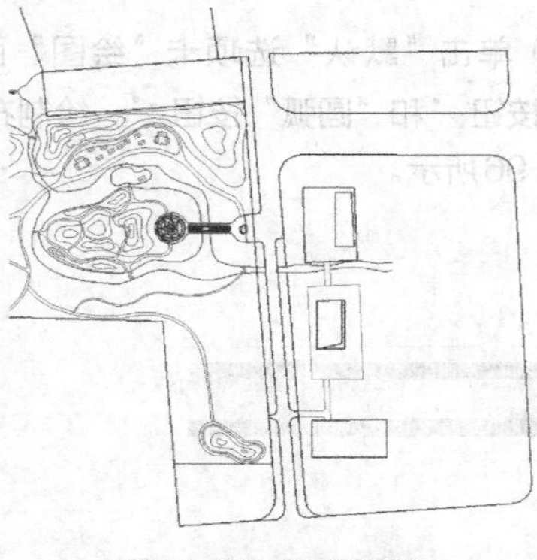

图 14-99　绘制轮廓线

（3）单击“默认”选项卡“绘图”面板中的“圆弧”按钮，在合适的位置绘制圆弧，如图14-100所示。

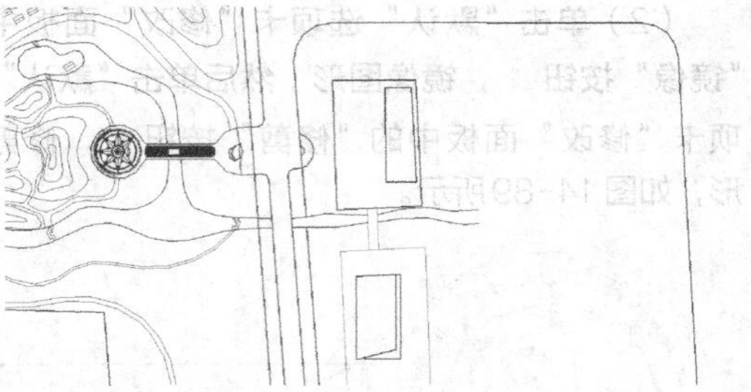

图 14-100　绘制圆弧

（4）单击“默认”选项卡“绘图”面板中的“直线”按钮，以圆弧的任意一点为起点绘制两条直线，如图14-101所示。

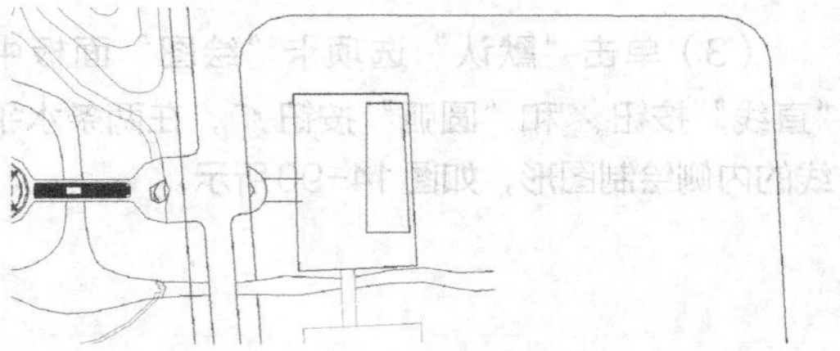

图 14-101　绘制两条直线

（5）单击“默认”选项卡“绘图”面板中的“圆弧”按钮和“样条曲线”按钮，在直线右侧绘制曲线，如图14-102所示。

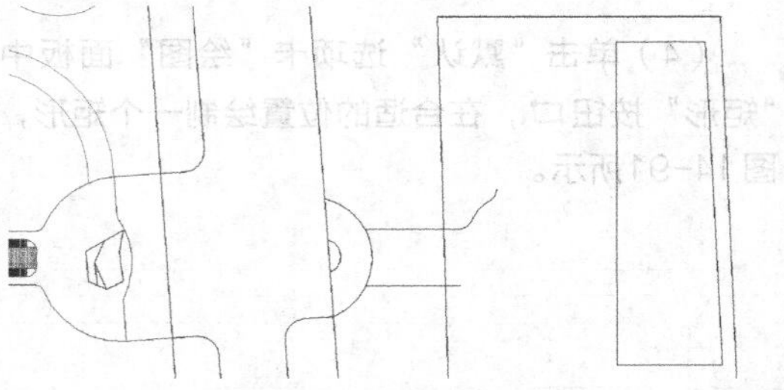

图 14-102　绘制曲线

（6）单击“默认”选项卡“绘图”面板中的“直线”按钮，以曲线端点为起点绘制直线，如图14-103所示。

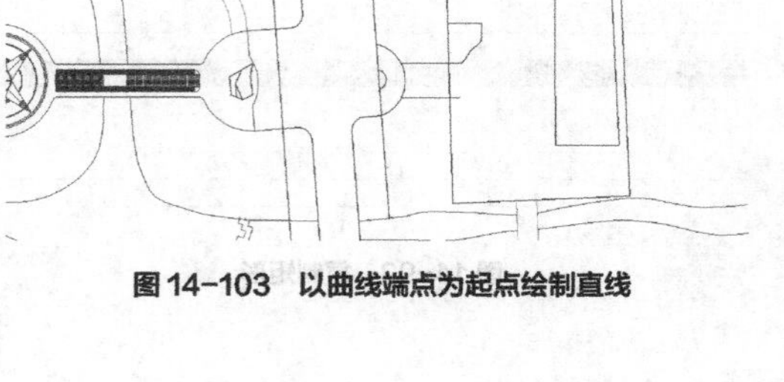

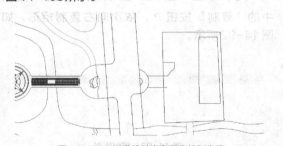

图 14-103　以曲线端点为起点绘制直线

（7）单击“默认”选项卡“修改”面板中的“镜像”按钮⚠，镜像图形；然后单击“默认”选项卡“修改”面板中的“修剪”按钮✂，修剪图形，如图14-104所示。

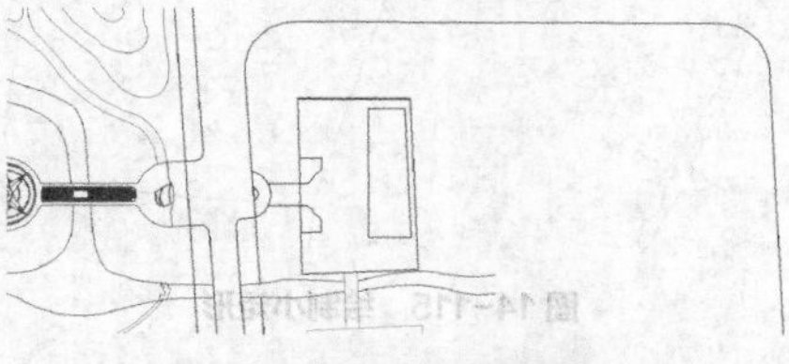

图14-104 镜像和修剪图形

（8）单击“默认”选项卡“绘图”面板中的“直线”按钮、“圆弧”按钮和“样条曲线拟合”按钮，绘制右侧图形，如图14-105所示。

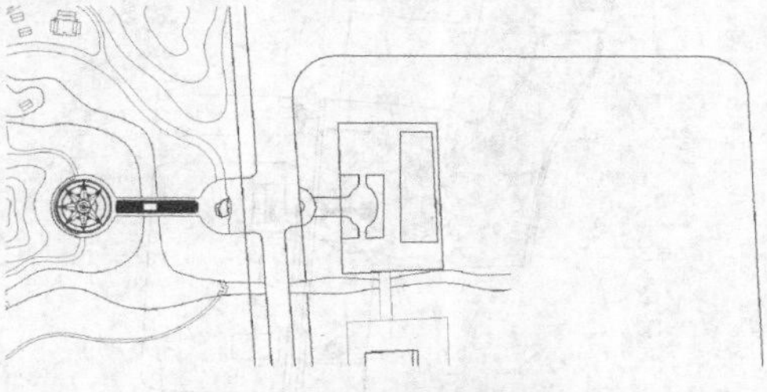

图14-105 绘制右侧图形

（9）单击“默认”选项卡“绘图”面板中的“直线”按钮和“圆弧”按钮，在两条水平直线内绘制图形，如图14-106所示。

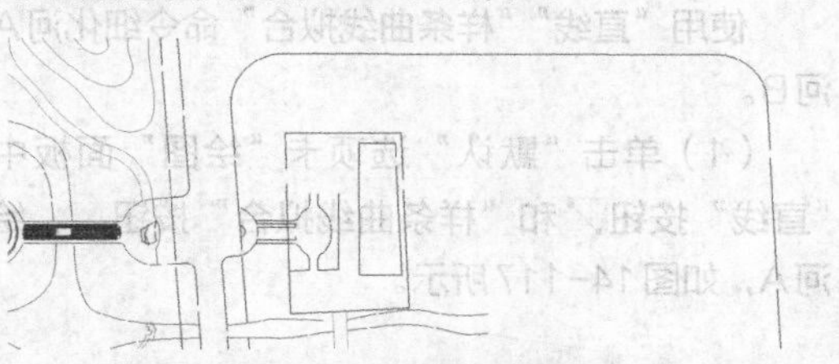

图14-106 在两条水平直线内绘制图形

（10）单击“默认”选项卡“修改”面板中的“修剪”按钮✂，修剪多余的直线，如图14-107所示。

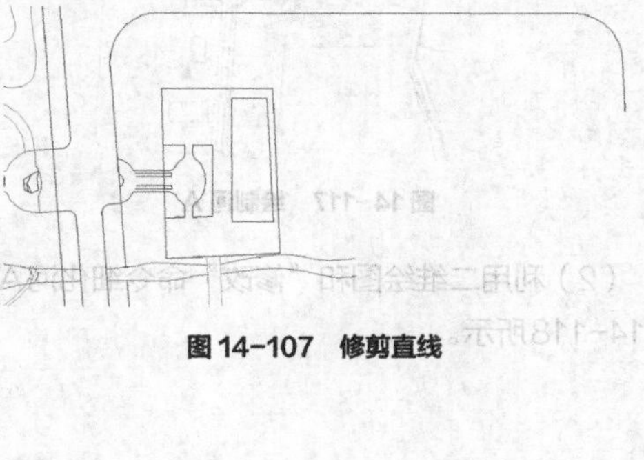

图14-107 修剪直线

（11）单击“默认”选项卡“绘图”面板中的“直线”按钮，在合适的位置绘制连续线段，如图14-108所示。

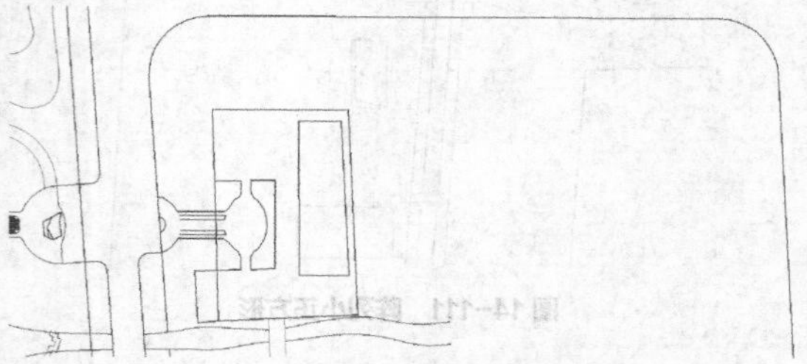

图14-108 绘制连续线段

（12）单击“默认”选项卡“块”面板中的“插入”按钮，将花草插入图中，如图14-109所示。

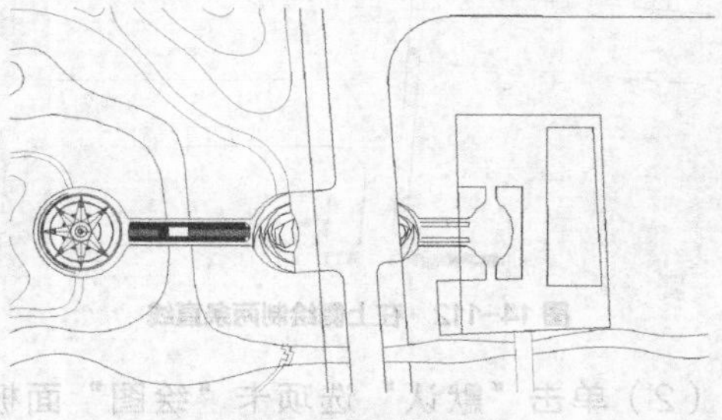

图14-109 插入花草

（13）单击“默认”选项卡“绘图”面板中的“矩形”按钮，在右下侧花木交易市场绘制小正方形，如图14-110所示。

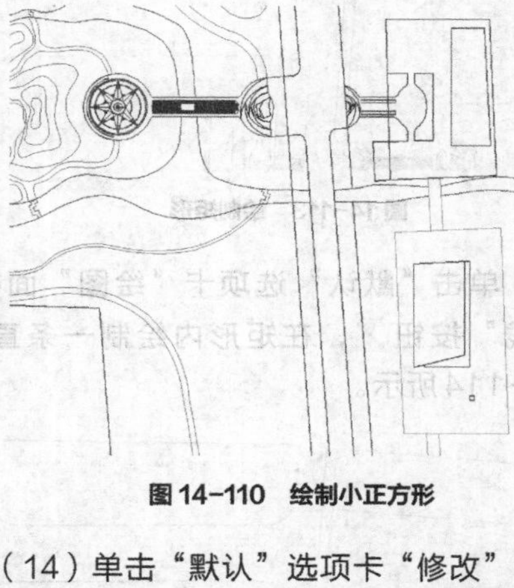

图14-110 绘制小正方形

（14）单击“默认”选项卡“修改”面板中的“矩形阵列”按钮，设置行数和列数都为4，行偏移和列偏移都为6，阵列小正方形，如图14-111所示。

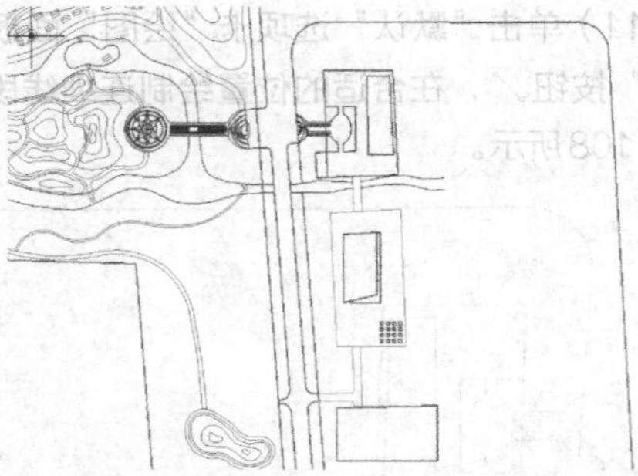

图 14-111　阵列小正方形

4. 细化图形

（1）单击“默认”选项卡“绘图”面板中的“直线”按钮，在上侧绘制两条直线，如图14-112所示。

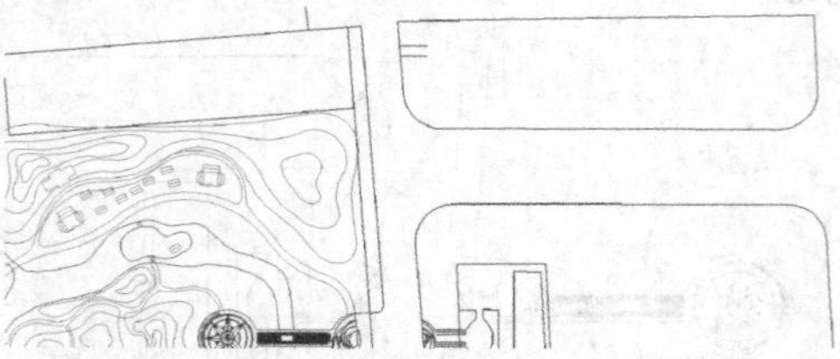

图 14-112　在上侧绘制两条直线

（2）单击“默认”选项卡“绘图”面板中的“矩形”按钮，在直线右侧绘制矩形，如图14-113所示。

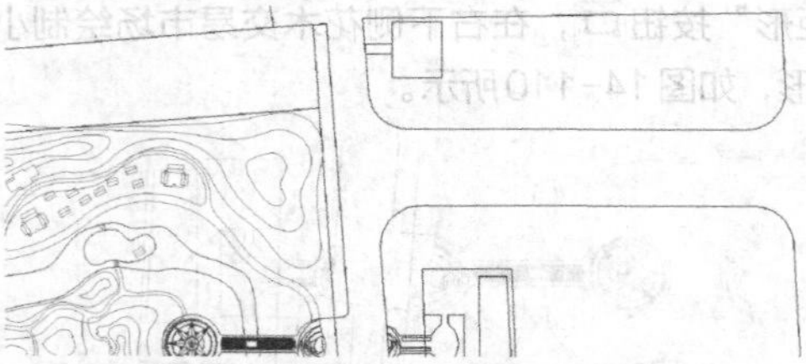

图 14-113　绘制矩形

（3）单击“默认”选项卡“绘图”面板中的“直线”按钮，在矩形内绘制一条直线，如图14-114所示。

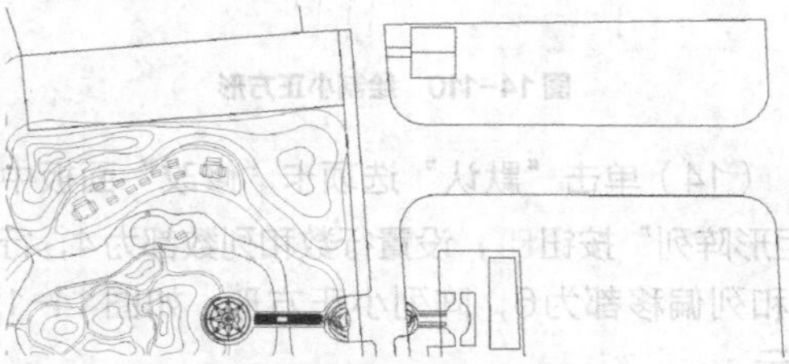

图 14-114　绘制一条直线

（4）单击“默认”选项卡“绘图”面板中的“矩形”按钮，在枣采摘区绘制小矩形，如图14-115所示。

图 14-115　绘制小矩形

（5）同理，绘制其他位置的小矩形，完成其他位置的图形绘制，如图14-116所示。

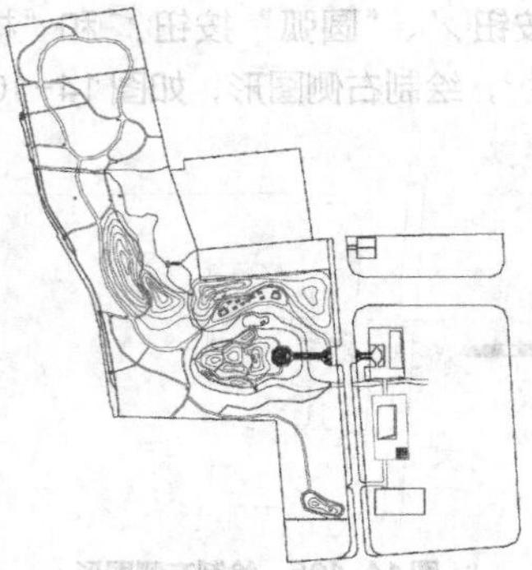

图 14-116　绘制其他位置的小矩形

14.1.7　绘制河道

使用“直线”“样条曲线拟合”命令细化河A和河B。

（1）单击“默认”选项卡“绘图”面板中的“直线”按钮和“样条曲线拟合”按钮，绘制河A，如图14-117所示。

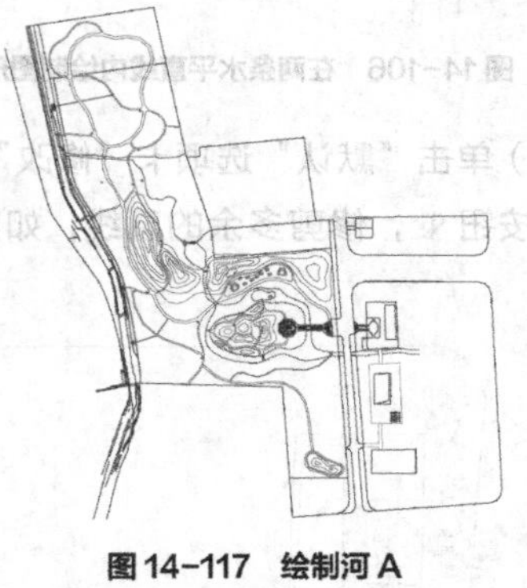

图 14-117　绘制河 A

（2）利用二维绘图和“修改”命令细化河A，如图14-118所示。

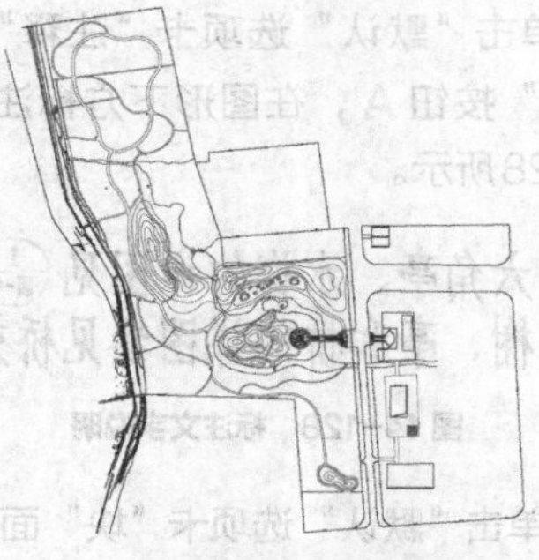

图14-118 细化河A

（3）同理，在右侧绘制河B，这里不赘述，如图14-119所示。

图14-119 绘制河B

14.1.8 标注文字

在标注文字时需要先设置文字样式，然后应用“多行文字”命令标注文字为了便于看懂园林设计图，我们采用插入块的方式插入指北针图块。

（1）单击“默认”选项卡“注释”面板中的“文字样式”按钮，弹出“文字样式”对话框，如图14-120所示，然后设置字体与高度。

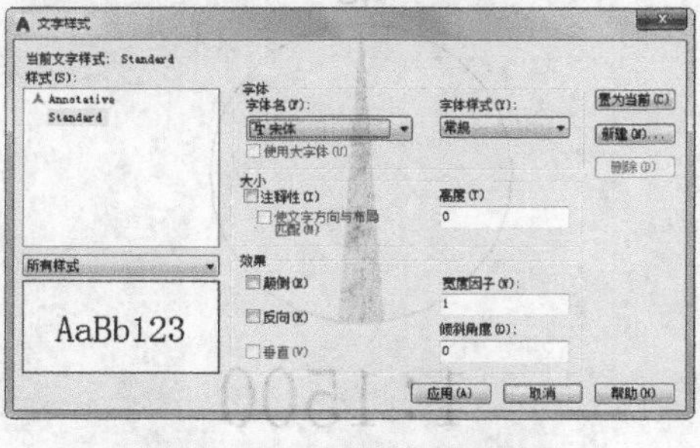

图14-120 “文字样式”对话框

（2）将“文字”图层设置为当前图层，单击“默认”选项卡“绘图”面板中的“直线”按钮，在桃采摘区引出直线，如图14-121所示。

图14-121 引出直线

（3）单击“默认”选项卡“绘图”面板中的“圆”按钮，在直线处绘制圆，如图14-122所示。

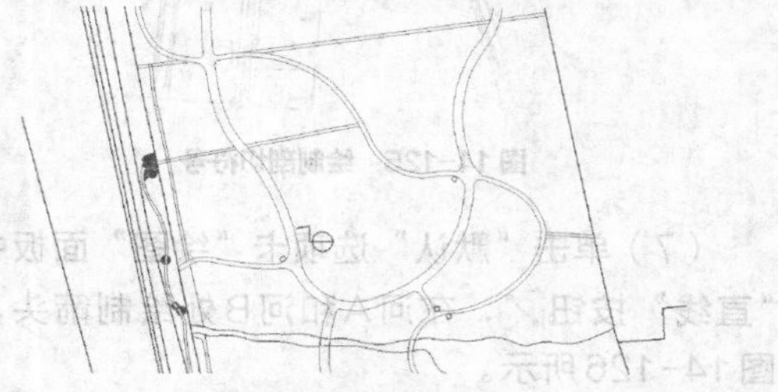

图14-122 绘制圆

（4）单击“默认”选项卡“注释”面板中的“多行文字”按钮A，在圆内输入数字和文字，如图14-123所示。

图14-123 输入数字和文字

（5）同理，单击“默认”选项卡“注释”面板中的“多行文字”按钮A，在图中其他位置标注文字，如图14-124所示。

图14-124 标注文字

（6）单击“默认”选项卡“绘图”面板中的“直线”按钮和“多行文字”按钮A，绘制剖切符号，如图14-125所示。

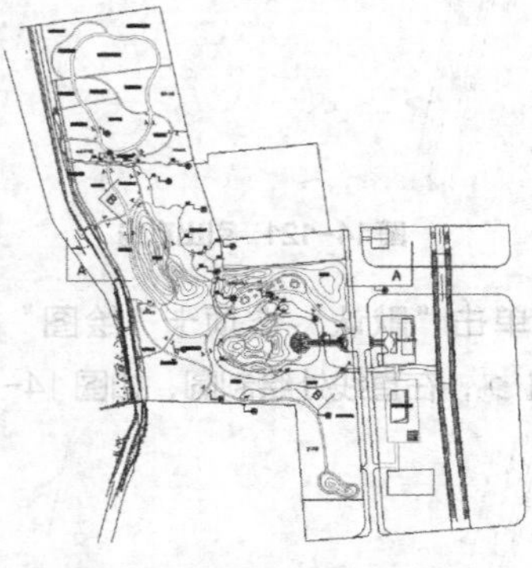

图14-125 绘制剖切符号

（7）单击“默认”选项卡“绘图”面板中的“直线”按钮，在河A和河B处绘制箭头，如图14-126所示。

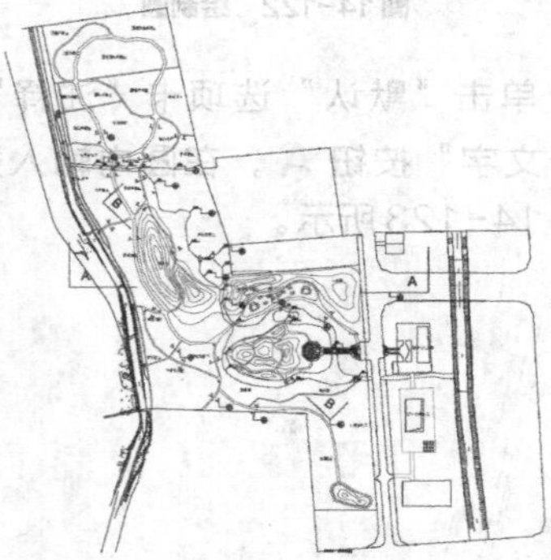

图14-126 绘制箭头

（8）单击“默认”选项卡“注释”面板中的“多行文字”按钮A，标注剩余文字，如图14-127所示。

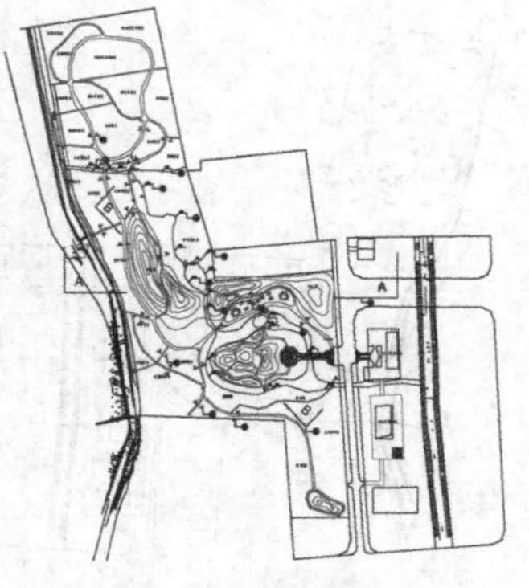

图14-127 标注剩余文字

（9）单击“默认”选项卡“注释”面板中的“多行文字”按钮A，在图形下方标注文字说明，如图14-128所示。

备注：六角亭、水榭的详图见(1/图-4)(2/图-4)，其他水榭、亭和桥的详图参见桥效果图。

图14-128 标注文字说明

（10）单击“默认”选项卡“块”面板中的“插入”按钮，将指北针1插入图中右上角，如图14-129所示。

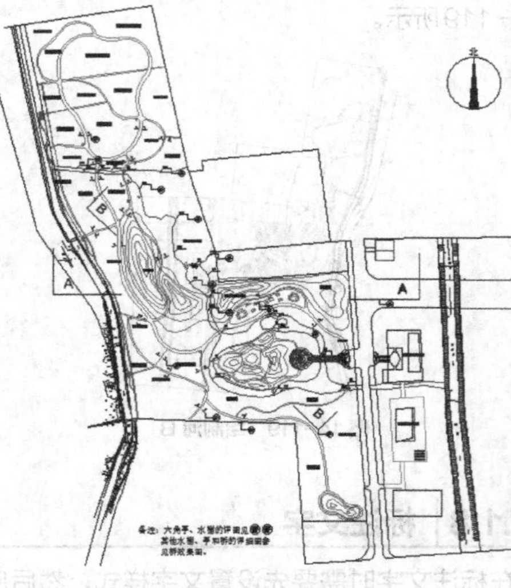

图14-129 插入指北针1

（11）单击“默认”选项卡“注释”面板中的“多行文字”按钮A，在指北针下方输入比例1:1500，如图14-130所示。

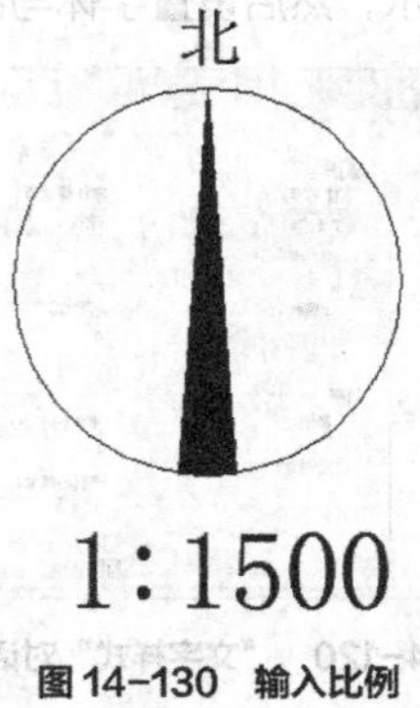

图14-130 输入比例

（12）单击“默认”选项卡“块”面板中的“插入”按钮，将“源文件”中的“图框”插入图中，并调整布局大小，然后输入图名，如图 14-1 所示。竖向设计图的绘制方法与索引图的类似，这里不赘述，如图 14-131 所示。

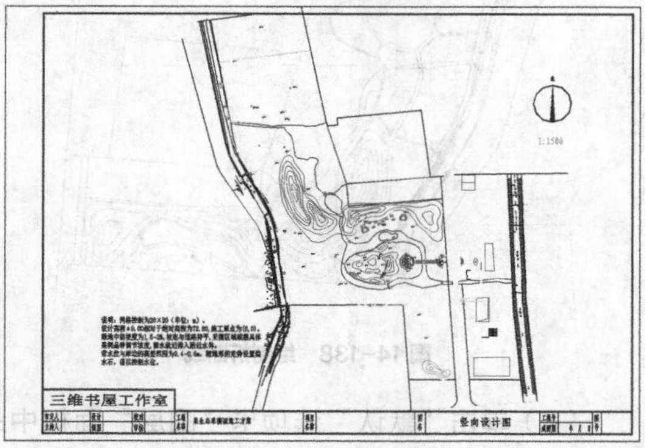

图 14-131 竖向设计图

使用二维绘图命令绘制竖向断面图，这里不赘述，如图 14-132 所示。

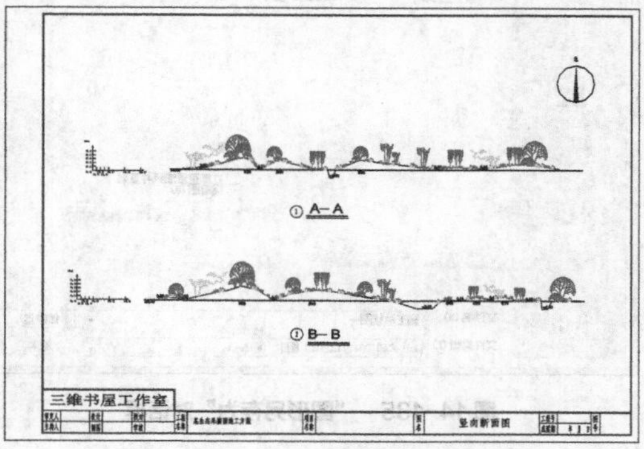

图 14-132 绘制竖向断面图

14.2 施工放线图

14.2.1 施工放线图一

本节绘制图 14-133 所示的施工放线图一。

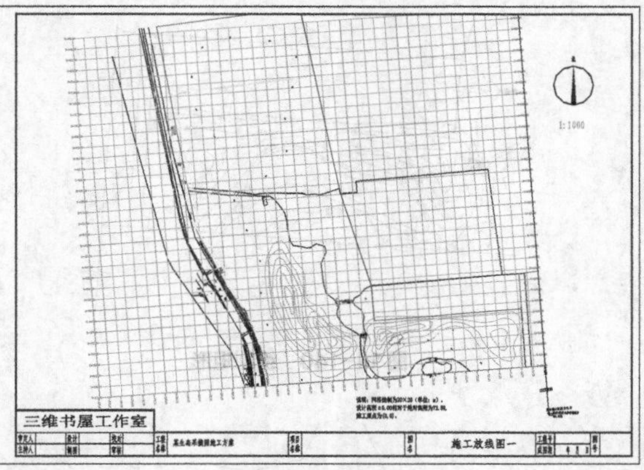

图 14-133 施工放线图一

（1）打开AutoCAD 2020应用程序，单击“快速访问”工具栏中的“打开”按钮，弹出“选择文件”对话框，选择图形文件“索引图.dwg”，如图 14-134 所示。

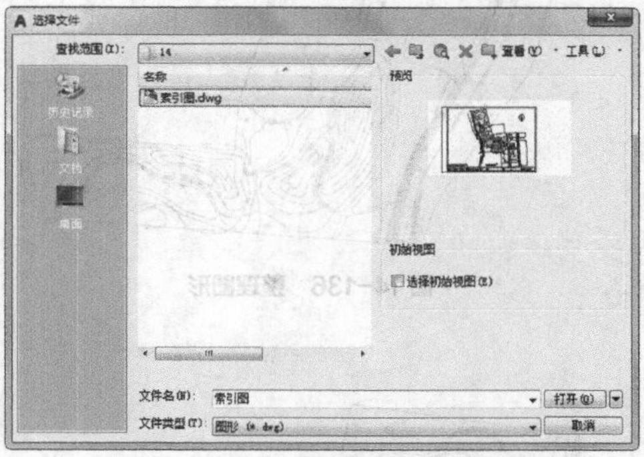

图 14-134 “选择文件”对话框

（2）单击“快速访问”工具栏中的“另存为”按钮，弹出“图形另存为”对话框，将文件命名为“施工放线图一”并保存为.dwg文件，如图 14-135 所示。

（3）单击“默认”选项卡“修改”面板中的“删除”按钮和“修剪”按钮，删除部分图形，整理图形，如图 14-136 所示。

（4）单击“默认”选项卡“块”面板中的“插入”按钮，将“源文件\图库”中的“石块1”“石块2”“石块3”插入图中，如图 14-137 所示。

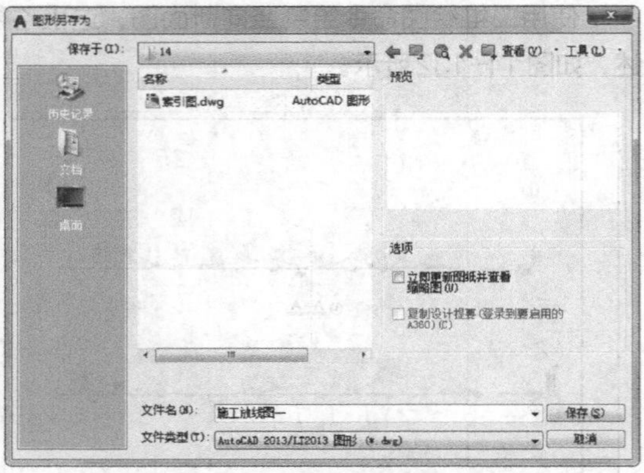

图 14-135 “图形另存为”对话框

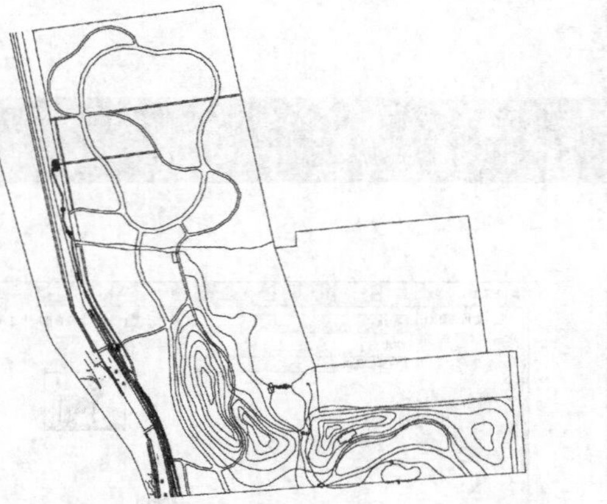

图 14-136 整理图形

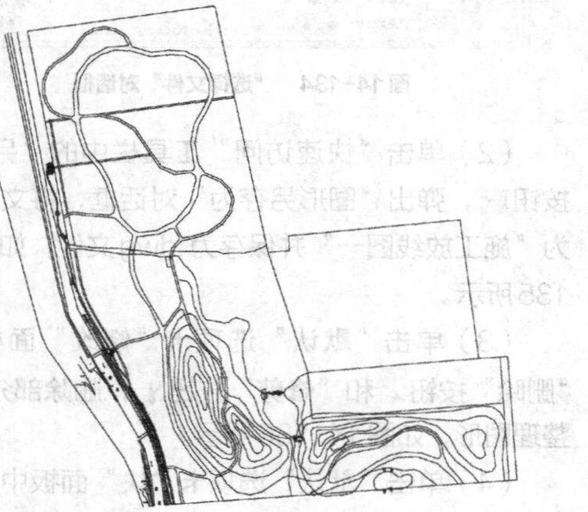

图 14-137 插入石块

（5）单击“默认”选项卡“绘图”面板中的“直线”按钮，绘制折断线，如图14-138所示。

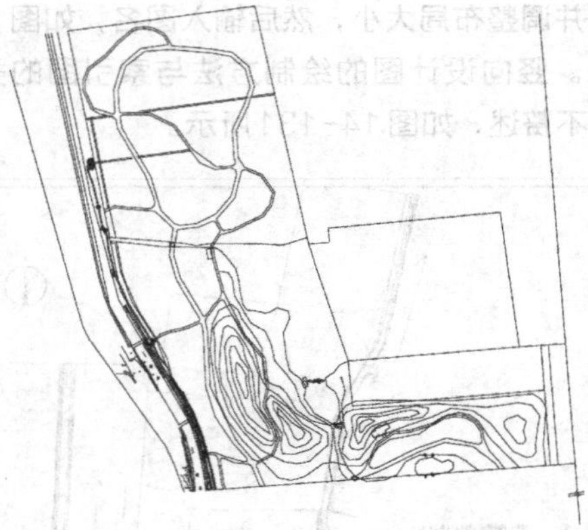

图 14-138 绘制折断线

（6）单击“默认”选项卡“图层”面板中的“图层特性”按钮，弹出“图层特性管理器”对话框。新建“雨水口”图层，并将其设置为当前图层，如图14-139所示。

✔ 雨水口 | 💡 ☼ 🔓 ■白 Continuous —— 默认 0

图 14-139 “雨水口”图层参数

（7）单击“默认”选项卡“绘图”面板中的“矩形”按钮，绘制矩形，如图14-140所示。矩形放大图如图14-141所示。

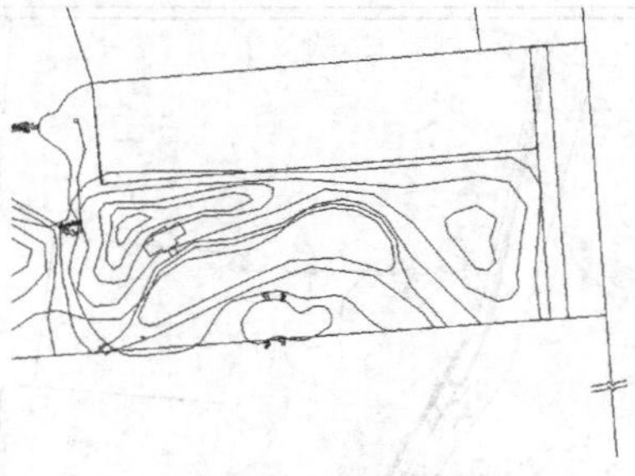

图 14-140 绘制矩形

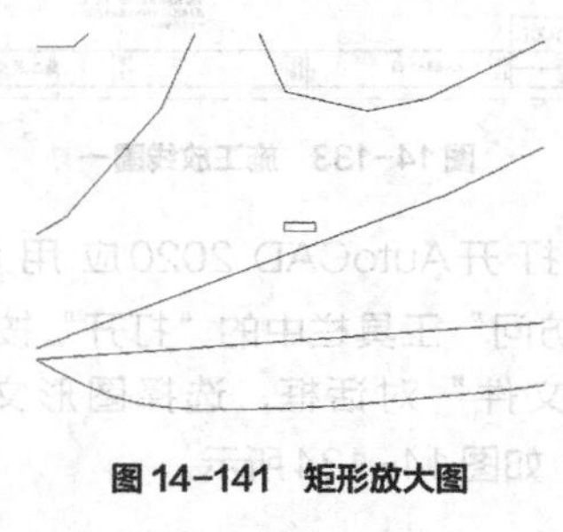

图 14-141 矩形放大图

（8）单击“默认”选项卡“绘图”面板中的“直线”按钮，在矩形内绘制直线，如图14-142所示。

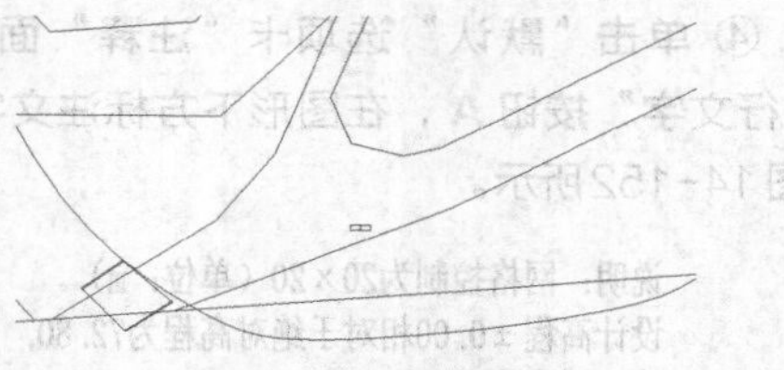

图 14-142 绘制直线

（9）单击“默认”选项卡“绘图”面板中的“图案填充”按钮▨，选择“图案填充创建”选项卡。填充矩形内部分图形，完成雨水口的绘制，如图 14-143 所示。

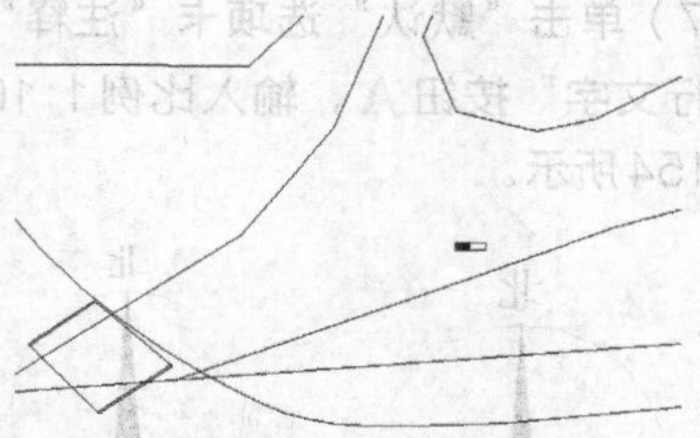

图 14-143 绘制雨水口

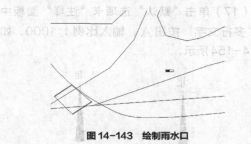

（10）单击“默认”选项卡“修改”面板中的“旋转”按钮 ↻，将雨水口旋转到合适的角度放置，如图 14-144 所示。

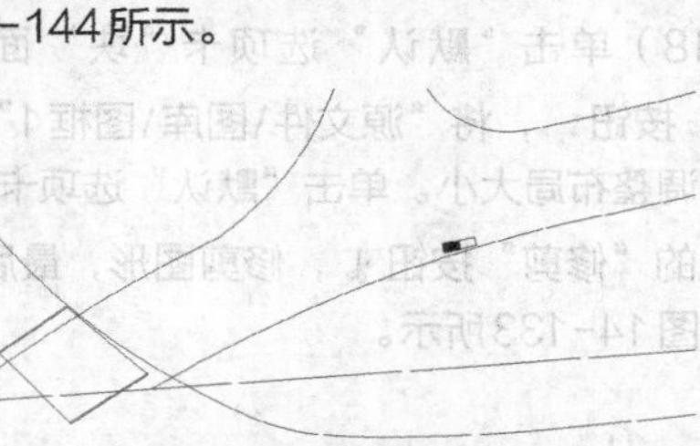

图 14-144 旋转雨水口

（11）同理，绘制其他雨水口，如图 14-145 所示。

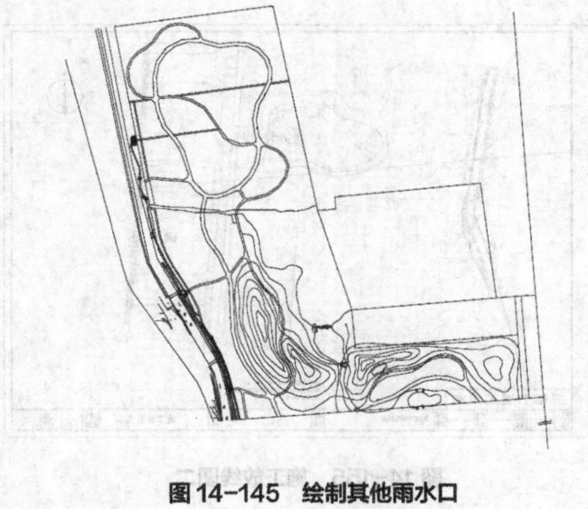

图 14-145 绘制其他雨水口

（12）单击“默认”选项卡“绘图”面板中的“直线”按钮╱，在合适的位置绘制一条水平斜线和一条竖直斜线，如图 14-146 所示。

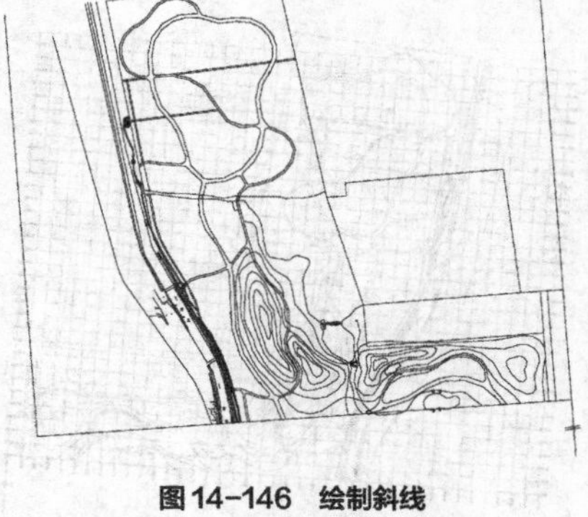

图 14-146 绘制斜线

（13）单击“默认”选项卡“修改”面板中的“偏移”按钮 ⊆，依次向右偏移竖直斜线，偏移间距为 20，如图 14-147 所示。

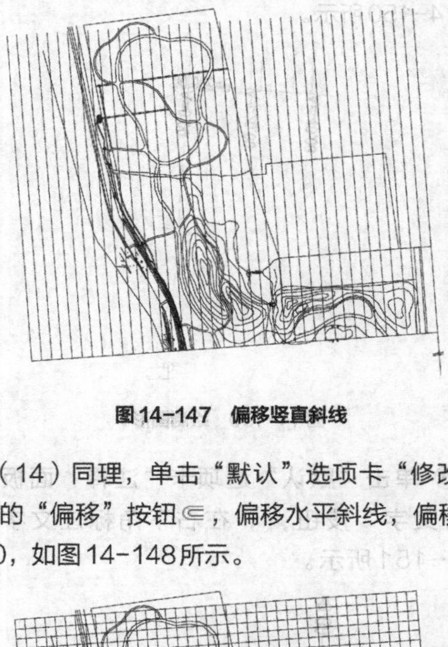

图 14-147 偏移竖直斜线

（14）同理，单击“默认”选项卡“修改”面板中的“偏移”按钮 ⊆，偏移水平斜线，偏移间距为 20，如图 14-148 所示。

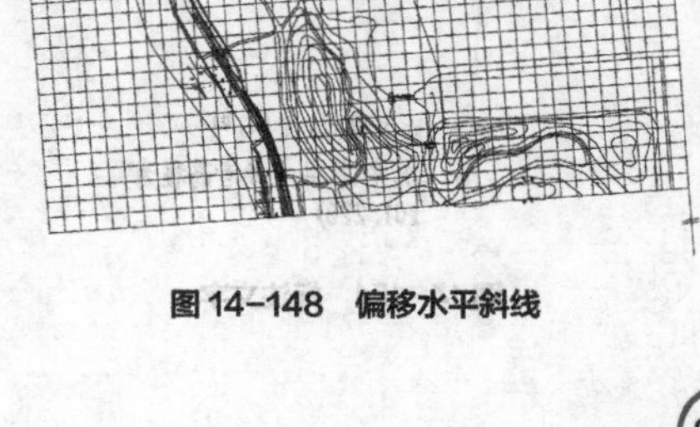

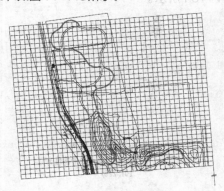

图 14-148 偏移水平斜线

（15）标注文字。

① 单击“默认”选项卡“注释”面板中的“多行文字”按钮 A，标注网格的坐标，如图 14-149 所示。

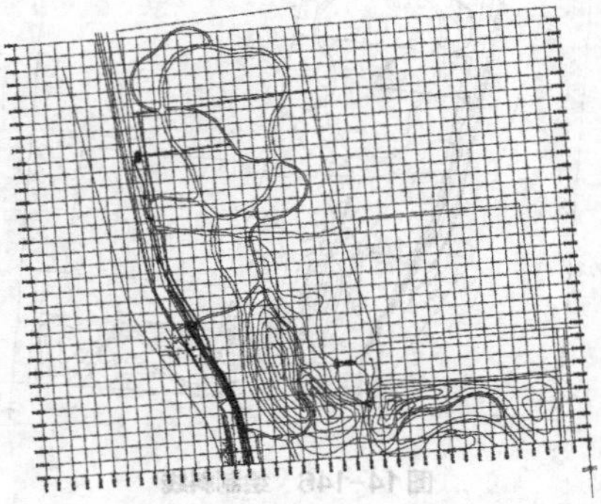

图 14-149　标注网格的坐标

② 单击“默认”选项卡“绘图”面板中的“直线”按钮和“圆”按钮，在右下角绘制图形，如图 14-150 所示。

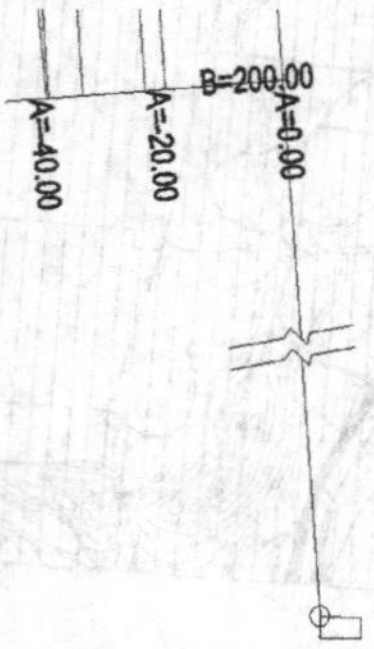

图 14-150　绘制图形

③ 单击“默认”选项卡“注释”面板中的“多行文字”按钮 A，在右下角标注文字，如图 14-151 所示。

图 14-151　标注文字

④ 单击“默认”选项卡“注释”面板中的“多行文字”按钮 A，在图形下方标注文字说明，如图 14-152 所示。

说明：网格控制为20×20（单位：m）。
设计高程 ±0.00相对于绝对高程为72.80，
施工原点为(0,0)。

图 14-152　标注文字说明

（16）单击“默认”选项卡“块”面板中的“插入”按钮，将指北针 1 插入图中右上角，并调整缩放比例，如图 14-153 所示。

（17）单击“默认”选项卡“注释”面板中的“多行文字”按钮 A，输入比例 1:1000，如图 14-154 所示。

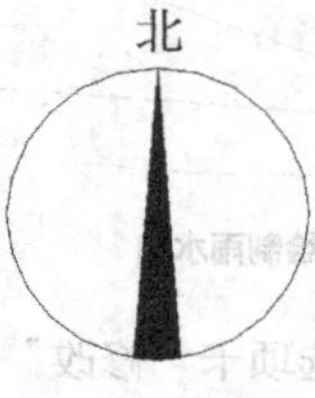

图 14-153　插入指北针 1

图 14-154　输入比例

（18）单击“默认”选项卡“块”面板中的“插入”按钮，将“源文件\图库\图框 1”插入图中，并调整布局大小。单击“默认”选项卡“修改”面板中的“修剪”按钮，修剪图形，最后输入图名，如图 14-133 所示。

14.2.2　施工放线图二

施工放线图二如图 14-155 所示，其绘制方法与施工放线图一的类似，这里不赘述。

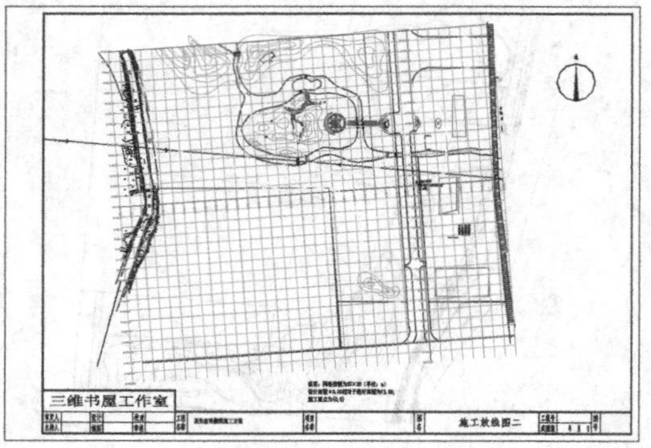

图 14-155　施工放线图二

14.3 植物配置图

本节首先绘制图 14-156 所示的植物配置图一。

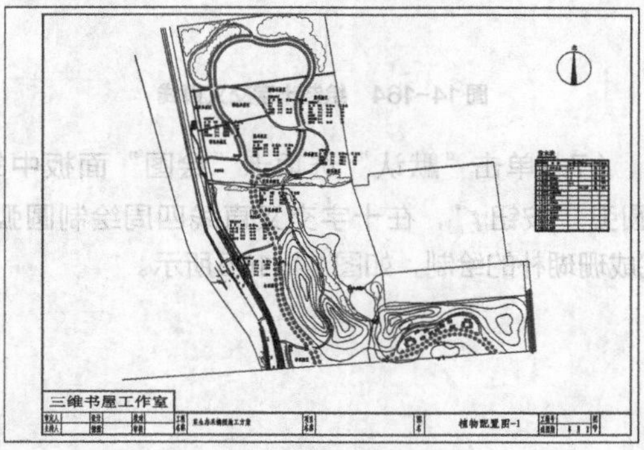

图 14-156 植物配置图一

14.3.1 编辑旧文件

在施工放线图一的基础上绘制植物配置图，只需将相关文件打开后进行整理即可。

（1）单击“快速访问”工具栏中的“打开”按钮，弹出“选择文件”对话框，选择图形文件“施工放线图一.dwg”；或在“文件”下拉菜单最近打开的文档中选择“施工放线图一.dwg”，双击打开文件，将文件命名为“植物配置图一”并保存为.dwg文件，打开后的图形如图14-157所示。

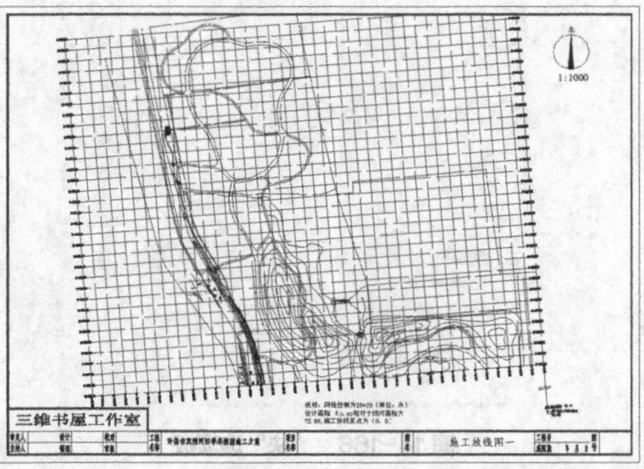

图 14-157 打开“施工放线图一.dwg 文件”

（2）单击“默认”选项卡“修改”面板中的“删除”按钮，删除多余的图和文字并整理，如图14-158所示。

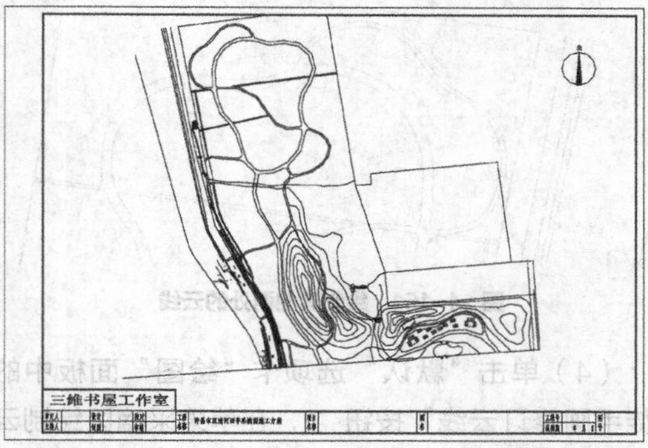

图 14-158 删除多余的图和文字并整理

14.3.2 植物的绘制

植物是园林设计中有生命的元素，在园林中占有十分重要的地位，其多变的姿态和丰富的季相变化使园林充满生机和情趣。植物景观配置成功与否，直接影响环境景观的质量及艺术水平。

（1）单击“默认”选项卡“图层”面板中的“图层特性”按钮，弹出“图层特性管理器”对话框。新建“种植设计”图层，并将其设置为当前图层，其参数如图 14-159 所示。

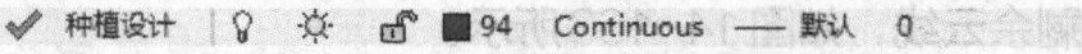

图 14-159 “种植设计”图层参数

（2）单击“默认”选项卡“绘图”面板中的“徒手画修订云线”按钮，在图形顶侧绘制云线，如图 14-160 所示。

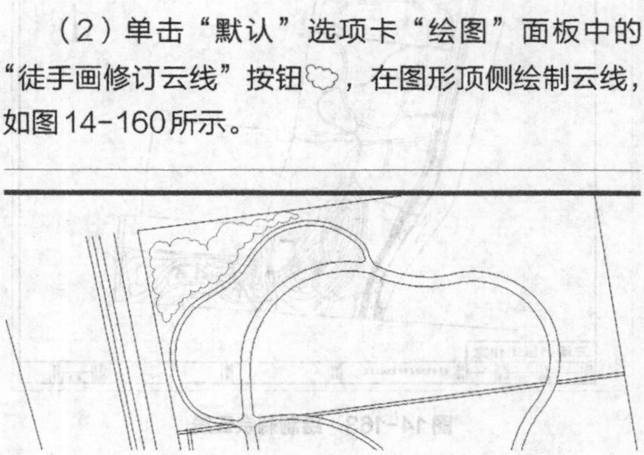

图 14-160 绘制云线

（3）同理，单击“默认”选项卡“绘图”面板中的“徒手画修订云线”按钮，在图中绘制其他两处的云线，如图14-161所示。

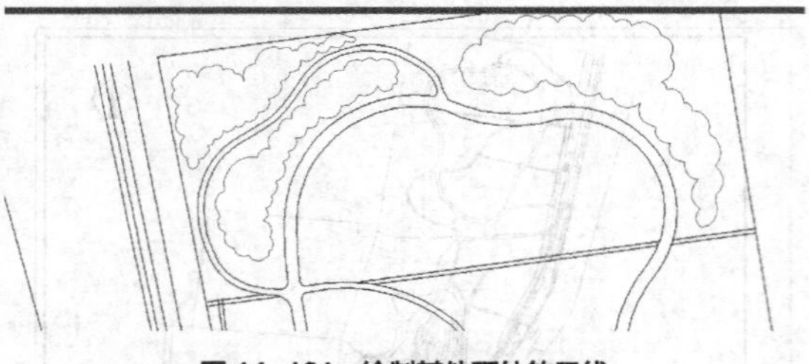

图14-161 绘制其他两处的云线

（4）单击“默认”选项卡“绘图”面板中的“徒手画修订云线”按钮，在苹果采摘区绘制云线，如图14-162所示。

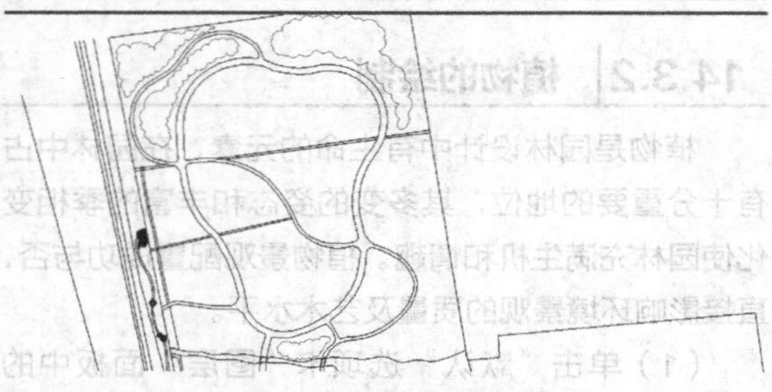

图14-162 绘制云线

（5）同理，单击“默认”选项卡“绘图”面板中的“徒手画修订云线”按钮，在其他区域绘制剩余云线，如图14-163所示。

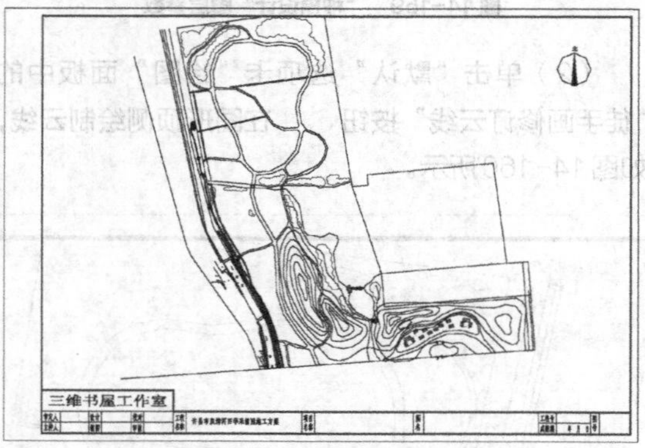

图14-163 绘制剩余云线

（6）单击“默认”选项卡“绘图”面板中的“直线”按钮，绘制十字交叉直线，如图14-164所示。

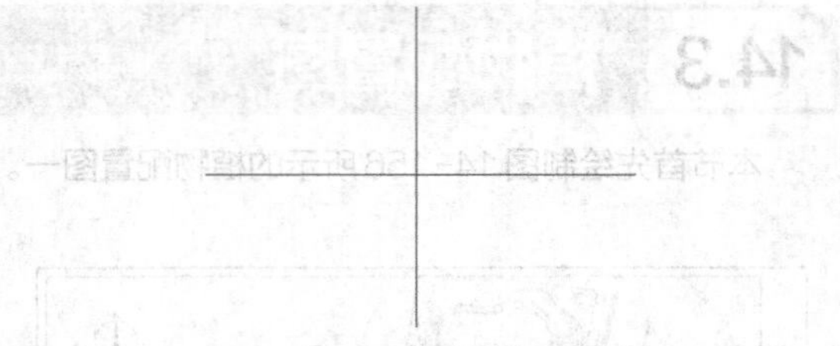

图14-164 绘制十字交叉直线

（7）单击“默认”选项卡“绘图”面板中的“圆弧”按钮，在十字交叉直线四周绘制圆弧，完成珊瑚朴的绘制，如图14-165所示。

图14-165 绘制圆弧

（8）在命令行中输入“WBLOCK”命令，将珊瑚朴创建为块。

（9）单击“默认”选项卡“块”面板中的“插入”按钮，在下拉菜单中选择“其他图形中的块”，打开“块”选项板，如图14-166所示。将珊瑚朴插入图中，如图14-167所示。

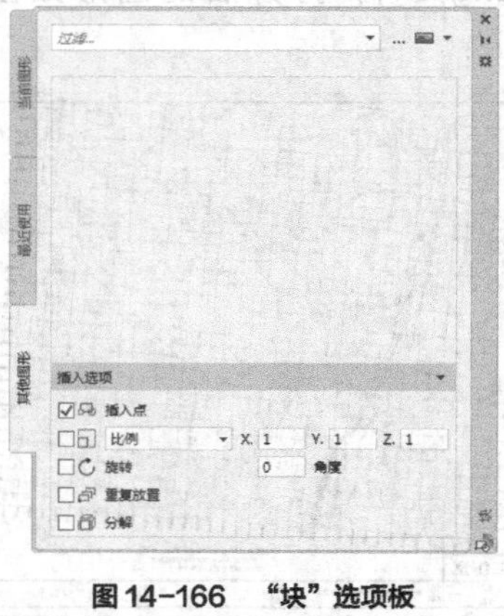

图14-166 “块”选项板

（10）单击“默认”选项卡“修改”面板中的“复制”按钮，将珊瑚朴复制到图中其他位置；然后单击“默认”选项卡“修改”面板中的“旋转”按钮，将复制后的珊瑚朴旋转到合适的角度，如图14-168所示。

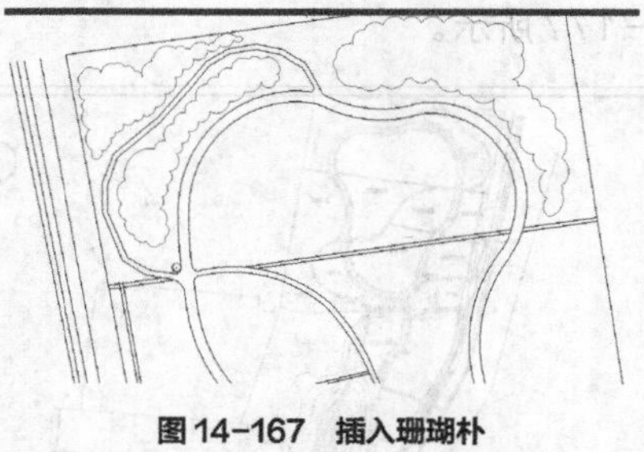

图 14-167 插入珊瑚朴

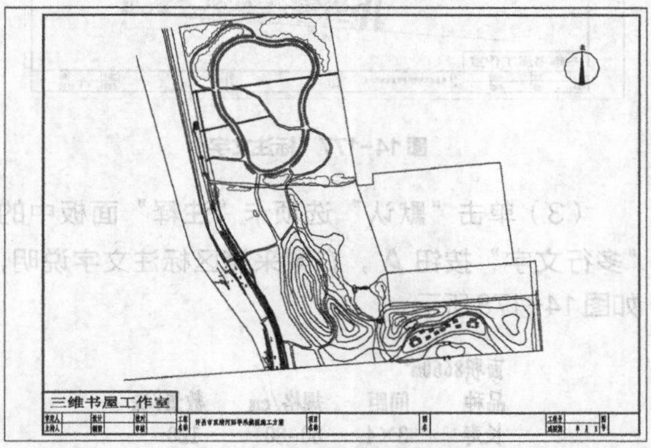

图 14-168 复制和旋转珊瑚朴

（11）单击“默认”选项卡“绘图”面板中的“圆”按钮，绘制圆，如图 14-169 所示。

图 14-169 绘制圆

（12）单击“默认”选项卡“绘图”面板中的“直线”按钮，在圆内绘制直线。然后在命令行中输入“WBLOCK”命令，将其创建为块，完成白蜡的绘制，如图 14-170 所示。

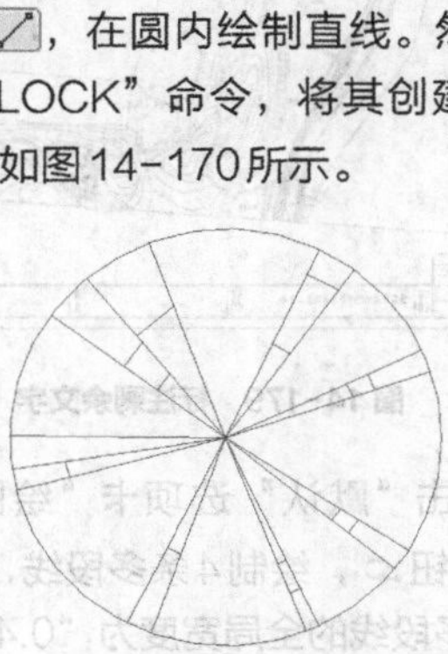

图 14-170 绘制白蜡

（13）单击“默认”选项卡“块”面板中的“插入”按钮，将白蜡插入图中，如图 14-171 所示。

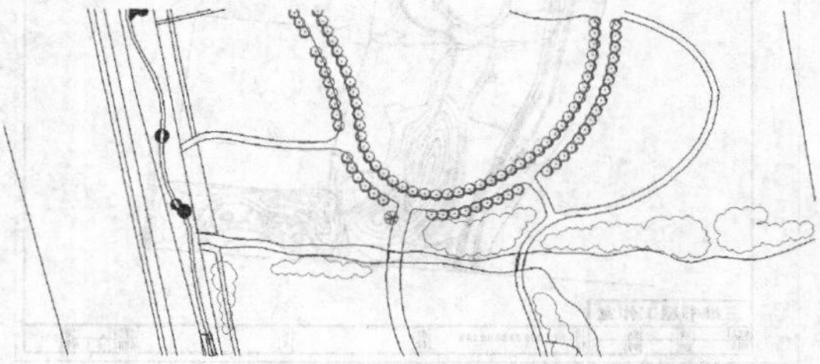

图 14-171 插入白蜡

（14）单击“默认”选项卡“修改”面板中的“复制”按钮，将白蜡复制到图中其他位置，如图 14-172 所示。

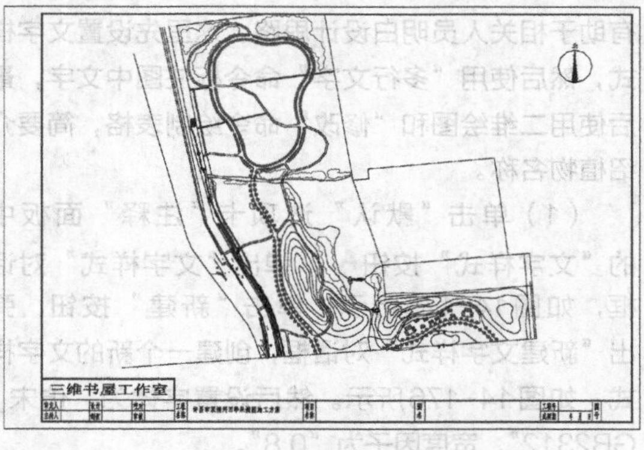

图 14-172 复制白蜡

（15）单击“默认”选项卡“块”面板中的“插入”按钮，将大叶女贞插入图中，如图 14-173 所示。

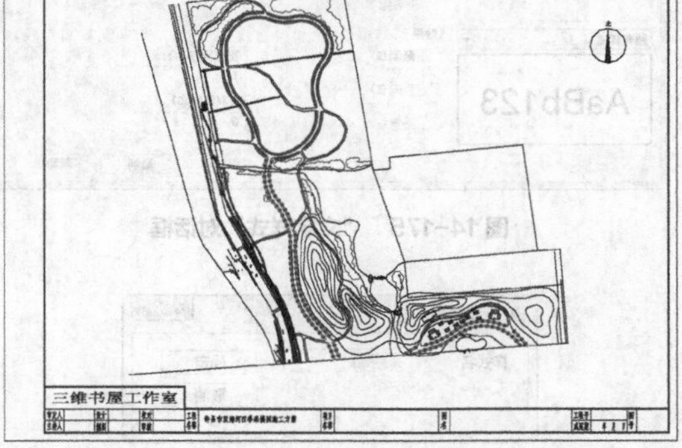

图 14-173 插入大叶女贞

（16）同理，插入其他植物，如图 14-174 所示。

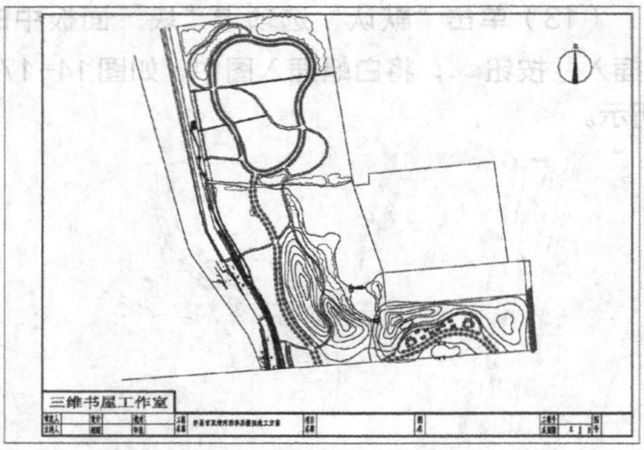

图 14-174 插入其他植物

14.3.3 标注文字

标注文字是复杂图形中不可缺少的部分，它有助于相关人员明白设计思路。这里先设置文字样式，然后使用“多行文字”命令标注图中文字，最后使用二维绘图和“修改”命令绘制表格，简要介绍植物名称。

（1）单击“默认”选项卡“注释”面板中的“文字样式”按钮，弹出“文字样式”对话框，如图14-175所示。单击“新建”按钮，弹出“新建文字样式”对话框，创建一个新的文字样式，如图14-176所示。然后设置字体为“仿宋_GB2312”，宽度因子为“0.8”。

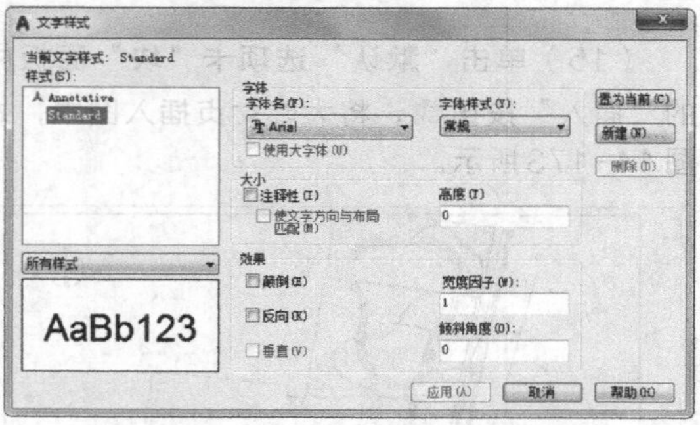

图 14-175 “文字样式”对话框

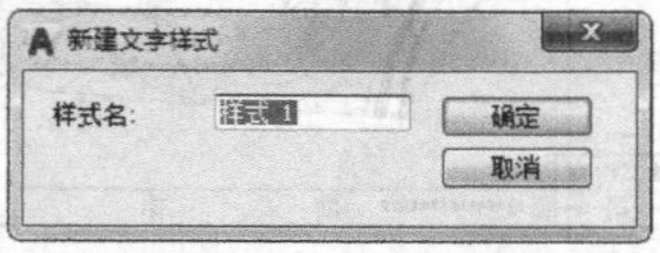

图 14-176 “新建文字样式”对话框

（2）单击“默认”选项卡“注释”面板中的“多行文字”按钮A，为图形标注文字，如图14-177所示。

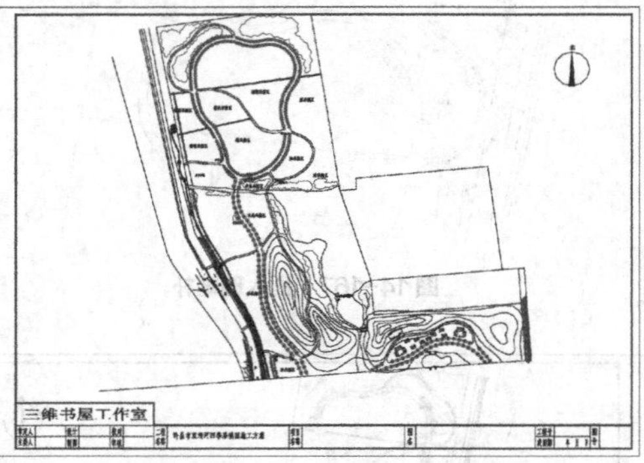

图 14-177 标注文字

（3）单击“默认”选项卡“注释”面板中的“多行文字”按钮A，在梨采摘区标注文字说明，如图14-178所示。

面积8660m²

品种	间距	规格/cm	数量/株
长寿	3×4	60~80	120
若光	3×4	60~80	120
红太阳	3×4	60~80	120
哈密黄梨	3×4	60~80	120
黄金梨	3×4	60~80	120

图 14-178 标注文字说明

（4）同理，单击“默认”选项卡“注释”面板中的“多行文字”按钮A，标注剩余文字，如图14-179所示。

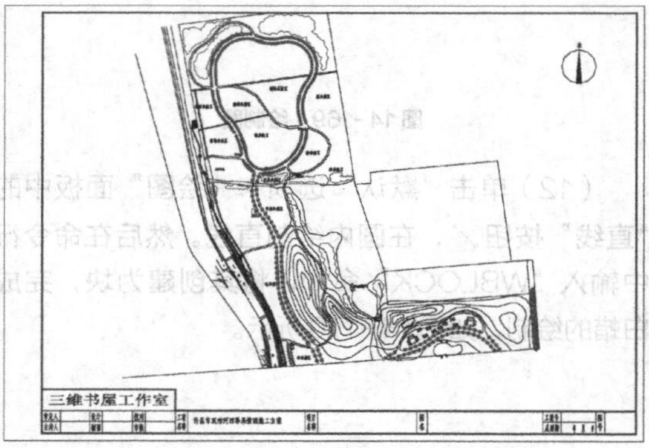

图 14-179 标注剩余文字

（5）单击“默认”选项卡“绘图”面板中的“多段线”按钮，绘制4条多段线，如图14-180所示。设置多段线的全局宽度为“0.42”，水平边长为“133”，竖直边长为“135”。

图14-180 绘制4条多段线

（6）单击“默认”选项卡“修改”面板中的“偏移”按钮⊆，将4条多段线分别向外偏移1.65；然后单击“默认”选项卡“修改”面板中的“分解”按钮，将偏移后的多段线分解，如图14-181所示。

图14-181 偏移和分解多段线

（7）单击“默认”选项卡“修改”面板中的“偏移”按钮⊆，将上侧水平多段线依次向下偏移，偏移距离为5.1，并对偏移后的多段线进行分解，删除多余的直线。继续将偏移后的多段线向下偏移，每次偏移均以偏移后的多段线为要偏移的对象，偏移值为5.1、9.6、9.6、9.6、9.6、9.6、9.6、9.6、9.6、9.6、9.6、9.6、9.6和9.6。同理，将左侧竖直多段线依次向右偏移和分解，偏移值为10.5，继续偏移，每次偏移均以偏移后的竖直多段线为要偏移的对象，偏移值为10.5、38、19、25、14和16，如图14-182所示。

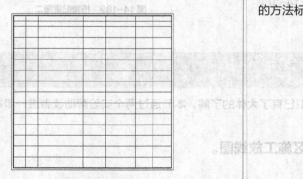

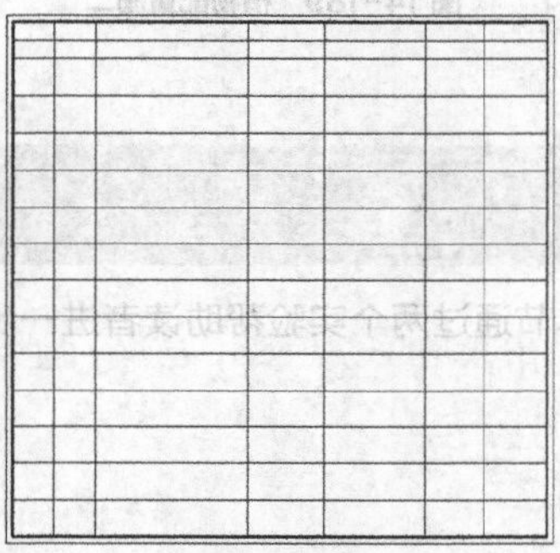

图14-182 偏移直线

（8）单击“默认”选项卡“修改”面板中的“修剪”按钮，修剪多余的直线，如图14-183所示。

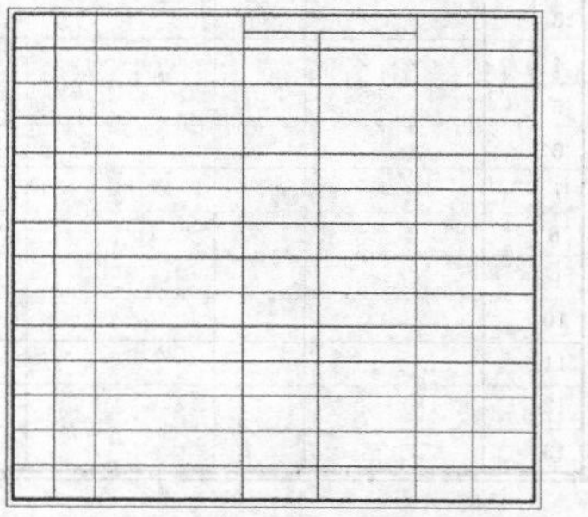

图14-183 修剪多余的直线

（9）单击“默认”选项卡“注释”面板中的“多行文字”按钮A，在第一行中输入标题，如图14-184所示。

图14-184 输入标题

（10）单击“默认”选项卡“修改”面板中的“复制”按钮，将第一行第一列的文字依次向下复制，如图14-185所示。双击文字，修改文字内容，如图14-186所示，以便统一文字样式，采用相同的方法标注剩余文字。

图14-185 复制文字

序号	图例	名 称	规格 cm 胸 径	高 度	单位	数量
1						
2						
3						
4						
5						
6						
7						
8						
9						
10						
11						
12						
13						

图 14-186 修改文字内容

（11）单击“默认”选项卡“修改”面板中的“复制”按钮，在种植图中选择各个植物图例，复制到表内，如图 14-187 所示。

图 14-187 复制植物图例

（12）同理，单击“默认”选项卡“注释”面板中的“多行文字”按钮 A 和“修改”面板中的“复制”按钮，在各个标题下输入相应的内容，并标注名称，最终完成苗木表的绘制，如图 14-188 所示。

（13）单击“默认”选项卡“注释”面板中的“多行文字”按钮 A，在图框内输入图名，最终完成植物配置图一的绘制，如图 14-156 所示。

苗木表

序号	图例	名 称	规格/cm 胸 径	高 度	单位	数量
1		大叶女贞	4~6		株	165
2		白蜡	6		株	165
3		珊瑚朴	6		株	281
4		黄山栾	4~6		株	234
5		海桐球		80~120	株	234
6		金枝国槐				
7		碧桃				
8		凤尾兰				
9		大叶黄杨				
10		紫叶李				
11		金银木				
12		圆柏				
13		栾树				

图 14-188 绘制苗木表

14.3.4 植物配置图二

植物配置图二如图 14-189 所示，其绘制方法与植物配置图一的类似，这里不赘述。

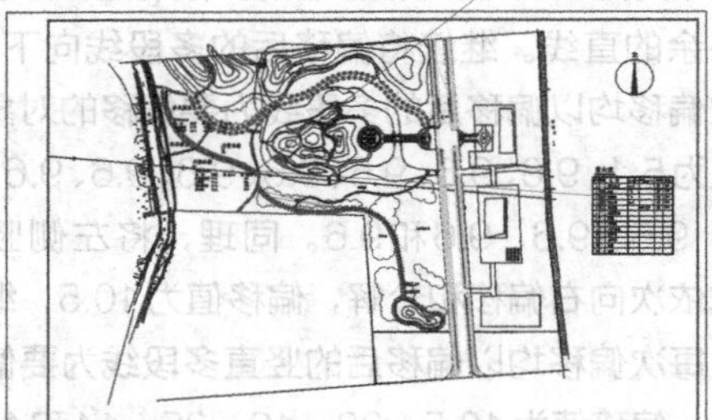

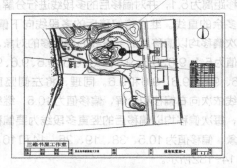

图 14-189 植物配置图二

14.4 上机实验

通过前面的学习，相信读者对本章知识已有了大体的了解。本节通过两个实验帮助读者进一步掌握本章知识要点。

【实验 1】绘制某学院景观绿化 A 区施工放线图。

1. 目的要求

希望读者通过本实验熟悉和掌握学院类景观绿化 A 区施工放线图的绘制方法，如图 14-190 所示。

2. 操作提示

（1）绘图前准备及绘图设置。

（2）绘制辅助线和道路。

（3）绘制园林设施和广场。

（4）绘制指北针。

（5）植物配置。

（6）绘制网格。

（7）标注坐标点。

（8）标注文字。

【实验 2】绘制某学院景观绿化 B 区施工放线图。

1. 目的要求

希望读者通过本实验熟悉和掌握学院类景观绿化B区施工放线图的绘制方法，如图14-191所示。

2. 操作提示

（1）绘图前准备及绘图设置。

（2）绘制辅助线和道路。

（3）绘制园林设施。

（4）绘制指北针。

（5）植物配置。

（6）绘制网格。

（7）标注坐标点。

（8）标注文字。

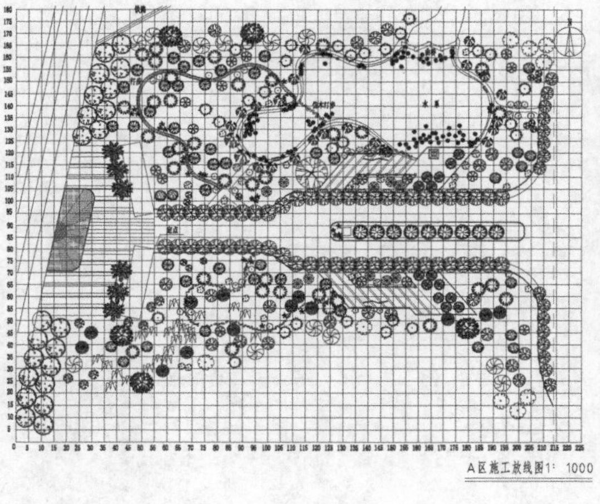

图 14-190 A 区施工放线图

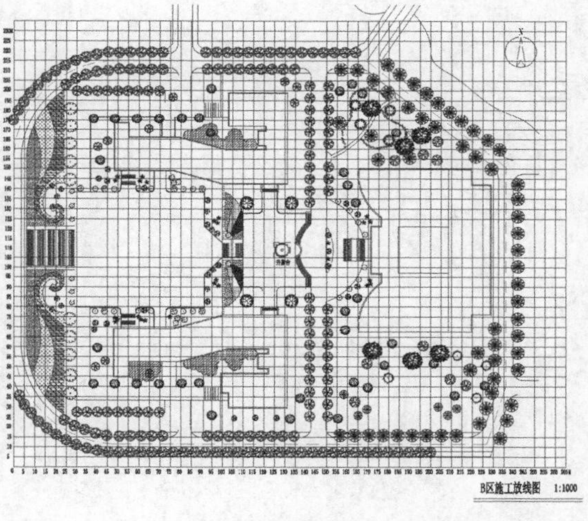

图 14-191 B 区施工放线图

第 4 篇　校园园林设计

本篇导读

校园是典型的大型公共场所，也是典型的园林。校园的绿化本着服务师生为主的原则，力求打造景色宜人、愉悦、舒适的环境，为师生以及其他职工提供学习知识、交流思想、启发智力、表达感情、休闲娱乐的人性化空间。

校园的绿化应充分挖掘校园环境特色和文化内涵，体现学院景观的文化特色，起到寓教于游的作用，陶冶师生的情操，培养健康向上的人生态度。

本篇将以某学院为例讲述校园园林设计的相关思路和方法。

内容要点

- 第 15 章　某学院园林建筑
- 第 16 章　某学院园林小品
- 第 17 章　某学院景观绿化平面图
- 第 18 章　某学院景观绿化种植图
- 第 19 章　某学院景观绿化施工图

第15章 某学院园林建筑

校园是育人的地方，具有特定的精神，而景观元素正是表达这种积极向上、富有朝气和带有启迪性环境氛围的素材，创造人文与自然相结合的环境是校园休闲绿地设计的目标。校园建筑设计通过在建筑上应用现代材料、建筑造型等的现代化设计，体现时代特色和校园文化的精髓。

本章将讲解某学院园林建筑的基本设计思路和方法。

知识点

- 仿木桥
- 文化墙

15.1 仿木桥

仿木桥是以钢筋混凝土为主要原料，添加其他轻骨材料凝合而成的，具有色泽鲜明、纹理逼真，坚固、耐用，免维护，防偷盗等优点，与自然生态环境搭配起来非常和谐。仿木景观产品既具备园林绿化设施或户外休闲用品的实用功能，又能够美化环境，深得用户喜爱。

园林中的桥既拥有交通连接的功能，又兼具赏景、造景的作用，如拙政园的折桥和“小飞虹”，颐和园中的“十七孔桥”和西堤上的6座形式各异的桥，网师园的小石桥等。在规划全园时，应以园桥所处的环境和所起的作用为设计园桥的依据。一般在园林中，多选择两岸较狭窄处，或湖岸与湖岛之间，或两岛之间架桥。桥的形式多种多样，如拱桥、折桥、亭桥、廊桥、假山桥、索桥、独木桥、吊桥等，前几类多以造景为主，连接交通时以平桥居多。就材质而言，有木桥、石桥、混凝土桥等之分。在设计时应根据具体情况选择适宜的形式和材料。

15.1.1 仿木桥平面图

本节绘制图15-1所示的仿木桥平面图。

1. 绘制仿木桥平面图

（1）单击“默认”选项卡“图层”面板中的“图层特性”按钮，弹出“图层特性管理器”对话框。新建“轴线”“仿木桥”图层，如图15-2所示。

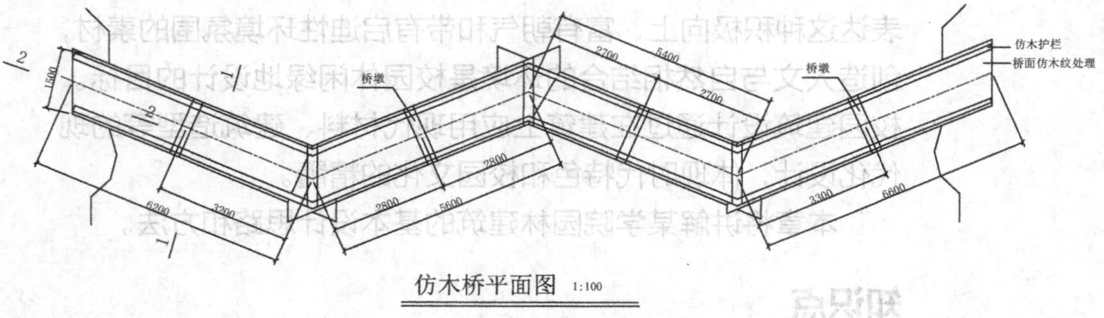

图15-1 仿木桥平面图

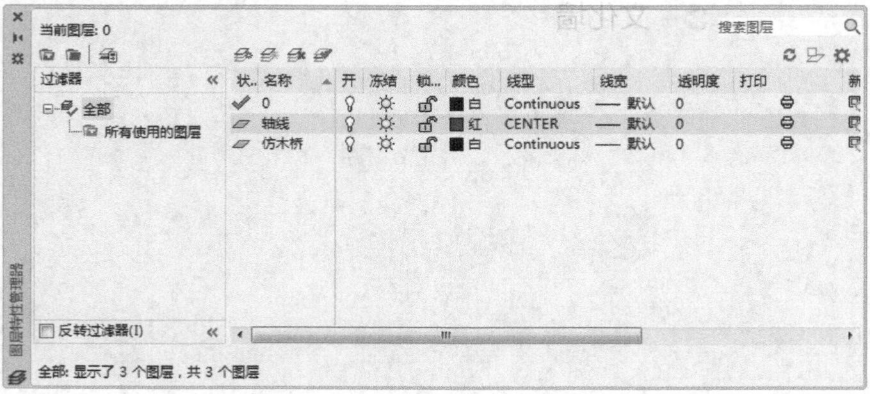

图15-2 新建图层

（2）将“轴线”图层设置为当前图层，单击“默认”选项卡“绘图”面板中的“直线”按钮和“修改”面板中的“旋转”按钮，绘制与水平地面夹角为23°的轴线，如图15-3所示。

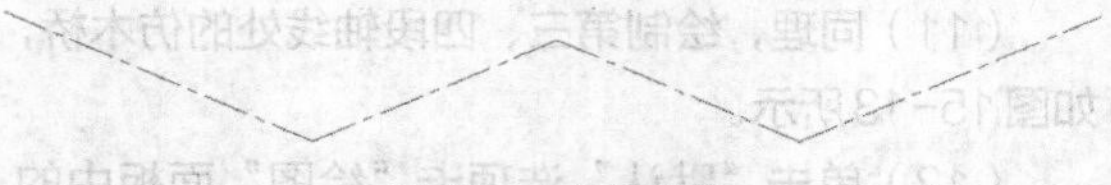

图 15-3 绘制轴线

（3）将“仿木桥”图层设置为当前图层，单击“默认”选项卡“修改”面板中的“偏移”按钮 ，将最左侧轴线分别向两侧偏移7500，并将线型修改为“Continuous”，如图15-4所示。偏移后的直线，如图15-5所示。

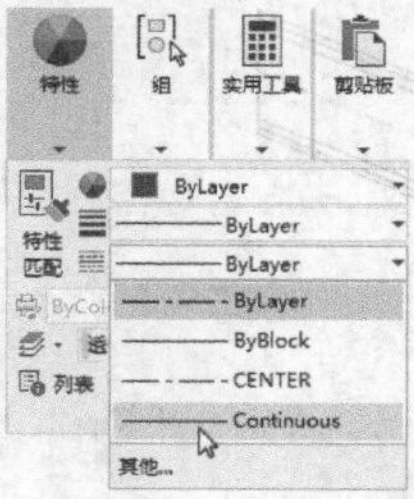

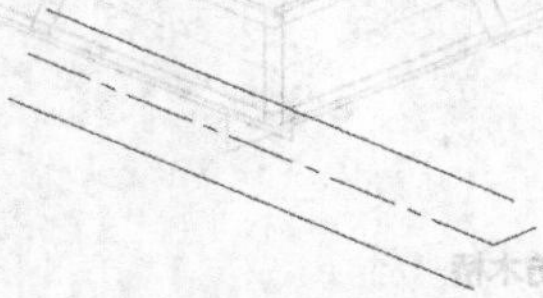

图 15-4 修改线型　　　　图 15-5 偏移后的直线

（4）单击“默认”选项卡“绘图”面板中的“直线”按钮 ，在左侧轴线右端点处绘制一条竖直直线，如图15-6所示。

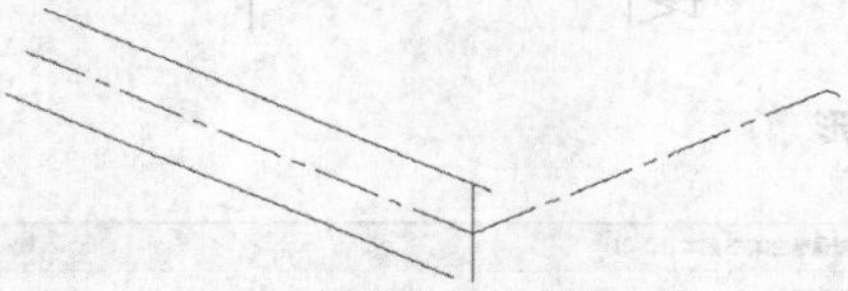

图 15-6 绘制竖直直线

（5）单击“默认”选项卡“修改”面板中的“偏移”按钮 ，将步骤（4）中绘制的直线向两侧偏移，并将偏移后的直线线型修改为“ACAD_ISO02W100”，如图15-7所示。

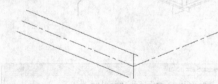

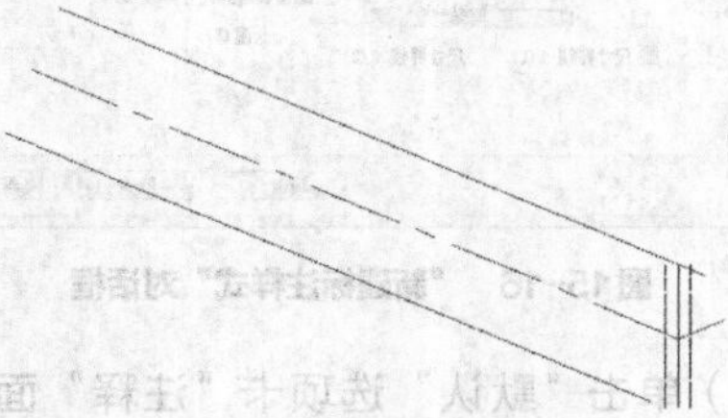

图 15-7 偏移直线

（6）单击“默认”选项卡“绘图”面板中的“直线”按钮 和“修改”面板中的“修剪”按钮 ，绘制仿木护栏，如图15-8所示。

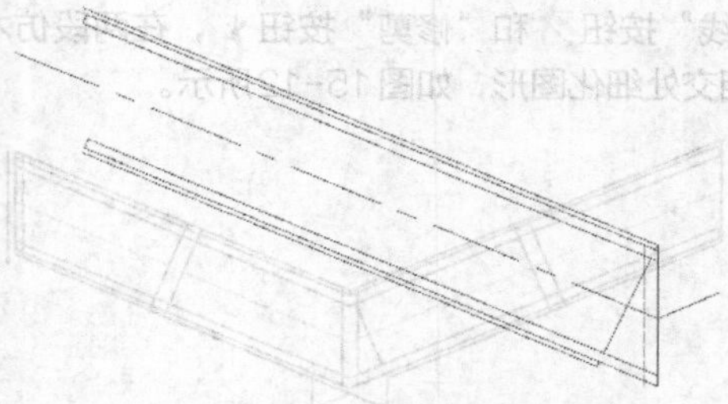

图 15-8 绘制仿木护栏

（7）单击“默认”选项卡“绘图”面板中的“直线”按钮 ，在图形左侧绘制封闭端口，如图15-9所示。

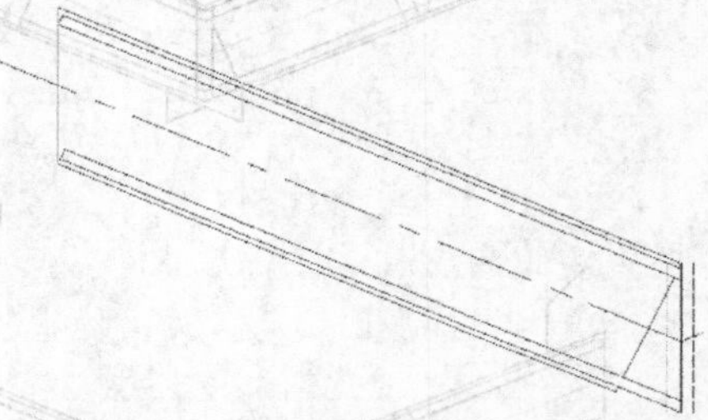

图 15-9 绘制封闭端口

（8）单击“默认”选项卡“绘图”面板中的“直线”按钮 ，绘制桥墩，如图15-10所示。

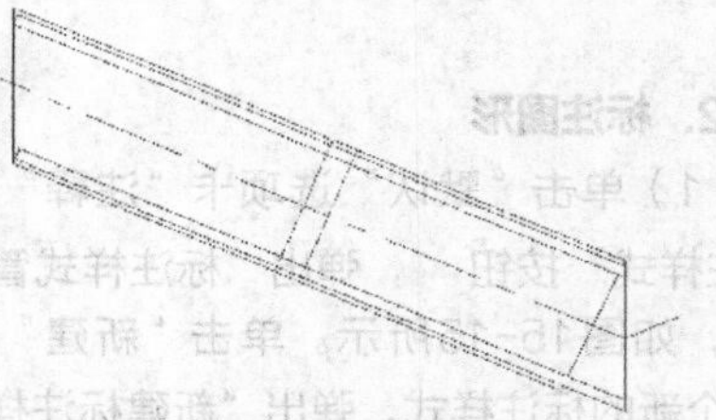

图 15-10 绘制桥墩

（9）同理，单击“默认”选项卡“绘图”面板中的“直线”按钮 和“修改”面板中的“修剪”按钮 ，在第二段轴线处继续绘制仿木桥，并删除多余的直线，如图15-11所示。

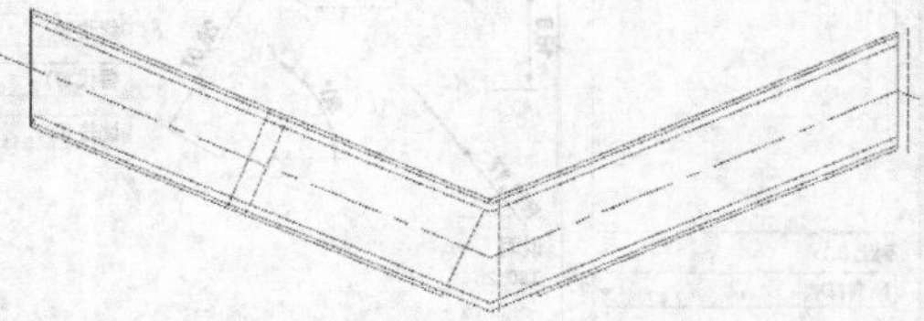

图 15-11 绘制仿木桥

（10）单击“默认”选项卡“绘图”面板中的

“直线”按钮和“修剪”按钮，在两段仿木桥的相交处细化图形，如图15-12所示。

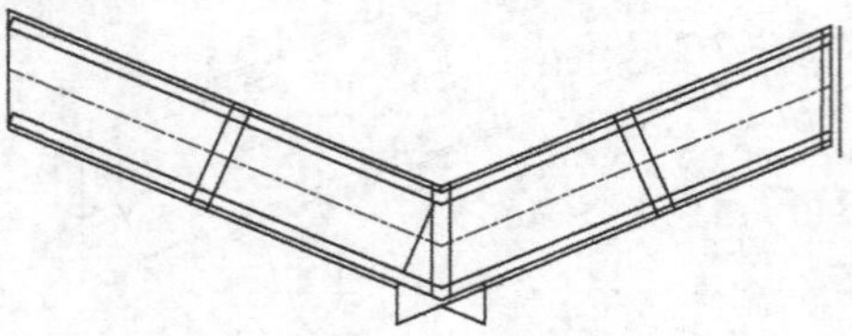

图 15-12 细化图形

（11）同理，绘制第三、四段轴线处的仿木桥，如图15-13所示。

（12）单击“默认”选项卡“绘图”面板中的“直线”按钮，绘制剩余图形，如图15-14所示。

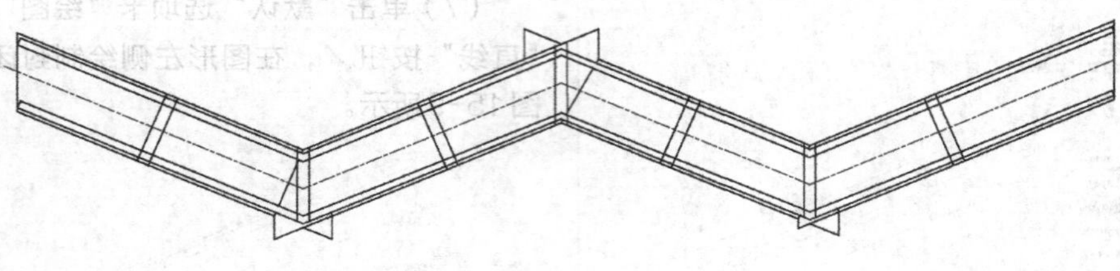

图 15-13 绘制仿木桥

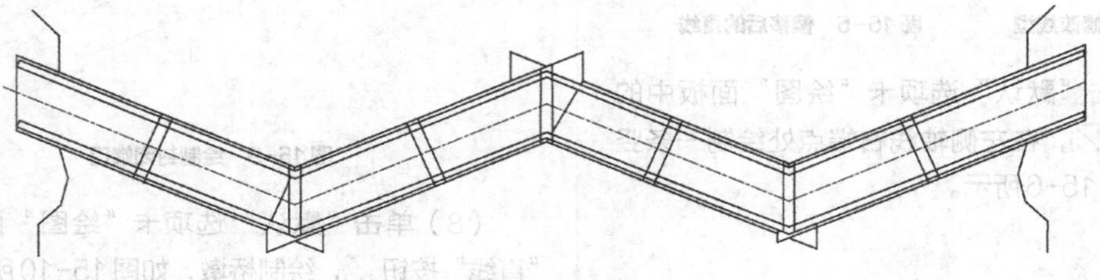

图 15-14 绘制剩余图形

2. 标注图形

（1）单击“默认”选项卡“注释”面板中的“标注样式”按钮，弹出“标注样式管理器”对话框，如图15-15所示。单击“新建”按钮，创建一个新的标注样式，弹出“新建标注样式”对话框，如图15-16所示，并分别对“线”“符号和箭头”“文字”“主单位”选项卡进行设置。

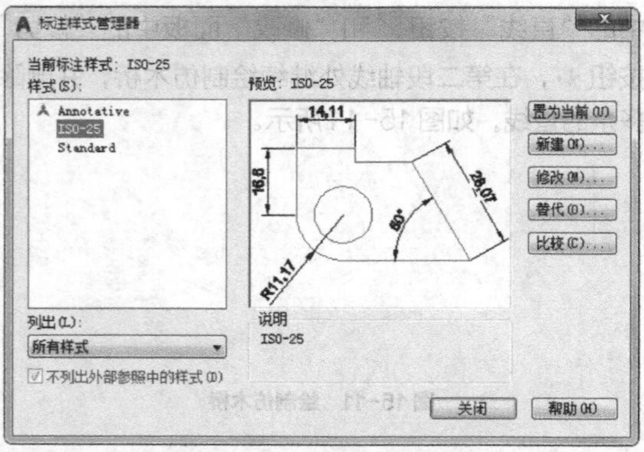

图 15-15 “标注样式管理器”对话框

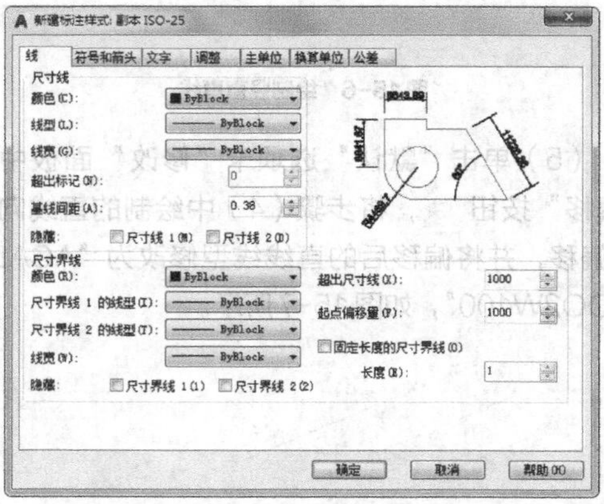

图 15-16 “新建标注样式”对话框

（2）单击“默认”选项卡“注释”面板中的“线性”按钮，为图形标注尺寸，如图15-17所示。

（3）单击“默认”选项卡“绘图”面板中的“直线”按钮和“注释”面板中的“多行文字”按钮A，标注文字，如图15-18所示。

（4）单击“默认”选项卡“绘图”面板中的“直线”按钮和“注释”面板中的“多行文字”按钮 A，绘制剖切符号，如图 15-19 所示。

（5）同理，标注图名，最终结果如图 15-1 所示。

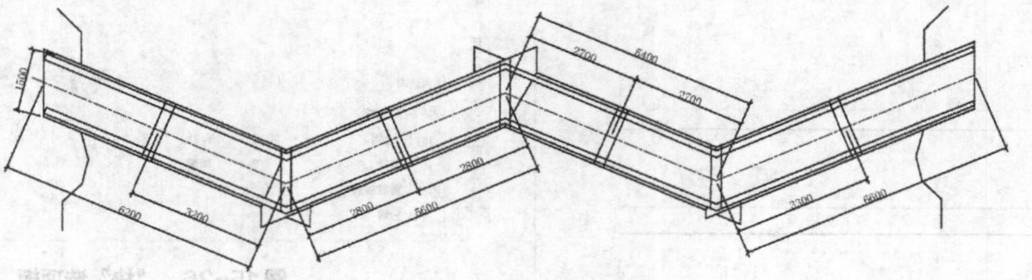

图 15-17 标注尺寸

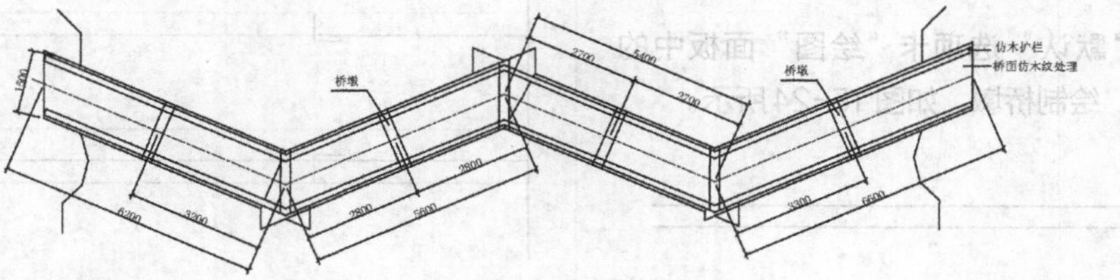

图 15-18 标注文字

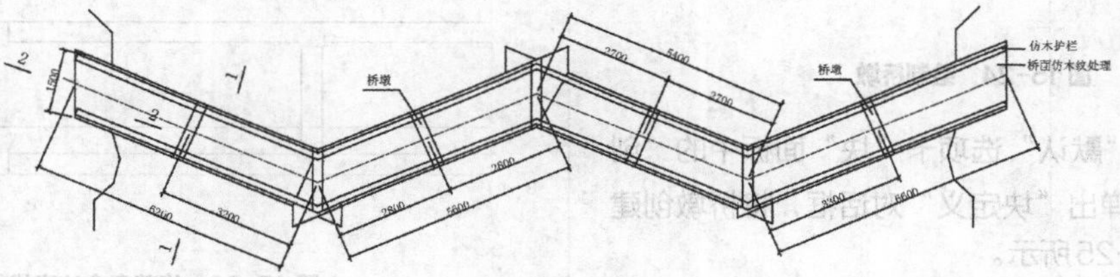

图 15-19 绘制剖切符号

15.1.2 绘制仿木桥基础及配筋图

本节绘制图 15-20 所示的仿木桥基础及配筋图。

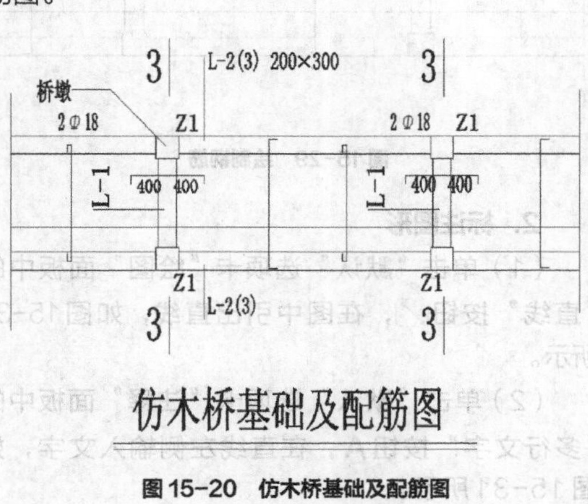

图 15-20 仿木桥基础及配筋图

1. 绘制仿木桥基础及配筋图

（1）单击“默认”选项卡“绘图”面板中的“直线”按钮，绘制一条水平直线，如图 15-21 所示。

图 15-21 绘制水平直线

（2）单击“默认”选项卡“修改”面板中的“复制”按钮，将水平直线依次向下复制，如图 15-22 所示。

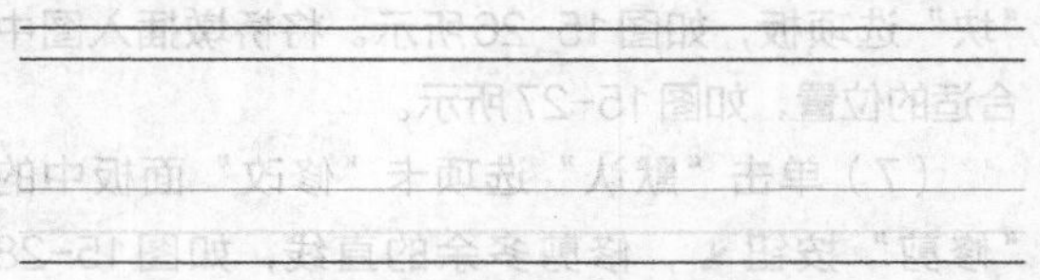

图 15-22 复制水平直线

（3）单击“默认”选项卡“绘图”面板中的“直线”按钮，在两端绘制竖直直线，如图15-23所示。

图15-23　绘制竖直直线

（4）单击“默认”选项卡“绘图”面板中的“直线”按钮，绘制桥墩，如图15-24所示。

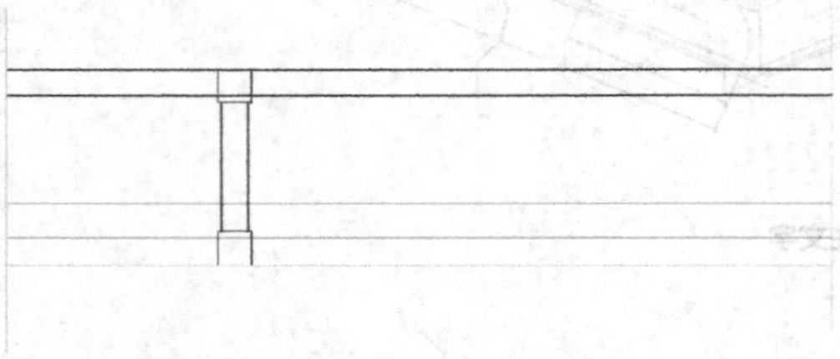

图15-24　绘制桥墩

（5）单击“默认”选项卡“块”面板中的“创建”按钮，弹出“块定义”对话框，将桥墩创建为块，如图15-25所示。

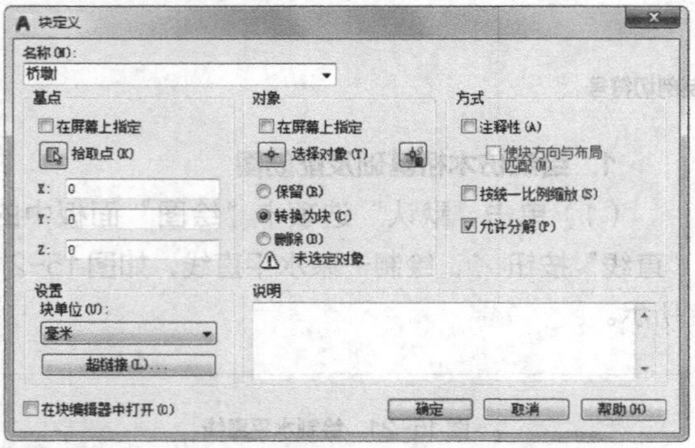

图15-25　创建块

（6）单击“默认”选项卡“块”面板中的“插入”按钮，选择“最近使用的块”选项，打开“块”选项板，如图15-26所示。将桥墩插入图中合适的位置，如图15-27所示。

（7）单击“默认”选项卡“修改”面板中的“修剪”按钮，修剪多余的直线，如图15-28所示。

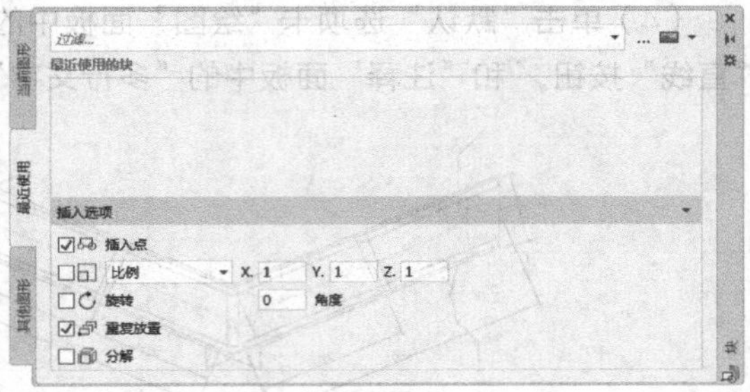

图15-26　“块”选项板

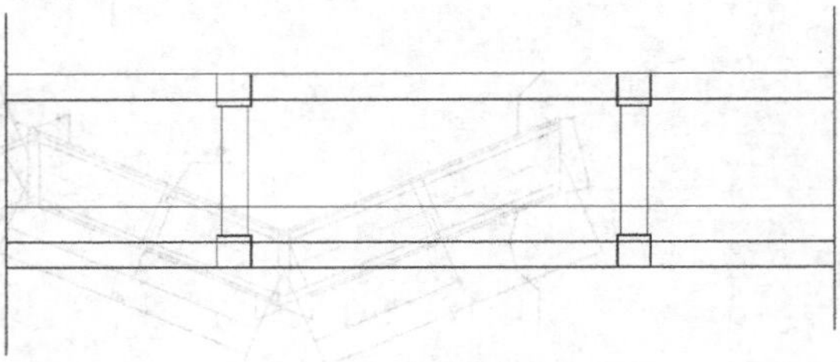

图15-27　插入桥墩

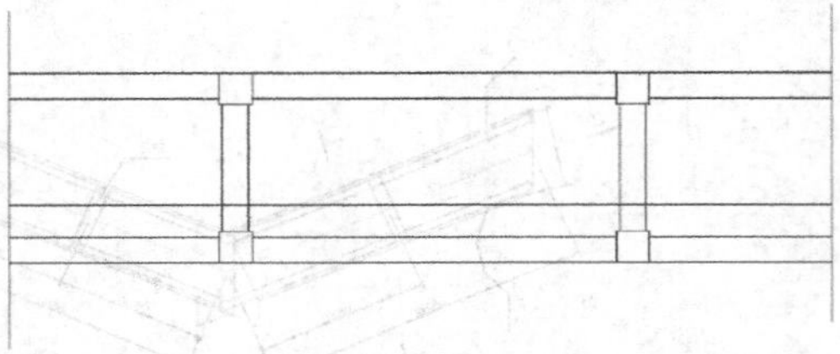

图15-28　修剪多余的直线

（8）单击“默认”选项卡“绘图”面板中的“直线”按钮，绘制钢筋，如图15-29所示。

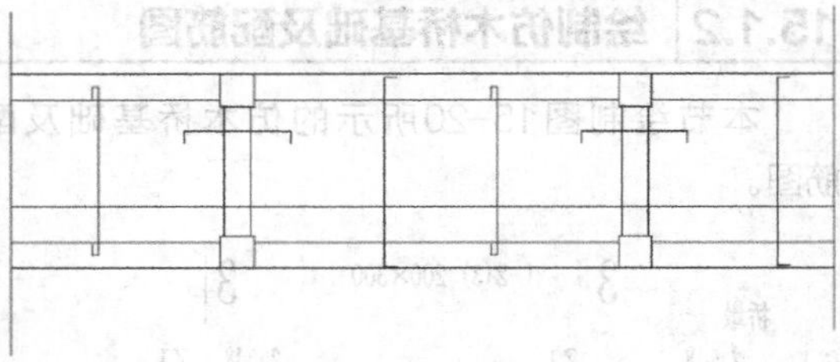

图15-29　绘制钢筋

2. 标注图形

（1）单击“默认”选项卡“绘图”面板中的“直线”按钮，在图中引出直线，如图15-30所示。

（2）单击“默认”选项卡“注释”面板中的“多行文字”按钮A，在直线左侧输入文字，如图15-31所示。

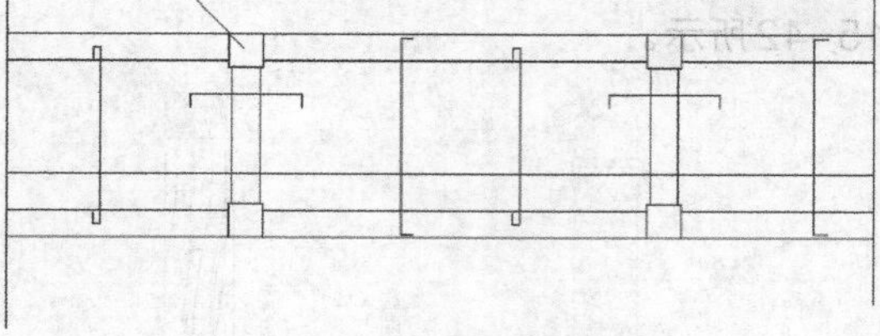

图 15-30 引出直线

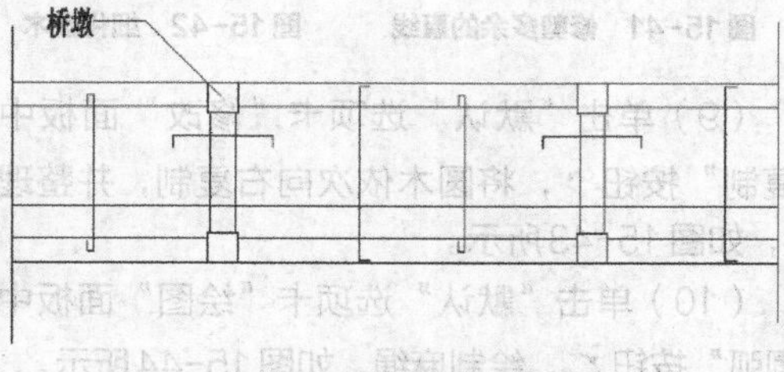

图 15-31 输入文字

（3）单击“默认”选项卡“修改”面板中的“复制”按钮，将文字复制到图中其他位置。双击文字，修改文字内容，以便统一文字样式，最终完成文字的标注，如图 15-32 所示。

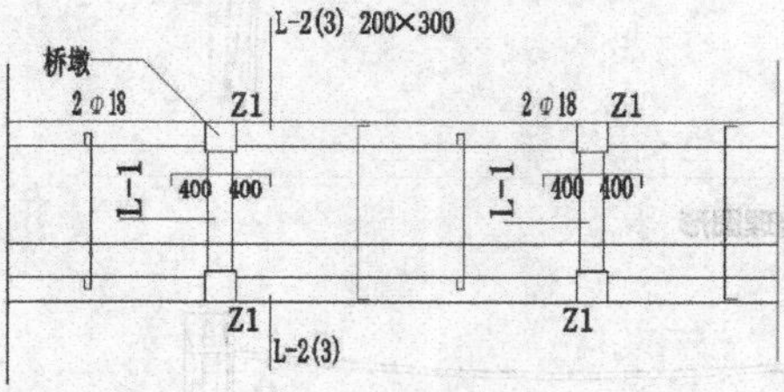

图 15-32 标注文字

（4）单击“默认”选项卡“绘图”面板中的“直线”按钮和“注释”面板中的“多行文字”按钮**A**，绘制剖切符号，如图 15-33 所示。

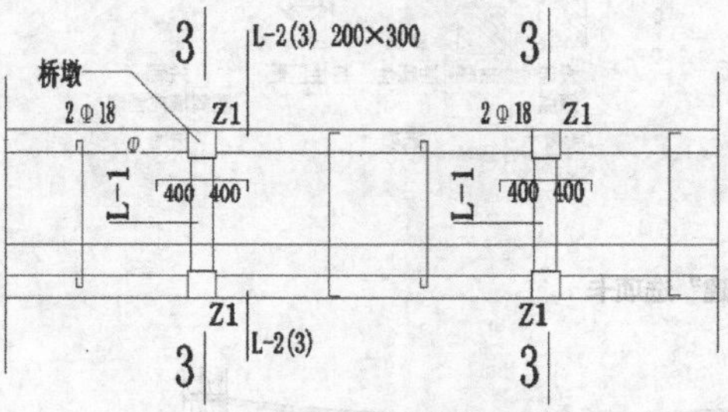

图 15-33 绘制剖切符号

（5）同理，单击“默认”选项卡“绘图”面板中的“直线”按钮和“注释”面板中的“多行文字”按钮**A**，标注图名，如图 15-20 所示。

15.1.3 绘制护栏立面

本节绘制图 15-34 所示的护栏立面。

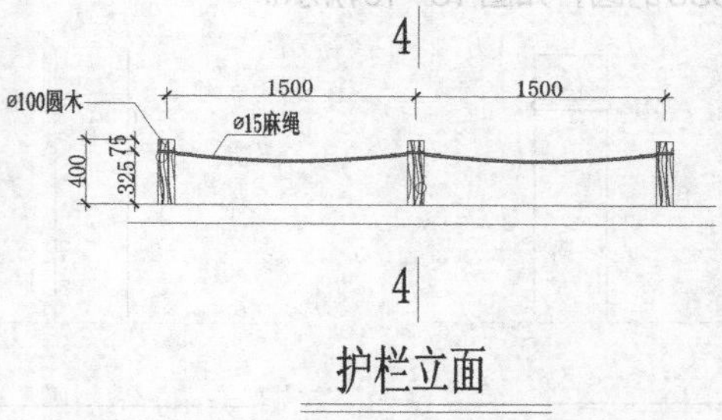

图 15-34 护栏立面

1. 绘制护栏立面

（1）单击“默认”选项卡“绘图”面板中的“直线”按钮，绘制一条长度值为 72496 的水平直线，如图 15-35 所示。

图 15-35 绘制直线（1）

（2）单击“默认”选项卡“修改”面板中的“偏移”按钮，将直线向上偏移 2410，如图 15-36 所示。

图 15-36 偏移直线

（3）单击“默认”选项卡“绘图”面板中的“直线”按钮，绘制长度值为 8000、宽度值为 2000 的圆木，如图 15-37 所示。

图 15-37 绘制圆木

（4）单击“默认”选项卡“绘图”面板中的“直线”按钮，在圆木上绘制两条水平直线，如图 15-38 所示。

图 15-38 绘制直线（2）

（5）单击“默认”选项卡“绘图”面板中的

“圆弧”按钮，在步骤（4）中绘制的水平直线两端绘制圆弧，如图15-39所示。

（6）单击“默认”选项卡“绘图”面板中的“圆”按钮，在图中合适的位置绘制一个半径值为636的圆，如图15-40所示。

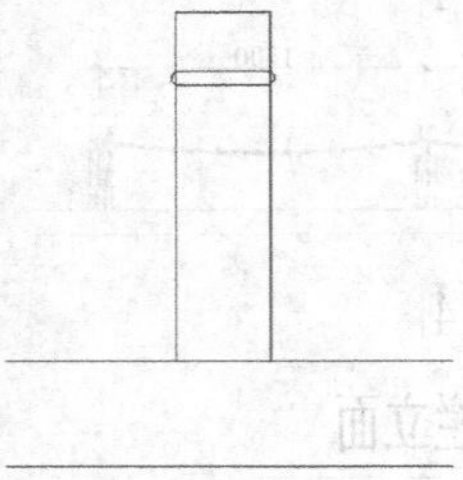

图15-39　绘制圆弧

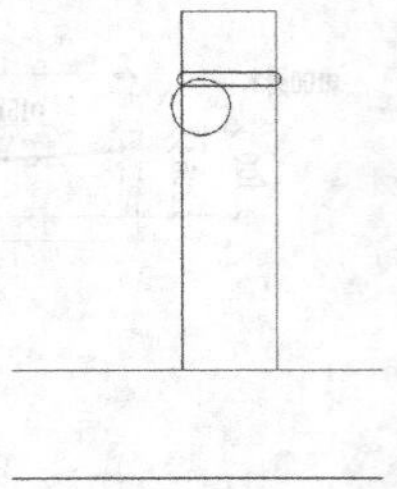

图15-40　绘制圆

（7）单击“默认”选项卡“修改”面板中的“修剪”按钮，修剪多余的直线，如图15-41所示。

（8）单击“默认”选项卡“绘图”面板中的“圆弧”按钮、“样条曲线拟合”按钮和“修改”面板中的“修剪”按钮，细化圆木，如图15-42所示。

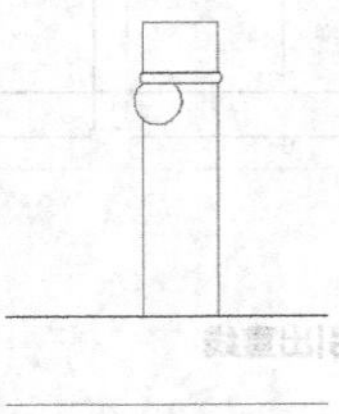

图15-41　修剪多余的直线

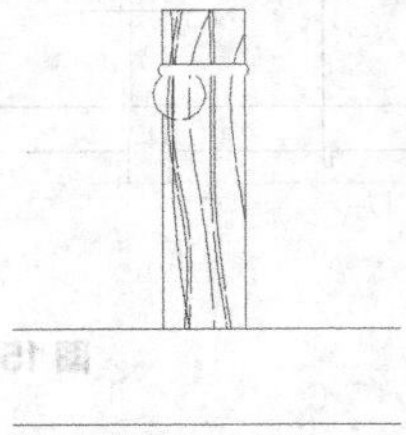

图15-42　细化圆木

（9）单击“默认”选项卡“修改”面板中的“复制”按钮，将圆木依次向右复制，并整理图形，如图15-43所示。

（10）单击“默认”选项卡“绘图”面板中的“圆弧”按钮，绘制麻绳，如图15-44所示。

（11）单击“默认”选项卡“绘图”面板中的“图案填充”按钮，选择“图案填充创建”选项卡，选择“ANSI31”图案，如图15-45所示。将填充的比例设置为30，然后填充麻绳，如图15-46所示。

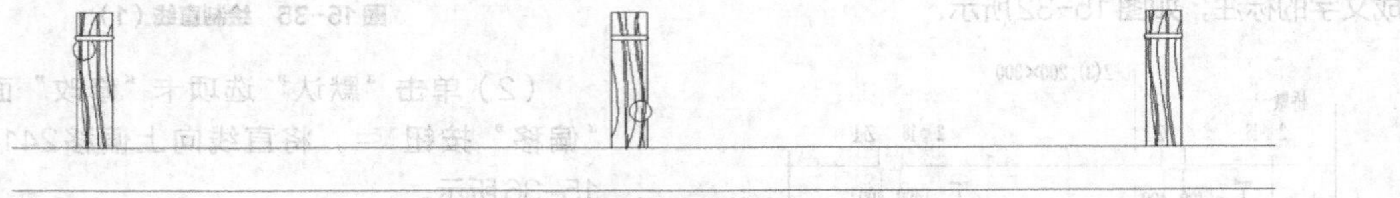

图15-43　复制圆木并整理图形

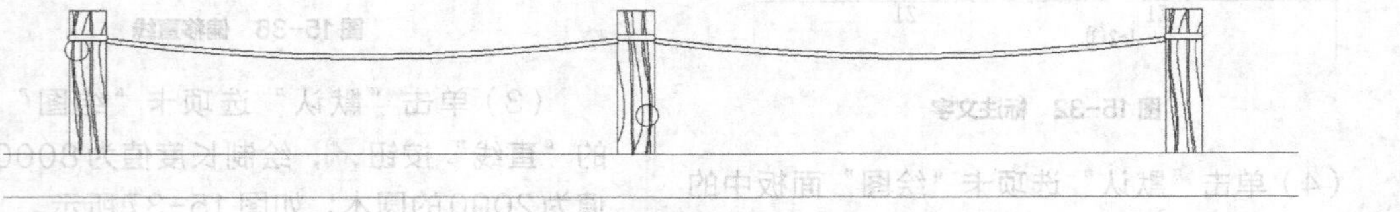

图15-44　绘制麻绳

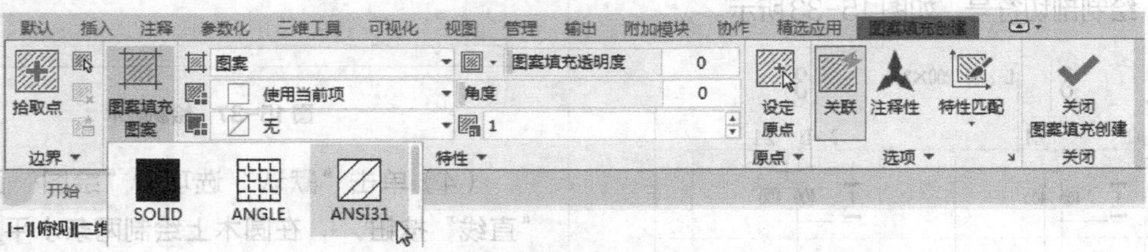

图15-45　“图案填充创建”选项卡

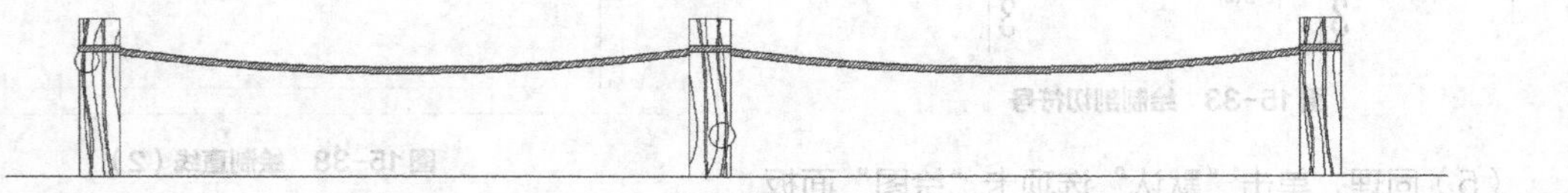

图15-46　填充麻绳

2. 标注图形

（1）单击“默认”选项卡“注释”面板中的“线性”按钮，为图形标注尺寸，如图15-47所示。

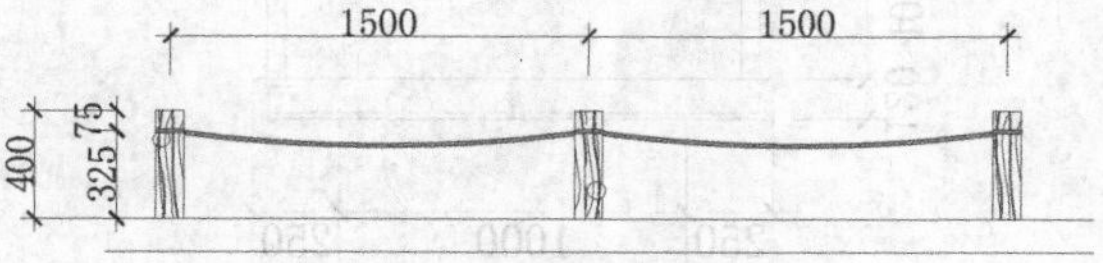

图 15-47 标注尺寸

（2）单击“默认”选项卡“绘图”面板中的“直线”按钮和“注释”面板中的“多行文字”按钮A，标注文字，如图15-48所示。

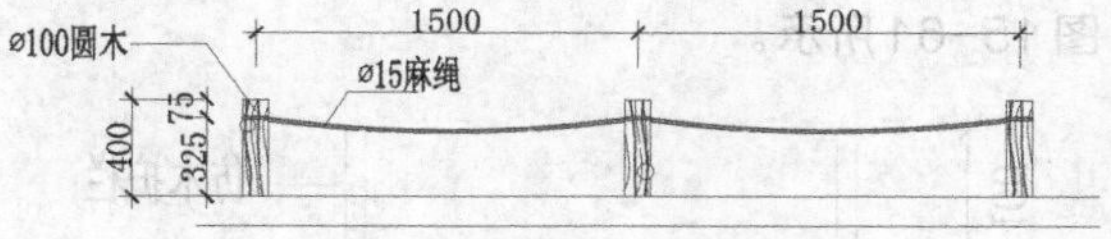

图 15-48 标注文字

（3）同理，绘制剖切符号，如图15-49所示。

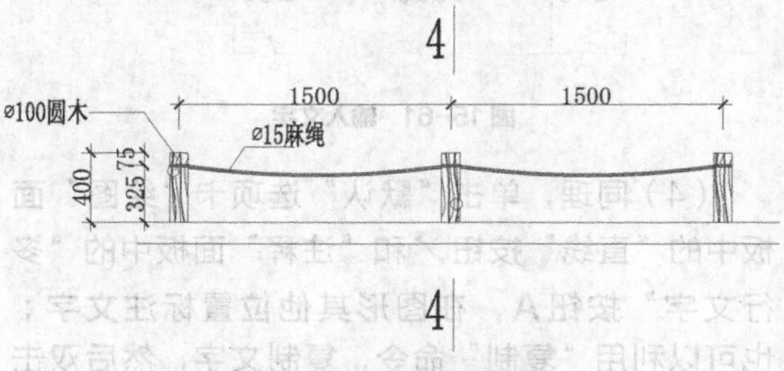

图 15-49 绘制剖切符号

（4）单击“默认”选项卡“绘图”面板中的“直线”按钮和“注释”面板中的“多行文字”按钮A，标注图名，如图15-34所示。

15.1.4 绘制仿木桥 1—1 剖面图

本节绘制图15-50所示的仿木桥1—1剖面图。

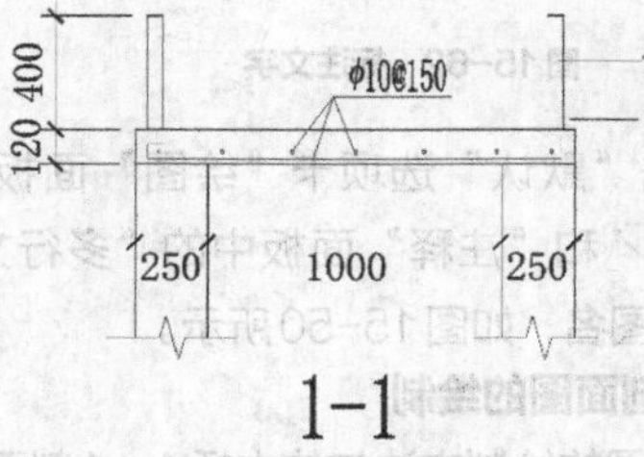

图 15-50 仿木桥 1—1 剖面图

1. 绘制仿木桥1—1剖面图

（1）单击“默认”选项卡“绘图”面板中的“矩形”按钮，绘制一个长度值为30000、宽度值为2400的矩形，如图15-51所示。

图 15-51 绘制矩形

（2）单击“默认”选项卡“绘图”面板中的“直线”按钮，在矩形下侧绘制两条竖直直线，如图15-52所示。

图 15-52 绘制竖直直线

（3）单击“默认”选项卡“绘图”面板中的“直线”按钮，在步骤（2）绘制的竖直直线下侧，绘制折断线，如图15-53所示。

图 15-53 绘制折断线

（4）单击“默认”选项卡“修改”面板中的“复制”按钮，复制图形，如图15-54所示。

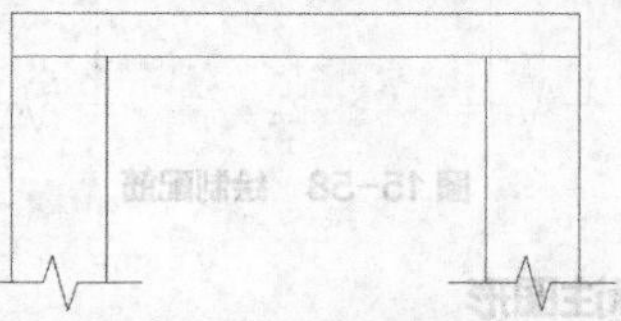

图 15-54 复制图形

（5）单击“默认”选项卡“绘图”面板中的“矩形”按钮，绘制长为1085、宽为8010的护栏，如图15-55所示。

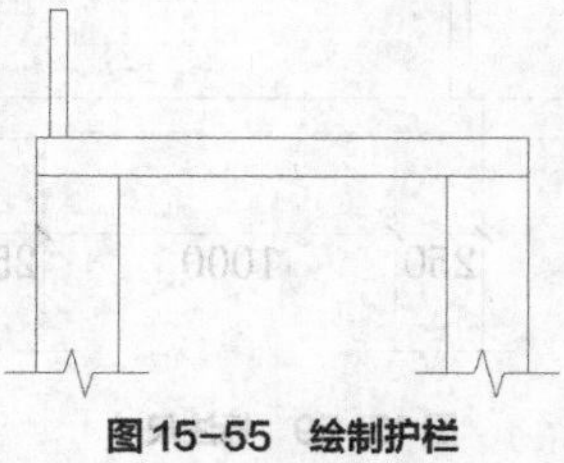

图 15-55 绘制护栏

（6）单击“默认”选项卡“修改”面板中的“复制”按钮，复制护栏，如图15-56所示。

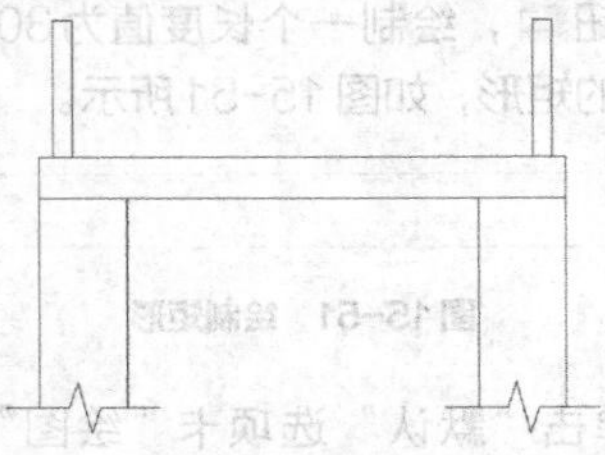

图 15-56 复制护栏

（7）单击“默认”选项卡“绘图”面板中的“多段线”按钮，绘制钢筋，如图15-57所示。

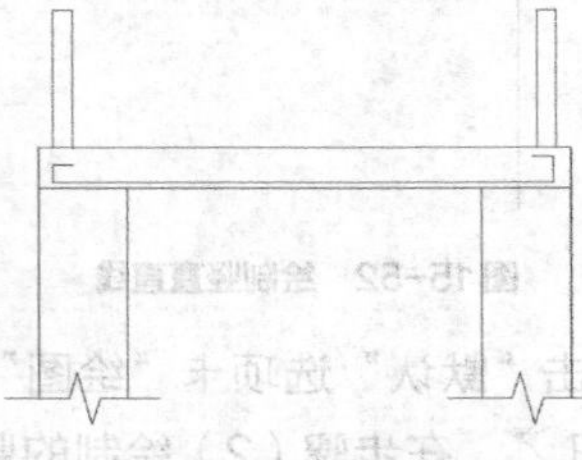

图 15-57 绘制钢筋

（8）单击“默认”选项卡“绘图”面板中的“圆”按钮，绘制半径值为130的配筋，如图15-58所示。

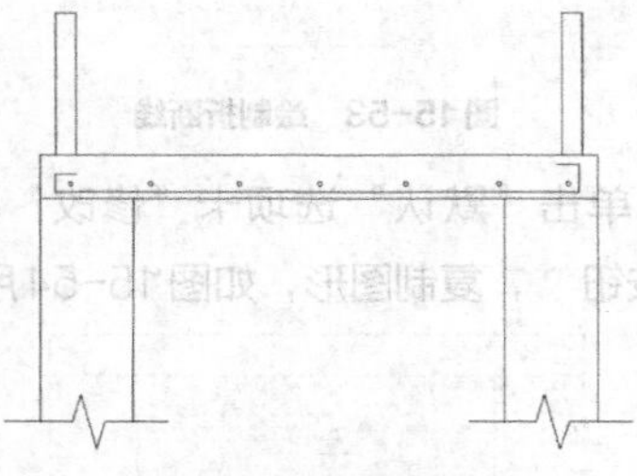

图 15-58 绘制配筋

2. 标注图形

（1）单击“默认”选项卡“注释”面板中的“线性”按钮和“连续”按钮，为图形标注尺寸，如图15-59所示。

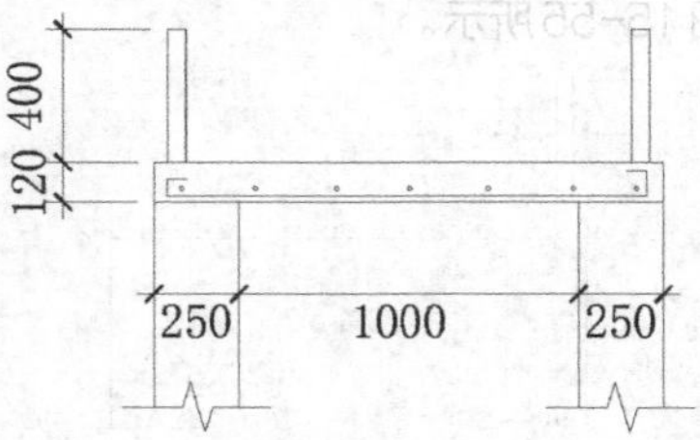

图 15-59 标注尺寸

（2）单击“默认”选项卡“绘图”面板中的“直线”按钮，在图中引出直线，如图15-60所示。

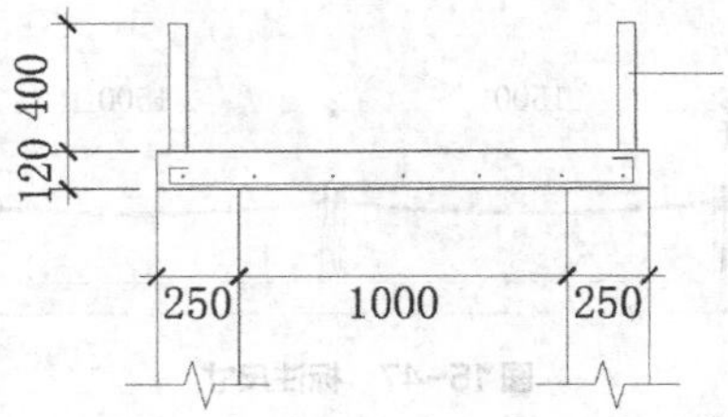

图 15-60 引出直线

（3）单击“默认”选项卡“注释”面板中的“多行文字”按钮A，在直线右侧输入文字，如图15-61所示。

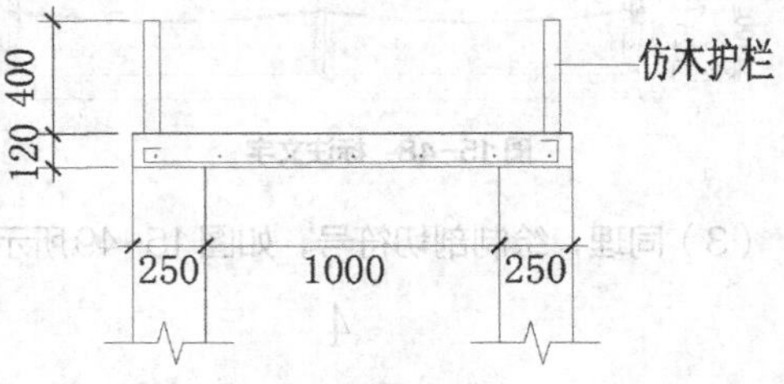

图 15-61 输入文字

（4）同理，单击“默认”选项卡“绘图”面板中的“直线”按钮和“注释”面板中的“多行文字”按钮A，在图形其他位置标注文字；也可以利用“复制”命令，复制文字，然后双击文字，修改文字内容，以便文字样式的统一，如图15-62所示。

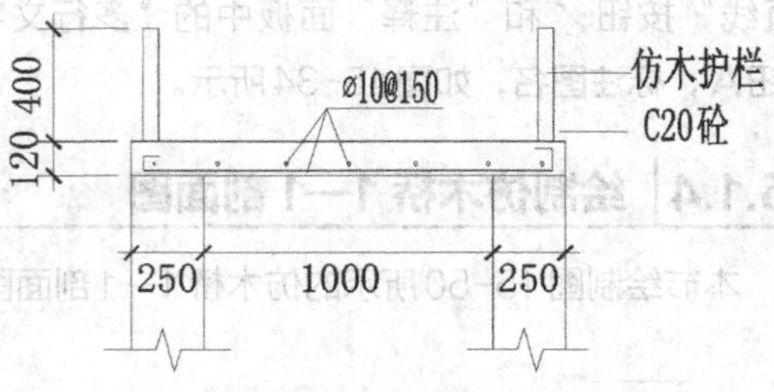

图 15-62 标注文字

（5）单击“默认”选项卡“绘图”面板中的“直线”按钮和“注释”面板中的“多行文字”按钮A，标注图名，如图15-50所示。

3. 其他剖面图的绘制

其他剖面图的绘制方法与仿木桥1—1剖面图的绘制方法类似，这里不赘述，如图15-63所示。

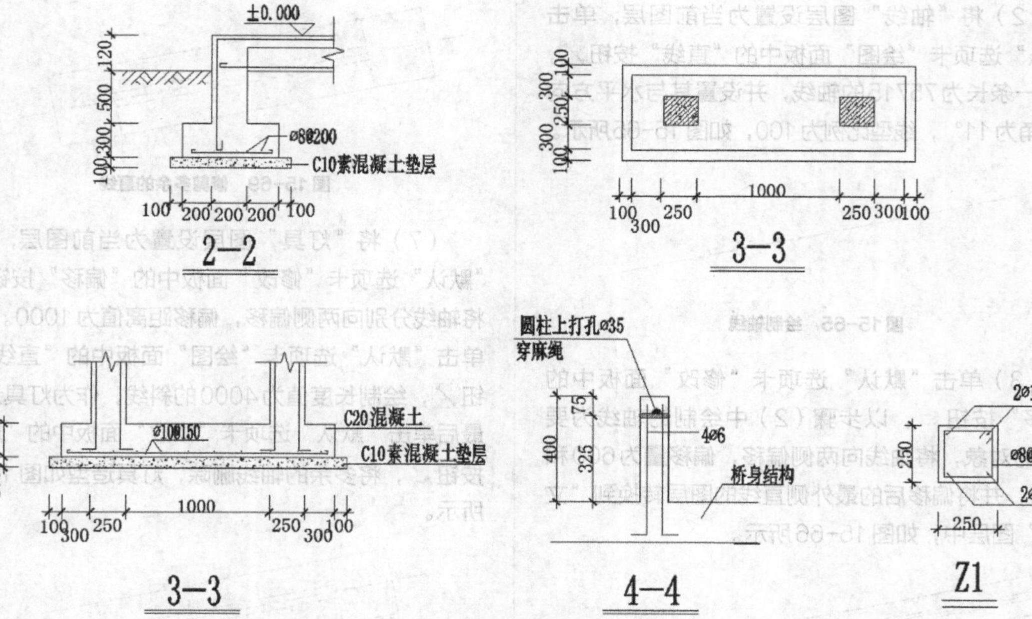

图 15-63 绘制其他剖面图

15.2 文化墙

本节绘制的文化墙属于围墙的一种。围墙在园林中起划分内外范围、分隔组织内部空间和遮挡劣景的作用，也有围合、标识、衬景的功能。建造精巧的围墙可以起到装饰、美化环境，制造气氛等多种作用。围墙高度一般控制在2m以下。

15.2.1 文化墙平面图

1. 绘制文化墙平面图

（1）单击“默认”选项卡“图层”面板中的“图层特性”按钮，弹出“图层特性管理器”对话框，新建几个图层，如图 15-64 所示。

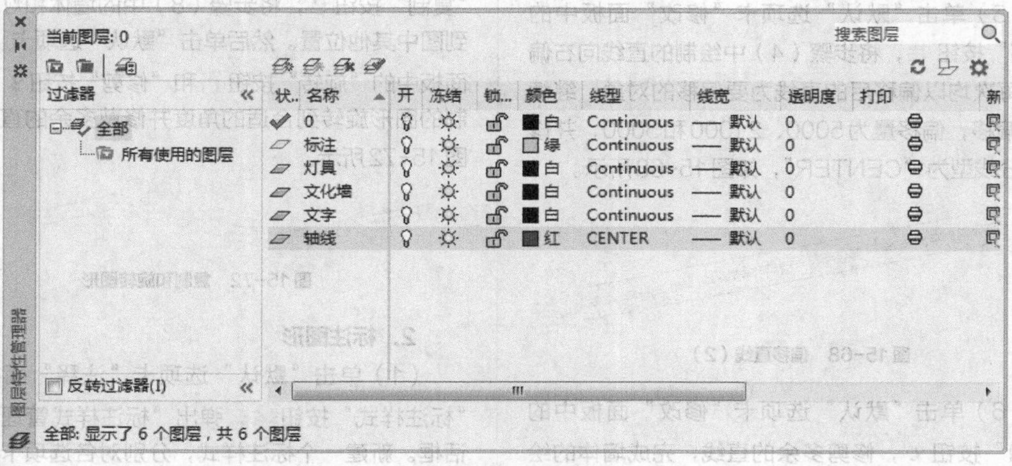

图 15-64 新建图层

（2）将“轴线”图层设置为当前图层，单击“默认”选项卡“绘图”面板中的“直线”按钮，绘制一条长为75715的轴线，并设置其与水平方向的夹角为11°，线型比例为100，如图15-65所示。

图15-65 绘制轴线

（3）单击“默认”选项卡“修改”面板中的“偏移”按钮，以步骤（2）中绘制的轴线为要偏移的对象，将轴线向两侧偏移，偏移量为600和2400，并将偏移后的最外侧直线的图层转换到“文化墙”图层中，如图15-66所示。

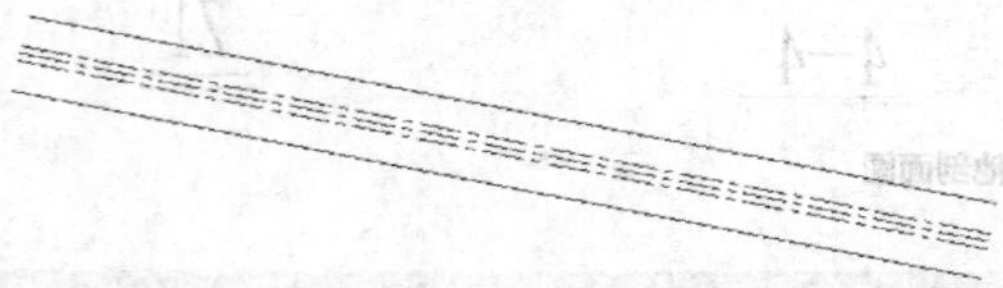

图15-66 偏移直线（1）

（4）将“文化墙”图层设置为当前图层，单击“默认”选项卡“绘图”面板中的“直线”按钮，绘制直线，如图15-67所示。

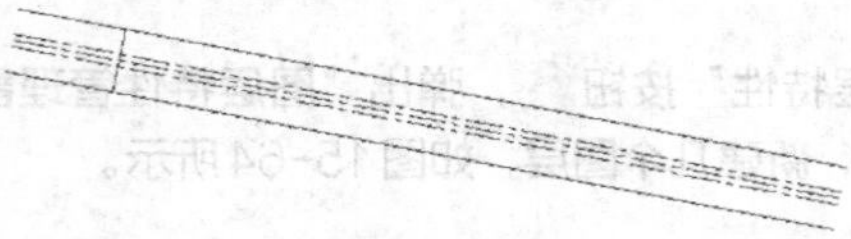

图15-67 绘制直线

（5）单击“默认”选项卡“修改”面板中的“偏移”按钮，将步骤（4）中绘制的直线向右偏移。每次均以偏移后的直线为要偏移的对象，继续向右偏移，偏移量为5000、21000和5000，并修改部分线型为“CENTER”，如图15-68所示。

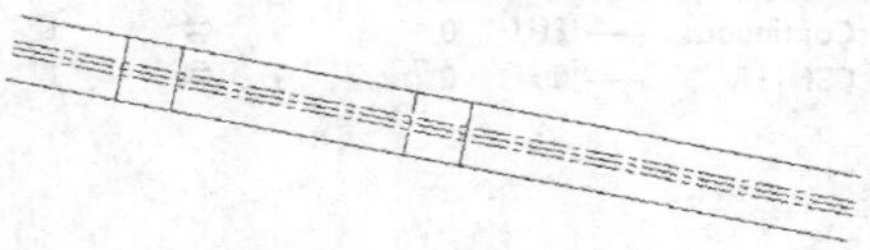

图15-68 偏移直线（2）

（6）单击“默认”选项卡“修改”面板中的“修剪”按钮，修剪多余的直线，完成墙体的绘制，如图15-69所示。

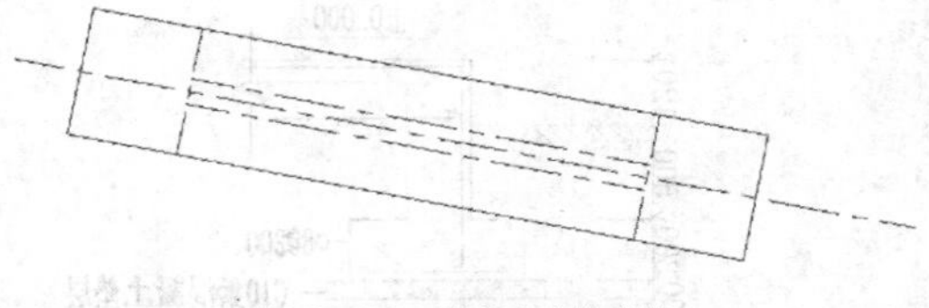

图15-69 修剪多余的直线

（7）将“灯具”图层设置为当前图层，单击“默认”选项卡“修改”面板中的“偏移”按钮，将轴线分别向两侧偏移，偏移距离值为1000。然后单击“默认”选项卡“绘图”面板中的“直线”按钮，绘制长度值为4000的斜线，作为灯具造型。最后单击“默认”选项卡“修改”面板中的“删除”按钮，将多余的轴线删除，灯具造型如图15-70所示。

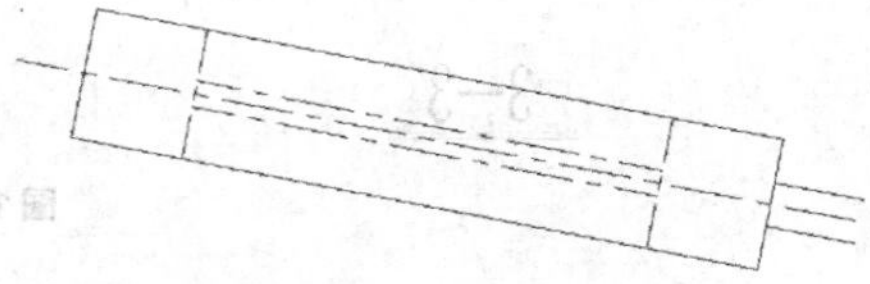

图15-70 灯具造型

（8）同理，绘制另一侧的墙体，如图15-71所示。

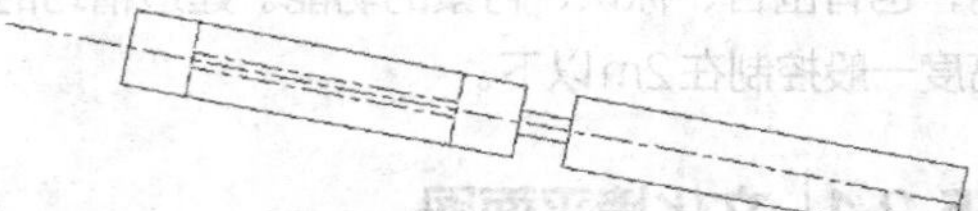

图15-71 绘制墙体

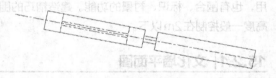

（9）单击“默认”选项卡“修改”面板中的“复制”按钮，将步骤（8）中的墙体和灯具复制到图中其他位置。然后单击“默认”选项卡“修改”面板中的“旋转”按钮和“修剪”按钮，将复制的图形旋转到合适的角度并修剪多余的直线，如图15-72所示。

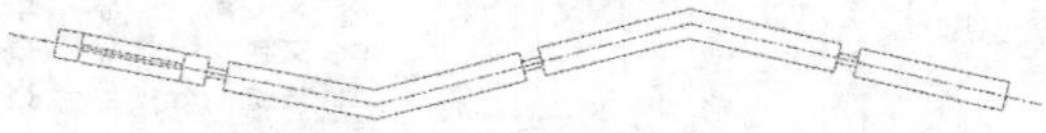

图15-72 复制和旋转图形

2．标注图形

（1）单击“默认”选项卡“注释”面板中的“标注样式”按钮，弹出“标注样式管理器”对话框。新建一个标注样式，分别对各选项卡进行设置，具体如下。

- “线”选项卡：超出尺寸线为1000，起点偏移量为1000。
- “符号和箭头”选项卡：第一个为用户箭头，选择建筑标记，箭头大小为1000。
- “文字”选项卡：文字高度为2000，文字位置为垂直上，文字对齐为ISO标准。
- “主单位”选项卡：精度为0，舍入为10，比例因子为0.05。

（2）将“标注”图层设置为当前图层，单击“默认”选项卡“注释”面板中的“对齐”按钮和“连续”按钮，标注第一道尺寸，如图15-73所示。

（3）单击“默认”选项卡“注释”面板中的“对齐”按钮，为图形标注总尺寸，如图15-74所示。

（4）单击“默认”选项卡“注释”面板中的“对齐”按钮和“角度”按钮，标注细节尺寸，如图15-75所示。

（5）单击“默认”选项卡“绘图”面板中的“多段线”按钮，设置线宽为“200”，绘制剖切符号，如图15-76所示。

（6）单击“默认”选项卡“绘图”面板中的“直线”按钮、“圆”按钮和“注释”面板的“多行文字”按钮 **A**，标注文字，如图15-77所示。

（7）单击“默认”选项卡“绘图”面板中的“直线”按钮、“多段线”按钮和“注释”面板的“多行文字”按钮 **A**，标注图名，文化墙平面图如图15-78所示。

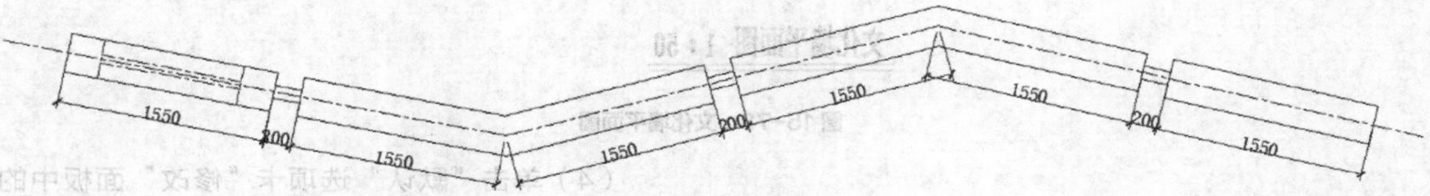

图 15-73　标注第一道尺寸

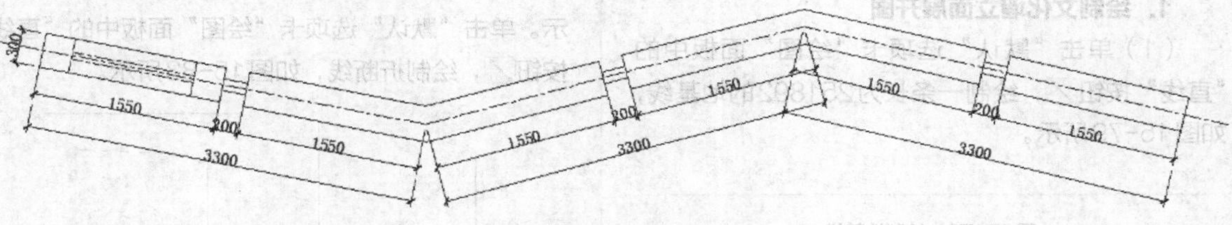

图 15-74　标注总尺寸

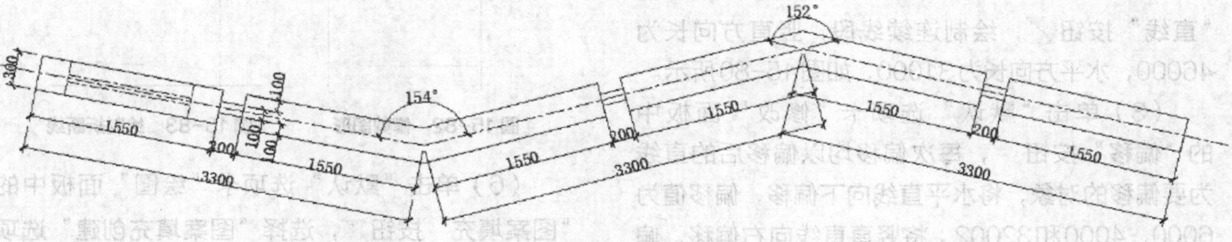

图 15-75　标注细节尺寸

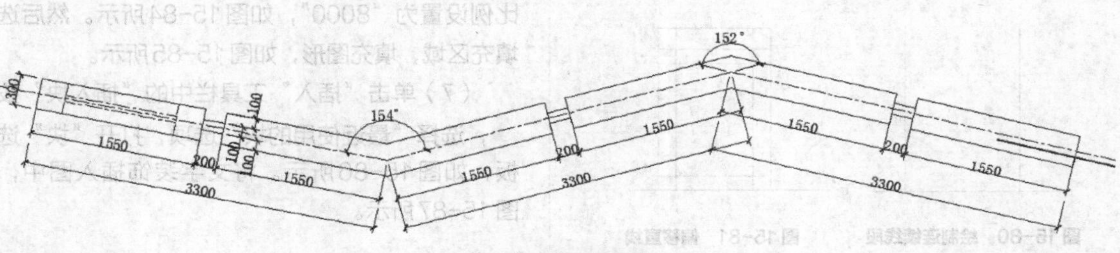

图 15-76　绘制剖切符号

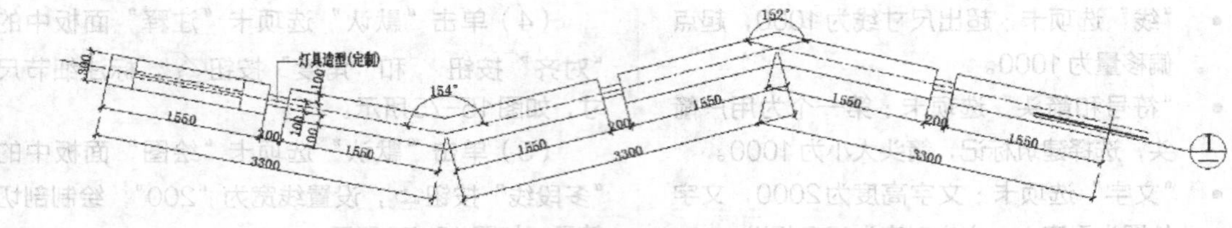

图 15-77　标注文字

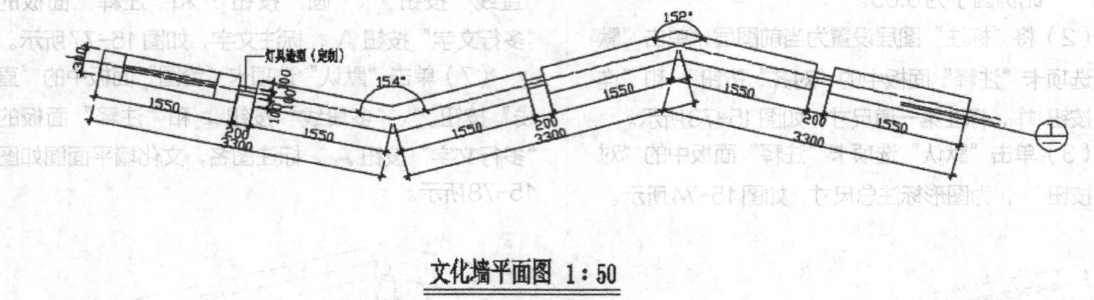

图 15-78　文化墙平面图

15.2.2 文化墙立面展开图

1. 绘制文化墙立面展开图

（1）单击“默认”选项卡“绘图”面板中的“直线”按钮，绘制一条长为251892的地基线，如图15-79所示。

图 15-79　绘制地基线

（2）单击“默认”选项卡“绘图”面板中的“直线”按钮，绘制连续线段，竖直方向长为46000，水平方向长为31000，如图15-80所示。

（3）单击“默认”选项卡“修改”面板中的“偏移”按钮，每次偏移均以偏移后的直线为要偏移的对象，将水平直线向下偏移，偏移值为6000、4000和32002；将竖直直线向右偏移，偏移值为5000和20969，如图15-81所示。

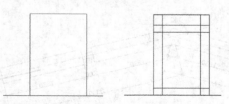

图 15-80　绘制连续线段

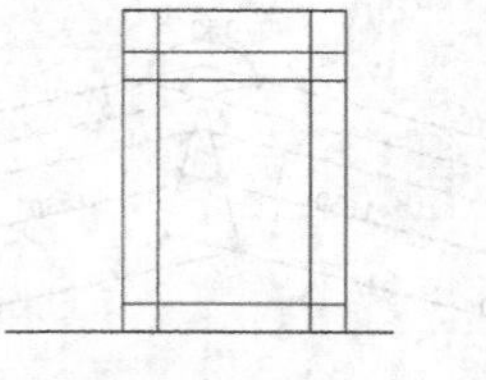

图 15-81　偏移直线

（4）单击“默认”选项卡“修改”面板中的“修剪”按钮，修剪图形，如图15-82所示。

（5）玻璃上、下方做镂空处理，用折断线表示。单击“默认”选项卡“绘图”面板中的“直线”按钮，绘制折断线，如图15-83所示。

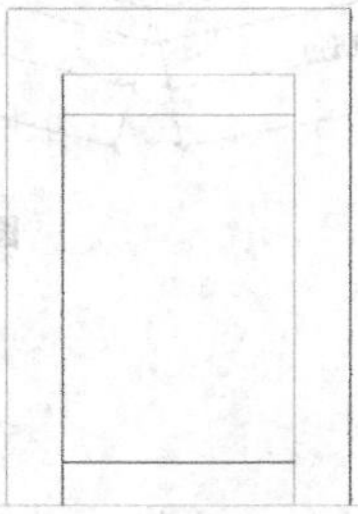

图 15-82　修剪图形

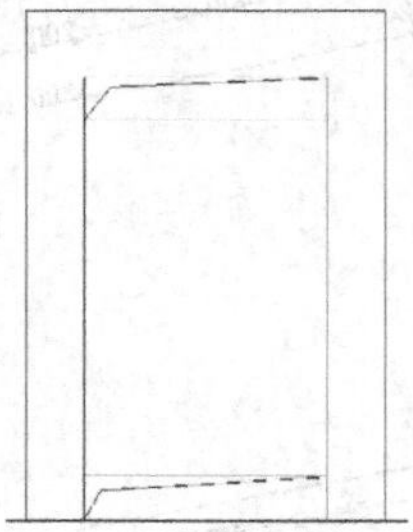

图 15-83　绘制折断线

（6）单击“默认”选项卡“绘图”面板中的“图案填充”按钮，选择“图案填充创建”选项卡。在“特性”面板中选择“CUTSTONE”图案，比例设置为“8000”，如图15-84所示。然后选择填充区域，填充图形，如图15-85所示。

（7）单击“插入”工具栏中的“插入块”按钮，选择“最近使用的块”选项，打开“块”选项板，如图15-86所示。将文字装饰插入图中，如图15-87所示。

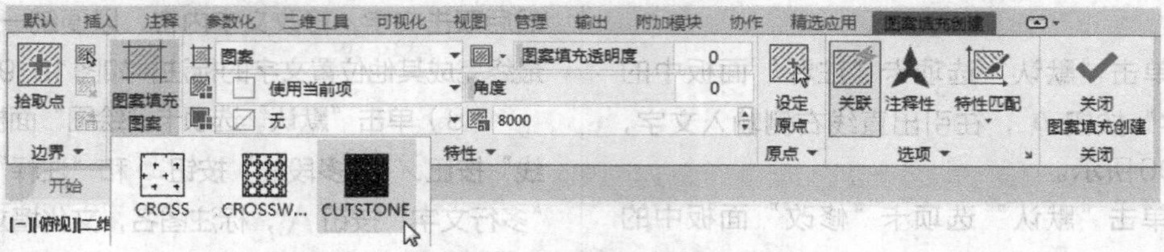

图 15-84　“图案填充创建”选项卡

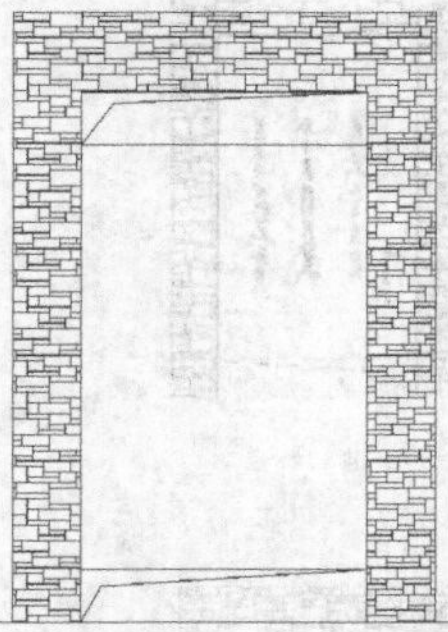

图 15-85　填充图形

图 15-86　“块”选项板

图 15-87　插入文字装饰

（8）单击“默认”选项卡“绘图”面板中的“矩形”按钮▭，在屏幕中的适当位置绘制一个长为3954、宽为38376的矩形，如图15-88所示。

（9）单击“默认”选项卡“绘图”面板中的“圆弧”按钮◜，绘制灯柱上的装饰纹理，如图15-89所示。

图 15-88　绘制矩形

图 15-89　绘制装饰纹理

（10）单击“默认”选项卡“修改”面板中的“移动”按钮✥，将灯柱移动到图中合适的位置，如图15-90所示。

图 15-90　移动灯柱

（11）单击“默认”选项卡“修改”面板中的“复制”按钮，将文化墙和灯具依次向右复制，如图15-91所示。

2. 标注图形

（1）单击“默认”选项卡“注释”面板中的“标注样式”按钮，弹出“标注样式管理器”对话框，设置标注样式。

- “线”选项卡：超出尺寸线为1000，起点偏移量为1000。
- “符号和箭头”选项卡：箭头为建筑标记，箭头大小为1000。
- “文字”选项卡：文字高度为2000。
- “主单位”选项卡：精度为0，舍入为10，比例因子为0.05。

（2）单击“默认”选项卡“注释”面板中的“线性”按钮⊢⊣和“连续”按钮⊢⊢⊣，为图形标注第一道尺寸，如图15-92所示。

（3）同理，标注第二道尺寸，如图15-93所示。

（4）单击“默认”选项卡“注释”面板中的“线性”按钮⊢⊣，为图形标注总尺寸，如图15-94所示。

（5）单击“默认”选项卡“绘图”面板中的“直线”按钮╱，在图中引出直线，如图15-95

所示。

（6）单击“默认”选项卡“注释”面板中的“多行文字”按钮 A，在引出直线右侧输入文字，如图15-96所示。

（7）单击“默认”选项卡“修改”面板中的“复制”按钮，将直线和文字复制到图中其他位置。然后双击文字，修改文字内容，以便统一文字样式，最终完成其他位置文字的标注，如图15-97所示。

（8）单击“默认”选项卡“绘图”面板中的“直线”按钮、“多段线”按钮和“注释”面板中的“多行文字”按钮 A，标注图名，文化墙立面展开图如图15-98所示。

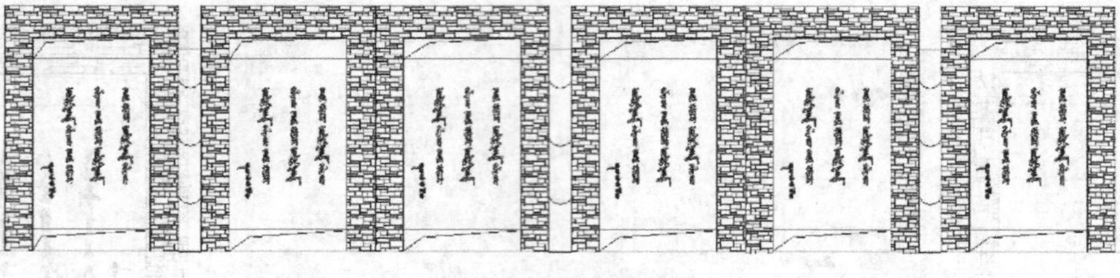

图15-91 复制文化墙和灯具

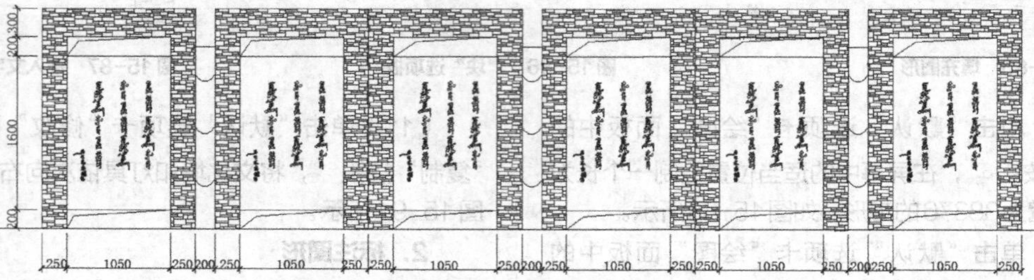

图15-92 标注第一道尺寸

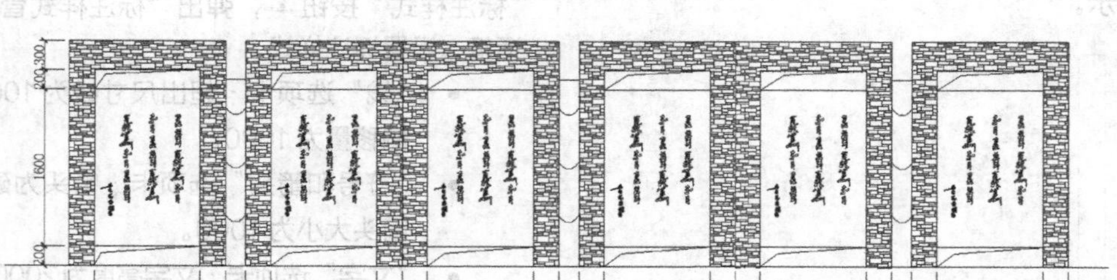

图15-93 标注第二道尺寸

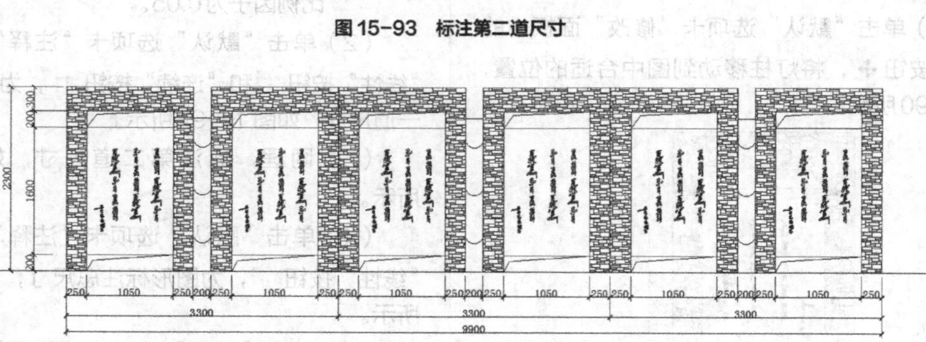

图15-94 标注总尺寸

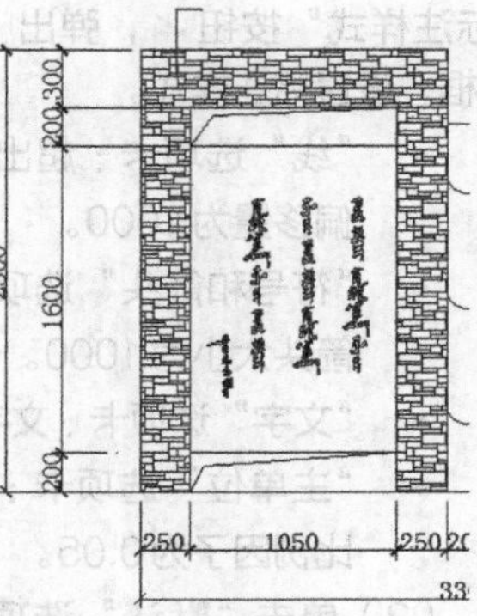

图 15-95 引出直线

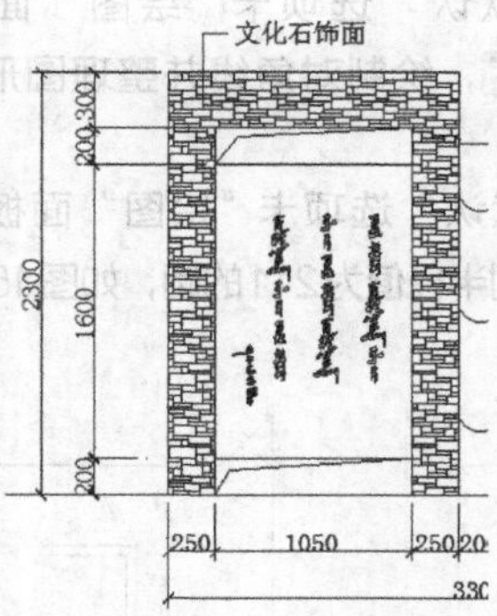

图 15-96 输入文字

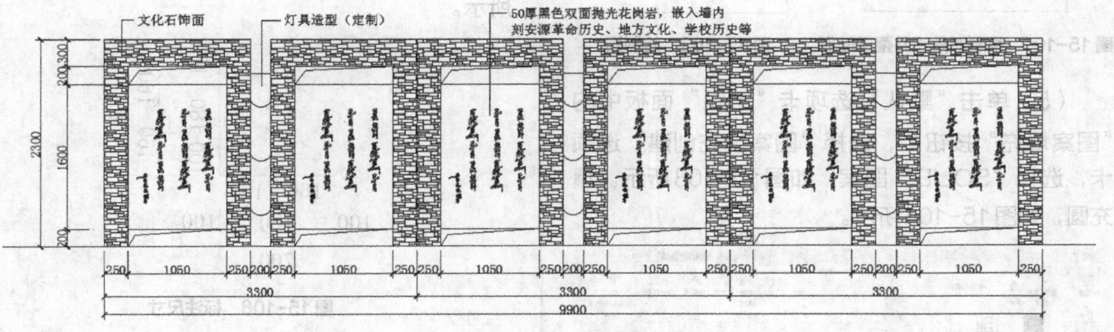

图 15-97 标注其他位置的文字

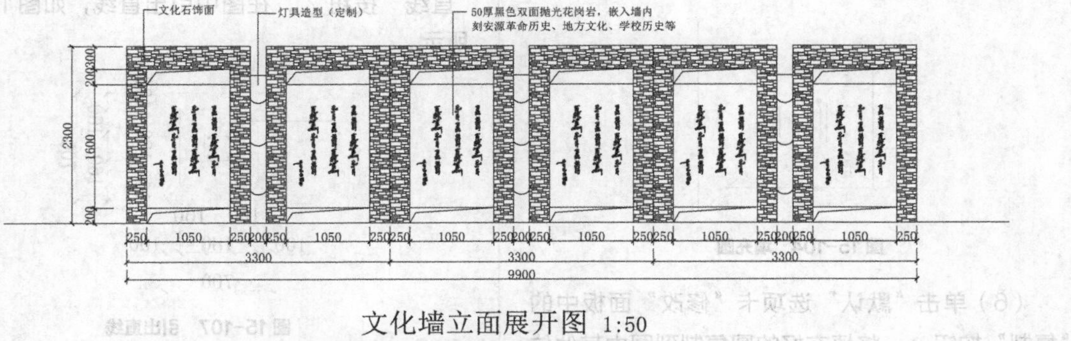

图 15-98 文化墙立面展开图

15.2.3 文化墙基础详图

1. 绘制文化墙基础详图

（1）单击“默认”选项卡“绘图”面板中的“矩形”按钮□，绘制长、宽分别为14000的矩形，如图15-99所示。

（2）单击“默认”选项卡“修改”面板中的“偏移”按钮⊆，将矩形向内偏移。每次偏移均以偏移后的矩形为要偏移的对象，偏移值为2000、3200和400，如图15-100所示。

图 15-99 绘制矩形

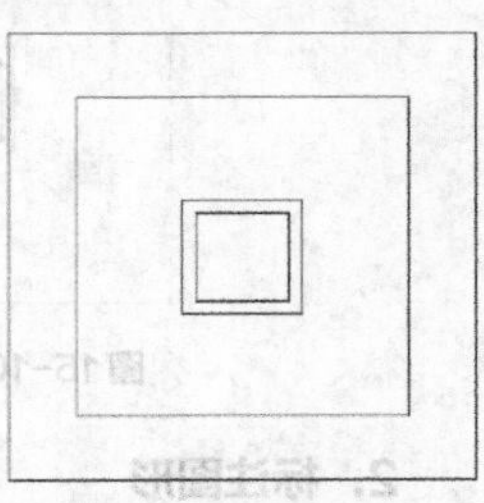

图 15-100 偏移矩形

（3）单击“默认”选项卡“绘图”面板中的“直线”按钮，绘制对角线并整理图形，如图15-101所示。

（4）单击“默认”选项卡“绘图”面板中的“圆”按钮，绘制半径值为211的圆，如图15-102所示。

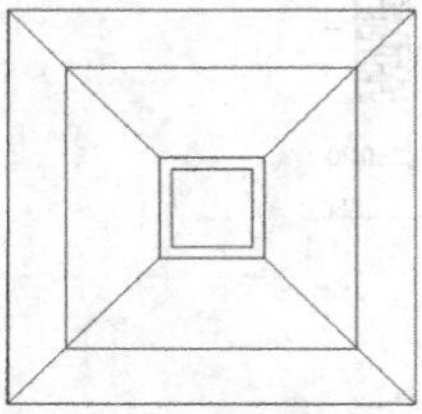

图 15-101 绘制对角线并整理图形

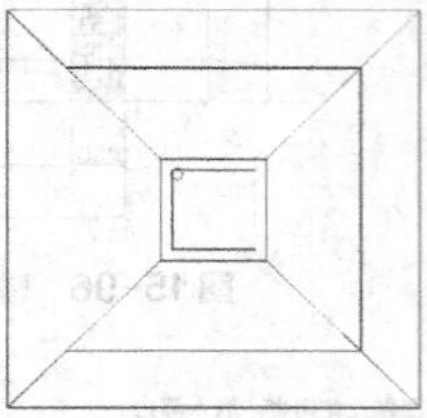

图 15-102 绘制圆

（5）单击“默认”选项卡“绘图”面板中的“图案填充”按钮，选择“图案填充创建”选项卡，选择“SOLID”图案，如图15-103所示。填充圆，如图15-104所示。

图15-103 “图案填充创建”选项卡

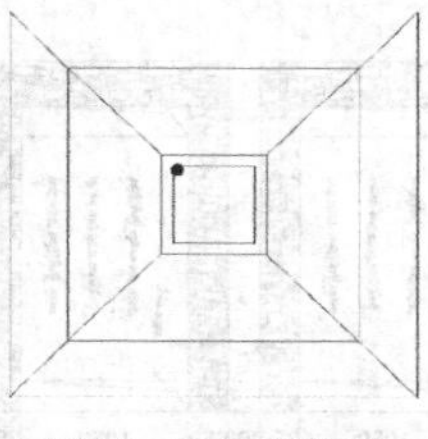

图 15-104 填充圆

（6）单击“默认”选项卡“修改”面板中的“复制”按钮，将填充好的圆复制到图中其他位置，完成配筋的绘制，如图15-105所示。

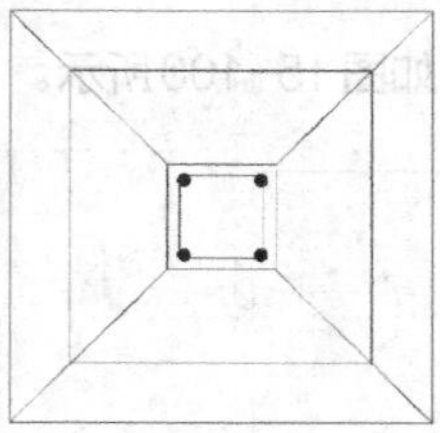

图 15-105 绘制配筋

2. 标注图形

（1）单击“默认”选项卡“注释”面板中的“标注样式”按钮，弹出“标注样式管理器”对话框，设置标注样式。

- “线”选项卡：超出尺寸线为1000，起点偏移量为1000。
- “符号和箭头”选项卡：箭头为建筑标记，箭头大小为1000。
- “文字”选项卡：文字高度为1500。
- “主单位”选项卡：精度为0，舍入为10，比例因子为0.05。

（2）单击“默认”选项卡“注释”面板中的“线性”按钮，为图形标注尺寸，如图15-106所示。

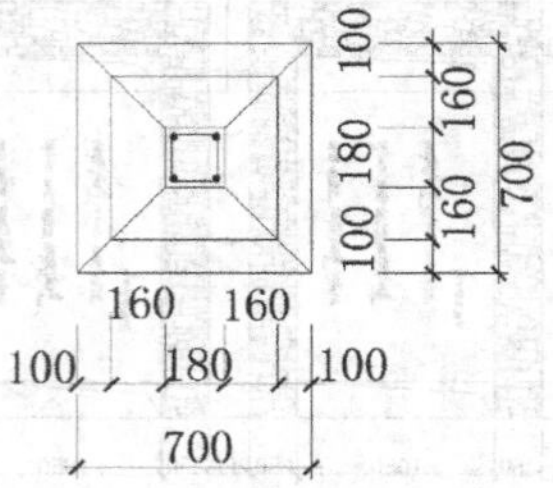

图 15-106 标注尺寸

（3）单击“默认”选项卡“绘图”面板中的“直线”按钮，在图中引出直线，如图15-107所示。

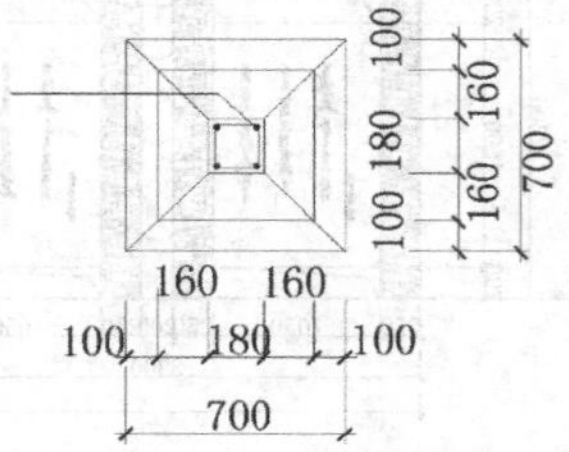

图 15-107 引出直线

（4）单击“默认”选项卡“注释”面板中的“多行文字”按钮 A，在直线左上侧输入文字，如图15-108所示。

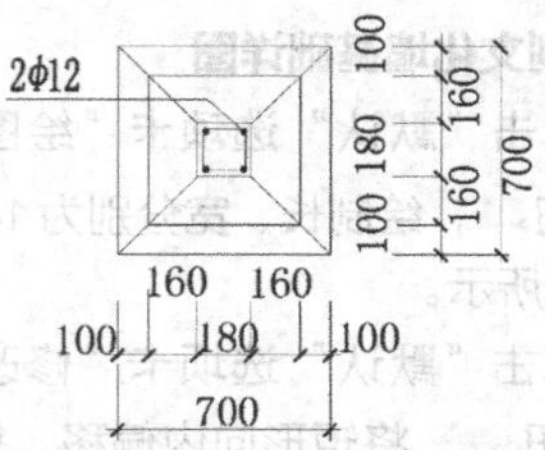

图 15-108 输入文字

（5）单击“默认”选项卡“修改”面板中的“复制”按钮，将直线和文字复制到下侧，并完成其他位置文字的标注，如图 15-109 所示。

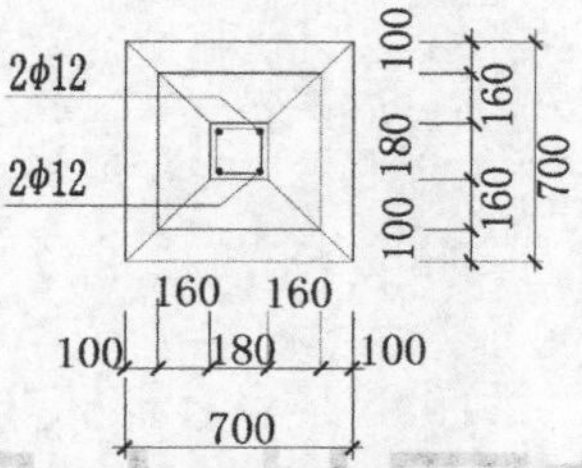

图 15-109 标注其他位置的文字

（6）单击“默认”选项卡“绘图”面板中的“直线”按钮、“多段线”按钮和“注释”面板中的“多行文字”按钮 A，标注图名，文化墙基础详图如图 15-110 所示。

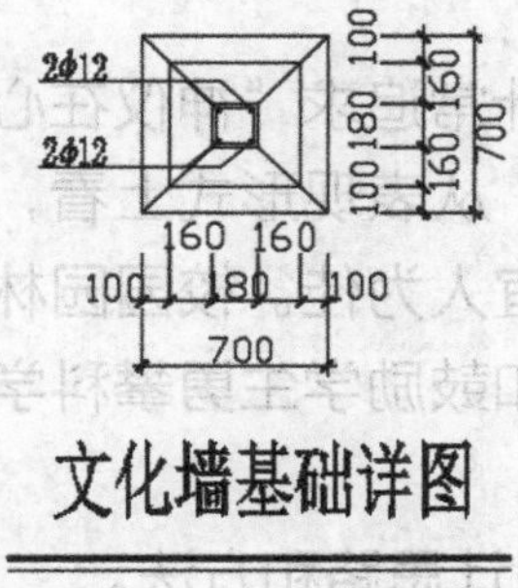

图 15-110 文化墙基础详图

（7）文化墙剖面图的绘制与其他图形的绘制方法类似，这里不重述，如图 15-111 所示。

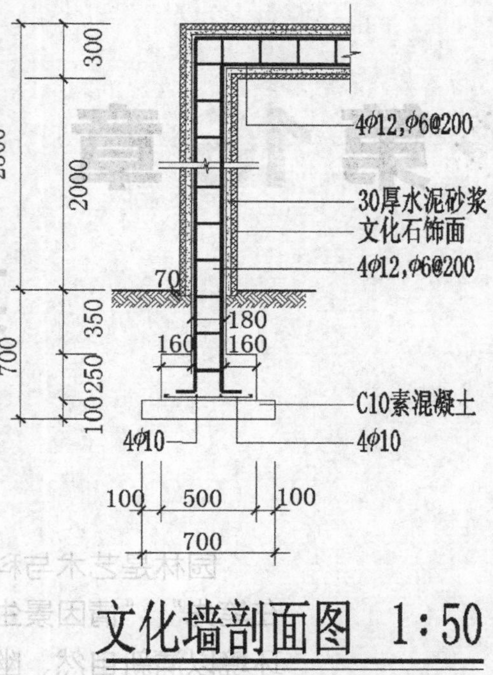

图 15-111 文化墙剖面图

第 16 章

某学院园林小品

园林是艺术与科学的结合，设计常追求“神仪在心，意在笔先”“情因景生，景为情造”。从表现形式上看，校园环境以清新自然、幽静典雅、风景宜人为佳。校园园林小品设计常根据引导学生做人、做学问和鼓励学生勇攀科学高峰等方面进行创作。

本章将介绍某学院园林小品的设计思路和方法。

知识点

- 花钵坐凳
- 升旗台
- 树池
- 铺装大样图

16.1 花钵坐凳

花钵为种花用的器皿或摆设用的器皿等，形状是口大、底端小的倒圆台或倒棱台，质地多为砂岩、泥、瓷、塑料及木料等。园椅、园凳、园桌是各种园林绿地及城市广场中必备的设施。其在湖边池畔、花间林下、广场周边、园路两侧、山腰台地处均可设置，供游人就座休息、促膝长谈和观赏风景。如果在一片天然的树林中设置一组蘑菇形的休息园凳，就宛如林间树下长出了蘑菇，可把树林环境衬托得野趣盎然。而在草坪边、园路旁、竹丛下适当地布置园椅，也会给人亲切感，并使大自然富有生机。选择花钵时，还要注意大小、高矮要合适。花钵过大，就像瘦子穿大衣服，影响美观。且花钵大而植株小，植株吸水能力相对较弱，浇水后盆土长时间保持湿润，花木“呼吸”困难，易导致烂根。花钵过小，显得头重脚轻，而且影响花木根部发育。园桌、园凳既可以单独设置，也可成组布置；既可自由分散布置，又可有规则地连续布置。园椅、园凳也可与花坛等其他小品组合，形成整体。园椅、园凳的造型要轻巧、美观，形式要活泼、多样，构造要简单，制作要方便，要结合园林环境，做出具有特色的设计。花钵坐凳不仅能为人们提供休息、赏景的位置，若与环境结合得很好，本身也能成为一景。

16.1.1 绘制花钵坐凳组合平面图

本节绘制图16-1所示的花钵坐凳组合平面图。

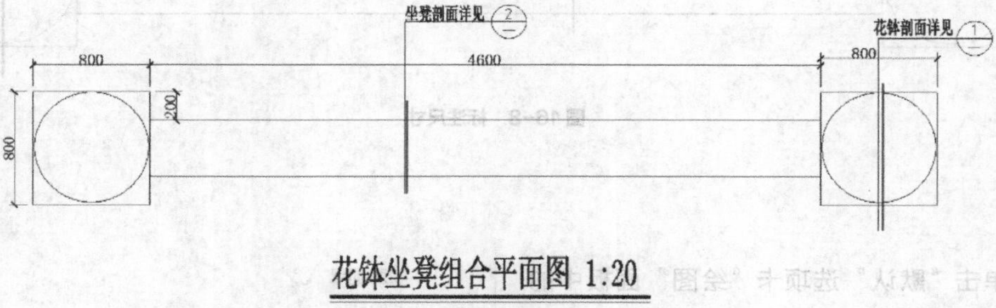

图16-1 花钵坐凳组合平面图

1. 绘制花钵坐凳组合平面图

（1）单击“默认”选项卡“绘图”面板中的“矩形”按钮，在图中绘制矩形，如图16-2所示。

（2）单击“默认”选项卡“绘图”面板中的“圆”按钮，在矩形内绘制圆，完成花钵的绘制，如图16-3所示。

图16-2 绘制矩形

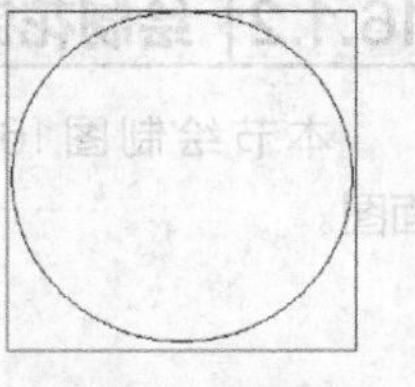

图16-3 绘制圆

（3）单击“默认”选项卡“绘图”面板中的“直线”按钮，以矩形右侧直线上一点为起点，向右绘制水平直线，如图16-4所示。

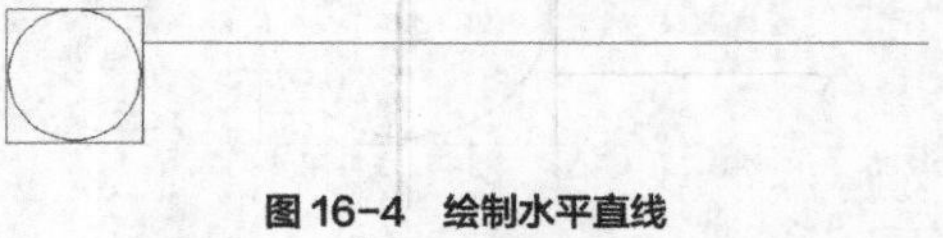

图16-4 绘制水平直线

（4）单击“默认”选项卡“修改”面板中的“偏移”按钮，将水平直线向下偏移一定的距离，如图16-5所示。

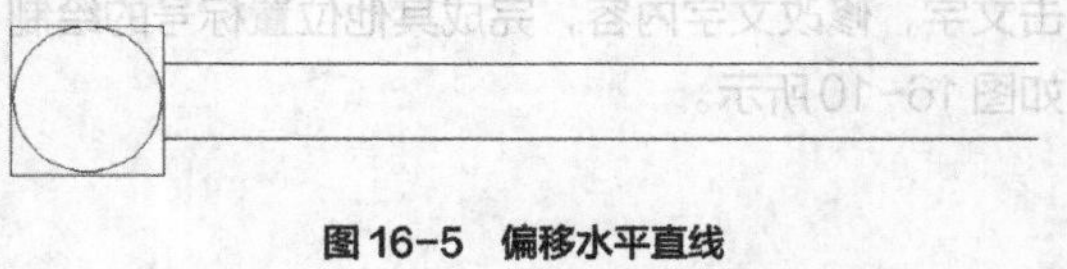

图16-5 偏移水平直线

（5）单击“默认”选项卡“修改”面板中的“复制”按钮，将花钵复制到另一侧，如图16-6所示。

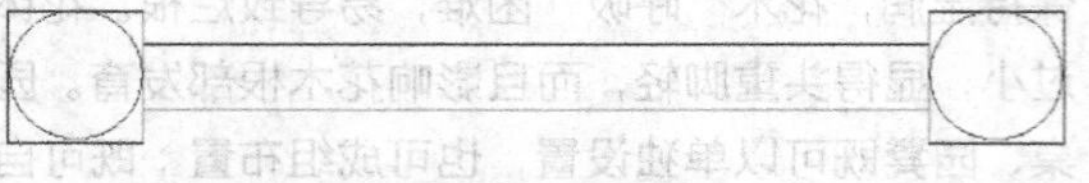

图16-6 复制花钵

（6）单击“默认”选项卡“绘图”面板中的“多段线”按钮，绘制剖切符号，如图16-7所示。

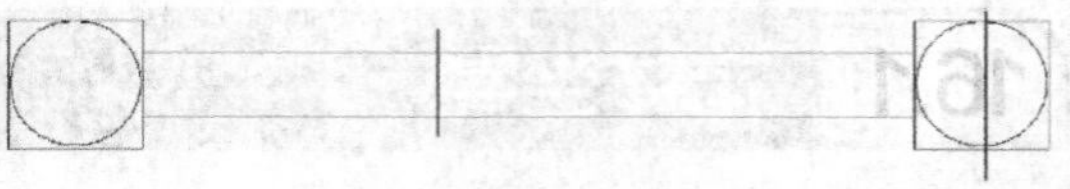

图16-7 绘制剖切符号

2. 标注图形

（1）单击“默认”选项卡“注释”面板中的“标注样式”按钮，弹出“标注样式管理器”对话框。然后新建一个标注样式，分别对“线”“符号和箭头”“文字”以及“主单位”选项卡进行设置。单击“默认”选项卡“注释”面板中的“线性”按钮，为图形标注尺寸，如图16-8所示。

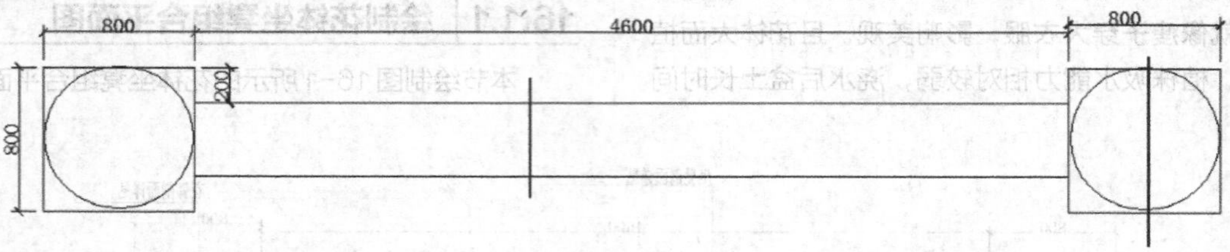

图16-8 标注尺寸

（2）单击“默认”选项卡“绘图”面板中的“直线”按钮、“圆”按钮和“注释”面板中的“多行文字”按钮A，绘制标号，如图16-9所示。

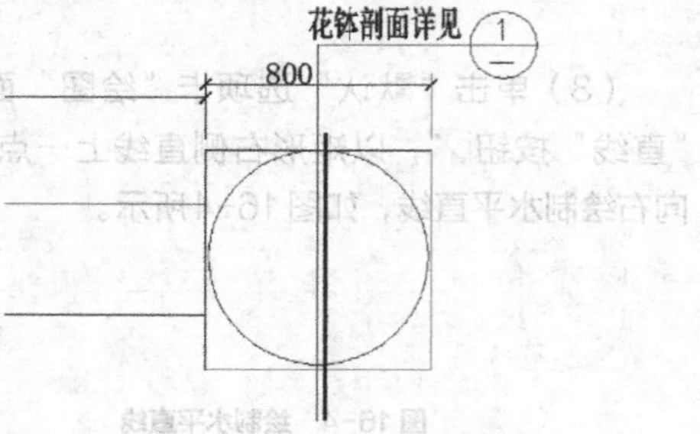

图16-9 绘制标号

（3）单击“默认”选项卡“修改”面板中的“复制”按钮，将标号复制到图中其他位置。双击文字，修改文字内容，完成其他位置标号的绘制，如图16-10所示。

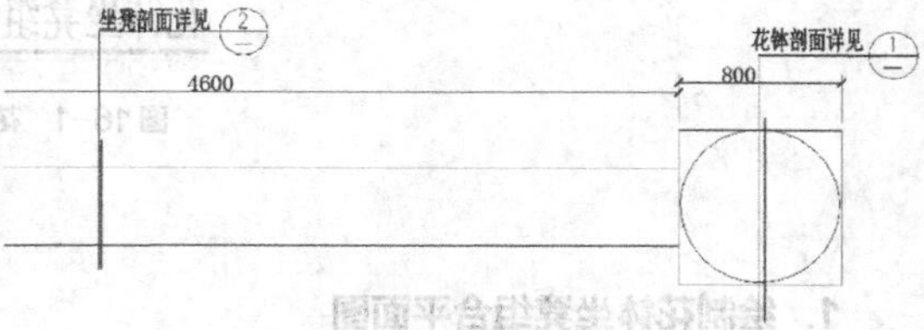

图16-10 绘制其他位置的标号

（4）单击“默认”选项卡“绘图”面板中的“直线”按钮、“多段线”按钮和“注释”面板中的“多行文字”按钮A，标注图名，如图16-1所示。

16.1.2 绘制花钵坐凳组合立面图

本节绘制图16-11所示的花钵坐凳组合立面图。

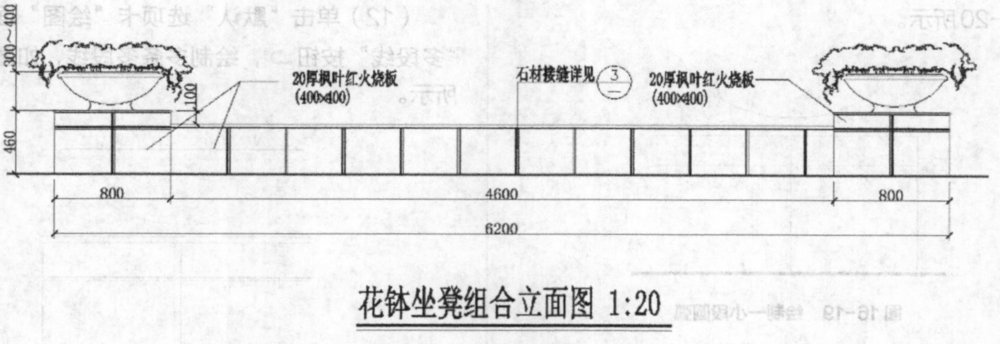

图16-11　花钵坐凳组合立面图

1. 绘制花钵坐凳组合立面图

（1）单击“默认”选项卡“绘图”面板中的“直线”按钮，绘制地坪线，如图16-12所示。

图16-12　绘制地坪线

（2）单击“默认”选项卡“绘图”面板中的“直线”按钮，以地坪线上任意一点为起点，绘制一条竖直直线，如图16-13所示。

图16-13　绘制竖直直线

（3）单击“默认”选项卡“修改”面板中的“偏移”按钮，将竖直直线向右偏移，如图16-14所示。

图16-14　偏移竖直直线

（4）单击“默认”选项卡“绘图”面板中的“矩形”按钮，在直线上方绘制矩形，如图16-15所示。

图16-15　绘制矩形

（5）单击“默认”选项卡“修改”面板中的“圆角”按钮，对矩形进行圆角处理，如图16-16所示。

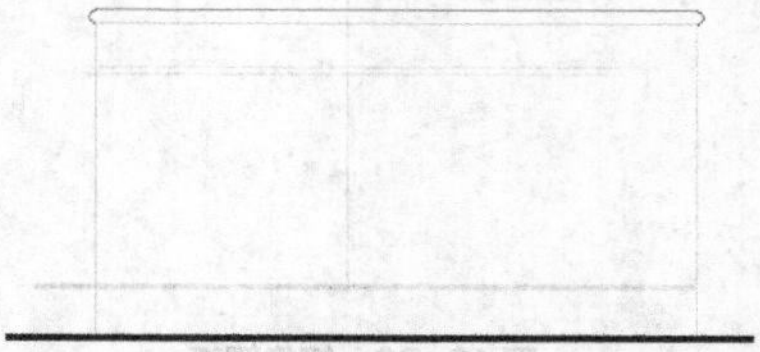

图16-16　进行圆角处理

（6）单击“默认”选项卡“绘图”面板中的“直线”按钮和“修改”面板中的“偏移”按钮，细化图形，如图16-17所示。

图16-17　细化图形

（7）单击“默认”选项卡“绘图”面板中的“圆弧”按钮，绘制圆弧，如图16-18所示。

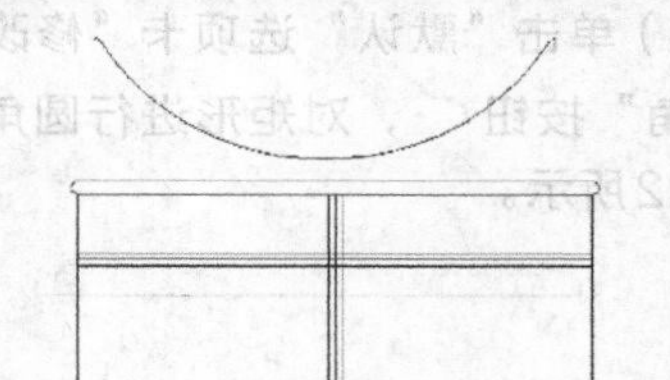

图16-18　绘制圆弧

（8）同理，在步骤（7）中绘制的圆弧下侧绘制一小段圆弧，如图16-19所示。

（9）单击“默认”选项卡“修改”面板中的“镜像”按钮，将圆弧镜像到另一侧，如

图16-20所示。

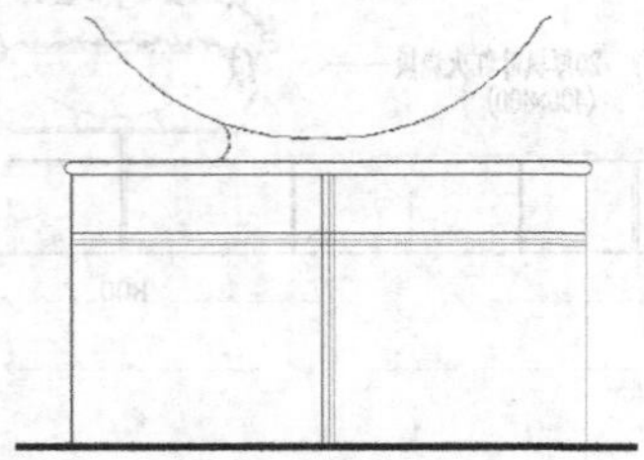

图16-19　绘制一小段圆弧

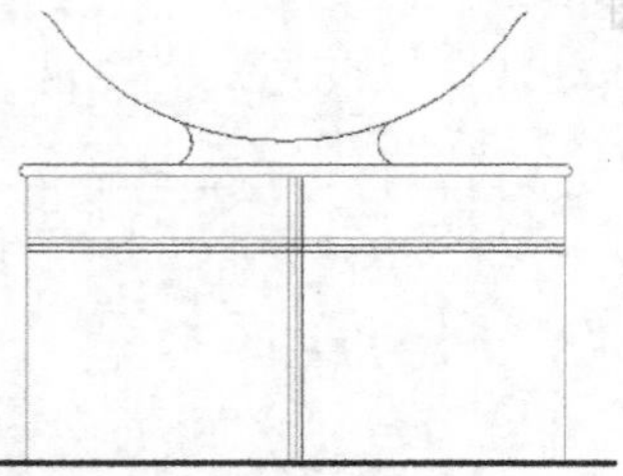

图16-20　镜像圆弧

（10）单击“默认”选项卡“绘图”面板中的“矩形”按钮，在大段圆弧上侧绘制矩形，如图16-21所示。

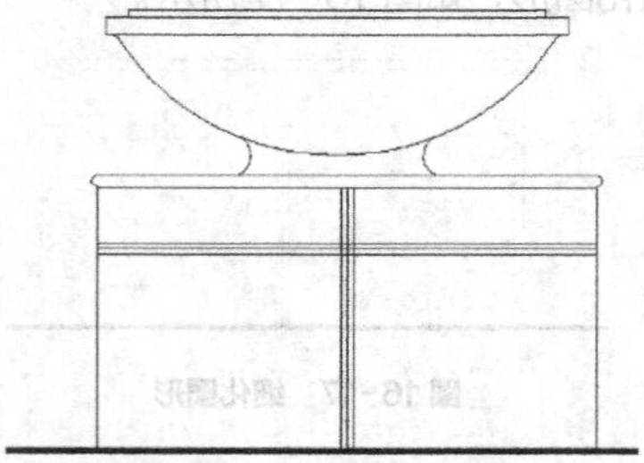

图16-21　绘制矩形

（11）单击“默认”选项卡“修改”面板中的“圆角”按钮，对矩形进行圆角处理，如图16-22所示。

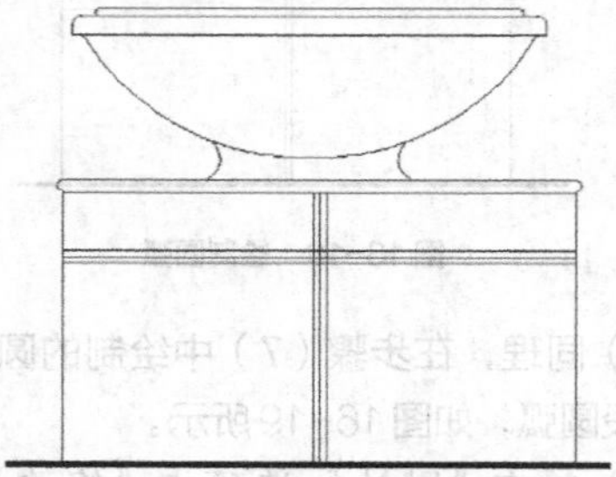

图16-22　进行圆角处理

（12）单击“默认”选项卡“绘图”面板中的“多段线”按钮，绘制多条多段线，如图16-23所示。

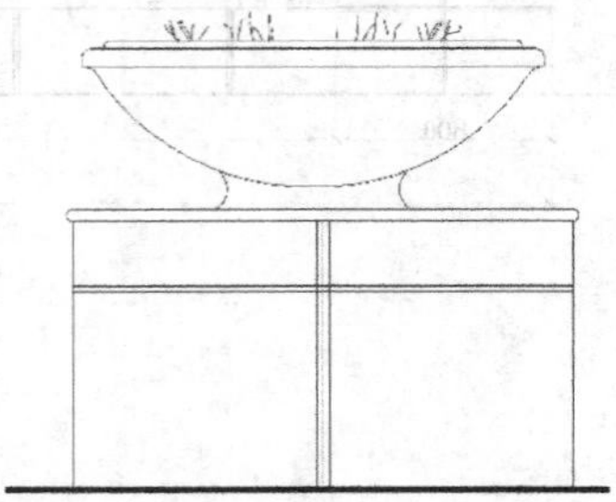

图16-23　绘制多段线

（13）单击“默认”选项卡“绘图”面板中的“徒手画修订云线”按钮，绘制云线，最终完成花钵的绘制，如图16-24所示。

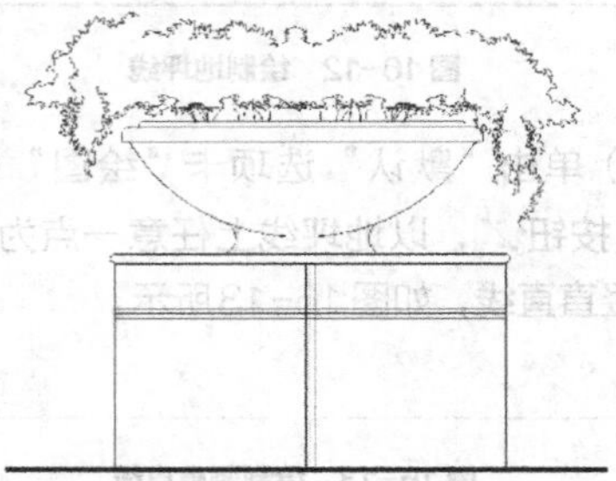

图16-24　绘制云线

（14）单击“默认”选项卡“绘图”面板中的“直线”按钮，绘制一条水平直线，如图16-25所示。

（15）单击“默认”选项卡“修改”面板中的“偏移”按钮，将水平直线向下偏移，如图16-26所示。

（16）单击“默认”选项卡“绘图”面板中的“直线”按钮，在图中合适的位置绘制3条竖直直线，如图16-27所示。

（17）单击“默认”选项卡“修改”面板中的“复制”按钮，依次向右复制竖直直线，完成坐凳的绘制，如图16-28所示。

（18）单击“默认”选项卡“修改”面板中的“复制”按钮，将花钵复制到另一侧，如图16-29所示。

2．标注图形

（1）单击“默认”选项卡“注释”面板中的

“标注样式”按钮，弹出“标注样式管理器”对话框。然后新建一个标注样式，分别对“线”“符号和箭头”“文字”以及“主单位”选项卡进行设置。

单击“默认”选项卡“注释”面板中的“线性”按钮，为图形标注尺寸，如图16-30所示。

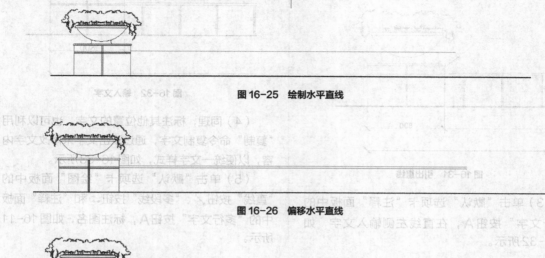

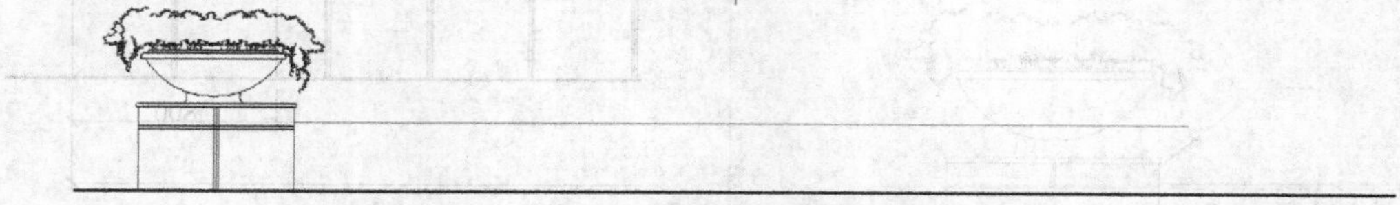

图 16-25 绘制水平直线

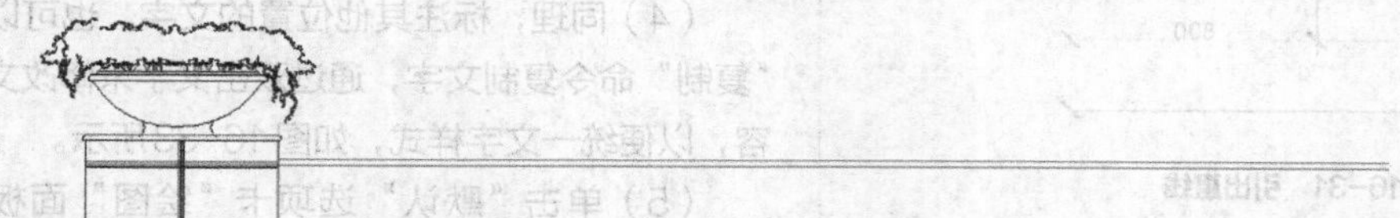

图 16-26 偏移水平直线

图 16-27 绘制竖直直线

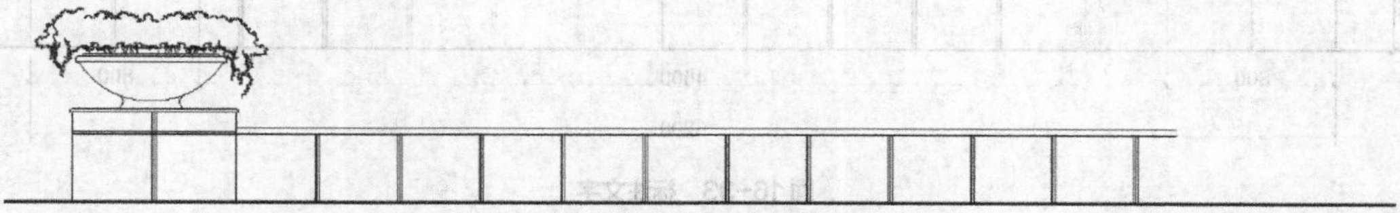

图 16-28 复制竖直直线

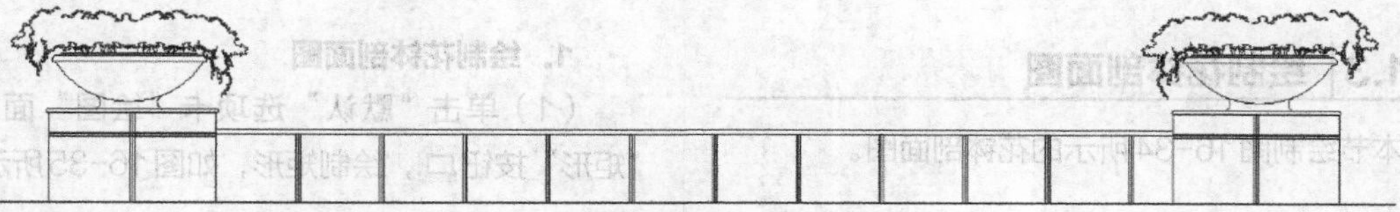

图 16-29 复制花钵

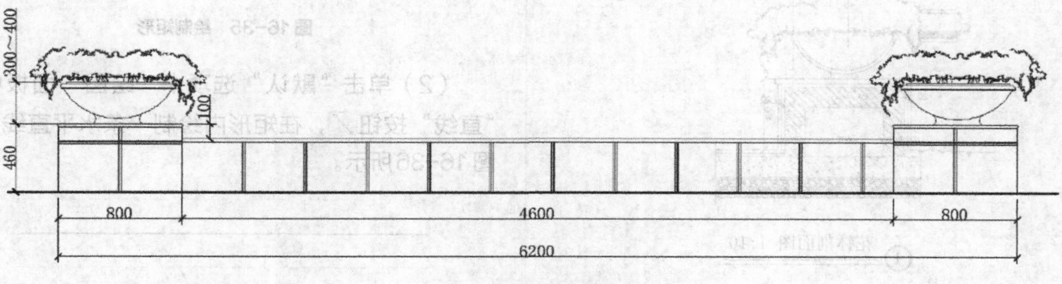

图 16-30 标注尺寸

（2）单击“默认”选项卡“绘图”面板中的“直线”按钮，在图中引出直线，如图16-31所示。

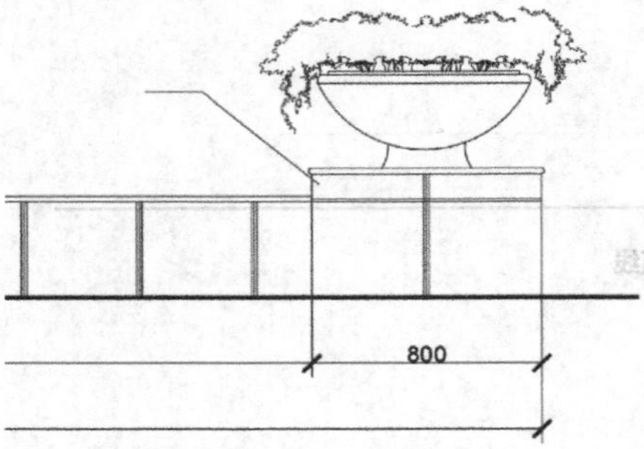

图16-31 引出直线

（3）单击“默认”选项卡“注释”面板中的“多行文字”按钮A，在直线左侧输入文字，如图16-32所示。

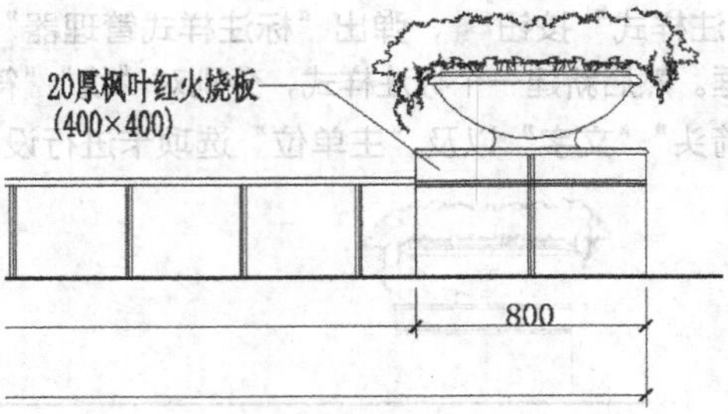

图16-32 输入文字

（4）同理，标注其他位置的文字，也可以利用“复制”命令复制文字，通过双击文字来修改文字内容，以便统一文字样式，如图16-33所示。

（5）单击“默认”选项卡“绘图”面板中的“直线”按钮、“多段线”按钮和“注释”面板中的“多行文字”按钮A，标注图名，如图16-11所示。

图16-33 标注文字

16.1.3 绘制花钵剖面图

本节绘制图16-34所示的花钵剖面图。

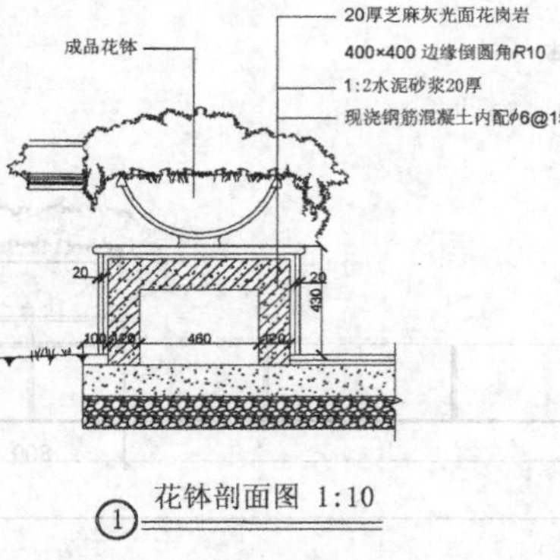

图16-34 花钵剖面图

1. 绘制花钵剖面图

（1）单击“默认”选项卡“绘图”面板中的“矩形”按钮，绘制矩形，如图16-35所示。

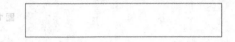

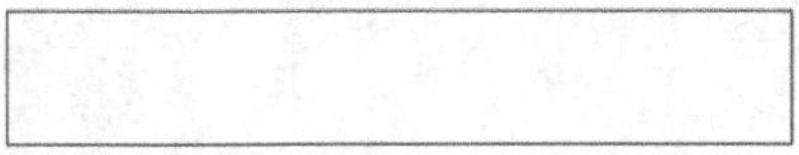

图16-35 绘制矩形

（2）单击“默认”选项卡“绘图”面板中的“直线”按钮，在矩形内绘制一条水平直线，如图16-36所示。

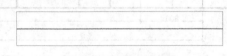

图16-36 绘制水平直线

（3）单击“默认”选项卡“修改”面板中的“分解”按钮，将矩形分解。然后单击“默认”选项卡“修改”面板中的“删除”按钮，将右侧直线删除，如图16-37所示。

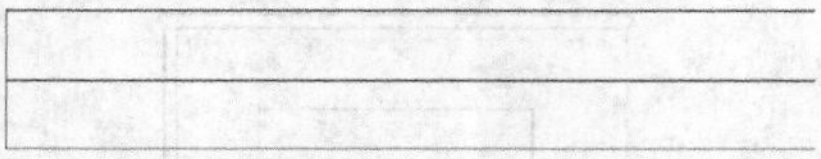

图16-37 删除右侧直线

（4）单击“默认”选项卡“绘图”面板中的“直线”按钮，绘制折断线，如图16-38所示。

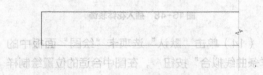

图16-38 绘制折断线

（5）单击“默认”选项卡“绘图”面板中的“直线”按钮，绘制连续线段，如图16-39所示。

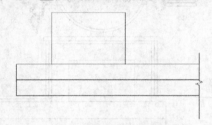

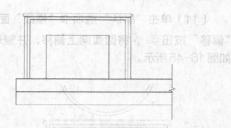

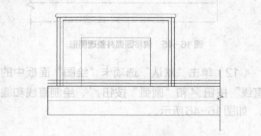

图16-39 绘制连续线段

（6）单击“默认”选项卡“修改”面板中的“偏移”按钮，将步骤（5）中绘制的连续线段向外偏移，如图16-40所示。

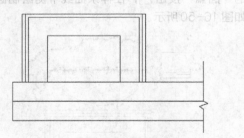

图16-40 偏移直线（1）

（7）单击“默认”选项卡“绘图”面板中的“矩形”按钮，在图形顶侧绘制矩形。然后单击“默认”选项卡“修改”面板中的“圆角”按钮，对矩形进行圆角处理，如图16-41所示。

图16-41 进行圆角处理

（8）单击“默认”选项卡“修改”面板中的“偏移”按钮，将最下侧水平直线向上偏移，如图16-42所示。

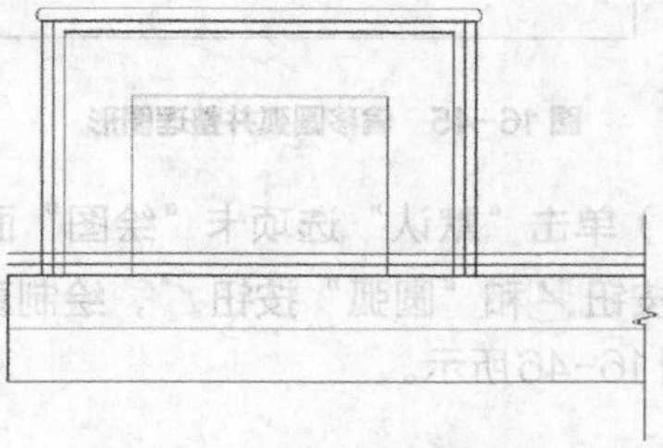

图16-42 偏移直线（2）

（9）单击“默认”选项卡“修改”面板中的“修剪”按钮，修剪多余的直线，如图16-43所示。

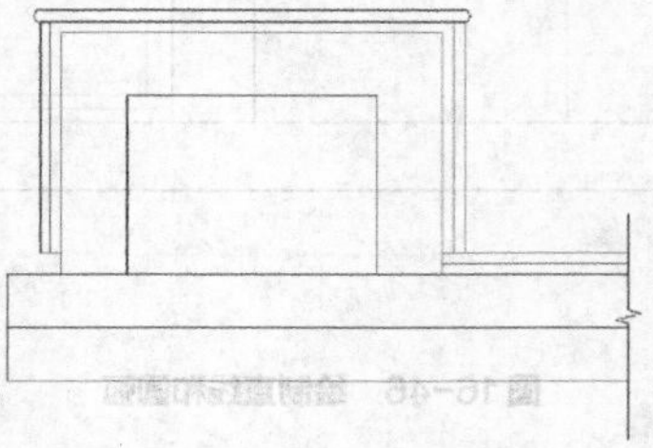

图16-43 修剪多余的直线

（10）单击“默认”选项卡“绘图”面板中的“圆弧”按钮，在图形上侧绘制圆弧，如图16-44所示。

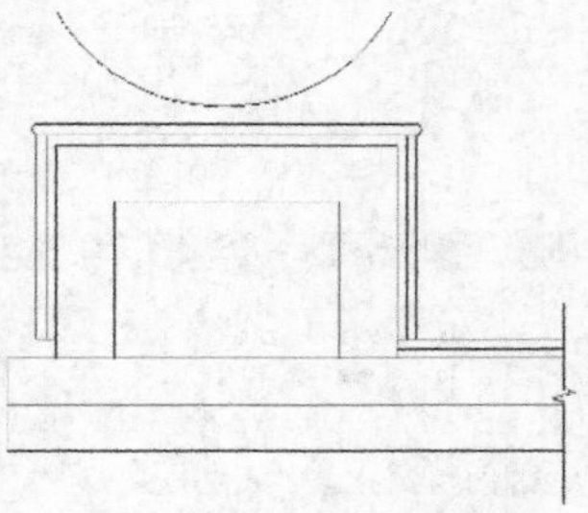

图16-44 绘制圆弧

（11）单击“默认”选项卡“修改”面板中的“偏移”按钮 ⊆，将圆弧向上偏移，并整理图形，如图16-45所示。

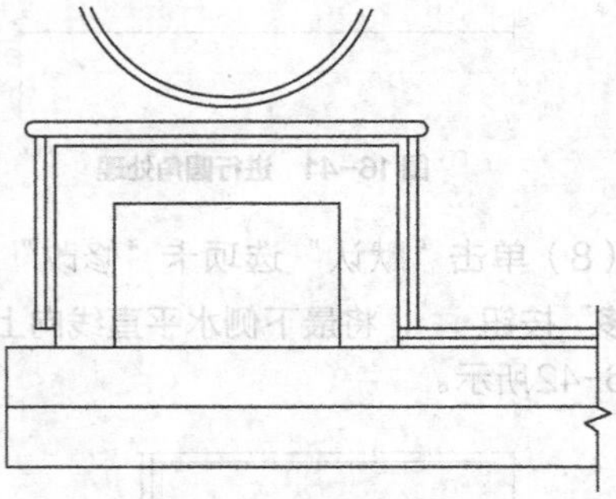

图16-45　偏移圆弧并整理图形

（12）单击“默认”选项卡“绘图”面板中的“直线”按钮和“圆弧”按钮，绘制直线和圆弧，如图16-46所示。

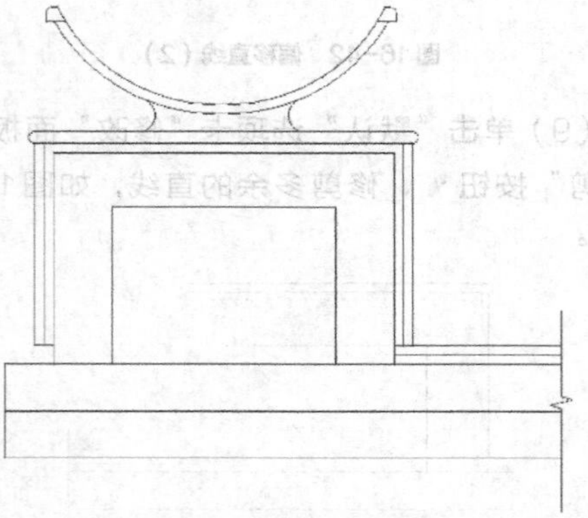

图16-46　绘制直线和圆弧

（13）单击“默认”选项卡“块”面板中的“插入”按钮，选择“最近使用的块”选项，打开“块”选项板，如图16-47所示。将花钵装饰插入图中，如图16-48所示。

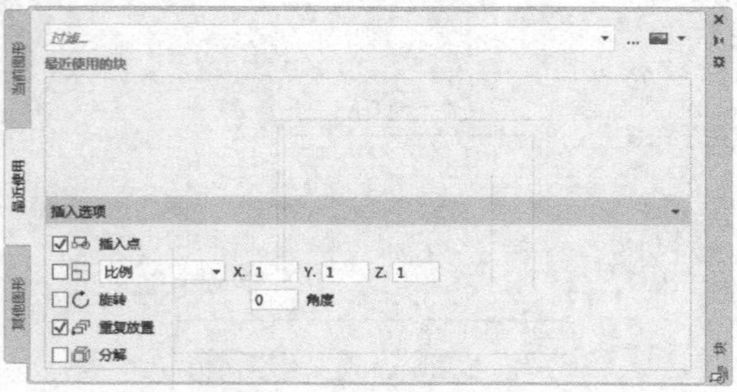

图16-47　“块”选项板

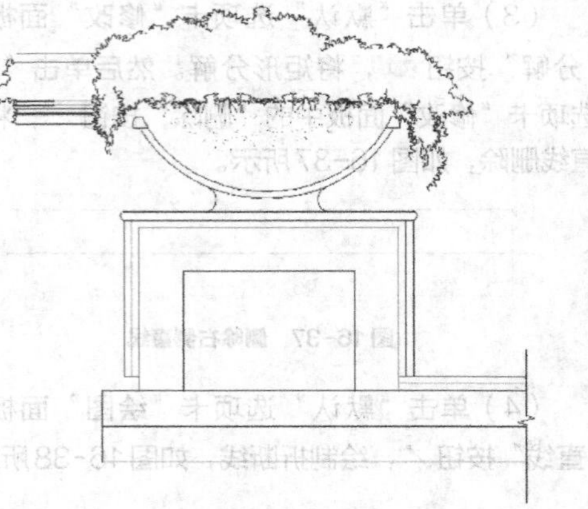

图16-48　插入花钵装饰

（14）单击“默认”选项卡“绘图”面板中的“样条曲线拟合”按钮，在图中合适的位置绘制样条曲线，如图16-49所示。

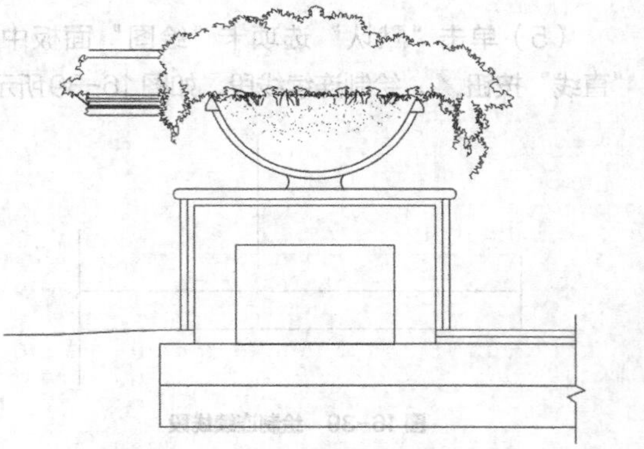

图16-49　绘制样条曲线

（15）单击“默认”选项卡“绘图”面板中的“圆弧”按钮，在样条曲线下侧绘制圆弧，如图16-50所示。

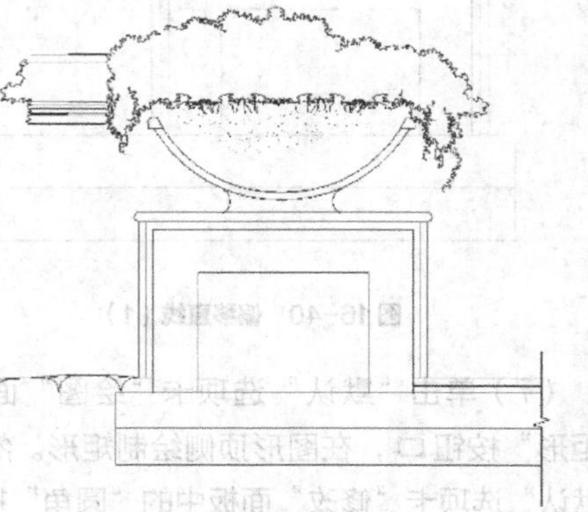

图16-50　绘制圆弧

（16）单击“默认”选项卡“绘图”面板中的“直线”按钮，在样条曲线上侧绘制直线，如图16-51所示。

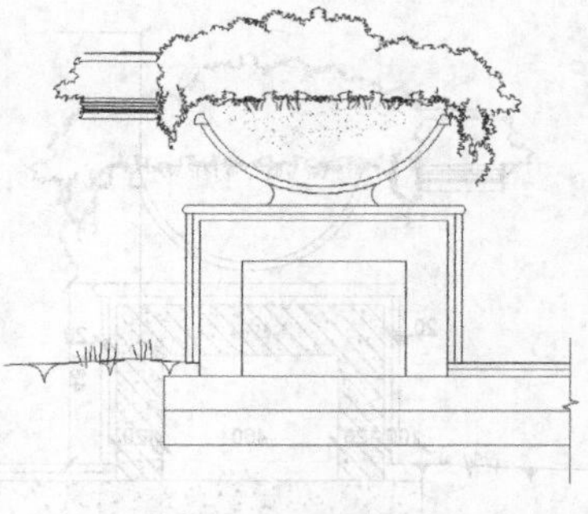

图 16-51 绘制直线

（17）单击“默认”选项卡“绘图”面板中的“图案填充”按钮，选择“图案填充创建”选项卡，选择图案“ANSI31”，如图16-52所示。然后设置填充比例，填充图形，如图16-53所示。

（18）同理，填充剩余图形，如图16-54所示。

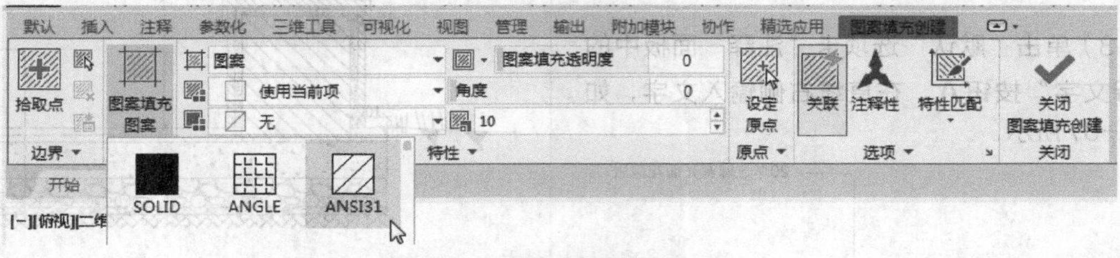

图 16-52 “图案填充创建”选项卡

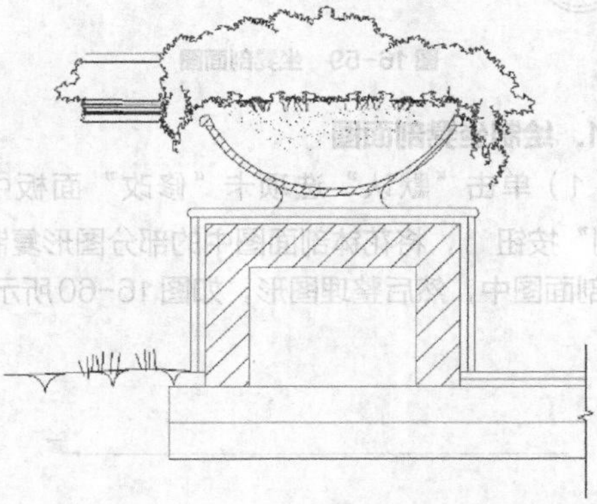

图 16-53 填充图形

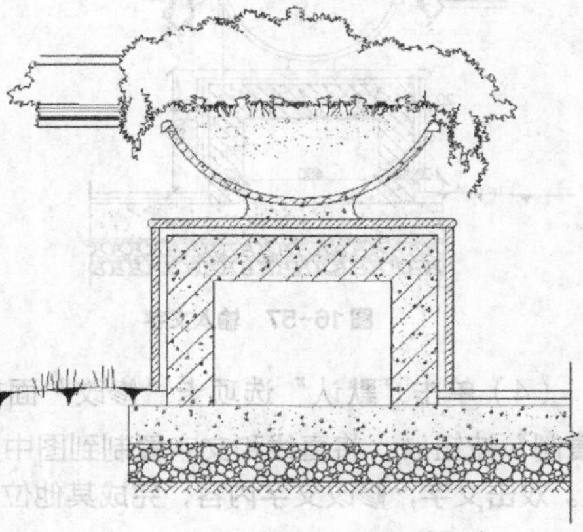

图 16-54 填充剩余图形

2. 标注图形

（1）单击“默认”选项卡“注释”面板中的“标注样式”按钮，弹出“标注样式管理器”对话框。然后新建一个标注样式，分别对“线”“符号”“箭头”“文字”以及“主单位”选项卡进行设置。单击“默认”选项卡“注释”面板中的“线性”按钮，为图形标注尺寸，如图16-55所示。

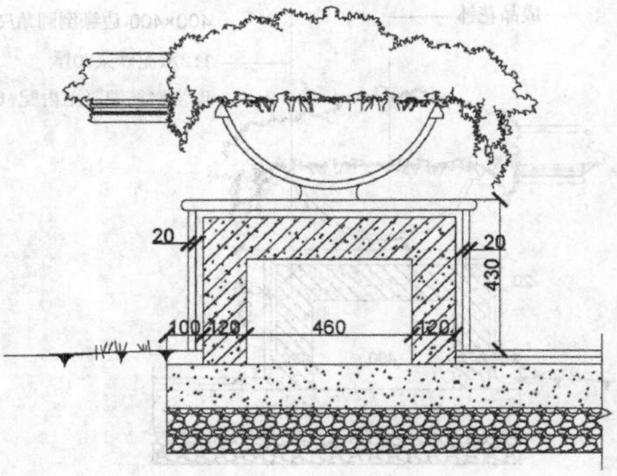

图 16-55 标注尺寸

（2）单击“默认”选项卡“绘图”面板中的“直线”按钮，在图中引出直线，如图16-56所示。

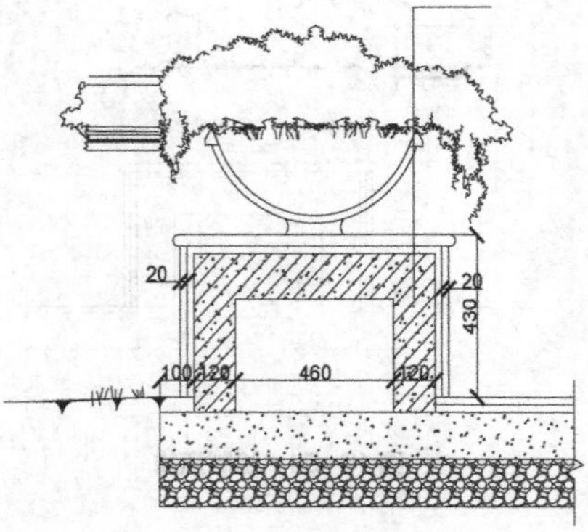

图 16-56　引出直线

（3）单击“默认”选项卡“注释”面板中的“多行文字”按钮A，在直线右侧输入文字，如图16-57所示。

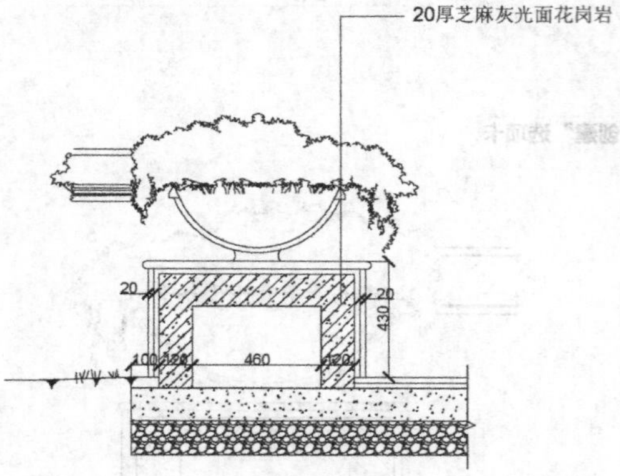

图 16-57　输入文字

（4）单击“默认”选项卡“修改”面板中的“复制”按钮，将直线和文字复制到图中其他位置。双击文字，修改文字内容，完成其他位置文字的标注，如图16-58所示。

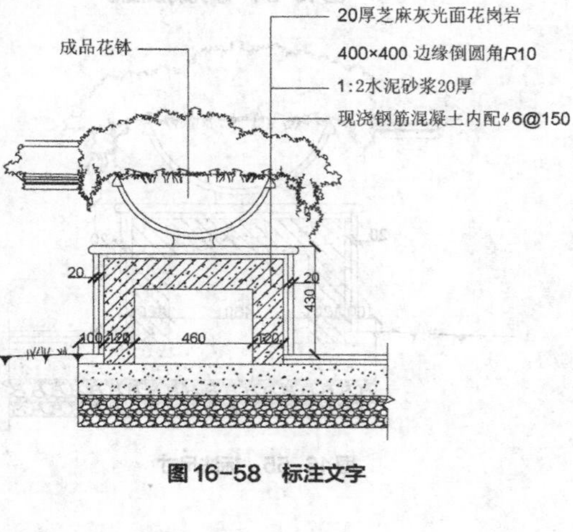

图 16-58　标注文字

（5）单击“默认”选项卡“绘图”面板中的“直线”按钮、“圆”按钮、“多段线”按钮和“注释”面板中的“多行文字”按钮A，标注图名，如图16-34所示。

16.1.4 绘制坐凳剖面图

本节绘制图16-59所示的坐凳剖面图。

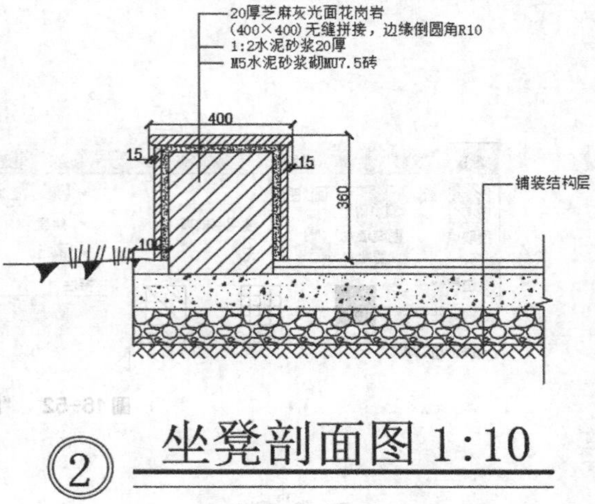

图 16-59　坐凳剖面图

1. 绘制坐凳剖面图

（1）单击“默认”选项卡“修改”面板中的“复制”按钮，将花钵剖面图中的部分图形复制到坐凳剖面图中，然后整理图形，如图16-60所示。

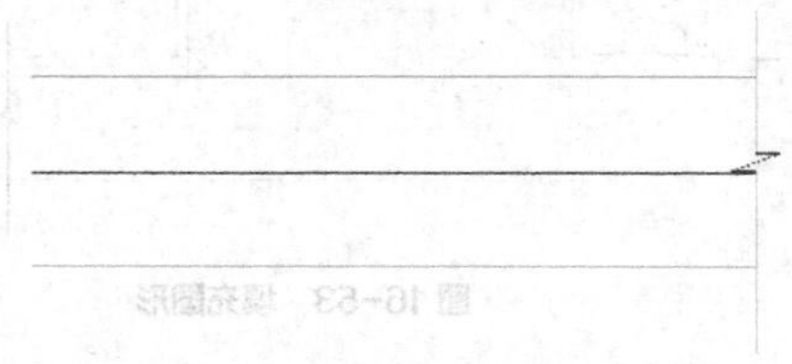

图 16-60　复制图形并整理

（2）单击“默认”选项卡“绘图”面板中的“直线”按钮，绘制连续线段，如图16-61所示。

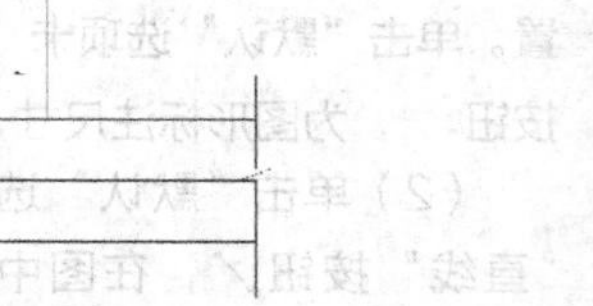

图 16-61　绘制连续线段

（3）单击“默认”选项卡“修改”面板中的“偏移”按钮，对步骤（2）中绘制的连续线段进行偏移，如图16-62所示。

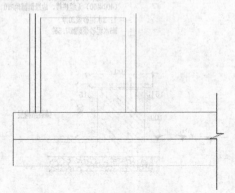

图16-62 偏移连续线段

（4）单击“默认”选项卡“绘图”面板中的“矩形”按钮，在图中合适的位置绘制圆角矩形，如图16-63所示。

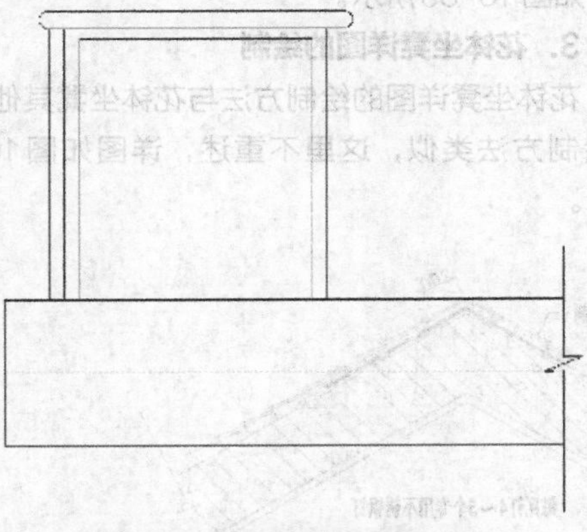

图16-63 绘制圆角矩形

（5）单击“默认”选项卡“绘图”面板中的“直线”按钮、“圆弧”按钮和“样条曲线拟合”按钮，绘制左侧图形，如图16-64所示。

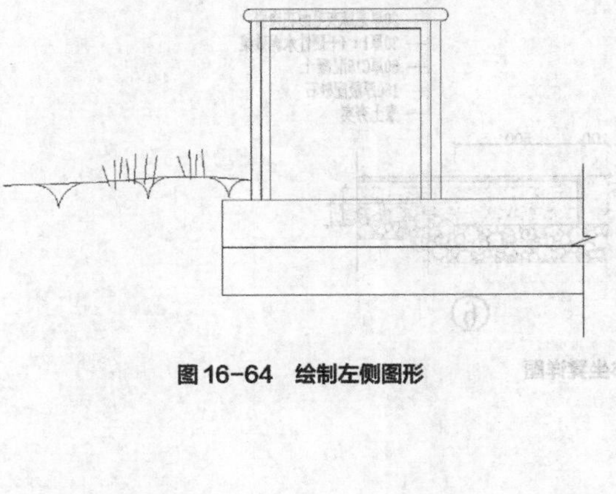

图16-64 绘制左侧图形

（6）单击“默认”选项卡“绘图”面板中的“直线”按钮和“修改”面板中的“修剪”按钮，绘制剩余图形，如图16-65所示。

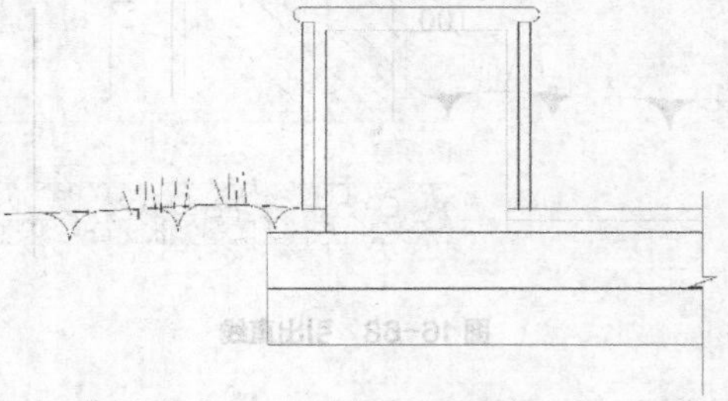

图16-65 绘制剩余图形

（7）单击“默认”选项卡“绘图”面板中的“图案填充”按钮，填充图形，如图16-66所示。

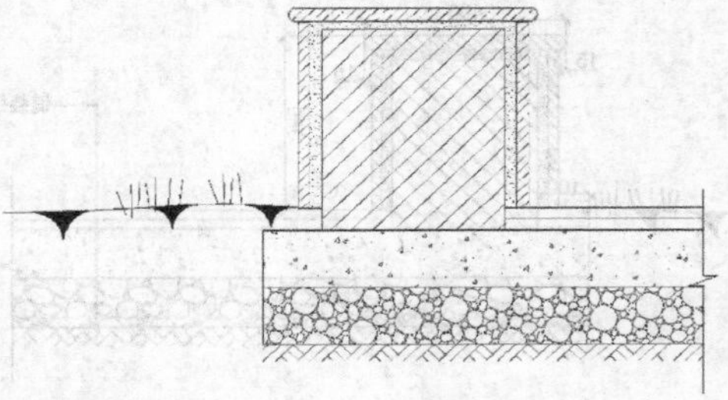

图16-66 填充图形

2．标注图形

（1）单击“默认”选项卡“注释”面板中的“标注样式”按钮，弹出“标注样式管理器”对话框。然后新建一个标注样式，分别对“线”“符号和箭头”“文字”以及“主单位”选项卡进行设置。单击“默认”选项卡“注释”面板中的“线性”按钮，为图形标注尺寸，如图16-67所示。

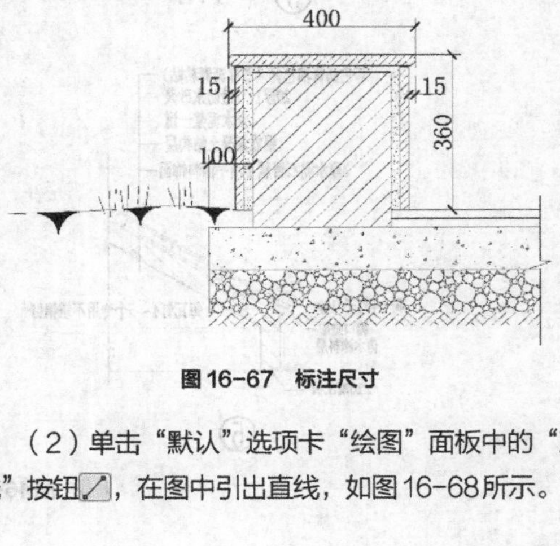

图16-67 标注尺寸

（2）单击“默认”选项卡“绘图”面板中的“直线”按钮，在图中引出直线，如图16-68所示。

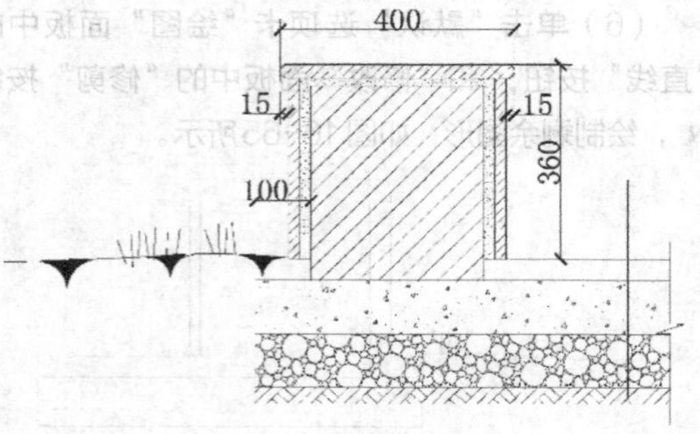

图 16-68 引出直线

（3）单击“默认”选项卡“注释”面板中的“多行文字”按钮A，在直线右侧输入文字，如图16-69所示。

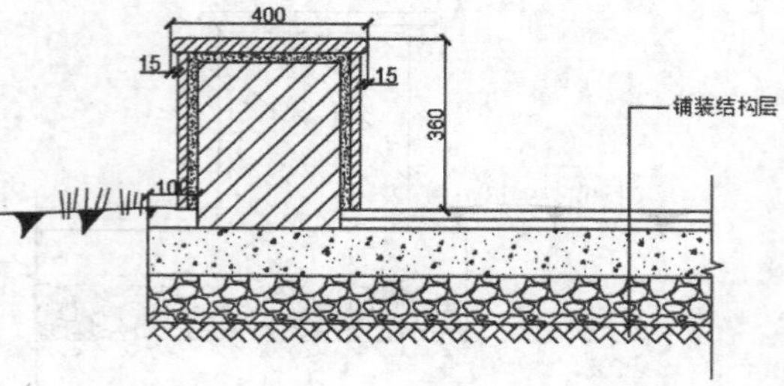

图 16-69 输入文字

（4）同理，标注其他位置的文字，如图16-70所示。

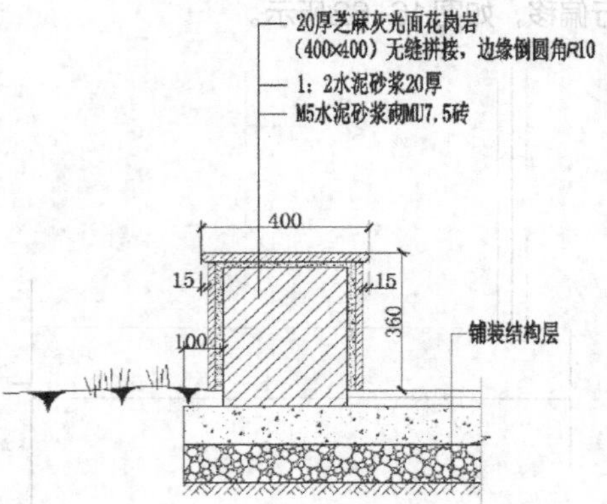

图 16-70 标注文字

（5）单击“默认”选项卡“绘图”面板中的“直线”按钮、“圆”按钮、“多段线”按钮和“注释”面板中的“多行文字”按钮A，标注图名，如图16-59所示。

3. 花钵坐凳详图的绘制

花钵坐凳详图的绘制方法与花钵坐凳其他图形的绘制方法类似，这里不重述，详图如图16-71所示。

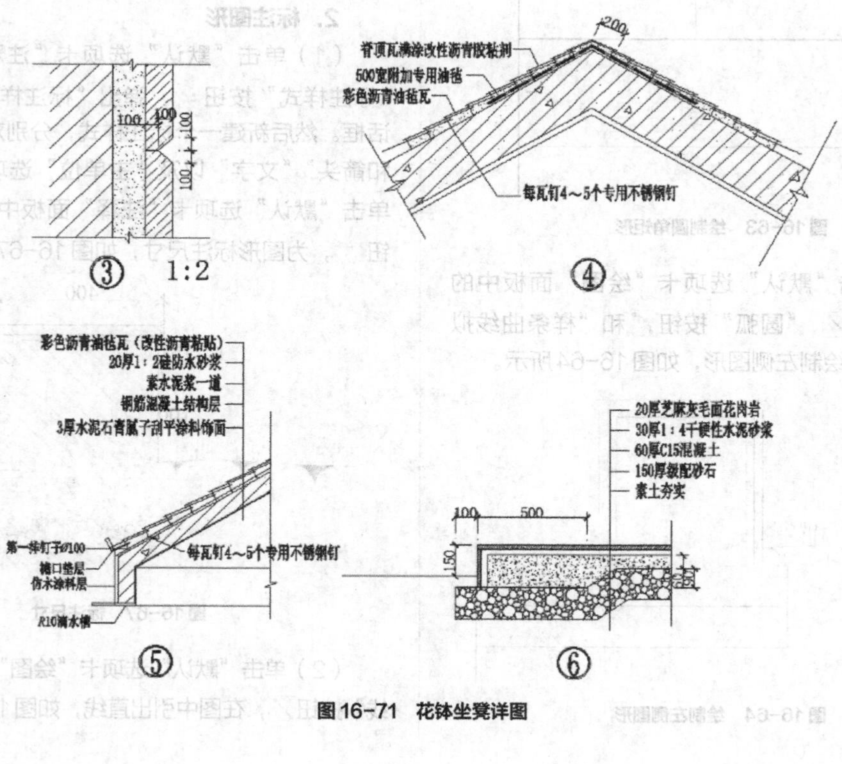

图 16-71 花钵坐凳详图

16.2 升旗台

学校作为教育场所，升旗台是必不可少的一种建筑。升旗台一般要设计得大方、规整，以与国旗的尊严相吻合。

16.2.1 绘制升旗台平面图

本节绘制图16-72所示的升旗台平面图。

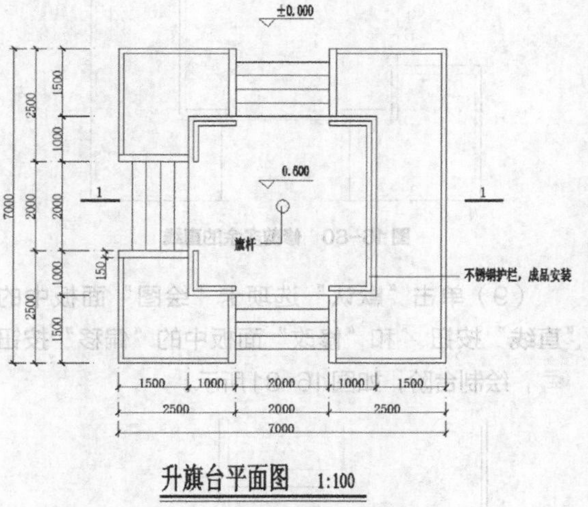

图16-72 升旗台平面图

1. 绘制升旗台平面图

（1）单击“默认”选项卡“绘图”面板中的“矩形”按钮，绘制一个“4000×4000”的矩形，如图16-73所示。

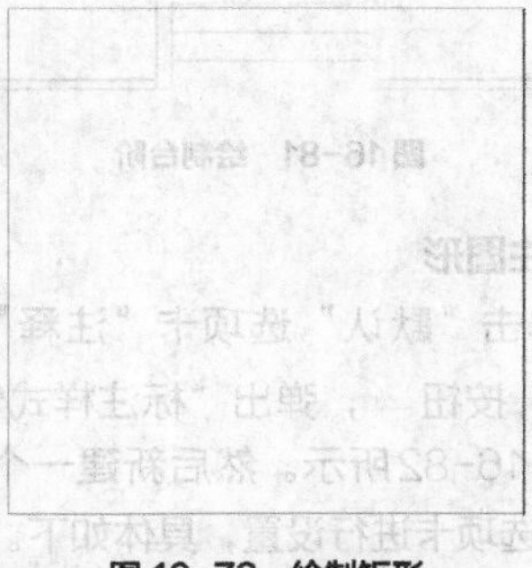

图16-73 绘制矩形

（2）单击“默认”选项卡“修改”面板中的“偏移”按钮，向内依次偏移矩形，如图16-74所示。

（3）单击“默认”选项卡“绘图”面板中的“直线”按钮，在图中绘制短直线，如图16-75所示。

图16-74 偏移矩形

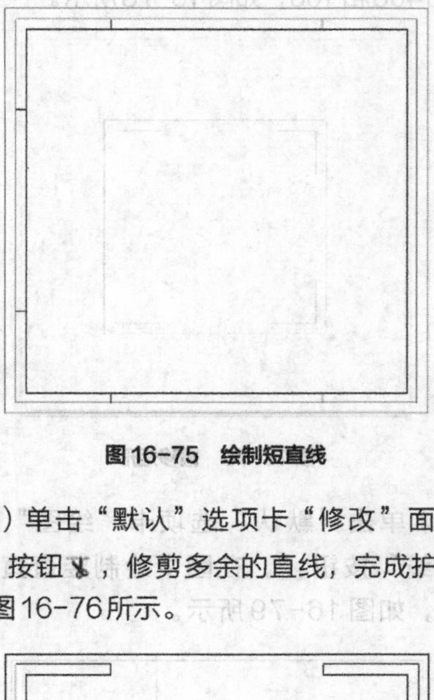

图16-75 绘制短直线

（4）单击“默认”选项卡“修改”面板中的“修剪”按钮，修剪多余的直线，完成护栏的绘制，如图16-76所示。

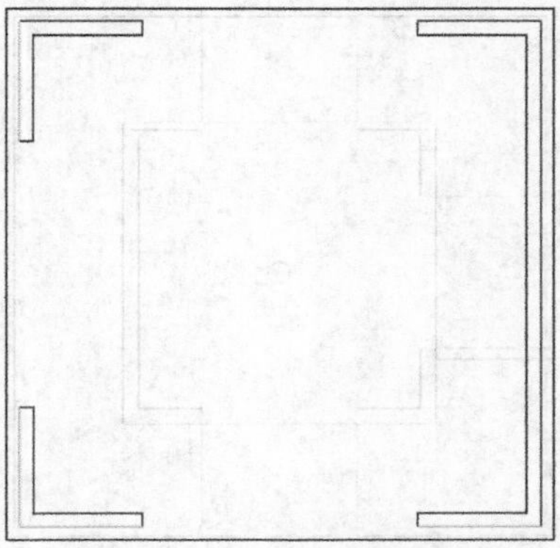

图16-76 绘制护栏

（5）单击“默认”选项卡“绘图”面板中的“圆”按钮，在中间位置绘制旗杆，如图16-77所示。

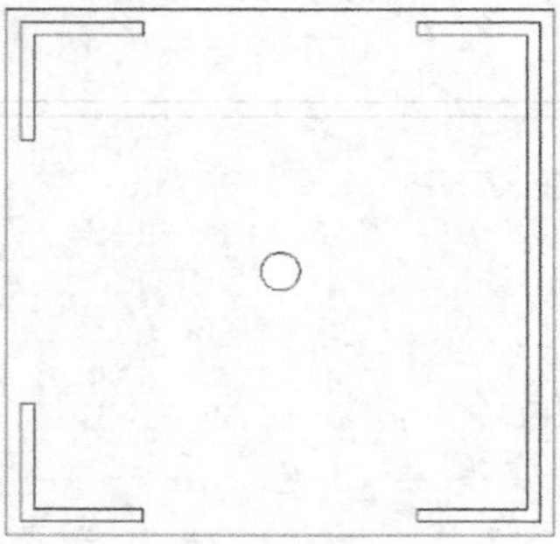

图16-77　绘制旗杆

（6）单击“默认”选项卡“修改”面板中的“偏移”按钮，将外侧矩形向外依次偏移，偏移距离为1400和100，如图16-78所示。

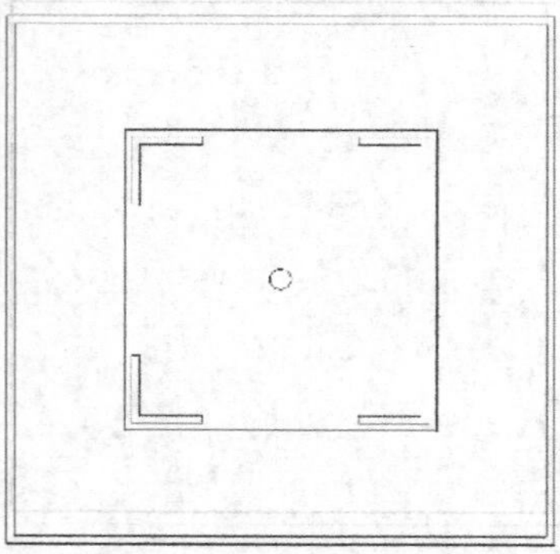

图16-78　偏移矩形

（7）单击“默认”选项卡“绘图”面板中的“直线”按钮，在图中绘制竖直直线和水平直线，如图16-79所示。

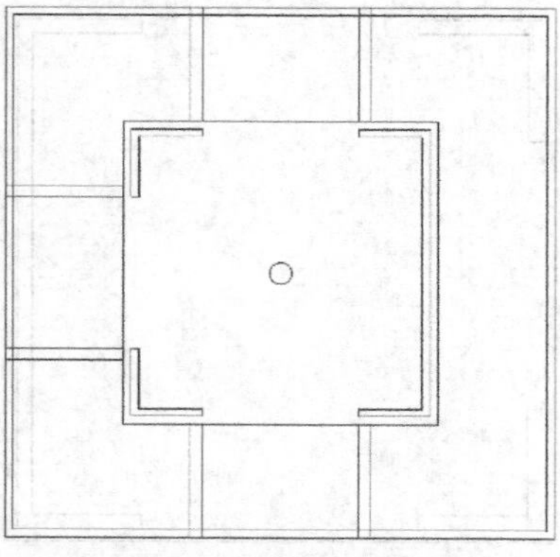

图16-79　绘制竖直直线和水平直线

（8）单击“默认”选项卡“修改”面板中的“修剪”按钮，修剪多余的直线，如图16-80所示。

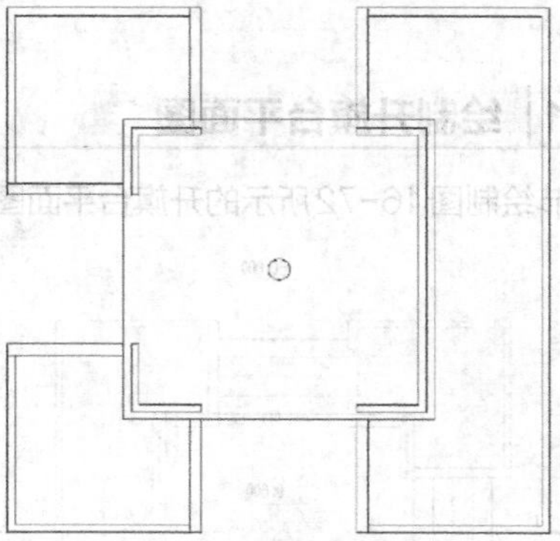

图16-80　修剪多余的直线

（9）单击“默认”选项卡“绘图”面板中的“直线”按钮和“修改”面板中的“偏移”按钮，绘制台阶，如图16-81所示。

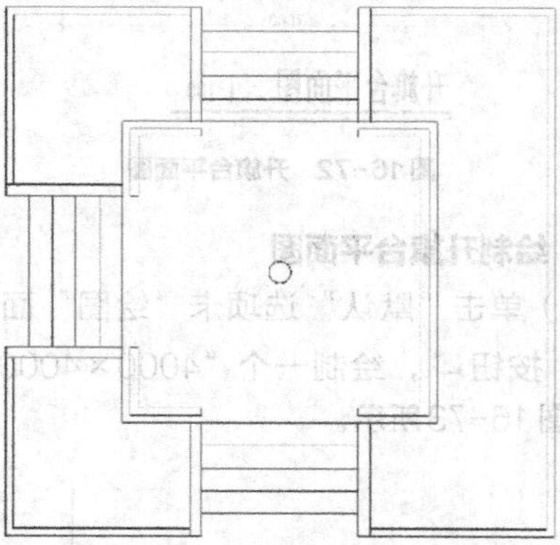

图16-81　绘制台阶

2. 标注图形

（1）单击“默认”选项卡“注释”面板中的“标注样式”按钮，弹出“标注样式管理器”对话框，如图16-82所示。然后新建一个标注样式，分别对各个选项卡进行设置，具体如下。

“线”选项卡：超出尺寸线为20，起点偏移量为20。

“符号和箭头”选项卡：第一个为用户箭头，选择建筑标记，箭头大小为50。

“文字”选项卡：文字高度为100，文字位置为垂直上，文字对齐为ISO标准。

“主单位”选项卡：精度为0，比例因子为1。

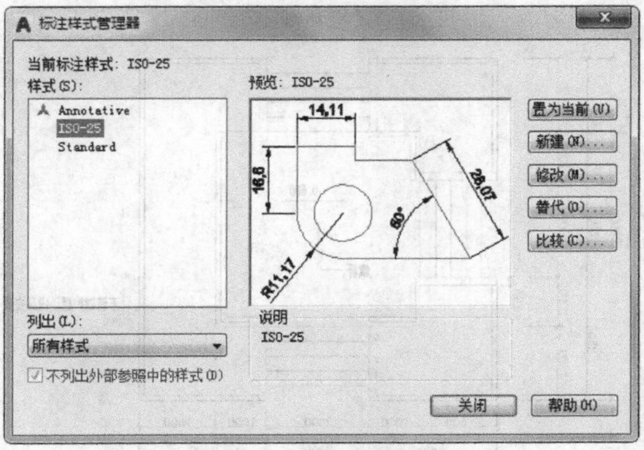

图 16-82 “标注样式管理器”对话框

（2）单击“默认”选项卡“注释”面板中的“线性”按钮和“连续”按钮，标注第一道尺寸，如图 16-83 所示。

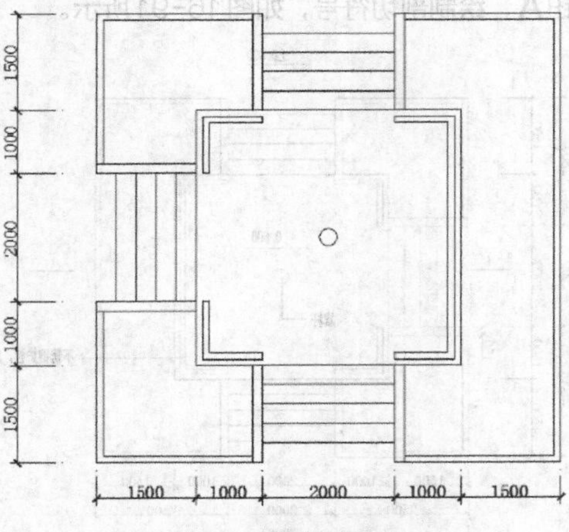

图 16-83 标注第一道尺寸

（3）同理，标注第二道尺寸，如图 16-84 所示。

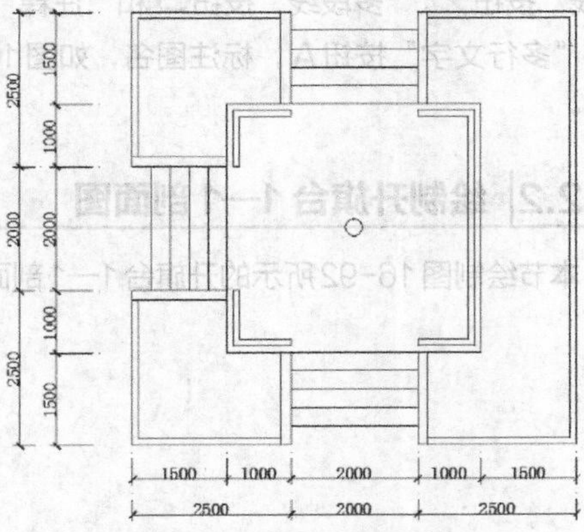

图 16-84 标注第二道尺寸

（4）单击“默认”选项卡“注释”面板中的“线性”按钮，标注总尺寸，如图 16-85 所示。

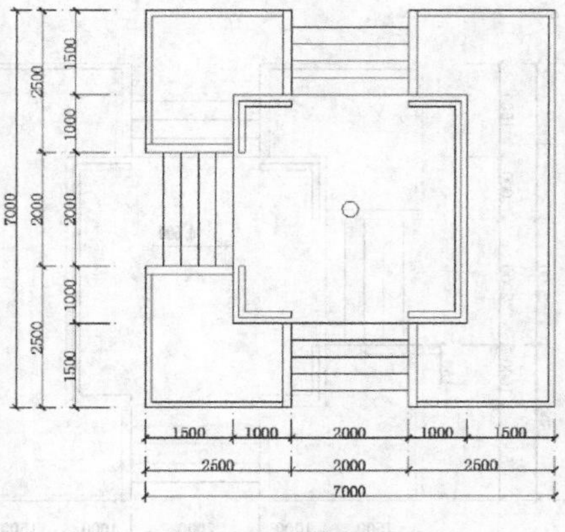

图 16-85 标注总尺寸

（5）同理，标注细节尺寸，如图 16-86 所示。

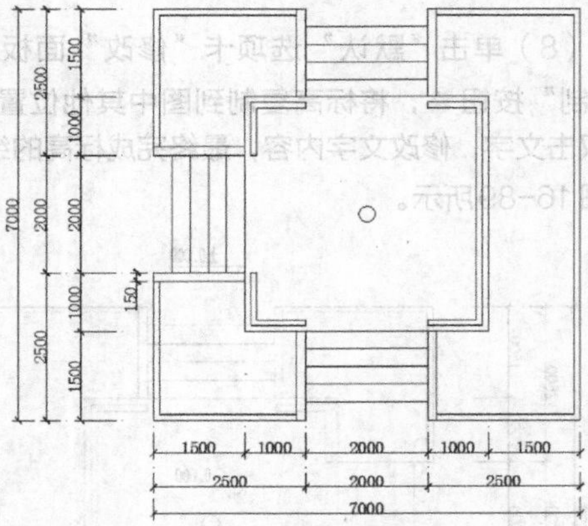

图 16-86 标注细节尺寸

（6）单击“默认”选项卡“绘图”面板中的“直线”按钮，绘制标高符号，如图 16-87 所示。

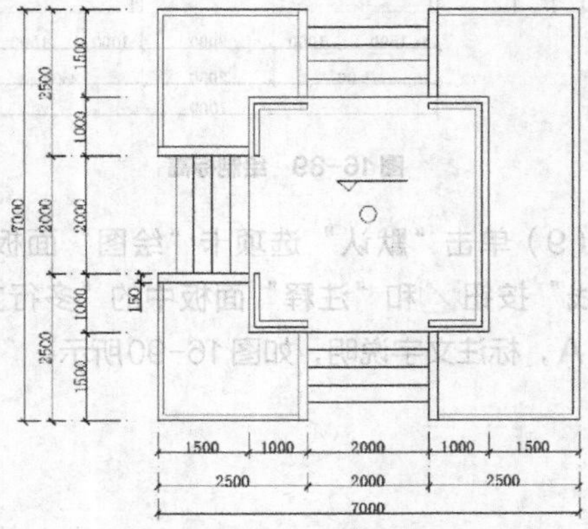

图 16-87 绘制标高符号

（7）单击“默认”选项卡“注释”面板中的“多行文字”按钮A，输入标高数值，如图16-88所示。

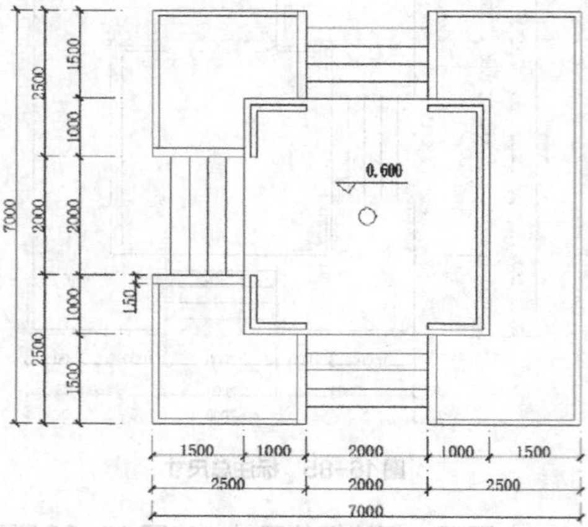

图16-88 输入标高数值

（8）单击“默认”选项卡“修改”面板中的“复制”按钮，将标高复制到图中其他位置。然后双击文字，修改文字内容，最终完成标高的绘制，如图16-89所示。

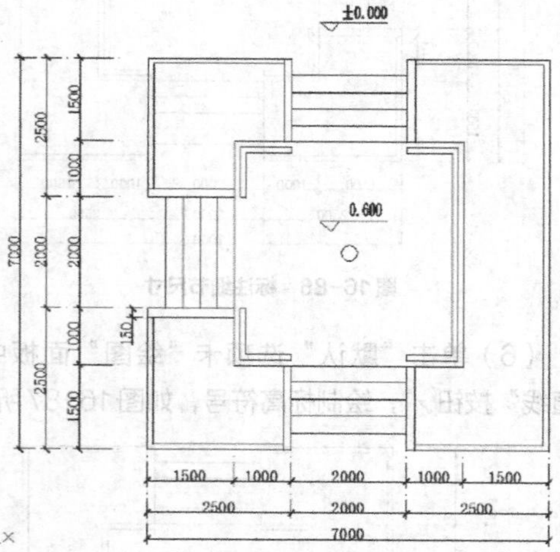

图16-89 绘制标高

（9）单击“默认”选项卡“绘图”面板中的“直线”按钮和“注释”面板中的“多行文字”按钮A，标注文字说明，如图16-90所示。

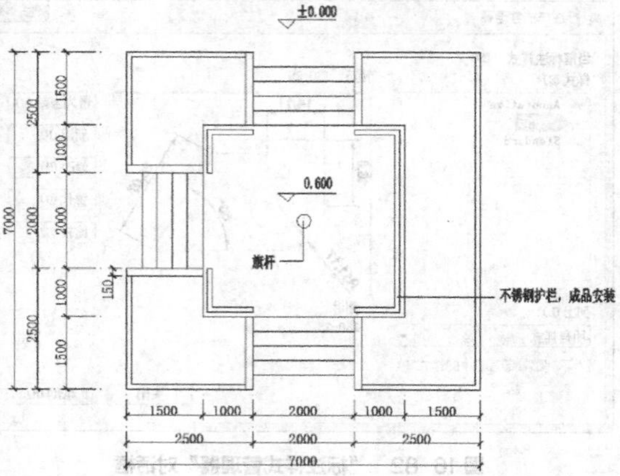

图16-90 标注文字说明

（10）单击“默认”选项卡“绘图”面板中的“多段线”按钮和“注释”面板中的“多行文字”按钮A，绘制剖切符号，如图16-91所示。

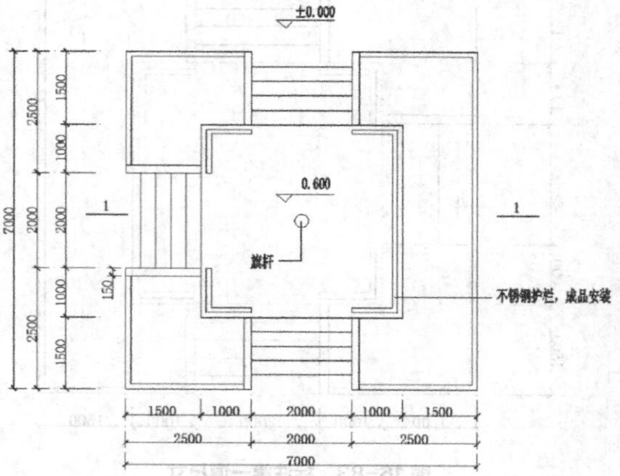

图16-91 绘制剖切符号

（11）单击“默认”选项卡“绘图”面板中的“直线”按钮、“多段线”按钮和“注释”面板中的“多行文字”按钮A，标注图名，如图16-72所示。

16.2.2 绘制升旗台1—1剖面图

本节绘制图16-92所示的升旗台1—1剖面图。

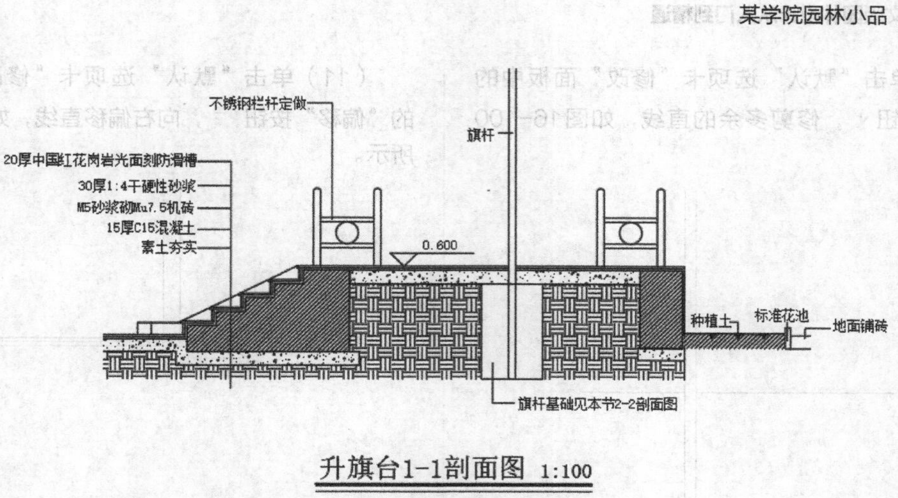

图 16-92 升旗台 1—1 剖面图

1. 绘制升旗台 1—1 剖面图

（1）单击“默认”选项卡“绘图”面板中的“直线”按钮，绘制水平直线，如图 16-93 所示。

图 16-93 绘制水平直线

（2）单击“默认”选项卡“修改”面板中的“偏移”按钮，向上偏移水平直线，如图 16-94 所示。

图 16-94 偏移水平直线

（3）单击“默认”选项卡“绘图”面板中的“矩形”按钮，在图中合适的位置绘制矩形，如图 16-95 所示。

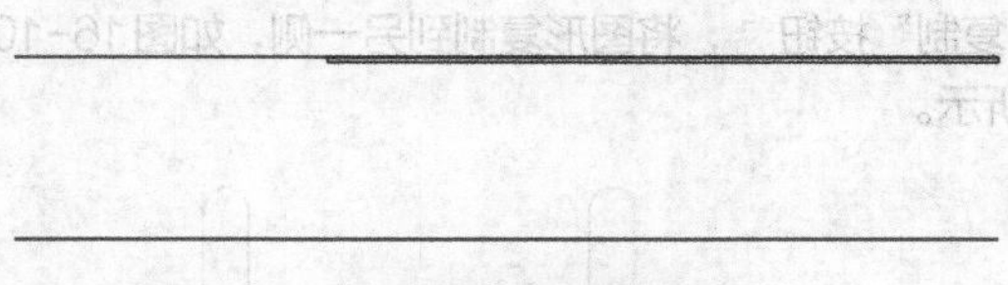

图 16-95 绘制矩形

（4）单击“默认”选项卡“修改”面板中的“圆角”按钮，对矩形进行圆角处理，并删除多余的直线，如图 16-96 所示。

图 16-96 绘制圆角

（5）单击“默认”选项卡“绘图”面板中的“直线”按钮和“圆弧”按钮，在图中左侧绘制台阶，如图 16-97 所示。

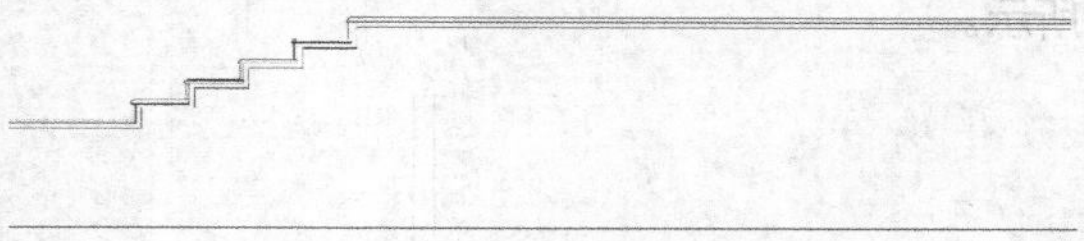

图 16-97 绘制台阶

（6）单击“默认”选项卡“绘图”面板中的“直线”按钮，绘制左侧图形等，如图 16-98 所示。

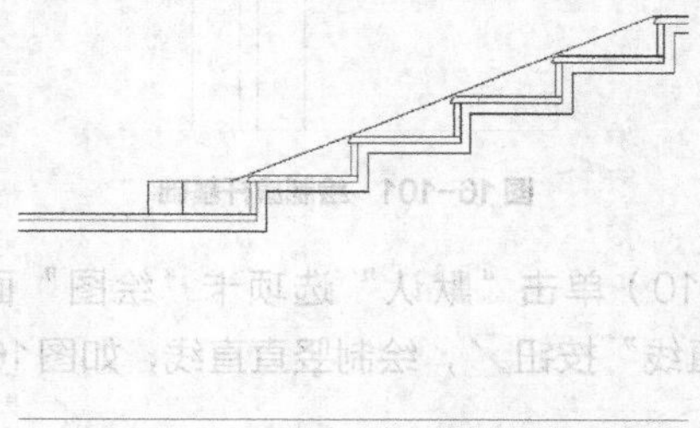

图 16-98 绘制左侧图形

（7）单击“默认”选项卡“绘图”面板中的“直线”按钮，绘制旗杆，如图 16-99 所示。

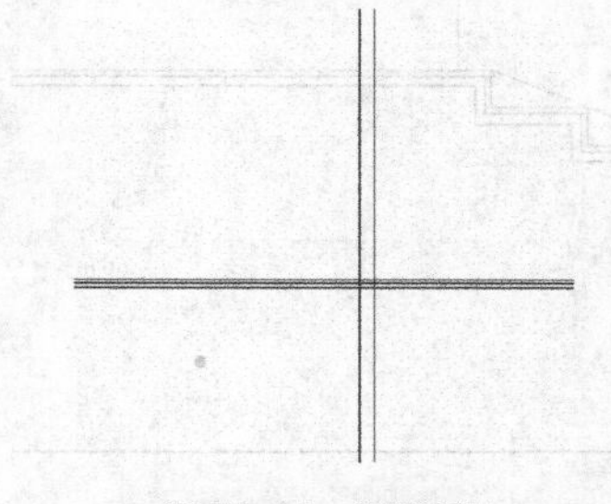

图 16-99 绘制旗杆

（8）单击“默认”选项卡“修改”面板中的“修剪”按钮，修剪多余的直线，如图16-100所示。

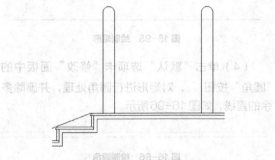

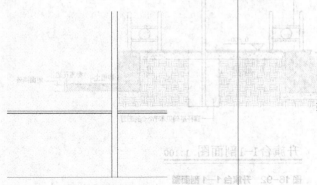

图16-100　修剪多余的直线

（9）单击“默认”选项卡“绘图”面板中的“直线”按钮，绘制旗杆基础，如图16-101所示。

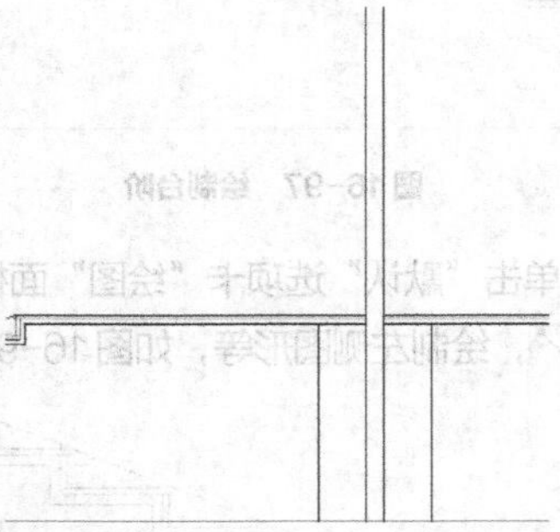

图16-101　绘制旗杆基础

（10）单击“默认”选项卡“绘图”面板中的“直线”按钮，绘制竖直直线，如图16-102所示。

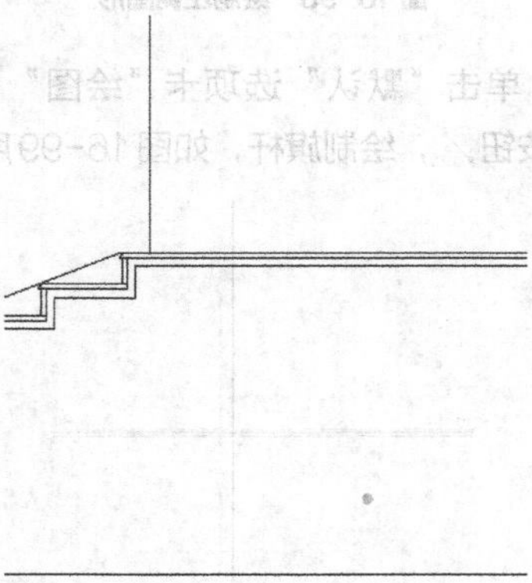

图16-102　绘制竖直直线

（11）单击“默认”选项卡“修改”面板中的“偏移”按钮，向右偏移直线，如图16-103所示。

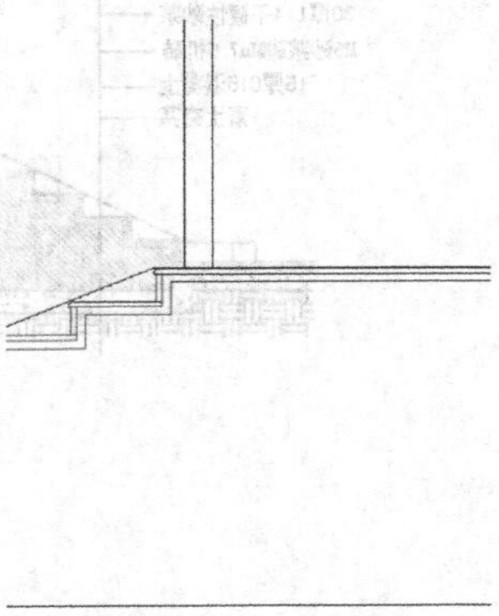

图16-103　偏移直线

（12）单击“默认”选项卡“绘图”面板中的“圆弧”按钮，在步骤（11）中绘制的直线顶部绘制圆弧，如图16-104所示。

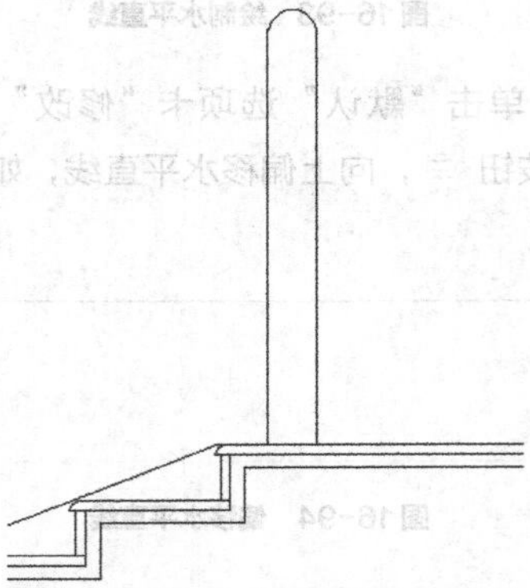

图16-104　绘制圆弧

（13）单击“默认”选项卡“修改”面板中的“复制”按钮，将图形复制到另一侧，如图16-105所示。

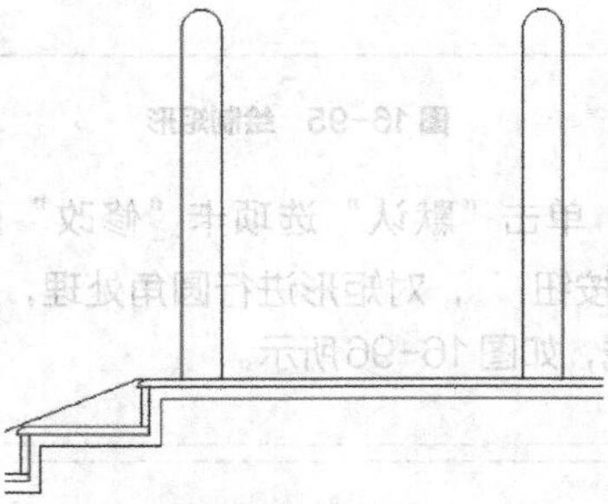

图16-105　复制图形

（14）单击“默认”选项卡“绘图”面板中的“直线”按钮，绘制栏杆，如图16-106所示。

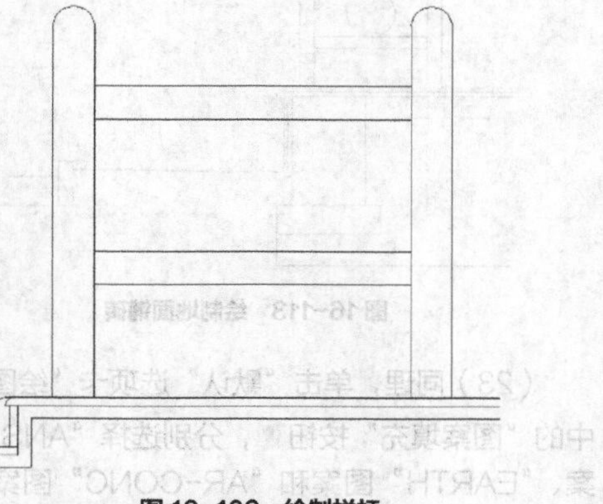

图16-106　绘制栏杆

（15）单击“默认”选项卡“绘图”面板中的“圆”按钮，在图中绘制圆，如图16-107所示。

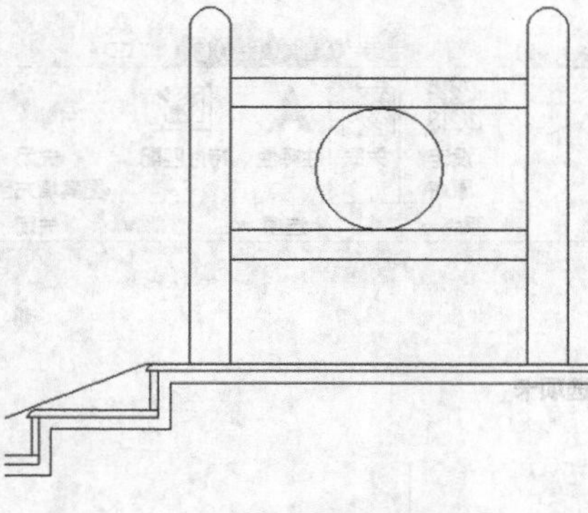

图16-107　绘制圆

（16）单击“默认”选项卡“修改”面板中的“复制”按钮，将绘制的图形复制到另一侧，如图16-108所示。

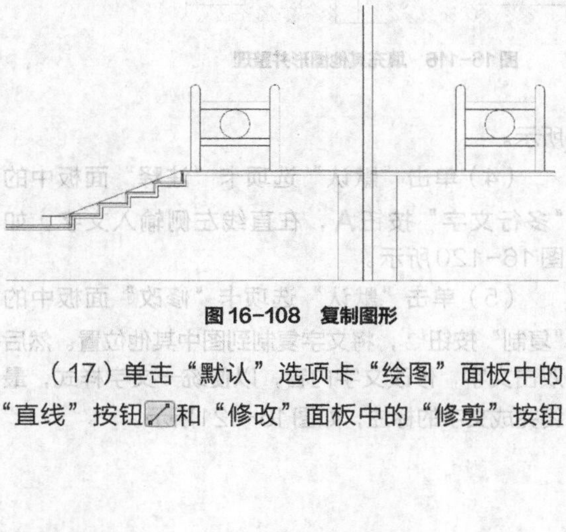

图16-108　复制图形

（17）单击“默认”选项卡“绘图”面板中的“直线”按钮和“修改”面板中的“修剪”按钮，细化图形，如图16-109所示。

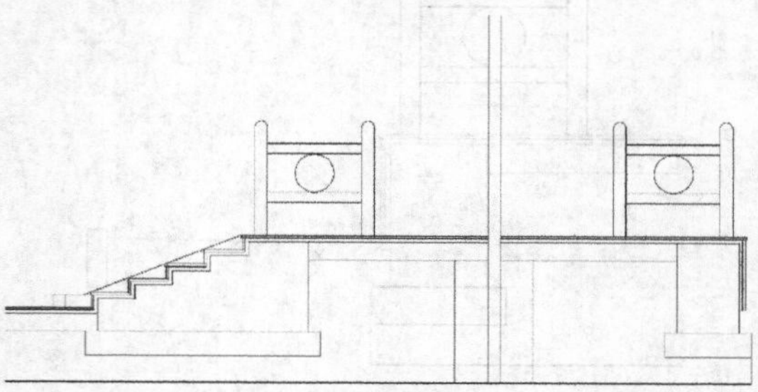

图16-109　细化图形

（18）单击“默认”选项卡“绘图”面板中的“样条曲线拟合”按钮，在图形右侧绘制样条曲线，如图16-110所示。

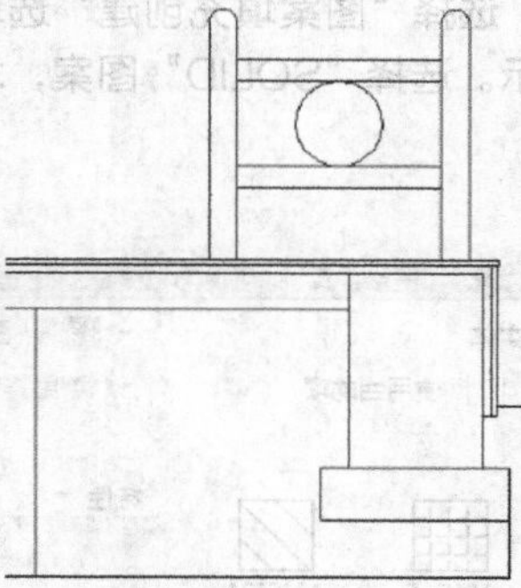

图16-110　绘制样条曲线

（19）单击“默认”选项卡“绘图”面板中的“圆弧”按钮，在样条曲线下侧绘制圆弧，如图16-111所示。

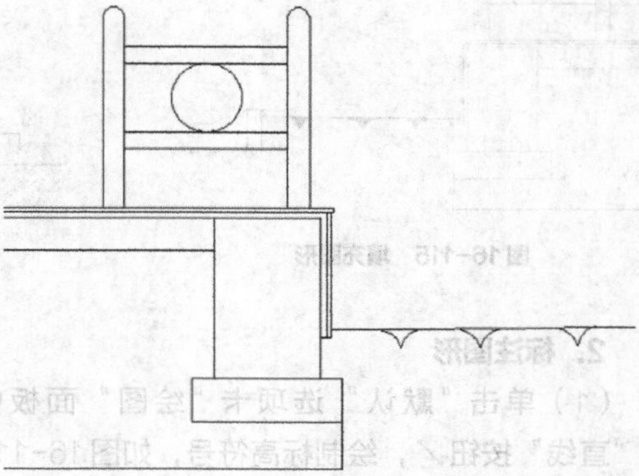

图16-111　绘制圆弧

（20）单击“默认”选项卡“绘图”面板中的“矩形”按钮，绘制标准花池，如图16-112所示。

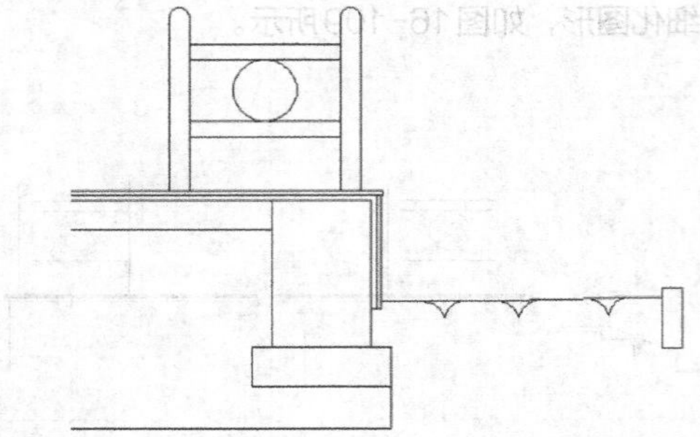

图16-112　绘制标准花池

（21）单击“默认”选项卡“绘图”面板中的“直线”按钮，绘制地面铺砖，如图16-113所示。

（22）单击“默认”选项卡“绘图”面板中的“图案填充”按钮，选择“图案填充创建”选项卡，如图16-114所示。选择“SOLID”图案，填充图形，如图16-115所示。

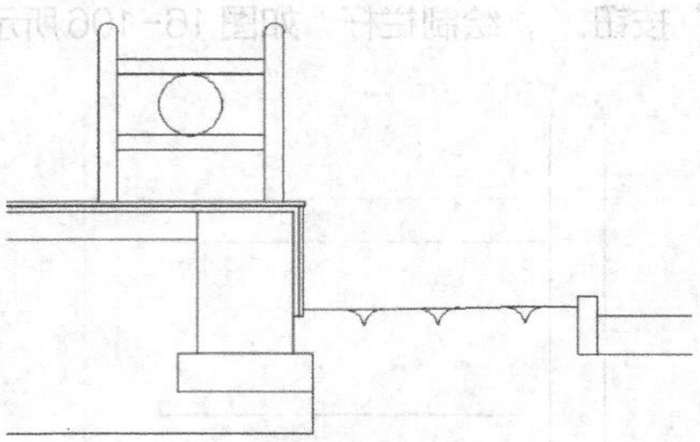

图16-113　绘制地面铺砖

（23）同理，单击“默认”选项卡“绘图”面板中的“图案填充”按钮，分别选择“ANSI31”图案、“EARTH”图案和“AR-CONC”图案，然后设置填充比例，填充其他图形并整理，如图16-116所示。

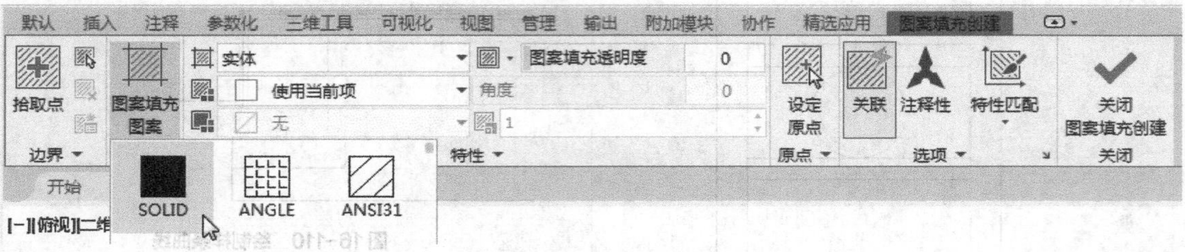

图16-114　“图案填充创建”选项卡

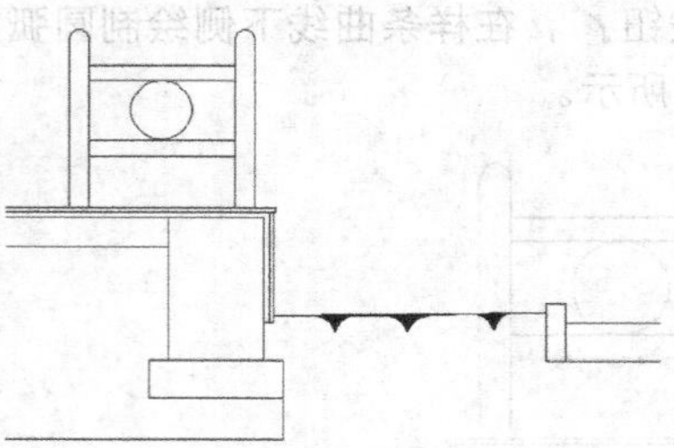

图16-115　填充图形

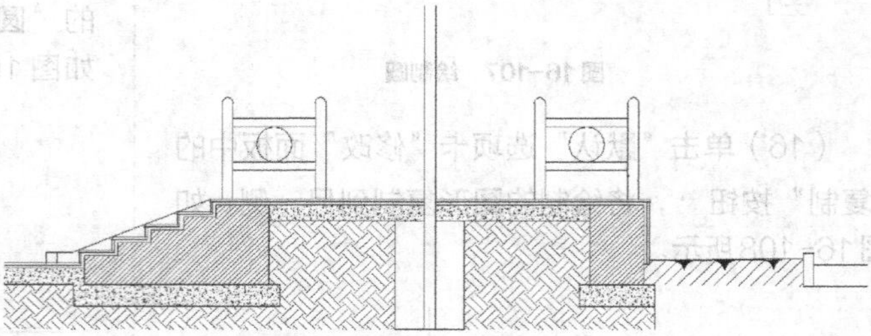

图16-116　填充其他图形并整理

2. 标注图形

（1）单击“默认”选项卡“绘图”面板中的“直线”按钮，绘制标高符号，如图16-117所示。

（2）单击“默认”选项卡“注释”面板中的“多行文字”按钮A，输入标高数值，如图16-118所示。

（3）单击“默认”选项卡“绘图”面板中的“直线”按钮，在图中引出直线，如图16-119所示。

（4）单击“默认”选项卡“注释”面板中的“多行文字”按钮A，在直线左侧输入文字，如图16-120所示。

（5）单击“默认”选项卡“修改”面板中的“复制”按钮，将文字复制到图中其他位置。然后双击文字，修改文字内容，以便统一文字样式，最终完成文字的标注，如图16-121所示。

（6）单击“默认”选项卡“绘图”面板中的“直线”按钮、“多段线”按钮和“注释”面板中的“多行文字”按钮**A**，标注图名，如图16-92所示。

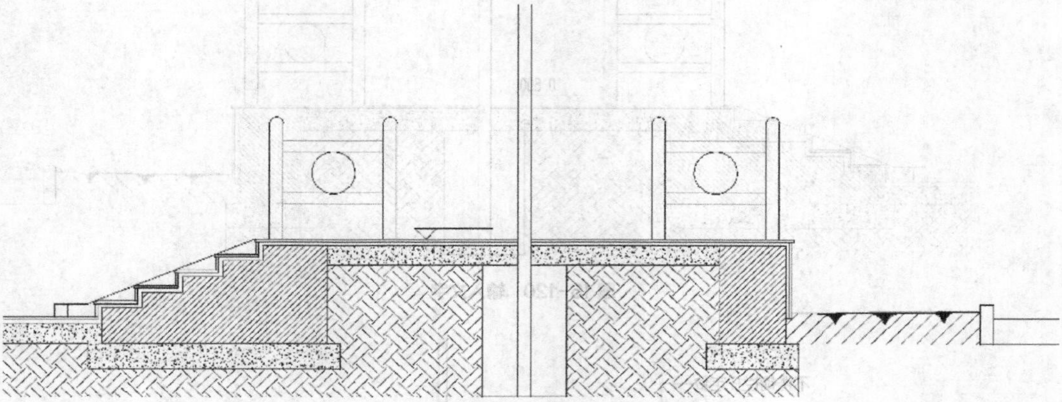

图 16-117 绘制标高符号

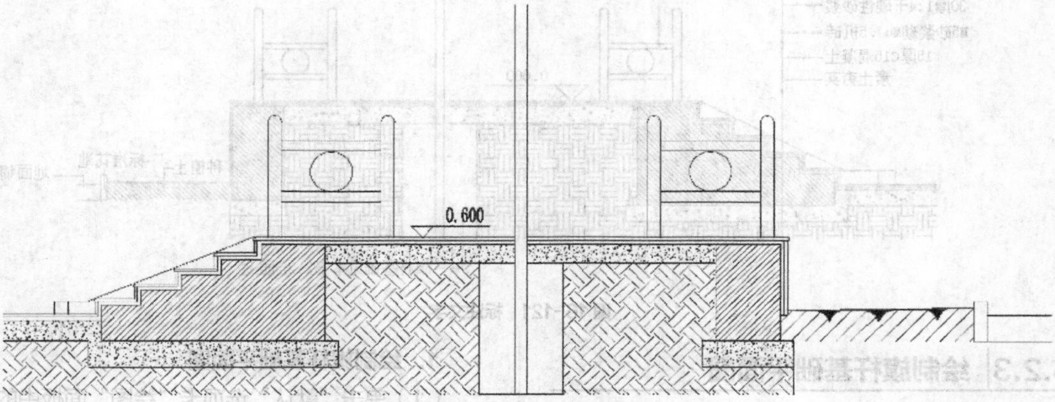

图 16-118 输入标高数值

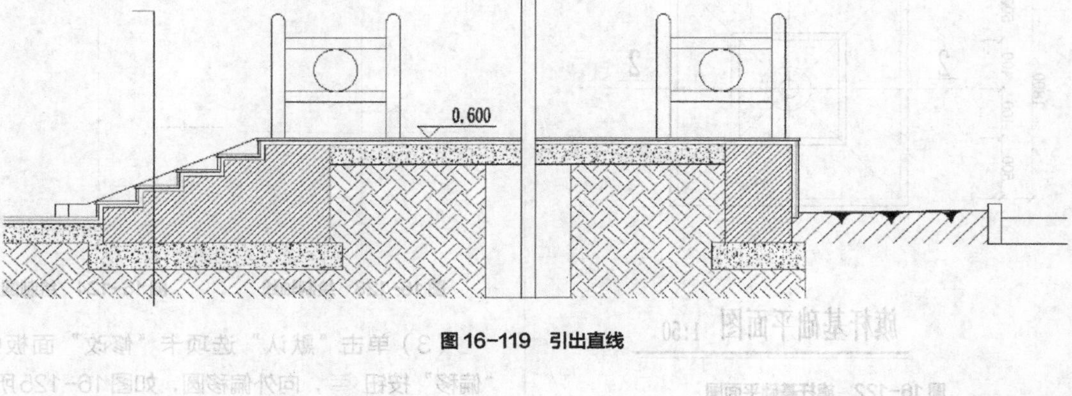

图 16-119 引出直线

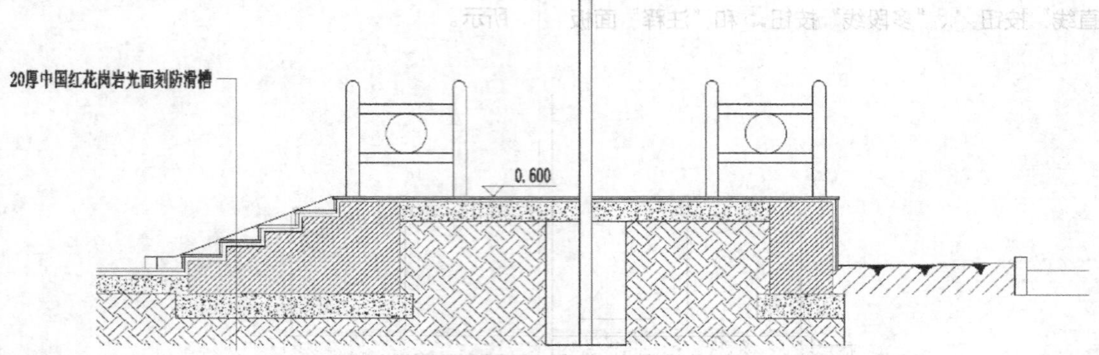

图 16-120　输入文字

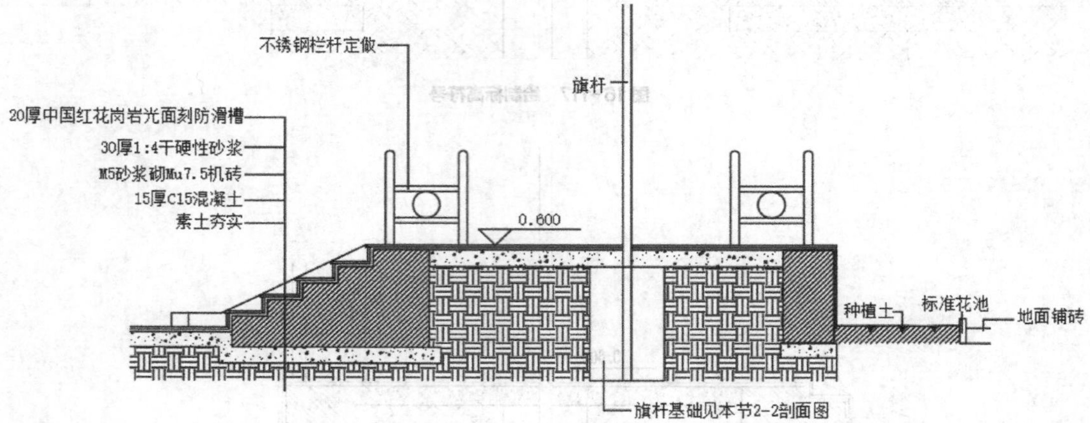

图 16-121　标注文字

16.2.3 绘制旗杆基础平面图

本节绘制图 16-122 所示的旗杆基础平面图。

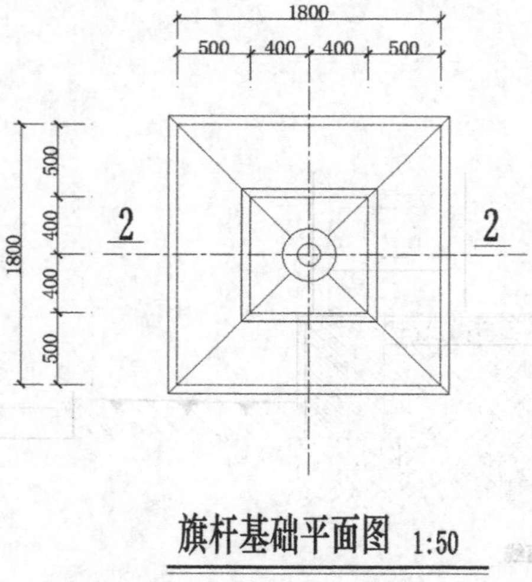

图 16-122　旗杆基础平面图

1. 绘制旗杆基础平面图

（1）单击“默认”选项卡“绘图”面板中的“直线”按钮，绘制两条相交的轴线，如图 16-123 所示。

（2）单击“默认”选项卡“绘图”面板中的“圆”按钮，绘制圆，如图 16-124 所示。

图 16-123　绘制轴线

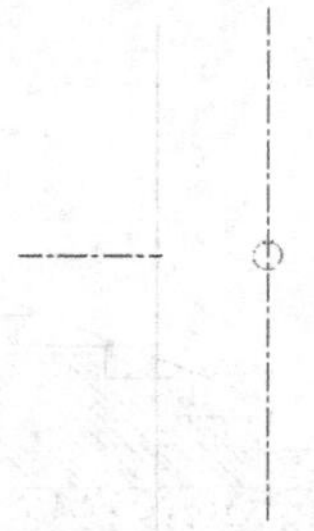

图 16-124　绘制圆

（3）单击“默认”选项卡“修改”面板中的“偏移”按钮，向外偏移圆，如图 16-125 所示。

（4）单击“绘图”工具栏中的“矩形”按钮，在图中绘制矩形，如图16-126所示。

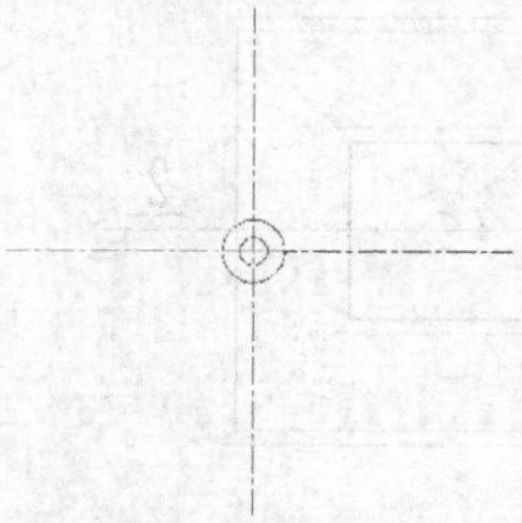

图16-125 偏移圆

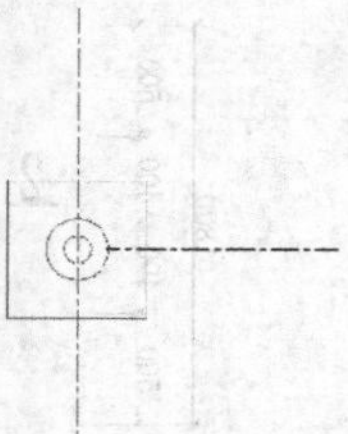

图16-126 绘制矩形

（5）单击“默认”选项卡“修改”面板中的“偏移”按钮，将矩形向外偏移，并将其中两个矩形的线型修改为“ACAD_ISO02W100”，如图16-127所示。

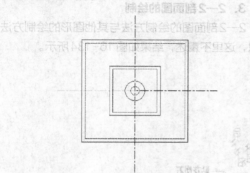

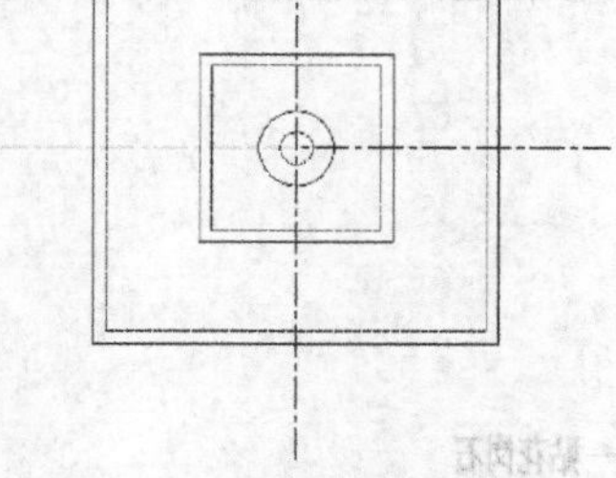

图16-127 偏移矩形

2. 标注图形

（1）单击“默认”选项卡“注释”面板中的“线性”按钮和“连续”按钮，标注第一道尺寸，如图16-128所示。

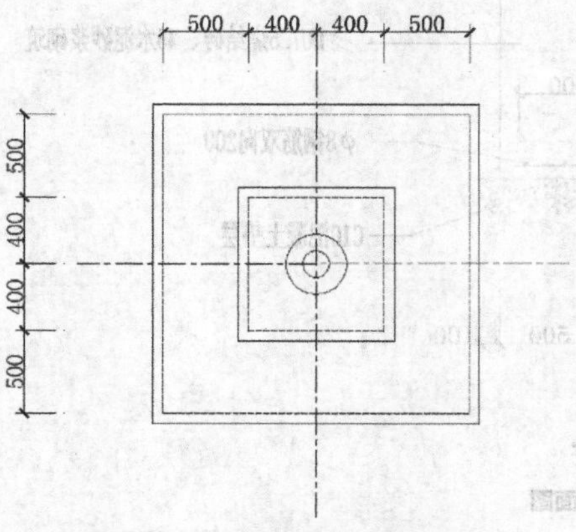

图16-128 标注第一道尺寸

（2）单击“默认”选项卡“注释”面板中的“线性”按钮，标注总尺寸，如图16-129所示。

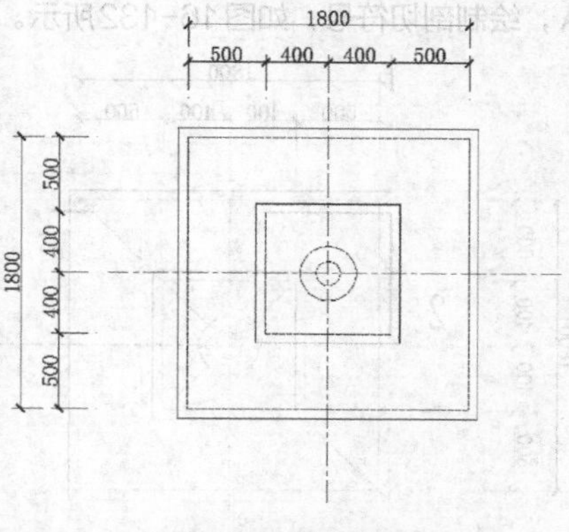

图16-129 标注总尺寸

（3）单击“默认”选项卡“绘图”面板中的“直线”按钮，在矩形内绘制两条相交的斜线，如图16-130所示。

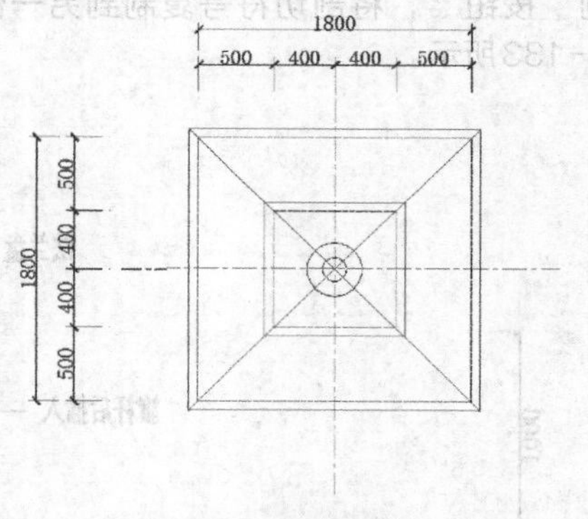

图16-130 绘制斜线

（4）单击“默认”选项卡“修改”面板中的“修剪”按钮，修剪多余的直线，如图16-131所示。

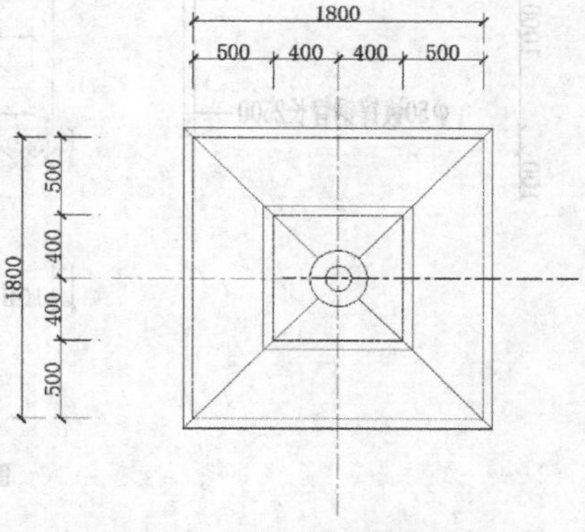

图16-131 修剪多余的直线

（5）单击“默认”选项卡“绘图”面板中的“直线”按钮和“注释”面板中的“多行文字”按钮A，绘制剖切符号，如图16-132所示。

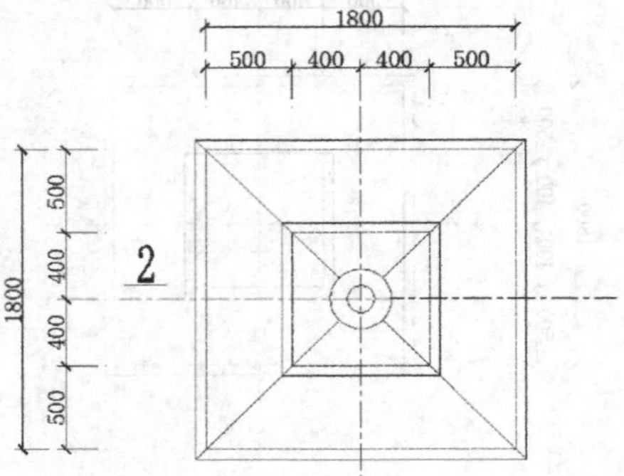

图16-132 绘制剖切符号

（6）单击“默认”选项卡“修改”面板中的“复制”按钮，将剖切符号复制到另一侧，如图16-133所示。

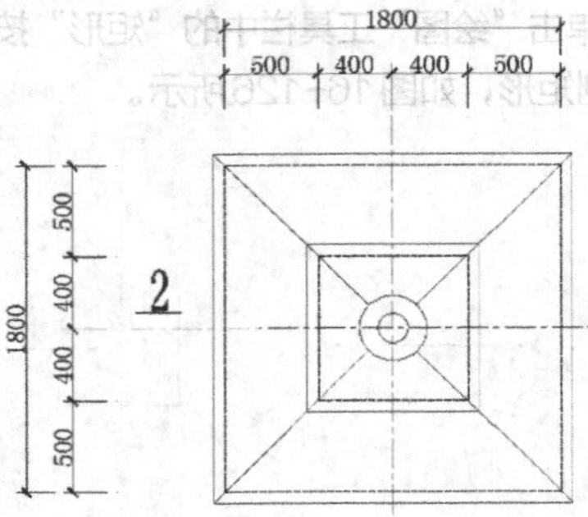

图16-133 复制剖切符号

（7）单击“默认”选项卡“绘图”面板中的“直线”按钮、“多段线”按钮和“注释”面板中的“多行文字”按钮A，标注图名，如图16-122所示。

3. 2—2剖面图的绘制

2—2剖面图的绘制方法与其他图形的绘制方法类似，这里不重述，结果如图16-134所示。

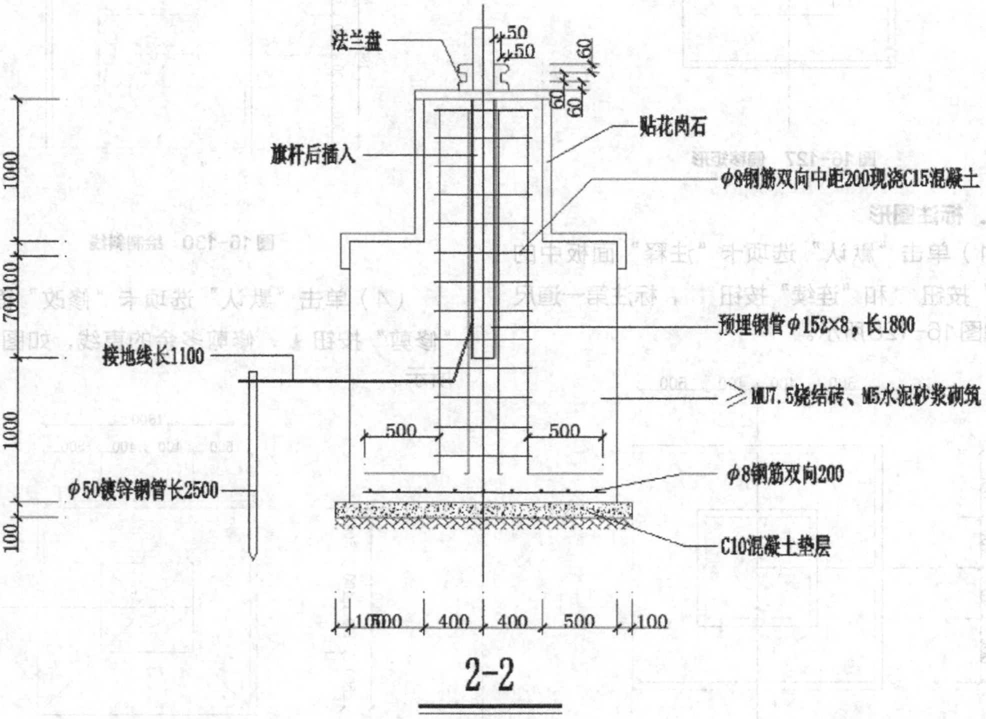

图16-134 2—2剖面图

16.3 树池

当在有铺装的地面上栽种树木时，应在树木的周围保留一块没有铺装的土地，通常把它叫作树池或树穴。它是树木移植时根球（根钵）的所需空间，用于保护树木，一般由树高、树径、根系的大小决定。树池深度至少为根球以下250mm。

16.3.1 树池的基本特点

树木是营造园林景观的主要材料之一，一贯倡导园林景观应以植物造景为主，尤其是能够很好地体现大园林特色的乔木的应用，已成为当今园林设计的主旨之一。城市的街道、公园、游园、广场及单位庭院中的各种乔木，构成了城市的绿色框架，体现了城市的绿化特色，更为出行和游玩的人们提供了浓浓的绿荫。曾几何时，我们注重树种的选择、树池的围挡，但对树池的覆盖、树池的美化重视不够，没有把树池的覆盖当作硬性任务来完成，使得许多城市的绿化不够完美、功能不够完备。系统总结园林树池处理技术，坚持生态为先，兼顾实用，以最大限度发挥园林树池的综合功能。

1. 树池处理的功能和作用

（1）完善功能，美化市容市貌。

城市街道中无论是行道还是便道，都种有各种树木，起着遮阳蔽日、美化市容的作用。城市中人多、车多，便利、畅通的道路是人人所希望的，如果不对树池进行处理，则低洼、不平的树池会对行人或车辆通行造成影响。好比道路中缺失的井盖，影响通行的安全，未经处理的树池会在一定程度上影响市容市貌。

（2）增加绿地面积。

采用植物覆盖或软硬结合方式处理树池，可大大增加城市绿地面积。各城市中一般每条街道都有行道树，小树池不小于0.8m×0.8m，主要街道上的大树池一般为1.5m×1.5m，如果把行道树的树池用植物覆盖，将增加大量的绿地面积。以石家庄的行道树为例，按一半计算，将增加绿地面积130000m^2。树池种植植物后增加浇水次数，增加空气湿度，有利于树木生长。

（3）通气保水，利于树木生长。

我们经常发现一些行道树和公园广场的树木出现衰败的现象，尤其是一些针叶树种。对此园林学者分析，为满足城市黄土不露天的要求而在树木树池周围铺设的硬铺装有着不可推卸的责任。正是这些不透气的水泥硬铺装阻断了土壤与空气的接触，同时阻滞了水分下渗，导致树木根系脱水或因窒息而死亡。采用透水铺装材料能很好地解决这个问题，利于树木吸收水分和自由呼吸，从而保证树木正常生长。

2. 树池处理方式分类及特点分析

（1）树池处理方式分类。

通过对收集到的树池处理方式进行归纳、分析，当前树池处理方式可分为硬质处理、软质处理、硬软结合3种。

硬质处理是指使用不同的硬质材料架空、铺设树池表面的处理方式，此方式又分为固定式和不固定式。如园林中传统使用的铁箅子，以及近年来使用的塑胶箅子、玻璃钢箅子、碎石砾粘合铺装等，均属于固定式；而使用卵石、树皮、陶粒覆盖树池则属于不固定式。软质处理则指采用低矮植物种植于树池内来覆盖树池表面的处理方式。一般北方城市常用大叶黄杨、金叶女贞等灌木或冷季型草坪、麦冬、白三叶等地被植物进行覆盖。软硬结合指同时使用硬质材料和园林植物对树池进行覆盖的处理方式，如对树池铺设透空砖、砖孔处植草等。

（2）树池处理方式特点分析。

①从使用功能上讲，上述各种树池处理方式均能起到覆盖树池、防止扬尘的作用。有的还可填平树池，便于行人通行，同时起到美化的作用。但不同的处理方式具有独特的作用。

随着城市环境建设发展，一些企业瞄准了园林这一市场，具有先进工艺的透水铺装应运而生，如透水铺装材料正是典型代表。其以进口改性纤维化树脂为胶黏剂，配合天然材料或工业废弃物，如石子、木鞋、树皮、废旧轮胎、碎玻璃、炉渣等作骨料，经过混合、搅拌后进行铺装，既利用了废旧物，又为植物提供了可呼吸、可透水的地被。同时对城市来讲，其特有的色彩是一种好的装饰。北方由于尘土较多，时间久了其透水性是否减弱，有待进一步考证。

②从工程造价上分析，不同类型的树池，其造价差异较大。按每平方米计算，各种树池处理造价由高到低为玻璃钢箅子—石砾粘合铺装—铁箅子—塑胶箅子—透空砖植草—树皮—陶粒—植草。此顺序按石家庄目前树池处理造价排列，各城市由于用工及材料来源不同，其造价可能有所差异。但可以看出，树池植草造价最低，如交通或其他条件允许，树池处理应以植草为主。

3. 树池处理原则及设计要点

（1）树池处理原则。

树池处理应坚持因地制宜、生态优先的原则。由于城市绿地树木种植的多样性，不同地段、不同种植方式应采用不同的树池处理方式。便道树池在人流较大地段，由于要兼顾行人通过，首先要求平坦且利于通行，所有树池覆盖以箅式为主。分车带应以植物覆盖为主，个别地段为照顾行人可结合嵌草砖。公园、游园、广场及庭院主干道、环路上的乔木树池选择余地较大，既可选用各种箅式，又可选用石砾粘合式。而位于干道、环路两侧草地的乔木，则可选用陶粒、木屑等覆盖，覆盖物的颜色与绿草形成鲜明的对比，形成景观。林下广场树池应以软覆盖为主，选用麦冬等耐阴、抗旱、常绿的地被植物。总之树池覆盖在保证使用功能的前提下，宜软则软、软硬结合，以最大限度发挥树池的生态效益。

（2）树池处理设计要点。

①行道树为城市道路绿化的主框架，一般以高大乔木为主，其树池面积大，一般不小于1.2m×1.2m。由于人流较大，树池应选择箅式覆盖，材料选择玻璃钢、铁箅子或塑胶箅子。如行道树地径较大，则不便使用一次铸造成型的铁箅子或塑胶箅子，而以玻璃钢箅子为宜，其最大优点是可根据树木地径大小、树干生长方位随意进行调整。

②公园、游园、广场及庭院树池由于受外界干扰少，主要为游园、健身、游憩的人们提供服务，树池覆盖要更有特色、更体现环保和生态，应选择体现自然、与环境相协调的材料和方式进行树池覆盖。对于主环路树池，可选用大块卵石填充，既覆土又透水、透气，还平添一些野趣。在对称路段的树池内，可种植金叶女贞或大叶黄杨，通过修剪使树池植物呈方柱形、叠层形等造型，别具风格。绿地内选择主要游览部位的树木，用木屑、陶粒进行软覆盖，既有美化功能，又可很好地解决剪草机作业时与树干相干扰的问题。铺装林下广场大树池时可结合环椅的设置，池内植草。铺装其他树池时为使地被植物不被踩踏，树池池壁应高于地面15cm，池内土与地面相平，以给地被植物留出生长空间。片林式树池，尤其是珍贵的针叶树，可将树池扩成带状，铺设嵌草砖，增大其透气面积，提供良好的生长环境。

4. 树池处理的保障措施

为保障树木生长，提升城市景观水平，做好城市树木的树池处理是非常必要的。对此我们应采取多种措施予以保障。

首先是政策支持。作为城市生态工程，政府政策至关重要。解决好透水铺装问题，是当前建设节约型社会的要求所在。据有关资料报道，北京在内的许多地方都相继出台政策，把广泛应用透水铺装作为市政、园林建设的一项重要工作来抓。其次，在透水铺装材料、工艺和技术上，应勇于创新。当前在政策的鼓励下，许多企业开始开发各种材料，如玻璃钢箅子、碎石（屑）粘合铺装及透水砌块等，在一定程度上满足了园林的需求。最后，为使各种绿地树池尤其是街道树池能一次到位，应按《城市道路绿化规划与设计规范》要求，行道树之间采用透气性路面铺装，树池上设置箅子，同时其覆盖工程所需费用也应列入工程总体预算，从而保证工程的实施。对于尚未进行覆盖的已完工程，要每年列出计划，逐年进行改善。在园林绿化日常养护管理中，将树池覆盖纳入管理标准及检查验收范围，力促树池覆盖工作日趋完善。各城市也要结合自身特点，不断创新树池覆盖技术，形成独特风格。

16.3.2 绘制坐凳树池平面图

本节绘制图16-135所示的坐凳树池平面图。

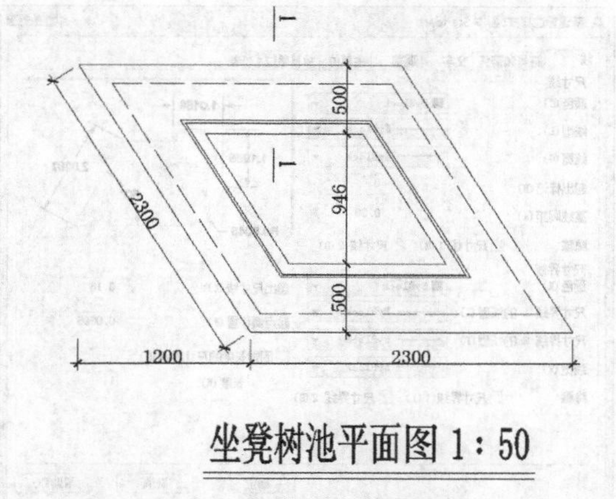

图 16-135　坐凳树池平面图

1. 绘制坐凳树池平面图

（1）单击“默认”选项卡“绘图”面板中的“直线”按钮，绘制一条长为2300的水平直线，如图16-136所示。

图 16-136　绘制水平直线

（2）同理，单击“默认”选项卡“绘图”面板中的“直线”按钮，以水平直线端点为起点绘制长为2300的竖直直线，如图16-137所示。

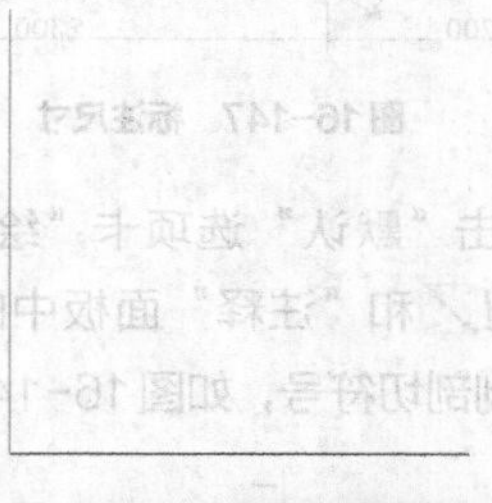

图 16-137　绘制竖直直线

（3）单击“默认”选项卡“修改”面板中的“偏移”按钮，将水平直线向上偏移，偏移值为1946，如图16-138所示。

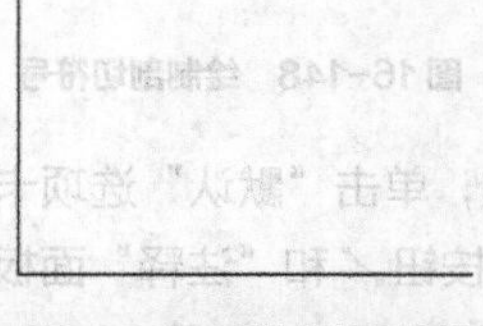

图 16-138　偏移水平直线

（4）单击“默认”选项卡“修改”面板中的“移动”按钮，将偏移后的水平直线向左移动1200，如图16-139所示。然后将竖直直线调整到其端点与水平直线左端点相交，如图16-140所示。

图 16-139　移动水平直线

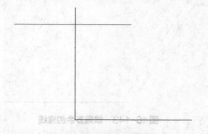

图 16-140　调整竖直直线

（5）单击“默认”选项卡“修改”面板中的“复制”按钮，将斜线向右复制，如图16-141所示。

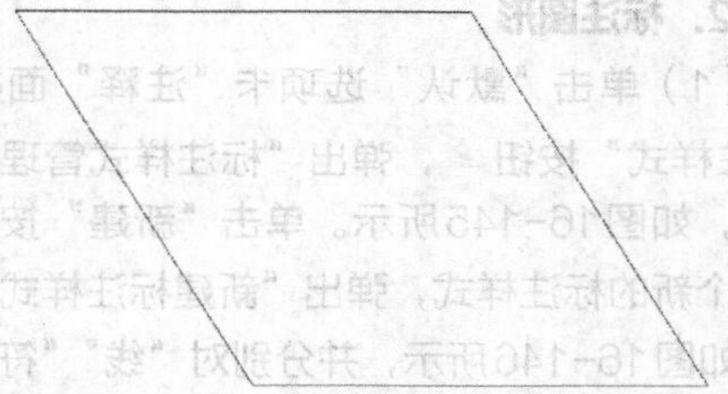

图 16-141　复制斜线

（6）单击“默认”选项卡“修改”面板中的“偏移”按钮，将4条线段分别向内偏移，偏移值为130，如图16-142所示。

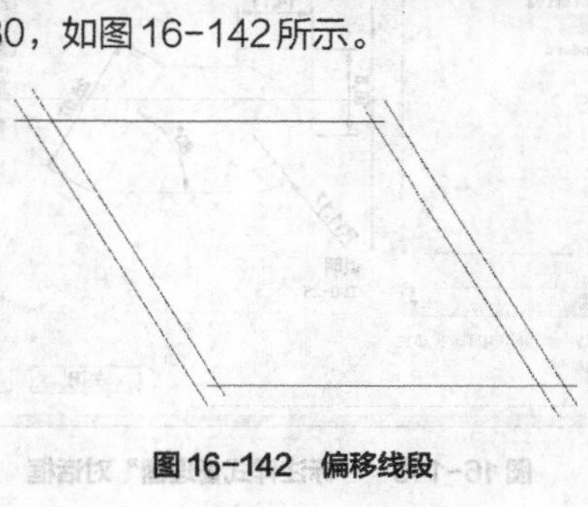

图 16-142　偏移线段

（7）单击“默认”选项卡“修改”面板中的“修剪”按钮，修剪多余的直线，并将线型修改为“ACAD_ISO02W100”，如图16-143所示。

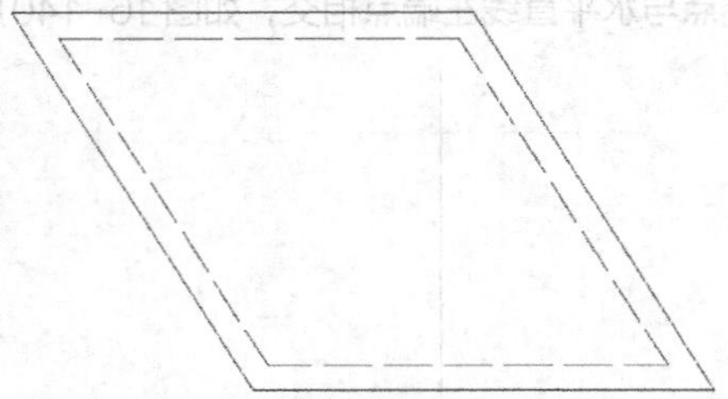

图16-143　修剪多余的直线

（8）同理，单击“默认”选项卡“修改”面板中的“偏移”按钮，继续偏移直线，如图16-144所示。

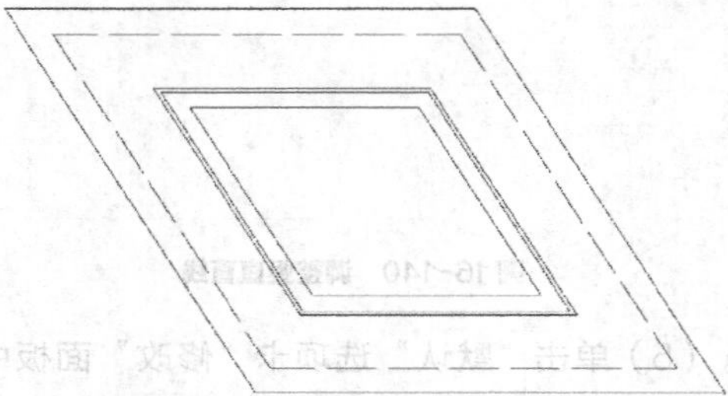

图16-144　继续偏移直线

2. 标注图形

（1）单击“默认”选项卡“注释”面板中的“标注样式”按钮，弹出“标注样式管理器”对话框，如图16-145所示。单击“新建”按钮，创建一个新的标注样式，弹出“新建标注样式”对话框，如图16-146所示，并分别对“线”“符号和箭头”“文字”“主单位”选项卡进行设置。

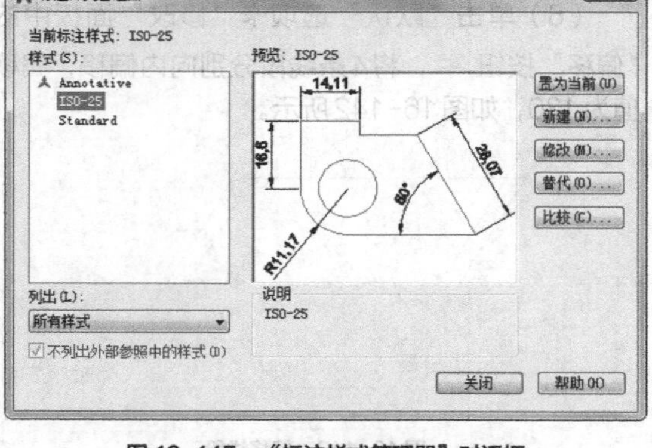

图16-145　“标注样式管理器”对话框

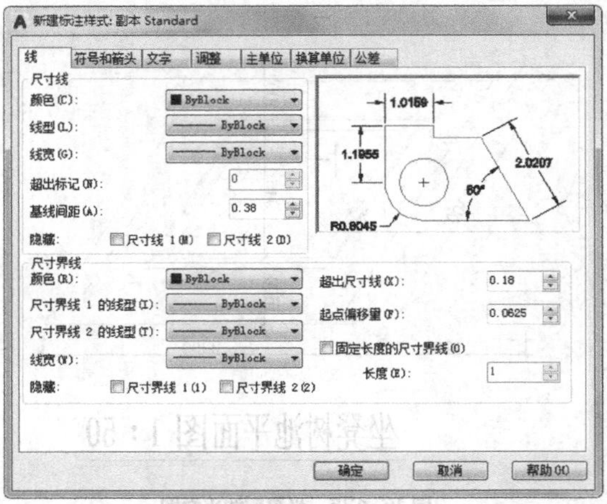

图16-146　“新建标注样式”对话框

（2）单击“默认”选项卡“注释”面板中的“线性”按钮，为图形标注尺寸，如图16-147所示。

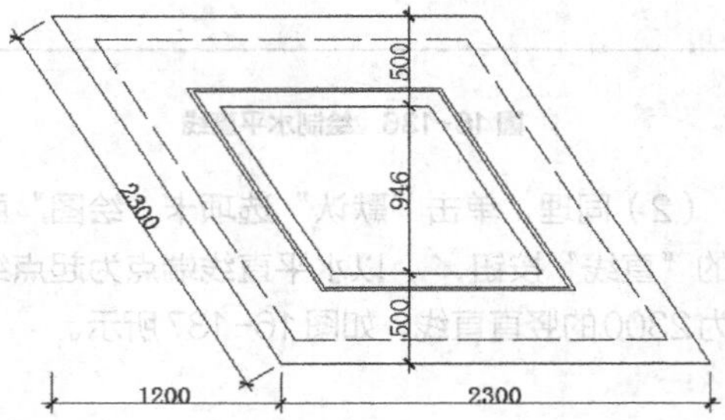

图16-147　标注尺寸

（3）单击“默认”选项卡“绘图”面板中的“直线”按钮和“注释”面板中的“多行文字”按钮A，绘制剖切符号，如图16-148所示。

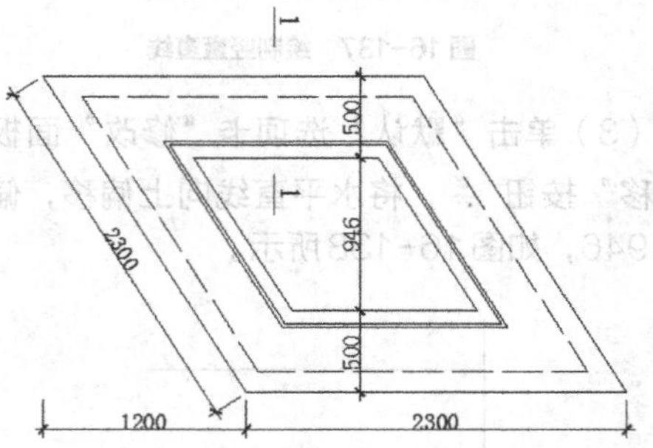

图16-148　绘制剖切符号

（4）同理，单击“默认”选项卡“绘图”面板中的“直线”按钮和“注释”面板中的“多行文字”按钮A，标注图名，如图16-135所示。

16.3.3 绘制坐凳树池立面图

本节绘制图16-149所示的坐凳树池立面图。

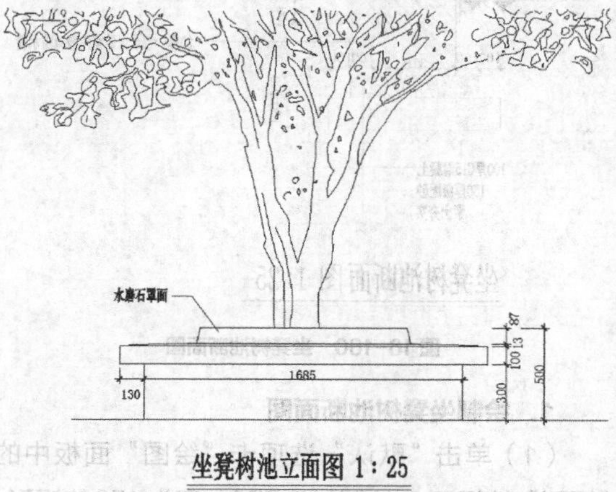

图 16-149　坐凳树池立面图

1. 绘制坐凳树池立面图

（1）单击"默认"选项卡"绘图"面板中的"直线"按钮，绘制地坪线，如图16-150所示。

图 16-150　绘制地坪线

（2）单击"默认"选项卡"修改"面板中的"偏移"按钮，每次偏移均以偏移后的直线为要偏移的对象，将地坪线向上偏移300、100、13和87，如图16-151所示。

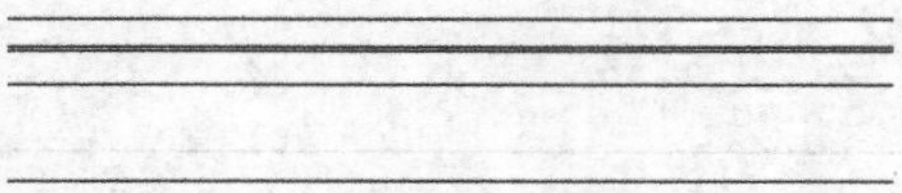

图 16-151　偏移地坪线

（3）单击"默认"选项卡"绘图"面板中的"直线"按钮，在图中合适的位置绘制竖直直线，如图16-152所示。

图 16-152　绘制竖直直线

（4）单击"默认"选项卡"修改"面板中的"偏移"按钮，每次偏移均以偏移后的直线为要偏移的对象，将竖直直线向右偏移130、1685和130，如图16-153所示。

图 16-153　偏移竖直直线

（5）单击"默认"选项卡"修改"面板中的"修剪"按钮，修剪多余的直线，如图16-154所示。

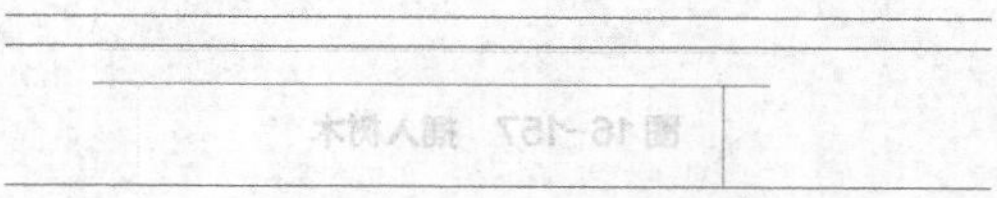

图 16-154　修剪多余的直线

（6）单击"默认"选项卡"绘图"面板中的"直线"按钮，绘制水磨石罩面，如图16-155所示。

图 16-155　绘制水磨石罩面

（7）单击"默认"选项卡"块"面板中的"插入"按钮，选择"最近使用的块"选项，打开"块"选项板，如图16-156所示。在图库中找到树木，将其插入图中合适的位置，如图16-157所示。

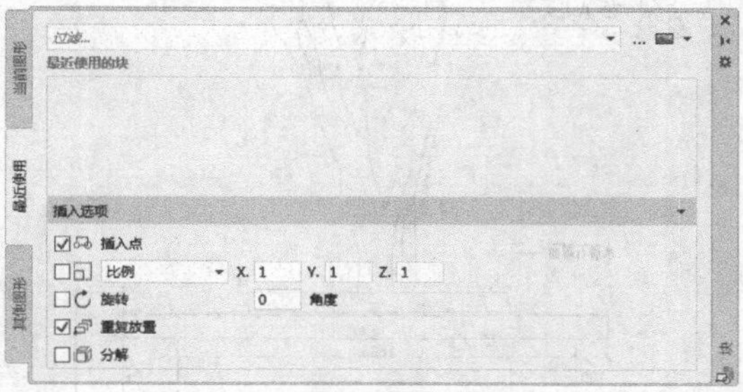

图 16-156　"块"选项板

2. 标注图形

（1）单击"默认"选项卡"注释"面板中的"线性"按钮，为图形标注尺寸，如图16-158所示。

（2）单击"默认"选项卡"绘图"面板中的"直线"按钮和"注释"面板中的"多行文字"按钮A，标注文字说明，如图16-159所示。

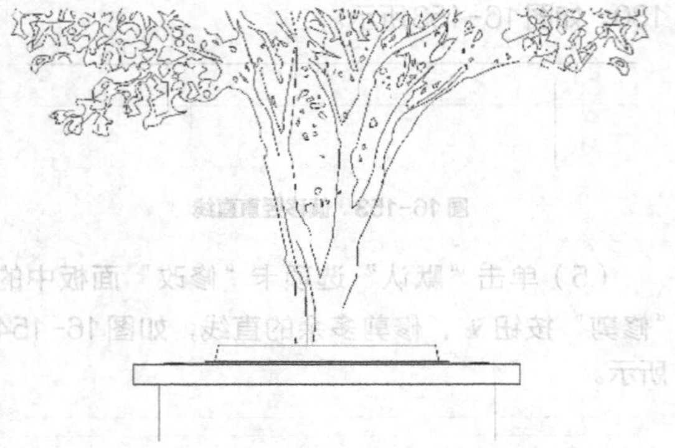

图 16-157　插入树木

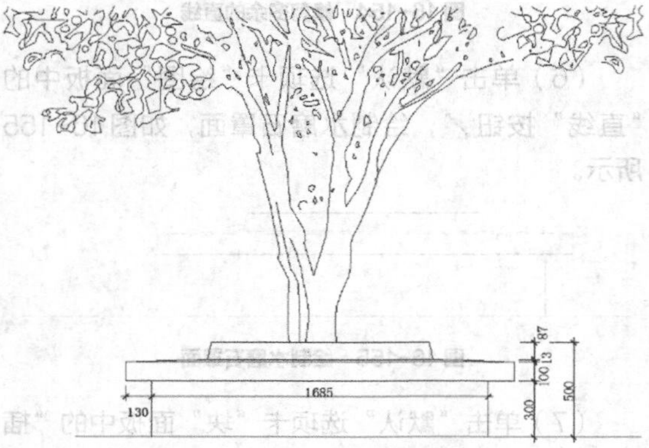

图 16-158　标注尺寸

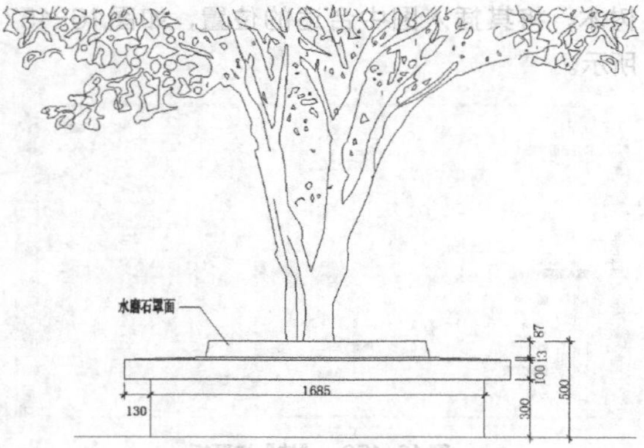

图 16-159　标注文字说明

（3）同理，单击“默认”选项卡“绘图”面板中的“直线”按钮和“注释”面板中的“多行文字”按钮A，标注图名，如图 16-149 所示。

16.3.4 绘制坐凳树池断面图

本节绘制图 16-160 所示的坐凳树池断面图。

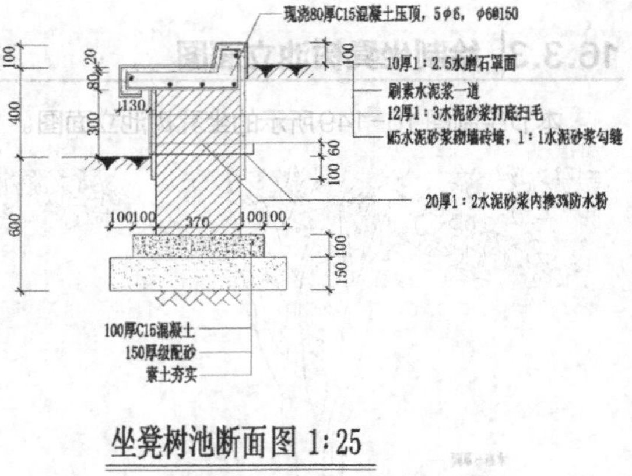

图 16-160　坐凳树池断面图

1. 绘制坐凳树池断面图

（1）单击“默认”选项卡“绘图”面板中的“矩形”按钮，绘制长为 770、宽为 150 的矩形，如图 16-161 所示。

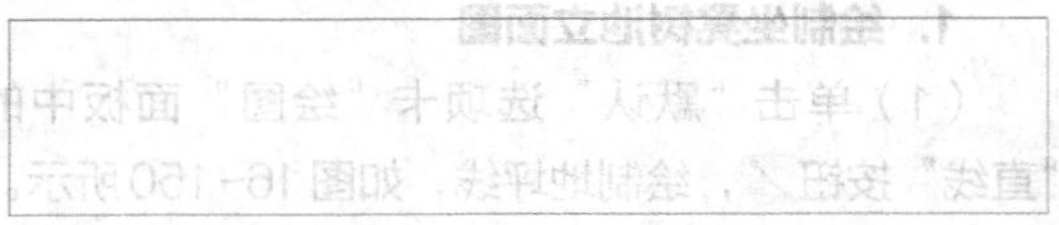

图 16-161　绘制矩形

（2）同理，在矩形上面绘制一个“570×100”的小矩形，将两个矩形长边的中点重合，如图 16-162 所示。

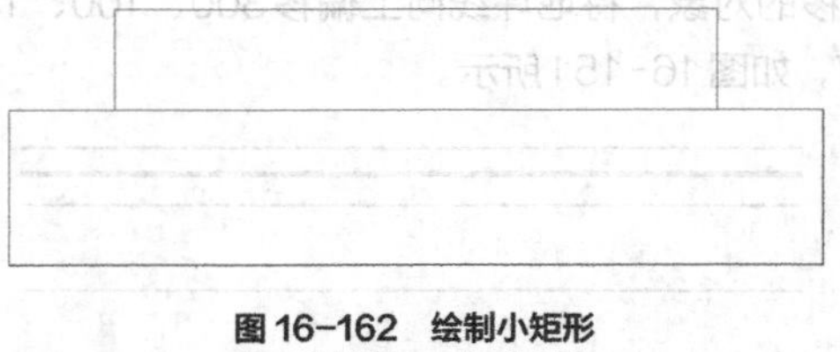

图 16-162　绘制小矩形

（3）单击“默认”选项卡“修改”面板中的“分解”按钮，将小矩形分解。

（4）单击“默认”选项卡“修改”面板中的“偏移”按钮，将小矩形的短边向内偏移 100，如图 16-163 所示。

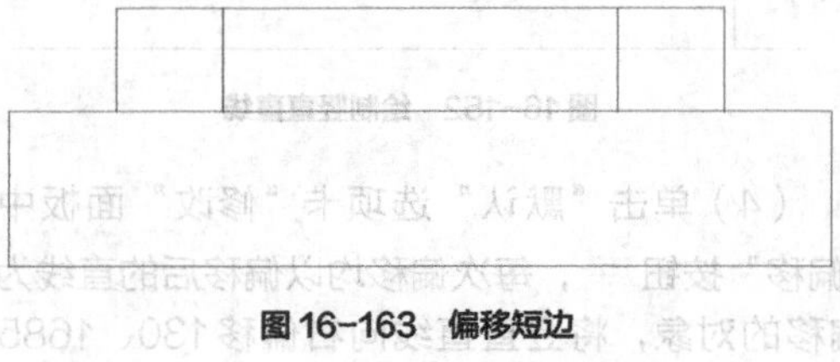

图 16-163　偏移短边

（5）单击“默认”选项卡“绘图”面板中的“直线”按钮，以步骤（4）中偏移的直线顶端点为起点，绘制两条竖直直线；然后单击“默认”选项卡“修改”面板中的“删除”按钮，将短边删除，如图 16-164 所示。

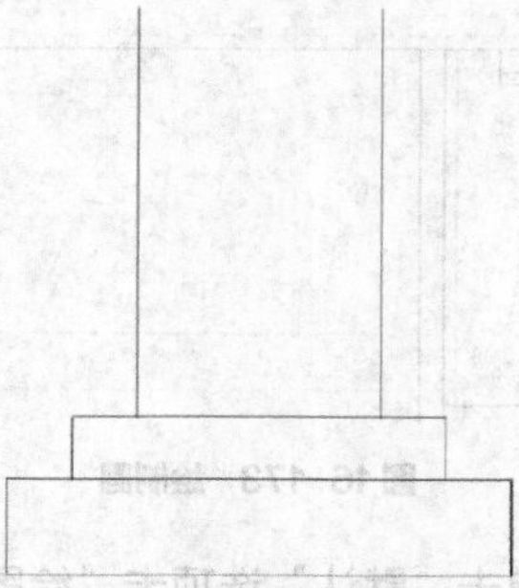

图 16-164 绘制竖直直线并删除短边

（6）单击“默认”选项卡“绘图”面板中的“直线”按钮，在竖直直线顶部绘制水平直线，如图 16-165 所示。

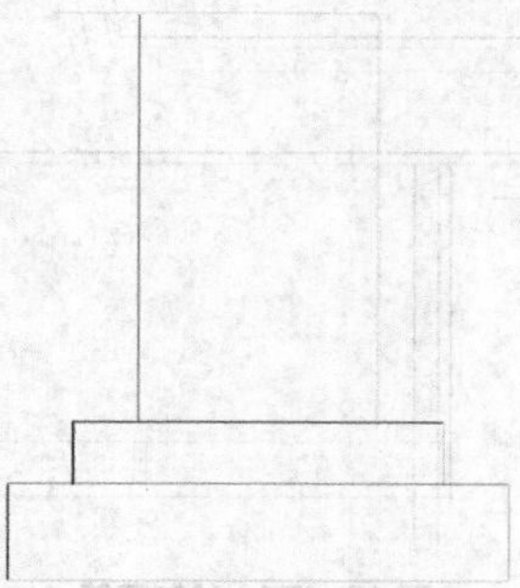

图 16-165 绘制水平直线

（7）单击“默认”选项卡“修改”面板中的“偏移”按钮，将水平直线向上偏移，偏移距离为80，如图 16-166 所示。

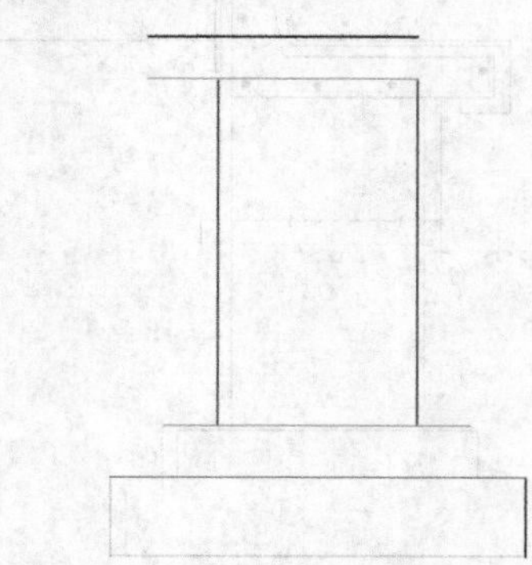

图 16-166 偏移直线（1）

（8）单击“默认”选项卡“绘图”面板中的“直线”按钮和“修改”面板中的“修剪”按钮，细化顶部图形，如图 16-167 所示。

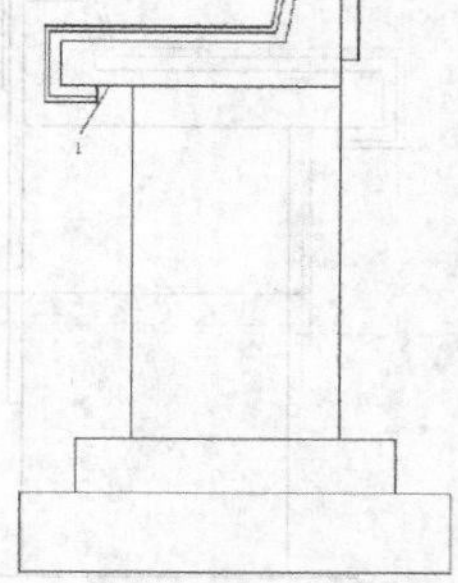

图 16-167 细化顶部图形

（9）单击“默认”选项卡“修改”面板中的“偏移”按钮，将步骤（6）中绘制的水平直线向下分别偏移300和100，如图 16-168 所示。

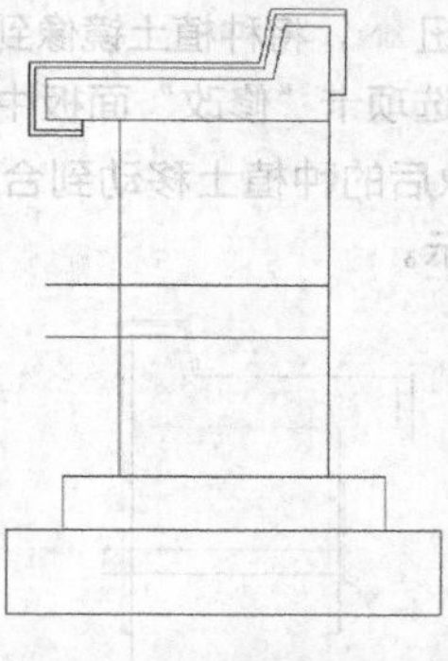

图 16-168 偏移直线（2）

（10）单击“默认”选项卡“绘图”面板中的“直线”按钮，在图形两侧绘制竖直直线。然后单击“默认”选项卡“修改”面板中的“修剪”按钮，修剪多余的直线，整理图形，如图 16-169 所示。

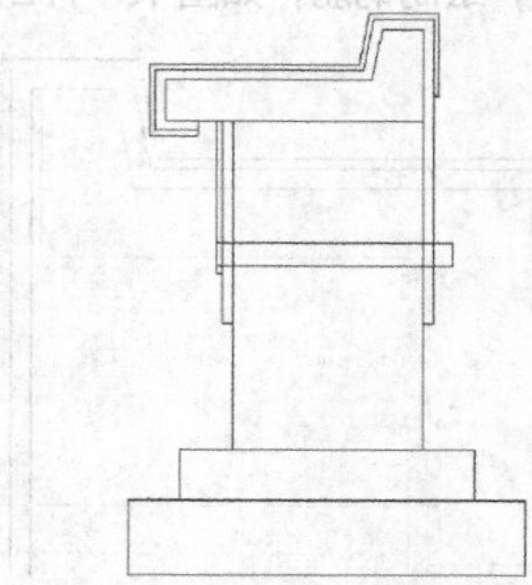

图 16-169 整理图形

（11）单击“默认”选项卡“绘图”面板中的“直线”按钮和“圆弧”按钮，绘制种植土，如图16-170所示。

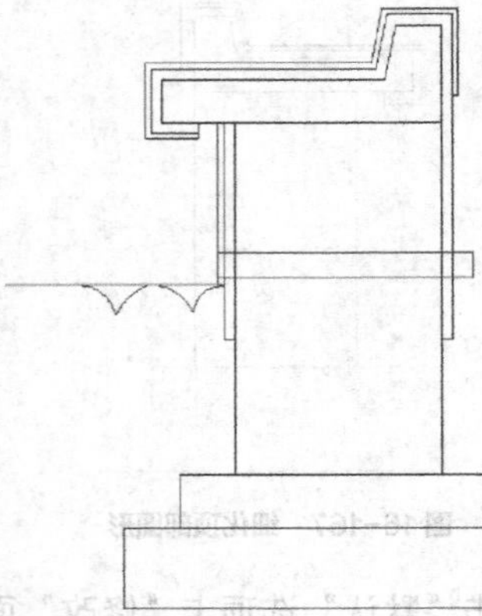

图16-170　绘制种植土

（12）单击“默认”选项卡“修改”面板中的“镜像”按钮，将种植土镜像到另一侧。然后单击“默认”选项卡“修改”面板中的“移动”按钮，将镜像后的种植土移动到合适的位置，如图16-171所示。

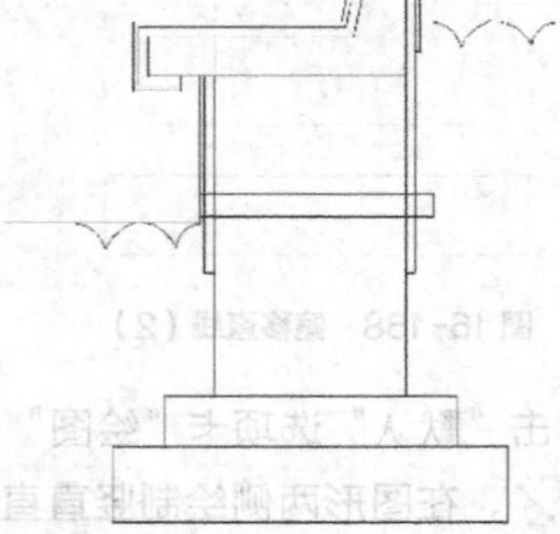

图16-171　镜像种植土并移动

（13）单击“默认”选项卡“绘图”面板中的“直线”按钮，绘制钢筋，如图16-172所示。

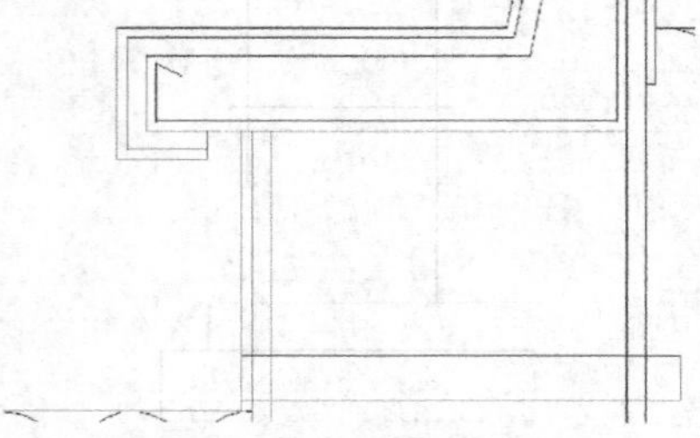

图16-172　绘制钢筋

（14）单击“默认”选项卡“绘图”面板中的“圆”按钮，在图中绘制圆，如图16-173所示。

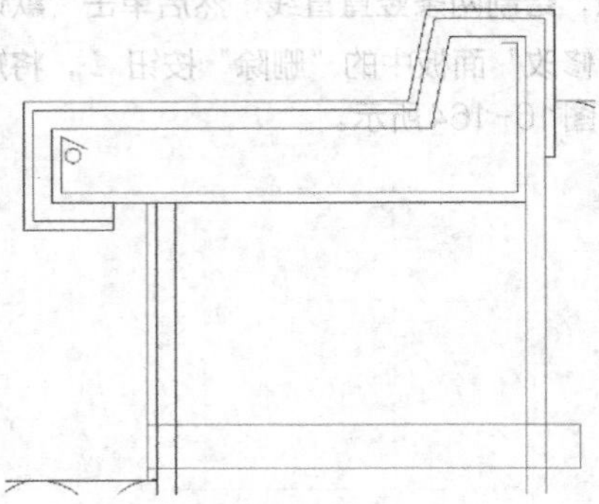

图16-173　绘制圆

（15）单击“默认”选项卡“绘图”面板中的“图案填充”按钮，选择“图案填充创建”选项卡，选择“SOLID”图案，填充圆，完成配筋的绘制，如图16-174所示。

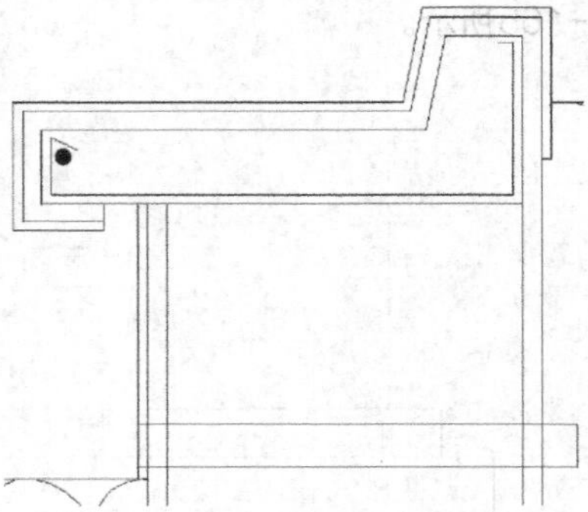

图16-174　绘制配筋

（16）单击“默认”选项卡“修改”面板中的“复制”按钮，将步骤（15）中填充的圆复制到图中其他位置，如图16-175所示。

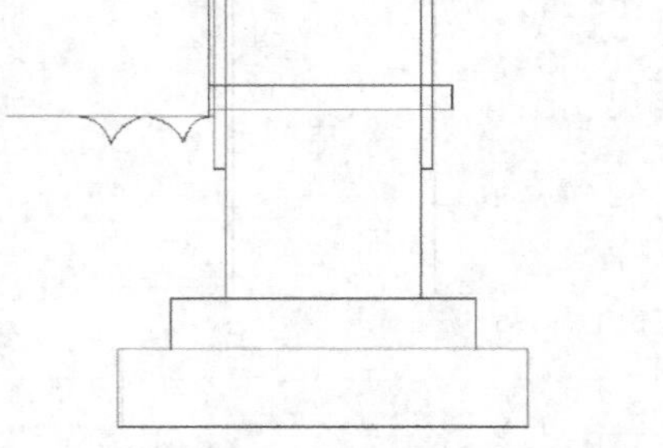

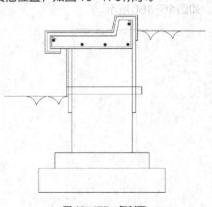

图16-175　复制圆

（17）单击“默认”选项卡“绘图”面板中的“图案填充”按钮，填充其他位置的图形，在填充图形前，首先利用“直线”命令补充绘制填充区域，如图 16-176 所示。

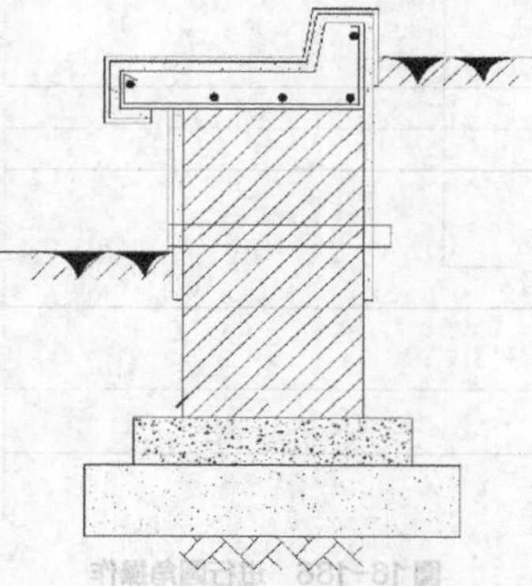

图 16-176　填充图形

2. 标注图形

（1）单击“默认”选项卡“注释”面板中的“线性”按钮，为图形标注尺寸，如图 16-177 所示。

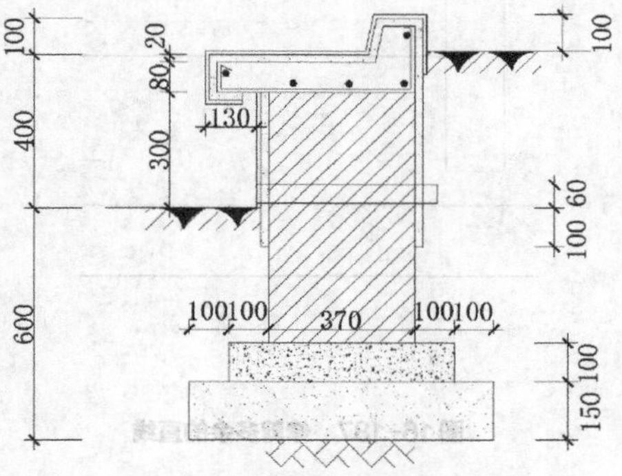

图 16-177　标注尺寸

（2）单击“默认”选项卡“绘图”面板中的“直线”按钮，在图中引出直线，如图 16-178 所示。

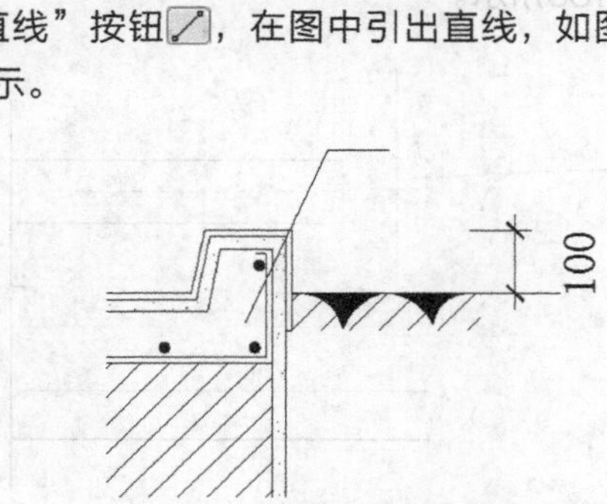

图 16-178　引出直线

（3）单击“默认”选项卡“注释”面板中的“多行文字”按钮 A，在直线右侧输入文字，如图 16-179 所示。

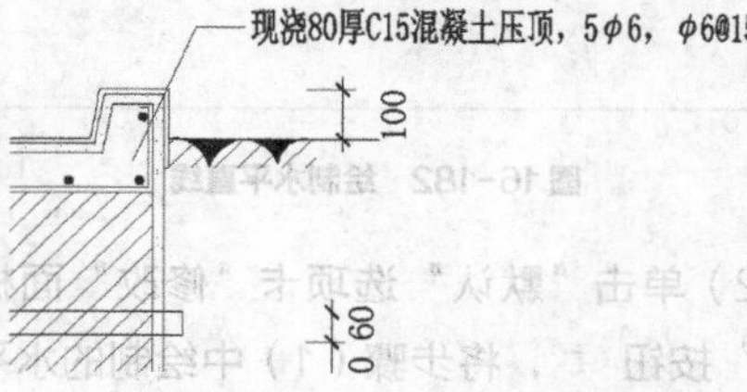

图 16-179　输入文字

（4）单击“默认”选项卡“绘图”面板中的“直线”按钮和“修改”面板中的“复制”按钮，将文字复制到图中其他位置。双击文字，修改文字内容，以便统一文字样式，最终完成文字的标注，如图 16-180 所示。

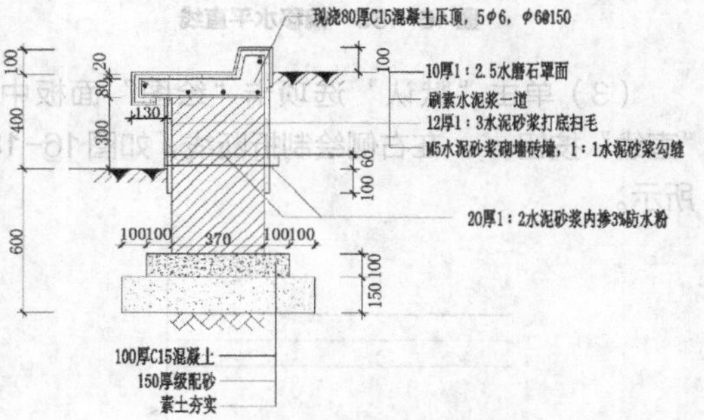

图 16-180　标注文字

（5）单击“默认”选项卡“绘图”面板中的“直线”按钮和“注释”面板中的“多行文字”按钮 A，标注图名，如图 16-160 所示。

16.3.5 绘制人行道树池

本节绘制图 16-181 所示的人行道树池。

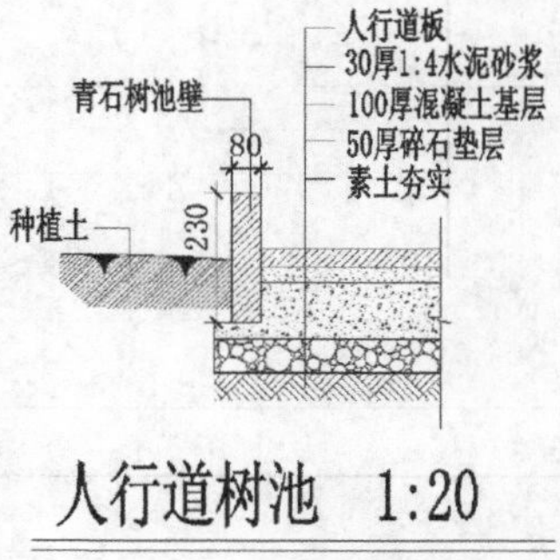

图 16-181　人行道树池

1. 绘制人行道树池

（1）单击“默认”选项卡“绘图”面板中的“直线”按钮，在图中绘制水平直线，如图16-182所示。

图16-182 绘制水平直线

（2）单击“默认”选项卡“修改”面板中的“偏移”按钮，将步骤（1）中绘制的水平直线依次向上偏移，如图16-183所示。

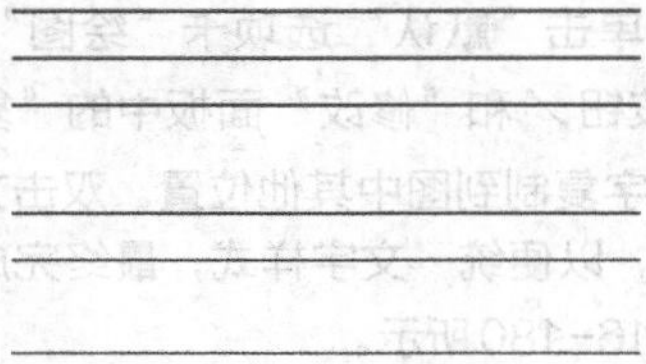

图16-183 偏移水平直线

（3）单击“默认”选项卡“绘图”面板中的“直线”按钮，在右侧绘制折断线，如图16-184所示。

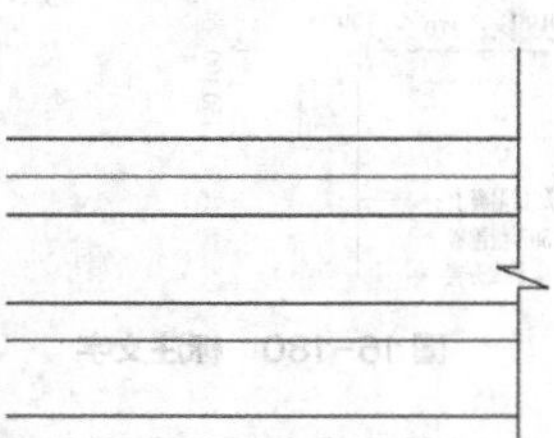

图16-184 绘制折断线

（4）单击“默认”选项卡“绘图”面板中的“矩形”按钮，绘制池壁，如图16-185所示。

图16-185 绘制池壁

（5）单击“默认”选项卡“修改”面板中的“圆角”按钮，对池壁进行圆角处理，如图16-186所示。

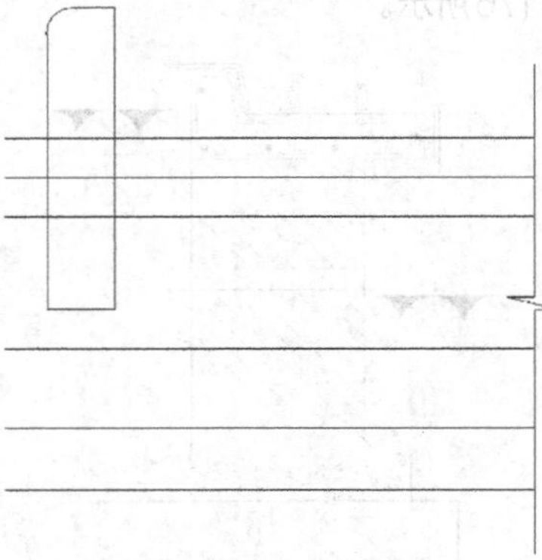

图16-186 进行圆角操作

（6）单击“默认”选项卡“修改”面板中的“修剪”按钮，修剪多余的直线，如图16-187所示。

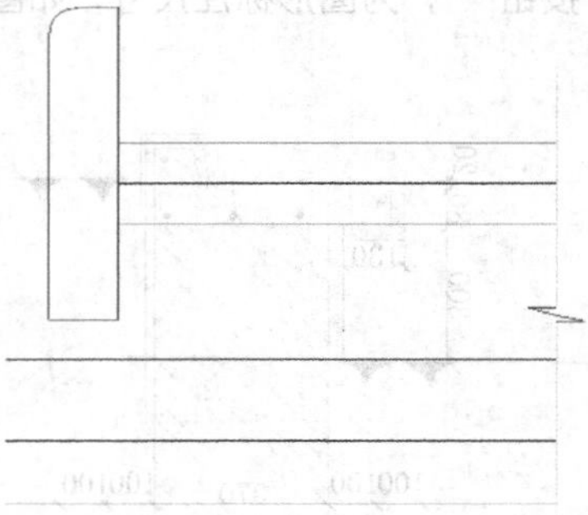

图16-187 修剪多余的直线

（7）单击“默认”选项卡“绘图”面板中的“直线”按钮和“圆弧”按钮，绘制种植土，如图16-188所示。

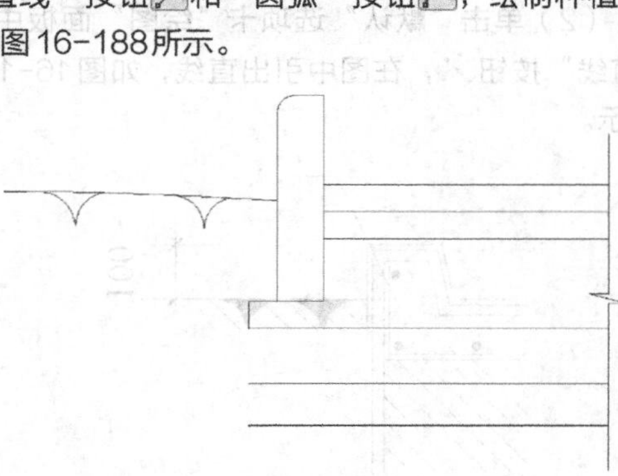

图16-188 绘制种植土

（8）单击“默认”选项卡“绘图”面板中的“图案填充”按钮，选择“图案填充创建”选项卡，选择“SOLID”图案，填充图形，如图16-189所示。

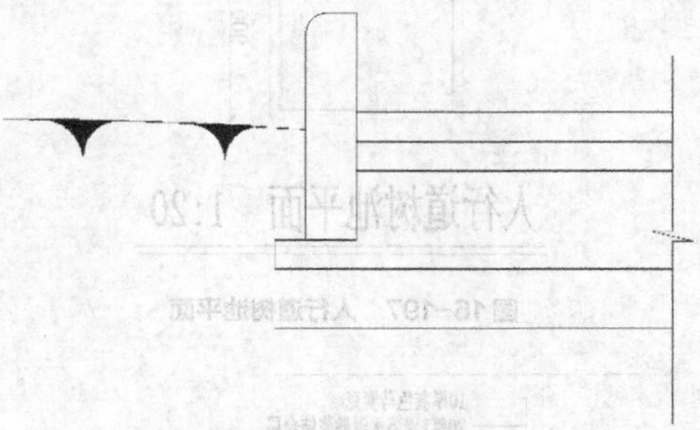

图16-189 填充图形（1）

（9）同理，单击“默认”选项卡“绘图”面板中的“直线”按钮和“图案填充”按钮，填充其他图形，然后删除多余的直线，如图16-190所示。

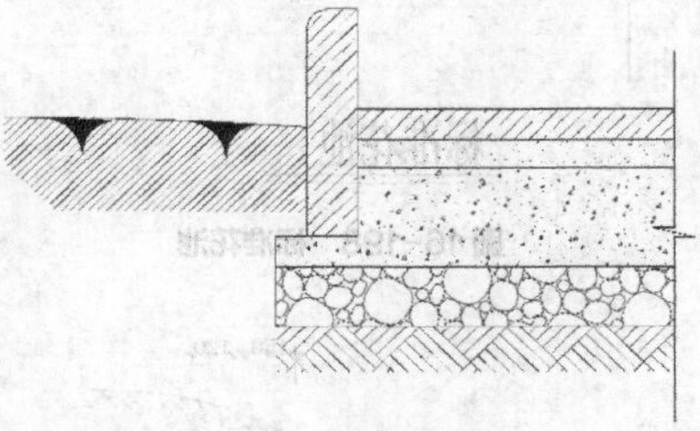

图16-190 填充图形（2）

2. 标注图形

（1）单击“默认”选项卡“注释”面板中的“线性”按钮，为图形标注尺寸，如图16-191所示。

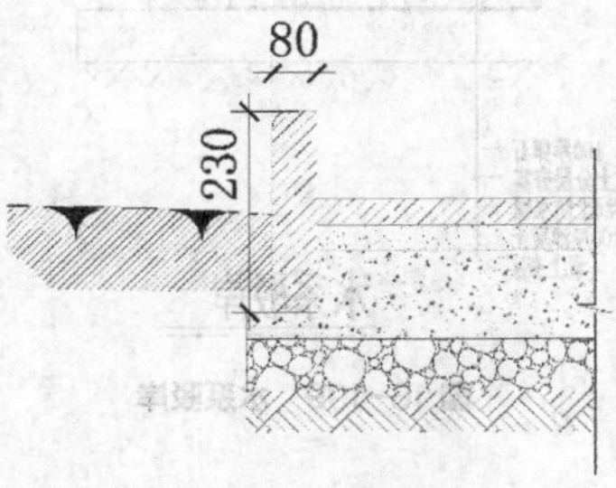

图16-191 标注尺寸

（2）单击“默认”选项卡“绘图”面板中的“直线”按钮，在图中引出直线，如图16-192所示。

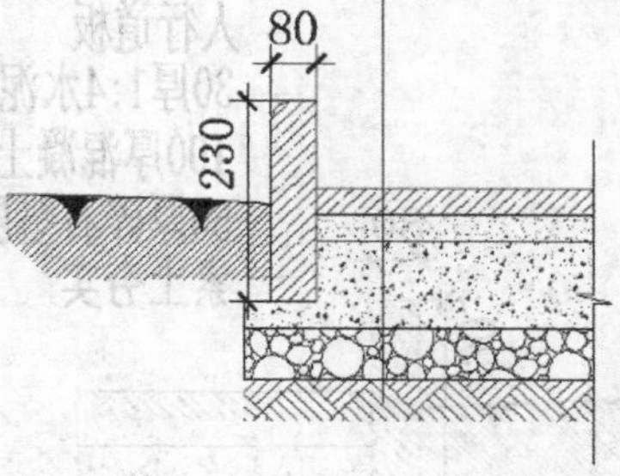

图16-192 引出直线

（3）单击“默认”选项卡“注释”面板中的“多行文字”按钮A，在直线右侧输入文字，如图16-193所示。

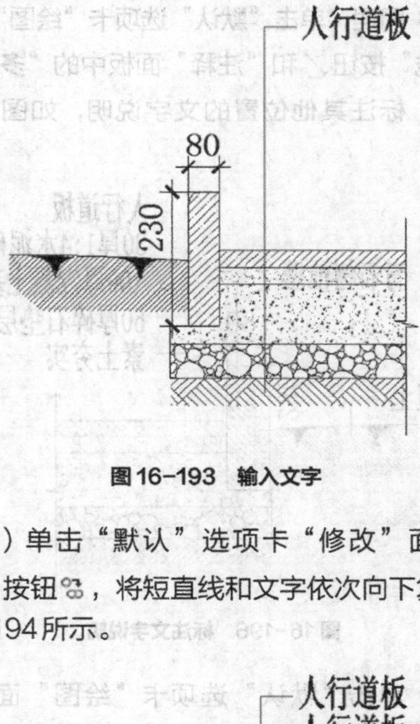

图16-193 输入文字

（4）单击“默认”选项卡“修改”面板中的“复制”按钮，将短直线和文字依次向下复制，如图16-194所示。

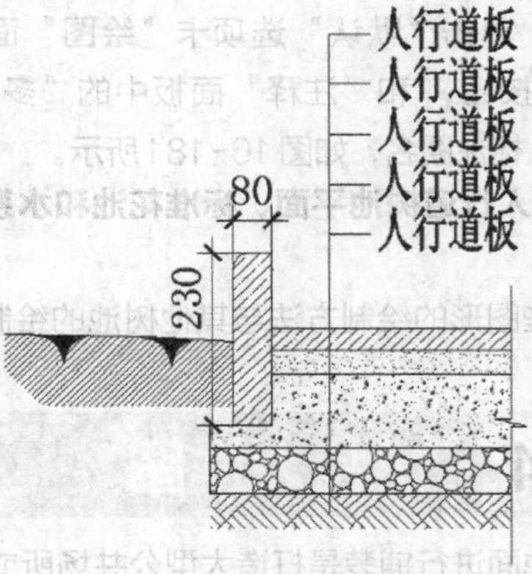

图16-194 复制短直线和文字

（5）双击步骤（4）中复制的文字，修改文字内容，以便统一文字样式，如图16-195所示。

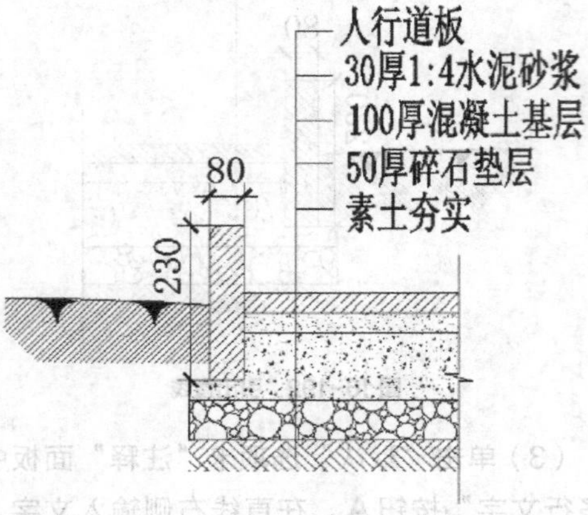

图16-195 修改文字内容

（6）同理，单击“默认”选项卡“绘图”面板中的“直线”按钮和“注释”面板中的“多行文字”按钮A，标注其他位置的文字说明，如图16-196所示。

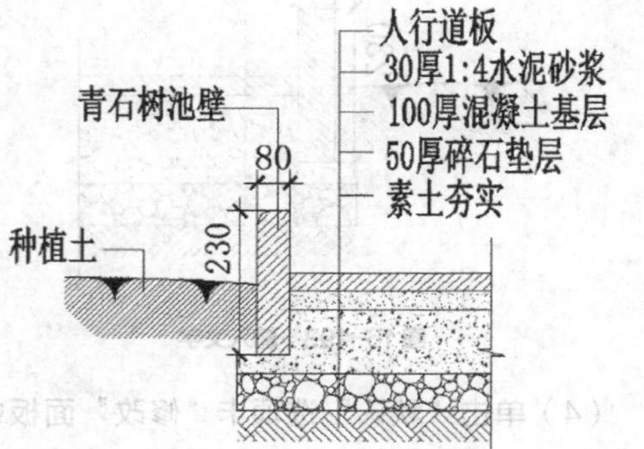

图16-196 标注文字说明

（7）单击“默认”选项卡“绘图”面板中的“直线”按钮和“注释”面板中的“多行文字”按钮A，标注图名，如图16-181所示。

3. 人行道树池平面、标准花池和水系驳岸的绘制

这些图形的绘制方法与其他树池的绘制方法类似，这里不重述，如图16-197~图16-199所示。

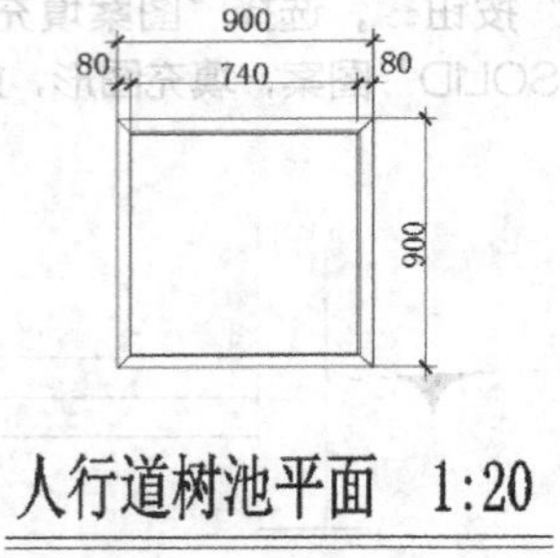

图16-197 人行道树池平面

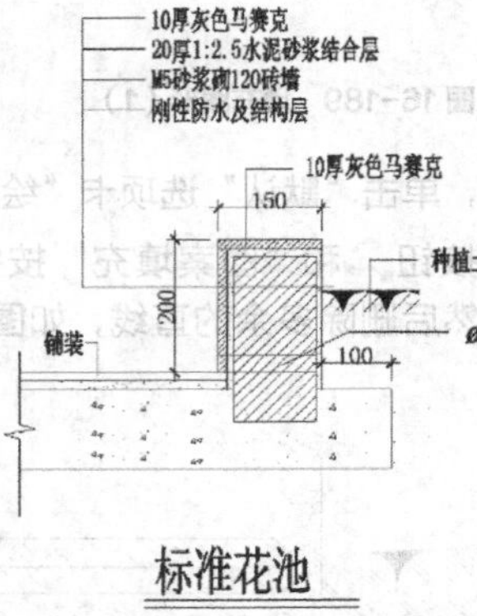

图16-198 标准花池

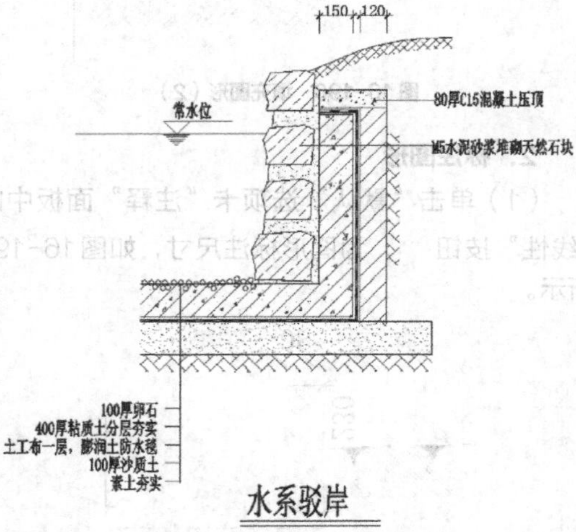

图16-199 水系驳岸

16.4 铺装大样图

对地面进行铺装是打造大型公共场所或园林的一种普遍做法。好的铺装能给人带来美感，是体现园林或公共场所整体风格的必要环节。

16.4.1 绘制入口广场铺装平面大样图

本节绘制图16-200所示的入口广场铺装平面大样图。

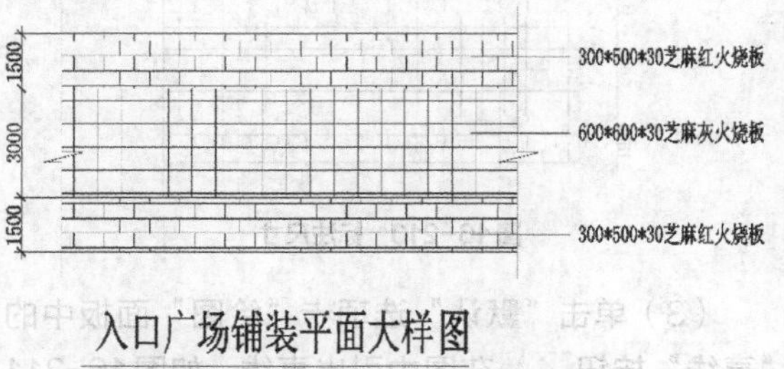

图 16-200 入口广场铺装平面大样图

1. 绘制入口广场铺装平面大样图

（1）单击“默认”选项卡“绘图”面板中的“直线”按钮，绘制水平直线，如图16-201所示。

图 16-201 绘制水平直线

（2）单击“默认”选项卡“修改”面板中的“偏移”按钮，将水平直线向下依次偏移，每次均以偏移后的直线为要偏移的对象，偏移值为1500、3000和1500，如图16-202所示。

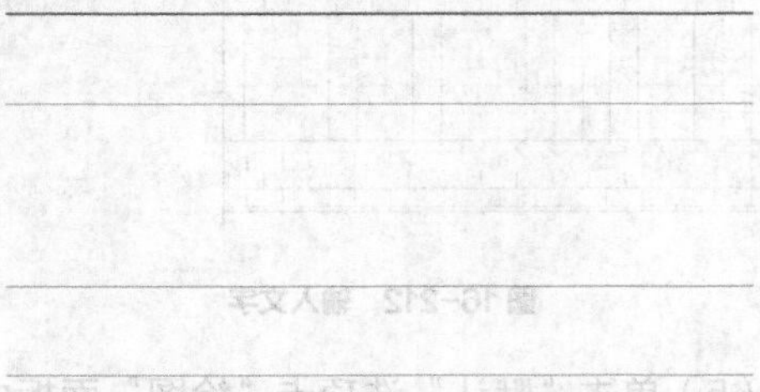

图 16-202 偏移水平直线

（3）单击“默认”选项卡“绘图”面板中的“直线”按钮，在图形左侧绘制折断线，如图16-203所示。

图 16-203 绘制折断线

（4）单击“默认”选项卡“修改”面板中的“复制”按钮，将折断线复制到另一侧，如图16-204所示。

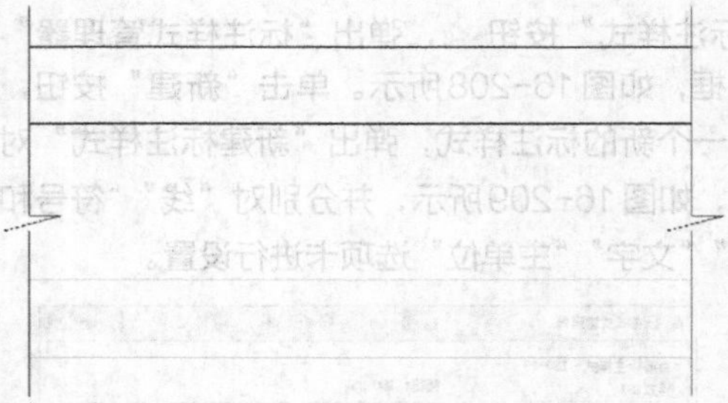

图 16-204 复制折断线

（5）单击“默认”选项卡“绘图”面板中的“图案填充”按钮，选择“图案填充创建”选项卡，选择“AR-B816”图案，如图16-205所示。填充图形，如图16-206所示。

（6）同理，单击“默认”选项卡“绘图”面板中的“图案填充”按钮，选择“NET”图案，填充图形，如图16-207所示。

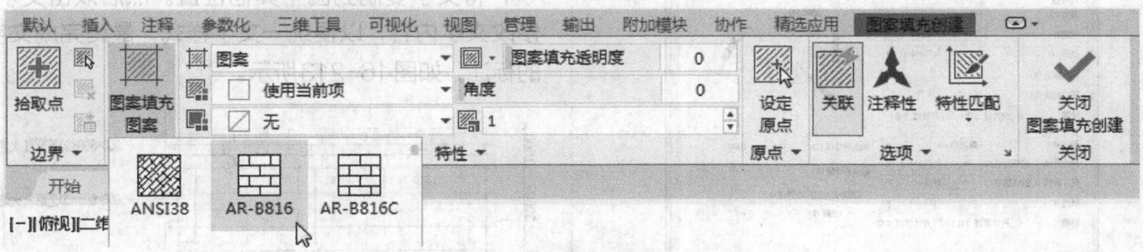

图 16-205 “图案填充创建”选项卡

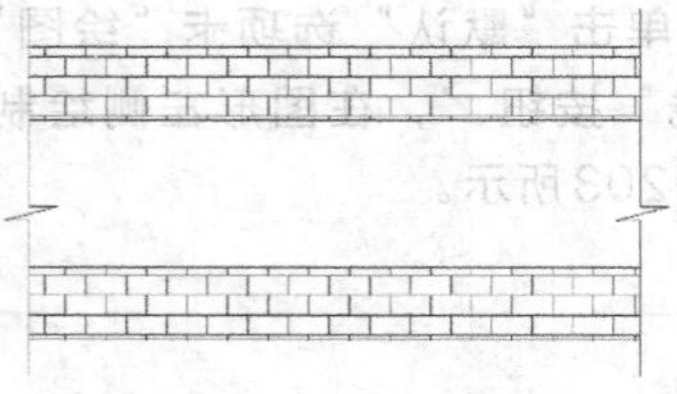

图16-206 填充图形（1）

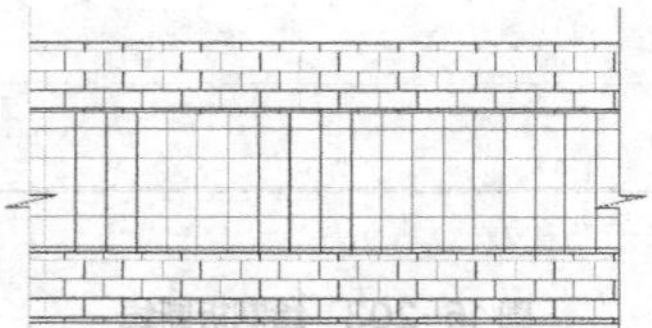

图16-207 填充图形（2）

2. 标注图形

（1）单击“默认”选项卡“注释”面板中的“标注样式”按钮，弹出“标注样式管理器”对话框，如图16-208所示。单击“新建”按钮，创建一个新的标注样式，弹出“新建标注样式”对话框，如图16-209所示，并分别对“线”“符号和箭头”“文字”“主单位”选项卡进行设置。

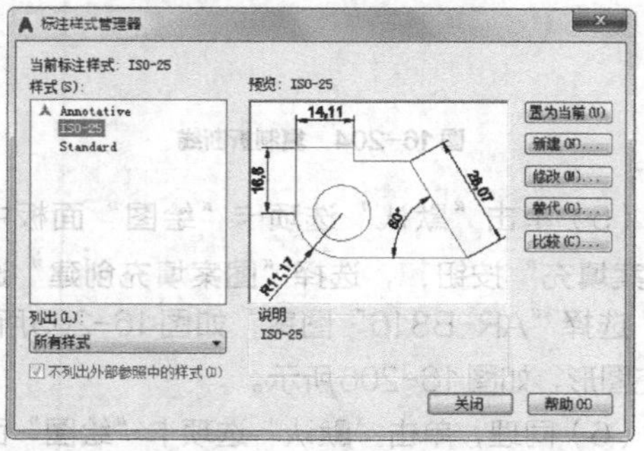

图16-208 “标注样式管理器”对话框

图16-209 “新建标注样式”对话框

（2）单击“默认”选项卡“注释”面板中的“线性”按钮和“连续”按钮，为图形标注尺寸，如图16-210所示。

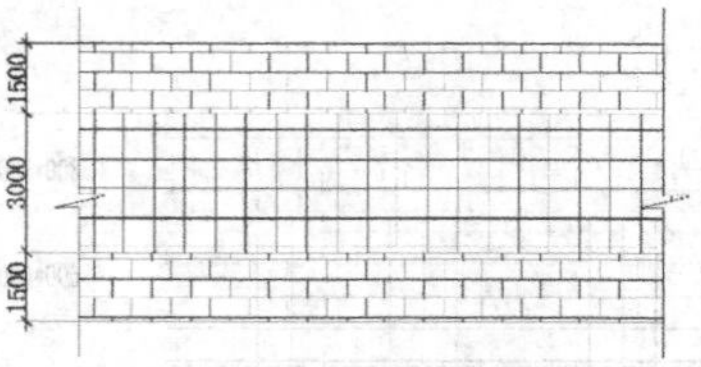

图16-210 标注尺寸

（3）单击“默认”选项卡“绘图”面板中的“直线”按钮，在图中引出直线，如图16-211所示。

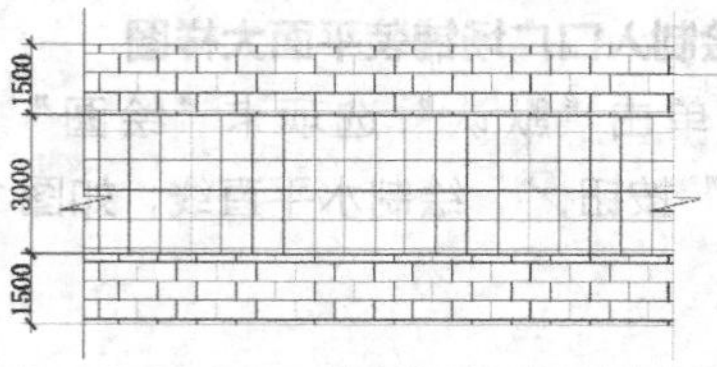

图16-211 引出直线

（4）单击“默认”选项卡“注释”面板中的“多行文字”按钮A，在直线右侧输入文字，如图16-212所示。

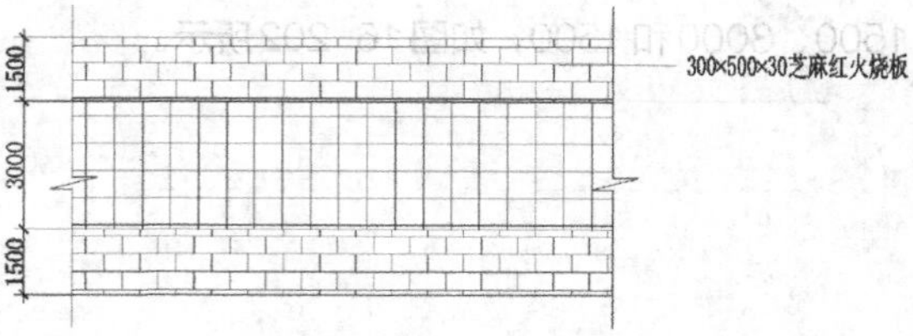

图16-212 输入文字

（5）单击“默认”选项卡“绘图”面板中的“直线”按钮和“修改”面板中的“复制”按钮，将文字复制到图中其他位置。然后双击文字，修改文字内容，以便统一文字样式，最终完成文字的标注，如图16-213所示。

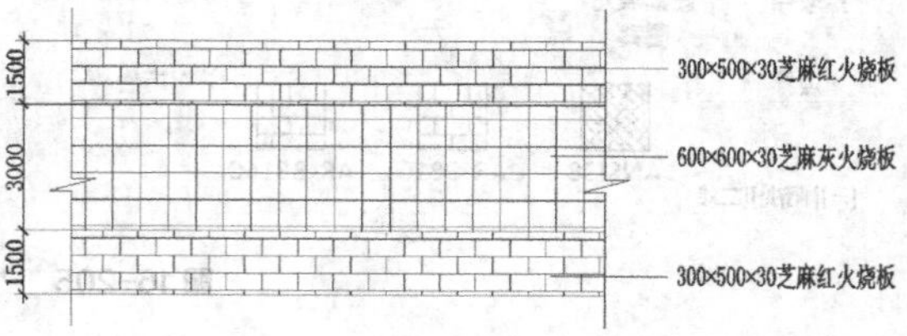

图16-213 标注文字

（6）单击“默认”选项卡“绘图”面板中的“直线”按钮和“注释”面板中的“多行文字”按钮A，标注图名，如图16-200所示。

16.4.2 绘制文化墙广场铺装平面大样图

本节绘制图16-214所示的文化墙广场铺装平面大样图。

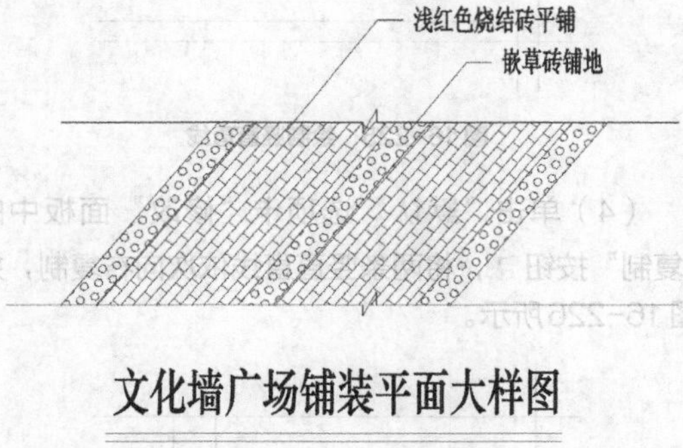

图16-214 文化墙广场铺装平面大样图

（1）单击“默认”选项卡“绘图”面板中的“直线”按钮，绘制斜线，如图16-215所示。

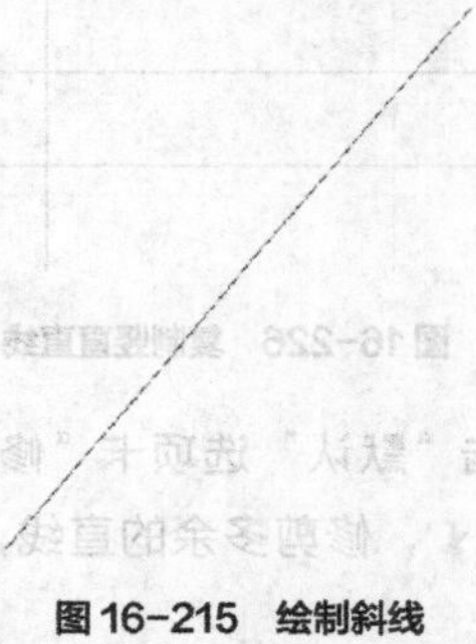

图16-215 绘制斜线

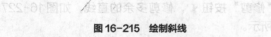

（2）单击“默认”选项卡“修改”面板中的“复制”按钮，将斜线依次向右复制，如图16-216所示。

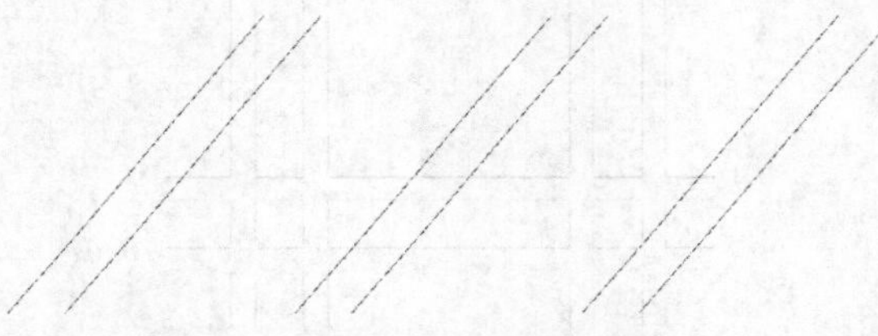

图16-216 复制斜线

（3）单击“默认”选项卡“绘图”面板中的“直线”按钮，绘制折断线，如图16-217所示。

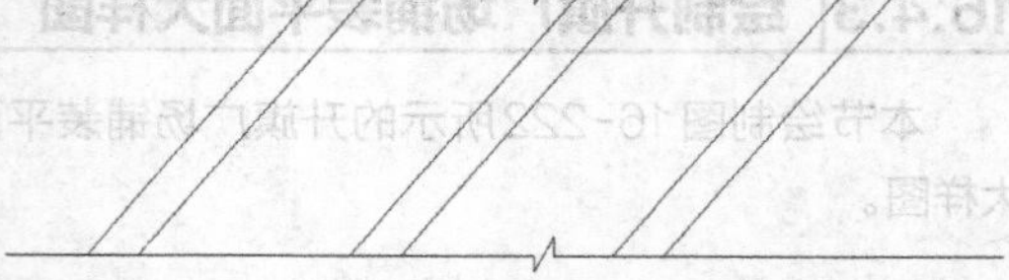

图16-217 绘制折断线

（4）单击“默认”选项卡“绘图”面板中的“图案填充”按钮，选择“图案填充创建”选项卡，选择“HEX”图案，如图16-218所示。填充图形，如图16-219所示。

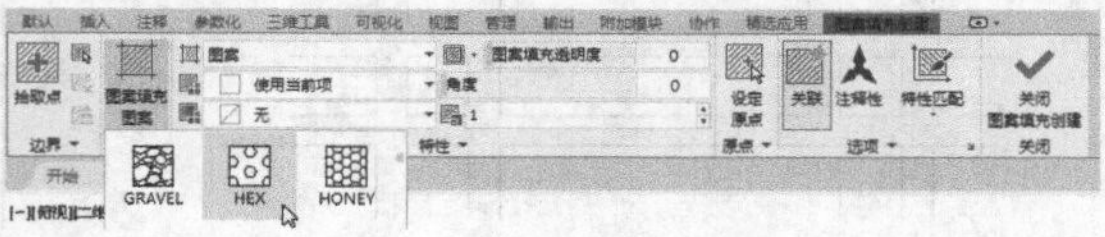

图16-218 “图案填充创建”选项卡

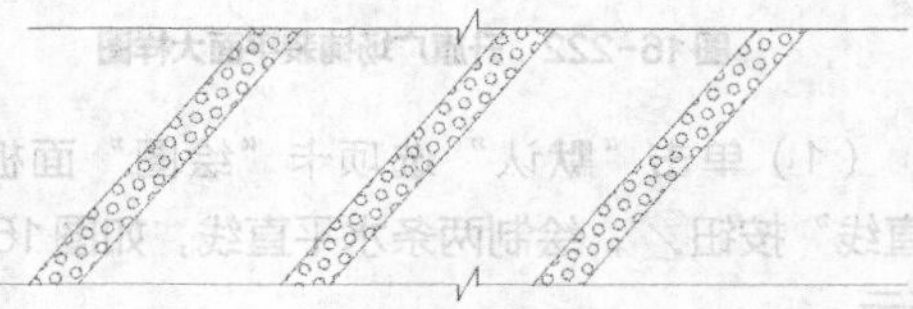

图16-219 填充图形（1）

（5）同理，填充剩余图形，如图16-220所示。

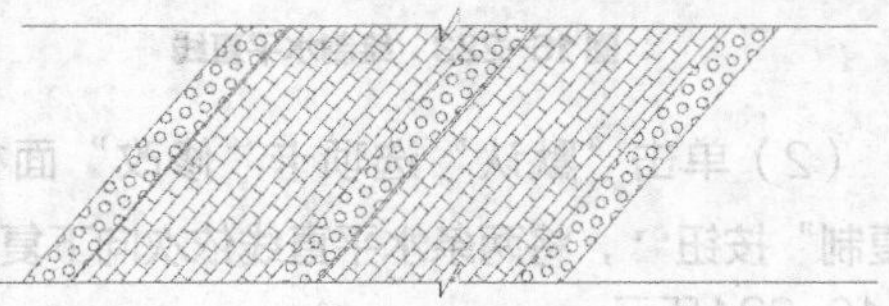

图16-220 填充图形（2）

（6）单击“默认”选项卡“绘图”面板中的“直线”按钮和“注释”面板中的“多行文字”按钮A，标注文字说明，如图16-221所示。

图16-221 标注文字说明

（7）同理，单击“默认”选项卡“绘图”面板中的“直线”按钮和“注释”面板中的“多行文字”按钮A，标注图名，如图16-214所示。

16.4.3 绘制升旗广场铺装平面大样图

本节绘制图16-222所示的升旗广场铺装平面大样图。

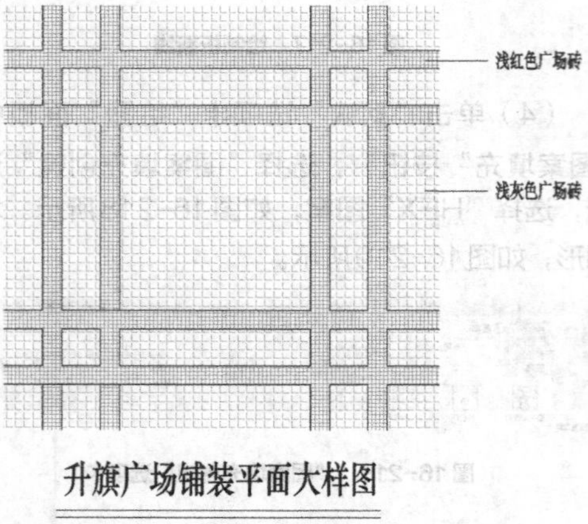

图16-222 升旗广场铺装平面大样图

（1）单击“默认”选项卡“绘图”面板中的“直线”按钮，绘制两条水平直线，如图16-223所示。

图16-223 绘制水平直线

（2）单击“默认”选项卡“修改”面板中的“复制”按钮，将两条水平直线依次向下复制，如图16-224所示。

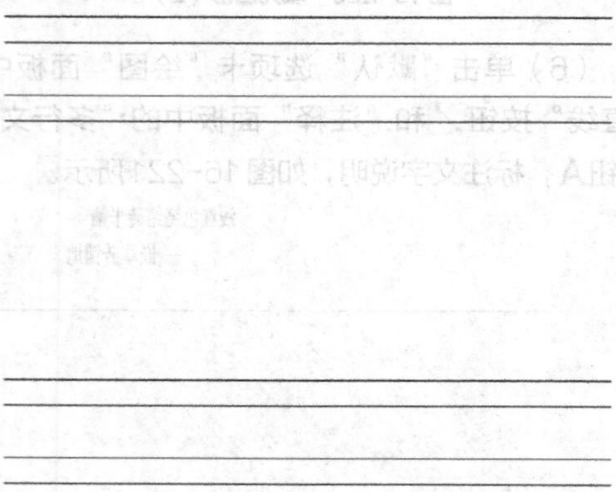

图16-224 复制水平直线

（3）单击“默认”选项卡“绘图”面板中的“直线”按钮，绘制两条竖直直线，如图16-225所示。

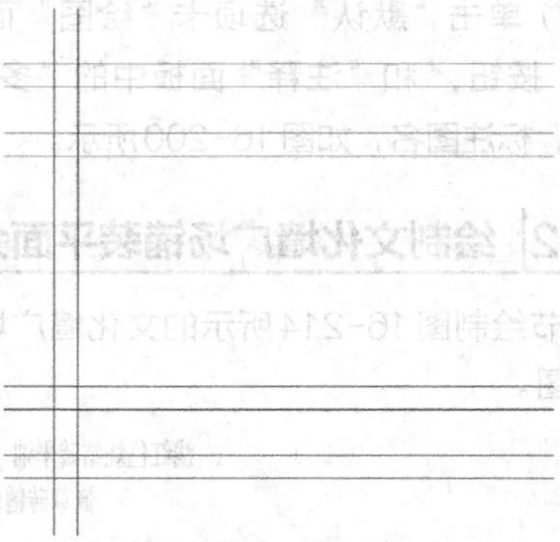

图16-225 绘制竖直直线

（4）单击“默认”选项卡“修改”面板中的“复制”按钮，将两条竖直直线依次向右复制，如图16-226所示。

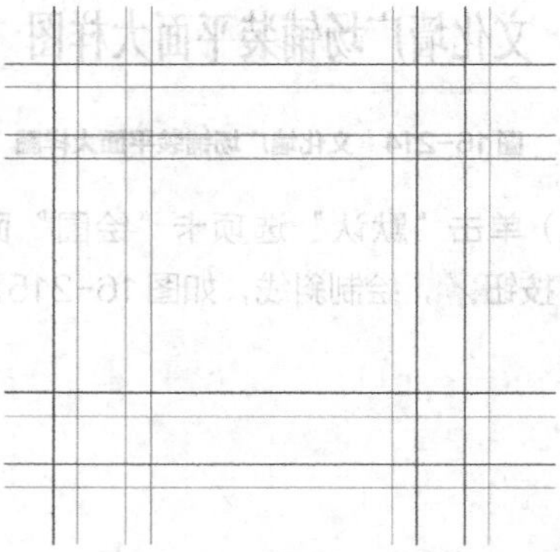

图16-226 复制竖直直线

（5）单击“默认”选项卡“修改”面板中的“修剪”按钮，修剪多余的直线，如图16-227所示。

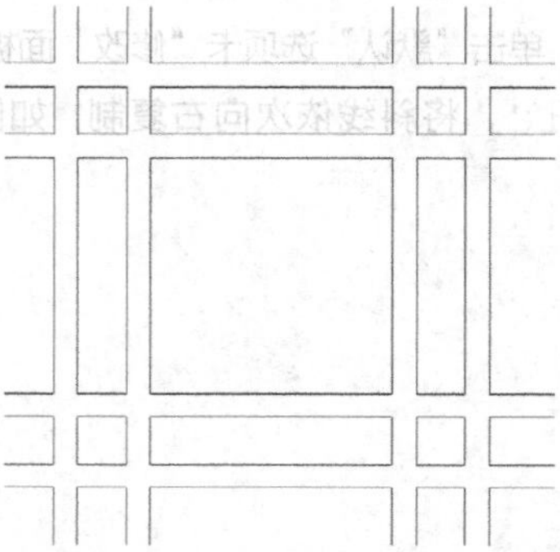

图16-227 修剪多余的直线

（6）单击“默认”选项卡“绘图”面板中的“图案填充”按钮，填充图形。在填充图形时，首先利用“直线”命令绘制填充界线，以便填充图形，然后将绘制的填充界线删除，如图16-228所示。

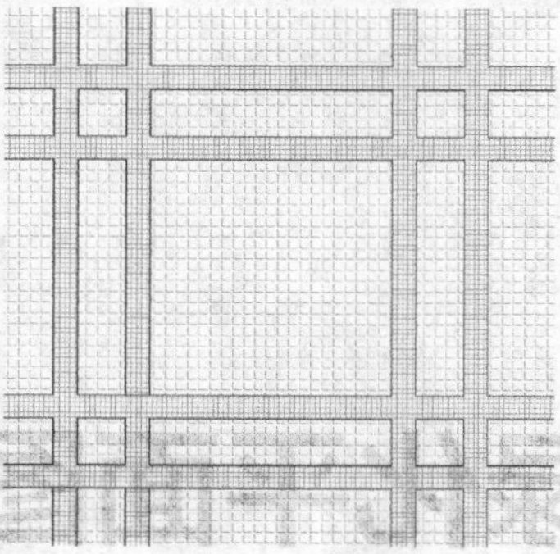

图16-228 填充图形

（7）单击“默认”选项卡“绘图”面板中的“直线”按钮和“注释”面板中的“多行文字”按钮A，标注文字说明，如图16-229所示。

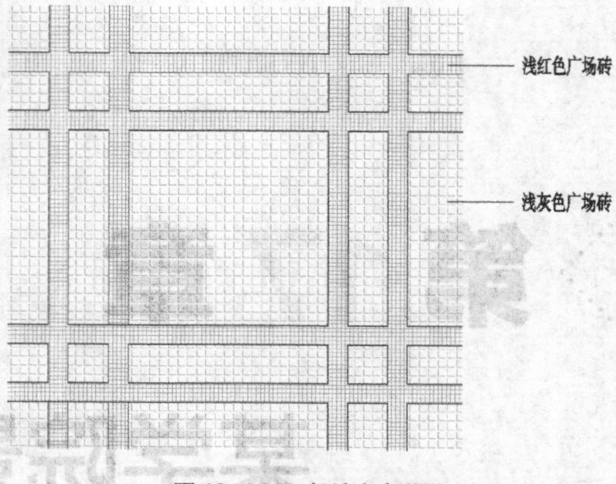

图16-229 标注文字说明

（8）同理，标注图名，如图16-222所示。

（9）利用二维绘图和“编辑”命令，绘制其他大样图以及剖面图，这里不再详述，如图16-230、图16-231所示。

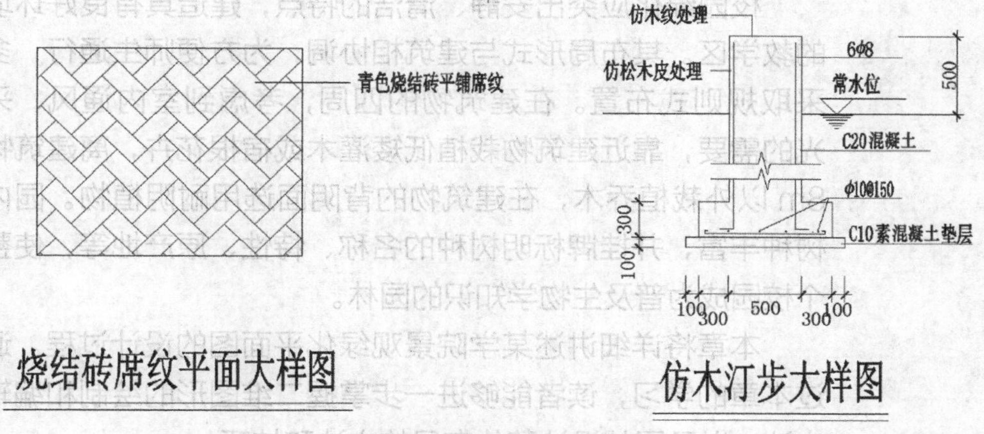

图16-230 绘制大样图

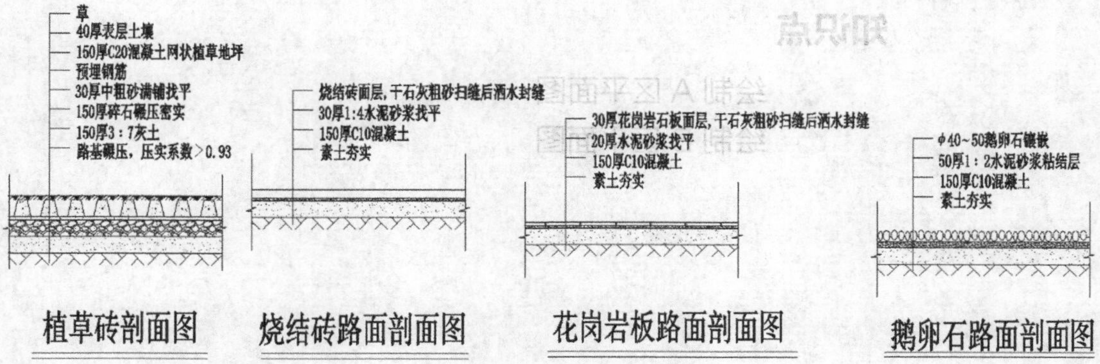

图16-231 绘制剖面图

第 17 章

某学院景观绿化平面图

校园绿化应突出安静、清洁的特点，建造具有良好环境的教学区。其布局形式与建筑相协调，为方便师生通行，多采取规则式布置。在建筑物的四周，考虑到室内通风、采光的需要，靠近建筑物栽植低矮灌木或宿根花卉，离建筑物8m 以外栽植乔木，在建筑物的背阴面选用耐阴植物。园内树种丰富，并挂牌标明树种的名称、特性、原产地等，使整个校园成为普及生物学知识的园林。

本章将详细讲述某学院景观绿化平面图的设计过程。通过本章的学习，读者能够进一步掌握二维图形的绘制和编辑方法，以及园林设计整体布局的方法和技巧。

知识点

- 绘制 A 区平面图
- 绘制 B 区平面图

17.1 绘制 A 区平面图

本节绘制图 17-1 所示的 A 区平面图。

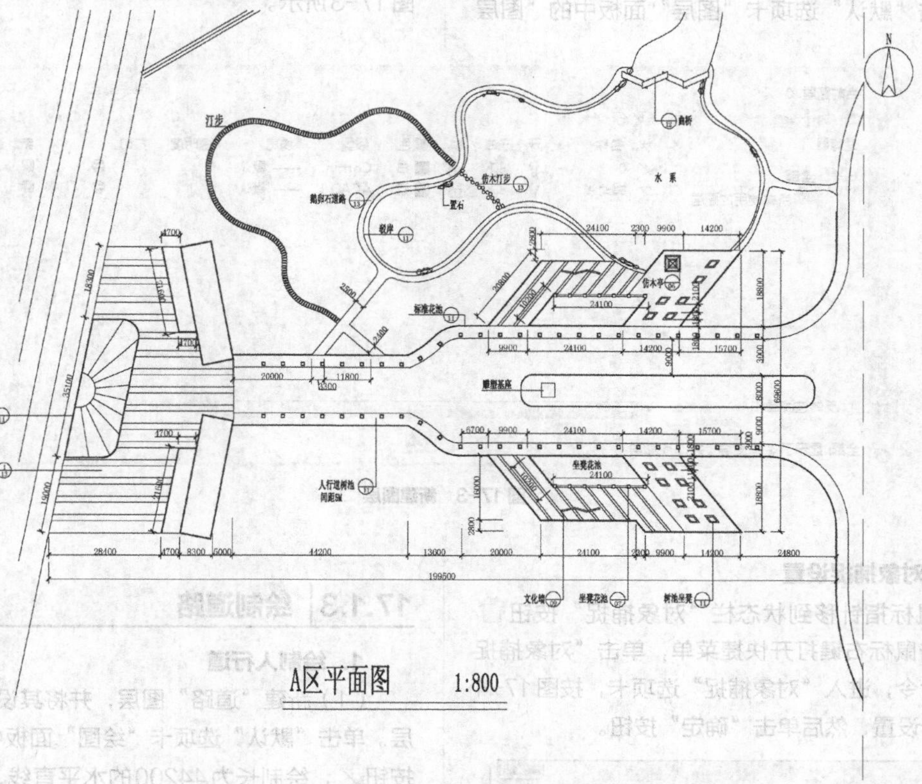

图 17-1 A 区平面图

17.1.1 必要的设置

1. 单位设置

将系统单位设为mm。以1：1的比例绘制。具体操作是单击菜单栏“格式”/“单位”命令，弹出“图形单位”对话框，按图 17-2 所示进行设置，然后单击“确定”按钮完成。

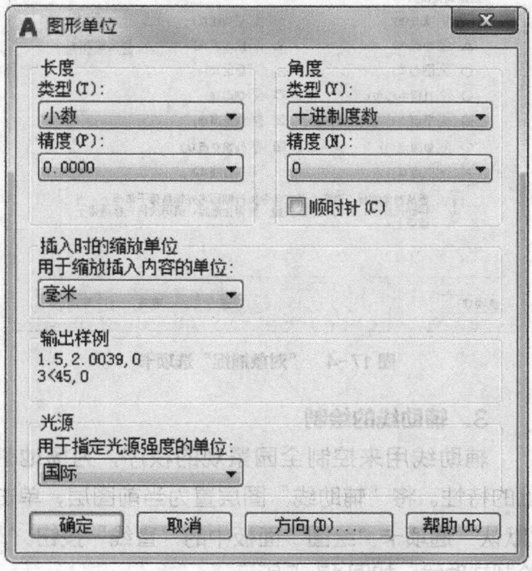

图 17-2 “图形单位”对话框

2. 图形界限设置

将图形界限设为“420000×297000”。命令行提示与操作如下。

```
命令：LIMITS
重新设置模型空间界限：
指定左下角点或 [ 开 (ON) / 关 (OFF)]<0,0>:（回车）
指定右上角点 <420,297>:420000,297000（回车）
```

17.1.2 辅助线的设置

1. 新建图层

单击“默认”选项卡“图层”面板中的“图层特性”按钮，弹出“图层特性管理器”对话框。新建“辅助线”图层，将颜色设置为红色，线型设置“ACAD_ISO10W100”，其他属性默认，如图17-3所示。

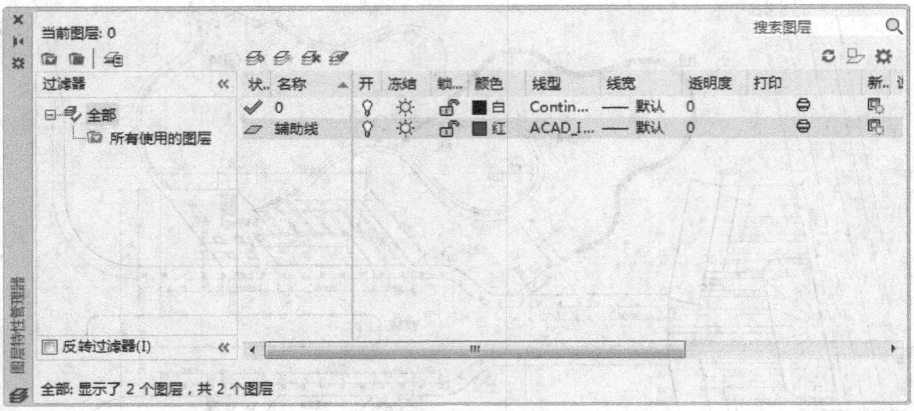

图17-3 新建图层

2. 对象捕捉设置

将鼠标指针移到状态栏“对象捕捉”按钮上，单击鼠标右键打开快捷菜单，单击“对象捕捉设置”命令，进入“对象捕捉”选项卡，按图17-4所示进行设置，然后单击“确定”按钮。

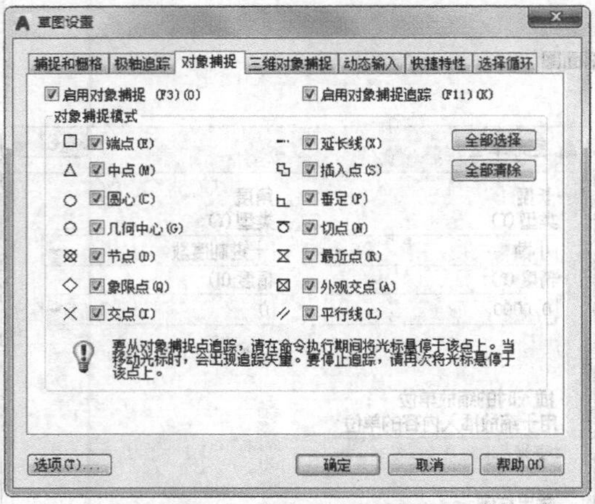

图17-4 “对象捕捉”选项卡

3. 辅助线的绘制

辅助线用来控制全园景观的秩序，为场地基址的特性。将“辅助线”图层置为当前图层，单击“默认”选项卡“绘图”面板中的“直线”按钮，绘制辅助线，如图17-5所示。

17.1.3 绘制道路

1. 绘制人行道

（1）新建“道路”图层，并将其设置为当前图层。单击“默认”选项卡“绘图”面板中的“直线”按钮，绘制长为44200的水平直线，如图17-6所示。

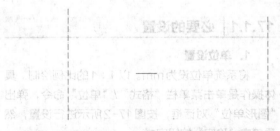

图17-5 绘制辅助线

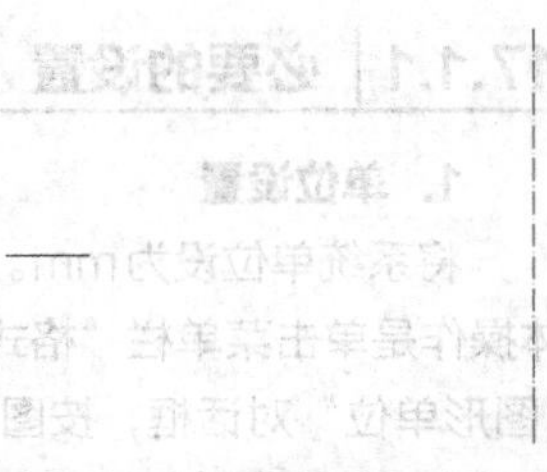

图17-6 绘制水平直线

（2）单击“默认”选项卡“绘图”面板中的“圆弧”按钮，绘制圆弧，该圆弧的水平长度值为13600，如图17-7所示。

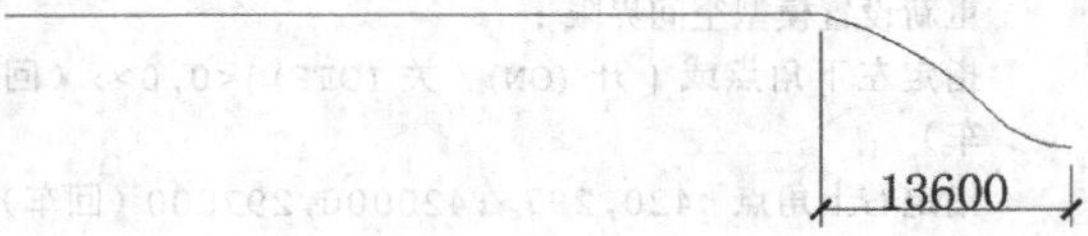

图17-7 绘制圆弧

（3）单击“默认”选项卡“绘图”面板中的“直线”按钮，以步骤（2）中绘制的圆弧右端点为起点，水平向右绘制长为77500的水平直线，如图17-8所示。

图 17-8　绘制水平直线

（4）单击“默认”选项卡“绘图”面板中的“直线”按钮和“圆弧”按钮，以步骤（3）中绘制的直线端点为起点继续绘制图形，最终完成人行道轮廓线的绘制，如图17-9所示。

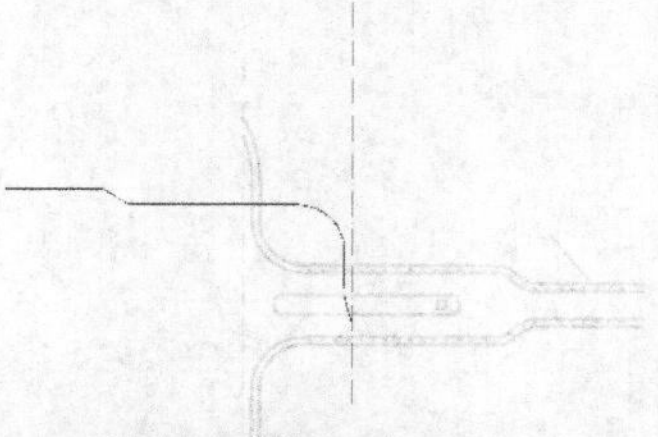

图 17-9　绘制人行道轮廓线

（5）单击“默认”选项卡“修改”面板中的“偏移”按钮，将人行道轮廓线向下偏移3000，并整理图形，完成人行道的绘制，如图17-10所示。

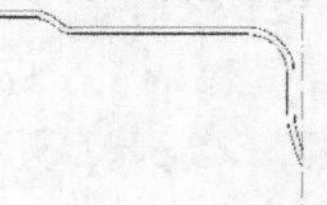

图 17-10　偏移人行道轮廓线

（6）单击“默认”选项卡“修改”面板中的“偏移”按钮，将人行道最下侧轮廓线向下偏移160，完成标准花池的绘制，如图17-11所示。

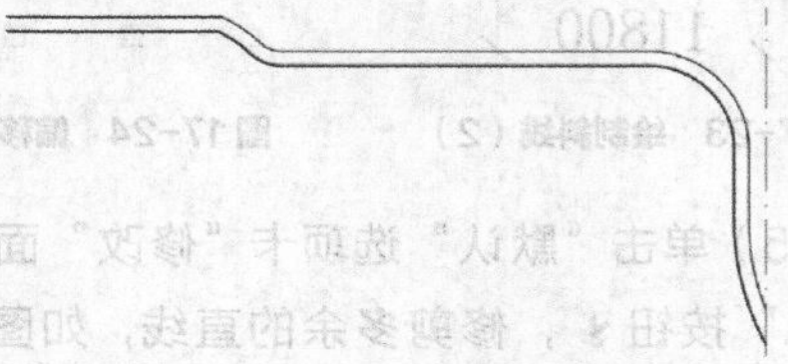

图 17-11　绘制标准花池

（7）单击“默认”选项卡“绘图”面板中的“矩形”按钮，在图中绘制小矩形，如图17-12所示。

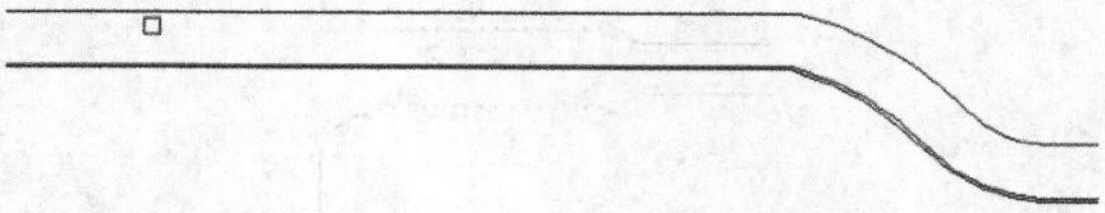

图 17-12　绘制小矩形

（8）单击“默认”选项卡“修改”面板中的“偏移”按钮，将矩形向内偏移，完成人行道树池的绘制，如图17-13所示。

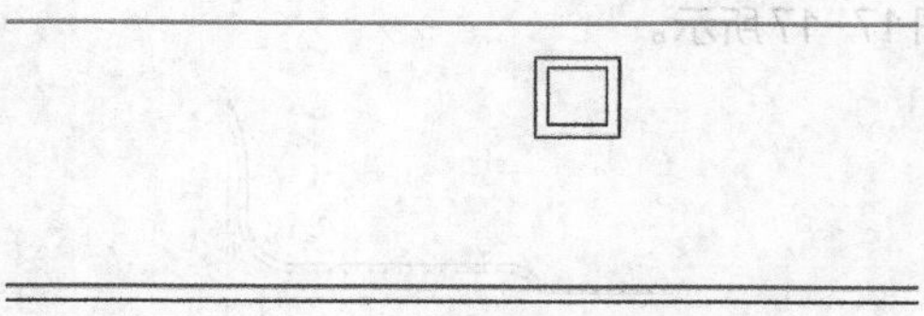

图 17-13　偏移矩形

（9）单击“默认”选项卡“修改”面板中的“复制”按钮和“旋转”按钮，将人行道树池复制到图中其他位置，如图17-14所示。

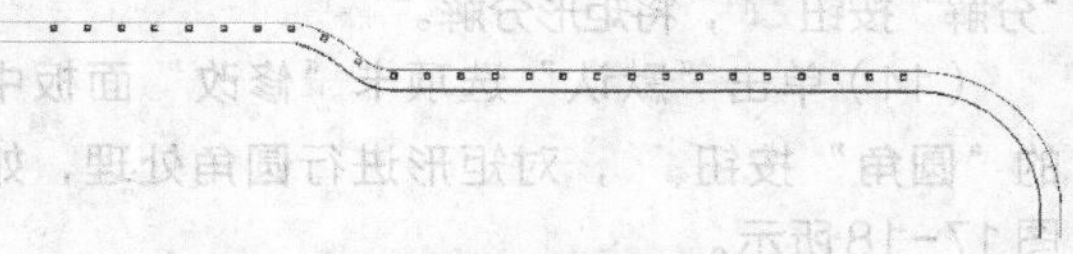

图 17-14　复制人行道树池

（10）单击“默认”选项卡“绘图”面板中的“直线”按钮，在图中绘制一条长为26000的竖直直线，如图17-15所示。

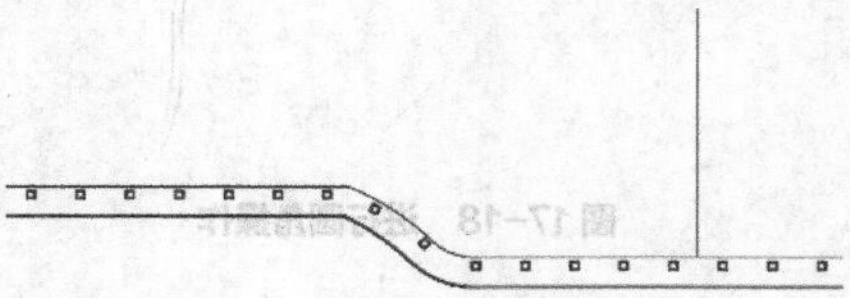

图 17-15　绘制竖直直线

（11）单击“默认”选项卡“修改”面板中的“镜像”按钮，以步骤（10）中绘制的竖直直线的中点为镜像点，将人行道镜像到另一侧，使其间距为26000。然后单击“默认”选项卡“修改”面板中的“删除”按钮，将竖直直线删除，如

图17-16所示。

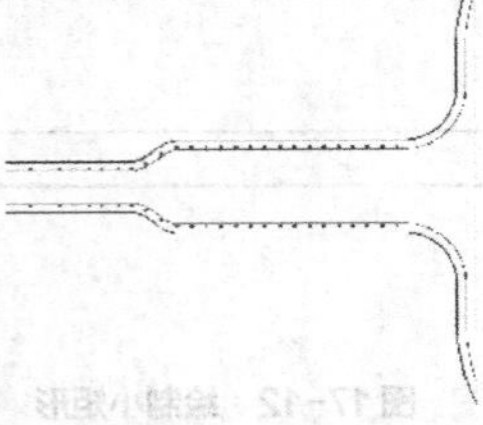

图17-16　镜像人行道和删除竖直直线

（12）单击“默认”选项卡“绘图”面板中的“矩形”按钮，在人行道之间绘制矩形，矩形的两条长边距离人行道内侧轮廓线的间距为9000，如图17-17所示。

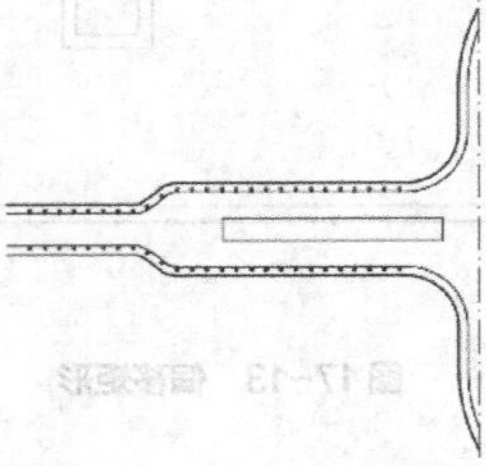

图17-17　绘制矩形

（13）单击“默认”选项卡“修改”面板中的“分解”按钮，将矩形分解。

（14）单击“默认”选项卡“修改”面板中的“圆角”按钮，对矩形进行圆角处理，如图17-18所示。

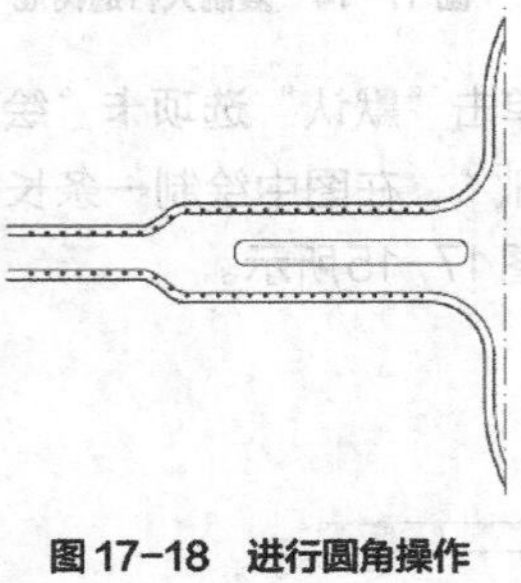

图17-18　进行圆角操作

（15）单击“默认”选项卡“修改”面板中的“偏移”按钮，将圆角矩形向内偏移，如图17-19所示。

图17-19　偏移圆角矩形

（16）单击“默认”选项卡“绘图”面板中的“矩形”按钮，在图中合适的位置绘制基座，如图17-20所示。

图17-20　绘制基座

2. 绘制鹅卵石道路

（1）单击“默认”选项卡“绘图”面板中的“直线”按钮，在图中合适的位置绘制斜线，如图17-21所示。

（2）单击“默认”选项卡“修改”面板中的“偏移”按钮，将斜线向右偏移2500，如图17-22所示。

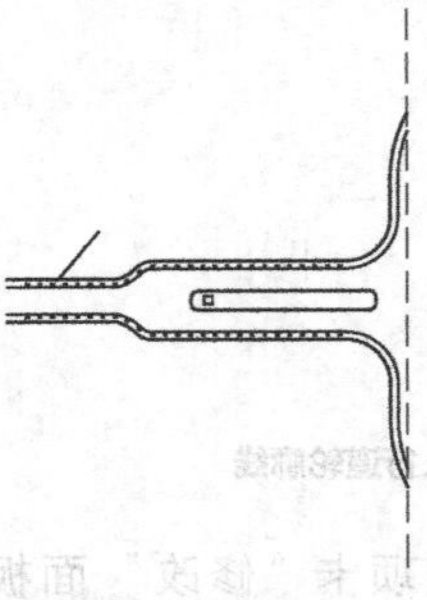

图17-21　绘制斜线（1）

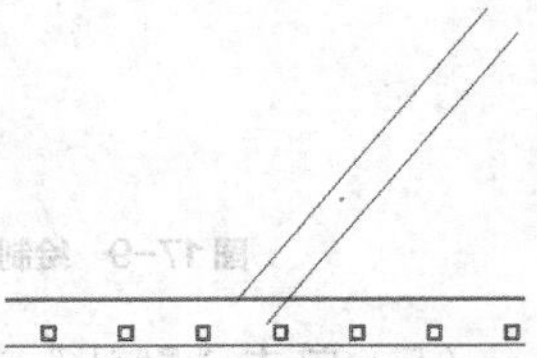

图17-22　偏移斜线

（3）单击“默认”选项卡“绘图”面板中的“直线”按钮，在右侧绘制一条短斜线，将其与左侧偏移的直线间距为11800，如图17-23所示。

（4）单击“默认”选项卡“修改”面板中的“偏移”按钮，将步骤（3）中绘制的短斜线向右偏移2400，并将其延伸到合适的位置，如图17-24所示。

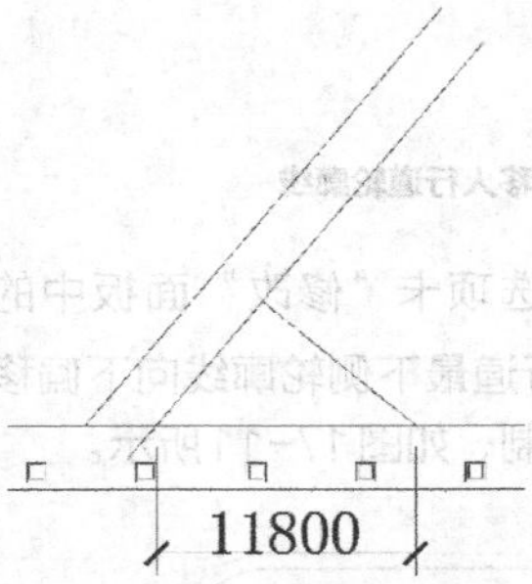

图17-23　绘制斜线（2）

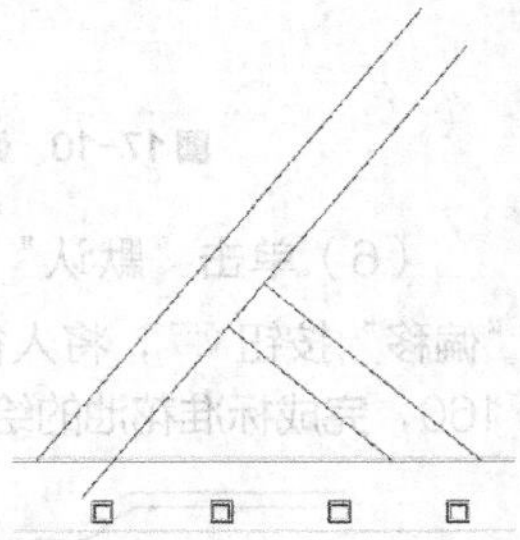

图17-24　偏移短斜线

（5）单击“默认”选项卡“修改”面板中的“修剪”按钮，修剪多余的直线，如图17-25所示。

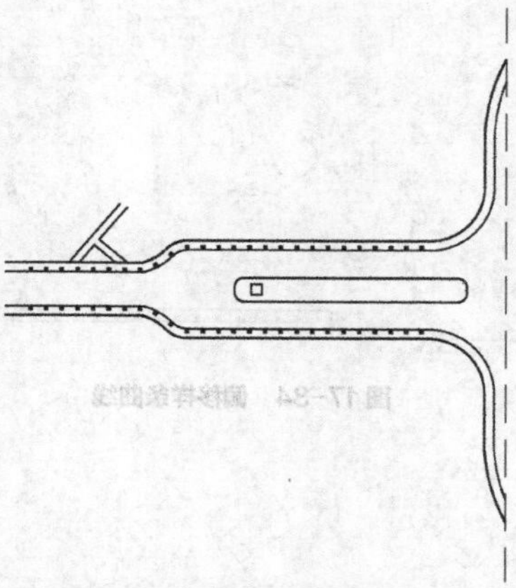

图 17-25 修剪多余的直线

（6）单击“默认”选项卡“绘图”面板中的“圆弧”按钮和“样条曲线拟合”按钮，绘制鹅卵石道路，如图 17-26 所示。

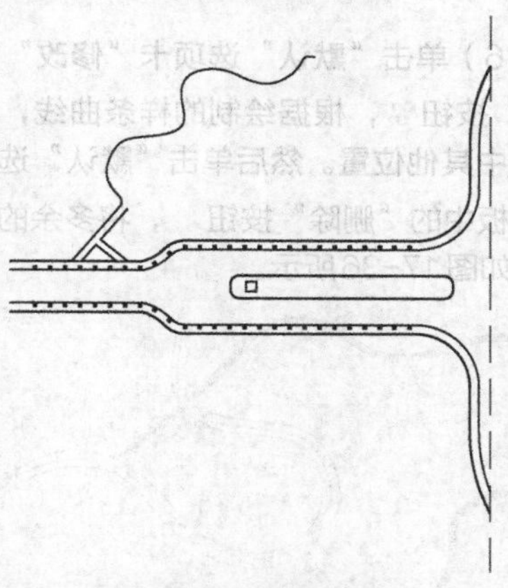

图 17-26 绘制鹅卵石道路（1）

（7）单击“默认”选项卡“绘图”面板中的“样条曲线拟合”按钮，绘制驳岸，如图 17-27 所示。

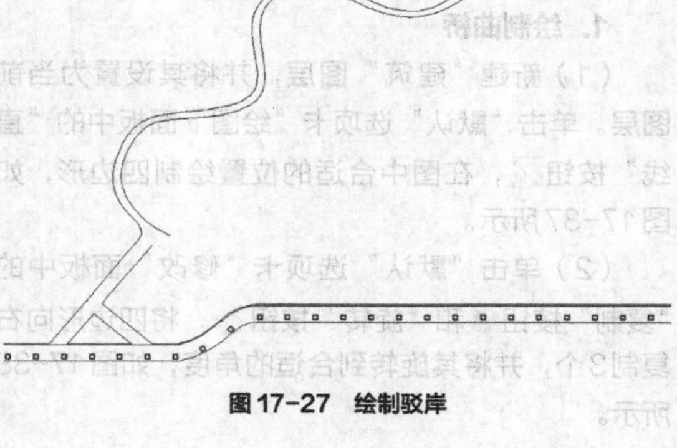

图 17-27 绘制驳岸

（8）同理，绘制其他位置的鹅卵石道路，如图 17-28 所示。

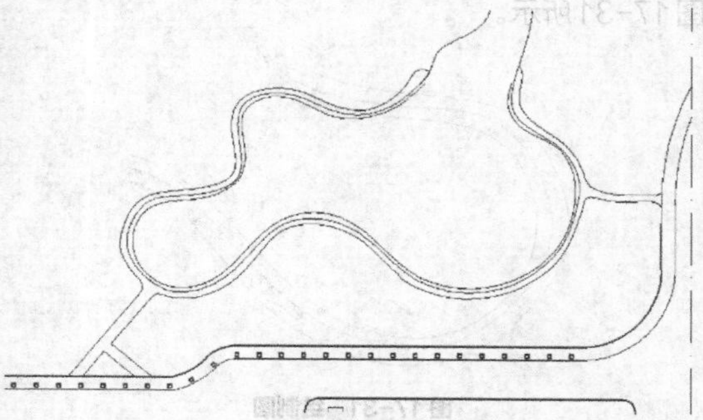

图 17-28 绘制鹅卵石道路（2）

（9）单击“默认”选项卡“绘图”面板中的“直线”按钮，在图中绘制置石，如图 17-29 所示。

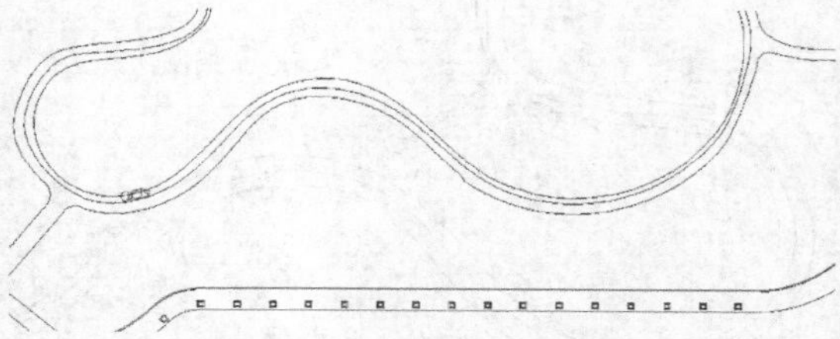

图 17-29 绘制置石（1）

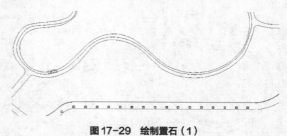

（10）同理，单击“默认”选项卡“绘图”面板中的“直线”按钮和“修改”面板中的“复制”按钮，绘制其他位置的置石，如图 17-30 所示。

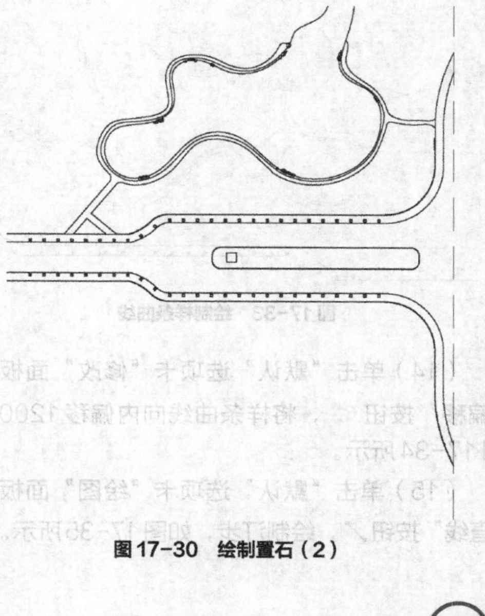

图 17-30 绘制置石（2）

（11）单击“默认”选项卡“绘图”面板中的“圆”按钮⊙，在图中合适的位置绘制圆，如图17-31所示。

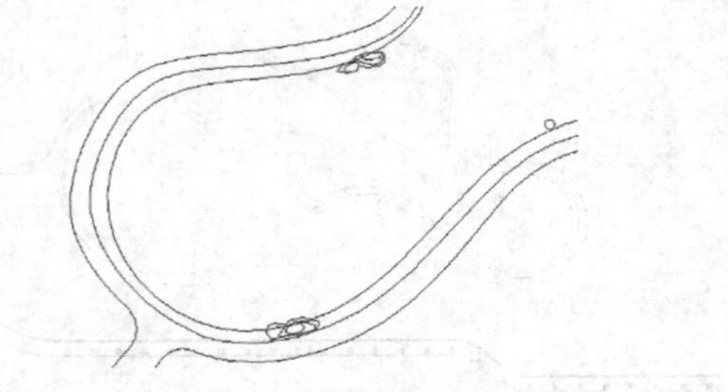

图17-31　绘制圆

（12）单击“默认”选项卡“修改”面板中的“复制”按钮，复制圆，完成仿木汀步的绘制，如图17-32所示。

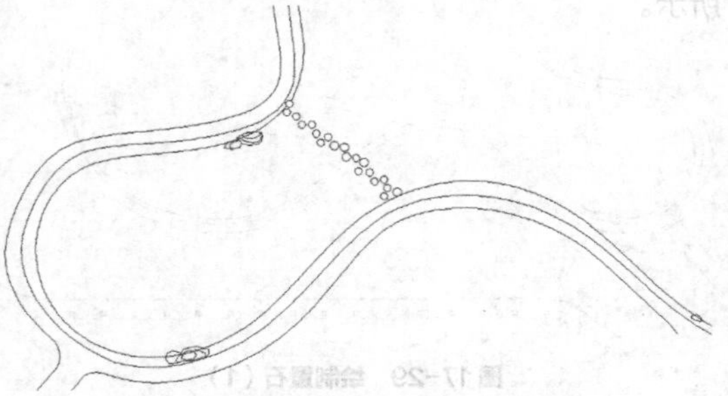

图17-32　绘制仿木汀步

（13）单击“默认”选项卡“绘图”面板中的“样条曲线拟合”按钮，在图中合适的位置绘制样条曲线，如图17-33所示。

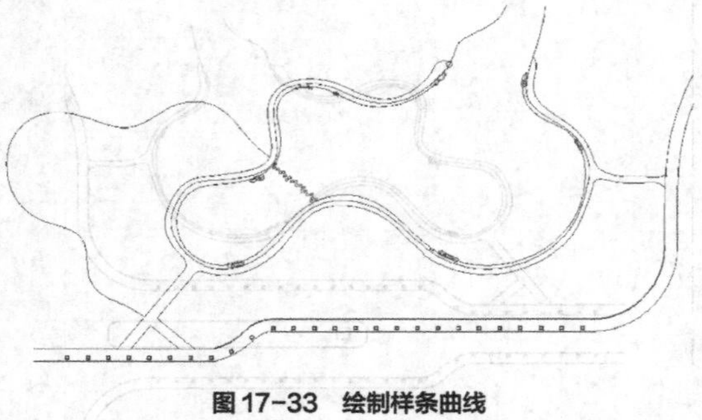

图17-33　绘制样条曲线

（14）单击“默认”选项卡“修改”面板中的“偏移”按钮，将样条曲线向内偏移1200，如图17-34所示。

（15）单击“默认”选项卡“绘图”面板中的“直线”按钮，绘制汀步，如图17-35所示。

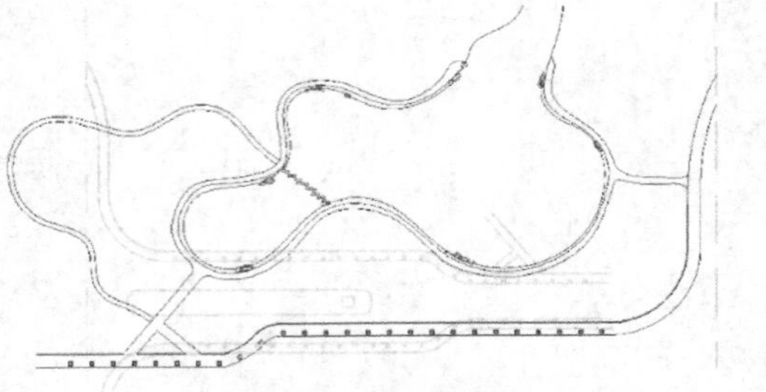

图17-34　偏移样条曲线

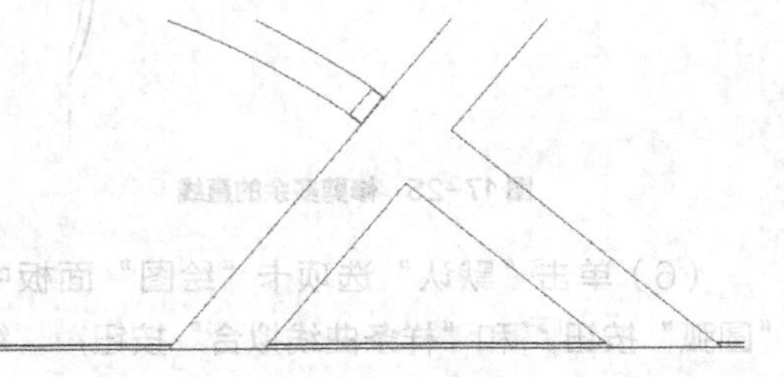

图17-35　绘制汀步

（16）单击“默认”选项卡“修改”面板中的“复制”按钮，根据绘制的样条曲线，将汀步复制到图中其他位置。然后单击“默认”选项卡“修改”面板中的“删除”按钮，将多余的样条曲线删除，如图17-36所示。

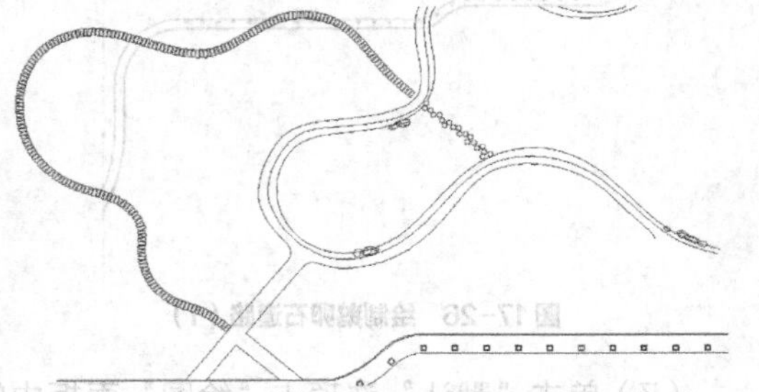

图17-36　删除多余的样条曲线

17.1.4　绘制园林设施

1. 绘制曲桥

（1）新建“建筑”图层，并将其设置为当前图层。单击“默认”选项卡“绘图”面板中的“直线”按钮，在图中合适的位置绘制四边形，如图17-37所示。

（2）单击“默认”选项卡“修改”面板中的“复制”按钮和“旋转”按钮，将四边形向右复制3个，并将其旋转到合适的角度，如图17-38所示。

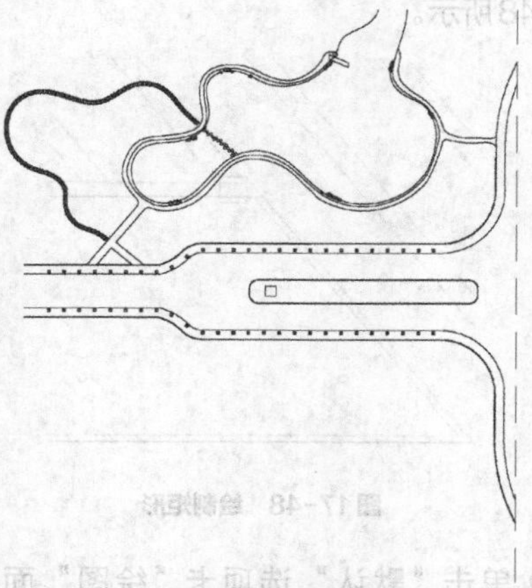

图 17-37 绘制四边形

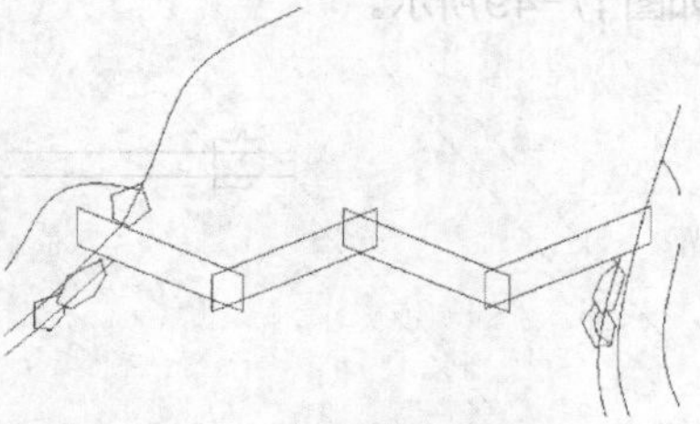

图 17-38 复制和旋转四边形

（3）单击“默认”选项卡“修改”面板中的“修剪”按钮，修剪多余的直线，最终完成曲桥的绘制，如图 17-39 所示。

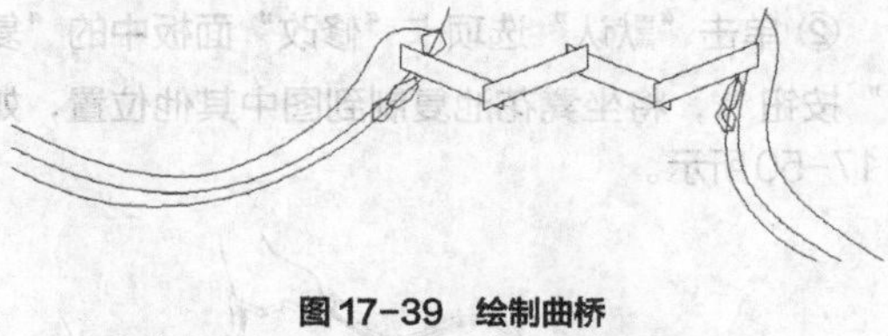

图 17-39 绘制曲桥

2. 绘制园林设施

（1）单击“默认”选项卡“绘图”面板中的“直线”按钮，在人行道上侧绘制一条长为20800的斜线，如图 17-40 所示。

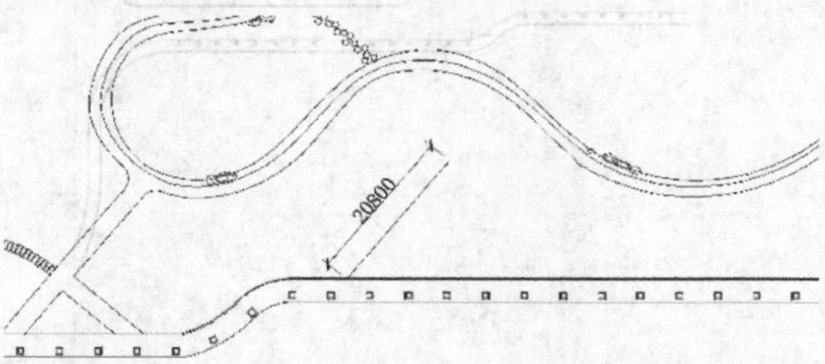

图 17-40 绘制斜线

（2）单击“默认”选项卡“修改”面板中的“偏移”按钮，将步骤（1）中绘制的斜线依次向右偏移，水平间距分别为9900、24100和14200，如图 17-41 所示。

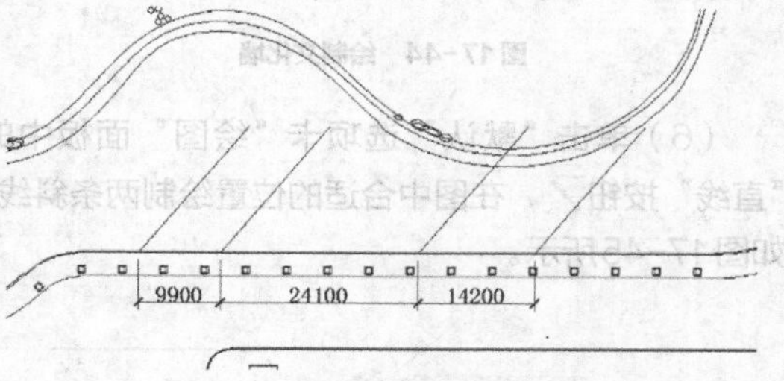

图 17-41 偏移斜线

（3）单击“默认”选项卡“绘图”面板中的“直线”按钮和“修改”面板中的“修剪”按钮，绘制剩余图形，如图 17-42 所示。

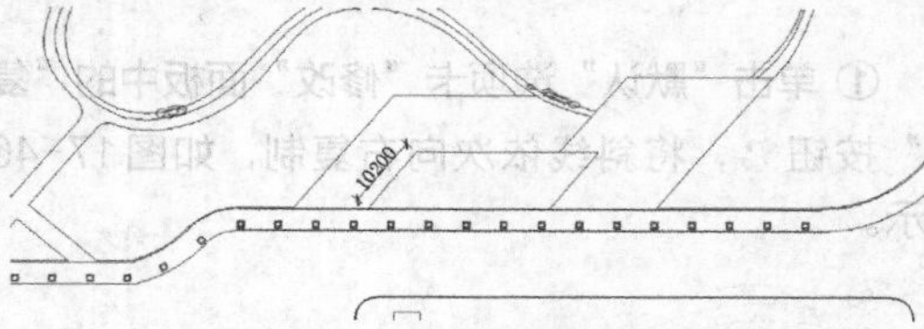

图 17-42 绘制剩余图形

（4）单击“默认”选项卡“修改”面板中的“偏移”按钮，将步骤（3）中绘制的轮廓线进行偏移，如图17-43所示。然后单击“默认”选项卡“修改”面板中的“修剪”按钮，修剪多余的直线。

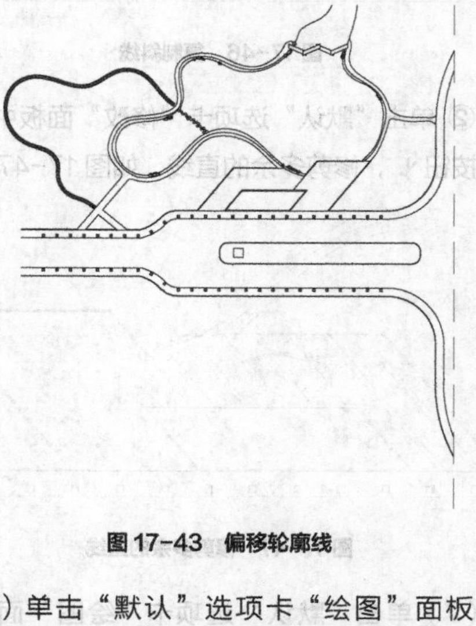

图 17-43 偏移轮廓线

（5）单击“默认”选项卡“绘图”面板中的“直线”按钮，绘制文化墙，如图 17-44 所示。

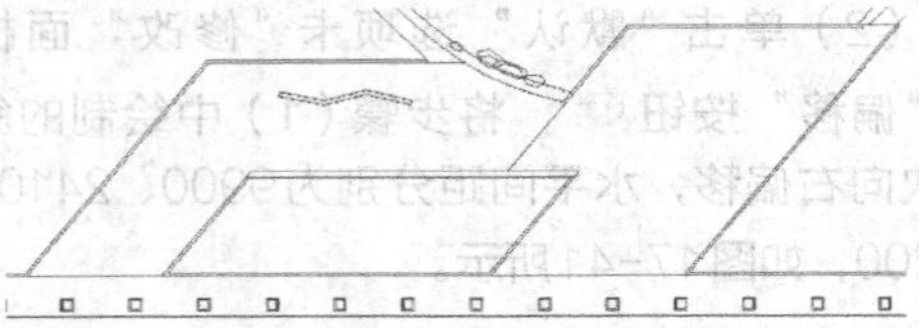

图 17-44 绘制文化墙

（6）单击“默认”选项卡“绘图”面板中的“直线”按钮，在图中合适的位置绘制两条斜线，如图 17-45 所示。

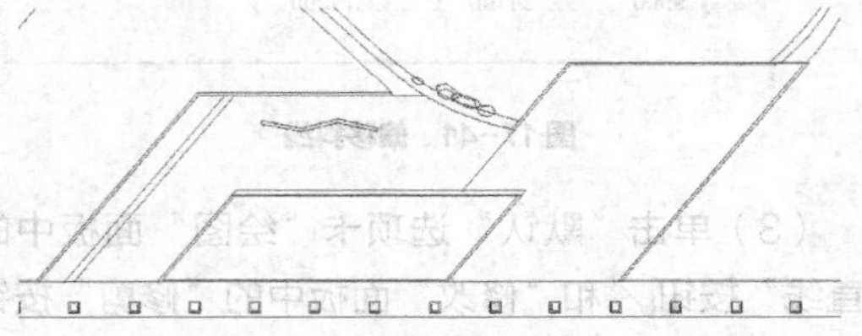

图 17-45 绘制斜线

① 单击“默认”选项卡“修改”面板中的“复制”按钮，将斜线依次向右复制，如图 17-46 所示。

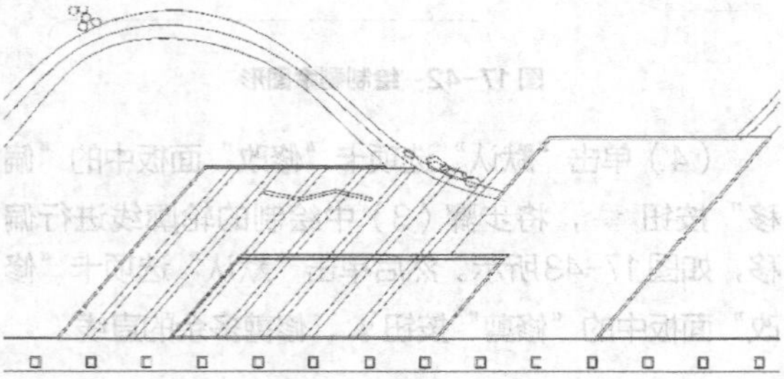

图 17-46 复制斜线

② 单击“默认”选项卡“修改”面板中的“修剪”按钮，修剪多余的直线，如图 17-47 所示。

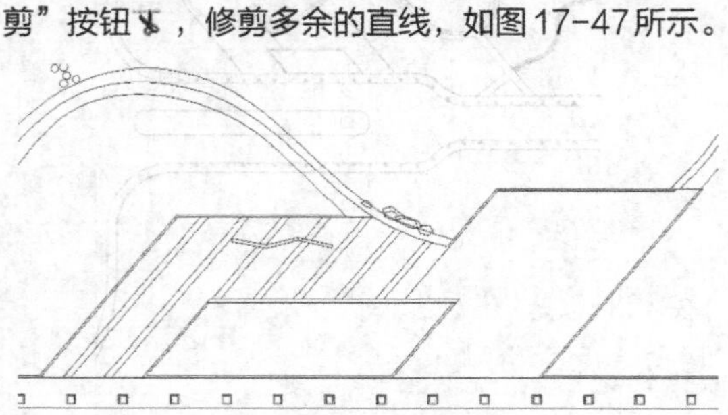

图 17-47 修剪多余的直线

（7）单击“默认”选项卡“绘图”面板中的“矩形”按钮，在图中合适的位置绘制矩形，如图 17-48 所示。

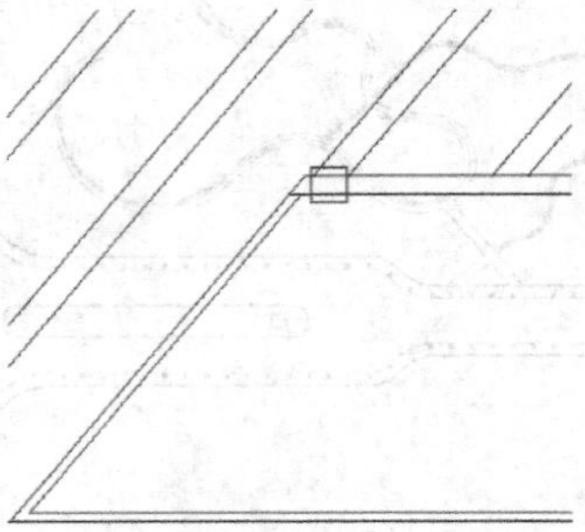

图 17-48 绘制矩形

① 单击“默认”选项卡“绘图”面板中的“圆”按钮，在矩形内绘制圆，完成坐凳花池的绘制，如图 17-49 所示。

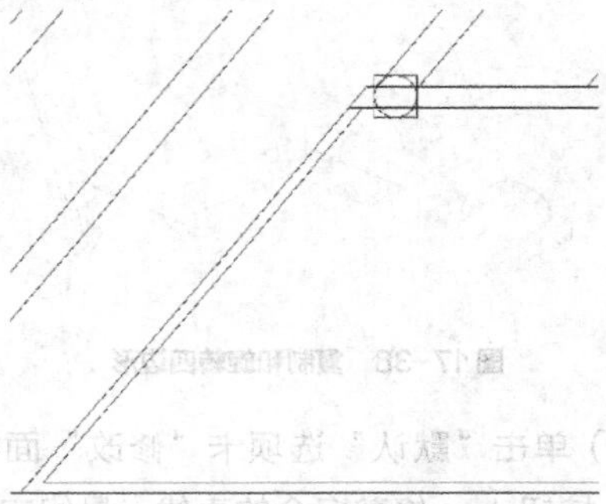

图 17-49 绘制圆

② 单击“默认”选项卡“修改”面板中的“复制”按钮，将坐凳花池复制到图中其他位置，如图 17-50 所示。

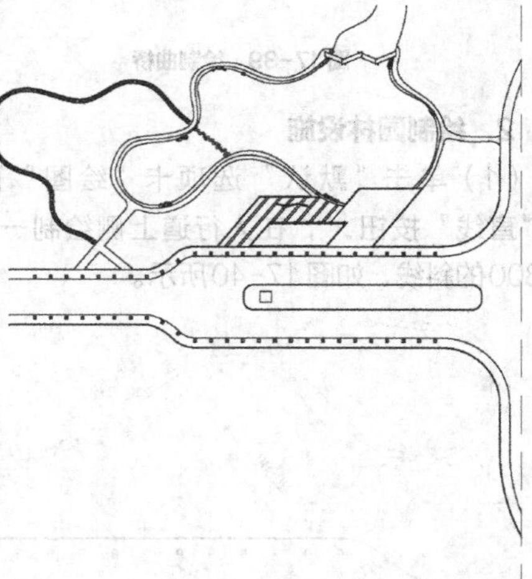

图 17-50 复制坐凳花池

③ 单击“默认”选项卡“修改”面板中的“修剪”按钮，修剪多余的直线，如图17-51所示。

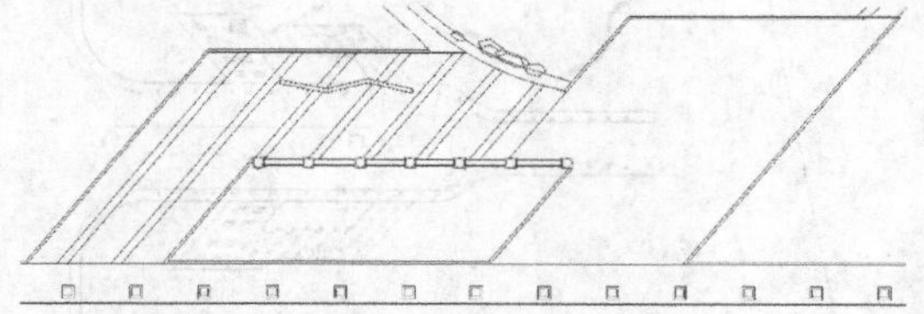

图 17-51　修剪多余的直线

（8）单击“默认”选项卡“绘图”面板中的“矩形”按钮，在图中合适的位置绘制矩形，如图17-52所示。

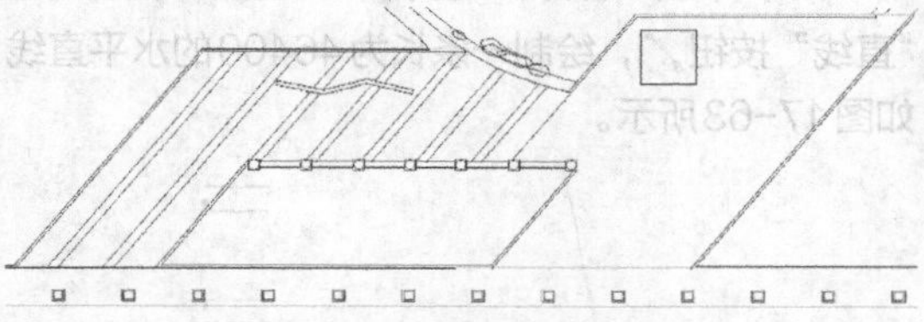

图 17-52　绘制矩形

① 单击“默认”选项卡“修改”面板中的“偏移”按钮，将矩形向内偏移3次，如图17-53所示。

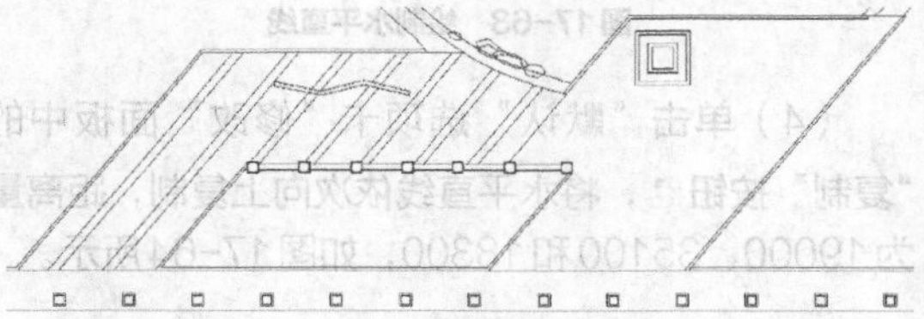

图 17-53　偏移矩形

② 单击“默认”选项卡“绘图”面板中的“直线”按钮，在矩形内绘制两条相交的斜线，最终完成仿木亭的绘制，如图17-54所示。

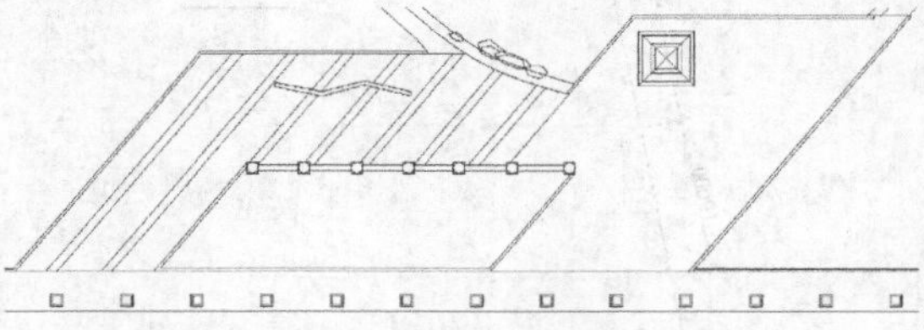

图 17-54　绘制仿木亭

③ 单击“默认”选项卡“绘图”面板中的“直线”按钮和“修改”面板中的“偏移”按钮，绘制树池坐凳，如图17-55所示。

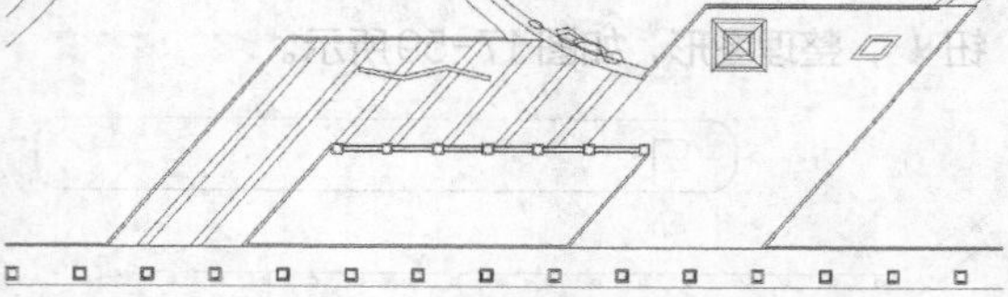

图 17-55　绘制树池坐凳

④ 单击“默认”选项卡“修改”面板中的“复制”按钮，将树池坐凳依次向下复制，如图17-56所示。

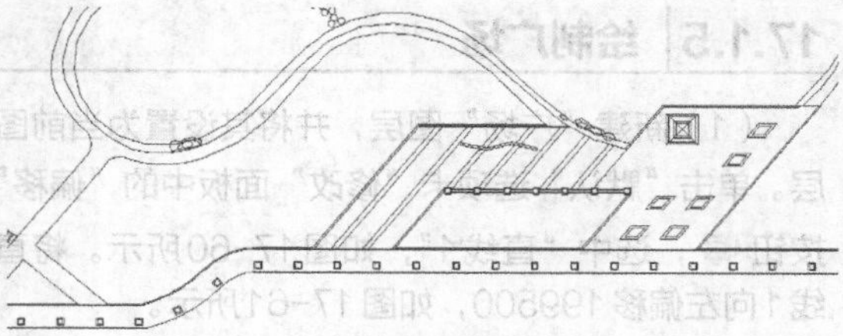

图 17-56　复制树池坐凳（1）

（9）单击“默认”选项卡“修改”面板中的“镜像”按钮，镜像图形，如图17-57所示。

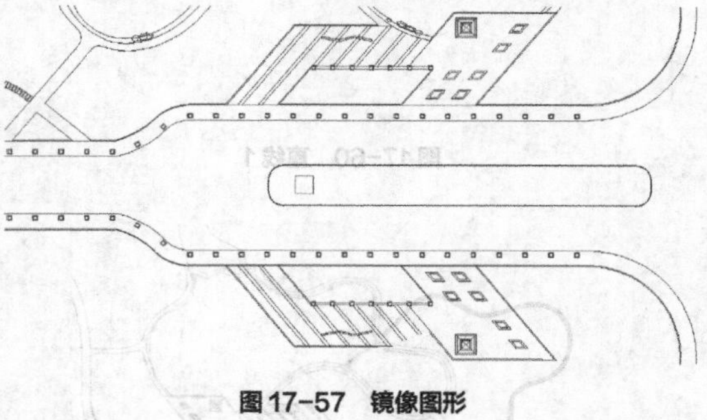

图 17-57　镜像图形

（10）单击“默认”选项卡“修改”面板中的“删除”按钮，将镜像后的仿木亭删除。

（11）单击“默认”选项卡“修改”面板中的“复制”按钮，将树池坐凳向左复制两个，如图17-58所示。

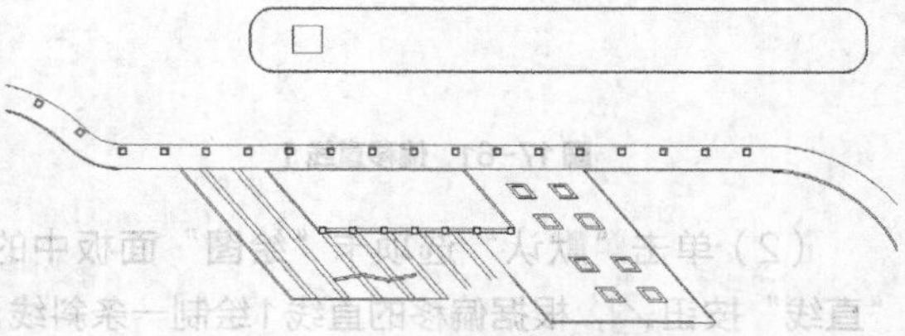

图 17-58　复制树池坐凳（2）

（12）单击“默认”选项卡“绘图”面板中的“直线”按钮和“修改”面板中的“修剪”按钮，整理图形，如图17-59所示。

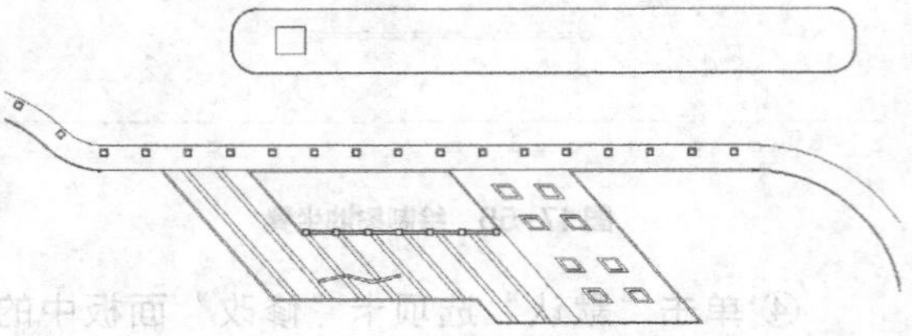

图17-59　整理图形

17.1.5 绘制广场

（1）新建“广场”图层，并将其设置为当前图层。单击“默认”选项卡“修改”面板中的“偏移”按钮，选中“直线1”，如图17-60所示。将直线1向左偏移199500，如图17-61所示。

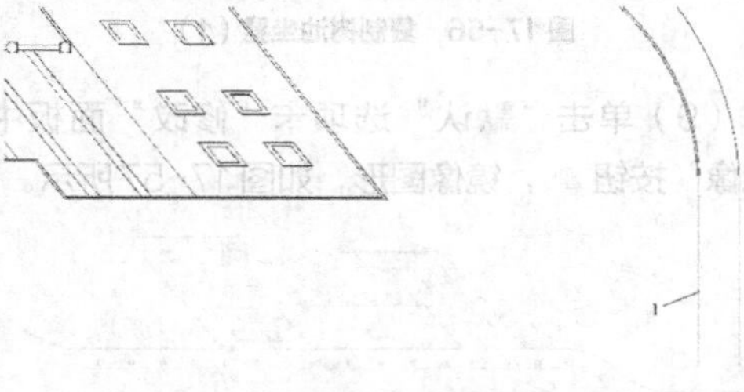

图17-60　直线1

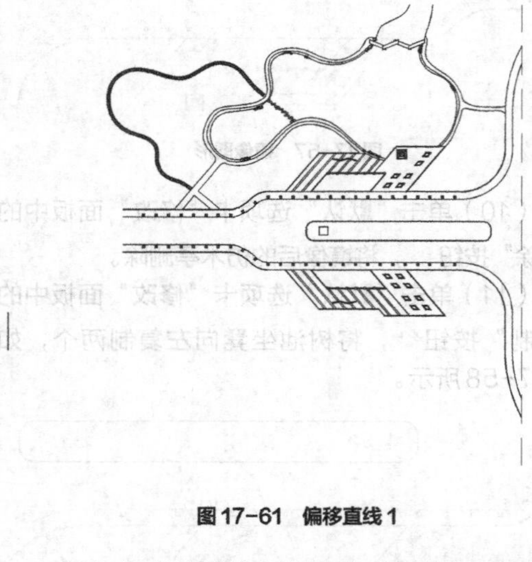

图17-61　偏移直线1

（2）单击“默认”选项卡“绘图”面板中的“直线”按钮，根据偏移的直线1绘制一条斜线，并将直线1删除，如图17-62所示。

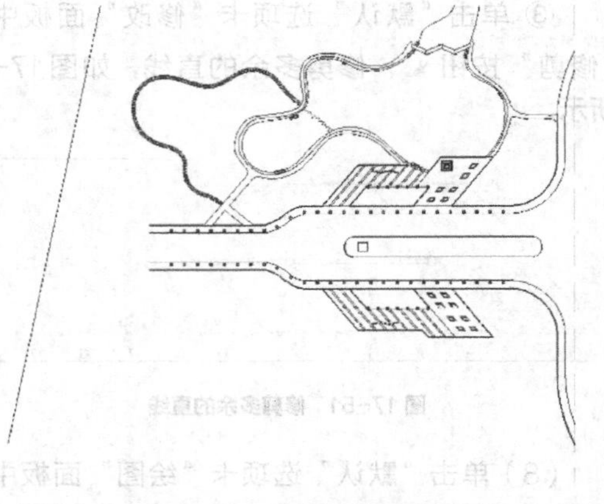

图17-62　绘制斜线和删除直线1

（3）单击“默认”选项卡“绘图”面板中的“直线”按钮，绘制一条长为46400的水平直线，如图17-63所示。

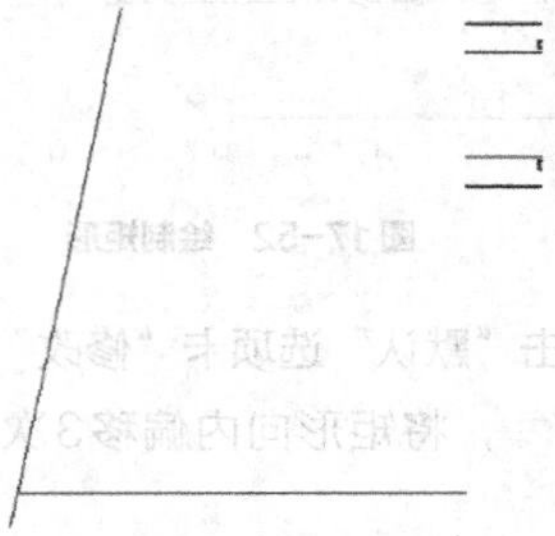

图17-63　绘制水平直线

（4）单击“默认”选项卡“修改”面板中的“复制”按钮，将水平直线依次向上复制，距离量为19000、35100和18300，如图17-64所示。

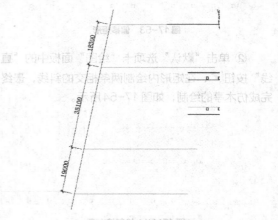

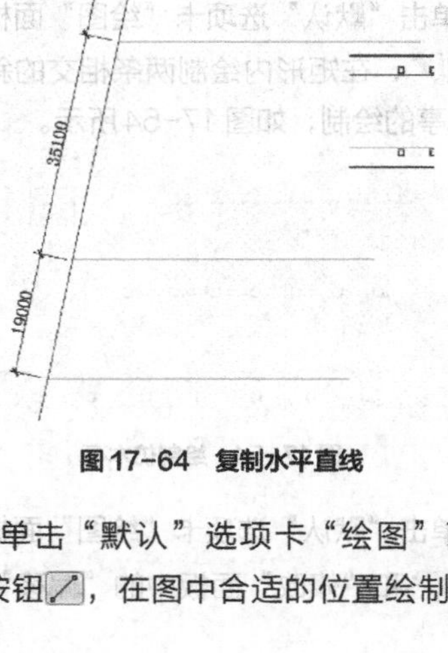

图17-64　复制水平直线

（5）单击“默认”选项卡“绘图”面板中的“直线”按钮，在图中合适的位置绘制斜线，如

图17-65所示。

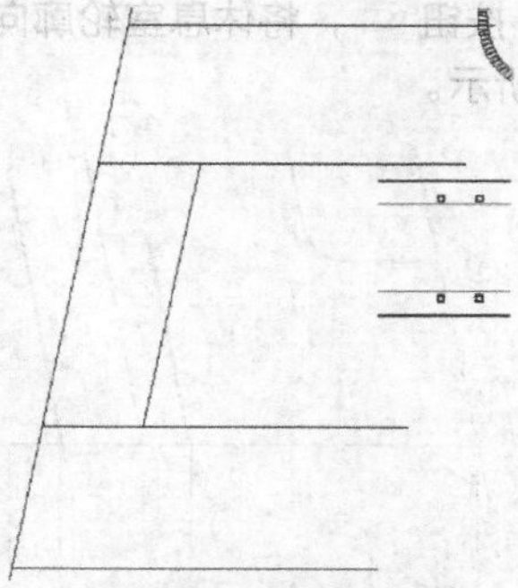

图 17-65　绘制斜线

（6）单击“默认”选项卡“修改”面板中的“修剪”按钮，修剪多余的直线，如图17-66所示。

图 17-66　修剪多余的直线

（7）单击“默认”选项卡“修改”面板中的“圆角”按钮，对图形进行圆角处理，如图17-67所示。

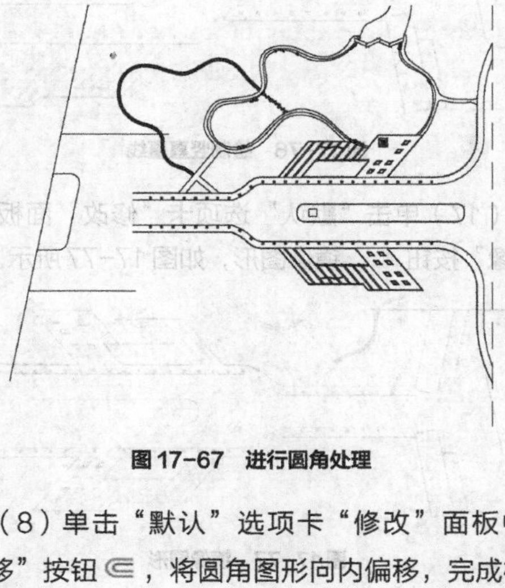

图 17-67　进行圆角处理

（8）单击“默认”选项卡“修改”面板中的“偏移”按钮，将圆角图形向内偏移，完成标准花池的绘制，如图17-68所示。

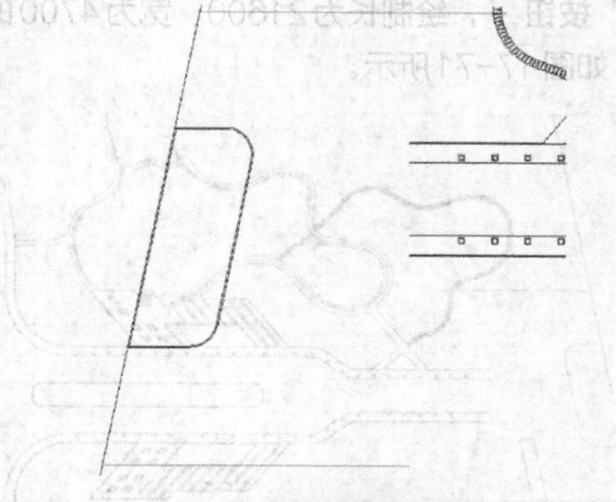

图 17-68　绘制标准花池

（9）单击“默认”选项卡“绘图”面板中的“直线”按钮，在图中合适的位置绘制辅助线，如图17-69所示。

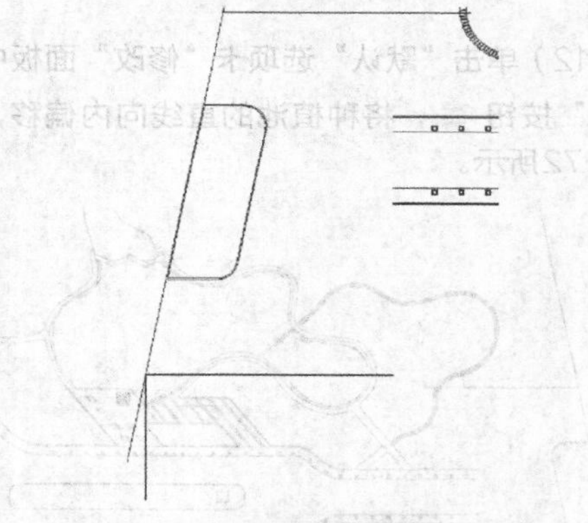

图 17-69　绘制辅助线

（10）单击“默认”选项卡“修改”面板中的“偏移”按钮，将辅助线依次向右偏移，每次均以偏移后的辅助线为要偏移的对象，偏移量为28400、4700、8300和5000，如图17-70所示。

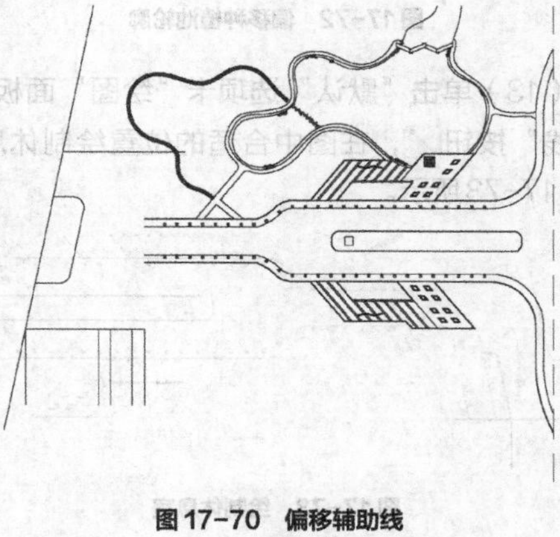

图 17-70　偏移辅助线

（11）单击“默认”选项卡“绘图”面板中的“直线”按钮，绘制长为21600、宽为4700的种植池，如图17-71所示。

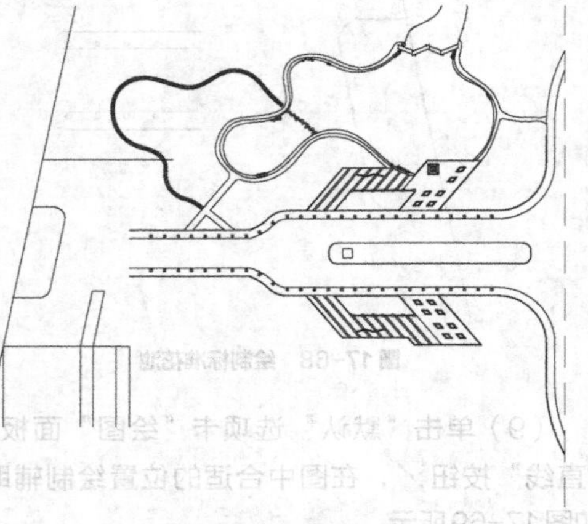

图 17-71 绘制种植池

（12）单击“默认”选项卡“修改”面板中的“偏移”按钮，将种植池的直线向内偏移，如图17-72所示。

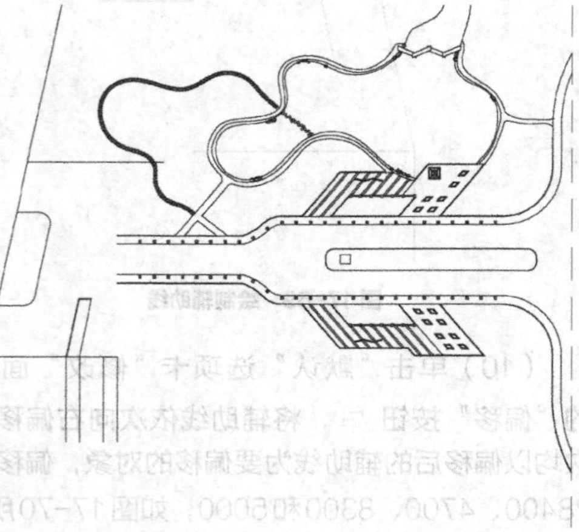

图 17-72 偏移种植池轮廓

（13）单击“默认”选项卡“绘图”面板中的“直线”按钮，在图中合适的位置绘制休息室，如图17-73所示。

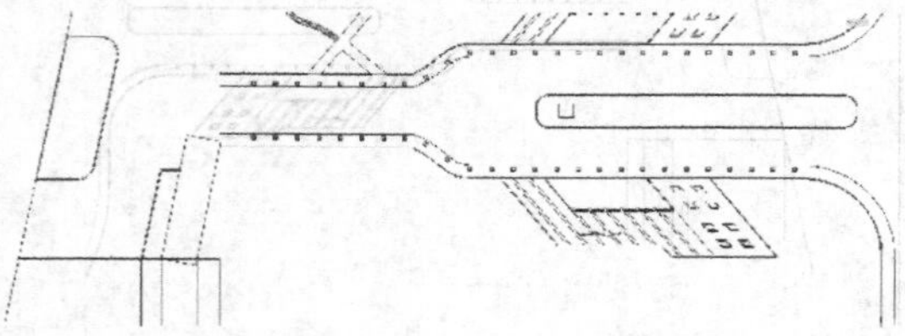

图 17-73 绘制休息室

（14）单击“默认”选项卡“修改”面板中的“偏移”按钮，将休息室轮廓向内偏移，如图17-74所示。

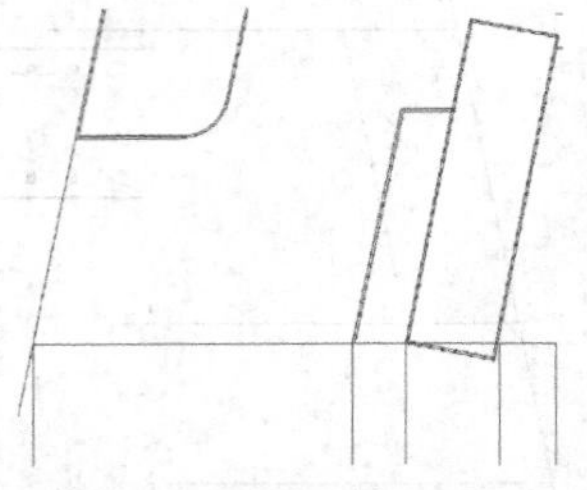

图 17-74 偏移休息室轮廓

（15）单击“默认”选项卡“修改”面板中的“修剪”按钮，修剪多余的直线，如图17-75所示。

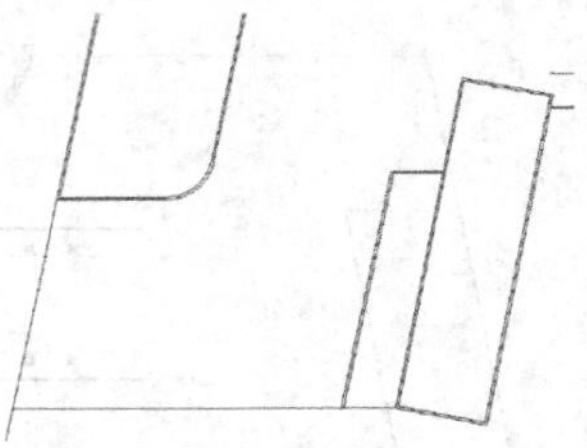

图 17-75 修剪多余的直线

（16）单击“默认”选项卡“绘图”面板中的“直线”按钮，在图中合适的位置绘制竖直直线，如图17-76所示。

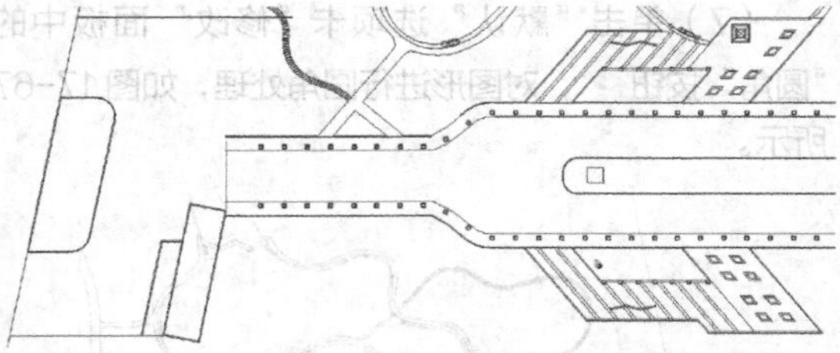

图 17-76 绘制竖直直线

（17）单击“默认”选项卡“修改”面板中的“镜像”按钮，镜像图形，如图17-77所示。

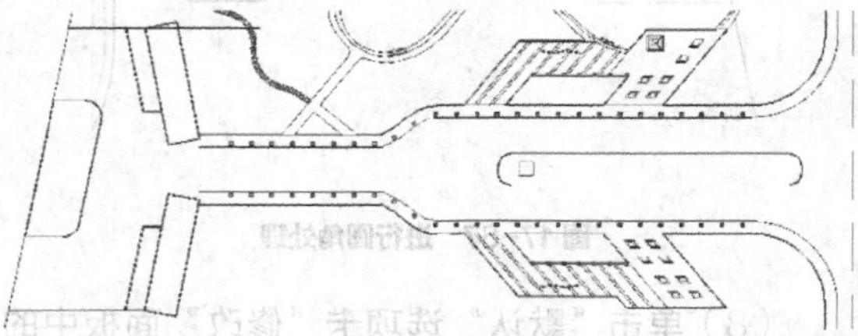

图 17-77 镜像图形

（18）单击“默认”选项卡“修改”面板中的“修剪”按钮，修剪多余的直线，如图17-78所示。

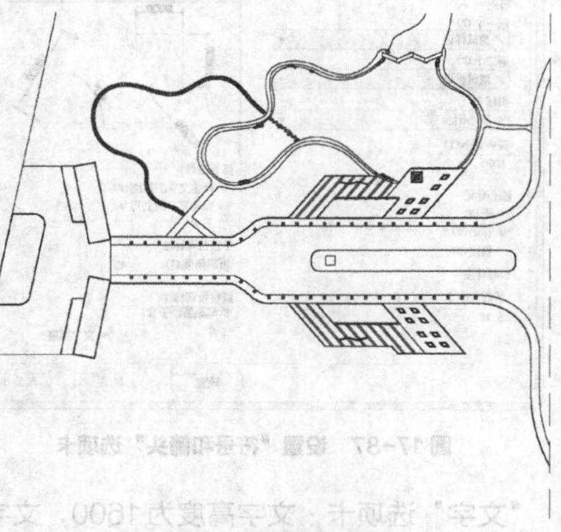

图 17-78 修剪多余的直线

（19）单击“默认”选项卡“绘图”面板中的“圆弧”按钮，在图中合适的位置绘制一段圆弧，如图17-79所示。

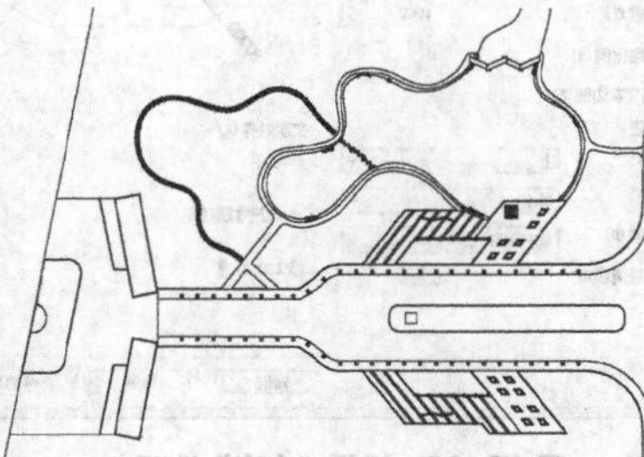

图 17-79 绘制圆弧

（20）单击“默认”选项卡“绘图”面板中的“直线”按钮，在图中绘制放射状直线，完成花坛的绘制，如图17-80所示。

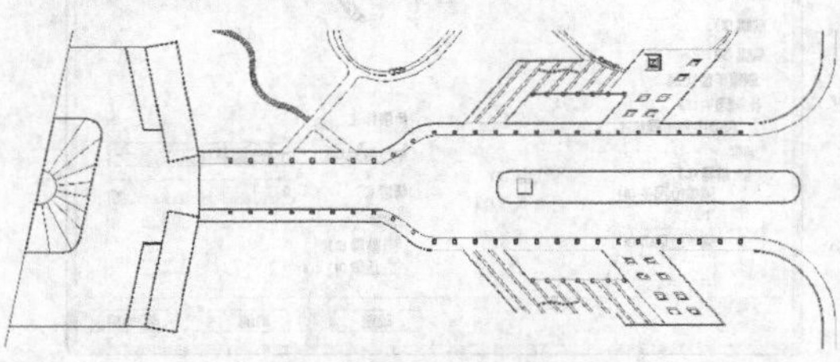

图 17-80 绘制花坛

（21）单击“默认”选项卡“绘图”面板中的“直线”按钮，绘制广场铺装，如图17-81所示。

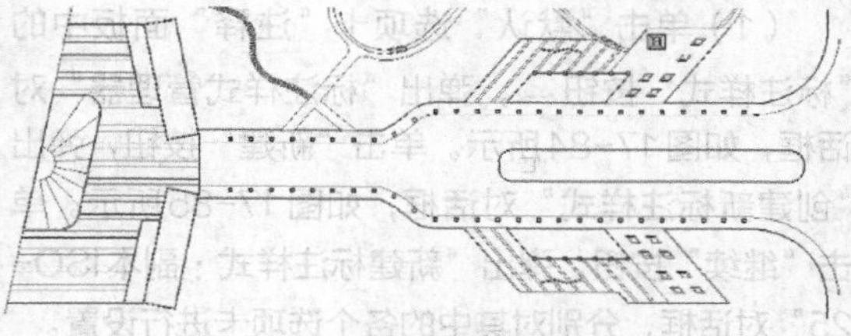

图 17-81 绘制广场铺装

（22）单击“默认”选项卡“绘图”面板中的“直线”按钮，绘制铁路，如图17-82所示。

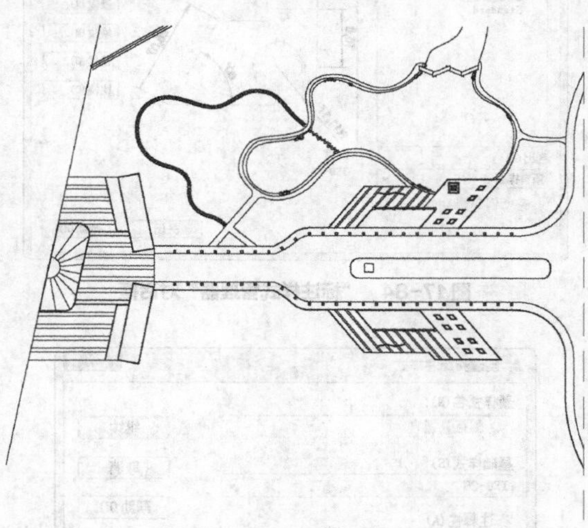

图 17-82 绘制铁路

（23）单击“默认”选项卡“绘图”面板中的“直线”按钮，绘制剩余图形，如图17-83所示。

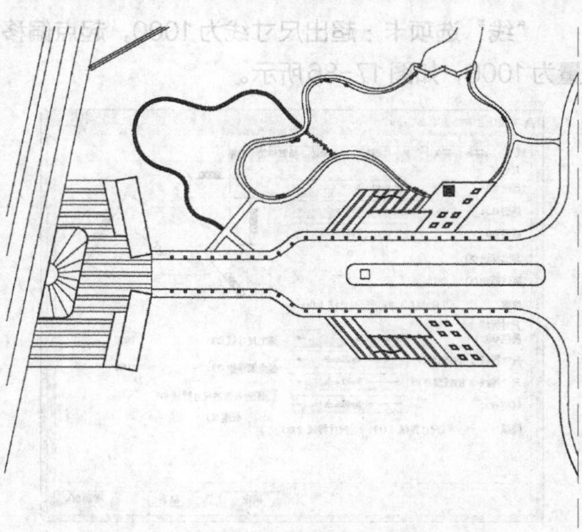

图 17-83 绘制剩余图形

17.1.6 标注尺寸

（1）单击“默认”选项卡“注释”面板中的“标注样式”按钮，弹出“标注样式管理器”对话框，如图17-84所示。单击“新建”按钮，弹出“创建新标注样式”对话框，如图17-85所示。单击“继续”按钮，弹出“新建标注样式：副本ISO-25”对话框，分别对其中的各个选项卡进行设置。

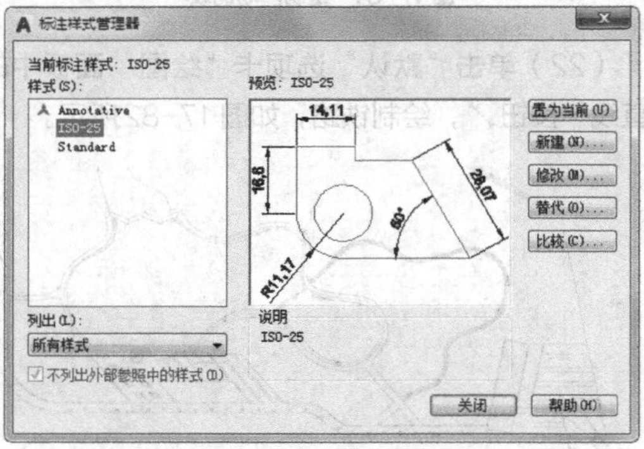

图17-84 “标注样式管理器”对话框

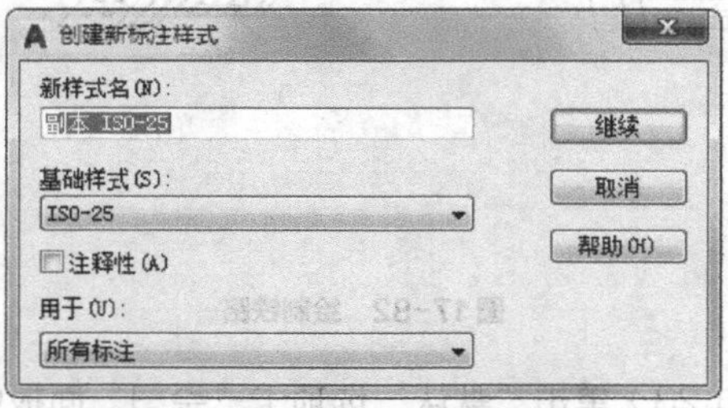

图17-85 “创建新标注样式”对话框

“线”选项卡：超出尺寸线为1000，起点偏移量为1000，如图17-86所示。

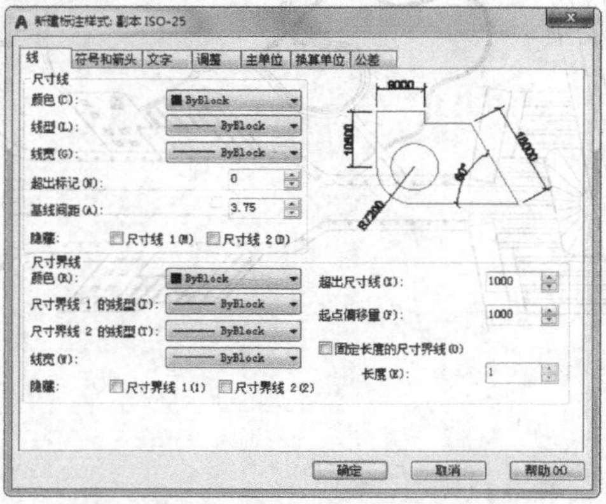

图17-86 设置“线”选项卡

“符号和箭头”选项卡：第一个箭头为用户箭头，选择建筑标记，箭头大小为1000，如图17-87所示。

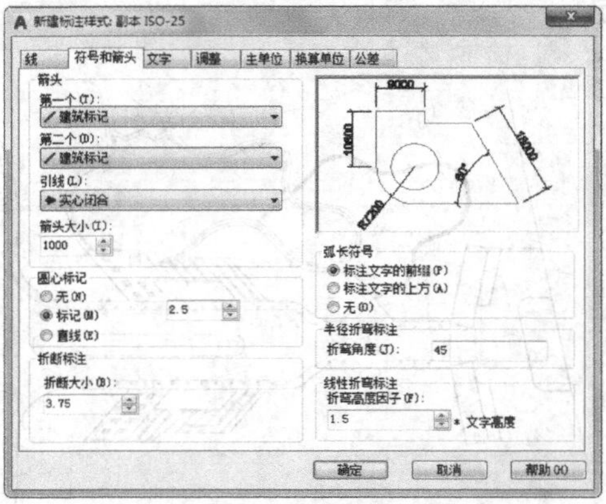

图17-87 设置“符号和箭头”选项卡

“文字”选项卡：文字高度为1600，文字位置为垂直上，如图17-88所示。

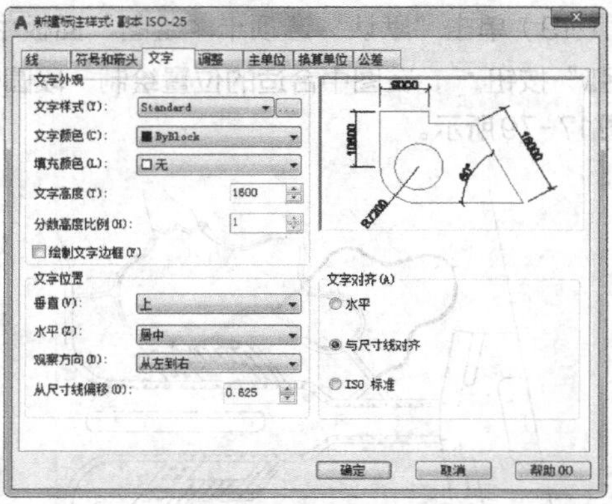

图17-88 设置“文字”选项卡

“主单位”选项卡：精度为0，舍入为100，如图17-89所示。

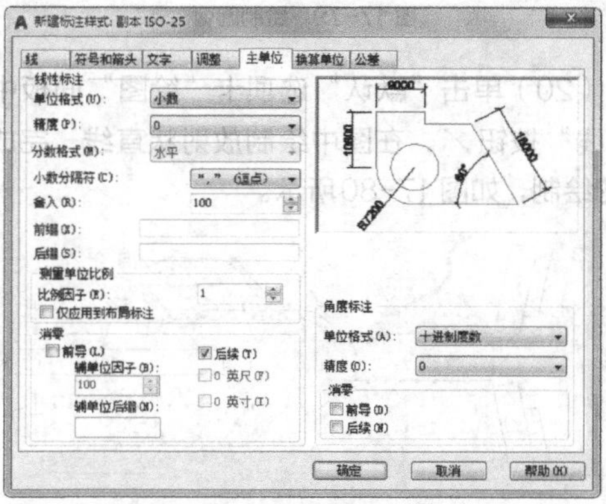

图17-89 设置“主单位”选项卡

（2）单击“默认”选项卡“注释”面板中的“线性”按钮 和“连续”按钮 ，标注第一道尺寸，如图17-90所示。

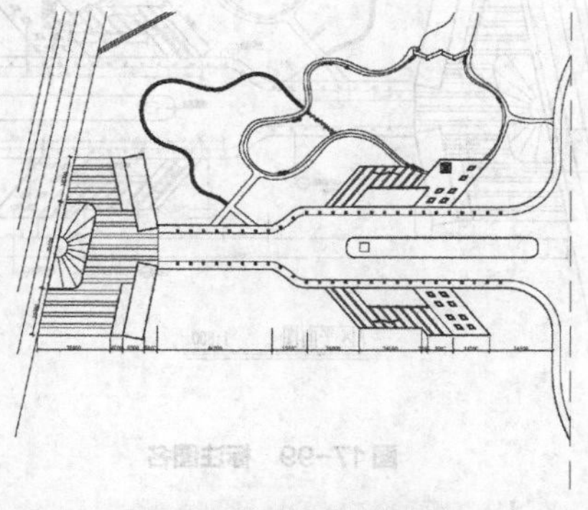

图 17-90 标注第一道尺寸

（3）单击“默认”选项卡“注释”面板中的“线性”按钮 ，标注总尺寸，如图17-91所示。

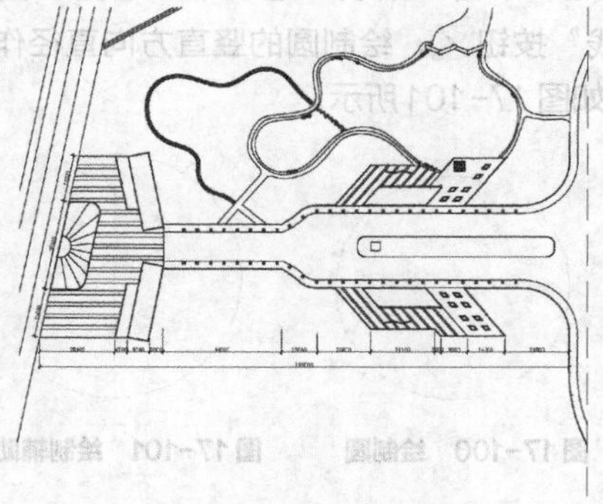

图 17-91 标注总尺寸

（4）单击“默认”选项卡“注释”面板中的“线性”按钮 和“连续”按钮 ，标注细节尺寸，如图17-92所示。

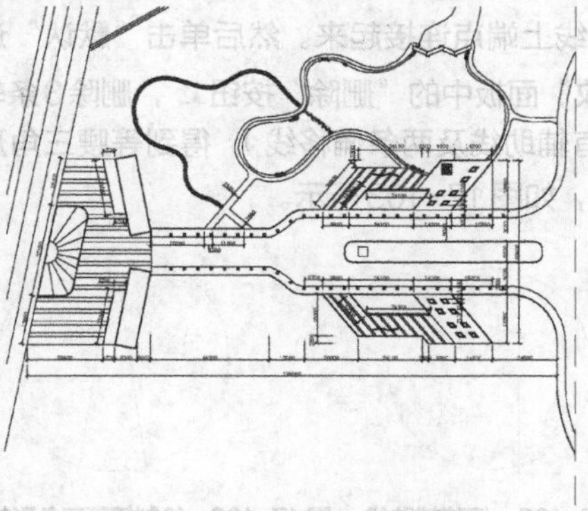

图 17-92 标注细节尺寸

17.1.7 标注文字

（1）单击“默认”选项卡“注释”面板中的“文字样式”按钮 ，弹出“文字样式”对话框，将高度设置为“2000.0000”，宽度因子设置为“0.7”，如图17-93所示。

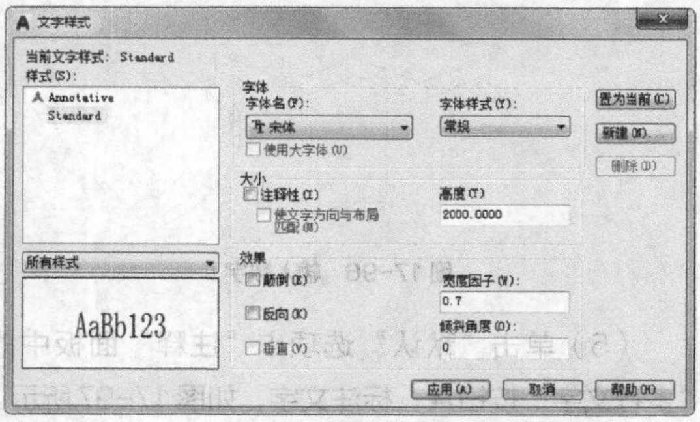

图 17-93 设置文字样式

（2）单击“默认”选项卡“绘图”面板中的“直线”按钮 ，在图中引出直线，如图17-94所示。

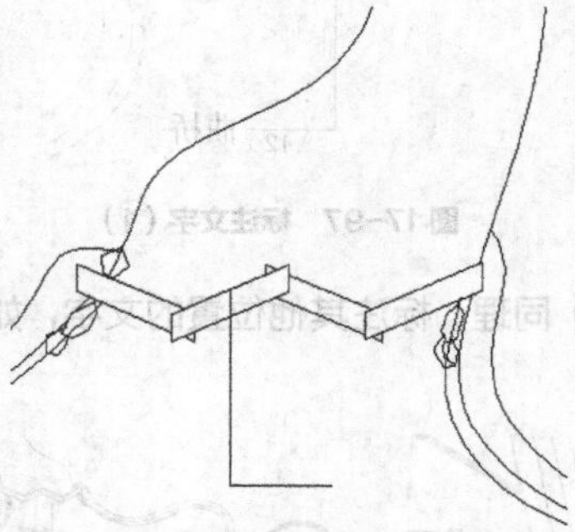

图 17-94 引出直线

（3）单击“默认”选项卡“绘图”面板中的“圆”按钮 ，在直线处绘制圆，如图17-95所示。

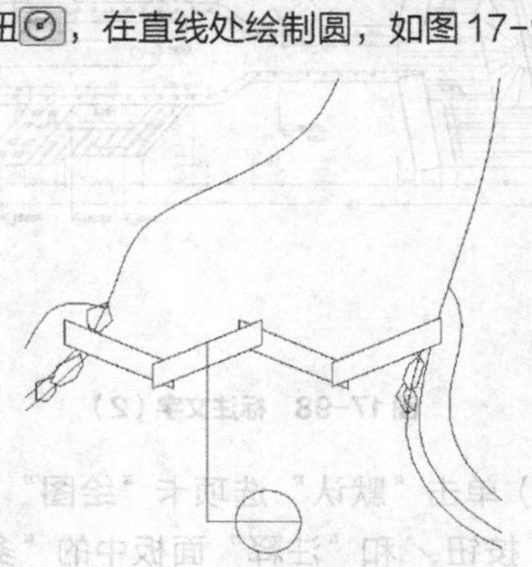

图 17-95 绘制圆

（4）单击“默认”选项卡“注释”面板中的“多行文字”按钮A，在圆内输入数字，完成索引符号的绘制，如图17-96所示。

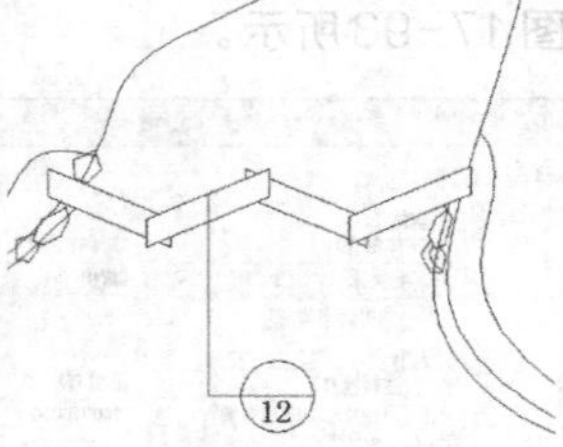

图17-96 输入数字

（5）单击“默认”选项卡“注释”面板中的“多行文字”按钮A，标注文字，如图17-97所示。

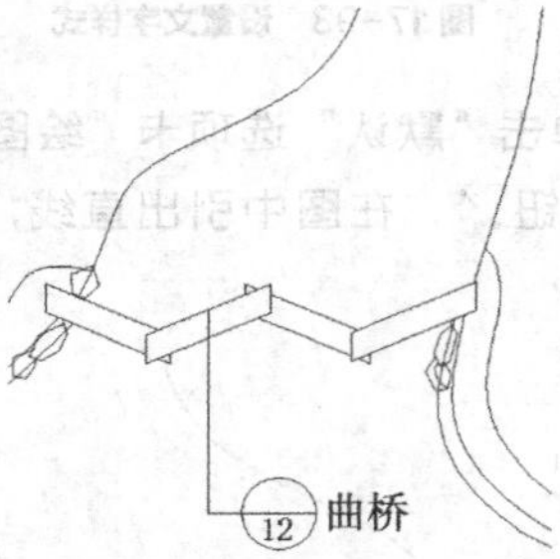

图17-97 标注文字（1）

（6）同理，标注其他位置的文字，如图17-98所示。

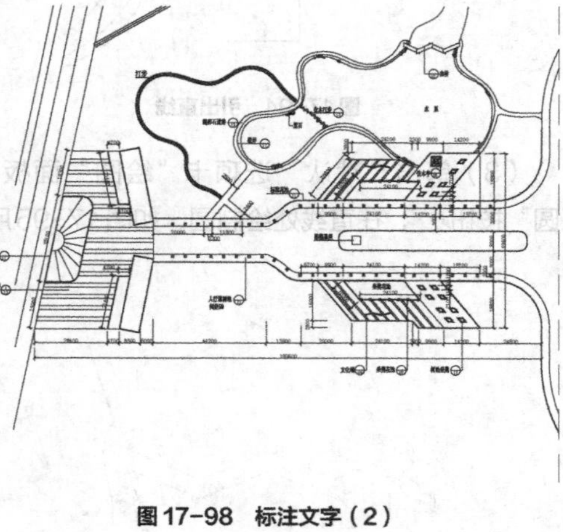

图17-98 标注文字（2）

（7）单击“默认”选项卡“绘图”面板中的“直线”按钮和“注释”面板中的“多行文字”按钮A，标注图名，如图17-99所示。

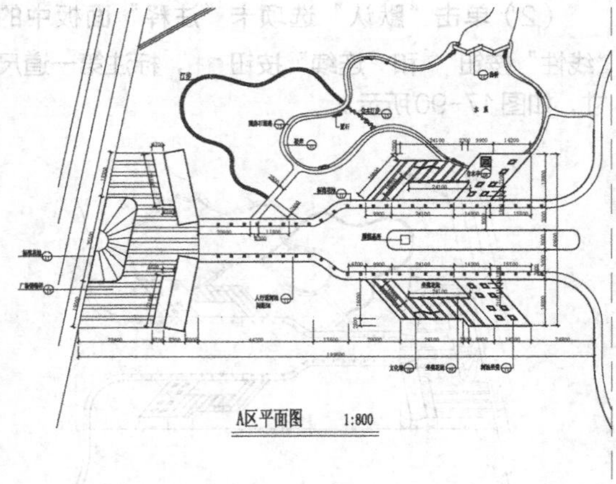

图17-99 标注图名

17.1.8 绘制指北针

（1）单击“默认”选项卡“绘图”面板中的“圆”按钮，绘制圆，如图17-100所示。

（2）单击“默认”选项卡“绘图”面板中的“直线”按钮，绘制圆的竖直方向直径作为辅助线，如图17-101所示。

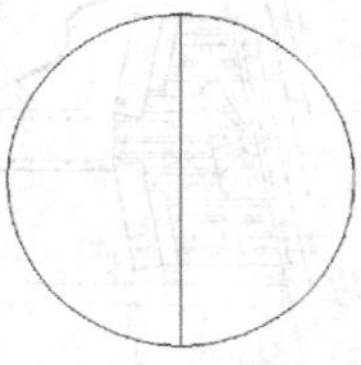

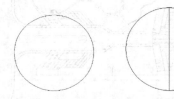

图17-100 绘制圆　图17-101 绘制辅助线

（3）单击“默认”选项卡“修改”面板中的“偏移”按钮，将辅助线分别向左、右两侧偏移，如图17-102所示。

（4）单击“默认”选项卡“绘图”面板中的“直线”按钮，将两条偏移线与圆的下方交点同辅助线上端点连接起来。然后单击“默认”选项卡“修改”面板中的“删除”按钮，删除3条辅助线（原有辅助线及两条偏移线），得到等腰三角形的两条边，如图17-103所示。

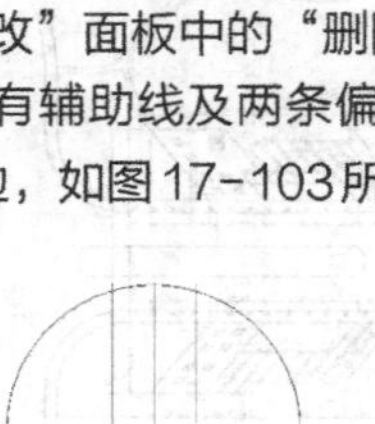

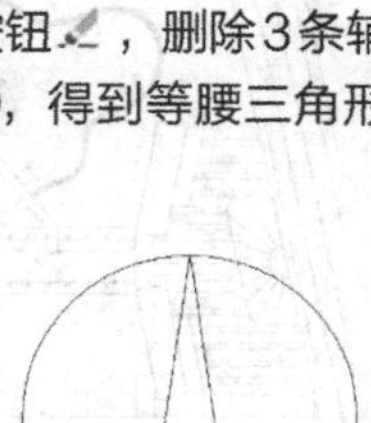

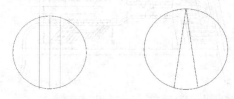

图17-102 偏移辅助线　图17-103 绘制等腰三角形的两条边

（5）单击“默认”选项卡“绘图”面板中的“直线”按钮，在底部绘制连续线段，如图17-104所示。

（6）单击“默认”选项卡“注释”面板中的“多行文字”按钮**A**，在上端点的正上方标注大写的英文字母“N”，表示平面图的正北方向，如图17-105所示。

（7）单击“默认”选项卡“修改”面板中的“移动”按钮✣，将指北针移动到图中合适的位置，最终完成A区平面图的绘制，如图17-1所示。

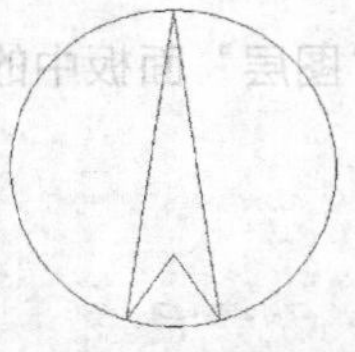

图17-104 绘制连续线段

图17-105 标示方向

17.2 绘制B区平面图

本节绘制图17-106所示的B区平面图。

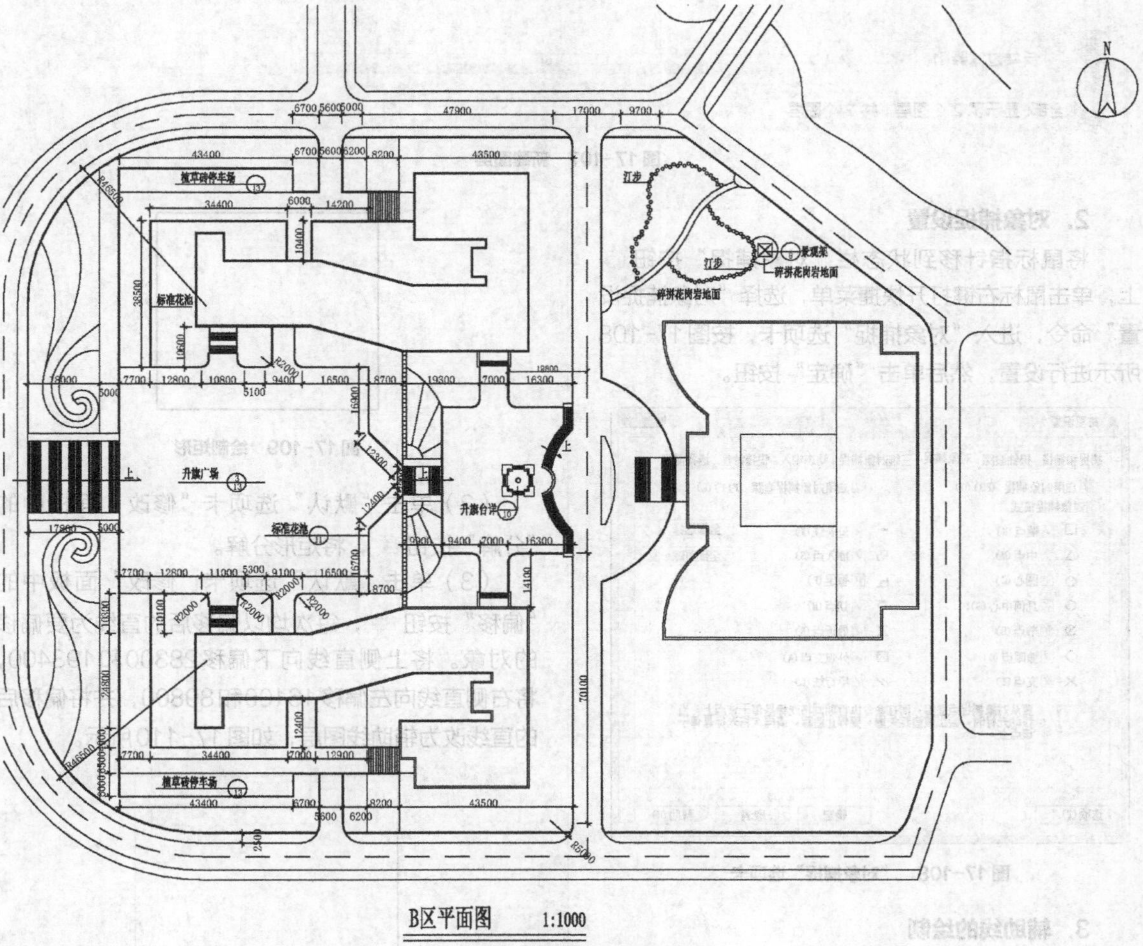

图17-106 B区平面图

17.2.1 辅助线的设置

1. 新建图层

单击“默认”选项卡“图层”面板中的“图层特性”按钮，弹出“图层特性管理器”对话框。新建“辅助线”图层，将颜色设置为红色，线型设置“ACAD_ISO10W100”，其他属性保持默认设置，如图17-107所示。

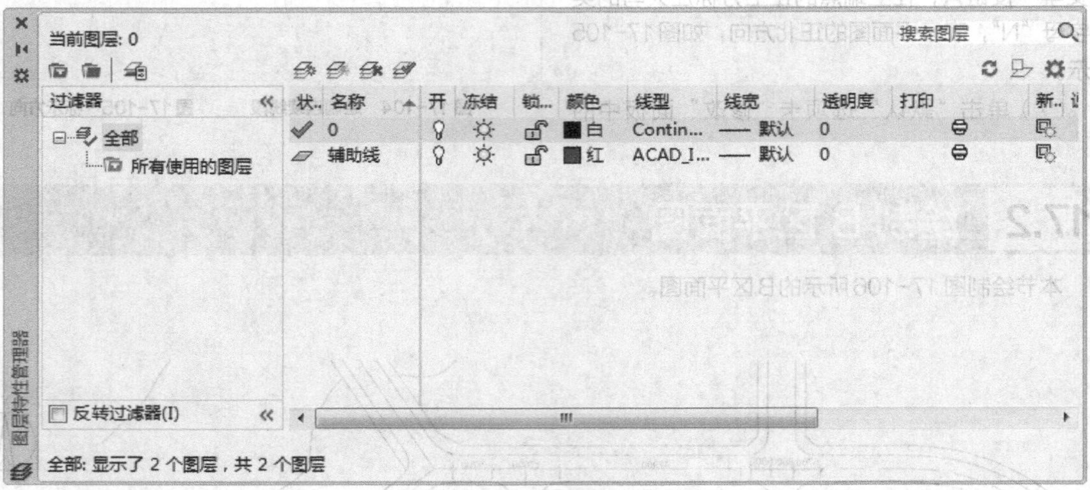

图17-107 新建图层

2. 对象捕捉设置

将鼠标指针移到状态栏“对象捕捉”按钮上，单击鼠标右键打开快捷菜单，选择“对象捕捉设置”命令，进入“对象捕捉”选项卡，按图17-108所示进行设置，然后单击“确定”按钮。

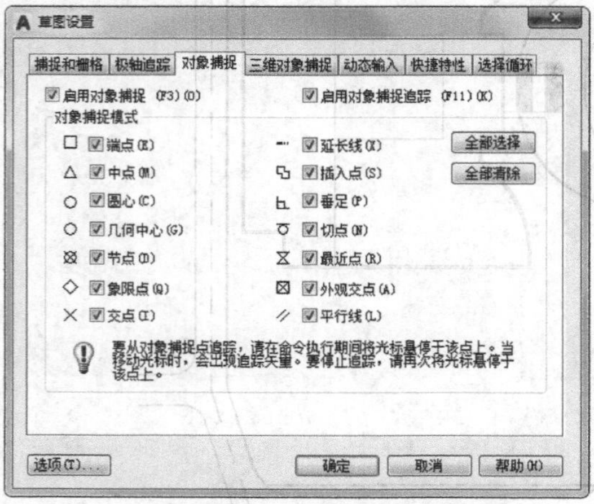

图17-108 “对象捕捉”选项卡

3. 辅助线的绘制

（1）单击“默认”选项卡“绘图”面板中的“矩形”按钮，绘制“252000×231000”的矩形，如图17-109所示。

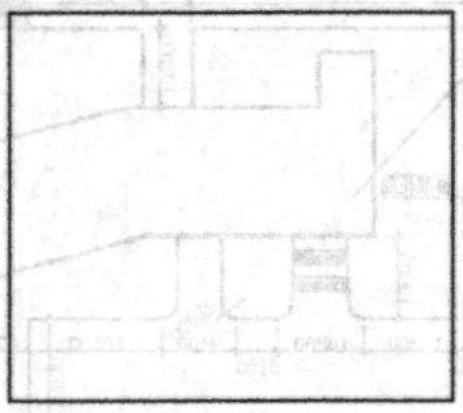

图17-109 绘制矩形

（2）单击“默认”选项卡“修改”面板中的“分解”按钮，将矩形分解。

（3）单击“默认”选项卡“修改”面板中的“偏移”按钮，每次均以偏移后的直线为要偏移的对象。将上侧直线向下偏移28300和193400，将右侧直线向左偏移16100和89800，并将偏移后的直线改为辅助线图层，如图17-110所示。

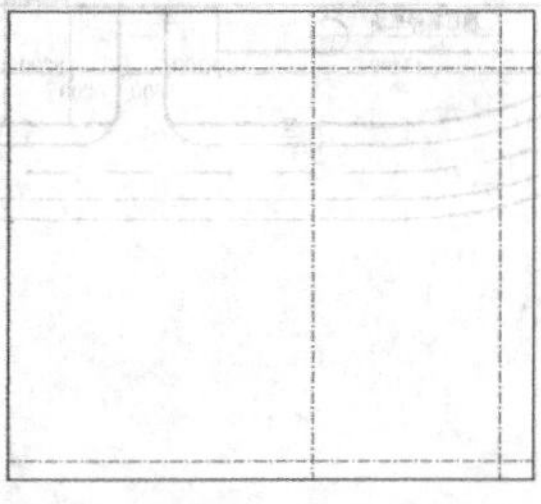

图17-110 偏移直线

（4）单击“默认”选项卡“修改”面板中的“圆角”按钮，设置圆角半径值为50000，对辅助线左侧进行圆角处理，如图17-111所示。

图 17-111 进行圆角操作

（5）单击“默认”选项卡“绘图”面板中的“直线”按钮，在图形右侧绘制斜线，如图17-112所示。

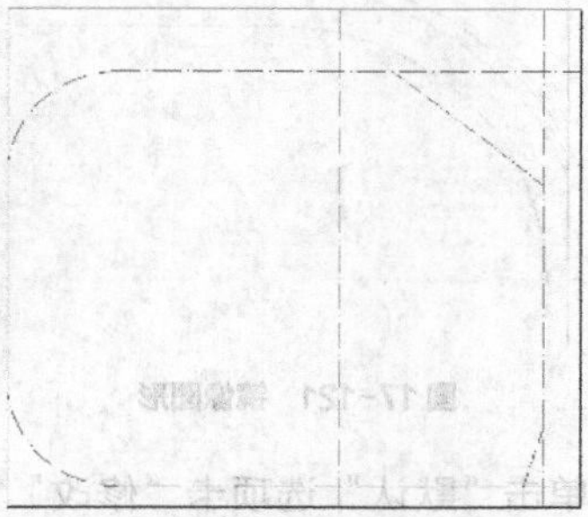

图 17-112 绘制斜线

（6）单击“默认”选项卡“修改”面板中的“修剪”按钮，修剪多余的直线，如图17-113所示。

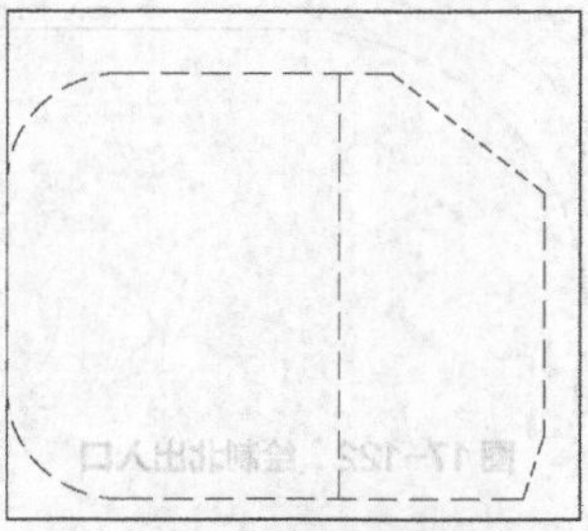

图 17-113 修剪多余的直线

17.2.2 绘制道路

（1）新建“道路”图层，并将“道路”图层设置为当前图层。单击“默认”选项卡“修改”面板中的“偏移”按钮，将上侧辅助线向上偏移3500、2500，向下偏移3500；将右侧辅助线向两侧分别偏移3500；将左侧辅助线向右偏移3500；将下侧辅助线向上偏移3500，向下偏移3500和2500，如图17-114所示。

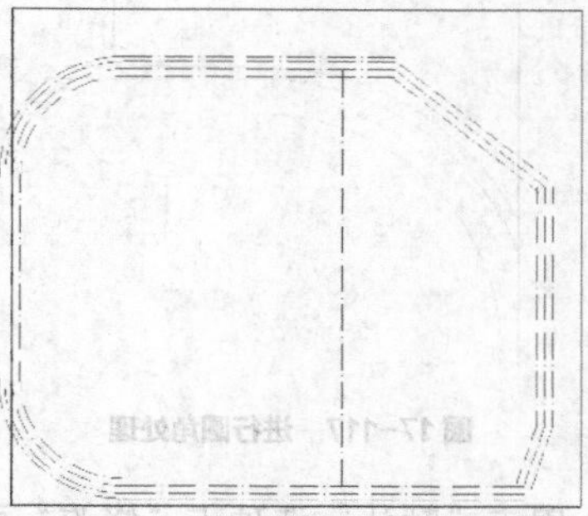

图 17-114 偏移辅助线

（2）单击“默认”选项卡“修改”面板中的“修剪”按钮，修剪多余的直线，并将偏移后辅助线的图层改为“道路”图层，如图17-115所示。

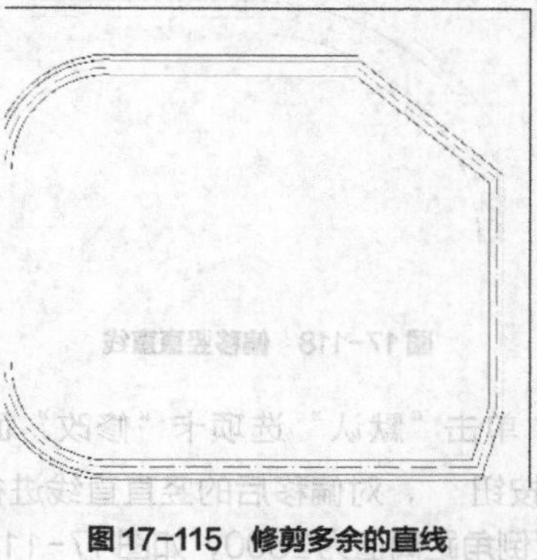

图 17-115 修剪多余的直线

（3）单击“默认”选项卡“绘图”面板中的“直线”按钮，在图中合适的位置绘制竖直线条，使其与左侧直线间距为78600，如图17-116所示。

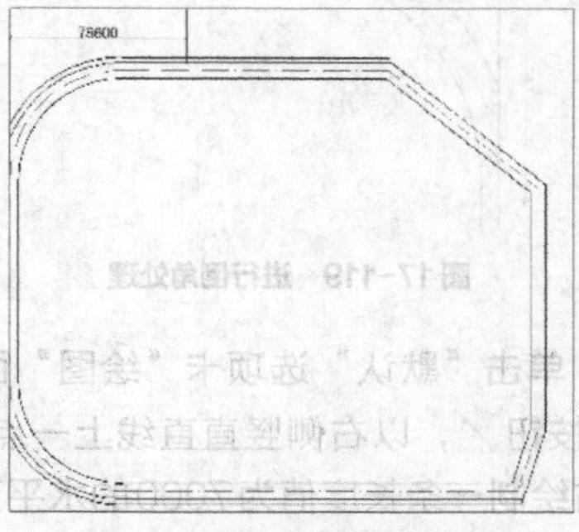

图 17-116 绘制竖直线条

（4）单击“默认”选项卡“修改”面板中的“圆角”按钮，对步骤（3）中绘制的竖直直线与水平直线交点处进行圆角处理，设置圆角半径值为5000，如图17-117所示。

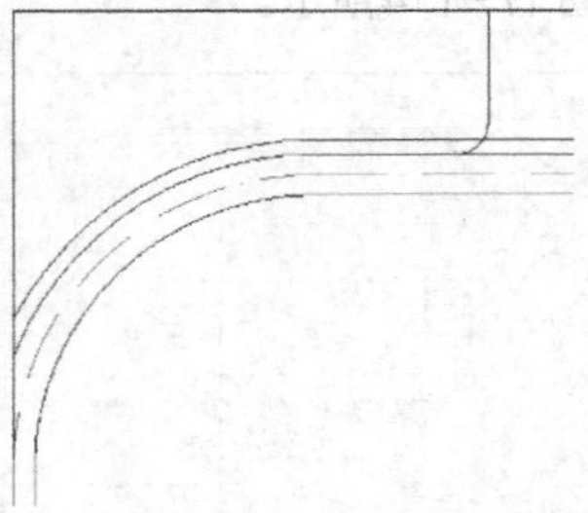

图17-117　进行圆角处理

（5）单击“默认”选项卡“修改”面板中的“偏移”按钮，将竖直直线向左偏移，偏移量为2500，如图17-118所示。

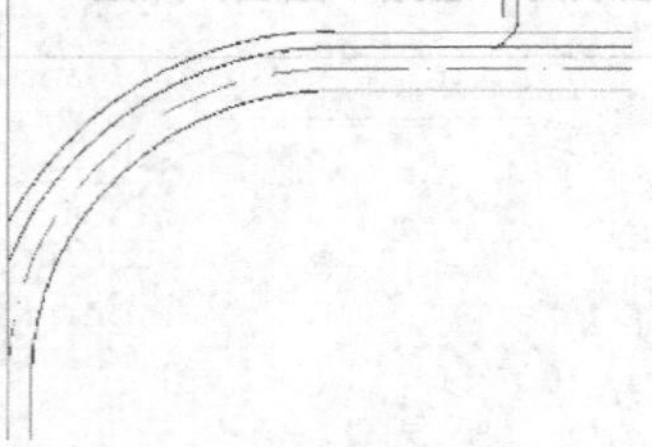

图17-118　偏移竖直直线

（6）单击“默认”选项卡“修改”面板中的“倒角”按钮，对偏移后的竖直直线进行倒角处理，设置倒角距离值为2500，如图17-119所示。

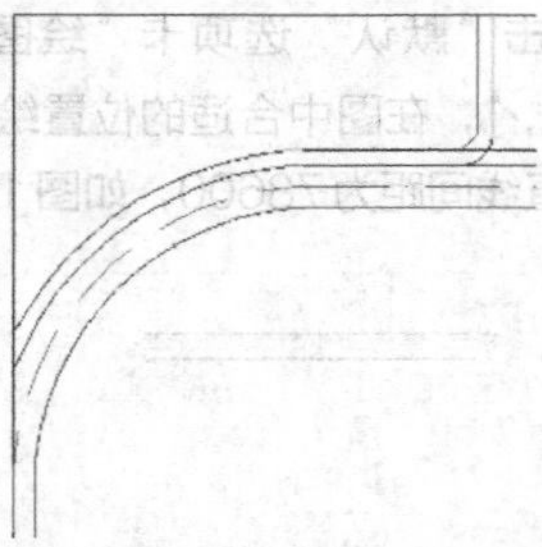

图17-119　进行倒角处理

（7）单击“默认”选项卡“绘图”面板中的“直线”按钮，以右侧竖直直线上一点为起点，水平向右绘制一条长度值为7000的水平直线，如图17-120所示。

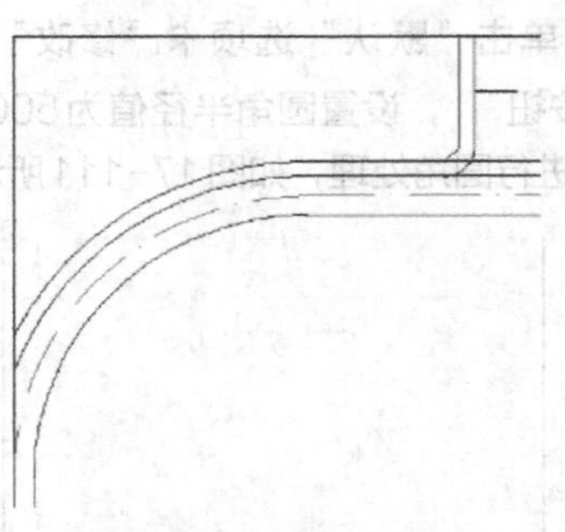

图17-120　绘制水平直线

（8）单击“默认”选项卡“修改”面板中的“镜像”按钮，以步骤（7）中绘制的水平直线中点为镜像点，镜像图形，并将水平直线删除，如图17-121所示。

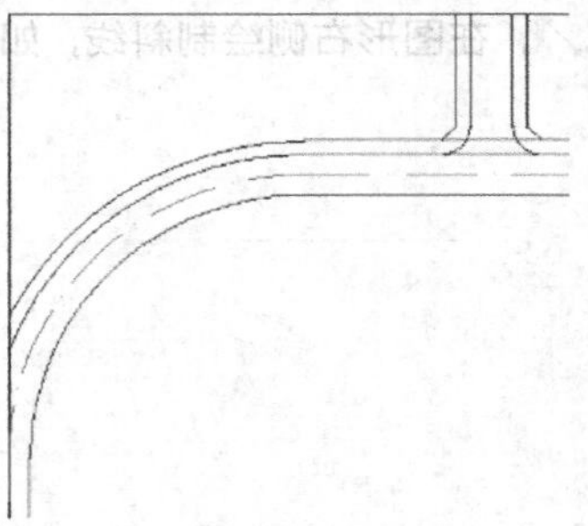

图17-121　镜像图形

（9）单击“默认”选项卡“修改”面板中的“修剪”按钮，修剪多余的直线，完成北出入口的绘制，如图17-122所示。

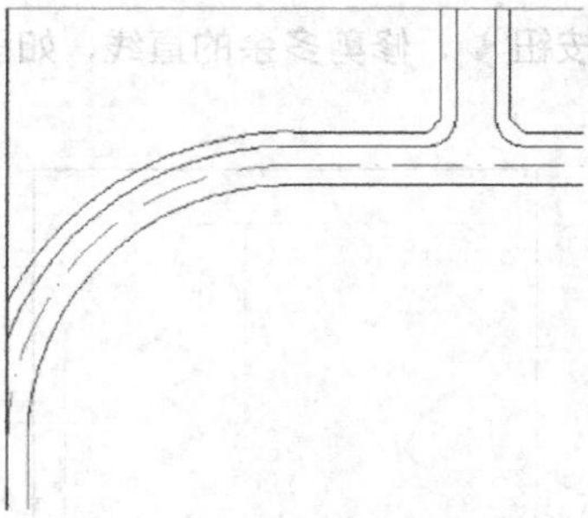

图17-122　绘制北出入口

（10）单击“默认”选项卡“绘图”面板中的“直线”按钮，绘制斜线，如图17-123所示。

（11）单击“默认”选项卡“修改”面板中的“偏移”按钮，每次均以偏移后的直线作为要偏移的对象，将斜线分别向两侧偏移，偏移值为3500和2500，如图17-124所示。

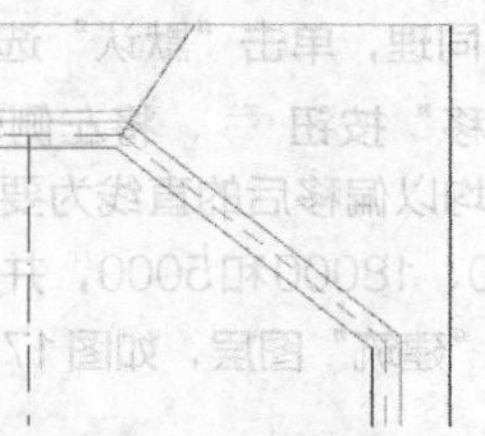

图 17-123 绘制斜线

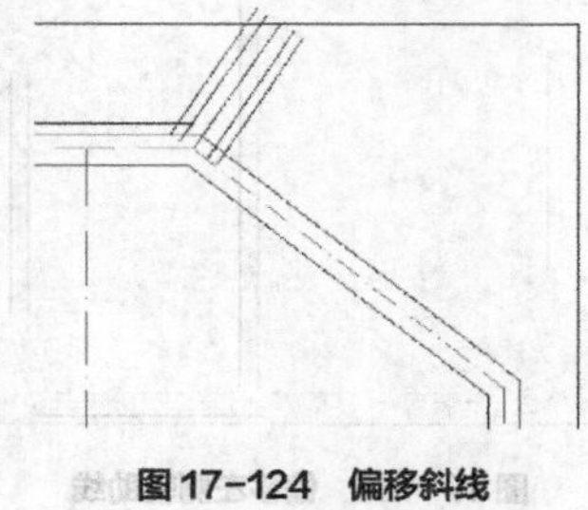

图 17-124 偏移斜线

（12）单击“默认”选项卡“修改”面板中的“圆角”按钮，对步骤（11）中偏移3500的斜线进行圆角处理，设置左侧圆角半径值为10000，右侧圆角半径值为5000，如图17-125所示。

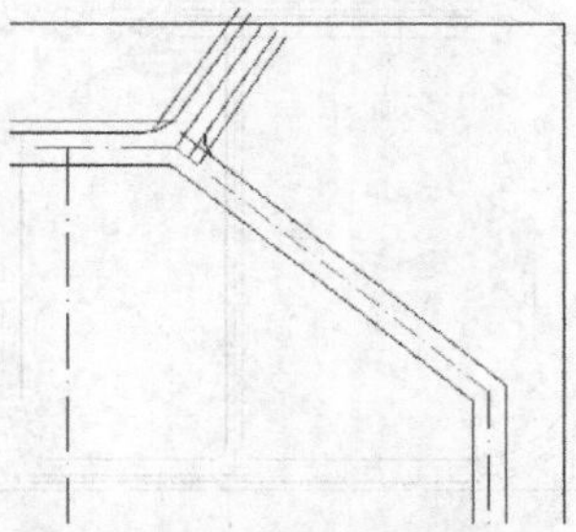

图 17-125 进行圆角处理

（13）单击“默认”选项卡“修改”面板中的“倒角”按钮，对左侧偏移2500的斜线进行倒角处理，设置倒角长度为4000，角度为28°，如图17-126所示。命令行提示与操作如下。

```
命令：_chamfer
（“不修剪”模式）当前倒角长度=4036.0000，角度=28
选择第一条直线或[放弃(U)/多段线(P)/距离(D)/角度(A)/修剪(T)/方式(E)/多个(M)]:A
指定第一条直线的倒角长度<4036.0000>:4000✓
指定第一条直线的倒角角度<28>:28✓
选择第一条直线或[放弃(U)/多段线(P)/距离(D)/角度(A)/修剪(T)/方式(E)/多个(M)]:
选择第二条直线，或按住Shift键选择直线以应用角点或[距离(D)/角度(A)/方法(M)]:
```

（14）单击“默认”选项卡“修改”面板中的“修剪”按钮和“延伸”按钮，修剪多余的直线，并将部分直线延伸，如图17-127所示。

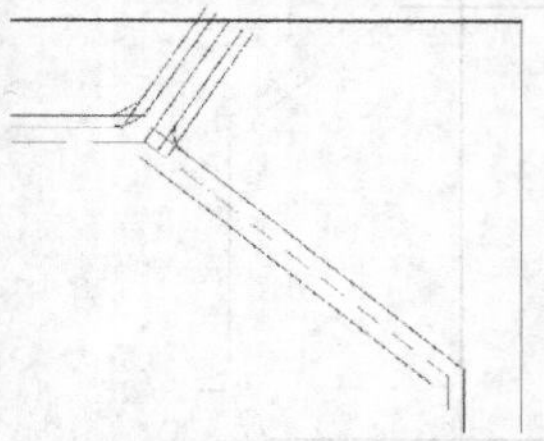

图 17-126 进行倒角操作

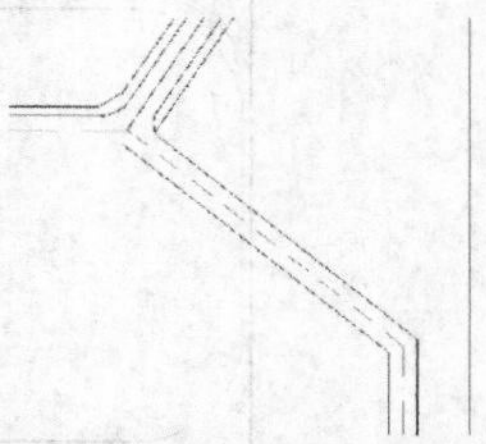

图 17-127 修剪并延伸直线

（15）单击“默认”选项卡“修改”面板中的“偏移”按钮，将最上侧水平直线依次向下偏移，偏移值为78700，继续以偏移后的直线为要偏移的对象，向下侧偏移7000、104400和7000，如图17-128所示。

图 17-128 偏移水平直线

（16）单击“默认”选项卡“修改”面板中的“圆角”按钮，对偏移后的直线进行圆角处理。设置圆角半径值分别为10000和5000，完成东出入口的绘制，如图17-129所示。

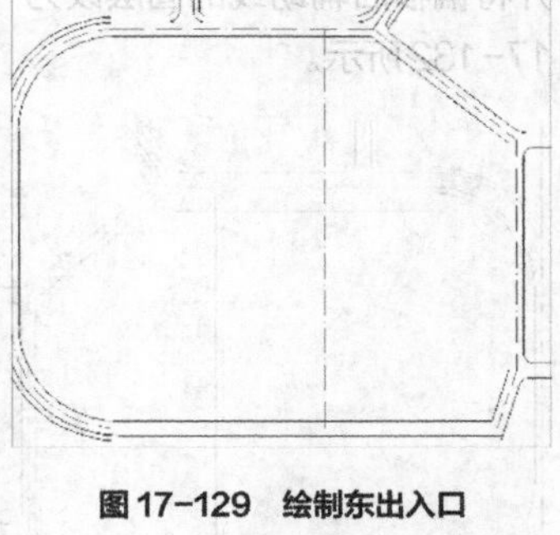

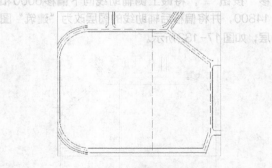

图 17-129 绘制东出入口

（17）单击“默认”选项卡“修改”面板中的“偏移”按钮，将中间竖直辅助线分别向两侧偏移3500，并将偏移后辅助线的图层改为“道路”图层，如图17-130所示。

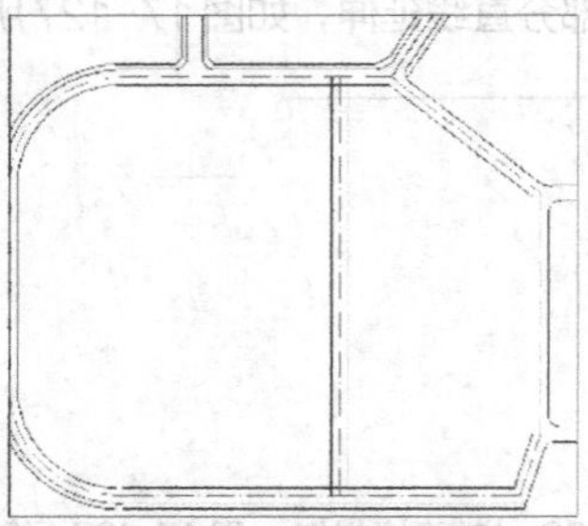

图17-130　偏移轴线

（18）单击“默认”选项卡“修改”面板中的“圆角”按钮，设置圆角半径值为5000，对偏移后的直线进行圆角处理，如图17-131所示。

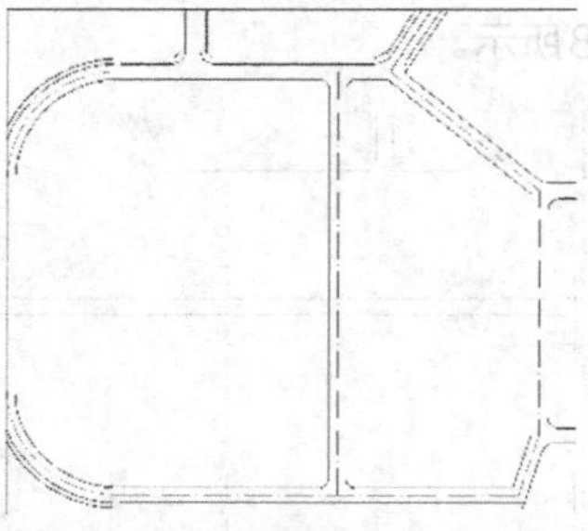

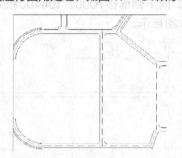

图17-131　进行圆角处理

17.2.3 绘制园林设施

1. 绘制园林设施一

（1）新建“建筑”图层，并将其设置为当前图层。单击“默认”选项卡“修改”面板中的“偏移”按钮，将最上侧辅助线向下偏移6000和14800，并将偏移后辅助线的图层改为“建筑”图层，如图17-132所示。

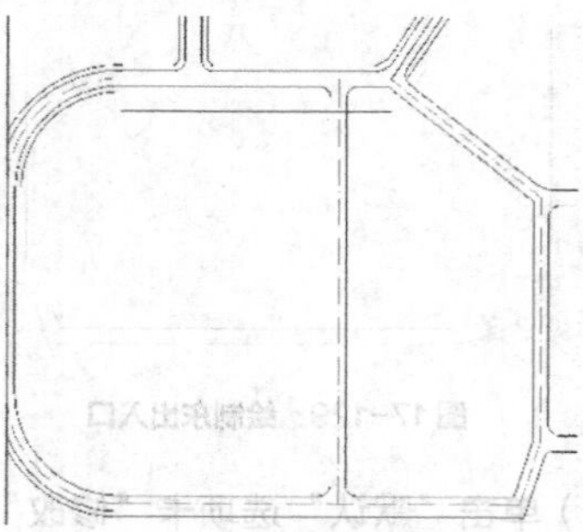

图17-132　偏移上侧辅助线

（2）同理，单击“默认”选项卡“修改”面板中的“偏移”按钮，将左侧辅助线依次向右偏移，每次均以偏移后的直线为要偏移的对象，偏移值为6000、18000和5000，并将偏移后辅助线的图层改为“建筑”图层，如图17-133所示。

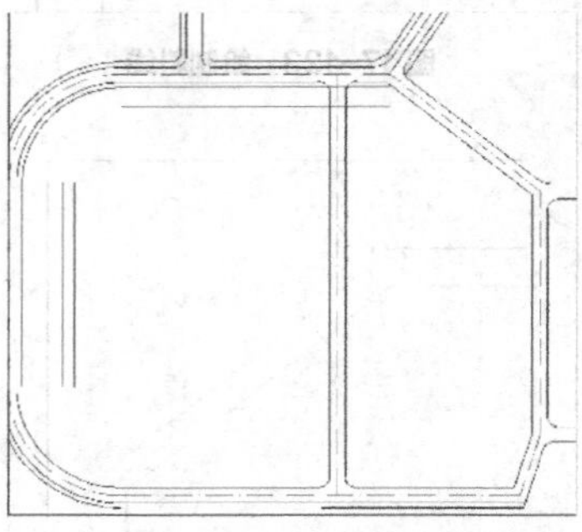

图17-133　偏移左侧辅助线

（3）单击“默认”选项卡“绘图”面板中的“直线”按钮，在图中合适的位置绘制竖直直线，如图17-134所示。

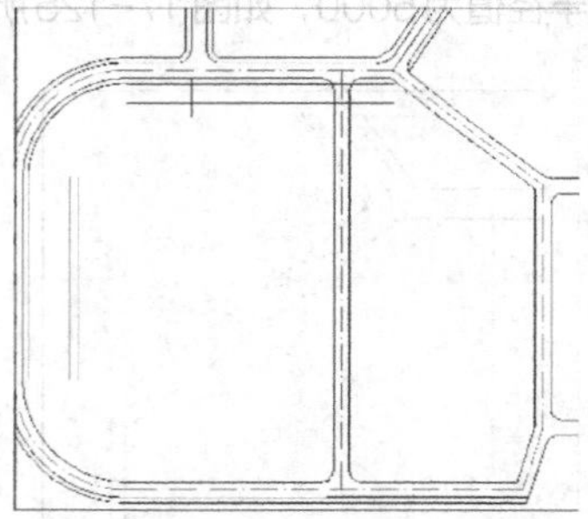

图17-134　绘制竖直直线

（4）单击“默认”选项卡“修改”面板中的“圆角”按钮，设置圆角半径值为5000，对图形进行圆角处理，如图17-135所示。

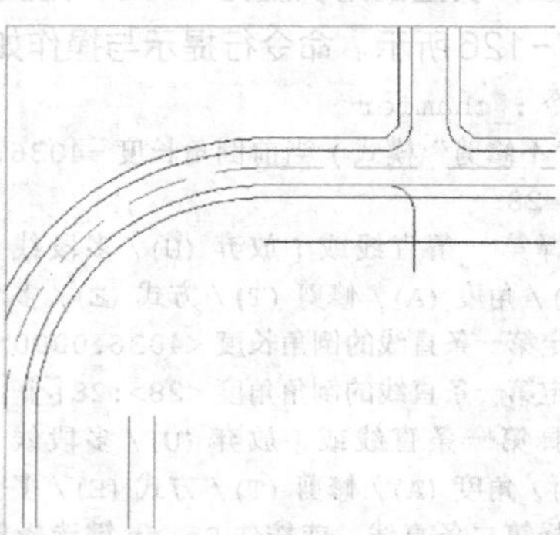

图17-135　进行圆角处理

（5）单击“默认”选项卡“绘图”面板中的“直线”按钮，以竖直直线下端点为起点，水平向左绘制一条长为6700的水平直线，如图17-136所示。

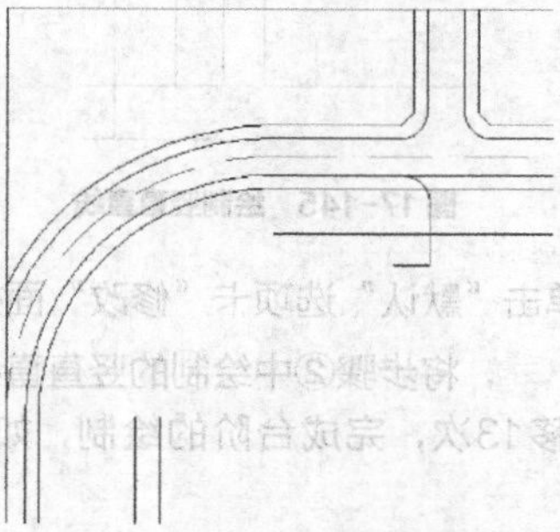

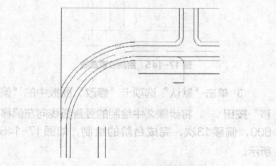

图 17-136 绘制水平直线（1）

（6）单击“默认”选项卡“绘图”面板中的“直线”按钮和“修改”面板中的“修剪”按钮，绘制停车场，如图17-137所示。

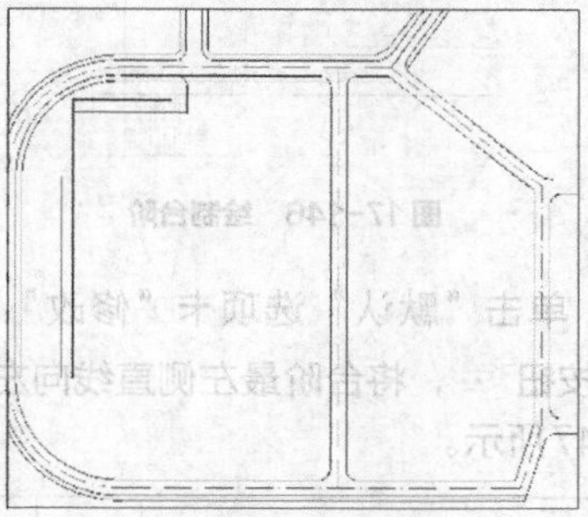

图 17-137 绘制停车场

2. 绘制园林设施二

（1）单击“默认”选项卡“绘图”面板中的“直线”按钮，在图中合适的位置绘制一条长为5600的水平直线，如图17-138所示。

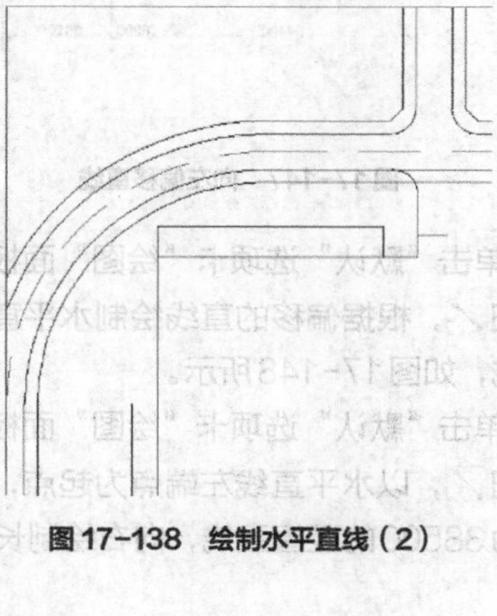

图 17-138 绘制水平直线（2）

（2）单击“默认”选项卡“修改”面板中的“镜像”按钮，以步骤（1）中绘制的水平直线中点为镜像点，镜像图形，如图17-139所示。

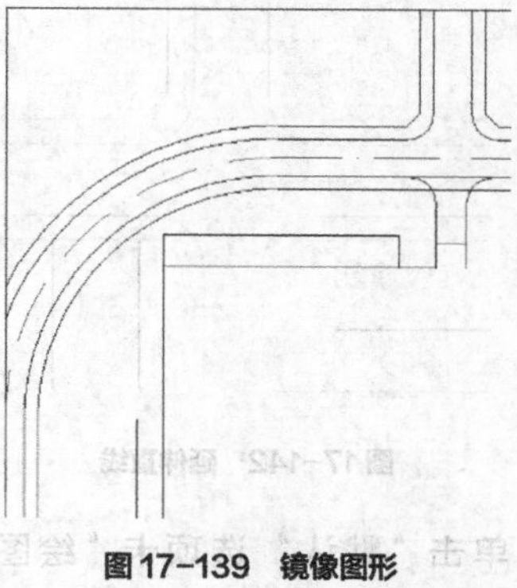

图 17-139 镜像图形

（3）单击“默认”选项卡“修改”面板中的“修剪”按钮，修剪多余的直线，如图17-140所示。

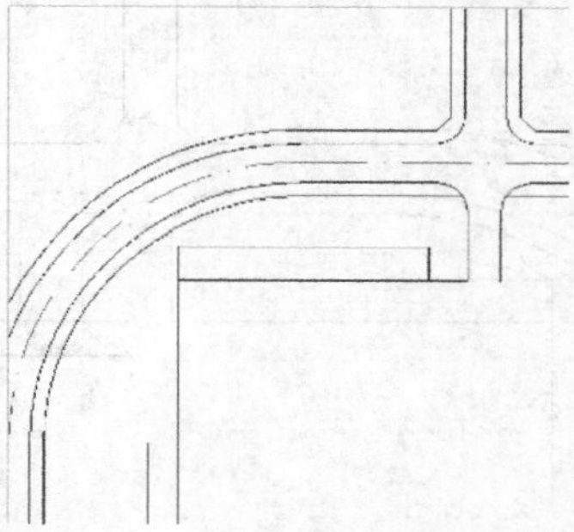

图 17-140 修剪多余的直线

（4）单击“默认”选项卡“修改”面板中的“偏移”按钮，将步骤（2）镜像后的竖直直线向右偏移，偏移距离为6200和8200，每次均以偏移后的直线为偏移对象，如图17-141所示。

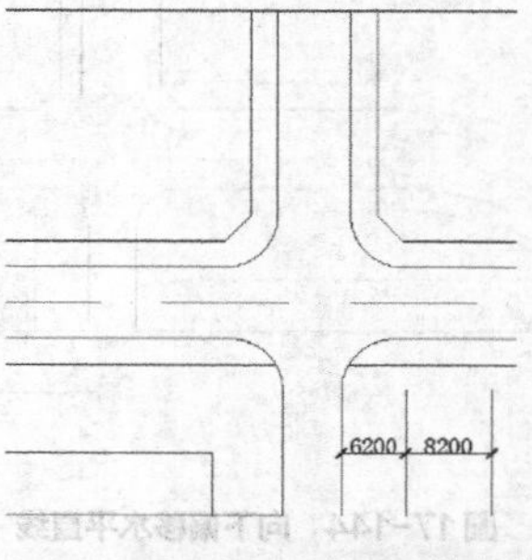

图 17-141 偏移步骤（2）镜像后的竖直直线

（5）单击“默认”选项卡“修改”面板中的“延伸”按钮，将步骤（4）中偏移的直线向上延伸，如图17-142所示。

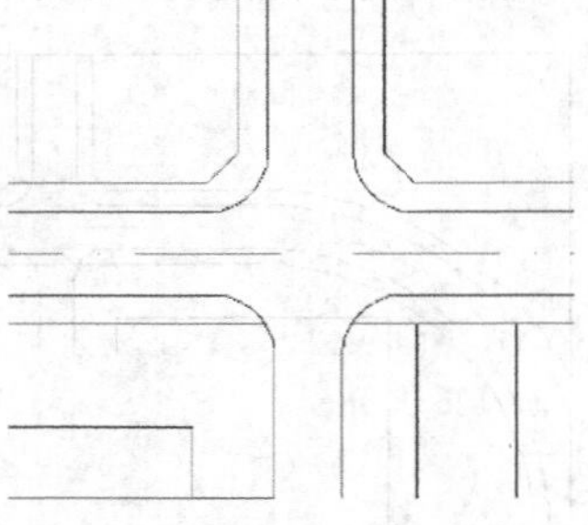

图17-142　延伸直线

（6）单击“默认”选项卡“绘图”面板中的“直线”按钮，在图中合适的位置绘制长为18000的水平直线，如图17-143所示。

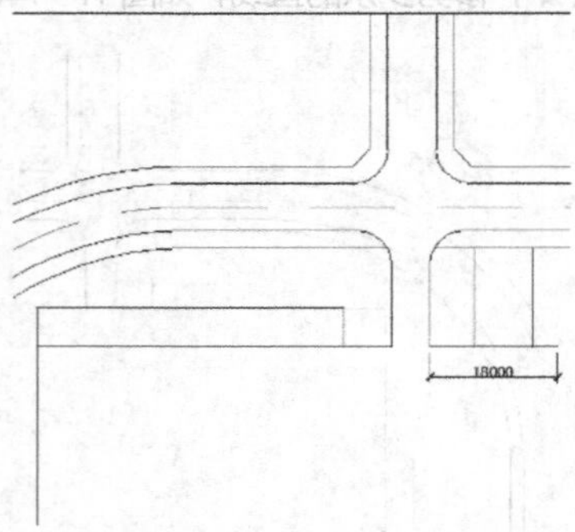

图17-143　绘制水平直线

① 单击“默认”选项卡“修改”面板中的“偏移”按钮，将步骤（6）中绘制的水平直线向下偏移，偏移量为7400，如图17-144所示。

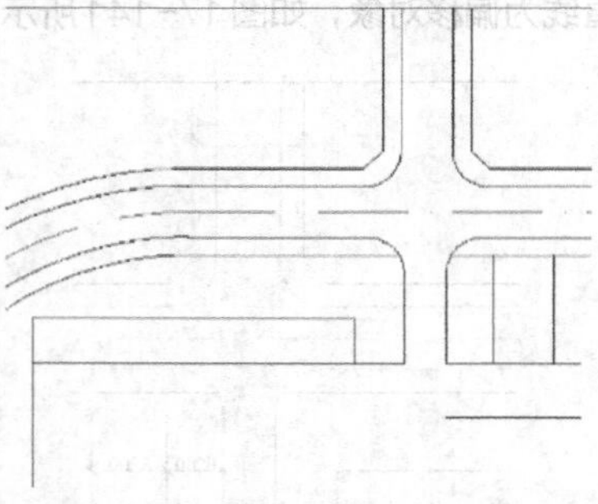

图17-144　向下偏移水平直线

② 单击“默认”选项卡“绘图”面板中的“直线”按钮，在图中合适的位置绘制竖直直线，如图17-145所示。

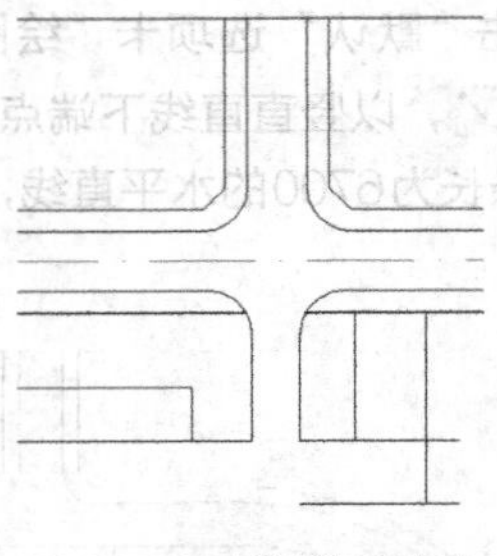

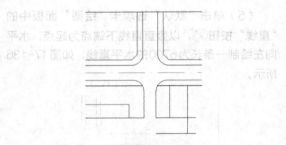

图17-145　绘制竖直直线

③ 单击“默认”选项卡“修改”面板中的“偏移”按钮，将步骤②中绘制的竖直直线向左偏移600，偏移13次，完成台阶的绘制，如图17-146所示。

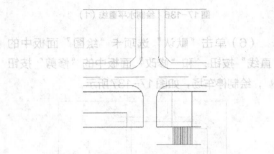

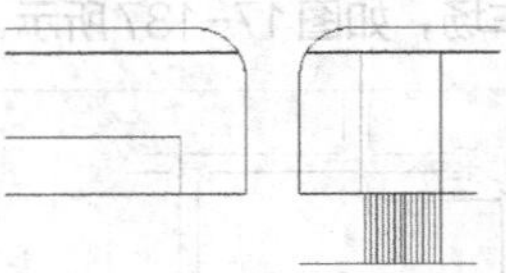

图17-146　绘制台阶

（7）单击“默认”选项卡“修改”面板中的“偏移”按钮，将台阶最左侧直线向左偏移，如图17-147所示。

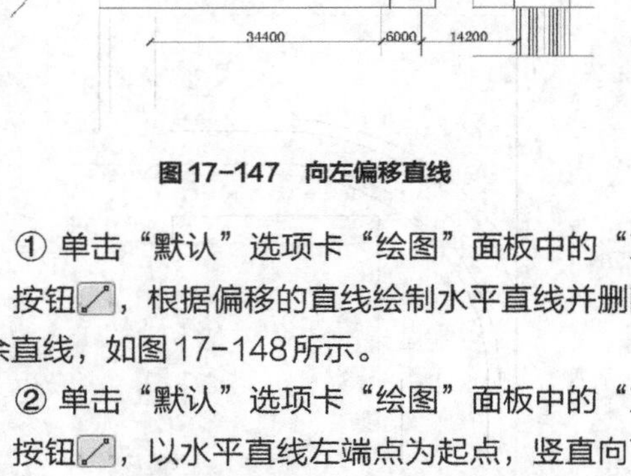

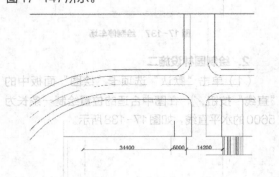

图17-147　向左偏移直线

① 单击“默认”选项卡“绘图”面板中的“直线”按钮，根据偏移的直线绘制水平直线并删除多余直线，如图17-148所示。

② 单击“默认”选项卡“绘图”面板中的“直线”按钮，以水平直线左端点为起点，竖直向下绘制长为38500的竖直直线，向右绘制长为14800

的水平直线，向上绘制长为10600的竖直直线，完成连续线段的绘制，如图17-149所示。

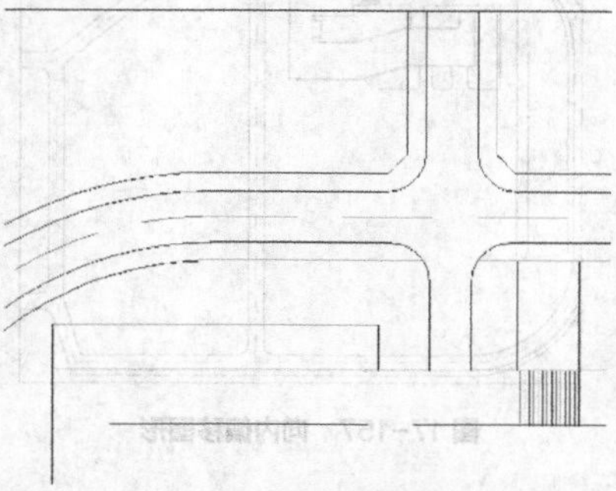

图 17-148 绘制水平直线并删除多余直线

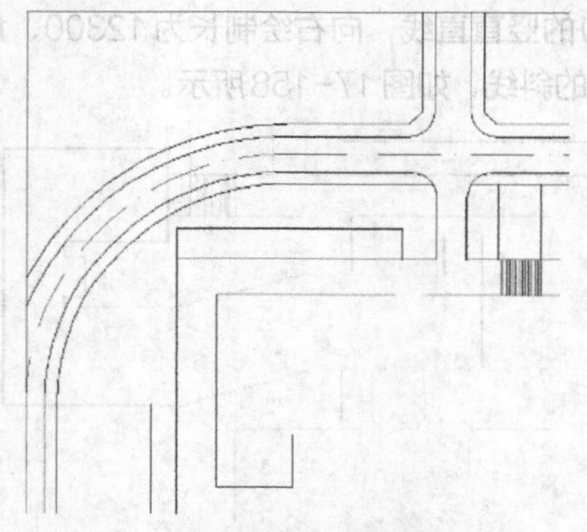

图 17-149 绘制连续线段

③ 单击“默认”选项卡“修改”面板中的“圆角”按钮⌐，设置圆角半径值为2000，对图形进行圆角处理，如图17-150所示。

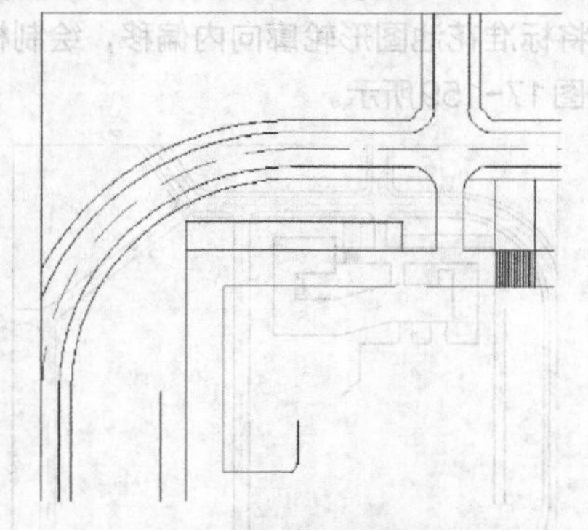

图 17-150 进行圆角处理

④ 单击“默认”选项卡“绘图”面板中的“直线”按钮⁄，绘制长为7000的水平直线，如图17-151所示。

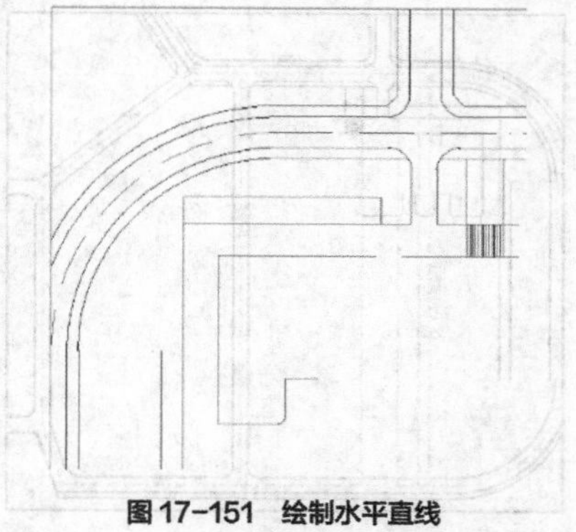

图 17-151 绘制水平直线

⑤ 单击“默认”选项卡“修改”面板中的“镜像”按钮⚠，以步骤④中绘制的水平直线中点为镜像点，镜像图形，如图17-152所示。

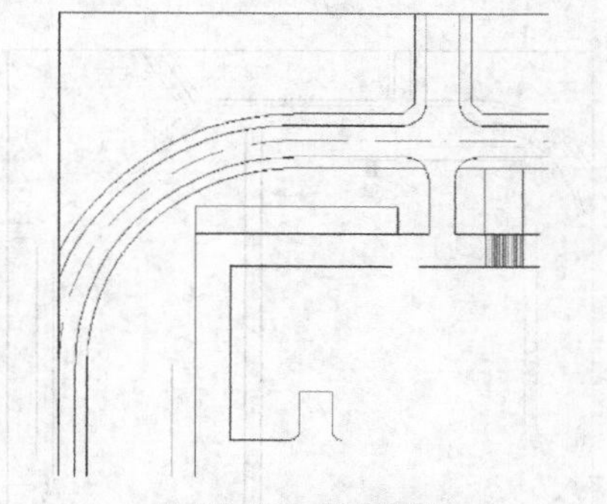

图 17-152 镜像图形

⑥ 单击“默认”选项卡“修改”面板中的“偏移”按钮⋐，将中间轴线向左依次偏移，每次均以偏移后的直线为要偏移的对象，偏移量为54800、16500、9400和5100，如图17-153所示。

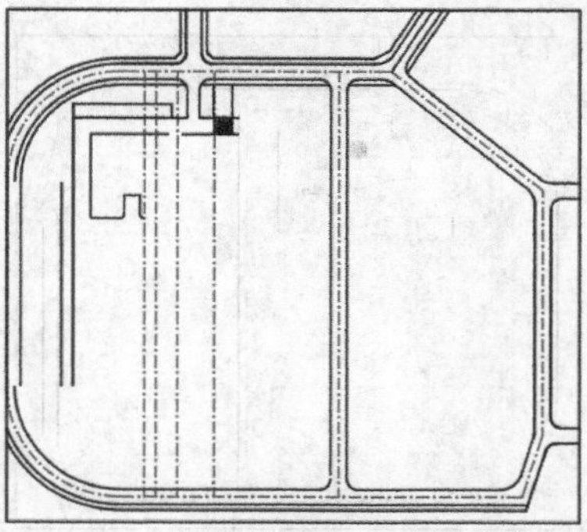

图 17-153 偏移轴线

⑦ 单击“默认”选项卡“绘图”面板中的“直线”按钮⁄，根据偏移的轴线绘制轮廓线，如图17-154所示。

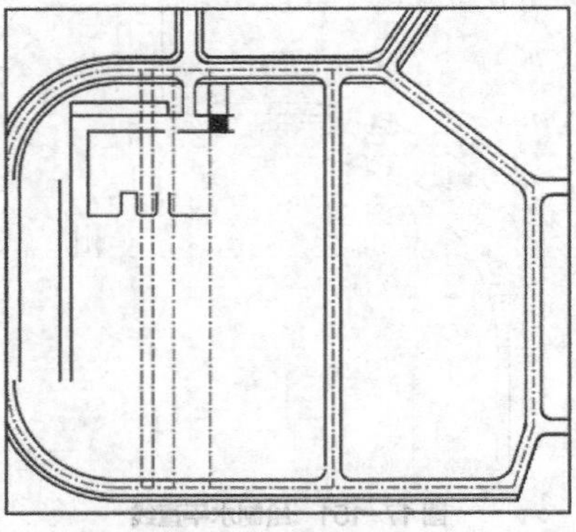

图 17-154　绘制轮廓线

⑧ 单击“默认”选项卡“修改”面板中的“删除”按钮，删除多余的轴线和直线，如图17-155所示。

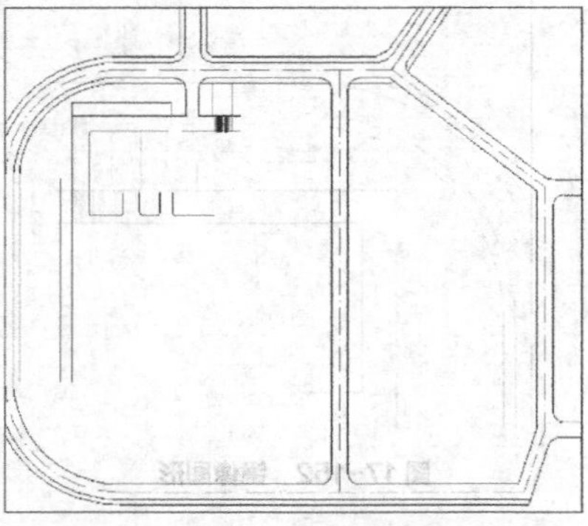

图 17-155　删除多余的轴线和直线

⑨ 单击“默认”选项卡“绘图”面板中的“直线”按钮和“修改”面板中的“修剪”按钮，细化图形，如图17-156所示。

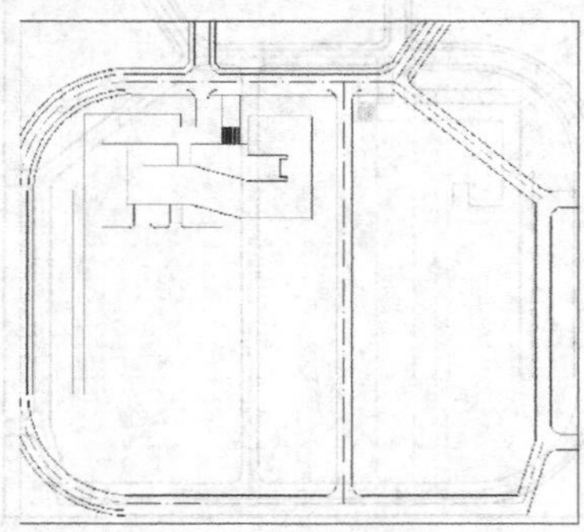

图 17-156　细化图形

⑩ 单击“默认”选项卡“修改”面板中的“偏移”按钮，将步骤⑨中绘制的图形向内偏移300，如图17-157所示。

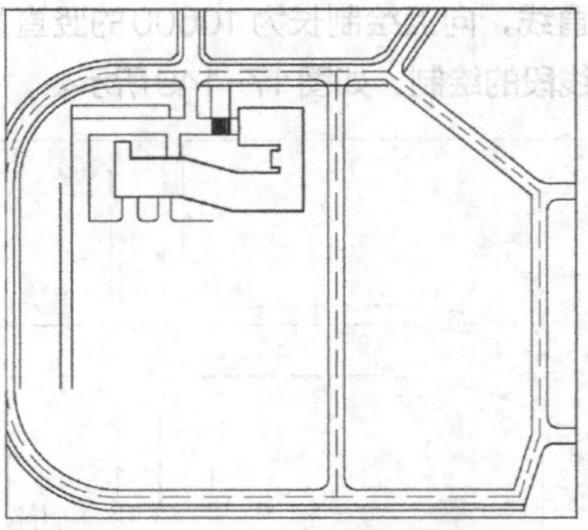

图 17-157　向内偏移图形

⑪ 单击“默认”选项卡“绘图”面板中的“直线”按钮，在图中合适的位置绘制一条长为16900的竖直直线，向右绘制长为12300、角度为135° 的斜线，如图17-158所示。

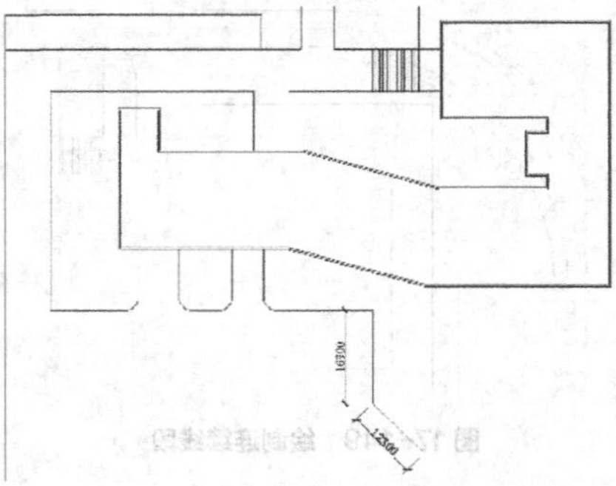

图 17-158　绘制直线和斜线

⑫ 单击“默认”选项卡“修改”面板中的“偏移”按钮和“修剪”按钮，设置偏移量为200，将标准花池图形轮廓向内偏移，绘制标准花池，如图17-159所示。

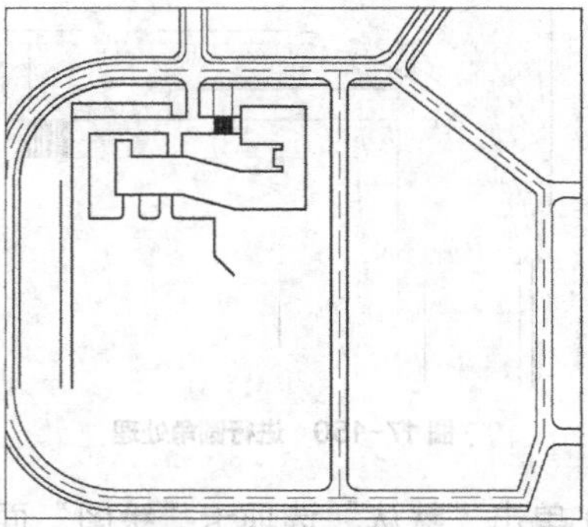

图 17-159　绘制标准花池

（8）单击“默认”选项卡“绘图”面板中的“直线”按钮，在图中合适的位置绘制一条水平直线，如图17-160所示。

① 单击“默认”选项卡“修改”面板中的“修剪”按钮，修剪多余的直线，如图17-161所示。

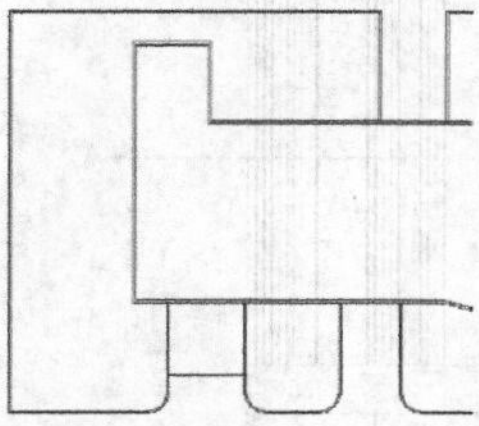

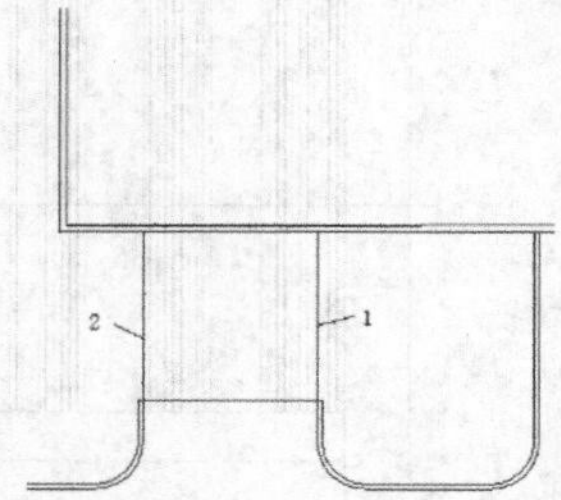

图17-160 绘制水平直线（1） 图17-161 修剪多余的直线

② 单击“默认”选项卡“修改”面板中的“偏移”按钮，将图17-161所示直线1和直线2分别向内偏移100，如图17-162所示。

③ 同理，单击“默认”选项卡“修改”面板中的“偏移”按钮，将水平直线向上偏移300，偏移4次，如图17-163所示。

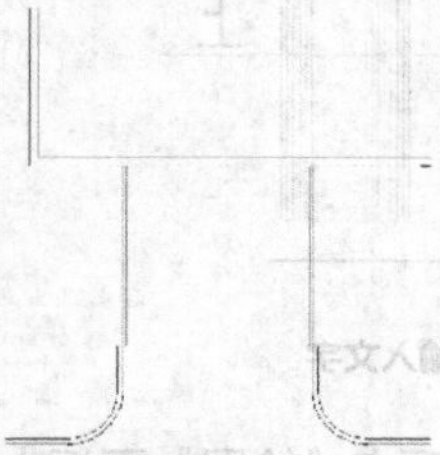

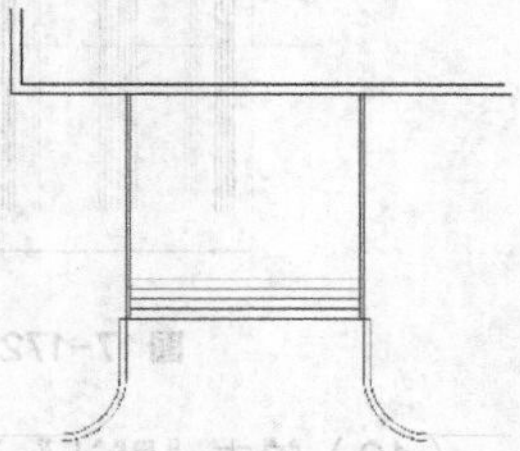

图17-162 偏移直线 图17-163 向上偏移水平直线

④ 单击“默认”选项卡“修改”面板中的“复制”按钮，将偏移后的直线向上复制，使其与偏移后的直线间的间距为1600，完成台阶的绘制，如图17-164所示。

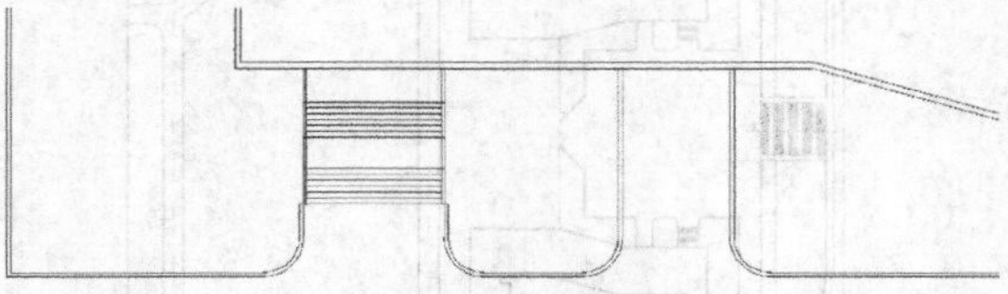

图17-164 绘制台阶

（9）单击“默认”选项卡“修改”面板中的“镜像”按钮，镜像图形并整理，如图17-165所示。

① 单击“默认”选项卡“绘图”面板中的“直线”按钮，在图中合适的位置绘制水平直线，如图17-166所示。

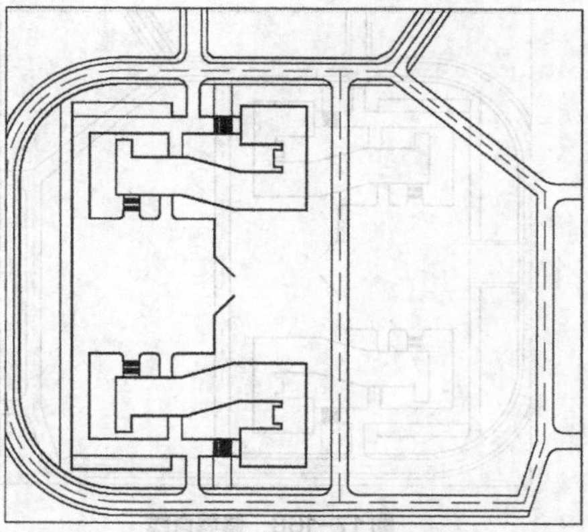

图17-165 镜像图形并整理

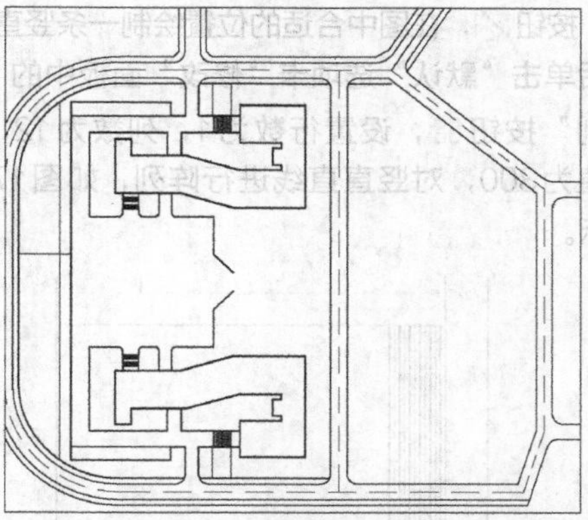

图17-166 绘制水平直线（2）

② 单击“默认”选项卡“修改”面板中的“偏移”按钮，将水平直线依次向下偏移，每次均以偏移后的直线为要偏移的对象，偏移量为2000、18600和2000，如图17-167所示。

图17-167 依次向下偏移水平直线

③ 单击“默认”选项卡“修改”面板中的“修剪”按钮，修剪直线，如图17-168所示。

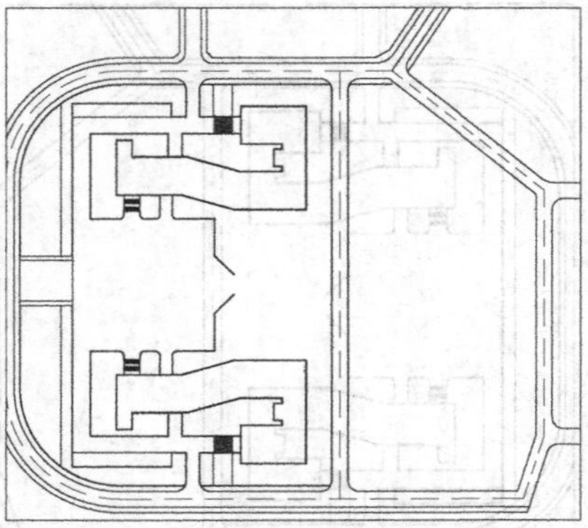

图 17-168　修剪直线

④ 单击“默认”选项卡“绘图”面板中的“直线”按钮，在图中合适的位置绘制一条竖直直线。然后单击“默认”选项卡“修改”面板中的“矩形阵列”按钮，设置行数为1，列数为12，列偏移值为300，对竖直直线进行阵列，如图17-169所示。

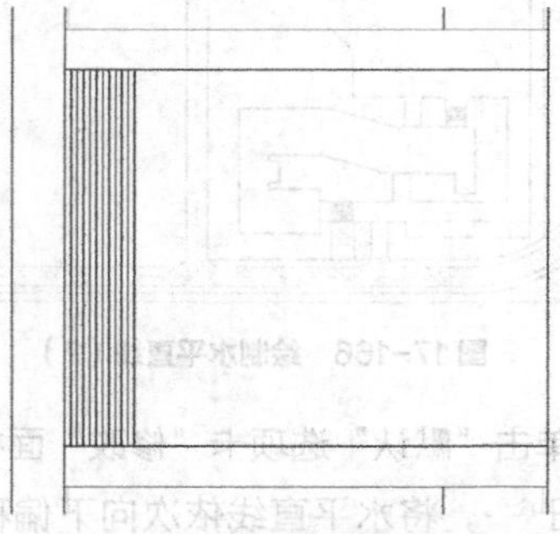

图 17-169　绘制并阵列直线

⑤ 单击“默认”选项卡“修改”面板中的“复制”按钮，将步骤④中阵列的11条直线向右复制4次，间距为2000，完成台阶的绘制，如图17-170所示。

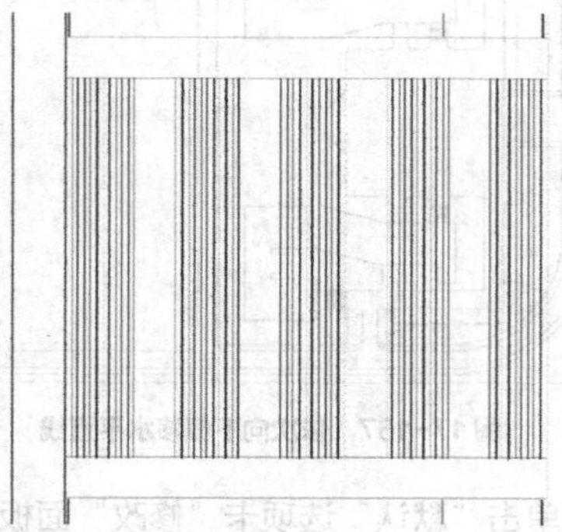

图 17-170　绘制台阶

⑥ 单击“默认”选项卡“绘图”面板中的“直线”按钮，绘制指引箭头，如图17-171所示。

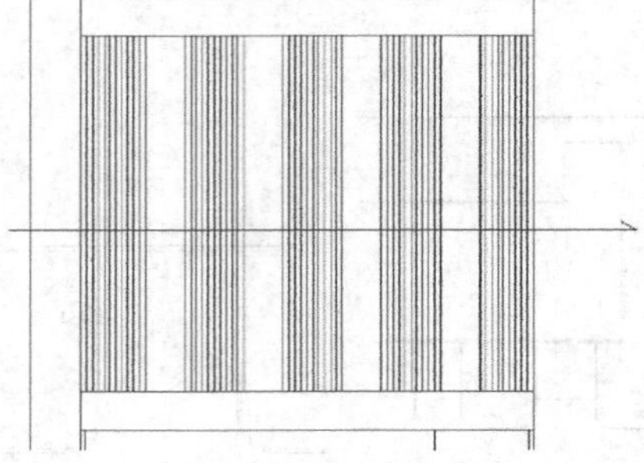

图 17-171　绘制指引箭头

⑦ 单击“默认”选项卡“注释”面板中的“多行文字”按钮A，在箭头处输入文字，如图17-172所示。

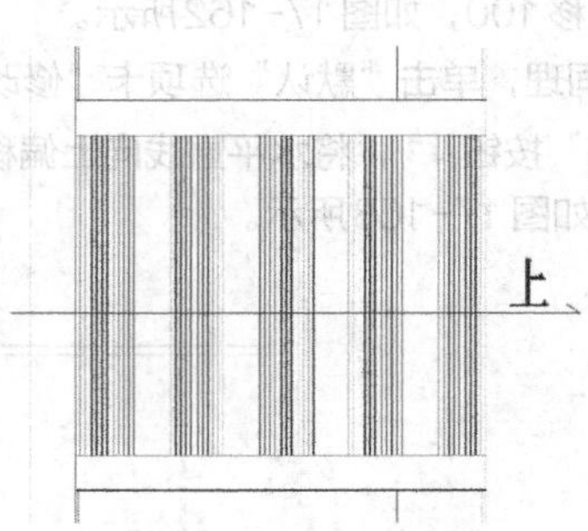

图 17-172　输入文字

（10）单击“默认”选项卡“绘图”面板中的“直线”按钮，在图中合适的位置绘制竖直直线，如图17-173所示。

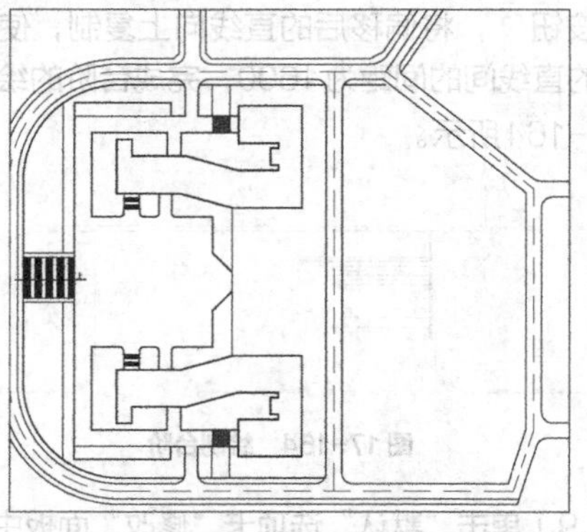

图 17-173　绘制竖直直线

① 单击“默认”选项卡“修改”面板中的“偏移”按钮，将竖直直线向右偏移，偏移距离为1000，如图17-174所示。

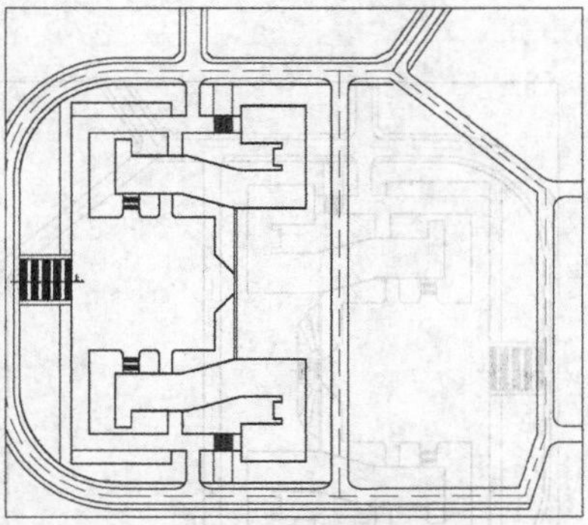

图 17-174 向右偏移竖直直线

② 单击“默认”选项卡“绘图”面板中的“直线”按钮，在图中合适的位置绘制短直线，如图17-175所示。

③ 单击“默认”选项卡“修改”面板中的“偏移”按钮，将短直线依次向下偏移，偏移间距为1100，如图17-176所示。

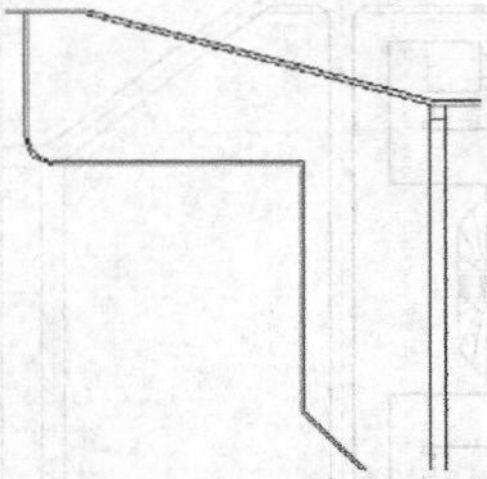

图 17-175 绘制短直线

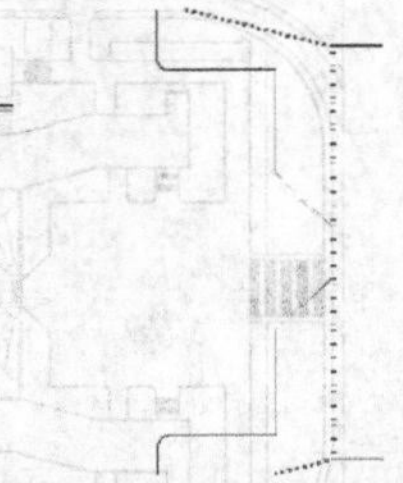

图 17-176 偏移短直线

④ 单击“默认”选项卡“绘图”面板中的“直线”按钮和“圆弧”按钮，绘制图形，如图17-177所示。

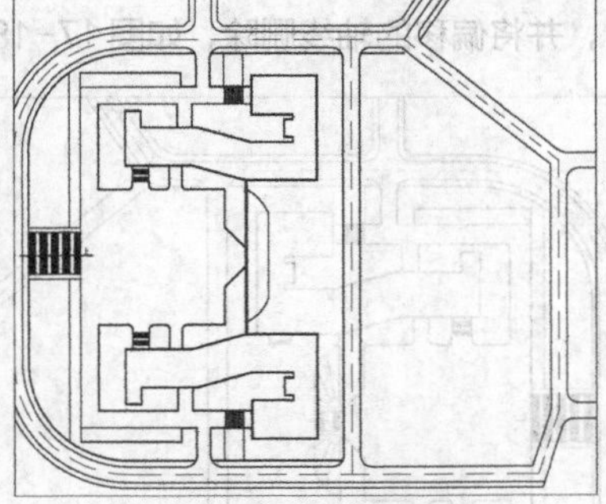

图 17-177 绘制图形

⑤ 单击“默认”选项卡“绘图”面板中的“直线”按钮，在图中合适的位置绘制水平直线，如图17-178所示。

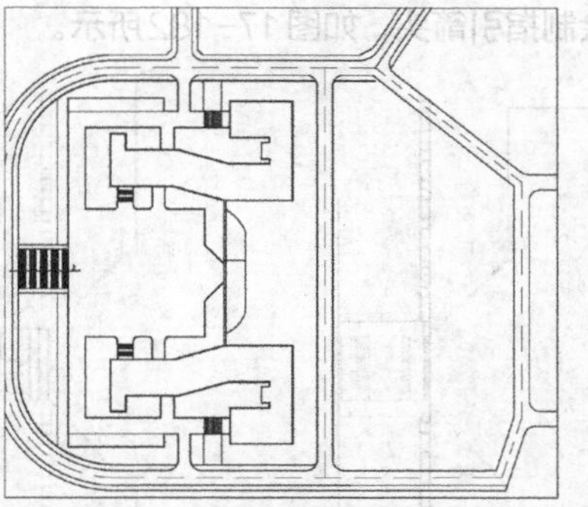

图 17-178 绘制水平直线

⑥ 单击“默认”选项卡“修改”面板中的“偏移”按钮，将水平直线依次向下偏移，偏移值为2000、7300、2000，每次均以偏移后的直线为偏移对象，如图17-179所示。

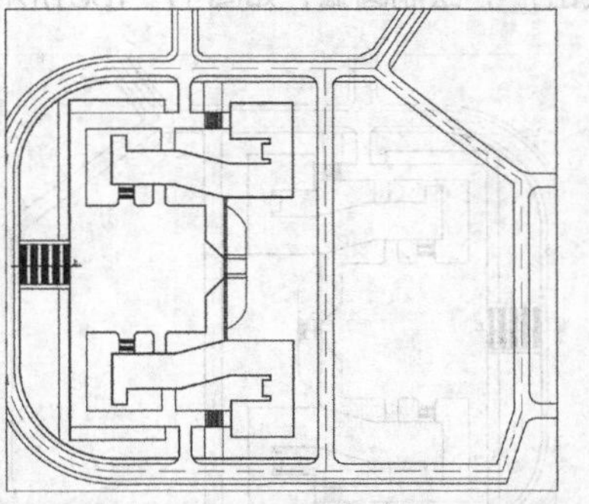

图 17-179 依次向下偏移水平直线

⑦ 单击“默认”选项卡“修改”面板中的“修剪”按钮，修剪多余的直线，如图17-180所示。

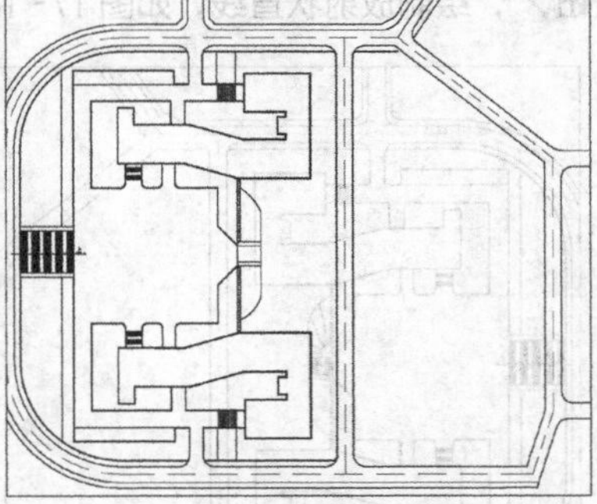

图 17-180 修剪多余的直线

⑧ 单击“默认”选项卡“绘图”面板中的“直线”按钮，绘制台阶，如图17-181所示。

⑨ 单击“默认”选项卡“绘图”面板中的“直线”按钮和“注释”面板中的“多行文字”按钮

A，绘制指引箭头，如图17-182所示。

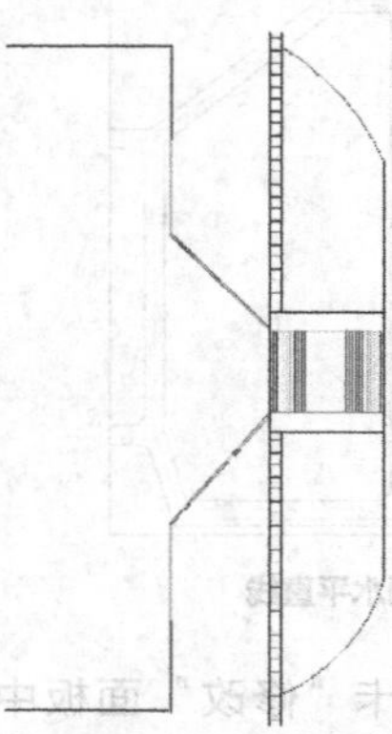
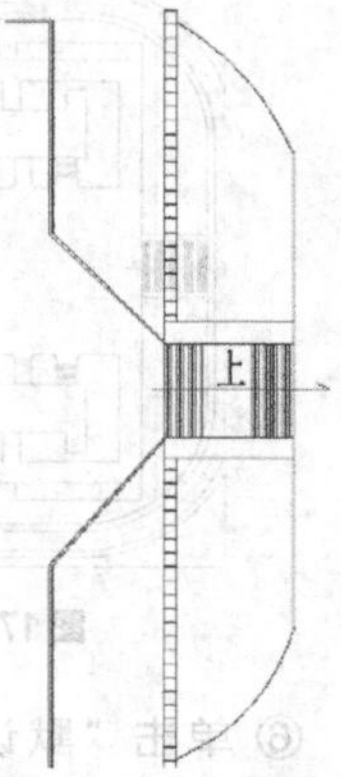

图17-181　绘制台阶　图17-182　绘制指引箭头

⑩ 单击“默认”选项卡“绘图”面板中的“圆弧”按钮，绘制圆弧，如图17-183所示。

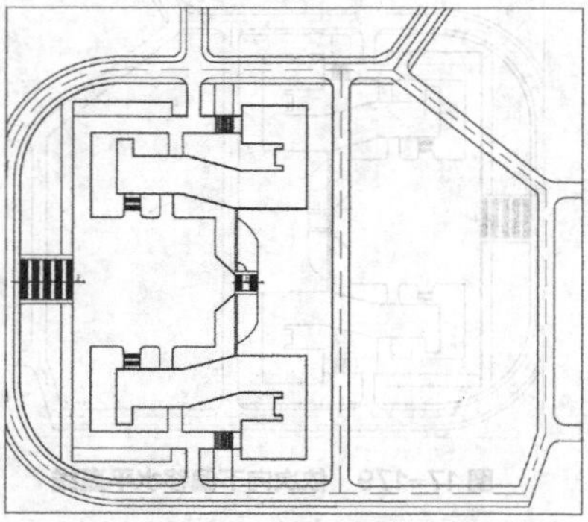

图17-183　绘制圆弧

⑪ 单击“默认”选项卡“绘图”面板中的“直线”按钮，绘制放射状直线，如图17-184所示。

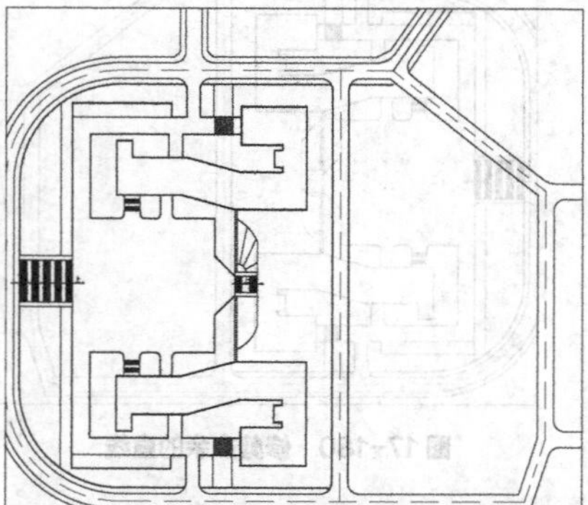

图17-184　绘制放射状直线

⑫ 单击“默认”选项卡“修改”面板中的“镜像”按钮，镜像图形并整理，如图17-185所示。

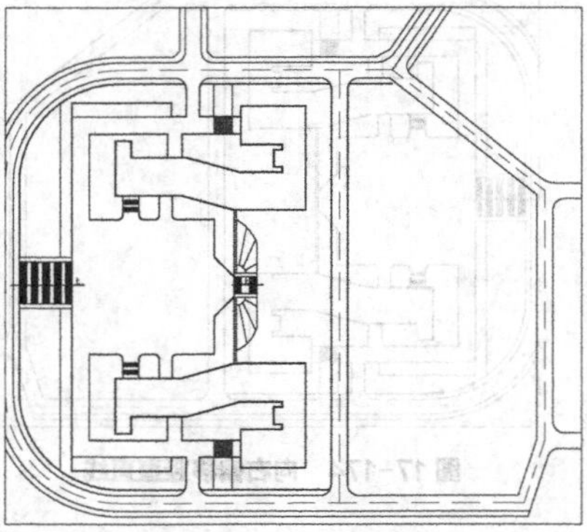

图17-185　镜像图形并整理

（11）单击“默认”选项卡“修改”面板中的“偏移”按钮，将中间轴线向左偏移，偏移量为19800和7200，如图17-186所示。

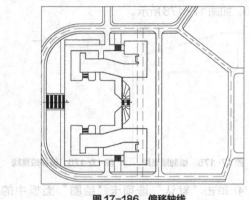

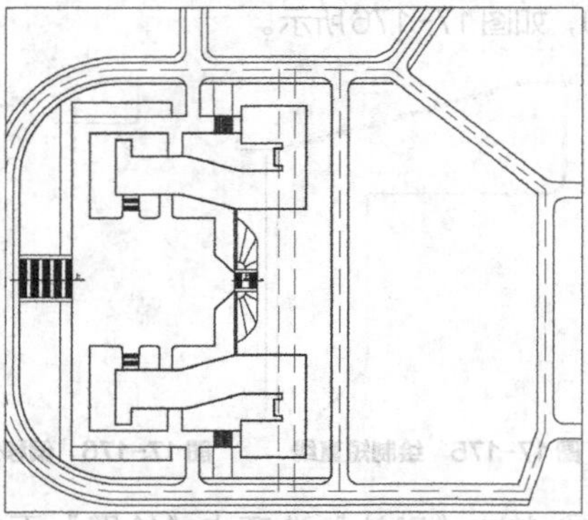

图17-186　偏移轴线

① 单击“默认”选项卡“绘图”面板中的“直线”按钮，根据偏移的轴线，绘制升旗广场出入口踏步，并将偏移的轴线删除，如图17-187所示。

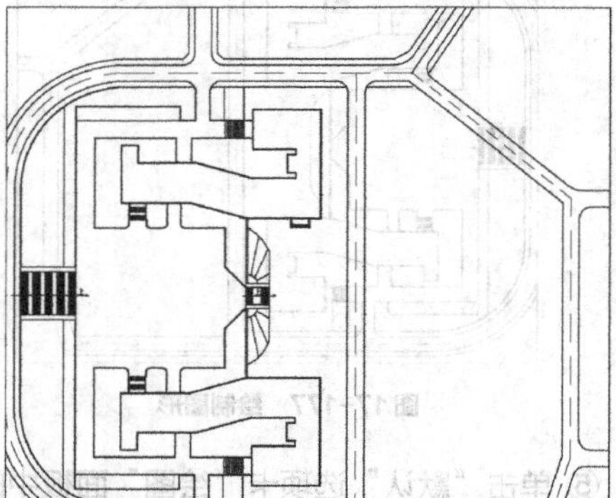

图17-187　绘制踏步并删除偏移轴线

② 单击“默认”选项卡“绘图”面板中的“直线”按钮，在图中绘制一个矩形，如图 17-188 所示。

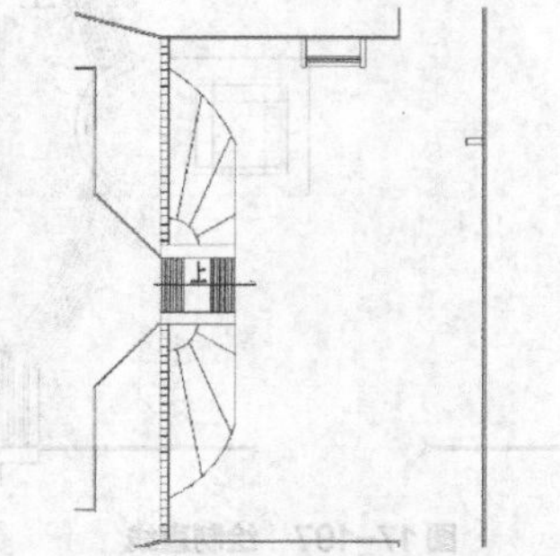

图 17-188 绘制一个矩形

③ 单击“默认”选项卡“修改”面板中的“复制”按钮，将矩形向下复制，如图 17-189 所示。

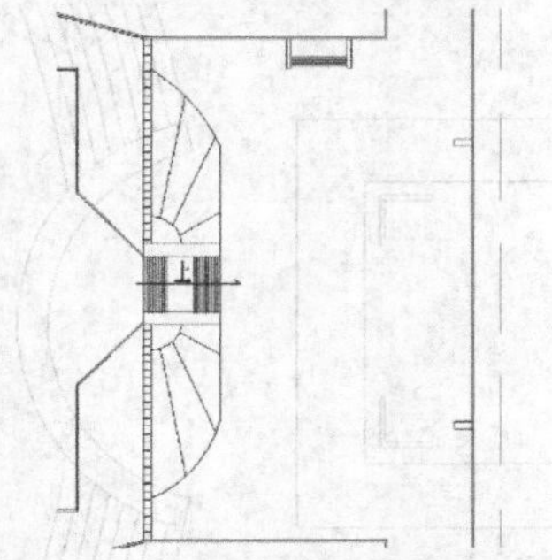

图 17-189 复制矩形

④ 单击“默认”选项卡“绘图”面板中的“直线”按钮和“圆弧”按钮，绘制轮廓线，如图 17-190 所示。

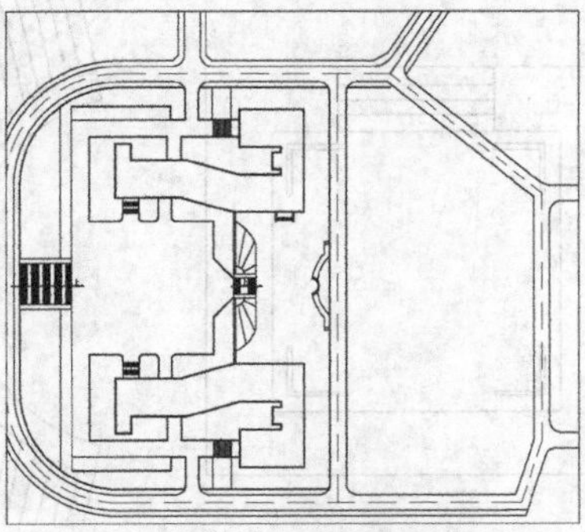

图 17-190 绘制轮廓线

⑤ 单击“默认”选项卡“修改”面板中的“偏移”按钮，偏移轮廓线，完成台阶的绘制，如图 17-191 所示。

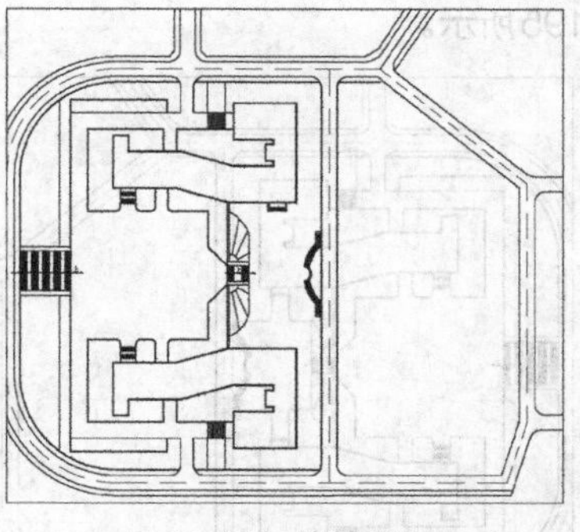

图 17-191 绘制台阶

⑥ 单击“默认”选项卡“绘图”面板中的“直线”按钮和“注释”面板中的“多行文字”按钮 A，绘制指引箭头，如图 17-192 所示。

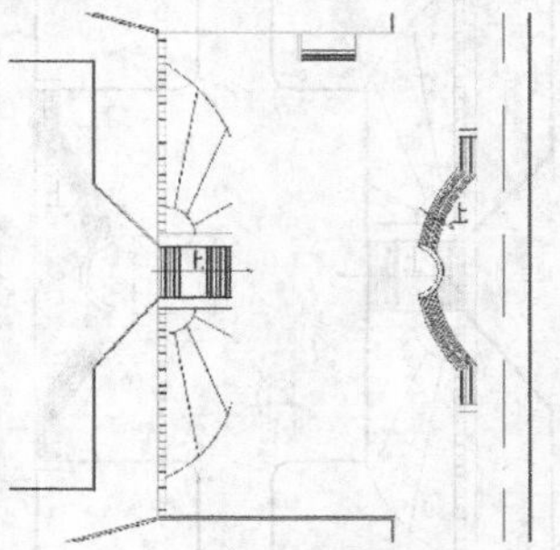

图 17-192 绘制指引箭头

⑦ 单击“默认”选项卡“修改”面板中的“镜像”按钮，镜像图形，如图 17-193 所示。

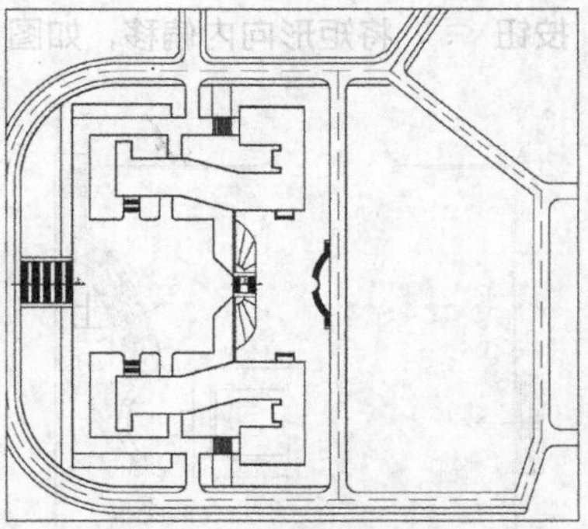

图 17-193 镜像图形

（12）单击“默认”选项卡“绘图”面板中的“直线”按钮和“圆弧”按钮，绘制升旗广场通道，如图 17-194 所示。

3. 绘制园林设施三

（1）单击“默认”选项卡“绘图”面板中的“矩形”按钮，在图中合适的位置绘制矩形，如

图17-195所示。

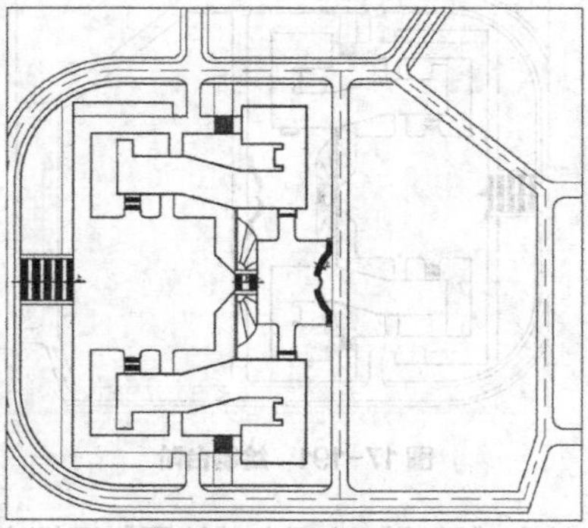

图 17-194　绘制升旗广场通道

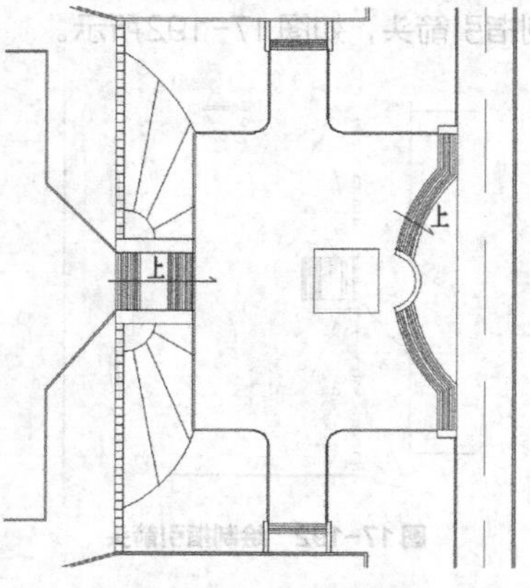

图 17-195　绘制矩形

（2）单击“默认”选项卡“修改”面板中的“偏移”按钮，将矩形向内偏移，如图17-196所示。

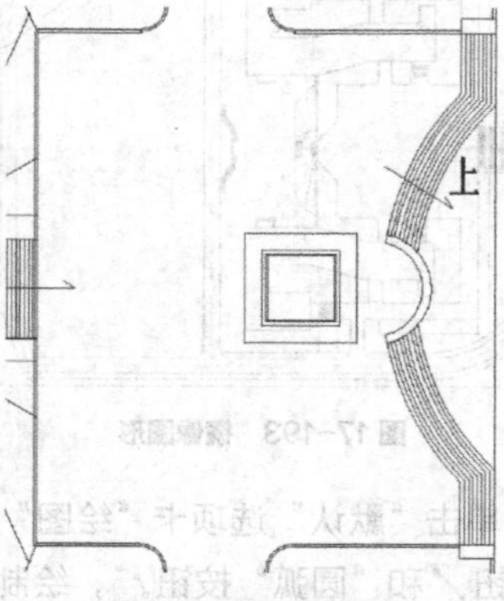

图 17-196　偏移矩形

（3）单击“默认”选项卡“绘图”面板中的“直线”按钮，在图中绘制直线，如图17-197所示。

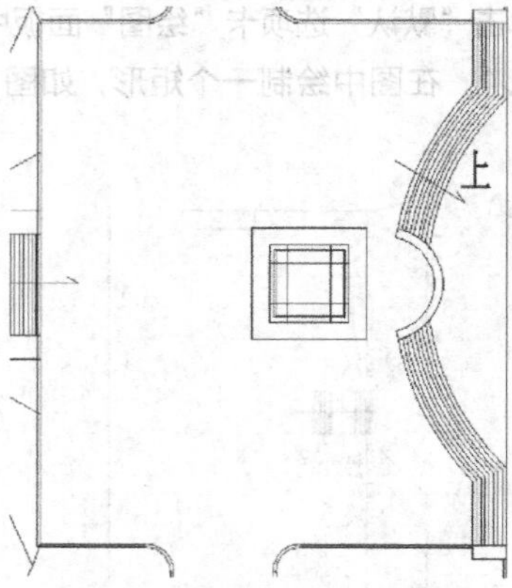

图 17-197　绘制直线

（4）单击“默认”选项卡“修改”面板中的“修剪”按钮，修剪多余的直线，如图17-198所示。

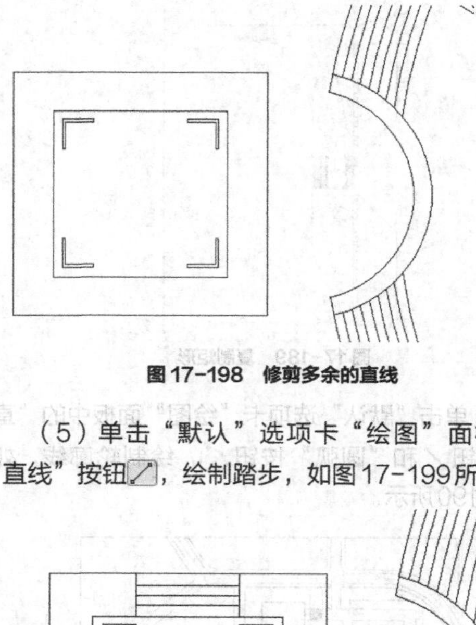

图 17-198　修剪多余的直线

（5）单击“默认”选项卡“绘图”面板中的“直线”按钮，绘制踏步，如图17-199所示。

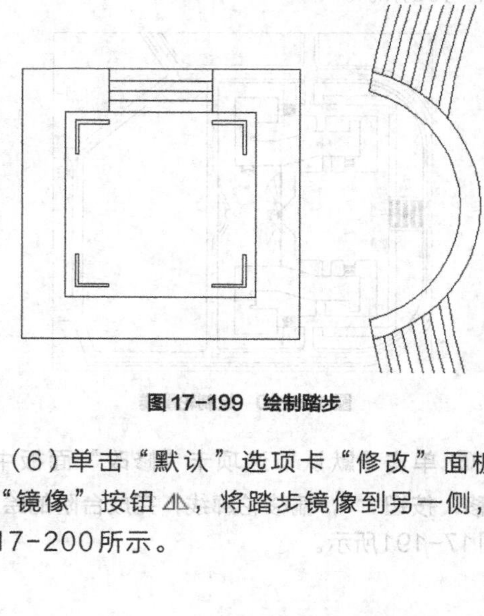

图 17-199　绘制踏步

（6）单击“默认”选项卡“修改”面板中的“镜像”按钮，将踏步镜像到另一侧，如图17-200所示。

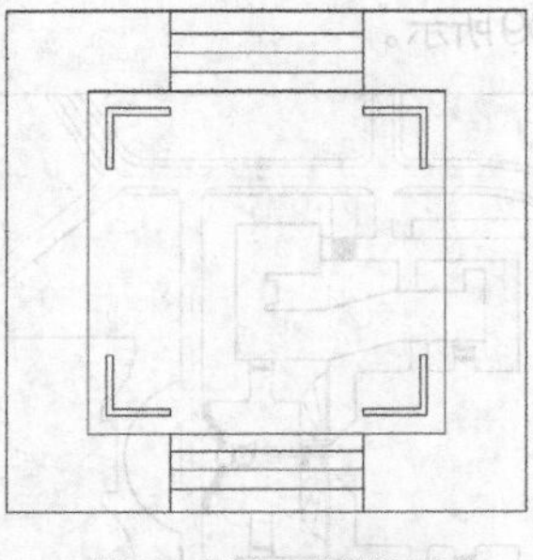

图 17-200 镜像踏步

（7）单击“默认”选项卡“修改”面板中的“复制”按钮和“旋转”按钮，复制踏步并旋转到合适的角度，如图 17-201 所示。

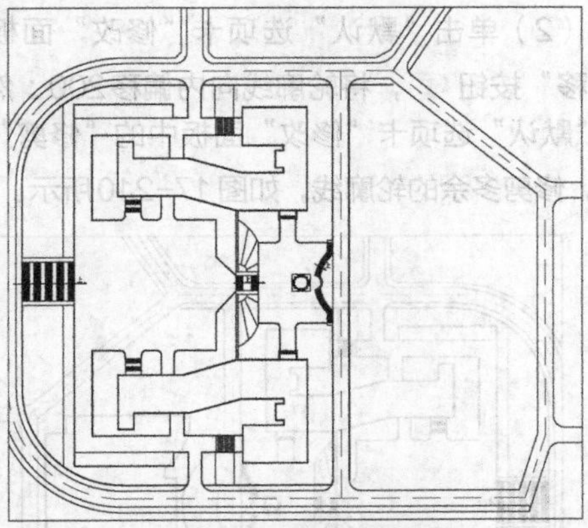

图 17-201 复制并旋转踏步

（8）单击“默认”选项卡“绘图”面板中的“圆”按钮，绘制圆，如图 17-202 所示。

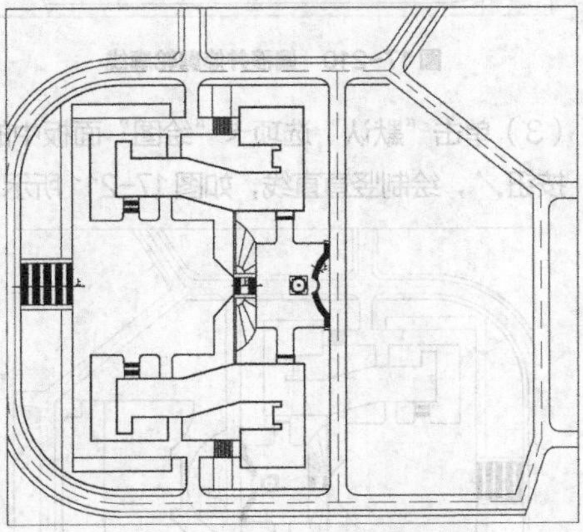

图 17-202 绘制圆

（9）单击“默认”选项卡“修改”面板中的“修剪”按钮，修剪多余的直线，最终完成升旗台的绘制，如图 17-203 所示。

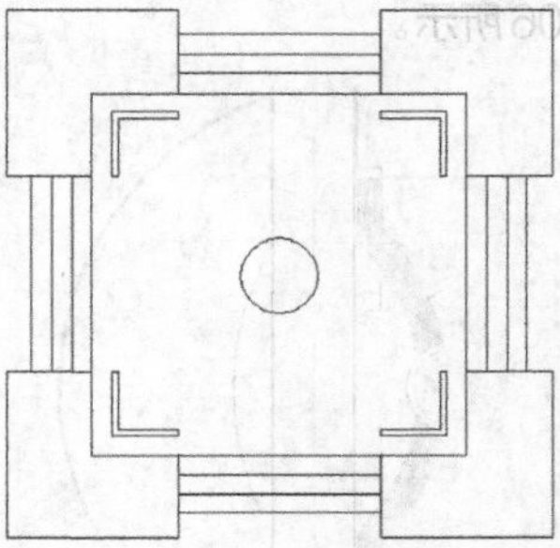

图 17-203 绘制升旗台

4. 绘制园林设施四

（1）单击“默认”选项卡“绘图”面板中的“圆弧”按钮，在图中合适的位置绘制圆弧，如图 17-204 所示。

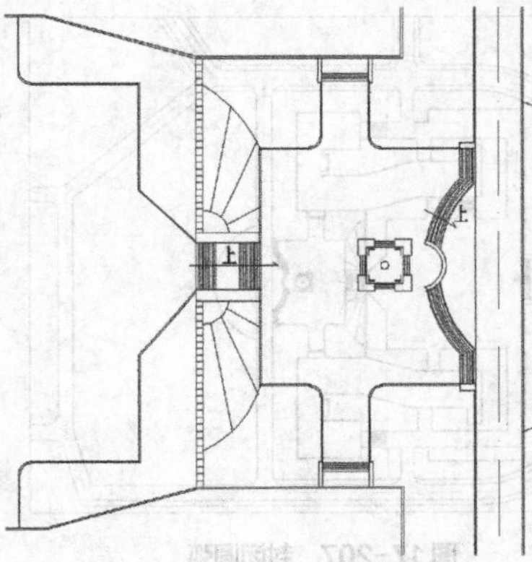

图 17-204 绘制圆弧

（2）单击“默认”选项卡“修改”面板中的“偏移”按钮，将圆弧向外偏移 200，绘制标准花池，如图 17-205 所示。

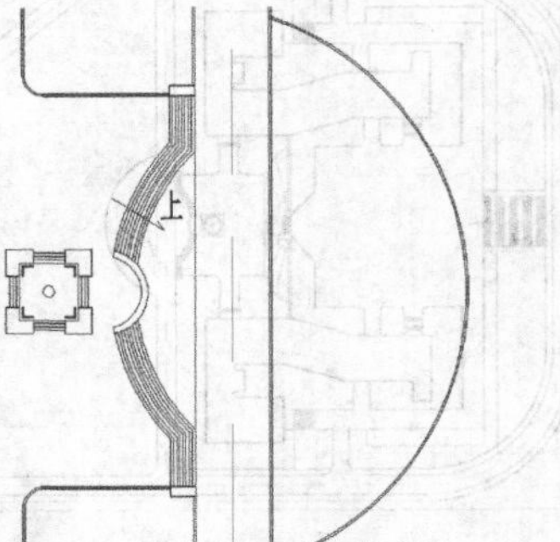

图 17-205 绘制标准花池

（3）单击“默认”选项卡“绘图”面板中的“圆弧”按钮，在图中合适的位置绘制小段圆弧，如图17-206所示。

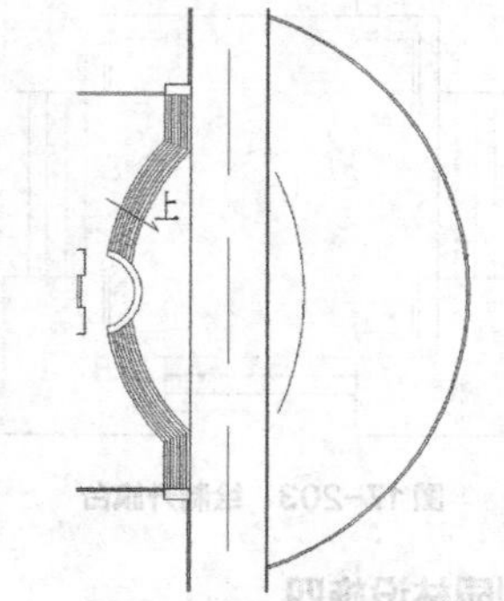

图17-206　绘制小段圆弧

（4）单击“默认”选项卡“绘图”面板中的“直线”按钮，封闭圆弧，如图17-207所示。

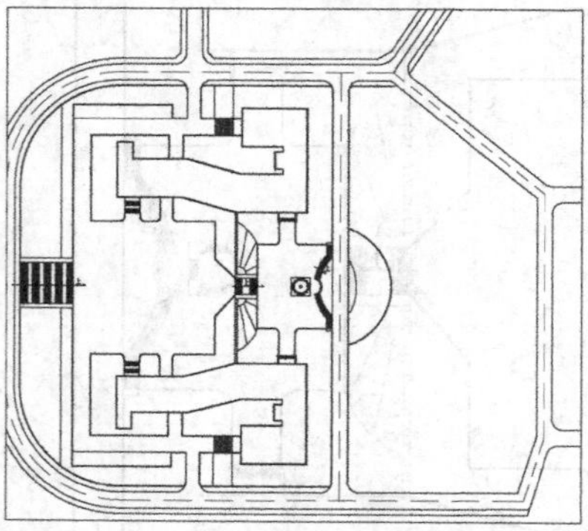

图17-207　封闭圆弧

（5）单击“默认”选项卡“修改”面板中的“修剪”按钮，修剪多余的直线，如图17-208所示。

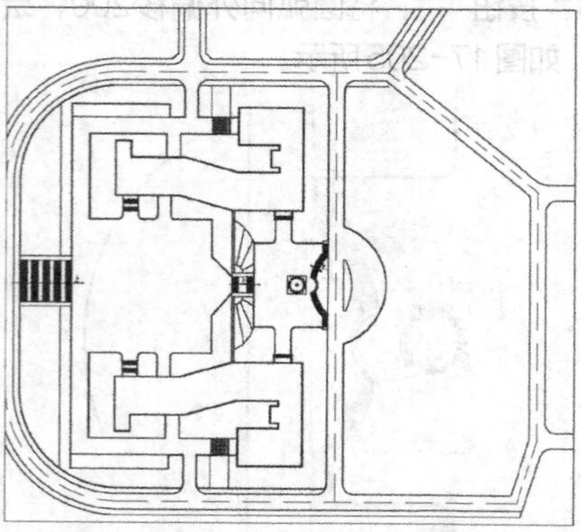

图17-208　修剪多余的直线

5. 绘制园林设施五

（1）单击“默认”选项卡“绘图”面板中的“直线”按钮和“圆弧”按钮，绘制轮廓线，如图17-209所示。

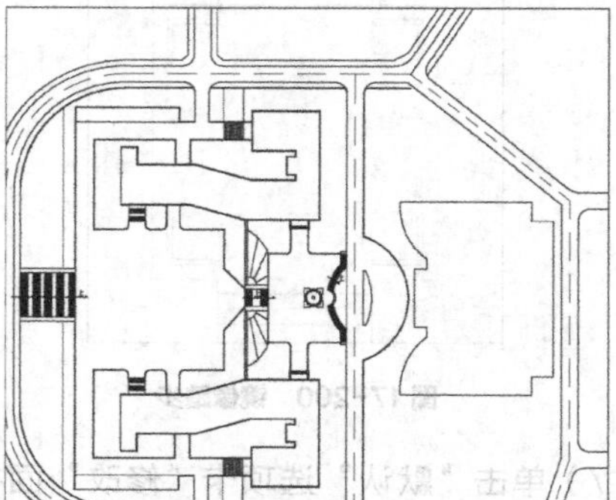

图17-209　绘制轮廓线

（2）单击“默认”选项卡“修改”面板中的“偏移”按钮，将轮廓线向内偏移200；然后单击“默认”选项卡“修改”面板中的“修剪”按钮，修剪多余的轮廓线，如图17-210所示。

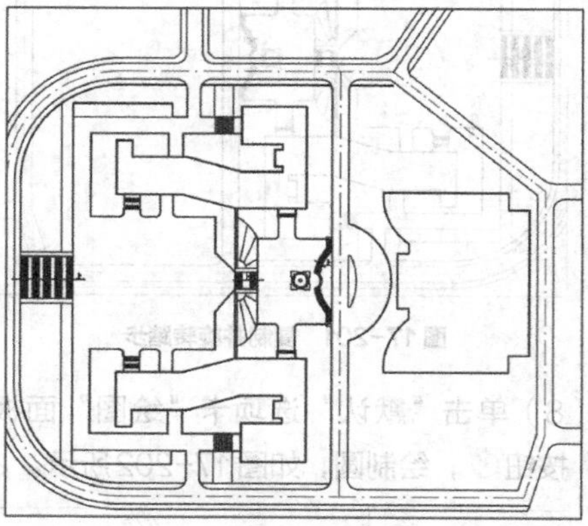

图17-210　偏移并修剪轮廓线

（3）单击“默认”选项卡“绘图”面板中的“直线”按钮，绘制竖直直线，如图17-211所示。

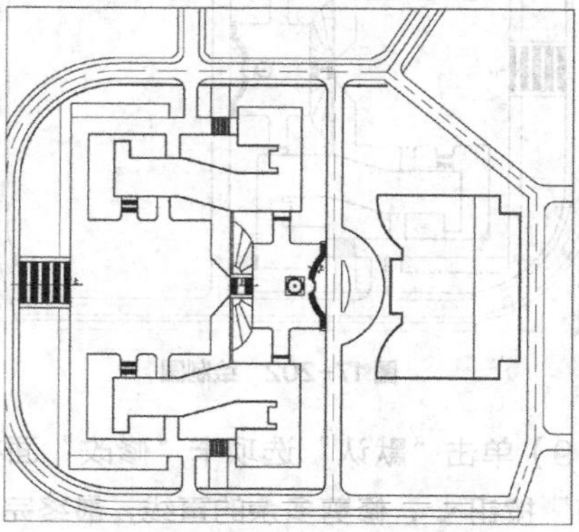

图17-211　绘制竖直直线

（4）单击“默认”选项卡“绘图”面板中的“矩形”按钮，绘制矩形，如图17-212所示。

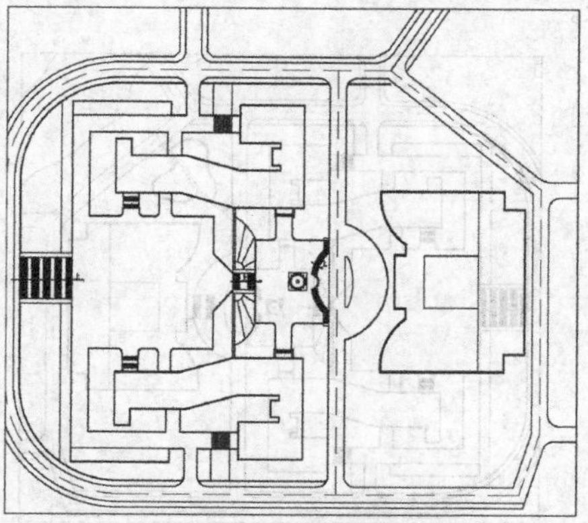

图17-212 绘制矩形

（5）单击“默认”选项卡“绘图”面板中的“直线”按钮和“修改”面板中的“偏移”按钮、“修剪”按钮，绘制台阶，如图17-213所示。

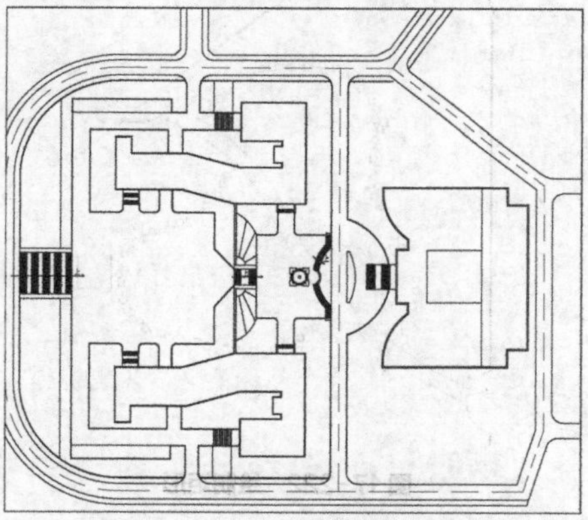

图17-213 绘制台阶

（6）单击“默认”选项卡“绘图”面板中的“直线”按钮和“修改”面板中的“偏移”按钮，绘制道路和花池，如图17-214所示。

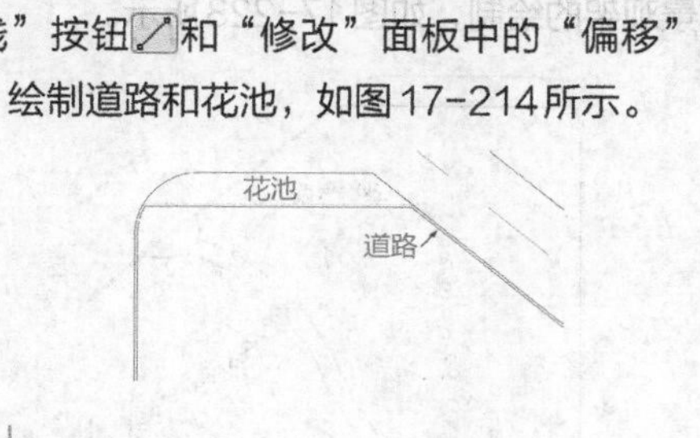

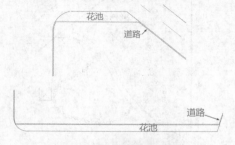

图17-214 绘制道路和花池

6. 绘制园林设施六

（1）单击“默认”选项卡“绘图”面板中的“圆弧”按钮，在图中绘制圆弧，如图17-215所示。

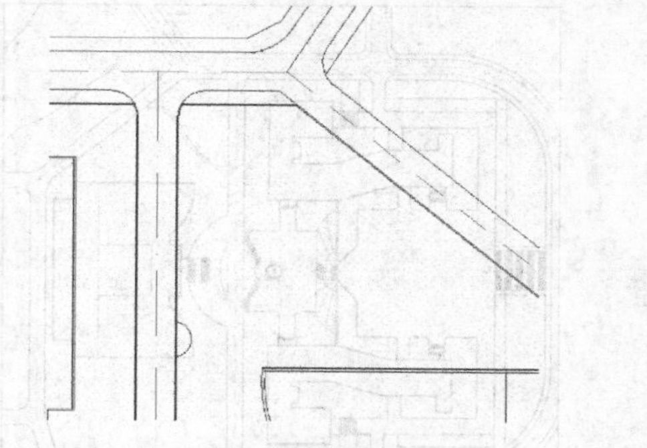

图17-215 绘制圆弧（1）

（2）同理，单击“默认”选项卡“绘图”面板中的“圆弧”按钮，绘制另一段圆弧，如图17-216所示。

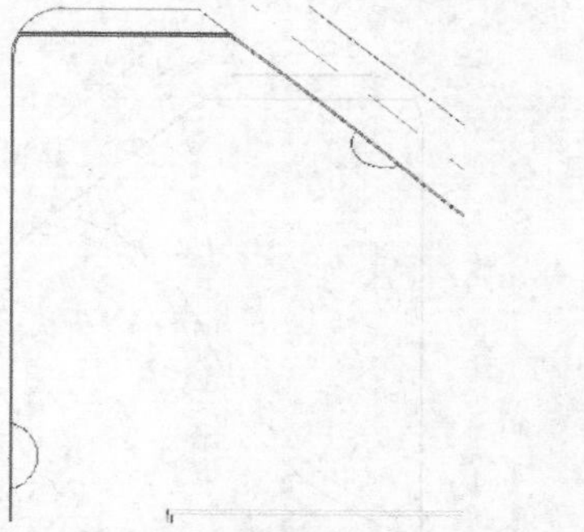

图17-216 绘制圆弧（2）

（3）单击“默认”选项卡“修改”面板中的“修剪”按钮，修剪多余的直线，如图17-217所示。

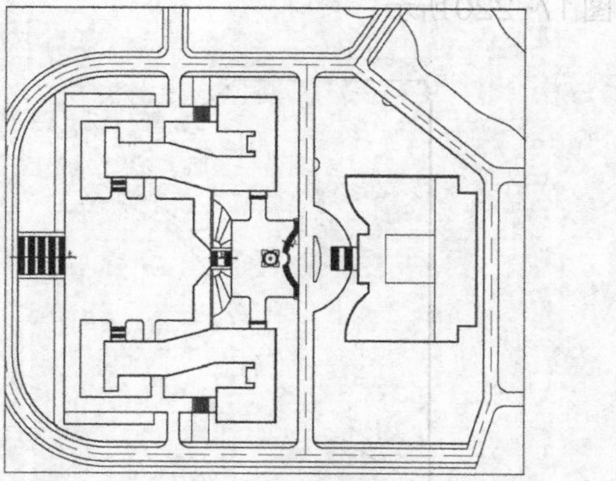

图17-217 修剪多余的直线

（4）单击“默认”选项卡“绘图”面板中的“样条曲线拟合”按钮，绘制地面，如图17-218所示。

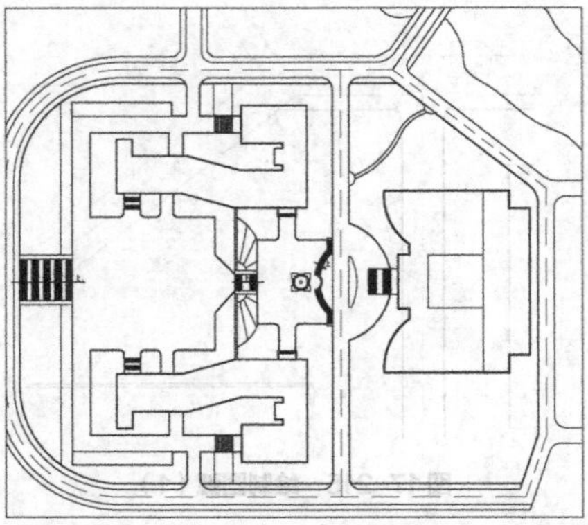

图17-218　绘制地面

（5）单击“默认”选项卡“绘图”面板中的“圆”按钮，绘制圆，如图17-219所示。

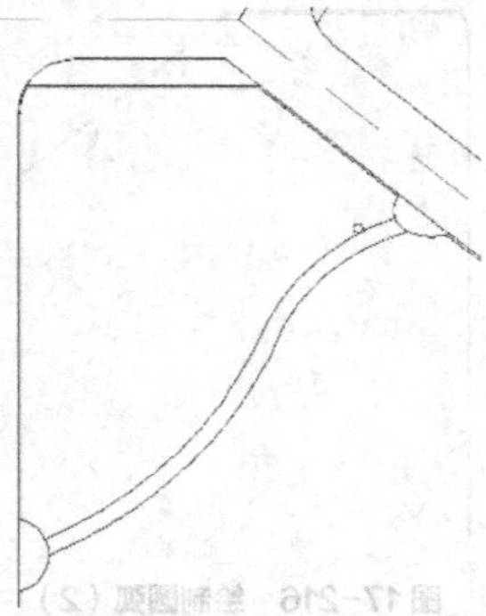

图17-219　绘制圆

（6）单击“默认”选项卡“修改”面板中的“复制”按钮，复制圆，完成汀步的绘制，如图17-220所示。

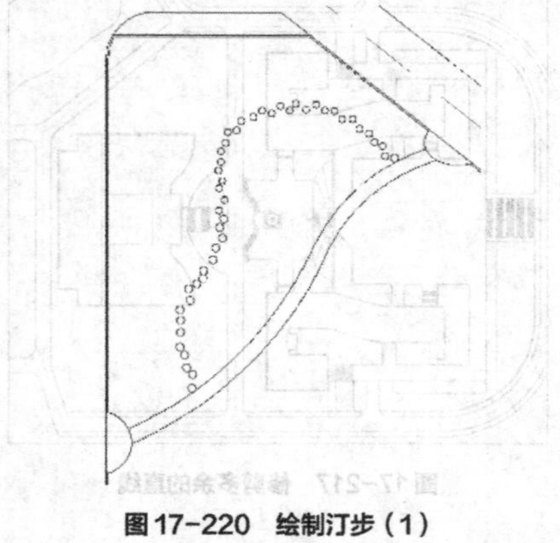

图17-220　绘制汀步（1）

（7）同理，单击“默认”选项卡“绘图”面板中的“圆”按钮，绘制另一侧的汀步，如图17-221所示。

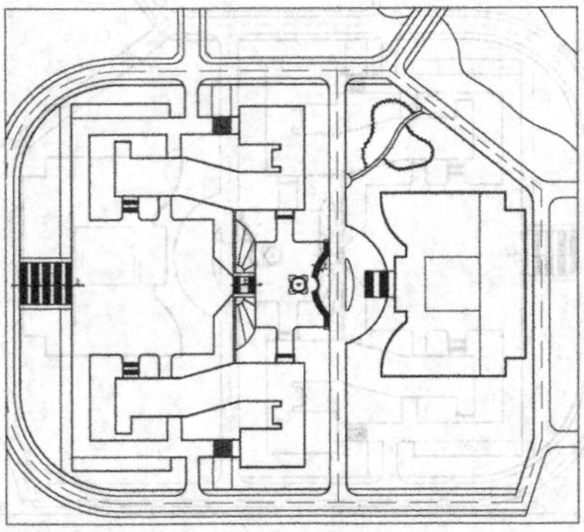

图17-221　绘制汀步（2）

（8）单击“默认”选项卡“绘图”面板中的“矩形”按钮，绘制矩形，如图17-222所示。

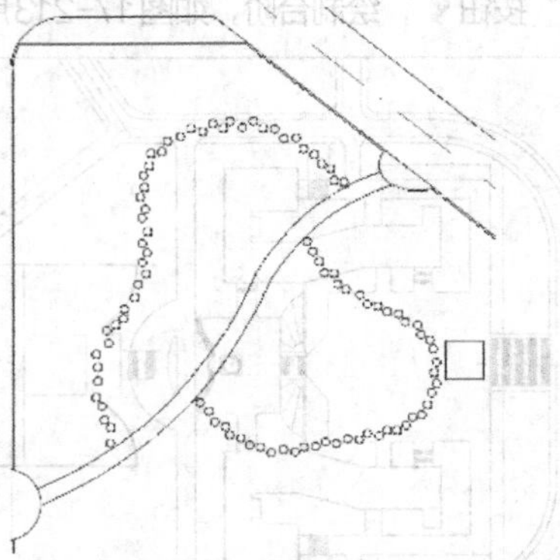

图17-222　绘制矩形

（9）单击“默认”选项卡“绘图”面板中的“直线”按钮，在矩形内绘制两条相交的直线，完成景观架的绘制，如图17-223所示。

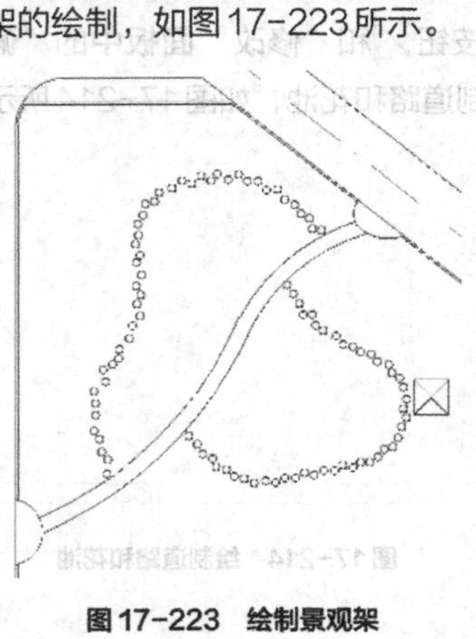

图17-223　绘制景观架

（10）单击“默认”选项卡“绘图”面板中的“圆”按钮和“修剪”按钮，绘制花岗石地面，如图17-224所示。

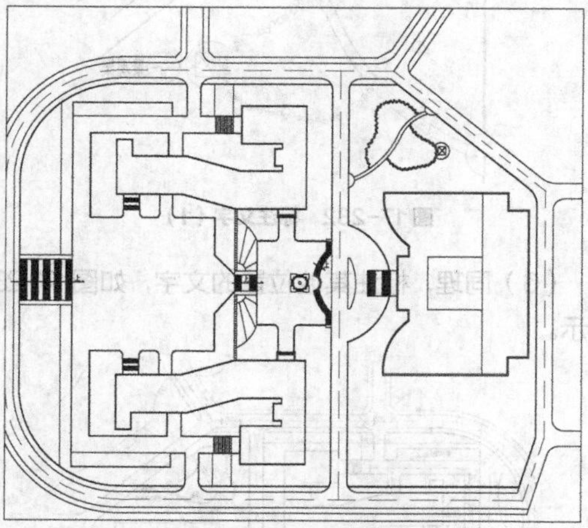

图 17-224 绘制花岗石地面

（11）单击“默认”选项卡“绘图”面板中的“圆弧”按钮和“样条曲线拟合”按钮，绘制剩余图形并删除外框，如图17-225所示。

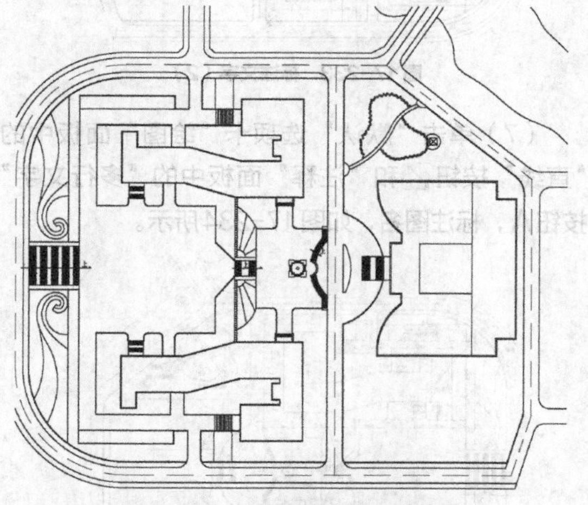

图 17-225 绘制剩余图形并删除外框

17.2.4 标注尺寸

（1）单击“默认”选项卡“注释”面板中的“标注样式”按钮，弹出“标注样式管理器”对话框，如图17-226所示。新建一个标注样式并进行设置，超出尺寸线为1000，起点偏移量为1000，箭头大小为1000，文字高度为1600，精度为0，舍入为100。

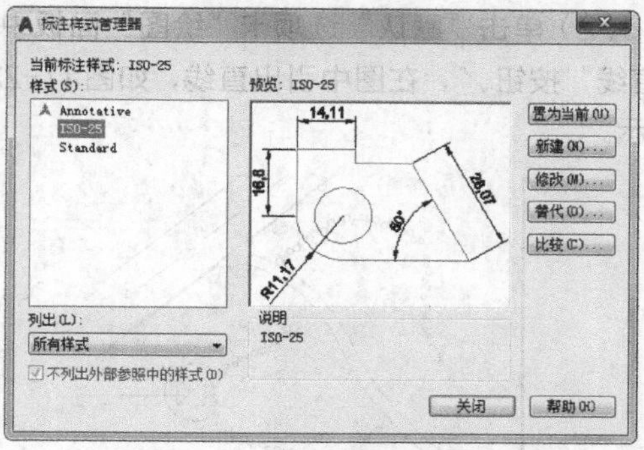

图 17-226 “标注样式管理器”对话框

（2）单击“默认”选项卡“注释”面板中的“线性”按钮和“连续”按钮，为图形标注尺寸，如图17-227所示。

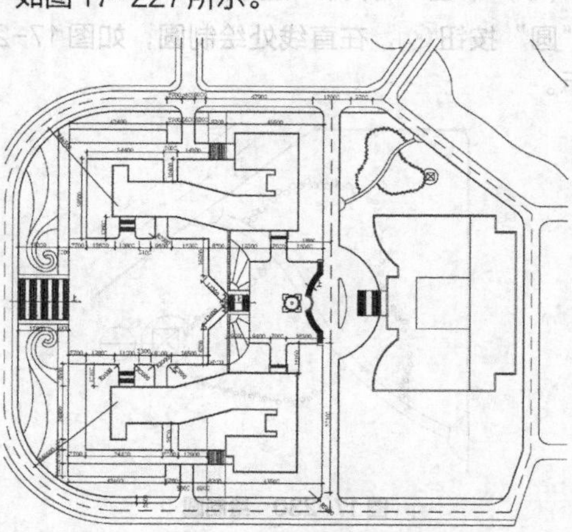

图 17-227 标注尺寸

17.2.5 标注文字

（1）单击“默认”选项卡“注释”面板中的“文字样式”按钮，弹出“文字样式”对话框。将高度设置为“2000.0000”，宽度因子设置为“0.7”，如图17-228所示。

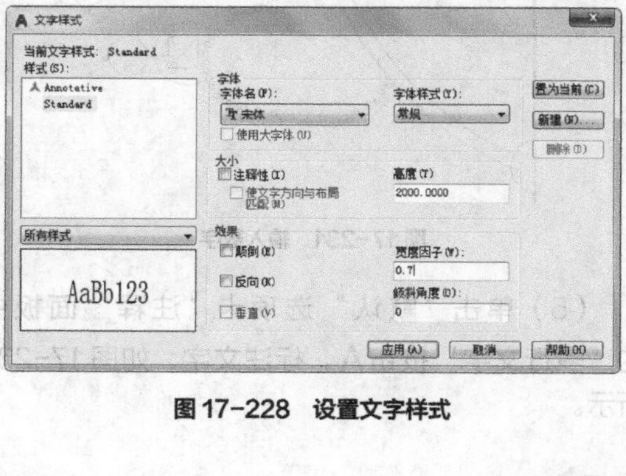

图 17-228 设置文字样式

（2）单击“默认”选项卡“绘图”面板中的“直线”按钮，在图中引出直线，如图17-229所示。

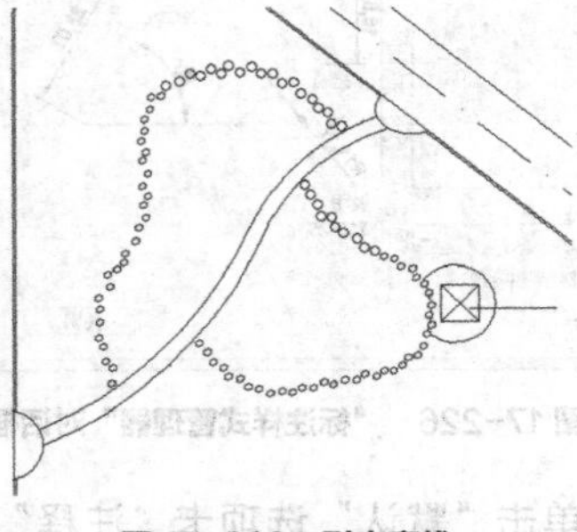

图 17-229 引出直线

（3）单击“默认”选项卡“绘图”面板中的“圆”按钮，在直线处绘制圆，如图17-230所示。

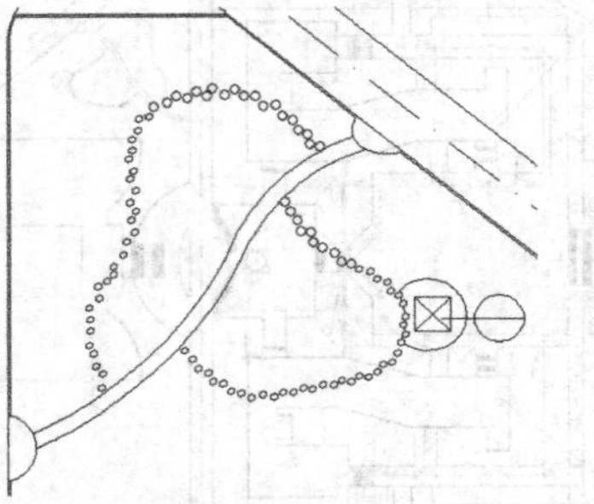

图 17-230 绘制圆

（4）单击“默认”选项卡“注释”面板中的“多行文字”按钮A，在圆内输入数字，完成索引符号的绘制，如图17-231所示。

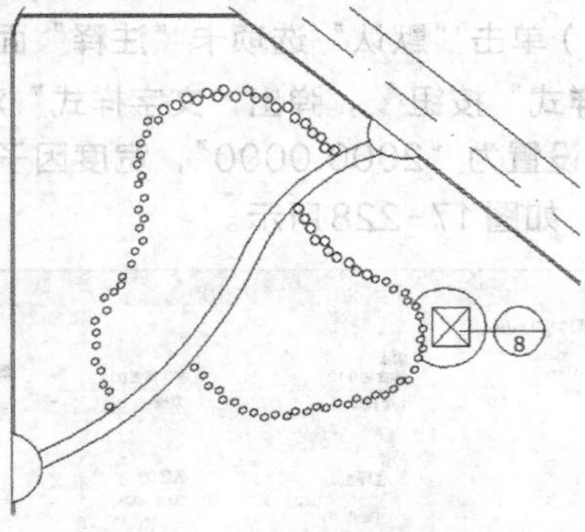

图 17-231 输入数字

（5）单击“默认”选项卡“注释”面板中的“多行文字”按钮A，标注文字，如图17-232所示。

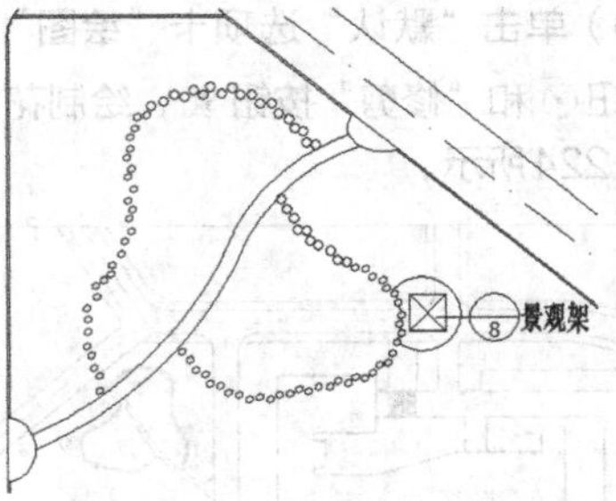

图 17-232 标注文字（1）

（6）同理，标注其他位置的文字，如图17-233所示。

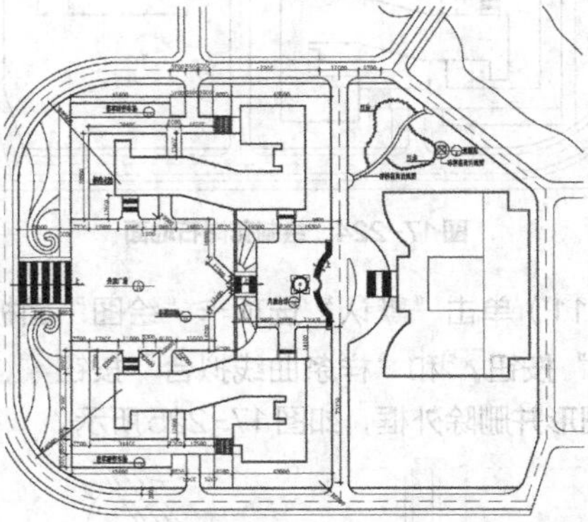

图 17-233 标注文字（2）

（7）单击“默认”选项卡“绘图”面板中的“直线”按钮和“注释”面板中的“多行文字”按钮A，标注图名，如图17-234所示。

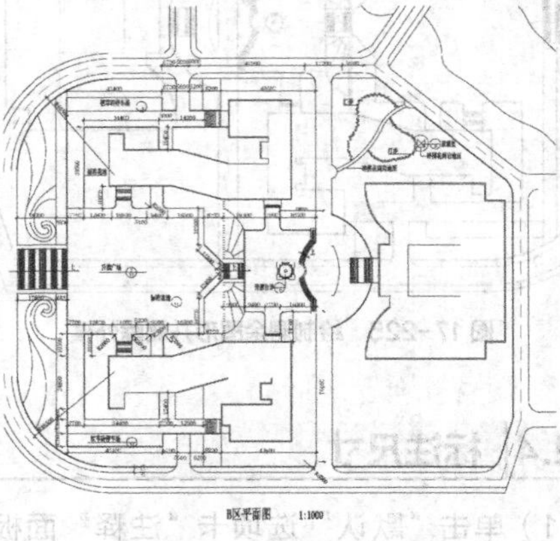

图 17-234 标注图名

（8）单击“默认”选项卡“绘图”面板中的“直线”按钮、“圆”按钮和“注释”面板中的“多行文字”按钮，绘制指北针，最终完成B区平面图的绘制，如图17-106所示。

第 18 章

某学院景观绿化种植图

校园作为学生学习、生活的场所，特定因素和使用主体决定了环境的基本特点。作为总体环境的一部分，校园休闲绿地除需满足基本要求之外，其功能的实效性也值得关注。通过分析不难看出，一般来说对校园休闲绿地的要求无外乎是，能够满足举行以班级为单位的小型聚会、小型活动、交流、读书、休憩等需求。因此，在平面布局设计上应注重分析这些需求，立足实际，以学生为本，创造出满足不同需求的多样空间，真正达到美观、实用的目的。

植物配置常会选用桃和李，意喻“桃李满天下”。本章讲解种植图和苗木表的绘制。

知识点

- 绘制 A 区种植图
- 绘制 B 区种植图
- 绘制苗木表

18.1 绘制 A 区种植图

本节绘制图 18-1 所示的 A 区种植图。

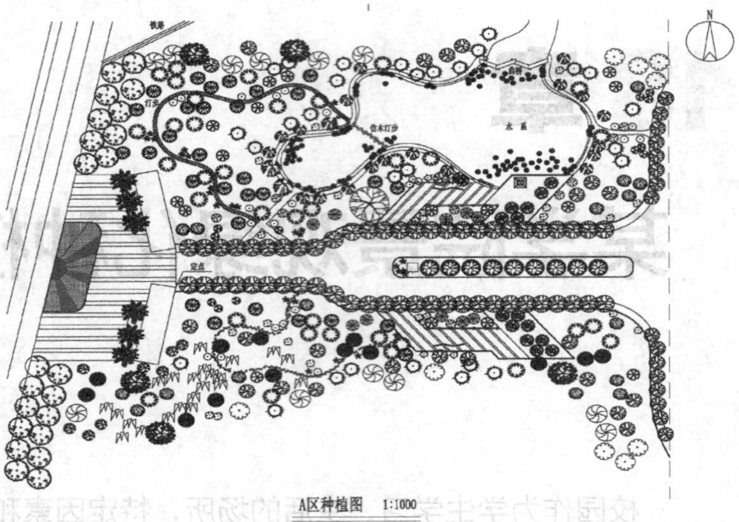

图 18-1 A 区种植图

18.1.1 必要的设置

1. 单位设置

将系统单位设为mm，以1：1的比例绘制。具体操作是，选择菜单栏中的“格式”/“单位”命令，弹出“图形单位”对话框，按图18-2所示进行设置，然后单击“确定”按钮完成。

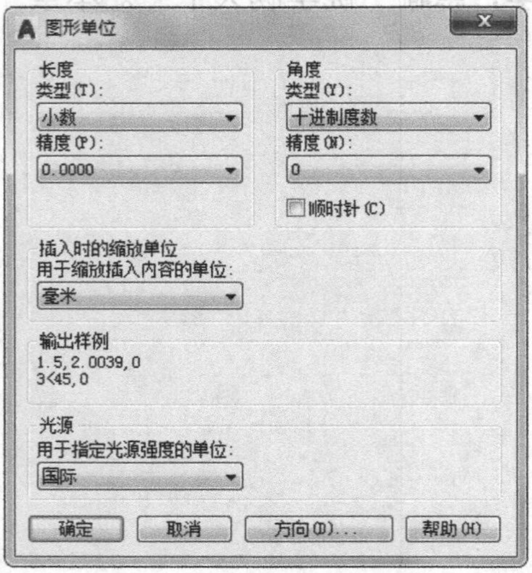

图 18-2 “图形单位”对话框

2. 图形界限设置

AutoCAD 2020默认的图形界限为“420×297”，是A3图幅。但是我们以1：1的比例绘图，将图形界限设为“420000×297000”。命令行提示与操作如下。

```
命令:LIMITS
重新设置模型空间界限:
指定左下角点或 [开(ON)/关(OFF)] <0,0>:
✓
指定右上角点 <420,297>: 420000,297000
✓
```

18.1.2 编辑旧文件

（1）打开AutoCAD 2020应用程序，选择菜单栏中的“文件”/“打开”命令，弹出“选择文件”对话框，选择图形文件“某学院景观绿化A区平面图.dwg”；或在“文件”下拉菜单的最近打开的文档中选择“某学院景观绿化A区平面图.dwg”。双击打开该文件，如图18-3所示，将文件另存为“某学院景观绿化A区种植图.dwg”。

（2）单击“默认”选项卡“修改”面板中的“删除”按钮，删除多余的图形和文字，如图18-4所示。

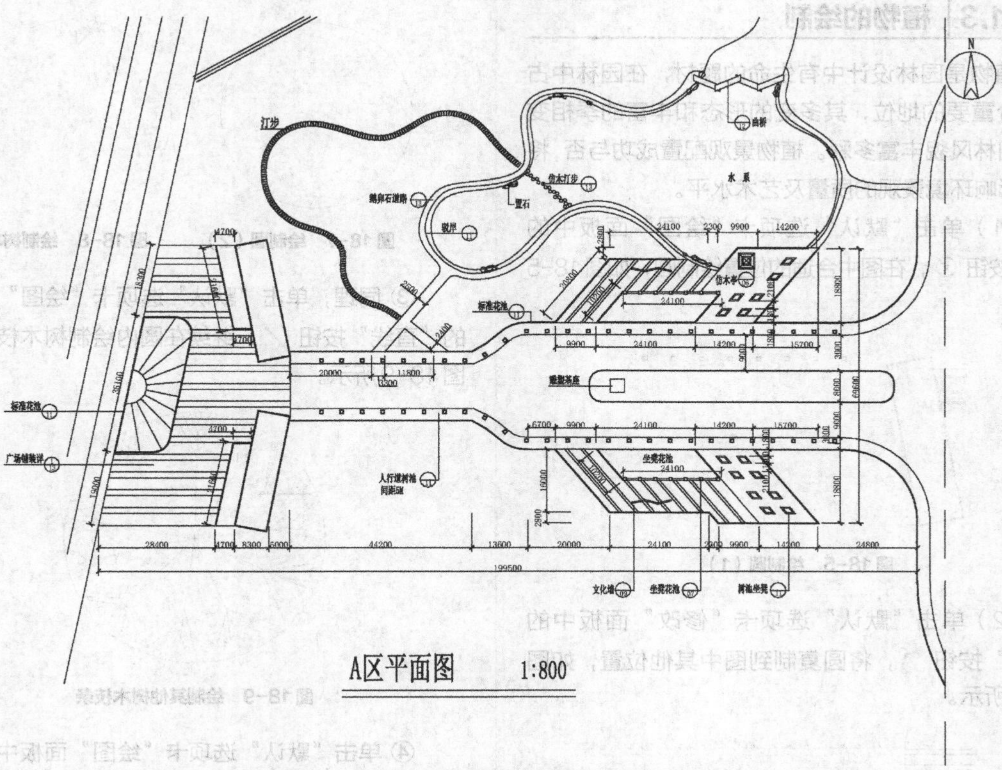

图 18-3 打开“某学院景观绿化 A 区平面图 .dwg”文件

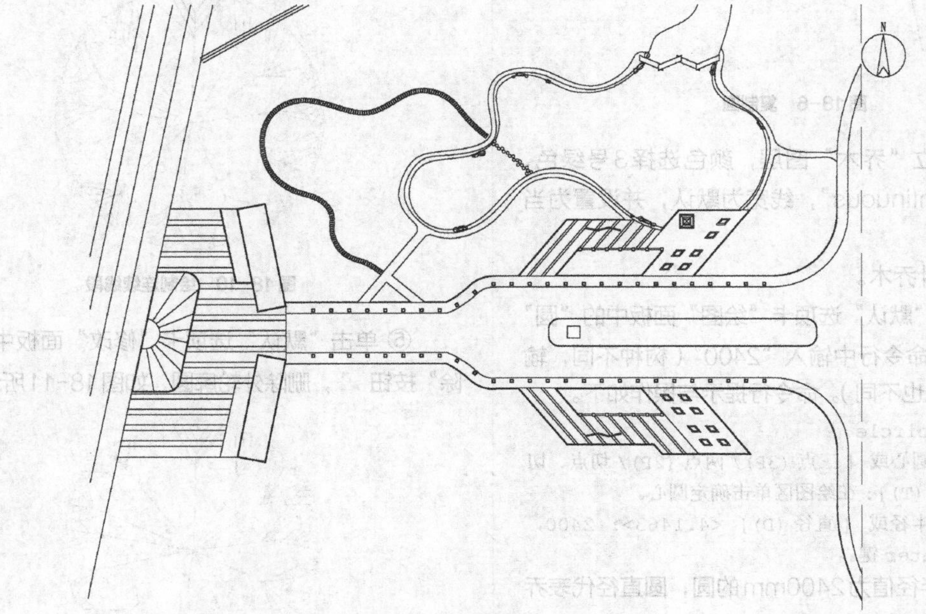

图 18-4 删除多余的图形和文字

18.1.3 植物的绘制

植物是园林设计中有生命的题材，在园林中占有十分重要的地位，其多变的形态和丰富的季相变化使园林风貌丰富多彩。植物景观配置成功与否，将直接影响环境景观的质量及艺术水平。

（1）单击“默认”选项卡“绘图”面板中的“圆”按钮，在图中合适的位置绘制圆，如图18-5所示。

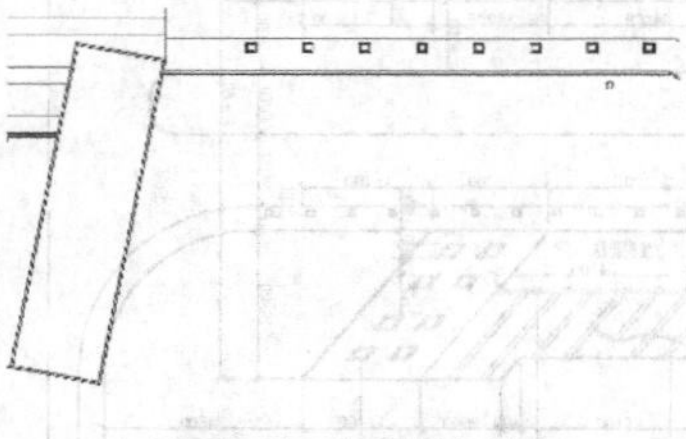

图18-5　绘制圆（1）

（2）单击“默认”选项卡“修改”面板中的“复制”按钮，将圆复制到图中其他位置，如图18-6所示。

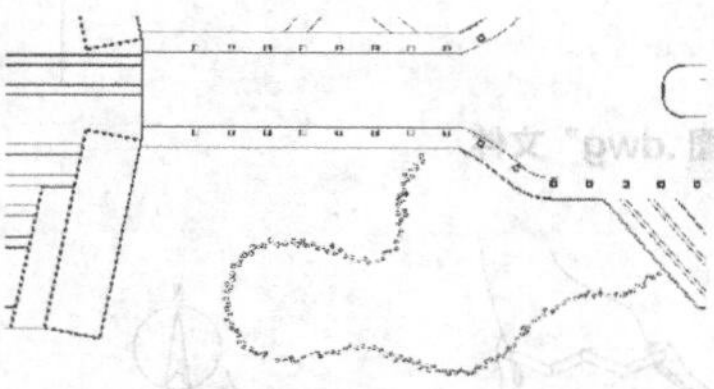

图18-6　复制圆

（3）建立“乔木”图层，颜色选择3号绿色，线型为“Continuous”，线宽为默认，并设置为当前图层。

（4）落叶乔木。

① 单击“默认”选项卡“绘图”面板中的“圆”按钮，在命令行中输入“2400”（树种不同，输入的树冠半径也不同）。命令行提示与操作如下。

```
命令：_circle
指定圆的圆心或 [三点(3P)/两点(2P)/切点、切点、半径(T)]：在绘图区单击确定圆心。
指定圆的半径或 [直径(D)] <4.1463>: 2400，然后按Enter键。
```

绘制一半径值为2400mm的圆，圆直径代表乔木树冠冠幅，如图18-7所示。

② 单击“默认”选项卡“绘图”面板中的“直线”按钮，在圆内绘制直线，直线代表树木的枝条，如图18-8所示。

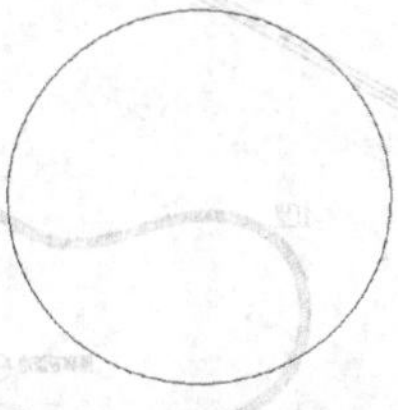

图18-7　绘制圆（2）

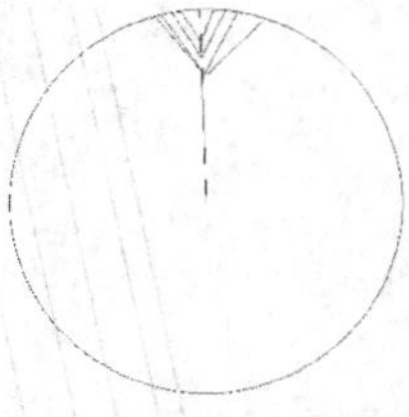

图18-8　绘制树木枝条

③ 同理，单击“默认”选项卡“绘图”面板中的“直线”按钮，继续在圆内绘制树木枝条，如图18-9所示。

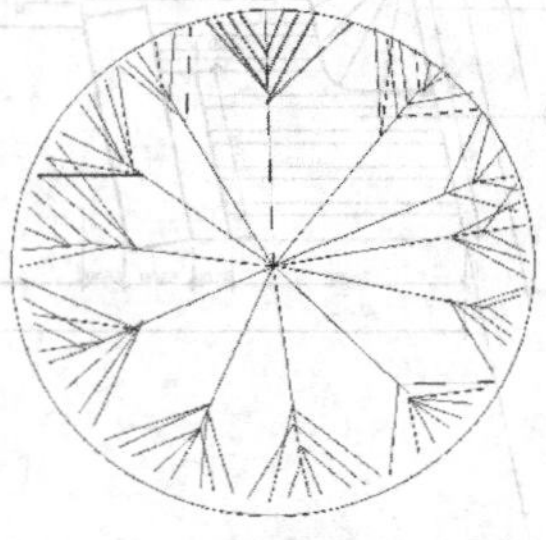

图18-9　绘制其他树木枝条

④ 单击“默认”选项卡“绘图”面板中的“直线”按钮，沿圆绘制连续线段，如图18-10所示。

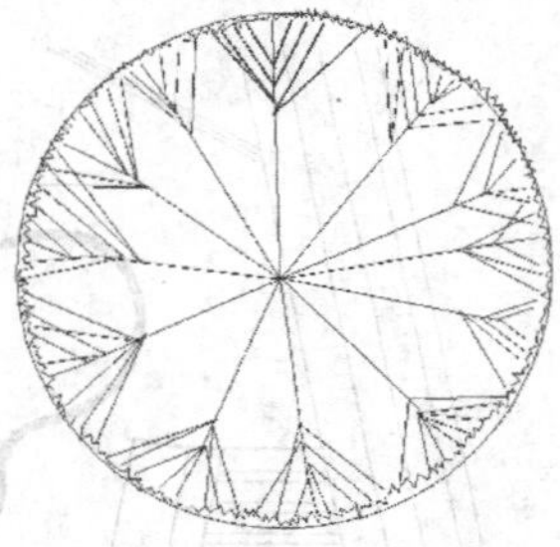

图18-10　绘制连续线段

⑤ 单击“默认”选项卡“修改”面板中的“删除”按钮，删除外轮廓圆，如图18-11所示。

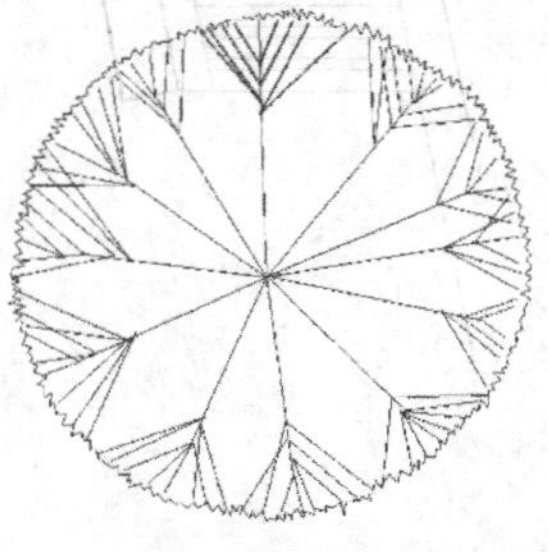

图18-11　删除外轮廓圆

> **注意** 在完成步骤②后，也可将绘制的这几条直线全选，然后进行圆形阵列。但是绘制出来的植物不够自然，不能够准确代表自然界植物的生长状态，因为自然界树木的枝条总是形态各异的。

⑥ 单击“默认”选项卡“块”面板中的“创建”按钮 ，弹出“块定义”对话框，如图 18-12 所示。在“名称”文本框内输入植物名称“李树”，然后单击“选择对象”按钮，选择要创建为块的植物，按Enter键或空格键确定。接着单击“拾取点”按钮，选择植物的中心点，按Enter键或空格键确定，结果如图 18-13 所示。单击“确定”按钮，植物的块就创建好了。

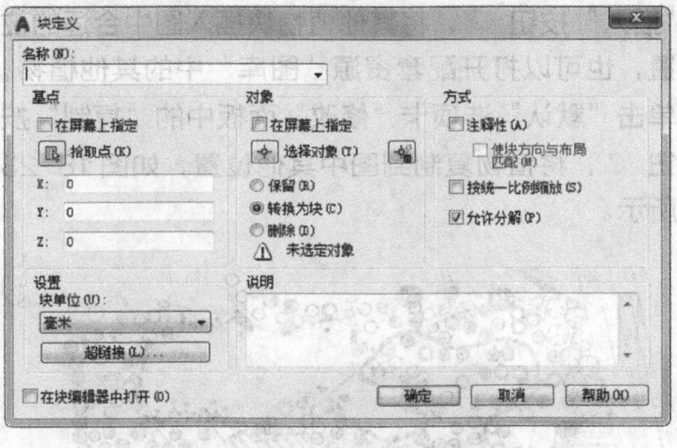

图 18-12 “块定义”对话框

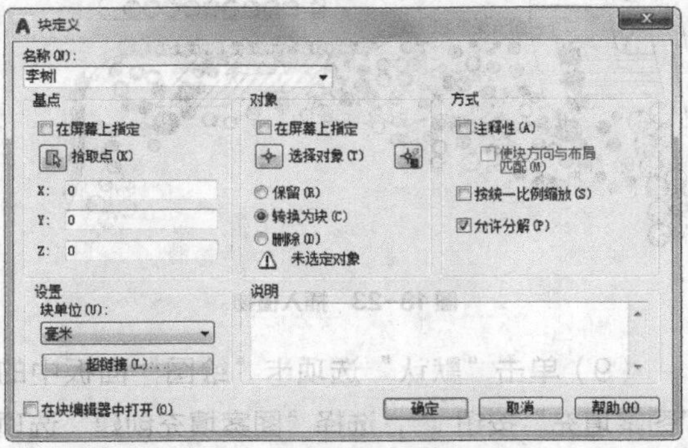

图 18-13 创建块

⑦ 单击“默认”选项卡“块”面板中的“插入”按钮 ，将“李树”图块插入图中合适的位置，如图 18-14 所示。

（5）常绿针叶乔木。

① 单击“默认”选项卡“绘图”面板中的“圆”按钮 ，在命令行中输入“3000”。命令行提示与操作如下。

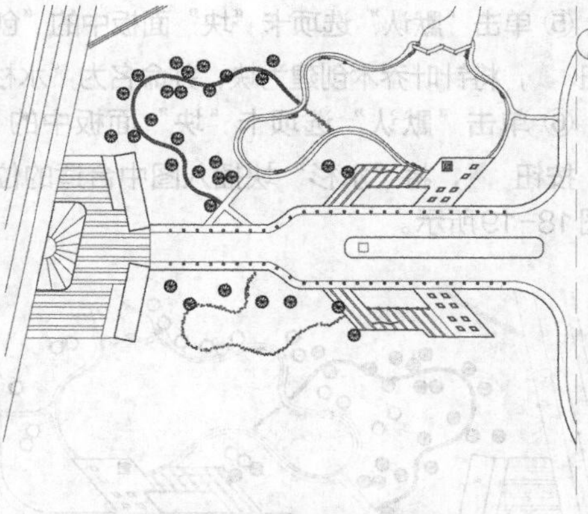

图 18-14 插入“李树”图块

```
命令：_circle
指定圆的圆心或 [三点(3P)/两点(2P)/切点、切点、半径(T)]：在绘图区单击确定圆心。
指定圆的半径或 [直径(D)] <4.1463>:3000，然后按 Enter 键。
```

绘制半径值为 1500mm 的圆，圆代表乔木树冠平面的轮廓，如图 18-15 所示。

② 单击“默认”选项卡“绘图”面板中的“圆”按钮 ，绘制半径值为 100 的小圆，代表乔木的树干，如图 18-16 所示。

图 18-15 绘制圆

图 18-16 绘制小圆

③ 单击“默认”选项卡“绘图”面板中的“直线”按钮 ，在圆内绘制直线，直线代表枝条，如图 18-17 所示。

④ 单击“默认”选项卡“修改”面板中的“删除”按钮 ，删除外轮廓圆，如图 18-18 所示。

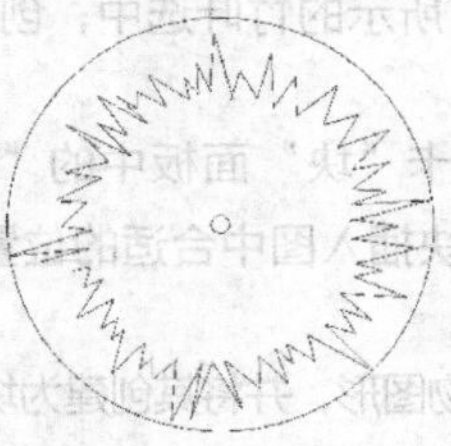

图 18-17 绘制枝条

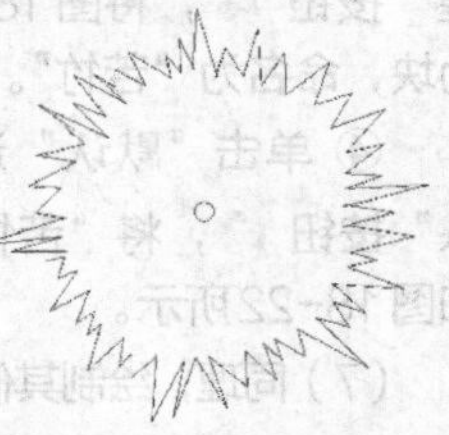

图 18-18 删除外轮廓圆

⑤ 单击“默认”选项卡“块”面板中的“创建”按钮，将针叶乔木创建为块，并命名为“水杉”。

⑥ 单击“默认”选项卡“块”面板中的“插入”按钮，将“水杉”块插入图中合适的位置，如图18-19所示。

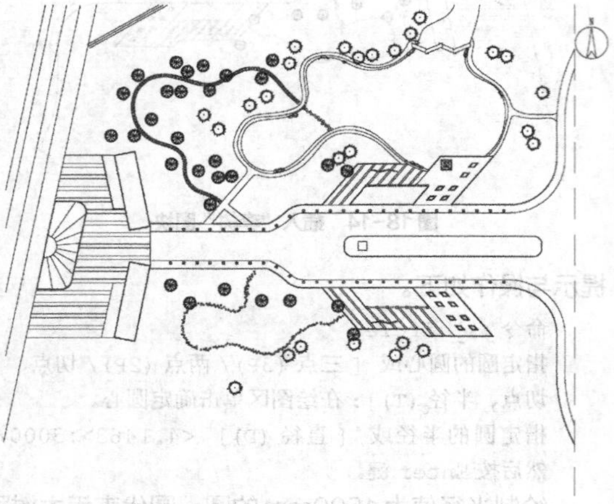

图18-19 插入“水杉”块

（6）竹叶的绘制。

① 单击“默认”选项卡“绘图”面板中的“多段线”按钮，绘制单片竹叶，如图18-20所示。

② 单击“默认”选项卡“修改”面板中的“复制”按钮，对竹叶进行复制，然后单击“默认”选项卡“修改”面板中的“旋转”按钮，将其旋转至合适角度，如图18-21所示。

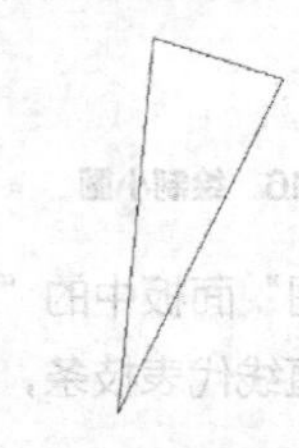

图18-20 绘制单片竹叶

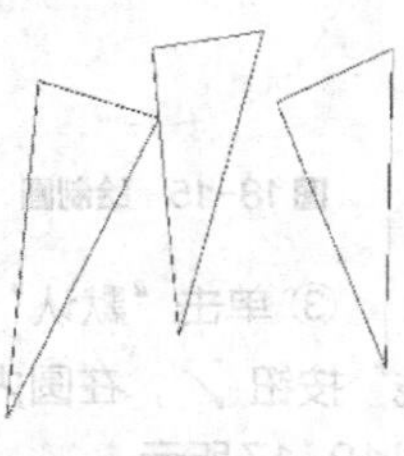

图18-21 复制和旋转竹叶

③ 单击“默认”选项卡“块”面板中的“创建”按钮，将图18-21所示的竹叶选中，创建为块，命名为“苦竹”。

④ 单击“默认”选项卡“块”面板中的“插入”按钮，将“苦竹”块插入图中合适的位置，如图18-22所示。

（7）同理，绘制其他植物图形，并将其创建为块。

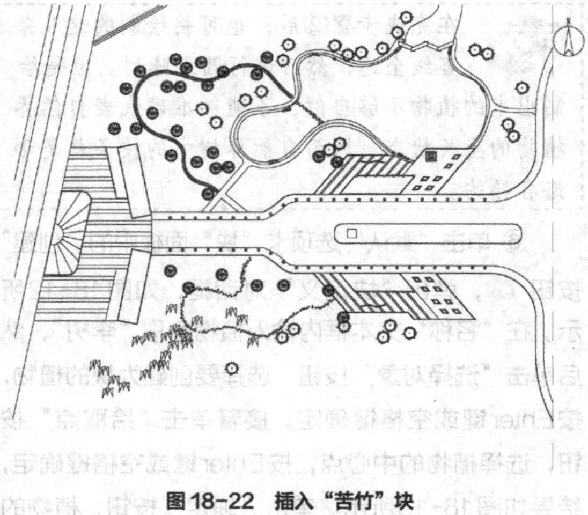

图18-22 插入“苦竹”块

（8）单击“默认”选项卡“块”面板中的“插入”按钮，将其他植物块插入图中合适的位置，也可以打开配套资源“图库”中的其他植物，单击“默认”选项卡“修改”面板中的“复制”按钮，将植物复制到图中其他位置，如图18-23所示。

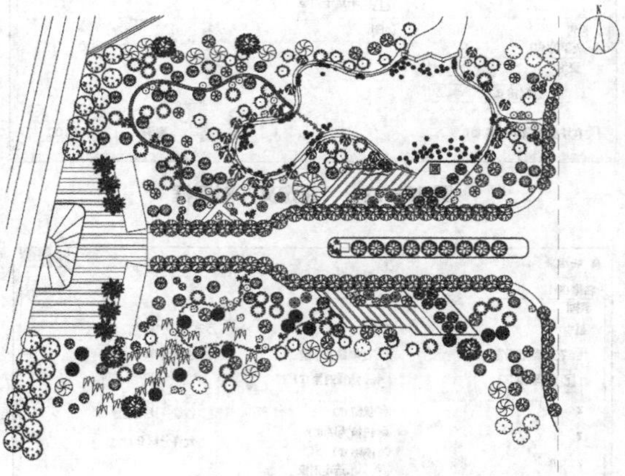

图18-23 插入植物

（9）单击“默认”选项卡“绘图”面板中的“图案填充”按钮，选择“图案填充创建”选项卡，选择“GOST_GLASS”图案，如图18-24所示。填充圆弧区域，如图18-25所示。

（10）同理，单击“默认”选项卡“绘图”面板中的“图案填充”按钮，分别选择“CORK”图案、“HOUND”图案和“STARS”图案，填充剩余图形，如图18-26所示。

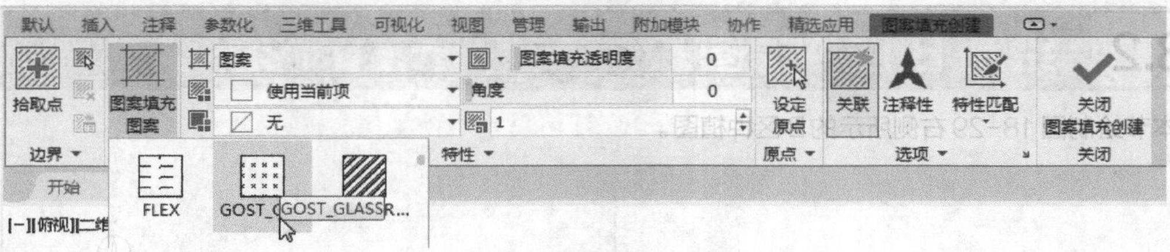

图 18-24 “图案填充创建”选项卡

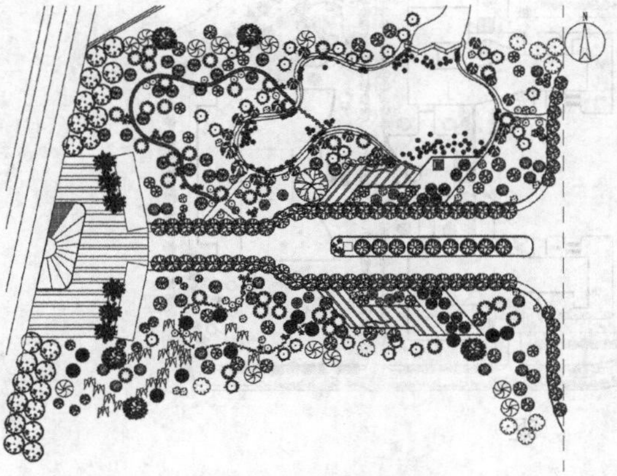

图 18-25 填充圆弧区域

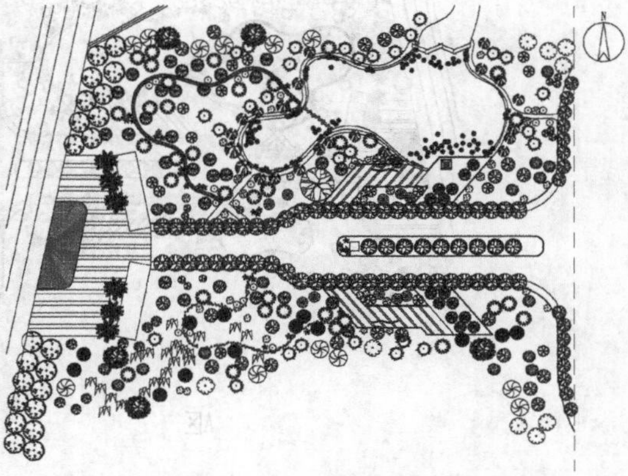

图 18-26 填充剩余图形

18.1.4 标注文字

（1）单击“默认”选项卡“注释”面板中的“文字样式”按钮 A，弹出“文字样式”对话框。单击“新建”按钮，弹出“新建文字样式”对话框，创建一个新的文字样式。然后设置字体为“宋体”，高度为“2000.0000”，宽度因子为“0.7”，如图 18-27 所示。

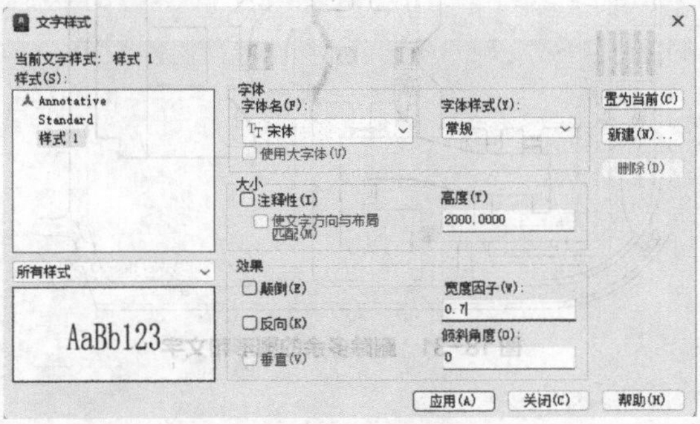

图 18-27 设置文字样式

（2）单击“默认”选项卡“注释”面板中的“多行文字”按钮 A，为图形标注文字，如图 18-28 所示。

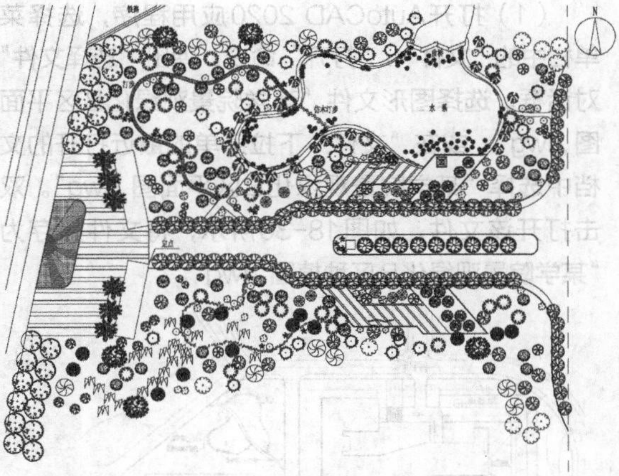

图 18-28 标注文字

（3）单击“默认”选项卡“绘图”面板中的“直线”按钮 和“注释”面板中的“多行文字”按钮 A，标注图名，如图 18-1 所示。

18.2 绘制 B 区种植图

本节绘制图 18-29 右侧所示的 B 区种植图。

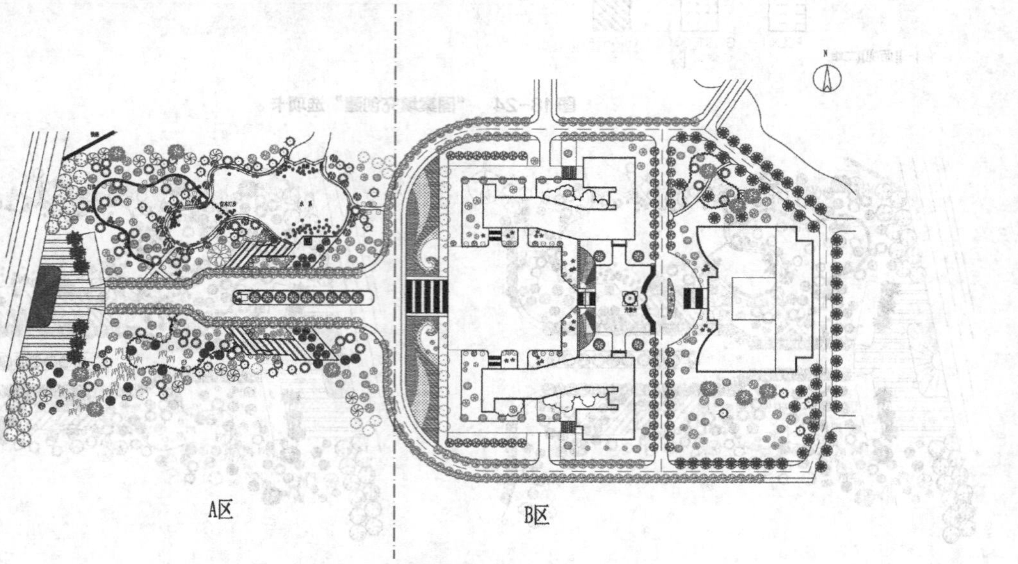

图 18-29　某学院景观绿化种植图

18.2.1 编辑旧文件

（1）打开AutoCAD 2020应用程序，选择菜单栏中的“文件”/“打开”命令，弹出“选择文件”对话框。选择图形文件“某学院景观绿化B区平面图.dwg”；或在“文件”下拉菜单的最近打开的文档中选择“某学院景观绿化B区平面图.dwg”。双击打开该文件，如图18-30所示，将文件另存为“某学院景观绿化B区种植图.dwg”。

图 18-30　打开“某学院景观绿化 B 区平面图 .dwg”文件

（2）单击“默认”选项卡“修改”面板中的“删除”按钮 ，删除多余的图形和文字，如图18-31所示。

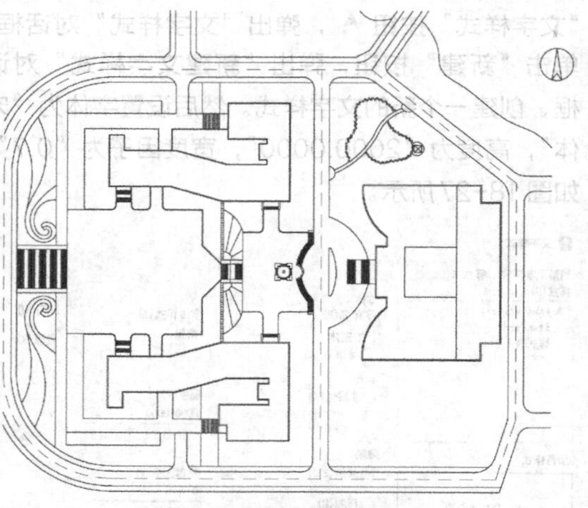

图 18-31　删除多余的图形和文字

18.2.2 植物的绘制

（1）单击“默认”选项卡“绘图”面板中的“圆弧”按钮 ，在图中绘制多段圆弧，如图18-32所示。

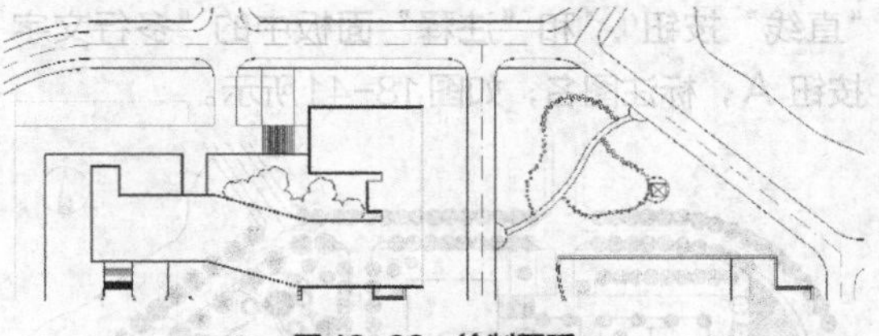

图 18-32 绘制圆弧

（2）单击“默认”选项卡“绘图”面板中的“图案填充”按钮 ，选择“图案填充创建”选项卡，选择“ZIGZAG”图案，如图 18-33 所示。填充圆弧区域，如图 18-34 所示。

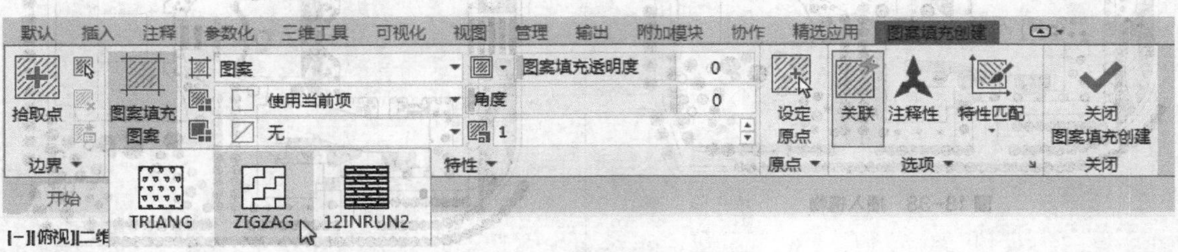

图 18-33 “图案填充创建”选项卡

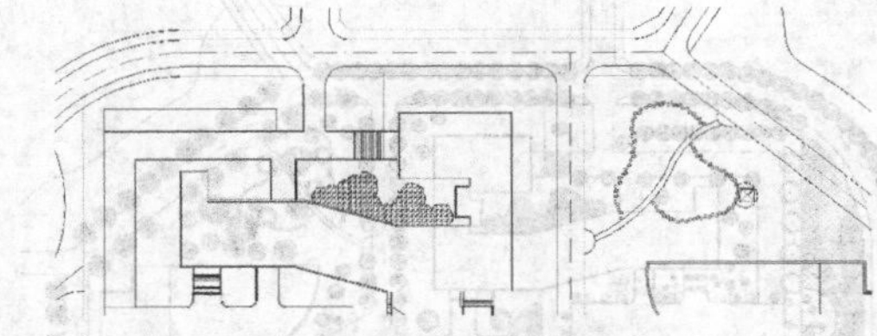

图 18-34 填充圆弧区域（1）

（3）同理，单击“默认”选项卡“绘图”面板中的“圆弧”按钮 ，绘制另一侧的圆弧，如图 18-35 所示。

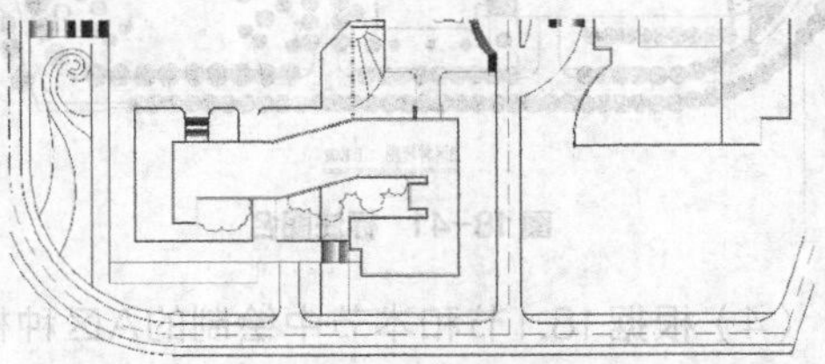

图 18-35 绘制另一侧的圆弧

（4）单击“默认”选项卡“绘图”面板中的“图案填充”按钮 ，填充圆弧区域，如图 18-36 所示。

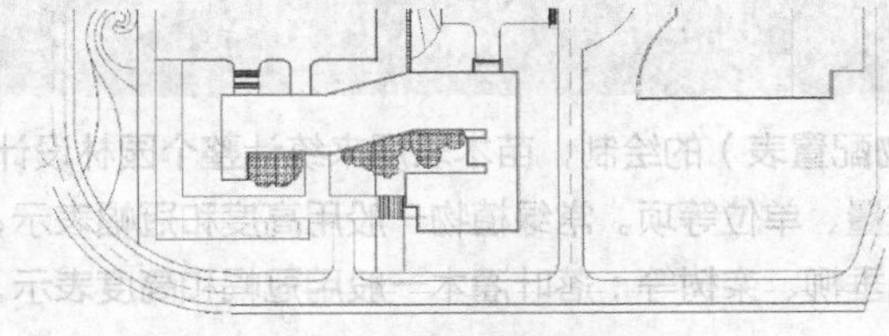

图 18-36 填充圆弧区域（2）

（5）同理，单击“默认”选项卡“绘图”面板中的“图案填充”按钮 ，分别选择“CORK”图案、“GOST_GLASS” 图 案、“HOUND” 图 案和“STARS”图案等，填充其他图形，如图 18-37 所示。

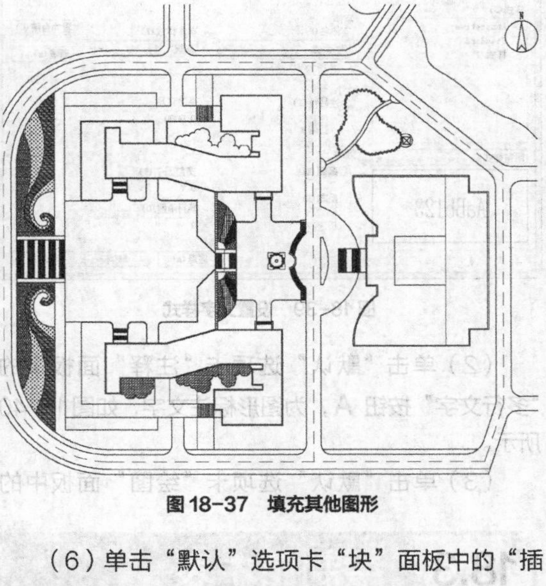

图 18-37 填充其他图形

（6）单击“默认”选项卡“块”面板中的“插入”按钮 ，将植物块插入图中合适的位置；或打开配套资源“图库”中的植物，单击“默认”选项卡“修改”面板中的“复制”按钮 ，将植物复制到图中合适的位置，如图 18-38 所示。

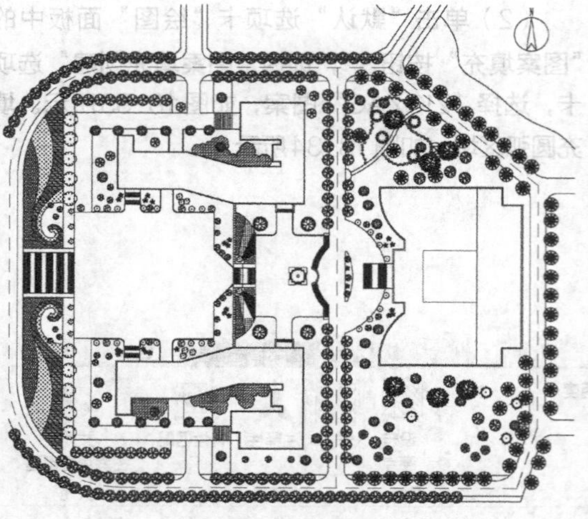

图 18-38　插入植物

18.2.3 标注文字

（1）单击“默认”选项卡“注释”面板中的“文字样式”按钮 A，弹出“文字样式”对话框。创建一个新的文字样式，并进行设置，如图18-39所示。

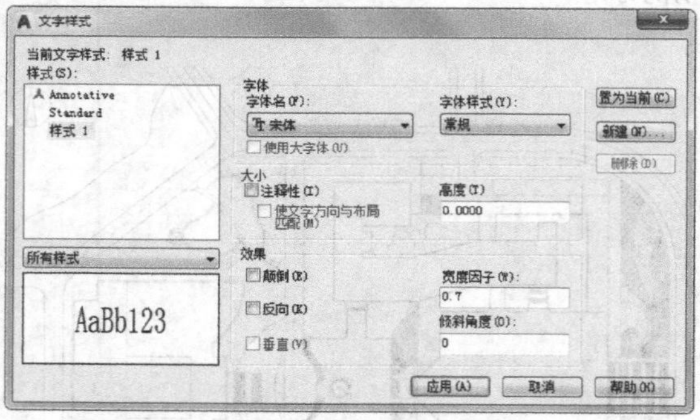

图 18-39　设置文字样式

（2）单击“默认”选项卡“注释”面板中的“多行文字”按钮 A，为图形标注文字，如图18-40所示。

（3）单击“默认”选项卡“绘图”面板中的“直线”按钮 ╱ 和“注释”面板中的“多行文字”按钮 A，标注图名，如图18-41所示。

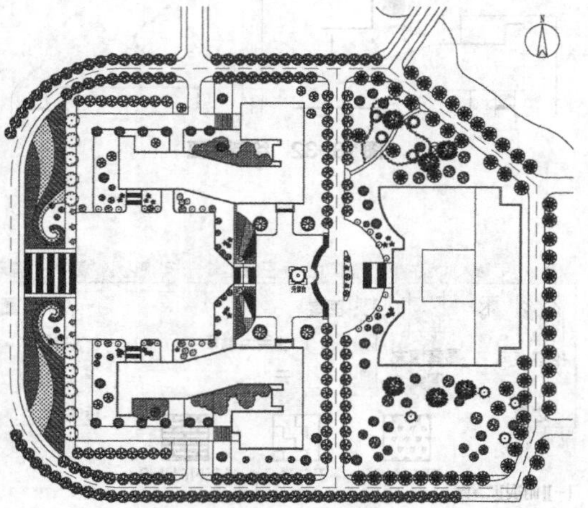

图 18-40　标注文字

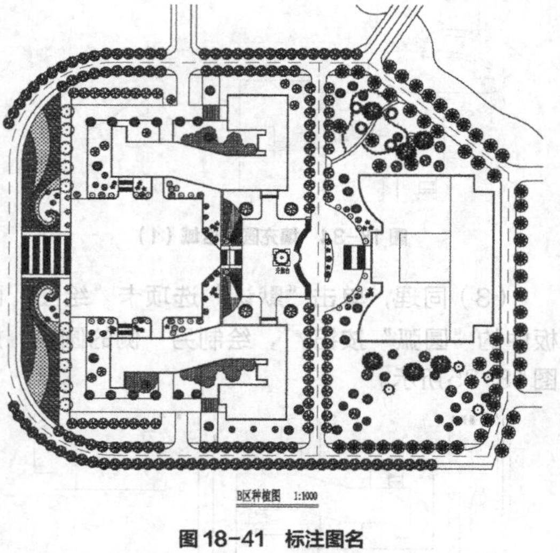

图 18-41　标注图名

（4）根据18.1节和本节中绘制的A区种植图和B区种植图，单击“默认”选项卡“修改”面板中的“移动”按钮 ✥，调整图形的位置，并进行整理。这里不赘述，最终完成某学院景观绿化种植图的绘制，如图18-29所示。

18.3 绘制苗木表

在园林设计中植物配置完成之后，要进行苗木表（植物配置表）的绘制，苗木表用来统计整个园林设计中植物的基本情况，主要包括序号、图例、树种、规格、数量、单位等项。常绿植物一般用高度和冠幅表示，如雪松、大叶黄杨等；落叶乔木一般用胸径和冠幅表示，如垂柳、栾树等；落叶灌木一般用冠幅和高度表示，如金银木、连翘等。绘制图18-42所示的苗木表。

苗木表

序号	图例	树种	规格/cm	数量	单位	备注
1		香樟	ø28~30	20	株	
2		香樟	ø14~16	34	株	
3		香樟	ø8~10	40	株	
4		银杏	ø8~10	0	株	
5		白玉兰	ø5~7	16	株	
6		雪松	H500	9	株	
7		李树	ø8~10	30	株	
8		碧桃	ø6~8	35	株	
9		女贞	ø10~12	21	株	
10		杜英	ø8~10	0	株	
11		桂花	ø8~10	16	株	
12		水杉	ø7~9	29	株	
13		全缘栾树	ø8~10	5	株	
14		榉树	ø12~15	14	株	
15		樱花	ø6~8	10	株	
16		垂柳	ø6~8	24	株	
17		红枫	ø6~8 H150	9	株	
18		乌柏	ø7~9	12	株	
19		广玉兰	ø8~10	9	株	
20		山茶	H150	23	株	
21		红叶李	ø4~6	11	株	
22		龙爪槐	ø5~7	0	株	
23		苦竹	2-3杆/丛 ø3	50	丛	
24		华棕	H350	6	株	
25		荷花	3-5芽/丛	100	丛	
26		罗汉松	ø6~8	4	株	
27		腊梅	H200	8	株	
28		黑松	ø8~10	16	株	
29		含笑	W100	23	株	
30		苏铁	ø20 H50	26	株	
31		菖蒲	3-5芽/丛	50	丛	
32		红花继木	H35 W20	124	m^2	
33		金叶女贞	H35 W20	102	m^2	
34		月桂	H35 W20	162	m^2	
35		四季草花		20	m^2	
36		八角金盘	H35 W20	0	m^2	
37		马尼拉草	满铺	12000	m^2	

图 18-42 绘制苗木表

（1）单击“默认”选项卡“绘图”面板中的“矩形”按钮，在图中绘制一个“171000×89300”的矩形，如图18-43所示。

（2）单击“默认”选项卡“修改”面板中的“分解”按钮，将矩形分解。

（3）单击“默认”选项卡“修改”面板中的“偏移”按钮，将最上侧水平直线依次向下偏移，偏移距离为4500，偏移37次，如图18-44所示。

（4）同理，单击“默认”选项卡“修改”面板中的“偏移”按钮，将左侧竖直直线依次向右偏移，偏移量为6800、7500、15000、25500、10800、8900和14800，如图18-45所示。

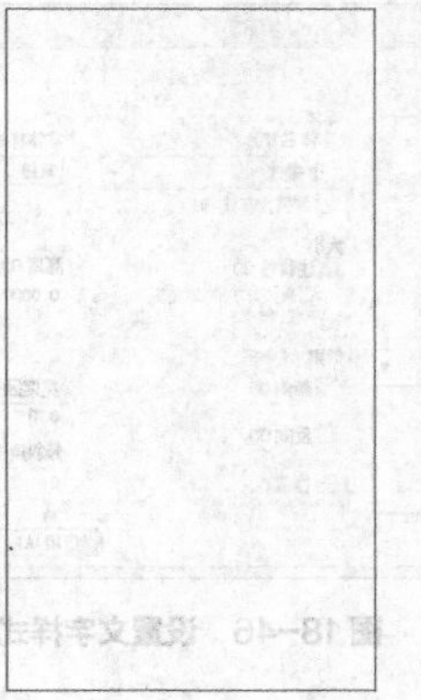

图 18-43 绘制矩形

图 18-44 偏移水平直线

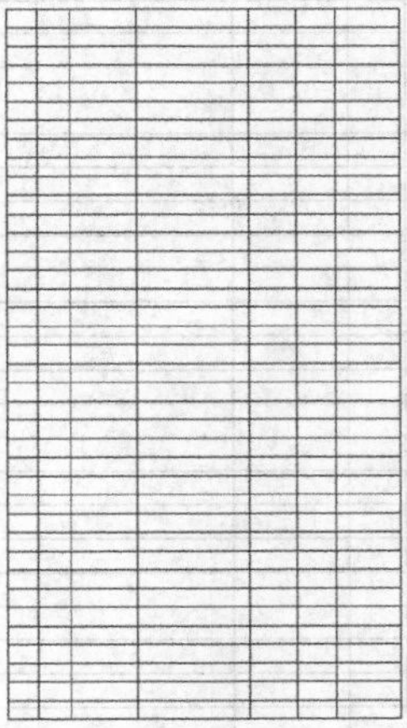

图 18-45 偏移竖直直线

（5）单击“默认”选项卡“注释”面板中的“文字样式”按钮，弹出“文字样式”对话框。创建一个新的文字样式，并进行设置，如图18-46所示。

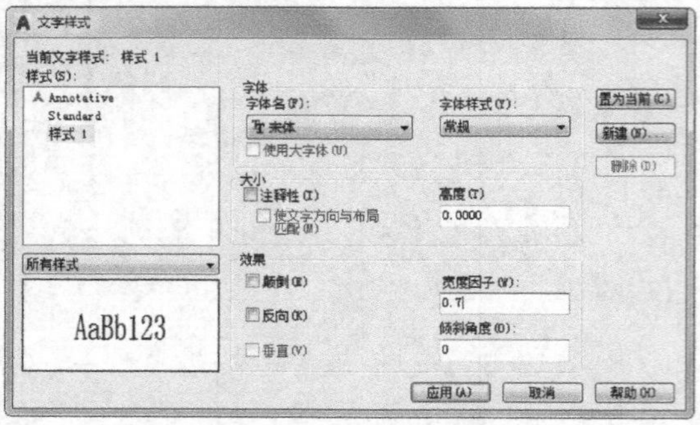

图 18-46　设置文字样式

（6）单击“默认”选项卡“注释”面板中的“多行文字”按钮 A，在第一行中输入标题，如图 18-47 所示。

（7）单击“默认”选项卡“修改”面板中的“复制”按钮 ，将第一行第一列的文字，依次向下复制，如图 18-48 所示。双击文字，修改文字内容，以便统一文字样式，如图 18-49 所示。

（8）单击“默认”选项卡“修改”面板中的“复制”按钮 ，在种植图中选择各个植物，复制到苗木表内，如图 18-50 所示。

（9）同理，单击“默认”选项卡“注释”面板中的“多行文字”按钮 A 和“修改”面板中的“复制”按钮 ，在各个标题下输入相应的内容，最终完成苗木表的绘制，如图 18-42 所示。

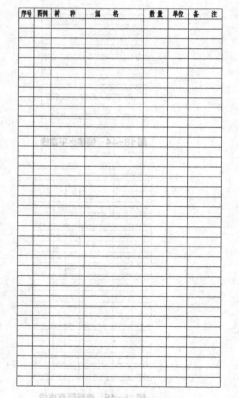

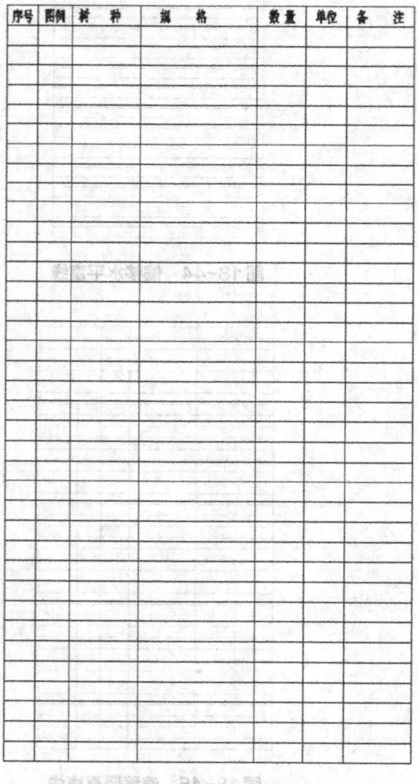

图 18-47　输入标题

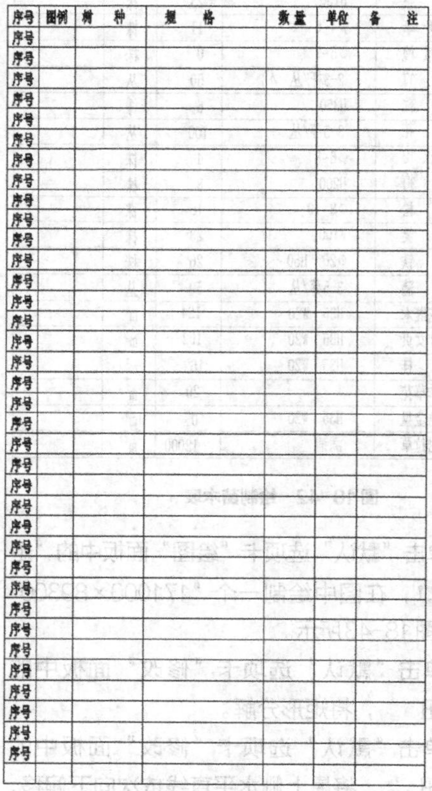

图 18-48　复制文字

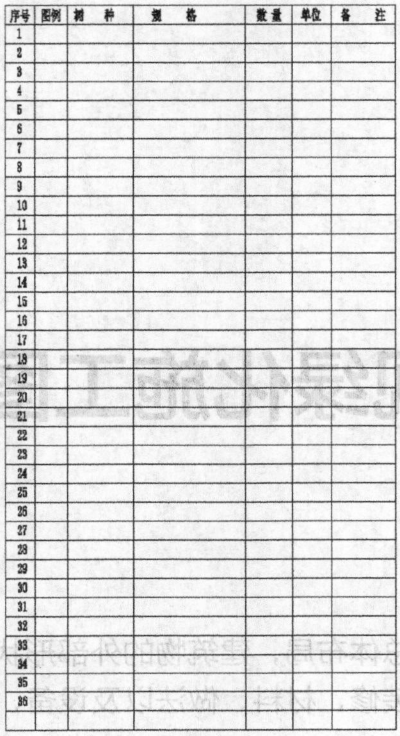

序号	图例	树种	规格	数量	单位	备注
1						
2						
3						
4						
5						
6						
7						
8						
9						
10						
11						
12						
13						
14						
15						
16						
17						
18						
19						
20						
21						
22						
23						
24						
25						
26						
27						
28						
29						
30						
31						
32						
33						
34						
35						
36						

图 18-49 修改文字内容

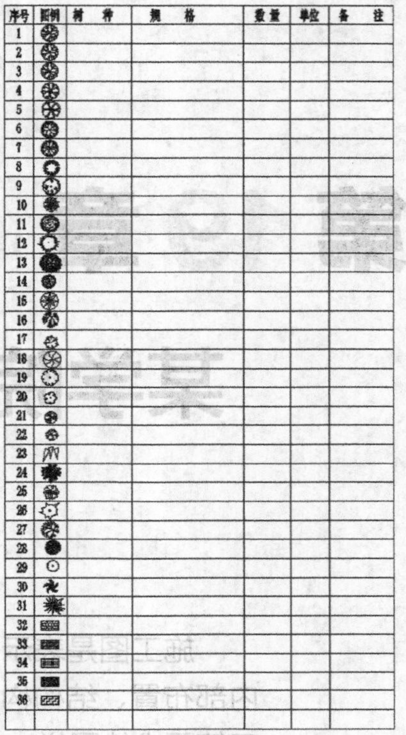

序号	图例	树种	规格	数量	单位	备注
1						
2						
3						
4						
5						
6						
7						
8						
9						
10						
11						
12						
13						
14						
15						
16						
17						
18						
19						
20						
21						
22						
23						
24						
25						
26						
27						
28						
29						
30						
31						
32						
33						
34						
35						
36						

图 18-50 复制植物

第 19 章

某学院景观绿化施工图

施工图是表示工程项目总体布局，建筑物的外部形状、内部布置、结构构造、内外装修、材料、做法以及设备、施工等要求的图样。

本章首先介绍景观绿化施工图的绘制，然后详细讲述某学院景观绿化施工详图的绘制过程。

知识点

- A 区放线图的绘制
- B 区放线图的绘制
- 某学院景观绿化施工详图一
- 某学院景观绿化施工详图二

19.1 A 区放线图的绘制

本节绘制图 19-1 所示的 A 区放线图。

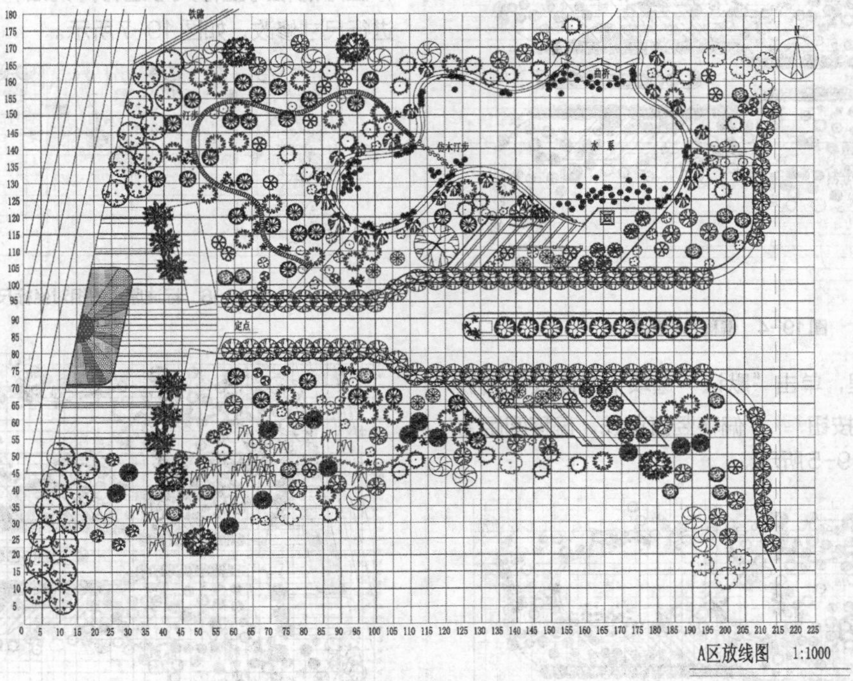

图 19-1 A 区放线图

（1）打开AutoCAD 2020应用程序，选择菜单栏中的“文件”/“打开”命令，弹出“选择文件”对话框。选择图形文件“某学院景观绿化A区种植图.dwg”，打开的文件如图 19-2 所示，将其另存为“A 区放线图.dwg”文件。

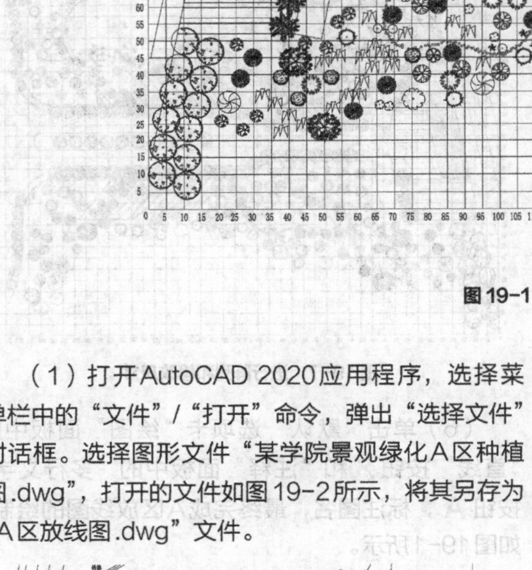

图 19-2 打开“某学院景观绿化 A 区种植图 .dwg”文件

（2）单击“默认”选项卡“绘图”面板中的“直线”按钮，在图中合适的位置绘制一条水平直线和一条竖直直线，如图 19-3 所示。

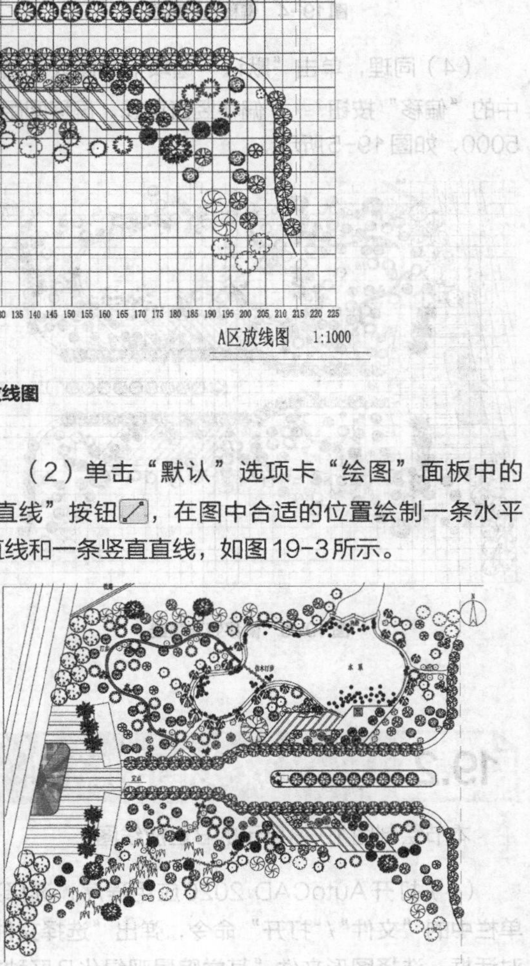

图 19-3 绘制直线

（3）单击“默认”选项卡“修改”面板中的“偏移”按钮，将水平直线依次向下偏移，偏移间距为5000，如图 19-4 所示。

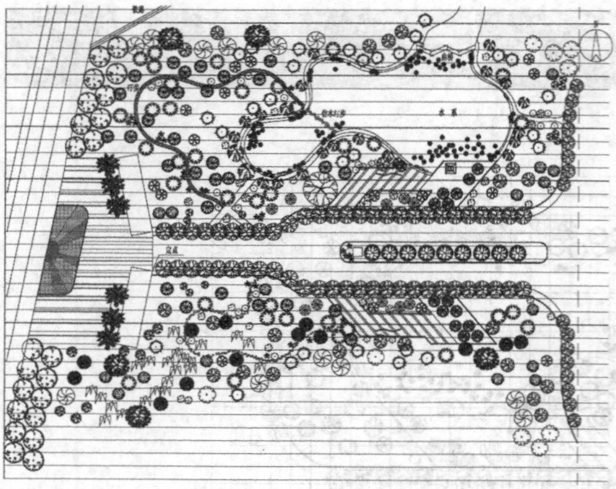

图 19-4　偏移水平直线

（4）同理，单击“默认”选项卡“修改”面板中的“偏移”按钮⊆，偏移竖直直线，偏移间距为5000，如图 19-5 所示。

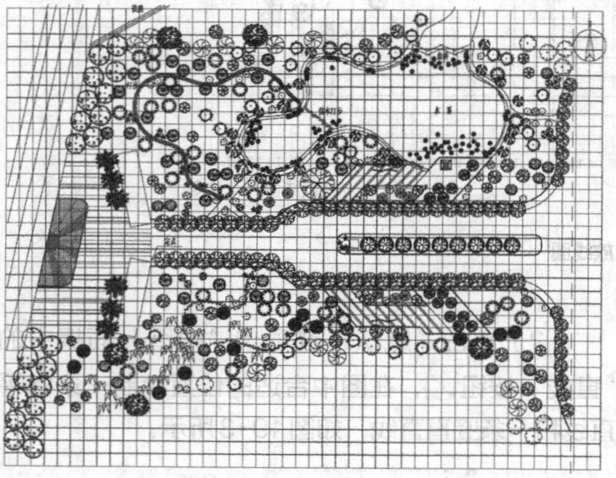

图 19-5　偏移竖直直线

（5）单击“默认”选项卡“注释”面板中的“多行文字”按钮 **A**，在网格上标注尺寸。首先标注放线原点的相对坐标尺寸，如图 19-6 所示。将标注好的相对坐标尺寸进行阵列后，双击多行文字进行尺寸修改，如图 19-7 所示。

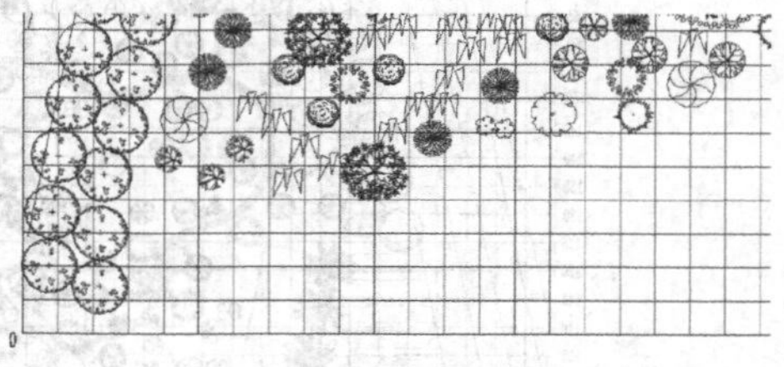

图 19-6　标注原点的相对坐标尺寸

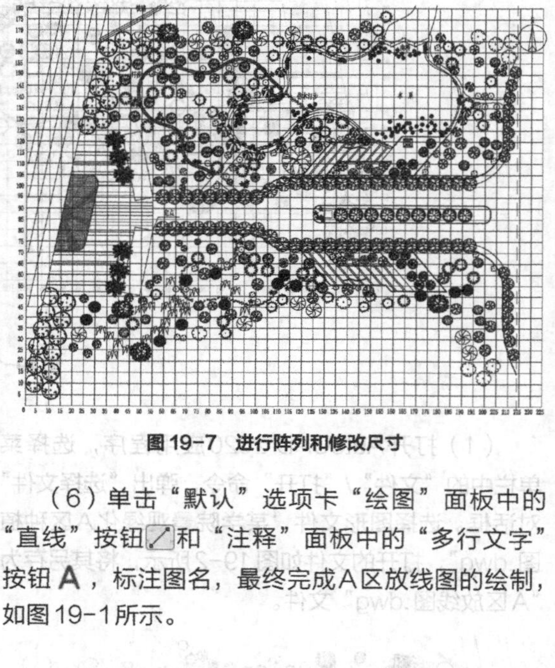

图 19-7　进行阵列和修改尺寸

（6）单击“默认”选项卡“绘图”面板中的“直线”按钮和“注释”面板中的“多行文字”按钮 **A**，标注图名，最终完成A区放线图的绘制，如图 19-1 所示。

19.2　B 区放线图的绘制

本节绘制图 19-8 所示的 B 区放线图。

（1）打开AutoCAD 2020应用程序，选择菜单栏中的“文件”/“打开”命令，弹出“选择文件”对话框。选择图形文件“某学院景观绿化 B 区种植图.dwg”，打开该文件，如图 19-9 所示，将其另存为“B 区放线图.dwg”文件。

（2）单击“默认”选项卡“绘图”面板中的“直线”按钮，在图中合适的位置绘制一条水平直线和一条竖直直线，如图 19-10 所示。

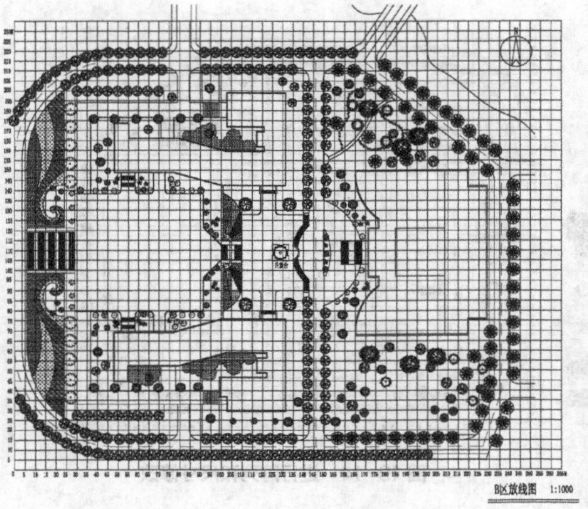

图 19-8 B 区放线图

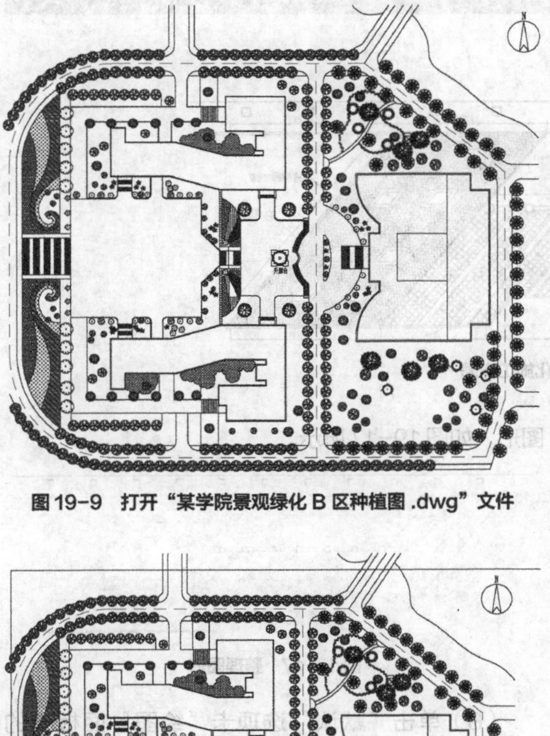

图 19-9 打开“某学院景观绿化 B 区种植图 .dwg”文件

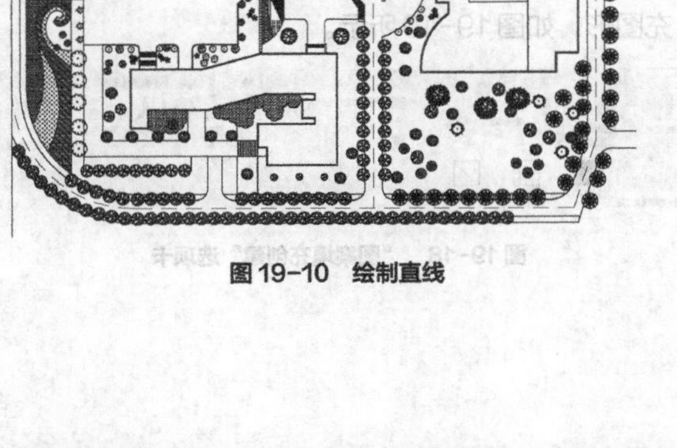

图 19-10 绘制直线

（3）单击“默认”选项卡“修改”面板中的“偏移”按钮 ，将水平直线依次向下偏移，偏移间距为5000，如图 19-11 所示。

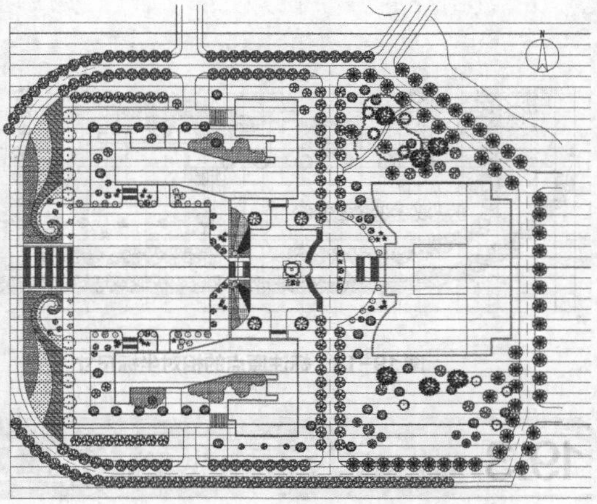

图 19-11 偏移水平直线

（4）同理，单击“默认”选项卡“修改”面板中的“偏移”按钮 ，将竖直直线依次向右偏移，偏移间距为5000，如图 19-12 所示。

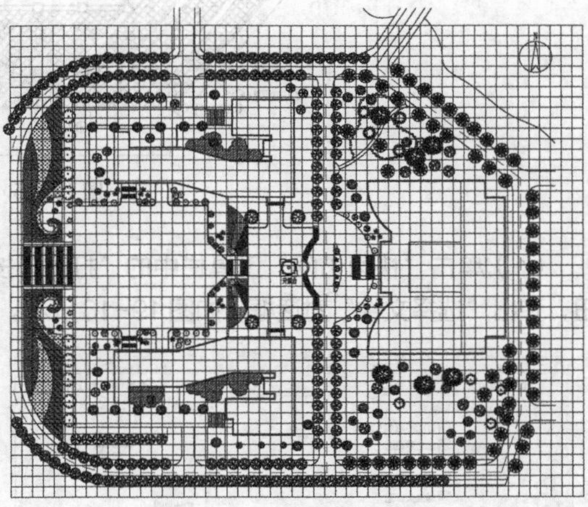

图 19-12 偏移竖直直线

（5）单击“默认”选项卡“注释”面板中的“多行文字”按钮 A，在网格上标注尺寸。首先标注放线原点的相对坐标尺寸，如图 19-13 所示。将标注好的相对坐标尺寸进行阵列后，双击多行文字进行尺寸修改，如图 19-14 所示。

（6）单击“默认”选项卡“绘图”面板中的“直线”按钮 和“注释”面板中的“多行文字”按钮 A，标注图名，最终完成 B 区放线图的绘制，如图 19-8 所示。

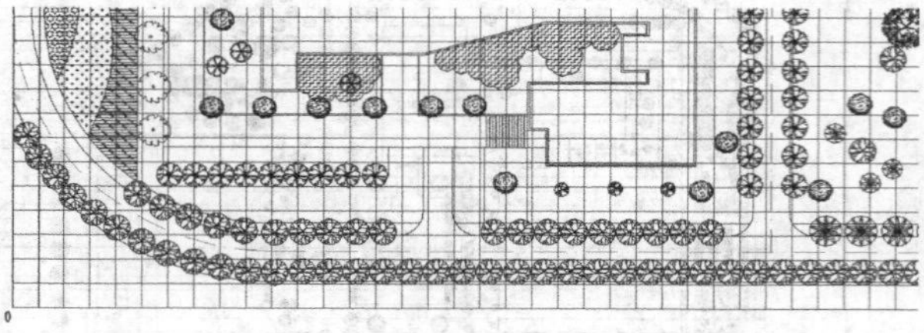

图 19-13　标注原点的相对坐标尺寸

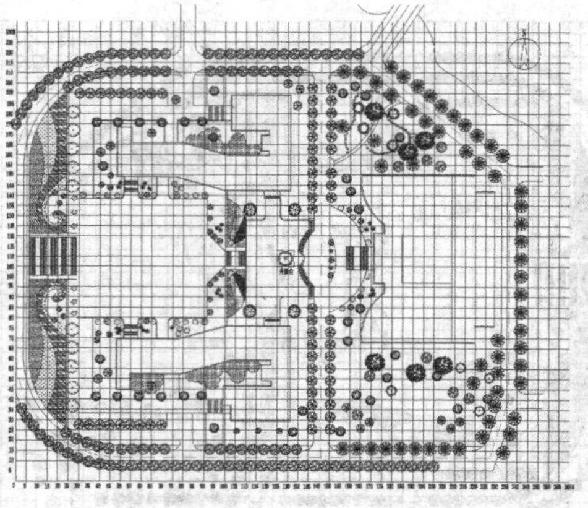

图 19-14　进行阵列和尺寸修改

19.3 某学院景观绿化施工详图一

本节绘制图19-15所示的景观绿化施工详图一。

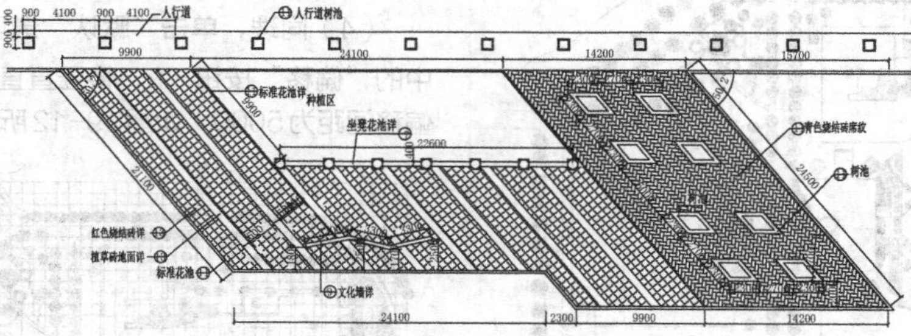

图 19-15　景观绿化施工详图一

（1）单击"快速访问"工具栏中的"打开"按钮，弹出"选择文件"对话框，如图19-16所示。

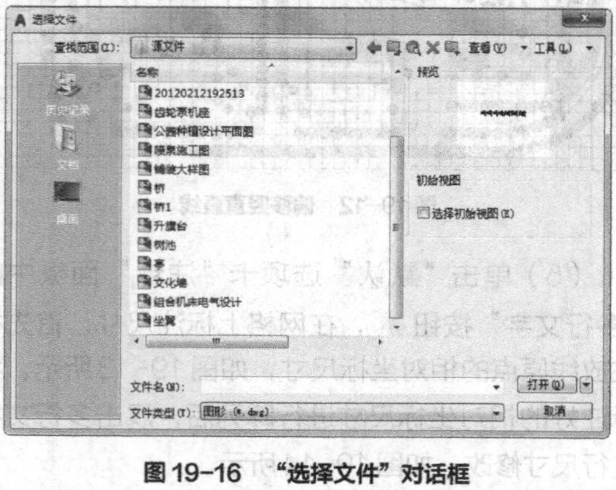

图 19-16　"选择文件"对话框

（2）打开"某学院景观绿化A区平面图.dwg"，选择部分图形。然后单击"默认"选项卡"修改"面板中的"删除"按钮和"修剪"按钮，整理图形，如图19-17所示。

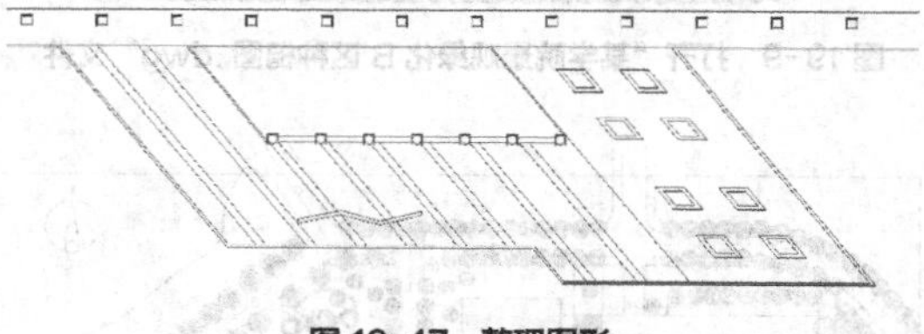

图 19-17　整理图形

（3）单击"默认"选项卡"绘图"面板中的"图案填充"按钮，选择"图案填充创建"选项卡，选择"ANGLE"图案，如图19-18所示。填充图形，如图19-19所示。

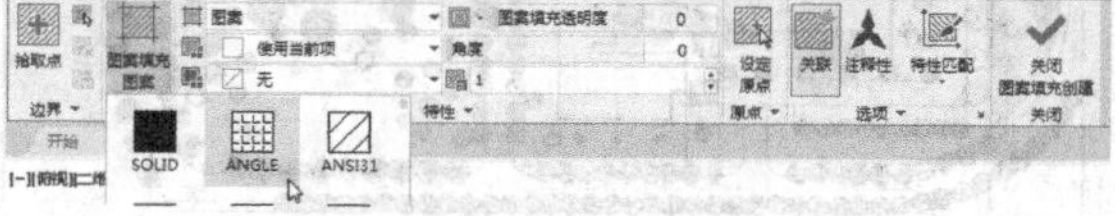

图 19-18　"图案填充创建"选项卡

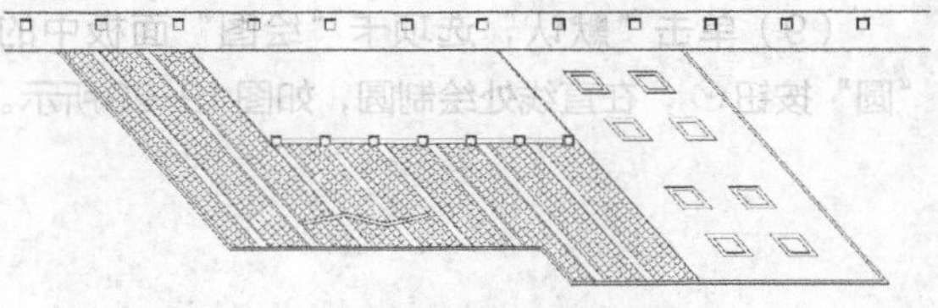

图 19-19 填充图形（1）

（4）同理，单击“默认”选项卡“绘图”面板中的“图案填充”按钮，选择“AR-HBONE”图案，填充其他位置的图形，如图 19-20 所示。

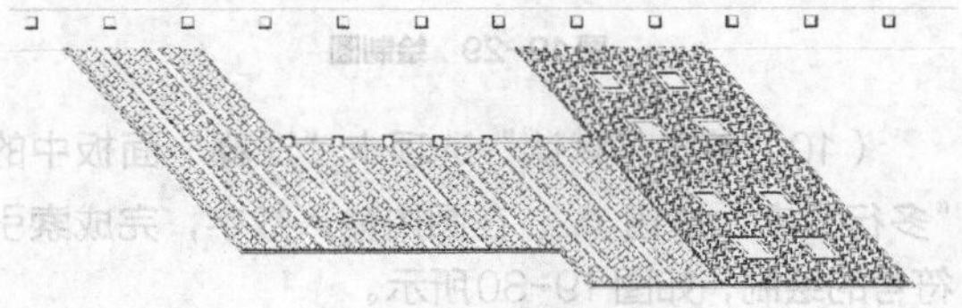

图 19-20 填充图形（2）

（5）单击“默认”选项卡“注释”面板中的“标注样式”按钮，弹出“标注样式管理器”对话框，如图 19-21 所示。创建一个新的标注样式，并对各个选项卡进行设置。

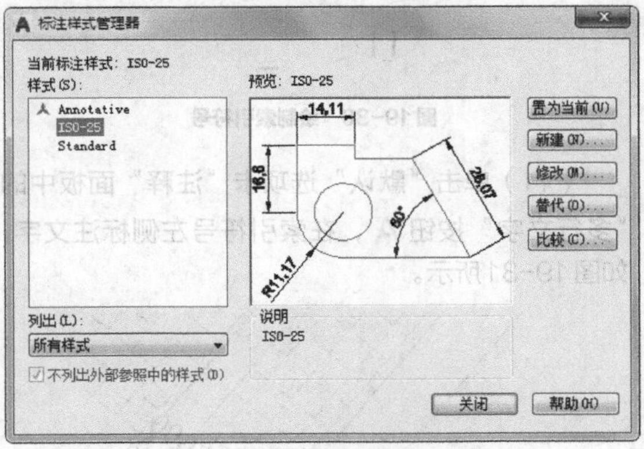

图 19-21 “标注样式管理器”对话框

“线”选项卡：超出尺寸线为 1000，起点偏移量为 1000，如图 19-22 所示。

“符号和箭头”选项卡：第一个为用户箭头，选择建筑标记，箭头大小为 1000，如图 19-23 所示。

“文字”选项卡：文字高度为 2000，文字位置为垂直上，如图 19-24 所示。

“主单位”选项卡：精度为 0，舍入为 100，如图 19-25 所示。

（6）单击“默认”选项卡“注释”面板中的“线性”按钮和“连续”按钮，为图形标注外部尺寸，如图 19-26 所示。

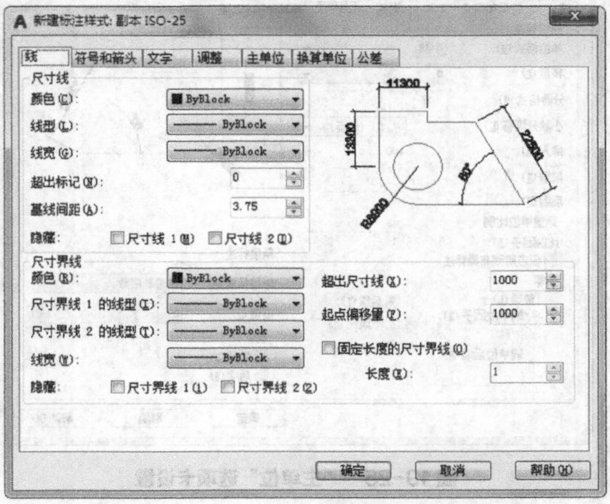

图 19-22 “线”选项卡设置

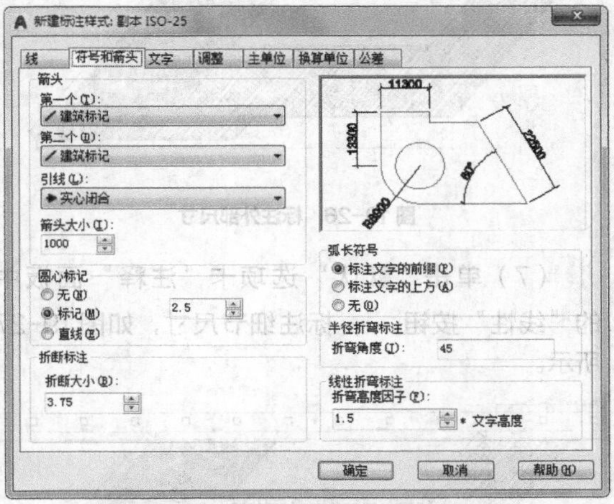

图 19-23 “符号和箭头”选项卡设置

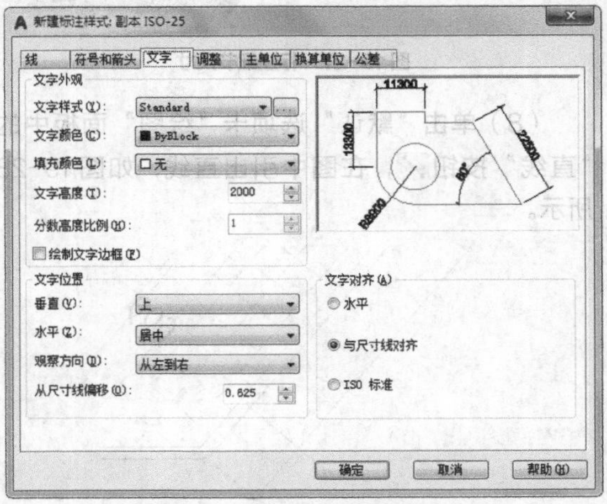

图 19-24 “文字”选项卡设置

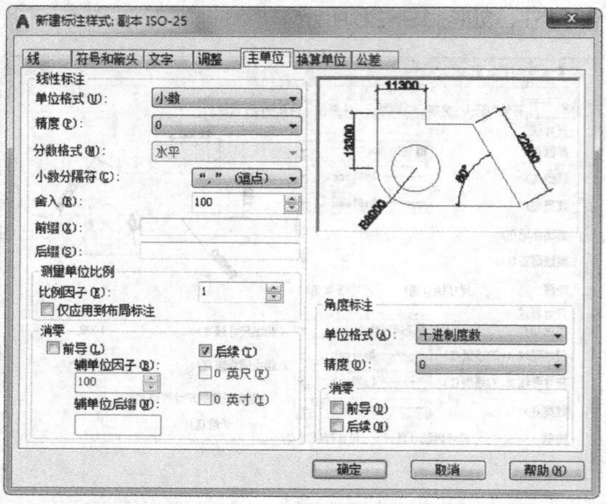

图 19-25 “主单位”选项卡设置

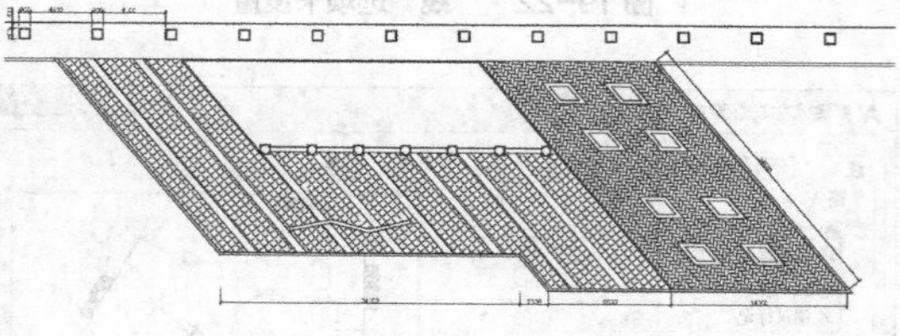

图 19-26 标注外部尺寸

（7）单击“默认”选项卡“注释”面板中的“线性”按钮，标注细节尺寸，如图19-27所示。

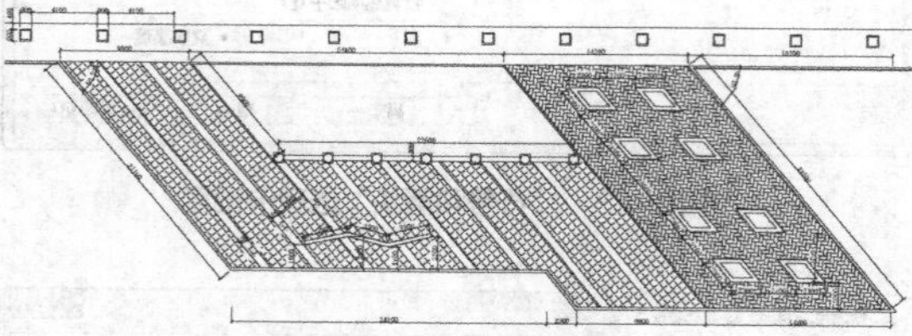

图 19-27 标注细节尺寸

（8）单击“默认”选项卡“绘图”面板中的“直线”按钮，在图中引出直线，如图19-28所示。

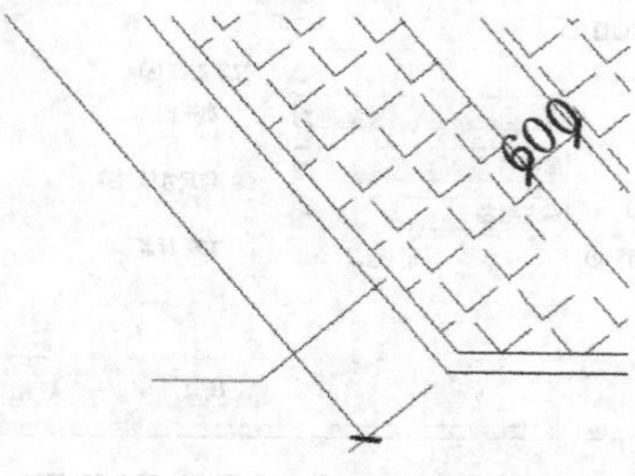

图 19-28 引出直线

（9）单击“默认”选项卡“绘图”面板中的“圆”按钮，在直线处绘制圆，如图19-29所示。

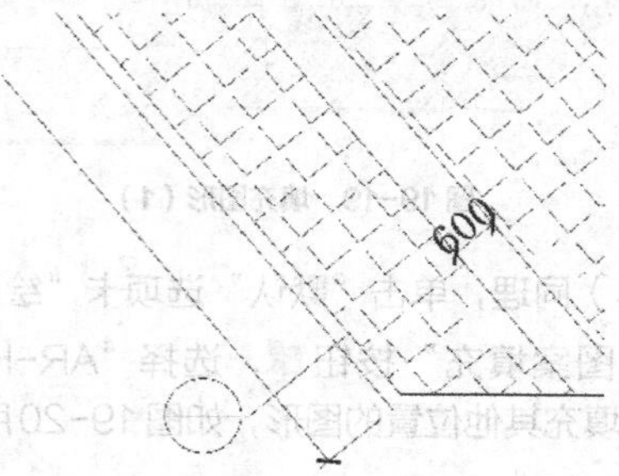

图 19-29 绘制圆

（10）单击“默认”选项卡“注释”面板中的“多行文字”按钮 A，在圆内输入数字，完成索引符号的绘制，如图19-30所示。

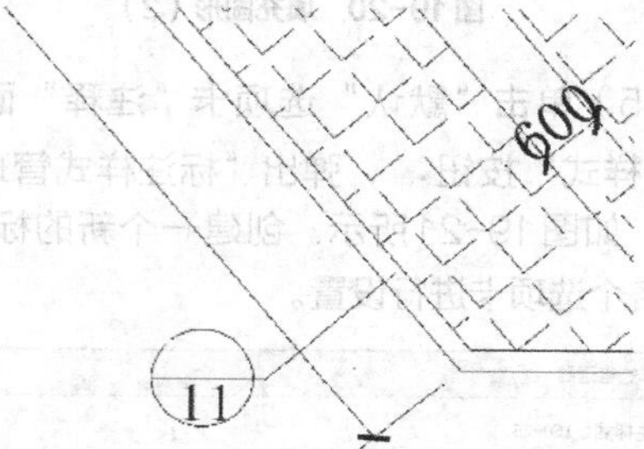

图 19-30 绘制索引符号

（11）单击“默认”选项卡“注释”面板中的“多行文字”按钮 A，在索引符号左侧标注文字，如图19-31所示。

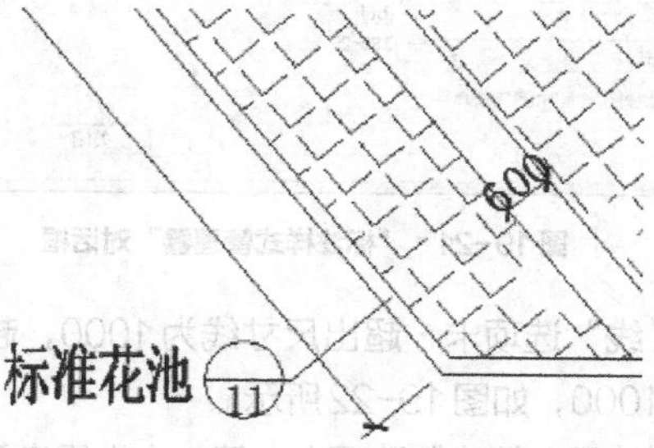

图 19-31 标注文字

（12）同理，标注其他位置的文字，也可以单击“默认”选项卡“修改”面板中的“复制”按钮，将步骤（11）中标注的文字复制。然后双击文字，修改文字内容，以便统一文字样式，最终结果如图19-15所示。

19.4 某学院景观绿化施工详图二

本节绘制图19-32所示的景观绿化施工详图二。

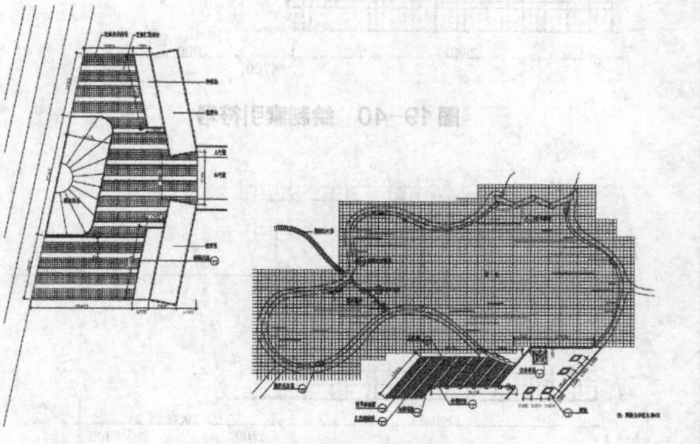

图19-32 景观绿化施工详图二

（1）单击“快速访问”工具栏中的“打开”按钮，打开“选择文件”对话框，打开“某学院景观绿化A区平面图.dwg”，选择部分图形。然后单击“默认”选项卡“修改”面板中的“删除”按钮和“修剪”按钮，整理图形，如图19-33所示。

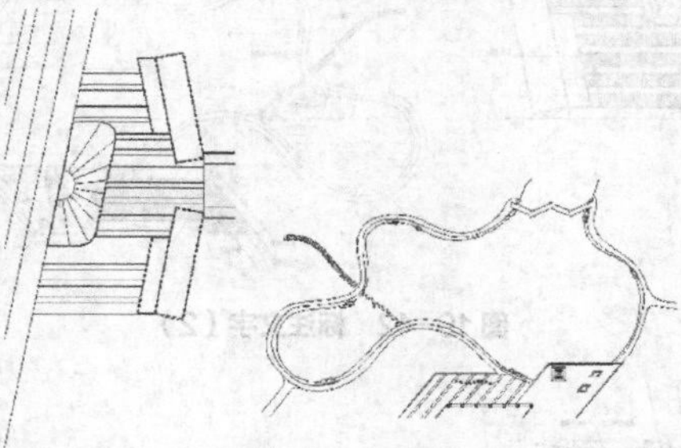

图19-33 整理图形

（2）单击“默认”选项卡“绘图”面板中的“直线”按钮，绘制水池，如图19-34所示。

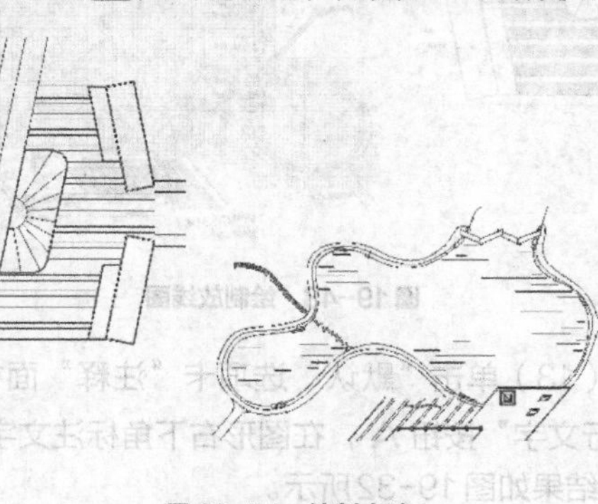

图19-34 绘制水池

（3）单击“默认”选项卡“绘图”面板中的“图案填充”按钮，选择“NET”图案，填充图形，如图19-35所示。

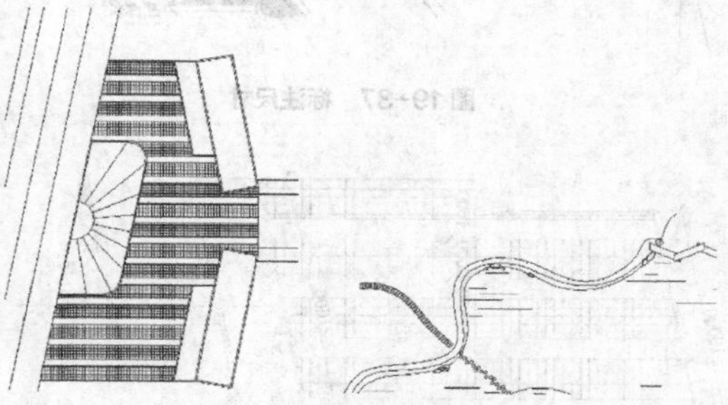

图19-35 填充图形（1）

（4）同理，单击“默认”选项卡“绘图”面板中的“图案填充”按钮，选择“ANGLE”图案，填充其他位置的图形，如图19-36所示。

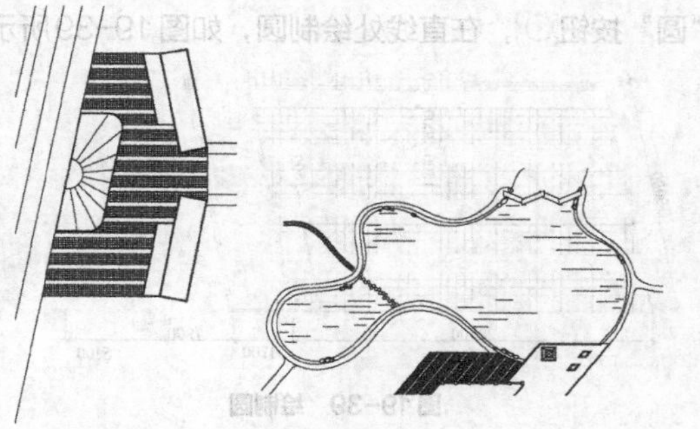

图19-36 填充图形（2）

（5）单击“默认”选项卡“注释”面板中的“标注样式”按钮，弹出“标注样式管理器”对话框。创建一个新的标注样式，超出尺寸线为1000，起点偏移量为1000，箭头大小为1000，文字高度为2000，精度为0，舍入为100。

（6）单击“默认”选项卡“注释”面板中的“线性”按钮和“连续”按钮，为图形标注尺寸，如图19-37所示。

（7）单击“默认”选项卡“绘图”面板中的“直线”按钮，在图中引出直线，如图19-38所示。

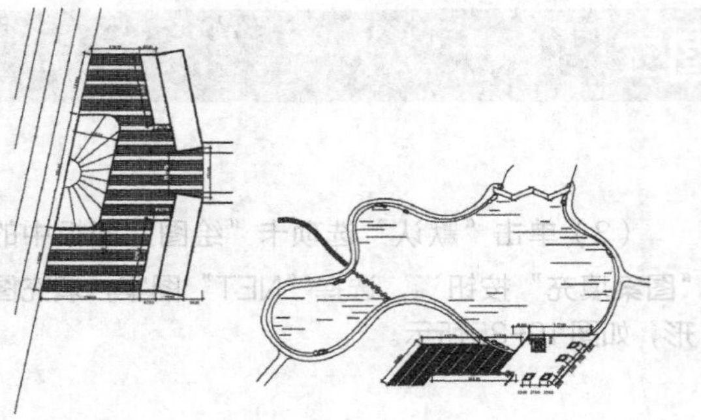

图 19-37　标注尺寸

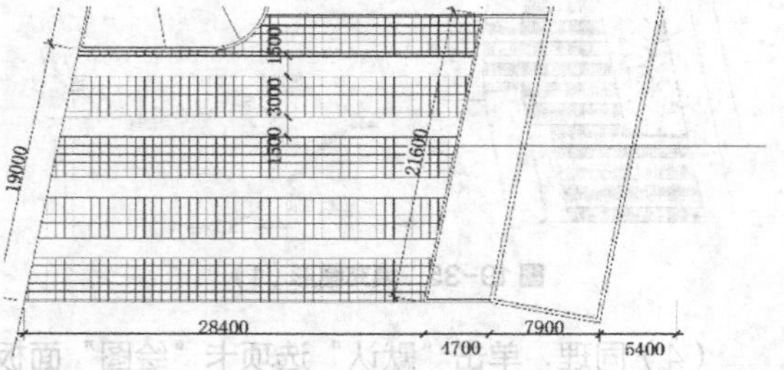

图 19-38　引出直线

（8）单击“默认”选项卡“绘图”面板中的“圆”按钮，在直线处绘制圆，如图 19-39 所示。

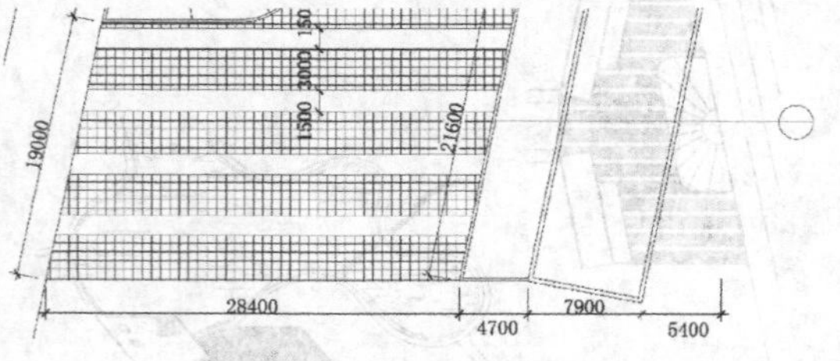

图 19-39　绘制圆

（9）单击“默认”选项卡“注释”面板中的“多行文字”按钮 A，在圆内输入数字，完成索引符号的绘制，如图 19-40 所示。

（10）单击“默认”选项卡“注释”面板中的“多行文字”按钮 A，标注文字，如图 19-41 所示。

（11）同理，标注其他位置的文字，也可以单击“默认”选项卡“修改”面板中的“复制”按钮，将步骤（10）中标注的文字复制。然后双击文字，修改文字内容，以便统一文字样式，如图 19-42 所示。

（12）单击“默认”选项卡“绘图”面板中的“直线”按钮和“修改”面板中的“偏移”按钮，绘制放线图，如图 19-43 所示。

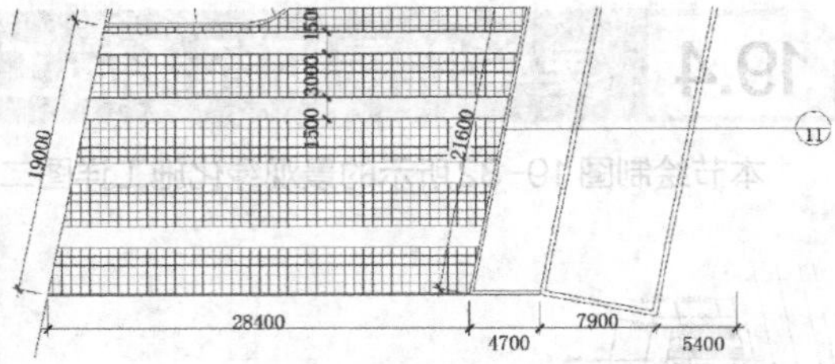

图 19-40　绘制索引符号

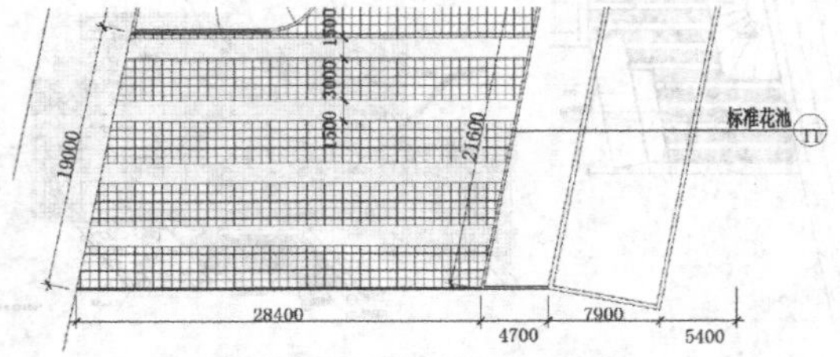

图 19-41　标注文字（1）

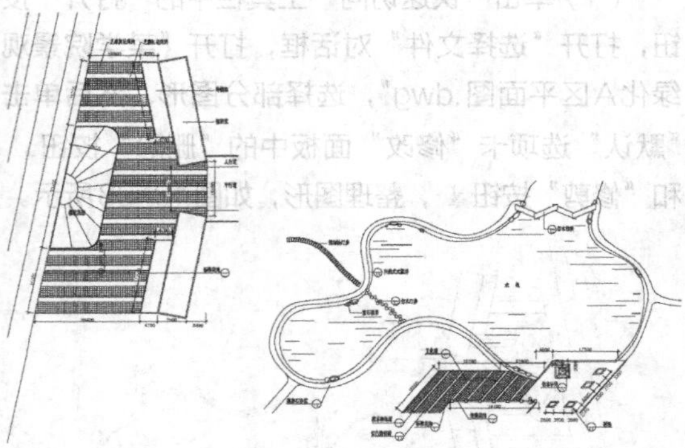

图 19-42　标注文字（2）

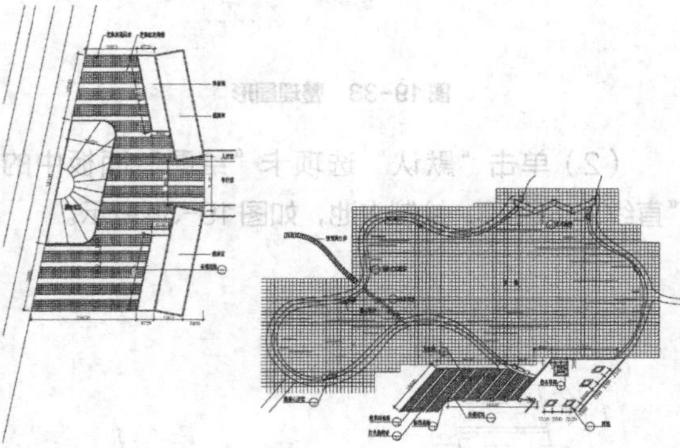

图 19-43　绘制放线图

（13）单击“默认”选项卡“注释”面板中的“多行文字”按钮 A，在图形右下角标注文字说明，最终结果如图 19-32 所示。